Ansicht einer modernen Krackanlage.

Der Petroleum-Ingenieur

Ein Lehr- und Hilfsbuch für die Erdöl-Industrie

Unter Mitwirkung von

Dr.-Ing. F. Schlosser, Berlin-Dahlem / Dr.-Ing. St. Szász, fr. Lindau/B.
Dr.-Ing. W. Wachs, Berlin-Dahlem / Dr.-Ing. A. Zwergal, Berlin-Dahlem

herausgegeben von

Dr.-Ing. Hans Umstätter

Chemisch-Technische Reichsanstalt vereinigt mit dem
Materialprüfungsamt, Berlin-Dahlem

Mit 234 Abbildungen
und einer Tafel

Springer-Verlag Berlin Heidelberg GmbH
1951

Additional material to this book can be downloaded from http://extras.springer.com.

ISBN 978-3-642-92558-0   ISBN 978-3-642-92557-3 (eBook)
DOI 10.1107/978-3-642-92557-3

Alle Rechte, insbesondere das der Übersetzung
in fremde Sprachen, vorbehalten.

Copyright 1951 by Springer-Verlag Berlin Heidelberg

Originally published by Springer-Verlag OHG., Berlin/Göttingen/Heidelberg 1951

Softcover reprint of the hardcover 1st edition 1951

Dem Andenken meines Bruders
Ernst Umstätter

Vorwort.

Die Chemie des Petroleums gilt als die Chemie der Überraschungen. Dies liegt daran, daß die an sich reaktionsträgen Kohlenwasserstoffe, aus denen das Petroleum zum weitaus größten Teil besteht, besonders zu kolloidchemischen Vorgängen neigen, deren Eigengesetzlichkeit wir heute noch nicht mit solcher Sicherheit beherrschen wie die elementaren Rektionen der mikromolekularen Chemie.

Der praktisch tätige Petroleum-Ingenieur ist daher sehr auf Erfahrungen angewiesen, die er erst durch langjährige Praxis erwerben kann. So kommt es, daß sich der Erdölfachmann im Laufe der Zeit eine Sammlung von Tabellen, Diagrammen, Formeln, Nomogrammen usw. anlegt, die ihm die Orientierung in seinem verantwortungsvollen Berufe erleichtern sollen.

Diese Arbeit dem angehenden Petroleum-Ingenieur vorwegzunehmen, ist der eigentliche Zweck des vorliegenden Buches. Es ist zugleich ein Versuch, eine Lehrmethode einzuführen, wie sie seit Jahren in den angelsächsischen Ländern mit Erfolg angewandt wird.

Man geht dort von der Auffassung aus, daß dem Petroleum-Ingenieur alles Wissen von Nutzen ist, das er in seinem künftigen Berufe verwenden kann, unabhängig davon, ob dieses Wissen sich in eines der üblichen akademischen Fächer Geologie, Physik, Chemie, Wirtschaft usw. eingliedern läßt oder nicht.

Demgegenüber vertrat man in den europäischen Ländern meist die Auffassung, daß dem angehenden Ingenieur zunächst eine gründliche wissenschaftliche Ausbildung vermittelt werden soll, unabhängig davon, welchem Berufe er sich künftig zu widmen gedenkt.

Der Verfasser ist sich der Vor- und Nachteile beider Methoden bewußt und enthält sich jeder Stellungnahme dazu. Die europäische Ausbildungsmethode hat zu jener fruchtbaren Forschertätigkeit geführt, die in der vorwiegenden Verleihung von Nobel-Preisen usw. an europäische Gelehrte ihre Anerkennung fand. Den angelsächsischen Staaten hat sie jene überragende industrielle und wirtschaftliche Position gebracht, die wir heute mehr denn je bewundern. Es wird dabei stets eine Frage der individuellen Veranlagung sein, in welcher Art von Ausbildung der Studierende seine akademische Freiheit zu nützen versteht.

Das vorliegende Buch wendet sich an jenen Teil der akademischen Jugend, die eine Vertiefung des Allgemeinwissens und seine Erweiterung zur Fachkenntnis erstrebt. Es soll also nicht abstraktes Wissen, sondern konkretes Können vermitteln.

Dem angehenden Petroleum-Ingenieur soll es ein Ratgeber sein, ehe ihm eine wirkliche Verantwortung übertragen wird; es soll ihm helfen und ihn vor Enttäuschungen bewahren.

Es bleibt mir an dieser Stelle nur noch die angenehme Pflicht, allen den Herren zu danken, die es mir ermöglichten, zehn Jahre in einer der größten europäischen Raffinerien der Royal Dutch Shell-Gruppe als Research-Chemiker zu wirken.

Für die freundliche Unterstützung bei dieser Arbeit möchte ich Herrn Dr. W. TOMASZEWSKI von der Biologischen Zentralanstalt für Land- und Forstwirtschaft in Berlin-Dahlem herzlich danken, ebenso allen Firmen, die Unterlagen für die Abbildungen zur Verfügung gestellt haben, und dem Springer-Verlag für die gute Ausstattung des Buches.

Berlin, im Juli 1950. **H. Umstätter.**

Inhaltsverzeichnis.

Seite

Einleitung. 1

I. Teil. Produktion 5

§ 1. Geographie und Geologie des Petroleums 5

§ 2. Prospektion, Exploration und Exploitation 14
    a) Prospektion 14
    b) Exploration 30
    c) Exploitation 43

§ 3. Lagerung, Transport und Feuerschutz 60
    a) Bauformen von Tanks 62
    b) Anstrich der Behälter 64
    c) Inhaltsmessung 65
    d) Verpumpen 67
    e) Rohrleitungsberechnung 68
    f) Absperrorgane, Rohrverbindungen und Pumpen 84
    g) Feuerschutz 89

§ 4. Entgasung, Entsalzung und Entwässerung 92
    a) Demulgierung 93
    b) Entbenzinierung der Gase 99

§ 5. Untersuchung und Klassifizierung der Rohöle 105
    a) Gruppeneinteilungen 107
    b) Ringanalyse und verwandte Untersuchungsverfahren . . 112
    c) Kalorimetrische Untersuchungsverfahren 116
    d) Untersuchungen mit Hilfe des Parachors 121
    e) Untersuchungen mittels Feindestillation und Chromatographie 123
    f) Mit Erdöl verwandte natürliche und künstliche Produkte . 125

II. Teil. Fabrikation 128

A. Physikalische Verfahren 128

§ 1. Destillation 128
    a) Grundsätzliches 128
    b) Bestimmung der Betriebsgrößen 134
    c) Feinfraktionierung 141
    d) Gleichgewichtsdiagramme 145

§ 2. Kristallisation 155

§ 3. Filtration 160
    a) Grundsätzliches 160
    b) Filterbauformen 167

§ 4. Sedimentation 174

§ 5. Mischung 179

Inhaltsverzeichnis.

Seite

§ 6. Automatische Kontrolle und Regelung des Betriebes . . 182
    a) Meßgeräte. (Die Temperaturmessung) 183
        (Die Druckmessung) 194
        (Die Mengenmessung) 196
    b) Regelung und Überwachung 200

B. Physikalisch-chemische Verfahren 208

§ 1. Adsorption 208
    a) Bleicherden 208
    b) Regenerierung 216

§ 2. Raffination 221

§ 3. Laugen und Süßen 227
    a) Entfernung der Sauerstoffverbindungen 227
    b) Entfernung der Schwefelverbindungen 231

§ 4. Selektive Solventextraktion 237

§ 5. Anwendung von Inhibitoren 251

§ 6. Anwendung von Dopes 257
    a) Zweck der Dopes 257
    b) Antiklopfmittel 257
    c) Zündbeschleuniger 265
    d) Pour-Point-Depressoren 266
    e) Viskositätsindex-Dopes 268
        (Gebrauchsanweisung zum Viskogramm) 279
    f) Grundsätzliches zur Wirkungsweise der Dopes 280
    g) Praktische Prüfung von Schmiermitteln 286

C. Chemische Prozesse 304

§ 1. Kracken und Reformen 304
    a) Grundsätzliches 304
    b) Entwicklung der Verfahren 316

§ 2. Hydrieren und Reduzieren 326

§ 3. Kondensation und Polymerisation 329
    a) Allgemeines 329
    b) Synthetischer Kautschuk 333
    c) Voltolverfahren 336

§ 4. Blasen und Oxydieren 341
    a) Asphaltherstellung 341
    b) Konsistenzmessung 342
    c) Reinigen von Erdwachs 345
    d) Synthese von Fettsäuren 345

§ 5. Feuerungstechnik 355

§ 6. Abfallstoff-Verwertung 363

III. Teil. Expedition 365

§ 1. Gase und Dämpfe 366

§ 2. Otto- und Dieseltreibstoffe, Leuchtöle 369
    a) Ottotreibstoffe (Benzine) 369
    b) Traktorentreibstoffe und Leuchtöle 389
    c) Dieseltreibstoffe (Gasöle) 395

		Seite
§ 3.	Isolieröle	403
§ 4.	Schmieröle	416
	a) Allgemeines	416
	b) Einzelne Eigenschaften	423
	c) Besonderheiten bei Schmierölen	444
	d) Altölaufbereitung	447
	e) Einfluß der Lagermetalle	450
§ 5.	Heizöle und Kunstöle	452
§ 6.	Konsistente Fette und Vaseline	457
§ 7.	Paraffin und Ceresin	466
§ 8.	Phenole und Naphthensäuren	471
§ 9.	Bitumen und Asphalt	474
§ 10.	Koks und Briketts	487
§ 11.	Schädlings- und Seuchenbekämpfungsmittel	488
	a) Geschichtliche Entwicklung	488
	b) Spraymittel	490
	c) Seuchenbekämpfung	493
	d) Schmieröle im Pflanzenschutz	495
	e) Emulgatoren	496
	f) Netzmittel (Spreader) und Haftmittel (Sticker)	496
	g) Teeröle	505
	h) Kombinierte Spritzmittel	509
	i) Anwendungsformen	509

Anhang: Tabellen 512
Namen- und Sachverzeichnis 543

Fremdwörterverzeichnis.

Ados = mit Soda vorneutralisierter Destillationsrückstand

Black Bottom = dunkles Bodenprodukt einer Destillation

Back Wash = Rückwasch bei Extraktionen, analog dem Rückfluß bei der Destillation

Blending Value = Mischwert, z. B. bei Oktanzahlen

Benzex = Benzinextrakt

Bulk = Destillat mit sehr weiten Siedegrenzen

Bunker Fuel = Marineheizöl

Bypass = Umlaufleitung

Barell = 150-Liter-Faß

Charge = Einsatzmaterial

Chiller = Kristallisationsgefäß, Frostkühler

Crude = Rohöl

Contactor = Kontaktgefäß, Reaktionsraum, Verweilgefäß

Dope = Substanzen, die, unter 1% einer Ware zugesetzt, deren Spezifikation wirksam verbessern

Ejektor = Dampfstrahlsaugpumpe
Evaporator = Verdampfer
Extract = Auszug, durch Extraktion herausgelöstes Gut

Flash Fuel = Rückstand einer Druckdestillation
Flashing = Krackoperation ohne Koksbildung
Flashing to Coke = Krackoperation bis zur Koksbildung

Gap = Temperaturintervall zwischen Siedeende einer leichten und Siedeanfang der unmittelbar darauf folgenden schweren Fraktion
Goudron = Säureharze, die bei einer Raffination abfallen

H. U. C. = Highest Usefull Compression Ratio = Höchstzulässiges Verdichtungsverhältnis

Kalkados = mit Kalk vorneutralisierter Destillationsrückstand
Kerex = Kerosinextrakt

Mixer = Mischer, Mischpumpe

O. N. = Octan Number = Oktanzahl
Overlapp = Überlappung zweier Siedekurven als Temperaturspanne gemessen
Output = Ausbeute, Ertrag, Produktion
Out of Pocket-Kosten = tatsächliche, d. h. der Tasche entnommene Ausgaben
Orifice-Mixer = Stauscheibenmischer, Rohr mit versetzten Querwänden
On Stream = auf Strom, d. h. eine richtig laufende Anlage im Betrieb

Pi. Di. Bottom = Bodenprodukt bei der Redestillation des Druckdestillates
Preheater = Vorwärmer
Pipe Line = Erdölleitung
Pipe Still = Röhrendestillationsanlage
P. O. D. = Paraffinöl-Destillat
Präraffination = Vorraffination mit Säure vor der Destillation

Reflux = Rückfluß in einer Rektifizierkolonne
Raffinat = Ungelöstes bei der Extraktion oder Säurebehandlung
Reboiler = Wiederverdampfer
Rerun = Redestillationsvorgang
Recycle = Rezirkulation, meist zwischen Ofen und Kolonnenboden

Straight Run = direkter Destillationsvorgang, scharfer Schnitt, oft im Gegensatz zur Krackdestillation gebraucht
Stripper = Rektifikationssäule für Top- oder Bottomprodukte
Settler = Absetzbehälter
Side Stream = Seitenstrom an einer kontinuierlich arbeitenden Rektifizierkolonne
Storage = Lagerung
Sludge = Schlamm
Surge Tank = Puffergefäß
Spent Acid = Abfallsäure

Top = Kopf der Kolonne, oft auch für Topprodukt gebraucht, d. h. als Bezeichnung für das am Kopf abziehende Destillat

Yield = Ausbeute

Einleitung.

Die hier zu beschreibende Industrie ist so vielseitig, daß diese im Rahmen des zur Verfügung stehenden Raumes kaum erschöpfend behandelt werden kann. Außerdem ist ihre Entwicklung so stürmisch, daß es zweckmäßig erscheint, von allen jenen Einzelheiten abzusehen, die allzu rasch überholt werden.

Es geht hier in erster Reihe um eine Darstellung der Prinzipien, die den einzelnen Verarbeitungsprozessen zugrunde liegen. Erfahrungsgemäß bereiten dem praktisch tätigen Petroleum-Ingenieur die Berechnung und Konstruktion der Anlagen meist die größten Schwierigkeiten. So findet man unter zwanzig bis dreißig Erdöl-Ingenieuren nur wenige, die auch nur einigermaßen in der Lage wären, den wichtigsten Teil einer von ihnen geleiteten Anlage, z. B. einer Destillationseinrichtung, zu berechnen. Das liegt wohl z. T. daran, daß die damit zusammenhängenden Fragen weit komplizierter sind als sie auf den ersten Blick erscheinen, wenn man den Anspruch an Genauigkeit stellt, dem heute von den großen Baufirmen tatsächlich entsprochen werden kann. Der tiefere Grund für diesen Zustand dürfte aber auch in der Art der Ausbildung unserer Technologen liegen. Der ganze Unterricht erschöpft sich in einer Beschreibung der am häufigsten ausgeführten Anlagen mit den damit erzielten praktischen Ergebnissen. Bei Beendigung der Ausbildung des Ingenieurs sind diese Anlagen meist überholt; er hat sich dann in der Praxis mit völlig andersartigen Einrichtungen zu beschäftigen, für die seine erlernten Kenntnisse nicht mehr ausreichen.

Es kann daher auf die Übung im Abschätzen der Wirtschaftlichkeit von Anlagen, das sog. Taxieren, kaum ein zu großer Wert gelegt werden. Oft sind auf den ersten Blick sehr rentabel erscheinende Verfahren infolge der zu sehr schwankenden Marktlage und der daraus resultierenden zu kurzen Amortisationsdauer nicht anwendbar. Häufig können an sich einfache Produktionsprozesse nur darum nicht ausgeführt werden, weil die Kapazität der vorhandenen Hilfsbetriebe nicht mehr ausreicht und deren Vergrößerung zu große Investitionen erfordert.

Ein großer Teil aller Projekte scheitert an Korrosions- oder sonstigen Werkstofffragen. Wieder andere Projekte entsprechen nicht der allgemeinen Anforderung an die Feuersicherheit usw. Die weitgehende Automatisierung fast aller kontinuierlich arbeitenden Verfahren schränkt die Verwendung fester Hilfs- und Zwischenprodukte weitgehend ein. Lokale Probleme der Bezugsquellen und des Absatzes von Abfallprodukten machen oft kostspielige Lagerungen und Kanalisationen nötig. Dies trifft insbesondere in abgelegenen Produktionsgebieten zu.

Diese und ähnliche Fragen, deren Behandlung bei dem heutigen chemisch-technischen Unterricht häufig fehlt, führen dazu, daß sich der in die Praxis eintretende Petroleum-Ingenieur oft vor schwierige Aufgaben gestellt sieht. Es wird dann häufig das unzureichende Schulwissen rasch vergessen; statt dessen werden praktische Erfahrungen gesammelt, wodurch sehr bald Spezialisten geschaffen werden, die nicht mehr so leicht an ihren Posten zu ersetzen sind.

Aus diesem Grunde ist die Petroleum-Industrie dazu übergegangen, ihre angehenden Ingenieure selbst auszubilden und für den künftigen Beruf vorzubereiten. Sie verzichtet dabei bewußt ein oder zwei Jahre lang auf eine positive Arbeitsleistung und schickt die jungen Ingenieure durch alle Abteilungen, die befähigteren sogar auf Monate oder Jahre ins Ausland oder nach Übersee.

Es hat sich hierbei herausgestellt, daß diese Kandidaten oft mit einer Fülle von Anregungen zurückkehren, von denen einige wenige mitunter von erheblichem Nutzen bei der Übertragung auf lokale Verhältnisse sind.

Besonders beliebt ist es, junge Ingenieure da einzusetzen, wo sie am Bau einer neuen Anlage mitwirken. Bei Inbetriebnahme einer neuen Fabrikanlage zeigen sich die meisten Fehler und bei Überwindung dieser Schwierigkeiten wird eine Fülle von Erfahrungen gesammelt. Diese bilden dann später die Grundlage des Könnens und ermöglichen bei einem Ausfall eine rasche Behebung der Störungen. Eine vielseitige Ausbildung bringt der Firma den großen Vorteil, daß das Personal leicht beweglich ist und das Unternehmen sich leicht den Anforderungen des Marktes anpassen kann. Die praktische Tätigkeit eines Petroleum-Ingenieurs beschränkt sich in der Regel auf eine überwachende und kontrollierende Beschäftigung. Diese wird nur durch Revisionen und durch die allmonatlich üblichen Abstellungen unterbrochen.

Daneben sind Beratungen und Besprechungen, die das Monatsprogramm und die Monatsrapporte betreffen, üblich. Seltener und nur für den Anfänger oder den im Forschungs- und Entwicklungsdienst tätigen Petroleum-Ingenieur kommt auch die Verfassung von Spezialberichten in Frage. Diese behandeln meist Probleme in enger Anlehnung an die Betriebsverhältnisse.

Neben dieser rein fachlichen Tätigkeit während der Dienstzeit ist der Petroleum-Ingenieur auch noch in seiner Freizeit mehr oder weniger an den Betrieb gebunden und darf diesen nur nach Gestellung eines Vertreters verlassen. Diese sich durch Feuergefahr ergebende, von anderen Industrien abweichende Berufstätigkeit hat jedoch anderweitige Vorteile, indem die größeren Erdölgesellschaften den in der Fabrikskolonie wohnenden Ingenieuren nahezu die ganzen sozialen Lasten abnehmen. Vielfach gehen die Gesellschaften so weit, daß sie neben der vollen Verpflegung in einem Kasino, der Versorgung der Wohnung und der Gewährung von Sommererholung in eigenen Erholungsstätten auch noch den privaten Neigungen der Ingenieure Rechnung tragen, wenn sich diese mit den Interessen des Betriebes vereinbaren lassen. Sie gewähren mitunter Urlaub für langfristige Studienreisen ins Ausland und nach Übersee und finanzieren diese.

Es gehört zu den bewährten Errungenschaften der Personalauswahl dieser Konzerne, durch weitgehende Unterstützung des Privatlebens die Beamten zwanglos so weit an den Betrieb zu binden, daß die Interessen der Gesellschaft auf lange Sicht gewahrt bleiben. Hierzu gehören auch die Vorsehungsfonds und Altersrenten, die solche Gesellschaften nach langer Dienstzeit zahlen.

Die in der Erdöl-Industrie traditionell gewordene Nachwuchsförderung erfordert allerdings große Kapitalien, wie sie nur ganz großen Konzernen zur Verfügung stehen. Sie ist also nur in Industrien möglich, die von so vitaler Bedeutung sind, wie die Erdöl-Industrie. Die Wichtigkeit des Erdöls beruht nicht nur darauf, daß es mengenmäßig und wertmäßig schon die Größenordnung bei der Kohle erreicht hat, sondern vor allem auf seiner flüssigen Form und seinem hohen Energiegehalt. Diese Eigenschaften prädestinieren es als Energiequelle beweglicher Verbraucher. Daher rührt die beherrschende Stellung der Petroleum-Erzeugnisse im Verkehr zu Lande, zu Wasser und in der Luft und seine dominierende strategische Bedeutung.

Ob dieser Tatbestand angesichts der neueren Erkenntnisse der Kernphysik auch in Zukunft so bleiben wird, läßt sich zur Zeit nur schwer voraussagen. Allenfalls dürfte eine auch noch so ergiebige Energiequelle erst den Umbau oder Neubau von Millionen neuer Antriebsvorrichtungen erfordern, ehe dem Erdöl eine ernste Konkurrenz erstehen kann. Bis dahin kann die lebende Generation von Petroleum-Ingenieuren wohl noch ganz ihre verantwortungsvolle Pflicht erfüllen.

Selbst umwälzende Neuerungen auf dem Gebiete der Energieerzeugung würden nur eine neue Epoche der Entwicklung einleiten, nämlich die der aliphatischen Chemie, welche sich vorläufig in der Synthese von Lösungsmitteln und sonstigen Spezialprodukten der Petroleum-Industrie abzeichnet. Es handelt sich um die Kautschuksynthese und die Industrie der Schädlings- und Seuchenbekämpfungsmittel. Die zuletzt genannte ist die Vorbedingung zur Erschließung neuer Wirtschaftsräume und gewinnt ständig an Bedeutung.

Bleibend dürfte nach unserer heutigen Einsicht die Schmierölindustrie sein, die schon jetzt weitgehend von der Rohöl verarbeitenden Industrie getrennt arbeitet und sich immer mehr spezialisiert. Die Problematik dieses überaus wichtigen Gebietes läßt noch große Überraschungen erwarten. Man denke nur an die Tatsache, daß weitaus der größte Teil aller Energie, die wir herstellen und verbrauchen, insbesondere aber die mechanische Energie, durch Reibung entwertet wird. Dies gilt nicht nur für das Verkehrswesen, wo praktisch die gesamte Antriebsenergie zur Überwindung der Luft-, Lager- und Bodenreibung aufgewendet werden muß, sondern auch für die Fertigungsprozesse, bei denen über 99% aller aufgewendeten Energie zur Überwindung der Reibung dient und nur ein geringer Bruchteil eines Prozentes in Form von potentieller Energie gegen die Kohäsionskräfte gespeichert wird. Jeder geringe Bruchteil an Reibungsenergie, der erspart werden kann, ist geeignet, unseren Energiehaushalt ebenso zu beeinflussen wie die Auffindung neuer ergiebigerer Energiequellen.

Im übrigen zeigen einige Zahlen besser als viele Worte, in welcher Richtung die Entwicklung strebt:

Im Jahre	1925	wurden	150 000	Pfund	(0,1 %)
,,	1942	,,	500 000 000	,,	
,,	1943	,,	1 564 915 000	,,	
,,	1944	,,	2 804 915 000	,,	
,,	1945	,,	3 300 000 000	,,	
,,	1946	,,	3 800 000 000	,,	(28 %)

aller organisch-chemischen Verbindungen in den USA. aus Erdöl hergestellt.

Diese verteilen sich wie folgt auf die Ausgangsprodukte:

Aus Erdgas	4 000 000 000 000	Kubikfuß
,, Erdöldestillaten .	35 000 000 000	,,
,, Krackprodukten .	400 000 000 000	,,
,, Ölgas	9 000 000 000	,,
Insgesamt	4 444 000 000 000	Kubikfuß

Unter ihnen befinden sich wertvolle Kraftstoffe, Kunstkautschuke, Schädlingsbekämpfungsmittel, Lackfarben, Wasch- und Netzmittel, Wachse und andere.

Die Erdöl-Industrie ist auf dem besten Wege, synthetisch-chemische Industrie zu werden[1].

---

[1] Vgl. G. EGLOFF: Chem. Engng. Bd. 25 (1947) S. 3634 bis 3637.

I. Teil:

Produktion.

§ 1. Geographie und Geologie des Petroleums.

Die Frage nach der Herkunft des Erdöls ist seit Beginn der Schürfungen nicht nur eine Frage von allgemein wissenschaftlichem Interesse. Sie hängt eng zusammen mit der Lagerstättenforschung und damit mit dem Vorkommen von Erdöl in geographisch verschiedenen Gegenden bzw. geologisch verschiedenen Schichten der Erdrinde.

Es gibt verschiedene Anschauungen auf diesem Gebiete. Die Theorie von MENDELEJEFF nimmt an, daß das Erdöl mineralischen Ursprungs ist. Danach soll es aus Karbiden, durch Einwirkung von Feuchtigkeit unter geologischen Bedingungen, auf dem Wege eines Polymerisationsprozesses entstanden sein. Es ist gelungen, erdölähnliche Substanzen durch thermische Polymerisation an Tonkugeln als Katalysatoren schon bei normalem Druck zu erzeugen.

Die Eigenart der meisten Erdöle, optisch aktiv zu sein, deutet jedoch darauf, daß Erdöl aus natürlichen Substanzen entstanden sein kann. Nur die Natur bringt solche organische Verbindungen hervor, die die Polarisationsebene des Lichtes zu drehen vermögen. Durch thermische Gewaltprozesse dagegen entstehen meist optisch inaktive Gemische. ENGLER und HÖFER nehmen daher an, daß das Erdöl aus Fischen und sonstigen Meerestieren unter geologischen Bedingungen entstanden sei.

Durch Bildung von Binnenmeeren sollen sich größere Mengen Meerestiere immer mehr auf engem Raum zusammengedrängt haben, bis sie schließlich in geologischen Zeitepochen zu großen, von Erdmassen überdeckten Lagern anwuchsen. Unter dem Gebirgsdruck und der geothermisch mit der Tiefe anwachsenden Temperatur sind diese Lebewesen in Verwesung übergegangen. Hierdurch wurden die Triglyzeride des Trans abgebaut und ergaben Kohlenwasserstoffe wechselnder Zusammensetzung. Eine starke Stütze findet diese Theorie in dem Umstand, daß Erdöl in der Tat an den Antiklinalen der Salzdome zu finden ist. Auch diese Theorie konnte durch Experimente von ENGLER gestützt werden. Er konnte im Laboratorium durch Erhitzung von Tran unter Druck erdölartige Kohlenwasserstoffe herstellen, die optisch aktiv sind. Man kann Fettsäuren und Naphthensäuren schon bei relativ niedrigen Temperaturen von etwa 275° C katalytisch, z. B. mit Lithiumkarbonat, dekarboxylieren. Weniger einleuchtend ist die Voraussetzung, daß dabei ungeheure Fischmengen hätten zugrunde gehen müssen, um jene unermeßlichen Erdölmengen erklären zu können, die wir seit Jahrzehnten ständig fördern. Dies ist um so erstaunlicher, wenn man berücksichtigt, daß nach den bisherigen Gewinnungsmethoden schätzungsweise 80% des Erdöls in den Lagerstätten verbleiben.

E. BERL und seine Mitarbeiter sind daher zu der Auffassung gekommen, daß nicht tierische, sondern pflanzliche Rohstoffe die Muttersubstanzen des Erdöles seien. Ob aus Zellulose Kohle oder Erdöl entsteht, sei nur eine Frage der geologischen Bedingungen, unter denen sich die Rohstoffe umwandeln. BERL konnte aus Zellulose sowohl Kohle als auch erdölartige Substanzen unter Druck bei erhöhter Temperatur, in Medien verschiedener Reaktion, erzeugen. Diese Theorie beginnt allmählich in den Vereinigten Staaten von Amerika anerkannt zu werden; sie ist auch hinsichtlich der Mengen der zur Verfügung stehenden Rohstoffe verständlich.

Zu erwähnen ist noch eine Theorie von FISCHER, wonach Erdöl auch durch die Tätigkeit von Bakterien entstanden sein könnte. Nach

Abb. 1. Wichtigste Fundorte für Erdöl.

SABATIER und SENDERENS könnten die Rohöle schließlich aus Wasserstoff und Azetylen bei Gegenwart von Metallen als Katalysatoren entstanden sein.

Wichtig für die Praxis ist bei allen diesen Theorien, daß sie etwas über die möglichen Lagerstätten aussagen und Anhaltspunkte über die vermutlichen Fundorte geben können[1].

Betrachtet man die Weltkarte (Abb. 1) mit den Fundorten, so erkennt man drei große, räumlich weit ausgedehnte Gebiete. Wohl das am längsten bekannte Fundgebiet ist die Gegend um das Schwarze und das Kaspische Meer. Zu diesem sind nicht nur die kaukasischen und nordiranischen, sondern auch die rumänischen Erdölfelder um den östlichen Karpatenbogen und die weiter entfernten südiranischen und mesopotamischen Quellen zu rechnen. Die reichhaltigsten Vorkommen sind bisher um die Anden und die Rocky Mountains gefunden worden;

---

[1] Vgl. hierzu A. TREIBS: Entstehung des Erdöls. Erdöl und Kohle Bd. 1 (1948) S. 137/143, 185/199. — SCHWARTZ, W., u. A. MÜLLER: Erdölbakterien. Ebendort S. 232/240.

sie ziehen sich bis über den ganzen nord- und südamerikanischen Kontinent hin. Schwerpunkte sind in Kalifornien, Mexiko und Venezuela zu verzeichnen. Die dritte große Gruppe von Fundorten liegt auf der Inselbrücke, die Asien mit Australien verbindet, und zwar auf Sumatra, Java und Borneo.

Es scheint, als ob das Erdöl mit größter Wahrscheinlichkeit da gefunden wird, wo größere Binnenmeere waren. Am deutlichsten tritt dies beim Schwarzen und beim Kaspischen Meer in Erscheinung. Gelegentlich sind Erdölfunde auch in vulkanischen Gegenden zu verzeichnen (Anden, Südseeinseln). In diesen Gegenden war offenbar die Wahrscheinlichkeit am größten, daß bedeutendere Lager organischer Substanzen verschüttet wurden und so unter Bedingungen von Druck und Temperatur gelangten, unter welchen sich Erdöl bilden konnte.

Dies sind jedoch nur grobe Anhaltspunkte, nach denen man kaum die kostspieligen Schürfungen ansetzen kann. Um diese mit Erfolg durchzuführen, ist vielmehr eine eingehende Erforschung der Erdrinde nötig, die große Erfahrungen erfordert. Sie gehört mit zu den Hauptaufgaben der großen Erdölgesellschaften.

Durch diese umsichtige geologische Forschungstätigkeit versucht man, Fehlbohrungen zu vermeiden und vor allem zu verhindern, daß sichere Fundorte vorzeitig versiegen. Die Staaten, in denen Erdöl gefunden wird, sind daher bestrebt, nur Perimeter zur Prospektierung zu vergeben, von denen noch nicht mit Sicherheit nachgewiesen ist, daß sie höfig sind. So wälzt der Staat das Risiko der Bohrungen auf die finanzkräftigen Trusts ab und sichert sich Reserven auf längere Sicht. Ohne derartige Maßnahmen könnte es vorkommen, daß mehr verbohrt als erbohrt wird. Die Verfahren, nach denen heute gebohrt wird, sind wohl nur noch das Rotary-Verfahren, und seltener das Seilschlag-Bohrverfahren. Veraltete Verfahren, wie das kanadische, sind in manchen Ländern, z. B. Rumänien, gesetzlich verboten. Die bei den Bohrungen nach Erdöl bisher erreichten größten Tiefen sind folgende:

Die tiefsten Erdölbohrungen der Welt.

Sonde	Ölgebiet	Tiefe in m
KCL A—2	Kalifornien	4573
Helbing 1	Kalifornien	4273
Minnie Brown 1	Texas	4185
KCL A—3—8	Kalifornien	4159
Bay Baptist 1	Louisiana	4087
Buckley Boury 1	Louisiana	4043
Mc Elroy 103	Ver. Staaten v. Amerika	3897
Kinsui	Formosa	3521
Chitonani 1	Rumänien	3350
Colombia 317	Rumänien	3080
Akalta 6	Kanada	3057

Die aus den verschiedenen Tiefen geförderten Erdöle sind in ihrer Qualität sehr verschieden. Diese wechselt nach dem Alter der Schichten. Eine alle Einzelheiten umfassende Regel läßt sich kaum angeben. Im allgemeinen ergeben die geologisch älteren Schichten paraffinöse Produkte, während die geologisch jüngeren Schichten vorwiegend aromatische

Erdöle führen. Dazwischen unterscheidet man noch naphthenische und intermediäre Sorten, die sich durch besondere Kältebeständigkeit oder geringen Asphaltgehalt auszeichnen.

Asphaltbasische Erdöle werden immer seltener und sind ein gesuchter Ausgangsstoff für hochklopffeste Ottokraftstoffe, insbesondere für Fliegerbenzin. Sie sind im Preise zur Zeit am höchsten. Die hochparaffinösen Produkte müssen erst gekrackt werden, um modernen Anforderungen entsprechende Autokraftstoffe zu ergeben. Paraffinöse Grundstoffe eignen sich jedoch besser zur Erzeugung temperaturbeständiger Schmieröle. Da der Bedarf an Schmierölen weit geringer ist als

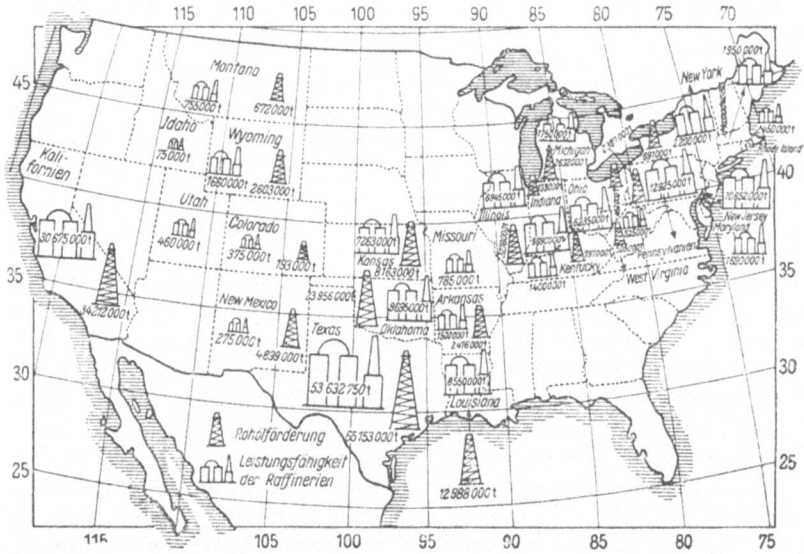

Abb. 2. Produktions- und Fabrikationsgebiete für Erdölprodukte in den Ver. Staaten v. Amerika.

der an Treibstoffen, sind paraffinöse Rohöle in der Regel die billigsten. Ob dies jedoch so bleiben wird, ist fraglich. Mit zunehmender Verwendung von Dieselmotoren, die zündwillige, paraffinöse Gasöle benötigen, an Stelle von Ottomotoren, kann die Nachfrage nach paraffinösen Grundstoffen steigen; denn der Dieselmotor arbeitet mit besserem thermischem Wirkungsgrad als der Ottomotor. Die Menge geförderter Rohöle im Jahre 1939 in den wichtigsten Erdölländern der Welt ist aus folgender Übersicht nach Oil and Gas Journal zu entnehmen:

Ver. Staaten v. Amerika	180,0 Mill. t	Kolumbien	3,3 Mill. t
Sowjetunion	31,4 Mill. t	Trinidad	2,7 Mill. t
Venezuela	29,8 Mill. t	Argentinien	2,6 Mill. t
Iran (Persien)	11,0 Mill. t	Peru	1,9 Mill. t
Niederl.-Indien	9,5 Mill. t	Brit.-Indien u. Burma	1,4 Mill. t
Rumänien	6,7 Mill. t	Kanada	1,1 Mill. t
Mexiko	5,9 Mill. t	Bahrein	1,1 Mill. t
Irak (Mosul)	4,3 Mill. t		

Man erkennt daraus, daß weitaus über die Hälfte des gesamten Erdöls der Welt in den Vereinigten Staaten von Amerika gefördert wird. Aus den weiteren Tabellen wird hervorgehen, daß diese Mengen dort auch zum größten Teil konsumiert werden. Darauf beruht ein wichtiger Teil der gesamten nordamerikanischen Zivilisation und nicht zuletzt die wirtschaftlich industrielle Vormachtstellung der Vereinigten Staaten. Um einen Vergleich mit dem zweiten wichtigsten Energiespender, der Kohle, zu ziehen, seien auch die Fördermengen der Steinkohle für das Jahr 1938 angeführt.

Ver. Staaten v. Amerika	351,2 Mill. t	Belgien	29,6 Mill. t
Großbritannien	231,9 Mill. t	Brit.-Indien	25,6 Mill. t
Deutsches Reich	195,6 Mill. t	Südafrika (Rhodesien)	17,0 Mill. t
Sowjetunion	113,0 Mill. t	Mandschurei	14,4 Mill. t
Japan	53,0 Mill. t	Niederlande	13,5 Mill. t
Frankreich	46,5 Mill. t	China	12,0 Mill. t
Polen	38,1 Mill. t	Australien	11,7 Mill. t

Zu dieser Tabelle ist zu bemerken, daß im Deutschen Reich in diesem Jahre auch noch 212570000 Jahrestonnen Braunkohle gefördert wurden, während die Förderung in den anderen Ländern zusammen kaum den zehnten Teil dieser Menge ausmacht. Rechnet man diese Menge im Verhältnis der Heizwerte um, so folgt daraus, daß das Deutsche Reich der größte Kohlenproduzent der Welt war. Industrie und Handel sind daher auf dieser Basis aufgebaut. Man kann an der nachstehenden Tabelle für den unteren Heizwert leicht übersehen, daß in den Erdölprodukten nahezu eine doppelt so hohe Heizkraft steckt wie in den festen Brennstoffen.

Holzkohle	7600	kcal/kg
Koks	6800— 7400	,,
Steinkohle	5800— 8000	,,
Anthrazit	7500— 8100	,,
Braunkohle	2000— 5300	,,
Braunkohlebriketts	4500— 5300	,,
Holz	4000— 4600	,,
Steinkohlebriketts	7000— 8000	,,
Benzin	10200—10500	,,
Gasöl	9000—10300	,,
Heizöl	9000—10300	,,
Paraffinöl	9800—10500	,,
Petroleum	10300	,,
Spiritus	5700— 6300	,,

Wenn auch die Mengen der festen Brennstoffe zur Zeit etwa das Dreifache betragen, so ist doch ihr gesamter Heizwert von annähernd der gleichen Größenordnung. Dem Wert nach übertreffen sogar die flüssigen Brennstoffe die Kohlen.

Die Verarbeitungsstätten der flüssigen Brennstoffe sind die Raffinerien. Um auch ein Bild von der Leistung dieser Raffinerien zu geben, seien die Kapazitäten der größten von ihnen in folgender Tabelle wiedergegeben. Dabei kann man im Durchschnitt 7 Faß = 1 Tonne setzen.

Produktion.

Lago Oil & Transport Co. Ltd.	Aruba	285000	Faß/Tag
Anglo Iranian Oil Co.	Abadan	280000	,,
Glavneft	Baku	230000	,,
Curaçaosche Petr. Mij.	Emmastad	200000	,,
Glavneft	Grozny	150000	,,
Glavneft	Batum	145000	,,
Humble Oil Ref. Co.	Baytown	137000	,,
The Texas Co.	Port Arthur	125000	,,
Gulf. Oil Corp.	Port Arthur	115000	,,
Standard Oil of N. J.	Bayonne	104500	,,
Iraqu. Petr. Co.	Kirkuk	100000	,,
Standard Oil Calif.	El Segundo	100000	,,
Standard Oil Calif.	Richmond	100000	,,
Standard Oil of La.	Baton Rouge	100000	,,
Magnolia Petr. Co.	Beaumont	100000	,,
Standard Oil Co. Ind.	Whinting	89000	,,
The Atlantic Refg. Co.	Philadelphia	83000	,,
Pan American Refg. Co.	Texas City	79000	,,
Vacuum Oil C. I. F.	Cravenchon	76000	,,
Shell Petr. Co.	Houston	71000	,,
Sun Oil Co.	Markus Hook	63000	,,
Richfield Oil Co.	Watson	60000	,,
Union Oil Co. Cal.	Wilmington	57000	,,
Tide Water Assoc. Oil Co.	Bayonne	55000	,,
Sinclair Refg. Co.	Houston	55000	,,
General Petr. Co. Cal.	Torrance	52000	,,
Tide Water Assoc. Oil Co.	Avon	48000	,,
Nederland'sche Col. P. Mij.	Palembang	45000	,,
N. V. de Bataafsche P. Mij.	Pladjoe	45000	,,
The Pure Oil Co.	Nederland	44000	,,
Shell Petroleum Corp.	Nord River	43000	,,
Sinclair Refg. Co.	E. Chikago	40000	,,
Sinclair Refg. Co.	Marcus Hook	40000	,,
Astra Română S. A.	Ploeşti	40000	,,
United Brit. Oilf. Trinidad	Point Fortin	40000	,,
Consolidated Refinieries	Haifa	40000	,,

Das spezifische Gewicht (Dichte) der verschiedenen Rohöle liegt bei 15° C etwa in folgender Größenordnung:

Pennsylvanien	0,816 g/cm³	Moreni	0,869 g/cm³
Kanada	0,828 ,,	Rußland	0,882 ,,
Schwabweiler leicht	0,829 ,,	Westgalizien	0,885 ,,
Baicoi	0,831 ,,	Walachei	0,901 ,,
Câmpină	0,8375 ,,	Tintea	0,9095 ,,
Buştenari (Telega)	0,854 ,,	Wietze schwer	0,955 ,,
Schwabweiler schwer	0,861 ,,		

Bei einer durchschnittlichen Dichte von etwa 850 kg/t enthält ein Faß etwa 135 kg, so daß eine Raffinerie von 40000 Faß Tageskapazität etwa 5400 Tonnen pro Tag verarbeiten kann. Die genannten Kapazitätsziffern geben nur einen ungefähren Anhaltspunkt über das Ausmaß der Fabrikationsanlagen. Manche Raffinerien haben noch große zusätzliche Einrichtungen zur Erzeugung von Flüssiggas und synthetischen Treibstoffen. Zu einer besseren Charakterisierung gehört daher immer auch die Angabe der Krackkapazität. Das gleiche gilt von der Kapazität der Schmieröl-, Paraffin- und Asphalt-Verarbeitungsanlagen.

Immerhin zeigen die an erster und vierter Stelle angegebenen Ziffern, daß sich auf den Inseln Curaçao und Aruba, die im Golf von Maracaibo der venezuelanischen Küste vorgelagert sind, das größte Raffineriezentrum der Welt befindet. Die Anlagen sind in niederländischem Besitz. Eine ähnlich große Einheit von 38000 Tonnen täglicher Verarbeitungskapazität liegt dann nur noch bei Abadan im Persischen Golf. Diese Anlage ist zur Zeit die modernste Raffinerie der Welt.

Für die europäische Erdölindustrie ist Rumänien, der sechstgrößte Weltproduzent, das bedeutendste Land. Die größte Raffinerie dieses Landes war die der Astra Română, einer Tochtergesellschaft des Shell-Konzerns.

Da von den umgesetzten Werten der größte Teil in Form von Steuern und Taxen an den Staat bezahlt wird, bedeutet diesem die Erdölwirtschaft eine seiner wichtigsten Einnahmequellen. Um sich einen Begriff über die Werte zu bilden, die täglich in einer mittleren Raffinerie eingesetzt werden, ist zu berücksichtigen, daß der Verkaufspreis eines Liters Treibstoff an der Tankstelle etwa 0,40 DM beträgt (Asphalt- und Schmieröle sind teurer, Heizöle sind billiger). Das entspricht etwa einem Umsatz von 2 Mill. DM pro Tag, der in den größten Raffinerien bis auf das Zehnfache anwachsen kann. Um die ungeheuren Mengen daraus hergestellter Produkte verteilen zu können, unterhalten die großen Erdöl-Gesellschaften ansehnliche Tankerflotten, deren Frachtraum, nach Ländern gegliedert, den Vorkriegsverhältnissen entsprechend aus nachstehender Tabelle zu ersehen ist.

Großbritannien	498	Einheiten,	3264	Tausend BRT
Ver. Staaten von Amerika	421	,,	2800	,,
Norwegen	272	,,	2117	,,
Niederlande	107	,,	537	,,
Italien	84	,,	486	,,
Panama	54	,,	469	,,
Japan	47	,,	429	,,
Frankreich	50	,,	317	,,
Deutschland	37	,,	256	,,
Schweden	19	,,	158	,,
Sowjetunion	28	,,	132	,,
Argentinien	25	,,	123	,,
Dänemark	14	,,	106	,,
Spanien	15	,,	70	,,
Venezuela	23	,,	63	,,
Belgien	9	,,	65	,,
Andere	29	,,	96	,,

Zusammen 1731 Einheiten 11488 Tausend BRT.

Daraus geht hervor, daß England die größte Tankerflotte der Welt besaß. Dies liegt hauptsächlich daran, daß praktisch seine gesamten Erdölreserven außerhalb des Mutterlandes und, zum größten Teil, sogar außerhalb seines Kolonialreiches liegen. Auffallend groß war die norwegische Flotte, die in der Hauptsache für Dritte fuhr. Neben diesen Fahrzeugen gilt als wichtigstes Transportmittel die Erdölleitung. Um auch hierüber eine Übersicht zu geben, seien die wichtigsten Pipelines angeführt:

von Léopoldville nach Ango-Ango 400 km,
von Ebano nach Tampico (Mexiko) 70 km,
von Barranca-Bermeja nach Cartagena (Kolumbien),
vom Mene-Grande nach der Küste (Venezuela),
von Hurghada nach Suez,
vom Mossulgebiet nach dem Mittelmeer (Kirkuk–Tripoli rd. 850 km, Kirkuk–Haifa rd. 1000 km),
von Südpersien nach dem Persischen Golf,
von Yenegat nach Rangoon (Burma) 450 km,
von Baku nach Batum 820 km,
von Câmpina nach Ploeşti (Rumänien) 50 km,
von Baicoi nach Constanza (Rumänien) 350 km,
vom Quatarfeld (Saudi-Arabien) zum Mittelmeer rd. 1800 km (im Bau).

Hier ist die große Erdölleitung nicht mit angeführt, die während dieses Krieges in den Vereinigten Staaten gebaut wurde. Eine Betrachtung der erdölfördernden und -verarbeitenden Industrie der Vereinigten Staaten auf der Karte (Abb. 2) zeigt, daß die Raffinerien vorwiegend an den Küsten konzentriert sind, während die Fördergebiete im Innern des Landes liegen. Der Grund dafür liegt darin, daß der Transport des Rohöls in den Rohrleitungen billig bewerkstelligt werden kann. Für Fertigprodukte sind Pipelines nicht gleich bequem zu verwenden. Man müßte zum teureren Eisenbahntransport greifen, um sie zur Küste zu befördern, denn die Hauptverbrauchsgebiete sind auf dem Wasserwege am besten zu erreichen.

Bei dem heutigen Erdölbedarf interessieren auch die Vorräte, über die die verschiedenen Länder nach heutigen Schätzungen noch verfügen. Folgende Tabelle über die Erdölvorräte der Welt möge dies erläutern:

Sowjetunion	4000 Mill. t	Rumänien und andere	
Ver. Staaten v. Amerika	2030 Mill. t	europäische Gebiete	190 Mill. t
Irak	400 Mill. t	Niederländisch-Indien	140 Mill. t
Iran (Persien)	300 Mill. t	Übrige	200 Mill. t
Venezuela	240 Mill. t		

Nach Großräumen gegliedert ergibt sich folgendes Bild:

Europa	4200 Mill. t	Ostasien	400 Mill. t
Nordamerika	2000 Mill. t	Südamerika	400 Mill. t
Naher Osten	700 Mill. t		

Daraus geht hervor, daß die Sowjetunion nach jetzigen Schätzungen über die größten Vorräte verfügt. Nach Kontinenten gegliedert ergibt sich für Europa das günstigste Bild. Dagegen stehen die Vereinigten Staaten bzw. Nordamerika in beiden Fällen an zweiter Stelle. Ein Überblick über die Produkte, die in den verschiedenen Ländern aus dem Rohöl erzeugt werden, kann der nachstehenden Tabelle, die die Zahlen für das Jahr 1938 enthält, entnommen werden.

	Leuchtöl	Heizöl und Dieselöl
Niederlande	30 kg/Kopf	61 kg/Kopf
Dänemark	27 ,,	92 ,,
Norwegen	22 ,,	119 ,,
Großbritannien	19 ,,	83 ,,
Schweden	18 ,,	66 ,,
Rumänien	8 ,,	71 ,,
Österreich	8 ,,	18 ,,
Frankreich	6 ,,	61 ,,

Geographie und Geologie des Petroleums.

	Leuchtöl	Heizöl und Dieselöl
Schweiz	5 kg/Kopf	43 kg/Kopf
Tschechoslowakei	5 ,,	5 ,,
Italien	3 ,,	38 ,,
Deutschland	2 ,,	43 ,,
Sowjetunion	32 ,,	53 ,,
Ver. Staaten von Amerika	32 ,,	437 ,.
Kanada	8 ,,	? ,,
Südafrikanische Union	6 ,.	24 ,,
Australien	24 ,,	77 ,,
Weltdurchschnitt	9 ,,	48 ,,

Welche unterschiedliche Rolle die einzelnen Energieträger in der Energiewirtschaft spielen können, geht aus nachstehender Gegenüberstellung hervor.

Energieerzeugung aus	in Deutschland in %	in den Ver. Staaten v. Amerika in %
Stein- und Braunkohle	90	60
Holz	5	0
Mineralölen	2,5	24
Erdgas	0	8,5
Wasser	2,5	7,5

Daraus geht hervor, daß die Vereinigten Staaten von Amerika das meiste Heiz- und Dieselöl pro Kopf der Bevölkerung verbrauchen, während die Sowjetunion zu den größten Leuchtölverbrauchern zählt. In den Vereinigten Staaten von Amerika dürfte ein größerer Teil des Leuchtöls als Motorkraftstoff dienen.

Um einen Überblick zu gewinnen, welche Rolle die flüssigen Kraftstoffe im Vergleich mit den übrigen Energiequellen spielen, wird noch eine Übersicht über die Wasserkräfte gegeben.

Folgende Tabelle möge hierüber Auskunft geben:

Wasserkräfte der wichtigsten Länder in PS.

	Vorhanden	Ausgebaut
Deutschland	6 060 000	4 365 000
England	850 000	400 000
Frankreich	5 000 000	3 900 000
Italien	6 000 000	3 800 000
Schweiz	2 500 000	2 350 000
Schweden	5 000 000	1 800 000
Norwegen	1 500 000	1 400 000
Finnland	1 800 000	400 000
Ungarn	1 500 000	?
Kroatien	1 900 000	150 000
Spanien	4 000 000	1 400 000
Europäisches Rußland	9 125 000	1 045 000
Kontinental-Europa	48 875 000	23 255 000
Sowjetunion, total	24 125 000	1 136 000
Japan	8 600 000	4 200 000
Korea	1 000 000	200 000
Sibirien	15 000 000	91 000
China	20 000 000	3 000
Brit.-Indien	27 000 000	400 000
Belg.-Kongo	90 000 000	70 000
Franz.-Kongo	35 000 000	10 000

	Vorhanden	Ausgebaut
Madagaskar	5 000 000	10 000
Nigerien	9 000 000	16 000
Südafrika	1 600 000	7 000
Ver. Staaten von Amerika	42 000 000	16 675 000
Mexiko	6 000 000	450 000
Kanada	18 000 000	7 547 000
Mittelamerika	5 150 000	145 000
Argentinien	5 000 000	100 000
Brasilien	25 000 000	700 000
Chile	2 500 000	115 000
Australien, total	17 600 000	550 000
Australien, Bundesstaat	1 300 000	117 000
Neuseeland	2 500 000	300 000
Gesamte Erde	472 000 000	55 000 000

Daraus geht hervor, daß die ausgebauten Wasserkräfte 55 000 000 PS im Jahre $5{,}5 \cdot 10^7 \cdot 24 \cdot 365 = 4{,}8 \cdot 10^{11}$ PS-Stunden liefern, während die 7700 Millionen Tonnen Erdölvorräte der Welt einen Arbeitsvorrat von $7{,}7 \cdot 10^9 \cdot 10^3 \cdot 10^4 = 7{,}7 \cdot 10^{16}$ Cal oder $\left(7{,}7 \cdot 10^{16} \cdot \dfrac{427}{75}\right) : 3600 = 1{,}2 \cdot 10^{14}$ PS-Stunden darstellen.

§ 2. Prospektion, Exploration und Exploitation.

a) Prospektion.

Unter Prospektion oder Schürfung versteht man das Aufsuchen von Gebieten, in denen sich Erdöllagerstätten befinden. Diese Tätigkeit bringt also nur einen Hinweis auf die gesuchte Lagerstätte. Dementsprechend hat sich die Tätigkeit des Prospektors zuerst auf ein möglichst großes Gebiet zu erstrecken. Erst dann wird er sich auf jene Teile konzentrieren, wo sich die Hinweise häufen. Charakteristisch für diese Arbeit ist also die große räumliche Ausdehnung des bearbeiteten Gebietes. Dieser Umstand bestimmt auch die anzuwendenden Methoden sowie die zu erwartenden Ergebnisse. Die Schürfungsmethoden lassen sich am besten in geologische und geophysikalische gliedern.

Schon nach der Problemstellung scheint die Schürfarbeit vorwiegend geologisch zu sein. Das Ziel ist die Frage nach einer Formation, die als Muttergestein in Frage kommt, erst dann nach den Schichten, die ihrer Ausbildung nach ein geeignetes Speichergestein sein können. Schließlich interessiert die Frage nach einem genügend undurchlässigen Deckgestein, welches die Erhaltung der Lagerstätte bis auf den heutigen Tag möglich erscheinen läßt.

Am Anfang jeder Schürfarbeit steht daher die genaue geologische Kartierung des betreffenden Gebietes. Zu diesem Zweck werden an möglichst vielen, leicht zugänglichen Stellen die Ausbisse der Schichten festgestellt und in eine geeignete topographische Karte eingetragen. Gewöhnlich wählt man einen Maßstab von 1 : 50000. An jeder Stelle muß folgendes bestimmt werden:

a) Das Streichen und Einfallen der Schichten.

b) Die Formation, zu der die festgestellten Schichten gehören (Hilfsmittel: Fossilien).

c) Die Ausbildung und Fazies, worunter man das Aussehen der Gesteine versteht. (Erfahrungsgemäß kommen als Muttergesteine nur marine Ablagerungen in Frage.)

d) Der petrographische Charakter (Sandstein oder Sand, der unter Umständen als Speichergestein in Frage kommt).

e) Die allgemeinen tektonischen Verhältnisse der Gegend, besonders Faltungen, Störungen und Verwerfungen, durch welche eine seitliche Begrenzung der Lagerstätte verursacht sein kann.

Die Ergebnisse dieser geologischen Untersuchungen sind dann teils positiver Art, z. B. in Gebieten, in denen die Bedingungen für die Entstehung einer Erdöllagerstätte günstig sind, teils auch negativer Art in Gebieten, in denen tertiäre Ablagerungen überhaupt fehlen, oder in vulkanischen Gegenden, in denen man nur selten Erdöllagerstätten vermuten kann.

Der große Mangel dieser Untersuchungen besteht darin, daß sie sich auf die Oberfläche beschränken und nicht die Tiefe erfassen, in der man die Lagerstätten vermutet. Eine genaue Untersuchung muß daher auch nach der dritten Dimension vorstoßen. Dies bringt manche Schwierigkeiten mit sich. Grundsätzlich ist es möglich, durch eine Bohrung auch über die geologischen Verhältnisse in der Tiefe Klarheit zu schaffen. Man hat Schürfbohrgeräte konstruiert, mit denen man Tiefen bis zu 1500 m erreichen kann. Da eine Bohrung nur über die Verhältnisse in einem einzigen Punkt Aufschluß gibt, was in stark gestörten Gebieten nicht charakteristisch zu sein braucht, kann das Erbohren von dünnen Kernen niemals den Eindruck vermitteln, den das über Tage anstehende Gestein macht. Daher sind Schürfbohrungen nur zur Klärung wichtiger Spezialfragen in ganz bestimmten, geeigneten Punkten anzusetzen.

Es gibt allerdings Fälle, wo sie nicht zu vermeiden sind. Dies ist z. B. der Fall, wenn die Schichten nur ein geringes Einfallen zeigen und daher die tieferen Formationen nirgends ausbeißen, oder wenn unter einer späteren Bedeckung von größerer Mächtigkeit Störungen vermutet werden, so daß die Ergebnisse von Oberflächenaufschlüssen kein verläßliches Bild geben. In diesen Fällen steht aber die Schürfbohrung nicht am Anfang, sondern am Ende der Schürftätigkeit. Weiter unten soll gezeigt werden, daß die heutigen geophysikalischen Methoden das Auffinden gerade von solchen unterirdischen Störungen mit großer Zuverlässigkeit in einfacher Weise ermöglichen. Die Schürfbohrung wird dann erst auf Grund der Ergebnisse anderer Methoden zur Klärung solcher Fragen eingesetzt, welche durch andere Methoden nicht entschieden werden können. Wegen der technischen Hilfsmittel der Schürfbohrung an sich sowie der dabei angewandten geophysikalischen Methoden sei auf den Absatz über Exploration verwiesen.

Die geophysikalischen Schürfmethoden gehen alle von dem Gedanken aus, daß sich die verschiedenen Gesteine in ihren physikalischen Eigenschaften mehr oder weniger unterscheiden. Sind irgendwelche Wirkungen dieser physikalischen Eigenschaften bis zur Erdoberfläche spürbar, so muß es möglich sein, aus einer genauen Vermessung der

Verteilung dieser Wirkungen an der Erdoberfläche Aussagen über die Verteilung in der Tiefe der Erdrinde zu machen. Mit anderen Worten: Für den Geophysiker ist die Erdrinde ein Gebiet, in dem eine unbekannte, aber zeitlich unveränderliche Verteilung von physikalischen Eigenschaften herrscht. Sein Ziel ist es, auf Grund von Messungen an der Oberfläche diese Verteilung festzustellen. Der Prospektor hat dann daraus Schlüsse auf die gesuchte Lagerstätte zu ziehen. Die zahlreichen geophysikalischen Methoden, deren Anwendung vorgeschlagen wurde, die sich aber nur teilweise in der Praxis bewährten, lassen sich grundsätzlich in zwei Kategorien einordnen.

Zur ersten Gruppe gehören Verfahren, die die Verteilung von schon vorhandenen, unveränderlichen Eigenschaften ausmessen sollen. Es handelt sich dabei also vor allem um Fragen der Meßtechnik. Diesen Methoden haften meist die Unzulänglichkeiten aller rein beobachtenden Verfahren an. Sind die beobachtbaren Erscheinungen nicht aufschlußreich genug, dann müssen andere Verfahren herangezogen werden.

Die zweite Gruppe umfaßt Methoden, bei denen das Verhalten gegenüber einem vom Geophysiker vorgenommenen Eingriff ermittelt wird. Es sind also nicht nur geeignete Mittel der Meßtechnik anzuwenden, vielmehr ist auch noch zu erwägen, in welcher Art und mit welcher Intensität der betreffende Eingriff vorzunehmen ist. Meistens wird sich der dabei erforderliche Aufwand an technischen Hilfsmitteln lohnen. Dies ist der Fall bei allen experimentellen Methoden, bei denen man durch Verschieben und Dosieren des Eingriffes zusätzliche Anhaltspunkte gewinnen kann. Insbesondere kann bei manchen dieser Methoden auf einfache Weise die Eindringtiefe verändert werden. Es erscheint also eine systematische Erforschung nach der Tiefe und die Lokalisierung bestimmter Störungen, nicht nur in horizontaler, sondern auch in vertikaler Richtung möglich.

Den hierher gehörenden gravimetrischen Methoden liegt der Gedanke zugrunde, daß die Intensität der Schwerkraft an jedem Ort der Erdoberfläche von der Masse der benachbarten Materie abhängt, daß also das Schwerefeld der Erde örtliche Schwankungen aufweist. Dies rührt daher, daß die Schwerkraft über Gesteinen größerer Dichte größer ist als über spezifisch leichteren Massen. Diese Schwankungen sind allerdings nur sehr gering und erfordern daher Methoden von hoher Empfindlichkeit und Genauigkeit.

Als Apparate für Schwermessungen kommen drei Arten in Betracht: das Pendel, die Drehwaage und die Federwaage. Die ältesten Apparate, zugleich die einzigen, mit deren Hilfe sich die Schwerkraft auch nach ihrem absoluten Betrage messen läßt, beruhen auf dem Gedanken des Pendels. Bekanntlich hängt die Schwingungsdauer eines Pendels unter anderem auch von der Fallbeschleunigung ab. Die absolute Bestimmung dieser Fallbeschleunigung erfordert allerdings die Bestimmung der Schwingungsdauer und der reduzierten Pendellänge. Für die Messungen relativer Größen genügt der Vergleich der Schwingungsdauer an zwei verschiedenen Orten, vorausgesetzt, daß sich alle übrigen Daten, insbesondere die Pendellänge, nicht verändert haben.

Die in der Praxis verwendeten Apparate sind in der Regel Pendelgeräte von erheblichem Gewicht, denn die geringen Änderungen der Schwingungsdauer lassen sich nur bei Beobachtung von vielen Schwingungen feststellen. Deshalb muß die Dämpfung sehr klein sein. Um eine Genauigkeit von 1 Milligal[1], d. i. ungefähr der millionste Teil der Fallbeschleunigung, zu erreichen, müssen noch Änderungen der Schwingungsdauer von einer Zehnmillionstel-Sekunde meßbar sein. Auch die dazugehörigen Stative müssen genügend schwer sein, um die unvermeidlichen Störungen, die von ihrem Mitschwingen herrühren, genügend klein zu halten. Zum Anschluß der Zeitmessung an ein Vergleichspendel, der sich an einem bestimmten Ort befindet, dienen für jeden Pendelapparat ein Radiosender und -empfänger. Es sind an einer Meßstelle etwa 10 geschulte Beobachter erforderlich. Für diese sowie für den Transport der Geräte, der zur Wärmeisolation benötigten Korkzelte und sonstiger Ausrüstung dienen entsprechend eingerichtete Schnellastwagen. Die Auswertung der Messung erfordert einen großen Aufwand an Rechenarbeit. Es müssen die Temperatur, die Luftdichte, die mitschwingenden Massen sowie die Einflüsse in der Umgebung der Station befindlicher Berge und Täler durch Korrekturen erfaßt und schließlich die Meßergebnisse auf eine Meereshöhe reduziert werden. Aus allen diesen Gründen erfordert die Schweremessung mit dem Pendel einen ziemlich großen Aufwand und ist teuer. Man kann pro Tag höchstens eine Station vermessen, wenn man die erstrebte Genauigkeit von 1 Milligal erreichen will. In der Praxis werden damit keine größeren Arbeiten zu Prospektionszwecken durchgeführt. Sie dient mehr wissenschaftlichen Aufgaben.

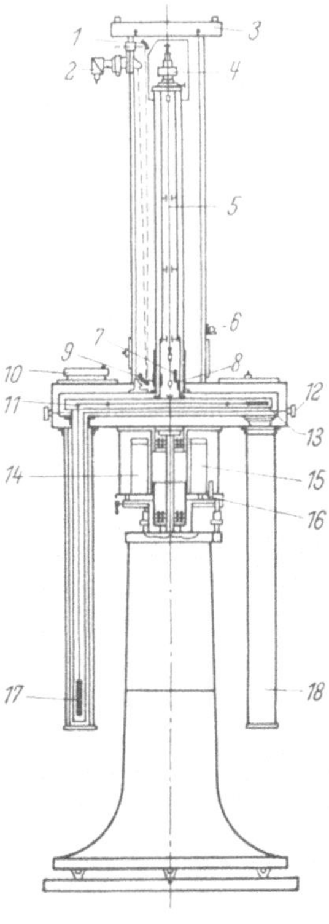

Das Feld der gravimetrischen Messungen, sowohl für Schürfarbeiten als auch für andere Zwecke, wurde bis vor etwa 15 Jahren von der Drehwaage

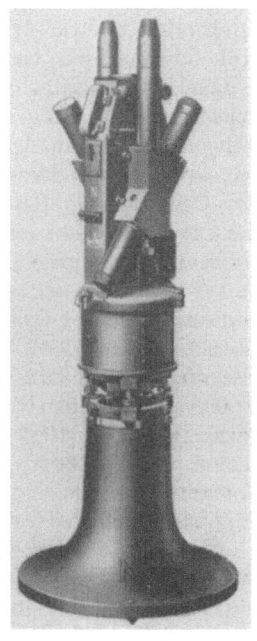

Abb. 3. Große Fötvössche Drehwaage, im Schnitt. Bauart Askania.
1 Vorschaltspiegel, *2* Lampe, *3* Kassettenaufsatz, *4* Torsionskopf, *5* Platindraht, *6* Libelle, *7* fester Spiegel, *8* Waagebalkenspiegel, *9* Bockspiegel, *10* Bussole, *11* Waagebalken, *12* Arretierung, *13* oberer Massenkörper, *14* Kontaktuhrwerk, *15* Triebwerk, *16* Zahnkranz, *17* unterer Massenkörper, *18* Schutzrohr.

Abb. 4. Schrägbalkendrehwaage (Ansicht). Bauart Askania.

---
[1] 1 Gal = 1 cm/s².

Umstätter, Petroleumingenieur.

beherrscht. Dieser von EÖTVÖS eingeführte Apparat, der in Abb. 3 und 4 in zwei Ausführungsformen wiedergegeben ist, besteht im wesentlichen aus einem Waagebalken von mehreren Dezimetern Länge, deren beide Enden je eine Masse von 50 bis 100 g tragen. Das Ganze ist an einem äußerst dünnen Faden aus Platin-Iridium oder Quarz aufgehängt. Das Gehänge sucht sich in die Richtung der Gradienten des Schwerefeldes einzustellen. Das ist diejenige Richtung, in der die Schwerkraft die größte Änderung pro Längeneinheit in horizontaler Richtung aufweist. Die Richtkraft ist proportional der Änderung der Schwerkraft pro Längeneinheit. Diese Richtkraft wird durch die Torsion des Aufhängefadens kompensiert. Heute wird meist die sogenannte Drehwaage zweiter Art benutzt, bei der die beiden Gewichte mit einem Höhenunterschied von derselben Größenordnung wie die Länge des Waagebalkens aufgehängt sind. Bei dem Apparat der Abb. 4 ist der Waagebalken schräg aufgehängt. Die Richtkraft und die Einstellung hängen bei diesem Apparat vom Gradienten, von der Krümmung der Niveaufläche des Schwerefeldes in den beiden Hauptschnitten sowie von der Orientierung dieser Hauptschnitte ab. Moderne Apparate haben die oben angegebenen Abmessungen und tragen am Gehänge noch einen kleinen Spiegel, mit dessen Hilfe nach der POGGENDORFFschen Methode die Einstellung abgelesen bzw. photographisch registriert werden kann. Da die Orientierungskraft sehr klein ist, muß auch die Torsionskonstante des Aufhängefadens entsprechend gering sein. Der Faden hat eine Länge von etwa 50 cm und einen Durchmesser von 0,0005 mm. Er ist so berechnet, daß er das Gehänge bei einem Sicherheitszuschlag von nur 10 % gerade noch tragen kann. Zum Schutz gegen Luftströmungen ist der Apparat von einem Gehäuse umgeben, das auch zum Temperaturausgleich dient. Für den Transport ist eine Arretierung und für die Aufstellung ein Gestell mit Libelle und Nivellierschrauben vorgesehen.

In einer Station müssen insgesamt fünf Messungen durchgeführt werden, und zwar sind 2 Gradienten, 2 Krümmungen und 1 Orientierung zu bestimmen. Man mißt in 5 verschiedenen Azimuten, z. B. bei 0°, 72°, 144°, 216° und 288° (sogenannte Fünferstellung). Bei der großen Schwingungsdauer des Gehänges (als Folge der geringen Torsionskonstante) und der geringen Dämpfung dauert eine Messung ziemlich lange. Zur Abkürzung verwendet man Doppelwaagen, die in einem gemeinsamen Gehäuse zwei möglichst identische Waagen mit parallelen Gehängen, aber mit umgekehrt aufgehängten Gewichten, enthalten. Zur Vermeidung von Erschütterungen wird das Drehen des Apparates von einem Azimut zum anderen und die photographische Registrierung mittels eines Uhrwerkes vorgenommen. Bei Doppelwaagen kommt man in einer Station mit der Messung in nur 3 verschiedenen Azimuten aus (sogenannte Dreierstellung).

Mit Drehwaagen wurden bei weitem die meisten Schweremessungen sowohl für wissenschaftliche als auch für Schürfungszwecke durchgeführt. Der Aufwand an Apparaten und Personal ist weit geringer als bei Pendelmessungen, die erreichbare Genauigkeit liegt bei feldmäßigen Apparaten bei etwa 0,1 Milligal. Man kann im allgemeinen rechnen.

daß ein Trupp von insgesamt 5 bis 10 Beobachtern (einschl. Helfern) 3 bis 4 Stationen im Tag vermessen kann.

Sowohl Pendel als auch Drehwaage sind sehr empfindliche Geräte. Sie haben beide den Nachteil, daß sie infolge ihrer Schwingungen von der Zeit abhängig sind und ihre Messungen sich nicht beliebig beschleunigen lassen. Man war daher schon lange bestrebt, statische Schweremesser zu bauen, die auf dem Prinzip der Federwaage beruhen. Hierbei wird die Schwerkraft direkt mit der Federkraft verglichen. Erst in den

Abb. 5a.
Großer Askania-Schweremesser.

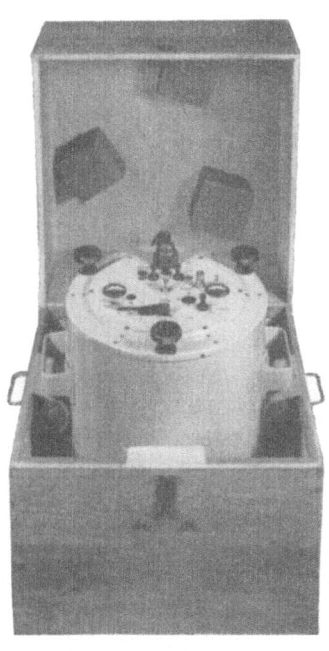
Abb. 5b.
Kleiner Askania-Schweremesser.

letzten 15 Jahren gelang es jedoch, solche Apparate zu entwickeln, die auch im Feldgebrauch genügend genau und zuverlässig arbeiten. Sie beruhen entweder auf dem Prinzip des astatischen Pendels (d. h. man arbeitet in der Nähe eines fast labilen Gleichgewichts) oder auf der unmittelbaren Messung der Federkraft. Bewährt haben sich besonders Konstruktionen nach dem zweiten Prinzip. Geräte dieser Bauart zeigen die Abb. 5a und b.

Ein solcher statischer Schweremesser enthält als wichtigsten Bestandteil eine senkrechte Spiral- oder Bandfeder, an der ein Gewicht hängt. An Orten verschiedener Schwerkraft wird dieses Gewicht von der Erde verschieden stark angezogen und dadurch die Feder mehr oder weniger gespannt. Die geringen Verschiebungen des unteren Endes der Feder dienen als Maß der Änderung der Schwerkraft. Die Hauptschwierigkeiten bei der Entwicklung dieser Geräte bestand in dem Auffinden eines geeigneten Werkstoffes für die Feder, der genügend frei von elastischen Nachwirkungen und Ermüdungserscheinungen ist. Schwierigkeiten bot ferner die Notwendigkeit, daß diese Eigenschaften von der Temperatur möglichst unabhängig sind, und die Messung der außerordentlich geringen Längenänderungen des Federendes. Bei modernen Apparaten werden diese entweder mit Hilfe von Interferenzerscheinungen, z. B. durch Änderung der Kapazität eines Kondensators oder optisch bzw. photoelektrisch gemessen.

Statische Schweremesser zeichnen sich durch eine sehr stabile Konstruktion aus, da sie frei von empfindlichen Aufhängefäden und dgl. sind. Sie arbeiten auch ohne jegliche Reibung. Für den Transport ist eine Arretierung vorgesehen, ferner eine Beruhigungsvorrichtung für die Feder, die die Zeit für die Messung in einer Station außerordentlich verkürzt. Gegen Temperaturschwankungen und gegen kleine Ungenauigkeiten in der Horizontalstellung ist der Apparat nur wenig empfindlich. Er erreicht eine Genauigkeit von weniger als 1 Milligal. Das Verweilen in einer Station für eine Messung kann bis auf wenige Minuten beschränkt werden. Es ist daher für die Anzahl der täglich vermessenen Stationen in erster Linie die Transportdauer maßgebend. Bei guten Wegen, entsprechenden Transportmitteln und systematischer Arbeit können 20 Stationen pro Tag vermessen werden. Aus diesen Gründen ist der statische Schweremesser geeignet, alle anderen Apparate für gravimetrische Messungen aus der Praxis zu verdrängen.

Wie schon eingangs erwähnt, hängen die Schwereschwankungen mit der Dichte der Gesteine im Untergrund zusammen. Während die Sedimentgesteine eine durchschnittliche Dichte von etwa $2,5\,g/cm^3$ aufweisen, beträgt dieser Wert für Eruptivgesteine etwa $2,8\,g/cm^3$, für die tiefen Gesteine des sogenannten Sima sogar 2,9 bis $3,1\,g/cm^3$. Daraus geht hervor, daß man mit Hilfe gravimetrischer Messungen eine mit Sedimenten gefüllte Mulde gut verfolgen und sogar ihren Querschnitt ungefähr angeben kann. Ebenso sind Lagerstätten von schweren Erzen auf diese Weise nachweisbar.

Die große Bedeutung der Schweremessungen für die Schürfung auf Erdöl besteht aber im Auffinden und Beschreiben von Salzstöcken. Bekanntlich sind Erdöllagerstätten in der Nähe von Salzstöcken anzutreffen, wie dies Abb. 6 zeigt. Der Salzstock bewirkt oft den seitlichen Verschluß der Lagerstätte, sei es, daß die hochsteigenden Flanken des Salzes das Speichergestein abriegeln, sei es, daß sich die Öllagerstätte in einer Scholle befindet, die von dem emporsteigenden Salzstock sozusagen herausgestanzt und vor sich hergeschoben wurde (sogenanntes Caprock). Da das Salz eine wesentlich geringere Dichte als das umgebende Gestein aufweist, macht es sich in den Schweremessungen als ein gravimetrisches Tief bemerkbar. Die Grenzen dieses Tiefs, die oft mit großer Deutlichkeit ausgeprägt sind, bilden gleichzeitig die Grenzen des erdölhöfigen Gebietes.

Andererseits können nur solche unterirdische Störungen oder Strukturen durch Schweremessungen angezeigt werden, die mit Dichteänderungen, verknüpft sind, also nicht etwa einfache Faltungen in Formationen gleichmäßiger Dichte. Eine weitere Begrenzung des Anwendungsgebietes der gravimetrischen Prospektion bilden die bei der Stationswahl zu berücksichtigenden Bedingungen. Am besten eignet sich ebenes Gelände für die gravimetrische Arbeit, weil größere Erhebungen und Vertiefungen in der Nähe der Station störend wirken können. Diese würden die durch den Untergrund verursachten Schwankungen übertreffen und entstellen. Bei regelmäßigen topographischen Formen, z. B. langgezogenen, gleichmäßig hohen Gebirgszügen kann, dieser Einfluß durch eine rechnerische Korrektur berücksichtigt werden. Solche Korrekturen sind aber gerade bei den modernen hochempfindlichen Apparaten nicht genau genug.

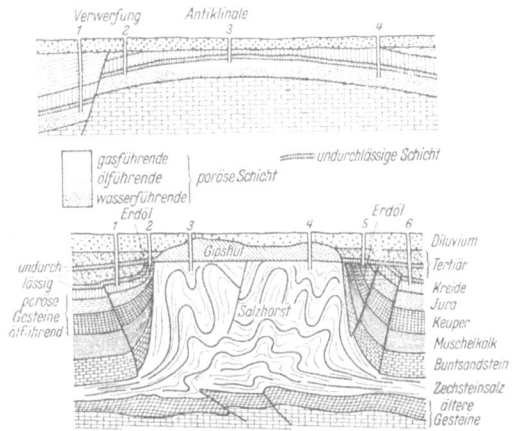

Abb. 6a, b. Wahrscheinlichste Lagerstätten für Erdöl, die Antiklinalen der Salzdome.

Infolge der Möglichkeit raschen, unauffälligen Arbeitens und wegen der zuverlässigen, sicher zu deutenden Ergebnisse bleibt jedenfalls der Schweremesser ein wichtiger Apparat für die moderne Prospektion.

Ebenso wie das Schwerefeld zeigt auch das magnetische Feld der Erde örtliche Störungen, die durch die verschiedene Magnetisierbarkeit der Schichten hervorgerufen sind. Zur Messung eignen sich grundsätzlich alle drei bekannten Kennzeichen des magnetischen Erdfeldes: die Deklination (Abweichung der Richtung des Magnetfeldes vom geographischen Meridian), die Inklination (Neigungswinkel der magnetischen Kraftlinien gegen die Horizontalebene) und die horizontale oder vertikale Intensität des Erdfeldes. Man pflegt für Schürfarbeiten gewöhnlich die Änderungen der vertikalen Intensität zu vermessen, in der Nähe des Äquators dagegen die Horizontalintensität.

Die für diese Arbeit benutzte magnetische Feldwaage (Lokalvariometer) enthält als Hauptbestandteil in einem Gehäuse ein astatisches Magnetnadelpaar, vgl. Abb. 7. Dieses besteht aus zwei fest miteinander verbundenen Magnetnadeln, die mit ihren Polen entgegengesetzt gerichtet sind. Dieses Nadelsystem ist nach Art eines Waagebalkens so gelagert, daß es um eine horizontale Achse leicht drehbar ist. Es ruht auf einer prismatischen Quarzschneide, die sich auf ein Quarzlager stützt. Zum Ablesen der Gleichgewichtslage des Magnetsystems dient ein Fernrohr mit einer Skala und ein am Magnetsystem befestigter angeschliffener oder kleiner Spiegel. Als Zeiger dient meist die Skala im Fernrohr selbst, die durch eine seitliche Lichtquelle auf den Spiegel des Magnetsystems projiziert und vorn ins Fernrohr reflektiert wird. Das Instrument ruht auf einem Stativ, auf dem es genau horizontal gestellt und in der horizontalen Ebene gedreht werden kann. Mit Hilfe einer abnehmbaren Bussole kann es in die Richtung senkrecht zum magnetischen Meridian eingestellt werden. Für den Fall sehr großer Schwankungen des erdmagnetischen Feldes sind noch Hilfsmagnete vorgesehen: Diese dienen dazu, um in bestimmter Lage am Instrument angebracht, das erdmagnetische Feld so weit zu kompensieren, daß die Ablesemarke wieder in das Gesichtsfeld des Ablesefernrohres gebracht wird. Bei der Auswertung muß der bekannte Einfluß dieser Magnete rechnerisch berücksichtigt werden. Die Empfindlichkeit der Apparate beträgt ungefähr 0,00001 Gauß. Vgl. hierzu Abb. 8.

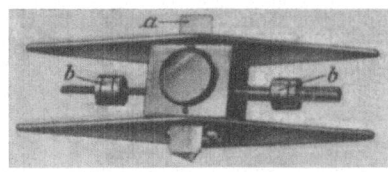

Abb. 7a. Astatisches Nadelpaar für horizontale Intersitätsmessung.
a Geschliffene Quarzschneide, b Ausgleichgewichte.

Das Variometer ist ein sehr handlicher Apparat, mit dem man leicht und schnell arbeiten kann. Bei jeder Messung muß die genaue Temperatur des Instrumentes notiert werden, um die Temperaturkorrektur vornehmen zu können; ferner ist die genaue Uhrzeit zu verzeichnen, um an Hand der Angaben eines in der Nähe gelegenen erdmagnetischen Observatoriums die Meßergebnisse entsprechend den täglichen Schwankungen zu korrigieren. In Kolonialgebieten, wo meist keine Magnetwarte in der Nähe ist, wird mit zwei Apparaten im sogenannten Kettenverfahren gearbeitet. Noch besser ist es, ein Instrument mit Registriervorrichtung zu versehen und an einem festen Ort zu stationieren, gleichsam als eigene erdmagnetische Warte. Selbstverständlich müssen auch sonst alle Vorsichtsmaßregeln wie bei jeder anderen Präzisionsmessung beachtet werden. Es müssen am Tage mehrere Messungen zum Vergleich mit denen von Kontrollstationen ausgeführt werden, um festzustellen, ob der Eichwert des Instruments nicht etwa einen Sprung zeigt. Dies wäre möglich durch einen Stoß beim Transport. Besonders in bewohnten Gebieten muß bei der Stationswahl darauf geachtet werden, daß nicht in der Nähe befindliche Eisenmassen oder Starkstromleitungen den Apparat beeinflussen. Auch der Beobachter selbst muß völlig eisenfrei sein.

Abb. 7b.
Astatisches Nadelpaar für vertikale Intensitätsmessung.
c Spiegel, d Gehäuse, f Magnetnadel, e Justierschraube.

Die Aufwendungen für die Apparatur sind bei der magnetischen Prospektion nicht allzu hoch, und man kommt mit wenig Personal aus. Für die Abschätzung des zeitlichen Fortschrittes mögen folgende ungefähre Angaben dienen: Bei ausführlichen Detailarbeiten kann man auf einen Quadratkilometer ungefähr hundert Stationen rechnen; ihre Vermessung einschließlich der von etwa zwanzig Kontrollstationen und die nötige Rechenarbeit für die Korrekturen nimmt etwa eine Woche in Anspruch. Für die Auswertung werden die Meßergebnisse um die Temperaturschwankungen und die von der Magnetwarte gelieferten ortsunabhängigen Schwankungen auskorrigiert. Sie werden in CGS-Einheiten umgerechnet und entweder dem absoluten Betrag nach oder als Abweichung vom örtlichen erdmagnetischen Mittelwert in eine Karte eingetragen, worauf Orte gleicher Intensität oder gleicher Abweichung von der mittleren Intensität durch Isodynamen bzw. Isoanomalen miteinander verbunden werden. Für die geologische Interpretation der

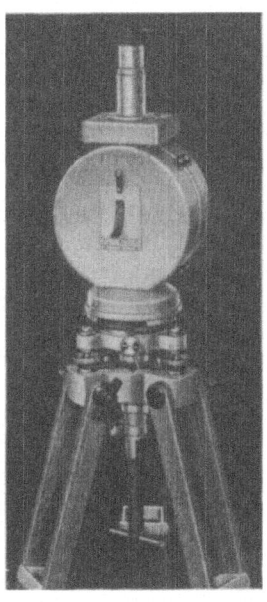
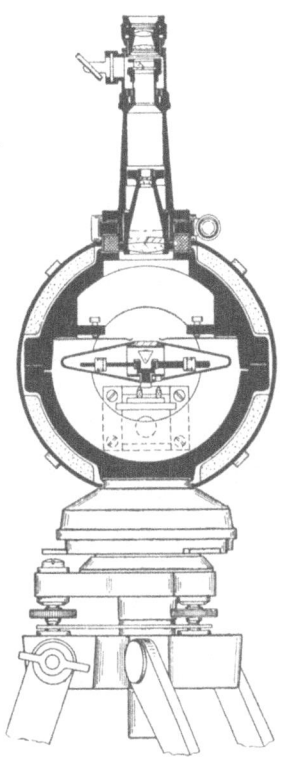

Abb. 8a.
Magnetische Feldwaage.
Bauart Askania, Ansicht.

Abb. 8b.
Magnetische Feldwaage.
Bauart Askania, im Schnitt.

Ergebnisse muß man das magnetische Verhalten der verschiedenen Gesteine und Mineralien kennen. Es sind vor allem eisenhaltige Mineralien, die eine große magnetische Suszeptibilität zeigen, d. h. sie sind durch das Erdfeld verhältnismäßig stark magnetisierbar und erzeugen ein magnetisches Hoch. Auf diese Weise wurden zuerst in Schweden schon vor längerer Zeit mit primitiven Hilfsmitteln die Eisenerzlager untersucht. Für die Prospektion auf Erdöl sind vor allem zwei Tatsachen maßgebend. Erstens zeigen Sedimentgesteine eine etwa hundertmal geringere Magnetisierbarkeit als Eruptivgesteine und zweitens zeigt Salz eine auffallend geringe Magnetisierbarkeit. Es ist also wieder

der Salzstock, der sich mit Hilfe der magnetischen Prospektion gut nachweisen läßt.

Die magnetischen Messungen erscheinen daher sehr geeignet für die Schürfarbeiten. Leider sind gerade hier die Störungsmöglichkeiten sehr zahlreich. Ganz abgesehen von der hier und da vorkommenden spontanen Magnetisierung durch Blitzschlag sind es vor allem die Erdströme, die durch ihr magnetisches Feld die Meßergebnisse verfälschen können. Wenn man bedenkt, daß an feuchten Gesteinen, besonders bei der Oxydation von Erzgängen, die sich bis in den Bereich des Luftsauerstoffs erstrecken, leicht elektrische Potentialdifferenzen entstehen und zu vagabundierenden Strömen Anlaß geben können, daß in bewohnten Gegenden noch die von geerdeten elektrischen Netzen, Geräten und Maschinen herrührenden Erdströme hinzukommen, so wird verständlich, warum diese Methode nicht alle Erwartungen erfüllen kann. Trotzdem bleibt sie eine wichtige und oft angewandte Prospektionsmethode.

Bedenkt man, daß in der Erde Schichten verschiedener Leitfähigkeit miteinander in Berührung stehen und daß es auch an Feuchtigkeit nicht mangelt, so kommt man auf den Gedanken, den dabei entstehenden Potentialen nachzugehen und aus deren Verteilung an der Erdoberfläche auf ihre Ursachen in der Tiefe zu schließen.

Die Schwierigkeit bei der Vermessung dieser Erdpotentiale besteht zunächst einmal darin, daß die benutzte Sonde nicht aus einem Metall bestehen darf, da auch an ihr unkontrollierbare Elektrodenpotentiale entstehen können. Man benutzt daher unpolarisierbare Sonden, die aus einem mit Kupfersulfat gefüllten, porösen Tongefäß bestehen. Es können aber auch in der Erde selbst verschiedene Potentiale entstehen und die dadurch entstehenden unregelmäßigen Erdströme zu einer Störungsquelle werden. Daher ist die Interpretation dieser Ergebnisse nicht eindeutig. Praktisch verfährt man meistens so, daß entweder die Stromlinien oder die Äquipotentiallinien vermessen werden. Die eine Elektrode wird dabei mit dem Boden verbunden und mit der anderen Elektrode geht man so lange um die erste herum, bis man die Punkte größter Potentialdifferenz im gleichen Abstand oder Punkte gleichen Potentials in verschiedenem Abstand gefunden hat. Dazu werden hochempfindliche Meßinstrumente benutzt. Man kann auch mit einer Potentiometerschaltung und einem Nullinstrument arbeiten. Die so ermittelten Stromlinien oder Äquipotentiallinien werden dann in eine Karte eingetragen. Sie geben meist ein Bild des allgemeinen Schichtenverlaufes wieder und gestatten auch das Auffinden von Verwerfungen. Die Methode ist nicht sehr empfindlich und wenig aufschlußreich. Sehr gute Dienste leistet sie aber bei größeren, besonders sulfidischen Erzlagerstätten, die bis in geringe Tiefen heraufreichen. Hier sind sie schon dem Einfluß des Luftsauerstoffs ausgesetzt, und durch diese oberflächliche Oxydation entstehen Ströme, die nach dieser Methode gut nachweisbar sind. Dadurch kann man die Grenzen der Lagerstätte oft recht genau angeben. Für die Schürfung auf Erdöl kommt der Methode keine besondere Bedeutung zu.

Im Gegensatz zu den bisher behandelten Methoden, die man als indirekte Methoden bezeichnen kann, da mit ihrer Hilfe Eigenschaften gesucht werden, die mit dem Erdöl nur in lockerem Zusammenhang stehen, gibt es auch noch eine direkte Methode: Man kann unmittelbar nach dem Inhalt der Lagerstätte, also nach Erdöl oder Erdgas, suchen. Das Deckgestein ist besonders bei weniger tief gelegenen Lagerstätten niemals absolut dicht. Durch kleine Spalten und Löcher entlang kleiner oder größerer Verwerfungen können immer wieder flüchtige Bestandteile des Lagerstätteninhaltes bis an die Erdoberfläche gelangen. Dies ist z. B. bei den bekannten Gasausströmungen im Gebiet des Kaspischen Meeres und im Zweistromland (jetzt Irak) der Fall. Diese Vorkommen sind von alters her bekannt. Wenn allerdings dieses Ausströmen ein solches Maß erreicht, daß es ohne weiteres bemerkbar ist (z. B. die durch Blitzschlag entzündeten „Ewigen Feuer"), dann ist das Deckgestein meist so undicht, daß die Lagerstätte im Laufe der Zeit merklich verarmt und ihr wirtschaftlicher Wert stark herabgesetzt ist. Wichtiger ist daher die Feststellung kleinster Mengen von ausströmenden flüchtigen Kohlenwasserstoffen. Die technische Seite dieser Frage konnte erst in letzter Zeit befriedigend gelöst werden. Das Gerät zur Vornahme der chemischen Prospektion besteht in der Hauptsache aus einem Röhrchen mit hochaktiver Kohle. Mittels einer Saugvorrichtung wird Luft, die unmittelbar mit dem Boden in Berührung stand, durch das Röhrchen geleitet, wodurch die Kohle mit den flüchtigen Kohlenwasserstoffen beladen wird, die sich in dieser Luft befinden. Es ist zu erwarten, daß die Konzentration an solchen Kohlenwasserstoffen über einer Erdöllagerstätte größer ist als anderswo. So einfach dieses Verfahren erscheint, so hat es doch mit großen Schwierigkeiten zu kämpfen. Die wichtigsten sind die folgenden:

a) Es handelt sich meistens um sehr kleine Mengen und sehr geringe Konzentrationen, die auf diese Weise nicht nur qualitativ festgestellt, sondern auch quantitativ gemessen werden müssen, was an die Arbeit im Laboratorium hohe Anforderungen stellt.

b) Die größte Schwierigkeit besteht darin, daß durch normale Gärungsvorgänge im Boden selbst, besonders in sumpfigen Gebieten, erhebliche Mengen von Methan entstehen können, die nichts mit einer Erdöllagerstätte zu tun haben (Sumpfgas). Methan kann übrigens auch über reinen Gaslagerstätten vorkommen, deren wirtschaftliche Bedeutung an die einer Erdöllagerstätte keineswegs heranreicht. Das Vorkommen von Methan ist also an sich wenig aufschlußreich und man muß sich schon an die höheren Homologen des Erdöles halten. Die geringen Mengen von Kohlenwasserstoffen, die in dem Röhrchen adsorbiert wurden, zu messen und zu analysieren, stellt an die Präzisionsarbeit im Laboratorium noch viel höhere Anforderungen.

c) Es muß dafür gesorgt werden, daß die Probenahme an den zahlreichen Punkten unter möglichst vergleichbaren Bedingungen erfolgt, sonst werden Schwankungen, die auf Wind und Wetter zurückzuführen sind, falsch interpretiert.

Aus allen diesen Gründen wird die chemische Methode, obgleich sie unmittelbar die Anwesenheit der gesuchten Kohlenwasserstoffe anzeigt, noch wenig angewandt. Immerhin wurden schon einige kleinere amerikanische Felder auf diese Weise entdeckt.

Eine andere Methode beruht auf der experimentellen Ermittlung der elastischen Eigenschaften des Bodens. Wird in einem elastischen Mittel eine einmalige oder eine periodische Störung verursacht (Stoß oder elastische Schwingung), so pflanzt sich diese Störung mit einer Geschwindigkeit fort, die von der Dichte und der Elastizitätskonstante des Mittels abhängt. Stoßen zwei elastische Mittel längs einer Fläche aneinander, so können an dieser Trennungsfläche Brechungserscheinungen und Reflexionen beobachtet werden. Ist das Mittel, wie alle realen Stoffe, nicht ideal elastisch, so wird auch eine Dämpfung der Amplitude dieser Störung verursacht. Das Maß dieser Dämpfung ist ebenfalls für das betreffende Mittel kennzeichnend.

Den ersten Anstoß zur Beobachtung der elastischen Eigenschaften des Untergrundes gaben Erscheinungen, die anläßlich von Erdbeben auftraten. Bald bemächtigte sich die angewandte Geophysik dieser Methode und entwickelte sie zu einer der wichtigsten Schürfungsmethoden. Praktisch beruht diese Methode darauf, daß man eine Sprengung vornimmt und die dadurch erzeugte elastische Welle im Boden beobachtet. In neuester Zeit wurden auch Versuche unternommen, als Störungsquelle einen starken Tonsender, d. h. eine periodische Störungsquelle, zu verwenden. Die Ergebnisse haben aber eine Übernahme dieser Methode in die Praxis noch nicht rechtfertigen können.

Die als Störungsquelle dienenden Stöße werden heute durch Dynamitexplosionen hervorgerufen. Die Verwendung von anderen, insbesondere von Sicherheitssprengstoffen, stößt bei den Praktikern auf Widerstand, da Dynamit infolge seiner hohen Detonationsgeschwindigkeit die Energie des Sprengstoffes besonders wirksam auf das Gebirge überträgt. Dynamit ist außerdem billig und bei genügend sorgfältiger Handhabung durch geschultes Personal sind Unfälle nicht zu befürchten. Schon aus polizeilichen Gründen darf man den Sprengstoff nur bestimmten Personen anvertrauen, die eine Gewähr für sachgemäße Behandlung bieten.

Die Dynamitladung wird in kleine Bohrlöcher bis zu 70 m Tiefe eingebracht und gut verdämmt. Sie wird elektrisch mittels einer Zündkapsel gezündet. Um die Ladung wird eine Drahtschlinge gelegt, durch welche ein Ruhestrom fließt, der im Augenblick der Sprengung unterbrochen wird und damit den genauen Zeitpunkt der Detonation markiert. Der Ort, wo geschossen werden soll, muß so gewählt werden, daß die Energie des Schusses gut auf das Gebirge übertragen wird. Man bringt die Ladung daher in ein Gestein von genügender Festigkeit. Sehr beliebt ist auch das Anbringen der Sprengladung im Grundwasser. Infolge der geringen Dämpfung durch das Wasser wird die Energie sehr gut übertragen. Manchmal ist auch auf den zu erwartenden Flurschaden Rücksicht zu nehmen. Die Ladung für einen Schuß beträgt in der Regel mehrere Kilogramm, in besonderen Fällen bis zu 100 kg Dynamit, was schon einen erheblichen Sprengtrichter verursacht. Um an den Beobachtungsstellen genügend große Wirkungen zu erzielen, müssen die Schüsse genügend stark sein. Nach alter Erfahrung soll man lieber zu stark als zu schwach laden, sonst werden die Ergebnisse ungenau und unzuverlässig. Bei der Konstruktion der Empfangsapparatur macht man sich die Erkenntnisse der Erdbebenforschung zunutze und verwendet die hierbei angewandten Seismometer. Die Methode wird daher als seismische bezeichnet. Die ersten Apparate bestanden aus einem schweren, empfindlichen Pendel (Horizontalpendel), das einen kleinen Spiegel trägt. Die Erschütterung des Untergrundes wurde auf das Pendel übertragen und dessen Bewegung mittels eines vom Spiegel reflektierten Lichtstrahles photographisch registriert.

Neuere Apparate arbeiten meist elektrisch[1] und beruhen auf dem Prinzip des Telephons oder des Mikrophons. Bedenkt man, daß es hierbei auf die Registrierung sehr kurzer Zeitintervalle ankommt, so muß von der Registrier- und Empfangsapparatur ein möglichst trägheitsfreies Arbeiten verlangt werden. Dieses wieder setzt eine möglichst geringe Selbstinduktion voraus. Es müssen daher induktive Apparate, magnetische Relais u. dgl. möglichst vermieden werden. Das wird durch die moderne Röhrentechnik ermöglicht. Die Mikrophone bestehen in der Regel aus einem Kondensator, dessen Plattenabstand durch die ankommende Erschütterung, ähnlich wie beim Kondensatormikrophon, beeinflußt wird. Diese Kapazitätsänderung wirkt auf einen Schwingungskreis. Der sehr geringe Effekt kann mit Hilfe eines Mehrröhrenverstärkers völlig trägheitsfrei registriert werden. Gewöhnlich werden auf demselben Streifen die Angaben mehrerer Mikrophone registriert. Zugleich wird auch ein Zeitzeichengeber angeschlossen, der mit der Drahtschlinge verbunden ist, die im Augenblick des Schusses zerreißt.

Das erste Verfahren innerhalb der seismischen Methode besteht in der Aufnahme von Laufzeitkurven. Die Mikrophone werden in derselben Richtung, aber in verschiedener Entfernung von der Sprengstelle, aufgestellt; es wird beobachtet, welche Zeitdauer die Erschütterung zu ihrer Fortpflanzung von der Sprengstelle bis zu dem betreffenden Mikrophon braucht. Je weiter die Mikrophone voneinander und vom Sprengpunkt aufgestellt werden, um so tiefere Schichten sind für die Fortpflanzungsgeschwindigkeit maßgebend. Dieses sogenannte Linienschießen ergibt also ein Bild der Verhältnisse im Untergrund, wie man es in einer senkrechten Schnittebene beobachten könnte.

Das zweite Verfahren (das sogenannte Flächenschießen) nutzt die Tatsache, daß infolge der meist parallelen Schichtung die Fortpflanzungsgeschwindigkeit in der Streichrichtung von der dazu senkrechten abweicht. Werden also die Mikrophone rund um den Sprengpunkt aufgestellt, so kann man in der Streichrichtung ein Maximum oder ein Minimum der Fortpflanzungsgeschwindigkeit beobachten und auf diese Weise auch unter jüngerer, diskordanter Bedeckung das Streichen erkennen.

Drittens kann man im Gegensatz zu den vorerwähnten Methoden vor allem die bei der Wellenfortpflanzung auftretenden Brechungs- und Reflexionserscheinungen beobachten (sogenannte Reflexionsseismik). Durch Beobachtung der Laufzeit verschiedener reflektierter Wellen

---

[1] Neuerdings wird von den Askania-Werken, Berlin, ein Universaloszillograph für seismische Messungen hergestellt (siehe Abb. 233 und 234 S. 511).

unter verschiedenen Einfallswinkeln läßt sich nicht nur das Vorhandensein, sondern auch die Tiefe und die Richtung von Trennungsflächen erkennen, welche Gesteine unterschiedlicher elastischer Konstanten voneinander scheiden. Diese Methode erinnert an die Wirkungsweise des Echolotes. Im allgemeinen sind die Fortpflanzungsverhältnisse noch komplizierter, als hier geschildert. Schichten lockerer Sande von größerer Mächtigkeit können z. B. die seismischen Wellen so stark dämpfen, daß sie praktisch für solche Wellen undurchdringlich sind; gerade dadurch geben sie sich zu erkennen. Allerdings erfreuen sich Methoden, die die Intensität der ankommenden Wellen vermessen, keiner allgemeinen Beliebtheit.

Die Auswertung der Ergebnisse seismischer Schürfarbeiten ist schwierig und setzt große Erfahrungen voraus. Nur mit der Kenntnis, daß Eruptivgesteine für seismische Wellen eine Fortpflanzungsgeschwindigkeit von 4000 bis 5700 m/s zeigen, Sedimentgesteine dagegen Fortpflanzungsgeschwindigkeiten bis zu 400 m/s aufweisen, ist nicht viel anzufangen. Die richtige Deutung der Ergebnisse gestattet aber die Bestimmung der Mächtigkeit lockerer Deckgebirgsschichten in festeren, älteren Kerngebirgen, in tektonischen Mulden und über Salzstöcken, das Aufsuchen von verdeckten Verwerfungen, Sattelbildungen, Muldenbildungen und Faltungen. Diese sind für das Entstehen von Öllagerstätten wichtig, ebenso wie die Bestimmung der Streichrichtungen in der Tiefe.

Das seismische Verfahren ist nicht billig und kann vor allem nicht geheimgehalten werden. Das ist ein wichtiger Punkt, denn die meisten Auftraggeber von Schürfarbeiten legen besonderen Wert darauf, nicht nur die Ergebnisse, sondern auch die Durchführung der Arbeiten nach Möglichkeit geheimzuhalten; denn wenn sich ein Gebiet als ölhöfig erweist, so möchten sie, daß diese Erwartung nicht zu früh an die Öffentlichkeit dringt. Mit besonders großem Erfolg kann dagegen die seismische Methode zur Klärung von Detailfragen herangezogen werden. In einem Gebiet, wo die anderen Methoden schon einige Anhaltspunkte geliefert haben, wird dadurch die Deutung der Ergebnisse erleichtert.

Mit dem Aufschwung der Elektrotechnik kam man auch auf den Gedanken, elektrische Erscheinungen zur Erforschung der Erdrinde heranzuziehen. Im Gegensatz zur Messung der Eigenpotentiale, die in der Erdrinde von selbst entstehen, gehen die elektrischen Prospektionsmethoden darauf hinaus, die Leitfähigkeit der Schichten und die dadurch verursachte Verteilung des elektrischen Feldes festzustellen. Die Feldverteilung in einem homogenen Mittel ist bei Kenntnis der Potentialquellen und -senken bekannt und läßt sich nach dem Coulombschen Gesetz berechnen. Diese Rechnung gilt streng genommen nur in einem nicht leitenden Mittel. Nun zeigen aber die Schichten verschiedene Leitfähigkeit, und dadurch werden die Kraftlinien verzerrt; aus dieser Verzerrung kann man auf die elektrischen Eigenschaften des Untergrundes schließen.

Zur Erzielung genauer Versuchsbedingungen muß man mit einem von außen angelegten Feld arbeiten. Um dabei den Einfluß des elektrischen Feldes von natürlich entstehenden Ladungen und Eigenpotentialen bzw. von vagabundierenden Erdströmen auszuschalten, arbeitet man mit Wechselstrom. Dadurch wird auch der Einfluß von Kontaktpotentialen ausgeschaltet, die an der Berührungsstelle der Elektrode mit dem Boden entstehen können.

Die wichtigste Methode verwendet niederfrequenten Wechselstrom, der von einem eigenen Generator erzeugt und mit Hilfe von meist drei Elektroden dem Boden zugeführt wird. Die Einzelheiten der Anordnung und der Entfernung der Elektroden sind bei verschiedenen Prospektionsfirmen voneinander abweichend. Der Generator ist meist für eine Leistung von 1 kW bemessen. Wegen der erheblichen Widerstände der Strompfade sind hohe Spannungen erforderlich. Man hat auch Versuche gemacht, die Energie induktiv zuzuführen, und zwar mit Hilfe einer einfach auf dem Boden ausgelegten Kabelschleife, wobei höhere Frequenzen gewählt werden. Sogar das Arbeiten mit Hochfrequenz ist versucht worden, jedoch ohne besonderen Erfolg. Bei feuchtem Boden oder beim Vorhandensein von Schichten in der Tiefe, die Salzwasser führen und daher gute Leiter sind, ist eine Erhöhung der Frequenz nicht ratsam. Wahrscheinlich entstehen hier Störungen durch Wirbelströme.

Der zum Vermessen der Feldverteilung dienende Empfänger besteht gewöhnlich aus einem dreh- und schwenkbaren Rahmen, auf den eine Spule — etwa von der Form einer Rahmenantenne — aufgewickelt ist. Durch das elektromagnetische Feld des angewandten Wechselstromes wird darin eine Wechselspannung induziert, die ohne weiteres mit einem einfachen Telephonhörer nachgewiesen werden kann. Ein Verstärker kann benützt werden, ist aber meist nicht nötig. Man arbeitet lieber mit größerer Energiezufuhr. Auf diese Weise wird der Einfluß von vagabundierenden Strömen klein gehalten. Durch Drehen des Rahmens bis zur größten Lautstärke im Kopfhörer wird die Richtung der Kraftlinien bestimmt. Durch das Schwenken des Rahmens um eine waagerechte Achse kann auch die Neigung der auf der Erde auftretenden Kraftlinien ermittelt werden.

Zur Auswertung der Meßergebnisse werden diese in Form von Linien in eine Karte eingetragen. Zum Vergleich werden auch die in einem homogenen Mittel theoretisch zu erwartenden Kraftlinienbilder mit aufgenommen. Da diese Kraftlinien eine bestimmte Orientierung aufweisen, muß man dasselbe Gebiet meist mit vier verschiedenen Systemen von aufgeprägten Kraftlinien untersuchen. Diese stellt man durch verschiedene Elektrodenanordnungen her. Die Erfahrung zeigt, daß für Öl- und Gaslagerstätten, außerdem für Lagerstätten gut leitender (z. B. sulfidischer) Erze und für Anthrazit charakteristische Bilder erhalten werden. Öllagerstätten zeigen meist eine sehr charakteristische Schirmwirkung. Jenseits einer bestimmten Linie, die mit der Grenze des ölhöfigen Gebietes zusammenfällt, ist überhaupt keine Induktionswirkung feststellbar. Wahrscheinlich hängt dies damit zusammen, daß hier sehr gut leitendes Randwasser (meist Salzwasser) und sehr schlecht leitendes Öl zusammentreffen. Gaslagerstätten zeigen keine derartige Schirmwirkung, sondern nur eine stark ausgeprägte Ausrichtung der Kraftlinien. Zuweilen wird die Deutlichkeit der Ergebnisse erhöht, wenn in die Karten die Linien gleicher Abweichung vom Normalverlauf eingetragen werden. Der Hauptvorteil dieser Methode besteht darin, daß der Inhalt der Lagerstätte selbst erfaßt wird und nicht nur damit zusammenhängende tektonische oder strukturelle Störungen. Der Aufwand hält sich in mäßigen Grenzen. Die Arbeit geht ziemlich schnell vorwärts, und man kann einen Quadratkilometer in 1 bis 2 Wochen untersuchen, bei überschlägiger Untersuchung noch wesentlich schneller.

Es verdient noch, in diesem Zusammenhang auf einige Abänderungen dieser Methode hinzuweisen. Man kann trotz der Schwierigkeiten auch Gleichstrom benutzen, wobei allerdings die Vorteile des rein induktiven Empfängers wegfallen und man mit Sonden arbeiten muß. Zwischen diesen wird der Spannungsabfall gemessen. Man arbeitet auch hie und da mit nicht punktförmiger, sondern linienförmiger Stromzuführung. Man sucht ein homogenes Feld aufzuprägen, um die Abweichung der Kraftlinien vom Normalverbrauch besser zu erkennen. Das Arbeiten mit Gleichstrom und Kontaktsonden hat den großen Nachteil der erhöhten Störanfälligkeit. In besonderen Fällen hat man auch mit diesen Methoden gute Ergebnisse erzielen können.

Eine andere, ebenfalls elektromagnetische Methode, die aber noch nicht über das Versuchsstadium hinausgekommen ist, verwendet elektromagnetische Wellen, die mit Hilfe eines kleinen Richtstrahlers in die Erde hineingesendet werden. Hier wird nicht der Kraftlinienverlauf verfolgt, sondern die Schirmwirkung von leitenden Schichten und ihr Reflexionsvermögen untersucht. Dadurch kann man die Tiefe und die Neigung dieser reflektierenden Horizonte ermitteln. Da Leitfähigkeit und Schirmwirkung in der Schichtrichtung und senkrecht dazu verschieden sind, kann man mit dieser Methode auch das Streichen und Einfallen der Schichten in der Tiefe feststellen.

b) Exploration.

Unter Exploration oder Aufschluß verstehen wir die Ermittlung genauer Angaben über die Lagerstätte, um eine Entscheidung treffen zu können, ob überhaupt und auf welche Art die Lagerstätte wirtschaftlich ausgebeutet werden kann. Die gesuchten Angaben beziehen sich zunächst nur auf die Zugehörigkeit zu einer bestimmten geologischen Formation, um auch an anderen Orten die gleiche Formation auffinden und identifizieren zu können. Ferner beziehen sich diese Untersuchungen auch auf die Ermittlung der Teufe, in der sich das Öl befindet. Dies ist wichtig für die einzusetzenden technischen Hilfsmittel und die Möglichkeit und Wirtschaftlichkeit der Ausbeutung. Ein sehr wichtiges Kennzeichen der Lagerstätte ist ferner die Menge des darin vorhandenen Öles. Daraus kann man abschätzen, wie groß die Mächtigkeit des ölführenden Gesteines ist und wie weit sich die horizontale Ausdehnung der Lagerstätte erstreckt. Diese kann durch Verwerfungen, durch einen aufsteigenden Salzstock, durch das Auslinsen des ölführenden Gesteins, durch die Grenze der Gaskappe und den Randwasserspiegel u. ä. begrenzt sein. Man kann ferner die Porosität des Speichergesteins und das

Saturationsverhältnis, d. i. den Bruchteil des freien Bodenvolumens, das tatsächlich mit Öl erfüllt ist, feststellen. Für die Technik der Erdölförderung ist auch die physikalische und chemische Natur des Speichergesteins wichtig, insbesondere, ob es sich um lose oder verfestigte Sande oder um Kalk handelt. Auf den Inhalt der Lagerstätte selbst beziehen sich ferner Angaben über den Druck, unter dem die Lagerstätte steht, über die Natur des Lagerstätteninhalts (Gas — Öl-Verhältnis, Gas — Wasser-Verhältnis, Zusammensetzung des Öles und Löslichkeit des Gases, Oberflächenspannung gegen das freie Gas und Grenzflächenspannung gegen das Gestein). Schließlich ist es von Vorteil, wenn man auch über solche benachbarte Schichten Aufklärung erhält, die im Laufe der späteren Förderung einen günstigen oder ungünstigen Einfluß haben können (z. B. benachbarte gas- oder wasserführende Schichten).

Während die mit der Schürfung in Zusammenhang stehenden Fragen auch durch Untersuchungen und Messungen außerhalb der Lagerstätte beantwortet werden konnten, kann eine bis ins einzelne gehende Kenntnis, wie sie hier verlangt wird, nur durch Anfahren der Lagerstätte gewonnen werden. Dieses Anfahren geschieht bei Erdöllagerstätten durch Bohrungen. Beim Bohren muß man auf den unmittelbaren Augenschein verzichten, und es erfordert oft den Einsatz besonderer Meßverfahren, um die obgenannten Daten über die Lagerstätte zu beschaffen. Bei den Schürfarbeiten wird die Lagerstätte selbst nicht angefahren, auch bei Schürfbohrungen nicht, zum mindesten ist das nicht das Ziel der Schürfbohrungen. Man hat in der Auswahl und in der Reihenfolge der Schürfmethoden volle Freiheit. Ist eine Methode erfolglos geblieben oder sind die Ergebnisse ihrer Auswertung unsicher, so kann man jederzeit eine andere Methode auf dasselbe Gebiet anwenden. Bei den Aufschlußarbeiten dagegen wird durch die Bohrung die Lagerstätte in einem Punkte eröffnet, was sich nicht mehr rückgängig machen läßt. Deshalb und mit Rücksicht auf die hohen Kosten, die eine Bohrung verursacht, ist darauf zu achten, daß planmäßig alle zur Verfügung stehenden Verfahren zur rechten Zeit angewendet werden, um der Aufschlußbohrung zu einem möglichst großen Erfolg zu verhelfen. Hierbei ist die Auswahl des Bohrpunktes von Wichtigkeit.

Der Ansatz eines Aufschluß-Bohrpunktes, besonders des ersten in einer neuen Lagerstätte, ist von entscheidender Bedeutung. Die dabei zu berücksichtigenden Gesichtspunkte sind etwa folgende:

Jeder Bohrpunkt, insbesondere der erste, soll erst angesetzt werden, wenn die Ergebnisse der vorausgegangenen Schürfarbeiten vollständig und richtig ausgewertet sind. Ist auch nur die geringste Ungewißheit vorhanden, so ist es besser, die Schürfarbeiten zu vervollständigen, als aufs Geratewohl zu bohren. Leichter ist es, die weiteren Bohrpunkte anzusetzen, da man für diese schon die Ergebnisse der ersten Bohrung mit berücksichtigen kann. Grundsätzlich dauert die Aufschlußtätigkeit bis zur Beendung der letzten Bohrung, auch wenn die späteren Bohrungen nicht mehr als reine Aufschlußbohrungen angesehen werden können. Dabei können sich auch noch aus späteren Bohrungen wichtige neue Hinweise ergeben.

Die folgenden Bohrungen müssen unter Berücksichtigung der späteren Förderung angesetzt werden. Jede Aufschlußbohrung soll so angelegt werden, daß sie später auch als Förderbohrung verwendet werden kann. Gleich nach der ersten Aufschlußbohrung werden daher ein vorläufiger Bohrplan aufgestellt und die nächsten Bohrungen örtlich und zeitlich so verteilt, daß sie sich in den Rahmen dieses Bohrplanes eingliedern lassen. Ein besonderes Problem bietet die Aufschlußtätigkeit, wenn in einer Lagerstätte zwei oder mehrere Bohrkräne zur Verfügung stehen. Der zweite Bohrpunkt wird dann angesetzt und mit dem Bohren wird begonnen, bevor noch alle Ergebnisse der ersten Bohrung vorliegen. In diesem Falle wird man den zweiten Bohrpunkt nicht in der Nähe des ersten wählen, sondern möglichst weit weg davon. Auf diese Weise wird das Risiko vermindert, daß man gleich zwei Fehlbohrungen ausführt.

Man wird im allgemeinen mit einem schweren Bohrgerät arbeiten, welches die voraussichtliche Teufe der Bohrung sicher zu erreichen gestattet. Nur bei ausgesprochenen Schürfbohrungen, bei denen man in erster Linie über strukturelle Fragen Aufklärung haben will, wird man leichtere Schürfbohrgeräte oder ganz leichte Flachbohrgeräte verwenden. Solche Bohrgeräte wurden ursprünglich für Schürfarbeiten auf anderen Lagerstätten entwickelt, wo das Anfahren der Lagerstätte nachträglich bergmännisch vorgenommen werden muß, also Erz- und Kohlelagerstätten. Daraus ist zu erklären, daß diese Schürfbohrgeräte manchmal in der erreichbaren Teufe den schweren, für Erdölförderbohrungen bestimmten Geräten nicht nachstehen.

Ein ganz neuartiges Problem trat bei der Anwendung der modernen Drehbohrverfahren auf. Es zeigte sich, daß das Bohrloch bei größerer Tiefe keineswegs genau senkrecht ist, sondern oft erhebliche Abweichungen von der Senkrechten aufweist. Das ist dadurch zu erklären, daß das Bohrgestänge nicht geführt ist, sondern sich wie eine freie Achse von großer Länge und ziemlich großer Biegsamkeit verhält. Trifft der Meißel auf eine Schicht, die bedeutend härter ist als das bis dahin durchteufte Gebirge, und zeigt diese ein stärkeres Einfallen, dann gleitet der Meißel in der Richtung des Einfallens ab, wodurch das Bohrloch aus der lotrechten Richtung abweicht. Der Punkt, in welchem die Bohrung die Lagerstätte anfährt, liegt keineswegs senkrecht unter dem auf der Erdoberfläche angesetzten Bohrpunkt. Dann ist die lotrecht zu messende Teufe auch nicht identisch mit der Länge des eingebauten Bohrgestänges. Daher ist eine Kontrolle der Richtung und der Abweichung des Bohrloches von der Senkrechten erforderlich. Ist die genaue Ansatzstelle der Bohrung nicht kritisch, dann genügt eine Messung nach fertiggestellter Bohrung, wodurch es möglich wird, den wahren Ort der Bohrlochsohle zu bestimmen. Es müssen Messungen in verschiedener Tiefe in Abständen von etwa 50 bis 200 m vorgenommen werden, denn das Bohrloch kann in verschiedener Tiefe jeweils in anderen Richtungen von der senkrechten abgelenkt sein. Legt man dagegen Wert darauf, die Lagerstätte genau in einem vorbestimmten Punkte anzufahren, dann muß die Kontrolle während des Bohrens laufend durchgeführt werden. Unerwünschte Abweichungen sind dann sofort zu korrigieren. Zuweilen wird es nötig, die Bohrung absichtlich nach einer bestimmten Richtung um einen gegebenen Betrag abzulenken. Das ist dann der Fall, wenn an den betreffenden Punkten das Bohrgerät auf der Erdoberfläche nicht aufgestellt werden kann, weil die Stelle z. B. unter einem Flußlauf, unter anderen Gewässern oder unter Siedlungen liegt.

Die zur Messung der Abweichung benutzten einfacheren Apparate geben nur den Betrag der Abweichung von der Senkrechten an, nicht aber ihre Richtung. Ursprünglich benutzte man die sogenannte Säureflasche (Acidbottle). Diese besteht aus einem längeren Metallrohr, das sich in der Achse des Bohrloches einstellen muß, und einer darin befindlichen eigentlichen Flasche voll Säure. Wird sie in das Bohrgestänge hineingeworfen, so zerbricht beim Aufprall die Flasche, die Säure fließt in das Metallrohr aus und ätzt die Oberfläche an. Nach dem Ausbau kann die Oberfläche der Säure an der Korrosionsspur erkannt und daraus die Neigung des Rohres gegenüber der Horizontalebene bestimmt werden.

Neuere Verfahren dieser Art arbeiten mit einer Spezialtinte statt Säure. Wieder andere von diesen Apparaten enthalten je ein kleines Pendel, das an einer Verlängerung ein kleines Diagramm trägt. Im festen Teil des Apparates ist ein Markierstift angebracht, der nach einer bestimmten Zeit nach dem Einwerfen in das Bohrgestänge von einem Uhrwerk ausgelöst wird. Der Stift schnellt dann hervor und markiert auf dem Diagramm einen Punkt. Da das Diagramm durch das Pendel horizontal gestellt wird und der Stift in der Achse des Apparates bzw. des Bohrloches liegt, zeigt die Markierung die Abweichung des Bohrloches von der Senkrechten an.

Von den Apparaten, die nicht nur die Größe, sondern auch die Richtung der Abweichung anzeigen, sind vor allem die magnetischen zu erwähnen. Sie unterscheiden sich von den Pendelapparaten dadurch, daß das Diagramm mit dem Diagrammträger auf dem Pendel drehbar gelagert ist und durch eine kleine Magnetnadel vor der Markierung in die Richtung des magnetischen Meridians eingestellt wird. Solche Apparate können durch Verwendung mehrerer Markierungshebel, die mit verschiedenfarbiger Tinte eingefärbt sind, auch für mehrmaliges Markieren bei einem Einbau eingerichtet werden. Das ist deshalb nötig, weil diese Apparate nicht mehr ins Bohrgestänge eingeworfen werden können. Da das Bohrgestänge aus Stahlrohr besteht, wirkt es wegen seiner großen Länge und der damit verbundenen Masse so stark magnetisch, daß das magnetische Feld der Erde dadurch vollständig abgeschirmt wird. Deshalb wird ein magnetisches Gerät an einem dünnen Drahtseil bei ausgebautem Bohrgestänge in das Bohrloch eingelassen. Es gibt verschiedene Bauarten dieser Geräte, bei denen man statt eines Pendels auch einen auf einer Flüssigkeit schwimmenden Diagrammträger benutzt und bei denen die mechanische Markierung durch eine photographische Registrierung ersetzt wird. Das Einschalten der eingebauten Trockenbatterie als Lichtquelle, der Plattenwechsel und die Belichtung werden durch ein Uhrwerk betätigt.

Grundsätzlich anders gebaut und komplizierter in der Handhabung ist ein Apparat, der einen kleinen magnetischen Induktor enthält. Dessen

Achse fällt mit der Achse des Apparates zusammen und wird durch einen kleinen Elektromotor gedreht. Vor diesem Induktor befindet sich eine Magnetnadel; die im Induktor induzierten Impulse hängen von der Stellung der Magnetnadel ab. Aus der Intensität dieser Impulse, die übrigens an der Oberfläche registriert werden, schließt man auf die Neigung und die Richtung des Apparates. Dieses Gerät erfordert ein sehr gut isoliertes elektrisches Kabel. Es hat aber den Vorteil, daß die Ergebnisse sofort vorliegen und man schon während der Messung erkennen kann, ob der Apparat ordnungsgemäß funktioniert oder nicht. Man kann damit auch bei einem einmaligen Einbau beliebig viele Punkte vermessen, was besonders bei tiefen und komplizierten Bohrlöchern von Bedeutung ist.

Hat man den Bohrpunkt endgültig gewählt, so kann mit dem Abteufen begonnen werden. Hierbei muß darauf geachtet werden, daß alle irgendwie erreichbaren Daten möglichst schnell und vollständig gesammelt werden, um ohne Zeitverlust die nötigen Entscheidungen treffen zu können. Die vorzunehmenden Arbeiten lassen sich am besten folgendermaßen gliedern:

Arbeiten am zutage geförderten Bohrklein;
Arbeiten an Bohrkernen;
Arbeiten am anstehenden Gestein im unverrohrten Bohrloch und
Arbeiten am fertig verrohrten Bohrloch.

Das zutage geförderte Bohrklein ist das erste, was man beim Abteufen von dem durchfahrenen Gebirge zu Gesicht bekommt. Schon vorher kann man die Härte des durchfahrenen Gesteins am Bohrfortschritt erkennen, woraus manchmal schon einige Schlüsse gezogen werden können. Dann wird man versuchen, die Natur des Gesteins und seine Zugehörigkeit zu einer Formation bestimmen. Das ist nicht einfach, weil im Bohrklein nur losgelöste Stücke vorliegen. Besonders die Zugehörigkeit zu einer bestimmten Formation muß anders bestimmt werden, als es der Geologe gewohnt war, denn die üblichen Fossilien sind im Bohrklein meist bis zur Unkenntlichkeit zertrümmert. Daher hat man sich auf die Mikropaläontologie umgestellt und gefunden, daß sie ebenso charakteristisch ist wie die Makropaläontologie. Diese Bestimmungen müssen von Geologen durchgeführt werden, die auf diesem Gebiet besondere Erfahrungen haben.

Das Bohrklein muß auch ständig daraufhin überwacht werden, ob nicht schon ölführende Schichten angefahren wurden. Hierbei ist es möglich, daß entweder schon die Lagerstätte erreicht ist oder daß nur dünne, wirtschaftlich wertlose Schichten mit Ölspuren die Annäherung an die eigentliche Lagerstätte anzeigen. Handelt es sich um eine Lagerstätte mit höherem Ölgehalt und hinreichendem Druck, dann sind in der aufsteigenden Spülung die Ölspuren deutlich zu erkennen. In größerer Teufe ist aber der hydrostatische Druck der Spülung meist so groß, daß das Öl aus der Lagerstätte nicht in das Bohrloch austreten kann. Mitunter ist auch das Bohrklein mit Spülung derart geschmiert, daß ein geringer Ölgehalt nicht ohne weiteres zu erkennen ist. In diesem Falle behandelt man eine kleine Probe mit Äther; dadurch wird das vorhandene Öl herausgelöst und kann in der ätherischen Lösung leichter nachgewiesen werden. Es braucht wohl nicht besonders betont zu werden, daß man auch auf etwaige Gasblasen in der Spülung achten muß, da diese eine angefahrene Gaslagerstätte anzeigen. Ferner lassen sich Ölspuren an ihrer Fluoreszenz im ultravioletten Licht erkennen.

Nicht eigentlich am Bohrklein, wohl aber schon während des Bohrens muß auch der Salzgehalt der Spülung überwacht werden. Ein Anwachsen des Salzgehaltes ist nicht nur ein wichtiges Zeichen für das Durchfahren salzhaltiger Formationen oder von Salzwasser führenden Schichten, sondern ist auch für den Bohrbetrieb selbst von unmittelbarer technischer Bedeutung. Ein zu hoher Salzgehalt der Spülung kann dessen kolloidale Eigenschaften so stark beeinflussen, daß unangenehme Störungen entstehen. In einem solchen Falle muß man entweder die Spülung rechtzeitig wechseln oder sie derart mit Chemikalien behandeln, daß dieser erhöhte Salzgehalt nicht mehr störend wirken kann.

Bei allen Arbeiten am Bohrklein muß beachtet werden, daß die herausgespülten Trümmer erst nach einer gewissen Zeit an der Oberfläche erscheinen. Die an ihnen festgestellten Daten beziehen sich also nicht auf die im Augenblick ihres Erscheinens durchteufte Formation, sondern eine weiter oben liegende. Den Unterschied kann man an Hand des Bohrfortschrittes, der Teufe der Bohrung und der Geschwindigkeit des Spülstromes feststellen und bei der Auswertung berücksichtigen.

Wenn man schon beim Tiefbohren auf den Eindruck verzichten muß, den das anstehende Gebirge dem Beschauer vermittelt, so muß man doch danach streben, wenigstens einigermaßen größere unzerstörte Stücke des Gesteins in die Hand zu bekommen. Das ist die Aufgabe des Kernbohrens. Hierbei wird von dem Gestein durch den Bohrer nicht der ganze Querschnitt des Bohrloches bearbeitet und zertrümmert, sondern nur ein ringförmiger Raum, während im Innern ein zylindrisches Stück stehenbleibt. Dieses kann bei größerer Länge abgebrochen und an die Oberfläche befördert werden.

Das Kernbohren ist ein besonderes technisches Problem. Wohl bei allen Kernbohrern ist in und über dem Meißel ein entsprechender Hohlraum angeordnet, in dem der erbohrte Kern nach oben befördert werden kann. Bei modernen Apparaten wird dieser Kern einer möglichst geringen mechanischen Beanspruchung ausgesetzt, um lange, ungestörte und unverdrehte Kerne zu gewinnen. Zu diesem Zweck ist das zu seiner Aufnahme vorgesehene Kernrohr in einem Kugel- oder Rollenlager leicht drehbar aufgehängt und wird durch den eindringenden Kern festgehalten. Es macht die Drehung des Gestänges und des Meißels nicht mehr mit und schützt den Kern auch bei größerer Länge vor dem Abbrechen. Das Kernrohr schützt den Kern übrigens auch vor dem Auswaschen durch den starken Spülstrom. Entgegen der unter den Bohrpraktikern vielfach herrschenden Ansicht muß das Kernbohren nicht unbedingt einen Zeitverlust bedeuten. Es wird meist beanstandet, daß die gegebene Länge des Kernrohres nach Abbohren einer bestimmten Länge zum Ausbau zwingt. Dies bedeutet aber so lange keinen Nachteil, als die mit einem normalen Meißel abbohrbare Strecke die Länge des Kernrohres nicht überschreitet. Aber auch im ungünstigen Falle der größeren Bohrleistung eines Meißels kann das Kernen noch vorteilhaft sein, weil dabei nur ein kleinerer Querschnitt fortgebohrt werden muß. In einer Aufschlußbohrung, besonders bei der ersten, sollte das Kernen auf allen irgendwie interessanten und nicht mit Sicherheit bekannten Strecken die Regel sein.

Die gewonnenen Kerne vermitteln zunächst einen unmittelbaren Eindruck vom durchteuften Gestein und gestatten oft die Bestimmung der Formation an Hand von Fossilien, die sich im Kern befinden. Von anderen geologisch-tektonischen Angaben kann man vor allem das Streichen und Einfallen der Schichten an dem Kern sehr deutlich erkennen und messen, falls man noch weiß, in welcher Lage der Kern vor dem Abbrechen gewesen ist. Zur Ermittlung dieser wichtigen Daten dient das sogenannte orientierte Kernbohren. Bei den dazu verwendeten Bohrern befindet sich in einem Hohlraum oberhalb des stationären Kernrohres, aber noch im nicht drehbaren Teil, ein Apparat, der die Richtung und Neigung des Kernrohres aufzeichnet. Zur größeren Sicherheit wird diese Aufzeichnung öfters wiederholt. Der Apparat ist ähnlich dem weiter oben beschriebenen Richtungs- und Abweichungsanzeiger für das Bohrloch gebaut, wobei er auch die Richtung einer festen Marke am Kernrohr mit aufzeichnet. Diese Richtung wird am Kern dadurch kenntlich gemacht, daß ein im Innern des Kernrohres angebrachtes Führungsmesser beim Eindringen des Kernes darin eine Längsmarke ritzt. Schwierig ist nur das Vermeiden magnetischer Störungen durch das lange Bohrgestänge. Der ganze Kernbohrer muß aus nichtmagnetischem Stahl bestehen und von dem Bohrgestänge magnetisch isoliert sein, etwa durch ein genügend langes Stück aus irgendeinem nicht magnetischen Werkstoff. Angesichts des hohen Preises von nichtmagnetischem Stahl hat man die Schwierigkeit zu umgehen versucht und ähnliche Apparate gebaut, die die Richtung und Orientierung des Kernes gegenüber der Richtung der Abweichung des Bohrloches von der Senkrechten angeben. Anschließend muß man dann noch die Richtung und Abweichung des Bohrloches selbst messen. Diese Messung ist übrigens schon deshalb unvermeidlich, weil am Kern nur die Richtung und Neigung der Schichten in bezug auf die Achse des Kernes, also des Bohrloches, meßbar ist. Dies ist aber an Hand der Daten für das Bohrloch auf das Lot umzurechnen. Wird während des Erbohrens des ganzen Kernes die Richtung und Abweichung mehrmals aufgezeichnet — etwa durch ein im voraus eingestelltes Uhrwerk während eigens dazu eingelegter Bohrpausen — und stimmen diese Aufzeichnungen überein, dann kann man sicher sein, daß der Kern unverdreht ist und man die richtige Neigung und Orientierung der Schichten ermittelt hat.

An Hand dieser Kerne lassen sich eine ganze Reihe von wichtigen Daten bestimmen. Als erstes bestimmt man an einer geeigneten Probe die Porosität, indem der Kern mit einem geeigneten Lösungsmittel, z. B. Chloroform, sehr gut ausgewaschen und unter Chloroform gewogen wird, während noch alle Poren damit erfüllt sind. Dann wird die Kernprobe im Trockenschrank getrocknet und wiederum gewogen. Der

Gewichtsunterschied ist der Auftrieb in Chloroform. Daraus läßt sich der Rauminhalt der Gesteinskörner bestimmen. Dann wird der gesamte Bruttorauminhalt der Probe durch Eintauchen in Quecksilber, das nicht in die Poren eindringt, bestimmt. Die Differenz der beiden gemessenen Rauminhalte ist das Porenvolumen. Dieses wird in Prozenten des Gesamtvolumens ausgedrückt. Es liegt bei guten Ölsanden etwa zwischen 20 und 40%.

Ebenso wichtig ist die Bestimmung des Poreninhaltes. Man kann diese Bestimmung zwar auch am Kern vornehmen. Das Wasser wird in üblicher Weise mit Xylol abdestilliert und direkt bestimmt. Der Ölgehalt kann aus dem Gewichtsunterschied der ursprünglichen und der mit Chloroform extrahierten Probe errechnet werden, wenn man den Wassergehalt kennt. Der Salzgehalt wird durch Auswaschen einer zerkleinerten Probe durch Titration bestimmt. Daraus sind jedoch keine besonderen Aufschlüsse zu erzielen, weil der Kern dem Einfluß der Spülung ausgesetzt war und dadurch unkontrollierbare Mengen Wasser aufnehmen oder abgeben konnte. Auch die Druckverhältnisse haben sich geändert, weil der Kern und sein Poreninhalt in der Lagerstätte unter hohem Druck standen und dieser Druck bis zum atmosphärischen Druck abgenommen hat. Dadurch entlöst sich das Gas aus dem Öl in den Poren des Gesteins. Das Öl wird ausgetrieben und das Gas entweicht. Was man noch vorfindet, sind nur Reste des ursprünglichen Ölgehaltes. Um wenigstens den Wassergehalt der Probe richtig zu ermitteln, mischt man der Spülung einen indifferenten Indikator, wie z. B. Zucker, bei und macht dadurch das aus der Spülung stammende Wasser kenntlich. Der Ölgehalt kann dann indirekt als der Rest des Porenvolumens ermittelt werden, falls man sicher ist, daß in den Poren kein freies Gas vorhanden war. Ist das nicht der Fall oder will man auch den Gehalt an Gas bestimmen, das im Öl in den Poren gelöst war, dann bleibt nichts anderes übrig, als einen Kernbohrer zu benutzen, bei dem der erbohrte Kern unter dem Lagerstättendruck bleibt und in diesem Zustand auch bis an die Erdoberfläche gebracht wird. Trotz mannigfaltiger Versuche ist aber die Konstruktion eines solchen Apparates zum Kernen unter Lagerstättendruck noch nicht in befriedigender Weise gelungen.

Die Bestimmung der Saturation, d. h. des Anteiles von Gas, Öl und Wasser am Porenvolumen, kann in verschiedener Teufe auch am selben Gestein voneinander abweichende Werte ergeben. Man kann nämlich bei dem Erbohren des betreffenden Kernes gerade die Öl—Gas-Grenze oder den Randwasserspiegel überschritten haben. Selbstverständlich bedeutet die Anwesenheit von Wasser in der Probe noch keineswegs, daß ihr Standort unter dem Randwasserspiegel lag, denn auch mitten im ölführenden Teil des Speichergesteins kommt Lagerstättenwasser vor. Dieses braucht bei der Förderung gar nicht in Erscheinung zu treten.

Ein weiteres wichtiges Kennzeichen des Speichergesteins, das man am Bohrkern bestimmen kann, ist seine Permeabilität, d. h. der mehr oder minder große Widerstand, den es dem Durchfluß einer Flüssigkeit entgegensetzt. Man darf nicht vergessen, daß das Öl durch das Speichergestein zum Bohrloch fließen muß, um überhaupt gefördert werden zu können. Ist der Widerstand, den das Gestein diesem Fließen entgegensetzt, zu groß, dann ist die Lagerstätte selbst beim Vorhandensein großer Ölmengen wirtschaftlich wertlos. Die Einheit der Permeabilität ist 1 Darcy. Dies ist die Durchlässigkeit eines Würfels von 1 cm Kantenlänge, der unter dem Einfluß eines Druckunterschiedes von 1 Atm eine Flüssigkeitsmenge von 1 cm^3/s von der Viskosität 1 Centipoises durchläßt. Diese Permeabilität wird gemessen, indem man durch eine sorgfältig extrahierte und getrocknete Probe unter bekanntem Druck Luft hindurchpreßt. Es sind allerdings Zweifel aufgetaucht, ob die mit einem Gas bestimmten Durchlässigkeiten auch für den Durchfluß einer Flüssigkeit wie Öl gelten kann. Man ist deshalb dazu übergegangen, die Durchlässigkeit auch mit Hilfe einer Flüssigkeit zu bestimmen, wozu das zur Extraktion benutzte Chloroform mit Vorteil verwendet werden kann[1]. Gesteine mit Durchlässigkeiten von weniger als $1/10$ Darcy kommen als wirtschaftlich bedeutende Ölträger im allgemeinen nicht in Frage. Es sei aber darauf hingewiesen, daß die an Bohrkernen bestimmten Porositäten und Durchlässigkeiten nur für eigentliche Porenlagerstätten, nicht aber für Spalt- und Luftlagerstätten Sinn und Bedeutung haben. Schließlich lassen sich an Bohrkernen noch einige chemische Fragen klären, die später für die Förderung von Bedeutung werden können. Es sind dies die Fragen nach der chemischen Natur des Speichergesteins oder bei verkitteten Sandsteinen nach der chemischen Natur des Bindemittels. Besteht nämlich das Gestein oder das Bindemittel aus Kalk, dann kann man hoffen, durch eine Säurebehandlung die Poren erweitern und den Zustrom des Öles erleichtern zu können. Eine solche Säurebehandlung hat schon bei manchen Bohrungen gute Ergebnisse gezeigt.

Die Arbeiten im fertigen, unverrohrten Bohrloch sind in mancher Hinsicht interessant. Die Bohrkerne vermitteln zwar einen unmittelbaren, anschaulichen Eindruck des durchteuften Gesteins und sind für manche Bestimmungen unentbehrlich, aber sie bilden doch nur einzelne, aus dem großen Zusammenhang herausgerissene Stücke, die sich unter anderen Verhältnissen der Untersuchung darbieten, als wenn sie sich in der Lagerstätte selbst befinden. Sie können daher nicht in jeder Beziehung als kennzeichnend für das unmittelbar anstehende Gebirge im Bohrloch gelten. Will man nun von dem Gestein und den Verhältnissen im Bohrloch mehr wissen, so muß man zu indirekten Methoden greifen, da man an das anstehende Gebirge unmittelbar nicht herankommen kann. Diese Methoden wurden allerdings in den letzten zwanzig Jahren zu einer solchen Vollkommenheit und Zuverlässigkeit entwickelt, daß sich einige von ihnen aus einem modernen Betrieb kaum fortdenken lassen. In manchen Ländern besteht sogar ein gesetzlicher Zwang zu ihrer Anwendung. Es sind vor allem elektrische Methoden, die heute unentbehrlich geworden sind. Sie liefern fortlaufende Aufzeichnungen von Eigenschaften, die man früher ausschließlich an Hand von Bohrkernen ermitteln konnte. Sie werden häufig unter der Sammelbezeich-

---

[1] Siehe hierzu auch das Kapitel II, 1, § 3 (Filtration).

nung „Elektrisches Kernen" zusammengefaßt. Ihre Wirkung beruht auf der Vermessung der Verteilung von elektrischen Feldern und auf der Messung der entstehenden Potentiale.

Der Grundgedanke der Feldverteilungsmethode wurde schon bei den Prospektionsmessungen erörtert. Zwischen zwei Elektroden wird ein elektrisches Feld erzeugt, dessen Verlauf durch die elektrischen Eigenschaften des Gesteins beeinflußt wird. Mißt man zwischen zwei anderen als Sonden dienenden Elektroden die durch das Feld erzeugte Spannung, so kann man daraus auf die Deformation des Feldes, also auch auf das Verhalten der Gesteine in der Umgebung schließen.

Wegen der Notwendigkeit, überlagerte Eigenpotentiale auszuschalten, arbeitet man auch hier mit Wechselstrom. Drei Elektroden (eine der beiden Zuführungselektroden ist an der Erdoberfläche) werden an einem sehr gut isolierenden Kabel in das mit Spülung gefüllte unverrohrte Bohrloch eingelassen. An der Oberfläche wird die zwischen den beiden Meßelektroden durch den zugeführten Wechselstrom hervorgerufene Potentialdifferenz gemessen. Meist wird diese als Funktion der Teufe automatisch registriert. Die aufgezeichnete Kurve kann als Darstellung des spezifischen Widerstandes der Formation in der Höhe der beiden Meßelektroden aufgefaßt werden. Da das Gestein selbst im allgemeinen als Nichtleiter gelten kann, gibt diese Kurve einen direkten Aufschluß über den Lagerstätteninhalt. Da der Lagerstätteninhalt in unmittelbarer Nähe des Bohrloches durch das Eindringen von Wasser aus der Spülung verändert werden kann, werden heute immer zwei solche Kurven aufgenommen, die sich durch die Anordnung der Elektroden voneinander unterscheiden. Bei der einen Anordnung, der sogenannten normalen Kurve, ist der Abstand zwischen den Meßelektroden klein, etwa 1 : 10 im Verhältnis zu ihrem Abstand von der dritten Elektrode, und es wird vor allem der Bereich in unmittelbarer Nähe der Bohrung erfaßt. Die andere Anordnung mit umgekehrtem Elektrodenabstand erfaßt ein von der Bohrung mehr entferntes, von der eindringenden Spülung unbeeinflußtes Gebiet; dadurch wird vorwiegend der Lagerstätteninhalt gekennzeichnet (sogenannte dritte Kurve). Die Verhältnisse können ferner durch Änderung des hydrostatischen Druckes der Spülung beeinflußt werden.

Daneben wird gewöhnlich zugleich auch die Spannung registriert, die zwischen einer dieser Elektroden und einer an der Erdoberfläche angebrachten Elektrode entsteht. Diese beiden Elektroden müssen unpolarisierbar sein und bestehen aus einer Metallelektrode aus Kupfer oder Blei, die von einer gesättigten Lösung eines Salzes von demselben Metall umgeben ist. Die Lösung befindet sich in einem porösen Gefäß. Die Entstehung dieses Eigenpotentials ist quantitativ noch nicht ganz aufgeklärt. Als wichtigste Ursachen kommen folgende in Betracht: Die verschiedene Ionenkonzentration in der Spülung und im Lagerstätteninhalt bewirkt das Entstehen eines Potentials von der Art einer Konzentrationskette. Durch Filtration entsteht ein elektrometrisches Potential. Filtriert man nämlich unter Druck einen Elektrolyten durch eine poröse, nicht leitende Masse, dann ist zwischen Ein- und Austrittsstelle des Elektrolyten eine Potentialdifferenz bemerkbar, die vom Druckunterschied, der Viskosität, der Leitfähigkeit und der Natur des Nichtleiters abhängt. An der Erdoberfläche wird dann die Summe dieser und noch anderer Potentiale unbekannten Ursprungs registriert. Die Aufnahme dieser Kurve erfolgt gleichzeitig mit der anderen; beide werden gewöhnlich gleichzeitig auf dasselbe Diagramm aufgetragen.

Über die Auswertung dieser Diagramme sind schon viele theoretische Erwägungen veröffentlicht worden. Trotzdem verläßt man sich auch heute noch mehr auf die praktische Erfahrung und den Vergleich mit ähnlichen Fällen aus der Praxis. Die Eigenpotentialkurve wird fast allgemein als Porositätskurve bezeichnet, offenbar in der Ansicht, daß die Porosität der betreffenden Schicht durch die Elektrokinese wesentlich mitverursacht wird. Man könnte sie aber gerade deshalb eher als Durchlässigkeitskurve bezeichnen, weil im undurchlässigen Gestein keine Filtration möglich ist und weil die Porosität nicht unbedingt mit der Durchlässigkeit parallel zu gehen braucht. Auf jeden Fall kommen Schichten mit geringem Eigenpotential oder solche ohne Abweichung der Eigenpotentialkurve von den benachbarten Schichten als wirtschaftlich ausbeutbare Ölträger nicht in Betracht.

An den Stellen mit merklichem Ausschlag der Potentialkurve wird man die beiden Widerstandskurven näher betrachten. Ein geringer Widerstandswert in der Normalkurve ist ein Zeichen für Salzwasser, besonders wenn benachbarte, undurchlässige Schichten, die durch die Spülung nicht beeinflußt werden, wie z. B. Tonschichten, ebenfalls salzhaltig und daher gute Leiter sind. Salzwasser in der Nähe der Bohrung in einer durchlässigen und porösen Schicht ist sogar ein Zeichen dafür, daß dieses Salzwasser unter Druck steht. Es konnte dem Eindringen der unter Druck stehenden Spülung widerstehen. Eine solche Schicht muß also abgesperrt werden, wenn sie die Bohrung nicht verwässern soll. Geringe Leitfähigkeit in der Normalkurve ist dagegen noch kein eindeutiges Zeichen für Ölhöfigkeit. Der hohe Widerstand bedeutet nur, daß die Poren mit einem schlechten Leiter schon vorher ausgefüllt waren, also mit Gas, Öl oder aber auch mit Süßwasser; es kann auch schlechtleitendes Süßwasser aus der Spülung eingedrungen sein. In diesem Falle zieht man auch die dritte Kurve zu Rate. Zeigt sie einen geringen Widerstand, dann hat aus der Spülung eindringendes Süßwasser ursprünglich vorhandenes Salzwasser nur zurückgedrängt. Zeigt die dritte Kurve hohen Widerstand, so kann das ein Zeichen für das erwartete Gas oder Öl sein oder auch für ursprüngliche Füllung mit Süßwasser. Man wird hier die Verhältnisse in ähnlichen Bohrungen zum Vergleich heranziehen. Es sei darauf hingewiesen, daß gerade Ölsande manchmal keinen allzu hohen Widerstand zeigen, da in den Poren das Öl oft mit Salzwasser vergesellschaftet ist und dadurch der Eindruck einer verhältnismäßig gut leitenden Schicht entstehen kann.

Eine außerordentliche Bedeutung kommt den elektrischen Kerndiagrammen für Korrelationszwecke zu. Dadurch, daß sie kontinuierlich aufgenommen werden, bilden sie gewissermaßen ein Bild vom Profil aller Formationen und verzeichnen Eigenschaften, die für die betreffende

Schicht in ihrer Zusammensetzung und Reihenfolge charakteristisch sind, auch wenn keine quantitative Deutung möglich ist. Sie bieten immerhin die Möglichkeit, bestimmte Horizonte in verschiedenen Bohrungen mit großer Sicherheit einander zuzuordnen und als dieselbe Schicht zu identifizieren. Fallen dazwischen bestimmte Formen der Kurven aus, so kann man auch auf das Verschwinden der betreffenden Schichten infolge von Verwerfung schließen. Man hat auf diese Weise typische Schichtenfolgen für große zusammenhängende Gebiete aufstellen und in weit voneinander entfernten Bohrlöchern verfolgen können.

Neben dem vorbeschriebenen Verfahren kommt anderen Methoden eine relativ geringe Bedeutung zu. Es sei nur erwähnt, daß man mittels der Feldverteilung auch das Einfallen der Schichten messen kann. Eine auch nur annähernd parallele Schichtenfolge zeigt nämlich in der Feldverteilung eine gewisse Anisotropie, da die Leitfähigkeit in der Schichtrichtung eine andere ist als senkrecht dazu. Die Äquipotentialflächen, die die Zuführungselektroden geben, sind also nicht Kugeln, sondern ungefähr Rotationsellipsoide, deren Rotationsachse mit der Senkrechten auf die Schichten zusammenfällt. Daraus ergibt sich die Möglichkeit, diese Verteilung zur Bestimmung der Schichtneigung zu benutzen. Es wird das Potential an vier Elektroden gemessen, die in Form eines waagerechten Kreuzes angeordnet sind. Infolge der Anisotropie der Schichten zeigen sie verschiedene Potentiale, woraus sich die Schichtneigung berechnen läßt. Eine gewisse Bedeutung, besonders in Schürfbohrungen, kommt der Messung der Temperatur zu. Die Messung selbst kann entweder mit einem Thermoelement und Registrierung der erzeugten Spannung an der Oberfläche oder mit einem geeigneten Thermographen durchgeführt werden. Dabei zeigt sich, daß die geothermische Tiefenstufe in verschiedenen Gebieten voneinander abweicht. Ein eindeutiger Zusammenhang mit dem Vorhandensein von ölführenden Schichten hat sich aber nicht ergeben. Nur in der Nähe eines Salzstockes treten infolge der Verschiedenheit in der Wärmeleitfähigkeit und der spezifischen Wärme von Salz und Gestein Änderungen auf, aus denen man auf die Nähe des Salzstockes schließen kann.

In neuerer Zeit hat man auch Messungen der Radioaktivität in Bohrlöchern durchgeführt. Nach neueren Anschauungen ist dabei der Einfluß des Kaliums entscheidend, das ein schwach radioaktives Isotop enthält. Öllagerstätten selbst und Formationen in ihrer Nähe sollen eine erheblich größere Radioaktivität aufweisen als sterile Formationen. Schließlich sei noch erwähnt, daß mitunter auch der Wunsch auftaucht, aus einem fertigen, aber noch unverrohrtem Bohrloch Gesteinsproben als Ergänzung zu den bereits gezogenen Kernen zu erhalten. Mitunter können diese Proben auch als Ersatz für nicht vorhandene Kerne aus der betreffenden Teufung dienen. Zu diesem Zweck wurde eine Methode ausgearbeitet, um aus der Wand des Bohrloches Proben zu entnehmen. Dazu dienen kleine, zylindrische Gefäße, die durch eine Vorrichtung in die Wand des Bohrloches hineingeschossen werden können. Hierbei hängen sie an zwei Drähten und werden beim Ausbau des Gerätes wieder herausgerissen und hochgezogen. Es bleiben dann in den Gefäßen kernartige Proben des Gesteins aus der Bohrlochwand zurück und können gewonnen werden. Das ist freilich nur eine Notmaßnahme und kann ordnungsgemäß gewonnene Kerne keineswegs ersetzen. An diesen Wandproben können dieselben Arbeiten durchgeführt werden wie an einem normalen Kern, z. B. die Bestimmung der Porosität, Permeabilität und Saturation mit Öl und Wasser.

Nach der Fertigstellung wird das Bohrloch verrohrt, d. h. es wird ein Stahlrohr hineingelassen und durch Zement darin befestigt. Damit sind die anstehenden Schichten abgeschlossen und man kann mit den meisten Meßverfahren nichts mehr erreichen. Es muß also dafür gesorgt werden, daß alle erwünschten Auskünfte schon vor dem Verrohren erhalten werden. Das geschieht auch normalerweise in allen neugebohrten Bohrlöchern. Es kann aber auch vorkommen, daß ein älteres Feld neues Interesse erregt und man die Strukturverhältnisse nachprüfen muß. Man kann zu diesem Zweck eine neue Aufschlußbohrung ansetzen, man wird jedoch vorher versuchen, die schon vorhandenen verrohrten Löcher auszunutzen. Stammen diese noch aus einer Zeit, in der die heute üblichen Verfahren nicht bekannt waren, dann sind keine Unterlagen vorhanden und neue Messungen sind nicht zu umgehen.

Von den bisher behandelten Methoden können nur die Temperaturmessung und radioaktive Untersuchungen etwas aussagen. Elektrische Messungen können höchstens nachweisen, ob in der Verrohrung irgendwo eine Unterbrechungsstelle ist. Temperaturmessungen sind meist nicht sehr aufschlußreich, da der Temperaturverlauf nicht viel aussagt und außerdem außen um die Verrohrung herum eine Zementschicht von unbekannter und verschiedener Dicke liegt. Nur für die Bohrtechnik von Interesse sind Temperaturmessungen, die im verrohrten Bohrloch unmittelbar nach der Zementation der Verrohrung durchgeführt werden. Beim Erhärten gibt der Zement Wärme ab; dadurch kann mittels einer Temperaturmessung festgestellt werden, bis zu welcher Höhe der Zementbrei außen zwischen Gebirge und Verrohrung emporgestiegen ist, d. h. also, wie weit das Rohr einzementiert ist.

Einigen Erfolg verspricht die Untersuchung der Radioaktivität des Gesteins. Die dem Kaliumgehalt entsprechenden γ-Strahlen können die Verrohrung durchdringen und das für die Schichtenfolge kennzeichnende Profil markieren. Solche Aufzeichnungen können allerdings nur zu Korrelationszwecken Verwendung finden, d. h. dazu, um eine bestimmte Schicht, die aus einem anderen Bohrloch bekannt ist, auch im verrohrten Bohrloch wiederzufinden. Wie schon oben erwähnt, sind die radioaktiven Eigenschaften für jede Schicht und besonders für jede Schichtenfolge ebenso charakteristisch wie andere physikalische Eigenschaften. Oft liegt allerdings das Problem anders. Mit der Entwicklung der Bohrtechnik werden immer größere Tiefen erreichbar. So kann es vorkommen, daß man auch solche Schichten erreichen will, die tiefer liegen als die Sohle des vorhandenen Bohrloches. In einem solchen Falle geht das Bohren nach den üblichen Methoden weiter, und der neue, tiefere Teil des Bohrloches wird in noch unverrohrtem Zustande nach den modernen Methoden vermessen.

c) Die Exploitation.

Unter der Bezeichnung „Exploitation" oder Ausbeutung faßt man alle jene Tätigkeiten zusammen, die dazu dienen, das in der Lagerstätte vorhandene Öl in verfügbares Öl zu verwandeln. Die Ausbeutung ist demnach die eigentliche Ölgewinnung, für welche die Schürfung und die Aufschlußarbeiten nur Vorarbeiten waren. Das Ziel der Ausbeutung ist eine möglichst schnelle, billige und vollständige Gewinnung des Öles aus der Lagerstätte und Bergung in den Behältern an der Erdoberfläche.

Verfolgen wir den Weg des Öles aus der Lagerstätte bis zum Behälter, so können wir daran drei Hauptabschnitte unterscheiden. Erstens das Anfahren der Lagerstätte durch Bohrungen, dann die Förderung des an der Bohrlochsohle befindlichen Öles und schließlich die Ausbeutungsplanung oder Exploitation im engeren Sinne. Diese befaßt sich mit dem Zufluß des Öles aus dem Ölträger bis zur Bohrlochsohle.

Es gibt mehrere Bohrverfahren. Das Schlagbohrverfahren besteht in einem Vortrieb und der dazu nötigen Zerkleinerung des Gesteins durch Auf- und Abwärtsbewegungen eines geeigneten Meißels. Dieses Verfahren ist heute veraltet; es werden nur noch die vorhandenen Geräte auf kleineren Feldern benutzt.

Beim Schlagbohrverfahren wird ein schwerer Meißel, der an einem Seil oder Gestänge hängt, in einem bestimmten Takt angehoben und wieder fallengelassen. Dadurch wird das Gestein auf der Sohle des Bohrloches zerkleinert und dieses Bohrklein dann entfernt. Bei den ältesten Seilschlagbohrgeräten mußte dazu immer das ganze Gerät ausgebaut und ein sogenannter Löffel eingeführt werden, mit dem das Bohrklein an die Oberfläche befördert wurde. Schon bei einigermaßen tiefen Bohrungen erwies sich diese Methode als zu zeitraubend, und man ging dazu über, den Meißel an einem Bohrgestänge aufzuhängen, das aus zusammenschraubbaren Rohren besteht. Durch dieses Hohlgestänge wurde ein kräftiger Flüssigkeitsstrom gepumpt, der im Bohrloch aufstieg und das Bohrklein mitreißen konnte. Infolge der ruckartigen Bewegungen wurde das Material hoch beansprucht, und es kamen viele Störungen und Unfälle vor. Aus dieser Zeit stammt daher die Ansicht, daß eine Tiefbohrung eine sehr unsichere und riskante Unternehmung sei. Tatsächlich wurde damals ohne messende Kontrolle mehr nach dem Gefühl gearbeitet. Das wurde erst anders als die neuen Drehbohrverfahren aufkamen und immer mehr vervollkommnet wurden.

Nach dem allgemeinen Sprachgebrauch dürfte man eigentlich nur das Drehbohrverfahren als Bohren, im Gegensatz zum Meißeln bezeichnen. Hier führt das eigentliche Werkzeug eine Drehbewegung aus und erzeugt ein kreisrundes Loch im Gestein. Das Werkzeug, das man auch heute noch als Meißel bezeichnet, ist wohl der wichtigste Bestandteil des Gerätes.

Im Laufe der Zeit haben sich verschiedene Meißelformen entwickelt, die für bestimmte Gesteinsarten am günstigsten sind. Die älteste Form ist der sogenannte Fischschwanzmeißel, Abb. 9a, bei dem die Schneiden waagerecht angeordnet und in der Drehrichtung leicht nach vorn umgebogen sind. Auf diese Weise kann eine Spanschicht von bestimmter Dicke abgehoben werden. Der Meißel muß aus sehr gutem Stahl hergestellt werden. Die Schneiden werden heute mit aufgeschweißtem Hartmetall besetzt, um die Abnutzung möglichst zu verringern. Bei einer anderen Meißelform ist die Schneide nicht gerade, sondern parabolisch geformt,

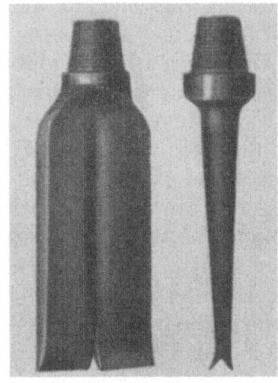

Abb. 9a. Fischschwanzmeißel.
Bauart Haniel und Lueg.

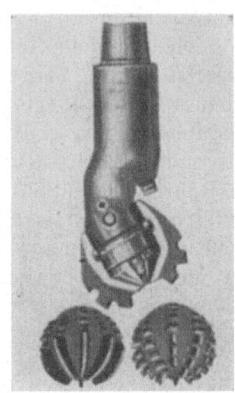

Abb. 9b. Rollenmeißel.
Bauart Zuplin.

um in jedem Punkt die mit dem Abstand vom Mittelpunkt wachsende lineare Schnittgeschwindigkeit zu berücksichtigen. Der sogenannte Kronenmeißel erinnert in seiner Form eher an einen Fräser als an einen Bohrer. Für sehr hartes Gestein verwendet man sogenannte Rollenmeißel nach Abb. 9b, bei denen sich mehrere gezahnte Rollen frei um waagerechte oder schiefe Achsen im Meißelkopf drehen können. Bei Schürfbohrgeräten hat man wohl auch mit Diamanten besetzte Bohrer verwendet. Die modernen Hartmetalle leisten aber bei geringerem Preis ungefähr das gleiche.

Abb. 10. Rotarybohrtisch.
1 Führungsschiene, 2 quadratisches Loch für die Mitnehmerstange, 3 Backen.

Die Drehbewegung wird durch das Bohrgestänge auf den Meißel übertragen. Es besteht aus einzelnen miteinander verschraubten Rohren. Man verwendet genormte, konische Gewinde, die gleichzeitig eine nach außen völlig dichte Verbindung gewährleisten. Wenn man bedenkt, daß das Gestänge ohne jede Führung das Drehmoment auf den Meißel übertragen muß und dabei eine Länge von mehreren tausend Metern erreichen kann, versteht man, daß an die Genauigkeit der Ausführung der Gewinde und an die Güte und Zuverlässigkeit des Materials die höchsten Anforderungen gestellt werden. Zur Übertragung der Drehbewegung auf das Bohrgestänge dient eine Mitnehmerstange, die außen quadratischen Querschnitt hat und durch den Bohrtisch angetrieben wird. Der Bohrtisch ist eine waagerechte Scheibe mit einem quadratischen Loch für die Mitnehmerstange, die auf kräftigen Kugellagern läuft und durch Kegelräder angetrieben wird. Je nach der Härte des Gesteins, nach der Art und Form des Meißels und dem Durchmesser des Bohrloches beträgt die Drehzahl des Meißels 20 bis 300 U/min. In Abb. 10 ist ein Bohrtisch dargestellt.

Wenn der Meißel mit nicht zu dickem und nicht zu dünnem Span arbeiten soll, muß der auf dem Meißel lastende senkrechte Bohrdruck genau auf Meißelform und -material sowie auf das zu bohrende Gestein abgestimmt werden. In großen Tiefbohrgeräten wird dieser Bohrdruck dadurch hervorgerufen, daß der Meißel nicht unmittelbar an das Bohrgestänge angeschlossen wird (Abb. 11). Vielmehr befinden sich über dem Meißel ein oder mehrere Rohre von größerer Wanddicke und daher größerem Gewicht. Diese nennt man Schwerstangen. Außerdem wirkt auch ein Teil des Gewichtes des Bohrgestänges auf den Meißel. Um den Bohrdruck konstant zu halten, hängt das Bohrgestänge an einem starken Drahtseil, das einen Teil des Gewichtes trägt. Dadurch wird der Meißel entlastet und das Bohrgestänge vor übermäßiger Knickbeanspruchung geschützt. Sehr wichtig ist die dauernde Messung und laufende Registrierung des Bohrdruckes. Diese Messung wird an dem Seil vorgenommen, an dem das ganze Bohrgestänge hängt. Der Bohrdruckmesser besteht aus einem Druckraum, der mit einer Flüssigkeit gefüllt und mittels zweier Schellen an dem Seil befestigt ist. Zwischen den beiden Schellen ist eine dritte Schelle angebracht, die das Seil ein wenig ausbuchtet. Dadurch übt das Seil einen

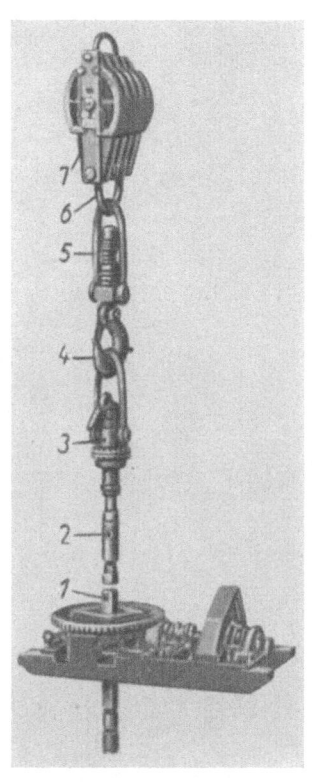

Abb. 11. Bohrgestänge.
1 Mitnehmerstange, *2* Meßkopf, *3* Spülkopf, *4* Kranhaken, *5* federnde Aufhängung, *6* Bügel, *7* Flaschenzug.

Gegendruck auf diese Schelle aus, der dem Zug am Seil proportional ist. Die mittlere Schelle treibt einen Kolben in den Druckraum hinein oder verformt ihn über eine Membrane. Der in diesem Raum herrschende Druck wird dann angezeigt oder registriert.

Zum Bewegen des Bohrgestänges und des Meißels sowie zur Handhabung des ganzen Gerätes dient die mechanische Ausrüstung über der Erdoberfläche. Dazu gehört zunächst der Bohrturm (Abb. 12) aus Holz- oder Stahlkonstruktion von verschiedener genormter Höhe (bis zu 42 m). Er trägt auf der oberen Bühne die festen Rollen eines kräftigen

Flaschenzuges. An diesem hängen über Seilen die losen Rollen dieses Flaschenzuges. Daran hängen der Spülkopf und die Mitnehmerstange. Das Drahtseil, das über den Flaschenzug läuft, wird von einer starken Motorwinde aufgehaspelt und gestattet dadurch das Bewegen des ganzen Bohrgerätes sowie das Einstellen einer beliebigen Zugkraft im Seil. Auf diese Weise kann ein beliebiger Bohrdruck erzeugt werden. Die Winde wird über eine Kupplung und ein Stufenschaltgetriebe von einem Motor angetrieben. Außerdem ist sie mit einer Flüssigkeitsbremse versehen, um die gewaltigen Lasten, die an dem Flaschenzug hängen, zuverlässig bewegen zu können. Es sind noch weitere Zusatzeinrichtungen vorhanden, und zwar ist meist eine sogenannte Spültrommel mit einem dünneren, aber sehr langen Seil vorgesehen, um daran verschiedene Geräte in das Bohrloch einlassen zu können. Ferner ist ein Spill vorhanden, womit man die Bohrrohre oder andere Rohre in den Turm hineinziehen kann. Damit werden auch die beim Fest- und Losschrauben des Bohrgestänges benutzten großen Spezialzangen bewegt.

Der Bohrtisch wird auch über ein Stufenschaltgetriebe und über Kupplungen angetrieben. Für alle Kraftübertragungen sind starke Kettengetriebe vorgesehen. Zum Antrieb kann eine Dampfmaschine, ein Dieselmotor oder ein Elektromotor dienen. Der Kraftbedarf für ein schweres Bohrgerät beträgt etwa 300 PS. Die Wahl des Antriebes hängt weitgehend von den örtlichen und wirtschaftlichen Verhältnissen ab. Vom rein technischen Standpunkt ist die Dampfmaschine als die am meisten elastische und gegen zeitweilige Überlastung unempfindlichste Antriebsart allen übrigen vorzuziehen. Sie erfordert aber nicht nur eine Kesselanlage, sondern auch billiges Heizmaterial. Deshalb wird diese Antriebs-

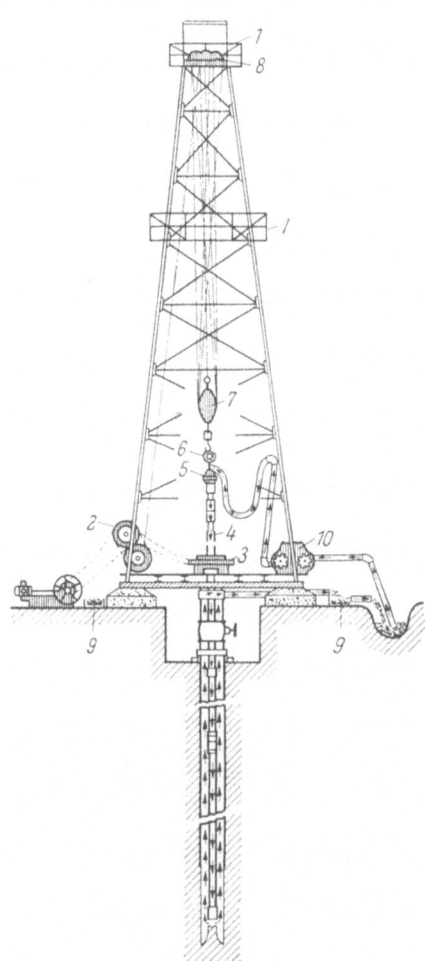

Abb. 12. Bohrturm (schematisch).
1 Bühnen, *2* Getriebe, *3* Rotarybohrtisch, *4* Mitnehmerstange, *5* Spülkopf, *6* Kranhaken, *7* beweglicher Flaschenzug, *8* Rollenvorgelege, *9* Schlammrinne, *10* Spülpumpe.

art vorwiegend auf Feldern benutzt, die sich schon in Ausbeutung befinden. Beim systematischen Abbohren eines Feldes werden meist zentrale Kesselbatterien aufgestellt, von denen Dampfleitungen zu den gerade arbeitenden Bohrkränen führen. Der Brennstoff in einem solchen Feld kostet meistens nichts, da man dazu das mit dem Öl zusammen geförderte Gas verwendet. Wegen des ungleichmäßigen Anfalles würde sich ein Transport auf weite Strecken durch lange Rohrleitungen kaum lohnen. Bei Aufschlußbohrungen oder Bohrungen in gasarmen Feldern benutzt man meist Dieselmotoren zum Antrieb. Diese sind nicht so elastisch wie die Dampfmaschinen und angesichts des stark schwankenden Leistungsbedarfs auch nicht so wirtschaftlich wie die Dampfmaschinen. Besonders kostspielig ist der flüssige Brennstoff. Zur besseren Anpassung und um Störungen zu vermeiden, verwendet man meist zwei Motoren, die auf dieselbe Welle arbeiten und einzeln oder zusammen betrieben werden können. Das Anfahren und die Drehzahlregulierung sind noch nicht ganz gelöste Probleme. In neuerer Zeit hat man Versuche gemacht, den Antrieb des Bohrkranes über ein Flüssigkeitsgetriebe zu bewerkstelligen. Diese Lösung scheint die technischen Eigenschaften des Dieselantriebs wesentlich zu verbessern.

Wirtschaftlich ist der Antrieb durch Elektromotoren der günstigste, da nur die tatsächlich verbrauchte elektrische Energie bezahlt werden muß. Auch sind die Anschaffungskosten geringer als bei den übrigen Systemen. Schließlich ist der Elektromotor auch rein technisch überlegen. Abgesehen davon, daß er nur dort verwendet werden kann, wo ein Starkstromnetz in der Nähe erreichbar ist, also nur in bewohnten und zivilisierten Gegenden, hat der Elektromotor den Nachteil, daß man vom Netz abhängig ist. Der Bohrbetrieb ist aber notwendigerweise ein kontinuierlicher Betrieb. Eine Stromunterbrechung, mit der man auch in den besten Netzen immer rechnen muß, kann schwerste Störungen verursachen und sogar zum Verlust des Bohrloches führen. Daher stehen die meisten Praktiker dem elektrischen Antrieb auch heute noch mit einer gewissen Reserve gegenüber.

Das vom Meißel losgerissene Bohrklein wird durch einen Flüssigkeitsstrom zutage gefördert. Diesen Vorgang nennt man Spülen, die Flüssigkeit selbst „Spülung". Das ganze Bohrloch sowie das Bohrgestänge sind damit erfüllt. Es gleichen sich also die hydrostatischen Drücke wie in kommunizierenden Gefäßen aus; die Spülpumpen dienen nur zur Bewegung der Flüssigkeit. Um Störungen zu vermeiden, werden stets zwei Spülpumpen mit eigenen, voneinander unabhängigen Antriebsmotoren verwendet. Bei Dampfbetrieb sind die Pumpenzylinder mit den Dampfzylindern zusammengebaut. Sie müssen von sehr widerstandsfähiger Bauart sein, denn sie arbeiten mit einer ziemlich dicken Flüssigkeit, die oft noch Reste von Bohrklein in Sand enthält. Der Pumpdruck beträgt meist 20 bis 50 atü, in besonderen Fällen müssen aber die Pumpen Drücke bis zu 150 atü und darüber erzeugen können. Die Spülung durchläuft folgenden Kreislauf: Aus der Spülungsgrube durch das Saugrohr zur Pumpe, von dort durch einen biegsamen, druckfesten, mit Draht bewährten Schlauch (Spülschlauch) zum Spülkopf, von dort durch die Mitnehmerstange, das Bohrgestänge, die Schwerstangen und den Meißel vor Ort, wo die Spülung aus besonders gerichteten Löchern des Meißels herausströmt und das Bohrklein vor dem Meißel fortspült. Die Spülung steigt dann im Bohrloch außerhalb des Bohrgestänges auf und nimmt dabei die losgerissenen Gesteinstrümmer mit. Oben verläßt sie das Bohrloch durch einen Überlauf und wird dann vom mitgerissenen Gestein befreit. Dies erfolgt entweder einfach durch Absetzenlassen in einer genügend großen Grube oder durch Berieselung elektrisch angetriebener Schüttelsiebe. Aus der Grube kehrt sie dann wieder in den Kreislauf zurück.

Die Verwendung einer geeigneten Spülung ist eine der Kernfragen der modernen Bohrtechnik. Man verwendet heute eine Dickspülung, die vor allem die Aufgabe hat, die Gesteinstrümmer bis an die Oberfläche zu befördern. Dabei sollen auch größere Trümmer sicher mitgenommen werden, und das ist nur möglich, wenn die Spülung eine genügend hohe Viskosität aufweist. Die ständige Kontrolle der Viskosität wird laufend mit einem Ausfluß-Viskosimeter einfachster Konstruktion (sogenannter Marsh-Trichter) durchgeführt. Um die Spülpumpe nicht übermäßig zu belasten und beim Austritt aus den Öffnungen des Meißels eine genügend hohe Geschwindigkeit zu erreichen, darf die Viskosität auch nicht zu groß sein.

Wenn der Spülstrom einmal unterbrochen wird, z. B. beim Ausbau des Bohrgestänges oder beim Beheben einer kleinen Undichtigkeit in der Spülleitung, darf sich der Bohrschmant, wie man das Gemenge aus Spülflüssigkeit und Bohrklein nennt, nicht gleich absetzen. Besonders bei noch eingebautem und stehendem Meißel muß das unbedingt vermieden werden, weil sonst der Meißel festläuft und das Bohrgestänge abgerissen wird. Um das zu verhindern, muß die Spülung eine gewisse Thixotropie aufweisen[1]. Unter Thixotropie versteht man eine isotherme und reversible Gel—Sol-Umwandlung, die sich dadurch äußert, daß der Schlamm bei längerem Stehen fest wird, in Bewegung aber flüssig bleibt. Diese Verfestigung darf nicht so weit gehen, daß die Pumpe den zur Wiederingangsetzung des Spülstromes nötigen Pumpdruck nicht mehr erzeugen kann. Als Maß der Thixotropie gilt die Zunahme der Viskosität einer gut durchgerührten Spülung nach Ablauf einer bestimmten Zeit. Auch diese Messung wird mit einer einfachen Vorrichtung laufend durchgeführt. Neuerdings gibt es auch Instrumente, mit denen man die Viskositäts—Zeit-Abhängigkeit registrieren kann. Diese Instrumente nennt man Thixotrometer. Eine Ansicht dieses Gerätes zeigt Abb. 13.

Die Spülung muß ein passendes, nicht allzu niedriges spezifisches Gewicht haben. Wenn nämlich beim Bohren eine Hochdrucklagerstätte angefahren wird, muß der hydrostatische Druck der Spülungssäule sicher ausreichen, um einen Ausbruch des Lagerstätteninhalts zu verhüten. Ein solcher Ausbruch kann unabsehbare Folgen haben und nicht nur die Bohrung, sondern die ganze Lagerstätte gefährden. Als doppelte

---

[1] Siehe hierzu auch Kapitel II, 3, § 1 (Kracken).

Sicherung wird oben an der Mündung des Bohrloches auch noch ein starker Sicherheitsschieber eingebaut, dessen Verschlußscheibe mit Gummilippen versehen ist, um selbst bei eingebautem Bohrgestänge ein Abschließen zu ermöglichen.

Eine sehr wichtige Aufgabe der Spülung ist ferner der Schutz der Bohrlochwand vor dem Einstürzen oder Nachfallen. Infolge des höheren spezifischen Gewichtes der Spülung kann der hydrostatische Druck größer werden als der Gebirgsdruck oder der Druck des Lagerstättenwassers. Wird das Wasser aus der Spülung in die Formation eingepreßt, dann weicht sich diese auf und die Bohrlochwand kann zum Einsturz kommen. Um das abzuwenden, muß die Spülung die Bohrlochwand verpflastern (sogenannte Kolmatation). Nach dem Abfiltrieren einer möglichst kleinen Wassermenge muß sich an der Wand ein dünner, aber undurchlässiger Kuchen bilden, der ein weiteres Eindringen des Wassers in die Formation verhindert. Dieser Kuchen darf nicht zu dick und zu fest sein, da sich sonst der Querschnitt des Bohrloches verstopfen würde.

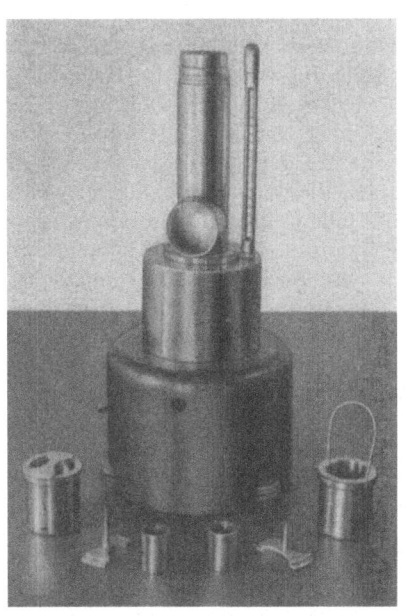

Abb. 13. Thixotrometer.

Die Dickspülung besteht aus einer kolloidalen Lösung von Ton in Wasser. In den meisten Gegenden muß man zuerst Tonschichten durchteufen; dann kann man mit reinem Wasser beginnen. Die Spülung bildet sich dann von selbst. Die Viskosität kann durch Beeinflussung der Hydratationsverhältnisse der Tonteilchen reguliert werden. Dabei muß auf den Salzgehalt der Spülung geachtet werden. Ein zu hoher Salzgehalt kann die Teilchen bis zur Instabilität entwässern und zum Zerfall der Spülung führen. Umgekehrt kann die Zugabe von Bentonit die kolloidalen Eigenschaften der Spülung verbessern. Die Viskosität wird auch oft durch Zugabe von Natriummetaphosphat herabgesetzt. Das spezifische Gewicht einer solchen natürlichen Spülung beträgt meistens 1,1 bis 1,2 g/cm^3. Bei tiefen Bohrungen ist das oft ungenügend. Deshalb erhöht man das spezifische Gewicht durch Zugabe von fein gemahlenem Schwerspat (Baryt) oder Hämatit, wobei gleichzeitig durch Bentonitzusatz für eine genügende Stabilität der Spülung gesorgt werden kann. In besonderen Fällen kann das spezifische Gewicht der Spülung sogar auf über 1,8 g/cm^3 gebracht werden, wie z. B. durch Zugabe von Bleiglanz. Diese Fälle sind jedoch selten. Auch Mangankarbonat ist schon zu

Spülungszwecken vorgeschlagen worden. Das Studium der Spülung wird oft in eigens dazu eingerichteten Laboratorien durchgeführt.

Hat die Bohrung eine genügende Teufe erreicht und sind im Bohrloch alle möglichen Messungen durchgeführt, dann wird es verrohrt. Zuerst wird das Bohrgerät ausgebaut und dann in das mit Spülung gefüllte Loch ein Stahlrohr eingelassen, dessen einzelne Teile miteinander verschraubt werden. Der Einbau erfolgt in Schüssen, deren Länge von der verfügbaren Höhe des Turmes abhängt. An das eingebaute Stück wird ein neuer Schuß fest aufgeschraubt. Die ganze Kolonne wird an der Winde aufgehängt, vorsichtig herabgelassen, dann durch Keile abgefangen, worauf man die Aufhängung abschrauben und einen neuen Schuß anschrauben kann. Der Durchmesser der Verrohrung ist so gewählt, daß sie leicht in das Loch eingebaut werden kann. Meistens ist es nicht möglich, die Bohrung fertigzustellen und in ihrer ganzen Länge in einem Stück zu verrohren. Vielmehr wird das Bohrloch verrohrt, wenn ein genügend langes Stück abgebohrt ist. Anschließend wird mit einem kleineren Durchmesser weiter gebohrt und das neue Stück auch mit einem kleinen Durchmesser verrohrt. Da alle, auch die inneren Rohrtouren von der Oberfläche bis zur betreffenden Teufe durchgehen müssen, sucht man mit möglichst wenig Rohrtouren auszukommen. Eine Grenze ist hierbei durch die folgenden Bedingungen gesetzt: Da mit steigender Länge des unverrohrten Stückes die Gefahr des Nachfallens und damit des Festfahrens des Meißels wächst, wird man damit nicht über eine gewisse Länge hinausgehen. Diese hängt von der Festigkeit und der Natur der durchteuften Schichten ab. Die Verwendung einer guten Spülung kann dabei die zulässige Länge bedeutend vergrößern und dadurch die beträchtlichen Verrohrungskosten zum Teil einsparen. Auf jeden Fall muß ferner verrohrt werden, wenn eine Gruppe von wasserführenden Schichten durchfahren wurde, um sowohl während des Bohrens als auch ganz besonders während der späteren Förderung einen unerwünschten Wasserzustrom auszuschalten.

Die Durchmesser der Rohre sind, ebenso wie ihre Wanddicken und der zu verwendende Stahl, genormt. Der Außendurchmesser einer neuen Rohrtour muß kleiner sein als der Innendurchmesser der vorhergehenden Rohrtour. Verwendet man z. B. Rohrtouren von den Nenndurchmessern 21½", 13⅜", 9⅝" und 6⅝" zum Aufsetzen auf die Bohrlochsohle, so trägt das Ende der letzten Tour ein verstärktes Stück, den Rohrschuh. Gegenüber der produktiven Formation wird ein Stück Rohr eingebaut, das mit Löchern oder Schlitzen versehen ist (sogenannter Liner).

Die Verrohrung, besonders ihr unterer Teil, muß mit der Formation fest verbunden und verankert sein. Das geschieht, indem man einen Zementbrei durch die Rohrtour pumpt, der dann außen zwischen Verrohrung und Gestein emporsteigt und erhärtet. Zum Hinunterpumpen des Zementbreis dienen entweder eigene fahrbare Anlagen oder die Spülpumpen selbst. Die Zementation ist eine ziemlich verantwortungsvolle Aufgabe. Es muß alles sorgfältig vorbereitet werden. Die Bereitung des Breies aus mehreren Eisenbahnwagen Zement, das Auswechseln der Spülung gegen den Zementbrei, das Einpressen zwischen Rohr und Bohrlochwand und das Verdrängen des restlichen Zementbreies aus dem Innern des Rohres muß schnell und reibungslos vor sich gehen. Eine Unterbrechung würde eine Erhärtung des Zementbreies an falscher Stelle bewirken und unabsehbare Störungen verursachen. Während des Erhärtens kann durch Temperaturmessungen die Höhe der Zementschicht außerhalb der Verrohrung festgestellt werden. Der verwendete Zement muß von besonders guter Qualität sein und einen Kuchen von genügender mechanischer Festigkeit und chemischer Widerstandsfähigkeit ergeben. Es ist zu bedenken, daß er dem Angriff von Öl und Salzwasser ausgesetzt ist. Die Abbindezeit kann mit Abbindebeschleunigern eingestellt werden. Nach dem Zementieren oder dem einfachen Absetzen der letzten Rohrtour ist das Bohrloch fertig und wird mit Spülung gefüllt der Förderabteilung übergeben.

Im Rahmen dieses kurzen Überblickes ist es kaum möglich, auf die zahlreichen Spezialprobleme, insbesondere auch unerwartete Störungsmöglichkeiten und ihre Abhilfe, einzugehen. Es können hier nur einige wenige kurz gestreift werden. Wenn beim Bohren z. B. durch Überbeanspruchung des Meißels das Gestänge bricht, dann muß das im Bohrloch befindliche Gerät herausgefischt werden. In einer Tiefe von vielleicht mehreren hundert Metern das Ende zu finden, genügend fest anzupacken und emporzuziehen, ist eines der schwierigsten Probleme der Bohrtechnik. Ein ganzes Arsenal von Spezialwerkzeugen wurde hierfür entwickelt. Manchmal kann bei der Verrohrung das Rohr nicht genügend weit hinabrutschen. Dann muß der tatsächliche Querschnitt des Bohrloches mit einer Schablone nachgeprüft werden oder es muß am unteren Ende der Rohrtour mit einem Durchmesser nachgebohrt werden, der größer ist als der Innendurchmesser der Verrohrung. Diesen Vorgang nennt man „Räumen". Auch hierzu gibt es Spezialwerkzeuge. Kann ein im Bohrloch verlorengegangenes Gerät (sogenannter Fisch) nicht mehr gefaßt werden, so muß daran vorbeigebohrt werden. Zu diesem Zweck muß oft weiter oben in die Verrohrung ein Fenster gefräst werden. Das absichtliche Ablenken oder auch Zurücklenken des Bohrloches nach einer bestimmten Richtung kann mit Hilfe von besonderen Vorrichtungen ebenfalls vollzogen werden. Das einwandfreie Niederbringen einer Tiefbohrung ist jedenfalls als eine hervorragende technische Leistung zu werten.

Soll in einem Bohrloch mit der Förderung begonnen werden, dann muß zunächst der hydrostatische Druck, der bisher das Austreten des Öles in das Bohrloch verhindert hatte, erniedrigt werden. Das geschieht durch Austauschen der Spülung gegen eine leichtere Flüssigkeit, z. B. Wasser oder Öl, oder durch Abschöpfen eines Teiles der Flüssigkeitssäule. Tritt das Öl in das Bohrloch ein und ist der Druck genügend groß, dann steigt der Ölspiegel immer mehr empor, bis schließlich das Öl unter eigenem Druck herausfließt. Diese Erscheinung nennt man Eruption und die darauf beruhende Fördermethode ist die einfachste und billigste.

In Wirklichkeit liegen aber die Verhältnisse meist nicht so einfach. Wohl ließ man in der Frühzeit der Erdölgewinnung das Öl wie einen riesigen Springbrunnen eruptieren und konnte kaum genügend Gruben graben, um das ausfließende Öl aufzufangen. Man erkannte aber bald, daß auf diese Weise ein unverantwortlicher Raubbau getrieben wurde. Das Öl in der Lagerstätte enthält nämlich auch Gas in Lösung, das bei Abnahme des Druckes entlöst wird. Dieses Gas geht bei freier Eruption verloren. Es wird aber auch die Lagerstätte selbst geschädigt. Denn der eigentliche Energieträger in der Lagerstätte, der das Öl zum Bohrloch und aus dem Bohrloch an die Oberfläche treibt, ist gerade dieses unter Druck gelöste Gas. Wird dieses schon in der Lagerstätte entlöst, so kommt es zwar heraus, aber das entsprechende Öl bleibt in der Lagerstätte und wird nicht mehr gefördert.

Heute wird ausschließlich durch kontrollierte Eruption gefördert. Zu diesem Zweck wird zunächst ein Steigrohr in die Bohrung eingebaut und die äußere Rohrtour abgesperrt, so daß das Öl nur durch das Steigrohr, das einen Durchmesser von 1½ bis 2½" hat, an die Oberfläche gelangen kann. Dadurch wird ein ziemlich großer Fließwiderstand in den Ölstrom eingeschaltet. Ferner wird auf die ölführende Schicht ein Gegendruck ausgeübt, um schon in der Lagerstätte den Zustrom zu drosseln und einen möglichst hohen Druck aufrechtzuerhalten. Dieser Gegendruck wird erzeugt, indem oben in die Ableitung aus dem Steigrohr eine Düse eingebaut wird, deren Bohrung herunter bis zu 4 mm betragen kann. Vor der Düse herrscht dann ein Druck, der bis auf 100 atü ansteigen kann. Auf die freie Fläche der Schicht wird demnach ein Druck ausgeübt, der diesem Druck entspricht plus dem hydrostatischen Druck der Gas—Öl-Säule im Bohrloch plus dem Fließwiderstand im Steigrohr. Im Laufe der Förderung nimmt der Druck in der Bohrung immer mehr ab. Schließlich kann er so weit sinken, daß er nicht einmal mehr den statischen Druck der Ölsäule im Bohrloch überwinden kann. Dann fließt das Rohöl nicht mehr frei aus. Um die Förderung dennoch fortsetzen zu können, muß die Ölsäule leichter gemacht werden. Das kann durch Einpressen von Hochdruckgas geschehen (sogenanntes Gasliftverfahren). Hochkomprimiertes Erdgas oder Sondengas von anderen Bohrungen wird in die äußere Rohrtour hineingeleitet, kommt unten mit dem Öl zusammen und treibt es im Steigrohr hoch. Nach neueren Anschauungen kann dieser Vorgang nicht als eine einfache Parallele zur Mammutpumpe aufgefaßt werden, sondern wenigstens ein Teil des eingepreßten Gases löst sich tatsächlich im Öl auf und erhöht dadurch dessen Energiegehalt, so daß die Bohrung gewissermaßen von neuem eruptionsfähig wird.

Reicht selbst bei Gaszusatz die Energie des Öles nicht mehr aus, um es an die Oberfläche zu befördern, dann muß gepumpt werden. An das untere Ende des Steigrohres wird der Pumpzylinder angebaut und der Kolben wird durch ein an der Erdoberfläche angetriebenes Pumpengestänge bewegt. Die Schwingbalken, welche die Tiefpumpe betätigen, sind in alten Ölfeldern ein gewohntes Bild. Daß ein solches mechanisches Förderverfahren mit hohen Installationskosten und laufenden Ausgaben für den Betrieb und den durch Verschleiß erforderlichen Ersatz verbunden ist, leuchtet ein. Das Pumpen ist daher das kostspieligste Förderverfahren. Die Förderung einer Bohrung wird beendet, wenn sie unwirtschaftlich geworden ist. Das ist der Fall, wenn der Zustrom zur Bohrung so schwach ist, daß die täglich geförderte Menge die Betriebskosten nicht mehr deckt. Dann wird die Bohrung aufgelassen. Das heißt aber keineswegs, daß die Lagerstätte kein Öl mehr enthält. Man hat berechnet, daß man oft noch 50 bis 70% der ursprünglich vorhandenen Ölmenge in den Poren des Gesteines zurückgelassen hat. Dieses Restöl könnte nur durch Ölbergbau gewonnen werden. Dazu müßte man das ölhaltige Gestein extrahieren. Ob dieses Verfahren in größerer Tiefe noch durchführbar ist, kann noch nicht entschieden werden. Vorläufig wurden noch keine ernsthaften und groß angelegten Versuche in dieser Richtung unternommen.

Das an die Oberfläche geförderte Öl steht hinter der Düse bei der Eruption oder beim Gasliftverfahren, oft auch beim Pumpen noch unter einem gewissen Druck und ist mit Gas vermischt, das sich während der Druckabnahme auf dem Wege von der Lagerstätte zur Erdoberfläche aus dem Öl entlöst hat. Dieses Gas wird in großen, druckfesten Gefäßen, den Ölabscheidern oder Separatoren, vom Öl getrennt und einer besonderen Verwertung zugeführt. Meist herrscht auch in den Separatoren noch ein gewisser Gasdruck, mit dessen Hilfe das Öl bis zu den zentralen Sammelbehältern befördert wird. Hier beginnt dann die Aufbereitung und Verarbeitung.

In den Anfängen der Erdölförderung begnügte man sich damit, die Bohrung bis zum Ölträger vorzutragen und dann das unter hohem Druck stehende Öl einfach ausfließen zu lassen. Erst später unternahm man es, die Bohrungen durch Gaslift- oder Pumpverfahren zur Produktion zu bringen. Man erkannte aber, daß sich auf diese Weise nur dasjenige Öl fördern läßt, das sich schon im Bohrloch befindet und daß man erst durch planvolles Lenken des Ölzustromes zum Bohrloch eine Gewähr für möglichst erschöpfende Ausbeutung der Lagerstätte haben kann. Die Maßnahmen zur Rationalisierung der Ausbeutung haben viele Ölfelder erst wieder wirtschaftlich gemacht und auch in anderen Feldern die gewinnbare Ölmenge bedeutend erhöht. Dazu mußte erst das Studium der Lagerstätte mit allen theoretischen und meßtechnischen Hilfsmitteln in Angriff genommen werden. Der Kern der ganzen Ausbeutungsplanung ist die Erkenntnis, daß es darauf ankommt, den Zustrom des Öles zum Bohrloch zu erleichtern. Da sich der Durchflußwiderstand des Gesteines meist nicht beeinflussen läßt, muß zuerst die zur Überwindung dieses Widerstandes nötige Energie aufgebracht werden oder die vorhandene Energie muß so ausgenützt werden, daß damit möglichst viel Öl zum Bohrloch gebracht wird. Dann müssen die physikalischen Zustände in der Lagerstätte so beschaffen sein, daß der Zustrom möglichst leicht und ungehindert vor sich gehen kann und nachher möglichst wenig Öl in der Lagerstätte zurückbleibt.

Der wichtigste Faktor der in der Lagerstätte verfügbaren Energie ist der Lagerstättendruck. Er kann bei tiefen Lagerstätten Werte von über 300 atü erreichen. Dieser Druck ist teils auf den Gebirgsdruck, also das Gewicht der über dem Speichergestein liegenden Schichten, teils auf den hydrostatischen Druck des mit dem Öl in Verbindung stehenden Randwassers zurückzuführen, wenn dieses Randwasser bis zu einem höheren Niveau heraufreicht. Der Druck kann aber auch ein eigener Druck des Lagerstätteninhaltes sein, der mit dem Öl zugleich entstanden ist. Die laufende Messung dieses Lagerstättendruckes ist für den Energiehaushalt der Grube von höchster Wichtigkeit; sie kann mit Hilfe von registrierenden Manometern vorgenommen werden, die in das Bohrloch einzulassen sind. Ist das Bohrloch längere Zeit abgesperrt (je nach den Permeabilitätsverhältnissen einige Stunden bis zu einigen Tagen), dann gleicht sich der Druck überall aus und man mißt mit dem sogenannten Schließdruck den wirklichen Lagerstättendruck abzüglich des hydrostatischen Druckes zwischen Lagerstätte und Meßstelle. Wird dagegen die Messung während der Förderung vorgenommen (sogenannter Fließdruck), dann erhält man einen geringeren Wert, da beim Zustrom des Öles zum Bohrloch in der Lagerstätte ein Druckabfall entsteht, der von der Durchlässigkeit des Gesteins, der Fördergeschwindigkeit und von der Viskosität des Öles abhängt. Dieser Fließdruck ist der geringste Druck, unter dem ein Teil des Lagerstättenöles steht, und gibt die ungünstigsten, in der Lagerstätte herrschenden Verhältnisse an.

Faßt man die erforderliche Energie als mechanische Arbeit gleich dem Produkt Kraft mal Weg auf, so ist der Druck nur einer der beiden Faktoren der Energie. Je nach der Natur des anderen Faktors unterscheidet man Lagerstätten mit Wassertrieb und solche mit Gastrieb; obgleich auch ein gemischter Typ vorkommt, genügt es hier, die beiden reinen Vertreter zu betrachten.

In dem glücklicheren, aber auch leider viel selteneren Falle der Lagerstätte im Wassertrieb steht das Öl mit dem Randwasser in Verbindung. Falls dieses einer genügend leistungsfähigen Quelle entspringt, also z. B. einer kontinuierlichen, wasserführenden Schicht, die an anderer Stelle ausbeißt, kann das Wasser dauernd ergänzt werden.

Tritt durch die Bohrung eine bestimmte Menge Öl aus, so wird das entsprechende Volumen in der Lagerstätte durch Wasser ersetzt. Der Druck bleibt unverändert und das gesamte Öl kann bis auf die in den Kapillaren haftenden Reste ausgetrieben werden. Man kann in solchen Fällen das Vordringen des Randwassers oft sehr gut beobachten: Die tiefer auf der Struktur liegenden Bohrungen, die zuerst vom Randwasserspiegel erreicht werden, verwässern oft ganz plötzlich. Allerdings ist das Verwässern noch kein untrügliches Zeichen dafür, daß der Spiegel des gesamten Randwassers das Bohrloch erreicht hat. Wenn das Randwasser sehr schnell vordringt, so kann es an Stellen geringerer Durchlässigkeit schneller hoch kommen als an anderen. Es bilden sich sogenannte Wasserzungen, die ein Bohrloch vorzeitig erreichen und es verwässern können, wobei noch größere Gebiete des Ölträgers mit Öl gefüllt, aber abgeschlossen sind. Man darf also auch in diesem glücklicheren Falle mit der Fördergeschwindigkeit eine gewisse Grenze nicht überschreiten. Das Verwässern muß übrigens durch laufende Kontrolle des mit dem Öl geförderten Wassers überwacht werden. Ein Teil des geförderten Wassers kann mit dem Öl vergesellschaftetes Lagerstättenwasser sein. Wird aus einer Schicht von größerer Mächtigkeit oder aus mehreren Schichten gefördert, dann kann auch nur der untere Teil oder ein Teil der Schichten verwässern. Dem kann man einfach durch Höhersetzen der Steigrohre oder durch Verschließen des unteren Teiles oder durch Zementieren der wasserführenden Schichten oder durch einen sogenannten Packer abhelfen. Im ungünstigeren, leider fast allgemeinen Fall ist der Förderweg nicht durch den natürlichen Wassertrieb, sondern durch die Expansion des Gases gegeben, das sich über dem Öl in einer Gaskappe oder im Öl befindet. Besonders die Messung des mit dem Öl zusammen geförderten Gases ist daher unbedingt notwendig und sollte an jeder Bohrung laufend registriert werden. Hierzu gibt es zuverlässige, auf Grund des Staudruckes arbeitende Apparate. Die Gasmenge wird in der Erdöltechnik stets als sogenanntes Gas—Öl-Verhältnis angegeben. Seine Bedeutung wird klar, wenn wir uns die physikalischen Verhältnisse vor Augen führen.

Das Öl in der Lagerstätte kann Gas in Lösung aufnehmen, dessen Menge mit steigendem Druck ansteigt. Wird also der Druck für ein solches mit Gas gesättigtes Öl erniedrigt, dann muß ein Teil des Gases entlöst werden und erscheint in Form von kleinen Gasbläschen im Öl. Enthält das Öl in der Lagerstätte eine bestimmte Menge Gas unter bestimmtem Druck, dann strömt eine einzige Phase von flüssigem Öl zum Bohrloch, solange in der Lagerstätte der Sättigungsdruck nicht unterschritten wird. Beim Aufsteigen im Bohrloch wird ein Teil des Gases entlöst, ein weiterer Teil in den Gasabscheidern entfernt, der Rest geht in den Aufnahmebehälter. Die Gesamtmenge des Gases entspricht dem Gas—Öl-Verhältnis (abgekürzt GÖV), das auch in der Lagerstätte herrscht. In dieser Phase der Förderung wird die Energie nur durch Expansion des Gases in der Gaskappe und die sehr geringe Expansion des flüssigen Öles geliefert. Dieser Zustand kann übrigens während der ganzen Dauer der Förderung beim Wassertriebverfahren herrschen.

Durch die Expansion wird der Druck erniedrigt. An diesem fortschreitenden und unaufhaltsamen Druckabfall kann man die Lagerstätten dieses Typus erkennen und durch Messungen kontrollieren. Oft tritt zu dem Gastrieb ein geringer Wassertrieb hinzu, der aber den Druckabfall kaum verhindern kann, da das Wasser nicht das gesamte geförderte Volumen ersetzt. Vom Standpunkt der Ausbeutung gehören auch diese Lagerstätten zu denen mit Gastrieb. Ist an irgendeiner Stelle der Lagerstätte, zuerst in der unmittelbaren Nähe des Bohrloches, der Sättigungsdruck unterschritten, dann beginnt das Entlösen des Gases schon in der Lagerstätte. Hierdurch werden die Verhältnisse bald ungünstig beeinflußt. Das Gas als die Phase geringerer Viskosität dringt am zurückbleibenden Öl vorbei, gelangt zum Bohrloch und steigt auf. Man kann also diesen Zustand am Ansteigen des Gas — Öl-Verhältnisses erkennen, da außer dem im Öl ursprünglich vorhanden gewesenen Gas noch zusätzlich Gas gefördert wird, dessen Öl in der Lagerstätte verbleibt. Dadurch wird das Öl mehr oder weniger entgast und seines wichtigsten Energieträgers beraubt. Solange der Gas- und damit der

Energieverlust so gering ist, daß der verbliebene Rest genügt, um das Öl zum Bohrloch zu treiben, kann durch Anwendung künstlicher Fördermethoden (Gaslift oder Pumpe) noch geholfen werden. Weitgehend entgastes, sogenanntes totes Öl, bleibt jedoch unweigerlich in den Poren des Gesteins zurück und kann nicht mehr gewonnen werden.

Auch hier ist darauf hinzuweisen, daß ein Anstieg des Gas — Öl-Verhältnisses dadurch vorgetäuscht werden kann, daß nur im oberen Teil der Lagerstätte Gas abgegeben wird, da in den tieferen Teilen der Druck immer größer ist und die Entlösungsgrenze nach unten fortschreitet. Ebenso kann ein gleichzeitig offener Gassand ein zu hohes Gas — Öl-Verhältnis vortäuschen. Den Ort eines solchen Gasstromes kann man meist durch Temperaturmessungen nachweisen, wenn man ein Registrier-Thermometer langsam in die Bohrung einläßt. Infolge der plötzlichen Expansion beim Eintritt ins Bohrloch beobachtet man an dieser Stelle eine deutlich nachweisbare Abkühlung.

Die in bezug auf den Energiehaushalt von dem Ausbeutungs-Planungs-Ingenieur zu treffenden Maßnahmen kann man in erhaltende und in wiederherstellende Maßnahmen gliedern. Einfach liegen die Verhältnisse in Feldern mit genügendem Wassertrieb. Hier muß nur dafür gesorgt werden, daß der Fließdruck in den Bohrungen nicht zu niedrig wird und möglichst den Sättigungsdruck nicht unterschreitet und daß das Randwasser nicht zu schnell vordringt. Alles das kann in einfacher Weise durch Drosselung der Förderung erreicht werden. Hierzu genügen die bereits erwähnten Düsen vollständig. Sie werden fast immer oben in die Ableitung, seltener unten ins Steigrohr, eingebaut. Das zweite Verfahren gestattet die Einhaltung eines etwas höheren Gegendruckes an der Oberfläche der produktiven Formation. An wiederherstellenden Maßnahmen ist das Einpressen von Wasser in die Randwasserzone zu nennen. Hierdurch kann der Wassertrieb verstärkt werden. Man hofft sogar, in geeigneten Fällen auf diese Weise eine Gastrieblagerstätte in eine Wassertrieblagerstätte verwandeln zu können. Das Einpressen von Wasser kann durch eine Bohrung in die Randwasserzone mittels Pumpen oder einfach durch Öffnen eines höher gelegenen Wasserstandes erfolgen.

Die bei Gastrieblagerstätten erforderlichen Maßnahmen sind umständlicher und beginnen schon mit der Aufstellung des Bohrplanes. Das Bestreben geht dahin, eine Lagerstätte mit möglichst wenig Bohrungen auszubeuten. Andererseits darf, um allzu große Ölverluste durch totes Öl zu vermeiden, der treibende Druckunterschied bis zum Bohrloch in der Lagerstätte nicht zu groß sein und die größte vom Öl zurückzulegende Entfernung bis zum Bohrloch muß möglichst gering gehalten werden. Man wird also jeder Bohrung ein bestimmtes Einzugsgebiet zuweisen und die Bohrungen so verteilen, daß die Radien dieser Gebiete ungefähr gleich sind. Das wird durch Einhalten eines bestimmten Bohrlochabstandes erreicht. Dieser Bohrlochabstand hängt von dem Druck und der Natur der Lagerstätte sowie der Durchlässigkeit des Gesteines bzw. von wirtschaftlichen Faktoren ab. Als solche kommen in Frage: die Teufe, die davon abhängigen Bohrkosten, die zu erwartende Gesamtförderung und oft auch das Bestreben, einer im gleichen Feld arbeitenden Konkurrenzgesellschaft möglichst viel Öl abzugraben.

Ist das Netz der Bohrpunkte festgelegt, dann wird mit dem Abbohren begonnen. Hierbei geht neben der eigentlichen Förderung stets eine planmäßige Aufschlußtätigkeit einher. Die Notwendigkeit, laufend gewonnene Daten schon für die nächsten Bohrungen berücksichtigen zu können, verhindert oft ebenso wie wirtschaftliche Gründe den Ansatz von möglichst vielen Bohrkränen auf derselben Struktur. Das ließe ein gleichmäßiges und fast gleichzeitiges Abteufen der verschiedenen Bohrungen erreichen. Es würden dann die Förder- und Zuströmungsverhältnisse in einem Bohrloch nicht durch eine viel früher abgeteufte und schon in voller Förderung befindliche Nachbohrung gestört werden. Arbeitet man mit wenigen Kränen oder nur mit einem einzigen Kran, dann empfiehlt es sich, erst ein weitmaschiges Netz anzubohren und dieses dann schrittweise zu verdichten. Es ist die Förderung der zuerst fertiggestellten Bohrungen soweit wie möglich zu drosseln, bis das Netz in der Nachbarschaft fertiggestellt ist. Bei der einzelnen Bohrung muß der Druck überwacht und durch Drosseln dafür gesorgt werden, daß der Druck in der Lagerstätte möglichst nicht abfällt. Es darf ferner der Fließdruck nicht zu niedrig werden. Nur solange der Druck überall höher ist als der Sättigungsdruck, ist der Lagerstätte kein Schaden zugefügt worden. Muß der Druck diesen Wert unterschreiten, dann soll in wirtschaftlich tragbarem Maße gedrosselt werden, weil bei zu schnellem Strom das Vorbeifließen von Gas am Öl erheblich begünstigt wird. Eine dauernde Überwachung des Gas — Öl-Verhältnisses gibt darüber Auskunft. Auf derselben Linie liegt auch die Forderung, die zu Gas gegangenen Bohrungen, das sind meist zuerst die höchsten aus der Struktur, ganz zu schließen. Selbstverständlich darf die Gaskappe nicht zur Entnahme von trockenem Erdgas angezapft werden.

Da jeder Druckabfall unter den Sättigungsdruck eine Schädigung der Lagerstätte bedeutet, strebt man heutzutage danach, nicht nur diesen Druckabfall zu verlangsamen, sondern auch eine Abhilfe zu schaffen, bevor noch die Schädigung ein gefährliches Maß erreicht hat. Es wurde schon erwähnt, daß durch künstlichen Wassertrieb die Verhältnisse verbessert werden können. Ebenso hat man durch Einpressen von Gas den Lagerstättendruck erhöht oder auf den ursprünglichen Wert gebracht. Leider war diesem Verfahren bisher kein voller Erfolg beschieden, da das eingepreßte Gas viel zu lange Zeit braucht, um sich in dem Öl der Gesteinsporen aufzulösen und die ursprünglichen Verhältnisse wiederherzustellen. Es besteht vielmehr die Gefahr, daß das eingepreßte Gas den Weg über die durchlässigsten Teile des Speichergesteines nimmt und dann von der Einpreßbohrung bis zu den Förderbohrungen durchbläst. Besser ist die neuerdings versuchte Technik, das Einpressen von Gas nicht erst als Abhilfe für den bereits eingetretenen Druckabfall, sondern von Anfang an mit der Förderung gleichzeitig vorzunehmen, um den Druckabfall überhaupt zu verhüten. Bei diesem Verfahren würde dann am Ende der Förderung das gesamte eingepreßte Gas zur Verfügung stehen, um weiter verwendet werden zu können. Es sind schon Stimmen laut geworden, die das Einpressen des gesamten geförderten Gases verlangen. Auf besondere Versuche, wie auf das Einpressen von Luft oder Rauchgase in Ermangelung von Erd- oder Sondengas sei hier nur hingewiesen.

Außer von den energetischen Verhältnissen hängt der Zustrom des Öles aus der Lagerstätte zum Bohrloch auch noch von einer Reihe anderer Faktoren ab. Diese sind teils vom Gestein, teils vom Öl, teils auch von der Wechselwirkung beider untereinander in Berührung stehender Phasen bestimmt.

Der Einfluß des Gesteins infolge seiner Durchlässigkeit wurde schon erwähnt. Von den Eigenschaften des Öles ist vor allem seine Viskosität maßgebend, die den Durchfluß durch das Speichergestein mit bestimmt. Untersuchungen von Öl- und Gasproben unter Druck haben gezeigt, daß mit steigendem Gasgehalt die Viskosität des Öles immer geringer wird. Bei hohen Drücken und großen Gasgehalten (über etwa 250 atü) kann die Viskosität sogar geringer werden als die des Randwassers unter gleichen Bedingungen. Solange dies der Fall ist, besteht bei vordringendem Randwasser keine Gefahr der Wasserzungenbildung und das Öl kann leichter durch Wasser verdrängt werden. Selbstverständlich wird die Viskosität des Öles auch von der Temperatur beeinflußt. Dieser Faktor läßt sich aber durch Maßnahmen kaum verändern.

Sehr kompliziert werden die Verhältnisse unterhalb des Sättigungsdruckes. Das sich entlösende Gas entsteht nämlich in Form kleiner Bläschen in den Poren des Speichergesteins, so daß sich dieses Gas nicht etwa sammeln und aufsteigen kann, sondern an Ort und Stelle verbleibt. Es fließt daher nicht mehr eine einheitliche flüssige Phase zum Bohrloch, sondern zwei verschiedene kolloidal ineinander verteilte Phasen. Man darf diesen Schaum schon als Kolloid bezeichnen, obgleich die Gasbläschen mitunter noch mikroskopisch sichtbar sind. Die wirksame Oberflächenspannung kann in einem porösen Gestein das Verhalten des Ölzuflusses in erster Linie bestimmen. Einerseits setzen sich die Gasbläschen in den Poren fest und verstopfen den für den Durchfluß des Öles verfügbaren Querschnitt. Sie erniedrigen dadurch die auf die flüssige Phase bezogene Durchlässigkeit. Sie zeigen ferner ein starkes Expansionsbestreben bei fallendem Druck und werden dadurch nach der Seite des niedrigeren Druckes getrieben. Hierbei gleiten sie am Öl vorbei, so daß vorwiegend Gas ins Bohrloch einströmt. Dieser Einfluß des entlösten Gases ist als Jamin-Effekt bekannt und macht sich als eine scheinbare Erhöhung der Viskosität des Lagerstätteninhaltes bemerkbar. Eine quantitative theoretische Behandlung der Frage ist noch nicht gelungen. Obgleich noch nicht unmittelbar nachgewiesen, ist doch auch eine Erniedrigung der Temperatur durch die Expansion des entlösten Gases wahrscheinlich, was die Durchflußgeschwindigkeit noch weiter verschlechtern würde.

Schließlich sei noch auf die Bedeutung der Oberflächenspannung und Grenzflächenspannung kurz eingegangen. Die Oberflächenspannung zwischen Öl und der Gasphase bestimmt die Deformierbarkeit der Gasblasen und damit auch ihre verstopfende Wirkung. Die Oberflächenspannung wird mit steigendem Gasgehalt immer geringer, so daß das Einpumpen von Gas auch von diesem Standpunkte aus günstig erscheint. Wichtiger, wenn auch noch wenig untersucht, scheinen die Grenzflächenspannungen zwischen Öl, Wasser und Gestein zu sein. Sie bestimmen nämlich das Verhalten des mit dem Öl vergesellschafteten Lagerstättenwassers. Das ist das in den ölführenden Schichten des Speichergesteins von Anfang an vorhandenen Wassers. Damit hängt zusammen, wie weit das Öl durch vordringendes Randwasser verdrängt werden kann. Hier spielen die Natur und der Gasgehalt des Öles, die chemische Zusammensetzung des Speichergesteins und die des Randwassers bzw. Lagerstättenwassers eine Rolle. Ist nämlich das Gestein mit Wasser leichter benetzbar als mit Öl, dann wird das Lagerstättenwasser in den Poren des Gesteines festsitzen und mit dem Öl zusammen nicht gefördert werden. Ebenso wird beim Randwasser das Öl vollständig verdrängt. Das Gestein wird sozusagen ausgewaschen und damit eine fast vollständige Gewinnung des Öles möglich. Nach der bisherigen Erfahrung und den in dieser Richtung angestellten Versuchen scheint eine vollständige Auswaschung nur dann möglich, wenn das Randwasser genügend langsam vordringt. Dadurch hat es genügend Zeit, daß sich ein Wasserfilm zwischen die Gesteinskörner und das Öl schiebt, dieses ablöst und vor sich hertreibt. Diese Grenzgeschwindigkeit liegt in der Größenordnung von einigen Metern im Jahr. Dabei ist zu wünschen, daß die Grenzflächenspannung zwischen Wasser und Öl nicht zu niedrig ist, weil sich sonst in der Lagerstätte oder im Bohrloch bei turbulenter Strömung eine Emulsion bilden kann, die nur schwer zu spalten ist und die Aufbereitungskosten des geförderten Öles bedeutend erhöhen.

Aus dem vorhergehenden ist ersichtlich, daß auch eine günstige Beeinflussung der physikalischen Verhältnisse in der Lagerstätte mit dem Kernproblem der Druckerhaltung steht und fällt. Je höher der Druck in der Lagerstätte ist, um so weniger Gas wird entlöst und um so geringer ist die Jaminsche Viskositätserhöhung und die Gefahr des Vorbeiströmens von Gas. Je höher der Gasgehalt, um so geringer ist die Viskosität des Öles. Je höher der Gasgehalt, um so geringer ist auch die Oberflächenspannung des Öles, und daher um so günstiger ist auch die Möglichkeit, das Öl vollständig auszuwaschen.

Außer den Maßnahmen zur Erhaltung und Wiederherstellung des Lagerstättendruckes läßt sich zur Zeit in dieser Beziehung nicht viel machen. Es wurden nur Versuche unternommen, um bei künstlichem Wassertrieb durch Einpressen von Wasser dieses mit Chemikalien vorzubehandeln und auf diese Weise ein besseres Auswaschen des Öles zu erreichen. Die Versuche in dieser Richtung sind aber noch nicht abgeschlossen. Jedenfalls besteht dabei die Gefahr, daß mit der Grenzflächenspannung auch die Oberflächenspannung dieses Wassers so erniedrigt und dadurch die Emulsionsbildung gefördert wird. Nur ein genaues Studium der hier obwaltenden komplizierten Phänomene einer selektiven Beeinflussung der Grenzflächenspannung gegen das Gestein, ohne die Emulsionsgefahr zu erhöhen, hat hier Aussicht auf Erfolg.

Beim Durchpressen durch ein poröses Gestein sind die Verhältnisse einer innigen Vermischung von Öl und Wasser günstig. Die Problematik ist hier ähnlich gelagert wie bei der Flotation, wo auch eine selektive Benetzung des Erzes bzw. der Gangart erstrebt wird, ohne die Oberflächenspannung merklich zu beeinflussen.

Obgleich die Ausbeutungsplanung ein relativ junger Zweig der Erdöltechnik ist, darf seine Bedeutung nicht unterschätzt werden. Das wird vor allem klar, wenn man sich vor Augen führt, daß nach den älteren Methoden ein erschreckend hoher Prozentsatz des ursprünglich in der Lagerstätte vorhandenen Öles nicht gefördert werden konnte, sondern als totes Öl in der Lagerstätte unwiderbringlich verloren blieb. Die Hoffnungen auf eine Gewinnung durch Ölbergbau sind, besonders bei tiefen Lagerstätten, praktisch sehr gering. Durch Versuche an ausgebeuteten Speichergesteinen wurde erwiesen, daß das gesamte geförderte Öl oft nicht einmal die Hälfte der ursprünglichen Vorräte ausmacht, so daß ungeheure Mengen Öl im Speichergestein zurückbleiben. Läßt sich hier durch planmäßige Lenkung eine Verbesserung der Endausbeute auch nur um einige Prozente erreichen, so ist wenigstens bei den noch energiereichen Lagerstätten oder in neuen Feldern ein hoher Gewinn zu erwarten. Schon mit den heutigen Methoden hofft man die Endausbeute auf 75% zu steigern und damit die Verluste an totem Öl in der Lagerstätte auf weniger als die Hälfte herabzusetzen. Man hat heute schon Methoden ausgearbeitet, um den Inhalt einer Lagerstätte bereits während der ersten Förderung zu berechnen und dadurch die Endausbeute ziemlich sicher abschätzen zu können. Auf diesem Gebiet wird auch jetzt noch viel gearbeitet und weitere wesentliche Verbesserungen sind noch zu erwarten.

§ 3. Lagerung, Transport und Feuerschutz.

Das Rohöl ist nach dem Erbohren der Sonde, dem Abtragen des Bohrturmes und der Inbetriebnahme der Produktionsventile noch bei weitem keine Handelsware. Es bedarf zur Verarbeitung in der Raffinerie noch mancher Veränderungen.

Es enthält unter anderem feste Verunreinigungen, die dekantiert werden müssen, gasförmige Kohlenwasserstoffe, die bei einem Transport verlorengehen können oder ihn erschweren, und vor allem emulgiertes Salzwasser, welches oft nur mit größten Schwierigkeiten zu entfernen ist. Daher wird Rohöl zunächst einige Zeit in den Gruben, d. h. auf den Ölfeldern, gelagert und dann erst abtransportiert.

In primitiven Gegenden, namentlich in solchen Gebieten, die erst im Aufbau begriffen sind, wird das Öl oft noch in Erdgruben abgelassen, die mit Erdwällen umgeben werden. Batals nennt man solche Behälter in Rumänien, die alles andere als wirtschaftlich sind, da die Verluste bei weitem die Kosten übersteigen, die eine zweckentsprechende Tankanlage verursachen würde. Außerdem bilden derartige offene Lagerstätten eine ständige Feuersgefahr.

Man wird daher in Gebieten, in denen größere Bohrtätigkeit zu erwarten ist, Reservoireparks anlegen, die zur Aufnahme der Rohöle dienen. Im Interesse der späteren Verarbeitung wird man schon von der Sonde her tiefstockendes, und daher wertvolleres asphaltisches Rohöl, welches seltener und für die Fabrikation von Fliegerbenzin geeignet ist, getrennt von dem weniger wertvollen paraffinösen Rohöl, das wegen seines höheren Stockpunktes mitunter heizbare Behälter erfordert, lagern. Meist selektioniert man auch noch die intermediären Sorten ab. Die Reservoire für Rohöl fassen in der Regel 5000 Tonnen und sind in Gruppen bis zu 16 oder mehr in einem Park angeordnet. Diese Reservoire haben meist zylindrische Form (vgl. Abb. 13a) und werden aus Eisenblech zusammengenietet. Die unteren Zonen des Reservoirs erhalten wegen des höheren hydrostatischen Druckes dickere Bleche als die oberen Zonen. Der Deckel ist nach außen gewölbt und aus dünnem Blech gefertigt, damit er bei einer Explosion abgehoben werden kann und die Wände dadurch vor der Zerstörung bewahrt werden. Dies hätte sonst ein Auslaufen des Rohöles zur Folge. Da dieses Auslaufen besonders bei großen Reservoiren, je nach Gelände- und Windverhältnissen, durch Flächenbrände unübersehbare Folgen haben kann, ist vielerorts vorgeschrieben, daß jedes Reservoir mit einem

Abb. 13a. Zwei zylindrische Tanks.

Erdwall umgeben sein muß, der im Notfalle den ganzen Inhalt des Reservoires aufzunehmen vermag. Der Boden des Reservoirs ist flach, aber nie vollkommen eben, daher unterhält man ständig einen bestimmten Wasserspiegel, um von diesem Niveau aus exakte Inhaltsmessungen bis zum Ölspiegel vornehmen zu können. Der Rauminhalt eines Reservoires wird einfach nach dem Inhalt eines stehenden Zylinders berechnet und beträgt

$$R^2 \pi H,$$

worin

R den Radius des Reservoires,
π die Zahl 3,14159 und
H die Niveaudifferenz vom Wasserspiegel bis zum Ölspiegel

bedeuten. Eine solche Berechnung ist wegen der unvermeidlichen Abweichungen von der Form des Kreisquerschnittes nie genau. Man eicht daher solche Reservoire auch noch empirisch mit Wasser vor ihrer Inbetriebnahme. Alle Rohölreservoire sind mit einer Zu- und Abflußleitung sowie mit einer Gasleitung versehen. Die Gasleitung wird mit der Entbenzinierungsanlage verbunden, damit die aus dem Inhalt des

Reservoirs beim „Atmen" entweichenden Dämpfe nicht an die Atmosphäre abgegeben, sondern gesammelt und wieder gewonnen werden können.

Alle Reservoire sind meist außen mit senkrechten Leitern versehen und tragen oben ein Mannloch zur Entnahme von Proben. Auch haben sie gewöhnlich noch ein Geländer, um das Personal vor Absturz zu sichern. Beim Bau zylindrischer Reservoire fertigt man zuerst den Boden an, dann wird die Eisenkonstruktion des Deckels darüber gewölbt und verkleidet. Erst jetzt beginnt man mit den Wänden, die dann allmählich mit Winden hochgehoben werden. Das geht aus der Abb. 14 hervor.

Abb. 14. Bau einer Gruppe von 10000-Tonnen-Tanks für Heizöl.

a) Bauformen von Tanks.

Zylindrische Reservoire haben den Nachteil, daß sie nicht diejenige Form aufweisen, die bei kleinster Oberfläche das größte Volumen ergeben. Daher sind die Temperaturschwankungen in einem solchen Reservoir nicht ein Minimum, weil die Heiz- bzw. Kühlfläche im Verhältnis zum Reservoirinhalt zu groß ist. Man hat daher insbesondere für leichte Kohlenwasserstoffe auch kugelförmige Reservoire gebaut, wie sie in Abb. 15 wiedergegeben sind. Sie sind in ihrer Konstruktion teurer und daher weniger verbreitet als zylindrische Reservoire. Kugelförmige Tanks haben nicht die Form, die bei gegebenem Fassungsvermögen die geringste Blechmenge benötigen. Auch ein kugelförmiges Reservoir müßte in den unteren Zonen aus dickerem Blech hergestellt werden, weil dort der hydrostatische Druck größer ist als in den oberen Zonen. Die Form, die bei gegebenem Rauminhalt eine Hülle gleicher Festigkeit erfordert, ist die eines liegenden Quecksilbertropfens. Die Kugelform nimmt dieser nur dann an, wenn er der Schwerkraft vollkommen entzogen wird. Ist dies nicht der Fall, sondern wirkt neben der Oberflächenspannung auch noch die Schwerkraft auf ihn ein, dann nimmt er die Form eines Sphäroides mit abgeplatteter Bodenfläche an. Die sich hieraus ergebende Form der Tropfenoberfläche ist eine Hülle gleicher

Festigkeit. In gleicher Weise wird auch ein Reservoiremantel dieser Form beansprucht, wenn er der Bedingung des größtmöglichen Rauminhaltes bei gegebener Festigkeit der Hülle genügen soll. Da solche Reservoire auch zugleich eine geringe Heiz- bzw. Kühlfläche haben, sind sie in den Ver. Staaten von Amerika als Gasolinbehälter, insbesondere unter dem Fabriknamen „Horton-Sphäroid-Tank" recht beliebt geworden. Sie beanspruchen eine etwas größere Parkfläche als zylindrische Reservoire von gleichem Fassungsvermögen und gleicher Höhe. Dies spielt jedoch in den meisten Fällen praktisch keine Rolle. Ein solcher Behälter ist in Abb. 16 gezeigt.

Abb. 15. Zwei kugelförmige Tanks für je 2500 Barrels (1 Barrel = 163,571 l).

Bei Behältern für schwere Brennstoffe geht man in der Regel wegen der geringeren Feuersgefahr zu Einheiten bis 10000 Tonnen Fassungsvermögen über, während man für Schmieröl schon wegen der größeren Zahl der zu lagernden Sorten kleinere Einheiten von 1000 Tonnen Inhalt und weniger wählt. Alle Reservoire tragen weithin sichtbare Nummern und haben in normalen Zeiten einen ihrem Inhalt angepaßten Anstrich.

Die Behälter für die sogenannten weißen Produkte (Gasolin, Benzin, White Spirit, Petroleum usw.) erhalten einen Aluminiumanstrich, der gegen allzu starke Absorption von Sonnenstrahlung und Emission von Eigenwärme schützen soll.

Abb. 16
Ein Gasolinbehälter in Tropfenform (sog. „Horton-Sphäroid-Tank").

Auf diese Weise werden die täglichen und monatlichen Temperaturschwankungen verringert und damit die Verdampfungsverluste heruntergedrückt. Die schwarzen Produkte (Dieseltreibstoffe, Heizöle, Krackrückstände usw.) werden dagegen in schwarz gestrichenen Reservoiren gelagert, um ihren Inhalt in warmen Gegenden unter Ausnutzung der Sonnenwärme länger flüssig und gut verpumpbar zu halten. In kalten Gegenden sind Wärmeisolationen, eventuell künstliche Heizung, erforderlich. Bei Schmierölen ist es zweckmäßig, nicht den gesamten Reservoirinhalt zu erwärmen, sondern nur denjenigen Teil des Inhalts, der verpumpt werden soll. Zu diesem Zwecke ist unmittelbar vor dem Saugrohr eine mittels Trichter überdachte Heizspirale angeordnet, damit nur derjenige Teil des Öles erwärmt wird, der wirklich verpumpt werden soll. Ohne diese Maßnahme kann es vorkommen, daß das Öl zu lange heiß bleibt und daher seine Farbe verdunkelt. Zweckmäßig ist es, hierfür gesättigten Dampf bei nicht zu geringer Heizfläche zu verwenden, da die Farbverdunkelung mit der Temperaturerhöhung schnell ansteigt.

b) Anstrich der Behälter.

Der Anstrich von Reservoiren ist Gegenstand einer Wissenschaft für sich und kann hier nur gestreift werden. Das neuerbaute Reservoir wird im ersten Jahr zweckmäßig rosten gelassen, damit sich die später zum Abblättern neigende Eisenhammerschlagschicht mit Drahtbürsten leicht entfernen läßt. Dann wird eine Rostschutzschicht aus Mennige aufgetragen und auf diese erst die eigentliche Deckfarbe aufgebracht. Die Laboratorien der Raffinerien unterhalten geeignete Prüffelder, bei denen die von den Farbenfabriken angebotenen Pigmente und Sikkative praktisch geprüft werden. Der sogenannte Out-Side-Exposure Test sieht vor, daß Bleche von ca. ⅓ qm Oberfläche der gleichen Qualität, aus denen die Reservoire gefertigt sind, mit der zu untersuchenden Farbe vorschriftsmäßig gestrichen werden und dann der Fabrikatmosphäre (meist auf dem Dach des Laboratoriums) ausgesetzt werden. Die Bleche sind dabei so geformt, daß die Sonnenstrahlen sie möglichst senkrecht und an einer zweiten Stelle möglichst geneigt treffen. Ihre Form ist aus Abb. 17 zu erkennen. Zu dem Zwecke stellt man die Bleche in eigens dafür konstruierten Holzgestellen auf, die in die Nordsüdrichtung, also senkrecht zur Strahlungsrichtung der Sonne, eingestellt werden können. Von Woche zu Woche werden dann die Bleche unter Augenschein genommen; ihr Aussehen wird möglichst genau beschrieben. Diese Fragen sind wichtig, da der Reservoirpark einen wesentlichen Teil der Investitionskosten einer Raffinerie erfordert und eine Anfälligkeit für Rost daher sehr ins Gewicht fällt.

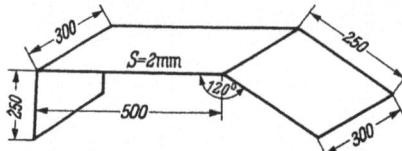

Abb. 17. Probebleche für Dauerprüfung.

Nach neueren Methoden untersucht man gestrichene Reservoirbleche auch mikroskopisch in der Art, daß man die Schnittflächen anschleift und Farbmikroaufnahmen von denselben anfertigt. Man kann dann die in den verschiedenen Jahren aufgetragenen Anstriche wie Jahresringe genau erkennen und so gewissermaßen aus der Geschichte des Reservoires auf seinen augenblicklichen Zustand schließen. Dabei ist insbesondere festzustellen, inwiefern frühere Anstriche Einfluß auf den jetzigen Überzug haben.

Bei Tarnanstrichen in Kriegszeiten werden vielfach andere Anforderungen gestellt. Insbesondere wird verlangt, daß diese Anstriche sich nicht nur hinsichtlich der Farbe stabil verhalten, sondern auch hinsichtlich ihres Glanzes nicht unvorteilhaft verändern. Vor allem darf sich der Farbton bei Beregnung nicht von dem Farbton der Umgebung abheben. Es darf z. B. ein Grün, das einer Waldlandschaft angepaßt wurde, bei Gegenwart von Nässe nicht dunkler werden als das Blattgrün. Das kann durch Zumischung von Paraffin und Kalknaphthenaten verhindert werden. Diese Zusätze machen die Farbpigmente ebenso wasserabweisend wie der Wachsüberzug der pflanzlichen Blätter. Als Lösungsmittel kann White Spirit verwendet werden. Wenn der Anstrich nach dem Spritzverfahren aufgetragen werden soll, müssen die Pigmente erst angepastet werden, damit sie eine genügende Stabilität bekommen und sich nicht vorzeitig absetzen.

Auf die veränderte Deckkraft der Pigmente bei Gegenwart der obengenannten Zusätze in Abhängigkeit von ihrer Feinkörnigkeit soll hierbei nur hingewiesen werden. Bei der Lagerung von Naphthensäuren ist zu beachten, daß diese korrosiv wirken, was insbesondere bei erhöhter Temperatur in Erscheinung tritt. Das Schopieren mit Aluminium nach dem Metallspritzverfahren scheint zur Zeit der wirksamste Schutz gegen die Naphthensäurekorrosion zu sein. Gegen Phenole, die aus Krack-Spirit mit Soda ausgelaugt werden, ist dagegen Aluminium höchst ungeeignet. Die Auswahl geeigneter korrosionsbeständiger Werkstoffe ist auch eine vielgepflegte Arbeitsrichtung in den Researchabteilungen der Raffinerien. Man rechnet hierbei meist in Schichtdicken korroidierter Substanz pro Zeiteinheit und gibt diese im logarithmischen Maßsystem an. Auf diese Weise erhält man handliche Zahlen von der Größenordnung von 1 bis 8 und darüber[1].

Bei allen diesen Problemen ist auch darauf zu achten, daß keine Lokalelemente entstehen, die zu rascher Korrosion, namentlich bei Gegenwart von Elektrolyten, führen. Solche Fälle liegen bei salzwasserhaltigen Rohölemulsionen, bei Schwefelwasserstoff und bei salzsäurehaltigen Wasserdampfkondensaten vor. Bei letzteren entstehen die genannten Produkte durch Hydrolyse des Magnesiumchlorides bzw. durch Zersetzung von Schwefelverbindungen.

c) Inhaltsmessung.

Die Messung der Reservoirinhalte bildet ein wichtiges Kapitel des Rohölhandels und gehört zu den heikeln Problemen der praktischen Übergabeverhandlungen. Da man Volumina mißt und Gewichte bezahlt, erfolgt die Umrechnung meist über die entsprechend der Temperatur korrigierte Dichte. Die Dichtekorrektur-Faktoren sind daher wichtige

---

[1] Vgl. hierzu auch F. RITTER: Korrosionstabellen metallischer Werkstoffe, 2. Aufl. Wien: Springer 1944.

Größen, für die man in der Regel besondere Tabellen ausarbeitet[1]. Es ist bis heute nicht üblich geworden, Dilatationsmessungen an den Produkten selbst auszuführen; vielmehr werden konventionelle Werte hierzu verwendet. Es empfiehlt sich jedoch, gerade bei Übergabeverhandlungen die Dichte möglichst bei der Temperatur zu bestimmen, bei der man auch den Rauminhalt vermessen hat. Dazu dienen Senklot und Meßband.

Der Wasserspiegel wird im Behälter mittels eines speziellen Wasserfinderpapieres (hygrometrisches Papier), welches einen aus Zuckerlösung und Chromatlösung hergestellten dunkelgrünen Anstrich trägt, bestimmt. Dieser Anstrich ist wasserlöslich und wird vom Öl nicht angegriffen. Taucht man ein solches Papier, das auf einer Holzstange aufgeklebt ist, bis auf den Boden des Reservoirs, dann kann man nach dem Herausziehen die Grenze zwischen Wasser- und Ölniveau genau erkennen. Diese Messungen werden von eigens dazu ausgebildeten Reservoiremessern (in Rumänien Măsurători genannt) ausgeführt und durch Ingenieure nur kontrolliert. Dies Verfahren erscheint zweifellos etwas rückständig und steht in auffallendem Gegensatz zu den sonstigen hochentwickelten Methoden, die in der Ölindustrie üblich sind.

Tabelle 1. *Dichten und Dichtekorrektur-Koeffizienten für Rohöle verschiedener Herkunft.*

Provenienz	Dichte bei 15° C	Änderung je °C
Pennsylvania	0,816	0,000685
Kanada	0,828	0,000698
Schwabweiler (leicht)	0,829	0,000699
Baicoi	0,831	0,000717
Câmpină	0,8375	0,000689
Buștenari (Telega)	0,854	0,000712
Schwabweiler (schwer)	0,861	0,000738
Moreni	0,869	0,000738
Rußland	0,882	0,000720
Westgalizien	0,885	0,000686
Walachei	0,901	0,000674
Țintea	0,9095	0,000668
Wietze (schwer)	0,955	0,000618

Es hat daher nicht an Versuchen gefehlt, Geräte zu konstruieren, die aus dem hydrostatischen Druck den Ölinhalt eines Reservoirs direkt als Gewichtsinhalt abzulesen gestatten. Keine dieser Vorrichtungen konnte sich aber bisher in größerem Umfange einführen. Die größte Aussicht auf Erfolg dürfte noch das Waagenprinzip haben, wobei der hydrostatische Druck des Reservoirinhaltes durch eine mittels Laufgewicht und Waagebalken kompensierte Membrane gemessen wird.

Zu einer Messung gehört auch stets die Probenahme. Es gibt eine Reihe hiefür vorgeschlagener Geräte (Probenehmer). Sie bestehen aus zylindrischen Gefäßen und sind mit einem Fußventil versehen, das von außen her durch eine Schnur geöffnet werden kann, um Proben aus verschiedenen Tiefen des Reservoirs entnehmen zu können. Diese fast in allen Lehrbüchern abgebildeten Apparate haben sich aber im Groß-

---

[1] So ist beim Fachausschuß für Mineralölnormung (FAM) eine Dichtekorrektur-Tabelle in Vorbereitung, mit deren Veröffentlichung in nächster Zeit zu rechnen ist. Außerdem gibt die obige Tabelle die Korrektur-Koeffizienten für einige Rohöle verschiedener Herkunft wieder.

betrieb nicht eingeführt. Ihre Reinigung ist zu umständlich. Praktisch verwendet man Glasflaschen von 1 l Inhalt mit engem Hals, die in metallische Körbe eingehängt und mit Bleiklötzen beschwert in die Reservoire eingesenkt werden. Solche Flaschen, wie sie auch zu Musterzwecken zu Tausenden in den Raffinerien aufbewahrt werden, sind stets rein und daher einwandfrei. Will man Proben aus verschiedenen Tiefen entnehmen, dann wird die Flasche mit großer Geschwindigkeit bis zu der gewünschten Tiefenlage versenkt und dort längere Zeit verweilen gelassen, bis sie sich gefüllt hat, was an aufsteigenden Blasen erkennbar ist. Zu beachten ist bei diesen Geräten, daß die Ketten, mit denen die Körbe heruntergelassen werden, mit dem Eisen der Reservoire beim Anschlagen keine Funken bilden. Diese Ketten dürfen daher nur aus einem Nichteisenmetall, z. B. Messing, gefertigt sein. Wegen der großen Feuergefahr in den Raffinerien bestehen dabei auch lokale Vorschriften, wonach z. B. diese Ketten nicht mit eisernen Gliedern geflickt werden dürfen.

d) Verpumpen.

Nach erfolgter Übergabe eines Reservoirs beginnt in der Regel der Abtransport durch Verpumpen. Hierbei ist zu berücksichtigen, daß die meist kilometerlangen Rohrleitungen bereits Öl enthalten und der Abnehmer in der Regel nicht genau das erhält, was er übernommen hat. Es werden daher die Produkte an der Ankunftsstelle nochmals untersucht und verglichen. Es versteht sich von selbst, daß man auf einer für paraffinöses Rohöl bestimmten Leitung kein asphaltöses Rohöl verpumpen darf, wenn man Kontamination (Vermengung) vermeiden will. Es ist daher in der Regel so, daß die Leitung von den Gruben zur Raffinerie Eigentum der Erdölgesellschaften sind, während die Produktenleitungen von der Raffinerie zu den Hafenanlagen, bei denen nur spezifikationsgemäße Produkte zur Verpumpung zugelassen sind (z. B. Pipe-Line-Kerosin), dem Staate gehören. Dieser unterhält für den Transport eigene Pumpstationen, wofür er Transporttaxen einnimmt. Bei den Transportleitungen ist auch das Gelände zu berücksichtigen. Bei sehr großen Höhenunterschieden und Strömungswiderständen ist es nicht zweckmäßig, mit einer einzigen Pumpstation, etwa an der Quelle, zu arbeiten. Das würde Pumpen mit zu hohem Druck und daher überdimensionierte Leitungen erfordern. Man geht daher in der Regel nicht über eine bestimmte Wanddicke hinaus und schaltet je nach den Geländeverhältnissen Zwischenstationen ein, die das Öl empfangen und das Öl von sich aus weiter verpumpen. In der Regel haben diese Pumpstationen auch wieder eigene Reservoirparks, in denen sie gewisse Mengen Rohöl für kurze Zeit stapeln können, um bei einem Ausfall einer Pumpe nicht gleich die ganze Arbeit auch auf den übrigen Teilstrecken unterbrechen zu müssen. Leitungen für paraffinöses Rohöl müssen wärmeisoliert sein. In ihnen darf die Verpumpung nicht zu langsam erfolgen, wenn man ein Erstarren des Paraffins und damit ein Verstopfen der Leitung vermeiden will. Aus all den Umständen ist ersichtlich, daß die strömungs- und wärmetechnische Beherrschung der Verpumpungs- und

5*

Leitungsanlage eine der wichtigsten Arbeiten in den Konstruktionsbüros darstellt.

Die Viskosität, die bekanntlich sehr temperaturabhängig ist, spielt dabei eine große Rolle. Nach ihr richtet sich auch die Eingangstemperatur, mit der ein Rohöl verpumpt werden muß, damit keine zu großen Energieverluste durch Reibung auftreten bzw. bei paraffinösen Produkten diese auch wirklich als Flüssigkeiten an ihrem Bestimmungsort ankommen.

Bei sehr großen Entfernungen verzichtet man in der Regel darauf, hochviskose Flüssigkeiten, wie Heizöle und ähnliche Produkte, durch Verpumpen zu befördern. Obwohl sie fast die Hälfte der verarbeiteten Rohölmenge ausmachen, zieht man es vor, sie entweder mittels Eisenbahnwagen oder Flußleichter in die Häfen zu verfrachten oder die Verarbeitungsstätten selbst in der Nähe der Küste zu errichten, so daß nur das Rohöl durch Verpumpen dorthin gefördert werden muß. Wo dies nicht möglich ist, können die Transportspesen die Errichtung von Krackanlagen erzwingen, die einen großen Teil der Rückstände in Kraftstoff umwandeln, der dann billig verpumpt werden kann. Man erkennt, wie die Transportprobleme die ganze Gestaltung einer Raffinerie einschl. der Wahl ihres Standortes beeinflussen können. Es soll daher im folgenden die Methode zur Berechnung von Rohrleitungen behandelt werden.

e) Rohrleitungsberechnung.

Solange in einem Rohr laminare Strömung herrscht, gilt das HAGEN-POISEUILLEsche Gesetz:

$$\frac{dQ}{dt} = \frac{r^4 \pi p}{8 \cdot \eta L},$$

worin

dQ/dt die pro Zeiteinheit transportierte Menge in cm³/sec.
r der Radius des Rohres in cm,
p die Druckdifferenz in dyn/cm²,
L die Leitungslänge in cm,
η die dynamische Zähigkeit in Poise

bedeuten. Die Gleichung gilt unter der Voraussetzung, daß die kinetische Energie, mit der das Öl am Bestimmungsort ausströmt, gegenüber der gesamten, zum Verpumpen erforderlichen Arbeit gering ist. Ist dies nicht der Fall, sondern strömt das Öl mit einer merklichen kinetischen Energie aus, dann ist noch die sogenannte HAGENBACHsche Korrektur zu berücksichtigen. Dann ist

$$\frac{m}{5 \cdot \pi \nu L} \left(\frac{dQ}{dt}\right)^2 + \frac{dQ}{dt} = \frac{r^4 \pi p}{8 \cdot \eta L},$$

wobei nach S. ERK für $m = 1{,}12$ zu setzen ist. Die transportierte Menge ist keine lineare Funktion des Druckes, sondern die geförderte Menge nimmt weniger zu als der Druck.

Dies gilt jedoch bis zum Eintritt der Turbulenz, die dann einsetzt, wenn die REYNOLDSzahl

$$\mathrm{Re} = \frac{r v}{\nu}$$

größer wird als 1160. Von hier ab gelten dann andere Strömungsgesetze. Es nimmt der Strömungswiderstand wieder zu, d. h. die geförderte Menge nimmt mit der REYNOLDszahl ab. Es wird für die Praxis in der Regel genügen, wenn man diese Bereiche meidet und die Rohrleitungen nur für klare hydrodynamische Bereiche berechnet. Für den Turbulenzbereich kann man z. Z. kaum andere als Erfahrungsziffern mit einiger Sicherheit verwenden. In den Fällen, in denen man die Verhältnisse mit Hilfe der angegebenen Gleichungen studieren will, kann folgende Beziehung verwendet werden:

$$\frac{dQ}{dt} = \frac{r^3 \pi C v^2}{16 \cdot \nu},$$

worin

r den Radius des Rohres in cm,
v die Strömungsgeschwindigkeit in cm/s,
ν die kinematische Viskosität (dynamische Viskosität η dividiert durch die Dichte ϱ) und
C eine Konstante bedeuten. Der Wert C ist der REYNOLDszahl umgekehrt proportional

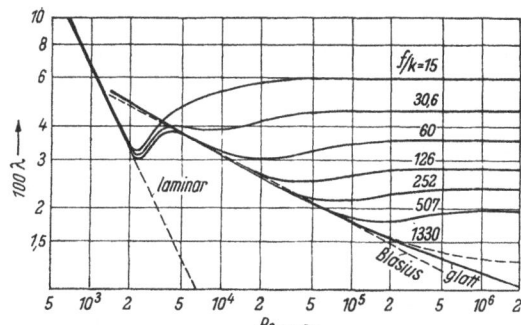

Abb. 18. Strömungswiderstand als Funktion der REYNOLDSzahl nach NIKURADSE (ausgezogen) und nach BAUER und GALAVICS (gestrichelt) für verschiedene Rohrrauhigkeit.

und hängt auch von der Wandrauhigkeit ab. Die Berechnung dieses Teiles der Strömung erfolgt daher nach vorwiegend empirischen Formeln.

Hierzu folgendes Diagramm von NIKURADSE (Abb. 18), in dem die Widerstandszahl $\lambda = \Delta p\, 2\, g\, d/l\, v^2$ als Funktion der Reynoldszahl eingetragen ist. Hierin bedeuten l Leitungslänge, d Leitungsdurchmesser, v Strömungsgeschwindigkeit, g Erdbeschleunigung und Δp Druckdifferenz.

Daraus erkennt man, daß für REYNOLDszahlen oberhalb von 20000 die Reibungskoeffizienten im wesentlichen nur noch von den Wandverhältnissen abhängen, sonst aber sich mit der Reynoldszahl kaum verändern.

Dies leuchtet insofern ein, als bei der Betrachtung der Stromprofile zu erkennen ist, daß ein Laminarprofil eine Parabel darstellt, während das Turbulenzprofil fast einem im Rohr gleitenden zylindrischen Block gleichkommt (en-bloc-Fließen). Bei einem solchen Strömungsvorgang, bei dem im Kern der Strömung fast kein Geschwindigkeitsgefälle mehr besteht, kommt es nur noch auf die Wandschichten an.

Man kann auf Grund dieser Erfahrungen Diagramme berechnen, an Hand welcher man die bei einem bestimmten Druck geförderte Menge als Funktion der kinematischen Viskosität ablesen kann. Die Radien der Rohrleitung werden hierbei als bekannt vorausgesetzt.

Solche Diagramme sind in Abb. 20a bis j wiedergegeben. Zu ihrem Gebrauch genügt die Kenntnis der Viskosität des zu verpumpenden Rohöles, um für eine Leitung bekannter Länge und bekannten Innendurchmessers die geförderte Menge direkt ablesen zu können. Man kann umgekehrt zu einer gegebenen Fördermenge den Druckabfall an Hand der Abb. 19a u. b und 20a bis j bestimmen.

Diese Berechnungen sind jedoch nur so lange von Wert, als sich die Viskosität während des Verpumpens nicht merklich ändert. Das ist bei Rohölen, die über kurze Entfernungen zu fördern sind, auch meist der Fall, weil sie eine flache Viskositäts—Temperatur-Kurve zeigen und sich bei großen Förderleistungen auf kurzen Strecken nur wenig abkühlen. Anders liegen die Verhältnisse, wenn man Heizöle zu verpumpen hat oder Rohöle auf große Entfernung verpumpen muß.

Dann sinkt die Temperatur des Öles mit zunehmender Entfernung, und gegen Ende der Leitung muß man mit einem höheren Strömungswiderstand rechnen als beim Eintritt. Die Wärme, die bei einem solchen Transport verlorengeht, läßt sich nach dem NEWTONschen Abkühlungsgesetz

$$T_t = T_\infty + (T_0 - T_\infty) e^{-\alpha t / \Delta y^2}$$

berechnen, worin

T_t die Temperatur der Leitung in °C nach der Zeit t in sec,
T_0 die Temperatur zu Beginn des Verpumpens in °C,
T_∞ die Temperatur der Umgebung in °C,
α die Temperaturleitfähigkeit in cm²/s,
Δy den wirksamen Wärmeweg in cm

bedeuten. Unter der Temperaturleitfähigkeit α versteht man den Quotienten

$$\alpha = \frac{\lambda}{\varrho\, c_v},$$

worin λ Wärmeleitfähigkeit, ϱ Dichte und c_v spezifische Wärme bedeuten. Die Größe $\lambda / \Delta y$ nennt man die Wärmeübergangszahl. Die Größe $\alpha / \Delta y^2$ heißt auch NEWTONsche Abkühlungskonstante.

Bei turbulenter Bewegung kann man annehmen, daß der Inhalt der Rohrleitung sich so weit durchmischt, daß sich innerhalb des Rohrquerschnittes kein merkliches Temperaturgefälle einstellt. Der ganze Temperaturabfall findet daher in der Wandschicht bzw. in einer etwa vorhandenen Isolierung statt. Ist die Rohrleitung frei verlegt, d. h. ist sie etwa der strömenden Luft, die sich dauernd erneuert, ausgesetzt, dann ist außerhalb dieser Schicht kein nennenswerter Temperatursprung zu verzeichnen. Ist die Rohrleitung dagegen in die Erde verlegt, dann ist auch der Temperaturabfall im Erdreich mit zu berücksichtigen.

Man erkennt daran, daß die Festsetzung des wirksamen Wärmeweges nicht einfach ist, und ist daher auch hier zur Annahme von Erfahrungsziffern, nämlich der sogenannten Wärmeübergangszahlen, gekommen. Das Verhältnis von Wärmeleitzahl zu Wärmeweg hängt von den verschiedensten Umständen ab. Trockenes Erdreich ergibt andere Ziffern als feuchtes Erdreich. Auch die Lage der Leitung unter der Erdoberfläche spielt eine Rolle. Bei nicht genügend tief verlegten Leitungen ändert sich die Wärmeübergangszahl mit einer etwa daraufliegenden Schneeschicht.

Rohrleitungsberechnung. 71

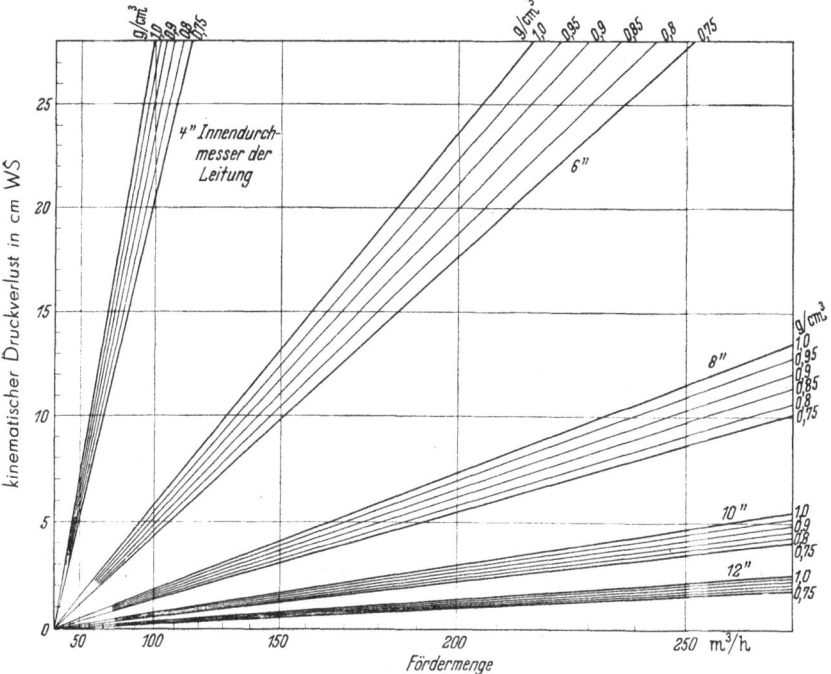

Abb. 19a. Kinematischer Druckverlust in cm WS als Funktion der Fördermenge bei verschiedenen Dichten und für verschiedene Rohrleitungen.

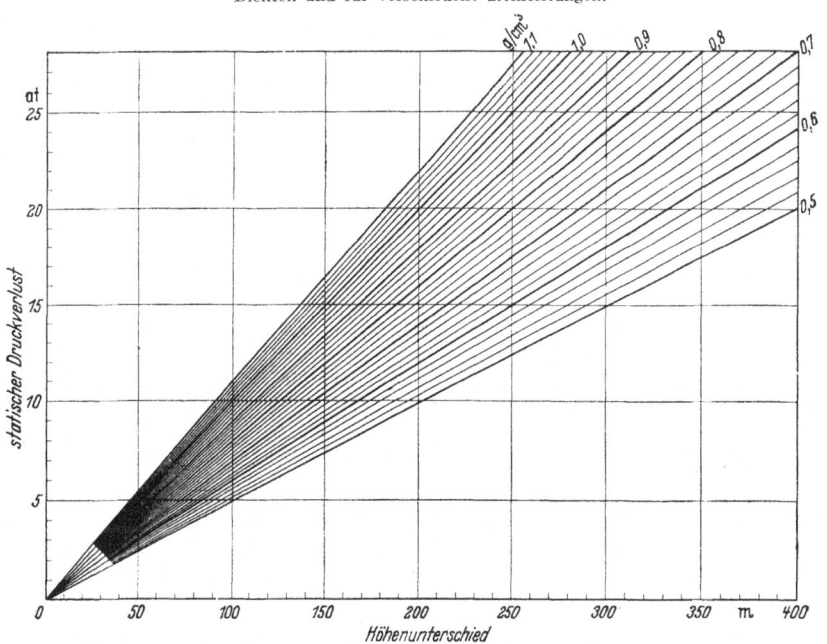

Abb. 19b. Statischer Druckverlust als Funktion des Höhenunterschiedes bei verschiedenen Dichten.

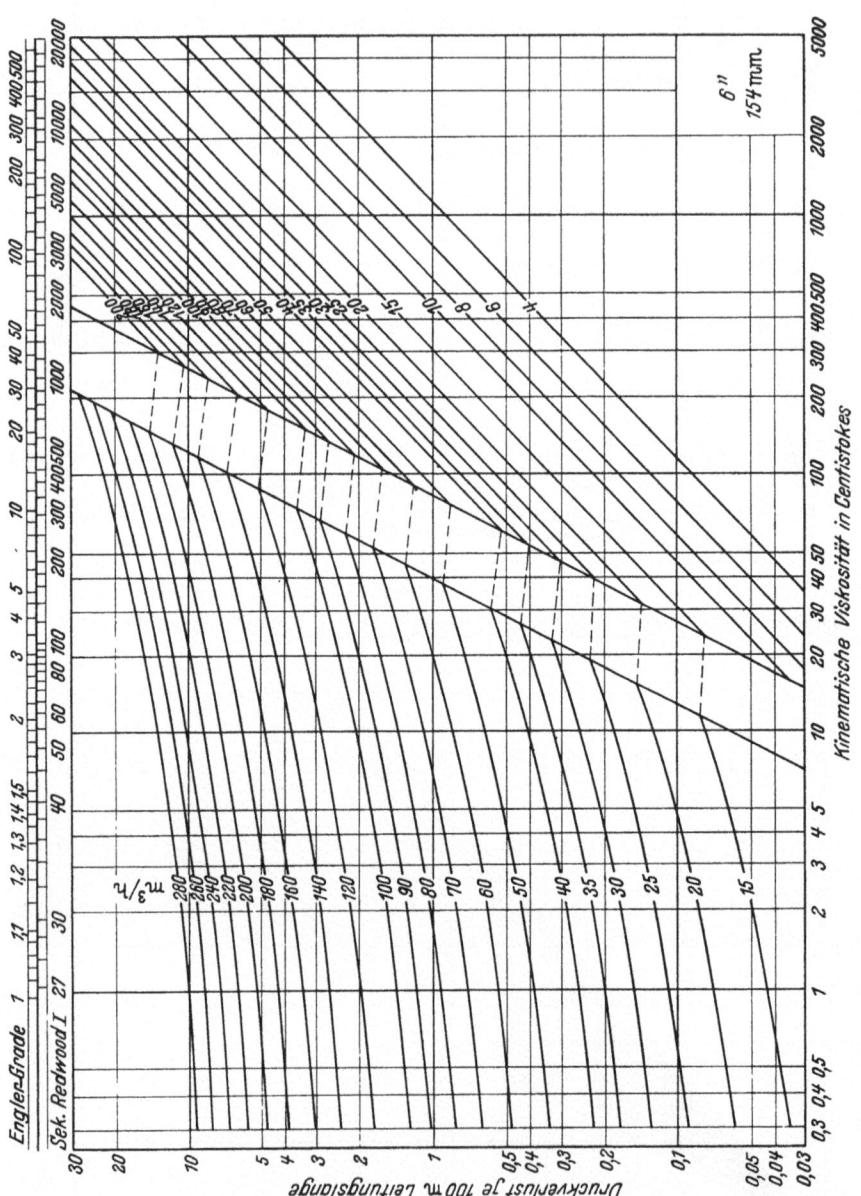

Abb. 20a.

Rohrleitungsberechnung. 73

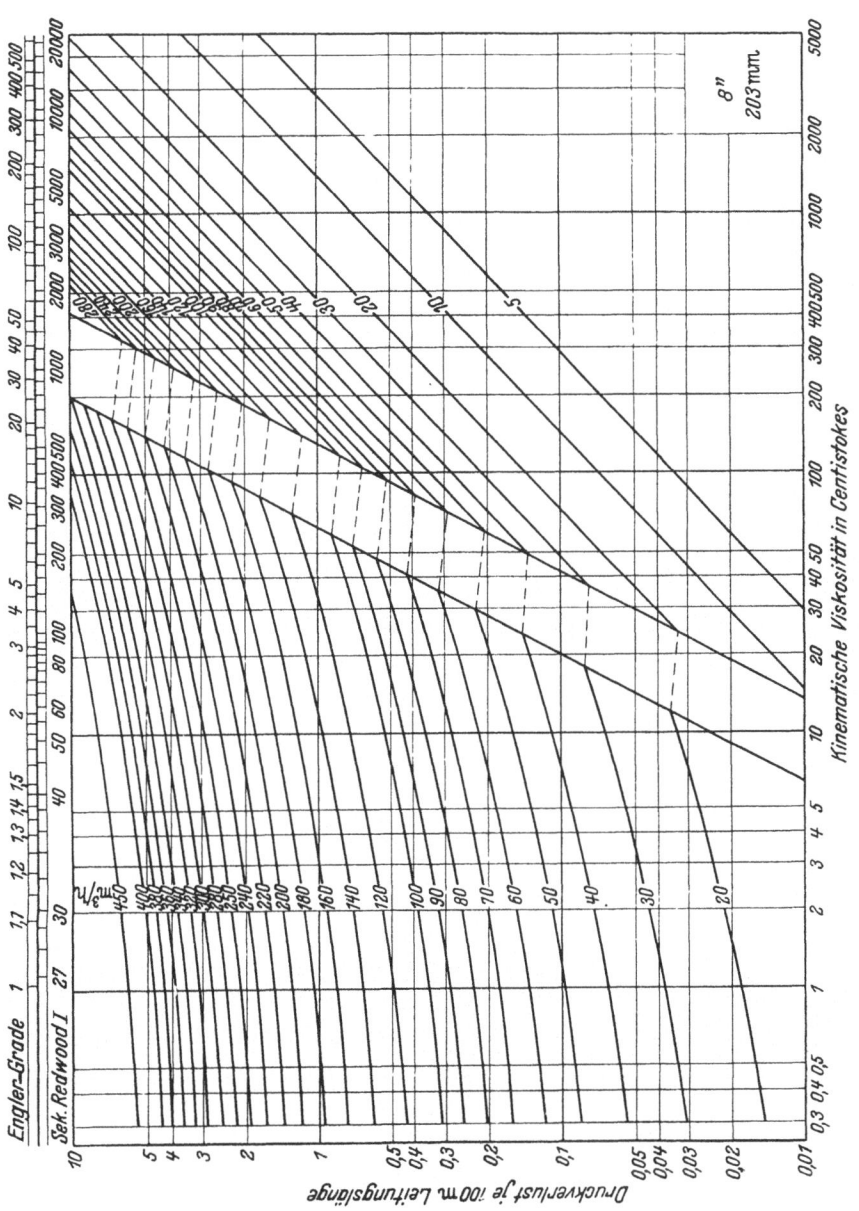

Abb. 20b.

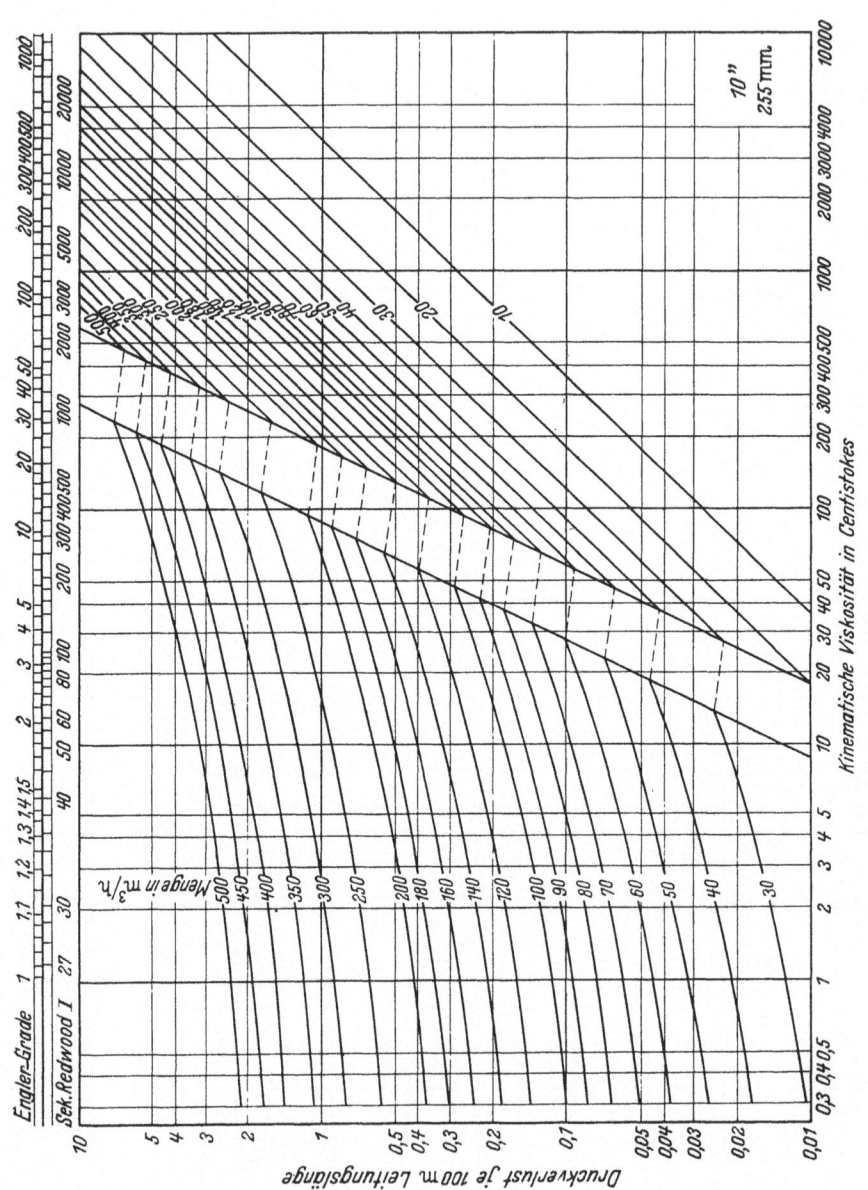

Abb. 20c.

Rohrleitungsberechnung.

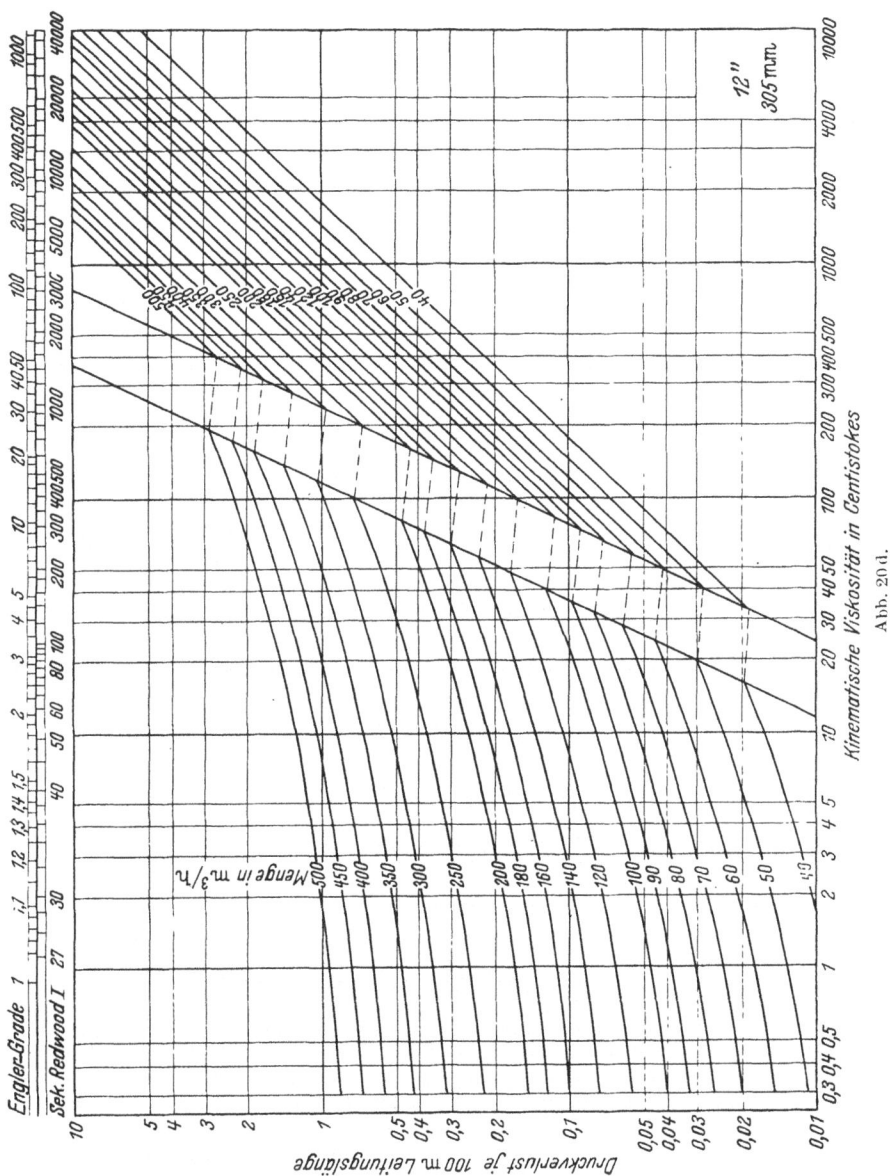

Abb. 20d.

76 Lagerung, Transport und Feuerschutz.

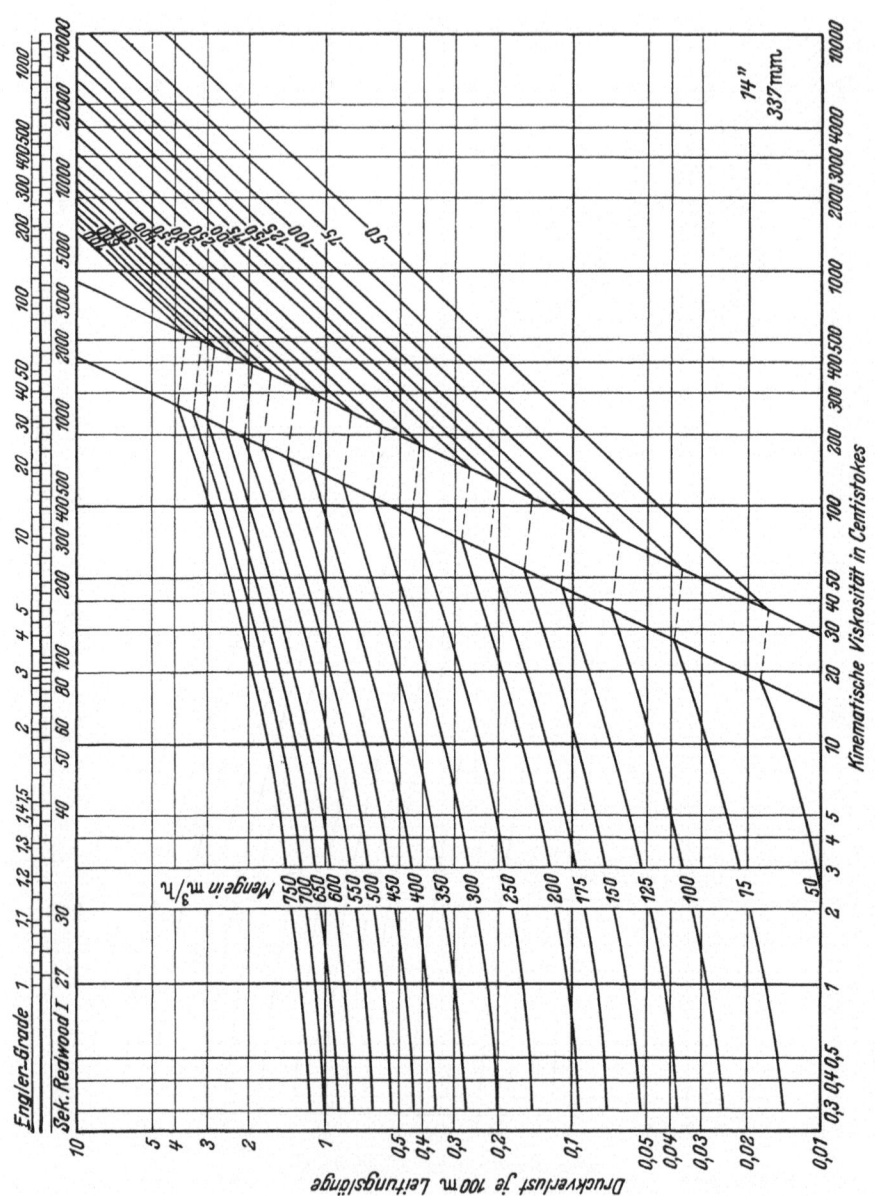

Abb. 20e.

Rohrleitungsberechnung.

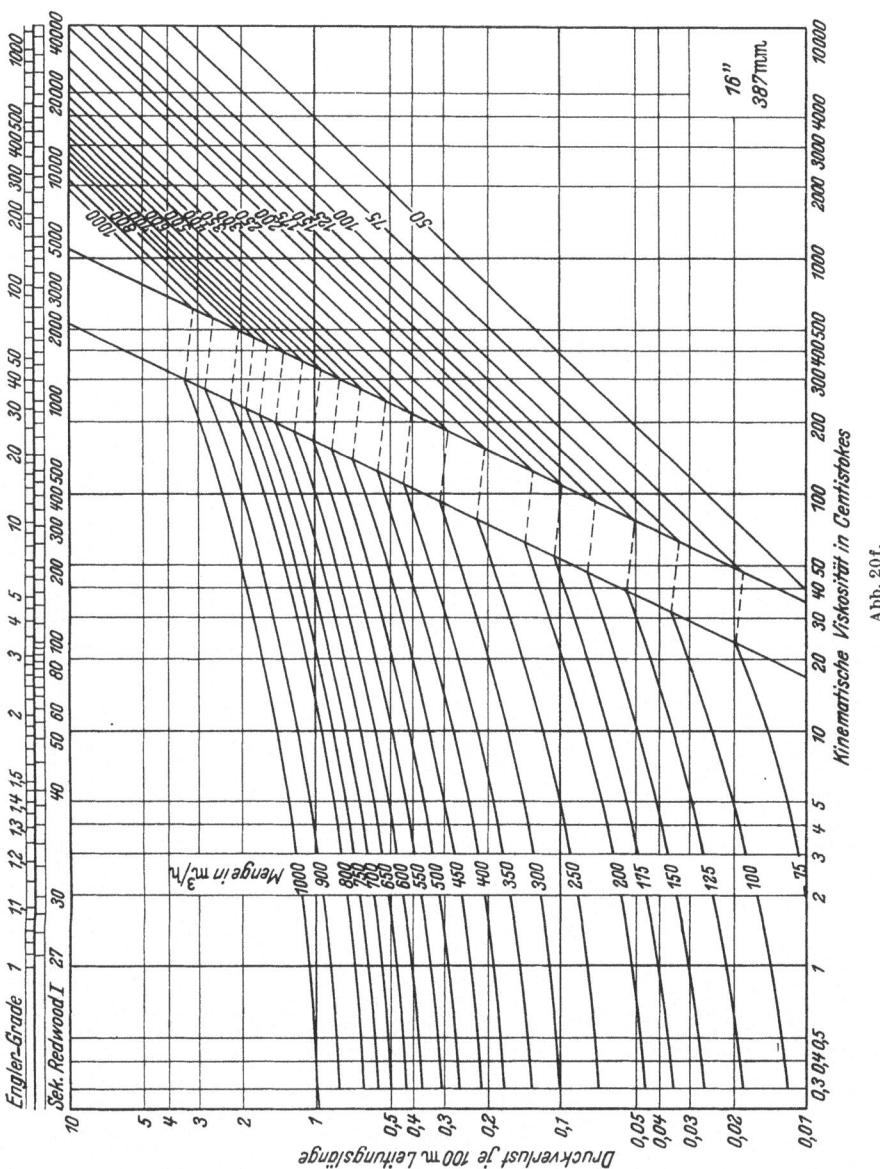

Abb. 20f.

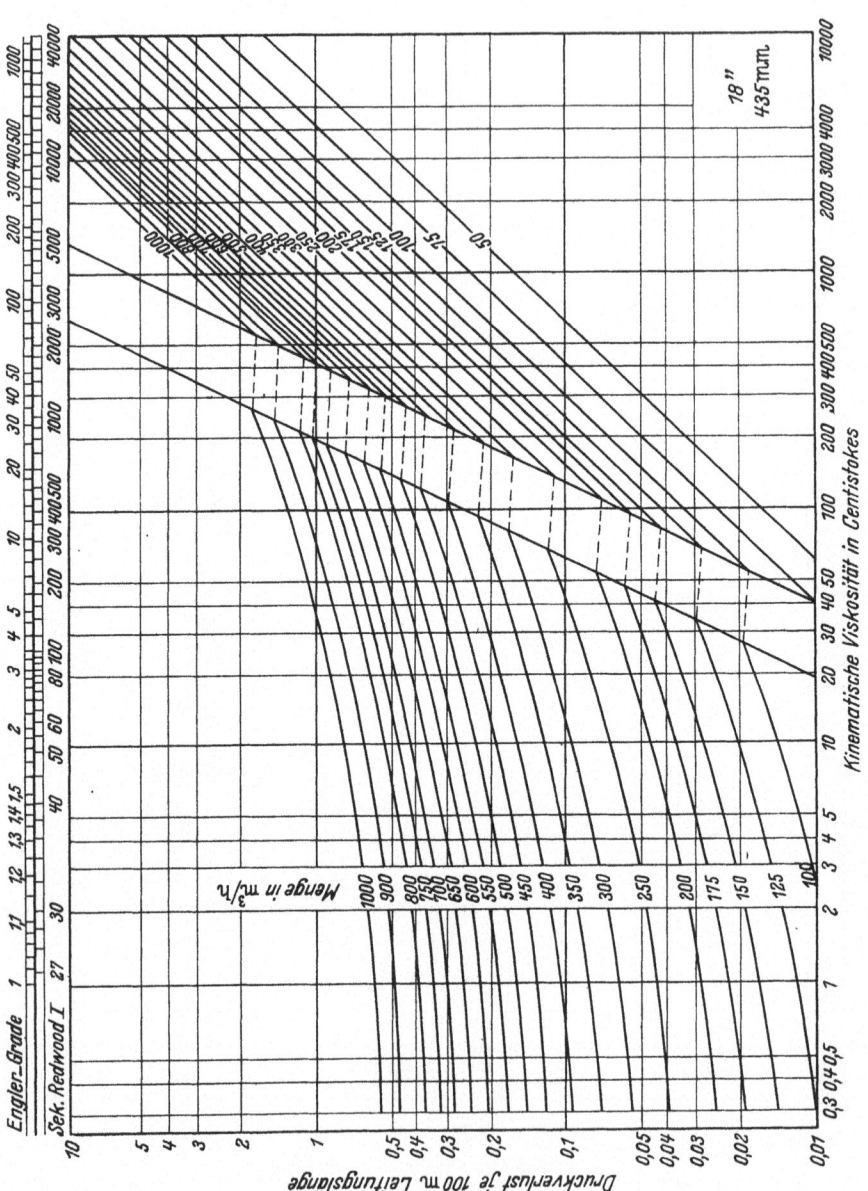

Abb. 20g.

Rohrleitungsberechnung. 79

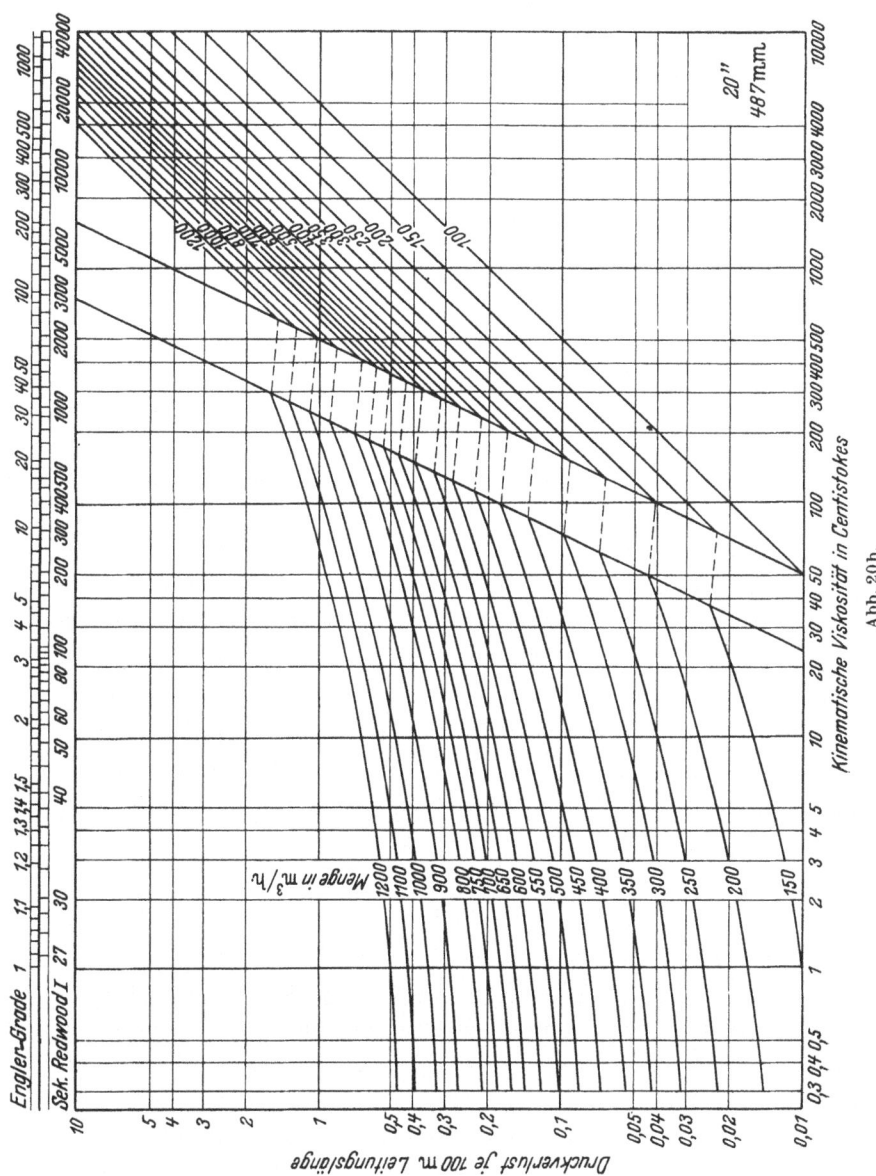

Abb. 20h.

80 Lagerung, Transport und Feuerschutz.

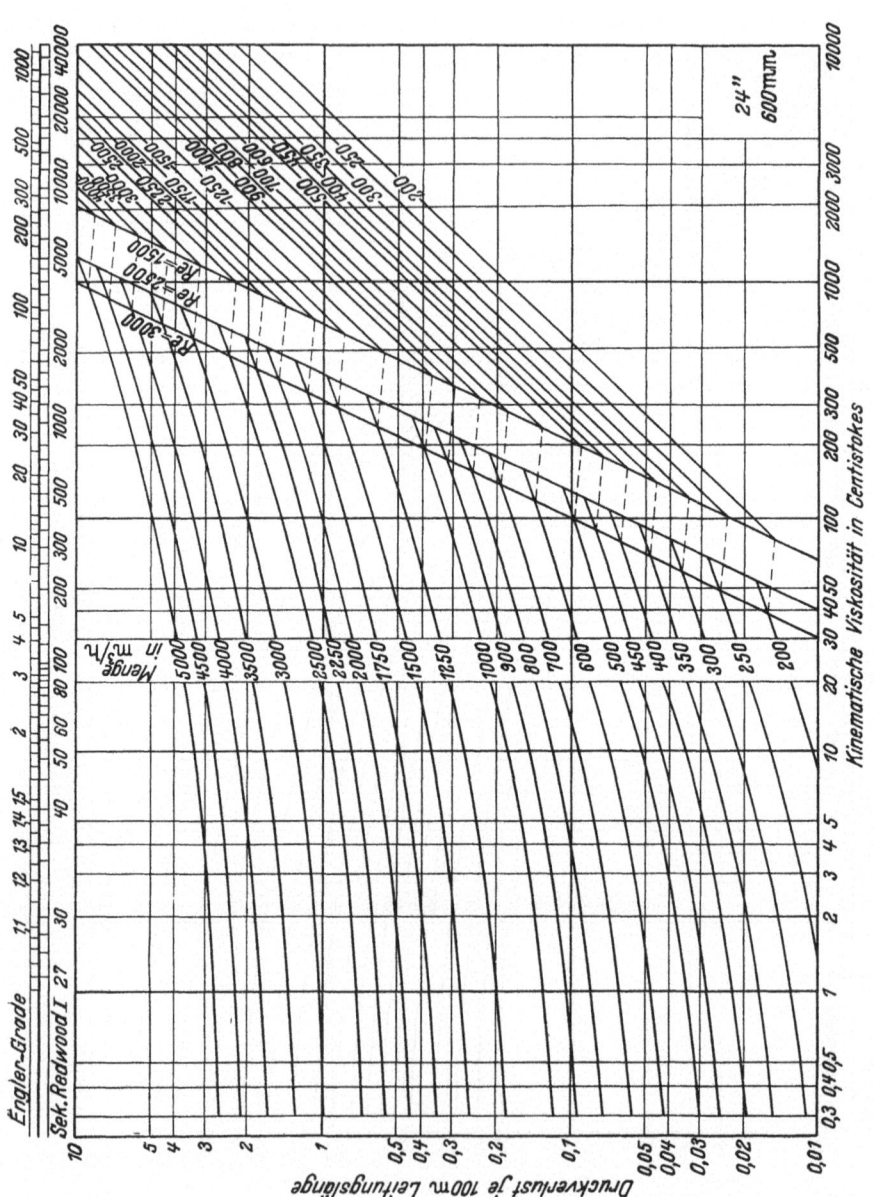

Abb. 201.

Rohrleitungsberechnung.

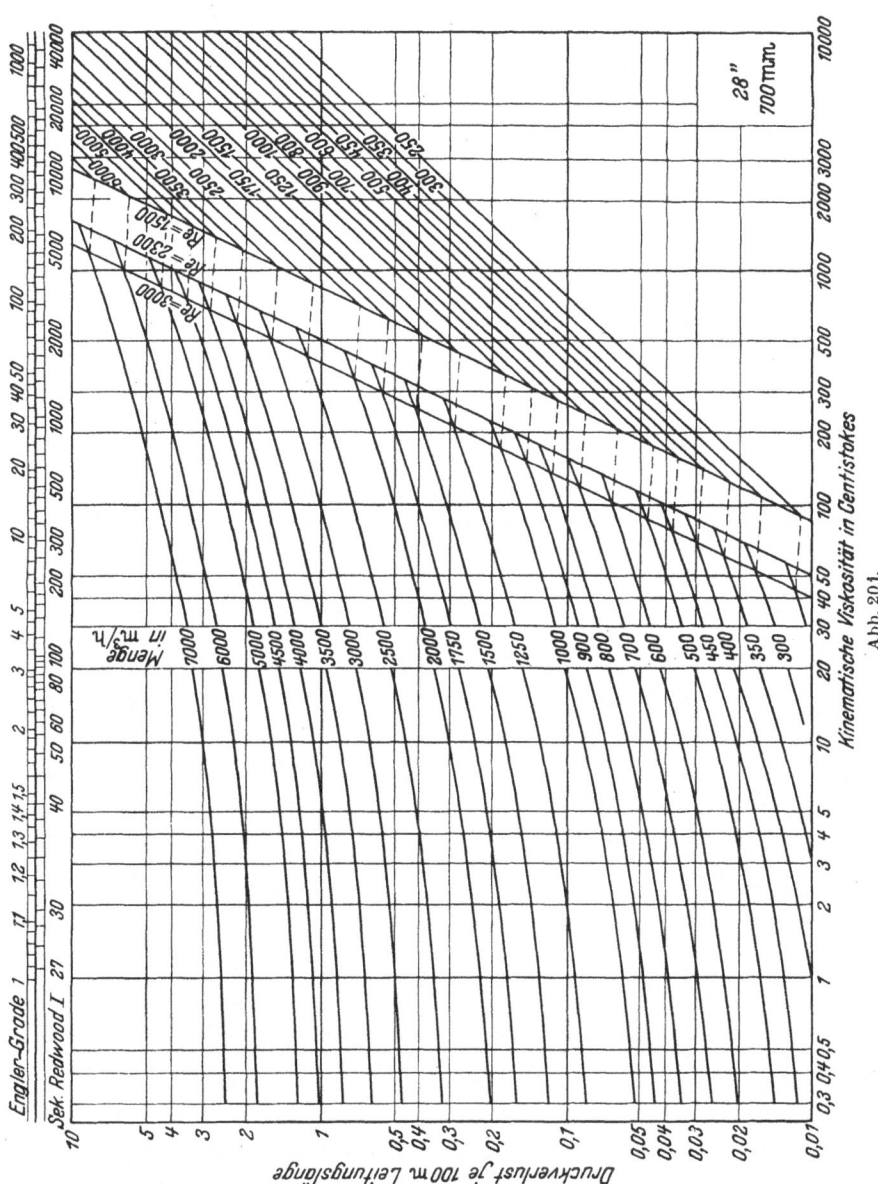

Abb. 20 j.

Trotzdem kann auch hier die Arbeit weitgehend vereinfacht werden, wenn man normale Verhältnisse annimmt. Vorschriftsmäßig verlegte Leitungen in einer Tiefe, bis zu der die Klimaschwankungen nicht mehr eindringen, ergeben für einen mittleren Feuchtigkeitsgrad ganz bestimmte NEWTONsche Abkühlungskonstanten, für die der zeitliche Temperaturabfall leicht berechnet werden kann. Aus der Verpumpungsdauer, d. i. die Zeit, die die Flüssigkeit braucht, um einen bestimmten Weg zurückzulegen, kann man dann auch auf die Temperaturverteilung auf der ganzen Länge der Leitung schließen. Die Diagramme Abb. 21a bis c dienen der Erleichterung solcher Berechnungen.

An Hand einer Viskositäts—Temperatur-Kurve kann man auch den Viskositätsanstieg und damit den stetig anwachsenden Druckabfall, auf die Einheit der Leitungslänge bezogen, berechnen. Praktisch reicht es aus, wenn man den Druck und den Temperaturverlust pro Kilometer Leitungslänge bei verschiedenen Rohrdurchmessern als Funktion der kinematischen Viskosität bzw. der Temperaturleitfähigkeit kennt.

In den Diagrammen (Abb. 20a—j) sind auf der Ordinate die Drücke in m FS und auf der Abszisse die kinematische Viskosität für Flüssigkeiten verschiedener Fördermengen aufgetragen. Jedes dieser Diagramme gilt für eine Rohrleitung bestimmten Innendurchmessers. Außer diesem sind noch Druckänderungen infolge von Höhenunterschieden zwischen zwei Leitungspunkten zu berücksichtigen. Hierfür ist Abb. 19b beigegeben. Diese Druckunterschiede sind nur von der Dichte, nicht aber von der Viskosität der Flüssigkeit abhängig. Erst die Summe der drei genannten Druckunterschiede ergibt den wirklich erforderlichen Förderdruck für die Leitung. In die Diagramme Abb. 21a bis c zur Berechnung der

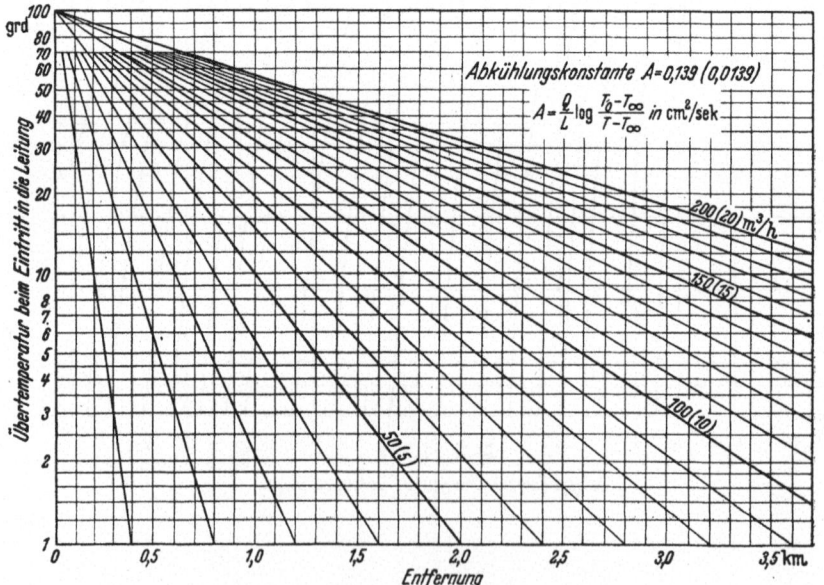

Abb. 21a. Übertemperatur von Ölleitungen als Funktion der Entfernung bei verschiedenen empirisch zu ermittelnden Abkühlungskonstanten.

Rohrleitungsberechnung. 83

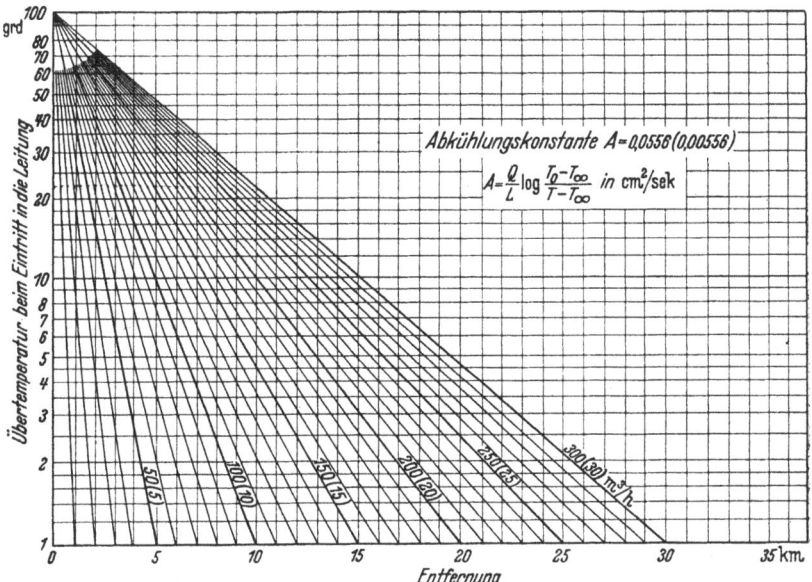

Abb. 21b. Übertemperatur von Ölleitungen als Funktion der Entfernung bei verschiedenen empirisch zu ermittelnden Abkühlungskonstanten.

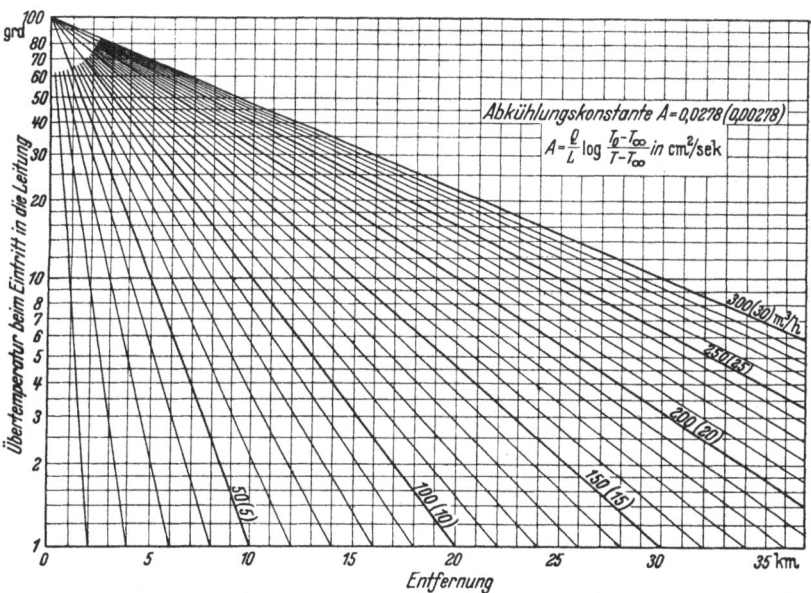

Abb. 21c. Übertemperatur von Ölleitungen als Funktion der Entfernung bei verschiedenen empirisch zu ermittelnden Abkühlungskonstanten.

Temperaturverluste ist der Temperaturüberschuß über die Umgebung gegen die Entfernung in Kilometern bei verschiedenen Verpumpungsgeschwindigkeiten in m³/h aufgetragen. Jedes dieser Diagramme gilt jeweils nur für eine bestimmte Abkühlungskonstante. Es ist zweckmäßig, diese Abkühlungskonstante ein für allemal empirisch an einer verlegten Leitung zu bestimmen. Man kann dann für jede Entfernung und Verpumpungsgeschwindigkeit den jeweiligen Temperaturverlust aus einem dieser Diagramme abschätzen.

Ist die Strömung in der Leitung nicht turbulent, dann tritt auch ein Temperaturgefälle innerhalb der Leitung auf, die das Stromprofil verzerrt. Strömt z. B. Wärme von innen nach außen und ist daher die Wandschicht kälter und zäher als die Kernschicht der Strömung, dann werden die Wandschichten langsamer strömen als die Kernschichten. Es wird sich daher in den Wandschichten ein nur geringes Geschwindigkeitsgefälle einstellen. Strömt dagegen Wärme von außen nach innen, dann sind die Wandschichten dünnflüssiger als die Kernschichten, und es kommt zu einer Art Blockfließen wie bei der turbulenten Strömung. Nur bei völliger Temperaturkonstanz innerhalb der Rohrleitung kann mit dem theoretisch zu erwartenden Parabelprofil gerechnet werden. Die Berechnung dieser Verhältnisse ist zwar prinzipiell möglich, aber bereits so kompliziert, daß man in der Praxis meist darauf verzichtet. Man erkennt, daß sich unter Umständen bei komplizierteren Strömungsformen die Wärmeübergangsverhältnisse wieder vereinfachen können. Es ist daher bei solchen Betrachtungen vor allem wichtig, die einzelnen Effekte abzuschätzen und die vorherrschenden Erscheinungen herauszuschälen, um daraus die praktisch ins Gewicht fallenden Einflüsse überblicken zu können.

f) Absperrorgane, Rohrverbindungen und Pumpen.

Bei der Anlage von Rohrleitungen müssen noch die zusätzlichen Strömungswiderstände, wie sie in den Absperrorganen, Rohrkrümmungen u. dgl. auftreten können, beachtet werden. Die Ventilkonstruktionen weichen in der Regel so weit voneinander ab, daß sie im einzelnen hier nicht beschrieben werden können. Es sei hier nur eine Reihe von Ventilen einander gegenübergestellt, die verschiedene Strömungswiderstände ergeben, aus der man übersehen kann, welche Konstruktionen am vorteilhaftesten sind.

Von den in der Abb. 22 dargestellten fünf Ventilkonstruktionen hat das DIN-Ventil den größten Strömungswiderstand. Demgegenüber weist das Patent-Freifluß-Ventil mit schräg angesetztem Ventilteller und vollkommen geradem Durchfluß kaum den sechsten Teil des Strömungswiderstandes auf. Ventile sind wohl die häufigsten, aber nicht die einzigen Absperrorgane. Bei großen Leitungsquerschnitten wird man in der Regel Schieber verwenden, die den ganzen Leitungsquerschnitt freigeben, ohne die Strömung merklich zu stören. Bei zähen Flüssigkeiten, die weniger Dichtungsschwierigkeiten verursachen als dünne Flüssigkeiten, sind Hähne sehr beliebt. Sie haben den Vorteil, daß sie sich schon durch eine viertel Umdrehung öffnen und schließen lassen und daher rasch bedient werden können. Sie sind aber wegen der konischen Schliffe die teuersten, allerdings auch haltbarsten Absperrorgane.

Rohrkrümmer wähle man nicht mit zu kleinem Krümmungsradius, da sie sonst nicht nur die Strömung stören und starker Erosion ausgesetzt sind, sondern auch leicht Anlaß zu Ablagerungen und daher zur Verstopfung sein können. Wo nur irgend angängig, wird heute geschweißt. Schraubverbindungen werden in der Regel nur bei Rohrleitungen kleinen Durchmessers verwendet. Statt Zwischenstücke zu wählen, biegt man auch häufig die Rohrleitungen selbst zurecht. Hierzu sind besondere Rohrbiegeabteilungen in den Raffinerien eingerichtet,

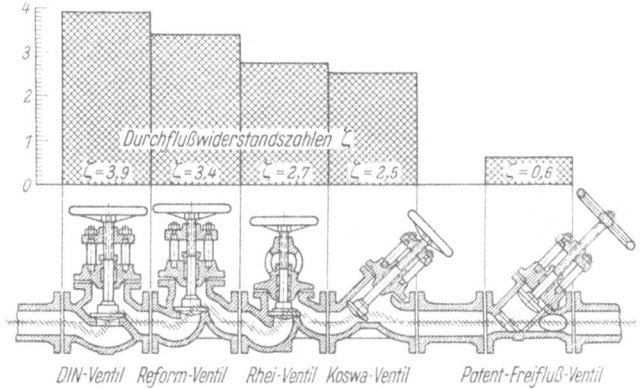

Abb. 22. Strömungswiderstände verschiedener Ventilbauformen nach PFLEIDERER.

die über große Erfahrungen verfügen. Die weiten, mit Sand gefüllten Rohre werden im Schmiedefeuer erwärmt und warm gebogen. Hierbei dürfen keinerlei Knicke entstehen, die den Querschnitt verringern.

Rohrverbindungen macht man namentlich bei weiten Leitungen in der Ölindustrie vorwiegend mit Flanschen. Holländer oder Überwurfmuttern haben sich wenig eingeführt. Diese einfachen Flanschverbindungen haben den Vorteil, daß man durch Einbau von Blindflanschen weithin sichtbar abriegeln kann. Das ist wegen der Feuersgefahr sehr wichtig. Es besteht nämlich in den meisten Raffinerien die Vorschrift, daß an Rohrleitungen, Reservoiren, Blasen usw. nicht geschweißt werden darf, bevor vom Zentrallaboratorium eine Gasanalyse gemacht und der betreffende Raum frei von explosiven Gasen befunden wurde. Diese Prüfung wird in doppelter Weise durchgeführt: Erstens wird mittels eines gefahrlos arbeitenden elektrischen Gasdetektors geprüft. Hierbei wird Gasgemisch aus dem zu untersuchenden Raume angesaugt und in den Apparat geleitet, der direkt die Gefahrengrenze anzeigt. Hat man festgestellt, daß der Raum gasfrei ist, dann wird zweitens eine Feuerprobe gemacht, bei der auch der Chef der betreffenden Abteilung zugegen sein muß. Darüber wird ein Protokoll aufgenommen, beiderseits gegengezeichnet, worauf erst die Schweißarbeiten beginnen dürfen.

Dieses Protokoll muß auch die Feststellung enthalten, daß alle Zu- und Ableitungen Blindflansche enthalten. Es genügt nicht, Ventile, Schieber oder sonstige Absperrorgane abzusperren, da sie leicht aus Versehen oder sonstigen Gründen noch nach der Probe geöffnet werden können. Die Feuerprobe besteht darin, daß eine Fackel in den zu untersuchenden Raum eingeführt wird, nachdem man sich vorher vergewissert hat, daß explosive Gase in dem betreffenden Raum nicht mehr vorhanden sein können. Durch diese strengen Maßnahmen ist es im Laufe der Zeit gelungen, die Sicherheit des Raffineriebetriebes auf das Maß zu bringen, das auch jeder andere Betrieb erreicht. Es ist in diesem Zusammenhange noch zu erwähnen, daß die diesbezüglichen Vorschriften meist so streng

Abb. 23. Wellrohrkompensator (zehnwellig) mit losen Flanschen und Hubbegrenzung.

sind, daß die Arbeiter auch keine Zünd- und Rauchwaren in die Fabrik bringen dürfen. Vergehen gegen diese Vorschrift ziehen in der Regel fristlose Entlassung ohne Berufungsmöglichkeit nach sich.

Hat man Leitungen mit großen Temperaturschwankungen zu verlegen oder sind bei geringen Temperaturschwankungen große Distanzen zu überbrücken, dann muß der Wärmedehnung der Rohrleitung Rechnung getragen werden. Es müssen Ausgleichsorgane eingebaut sein, die durch Federung der Dehnung nachgeben. Es sind hauptsächlich zwei Formen in Gebrauch: die Leierform und der Balgen. Die erste ist einfacher, beansprucht aber mehr Raum, daher wird sie in der Regel da angewendet, wo genügend Raum zur Verfügung steht und nicht oft Reparaturen ausgeführt werden. Die Bogen werden daher meist frei in der Luft verlegt, insbesondere als sog. Vapour-Lines, durch welche die Destillatdämpfe der großen Rektifizierkolonnen abziehen. Dort, wo die Kontrolle leicht möglich ist, wie z. B. in Kanälen, oder wo Reparaturen leicht ausgeführt werden können, andererseits aber der Raum beengt ist, wird man parallele Federungskörper oder Balgen verwenden, die bei kleinem Raumbedarf große Längenänderungen ausgleichen können (vgl. Abb. 23).

Beim Verpumpen kommt es häufig vor, daß die Förderung plötzlich unterbrochen werden soll. Hierbei kann man in der Regel nicht sogleich die schweren Pumpenaggregate stillsetzen. Zentrifugalpumpen können zwar für kürzere Zeit auch bei geschlossenem Druckschieber laufen. Lediglich eine Erwärmung des Pumpeninhaltes wäre nach einiger Zeit die Folge. Anders liegen die Verhältnisse aber bei Kolbenpumpen, die in der Ölindustrie noch sehr verbreitet sind. Hier würde eine plötzliche Drucksteigerung die unter Druck stehenden Teile gefährden. Man muß daher Sorge tragen, daß beim Absperren der Ventile in der Rohrleitung die Flüssigkeit umlaufen kann. Einrichtungen dieser Art, die dies ohne Verwechslung ermöglichen, nennt man Umlaufventile oder Bypass.

Die Pumpen werden in der Ölindustrie mit Rücksicht auf die Feuersicherheit meist mit Dampf betrieben. Besonders beliebt sind die schwungradlosen Kolbenpumpen. Diese haben auch den Vorteil, daß man bei ihnen die Fördermengen genauer begrenzen kann als bei Kreiselpumpen. Bekanntlich ist die Leistung einer Kolbenpumpe gegeben durch

$$\frac{dQ}{dt} = \frac{D^2 \pi H n}{4 \cdot 60},$$

worin

dQ/dt die pro Zeiteinheit geförderte Menge in l/h,
D den Zylinderdurchmesser in dm,
H den Kolbenhub in dm und
n die minutliche Hubzahl oder Drehzahl

bedeuten.

Bei doppelt wirkenden Pumpen ist die geförderte Menge doppelt so groß. Die nach der Gleichung erhaltenen Werte sind noch mit dem volumetrischen Wirkungsgrad zu multiplizieren. Man sieht, daß die geförderte Menge in sehr weiten Grenzen eine lineare Funktion der Hubzahl oder Drehzahl ist. Bei Kreiselpumpen ist dies nicht der Fall. Bei einer Kolbenpumpe kann der Pumpmeister daher leicht am Takt der Pumpenstöße beurteilen, welche Menge gefördert wird, in welcher Zeit ein Reservoir geleert sein wird, in welcher Zeit ein bestimmtes Kargo verpumpt werden kann usw. Dies ist besonders wichtig, wenn zwei Flüssigkeiten in einem vorgegebenen Mischungsverhältnis kontinuierlich miteinander vermengt werden sollen. Solche Probleme tauchen bei der Herstellung spezifikationsgemäßer Produkte aus den Grundfraktionen, ferner bei der Dosierung von Demulgatoren zur Reinigung von Rohöl und bei allen Dosierungen der Raffinationsreagenzien wie Säure und Lauge auf.

In den Fällen, in denen dennoch Zentrifugalpumpen verwendet werden, die für große Fördermengen immer mehr eingeführt werden, besteht die Vorschrift, daß ihre meist elektrischen Antriebsmotoren nicht im gleichen Raum wie die Pumpen stehen dürfen. Solche Pumpanlagen liegen in der Regel etwas unter Erdniveau in einem schmalen, korridorartigen Raum, der in der Längsrichtung durch eine Wand in zwei Abteile getrennt ist. Auf der einen Seite stehen die Antriebsmotoren, auf der anderen die Pumpen, während die Welle durch die Mauer hindurchgeht. Solche Maßnahmen sind aber nur dann wirksam, wenn auch die Räume so belüftet sind, daß Benzindämpfe nicht in den Motorenraum dringen können. Es muß daher der Pumpenraum durch Ventilation auf schwachem Unterdruck gehalten werden, und nicht etwa der Motorenraum. Nur dann kann verhindert werden, daß brennbare Dämpfe aus dem Pumpenraum an den Achsen entlang in den

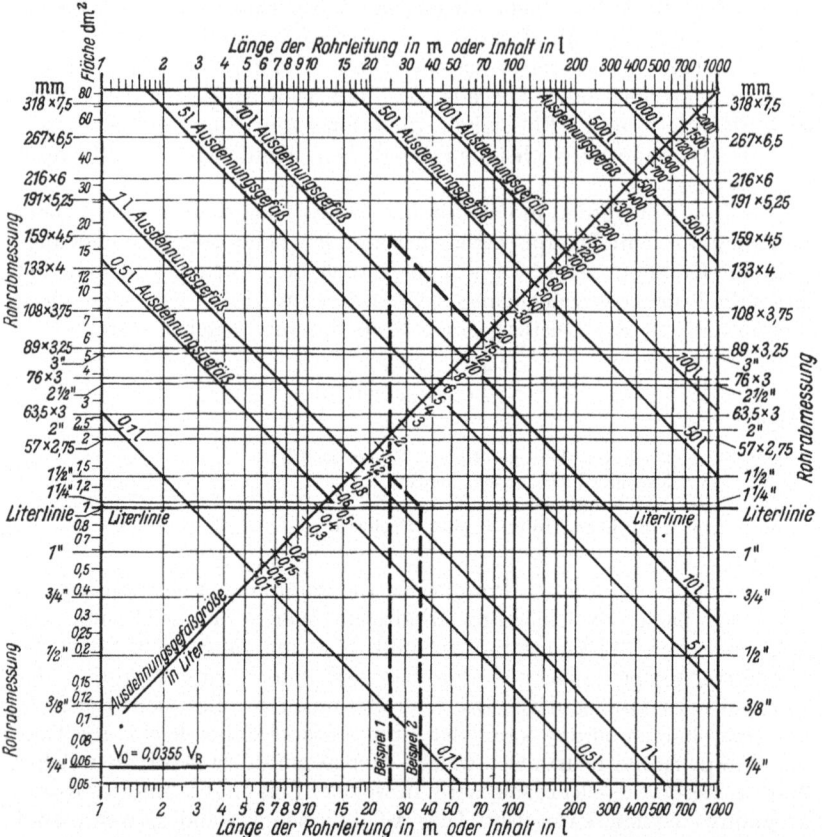

Abb. 24. Diagramm zur Berechnung von Ausgleichsgefäßen nach G. KLEMENS: Öl u. Kohle Bd. 38 (1942) S. 602. Beispiel 1. Eine 25 m lange Rohrleitung von 17 dm² Querschnitt braucht ein Ausgleichsgefäß von 15 Liter. Beispiel 2. Eine Ölleitung von 35 Liter Inhalt braucht ein Ausgleichsgefäß von 1,2 Liter.

Motorenraum dringen. Bei Verwendung von Käfigankermotoren, die also keinen Kollektor und keine Schleifringe besitzen, und bei explosionssicheren Ölschaltern ist aber auch bei elektrischem Antrieb der Sicherheitsgrad so groß wie bei den elektrischen Beleuchtungsanlagen, die trotz der Feuersgefahr heute überall ohne Bedenken verwendet werden.

Die geschilderten Maßnahmen sind an sich so selbstverständlich, daß sie kaum erwähnt werden müßten. Nur müssen sie dem Ingenieur auch einfallen, und es darf nicht erst durch Schäden (die sehr große Ausmaße annehmen können) ihre Notwendigkeit erkannt werden. Sie gehören zu den Erfahrungen, die einzuprägen sich sehr wohl lohnen dürfte.

Bei der Verpumpung von Flüssigkeiten kann es vorkommen, daß man Teile einer längeren Leitung einschließlich größerer Gefäße gegen die Außenwelt absperren muß. Sind diese Teile eines abgeschlossenen Systems starken Temperaturschwankungen unterworfen, dann hat dies größere Volumenschwankungen zur Folge, die durch die linearen Ausgleichsorgane, wie Rohrkrümmer oder Balgen, nicht mehr ausgeglichen werden können. In solchen Fällen muß man Ausgleichsgefäße in die Rohrleitung einbauen, die den Rauminhalt des durch Dehnung vergrößerten Flüssigkeitsvolumens aufnehmen können. Zur Berechnung der Wärmedehnungsgefäße dient Abb. 24[1].

Abb. 25. Brand eines großen Rohöltanks.

Das Diagramm gilt für unterirdische Leitungen ohne Vordruck im Schwankungsbereich von —10 bis +15° C, also für eine Temperaturschwankung von 25°.

g) Feuerschutz.

Die beschriebenen Maßnahmen dienen vorwiegend dazu, um Undichtigkeiten in den Rohrleitungen zu vermeiden. Da die meisten gasförmigen Kohlenwasserstoffe, die dem Rohöl entströmen, schwerer sind als Luft, sinken sie, wenn sie an hochgelegenen Stellen frei werden, zu Boden und bilden eine ständige Explosionsgefahr. Besonders gefährdet sind Lager, die große Mengen brennbarer Flüssigkeiten enthalten. Das sind z. B. Rohölreservoire. Welche Ausmaße ein Reservoirbrand annehmen kann, zeigt Abb. 25.

---

[1] Öl u. Kohle Bd. 38 (1942) S. 602.
Die Benutzung dieses Diagramms (Abb. 24) wird an folgenden zwei Beispielen erläutert:
1. Beispiel: gegeben: Rohraußendurchmesser 159 mm,
　　　　　　　　　　Wandstärke 4,5 mm,
　　　　　　　　　　Länge zwischen 2 Absperrorganen 25 m;
　　　　　gesucht: Ausgleichsgefäß 15 l Inhalt.
2. Beispiel: gegeben: Behälterinhalt zwischen 2 Absperrorganen 35 l,
　　　　　gesucht: Ausgleichsgefäß 1,2 l Inhalt.

Um einen Begriff von der Explosionsgefahr in Erdölbetrieben zu erhalten, sind in Abb. 26 die Explosionsgrenzen und Zündtemperaturen verschiedener Kohlenwasserstoffdämpfe und technischer Gase eingetragen. Daran erkennt man, daß Azetylen die weitesten Explosionsgrenzen aufweist und mithin das gefährlichste der technischen Gase darstellt. Danach folgen Wasserstoff, Wassergas und Kohlenoxyd sowie Leuchtgas; letzteres ist weniger gefährlich. Die engsten Explosionsgrenzen weisen die Sondengase Methan bis Pentan auf. Es ist jedoch zu beachten, daß diese Gase trotz ihrer engen Explosionsgrenzen dennoch

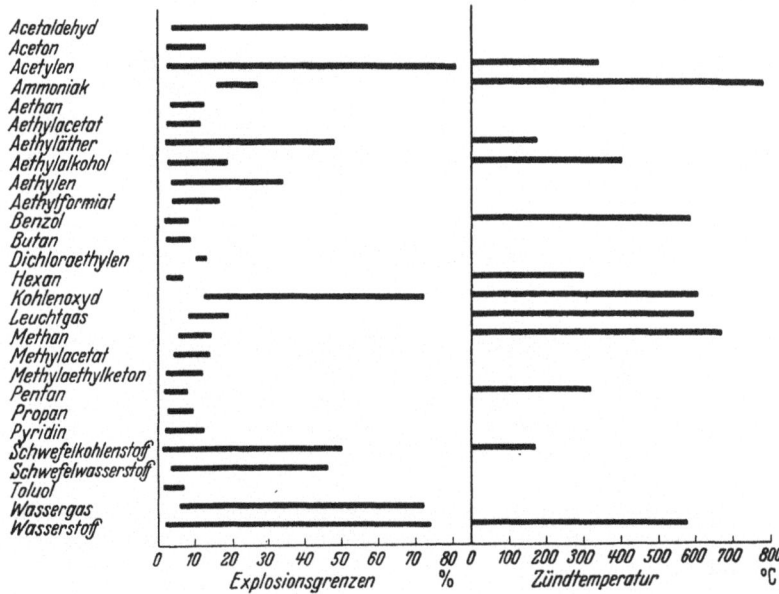

Abb. 26. Explosionsgrenzen und Zündtemperaturen verschiedener Dampf—Luft-Gemische.

in ihrer Gefahr nicht zu unterschätzen sind, weil vor allem die untere Explosionsgrenze bei sehr geringen Gasgehalten liegt und daher sehr früh und leicht erreicht wird. Konzentrierte Pentandämpfe sind nicht explosibel, wohl aber schon sehr verdünnte. Da diese Konzentration immer zuerst erreicht wird, muß man sich vor diesen Dämpfen dennoch hüten, besonders, wenn sie, wie die Krackgase, auch noch Äthylen enthalten, das die Explosionsgrenze stark erweitert. Aus diesem Grunde muß auch Schwefelkohlenstoff als recht gefährlich angesehen werden.

Bei elektrischer Entzündung ist zu beachten, daß sich die verschiedenen Flüssigkeiten nicht im gleichen Maße elektrisch erregen lassen. Die elektrische Leitfähigkeit allein ist nicht maßgebend für die Entzündbarkeit eines Brennstoffes. Benzin hat z. B. als Kohlenwasserstoff eine sehr geringe elektrische Leitfähigkeit (gemessen an der Entladungsdauer eines Kondensators über ein Elektroskop), während Äther eine relativ höhere Leitfähigkeit aufweist und dennoch leicht erregbar ist. Der dipolare Charakter der Flüssigkeit spielt hier eine wichtige Rolle. Andererseits sind ölige Kohlenwasserstoffe trotz ihrer sehr geringen elektrischen Leitfähigkeit kaum elektrisch erregbar. Die hohe Viskosität, die einer Ladungsverschiebung hindernd im Wege steht, scheint hier den Ausschlag zu geben. Die Bestimmung der elektrischen Leitfähigkeit ist in Abb. 27 angedeutet.

Inwiefern die Relaxationsdauer dieser Flüssigkeiten hierbei eine Rolle spielt, ist noch nicht untersucht. Fest steht ein starker Einfluß der Luftfeuchtigkeit, die offenbar die Oberflächenladungen rasch ableitet. Bei Benzin findet bei 75 % relativer Feuchtigkeit keine Aufladung mehr statt. Bei dem besser leitenden Benzol dagegen kann eine Aufladung noch bis zu 81 % Feuchtigkeit auftreten. Das deutet darauf, daß Benzol die von der feuchten Luft abgeleitete Elektrizität schneller nachliefert als das gut isolierende Benzin. Dagegen wird Benzin insofern gefährlicher sein, als man durch Erdung der Reservoire die statischen Ladungen nicht so leicht ableiten kann als bei Benzol. Die experimentelle Bestimmung der elektrischen Erregbarkeit erfolgt mittels des Apparates von DOLEZALEK-HOLDE[1]. Er besteht, wie Abb. 28 zeigt, aus einem Behälter A, aus dem

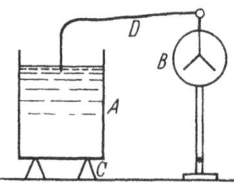

Abb. 27. Prüfung der elektrischen Leitfähigkeit.
A Gefäß, B Elektroskop, C Isolatoren, D Leitung.

unter Druck Benzin durch eine enge Rohrschlange in einen isoliert aufgestellten Behälter B strömt. An einem Elektroskop D kann die Aufladung beobachtet werden, die bei der in Tropfen zerreißenden Flüssigkeit entsteht (Balloelektrizität, Wasserfallelektrizität, Lenard-Effekt).

Solange die Erscheinungen der elektrischen Erregbarkeit nicht hinreichend geklärt sind, ist es zweckmäßig, sich an diese den Betriebsbedingungen angepaßten Versuchsanordnungen zu halten.

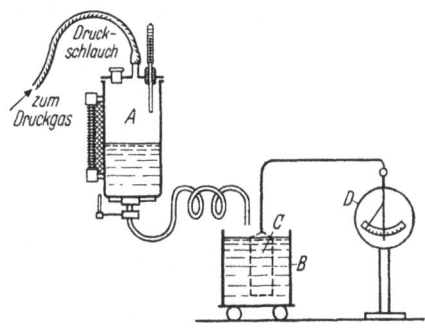

Abb. 28. Prüfung der elektrischen Erregbarkeit von Kohlenwasserstoffen. Nach DOLEZALEK-HOLDE.
A Druckgefäß, B Auffanggefäß, C Elektrode, D Elektroskop.

Die Löscheinrichtungen, die in der Erdöl-Industrie mit zu den wichtigsten Betriebseinrichtungen gehören, sind im umfangreichen Ausmaß vor allem in den Raffinerien installiert. Die wichtigsten Löschverfahren, die heute angewendet werden, sind die Schaumfeuerlöschverfahren. Es gibt zwei Arten von Schaum, den Kohlensäureschaum und den Luftschaum. Beim Kohlensäureverfahren werden in zwei getrennten Vorratsgefäßen eine Lösung von Seifenwurzel (Radix liquiritiae) mit einem Kohlensäurespender und eine Lösung eines sauren Tonerdesalzes gelagert. Diese Flüssigkeiten

---

[1] Vgl. Z. Elektrochem. Bd. 22 (1916) S. 195.

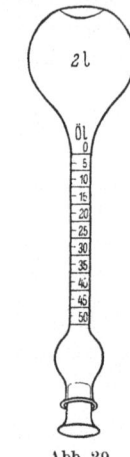

Abb. 29.
Schaumzahl-Kolben
nach STIEPEL.

werden in getrennte Rohrleitungen geführt und erst kurz vor der Zufuhr (in das brennende Reservoir) gemischt. Hierbei entwickelt sich ein zäher kohlensäurehaltiger Schaum, der sich über die brennende Oberfläche ergießt und den Brand in kurzer Zeit löscht. Von den Substanzen, die in den Lagerräumen der Raffinerien vorrätig gehalten werden, sind laufend Kontrollen zu machen. In eigens dafür vorgesehenen Kolben zur Bestimmung der Schaumzahl — vgl. Abb. 29 — wird die vorschriftsmäßig gemischte Lösung auf die Geschwindigkeit der Schaumentwicklung und das Schaumvolumen geprüft.

Das Luftschaumverfahren arbeitet ohne Kohlensäure und wirkt in der Weise, daß es den Brandherd durch die Schaumblasen abriegelt. Es hat gegenüber dem Kohlensäureverfahren den Vorzug der Einfachheit, ist aber hinsichtlich der Löschsicherheit noch unterlegen und konnte sich deshalb noch nicht durchsetzen. Besonders während des letzten Krieges ist viel für seine Einführung geworben worden, um Chemikalien zu sparen.

§ 4. Entgasung, Entsalzung und Entwässerung.

Die Reinigung des Rohöles von den Bestandteilen, die sowohl den Transport als auch die Lagerung nachteilig beeinflussen und die Verarbeitung erschweren, gehört zu den Operationen, die in der Regel noch auf den Gruben durchgeführt werden. Sie können daher noch zu den Produktionsmethoden gezählt werden.

In der Regel sind es die paraffinösen Rohöle, die mit Wasser emulgiert aus dem Bohrloch fließen. Durch die Lagerung selbst wird schon ein Teil des im Rohöl enthaltenen Wassers abgeschieden. Ein wesentlicher Teil aber bleibt in Form einer sehr beständigen und hartnäckigen Emulsion bestehen. Dieser muß mit künstlichen (chemischen oder elektrischen) Methoden entfernt werden.

Das Wasser enthält meist größere Mengen Salz, das bei der Verarbeitung des Rohöles zu ganz empfindlichen Störungen Anlaß geben kann. So führt das Wasser zum Stoßen der Blasen oder zu einer übermäßig hohen Drucksteigerung in den Röhrenöfen. Das Salz scheidet sich entweder auf den Heizflächen nieder, vermindert den Wärmedurchgang und führt schließlich zum Erglühen und Durchbrennen der Wände. Allenfalls führt das Salz zu einem erhöhten, nicht zulässigen Aschegehalt der Destillationsrückstände. Abgesehen von dem Überkochen und der Verunreinigung der ganzen Destillatfraktionen, bildet der Salzgehalt eine empfindliche Störung des Fabrikationsganges. Das Salzwasser muß daher bis auf einen Salzgehalt von etwa 12 kg pro Waggon verringert werden, und der Wassergehalt soll nach Möglichkeit 1 % nicht übersteigen.

In der Regel handelt es sich um Wasser-in-Öl-Emulsionen, d. h. um Rohölemulsionen, bei denen das Rohöl noch in solchem Überschuß vorhanden ist, daß sich das Wasser in Tröpfchenform als innere Phase im Rohöl suspendiert vorfindet. Bei konzentrierten Emulsionen ist dies nicht immer der Fall. Es kann dann auch eine Öl-in-Wasser-Emulsion vorliegen, bei der die Öltröpfchen im Wasser verteilt sind. Dies kann bei groben Emulsionen mikroskopisch festgestellt werden. Bei hellen Rohölen oder bei starker Vergrößerung kann es nötig werden, das Wasser oder das Rohöl anzufärben. Hierzu benutzt man entweder wasserlösliche Farbstoffe, wie Eosin oder Methylenblau, oder öllösliche Farbstoffe, wie Sudanrot oder Sudangrün. Durch diese Farbstoffe gelingt es, eine der beiden Phasen so stark anzufärben, daß sie unter dem Mikroskop besser sichtbar werden oder durch die Farbkontraste eine Unterscheidung von äußerer oder innerer Phase überhaupt erst möglich wird. Hat man einen öllöslichen Farbstoff verwendet und ist dabei die äußere Phase angefärbt worden, dann liegt eine Wasser-in-Öl-Emulsion vor. Hat man dagegen einen wasserlöslichen Farbstoff verwendet, dann liegt eine Öl-in-Wasser-Emulsion vor, wenn die äußere Phase angefärbt wurde.

Ein anderer einfacher und schneller Weg besteht in der Prüfung der elektrischen Leitfähigkeit. Ist Salzwasser die äußere Phase und Öl in Form von Tröpfchen suspendiert, dann leitet die Emulsion den elektrischen Strom gut. Ist dagegen Salzwasser in Form von Tröpfchen in einer zusammenhängenden (kohärenten) Ölphase suspendiert, dann leitet die Emulsion den elektrischen Strom schlecht oder gar nicht. Letzteres ist meistens der Fall.

a) Demulgierung.

Erstaunlich ist bei allen Erdölemulsionen ihre hohe Beständigkeit trotz der geringen Viskosität ihrer Komponenten Wasser und Rohöl. Auch ist die Dichtedifferenz zwischen einer konzentrierten Salzlösung und dem Rohöl meist recht groß. Man sollte erwarten, daß die kugelförmigen Tröpfchen das Stokesche Gesetz gut erfüllen und sich in meßbarer Zeit absetzen. Dies ist jedoch nicht der Fall. Es gibt Emulsionen, die, wie die Milch, über beliebig lange Zeit beständig sind und einen gewissen Wassergehalt überhaupt nicht abgeben. Es ist jedoch zu berücksichtigen, daß bei sehr kleinen Tröpfchen die Viskosität gekrümmter Grenzphasen nicht mehr gleich ist der inneren Reibung der Flüssigkeit, sondern ebenso wie der Dampfdruck je nach dem Krümmungsradius sowohl größer als auch kleiner sein kann. Es gilt formal eine der THOMSON-GIBBSschen Dampfdruckgleichung analoge Beziehung. Die Grenzphasenviskosität ist bei konkaver Krümmung der Grenzflächen stets größer als die innere Reibung. Daraus folgt, daß die Grenzphasenviskosität namentlich dann, wenn in der Grenzphase hochmolekulare Stoffe adsorbiert werden, um viele Zehnerpotenzen höher sein kann als die innere Reibung des Rohöles. Berücksichtigt man dieses, dann erhält man ein Fallgesetz von folgender

Form:
$$\frac{1}{v} = \frac{9 \cdot \eta_\infty}{2 \cdot r^2 (s-\varrho) g} e^{\frac{2 \cdot \omega M}{r \varrho R T}},$$

worin

$1/v$ die Stabilität der Emulsion in s/cm,
ω die Grenzphasenspannung in dyn/cm,
r den Tropfenradius in cm,
s die Dichte der schwereren Phase (Salzwasser) in g/cm^3,
ϱ die Dichte der leichteren Phase (Rohöl) in g/cm^3,
R die Gaskonstante in erg/grd mol,
T die absolute Temperatur in ° K,
M das Molekulargewicht und
η_∞ die Viskosität in Poise

bedeuten. Man erkennt aus dieser Beziehung, daß für kleine Tropfenradien und große Molekulargewichte die Stabilität der Emulsion um viele Zehnerpotenzen anwachsen kann. Berücksichtigt man ferner, daß durch die selektive Adsorption in der Grenzphase auch eine höhere Dichte herrscht (z. B. die der Asphaltene), dann wird auch noch die Dichtedifferenz $s-\varrho$ kleiner, wodurch die Stabilität weiter erhöht wird. Daran erkennt man, wie sehr die Stabilität einer Emulsion von der Grenzphasenreibung abhängt. Wohl ist die Grenzphasenreibung selbst von der Grenzphasenspannung abhängig, doch sind die Grenzen, innerhalb welcher die Grenzphasenspannung variieren kann, beschränkt. In der Regel schwankt diese zwischen 35 und 70 dyn/cm. Dagegen sind die Molekulargewichte der verschiedenen Erdölbestandteile in einem größeren Bereich veränderlich. Sie können Werte zwischen 72, wie bei Pentan, 700, wie bei Schmierölen, und 2000 bei Asphaltenen annehmen.

Da nach dem GIBBSschen Adsorptionsgesetz

$$A = -\frac{c \, d\omega}{R T \, dc},$$

worin

A die Anzahl überschüssiger Mole/cm^2 der Grenzphase,
$d\omega$ die Erniedrigung der Grenzphasenspannung,
c die Volumenkonzentration des gelösten Stoffes,
R die Gaskonstante und
T die absolute Temperatur

bedeuten, ist eine Anreicherung in der Grenzphase stets mit einer Erniedrigung der Grenzphasenspannung verbunden. Daraus folgt, daß die Grenzphasenspannung nur dann erhöht wird, wenn der gelöste Stoff aus der Grenzphase verdrängt wird. Das bedeutet, daß eine Erhöhung der Grenzphasenreibung mit einer Verdrängung des Adsorptivs aus der Grenzphase einhergehen muß. Erst wenn sich infolge einer Erniedrigung der Grenzphasenspannung hochmolekulare Stoffe in der Grenzphase anreichern, kann dieser Effekt überwiegen und zu einer wesentlichen Erhöhung der Grenzphasenreibung und damit der Stabilität führen. Das ist zugleich der Schlüssel zum Verständnis des komplizierten Verhaltens der Erdölemulsionen. Soll eine Emulsion gebrochen werden, dann genügt es bei weitem nicht, die Oberflächenspannung durch Zusatz kapillaraktiver Stoffe zu erniedrigen. Der Zusatz muß auch geeignet sein, das mittlere Molekulargewicht der Grenzphase zu erniedrigen.

Dies kann dadurch geschehen, daß der kapillaraktive Stoff selbst an die Stelle des in der Grenzphase liegenden hochmolekularen Stoffes tritt. Aus der GIBBSschen Gleichung ist a priori nicht zu erkennen, welche besonderen Eigenschaften dieser kapillaraktive Stoff haben muß, um die Oberflächenspannung der Grenzphase zu erniedrigen bzw. darin adsorbiert zu werden.

Es hat sich jedoch gezeigt, daß hierzu meist Stoffe geeignet sind, die sowohl zu der wäßrigen als auch zu der öligen Phase eine gewisse Affinität zeigen. Der kapillaraktive Stoff ist meist dann besonders wirksam, wenn er sowohl in Öl als auch in Wasser löslich ist. Das ist eine Forderung, die sich in der Regel nur durch Gemische erfüllen läßt. Mittelmolekulare, pflanzliche Öle können durch Einführung von Hydroxyl und/oder Sulfogruppen mehr oder minder wasserlöslich werden. So ist z. B. Rizinusöl durch seine OH-Gruppe an sich schon nur beschränkt in Kohlenwasserstoffen löslich. Macht man daraus durch Sulfonierung ein Türkischrot-Öl und verseift dieses mit Alkali, so erhält man einen sehr wirksamen Demulgator. Dessen Wirkung kann jedoch erheblich gesteigert werden, wenn man ihm Naphthenate zumischt. Naphthensäuren sind als Bestandteile des Erdöles in den Rohölen in jedem Verhältnis löslich. Verseift man sie mit Natronlauge, dann werden sie in beschränktem Maße wasserlöslich. Je höher das Molekulargewicht ist, um so leichter können die Seifen durch Elektrolyte ausgesalzen werden. Es ist also eine Seife, die schon mehr Affinität zum Öl hat als zum Wasser. Durch Wahl eines geeigneten Sulfonierungsgrades beim Rizinusöl und durch Wahl eines optimalen Molekulargewichtes bei der Naphthensäure kann man erreichen, daß die Wasserlöslichkeit des Rizinusöles einerseits und die Öllöslichkeit der Naphthensäure im verseiften Zustande so abgestimmt werden, daß sich beide in der Grenzphase anreichern. Es hat sich gezeigt, daß Mischungen von rund 10% Türkischrot-Öl und 90% Naphthenseifen von ganz bestimmtem p_H-Wert eine weit höhere Wirksamkeit aufweisen als die reinen Komponenten für sich allein[1].

Diese Erfahrungen der Raffinerien hat sich z. B. die I. G. Farbenindustrie A.-G. bei der Fabrikation ihrer Dismulgane zunutze gemacht. Es brauchen nicht nur Naphthenat- und Fettsulfonat-Kombinationen verwendet werden, wie sie die Raffinerien für eigene Zwecke leicht selbst herstellen können, sondern es werden auch andere Demulgatoren verwendet, z. B. Tall-Öle.

In der Regel muß der Demulgator zu dem betreffenden Öl passen. Für kleinere Raffinerien, die nicht über hinreichende Erfahrungen auf diesem Gebiete verfügen, empfiehlt es sich, die Emulsion einer Spezialfirma einzuschicken und sich den günstigsten Demulgatortyp auswählen zu lassen. Größere Raffinerien dagegen verfügen in ihren Researchabteilungen über genügend Erfahrungen, um mit Hilfe von Rohstoffen aus dem eigenen Betriebe die besten Demulgatoren zu ermitteln

---

[1] Unter p_H-Wert versteht man nach SÖRENSEN den negativen dekadischen Logarithmus der Wasserstoffionenkonzentration, z. B. p_H-Wert 4 bedeutet 10^{-4} Mol H-Ionen im Liter.

und gegebenenfalls selbst zu fabrizieren. Dies ist schon darum empfehlenswert, weil bei einer eventuellen Kontamination des Rohöls mit anderen Rohölsorten schneller Abhilfe geschaffen werden kann, als wenn man sich erst wieder mit der Lieferfirma in Verbindung setzen muß, um einen neuen Demulgatortyp ausfindig zu machen.

Die Prüfung der Demulgatoren und ihre Eignung für bestimmte Rohöle erfolgt in der Weise, daß man das Rohöl in einen 100 cm^3 fassenden Meßzylinder füllt, die beiden Demulgatoren in verdünnter Lösung zufügt, kräftig durchschüttelt und über Nacht in einem Thermostaten absetzen läßt. Die Temperatur beträgt je nach dem Siedepunkt des Rohöls bis zu 50° C. Vor- und nachher werden Salzgehalt und Wassergehalt bestimmt.

Der Wassergehalt wird einfach nach der Xylolmethode bestimmt, die im Abschnitt „Expedition" beschrieben ist. Der Salzgehalt wird durch wiederholtes Ausschütteln mit heißem, destilliertem Wasser und Titration mit Silbernitrat bestimmt (Indikator Kaliumchromat). Man verwendet zweckmäßig einen großen Überschuß an Wasser (1 : 10) und einen starkwandigen Schüttelzylinder von 1 l Inhalt, damit das heiße Wasser das siedende Rohöl nicht auf zu hohen Druck bringt und den Schütteltrichter zertrümmert (des öfteren Druck ablassen!). Diese Methode eignet sich gut zu Serienversuchen. Man kann ohne weiteres zehn Versuche mit einem Demulgator und ebenso viele an jedem Rohöl ausführen. Zentrifugieren hat sich zur Beschleunigung der Versuche nicht bewährt. Das Demulgieren im Betriebe erfolgt in der Weise, daß man das Rohöl erwärmt und durch ein Rohr mit Schikanen pumpt, in das zugleich der Demulgator kontinuierlich eingespritzt wird (Orifice Mixer). Dadurch vermischt sich dieser innig mit dem Rohöl. Vom Mischer gelangt das Rohöl in einen Absetzbehälter (Settle Tank), aus welchem von Zeit zu Zeit das Salzwasser abgezogen wird. Der Gang einer solchen Demulgierung bei einer fortlaufenden Dismulganspaltung zeigt, daß die Ausgangsemulsion zunächst zu größeren Tröpfchen zusammenfließt, die Phasen sich dann trennen und das Öl schließlich nur noch geringe Spuren Wasser enthält.

Es kommt manchmal vor, daß ein Demulgator zwar hervorragend entwässert, aber nicht entsalzt. Das ist meist dann der Fall, wenn man nur mit Naphthenaten, also ohne Fettsulfonate, demulgiert. In diesen Fällen sind Versuche nötig, um die Mindestmenge an Fettsulfonat festzustellen. Da letztere meist aus andersartigen Industrien gekauft werden und daher erhebliche Kosten verursachen, ist man sehr daran interessiert, Fettsäuren zu sparen. Die Versuchsabteilungen überwachen daher ständig den Gang der Demulgierung, um einen ordnungsgemäßen Betrieb zu ermöglichen. Bei den Naphthensäuren ist es meist eine Frage der Produktionskapazität, ob der Anfall von Gasöl-Naphthensäuren für die Fabrikation der Demulgatoren ausreicht. Betriebe, die viel paraffinöses Rohöl verarbeiten, sind große Produzenten an verschmutztem Rohöl und daher zugleich große Verbraucher an Naphthenaten. Leider ist aber in diesen Fabriken der Anfall an Naphthensäuren gering, da die paraffinösen Röhöle in der Regel zehnmal weniger Naphthensäuren enthalten als die asphaltischen Rohöle.

Zur Zeit ist daher die chemische Demulgierung die teuerste, jedoch die wirksamste. Sie hat den Nachteil, daß durch Zufuhr von Fettsäuresulfonaten den Rohölen hochkorrosiver Schwefel zugeführt wird. Auch wenn dieser in neutralisierter Form vorliegt, so sind doch des öfteren berechtigte Bedenken geäußert worden. Man hat daher sehr frühzeitig versucht, dieses chemische Verfahren zu umgehen und durch andere physikalische, insbesondere elektrische, Demulgierungsmethoden zu ersetzen.

Aus der Formel auf S. 94 geht hervor, daß man schon durch Erniedrigung der Oberflächenspannung allein eine Verringerung der Grenzphasenreibung und damit eine Verringerung der Stabilität einer Emulsion bewirken kann. Es ist also nicht unbedingt notwendig, Fremdstoffe in der Grenzphase anzureichern. So kann die Oberflächenspannung außer durch Erwärmung auch auf elektrischem Wege erniedrigt werden. Ladet man eine Kugeloberfläche mit gleichnamiger Elektrizität auf, dann wird diese sich abstoßen und die Anziehungskräfte der Kohäsion kompensieren. Man kann hierbei bei genügender Ladungsdichte die Oberflächenspannung völlig zum Verschwinden bringen. Die Ladungsdichte, die auf einem Tröpfchen aufgebracht werden kann, ist um so größer, je höher das Potential des Tröpfchens ist. Nach AUERBACH besteht die Beziehung

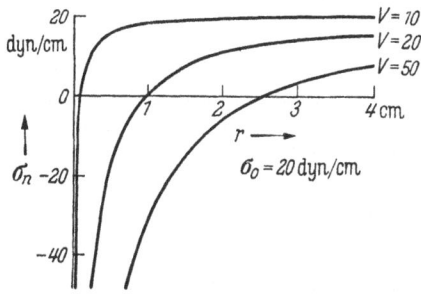

Abb. 30. Erniedrigung der Oberflächenspannung durch elektrische Aufladung nach AUERBACH.

$$\omega - \omega' = \frac{V}{16 \cdot \pi r},$$

worin

$\omega - \omega'$ die Erniedrigung der Grenzflächenspannung in dyn/cm,
V die Potentialdifferenz der Kugel in el. st. Pot.-Einh. (= je 300 Volt),
r den Tropfenradius in cm

bedeuten. Man erkennt, daß zur Erniedrigung der Oberflächenspannung um so höhere Spannungen nötig sind, je kleiner die Tröpfchen werden. Folgendes Diagramm von AUERBACH gibt einen Anhaltspunkt über die Größenordnung der Werte (Abb. 30).

Es ist ersichtlich, daß die Grenzflächenspannung sogar negativ werden kann. Solange also ein dispergierter Salzwassertropfen im elektrischen Felde schwebt, kann dessen Grenzflächenspannung vollkommen aufgehoben werden. Das führt zu interessanten Folgen. Das elektrische Feld induziert gleichnamige Ladungen in den Polarzonen des Tropfens, d. h. da, wo die Kraftlinien senkrecht durch die Kugeloberfläche gehen, und ungleichnamige Ladungen in den Äquatorialzonen, d. h. da, wo die Kraftlinien die Kugeloberfläche tangieren. An den Stellen, wo gleichnamige Ladungen angehäuft sind, wird die Grenzflächenspannung erniedrigt, und an den Stellen, wo die ungleichnamigen

Ladungen sitzen, wird die Grenzflächenspannung erhöht. Es müssen sich also die Polarzonen abplatten und die Äquatorialzonen stärker krümmen. Die Kugel wird demnach zu einem Rotationsellipsoid abgeplattet. Genügend hohe Spannung vorausgesetzt, kann ein solcher Tropfen sogar zu einer Linse deformiert und schließlich zerquetscht werden. Man hat diesen Vorgang auch mikrokinematographisch festhalten können. Der Filmstreifen zeigte sehr deutlich die Abplattung der Tröpfchen und das Ineinanderfließen derselben; sobald sie das elektrische Feld verlassen, vereinigen sie sich zu größeren Tropfen, die dann unbeständiger sind als kleine Tropfen, und setzen sich ab.

Das Cotrell-Möller-Verfahren arbeitet mit großen ringförmigen Elektroden, an denen das Rohöl vorüberfließt. Die anfänglich befürchtete Feuersgefahr durch elektrische Funkenbildung ist überwunden, und diese Anlagen befinden sich in größtem Maßstab im Betrieb.

Die obige Beziehung läßt erkennen, daß man bei sehr kleinen Tröpfchen eine merkliche Erniedrigung der Oberflächenspannung erst bei sehr hohen Spannungen erhält. Da eine Emulsion aus ungleich großen Tröpfchen besteht, kann mit begrenzter Spannung nur der gröbere Teil der suspendierten Tröpfchen auf elektrischem Wege entfernt werden. Die elektrische Methode dient daher vorzugsweise zur Grobreinigung des Rohöls, während man anschließend an diese noch eine feine Reinigung auf chemischem Wege folgen läßt.

Es ist auch hier zu berücksichtigen, daß die Teilchengröße der verschiedenen Emulsionen nicht gleich ist. Daraus folgt, daß sich nicht alle Rohölemulsionen gleich gut für das elektrische Verfahren eignen. Bei manchen ist eine wirksame Demulgierung überhaupt nur auf chemischem Wege möglich. Andere Emulsionen können schon nach elektrischer Demulgierung so rein sein, daß sich eine weitere chemische Nachbehandlung erübrigt. Ein gut geleitetes Versuchslaboratorium wird auch hier an Hand einiger orientierender Versuche die günstigste Behandlungsmethode angeben können. Wichtig ist bei allen diesen Versuchen, daß man über theoretisch einigermaßen fundierte Beziehungen verfügt, sich entsprechende Diagramme anlegt, aus welchen man rasch überblicken kann, welches unter den gegebenen Verhältnissen die aussichtsreichsten Versuche sind, die angestellt werden sollen. Dadurch wird vor allem ein planloses, wenig Erfolg versprechendes Probieren ausgeschaltet und die Arbeit auf jene Bereiche beschränkt, in denen voraussichtlich ein Erfolg zu erwarten ist.

Es lohnt sich dagegen nie, ganz den Rechnungen zu vertrauen, da vielfach Nebenerscheinungen auftreten können, die unter Umständen die zu erwartenden Effekte verdecken. In diesen Fällen muß dem Phänomen auf den Grund gegangen werden. Keinesfalls sollte man sich dazu verleiten lassen, aus einer zunächst unübersehbar komplizierten Phänomenologie den Schluß zu ziehen, daß ein Ordnungsprinzip überhaupt nicht zu gewinnen ist. Diese ältere, in der Petroleumindustrie sehr häufig verbreitete Auffassung beginnt unter dem Einfluß der physikalisch-chemischen Forschung allmählich ihre Anhänger zu verlieren. Die großen Konzerne haben erkannt, daß sich rein wissenschaftliche Forschung auf längere Sicht immer lohnt, und haben große Summen für Forschungen auf breiter Grundlage investiert.

Die Emulsionstheorien wurden hier behandelt, weil sich an dieser Stelle im Gang der Produktion am auffallendsten zeigt, von welcher Bedeutung eine umfangreiche Versuchstätigkeit sein kann. Sie spielen aber auch im Fabrikationsprozeß eine Rolle. Überall da, wo aus bestimmten Gründen noch nasse Raffination üblich ist, wie z. B. bei Turbinen- und Transformatorenölen, können Emulsionen störend wirken.

Sie können aber auch erwünscht sein, wie z. B. bei der Herstellung von Bohr- und Schneideölen. Hierbei werden besonders stabile Öl-in-Wasser-Emulsionen für Kühl- und Schmierzwecke gewünscht. Die hier gegebenen Definitionen der Stabilität gelten auch dort. Die Verwendung von hochmolekularen, kapillaraktiven Stoffen für die Stabilisierung der Emulsionen ist auch dort sinnvoll. Dies macht auch verständlich, warum alte Öle sehr leicht emulgieren und nach Reinigung von hochmolekularen Verunreinigungen aufrahmen. Das gleiche gilt auch von der Schaumstabilität der Öle. Auch bei der Entgasung kann es vorkommen, daß sich Gas-in-Öl-Emulsionen hoher Stabilität bilden. Bei diesen hängt die Stabilität von der Steiggeschwindigkeit der mikroskopisch kleinen Bläschen ab. Je langsamer die Gasbläschen aufsteigen, um so stabiler ist der Schaum. Bei dieser Suspension kommt allerdings noch hinzu, daß durch den Oberflächendruck der Gasinhalt der Blasen komprimiert und daher dichter wird. Die Stabilität hängt daher in hohem Maße von der Dichtedifferenz des komprimierten Gases gegen die Flüssigkeit ab. Diese Effekte sind zu beachten, wenn in einer Raffinerie z. B. Öle für die Erzflotation hergestellt werden sollen. Man kann sich ein mikroskopisch fein zerteiltes Gas in Öl daher so vorstellen, als ob es aus lauter kleinen Gasbehältern aufgebaut wäre, die mit einer zähen Hülle umgeben sind und ihren Gasinhalt komprimieren. Diese zähe Hülle muß beim Aufstieg von der Blase mitgeschleppt werden und verringert deren Auftrieb. Es kann auf diese Weise vorkommen, daß die Stabilität eines solchen Schaumes auch unendlich groß wird. Will man einen solchen Schaum zerstören, so kann man auch hierbei am wirksamsten so vorgehen, daß man die hochmolekularen Verunreinigungen entfernt.

b) Entbenzinierung der Gase.

Die auf obige Weise gereinigten Öle würden schon bei diesem Reinigungsprozeß, der in der Wärme erfolgen müßte, erhebliche Mengen von Gas verlieren. Weil aber das Gas ein wertvoller Heizstoff ist und nicht entbehrt werden kann, wird es in Rohrleitungen gesammelt und entbenziniert. Deshalb sind alle Rohölreservoire mit Gasleitungen verbunden, die zur Entbenzinierungsanlage führen. Die ganz leichten Gase werden dabei entweder in eigenen Anlagen zur Dampf- und Elektrizitätserzeugung verbrannt oder an ein städtisches Sonden-Gasnetz verkauft. Früher war es üblich, diese Gase einfach anzuzünden und nutzlos zu verbrennen. Erst als der Staat durch hohe Steuern gegen diese Art der „Verwertung" einschritt, gingen die Gesellschaften dazu über, sie nützlicher zu verwerten. Heute wird praktisch kaum noch Schweröl

(Păcura) für Heizzwecke in den Raffinerien verwendet. Nur in seltenen Fällen, wenn aus irgendeinem Grunde ein Gasmangel eintritt, kommt man vorübergehend auf die Ölfeuerung zurück. Die kritischen Daten der Sondengasbestandteile sind aus folgender Tabelle 2 ersichtlich.

Tabelle 2. *Kritische Daten der Sondengasbestandteile.*

Kohlenwasserstoff	Molekular-gewicht	Dichte g/cm³	Siedepunkt °C	kr. Temp. °C	kr. Druck kg/cm²
Methan	16	0,415	—164	— 81,8	54,9
Äthan	30	0,446	— 93	+ 35,0	45,2
Propan	44	0,536	— 45	+ 97,0	44
Butan	58	0,600	+ 1	+150,8	37,5
Pentan	72	0,628	+ 36	+197,2	33
Hexan	86	0,668	+ 69	+234,5	30
Heptan	100	0,699	+ 98	+266,8	26,9
Oktan	114	0,703	+126	+196,2	14,6

Die aus den Reservoiren entweichenden Gase sind naß, d. h. sie enthalten nicht nur die leichten Gase Methan und Äthan, sondern auch Propan-, Butan- und Pentandämpfe, die schon bis zu einer gewissen Menge dem Benzin einverleibt werden können. Diese verbessern, wie im Falle Butan, die Klopfeigenschaften des Benzins erheblich; Butan hat eine Oktanzahl von rund 100. Die nassen Gase werden daher getrocknet, indem man ihnen die schweren Anteile entzieht. Das kann durch Waschen mit schweren Ölen geschehen; heute wird wohl allgemein Aktivkohle dazu verwendet.

Große zylindrische Behälter, in denen die aktive Kohle ausgebreitet liegt, dienen zu diesem Zwecke. Die Gase streichen durch die Kohle und beladen sie bis zur Sättigung. Ist dieser Zustand erreicht, so wird der ganze Behälter indirekt mit Dampf erhitzt und das Benzin wieder ausgetrieben. Die Benzindämpfe werden in einem Kühler kondensiert und aufgefangen. Letzte Reste können durch direkten Dampf ausgetrieben werden. Dieses Kondensat bezeichnet man als Grubengasolin. Es enthält vorwiegend leichte Anteile, hat einen Siedebeginn von weniger als 35° C und ein Siedeende von 100 bis 105° C. Bei der Adsorption erwärmt sich die Kohle infolge der Adsorptionswärme; deshalb ist es bei großen Einheiten nötig, diese künstlich zu kühlen, um Wärmestauungen und damit Benzinverluste zu vermeiden. Gewöhnlich sind solche Apparate abwechselnd in Betrieb. Sie werden meist paarweise angeordnet. Der eine Adsorber läuft gekühlt, schlägt also Benzin nieder, der andere wird geheizt und gibt Benzin ab. Er wird regeneriert und wieder gebrauchsfähig gemacht. Die kürzesten Behandlungszeiten, wie sie bei der Treibgasgewinnung üblich sind, betragen 20 bis 30 Minuten. Die Umschaltung der Adsorber geht in den Aktivkohleanlagen automatisch vor sich. In Abb. 32 ist ein Fließschema einer modernen Anlage zur Benzingewinnung bei Atmosphärendruck wiedergegeben. Alles Nähere geht aus der Beschriftung hervor.

Die Adsorption kann durch die FREUNDLICHsche Adsorptionsisotherme

$$A = a c^{1/n}$$

dargestellt werden, worin

A die in der Grenzphase adsorbierten Mole,
c die Konzentration,
a den Adsorptionskoeffizient und
n den Adsorptionsexponent

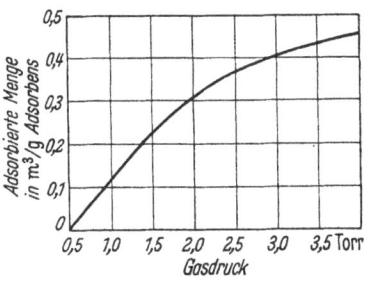

Abb. 31.
Adsorptionsisotherme nach FREUNDLICH.

bedeuten. Trägt man die adsorbierten Mengen *A* als Ordinate über der Konzentration *c* oder dem Gasdruck *p* als Abszisse auf, so erhält man konvexe gegen die Abszisse gekrümmte Kurven von dem in der Abb. 31 dargestellten Typus. Sowohl *a* als auch *n* sind temperaturabhängig und der Verlauf einer solchen Kurve ist nur für eine bestimmte Temperatur gültig. Daher rührt auch die Bezeichnung Adsorptionsisotherme.

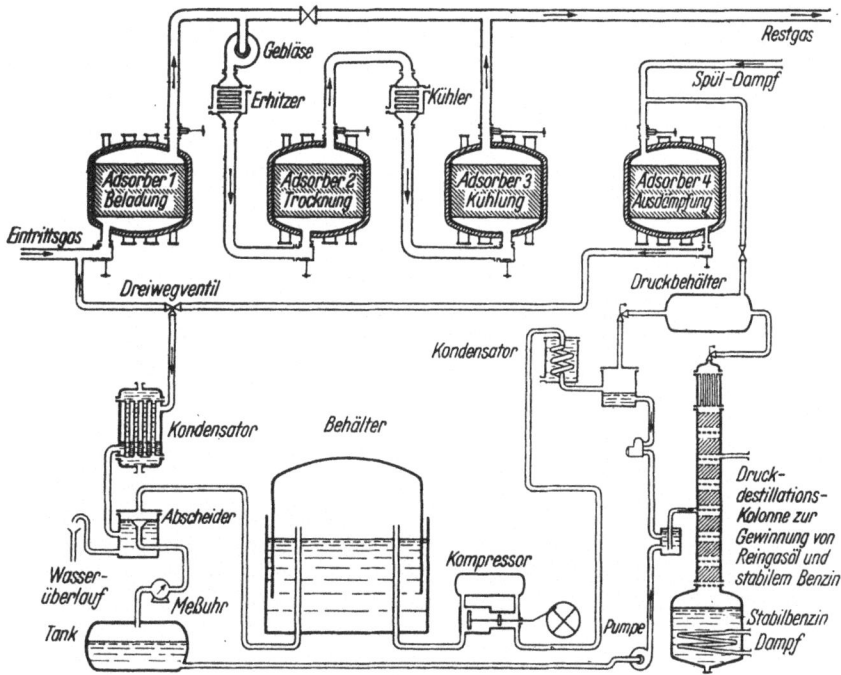

Abb. 32. Fließschema einer Aktivkohleanlage zur Entbenzinierung von Sondengasen.

Es ist bisher noch nicht gelungen, diese empirische Formel theoretisch befriedigend zu begründen. Sie kann jedoch dazu verwendet werden, um die Wirksamkeit der Adsorbentien zu kennzeichnen. Die Gleichung stimmt bei höheren Genauigkeitsansprüchen auch nur annähernd, da

102 Entgasung, Entsalzung und Entwässerung.

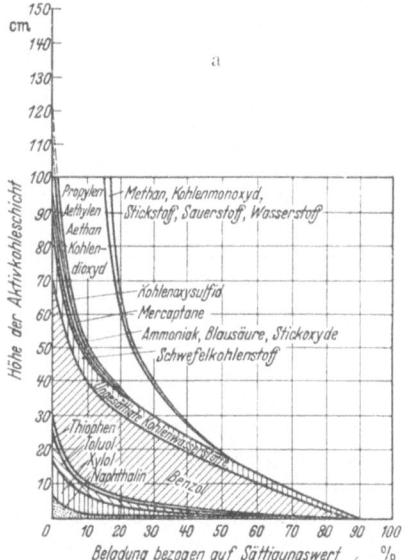

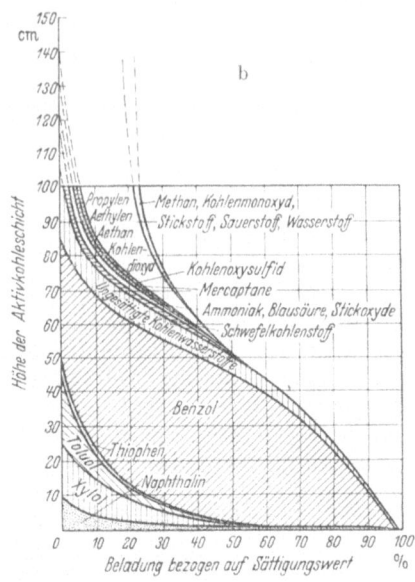

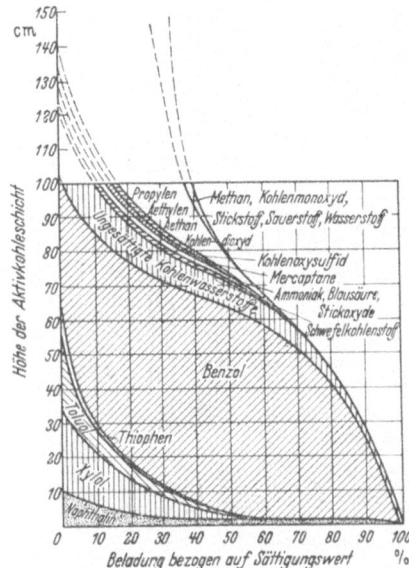

Abb. 33. Beladungszustand in der Absorberschicht bei der Benzolgewinnung mittels Aktivkohle zu verschiedenen Zeitpunkten der Beladung nach WICKE.
a Nach $^1/_3$ der Beladungszeit,
b nach $^2/_3$ der Beladungszeit,
c nach $^3/_3$ der Beladungszeit.

sich n auch als konzentrationsabhängig erwiesen hat. Der Adsorptionskoeffizient n ist bei kleinen Konzentrationen annähernd gleich 1 und wächst mit der Konzentration nahezu stetig an. Der Verlauf der Kurven läßt erkennen, daß die Beladung bei geringen Konzentrationen sehr viel größer ist als bei höheren Konzentrationen. Die aktive Kohle eignet sich daher besonders, um aus armen Gasen geringe Benzinreste zu entfernen. Da die Beladung mit der Beladungsdauer fortschreitet, so ist es von Interesse, die Höhe der Kohlenschicht zu kennen, die einen bestimmten Beladungszustand zu verschiedenen Zeiten aufweist. In der Abb. 33 ist als Beispiel der Beladungszustand der Adsorberschicht bei der Benzolgewinnung zu verschiedenen Zeitpunkten wiedergegeben. Es ist die Höhe der Kohlenschicht in Zentimetern als Ordinate gegen die Beladung in Prozenten des Sättigungswertes aufgetragen.

Aus diesem Diagramm ersieht man, daß man bei den schweren Kohlenwasserstoffen Naphthalin, Xylol und Toluol mit einer relativ geringen Schichtdicke auskommt, um einen bestimmten Beladungszustand zu erreichen, während man bei den ungesättigten Kohlenwasserstoffen Äthylen, Propylen usw. mit einer bedeutend höheren Kohlenschicht rechnen muß. Methan, Kohlenoxyd, Wasserstoff und dergleichen werden dagegen nur von ganz dicken Kohlenschichten merklich zurückgehalten.

Um Adsorptionsmittel zu prüfen, verwendet man das HABER-LÖWEsche Gasinterferometer von Carl Zeiß in Jena. Man leitet die Gase gleich temperiert durch die beiden Interferometerkammern, einmal direkt und ein anderes Mal durch das zu untersuchende Adsorptionsmittel. Durch die Adsorption der stark lichtbrechenden Dämpfe nimmt der Brechungsquotient der gereinigten Gase gegenüber dem der ungereinigten Gase merklich ab. Man erhält eine Verschiebung der Interferenzstreifen, die als Maß für die Adsorption angesehen werden. Auf diese Weise kann man die Adsorption ganz geringer Mengen feststellen. Falls es sich um ganz bestimmte reine Gase handelt, ist das Gerät sogar eichbar.

Praktisch wird man das zu verwendende Produkt in der Weise prüfen, daß man es für das zu entbenzinierende Gas unter Betriebsbedingungen im Laboratorium prüft. Eine zweckmäßige Apparatur wurde von BERL und seinen Mitarbeitern angegeben. Man füllt die zu untersuchende aktive Kohle in ein großes, etwa 100 cm^3 fassendes U-Rohr und leitet die zu entbenzinierenden Gase mit der Geschwindigkeit hindurch, die im Betriebe, auf gleichen Querschnitt und gleiche Schichtdicke bezogen, herrscht. Das Adsorptionsgefäß wird in einen Thermostaten eingehängt. Form und Länge des Gefäßes wähle man nach Möglichkeit so, daß auch die Schichtdicke der Kohle derjenigen im Betriebe nahekommt. Man setzt den Adsorptionsvorgang so lange fort, bis das Gas die ersten Anzeichen von Nässe zeigt, d. h. das Adsorbat durchläßt. Dies ist an der Verschiebung der Interferenzstreifen zu erkennen. Dann treibt man das gewonnene Benzin aus der Kohle aus und berechnet, wie stark sich die Kohle mit Benzin beladen hat. Ebenso kann man bestimmen, wieviel Benzin sie bis zur völligen Erschöpfung aufzunehmen vermag. Man kann auf diese Weise leicht ein Bild über die Brauchbarkeit der Kohle gewinnen. Eine Kohle wird um so besser sein, je länger sie bis zur völligen Erschöpfung verwendet werden kann bzw. je mehr Benzin sie pro Gewichtseinheit aufnehmen kann. Kohlesorten sowie auch die Anlagen werden u. a. von den Firmen Lurgi und Carbo-Norit-Union geliefert.

Die Kohlen sind meist künstlich aktivierte Holzkohlen, die entweder mit Wasserdampf bei 800° C oder mit Sauerstoff bei 400° C angeätzt und dadurch aktiviert werden. Man drückt die Wirksamkeit der aktivierten Kohlen auch häufig in Quadratmetern innerer Oberfläche je Gramm Substanz aus. Diese Größe wird durch Adsorption von Methylenblau bestimmt. Hierbei ist aber zu berücksichtigen, daß dieses Maß nicht unbedingt auch als Richtlinie für die Verwendbarkeit bei der Entbenzinierung angesehen werden kann.

Die in den Säuregoudrons der Raffinerien in größeren Mengen anfallenden Abfallprodukte haben auch zu Versuchen Anlaß gegeben, sie auf Aktivkohlen aufzuarbeiten. Es lassen sich in der Tat daraus hochwirksame Kohlen herstellen, wenn man den Säureteer vor der Verkokung in den Goudron-Verbrennungsanlagen mit den alkalischen Abwässern der Fabrik neutralisiert. Hierbei hat sich herausgestellt, daß Alkalien mit besonders hohem Atomvolumen eine bessere Wirksamkeit zeigen. E. BERL hat auch Patente auf diese und ähnliche Verfahren angemeldet. Praktische Ausführungen in größerem Maßstabe sind iedoch bisher nicht zu verzeichnen. Das liegt z. T. daran, daß die Ausbeuten schlecht und die Kohlen stark aschehaltig sind und nachher ausgelaugt werden müssen. Auch ist in vielen Fällen noch eine nachträgliche Aktivierung mit Wasserdampf oder Sauerstoff wie bei den Holzkohlen erforderlich. Das Verarbeitungsverfahren ist daher umständlicher als bei der Darstellung von Aktivkohle aus Holz.

Die auf solche Weise entbenzinierten Gase werden, wie bereits erwähnt, entweder unter den Kesseln der Raffinerien verbrannt oder als Sondengas an die städtischen Gasgesellschaften verkauft. Die schweren Anteile Propan und Butan, die wegen des zu hohen Dampfdruckes nicht immer in voller anfallender Menge ins Benzin deplaciert werden können, kommen verflüssigt auch als Flaschengas (Flüssiggas) in den Handel. Die Verarbeitung dieser Produkte gehört aber schon zu den Obliegenheiten der Raffinerien. Propan wird häufig auch zur Entasphaltierung der Erdölrückstände und zur Entparaffinierung verwendet. Zuweilen führt man auch Säureraffinationen bei tiefen Temperaturen in Propanlösung aus. Die gesteigerten Anforderungen, die heute an die Oktanzahlen der Benzine gestellt werden, haben in den Vereinigten Staaten vielfach Alkylierungsanlagen entstehen lassen. In diesen wird ein Butan—Butylen-Gemisch (sogenanntes Bi-Bi) mit Schwefelsäure zu technisch reinem Isooktan umgewandelt. So wird das Gas wohl am wirtschaftlichsten verwertet, da es sich auf diese Weise in Fliegerkraftstoffe deplacieren läßt. Die Rentabilität dieser Anlagen hängt jedoch sehr davon ab, wie teuer die Schwefelsäure im Ankauf ist und in welcher Weise die anfallende verdünnte Säure wieder verwertet werden kann. Die Lenkung des Alkylierungsprozesses selbst ist im Abschnitt „Chemische Prozesse" näher behandelt.

Die Verteilung der gereinigten Sondengase durch besondere Gasgesellschaften gehört noch zu den Aufgaben der Produktionsstätten. Die Leitungsanlagen, Absperrorgane und Zähler sind die gleichen wie bei den Leuchtgaswerken. Die Brenner müssen wegen des höheren Luftbedarfes engere Düsen haben, die leichter der Verstopfung unterliegen als bei Leuchtgas. Eine weitgehende Reinigung ist daher auch von diesem Standpunkte aus wichtig. Die Sondengase sind weniger giftig als Leuchtgas, weil sie weit weniger Kohlenoxyd enthalten. Von einer geringen betäubenden Wirkung in größeren Konzentrationen abgesehen, haben sie kaum merkliche physiologische Wirkungen. Wenn sie von den schweren Bestandteilen Pentan, Butan usw. gereinigt sind, haben sie auch kaum einen Geruch. Diese Tatsache birgt eine gewisse Explosionsgefahr in sich, da bei einem Ausströmen diese Gefahr nicht rechtzeitig zu erkennen ist. Dies ist um so bedenklicher, als die untere Explosionsgrenze dieser Gase besonders tief liegt. Es ist daher üblich, diese Gase mit Äthylmercaptan zu „parfümieren" oder ihnen schwefelhaltige Krackgase beizumischen. Damit wird erreicht, daß sich diese Zusätze schon bei der geringsten Undichtigkeit durch ihren unangenehmen Geruch sofort bemerkbar machen und zu Abwehrmaßnahmen anregen. Insbesondere wird man hierdurch zum Dichthalten der Leitungen gezwungen.

§ 5. Untersuchung und Klassifizierung der Rohöle.

Das Erdöl ist eines der kompliziertest zusammengesetzten Naturprodukte, die wir im Mineralreich finden. Obwohl chemisch wenig differenziert, enthält es doch eine solche Fülle verschiedenartiger Kohlenwasserstoffe vom kleinsten Molekulargewicht, wie Grubengas, bis zu den schwersten Molekülen mit ausgesprochen kolloidalem Charakter. Es ist auch nicht annähernd möglich, all die Kohlenwasserstoffe hier anzuführen, die bereits in den verschiedenen Erdölsorten nachgewiesen wurden oder aus ihnen isoliert werden konnten. Man hat schon frühzeitig versucht, diese künstlich, d. h. auf synthetischem Wege, herzustellen. Wenn es auch anfänglich so schien, als ob die Synthese der Kohlenwasserstoffe sich kaum technisch lohnen würde, so hat sich seither doch manches geändert. Wohl sind auch heute noch die natürlichen Kohlenwasserstoffe billiger als die synthetischen, doch zwingen manche Erwägungen dazu, sich von den Zufälligkeiten der Bohrungen, die mit wachsender Tiefe immer riskanter werden, unabhängig zu machen.

Es ist in der Regel so, daß man die natürlich anfallenden Produkte nicht in der Verteilung und Ausbeute vorfindet, wie sie der Markt verlangt. So ist in der Regel der Verbrauch an Benzin weit höher als der an Schwerölen. Man ist daher schon frühzeitig dazu übergegangen, die schweren Rückstände zu spalten, d. h. chemisch zu verändern, um sie dünnflüssiger zu machen und in den Otto-Motoren verwenden zu können. An dieser Tatsache konnte auch der Diesel-Motor bisher nicht sehr viel ändern. Das ist im Grunde genommen schon eine Synthese, die in den Raffinerien seit langem durchgeführt wird. Sie gehört aber zum eigentlichen Interessenkreis der Ölindustrie, da die Ausgangsprodukte von den Ölfeldern herkommen. Das gleiche gilt auch von den Gasen, welche durch Alkylierung zu flüssigen Kohlenwasserstoffen verarbeitet werden.

Anders liegen die Verhältnisse bei den Produkten, die als Ausgangsstoff Kohle oder deren Nebenprodukte, wie Leuchtgas, Kokereigas und Wassergas, verwenden. Sie gehören eigentlich nicht zur Petroleumindustrie, sondern zur Kohlenindustrie. Der Hauptvorteil der Synthese ist daher, daß man durch Wahl des Katalysators und der Zustandsbedingungen (Druck und Temperatur) die Qualität der Produkte in weiteren Grenzen variieren kann als dies bei den Petroleumprodukten möglich ist. Nachteilig dagegen ist, daß die Synthese mit ungleich höheren Wärmetönungen verbunden ist als die Destillations- und Ex-

Tabelle 3. *Gehalt an Paraffin, Asphalt und Harzen in Rohölen.*

Provenienz	Dichte bei 15°C g/cm³	Paraffin %	Asphalt %	Harz %
Grosny (paraffinös)	0,844	6,5	0,9	4,5
Grosny (paraffinarm) . . .	0,860	0,5	1,5	8,0
Grosny (schwer, paraffinarm)	0,877	0,2	2,0	10,0
Maikop	0,848	0,6	0,3	6,5
Ssurachany	0,860	2,5	0,0	4,0
Balachany	0,867	0,8	0,0	5,0
Bibi-Eybat	0,865	1,3	0,3	9,0
Binagady	0,921	0,7	0,6	12,0
Dossor	0,862	Spuren	0,0	2,0
Mexia (Texas)	0,845	1,4	1,3	5,0
Tonkawa (Oklahoma) . . .	0,821	1,8	0,2	2,5
Davenport	0,796	1,3	0,0	1,3
Huntington Beach (Kaliforn.)	0,897	1,9	4,0	19,0

Tabelle 4. *Naphthensäuregehalt verschiedener Rohöle.*

Provenienz	Säurezahl	Naphthensäure %
Nordamerikanisch		
Boston (Luisiana)	1,40	0,70
Gulf Coast	1,20	0,60
Gulf Coast 300 (Sayb. Dest.) .	2,48	1,24
Venezuela 500 (Sayb. Dest.) .	2,01	1,00
Winkler County (Texas) . . .	0,60	0,30
Howard County (Texas) . . .	0,15	0,07
Saginow (Michigan)	0,05	0,03
Mid-Continent	0,08	0,04
Pennsylvania	0,06	0,03
Südkalifornien	0,2—0,6	0,1—0,3
Galizisch		
Boryslaw (paraffinös)	0,14	0,07
Potok (nicht paraffinös) . . .	0,84—2,38	0,42—1,19
Mrasnak (paraffinarm)		
Rumänisch		
Vier paraffinöse Rohöle . . .	0,098—0,98	0,049—0,49
Vier paraffinarme Rohöle . .	2,38—4,76	1,19—2,38
Kaukasisch		
Balachany	1,4	0,70
Bibi-Eybat	1,008	0,502
Sabuntschi	1,456	0,728
Ssurachany (weiß)	0,084	0,042
Ssurachany (rot)	0,56	0,28
Ssurachany (schwer)	0,434	0,217
Binagady	1,904	0,952
Swjatoj	1,736	0,968

Gruppeneinteilungen. 107

Tabelle 5. *Elementaranalysen von Erdölen.*

Provenienz	C	H	O	S	N	Autor
Pennsylvania . .	82,0	13,7	1,4	0	0	H. St. Claire Deville
(4 Öle)	86,1	14,8	3,2	0,06	0,06	Engler, Mabery
West-Virginia . .	83,2	12,9	0	—	0	H. St. Claire Deville
(4 Öle)	85,2	14,1	3,6	—	0,54	Ueckham
Beaumont/Texas	85,05	12,30	—	1,75	—	Richardson
Kalifornia . . .	84,0	11,45	—	0,45	1,11	Packham, O'Neil
(9 Öle)	86,9	12,7	—	1,5	1,7	Mabery U. S. Geol. Surv.
Kansas	84,1	12,4	—	0,37	0	Bardow, Mac Callum
(2 Öle)	85,6	13,0	—	1,9	0,45	R. Cross
Oklahoma . . .	85,0	12,9	—	0,40	0	R. Cross
(2 Öle)	85,7	13,1	—	0,76	0,3	
Wasatch Range . (Utah)	86,86	11,89	0,59	0,64	0,02	Mabery u. Byerly
Grosny 0,906 . .	86,41	13,00	0,4	0,1	0,07	Charitschkow
Grosny 0,850 . .	85,95	13,00	0,74	0,14	0,07	,,
Tscheleken 0,8736	86,40	12,44	0,38	—	—	,,
Campeni (Parjol)	85,29	14,21	—	0,03	—	Edeleanu u. Tănascu
Buştenari . . . (Prahova)	86,30	13,32	—	0,18	—	Edeleanu u. Tănascu

traktionsprozesse in den Raffinerien. Das hat zur Folge, daß die Synthesen stets teurer sind als die rein physikalische Fabrikation. Sie lohnen sich daher vorderhand nur da, wo man Produkte herstellt, die im Erdöl nur wenig oder überhaupt nicht vorkommen, und daher zu erhöhten Preisen abgesetzt werden können. Syntheseöle sind daher wichtige Ergänzungsprodukte der Erdöl-Industrie geworden. Sie weisen in der Regel besondere Eigenschaften auf und werden den Erdölprodukten zugesetzt, um ihre Qualität zu verbessern. Seltener werden hochwertige Syntheseprodukte, wie z. B. reines Isooktan, allein verwendet. Ähnliches gilt auch für die Syntheseschmieröle, die ebenfalls „verschnitten" werden.

a) Gruppeneinteilungen.

Die Kohlenwasserstoffe, die das Rohöl enthält, können fest, flüssig oder gasförmig sein. Die einfachsten sind die gasförmigen Kohlenwasserstoffe. Sie umfassen vom Grubengas (Methan) bis zum Flaschengas (Butan) alles, was an gesättigten und ungesättigten Produkten im Erdöl enthalten ist. Bemerkenswert ist, daß die reinen Naturkohlenwasserstoffe meist nur gesättigte Moleküle enthalten. Nur die künstlichen, ge-

Tabelle 6.
Schwefelgehalt verschiedener Rohöle.

Provenienz	Schwefel %
Pechelbronn (Elsaß) . . .	0,34—0,67
Wietze (leicht)	0.60
Wietze (schwer)	1,24
Baku	0,064—0,29
Japan	bis 0,83
Kentucky	0,12—0,49
Illinois (Ost)	0,24
Big Lake (Texas) . . .	0,40
Indiana	0,48
Kanada	0,55—1,0
Panhadle (Texas)	0,6
Pecos (West-Texas) . . .	1,50—1,75
Winkler (West-Texas) . .	1,50—1,75
Crane Upton (West-Texas)	2,0
Smakover (Arkansas) . .	2,0
Kalifornien	0,34—3,55
Mexiko	bis 5,3

krackten Kohlenwasserstoffe bestehen aus größeren Mengen ungesättigter Kohlenwasserstoffe (Olefine, Diolefine). Sauerstoff-, Schwefel- und Stickstoffverbindungen sind nur in so geringen Mengen vorhanden, daß man sie als Verunreinigungen betrachten darf.

Die wichtigsten Verunreinigungen sind die Naphthensäuren. Sie sind Monocarbonsäuren und häufen sich mengenmäßig in den Gasölfraktionen. Ihr Molekulargewicht liegt daher um etwa 250. Das deutet darauf hin, daß sie vorwiegend aus Kohlehydraten und aus Fetten hervorgegangen sind, die diese Sauerstoffverbindungen von ähnlich hohem Molekulargewicht enthielten. Fettsäuren weisen Molekulargewichte von etwa 250 auf. Die mittlere Säurezahl von Rohöl-Naphthensäuren liegt bei etwa 150 mg KOH/g. Die aus Benzin gewonnenen Naphthensäuren haben hingegen Säurezahlen von weit über 300 mg KOH/g. Naphthensäuren sind stärkere Säuren als Fettsäuren und wirken daher stark korrosiv. Das ist wichtig bei der Destillation. Der Schwefel ist in den Rohölen meist nicht korrosiv. Erst nach dem Kracken entstehen stark riechende Verbindungen vom Typus der Mercaptane, die korrosiv wirken und daher entfernt werden müssen. Der Geruch ist ein weiterer Hinderungsgrund für die Verwendung dieser Benzine. Man hat besondere Anlagen gebaut, um diesen Geruch der Benzine zu verbessern. Stickstoffbasen sind in den rumänischen Ölen praktisch nicht vorhanden, wohl aber, wie die beiliegende Tabelle 5 zeigt, in einigen amerikanischen Ölen, wie in denen von Westvirginia, Kansas und vor allem von Kalifornien. Es ist unverkennbar, daß eine Elementaranalyse für die Provenienz eines Erdöles nur wenig charakteristisch ist. Auch seine technologischen Eigenschaften hängen nur wenig davon ab. Das Kohlenstoff-Wasserstoff-Verhältnis ist wohl ein Maß für den Sättigungscharakter des Rohöles, variiert aber mitunter mehr innerhalb der einzelnen Sorten als zwischen geographisch weit auseinander liegenden Fundorten. Die geologische Schicht, aus der ein Rohöl stammt, oder die Grube ist daher von großem Einfluß auf die Qualität der Erdöle.

Der Charakter des Rohöles selbst kann vorwiegend asphaltisch, aromatisch, naphthenisch, intermediär oder paraffinisch sein. Asphaltische Rohöle zeichnen sich durch höheren Gehalt an Asphaltstoffen aus. Die daraus gewonnenen Benzine weisen höhere Oktanzahlen, die Gasöle geringe Cetanzahlen auf. Die Schmieröle zeigen tiefen Stockpunkt und steile Viskositäts—Temperatur-Kurven. Sie enthalten in der Regel nur Spuren von festem Paraffin. Es sind beliebte Rohstoffe für Fliegerkraftstoffe. Sie kommen vorwiegend in Rumänien vor.

Aromatische Rohöle ergeben ebenfalls gute Benzine, schlechte Gasöle und unbeständige Schmieröle, enthalten aber weniger Asphalt und können auch Paraffin enthalten. Die wichtigsten Fundorte für Rohöle von diesem Charakter sind Sumatra und Borneo. Sie sind ebenfalls geschätzte Rohstoffe für Fliegerbenzin, enthalten aber größere Mengen korrosiven Schwefel.

Naphthenische Rohöle sind den aromatischen in mancher Hinsicht ähnlich, aber gesättigter. Sie bestehen vorwiegend aus Hydroaromaten oder sogenannten „Naphthenen". Sie enthalten besonders gute Schmier-

Öle von tiefem Stockpunkt und flacher Viskositäts-Temperatur-Kurve. Ihr Gehalt an Asphaltstoffen ist relativ gering und ihre Dieselölfraktionen haben relativ gute Cetanzahlen. Die wichtigsten Fundorte für naphthenische Rohöle sind in der Umgebung des Kaspischen Meeres. Die intermediären Sorten sind von mittlerer Qualität, die meist nur in geringer Menge anfallen. Sie haben mittlere Oktanzahlen bei Benzinen und mittlere Cetanzahlen bei Gasölen. Ihr Gehalt an Asphaltstoffen ist gering, jedoch enthalten sie merkliche Mengen Paraffin. In den daraus gewinnbaren Schmierölen kommen in den niedrigen Fraktionen vorwiegend Weichparaffine vor, die mittels Paraflow am Kristallisieren behindert werden können. Solche Öle sind daher auch ohne Entparaffinierung zu Schmierzwecken zu gebrauchen.

Paraffinbasische Rohöle enthalten schließlich Benzine mit geringer Oktanzahl, dagegen Dieselöle mit hoher Cetanzahl. Die Schmieröle

Tabelle 7. *In Erdölen gefundene Naphthen-Kohlenwasserstoffe nach Holde.*

Kohlenwasserstoff	Siedepunkt[1] °C	Dichte g/cm³	Provenienz
Zyklopentan	49	—	Kaukasus u. USA
Methylzyklopentan . .	73	0,749/20	Kaukasus, USA u. Rumänien
Zyklohexan	81	0,779/20	Kaukasus, USA u. Rumänien
Zykloheptan	118 (726 mm)	0,811/20	Kaukasus
Methylzyklohexan . .	100	0,762/17	Kalifornien
Heptanaphthen . . .	98,5—101	0,742/20	Kalifornien, Japan
Oktonaphthen	114,5—224	0,753—767	Rußland
Dimethyläthylzyklopentan	135,5	0,770/20	Rußland
Nonanaphthen . . .	135,5	0,765/20	Rußland (Apscheron)
Hexahydropseudokumol	140—145	0,784/20	Japan
Nonanaphthen . . .	130,5—131,5	0,773	Peru
Dekanaphthen . . .	160—162	0,783/15	Apscheron
Dimethyläthylzyklohexan	168,5—170	0,793/20	Apscheron
Isodekanaphthen . .	150—152	0,804	Balachany, Peru
Undekanaphthene . .	179—197	0,773—812/20	Baku, Kanada
Dodekanaphthene . .	196—216	0,785—816/20	Japan, Kalifornien
Tridekanaphthene . .	223—232	0,805—813/20	Kanada, Ohio
Tetradekanaphthene .	138—246 (50 mm)	0,810—813/20	Ohio, Peru
Pentadekanaphthene .	159—162 (50 mm)	0,817—819/20	Baku, Kanada
Hexadekanaphthene .	164—168 (30 mm)	0,825/20	Ohio
Heptadekanaphthen .	177—179 (30 mm)	0,834/20	Ohio
Nonadekanaphthen .	210—212 (50 mm)	0,821/20	Pennsylvania
Heneikosanaphthen .	230—231 (50 mm)	0,842/20	Pennsylvania
Dokosanaphthen . . .	240—242 (50 mm)	0,830/20	Pennsylvania
Trikosanaphthen . .	258—260 (50 mm)	0,860/20	Pennsylvania
Tetrakosanaphthen .	272—274 (50 mm)	0,860/20	Pennsylvania
Hexakosanaphthen . .	280—282 (50 mm)	0,858/20	Pennsylvania

[1] Die beigeschriebenen Angaben in mm bedeuten den zugehörigen Dampfdruck in mm QS (Torr); wo nichts angegeben ist, verstehen sich die Siedetemperaturen für einen Dampfdruck von 760 Torr (= 1 Atm abs).

haben in der Regel sehr flache Viskositäts — Temperatur - Kurven und hohe Flammpunkte. Sie sind also nur wenig flüchtig und temperaturbeständig. Paraffinbasische Öle sind hervorragend geeignet für Motorenöle, müssen aber entparaffiniert werden. Asphaltstoffe sind nur wenig darin enthalten. Diese Sorten kommen vorwiegend in Amerika vor und sind zur Zeit wohl die verbreitetsten Rohöle, die man gewinnt. Ihnen ist es zu verdanken, daß die Krackindustrie in den Vereinigten Staaten von Amerika so hoch entwickelt wurde. Die Anforderungen einer erhöhten Benzinausbeute mit höherer Oktanzahl können durch Krackbenzine erfüllt werden. Diesem Umstand ist es zu verdanken, daß die Vereinigten Staaten die besten Schmieröle liefern können (Pennsylvania-Öle mit einem Viskositäts-Index von 100).

Diese Gruppeneinteilung ist zwar grob, aber zu einer ersten Orientierung zweckmäßig. Vor allem darf man die Angaben der Provenienz nicht allzu streng nehmen. Es ist daher schon frühzeitig versucht worden, die Rohöle genauer nach chemischen und physikalischen Gesichtspunkten zu untersuchen und zu kennzeichnen.

Bei den gasförmigen Kohlenwasserstoffen führte dies auch zum Ziel, indem es gelungen ist, durch eine scharf fraktionierende Destillationseinrichtung die niedrigen Fraktionen des Rohöles quantitativ als chemisch reine Individuen zu bestimmen. Diese von WALTHER PODBIELNIAK in Tulsa (Oklahoma) entwickelte Apparatur, die im Abschnitt „Expedition" näher beschrieben ist, besteht im wesentlichen aus einer etwa 100 cm langen Destillationskolonne aus Glas von etwa 3 bis 4 mm lichter Weite. Eine Drahtspirale aus gut wärmeleitendem und korrosionsfestem Metall dient als „Füllung". Die ganze Kolonne ist mit einem Vakuummantel aus Glas umgeben, der in seinem Inneren ein Silberblech trägt, um Strahlungsverluste abzuhalten. Dieses Silberblech ist in bestimmten Abständen durchlöchert, damit der Gang der Destillation beobachtet werden kann. Am Boden der Kolonne befindet sich die Blase, ein ungefähr 25 cm^3 fassendes Gefäß mit einer elektrischen Widerstandsheizung. Diese Blase kann auch in flüssige Luft getaucht werden, um die tiefsiedenden Gase sicher zu kondensieren. Am Kopf der Kolonne ist ein Dephlegmator angebracht, der mit flüssiger Luft gefüllt werden kann. Er stellt im wesentlichen einen metallischen Wärmeaustauscher von relativ großer Oberfläche dar.

Durch richtig geleitete Heizung und Kühlung kann die Destillation so geführt werden, daß die Kolonne gerade noch naß läuft, ohne überflutet zu werden. In etwa 8 Stunden — je nach der Zahl der zu untersuchenden Bestandteile — ist die Destillation beendet. Die Trennschärfe der Apparatur ist so gut, daß man bei zehn und mehr Bestandteilen in der Siedekurve noch „Treppen" erhält, die den Gehalt an der betreffenden Komponente bis auf 0,2 % Unterschied genau angeben. Die neuesten Ausführungen dieser Apparate sind vollautomatisch, d. h. sie sind mit Registrierinstrumenten ausgerüstet, die die Destillationskurve selbsttätig aufzeichnen. Absorptionsgefäße erlauben auch die Bestimmung der ungesättigten Bestandteile der Rohöle. Die Temperatur wird sowohl bei den handbedienten Apparaten als auch bei den Automaten durchweg thermoelektrisch gemessen. Die Mengenmessung ist bei den gasförmigen Bestandteilen keine Volumenmessung; vielmehr dient eine Druckmessung diesem Zweck. Das Arbeiten mit diesen Geräten erfordert einige Routine, sie ist jedoch von angelernten Laboranten ausführbar. Sowohl größere Raffinerien als auch Gruben haben eigene derartige Geräte.

Es gibt auch Apparate, mit denen man die flüssigen Kohlenwasserstoffe noch trennen kann. Wegen der hohen Zahl möglicher Isomeren erhält man aber nicht so charakteristische Destillationskurven wie bei den reinen Gasanalysen. Apparate dieser Art haben sich noch wenig eingebürgert. Dies liegt z. T. auch an den noch geringen Reinheitsansprüchen, die man zur Zeit an flüssige Kohlenwasserstoffe stellt. Die Gewinnung von Lösungsmitteln aus Erdölen kann jedoch in Zukunft die Anforderungen an den Reinheitsgrad so steigern, daß auch die Analyse der flüssigen Kohlenwasserstoffe mehr und mehr an Bedeutung gewinnt. Insbesondere bei den synthetischen Produkten, die einheitlicher in ihrer Zusammensetzung sind, kann dies der Fall sein.

In diesem Zusammenhange sei erwähnt, daß man in den Vereinigten Staaten von Amerika auch mittels des Massenspektrographen Erdöl-Kohlenwasserstoffe analysiert. Auch diese Geräte haben einen hohen Stand der Entwicklung erreicht, sind jedoch noch nicht in der Praxis eingeführt. Es muß betont werden, daß zur Zeit der größte Teil der Benzine in Motoren verbrannt wird. Aus diesem Grunde ist man bestrebt, das Siedeintervall der flüssigen Kohlenwasserstoffe soweit als möglich zu dehnen. Man legt daher zur Zeit auf die Reinheit der Benzine keinen gesteigerten Wert. Lediglich auf die Höhe des Anfangs- und Endsiedepunktes wird geachtet und gefordert, daß diese bestimmte Grenzen nicht über- oder unterschreiten. Auf eine Analyse der Bestandteile, die sich innerhalb dieses Siedebereiches befinden, wird wenig Wert gelegt, nur eine möglichst hohe Oktanzahl wird gefordert.

Wichtiger ist bei diesen Produkten, daß man etwas differenziertere Angaben über die chemische Natur der innerhalb der vorgeschriebenen Siedegrenzen liegenden Bestandteile erhält. Man hat daher versucht, sowohl Treibstoffe als auch Schmierstoffe in der Weise zu analysieren, daß man neben einem durchschnittlichen Molukulargewicht auch angibt, wieviel Prozent des darin enthaltenen Kohlenstoffes aromatisch bzw. nicht aromatisch gebunden ist. Diese Angaben sind wichtig, weil davon in vielen Fällen die Klopffestigkeit (Oktanzahl) und Zündwilligkeit (Cetanzahl) sowie die Viskositäts—Temperatur-Beständigkeit (Viskositäts-Index) abhängt.

b) Ringanalyse und verwandte Untersuchungsverfahren.

Diese Problemstellung ist zuerst von WATERMANN und seiner Schule formuliert worden. WATERMANN geht von der Auffassung aus, daß man durch Bestimmung der Molekularrefraktion und des Anilinpunktes die Anzahl aromatisch bzw. naphthenisch gebundener Kohlenstoffatome bestimmen kann. Umfangreiche Hydrierungsversuche an Erdölfraktionen schienen dies zu bestätigen. Diese Arbeiten sind des öfteren kritisiert worden, ohne daß bisher etwas Besseres an ihre Stelle hätte gesetzt werden können.

Das Prinzip der Methode ist etwa das Folgende: Nach dieser „Ringanalyse" berechnet man zunächst die spezifische Refraktion für die D-Linie des Natriums nach LORENTZ-LORENZ:

$$K_D^{20} = \frac{(n^2-1)}{(n^2+2)\varrho},$$

worin n den Brechungsquotient und ϱ die Dichte bedeuten. Für diese spezifische Refraktion findet man auf einem Diagramm für ein durch totale Hydrierung aromatenfrei gemachtes Naphthen-Paraffin von bestimmtem Molekulargewicht einen theoretischen Anilinpunkt A_i. Dieser Anilinpunkt ist größer als der tatsächlich an dem nicht hydrierten Öl experimentell gefundenen Anilinpunkt A_0. Die Differenz $(A_i - A_0)$ mit dem Faktor 0,8 multipliziert, ergibt zu dem Anilinpunkt A_0 hinzuaddiert jenen Anilinpunkt A_h, den man bei einer wirklichen Hydrierung voraussichtlich finden würde, nämlich

$$(A_i - A_0) \cdot 0{,}8 + A_0 = A_h.$$

Für diesen Anilinpunkt A_h entnimmt man aus einem zweiten Diagramm die spezifische Refraktion für reine Paraffin-Kohlenwasserstoffe R_p und für reine Naphthen-Kohlenwasserstoffe R_n und die des nach Hydrierung zu erwartenden Öles R_{Ah}, dann ist

$$\frac{(R_p - R_n)}{R_p - R_{Ah}} \cdot 100 = \% \text{ Gesamtnaphthene nach der Hydrierung.}$$

Von diesen Gesamtnaphthenen sind jene abzuziehen, die infolge (der nur rechnerisch durchgeführten) Hydrierung entstanden wären. Diese sind gegeben durch

$$(A_i - A_0)\, 0{,}8 \cdot 0{,}85 = \% \text{ Aromaten.}$$

Daraus ergibt sich dann

% Gesamtnaphthene — % Aromaten = % Naphthene,

die ursprünglich schon im Öl waren. Ferner ist

100 % — % Gesamtnaphthene = % Paraffine.

Die unsicheren theoretischen Grundlagen (Anilinpunkt), die dieser Ringanalyse zugrunde liegen, haben im Laufe der Jahre einige berechtigte Kritik heraufbeschworen, ohne daß jedoch ein wesentlicher Fortschritt erzielt worden wäre.

Der Verfasser hat daher auf Grund der Methoden der organischen Chemie unter Mitverwendung der WATERMANNschen Erkenntnisse eine neue Methode ausgearbeitet, die zwar in ihren Ergebnissen bescheidener, in ihren Grundlagen jedoch sicherer ist. Die Strukturanalyse der Erdöl-Kohlenwasserstoffe beruht auf einer Elementar-Analyse und einer Refraktionsmessung. Bestimmt man die Molekularrefraktion nach LORENTZ-LORENZ

$$M_0 = \frac{(n^2-1)\,M}{(n^2+2)\,\varrho},$$

aus dem Brechungsexponenten n und bestimmt aus der Elementar-

analyse die Bruttoformel
$$C_x H_y,$$
so erhält man unter Zugrundelegung der Refraktionsäquivalente
für C von 2,184 und für H von 1,100
den Wert
$$M_e = x \cdot 2{,}184 + y \cdot 1{,}100.$$

Dieser elementar-analytisch berechnete Wert M_e der Molekular-Refraktion ist stets kleiner als der auf optischem Wege nach LORENTZ-LORENZ wirklich bestimmte Wert M_0. Dieser erfaßt nämlich auch die Refraktionsäquivalente der im Molekülverband vorhandenen Doppelbindungen. Das Refraktionsäquivalent einer aromatischen Doppelbindung ist

$$\| = 1{,}733.$$

Die Differenz $(M_0 - M_e)$ wird daher um so größer sein, je mehr Doppelbindungen im Molekülverband vorliegen. Man kann daher die Zahl der Doppelbindungen daraus wie folgt berechnen:

$$\frac{(M_0 - M_e)}{1{,}733} = \|_a,$$

worin $\|$ die Zahl der Doppelbindungen bedeutet. Zur schnelleren Durchführung der Rechnung sind in der Tab. 8 (S. 114) die Werte für $(n^2 - 1)/(n^2 + 2)$ zusammengestellt.

Da an jeder Doppelbindung je zwei Kohlenstoffatome hängen, kann man daraus auch die Zahl der aromatisch gebundenen Kohlenstoffatome berechnen. Sie ist stets doppelt so groß wie die Zahl der Doppelbindungen.

Denkt man sich ein solches Molekül so hydriert, daß keine Ringsprengung stattfindet, dann braucht man für jede Doppelbindung je ein Wasserstoff-Atompaar. Da hierdurch die elementaranalytisch gefundene Molekularrefraktion um den Betrag

$$2 \cdot 1{,}100 = 2{,}200$$

für jede Doppelbindung erhöht wird, ergibt sich die Molekularrefraktion des auf solche Weise entstandenen Naphthens zu

$$M_n = M_e + a \cdot 2{,}200.$$

Diese Molekularrefraktion M_n ist stets kleiner als die des entsprechenden Paraffines oder Isoparaffines gleicher C-Atomzahl. Würde man nämlich so weit hydrieren, daß auch der Ring gesprengt wird, so müßte man für jede Ringsprengung zwei endständige Wasserstoffatome einführen. Das bedeutet, daß bei jeder Ringsprengung sich die Molekularrefraktion M_n um einen weiteren Betrag von 2,200 für jeden Ring erhöht. Es wird also die Molekularrefraktion des Paraffines wie folgt ausgedrückt:

$$M_p = x \cdot 2{,}184 + (2x + 2) \, 1{,}100.$$

Daraus kann auch die Zahl der „ausgesperrten" Wasserstoffatompaare oder die Zahl der ursprünglich vorhandenen Ringe $\circlearrowleft_r$ berechnet werden. Mit anderen Worten: wir können die Bruttoformel, welche durch eine Elementaranalyse erhalten wurde, wie folgt ergänzen:

$$C_x H_y \|_a \circlearrowleft_r.$$

114 Untersuchung und Klassifizierung der Rohöle.

Tabelle 8. Werte von $\frac{n^2-1}{n^2+2}$ für $n = 1{,}300$ bis $1{,}699$.

n	0	1	2	3	4	5	6	7	8	9
1,30	1870	1876	1881	1887		1895	1896	1904	1910	1916	1921
1,31	1927	1933	1938	1944	1950	1955	1961	1967	1972	1978
1,32	1984	1989	1995	2001	2006	2012	2017	2023	2029	2035
1,33	2040	2046	2051	2057	2063	2068	2074	2079	2085	2091
1,34	2096	2102	2107	2113	2118	2124	2130	2135	2140	2146
1,35	2152	2157	2163	2168	2174	2179	2185	2190	2196	2201
1,36	2207	2213	2218	2223	2229	2235	2240	2245	2251	2256
1,37	2262	2267	2273	2278	2283	2289	2294	2300	2306	2311
1,38	2316	2322	2327	2333	2338	2344	2349	2355	2360	2365
1,39	2370	2376	2381	2387	2392	2397	2403	2408	2414	2419
1,40	2424	2429	2435	2440	2446	2451	2456	2462	2467	2472
1,41	2477	2483	2488	2493	2499	2504	2510	2515	2520	2525
1,42	2530	2536	2541	2546	2551	2557	2562	2567	2573	2578
1,43	2583	2589	2594	2599	2604	2610	2615	2620	2625	2630
1,44	2636	2641	2646	2651	2656	2661	2667	2672	2677	2682
1,45	2687	2693	2698	2703	2708	2713	2718	2723	2727	2734
1,46	2739	2744	2749	2754	2759	2764	2770	2775	2780	2785
1,47	2790	2795	2800	2805	2811	2816	2820	2826	2831	2836
1,48	2841	2846	2851	2856	2861	2866	2871	2876	2881	2886
1,49	2891	2896	2901	2906	2911	2916	2921	2926	2932	2936
1,50	2941	2946	2951	2956	2961	2966	2971	2976	2981	2986
1,51	2991	2996	3001	3005	3011	3016	3021	3025	3030	3035
1,52	3040	3045	3050	3055	3060	3065	3070	3075	3079	3084
1,53	3089	3094	3099	3104	3108	3113	3118	3123	3128	3133
1,54	3138	3143	3147	3152	3162	3162	3167	3171	3176	3181
1,55	3186	3191	3195	3200	3205	3210	3214	3220	3224	3229
1,56	3234	3238	3242	3248	3252	3258	3262	3267	3271	3276
1,57	3281	3285	3291	3295	3300	3304	3309	3314	3319	3324
1,58	3328	3333	3337	3342	3347	3351	3356	3360	3365	3370
1,59	3374	3379	3384	3389	3393	3398	3403	3407	3412	3417
1,60	3421	3426	3430	3435	3440	3444	3449	3453	3458	3463
1,61	3468	3471	3476	3481	3486	3490	3495	3499	3504	3508
1,62	3512	3517	3522	3526	3531	3535	3540	3544	3549	3554
1,63	3558	3563	3567	3572	3576	3580	3585	3589	3594	3598
1,64	3603	3607	3612	3617	3621	3625	3630	3634	3638	3643
1,65	3648	3652	3656	3661	3665	3669	3674	3679	3683	3687
1,66	3692	3696	3701	3705	3709	3714	3718	3722	3727	3731
1,67	3736	3740	3755	3749	3753	3758	3762	3766	3771	3775
1,68	3779	3784	3788	3792	3797	3801	3805	3809	3813	3818
1,69	3822	3827	3831	3835	3840	3843	3848	3852	3857	3861

Die angeführten Werte sind Dezimalen nach dem Komma.

Man kann sich jetzt der sehr ausdrucksreichen Sprache der organischen Chemiker bedienen, um die untersuchten Produkte (Benzin, Petroleum, Gasöl, Schmieröl) zu charakterisieren. Es ist z. B. ein Produkt der Zusammensetzung

$$C_{20}H_{30} \,\|_3 \circ_2$$

als ein Dicyclo-zwanzig-trien anzusprechen. Man sieht, daß diese Bezeichnung insofern von der Genfer Nomenklatur abweicht, als hier nicht die Zahl der Kohlenstoffatome in den Seitenketten angegeben wird, sondern die Zahl der gesamten Kohlenstoffatome, weil man nicht weiß, wieviel C-Atome zu einem Ring zusammengetreten sind. Ohne a priori etwas über die „Gliedrigkeit" des Ringsystems (ob Fünfer- oder Sechserring) auszusagen, kann eine solche Methode nicht den Naphthengehalt des Kohlenwasserstoffgemisches ergeben. Dies gilt auch für die WATERMANNsche Methode, da auch sie nur drei voneinander unabhängige Konstanten, nämlich Anilinpunkt, Molekularvolumen und Brechungsquotient, bestimmt.

Die vorstehend beschriebene Strukturanalyse gilt nur für reine, d. h. sauerstoff-, stickstoff- und schwefelfreie Kohlenwasserstoffe. Auch dürfen die Kohlenwasserstoffe nur Aromatenbindungen enthalten, nicht auch Olefinbindungen. Wo diese Voraussetzung nicht erfüllt ist, wie z. B. bei Krackprodukten, muß durch entsprechende Reinigung dafür gesorgt werden, daß diese Verunreinigungen vor der Analyse entfernt werden. Sauerstoffverbindungen sind z. B. durch Extraktion mit KISSLINGscher Teerzahllauge abzutrennen. Olefine gehen bei der Raffination mit Schwefelsäure in Lösung. Bei Straight-Run-Kohlenwasserstoffen ist der Gehalt an Olefinen meist so gering, daß diese, namentlich in raffiniertem Zustande, das Ergebnis der Analyse nicht stören. Man kann sich leicht davon überzeugen, indem man die Bromzahl dieser Produkte bestimmt. Sie ist in der Regel praktisch gleich Null.

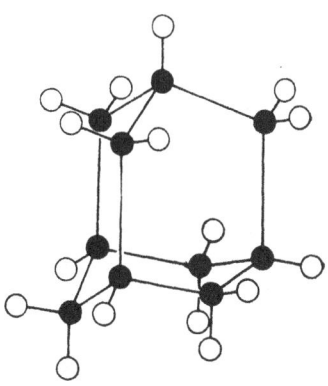

Abb. 34a. Struktur des Adamantans.

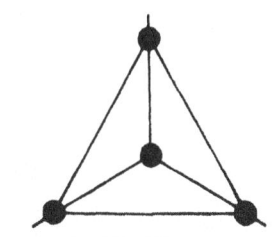

Abb. 34b.
Zur Bildung einer geschlossenen Schale sind mindestens vier Ringe nötig.

Diese Methode ist nur eindeutig, wenn nicht mehr als drei ausgesperrte Wasserstoffatompaare gefunden werden. Nur dann ist die Zahl der ausgesperrten Wasserstoffatompaare unzweideutig gleich der Zahl der Ringe. Findet man mehr als drei ausgesperrte Wasserstoffatompaare, dann wäre es denkbar, daß sich nicht drei, sondern vier Ringe zu einer geschlossenen Schale zusammengefügt haben. Wenngleich ein solcher Schalen-Kohlenwasserstoff ebenso wie der Viererring äußerst selten ist und praktisch bisher bei Erdölen nicht gefunden wurde, so ist doch darauf hinzuweisen, daß es Kohlenwasserstoffe von der Art des Adamantans $C_{10}H_{16}$ gibt, die trotz ihres ungesättigten Charakters keine Doppelbindung enthalten. Dieser Kohlenwasserstoff hat, wie Abb. 34a zeigt, das Gittergerüst des Diamanten und weist vier Ringe auf, obwohl nur drei ausgesperrte Wasserstoffatompaare vorliegen. In diesem Falle ist daher die Zahl der Ringe um 1 größer als die Zahl der ausgesperrten Wasserstoffatompaare. In all den Fällen, wo die Zahl der Ringe kleiner ist als vier, kann sie schon aus rein geometrischen Gründen keine Schale bilden. Denn eine Fläche muß mindestens durch drei Seiten und ein Raum muß mindestens durch vier Flächen begrenzt sein, was aus Abb. 34b zu erkennen ist. Somit kann als erwiesen gelten, daß die Strukturanalyse in allen praktisch wichtigen Fällen eindeutig ist.

Einige Beispiele mögen dies erläutern. Man erkennt aus den in den Tabellen 9 bis 12 durchgerechneten 140 Beispielen, daß die Zahl der Doppelbindungen und die Zahl der Ringe mit Sicherheit bestimmbar sind, wenn man auf- oder abrundet. Wegen der Analysenfehler und wegen gewisser Inkremente, die hier nicht berücksichtigt wurden, sind runde Zahlen ohne Dezimalen, wie sie sich aus stöchiometrischen Gründen gemäß dem Gesetz der multiplen Proportionen ergeben müßten, nicht zu erwarten. Dieses Auf- oder Abrunden wird man auch bei Kohlenwasserstoffgemischen vornehmen, wenn man diese benennen will, obwohl solche Zahlen bei Gemischen auch sinnvoll wären, weil in Mischungen auch Bruchteile der Komponenten enthalten sind. Es ist einleuchtend, daß eine derartige Ausdrucksweise eine viel differenziertere Charakterisierung ermöglicht als die grobe Einteilung in fünf Gruppen. Nach dieser Strukturanalyse kann man den Ringgehalt und den Sättigungscharakter nach mindestens 28 Gruppen durch Kombination angeben. Dem Ringgehalt nach unterscheiden wir azyklische, monozyklische, dizyklische, trizyklische Kohlenwasserstoffe usw.; dem Aromatengehalt nach gibt es gesättigte, -ene, di-ene, tri-ene, tetra-ene, penta-ene, hexa-ene usw.

Allerdings ist zu berücksichtigen, daß bei den leichten Fraktionen die Zahl der Ringe und damit auch die Zahl der möglichen Doppelbindungen sehr beschränkt ist. Erst bei Schmierölen sind alle angeführten Gruppen wirklich möglich. Es leuchtet ein, daß die Strukturanalyse bei den leichten Kohlenwasserstoffen daher genauer sein kann als bei den schweren Kohlenwasserstoffen. Bei genügend scharfen Fraktionen kann sie sogar zur Identifizierung chemischer Individuen herangezogen werden. Ist man z. B. bei genügend engen Siedegrenzen sicher, daß Verbindungen mit zwei Ringen nicht mehr vorhanden sein können, dann bedeutet z. B. eine gebrochene Ringzahl unzweideutig ein Gemisch von Aliphaten und Aromaten oder Naphthenen.

Die Methode ist um so genauer, je genauer ihre Grundlagen sind. Molekulargewichtsbestimmungen werden gewöhnlich durch Messen der Gefrierpunktserniedrigung in Benzol durchgeführt. Man kann sich aber auch die hohe kryoskopische Konstante des Zyklohexans zunutze machen, um die Genauigkeit der Molekulargewichtsbestimmung zu erhöhen. Dies setzt allerdings voraus, daß auch die Methodik der Temperaturablesung durch graphische Darstellung verfeinert wird.

c) Kalorimetrische Untersuchungsverfahren.

Die Verbrennung kann in der Kalorimeterbombe ausgeführt werden. Es ist zweckmäßig, die Bombe zu evakuieren und reinen Linde-Sauerstoff zu verwenden, um alle Stickstoffreste aus der Bombe zu entfernen.

Tabelle 9. *Strukturanalyse.*

Kohlenwasserstoff	M_o	M_e	M_n	M_p	Mittlere Strukturformel		
Benzol	26,18	21,11	27,56	29,91	C_6H_6	‖	2,93 ⊂ 1,07
1, 3, Dihydrobenzol	26,85	23,31	27,80	29,91	C_6H_8	‖	2,04 ⊂ 0,96
Tetrahydrobenzol	27,04	25,51	27,45	29,91	C_6H_{10}	‖	0,88 ⊂ 1,12
Zyklohexan	27,72	27,71	27,73	29,91	C_6H_{12}	‖	0,01 ⊂ 0,99
Hexan	29,88	29,91	29,87	29,91	C_6H_{14}	‖	−0,02 ⊂ 0,02
Methylpentan	29,94	29,91	29,95	29,91	C_6H_{14}	‖	0,02 ⊂ −0,02
Äthylbutan	29,80	29,91	29,78	29,91	C_6H_{14}	‖	−0,06 ⊂ 0,06
Toluol	31,06	25,77	32,48	34,53	C_7H_8	‖	3,05 ⊂ 0,93
Xylol	35,49	30,34	36,87	39,14	C_8H_{10}	‖	2,97 ⊂ 1,03
Äthylbenzol	35,64	30,34	37,20	39,14	C_8H_{10}	‖	3,12 ⊂ 0,88
Oktan	39,16	39,14	39,16	39,14	C_8H_{18}	‖	0,01 ⊂ 0,01
Äthylhexan	38,95	39,14	39,12	39,14	C_8H_{18}	‖	−0,01 ⊂ 0,01
Propylpentan	39,09	39,14	39,10	39,14	C_8H_{18}	‖	−0,02 ⊂ 0,02
Hydrinden	38,43	32,76	39,95	43,76	C_9H_{10}	‖	3,27 ⊂ 1,73
Mesitylen	40,72	34,96	42,26	43,76	C_9H_{12}	‖	3,32 ⊂ 0,68
Pseudokumol	40,49	34,96	41,98	43,76	C_9H_{12}	‖	3,19 ⊂ 0,81
n-Propylbenzol	40,38	34,96	41,85	43,76	C_9H_{12}	‖	3,13 ⊂ 0,86
3-Propylhexan	43,63	43,76	43,58	43,76	C_9H_{20}	‖	−0,08 ⊂ 0,08
Dekalin	43,85	43,98	43,80	48,38	$C_{10}H_{18}$	‖	−0,08 ⊂ 2,08
Dekan	48,49	48,38	48,51	48,38	$C_{10}H_{22}$	‖	0,06 ⊂ −0,06
Isodekan	48,53	48,38	48,58	48,38	$C_{10}H_{22}$	‖	0,08 ⊂ −0,09
Tripropylmethan	48,28	48,38	48,25	48,38	$C_{10}H_{22}$	‖	−0,06 ⊂ 0,06
3-Äthyltetradekan	76,06	76,09	76,05	76,09	$C_{16}H_{34}$	‖	−0,02 ⊂ 0,02
2-Methylheptadekan	85,60	85,32	85,67	85,32	$C_{18}H_{38}$	‖	0,16 ⊂ −0,12
2-Methylnonadekan	94,92	94,56	95,02	94,56	C_2H_{42}	‖	0,21 ⊂ −0,25
3-Äthyloktadekan	94,65	94,56	94,67	94,56	$C_{20}H_{42}$	‖	0,05 ⊂ −0,05
cis-1, 2, 4, 5-Tetramethylzyklohexan	46,06	46,18	46,02	48,38	$C_{10}H_{20}$	‖	−0,07 ⊂ 1,07
trans-1, 2, 4, 5-Tetramethylzyklohexan	46,05	46,18	46,01	48,36	$C_{10}H_{20}$	‖	−0,08 ⊂ 1,06
Äthylzyklopentan	32,52	32,33	32,57	34.53	C_7H_{14}	‖	0,11 ⊂ 0,89
Methylzyklohexan	32,47	32,33	32,51	34,53	C_7H_{14}	‖	0,08 ⊂ 0,92
n-Heptan	34,54	34,53	34,55	34,53	C_7H_{16}	‖	0,01 ⊂ −0,01
2-Methylhexan	34,57	34,53	34,60	34,53	C_7H_{16}	‖	0,03 ⊂ −0,03
3-Methylhexan	34,45	34,53	34,42	34,53	C_7H_{16}	‖	−0,04 ⊂ 0,05
2, 2-Dimethylpentan	34,61	34,53	34,62	34,53	C_7H_{14}	‖	0,04 ⊂ −0,04
2, 3-Dimethylpentan	34,31	34,53	34,38	34,53	C_7H_{16}	‖	−0,07 ⊂ 0,07
2, 4-Dimethylpentan	34,57	34,53	34,57	34,53	C_7H_{16}	‖	0,02 ⊂ −0,02
3, 3-Dimethylpentan	34,32	34,53	34,49	34,53	C_7H_{16}	‖	−0,12 ⊂ 0,02
3-Äthylpentan	34,25	34,53	34,18	34,53	C_7H_{16}	‖	−0,16 ⊂ 0,16
2, 2, 3-Trimethylbutan	34,39	34,53	34,35	34,53	C_7H_{16}	‖	−0,08 ⊂ 0,13
Propylzyklopentan[1]	37,14	36,94	37,20	39,14	C_8H_{16}	‖	0,12 ⊂ 0,88
2-Propylzyklopentan[1]	37,13	36,94	37,18	39,14	C_8H_{16}	‖	0,11 ⊂ 0,89
Äthylzyklohexan[1]	37,13	36,94	37,18	39,14	C_8H_{16}	‖	0,11 ⊂ 0,89
cis-o-Dimethylzyklohexan[1]	37,08	36,94	37,12	39,14	C_8H_{16}	‖	0,08 ⊂ 0,92
trans-o-Dimethylzyklohexan[1]	37,14	36,94	37,20	39,14	C_8H_{16}	‖	0,12 ⊂ 0,88
cis-m-Dimethylzyklohexan[1]	37,14	36,94	37,20	39,14	C_8H_{16}	‖	0,12 ⊂ 0,88
trans-m-Dimethylzyklohexan[1]	37,16	36,94	37,23	39,14	C_8H_{16}	‖	0,13 ⊂ 0,87
cis-p-Dimethylzyklohexan[1]	37,20	36,94	37,27	39,14	C_8H_{16}	‖	0,15 ⊂ 0,85
trans-p-Dimethylzyklohexan[1]	37,24	36,94	37,18	39,14	C_8H_{16}	‖	0,17 ⊂ 0,89
2, 2, 4-Trimethylpentan[1]	39,25	39,14	37,27	39,14	C_8H_{16}	‖	0,06 ⊂ 0,85
i-Butylzyklopentan[1]	41,76	41,56	41,82	43,76	C_9H_{18}	‖	0,12 ⊂ 0,88
cis-1, 2, 3-Trimethylzyklohexan[1]	41,66	41,56	41,69	43,76	C_9H_{18}	‖	0,06 ⊂ 0,94
cis-1, 2, 4-Trimethylzyklohexan[1]	41,80	41,56	41,87	43,76	C_9H_{18}	‖	0,14 ⊂ 0,86
cis-1, 3, 5-Trimethylzyklohexan[1]	41,93	41,56	42,02	43,76	C_9H_{18}	‖	0,21 ⊂ 0,79
trans-1, 3, 5-Trimethylzyklohexan[1]	41,96	41,56	42,07	43,76	C_9H_{18}	‖	0,23 ⊂ 0,77
cis-1, 2, 3, 5-Tetramethylzyklohexan[1]	46,18	46,18	46,18	48,38	$C_{10}H_{20}$	‖	0,00 ⊂ 1,00
trans-1, 2, 3, 5-Tetramethylzyklohexan[1]	45,97	46,18	45,78	48,38	$C_{10}H_{20}$	‖	−0,18 ⊂ 1,18
n-Butylbenzol					$C_{10}H_{14}$		3,15 ⊂ 0,85
1, 2-Methylpropylbenzol					$C_{10}H_{14}$	‖	3,07 ⊂ 0,03
1, 2-Methylpropylzyklohexan					$C_{10}H_{20}$	‖	−0,16 ⊂ 1,05
Butylzyklohexan					$C_{10}H_{20}$	‖	0,04 ⊂ 1,21
Dodekan					$C_{12}H_{26}$	‖	0,22 ⊂ 0,27

[1] Helium D 3-Linie statt Natrium D-Linie.

Tabelle 10. *Strukturanalyse.*

Verbindung	M_o	M_e	M_u	M_p	Dichte in g/cm³ bei 25°C	Brechungszahl[1] bei 25°C	$\frac{n^2-1}{n^2+2} q$	Strukturformel
2-Methylheptadekan	85,62	85,32	85,69	85,32	0,7469	1,4170	0,3367	$C_{18}H_{38}$ ∥ +0,17 0 0 −0,17
2-Methylnonadekan	95,23	94,56	95,42	94,56	0,7530	1,4217	0,3373	$C_{20}H_{42}$ ∥ +0,39 0 0 −0,39
3-Äthylektdekan	94,95	94,56	95,18	94,56	0,7597	1,4246	0,3363	$C_{20}H_{42}$ ∥ +0,28 0 0 −0,28
n-Heneikosan	99,69	99,18	99,82	99,18	0,7585	1,4240	0,3364	$C_{21}H_{44}$ ∥ +0,29 0 0 −0,29
n-Tetrakosan	113,53	113,03	113,67	113,53	0,7682	1,4288	0,3355	$C_{24}H_{50}$ ∥ +0,29 0 0 −0,06
2-Methyltrikosan	113,60	113,03	113,76	113,60	0,7662	1,4279	0,3357	$C_{24}H_{50}$ ∥ +0,33 0 0 −0,07
Methyldidodekylmethan	122,83	122,27	122,97	122,83	0,7720	1,4308	0,3352	$C_{26}H_{54}$ ∥ +0,32 0 0 −0,06
n-Oktakosan	131,44	131,50	131,50	131,44	0,7759	1,4329	0,3349	$C_{28}H_{58}$ ∥ −0,03 0 0 −0,03
Trinonylmethan	131,28	131,50	131,50	131,50	0,7770	1,4325	0,3345	$C_{28}H_{58}$ ∥ −0,43 0 0 −0,00
n-Triakontan	141,45	140,74	141,64	140,74	0,7792	1,4348	0,3348	$C_{30}H_{62}$ ∥ +0,41 0 0 0,41
Hexamethyltetrakosan	141,37	140,74	141,10	140,74	0,7784	1,4340	0,3346	$C_{30}H_{62}$ ∥ +0,36 0 0 −0,16
n-Hentriakontan	145,71	145,36	145,80	145,36	0,7827	1,4356	0,3338	$C_{31}H_{64}$ ∥ +0,20 0 0 −0,20
6-Methylhentriakontan	150,21	149,98	150,27	149,98	0,7907	1,4401	0,3335	$C_{33}H_{68}$ ∥ +0,19 0 0 −0,19
16-Äthylhentriakontan	154,92	154,59	155,01	154,59	0,7910	1,4404	0,3335	$C_{33}H_{68}$ ∥ +0,19 0 0 −0,19
16-Butylhentriakontan	164,32	163,83	164,45	163,83	0,7913	1,4408	0,3336	$C_{35}H_{72}$ ∥ +0,28 0 0 −0,28
Zykloheptan	32,63	32,33	32,75	34,53	0,7628	1,4212	0,3326	C_7H_{14} ∥ +0,19 0 0 +0,81
Zyklooktan	37,20	36,94	37,27	39,14	0,7785	1,4300	0,3318	C_8H_{16} ∥ −0,15 0 0 +0,85
Zyklotetradekan	64,09	64,65	64,65	66,85	0,8253	1,4515	0,3266	$C_{14}H_{28}$ ∥ −0,32 0 0 1,00
Zyklopentadekan	68,96	69,27	69,27	71,47	0,8277	1,4522	0,3280	$C_{15}H_{30}$ ∥ −0,18 0 0 1,00
Dizyklooktyl	70,67	71,69	71,69	76,09	0,9277	1,5018	0,3180	$C_{16}H_{32}$ ∥ −0,59 0 0 2,00
Zykloheptadekan	78,32	78,51	78,51	80,71	0,8187	1,4507	0,3287	$C_{17}H_{34}$ ∥ −0,11 0 0 1,00
Zyklooktadekan	83,00	83,12	83,12	85,32	0,8177	1,4506	0,3290	$C_{18}H_{36}$ ∥ −0,07 0 0 1,00
Zyklodokosan	101,39	101,60	101,60	103,80	0,8144	1,4481	0,3288	$C_{22}H_{44}$ ∥ −0,18 0 0 1,00
Zyklohexyloktadekan	109,19	110,83	110,83	113,03	0,8340	1,4538	0,3246	$C_{24}H_{48}$ ∥ −0,37 0 0 1,00
Zyklohexakosan	120,40	120,07	120,49	122,27	0,8108	1,4484	0,3304	$C_{26}H_{52}$ ∥ −0,19 0 0 1,00
Zyklooktakosan	129,86	129,30	130,00	131,50	0,8103	1,4489	0,3309	$C_{28}H_{56}$ ∥ +0,32 0 0 0,69
Oktadezydekalin	127,08	127,10	127,10	131,50	0,863	1,4739	0,3255	$C_{28}H_{56}$ ∥ −0,01 0 0 2,00
Zyklohexyldokosan	130,14	129,30	130,22	131,50	0,8327	1,4643	0,3316	$C_{28}H_{56}$ ∥ +0,42 0 0 0,58
Zyklotriakontan	138,93	138,54	139,02	140,74	0,8171	1,4523	0,3304	$C_{30}H_{60}$ ∥ +0,22 0 0 0,78
Zyklodotriakontan	147,25	147,78	147,78	149,98	0,8261	1,4568	0,3283	$C_{32}H_{84}$ ∥ −0,27 0 0 1,00
Benzol	25,78	21,11	27,03	29,91	0,878	1,5014	0,3303	C_6H_6 ∥ +2,09 0 0 1,31
Mesitylen	40,65	34,96	42,18	43,76	0,8558	1,4912	0,3385	C_9H_{12} ∥ +3,28 0 0 0,72
Dibenzyl	60,30	49,25	63,26	66,85	0,964	1,539	0,3311	$C_{14}H_{14}$ ∥ +6,37 0 0 1,64
1,1-Diphenylbutan	69,22	58,49	72,11	76,09	1,006	1,577	0,3294	$C_{16}H_{18}$ ∥ +6,18 0 0 1,81
5-Phenyldokosan	127,78	122,70	129,17	131,50	0,8554	1,4777	0,3307	$C_{28}H_{50}$ ∥ +2,94 0 0 1,06
Oktodekyltetralin	126,56	120,50	128,20	131,50	0,884	1,4939	0,3293	$C_{28}H_{48}$ ∥ +3,50 0 0 1,50
5-Phenylhexakosan	146,99	141,18	148,55	149,98	0,8532	1,4787	0,3322	$C_{32}H_{58}$ ∥ +3,35 0 0 0,65
sec.-Hexakosyltetralin	164,94	157,45	165,60	168,45	0,8762	1,4940	0,3322	$C_{36}H_{64}$ ∥ +3,75 0 0 1,30

[1] KITTRICK, HENRIQUES u. WOLFF: J. Inst. Petroleum Technol., Petroleum Wax. Bd. 23 (1937) Nr. 168.

Kalorimetrische Untersuchungsverfahren.

Tabelle 11. *Strukturanalyse.*

Kohlenwasserstoff	Dichte[1] bei 77°F	Brechungszahl bei 77° F	Formel	Molgew.	M_o	M_e	M_u	M_v	Mittlere Strukturformel	
Phenyloktadekan	0,8540	1,4812	$C_{24}H_{42}$	330	110,01	104,232	111,56	113,03	$C_{24}H_{42}$	= 3,33 0,67
Phenylbutyloktadekan	0,8554	1,4777	$C_{28}H_{50}$	386	127,66	122,704	128,99	131,50	$C_{28}H_{50}$	= 2,86 1,14
Phenylbutyldikosan	0,8532	1,4787	$C_{32}H_{58}$	442	146,83	141,176	148,35	149,98	$C_{32}H_{58}$	= 3,26 0,74
Phenyltrioktadekan	0,8520	1,4813	$C_{60}H_{117}$	838	280,04	273,780	277,39	279,28	$C_{60}H_{117}$	= 3,61 0,8
Zyklohexyloktadekan	0,834	1,4538	$C_{24}H_{46}$	336	109,06	110,832	110,83	113,03	$C_{24}H_{48}$	= −0,44 1,00
Zyklohexylbutyloktadekan	0,8395	1,4627	$C_{28}H_{56}$	392	128,53	129,304	129,30	131,50	$C_{28}H_{56}$	= −0,44 1,00
Zyklohexylbutyloktakosan	0,8327	1,4643	$C_{28}H_{56}$	392	129,97	129,304	139,16	131,50	$C_{28}H_{56}$	= +0,39 0,61
Zyklohexylbutyldikosan	0,8372	1,4677	$C_{32}H_{64}$	448	148,87	147,776	148,90	149,98	$C_{32}H_{64}$	= +0,51 0,49
Tetrahydronaphthyloktadekan . .	0,884	1,4939	$C_{28}H_{48}$	384	126,44	120,504	128,05	131,50	$C_{28}H_{48}$	= 3,43 1,57
Tetrahydronaphthylbutyldokosan .	0,8786	1,4969	$C_{32}H_{56}$	440	146,52	138,976	148,55	149,98	$C_{32}H_{56}$	= 4,35 0,65
Tetrahydronaphthylbutyloktadekan	0,8810	1,4932	$C_{32}H_{56}$	440	145,19	138,976	146,86	149,98	$C_{32}H_{56}$	= 3,58 1,42
Tetrahydronaphthylbutyldokosan .	0,8762	1,4940	$C_{32}H_{64}$	496	164,79	157,448	165,78	168,45	$C_{32}H_{64}$	= 4,24 1,21
Dekahydronaphthyloktadekan . .	0,863	1,4739	$C_{28}H_{54}$	390	126,98	127,104	127,10	131,50	$C_{25}H_{54}$	= −0,07 2,00
Dekahydronaphthylbutyloktadekan	0,8673	1,4759	$C_{32}H_{62}$	446	145,02	145,576	145,58	149,98	$C_{32}H_{62}$	= −0,32 2,00
Dekahydronaphthylbutyldokosan .	0,8615	1,4772	$C_{32}H_{62}$	446	146,34	145,576	146,55	149,98	$C_{32}H_{62}$	= +0,44 1,56
Dizyklohexylbutyloktadekan . . .	0,867	1,4793	$C_{34}H_{66}$	474	155,11	154,812	155,18	159,21	$C_{34}H_{66}$	0,17 1,83
Diphenyloktadekan	0,926	1,5138	$C_{30}H_{46}$	406	131,96	123,140	132,93	140,74	$C_{30}H_{46}$	= 4,45 3,55
Diphenyldibutyloktan	0,9051	1,5110	$C_{30}H_{46}$	406	134,38	123,140	137,42	140,74	$C_{30}H_{46}$	= 6,49 1,51

[1] Vgl. MIKESKA, L. A.: Ind. Eng. Chem. Bd. 28 (1936) S. 970.

Diese können nämlich mit dem eisernen Zünddraht leicht flüchtige Eisen–Stickstoff-Verbindungen bilden, die mit in die Absorptionsgefäße übergehen. Die Feuchtigkeit wird mit Wasserstoff in die Absorptionsgefäße übergespült. Die Bombe wird dabei indirekt mit Wasserdampf geheizt. Wasserstoff als Spülgas zu verwenden, bietet den Vorteil, daß man keine Korrekturen für Temperatur- und Druckdifferenzen bei der Wägung machen muß. Wegen der hohen bei kalorimetrischen Versuchen üblichen Einwaagen in der Größenordnung von 1 g ist diese Analyse recht genau. Es empfiehlt sich, gefärbtes Silicagel zur Adsorption der Hauptmenge Feuchtigkeit zu verwenden, weil es durch Trocknen leicht regenerierbar ist. Die restlichen Feuchtigkeitsspuren können mit Calciumchlorid oder Phosphorpentoxyd aufgefangen werden. Ist der Kohlenwasserstoff rein, was ohnehin die Voraussetzung für eine Strukturanalyse ist, dann braucht die Kohlensäure nicht ausgewogen zu werden.

Tabelle 12. *Strukturanalyse.*

Kohlenwasserstoff[1]	Dichte bei 20°C	Brechungs- zahl bei 20° C	C_xH_y	Molgew.	M_o	M_e	M_u	M_p	Ringformel		
Heptanaphthen (Zykloheptan)	0,8108	1,4452	C_7H_{14}	98,11	32,33	32,22	32,33	34,53	C_7H_{14}	= −0,06	0 1,00
1,3 Dimethyl-5-Äthylzyklopentan	0,7700	1,4213	C_9H_{18}	126,14	41,56	41,57	41,57	43,76	C_9H_{18}	= −0,00	0 1,00
Hexalhydropseudokumol	0,7844	1,4332	C_9H_{18}	126,14	41,56	41,81	41,87	43,76	C_9H_{18}	= −0,14	0 0,94
Undekanaphthen	0,7729	1,4219	$C_{11}H_{22}$	154,18	50,80	50,68	50,80	53,00	$C_{11}H_{22}$	= −0,07	0 1,00
Undekanaphthen	0,8044	1,4403	$C_{11}H_{22}$	154,18	50,80	50,55	50,80	53,00	$C_{11}H_{22}$	= −0,14	0 1,00
Undekanaphthen	0,8061	1,4482	$C_{11}H_{22}$	154,18	55,42	51,22	51,33	53,00	$C_{11}H_{22}$	= 0,24	0 0,76
Dodekanaphthen	0,8165	1,4535	$C_{12}H_{24}$	168,19	55,42	55,73	55,84	57,62	$C_{12}H_{24}$	= 0,19	0 0,81
Dodekanaphthen	0,7970	1,4350	$C_{12}H_{24}$	168,19	55,42	55,07	55,42	57,62	$C_{12}H_{24}$	= −0,20	0 1,00
Tridekanaphthen	0,8087	1,4440	$C_{13}H_{26}$	182,21	60,03	59,85	60,03	62,23	$C_{13}H_{26}$	= −0,10	0 1,00
Tridekanaphthen	0,8055	1,4400	$C_{13}H_{26}$	182,21	60,03	59,62	60,03	62,23	$C_{13}H_{26}$	= −0,24	0 1,00
Hexanaphthen (Zyklohexan)	0,7788	1,4264	C_6H_{12}	184,10	27,71	27,69	27,71	29,91	C_6H_{12}	= −0,01	0 1,00
Tetradekanaphthen	0,8154	1,4423	$C_{14}H_{28}$	196,22	64,65	63,71	64,65	66,85	$C_{14}H_{28}$	= −0,54	0 1,00
Tetradekanaphthen	0,8099	1,4490	$C_{14}H_{28}$	196,22	64,65	64,98	65,07	66,85	$C_{14}H_{28}$	= 0,19	0 0,81
Tetradekanaphthen	0,8129	1,4437	$C_{14}H_{28}$	196,33	64,65	64,08	64,65	66,85	$C_{14}H_{28}$	= −0,33	0 1,00
Methylzyklopentan	0,7490	1,4101	C_6H_{12}	214,10	27,71	27,82	27,84	29,91	C_6H_{12}	= 0,06	0 0,94
Pentadekanaphthen	0,8192	1,4520	$C_{15}H_{30}$	210,24	69,27	69,23	69,27	71,47	$C_{15}H_{30}$	= −0,02	0 1,00
Hexadekanaphthen	0,8254	1,4510	$C_{16}H_{32}$	224,26	73,89	73,16	73,89	76,09	$C_{16}H_{32}$	= −0,42	0 1,00
Heptadekanaphthen	0,8335	1,4545	$C_{17}H_{34}$	238,27	78,51	77,49	78,51	80,71	$C_{17}H_{34}$	= −0,01	0 1,00
Nonadekanaphthen	0,8208	1,4515	$C_{19}H_{38}$	265,30	87,74	87,12	87,74	89,94	$C_{19}H_{38}$	= −0,36	0 1,00
Trikosanaphthen	0,8569	1,4714	$C_{23}H_{46}$	322,37	106,21	105,24	106,21	108,41	$C_{23}H_{46}$	= −0,56	0 1,00
Hexakosanaphthen	0,8580	1,4725	$C_{26}H_{52}$	364,42	120,07	119,04	120,07	122,27	$C_{26}H_{52}$	= −0,59	0 1,00
Pentadekanaphthen	0,8204	1,4480	$C_{15}H_{30}$	210,24	69,27	68,60	69,27	71,47	$C_{15}H_{30}$	= −0,39	0 1,00

[1] HOLDE: Kohlenwasserstofföle und Fette S. 132 bis 134. Berlin: Springer 1931.

Sie kann vielmehr, wie der Sauerstoff bei einer LIEBIG-Verbrennung, aus der Differenz gegenüber 100% ermittelt werden.

Ein Schema für eine solche Analyse ist in der Abb. 35 gegeben. Man könnte auch daran denken, die verschiedenen Verbrennungswärmen, die sich aus der Gliedrigkeit der Ringsysteme ergeben, bei einer solchen Heizwertbestimmung gleich mit zu bestimmen. Dies bietet im Prinzip die Möglichkeit, auch etwas über die Gliedrigkeit der Ringsysteme auszusagen. Eine solche Analyse würde es ermöglichen, nicht nur die Gesamtzahl aller Kohlenstoffatome anzugeben, sondern auch ihre Verteilung auf die Ringe bzw. auf die Seitenketten zu ermitteln. Es hätte den Vor-

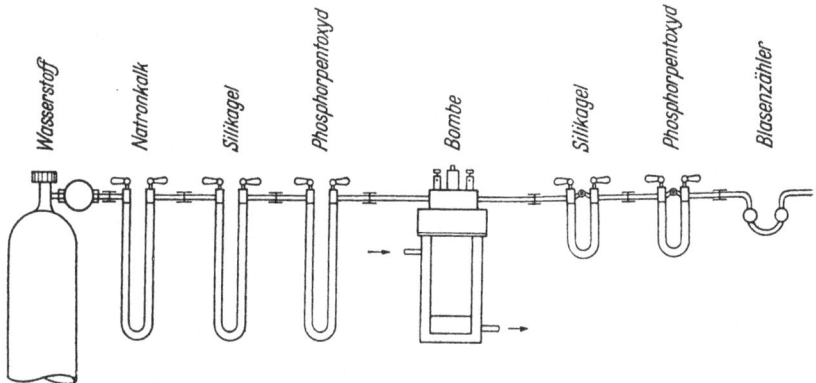

Abb. 35. Schema der Wasserstoffbestimmung in der Kalorimeterbombe.

teil, die Genfer Nomenklatur benutzen zu können. Eine solche vollständige Analyse erfordert aber große Genauigkeit bei der Ausführung der Heizwertbestimmung.

FR. KLAGES hat in einer beachtenswerten Arbeit eine Verbesserung der additiven Berechnung von Verbrennungswärmen und von Mesomerie-Energien aus Verbrennungswärmen vorgenommen[1]. Die Verbrennungswerte und Inkremente für organische Bindungstypen sind in kcal/kmol in der nachfolgenden Tabelle 13 zu finden. Wie in dieser Arbeit näher ausgeführt wird, stimmen die für Paraffine berechneten Werte schon vom Propan an bis auf 0,02% mit den experimentell ermittelten Werten überein. Vom Nonan ab wird die Abweichung wieder größer als 0,05%.

d) Untersuchungen mit Hilfe des Parachors.

In diesem Zusammenhang verdient auch erwähnt zu werden, daß der Parachor ebenfalls einige Aussagen über die Gliedrigkeit des Ringsystems erlaubt. Hat man die auf obige Weise gefundene Strukturformel ermittelt, dann kann man nach dieser auch die Parachor-Werte P_e errechnen. Die auf solche Art ermittelten Parachor-Werte müssen stets

---

[1] Chem. Ber. Bd. 82 (1949) S. 358 bis 376.

Tabelle 13. *Verbrennungswerte und Inkremente für organische Bindungstypen in kcal/kmol nach KLAGES.*

	Verbrennungswert		Bindungsenergie für	
	neu	alt	$\lambda_G = 124{,}3$	$\lambda_G = 150$
C—C	49,3	50,8	59,9	72,7
C—H	54,0	53,3	86,5	92,9
C=C in { Äthylen	121,6		96,8	122,5
C=C·R (z. B. im Propylen[1])	119,1		99,3	125,0
R·C=C·R cis (allgem. und im Sechserring[1])	117,4		101,0	126,7
R·C=C·R cis (im Fünferring[1])	115,7		102,7	128,4
R·C=C·R trans (allgemein[1])	116,4	118,8	102,0	127,7
C=C:R$_2$ (allgemein[1])	117,2		101,2	126,9
R·C=C:R$_2$[1]	115,7		102,7	128,4
R$_2$:C=C:R$_2$[1]	115,4		103,0	128,7
C≡C in { Azetylen	204,5		123,1	161,1
C≡C·R	197,7	205,2	129,9	168,4
R·C=C·R	193,6		134,0	172,5
O—H im Wasser[2]	5,25	5,25	110,2	
O—H in Alkoholen	7,5		107,9	
O—C (allgemein)	10,0	14,25	74,2	80,6
O=C in { Formaldehyd	26,1	26,5	142,2	155,0
anderen Aldehyden	19,8	19,5	148,5	161,3
aromatischen Ketonen	>15,0		<153,3	<166,1
höheren aliphat. Ketonen und Karbonsäurederivaten	13,5	16,5	154,8	167,6
N—H	30,5	30,6	83,7	
N—C	33,0	34,5	50,0	56,4
N=C in R·N=C·R	60,3	72,1	105,6	118,4
N≡C	97,6	105,2	151,3	170,6
S =H	67,0	67,0	87,5	
S =C	69,0	68,8	55,2	61,6
Cl =C	2,9	5,0	68,3	74,8
Br =C	21,7	23,8	59,8	66,2
J =C	32,7	34,8	47,5	53,9

Zusätzliche Inkremente für bestimmte Strukturelemente:

Molekülverzweigungen:			
C₂>C—C Paraffine und Olefine	− 1,7	O—CH$_3$	+3,0
		Fünferring (allgemein)	+6,0
C₂>C<C₂ Paraffine und Diamant	− 4,2	Sechserring (allgemein)	+1,0
C₂>C—O sek. Alkohole u. Ketone	− 3,6	chelatartige Wasserstoffbrücke	−7,0
C—C<O₂ Azetale u. Karbonsäureester	−11,8		

[1] R bedeutet in diesem Zusammenhang jeden einwertig gebundenen Rest außer Wasserstoff.

[2] gleich der halben Verdampfungswärme des Wassers, da Wasser bei der additiven Berechnung seiner „Verbrennungswärme" als Gas, als Verbrennungsprodukt jedoch flüssig gerechnet wird.

kleiner sein als diejenigen, welche man aus der Oberflächenspannung ω nach SUGDEN

$$P_0 = \frac{M}{\varrho}\sqrt[4]{\omega}$$

erhält, weil diese auch die Ringäquivalente mit erfaßt. Die Differenz rührt daher, daß man in den elementar-analytisch errechneten P_e-Werten die Ringäquivalente nicht mit bestimmt. Man kann daher aus dieser Differenz die Gliedrigkeit wie folgt berechnen: Es muß

$$\frac{P_0 - P_e}{R} = \text{Werte von 6,1 bis 16,7}$$

ergeben, worin R Zahl der Ringe bedeutet. Das Ringäquivalent

für eine Dreiringverbindung beträgt 16,7,
für eine Vierringverbindung beträgt 11,6,
für eine Fünfringverbindung beträgt 8,5,
für eine Sechsringverbindung beträgt 6,1.

Aus der Höhe der gefundenen Werte kann man dann die Gliedrigkeit des Ringsystems abschätzen. Obwohl sich die Parachor-Werte in der Praxis des organischen Chemikers gut bewährt haben und die Voraussetzungen für ihre Anwendbarkeit bei Kohlenwasserstoffen besonders günstig sind, ist doch zu bedenken, daß es sich um Gemische handelt, die leicht durch Spuren kapillaraktiver Substanzen verunreinigt sein können. Diese Verunreinigungen können die Oberflächenspannung und damit den Parachor stark beeinflussen, ohne die Masse der Substanz merklich zu verändern. Von einer Anwendung dieser Methode ist daher ebenfalls abzuraten. Hat man die Gliedrigkeit des Ringsystems auf diese oder andere Weise ermittelt, dann steht der Anwendung der Genfer Nomenklatur zur Bezeichnung des Kohlenwasserstoffes nichts im Wege. Man kann dann das untersuchte Kohlenwasserstoffgemisch einfach mit einer chemischen Verbindung von der durchschnittlichen Konstitution des ermittelten Gemisches bezeichnen. Man kommt dabei auf Benennungen wie Dizyklohexadekan oder Phenyloktodekan. Hierbei ist zu beachten, daß diese Benennung den gleichen Sinn hat wie das durchschnittliche Molekulargewicht. Es können also in dem Gemisch auch noch viele andere Verbindungen enthalten sein, jedoch von solcher Konstitution, daß sie im Mittel durch die angegebene Formel bezeichnet werden dürfen.

In Anbetracht der Empfindlichkeit der Oberflächenspannung ist es nicht zu empfehlen, auf diese Weise etwa einen Naphthengehalt zu berechnen. In Zweifelsfällen kann jedoch durch eine Behandlung mit Adsorptionsmitteln (Bleicherde) die etwa störende kapillaraktive Substanz entfernt werden. Auch ist zu berücksichtigen, daß kleine Differenzen in der Oberflächenspannung nicht sehr ins Gewicht fallen, da der Parachor nur von der vierten Wurzel der Oberflächenspannung abhängt.

e) Untersuchungen mittels Feindestillation und Chromatographie.

Eine andere Methode, die insbesondere die PODBIELNIAK-Analyse gut ergänzt, ist die Aufnahme der Ramanspektren der Kohlenwasserstoffe. Sie eignet sich jedoch vorwiegend für die leichteren Fraktionen. Das hat den Vorteil, daß sie nicht nur Mittelwerte liefert, sondern, wie bei einer Destillation, auch die Mengenverhältnisse im Gemisch ergibt. Dies ist durch Vermessen der Intensität der Spektrallinien zu erreichen. Wenn auch eine solche Methode nicht sehr genau ist, so kann sie doch Anhaltspunkte für die voraussichtlichen Ausbeuteverhältnisse an ungesättigten Kohlenwasserstoffen durch eine einzige Ramanaufnahme liefern. In einer neueren Arbeit haben H. LUTHER und E. LELL die charakteristischen Spektren verschiedener Kohlenwasserstoffklassen zusammengestellt. Wegen näherer Einzelheiten wird auf die Originalarbeit verwiesen[1]. Man hat diese Methode mit Erfolg zur Kontrolle der EDELEANU-Extraktion verwendet. Es ließ sich zeigen, daß die den Aromatenbindungen zugeordneten Linien sich im Extrakt im Vergleich zur Charge verstärken, im Raffinat aber abschwächen. Daraus kann man abschätzen, wie selektiv eine Extraktion verlaufen ist. Diese Methode, die besonders bei der Auffindung bestimmter Kohlenwasserstoffindividuen, z. B. Toluol, von Wert sein kann, wird vielleicht einmal in der Erdöl-Industrie die Rolle spielen, die die Emissions-Spektralanalyse heute in der Stahlindustrie hat. Für die schweren Kohlenwasserstoffe kommt sie vorderhand weniger in Frage, weil die Ramanlinien dort sehr verwaschen sind und bei viskosen Ölen auch etwas temperaturabhängig sind. Auch ist die Zahl der Isomeren bereits so groß, daß in absehbarer Zeit an eine Isolierung bestimmter Individuen kaum zu denken ist. Hier ist also die Strukturanalyse am Platze.

Es ist aber möglich, daß auf diesem Gebiete die Kurzweg- oder Molekulardestillation, die eine unzersetzte Trennung auch der hochmolekularen Kohlenwasserstoffe ermöglicht, noch entwicklungsfähig ist. Allenfalls erlaubt die fraktionierte Fällung mittels verflüssigter Gase in der Nähe ihrer kritischen Temperaturen bereits heute eine Abtrennung auch der schwersten, nicht mehr destillierbaren Anteile ohne Gefahr einer Zersetzung.

Am weitesten fortgeschritten in der Trennung hochmolekularer Substanzen scheint die Chromatographie von TSWETT zu sein. Sie beruht darauf, daß man den zu untersuchenden Stoff in einem Lösungsmittel, z. B. Benzol, auflöst und über eine Schicht Bleicherde filtriert. Die Menge wird dabei so gewählt, daß nicht die ganze Erde benetzt wird. Anschließend wird mit reinem Lösungsmittel gewaschen oder „eluiert". Hierbei wandert die Substanz in der Bleicherdeschicht vorwärts und bildet verschieden gefärbte Zonen. Dieses Entwickeln oder Eluieren, wozu auch verschiedene Lösungsmittel verwendbar sind, kann derart vervollkommnet werden, daß die Zonen sehr scharf erscheinen und einfach durch Zerschneiden voneinander getrennt werden können. Jede einzelne Zone gleicher Färbung kann gesondert extrahiert und der in ihr enthaltene Stoff gewonnen werden. Berühmt ist diese Methode bei der Trennung der Karotine geworden. Sie ermöglicht, noch Stoffe voneinander zu trennen, die sich beispielsweise durch nichts anderes als

---

[1] Angew. Chem. Bd. 61 (1949) S. 66 bis 67.

durch ihre optische Aktivität unterscheiden. Sie ist unentbehrlich bei der Erforschung der Vitamine. Man kann diese Zonen auch in verschiedenfarbigem Fluoreszenzlicht betrachten und auf diese Weise andere Trennungskriterien festlegen. Schmieröle ergeben ebenfalls verschiedene Färbungen mit Bleicherde. Kann nan die Extraktion bei tiefen Temperaturen vornehmen, z. B. mit Propan bei $-40°$ C, dann bleibt das ganze Paraffin und Zeresin im Adsorptionsmittel ungelöst zurück. In dieser Form ist es vom Verfasser für Erdöl-Destillationsrückstände unter der Bezeichnung ,,Kryosolverfahren" (von Kryos = Frost und Solvere = lösen) angewendet worden, um Öle in einem Gang von Asphalt und Paraffin zu trennen. Man kann sich auf diese Weise im Laboratorium in kurzer Zeit einen Überblick verschaffen, welche Öle aus einem bestimmten Rohstoff gewonnen werden können.

Folgendes Beispiel möge dies erläutern: 100 g Erdölrückstände werden mit 300 g Bleicherde zu einem trockenen Pulver zerrieben und bei $200°$ C an der Luft so lange erwärmt (geröstet), bis die Bleicherde ein einheitlich trockenes und dunkles Aussehen zeigt. Nach dem Erkalten bringt man das Bleicherdeölgemisch auf ein Filter von ca. 200 cm^2 Filterfläche, verschließt dieses hermetisch und wäscht von oben nach unten mit kaltem, durch Selbstabkühlung gekühlten Propan bei ca. $-40°$ C aus. Nach dem Verdampfen des Propans und Erwärmung des Rückstandes über die kritische Temperatur des Propans auf dem Wasserbad, ist das gewonnene Öl zur Analyse- und Ausbeutebestimmung fertig. Dieses Verfahren hat sich auch zur Fraktionierung der Weich- und Hartparaffine sowie der Zeresine bewährt. Hierzu wird warmes Propan zum Auswaschen verwendet, nachdem vorher alle Ölreste durch kalte Extraktion entfernt wurden.

Aus alldem geht hervor, daß zur Zeit verschiedene Wege zur Untersuchung der Erdöle zur Verfügung stehen, von denen einige bereits reif sind, in die Praxis einzugehen, andere aber versprechen, eine weitgehende Vervollkommnung im Laufe ihrer Entwicklung zu erfahren.

f) Mit Erdöl verwandte natürliche und künstliche Produkte.

Außer den flüssigen und gasförmigen Bestandteilen kommen im Erdöl auch noch feste und halbfeste Massen vor. Sie sind als Rohöle aufzufassen, bei denen die leichten Anteile in geologischen Zeiten eingetrocknet sind oder sich zu schweren Anteilen polymerisiert, kondensiert oder oxydiert haben. Solche Veränderungen sind nur da möglich, wo die Erdöllagerstätten frei zutage treten. Zu erwähnen sind in diesem Zusammenhange der Pechsee in Trinidad, der einen Flächeninhalt von über 4 km^2 aufweist und in der Mitte über 60 m tief ist; ferner der Bermudez-Asphaltsee, dessen Fläche etwa zehnmal so groß ist, aber nur 0,6 bis 6 m Tiefe erreicht. Außer diesen venezuelanischen Vorkommen gibt es noch mexikanische Asphalte und in Europa bei Selenizza in Albanien ein ähnliches Vorkommen. Asphaltgesteine sind verbreitet in Kentucky, Texas, Oklahoma und Kalifornien, ferner bei Ragusa, auf Sizilien, bei Neuchâtel, Derna-Tătarus und im Rhônetal. Asphaltite kommen als Gilsonit, Manjak, Glanzpech und Grahamit in Barbados, Kuba, Utah, Kolumbien, Palästina (Totes Meer), West-Virginia, Oklahoma, Vera Cruz (Mexiko) und auch in Trinidad vor. Asphalt wird aus den Pechseen durch einfaches Ausstechen gewonnen. Asphaltite und Asphaltsteine werden bergmännisch gewonnen. Ihre Verarbeitung richtet sich je nach der Eigenart des Materials und gehört bereits zu den Fabrikationsmethoden.

An halbfesten Produkten ist das Erdwachs (Ozokerit) und Zeresin zu erwähnen. Es kommt besonders in Galizien (Boryslaw, Starunia und Dwynianz), ferner in Rumänien (Slănic) und in der Sowjetunion bei Tscheleken, in Turkmenistan und Usbekistan, schließlich in den Vereinigten Staaten von Amerika (Texas und Utah) vor. Es ist dunkelbraun bis hellgrün. Gute Sorten zeigen muscheligen Bruch und haben Schmelzpunkte zwischen 68 und 75° C. Marmorwachs schmilzt erst bei 85 bis 100° C. Seltene Sorten können Schmelzpunkte bis 115° C aufweisen. Es sind oft sehr wertvolle Produkte darunter, die sich wegen ihres mikrokristallinen bis amorphen Gefüges mit Lösungsmitteln angerührt, zum Unterschied von Paraffin, nicht mehr entmischen. Chemisch sind es Isoparaffine mit stark verzweigten Ketten. Diese Eigenschaften machen sie besonders geeignet zur Fabrikation von Salben, Pasten und Wichsen. Auch ihre Verarbeitung wird in den Raffinerien durchgeführt.

An künstlichen Rohprodukten sind noch die Veredelungsprodukte der Kohlen zu erwähnen. Ihre Produktion gehört nicht zur Petroleum-, sondern zur Kohlenindstrie. Da sie aber mit gleichen Einrichtungen verarbeitet werden können, mögen sie hier ebenfalls besprochen werden. Man unterscheidet zwei größere Verfahrensgruppen: Die Hochdrucksynthesen nach dem Typ des BERGIUS-Verfahrens, auch Bergin-Synthese genannt, und die Niederdruckverfahren nach dem Prinzip des FISCHER-TROPSCH-Verfahrens.

Das BERGIUS-Verfahren geht von bituminösen Kohlen aus, rührt diese mit Teer zu einer Paste an und unterwirft dieses Gemisch einer thermischen Behandlung bei erhöhter Temperatur von 400 bis 500° C und unter hohem Druck von ca. 200 atü in Gegenwart von Wasserstoff und Katalysatoren. Der wichtigste Fortschritt auf diesem Gebiete bestand im wesentlichen in der Auffindung giftfester Katalysatoren, die wenig schwefelempfindlich sind und daher umständliche Reinigungsprozesse entbehrlich machen. Es handelt sich hierbei meist um Molybdän-Mischkatalysatoren. Das Verfahren erfordert teure Apparate aus Edelstählen und hohe Betriebskosten durch Kompressionsarbeit und Wasserstoffsynthesen. Der Raumbedarf ist relativ gering, im Prinzip ist es eine destruktive Hydrierung.

Das FISCHER-TROPSCH-Verfahren führt hingegen über die Vergasung der Kohle, meist unter Verwendung von Wassergas, zur Bildung von vorwiegend leichten Kohlenwasserstoffen. Die Arbeitstemperaturen sind relativ niedrig (180 bis 200° C), ebenso der Druck (meist Atmosphärendruck). Es handelt sich für gewöhnlich um Polymerisations- und Kondensationsreaktionen. Das Verfahren ist anpassungsfähig und gut lenkbar, erfordert keine teuren Edelstähle und wenig Kompressionsarbeit.

Dagegen sind ungeheure Gasmengen zu erzeugen, zu reinigen, einzustellen und umzuwälzen bzw. zu erwärmen. Die Verfahren halten sich wirtschaftlich ungefähr die Waage, ergänzen sich gut und sind von den örtlichen Verhältnissen weitgehend abhängig. Sie können in Friedenszeiten mit der Erdölproduktion nur dadurch konkurrieren, daß sie wertvolle Ergänzungsprodukte für die Erdöl-Industrie herstellen. In Kriegszeiten können allerdings Selbstversorgungsbestrebungen zu ihren Gunsten sprechen. Die steigenden Qualitätsansprüche und die dauernd wachsenden Bohrrisiken haben in den letzten Jahren das Verdienst mehr und mehr von den Gruben nach den Raffinerien verlagert. Dieser Entwicklungsprozeß scheint allenthalben weiterzugehen, so daß der Kohlehydrierung eine gedeihliche Zukunft nicht abgesprochen werden kann.

Wenn jedoch die Entwicklung des Kohlenstaub-Dieselmotors oder der Gasturbine die direkte Verbrennung der Kohle ermöglicht, dann ist es denkbar, daß sich das Gleichgewicht noch längere Zeit in seiner heutigen Lage erhält. Immerhin ist zu beachten, daß der Verkehr stets den flüssigen Brennstoff bevorzugen wird, so daß die direkte Verbrennung des Kohlenstaubs zunächst auf stationäre Anlagen beschränkt bleiben dürfte. Alles in allem betrachtet, insbesondere auch die Elektrifizierung der schweren Verkehrsmittel in Betracht gezogen, läßt die Entwicklung der Kohlehydrierung eine nur langsame, aber sichere Steigerung der Wirtschaftlichkeit voraussehen. Jedenfalls läßt sich kaum voraussagen, welche Umstände hierbei den Ausschlag geben. Der flüssige Kraftstoff wird vor dem festen und gasförmigen bei gleichem Preis stets den Vorzug des hohen Heizwertes und des leichten Transportes haben. Er ist daher, sofern er sich in dieser Form in der Natur vorfindet, stets das wertvollste Rohprodukt.

II. Teil.
Fabrikation.
A. Physikalische Verfahren.
§ 1. Destillation.
a) Grundsätzliches.

Von allen Teilprozessen, die in den Raffinerien durchgeführt werden, ist die Destillation zweifellos die älteste und wichtigste Verarbeitungsmethode des Erdöls. Ein Prinzipschema der Rohölverarbeitung gibt Abb. 36. Es ist daher nicht erstaunlich, wenn die Rektifikationsmethoden in den Raffinerien ihre höchste Vollkommenheit erreicht haben, die auf diesem Gebiete überhaupt erzielt werden konnte. Die Destillationskolonnen erreichen heute Höhen von weit über 40 m, so daß sie nicht mehr in Gebäuden untergebracht werden. Als frei stehende Apparate bilden sie mit ihren Vapour-Lines charakteristische, weithin sichtbare Wahrzeichen der Petroleum-Industrie (vgl. Abb. 37).

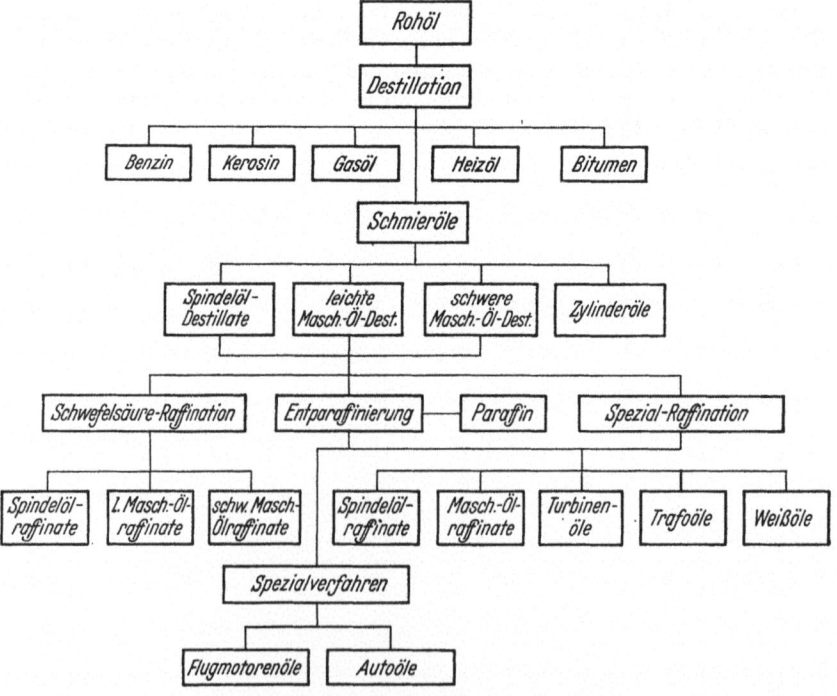

Abb. 36. Prinzipschema einer Rohölverarbeitung.

Grundsätzliches.

Die Destillation des Petroleums ist in mancher Hinsicht einfacher, in vieler Hinsicht aber auch komplizierter als die Destillation von Zweistoffgemischen, wie z. B. der von Alkohol — Wasser. Einfacher ist sie insofern, als sich Petroleum mit Wasser und anderen polaren Flüssigkeiten nicht merklich mischt und sich daher keine konstantsiedenden, azeotropischen Gemische bilden. Komplizierter ist sie insofern, als es sich beim Petroleum um die Trennung eines aus zahlreichen Individuen bestehenden Gemisches (oft über 50 Bestandteile) handelt, dessen Siedebereich sich über einige hundert Grade erstreckt. Dabei muß die An-

Abb. 37. Ansicht einer Röhrendestillationsanlage für 3500 Tagestonnen. (Baujahr 1935.)

passungsfähigkeit einer modernen Destillationsanlage so gut sein, daß den jeweiligen Marktverhältnissen in weiten Grenzen Rechnung getragen werden kann.

Diese Umstände führten im Laufe der Zeit zur Konstruktion der kontinuierlich arbeitenden Pipe-Still-Anlagen. Die ersten Destillationsanlagen bestanden aus Blasen von 30 m³ Inhalt und mehr, die direkt mit Feuer beheizt waren. Diese Kessel hatten ursprünglich kaum Rektifiziereinrichtungen, sondern lediglich Dephlegmatoren, die für die schweren Fraktionen wahlweise abgeschaltet werden konnten. Die Dämpfe wurden in Schlangenkühlern mit indirekter Wasserkühlung kondensiert und diskontinuierlich gewonnen.

Erst später kamen die in Serien angeordneten Blasen mit kaskadenartiger Abstufung auf. Diese wurden kontinuierlich vom Rohöl durchflossen. Aus jedem Kessel konnte eine ganz bestimmte Fraktion abgenommen werden. Derartige Anlagen sind sehr umfangreich; man findet sie in älteren Raffinerien auch heute noch vor. Sie sind im Laufe der Zeit auch mit Glockenkolonnen ausgerüstet worden; man hat sogar Einrichtungen zur Wärmerückgewinnung in Form von Wärmeaustauschern eingebaut. Diese Vorwärmer sind von zweierlei Bauart; die vertikalen nennt man „Russische Vorwärmer", die horizontalen nennt man „Amerikanische Vorwärmer". Die im Schnitt in Abb. 38 dargestellte Bauart besitzt eine frei bewegliche Umkehrkammer, so daß die Wärmedehnung der Rohre nicht behindert ist. Bei Bauarten mit festen Rohrböden müssen die Rohre leicht gebogen eingebaut werden.

Die Destillationskessel sind in der Regel Zweiflammrohrkessel, sog. Cornwall-Kessel. Bei ihrer Wartung sind die gleichen Vorsichtsmaßregeln in noch erhöhterem Maße wie bei Dampfkesseln zu beachten. Auch Kesselstein kann sich aus den Resten der Salzwasseremulsion bilden, weshalb so hohe Anforderungen an die Reinheit des Rohöles gestellt

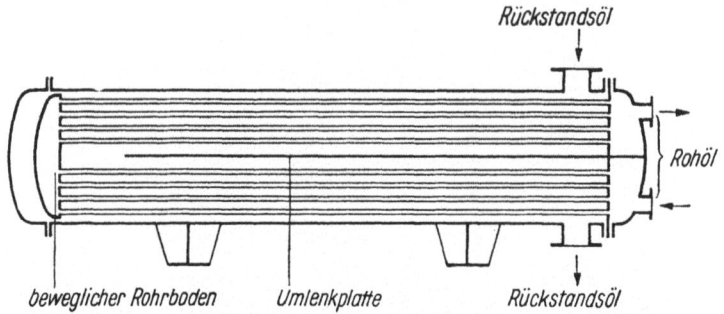

Abb. 38. Zweistromwärmetauscher mit frei beweglicher Umkehrkammer (floating head).

werden müssen. Obwohl die Destillation bei Normaldruck oder im Vakuum durchgeführt wird, müssen alle Leitungen peinlichst dicht sein, da sonst die Feuersgefahr zu groß oder das Vakuum zu schlecht wird. Die Vorwärmer, die meist aus Röhrenbündeln zusammengeschweißt sind (Shell and Tube-System), müssen ebenfalls sorgfältig abgedichtet werden, um Kontaminationen zu vermeiden. In modernen Destillationsanlagen wird nämlich Rohöl durch Destillationsprodukte, insbesondere durch den Rückfluß selbst, vorgewärmt. Die vorgenannten Wärmeaustauscher haben gegenüber den Kühlschlangen den Vorzug, daß man größere Heizflächen, auf engem Raum zusammengedrängt, einbauen kann.

Der Nachteil des Blasensystems liegt auf der Hand. Große Flüssigkeitsmengen liegen in der Feuerzone und verursachen eine ständige Feuersgefahr. Lange Verweilzeit der zu destillierenden Produkte, insbesondere der schweren, temperaturempfindlichen Öle bei erhöhten Temperaturen, setzen die Produkte der Gefahr des Krackens aus. Man hat daher schon frühzeitig versucht, die Destillation bei möglichst niedriger Temperatur durchzuführen, indem man überhitzten Wasserdampf bei möglichst niedriger Temperatur einbläst, um die Produkte unterhalb der Kracktemperatur abzutreiben. Dadurch wird bei tieferen Temperaturen der geringere Dampfdruck der Öle durch den Partialdruck des Wasserdampfes auf 1 Atmosphäre ergänzt; das Dampfgemisch siedet, ohne daß die beteiligten Flüssigkeiten ihren Siedepunkt erreichen. Da Wasser nur ein geringes Molekulargewicht (18) gegenüber den Ölfraktionen (bei Gasölen z. B. über 250) aufweist, braucht man relativ geringe Wassermengen, um diese Fraktionen überzudestillieren. Es gilt auch hier, daß die Summe der Partialdrucke des Öles und des Wasserdampfes den Totaldruck der darüber lastenden Atmosphäre erreichen muß.

$$P = 1 = p_o + p_w. \qquad (1)$$

Wenn man annimmt, daß nach dem Raoultschen Gesetz die Partialdrucke gleich dem Produkt aus Sättigungsdruck und Molenbruch der im Gemisch enthaltenen Dampfmolekel sind, folgt

$$1 = x\pi_o + (1-x)\pi_w, \qquad (2)$$

worin π_o der Sättigungsdruck des Öles und π_w der Sättigungsdruck des Wasserdampfes sind. Man erkennt sofort, daß sich auch für kleine Werte von x (wegen des hohen Molekulargewichtes der Öle) große Substanzmengen ergeben. Die Molkonzentration $x = c/250$ oder $(1-x) = (1-c)/18$ ergibt für c einen recht hohen Wert gegenüber Wasser. Bei Ölen mit sehr geringem Dampfdruck würden sich dennoch zu kleine Mengen Öl bzw. zu große Mengen Wasserdampf ergeben. Man führt deshalb die Destillation der hoch siedenden Öle im Vakuum aus. In diesem Falle ist dann der Gesamtdruck P nicht gleich einer Atmosphäre, sondern er beträgt nur noch wenige Torr (= mm QS), etwa 20 Torr und darunter.

So gelingt es heute, Schmieröle zu destillieren, deren Dampfdruck so gering ist, daß sie erst über 280° C entflammen. Vakuumdestillationen werden dabei immer als Wasserdampfdestillationen ausgeführt. Manche Firmen, wie z. B. Sun Oil, gehen sogar so weit, daß sie Quecksilberdampf als Destillatträger verwenden. Trotzdem kann oft ein Kracken nicht vermieden werden. Man ist daher dazu übergegangen, die Verweilszeit, namentlich bei den hohen Temperaturen, zu verringern. Dies führte zum System der fraktionierten Kondensation. Hierbei erwärmt man das zu destillierende Rohöl sofort auf die Temperatur, bei der es, zusammen mit den leichten Anteilen, verdampft. Dann kondensiert man zuerst die empfindlicheren, schweren Anteile. Man verfährt dabei in der Weise, daß das Rohöl in einem Röhrenofen erwärmt und in eine Kolonne geleitet wird. Am Boden entnimmt man eine schwere Fraktion, während das Destillat am Kopf der Kolonne in die nächste Kolonne übergeleitet wird, wo wieder ein Bodenprodukt und ein Kopfprodukt (Bottomproduct und Topproduct) abgezapft wird. Dieses von BORRMANN erfundene System hat meist auch einen Vakuumteil, so daß man damit Rohöle bis auf Schmieröl verarbeiten kann. Der Vorteil dieses Systems besteht darin, daß nur geringe Flüssigkeitsmengen entsprechend dem geringen Rauminhalt des Röhrenofens in der Feuerzone liegen. Die empfindlichsten Fraktionen werden zuerst abgekühlt; ihre Verweilszeit wird daher bei hohen Temperaturen verkürzt. Die ganze Anlage beansprucht aber noch einen erheblichen Raum, weil die Kolonnen nebeneinander angeordnet sind.

Das Foster-Wheeler-Verfahren und die diesem System nachgebildeten Anlagen gehen noch einen Schritt weiter, indem sie das in einem

Röhrenofen vorgewärmte Rohöl in eine einzige große Kolonne einleiten und die Fraktionen einfach in verschiedenen Höhen der Kolonne abzapfen. Hierzu sind sogenannte Produkt-Kontroller vorgesehen. Das sind Ventile, mit denen die Strömungsgeschwindigkeit der abziehenden Dämpfe bzw. der heißen Flüssigkeiten einreguliert werden kann. Am Boden der Kolonne bleibt dann meist ein schwerer Rückstand (rumänisch: Păcură, russisch: Masut) zurück. Solche Einheiten werden für Normaldruck (Atmospheric Units) und für Vakuum (Vacuum Units) als getrennte Anlagen gebaut. In den Abb. 39 und 40 sind Beispiele des Fließschemas je einer solchen Anlage wiedergegeben.

Man erkennt leicht, daß dieses System außer dem verringerten Raumbedarf auch noch den weiteren Vorteil einer besonders hohen Fraktionierungsschärfe bietet. Es wird ein hoher Prozentsatz des Destillates als Rückfluß (Reflux) in die Kolonne zurückgepumpt, um diese Rektifikationsschärfe zu erreichen. Bei Refluxrationen von 1:7 und mehr würde bei der hohen Verdampfungswärme der leichten Fraktionen der größte Teil der Wärme verlorengehen. Das Topproduct ist daher die ergiebigste Quelle für die Wärmerückgewinnung (Heat recovery). An dieser Stelle kann also durch einen Wärmeaustauscher der größte Teil der Wärme wiedergewonnen werden. Dies möge folgendes Schema der Abb. 41 erläutern.

Das darin wiedergegebene Zahlenbeispiel zeigt, wie sehr (bei hohen Ansprüchen an die Fraktionierungsschärfe) die Wärmerückgewinnung berücksichtigt werden muß.

Die dem Rohöl zugeführte Wärmemenge reicht in der Regel nicht aus, um eine so hohe Refluxmenge zu erzeugen. Darum wird im unteren Teil der Kolonne das Bodenprodukt rezirkuliert und in einem besonderen Röhrensystem (Recycle) nacherwärmt. Bei den modernsten Ausführungen mit besonders hohen Anforderungen an die Trennschärfe werden auch die Side-Streams nochmals in eigens dafür vorgesehenen kleinen Kolonnen (sogenannten Stripping-Kolonnen) nachfraktioniert. Die hierzu erforderliche Wärme wird indirekt durch ölbeheizte Röhrenschlangen (Heating Coils) zugeführt. Dafür sind Öle vorgesehen, die ein längeres Erwärmen vertragen, ohne einzudicken oder zu kracken. Sie müssen daher thermisch beständig und wenig flüchtig sein. Eine besonders hohe Oxydationsstabilität wird nicht gefordert, da die Öle unter Luftabschluß umlaufen. Meist sind dafür asphaltische Sattdampfzylinderöle (Heating Oils) vorgesehen.

Diese Pipe-Still-Anlagen sind heute so weitgehend automatisiert, daß sie für gewöhnlich durch einen einzigen Mann (Operator) mit ein oder zwei Hilfskräften von einer Schalttafel aus überwacht werden können. Solche Anlagen können bis zu 3500 Tonnen Rohöl und mehr in 24 Stunden in einer Einheit verarbeiten. Die Anlagen besitzen automatische Niveauregler, Temperaturregler, Druckregler und Mengenregler. Eine einmal eingestellte Qualität kann daher tagelang ohne besondere Eingriffe konstant gehalten werden. Temperatur- und Druckschreiber zeichnen den Gang der Destillation als Funktion der Zeit auf. Die diesbezüglichen Geräte werden von eigenen Baufirmen geliefert und haben eine Vollkommenheit erreicht, wie sie auf keinem anderen Gebiete der industriellen Produktion erzielt werden konnte. Die Kontrolle dieser Registrier-

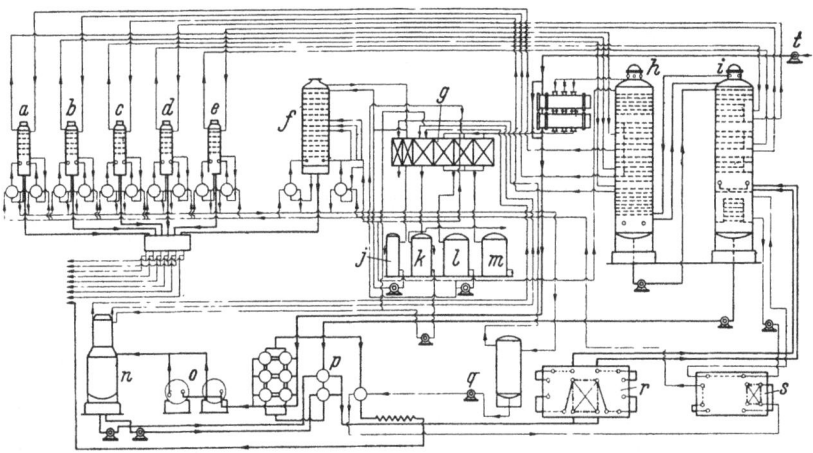

Abb. 39. Fließbild einer Rohöldestillationsanlage (Atmospheric Unit).

a Schwerbenzin-Stripper 1, *b* Schwerbenzin-Stripper 2, *c* Kerosin-Stripper 3, *d* Gasöl-Stripper 4, *e* Gasöl-Stripper 5, *f* Schwerbenzin Rerun-Kolonne, *g* Kondensator, *h* Kolonne, *i* Kolonne, *j*, *k*, *l*, *m* Separatoren, *n* Practopping-Kolonne, Vorabtreiber, *o* Absetzbehälter, *p* Wärmetauscher, *q* Expansionstank, *r* Röhrenofen 1, *s* Röhrenofen 2, *t* Speisepumpe.

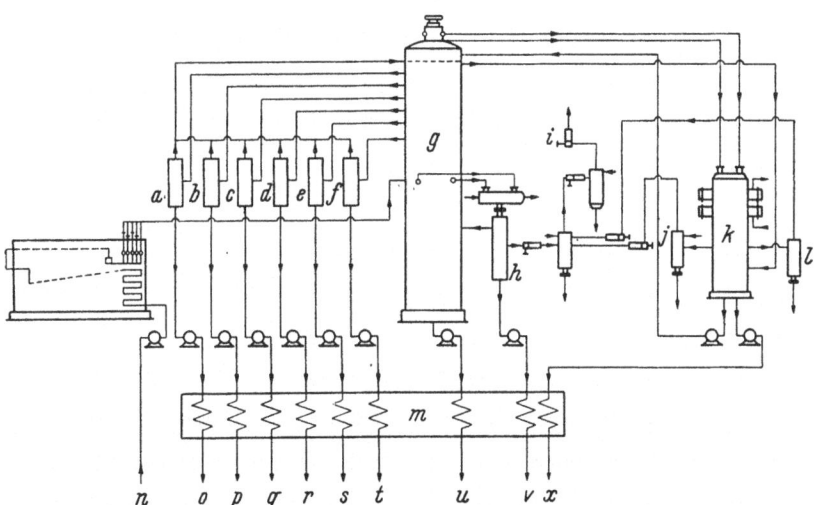

Abb. 40. Fließbild einer Vakuumdestillationsanlage (Vacuum Unit).

a, *b*, *c*, *d*, *e*, *f* Receiver (Abscheidegefäße), *g* Vakuumkolonne, *h* Receiver (Trenngefäß), *i* Ejektor (Dampfstrahlpumpe), *j* barometrischer Kondensator, *k* Rückflußkühler, *l* barometischer Kondensator, *m* Kondensatoren, *n* Charge (Einzelmaterial), *o* leichtes Spindelöl, *p* schweres Spindelöl, *q* leichtes Maschinenöl, *r* schweres Maschinenöl, *s* leichtes Zylinderöl, *t* schweres Zylinderöl, *u* Pech (Asphaltbitumen), *v* Gasöl, *x* Zwischenprodukt (Zylinderöl).

und Regulierinstrumente erfordert einen eigenen Überwachungsdienst. Feinmechanische Werkstätten sind mit der Instandhaltung der Instrumente beschäftigt und ein eigenes Büro wird zur Auswertung der Diagramme unterhalten.

Der Vorteil dieser wärmetechnisch hochentwickelten Anlagen besteht nicht nur in der hohen Wärmeökonomie, die hierbei erzielt werden kann, sondern vor allem in der schonenden Art der Verarbeitung. Es ist nämlich zu beachten, daß bei gleichzeitiger Erwärmung auch der leichten Fraktionen des Rohöles der mittlere Siedepunkt oder Taupunkt (Dew Point) tiefer liegt als der Siedepunkt der höchstsiedenden Komponenten. Die leichten Fraktionen wirken dabei als Destillatträger, ähnlich dem Wasserdampf. Auf diese Weise kann man die hochsiedenden Anteile bei tieferer Temperatur verdampfen, als wenn erst, wie in der Blase, die leichter siedenden Anteile abgetrieben würden.

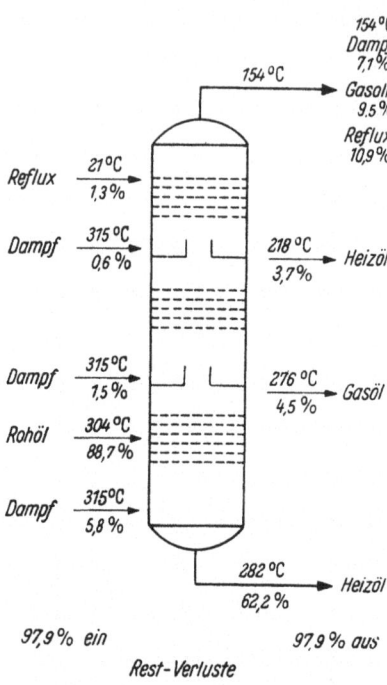

Abb. 41. Wärmebilanz bei einer Röhrendestillationskolonne.

b) Bestimmung der Betriebsgrößen.

Es gibt empirische Regeln, nach denen man den Taupunkt eines Rohöles oder eines Treibstoffgemisches aus seiner Siedekurve bestimmen kann. Dieser Taupunkt ist nicht zu verwechseln mit dem Taupunkt von Benzinen, bei dem sich Kraftstoff—Luft-Gemische in Nebel verwandeln. Dieser spielt bei der Vernebelung in den Vergasern der Ottomotoren eine Rolle.

Es ist wichtig, die Stufenzahl der Kolonne (Zahl der Böden), das Refluxverhältnis, die Trennschärfe und ähnliche Betriebskenngrößen rechnerisch zu ermitteln, um bei einer vorhandenen Anlage voraussehen zu können, welche Arbeitsbedingungen erfüllt werden müssen, um ein vom Markt gerade verlangtes Produkt in möglichst großer Ausbeute zu erhalten. Andererseits bietet diese theoretische Beherrschung der Destillation auch die Möglichkeit, den Wirkungsgrad einer Kolonne zu ermitteln und damit die Güte der Konstruktion zu beurteilen, indem die praktisch erreichte Trennschärfe mit der theoretisch möglichen verglichen wird.

Für gewöhnlich sieht man das Verhältnis der theoretisch erforderlichen Bodenzahl zu der praktisch nötigen Bodenzahl als den Wirkungsgrad der Kolonne an. Dieser Wirkungsgrad hängt im wesentlichen davon ab, wie weit in der Kürze der Zeit, in der die Dämpfe den Flüssigkeitsverschluß durchqueren, sich das Gleichgewicht einstellen kann oder nicht. Bei langsamer Destillation wird in der Regel ein höherer Wirkungsgrad erreicht als bei rascher Destillation, wo die Dämpfe z. T. ungesättigt zum nächsten Boden emporsteigen.

Ein gut wirkender Glockenboden (vgl. Abb. 42 und 43) bietet im allgemeinen für eine vollständige Einstellung des Gleichgewichtes die beste Gewähr. Weniger wirksam sind die mit Füllkörpern ausgerüsteten Kolonnen. Als Füllkörper werden in der Regel Raschig-Ringe, Berl-Sättel oder I. G.-Kelche verwendet. Die Raschig-Ringe werden in verschiedenen Abarten als Lessing-Ringe oder auch als Drahtspiralen, wie

Abb. 42. Verschiedene Glockenformen.

z. B. in Laboratoriumskolonnen, verwendet. Am wirksamsten sind Raschig-Ringe, wenn die Zylinderhöhe gleich dem Ringdurchmesser ist. Die Berl-Sättel haben gegenüber den Raschig-Ringen den Vorteil eines geringeren freien Raumes, bedingen aber dadurch einen höheren Strömungswiderstand, wie Abb. 44 und Tabelle 14 auf S. 142 zeigen. Sie ergeben bei größter Oberfläche die größte Fülldichte. Wegen ihrer großen mechanischen Festigkeit können sie auch aus Porzellan angefertigt werden und eignen sich daher auch für korrodierende Flüssigkeiten. Die I. G.-Kelche haben den Vorteil, daß sie aus Blechen nahezu verlustlos in einem einfachen Verfahren durch Stanzen hergestellt werden können.

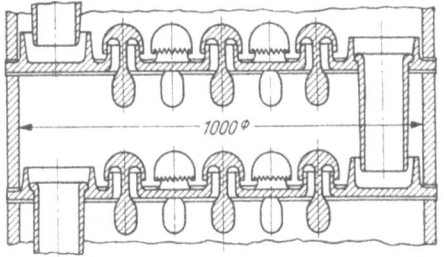

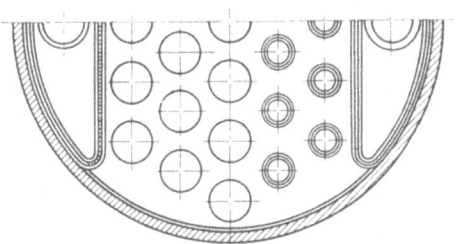

Abb. 43. Glockenboden aus Porzellan für korrodierende Flüssigkeiten.

Füllkörperkolonnen werden in Raffinerien nur selten und meist bei kleineren Anlagen verwendet. Die besten Kolonnen sind z. Z. immer noch die Glockenkolonnen, wobei die Glocken nicht mehr rund, sondern länglich geformt und niedrig gebaut in Form gezahnter U-Profile in die Teller eingesetzt werden. Dies ergibt einen hydraulischen Verschluß bei geringem Druckverlust. Man hat Glockenkolonnen, wie Abb. 43 zeigt, auch aus Porzellan gebaut, diese spielen aber in der Petroleum-Industrie noch keine bedeutende Rolle. Sie kommen vor allem für die Rektifikation korrodierender Flüssigkeiten in Frage. Die Glocken haben hierbei die

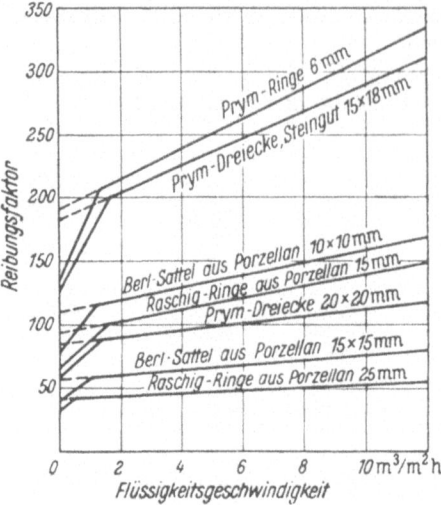

Abb. 44. Reibungsfaktoren verschiedener Füllkörper als Funktion der Strömungsgeschwindigkeit.

Form von gezahnten Pilzen, die in die Löcher der Glockenböden eingehängt werden. Sprühkörperkolonnen nach Abb. 45 ergeben auch bei relativ großer Strömungsgeschwindigkeit eine innige Vermischung von Dampf und Flüssigkeit. Der Strömungswiderstand und die erforderliche Bauhöhe sind jedoch relativ groß.

Um eine Destillationseinrichtung auf ihre Wirksamkeit zu prüfen, ist die Kenntnis der theoretisch erforderlichen Bodenzahl nötig. Um diese berechnen zu können, muß man die sogenannte Gleichgewichtskurve oder das McCabe-Thiele-Diagramm kennen. Es ist bei binären Gemischen leicht experimentell zu ermitteln, wenn Methoden zur Analyse des Gemisches zur Verfügung stehen. Das ist z. B. bei einem Gemisch aus Benzol und Hexan der Fall. Man braucht nur das Gemisch in einem Ballon zu erwärmen, nach einiger Zeit, wenn sich das Gleichgewicht eingestellt hat, eine Probe aus dem Dampfraum und eine Probe aus dem Flüssigkeitsraum zu entnehmen, um den Gehalt an leicht flüchtigen Anteilen darin zu bestimmen. Dazu kann irgendeine analytische Methode verwendet werden. Man kann z. B. das Gemisch mit konzentrierter Schwefelsäure ausschütteln, in der nur das Benzol löslich ist. Es kann aber auch die spezifische Refraktion bestimmt werden, die bei dem stark lichtbrechenden Benzol einen anderen Wert hat als beim Hexan.

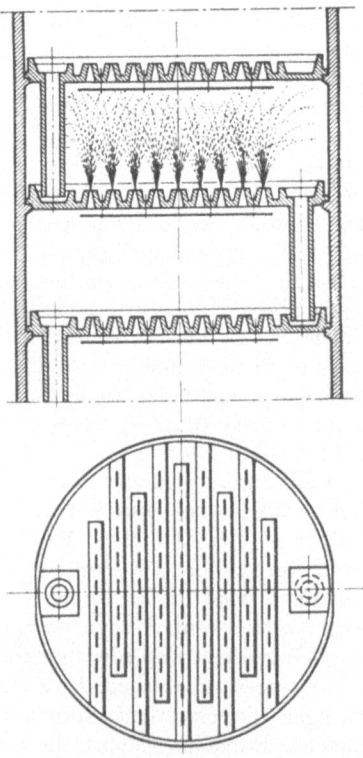

Abb. 45. Schnitt und Grundriß einer Sprudel-(Sprühkörper-)Kolonne.

Trägt man dann die Zusammensetzung der Flüssigkeit und die Zusammensetzung des Dampfes als Funktion der Temperatur auf, so erhält man eine Kurve von der Form der Abb. 46. Daraus ist zu ersehen, daß bei gegebener Temperatur der Dampf stets reicher an der leichter flüchtigen Substanz ist als die Flüssigkeit. Das Diagramm läßt sich vereinfachen, indem man auf die Angabe der Temperatur verzichtet und einfach das leicht Flüchtige z im Dampf gegen das leicht Flüchtige x in der Flüssigkeit aufträgt. Das Gleichgewichtsdiagramm geht dann in das McCabe-Thiele-Diagramm der Abb. 47 über.

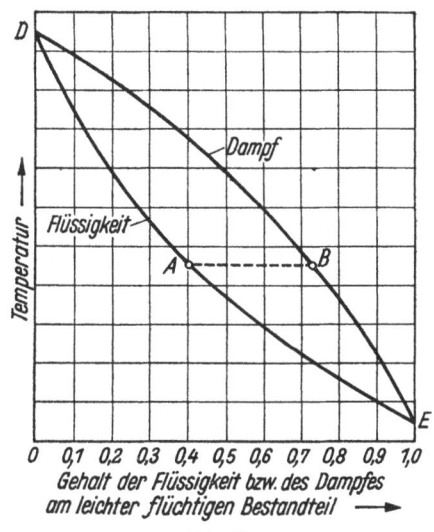

Abb. 46.
Gleichgewichtsdiagramm eines binären Gemisches.

Schwieriger wird es, wenn keine zuverlässigen Methoden zur Verfügung stehen, um die Gemische zu analysieren. Bei einem Hexan—Heptan-Gemisch versagen bereits chemische Analysenmethoden, und man ist auf rein physikalische Eigenschaften, wie z. B. die spezifische Refraktion als Indikator, für die Zusammensetzung angewiesen, um den Dampf oder die Flüssigkeit zu untersuchen. Das setzt jedoch voraus, daß die Eigenschaften der reinen Substanz bekannt sind. Dies ist bei den technischen Kohlenwasserstoffgemischen, deren Einzelbestandteile unübersehbar groß sind, nicht der Fall. Es müßten also erst die zu trennenden Komponenten rein dargestellt werden, um ihre Eigenschaften bestimmen zu können. Das ist wieder nur durch Destillation möglich und setzt eine ideale Rektifizierkolonne voraus. Abgesehen davon, daß es diese

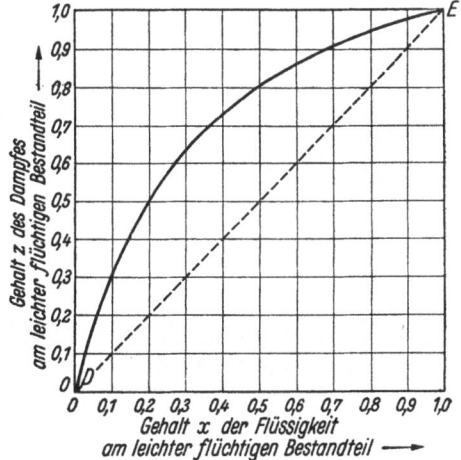

Abb. 47. McCabe-Thiele-Diagramm eines binären Gemisches.

nicht gibt, ist eine auf solche Weise erhaltene leicht flüchtige Komponente selbst wieder ein Gemisch. Ein und dieselbe mittlere Eigenschaft kann sich daher sowohl aus sehr unterschiedlichen als auch aus sehr ähnlichen Komponenten ergeben. Es ist daher prinzipiell unmöglich, solche Diagramme empirisch aufzustellen. Das Gleichgewicht von Mehrstoffsystemen ist im Prinzip nur mit Hilfe einer so großen Zahl physikalisch voneinander unabhängiger Eigenschaften bestimmbar, als Komponenten darin enthalten sind.

In solchen Fällen ist unter der leichter flüchtigen Komponente daher jene zu verstehen, die durch ihre Siedegrenzen charakterisiert ist. An die Stelle des Siedepunktes der reinen Komponente tritt das Siedeintervall der Fraktion. So wie ein reines Produkt eine Dampfdruck—Temperatur-Kurve aufweist, hat auch ein Gemisch eine Dampfdruck—Temperatur-Kurve. Diese ist für seine Zusammensetzung charakteristisch.

Nach dem Gesetz von AVOGADRO enthalten gleiche Volumina eines Gases bei gleichem Druck und gleicher Temperatur die gleiche Anzahl von Molekülen. Diese üben einen ihrer Anzahl proportionalen Partialdruck aus. Der Anteil einer bestimmten Molekülart im Verhältnis zur Gesamtheit aller beteiligten Moleküle ist dann ein Maß für den Partialdruck, d. h. es ist

$$p_1 = \frac{n_1}{n_1 + n_2} P \quad \text{und} \quad p_2 = \frac{n_2}{n_1 + n_2} P. \tag{4a, 4b}$$

oder

$$p_1 = z P \quad \text{bzw.} \quad p_2 = (1 - z) P.$$

Da der Totaldruck gleich der Summe der Partialdrucke sein muß, ist

$$P = p_1 + p_2 = z P + (1 - z) P. \tag{5}$$

Dies ist im Grunde genommen nichts anderes als die Additivität der Molvolumina. Gemäß dem idealen Gasgesetz muß folgendes gelten:

$$p = \frac{\varrho R T}{M}.$$

Daraus würde folgen, daß sich auch die Partialdrucke der Flüssigkeiten additiv aus ihren Sättigungsdrücken nach

$$p_1 + p_2 = x \pi_1 + (1 - x) \pi_2 \tag{6}$$

zusammensetzen lassen. Dies ist jedoch keineswegs der Fall. Die Sättigungsdrücke π_1 und π_2 sind nicht lineare Funktionen der Temperatur wie die Gasdrücke nach der Zustandsgleichung für ideale Gase, sondern Exponentialfunktionen der Temperatur gemäß der CLAUSIUS-CLAPEYRONschen Dampfdruckgleichung

$$\pi_1 = \pi_{01} e^{-D_1/RT}, \tag{7a}$$

$$\pi_2 = \pi_{02} e^{-D_2/RT}. \tag{7b}$$

D_1 und D_2 sind darin die Verdampfungswärmen der beiden Komponenten. Man erkennt aus den Gleichungen, daß für $D = 0$ der Wert $\pi = \pi_0$ wird. Das bedeutet, daß nur im Falle verschwindend kleiner Verdampfungswärme der Dampfdruck mit dem Gasdruck identisch wird. Nur im kohäsionsfreien Zustande herrschen daher die Verhältnisse des idealen Gaszustandes und nur in diesen Fällen ist daher die Gleichung anwend-

bar. Daraus folgt
$$p_1 + p_2 = x\,\pi_{01} + (1-x)\,\pi_{02}, \tag{8a}$$
oder
$$p_1 + p_2 = x\,\pi_1\,e^{D_1/RT} + (1-x)\,\pi_2\,e^{D_2/RT}. \tag{8b}$$
Setzt man diese Gleichung in jene für $P = p_1 + p_2$ ein, dann wird
$$\frac{z}{(1-z)} = \frac{x}{(1-x)}\,\frac{\pi_1}{\pi_2}\,e^{\Delta D/RT}. \tag{9}$$
Vergleicht man diese Beziehung mit der Formel für die Gleichgewichtskurve, so erkennt man, daß diese erst für $\Delta D=0$ in jene übergeht, so daß nur in diesem Fall
$$\frac{z}{(1-z)} = \frac{x}{(1-x)}\,\frac{\pi_1}{\pi_2}. \tag{10}$$
oder vereinfacht für $\pi_1/\pi_2 = E$ die Beziehung
$$z = \frac{E\,x}{1 + (E-1)\,x} \tag{11}$$
gilt. Die Größe E bedeutet somit das Verhältnis der Dampfdrücke der zu trennenden Komponenten. Für $E=1$ geht diese Gleichung in die einer Geraden über, d. h., sie wird durch die Diagonalen des McCABE-THIELE-Diagrammes dargestellt. Flüssigkeit und Dampf haben dann die gleiche Zusammensetzung, die Komponenten sind nicht voneinander zu trennen. Je größer das Verhältnis E der beiden Dampfdrücke ist, um so stärker krümmt sich die Gleichgewichtskurve. Für $E = \infty$ wird sie bis zum rechten Winkel geknickt, so daß sie mit der linken und der oberen Begrenzung des Diagrammes zusammenfällt. Das ist der Fall, wenn die eine Komponente überhaupt nicht flüchtig ist und $\pi_2 = 0$ ist. Dann sind die Komponenten auch ohne jegliche Rektifizierkolonne sauber voneinander zu trennen. Dies trifft unter der Voraussetzung zu, daß die Verdampfungswärmen der zu trennenden Komponenten gleich sind, so daß $\Delta D=0$ wird. Ist dies nicht der Fall, sondern wie gewöhnlich D_1 kleiner als D_2, dann ist der Wert E ein echter Bruch, und zwar ist er um so kleiner, je größer die Differenz der molekularen Verdampfungswärmen ist. In diesem Falle ist E nicht einfach gleich dem Verhältnis der Sättigungsdrücke, sondern dieser Bruch muß noch mit dem Werte $e^{\Delta D/RT}$ multipliziert werden. Die Trennungsschwierigkeiten sind daher größer, als sie nach der vereinfachten Form, wie sie heute gewöhnlich verwendet wird, zu erwarten sind. Das ist bekannt, und man hat daher in der Praxis den Begriff der Fugazität geprägt, der ausdrücken soll, daß die Flüchtigkeit der Komponenten nicht streng proportional ihrem Dampfdruck ist. E bedeutet in der Praxis nicht mehr den Quotienten zweier Dampfdrücke, sondern den Quotienten zweier Fugazitäten, für die man ebensolche Diagramme aufzustellen hat wie für die Sättigungsdrücke.

Es ist leicht zu erkennen, daß dies nur ein Notbehelf ist, denn der Wert von $e^{\Delta D/RT}$ ist gar keine Materialeigenschaft. Sie hängt nicht nur von der Verdampfungswärme der einen Komponente ab, sondern von dem Unterschied der molekularen Verdampfungswärme beider Komponenten. In Abb. 48 sind die Werte der Verdampfungswärme für die Kohlenwasserstoffe der Paraffinreihe wiedergegeben.

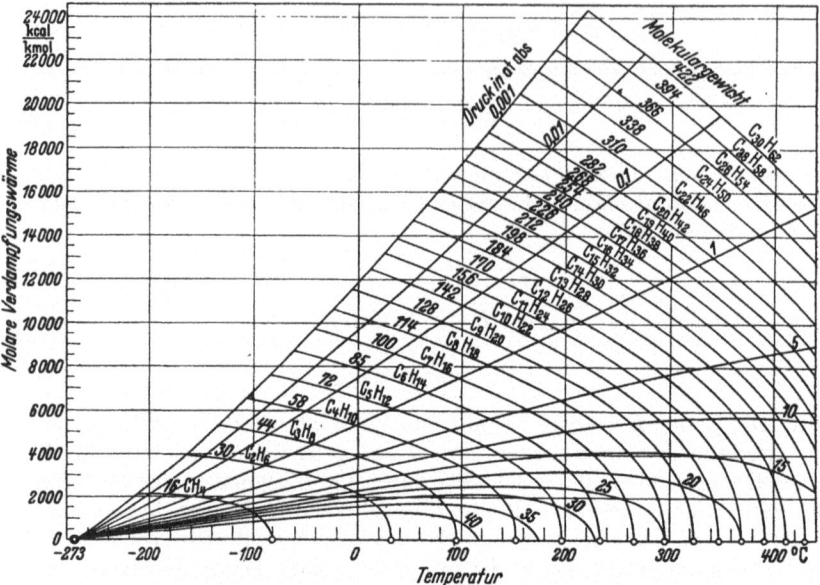

Abb. 48. Molare Verdampfungswärme verschiedener Kohlenwasserstoffe, als Funktion der Temperatur bei verschiedenen Drucken nach FLORIN.

Es kommt also ganz darauf an, worin die leichter flüchtige Komponente gelöst ist. Bei einem Dampfdruck gegebener Größe wird sie um so

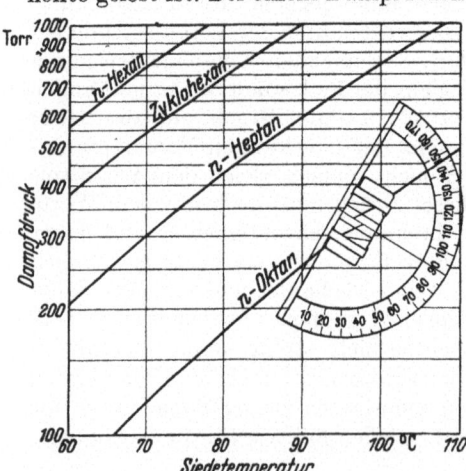

Abb. 48a. Zum Gebrauch des Prismenderivators.

weniger leicht verdampfen, je höher ihre Verdampfungswärme ist. Die Fugazität muß daher auch von der schwerer flüchtigen Komponente abhängen und kann daher niemals für einen bestimmten Stoff, sondern immer nur für ein bestimmtes Gemisch charakteristisch sein. Es hat sich auch gezeigt, daß weder die Sättigungsdrücke noch die Fugazitäten eine befriedigend genaue Übereinstimmung mit dem Experiment ergeben. Erfahrungsgemäß erhält man im Bereich verdünnter Lösungen bessere Übereinstimmung bei Berechnungen mit den Sättigungsdrücken. Das ist weiter nicht erstaunlich, da hierbei ähnliche Verhältnisse vorliegen wie im idealen Gaszustande, für den das RAOULTsche Gesetz gilt. Bei mittleren Konzentrationen dagegen erzielt man mit den Fugazitäten bessere Übereinstimmung. Sie eignen sich daher für die z. Z. praktisch wichtigen Fälle bei beschränkten Ansprüchen in bezug auf Reinheit.

Bei höheren Anforderungen an die Trennschärfe ist eine über größere Bereiche gültige Beziehung erwünscht, wie die theoretisch wohlfundierte Beziehung (9) auf S. 139. Ihre Anwendbarkeit setzt nicht die experimentelle Bestimmung der Verdampfungswärme voraus. Es genügt, die Steilheit der Dampfdruck—Temperatur-Kurve zu kennen, um nach der CLAUSIUS-CLAPEYRONschen Differentialgleichung die molekulare Verdampfungswärme zu berechnen. Es ist

$$\frac{d \ln \pi}{d T} = D/R T^2 = S \qquad (12)$$

oder daraus

$$z = \frac{x E e^{T \Delta S}}{1 + (E e^{T \Delta S} - 1) x}. \qquad (13)$$

Auf diese Weise kann man die wahre Gleichgewichtskurve errechnen. Nur wenn die Steilheiten S_1 und S_2 beider Komponenten gleich sind, wird $\Delta S = 0$ und die Beziehung (9) geht in die Gl. (11) über. In all den Fällen, in denen die Steilheiten der Dampfdruck—Temperatur-Kurven merklich verschieden sind, wird die Gleichgewichtskurve von der in der bisher üblichen Weise berechneten abweichen. Die Steilheit der Dampfdruckkurve ist leicht durch den Tangens des Neigungswinkels an die Dampfdruckkurve bei der betreffenden Temperatur zu ermitteln. Um ein MCCABE-THIELE-Diagramm zu berechnen, braucht man nur den Verlauf der Dampfdruck—Temperatur-Kurve zu kennen. Eine solche kann auch von einem durch konventionelle Lieferungsbedingungen festgelegten Produkt aufgenommen werden. Der Stoff muß also nicht rein sein. Es wird nur vorausgesetzt, daß sich dieses spezifikationsgemäße Produkt aus dem zu verarbeitenden Rohstoff tatsächlich herstellen läßt.

c) Feinfraktionierung.

Die vollkommenste Apparatur dieser Art ist die bereits erwähnte Destillationseinrichtung von WALTHER PODBIELNIAK in Tulsa (Oklahoma), die im Abschnitt „Expedition" noch behandelt wird. Man kann mit ihrer Hilfe Rohöle so scharf fraktionieren, daß man treppenförmige Siedekurven erhält. Das bedeutet, daß die für eine bestimmte Spezifikation nötigen Anteile vollständig in dem festgestellten Siedeintervall enthalten sind. Dies ist zugleich die maximal mögliche Ausbeute. Es gibt auch größere Apparaturen, z. B. die von SMITHUISEN entwickelte Laboratoriumseinrichtung zur Destillation höher siedender Produkte. Empfehlenswert sind auch Widmer-Kolonnen mit einer Glasspirale als Fraktioniereinrichtung. Vigreux-Kolonnen, die aus einem Glasrohr mit radialen Einbeulungen bestehen, haben sich weniger gut bewährt. Dagegen sind Füllkörper-Kolonnen, insbesondere solche mit Drahtspiralringen, sehr beliebt. Kugeln und Perlen in je einem Glasballon nach Art der Glinsky-Kolonnen, die die Glockenböden nachahmen sollen, ergeben bei großen Höhen zu große Strömungswiderstände, wodurch die ständige Gefahr einer Überflutung besteht. Einen Anhaltspunkt für die Wirksamkeit der verschiedenen Füllkörper ergibt die Tabelle 14.

Tabelle 14. *Eigenschaften verschiedener Füllkörperformen.*

Füllkörper	Größe mm	Oberfläche m²/m³	Freier Raum %	Fülldichte kg/m	Stückzahl je m³
Koks	75	41,5	58	456	—
Quarz	60	62,3	36,7	1680	5 520
Quarz	30	127	37,6	1700	44 700
Raschig-Ringe	10	555	65,5	928	910 000
Porzellanringe	25	210	82,6	468	56 000
Porzellanringe	35	151	83,5	444	20 300
Porzellanringe	50	97	85,3	396	6 500
Berl-Sättel	10	720	69,4	825	1 200 000
Porzellansättel	25	260	75	673	80 000
Porzellansättel	35	178	78,5	578	29 000
Porzellansättel	50	120	78	513	9 760
Guttmann-Kugeln	35/25	159,5	73	613	27 500

Berl-Sättel ergeben bei größter Oberfläche die geringste Fülldichte und den von der Füllkörpergröße weitgehend unabhängigen freien Raum, was an der hohen Stückzahl pro Raumeinheit liegt. Man erkennt die geringe Oberfläche und den geringen freien Raum bei dem natürlichen unregelmäßig geformten Füllmaterial Quarz und Koks. Sie werden heute noch selten verwendet.

(Aus EUCKEN-JAKOB: Chemie-Ingenieur Bd. III, Teil 3 S. 122.)

Bei der Herstellung reiner Fraktionen im Laboratorium bedient man sich gewöhnlich der leicht zu handhabenden diskontinuierlichen Arbeitsweise in Blasen. Die Destillation erfolgt also im Zustande eines ständigen Ungleichgewichtes. Die Dämpfe ziehen ab und werden in Kühlern kondensiert, wodurch sich die Bodenflüssigkeit dauernd verändert. Diese Art der Verdampfung wird auch als offene Verdampfung bezeichnet. Sie wurde in früheren Zeiten auch im Betriebe durchgeführt. Theoretisch ist sie schwieriger zu übersehen als die geschlossene Verdampfung. Der einfachste und klarste Fall einer geschlossenen Verdampfung liegt bei der Einstellung des Dampfdruckgleichgewichtes innerhalb einer geschlossenen Apparatur vor. Hierbei verdampft die Flüssigkeit und es bildet sich allmählich ein gesättigter Dampf. Auf diese Weise ist eine Destillation zunächst nicht möglich, denn sobald die Dämpfe abziehen, ist das Gleichgewicht wieder gestört. Wird aber in dem Maße, als die Dämpfe abziehen, auch der Bodenkörper entfernt und neu zu verdampfende Flüssigkeit in gleichem Maße nachgeliefert, dann liegt der Fall eines dynamischen Gleichgewichts vom Typ der geschlossenen Verdampfung vor. Ist die in der Zeiteinheit zugeführte Flüssigkeitsmenge und Wärmemenge gleich der pro Zeiteinheit abgeführten, dann kann sich ständig Destillat und Rückstand bilden. Die kontinuierliche Röhrendestillation kann daher bei feiner Regulierung dem Ideal der geschlossenen Verdampfung sehr nahekommen.

Auch Laboratoriumsapparate können in der Weise aufgebaut werden und den Betriebsverhältnissen, die heute fast ausschließlich auf der kontinuierlichen Arbeitsweise beruhen, angepaßt werden. Eine kontinuierliche Laboratoriumsapparatur wurde vom Verfasser entwickelt und soll daher an Hand von Abb. 49 beschrieben werden.

Sie besteht im wesentlichen aus einem Röhrenofen, der etwa 3,7 m hohen asbestisolierten Kolonne mit Raschigring-Füllung, einem Bodenbehälter, der elektrisch heizbar ist, einem Dephlegmator und einem Kondensator. Auf einen Wärmerückgewinn wird im Laboratorium der Einfachheit halber verzichtet. Die Verwendung einer Metallapparatur hat den Vorteil gegenüber Glas, daß auch höher siedende Flüssigkeiten destilliert werden können, ohne zu große Spannung in den langen Glasteilen befürchten zu müssen. Den Nachteil, den Gang der Destillation nicht direkt beobachten zu können, kann man durch Anbringen kleiner Quecksilbermanometer umgehen. Diese zeigen einen um so größeren Druck an, je höher die Flüssigkeit in der Kolonne steht und er-

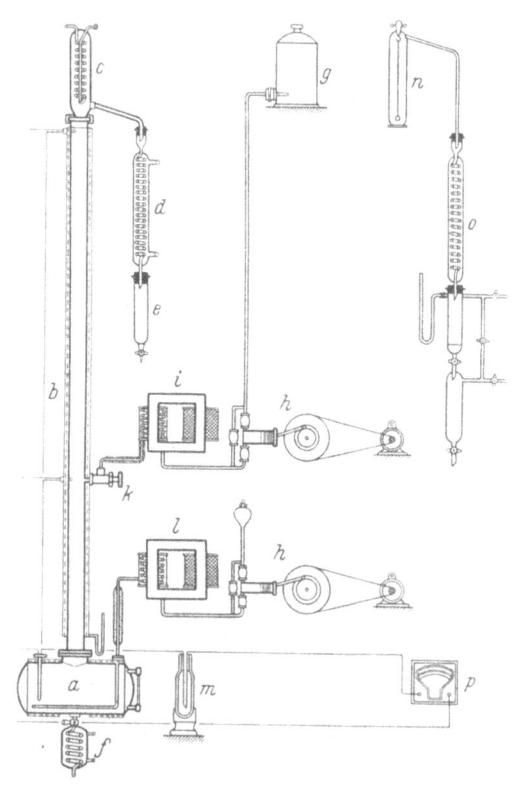

Abb. 49. Prinzipschema einer Laboratoriumsapparatur zur kontinuierlichen Destillation.
a Blase, *b* Rektifizierkolonne, *c* Rückflußkühler, *d* Kühler, *e* Vorlage, *f* Rückstandskühler, *g* Vorratsgefäß, *h* Speisepumpen, *i* Induktionsofen für Einsatzmaterial, *k* Transferventil, *l* Induktionsofen für Wasserdampf, *m* Dewar-Gefäß, *n* Cotrell-Möller-Entnebler, *o* Vakuumkühler, *p* Millivoltmeter.

möglichen daher, das Maß der Überflutung zu kontrollieren. Man hat auf diese Weise die Möglichkeit, die Überflutung zu messen; dies erleichtert die Inbetriebnahme und das Einregulieren der Apparatur sehr.

Die Öfen zur kontinuierlichen Erwärmung des Destillationsgutes auf Transfertemperatur und zur Überhitzung des Wasserdampfes sind zweckmäßig Induktionsöfen, wie sie zuerst von UBBELOHDE und SCHLOSSER für Laboratoriums-Krackapparate verwendet wurden. Der Ofen besteht einfach aus der Sekundärwicklung eines Transformators, die aus wenigen Windungen eines spiralig aufgewickelten Kupferrohres gebildet ist. Es wird durch ein Kupferband kurz geschlossen. Die primäre

Hochspannungsspule erwärmt sich bei richtiger Dimensionierung und Kühlung nur wenig, während das dicke Kupferrohr auch bei guter Isolierung nicht der Gefahr unterliegt, durchzubrennen. Die Spannung kann kontinuierlich durch eine Drossel mit Tauchkern einreguliert werden, ohne zu große Wärmeverluste in einem Ohmschen Vorschaltwiderstand in Kauf nehmen zu müssen.

Die Flüssigkeit wird durch eine Kolbenpumpe mit Vorgelege zugeführt. Der Durchsatz kann durch eine Stufenscheibe grob und durch die Drehzahl des Motors fein reguliert werden. Bei Benzin ist es zweckmäßig, nicht zu große Saughöhen vorzusehen, sondern die Flüssigkeit aus einem höher gelegenen Behälter anzusaugen, damit sich keine Dampfblasen in den Zuführungsleitungen bilden. Die Pumpe selbst ist eine Plunger-Pumpe. Bei kleinen Einheiten ist der Kraftverbrauch relativ groß, und die Dichtungsschwierigkeiten sind erheblich, da die Reib- und Dichtungsflächen im Verhältnis zum Fördervolumen zu ungünstig liegen. Es ist daher zweckmäßig, die Pleuelstange auf den Boden eines Röhrenbalgens wirken zu lassen, der vollkommen abgedichtet werden kann. Die Fördermenge kann hier ebenso wie bei einer gewöhnlichen Kolbenpumpe aus

$$V = r^2 \pi H n/60 \qquad cm^3/s$$

berechnet werden, worin

r den Kolbenradius (Bodenradius) in cm,
H den Hub in cm und
n die Drehzahl in U/min

bedeuten. Größere Schwierigkeiten bereitet in der Regel nur die Messung der geringen Dampfmenge. Man hilft sich in der Weise, daß das Wasser unter Druck aus einer kalibrierten Bürette direkt in den Überhitzer eingetropft wird. Es ist zweckmäßig, diesen nicht zu klein zu dimensionieren und die Heizspirale zur besseren Wärmeübertragung mit Kupferspänen auszufüllen. Sonst könnten durch Siedeverzug (LEIDENFROSTsches Phänomen) feinste Flüssigkeitströpfchen in die Blase gelangen und das Öl zum Überschäumen veranlassen. Will man auch Schmieröle destillieren, die bei Normaldruck nicht unzersetzt destillierbar sind, dann ist eine Vakuumpumpe anzuschließen. Zur Abnahme von Fraktionen müssen Wechselvorlagen angebracht werden, damit die Destillation nicht unterbrochen werden muß. Es hat sich gezeigt, daß sehr hoch siedende Schmieröle mit Wasserdampf in Raschig-Kolonnen nur unter Nebelbildung verdampfen. In diesen Fällen ist der Einbau eines Cottrell-Möllerschen Entnebelungsapparates zu empfehlen.

Eine auf diese Weise aufgebaute Apparatur gestattet, Produkte zu destillieren, die sich in ihren Siedegrenzen nicht mehr überlappen. Man kann bei Normaldruck Durchsätze bis zu 1 l/h erzielen. Das erlaubt, im Laufe eines Arbeitstages aus dem Rohöl, Fraktionen in solcher Menge herzustellen, daß man daran sämtliche Konventionalanalysen, einschl. Oktanzahlbestimmung und Gum-Test, ermitteln kann. Auf diese Weise ergibt sich rasch ein Bild über die Verarbeitungsmöglichkeiten eines unbekannten Rohstoffes in einer modernen Destillationsanlage. Da alle Heizungen elektrisch regulierbar und die Temperaturen thermoelektrisch meßbar sind, kann ein einmal gewählter Verarbeitungsgang an Hand eines Destillationsprotokolles leicht reproduziert werden. Zur Durchführung einer solchen Destillation sind bei ungeübtem Personal zwei, bei routinierten Laboranten nur eine Person erforderlich. Ist auf solche Weise das zu verarbeitende Produkt nach größtmöglicher Trennschärfe zerlegt, dann kann die Dampfdruck—Temperatur-Kurve der Fraktionen aufgenommen werden. Daraus ergibt sich dann das McCabe-Thiele-Diagramm.

d) Gleichgewichtsdiagramme.

Ein solches Diagramm kann für die verschiedensten Berechnungen verwendet werden. Errichtet man von irgendeinem Punkte der Diagonale Lote bis zur Gleichgewichtskurve, dann stellt der Ordinatenabstand zwischen Kurve und Diagonale die Konzentrationsdifferenz des leicht flüchtigen Anteils im Dampf gegenüber der Flüssigkeit dar, wie dies Abb. 50 zeigt. Um diese Differenz reichert sich der Dampf an der leichter flüchtigen Komponente an, wenn

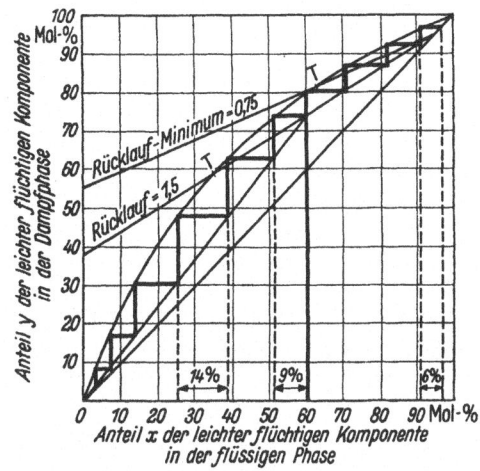

Abb. 50.
Graphische Ermittlung der Anzahl theoretischer Böden.

er durch eine Flüssigkeit von der dem Abszissenabschnitt entsprechenden Konzentration an leicht flüchtigen Anteilen hindurchstreicht. Zieht man dagegen von irgendeinem Punkte der Ordinate eine Abszissenparallele, dann ist die Abszissendifferenz zwischen den beiden Kurven (Diagonale und Gleichgewichtskurve) die Konzentrationsdifferenz des leicht flüchtigen Anteiles der Flüssigkeit gegenüber dem Dampf. Um diese Menge reichert sich der Rückfluß an, wenn er dem Dampf von der angegebenen Zusammensetzung entgegenfließt.

Daraus ist ersichtlich, daß sich der Dampf an leichter flüchtigen Bestandteilen anreichert und die schwerer flüchtigen Anteile an den Rückfluß abgibt. Die Flüssigkeit dagegen, die stets schwerer flüchtig ist als der Dampf, kann durch die Aufnahme von Dampfanteilen ebenfalls reicher an leichter flüchtigen Bestandteilen werden. Dieser Austausch kann beliebig oft wiederholt werden. Es lassen sich dann in der angegebenen Art so viele Treppen in das McCabe-Thiele-Diagramm einzeichnen als theoretische Böden zur Erzielung eines bestimmten Reinheitsgrades erforderlich sind. In einer unendlich hohen Kolonne braucht man daher nur die Zusammensetzung der Flüssigkeit auf einem beliebigen Boden zu kennen, um die Zustände auf den übrigen Böden graphisch zu ermitteln.

Umstätter, Petroleumingenieur.

Die beiden Bestandteile können demnach nur dann in vollkommener Reinheit wieder voneinander getrennt werden, wenn man unendlich viele Böden anwendet. Da dies nicht möglich ist, wird man mit einer endlichen Reinheit des Destillates zufrieden sein müssen.

Dies gilt aber immer nur für den Fall, daß die Diagonale benutzt werden kann, d. h. daß die Menge der aus der Kolonne abziehenden Dämpfe beliebig klein ist gegenüber der stetig verdampfenden und zurückfließenden Menge. Die obengenannte Darstellung entspricht demnach einem Rückflußverhältnis von $\infty:1$. Auch dieses kann praktisch nicht verwirklicht werden. Die technischen Destillationseinrichtungen arbeiten bei einem endlichen Rückflußverhältnis. Man wird daher die Diagonale so ziehen, daß sie die Ordinaten bei einer Konzentration schneidet, die dem Rückflußverhältnis entspricht. Eine solche Diagonale schneidet dann die Gleichgewichtskurve in irgendeinem Punkte T (siehe Abb. 50).

Würde die zu destillierende Flüssigkeit bei einer solchen Temperatur eingeführt werden, daß ihre Dampfzusammensetzung genau diesem Punkte entspricht, dann könnte man wieder unendlich viele Treppen einzeichnen, um wenigstens das Topp-Produkt in endlicher Reinheit abzutrennen. Es ist daher zweckmäßig, die Flüssigkeit bei einer solchen Temperatur einzuführen, bei der die Zusammensetzung des Dampfes ärmer an leichter Flüchtigem ist, als der Gleichgewichtskurve entspricht (Schnittpunkt T). Das ist eine Temperatur, bei der die Flüssigkeit nicht vollständig verdampft ist, sondern ein Teil als Flüssigkeit in die Kolonne fließt. Dadurch sind bereits zwei Punkte des McCabe-Thiele-Diagrammes festgelegt: die Zusammensetzung der Charge bei der Transfer-Temperatur und die Zusammensetzung des Dampfes der gewünschten Reinheit. Ihre Lage ist geometrisch eindeutig festgelegt durch das gewählte Rückflußverhältnis. Zwischen beiden Punkten gibt es nur noch eine endliche Zahl von Treppen, die man in das Diagramm einzeichnen kann. Ein Gemisch, für welches das gezeichnete Diagramm gilt, ist unter den angegebenen Verhältnissen mit einem endlichen Reinheitsgrad für das Destillat abzutrennen. Es ist hauptsächlich eine Frage der Wärmewirtschaft, bei gegebener Destillationskapazität jenes Rückflußverhältnis herauszufinden, das bei tragbaren Baukosten, d. h. nicht zu großer Bodenzahl, den gewünschten Reinheitsgrad ergibt.

Das gleiche läßt sich auch in bezug auf den Bodenkörper (Bottomproduct) zeigen. Man zieht von dem Transferpunkt T eine Gerade nach dem Koordinatenursprung und begrenzt auch hier seine Ansprüche hinsichtlich der Reinheit des Bodenproduktes auf eine baulich tragbare Bodenzahl. Das Diagramm zeigt, daß durch Rektifikation zunächst nur das Destillat rein erhältlich ist. Soll auch das Bodenprodukt gereinigt werden, so ist auch unterhalb des Eintrittes der Charge noch eine Rektifikationskolonne erforderlich. Dieser Teil der Kolonne heißt die Abtriebssäule im Gegensatz zu dem oberen Teil, welcher Verstärkungssäule genannt wird. In der Regel führt man die Charge im ersten Drittel von unten in die Kolonne ein. Hierbei wird meist überhitzter Wasserdampf am Boden der Kolonne eingeblasen. Bei Schmierölen, die im Vakuum destilliert werden sollen, ist es sogar üblich, schon in den Röhrenofen geringe Mengen Wasserdampf einzublasen. Da dort die Temperaturen für Wasser meist überkritisch sind, dürften daselbst schon Suspensionen von Dampf in Öl vorliegen, die ein evtl. Spaltungsgleichgewicht verschieben und das vorzeitige Kracken der Produkte verhindern oder doch verringern.

Diese Methode hat sich in der Praxis bewährt und ist vorteilhaft, da sich andernfalls der Vorteil der kurzen Verweilzeit in der Heizzone durch eine längere Verweilzeit in der Kolonne wegen des zu hohen Rückflusses aufheben würde. Besonders bei Schmierölen ist dies mit Rücksicht auf eine gute Farbe von Bedeutung. Aus diesem Grunde wird heute anschließend an die Solventraffination mitunter eine schwache Säureraffination und Bleicherdebehandlung angeschlossen, die bei schonender Destillation weitgehend vermieden werden kann.

Die Tendenz geht heute dahin, daß man durch Vakuumdestillation nach Möglichkeit nur die leichteren Öle, etwa bis zu den schweren Turbinenölen, abnimmt, die wegen der hohen Anforderungen an die Demulgierbarkeit noch scharf rektifizierte Produkte sein müssen, während die schwereren Öle vom Maschinenöl ab mit Vorliebe nach dem Extraktionsverfahren direkt aus den Rückständen gewonnen werden. Dadurch bleiben vor allem die hochmolekularen, meist nicht mehr destillierbaren kolloidalen Bestandteile erhalten, die für die Lubrizität der Öle verantwortlich sind.

Ein solches Bulkraffinat wird anschließend an die Solventraffination nur noch in einige wenige schwere Destillatfraktionen zerlegt. Um einen als Heißdampfzylinderöl verwendbaren Rückstand mit hohem Flammpunkt zu gewinnen, kann man auch von den schwerst siedenden Erdöl-Pechanteilen ausgehen. Die Hauptmenge des Solventraffinates kann nach einer Bleichung mit Erde als Brightstock den Motorenölen zugesetzt werden.

Schonende Destillation ist nicht nur für die Qualität der Produkte von Bedeutung, sondern erhöht auch die Ausbeute an schweren Ölen, deren Viskosität durch Krackung abnehmen würde. Ein Krackprozeß ist außerdem mit weit größerem Wärmeaufwand verbunden als ein Destillationsprozeß, so daß eine schonende Destillation auch zur Wärmeökonomie beiträgt.

Die Verringerung der Wärmeverluste aus der Kolonne wird durch sorgfältige Wärmeisolation bewirkt. Letztere hat auch noch den Zweck, ein konstantes, durch den Rückfluß bestimmtes Temperaturgefälle in der Kolonne aufrechtzuerhalten. Ist dies nicht der Fall, dann leidet die Schärfe der Rektifikation, weil die Wärmeabströmung in dem unteren heißeren Teil der Kolonne größer wäre als in dem oberen kälteren Teil der Kolonne. Bei der Röhrendestillation ist nämlich zu beachten, daß bei den hohen Eintrittstemperaturen auch die niederen Fraktionen in Mitleidenschaft gezogen werden. Allerdings sind diese in der Regel thermisch beständiger als die schweren Fraktionen. Bei den leicht flüchtigen Schalter- und Transformatorenölen sowie auch bei den Turbinenölen wären aber schon Spuren von Krackprodukten äußerst unerwünscht, weil sie die Teerzahl und den Emulsionstest verschlechtern. Alle Maßnahmen, die dies verhüten, sind daher angebracht.

Indessen sind bei den heutigen Destillationsanlagen bei weitem noch nicht alle Möglichkeiten einer schonenden Behandlung erschöpft. Man weiß, daß z. B. bei noch empfindlicheren Stoffen, wie Milch oder feinen Seifensorten, die Kontaktzeit in der Verdampfungszone durch Zerstäubungstrocknung noch weiter herabgesetzt wird. Hierbei wird die Flüssigkeit durch Turbinen oder durch Zerstäubungsdüsen in Form feinster Tröpfchen dem Heizmittel entgegengeschleudert, wobei infolge der Dampfdruckerhöhung feinster Tröpfchen diese fast augenblicklich verdampfen. Es ist denkbar, daß bei weiterer Steigerung der Ansprüche, insbesondere hinsichtlich der Gewinnung hochmolekularer Schmieröle, auch dieses Verfahren mit den modernen Extraktionsverfahren erfolgreich in Wettbewerb treten wird. Es dürfte besonders dort von Interesse sein, wo es sich darum handelt, selektive Lösungsmittel von den Schmierölen abzutrennen, weil hier die Siedepunktunterschiede groß genug sind, um mit einem geringen Rückflußverhältnis bzw. mit wenigen Böden eine scharfe Trennung zu ermöglichen. Wenn diese Methode zur Destillation von Erdölprodukten bisher nicht angewendet wurde, so liegt dies prinzipiell an folgendem Umstand. Nach der THOMSON-GIBBSschen Gleichung

$$\ln \frac{p_r}{p_\infty} = \frac{2 \, \Omega \, M}{r \, \varrho \, RT}, \tag{14}$$

worin

p_r den Dampfdruck der Tröpfchen in dyn/cm²,
p_∞ den Sättigungsdruck der Oberflächenspannung in dyn/cm,
M das Molgewicht in g/mol,
r den Tröpfchenradius in cm,
ϱ die Dichte in g/cm³,
R die Gaskonstante erg/grd mol und
T die absolute Temperatur in ° K

bedeuten, ist zwar die Wirksamkeit der Dampfdruckerhöhung bei hochmolekularen Substanzen größer als bei niedrig molekularen Anteilen, doch ist im gleichen Maße auch die Erniedrigung des Dampfdruckes in den Blasen wirksam. Würde man daher ein solches Gemisch durch Zerstäubung trennen, dann wäre eine Rektifikation um so schwieriger. Das Verfahren eignet sich daher vorwiegend zum Trocknen, d. h. zur Abtrennung von leicht flüchtigen Anteilen aus einem Gemisch mit nicht flüchtigen Bestandteilen, bei dem also eine Rektifikation ohnehin nicht erforderlich ist. Es käme daher in Frage für die Abtrennung leicht flüchtiger Lösungsmittel oder auch von Spuren von Verunreinigungen aus vorgereinigten Erdöl-Pechrückständen, aus denen zur Verbesserung des Flammpunktes Spuren leicht flüchtiger Anteile unbedingt entfernt werden müssen. (Abtrennung des Unverseifbaren.)

So wichtig das Problem der Destillation, insbesondere in der Erdöl-Industrie, ist, so muß es doch in seinen wesentlichen Zügen noch als unbefriedigend gelöst betrachtet werden. Die vorbeschriebene Berechnung des MCCABE-THIELE-Diagrammes ermöglicht, nur symmetrische Gleichgewichtskurven wiederzugeben. Es hat sich aber gezeigt, daß, abgesehen von azeotropischen Gemischen, auch reine Kohlenwasserstoffe in den oberen oder unteren Teilen des Diagrammes sich so sehr an die Diagonale anschmiegen können, daß eine Trennung von bestimmtem Reinheitsgrad mehr theoretische Böden erfordert, als man nach der Gleichung berechnet. Man könnte daran denken, bei Gemischen, die sich unter merklicher Wärmetönung lösen, auch asymmetrische Kurven mathematisch zu beschreiben, wenn man die Lösungswärme berücksichtigt. Qualitativ ist dies ohne weiteres zu übersehen, weil die Wärmetönung konzentrationsabhängig ist und die Differenz der Molenbrüche sowohl positive als auch negative Werte annehmen kann. Dies führt je nach dem Vorzeichen zu einer stärkeren Krümmung oder Streckung des Diagrammes in verschiedenen Konzentrationsbereichen und damit zur Asymmetrie der Kurven. Dies kann formelmäßig dadurch ausgedrückt werden, daß man die CLAUSIUS-CLAPEYRONsche Gleichung wie folgt abändert:

$$\frac{d\ln p}{dT} = \frac{D_1 + x/(1-x)\,L}{R\,T^2}, \tag{15a}$$

$$\frac{d\ln p}{dT} = \frac{D_2 + (1-x)/x\,L}{R\,T^2}; \tag{15b}$$

darin bedeutet L die molekulare Lösungswärme. Die Subtraktion ergibt im Endergebnis für E den Wert

$$E = \frac{\pi_1}{\pi_2} e^{\left(\varDelta S + \frac{(2x-1)L}{(x-x^2)R\,T^2}\right)dT}. \tag{16}$$

Die quantitative Durchrechnung einiger Beispiele ergibt aber erst dann eine befriedigende Übereinstimmung mit den gefundenen Werten, wenn statt der Lösungswärme L der vier- bis zehnfache Wert eingesetzt wird. Diese Diskrepanz klärt sich jedoch auf, wenn man versucht, hinsichtlich der Raumerfüllung übereinstimmende Zustände herzustellen. Es ist nämlich zu bedenken, daß die ganzen Betrachtungen nur dann gelten, wenn durch den Lösungsvorgang die Verdampfungswärme unverändert bleibt. Die bei der Auflösung frei werdende Wärme ist jedoch nicht der einzige Energiebetrag, der hierbei in Erscheinung tritt.

Bei allen derartigen Gemischen ist in der Regel auch eine Volumenkontraktion oder -dilatation zu verzeichnen. Die hierbei gegen die Kohäsionskräfte geleistete Arbeit muß ebenfalls in Rechnung gesetzt werden. Dieser Betrag kann in der Weise abgeschätzt werden, daß man das kontrahierte oder dilatierte Gemisch so lange erwärmt oder abkühlt, bis es dasjenige Volumen einnimmt, das seine Komponenten vor dem Vermischen einnahmen. Es zeigt sich nun, daß die hierbei verbrauchte oder gewonnene Wärme in der Tat vier- bis zehnmal größer ist als die fühlbare Lösungswärme. Sie ist einfach zu bestimmen, indem man die Dichte ausrechnet, die zwei Flüssigkeiten in Lösung haben müßten, wenn sie nicht miteinander in Wechselwirkung treten würden. Die Wärmemenge, die notwendig ist, um diese Dichte tatsächlich zu erreichen, ist dann der Betrag, der für L einzusetzen ist. Er folgt als Produkt aus der Temperaturerhöhung (oder -erniedrigung) und der spezifischen Wärme. Diese ist gemäß der Formel (16) im Verhältnis der Molenbrüche zur Verdampfungs-

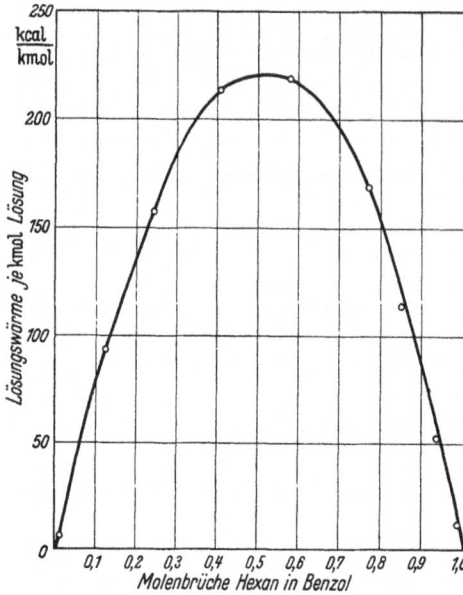

Abb. 51.
Molare Lösungswärme als Funktion der Zusammensetzung.

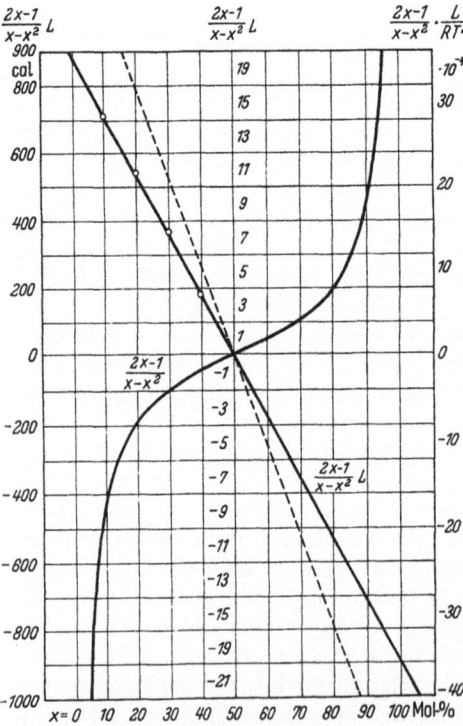

Abb. 52. Hilfsdiagramm zur Berechnung der Korrekturgrößen für die Gleichgewichtskurve.

wärme hinzuzuzählen. Es ergab sich folgendes: Trägt man die Molenbrüche leicht flüchtiger Komponente als Funktion der Lösungswärme auf, so erhält man symmetrische parabelartige Kurven mit einem Maximum bei 50 Molprozenten (Abb.51). Diese Lösungswärmen, mit dem Ausdruck $(2x-1)/(x-x^2)$ multipliziert, ergeben Werte, die, als Funktion der Zusammensetzung aufgetragen, Gerade ergeben (Abb. 52). Diese Geraden gehen alle durch den Nullpunkt, weil der Ausdruck $(2x-1)/(x-x^2)$ für $x=0{,}5$ null wird. Das vereinfacht die ganze Rechnung, denn man braucht bloß ein für allemal auszurechnen, bei welchem x-Wert der Ausdruck $(2x-1)/(x-x^2)=1$ wird und für diesen einen Punkt die Lösungswärme L zu bestimmen. Dieser Punkt liegt bei $x=0{,}382$, so daß man hier eine Skala für die L-Werte errichten kann (Abb. 53). Durch diese zwei Punkte, nämlich den Nullpunkt des Koordinatensystems und die Lösungswärme bei der Zusammensetzung $x=38{,}2\%$, ist dann das Produkt

$$\frac{(2x-1)}{(x-x^2)}L \qquad (17)$$

für alle Zusammensetzungen gegeben, denn alle Werte liegen auf der genannten Geraden. Man kann also mit Hilfe des Diagrammes aus dem Wert der Lösungswärme bei 38,2 Molprozenten alle Werte des obigen Ausdruckes graphisch bestimmen, indem man eine Gerade durch diesen und den Nullpunkt legt.

Zur Erleichterung der Rechnungen dient das Nomogramm Abb. 54 für das Verhältnis $\Delta T/RT^2$. Man braucht nur die Siedetemperatur T und das Siedeintervall ΔT zu kennen, um in an sich bekannter Weise $\Delta T/RT^2$ aus dem Nomogramm direkt abzulesen. In gleicher Weise kann man aus den Diagrammen Abb. 55a und 55b die Exponentialfunktionen

$$e^{S\Delta T} \quad \text{bzw.} \quad e^{-\Delta S\Delta T}$$

direkt ablesen, und in gleicher Weise sind aus den Diagrammen Abb. 55c und 55d die Exponentialfunktionen

$$e^{(2x-1)/(x-x^2)\frac{(\Delta T)}{RT^2}}$$

bzw.

$$e^{-(2x-1)/(x-x^2)\frac{(\Delta T)}{RT^2}}$$

zu entnehmen.

Schließlich wurde auch die Formel

$$z = \frac{xE}{1+(E-1)x} \quad (18)$$

nomographisch in Abb. 56 dargestellt. Auf den beiden seitlichen Leitern sind die Werte für x und z und in der Mitte die Werte für E abgetragen.

Einige Werte, an dem Beispiel Benzol—Heptan nachgerechnet,

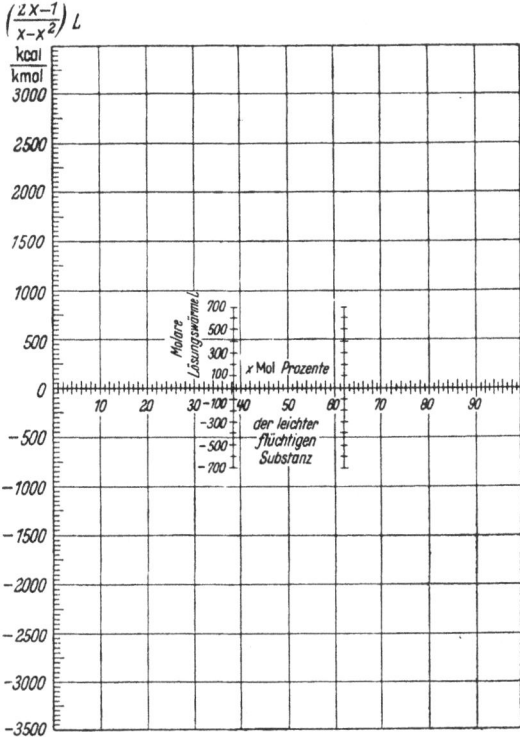

Abb. 53. Nomogramm zur Berechnung der Gleichgewichtskurve.

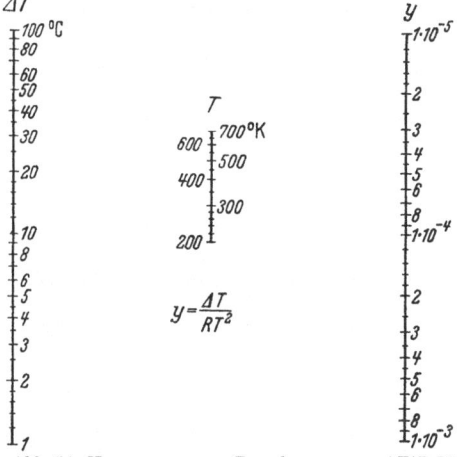

Abb. 54. Nomogramm zur Berechnung von $\Delta T/RT^2$.

ergeben eine sechs- bis achtmal höhere Genauigkeit als nach der bisherigen Rechenmethode (Tabelle 15, S. 155). Die Fehler sind jedoch systematisch und deuten

152   Destillation

darauf, daß auch diese genauere Methode noch nicht den physikalischen Vorgang restlos entschleiert:

Aus dem Verlauf der Kurve geht hervor, daß diese sich im Bereich

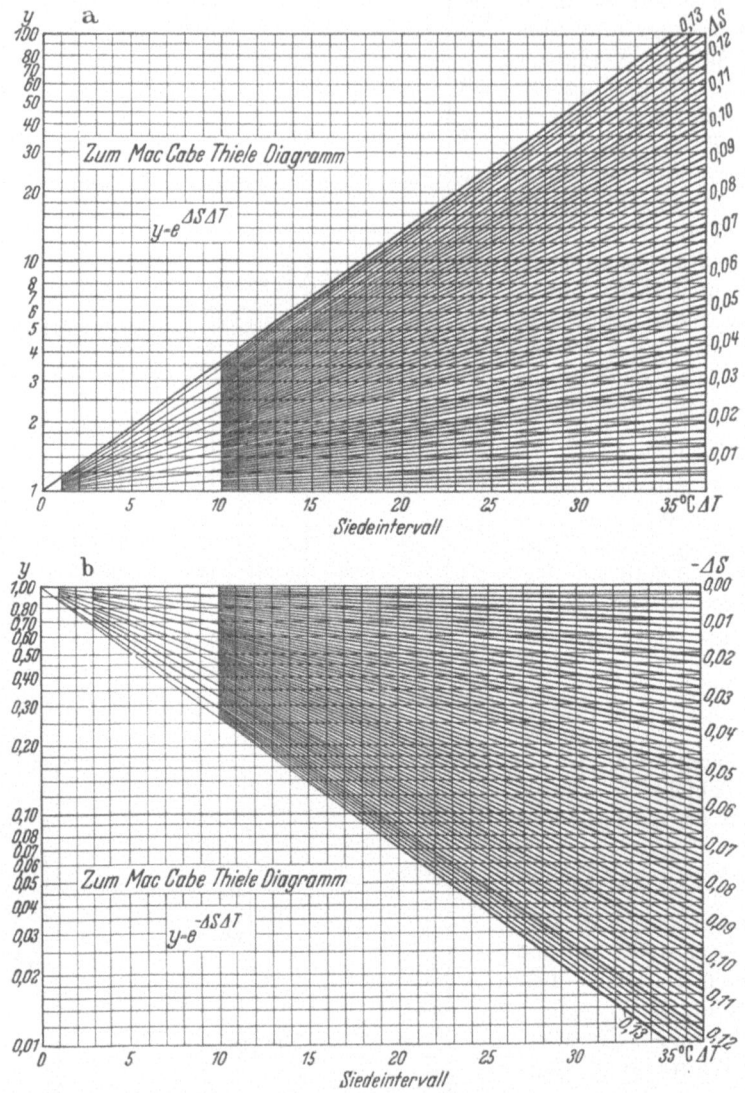

Abb. 55a, b. Diagramme zur Berechnung der Dampfdruck-Gleichgewichte.

höherer Konzentrationen deutlich an die Diagonale anschmiegt (Abb. 57). Eine genaue Theorie des McCabe-Thiele-Diagrammes müßte dem Umstande Rechnung tragen, daß die Verdampfung im Innern einer Flüssigkeit stets an konkav gekrümmten Oberflächen stattfindet. Das bedeutet, daß es nicht auf die Sättigungsdrucke allein ankommt, sondern gemäß der THOMSON-GIBBSschen Gleichung auch dem Krümmungsradius und damit der Blasengröße Rechnung getragen werden muß. In die Diffe-

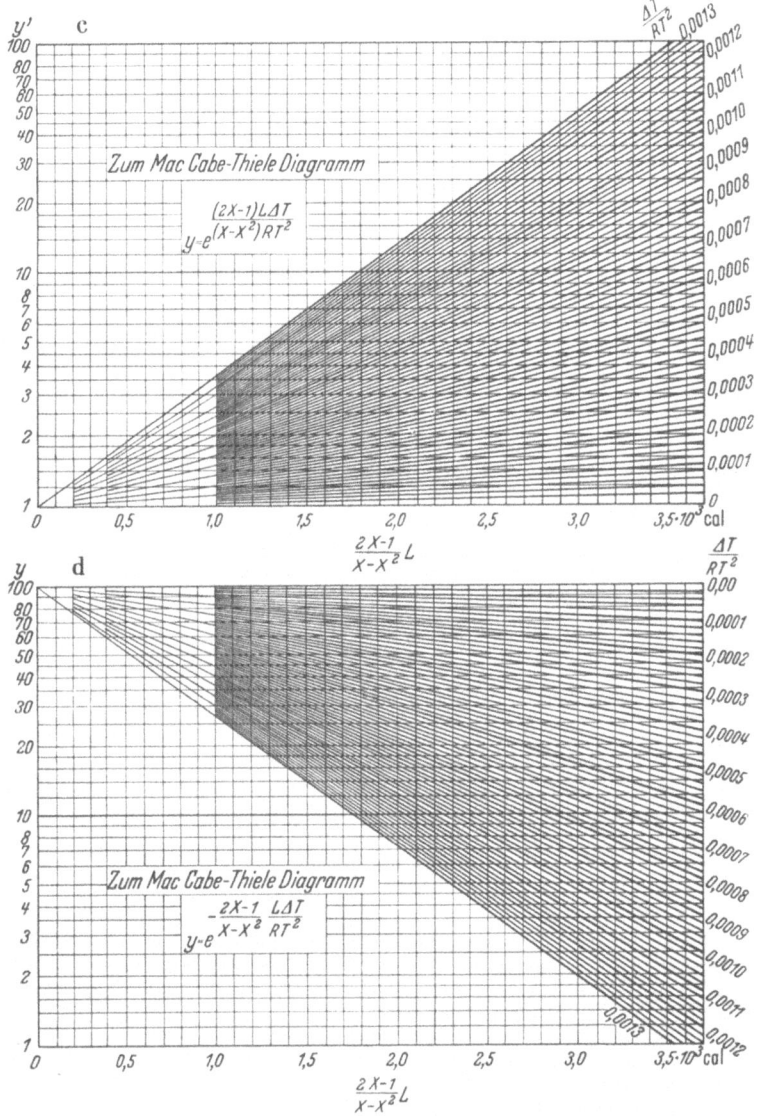

Abb. 55 c, d. Diagramme zur Berechnung der Dampfdruck-Gleichgewichte.

renzen der Verdampfungswärme und der Lösungswärme würden daher auch die Differenzen der Oberflächenspannungen eingehen. Beim Auflösen einer Substanz in einem Lösungsmittel wird die Oberflächenspannung

154 Destillation.

des Lösungsmittels stets erniedrigt, wenn sich der Stoff in der Grenzphase anreichert, und erhöht, wenn sich der gelöste Stoff in der Grenzphase verdünnt. Es kommt daher nicht auf die Konzentration des gelösten Stoffes in der kompakten Masse der Substanz an, sondern ausschließlich auf die Konzentration des gelösten Stoffes in der Grenzphase. Diese kann aber unter Umständen sehr verschieden sein von jener, die man in der Flüssigkeit bestimmt. Der Ausdruck, der diese Verhältnisse mathematisch wiedergibt, ist das GIBBssche Adsorptionsgesetz:

$$A = -\frac{d\Omega}{RT\,d\ln c}, \quad (19)$$

worin

A den Überschuß des gelösten Stoffes in der Grenzphase gegenüber der Flüssigkeit in mol/cm²,
$d\Omega$ die Erniedrigung der Oberflächenspannung in dyn/cm,
R die Gaskonstante in erg/grd mol,
T die absolute Temperatur °K
und c die Konzentration

bedeuten.

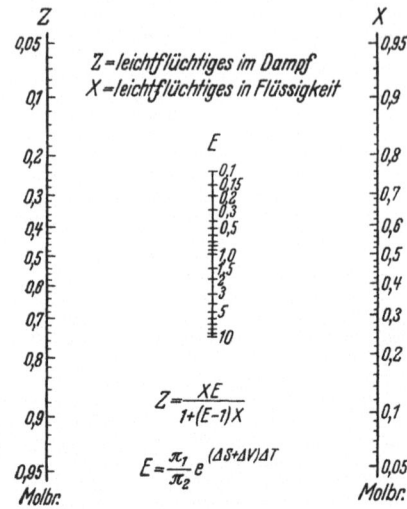

Abb. 56. Nomogramm zur Berechnung des McCabe-Thiele-Diagramms.

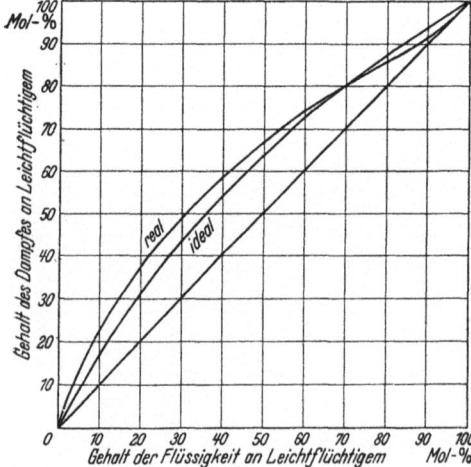

Abb. 57. McCabe-Thiele-Diagramm eines idealen und eines realen binären Gemisches.

Die Formel läßt erkennen, daß die Anreicherung in der Grenzphase, besonders bei hohen Konzentrationen, deutlich in Erscheinung tritt. Nicht zu entnehmen ist aus der GIBBsschen Gleichung, wie hoch der Betrag der Oberflächenspannungsänderung voraussichtlich sein wird, wenn man zwei Flüssigkeiten miteinander vermischt. Dies ist ein Problem der Wechselwirkung zwischen Lösung und Lösungsmittel und kann nur unter Berücksichtigung der hierfür geltenden stöchiometrischen Mischungsverhältnisse gelöst werden. Besonders starke Abweichungen sind daher stets dann zu erwarten, wenn kapillaraktive Substanzen gemäß der TRAUBEschen Regel in die Grenzphase gedrängt werden.

Tabelle 15. *Gegenüberstellung der berechneten und gefundenen Werte z für*

E	$z_{ber.}$ %	$z_{gef.}$ %	$z_{früher}$ %	Diff. neu %	Diff. alt %
2,735	0	0	0	0	0
2,490	21,7	21,2	16,4	+0,5	—4,8
2,330	36,8	37,2	30,7	—0,4	—6,5
2,165	48,2	48,9	43,1	—0,7	—5,8
2,045	57,7	58,4	54,1	—0,7	—4,3
1,910	65,7	66,3	63,9	—0,6	—2,4
1,788	72,8	73,2	72,6	—0,4	—0,6
1,685	79,8	79,7	80,7	+0,1	+0,9
1,567	86,3	85,5	87,6	+0,8	+2,1
1,470	92,8	92	94,1	+0,8	+2,1
1,337	100	100	100	0	0

§ 2. Kristallisation.

Eng verbunden mit der Entparaffinierung und wichtig für deren praktische Durchführung ist die Kristallisation des Paraffins. Dieses darf nicht zu feinkörnig sein, da sonst die feinen Kriställchen entweder zu leicht durch die Filter gehen oder diese verstopfen. Die ganzen Erfahrungen, die in früheren Jahren bei der Entparaffinierung gesammelt wurden, bezogen sich im wesentlichen darauf, möglichst grobe, unter dem Mikroskop noch gut sichtbare Kristalle zu züchten. Es hat sich aber sehr bald gezeigt, daß dies bei weitem nicht ausreicht, um eine Entparaffinierung erfolgreich durchzuführen. Es können sich sehr wohl neben den gut ausgebildeten Paraffinkristallen auch noch weniger gut kristallisierte Paraffine, die nur unter dem Ultramikroskop erkennbar sind, ausbilden und die Filtration erheblich stören. Aus anderweitigen Erfahrungen weiß man, daß die Kristalle, die aus einer Lösung gezüchtet werden können, im allgemeinen um so größer sind, je langsamer und ungestörter die Kristallisation verläuft; eine rasche oder gestörte Kristallisation liefert leicht zu feinkörnige Kriställchen. Nun ist aber die Kristallform eines jeden Körpers schon im flüssigen Zustand präformiert und kann durch diesen beeinflußt werden. Man hat daher schon frühzeitig nach Zusätzen gesucht, die die Kristallform beeinflussen. Insbesondere ist der polykristalline Habitus, d. h. die Anwesenheit verschieden großer Kristalle, störend. Man kann jedoch die verschiedene Löslichkeit dieser Kristalle dazu benutzen, um sie auf dem Wege eines Reifungsprozesses einheitlicher zu gestalten.

Bekanntlich ist nicht nur der Dampfdruck, sondern auch die Löslichkeit eines festen Körpers von der Krümmung seiner Oberfläche abhängig. Es löst sich ein Stoff um so leichter, je stärker gekrümmt seine Grenzfläche gegenüber dem Lösungsmittel ist. Die kleinen Kristalle lösen sich daher leichter als die großen. Ist die Lösung übersättigt, dann muß sich ein entsprechender Anteil aus der Lösung wieder ausscheiden. Dieser wandert dann an die Stelle kleinerer Krümmung oder besonders an die Stellen negativer Krümmung. Es werden also polykristalline

Systeme durch Ruhenlassen im übersättigten Zustande (übersättigter Lösung), einheitlicher und vollkommener in der Kristallform.

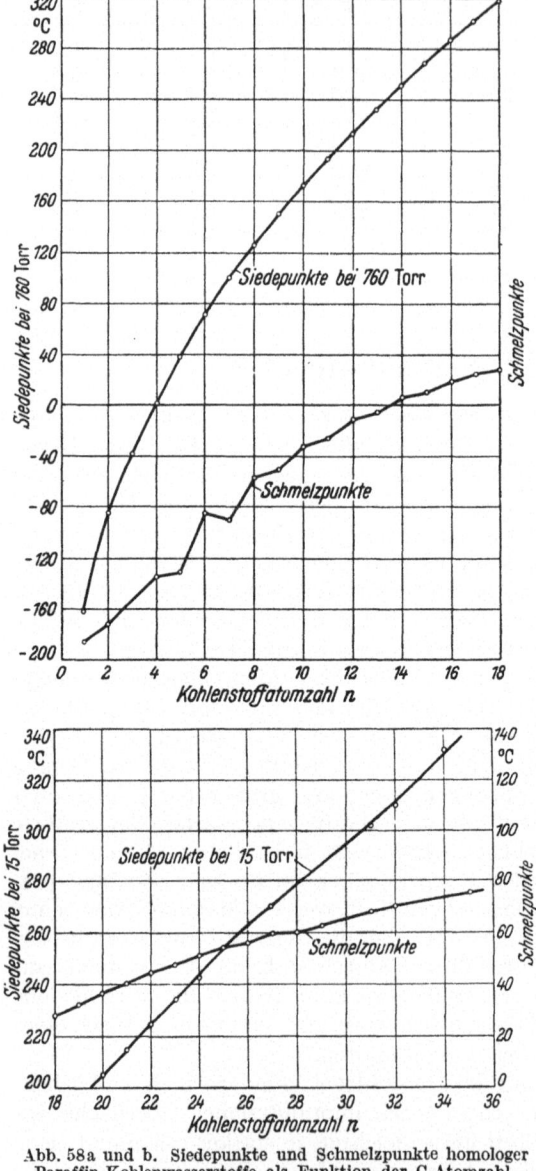

Abb. 58a und b. Siedepunkte und Schmelzpunkte homologer Paraffin-Kohlenwasserstoffe als Funktion der C-Atomzahl.

Diesen Vorgang nennt man auch OSTWALD-Reifung. Man macht davon in den Kristallisatoren (Chillers) Gebrauch. Hierbei werden Paraffingatsche in der Kälte zur Vergröberung und Vervollkommnung der Kristalle gelagert. Diese Reifungsprozesse dürften auch beim Schwitzvorgang wesentlich mitwirken, da dort ebenfalls durch den großen Paraffinüberschuß übersättigte Lösungen entstehen, aus denen das Öl allmählich ausgeschwitzt wird. Die Verhältnisse bei der Kristallisation einer Schmelze sind verwandt mit denen bei der Kristallisation einer Lösung. Der Schwitzprozeß, bei dem die Erwärmung bis nahe an den Schmelzpunkt des Paraffins getrieben wird, bildet eine Übergangsform dieser beiden Verfahren.

Es ist eine alte Erfahrung, daß die höher molekularen Rückstandsparaffine schlechter kristallisieren als die etwas gekrackten Destillatparaffine. Man hat deshalb früher die auf Paraffin zu verarbeitenden Paraffinöl-Destillate (sogenanntes P.O.D.) absichtlich etwas gekrackt und zum Unterschiede von den Urparaffinen oder Protoparaffinen, die keiner solchen thermischen Zersetzung unterworfen waren und sich schlecht verarbeiten ließen, Pyroparaffine genannt.

Untersuchungen haben ergeben, daß sich die Paraffine mit unpaarzahligen Kohlenstoffatomen ebenfalls schlechter zur Kristallisation bringen lassen als die paarzahligen Paraffin-Kohlenwasserstoffe. Dies stimmt auch, wie Abb. 58a und b zeigen, hinsichtlich ihrer Erstarrungspunkte überein, wonach die Normalparaffine mit gerader Kohlenstoffatomzahl höhere Schmelzpunkte aufweisen als die mit ungerader. Die Schwankungen treten insbesondere bei den niederen Gliedern deutlich in Erscheinung. Im großen und ganzen lassen sich diese Vorgänge jedoch noch wenig theoretisch erfassen und bilden ein wichtiges Kapitel in der Kinetik der Phasenbildung. Fest steht allerdings, daß mit der Keimbildungsgeschwindigkeit auch die Kristallisierbarkeit eng verbunden ist. Man erhält S-förmig gekrümmte Kurven, wenn man die Kristallisationsgeschwindigkeit oder die ihr proportionale Viskositätserhöhung als Funktion der Zeit aufträgt. Man erhält steil ansteigende Kurven, wenn man die Kristallisationsgeschwindigkeit als Funktion der Temperatur aufträgt. Hierbei zeigt sich, daß sowohl die Zeitkurven als auch die Temperaturkurven um so steiler verlaufen, je weniger viskos das System in flüssigem Zustande ist. Damit stimmt die Tatsache überein, daß die höher molekularen, zähflüssigen Öle bzw. Paraffine langsamer und schlechter kristallisieren als die aus niedrig molekularen Fraktionen stammenden Paraffine. Darauf beruht auch die Eigenschaft hochmolekularer Paraffine, sich mit Lösungsmitteln zu einer homogenen Salbe oder Wichse (Creme) verarbeiten zu lassen, die nicht nach längerem Stehen das Lösungsmittel ausschwitzen. Besonders Paraffine mit verzweigten Seitenketten, also Isoparaffine, zeigen eine schlechte Kristallisierbarkeit. Da diese Paraffine tertiäre Kohlenstoffatome enthalten, sind sie gegen Schwefelsäure weniger beständig als Ketten-Kohlenwasserstoffe. Sie lassen sich daher durch Säureraffination entfernen, wodurch die Kristallisierbarkeit der Paraffine durch eine schwache Vorraffination verbessert werden kann.

Die Entparaffinierung wird technisch je nach den Temperaturverhältnissen in Kristallisatoren oder Schwitzkammern durchgeführt. Das Schwitzkammerverfahren ist das ältere. Man unterscheidet das Trockenschwitzen vom Naßschwitzen. Bei dem Trockenschwitz-Verfahren wird das geschmolzene Paraffin auf Wasser schwimmend so in die Kammern gebracht, daß es gerade über einem Sieb von ca. 2 mm Maschenweite seine Grenzfläche zwischen Wasser und Paraffin zeigt. Man läßt zunächst erstarren und scheidet dann das Wasser durch Dekantierung ab. Der feste Paraffinkuchen liegt dann auf dem Sieb. Nun wird Dampf in die Kammern geleitet und langsam bis nahe an den Schmelzpunkt des zu gewinnenden Paraffines erwärmt. Hierbei schmelzen zunächst die niedrig schmelzenden und feinkörnigen Paraffine ab, während die gut ausgebildeten, großen Kristalle zurückbleiben. Da der Schmelzpunkt nicht nur vom Molekulargewicht, sondern auch von der Kristallgröße (Oberflächenkrümmung) abhängt, erhält man nicht nur eine Trennung zwischen leichten und schweren Paraffinen, sondern auch zwischen fein-

und grobkörnigen Produkten. Es leuchtet ein, daß dieser Prozeß keineswegs selektiv verläuft, sondern mit erheblichen Verlusten an Paraffin verbunden ist. Dieses geht zugleich in das Öl und verschlechtert dessen Stockpunkt empfindlich. So kam es, daß viele Paraffinfabriken keine brauchbaren Schmieröle produzieren konnten. Die Wirtschaftlichkeit dieser Anlagen hing daher im wesentlichen von dem Preis des Paraffines ab. Erst die modernen Kristallisationsverzögerer (Paraflow, Octostearylsaccharose usw.) ermöglichten die Fabrikation von Schmierölen, die auch modernen Ansprüchen hinsichtlich ihres Stockpunktes genügten.

Das Schwitzöl, welches in der Regel die ganzen Weichparaffine enthält, wandert daher wieder in das Ausgangsprodukt zurück, um den Verarbeitungsprozeß aufs neue durchzumachen. Dies führt zu einer erheblichen Verringerung der Verarbeitungskapazität. Eine Abhilfe könnte auch hier durch die modernen Filtrationsdopes geschaffen werden, die im Abschnitt „Filtration" zu besprechen sind.

Beim Naßschwitz-Verfahren wird mit geeignet temperiertem Wasser geheizt. Der Paraffingatsch wird in fahrbare Körbe aus gelochtem Blech geleitet. Das Paraffin scheidet sich beim Hindurchpressen durch Düsen in kaltes Wasser in Flockenform ab. Das Verfahren arbeitet mit geringeren Verlusten als das Trockenschwitz-Verfahren, ist jedoch apparativ umständlicher und daher weniger verbreitet. Man trifft Schwitzverfahren nur noch in alten Raffinerien an. In modernen Betrieben wendet man fast ausschließlich die Solvent-Entparaffinierungs-Verfahren an, weil die Kristallisation des Paraffingatsches ohne Lösungsmittel in mehreren Stufen vorgenommen werden muß, wenn man brauchbare Schmiermittel erhalten will. Zuerst wird bei Zimmertemperatur in senkrechten wärmeisolierten, mit Kratzern versehenen Bottichen unter ständigem Rühren während einer Dauer von 8 bis 12 Stunden gekühlt. Der auf diese Weise erhaltene thixotrope Kristallbrei wird als sogenannter „Plusgatsch" den Filterpressen zugeführt. Das Filtrat wird dann abermals gekühlt, und zwar in trommelförmigen Kristallisatoren, die mit Ammoniakkältemaschinen auf -5 bis $-10°$ C gekühlt werden. Auch diese Kristallisatoren sind mit Kratzern versehen und verhindern eine vollständige Erstarrung des thixotropen Kristallbreies. Der Prozeß dauert etwa 8 bis 12 Stunden. Dieser Kristallbrei wird als sogenannter „Minusgatsch" den Kaltpressen zugeführt. Die Pressen stehen in wärmeisolierten Gebäuden, die in der Regel statt der Fenster Wände mit Glassteinen besitzen. Die Räume sind nur durch eine Schleuse zugänglich, um Kälteverluste zu vermeiden.

Bei den modernen Solvent-Extraktions-Verfahren bestehen die Kristallisatoren aus Röhrensystemen, die innen mit Schnecken ausgerüstet sind. Diese kratzen das Paraffin von den indirekt gekühlten Röhrenwänden ab und transportieren es zugleich weiter. Auch hier werden meist Ammoniakkältemaschinen zur Kühlung verwendet, da sie den thermodynamisch günstigsten Wirkungsgrad aufweisen. Dieses Verfahren arbeitet kontinuierlich.

Bei Verwendung von Propan als Lösungsmittel vereinfacht sich die Apparatur, indem sich durch Verdampfen von Propan die Lösung von

Kristallisation.

selbst abkühlt. Dieses Verfahren hat einen thermodynamisch schlechteren Wirkungsgrad, erfordert sehr tiefe Temperaturen (bis $-40°$ C und darunter) und stellt erhöhte Anforderungen an die Werkstoffe. Die Konstruktionsmaterialien werden bei diesen tiefen Temperaturen leicht spröde und brüchig. Man hat daher versucht, durch künstliche Mittel die Kristallisierbarkeit zu beschleunigen.

Die Beobachtung der leichten Kristallisierbarkeit der Pyroparaffine führte auf die Idee, dem Paraffingatsch Krackprodukte aus der Benzinfabrikation zuzuführen. Es zeigte sich, daß die Kristallisation in Krack-Spiriten in der Tat besser vor sich geht als in den gleich hoch siedenden Straight-Run-Fraktionen (wie z. B. White-Spirit). Einen Schritt weiter führten die Versuche zur Verbesserung der Kristallisation durch Zusatz von gekracktem Furfurol-Extrakt. Auch ganz bestimmte Asphalte von Flash-Residuen haben eine günstige Wirkung auf die Kristallisation des Paraffines. Weit wirksamer jedoch sind die Aluminiumseifen der Stearinsäure, während die Aluminiumseifen der Naphthensäuren unwirksam sind. Mit 0,25% Aluminium-Stearat, bezogen auf Paraffinöl-Destillat, kann die Filtration unter günstigen Umständen auf das Sieben- bis Zehnfache beschleunigt werden. Worauf diese verblüffende Wirkung beruht, ist im einzelnen noch nicht geklärt. Allenfalls ist unter dem Mikroskop eine deutliche Vergröberung der Paraffinkristalle durch diesen Zusatz festzustellen. Es hat den Anschein, als würden sich die wohlgeformten Ketten-Kohlenwasserstoffreste des Aluminium-Stearates $Al(COOC_{16}H_{32}CH_3)_3$ als Kristallkeime für die Kristallisation eignen. Allerdings entspricht die technische Aluminiumseife selten der stöchiometrischen Zusammensetzung obiger Formel. Die Wirkung dieser Zusätze kann unter Umständen eine Vergrößerung der Verarbeitungskapazität ohne zusätzliche Erstellung von Filterpressen ermöglichen. Man sollte sich daher die Vorteile dieser Arbeitsweise nicht entgehen lassen. Das Aluminium-Stearat kann auch im eigenen Betriebe aus Aluminium-Sulfat und Stearinsäure hergestellt werden. Diese muß mit der theoretischen Menge Natronlauge (also ohne Überschuß) verseift werden. Am geeignetsten hierfür sind $1/_{10}$ normale Lösungen, um reine Produkte zu erhalten. Das Aluminium-Stearat scheidet sich hierbei als käsiger Niederschlag ab, der leicht koaguliert und auf der Mutterlauge aufschwimmt. Die Trennung kann daher durch einfaches Dekantieren erfolgen. Die Wirksamkeit des Aluminium-Stearates ist von seinem Reinheitsgrad abhängig.

Weit wichtiger als diese Entparaffinierungs-Verfahren sind jedoch die, welche mit selektiven Lösungsmitteln arbeiten. Als wichtigstes Antisolvent kommen Mischungen von Benzol und Ketonen in Frage. Die Besprechung dieser Verfahren gehört jedoch in das Kapitel der selektiven Solvent-Extraktion.

§ 3. Filtration.
a) Grundsätzliches.

Die Trennung von Stoffgemengen durch Filtration gehört zu den kompliziertesten Grundoperationen der chemischen Technologie. Es gibt wohl kaum einen Vorgang, der hinsichtlich der Reproduzierbarkeit trotz größter Bemühungen noch so viel zu wünschen übrigläßt wie die Filtration.

Bei allen diesen Vorgängen ist neben den rein apparativen Bedingungen schon der einfache Durchlauf einer reinen Flüssigkeit durch ein trockenes, nicht quellbares Filter ein ungeklärtes Problem. Der

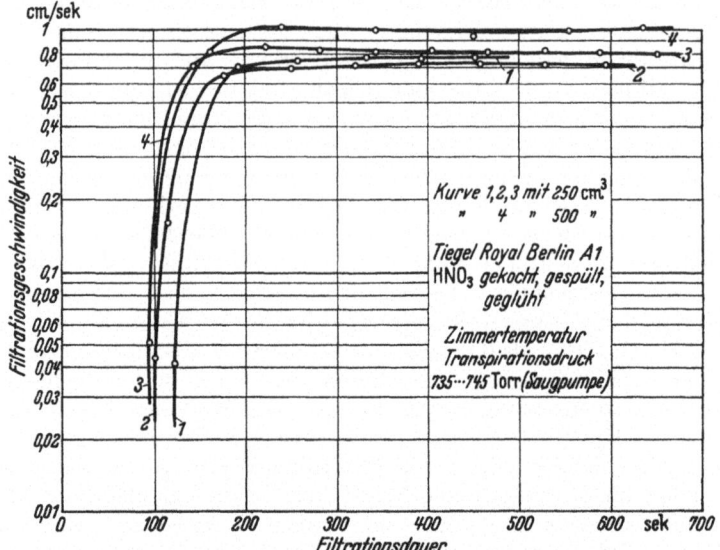

Abb. 59. Filtrationsgeschwindigkeit von vorfiltriertem Wasser als Funktion der Filtrationsdauer von Wasser in Feinfiltern nach H. FLASCHKA.

dabei beobachtete, von SIMON und NETH beschriebene und als „Filtereffekt" bezeichnete Vorgang besteht darin, daß Wasser und viele andere Flüssigkeiten ihre Filtrationsgeschwindigkeit stetig verringern. Dies kann bis zur völligen „Verstopfung" führen, obwohl die Flüssigkeit keine erkennbare Spur suspendierter Substanz enthält. Der Effekt kann durch eine Vorfiltration aufgehoben werden. Vorfiltriertes Wasser ergibt konstante, von der Zeit weitgehend unabhängige, wie Abb. 59 zeigt, höhere Filtrationsgeschwindigkeit. Läßt man das Wasser jedoch abstehen oder kocht es kurz auf, dann zeigt es wieder den Filtereffekt, d. h. verlangsamt seine Filtrationsgeschwindigkeit unter Umständen bis zur völligen Verstopfung. Der Filtereffekt beruht also auf einer Verringerung der Durchlässigkeit, ohne daß eine Verjüngung oder Verlängerung der Poren festzustellen wäre. Er zeigt sich besonders bei engporigen, sogenannten Feinfiltern. Man beobachtet ihn an Kolloiden und Kristalloiden, an

Grundsätzliches. 161

organischen und anorganischen Flüssigkeiten, selbst bei flüssigen Metallen, z. B. Quecksilber. Überraschenderweise fehlt er bei Tetrachlorkohlenstoff. Der Effekt verschwindet nicht beim Entgasen (Auskochen) und kann daher nicht auf einer Verstopfung der Filterporen durch ausgeschiedene Kapillarluft beruhen.

Da der Brechungsquotient von unfiltriertem und vorfiltriertem Wasser gleich ist, können auch keine konstitutionellen Veränderungen für den Filtereffekt verantwortlich sein. Durch Anlegen einer elektrischen Spannung an das Filter kann die Filtrationsgeschwindigkeit vergrößert werden, wenn der negative Pol unterhalb der Fritte zu liegen kommt. Allerdings ist nicht sicher, inwiefern sich hierbei die thermischen Wirkungen des elektrischen Stromes bemerkbar machen. Die Veränderung des p_H-Wertes ist ebenfalls von Einfluß. Die auf saure Reagenzien folgende Filtration bewirkt eine Verlangsamung, die auf basische Reagenzien folgende Filtration bewirkt eine Beschleunigung des Durchflusses. Weder die Porengröße noch die Teilchengröße ist eindeutig maßgebend für die Geschwindigkeit bei der Feinfiltration.

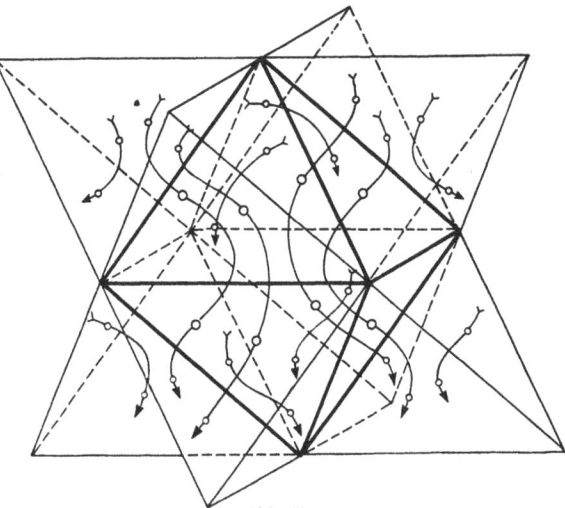

Abb. 60.
Modell einer Filterkörnung mit langem Filterweg, nach SIEGEL.

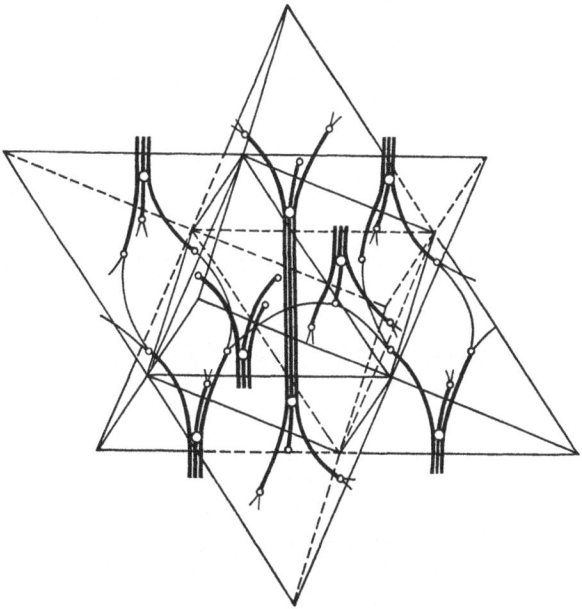

Abb. 61.
Modell einer Filterkörnung mit kurzem Filterweg, nach SIEGEL.
In Abb. 60 Kugelmittelpunkte im stehenden, in Abb. 61 Kugelmittelpunkte im liegenden Oktaeder angeordnet.

Dennoch ist es üblich, bei der Behandlung der Filtrationsprobleme zunächst von der Filtergeometrie auszugehen. Dies ist für die Grobfiltration sicher auch zulässig. Man nimmt hierbei im einfachsten Falle an, daß die Filter aus einem mehr oder minder lockeren Haufwerk von losen oder gesinterten Körnern bestehen. Im einfachsten, praktisch nie realisierten Falle faßt man sie als Kugelpackungen auf. Aus der Kristallographie weiß man, daß es Kugelpackungen verschiedener Dichte gibt, wie Abb. 60 zeigt. Aber selbst bei dichtester Packung sind die Strömungswiderstände in verschiedenen Strömungsrichtungen voneinander abweichend.

Es kann also ein Filter aus dem gleichen Filtermaterial verschiedene Durchlässigkeit aufweisen, je nachdem ob es in der Richtung des kleinsten Strömungswiderstandes oder senkrecht dazu aus der Filtermasse ausgeschnitten wurde. Die Abb. 61 gibt hierzu eine hinreichende und anschauliche Erklärung. Es ist leicht einzusehen, daß eine auf statischem Wege ermittelte Porengröße daher schon aus rein geometrischen Gründen keine eindeutige Erklärung über das unterschiedliche Verhalten ein und desselben Filtermaterials ergeben kann, wenn die Filterplatten in verschiedenen Strukturrichtungen aus der Filtermasse herausgeschnitten wurden.

Trotzdem ist es üblich, durch Definitionsgleichungen Begriffe festzulegen, auch wenn sich erweist, daß die so definierten Größen mitunter weitgehend von den Versuchsbedingungen abhängen. Das wichtigste Filtrationsgesetz ist das D'ARCYsche Filtergesetz

$$\frac{dQ}{dt} = CF\frac{p}{L},$$

worin

dQ/dt die in der Zeiteinheit hindurchgeflossene Flüssigkeitsmenge in cm³/sec,
F die Filterfläche in cm²,
L die Filterdicke in cm,
p den Filtrationsdruck in dyn/cm² und
C eine Konstante

bedeuten. Danach sollte also die Filtrationsgeschwindigkeit dem Filtrationsdruck und der Filterfläche direkt und der Filterdicke umgekehrt proportional sein. Vergleicht man dieses Gesetz mit dem HAGEN-POISEUILLEschen Strömungsgesetz in Kapillaren

$$\frac{dQ}{dt} = \frac{r^4 \pi p}{8\eta L},$$

worin außer bekannten Größen

r den Kapillarradius in cm und
η die Viskosität in Poise g/cm sec

bedeuten, erkennt man sofort, daß diese Beziehung in das D'ARCYsche Filtergesetz übergeht, wenn für die Filterfläche

$$F = r^2 \pi N$$

und für

$$C = \frac{r^2}{8\eta}$$

gesetzt wird.

Grundsätzliches.

Die Größe N bedeutet darin die Zahl der Filterkapillaren pro Flächeneinheit. Hierbei wurde angenommen, daß es sich um kreisförmige Kapillaren handelt. Die Konstante C nennt man auch die Durchlässigkeit des Filters. Sie läßt erkennen, daß sie nicht nur vom Querschnitt der Poren abhängt, sondern auch von der Viskosität der zu filtrierenden Flüssigkeit. Man spricht daher stets von der Durchlässigkeit eines Filters für eine bestimmte Flüssigkeit, z. B. von der Wasserdurchlässigkeit des Filterpapiers usw.

Wenn man bei all diesen Definitionen die vereinfachenden Annahmen nicht quellbarer Filter konstanter Porenweite macht und von einer Verlängerung der Filterkapillaren durch aufgeschütteten Niederschlag absieht, so ist die Durchlässigkeit eines bestimmten Filters in erster Linie eine Funktion der Viskosität. Hierbei wird nun die merkwürdigerweise nirgends diskutierte Hypothese gemacht, daß die Viskosität auch in dünnsten Schichten noch eine streng definierte Konstante sei. Dieses ist mit unseren heutigen rheologischen Auffassungen nicht mehr verträglich.

Die Viskosität einer Flüssigkeit ist nur dann eine Konstante, wenn ihre Teilchen verschwindend klein sind gegenüber den Dimensionen der Kapillare. Bei Kolloiden ist dies nicht der Fall, wenn die Kapillaren die üblichen Dimensionen unserer Viskosimeter aufweisen. Deshalb zeigen Kolloide auffallende Viskositätsanomalien. Die Viskosität kann mit dem Geschwindigkeitsgefälle sowohl zu- als auch abnehmen. Eine Vergrößerung des Fließwiderstandes mit steigendem Geschwindigkeitsgefälle wird dabei als Fließverfestigung oder Rheopexie, eine Verringerung des Fließwiderstandes mit steigendem Geschwindigkeitsgefälle als Fließverflüssigung oder Thixotropie (auch Strukturviskosität) bezeichnet. Bei molekulardispersen Flüssigkeiten sind solche Effekte erst bei den Dimensionen der Filterkapillaren zu erwarten. Es ist zu beachten, daß nicht nur der Dampfdruck, sondern auch die Viskosität einer Flüssigkeit vom Krümmungszustande in einer Grenzphase abhängig sind. Die Grenzphasenreibung wird also von der inneren Reibung verschieden sein. Es gilt hier eine der THOMSON-GIBBSschen Gleichung analoge Beziehung:

$$\ln \frac{\eta}{\eta_r} = \frac{2 \Omega M}{r \varrho \sigma R T},$$

worin

η die innere Reibung oder Viskosität in g/cm sec
η_r die Grenzphasenreibung in g/cm sec,
Ω die Grenzphasenspannung in dyn/cm,
M das Molekulargewicht in g/mol,
r den Krümmungsradius (Kapillarradius) in cm,
ϱ die Dichte in g/cm^3,
σ die Lubrizität (Schlüpfrigkeit),
R die Gaskonstante in erg/grd mol und
T die absolute Temperatur in °K

bedeuten.

Die Beziehung läßt ohne weiteres erkennen, daß die Grenzphasenreibung nur dann mit der inneren Reibung identisch wird, wenn das

Molekularvolumen gegenüber dem Kapillarradius klein bleibt. Dies ist bei Kolloiden offenbar nicht der Fall, weshalb diese schon bei relativ dicken Kapillaren Anomalien zeigen. Diese Anomalien bestehen darin, daß die Schlüpfrigkeit σ in einem bestimmten Geschwindigkeitsgefällebereich Werte annimmt, die größer sind als 1. Sie durchlaufen ein Maximum. Daraus ergibt sich eine Abhängigkeit der Grenzphasenreibung vom Geschwindigkeitsgefälle. Die Formel läßt zugleich erkennen, daß dieser Effekt bei molekulardispersen Flüssigkeiten erst bei feinsten Kapillaren, wie sie in Feinfiltern vorliegen, merklich wird. Aus Abb. 62 geht hervor, welche Dimensionen hierfür in Frage kommen. Als Ordinaten sind die Verhältnisse der Grenzphasenreibung zur inneren Reibung

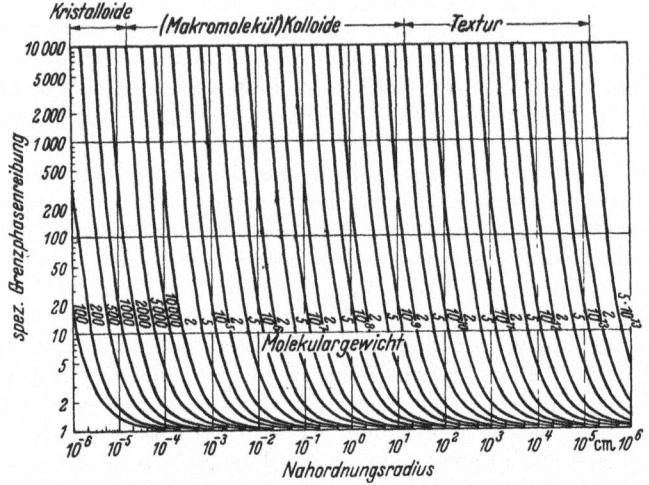

Abb. 62. Grenzphasenreibung als Funktion des Nahordnungsradius.

aufgetragen. Als Abszissen wurden Kapillarradien eingezeichnet. Die Kurven selbst sind mit den Molekulargewichten indiziert. Daraus ist ersichtlich, daß bei ganz schweren grobdispersen Teilchen, wie sie in den Texturen der festen Körper (z. B. zusammengefrittetem Schnee in Gletschern) vorliegen, sich solche Viskositätsanomalien bis über die Dimensionen eines Flußbettes bemerkbar machen, während man bei mikromolekularen Substanzen in der Tat zu äußerst feinen Kapillaren übergehen muß, um derartige Effekte zu gewärtigen.

Daraus folgt, daß sich die Durchflußgeschwindigkeit in den Kapillaren nicht mehr nach der inneren Reibung oder Viskosität richtet, sondern die Durchlässigkeit eines Filters vor allem von der Grenzphasenreibung und dem Molekulargewicht abhängt.

Wir wissen, daß alle strukturviskosen Flüssigkeiten zugleich in beachtlichem Maße thixotrop sind, d. h. ihre Viskosität ist von der Dauer ihrer mechanischen Beanspruchung abhängig. Die Strömungswiderstände können hierbei mit der Zeit sowohl zu- als auch abnehmen. Eine Zunahme ist zu beobachten, wenn die Relaxationsdauer der Flüssigkeit groß gegenüber der Beanspruchungsdauer ist. Umgekehrt liegt der Fall, wenn die Relaxationsdauer klein gegenüber der Beanspruchung ist. Eine zeitliche Zunahme des Fließwiderstandes nennt man auch Zeithärtung, eine zeitliche Abnahme dagegen Zeiterweichung (Time-Hardening bzw. Time-Softening).

Der Filtereffekt beruht daher im wesentlichen auf einer mit der Zeit zunehmenden Versteifung der strömenden Flüssigkeit. Es ist bemerkenswert, daß solche zeitlichen Erhöhungen des Strömungswiderstandes an Kunststofflösungen bei extrem kleinen Strömungsgeschwindigkeiten zwischen Objektträger und Deckplättchen unter dem Mikroskop beobachtet werden konnten. Man kann diese Wirkungen auch mathematisch durch die allgemeine Gleichung der Strukturmechanik darstellen[1]. Eine Behandlung dieser Frage würde jedoch hier zu weit führen. Es sollen hier nur die Konsequenzen für die Praxis gezogen werden.

Vor allem läßt die Beziehung erkennen, daß sich mit steigender Verweilzeit des Filtrats in den Filterkapillaren der Strömungswiderstand verringert. So ist die Wirkung der Vorfiltration zu erklären (siehe Abb. 59 auf S. 160). Das bedeutet, daß man durch mehrere hintereinander geschaltete Filterkapillaren, aber erweiterten Filterröhren, eine günstigere Filtrierwirkung erzielt als bei kurzen, engen Kapillaren. Auf diese Erscheinung gründet sich ein Verfahren zur Abtrennung kolloidaler Verunreinigungen aus Altölen. Das sogenannte Stromlinien-(Stream-Line-) Verfahren wurde in den Vereinigten Staaten von Amerika entwickelt. Es beruht auf der Tatsache, daß sich ein verunreinigter Öltropfen auf einem Filterpapier in der Weise ausbreitet, daß das Öl schneller und weiter in die Filterkapillaren vordringt als die Verunreinigungen. Diese bilden scharf begrenzte Flecke, über die hinaus nur reines Öl gelangt.

Man hat sich diese eigenartige Erscheinung zunutze gemacht, um Altöl an Filterflächen „vorbei zu filtrieren". Zu dem Zweck reiht man durchbohrte Rundfilter auf einen Vierkantbolzen auf und preßt das ganze Paket von Filtern mittels Feder und Schraube elastisch zusammen. Ein solcher Zylinder mit zahlreichen Filterblättern wird dann in das zu filtrierende Altöl getaucht. Unter Druck strömt hierbei das Öl in radialer Richtung in den Zwischenräumen der Filterblätter nach innen. Hierbei lagert es die Verunreinigungen in den Filterkapillaren ab. Die Radien dieser Filter sind etwa so groß, daß abzüglich der Bohrung eine Filterstrecke von 2 bis 3 cm verbleibt. Das gereinigte Öl fließt dann in axialer Richtung an dem Vierkantbolzen entlang in einen bereitgestellten Behälter. Man kann auf diese Weise noch Öle klar filtrieren, die durch ein mehrfaches Filter trüb und schwarz hindurchgehen würden. Dabei sind die Filterdrucke auffallend gering. Diese Stromlinienfilter sind leicht zu reinigen, indem man sie aus der zu filtrierenden Flüssigkeit herausnimmt und in entgegengesetzter Richtung einen Luftstrom von innen nach außen hindurchpreßt. Hierbei blättert dann der krümelige Niederschlag ab. Das Filter ist dann wieder verwendungsfähig. Nach längerem Gebrauch können diese Filterblätter mit geeigneten Lösungs-

---

[1] UMSTÄTTER, H.: Strukturmechanik. Dresden: Steinkopff 1948.

mitteln, die die Niederschläge auflösen, z. B. Benzol, gewaschen werden und sind dann wieder verwendungsfähig.

Solche Filter werden in Größen von $1/4$ bis 1 m Länge hergestellt und können zu mehreren Rollen in einer Einheit zusammengefaßt werden. Man hat solche Filter auch aus dünnen Metallblechen zusammengesetzt. Sie eignen sich aber dann nur zur Abtrennung grober Suspensionen, wie z. B. Bleicherde, aus dem Öl. Hier gibt man erst einen gewissen Vorlauf, der meist ein wenig trübe abläuft, zurück in das Filtrationsgut, bis sich die nicht immer ganz plan anliegenden Metallflächen „zugesetzt" haben und das Filtrat klar abläuft. Solche Filter haben den Vorteil, daß ihre „Porenweite" kontinuierlich regulierbar ist durch den Druck, mit dem die Blättchen aufeinandergepreßt werden. Diese Filter sind dann bis zu den höchsten Temperaturen verwendbar, bei denen das Filtrat noch dünnflüssig ist.

Aus der Beziehung S. 163 ist zu ersehen, daß auch der Transpirationsdruck einen nicht linearen Einfluß auf die Filtrationsgeschwindigkeit haben muß. Da die Lubrizität ein Maximum durchläuft, kann die Filtrationsgeschwindigkeit nicht linear mit dem Filterdruck anwachsen, wie dies nach dem D'Arcyschen Filtergesetz zu erwarten ist. Es ergibt sich also für die Praxis die Aufgabe, dieses Druckoptimum durch Versuche empirisch zu bestimmen.

Auch die Wirkung der Filtrationsdopes ist durch die auf Seite 163 angegebene Beziehung zu erklären. Kapillaraktive Stoffe können die Grenzflächenspannung des Filtrationsgutes gegenüber dem Filtermaterial verringern und auf diese Weise die Grenzphasenreibung der inneren Reibung angleichen. Daraus ergibt sich eine erhöhte Durchflußgeschwindigkeit. Die gleiche Wirkung können auch elektrische Felder ausüben. Nicht zu unterschätzen ist auch der Einfluß des Molekulargewichtes auf die Grenzphasenreibung und damit auf die Filtrationsgeschwindigkeit.

Außer diesen theoretisch einigermaßen zu überblickenden Verhältnissen treten auch noch Erscheinungen auf, die nur auf Grund von Erfahrung zu beherrschen sind.

Schon die Filtration von Flash-Fuel, besonders aber von Paraffingatsch, macht die Anwendung von Filterhilfsmitteln erforderlich. Dies sind grobkörnige, meist aus Kieselgur, Diatomäenerde, Asbestfasern u. dgl. bestehende, grobkörnige oder filzige Materialien, die das Verkleben der Filter verhindern sollen. Auch sie beruhen im wesentlichen auf einer Vergrößerung des Filtrationsweges bzw. einer Verlängerung der Verweilzeit in den Filterkapillaren. Die Wirkung dieser Hilfsmittel ist aber quantitativ kaum vorauszusehen.

Bei der Filtration von Paraffingatsch in der Kälte besteht ferner die Gefahr der Kondensation von Luftfeuchtigkeit in den Filterporen. Besonders bei Plusgatsch, bei dem dieses Wasser noch nicht zu Eiskristallen gefriert, kann es unter Umständen zu ganz erheblichen Filtrationsverzögerungen bis zur völligen Verstopfung kommen. Dies ist besonders bei der Verwendung hydrophiler Baumwollfiltertücher, die sich mit Feuchtigkeit vollsaugen und zu Quellungserscheinungen Anlaß geben, zu befürchten. Das gleiche gilt auch für Filterpapiere. Wendet man dann gewaltsam erhöhte Drücke an, so nimmt das meist strukturviskose Gemisch von Paraffin und Öl, an den noch wenigen durchlässigen Stellen, erhöhte Filtrationsgeschwindigkeit an und bleibt trüb. Man gewinnt dann oft den Eindruck, als wäre das Filter gerissen. Das kann mitunter so verblüffend sein, daß man sich zu einer wiederholten Kontrolle veranlaßt sieht, die nur in seltenen Fällen die Vermutung bestätigen. Bei dieser Gelegenheit geht dann fast das ganze Paraffin durch das Filter, und von einer einigermaßen scharfen Trennung kann keine Rede sein. In solchen Fällen wirken oft Filtertücher aus reiner Wolle günstig. Diese sind hydrophob, tränken sich nicht mit der Feuchtigkeit und quellen auch nicht. Die Filtrationsgeschwindigkeit ist dann einigermaßen konstant; man kann mit relativ geringem Filtrationsdruck eine erträgliche Durchflußgeschwindigkeit erzielen. Da die Filtrationsgeschwindigkeit weitgehend von der Beschaffenheit der Filter und des Filtrationsgutes abhängt, sind Vorversuche in Laboratorien auf kleinen Filterpressen mit den gleichen Versuchstüchern, Papieren und unter ähnlichen Druckverhältnissen unerläßlich. Solche Umstände können unter gewissen Bedingungen einen ganzen Fabrikationsgang erschweren und zur Anwendung eines anderen Verfahrens nötigen. So ist z. B. die Fabrikation höher molekularer Isoparaffine (oder Zeresine) nicht durch Filtration, sondern nur durch Raffination zu bewerkstelligen.

b) Filterbauformen.

Die hier vorliegenden Verhältnisse haben wesentlich dazu beigetragen, daß heute die Entparaffinierung mit selektiven Lösungsmitteln auf Zentrifugen ausgeführt wird. Die Erscheinung der Thixotropie spielt aber nicht nur bei der Filtration selbst, sondern bereits bei der Verpumpung des Gatsches eine Rolle. Es müssen daher die Inhalte der Kristallisatoren dauernd in Bewegung gehalten werden, wenn nicht die ganze Masse zu einem thixotropen Gel erstarren soll, das durch die Pumpen nicht mehr gefördert wird. Thixotrope Flüssigkeiten sind außerordentlich empfindlich gegen gewisse Reagenzien. Schon Spuren wirksamer Substanzen können das Erscheinungsbild völlig verändern. Insbesondere wird hiervon die Filtration durch Filterkuchen betroffen.

In der Regel handelt es sich in diesen Fällen um die Abtrennung größerer Mengen von Niederschlägen, die allmählich die Filterfläche bedecken, den Filterwiderstand erhöhen und selbst als Filter wirken. Es ist daher nötig, von einer gewissen Kuchenstärke ab diese Rückstände zu entfernen. Bei den Filterpressen ist die Dicke des Kuchens durch die Dimension der Kammern oder Rahmen begrenzt. Es wird daher so lange gepumpt, bis der Filtrationsdruck steil ansteigt. Dann muß die Presse geöffnet werden, um die Kuchen, meist von Hand, austragen zu können. Trotz dieser zeitraubenden, die Produktionskapazität herabsetzenden Arbeitsweise konnten sich die Filterpressen bis auf den heutigen Tag erhalten. Die Abb. 63 und 64 zeigen, bis zu welchen Größen man heute solche Filterpressen baut. Sie sind sowohl bei der Entparaffinierung als auch bei der Filtration von Krack-Heizöl bzw. der

Abtrennung von Bleicherde aus Schmierölen und Naphthensäuren in Anwendung. Der Vorteil der Filterpresse besteht u. a. darin, daß man jede Kammer separat durch Hähne absperren kann, so daß bei Bruch eines Filters nicht gleich die ganze Presse stillgelegt werden muß. Erst

Abb. 63. Große Filterpressen mit hydraulischem Verschluß.

bei den modernen Solvent-Entparaffinierungsverfahren ist man dazu übergegangen, kontinuierlich arbeitende Filter anzuwenden.

Es sind dies, wie Abb. 65 zeigt, Trommeln, die radial in sektorartig

Abb. 64. Filterpressen mit mechanischem Verschluß.

angeordnete Zellen geteilt sind. Diese Trommeln tauchen in das zu filtrierende Gut ein und saugen unter Vakuum das Filtrat an, während sich der Kuchen auf der Trommel festlegt. Im Verlaufe einer Umdrehung gelangt dieser unter eine Brause, wo der Kuchen mit Lösungsmittel abgespült und ausgewaschen wird, das dann getrennt abfließt. Der so ausgewaschene Kuchen gelangt vor einen Schaber, der ihn vom Filtertuch abhebt und in eine Schurre überleitet. Die nun vom Filterkuchen befreite Filterfläche dreht sich weiter, taucht abermals in das zu filtrierende Gut, und das Spiel wiederholt sich von neuem.

Der Vorteil dieser Filter besteht darin, daß dieses Trommelsystem gut gekapselt werden kann, so daß die meist verwendeten, leicht flüchtigen Lösungsmittel, wie z. B. Benzol—Azeton-Gemische, nicht verdampfen können. Das ist wichtig, weil Lösungsmittelverluste die Wirtschaftlichkeit der Entparaffinierung entscheidend beeinflussen können. Bei den Filterpressen würden diese Verluste durch die Kapillarwirkung der Filter zu groß werden. Die Filterpresse ist daher nur beim Auswaschen von Niederschlägen mittels schwer flüchtiger und billiger Lösungsmittel zu gebrauchen. Es sind besondere Kanäle in den Rahmen bzw. Kammern vorgesehen, die durch starke Stirnplatten mittels Schraubenspindel, bei größeren Einheiten hydraulisch zusammengepreßt werden, damit die Flüssigkeit nicht

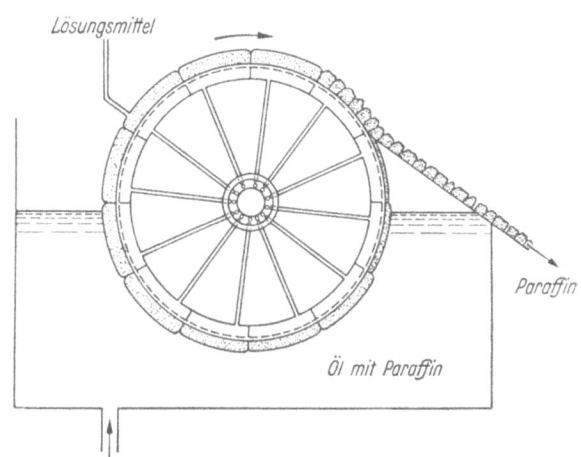

Abb. 65. Rotierendes Zellenfilter.

an den Dichtungsflächen ausläuft. Bei kleinen Laboratoriumspressen ergeben sich meist erhebliche Schwierigkeiten, weil ihre Dichtungsfläche im Verhältnis zur Filterfläche groß ist. Pressen sind daher besonders dann von Vorteil, wenn man geringe Mengen Niederschlag von größeren Flüssigkeitsmengen abzutrennen hat. Hierbei können die Reinigungsperioden im Verhältnis zu der Filtrationsdauer genügend klein gehalten werden. Dies ist bei allen Bleichprozessen der Fall, die bei guter Vorraffination mit Säure nur noch mit wenigen Bruchteilen von Prozenten hochaktiver künstlicher Bleicherde nachbehandelt werden. Seltener und wohl nur für kleinere Leistungen werden Filterzentrifugen verwendet. Bei den Schälzentrifugen kann der Niederschlag durch ein einschwenkbares Schälrohr kontinuierlich ausgetragen werden. Verlockend ist die einfache Art der Erzeugung des Transpirationsdruckes durch die Zentrifugalkraft, der geringe Raumbedarf und die hohe spezifische Leistung dieser Filter. In der Petroleum-Industrie haben sich diese Filterzentrifugen kaum eingeführt.

Mitunter verwendet man auch Siebe als Unterlage für Filtertücher oder Papier. Solche Siebe an Stelle von Filtertüchern haben sich insbesondere da bewährt, wo das zu filtrierende Gut keine größeren Spesen infolge Verbrauch von Filtertüchern verträgt. Dies ist z. B. der Fall bei der Heizöl-Filtration, um die grobdispersen Karbene aus den Krackrückständen abzutrennen. Sowohl bei den Sieben als auch bei den Filtertüchern ist es üblich, die Garn- bzw. Gewebenummern zu überwachen.

Tabelle 16. *Gewebenummer — Umrechnung.*

Neue Nummer	Alte deutsche Nummer Ketten 28,6 mm Württbg. Zoll	Alte französische Nummer Ketten 27 mm Franz. Zoll	Alte englische Nummer Ketten 25 mm Engl. Zoll
6	17	16	15
7	20	19	—
8	22	21	20
9	25	24	—
10	28	27	25
11	30/32	30	—
12	35	32	30
13	37	35	—
14	40	38	35
16	45	40/45	40
17	50	45	45
19	55	50	50
21	60	55	—
22	63	60	55
24	65/70	65	60
26	75	70	65
28	80	75	70
30	85	80	75
32	90/95	85/90	80/85
35	100	95	90
38	110	100	95
40	1150/120	110	100
45	130	120	110/120
50	140	130/140	130
55	150/160	150	140
60	170	160	150
70	200	190	180
80	220/230	210	200
90	250	240	230

Unter der Gewebenummer versteht man die pro Zentimeter entfallende Anzahl der Kettendrähte oder Ketteneinheiten, falls diese aus Litze oder einem gesponnenen Faden bestehen. Diese werden mittels der Textillupen ausgemessen, die einen genau 1 cm^2 großen Ausschnitt abgrenzen und eine Zählung der Ketten erleichtern. Kettendrähte oder -fäden sind meist die stärkeren Fäden, weil sie im Webstuhl gespannt sind und im fertigen Gewebe meist außen liegen. Hiervon zu unterscheiden sind die Schußdrähte oder Fäden, die quer zu den Kettendrähten laufen und mittels des Webschützens eingeschossen werden. Sie liegen in den Kettendrähten eingebettet und brauchen daher nicht so stark zu sein, da sie nicht der Abnützung unterliegen, sondern nur zur Bindung des Siebes oder Gewebes dienen.

Die Garnnummer gibt die Fadenlänge der Gewichtseinheit der Ketten und Schüsse wieder. Um diese zu bestimmen, wägt man auf der analytischen Waage ein meist $^1/_2$ m langes, aus dem Gewebe entferntes Stück Kette oder Schuß ab und rechnet auf die Längeneinheit um. Gleichzeitig gibt man an, wieviel Fäden zu einer Kette oder einem Schuß versponnen sind. Zuweilen wägt man noch das ganze Gewebe und gibt auch das Gewicht der Flächeneinheit des Tuches an. Diese Zahlen sind je nach der Metall- oder Stoffart (Wolle, Baumwolle usw.) verschieden und geben Anhaltspunkte dafür, daß dem Betriebe stets die gleiche Qualität der Filtertücher zugeführt wird.

Es ist wichtig, daß die einmal für praktisch und zweckmäßig befundenen Tücher stets in gleicher Qualität verwendet werden, um keine Überraschungen zu erleben. Auch die Filterpapiere werden in dieser Weise durch Auswägen pro Flächeneinheit kontrolliert. Bei den Filterpapieren genügt dieses Auswägen jedoch nicht. Es muß auch der Porenraum bekannt sein. Diese Größen werden von den Firmen meist angegeben, können aber auch nachgeprüft werden. Die Porenweite läßt sich auf verschiedene Weise bestimmen, so z. B. nach dem HAGEN-POISEUILLEschen Gesetz unter Berücksichtigung der auf die Flächeneinheit entfallenden Zahl der Kapillaren, die mikroskopisch ausgezählt werden können. Zu dem Zwecke wird unter definiertem Druck filtriert und die pro Zeit und Flächeneinheit hindurchgeflossene Menge Flüssigkeit bestimmt. Nach einer anderen Methode wird die Porenweite aus der Geschwindigkeit des kapillaren Aufstieges ermittelt. Dieses Verfahren ist insofern einfach, als man nur die Oberflächenspannung und den Randwinkel zu kennen braucht. Es ist dann

$$r = \frac{2\,\eta\,h^2}{\Omega\,t\cos\vartheta},$$

worin

r den Kapillarradius (gleich halbe Porenweite) in cm,
η die Viskosität in g/cm sec,
h den Kapillaranstieg in der Zeit t, sec,
Ω die Oberflächenspannung in dyn/cm und
ϑ den Randwinkel in Grad

bedeuten.

Es gibt auch noch andere Methoden, um die Porenweite zu bestimmen, z. B. mit Hilfe des Luftdurchlasses, mittels Dialyse oder aus der elektrischen Leitfähigkeit. Die letzte kommt aber nur für wäßrige Flüssigkeiten in Frage. Man muß sich bei allen diesen Methoden stets darüber im klaren sein, daß die für die Viskosität eingesetzten Werte keineswegs der inneren Reibung entsprechen, wie sie in Viskosimetern gemessen wird. Auch hier muß man Grenzphasenreibung von innerer Reibung unterscheiden. Man kann daher diese Formel nicht zur Bestimmung der Porenweite von Feinfiltern verwenden bzw. daraus irgendwelche Schlüsse auf die Brauchbarkeit dieser Filter ziehen.

Die erhaltenen Zahlen können immer nur den Sinn haben, die Filter mit vorangegangenen Lieferungen zu vergleichen, um festzustellen, ob die gleiche Ware vorliegt, die sich bisher bewährt hat. Es ist daher zweckmäßig, zur Prüfung auch stets die gleichen Flüssigkeiten (Öl—Bleicherde-Gemisch, Krack-Heizöl, Paraffingatsch usw.) zu verwenden.

Bei Metallsieben kommt noch eine Korrosionsprüfung hinzu, falls damit Naphthensäuren oder sonstige aggressive Stoffe filtriert werden sollen. Bei Filtertüchern ist zu beachten, daß bei der Filtration sauer raffinierter Produkte keine Säure mehr in dem Bleicherdegemisch zurückbleibt. Es ist daher zweckmäßig, bei der trockenen Raffination auch stets etwas Kalk im Überschuß zuzusetzen, um die Säure abzustumpfen. Während dies bei Schmierölen nicht kritisch ist, da dort ein Überschuß an Kalk gegeben werden darf, ist ein Kalküberschuß bei Naphthen-

Tabelle 17. *Mittlerer Porendurchmesser von Filtern.*
Filterpapiere von Schleicher & Schüll.

Filtergruppe	Filterdicke cm	Hohlraumvolumen cm³	Porendurchmesser 10^{-3} mm
1117	0,03175	0,82	12
1450	0,02967	0,73	8
589 (Schwarzband)	0,02078	0,75	7,4
589 (Weißband)	0,01988	0,73	6,8
598	0,03397	0,71	5,8
604	0,01885	0,72	4,6
595	0,01859	0,75	4,4
590	0,01504	0,73	3,6
597	0,01605	0,67	3,4
602 (hart)	0,01822	0,72	2,4
589 (Blauband)	0,01755	0,70	2,2
566	0,02433	0,65	1,8
575	0,01108	0,52	1,5
507	0,01206	0,60	1,5
602 (extra hart)	0,01591	0,67	1,0

säuren nicht zulässig. Es darf nur so viel Kalk gegeben werden, als Mineralsäure vorhanden ist. Bei einem Überschuß von Kalk würde auch die Naphthensäure verseift werden, die dann dunkle, klebrige Kalknaphthenate liefert, die neben einer Farbverschlechterung vor allem die Filter verkleben. Einer Filtration von trocken raffinierter Naphthensäure soll also stets eine genaue Prüfung auf Mineralsäure vorangehen, die erst eine stöchiometrische Neutralisation ermöglicht. Dies geschieht durch Titration mit Methylorange. Dieser Indikator schlägt nur bei Gegenwart von Mineralsäuren in seiner Farbe um, während die Naphthensäuren erst bei Titration mit Alkaliblau 6 B als Indikator im stark alkalischen Gebiet einen Farbumschlag ergeben.

Filtertücher aus Wolle bilden besonders in Kriegszeiten einen wertvollen, schwer ersetzlichen Hilfsstoff der Erdöl-Industrie, der einer sorgfältigen Pflege bedarf. Es kann sich das Problem ergeben, diese Filtertücher regenerieren zu müssen. Bei der Filtration von Weißprodukten bietet eine solche Regeneration keine Schwierigkeiten. Es genügt eine einfache Extraktion mit stark aromatischen Benzinfraktionen, um zufriedenstellende Ergebnisse zu zeitigen. Bei der Filtration von schwarzen

Produkten, wie z. B. Krack-Heizöl, macht dagegen die Entfernung der dunkel gefärbten Karbene und ähnlicher Begleitstoffe erhebliche Schwierigkeiten. Hierzu hat sich ein Auskochen mit Crack-Spirit, einer Fraktion des P.D.-Sumpfproduktes (P. D. = pressure distillate), der anschließend mit Naphthenseifen ausgewaschen wird, als wirksam erwiesen. Das hat den Vorteil, daß alle Hilfsprodukte im eigenen Betriebe anfallen. Grundsätzlich ist zu beachten, daß Baumwollfilter von starken Laugen angegriffen werden (Merzerisierung der Zellulose). Wolle ist dagegen schon von verdünnten Alkalien angreifbar. Schwache Säuren verändern aber Wolle nicht (Aminosäuren). Starke konzentrierte Säuren schädigen selbstverständlich ebenso wie starke Alkalien beide Sorten von Filtertüchern.

Im allgemeinen wird Wolle für schwachsaure und Baumwolle für schwachalkalische Medien vorgezogen. In der Petroleum-Industrie spielt dies nur bei den Naphthensäuren und unter Umständen bei den Phenolen eine Rolle, während bei den weitaus wichtigsten Produkten der neutralen Kohlenwasserstoffe in der Regel die billigeren Baumwolltücher verwendet werden können. Bei der Filtration von Paraffingatsch, insbesondere wenn Filtrationsdopes in Anwendung kommen, kann wegen der Hygroskopizität Baumwolle unter Umständen Schwierigkeiten bereiten. In diesen Fällen kommen daher ebenfalls Wolltücher in Frage.

Die Kapazität der Filtrationsanlagen, die nicht im Freien untergebracht werden, sondern eigene Gebäude erfordern, ist so wichtig, daß dieser Frage erhöhte Aufmerksamkeit geschenkt wird. Welche Vorteile hier Filtrationsdopes bringen, kann man sich am besten dadurch klarmachen, daß man prüft, ob bei einer Vergrößerung der Produktion auch eine Vergrößerung der Filtrationsanlagen einschließlich der Pumpen und zugehörigen Gebäude in Rechnung zu setzen ist oder nicht. Es ist daher wichtig, daß jedes Versuchslaboratorium über eine Einrichtung verfügt, mit der man in einfacher Weise die Wirksamkeit der Filtrationsdopes nachprüfen kann. Zweckmäßig ist eine Filternutsche aus Jenaer Glasfritte und einer kalibrierten, etwa 100 cm^3 fassenden Eprouvette mit Vakuumanschluß. Das Gerät soll in einem Kühlschrank mit Glastüre untergebracht sein. Die auf bestimmte Temperaturen vorgekühlten Proben werden unter Umrühren mittels eines Glasstabes in die Filternutsche eingebracht; diese wird mit einem Uhrglas abgedeckt. Nach dem Erscheinen des ersten Tropfens Filtrat setzt man das Chronometer in Gang und liest alle Minuten (später seltener) den Stand der filtrierten Flüssigkeit im Rezipienten ab. Die Werte werden als Ordinaten in cm^3 als Funktion der Zeit in Minuten auf die Abszisse aufgetragen. Es ergeben sich gegen die Abszisse gekrümmte Kurven, die eine stetige Verlangsamung der Filtration erkennen lassen. In dem Maße, wie sich der Niederschlag als Kuchen auf dem Filter festsetzt, verringert sich die Durchlässigkeit, wodurch die Filtration verlangsamt wird. Unter gegebenen Bedingungen des Druckes, der Temperatur und der Kristallisationsdauer ergeben sich je nach dem Filtrationsdope verschiedene Kurven. Am Verlauf derselben erkennt man leicht, in welchem Maße ein Zusatz noch von Nutzen ist bzw. welcher der verwendeten Zusätze am geeignetsten ist.

Es ist nicht zu erwarten, daß sich im Betrieb das gleiche Vielfache der Filtrationsgeschwindigkeit wie im Laboratoriumsversuch ergibt, wo man mit anderen Porengrößen, Filtrationsdrücken und Kuchendicken arbeitet. Dennoch ist die beschriebene Anordnung von Wert, da nur bei gleichartigen Filtern, definierten Drücken, genauer Einwaage und festliegenden Filtertypen reproduzierbare Ergebnisse zu erzielen sind. Allein auf solche Weise kann man die Wirksamkeit verschiedener Dopes vergleichen.

Solange diese Vorgänge nicht mathematisch behandelt werden können, ist auf die Reproduzierbarkeit der Versuche ein besonderes Augenmerk zu lenken. Die Kontrolle in jeder Phase der Arbeit ist daher wichtiger als bei den übrigen Arbeitsverfahren.

Außer den obgenannten Filtrationsmaterialien werden in neuerer Zeit spezielle Filtermassen aus Kunststoffen angeboten. Es sind dies Fritten aus Opanol, Polystyrol und ähnlichen Kunstharzen, die bei mäßiger Temperaturbeständigkeit eine erhebliche chemische Widerstandsfähigkeit zeigen. Dies ermöglicht neuartige Verwendungszwecke. Sie haben vor Glasfritten den Vorteil der Flexibilität und der leichten Bearbeitbarkeit. Sie sind in Platten und Röhren aller Dimensionen erhältlich. Die Ansicht einer Filterpresse zeigt Abb. 63 und 64.

§ 4. Sedimentation.

Die Unsicherheit, die der Trennung von Stoffen durch Filtration anhaftet, hat wiederholt zu Versuchen Anlaß gegeben, die Filtration durch sicher zu beherrschende Sedimentationsvorgänge zu ersetzen. Die Anwendbarkeit dieser Methoden ist begrenzt, wenngleich in den letzten Jahren auch auf diesen Gebieten erhebliche Fortschritte erzielt wurden. Bei der Filtration wachsen die Schwierigkeiten mit zunehmendem Zerteilungsgrad. Je feiner die Teilchen sind, um so schwieriger wird die saubere Trennung.

Dem ist im Prinzip bei der Zentrifuge keine so enge Grenze gesetzt, sofern nur die Differenzen des spezifischen Gewichts hinreichend groß sind. Im Gegenteil, es zeigt sich, daß sich gerade bei den feinen Suspensionen, die nicht mehr dem NEWTONschen Widerstandsgesetz, sondern dem STOKESschen Fallgesetz gehorchen, einfachere Verhältnisse ergeben. Nach dem NEWTONschen Fallgesetz

$$W = C \varrho \, v^2 f, \qquad (1)$$

worin

W den Strömungswiderstand in dyn/cm²,
C eine Widerstandskonstante,
ϱ die Dichte in g/cm³,
v die Strömungsgeschwindigkeit (Fallgeschwindigkeit) in cm/sec und
f die Fläche (den Querschnitt) des umströmten Körpers cm²

bedeuten, müßte die Fallgeschwindigkeit quadratisch mit dem Strömungswiderstand zunehmen. Nach dem STOKESschen Fallgesetz ist dagegen

$$v = \frac{2\, r^2 (s - \varrho)\, g}{9\, \eta}, \qquad (2)$$

worin

- v die Fallgeschwindigkeit in cm/sec,
- r den Teilchenradius in cm,
- η die Viskosität in g/cm sec,
- $(s-\varrho)$ die Dichtedifferenz in g/cm^3 und
- g die Fallbeschleunigung cm/sec"^{2}

bedeuten; d. h. die Fallgeschwindigkeit ist eine lineare Funktion der inneren Reibung. In der Zentrifuge tritt an die Stelle der Erdbeschleunigung g die Zentrifugalbeschleunigung $\omega^2 R$, worin

- ω die Winkelgeschwindigkeit und
- R den Achsenabstand

bedeuten. Fallen die Körper mit gleichförmiger Geschwindigkeit und gehorchen damit dem STOKESschen Fallgesetz, dann ergibt sich folgende Verhältnisgleichung:

$$\frac{v_z}{V_g} = \frac{\omega^2 R}{900\,g}, \qquad (3)$$

d. h. die Fallgeschwindigkeit V_g verhält sich zur Zentrifugalgeschwindigkeit v_z wie die Erdbeschleunigung zum Quadrat der Winkelgeschwindigkeit, multipliziert mit dem Radius. Man kann also die Sedimentationsgeschwindigkeit, insbesondere durch Erhöhung der Drehzahl, beschleunigen (vgl. Abb. 66).

Fallen die Körper jedoch nach dem NEWTONschen Widerstandsgesetz, dann ist die Fallgeschwindigkeit nur der ersten Potenz der Drehzahl und nur der Wurzel aus dem Radius der Zentrifuge proportional. Daraus ergibt sich, daß bei feinen Teilchen, die nicht mehr beschleunigt fallen, sondern tagelang brauchen, um sich im Schwerefeld abzusetzen, ein Zentrifugieren sehr wirksam ist. Es ist mit Leichtigkeit möglich, Zentrifugalbeschleunigungen zu erzeugen, die das 20000- bis 30000fache der Schwerkraft betragen. Teilchen, die Tage brauchten, um sich im Schwerefeld abzusetzen, können im Zentrifugalfeld schon in Sekunden sedimentieren. Technisch werden Drehzahlen von 20000 bis 40000 U/min angewendet. Die Zentrifugen werden durch Dampf-, Luft- oder Ölturbinen, seltener elektrisch, angetrieben.

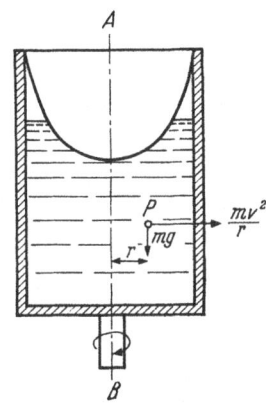

Abb. 66. Zentrifugalkräfte in einem rotierenden Gefäß.

Die kurze Sedimentationsdauer erlaubt, bei langsamem Durchfluß, auch kontinuierlich Flüssigkeiten verschiedener Dichte voneinander zu trennen. Da die kontinuierlichen Arbeitsverfahren in der Erdöl-Industrie sehr beliebt sind, haben sich diese Zentrifugen auch durchweg eingeführt. Selbst bei den zähflüssigen Säuregoudrons wendet man die kontinuierliche Abtrennung durch Zentrifugen an.

Zur Vermeidung turbulenter Strömungen innerhalb der Trommel, und damit zur Verhinderung der Vermischung der getrennten Bestandteile, sind diese Trommeln meist aus vielen, kegelförmig in bestimmten

Abständen übereinandergeschichteten Blechen aufgebaut (vgl. Abb. 67). Die zu reinigende Flüssigkeit tritt durch die gelochten Bleche ungefähr in $2/3$ des radialen Abstandes vom Zentrum ein und teilt sich in die leichteren und schwereren Anteile. Die leichteren Tröpfchen bleiben innen, während die schwereren nach außen fliegen. Durch entsprechende Kanäle, deren Querschnitt durch Ringblenden begrenzbar ist, wird ein kontinuierlicher Betrieb ermöglicht. Dieser setzt voraus, daß das zu reinigende Gemisch mit konstantem, hydrostatischem Druck in die Trommel eingebracht wird. Zur Regelung des Zuflusses dienen meist Schwimmer. Auch die Temperatur muß konstant gehalten werden, weil davon die Dichtedifferenz und bei Säuregoudrons vor allem die Viskosität abhängen. Die Ringblenden müssen diesen jeweiligen Verhältnissen angepaßt sein. Dieses Ausprobieren der günstigsten Blenden ist eine einmalige, zeitraubende Arbeit, aber dann reproduzierbar, so daß es zweckmäßig erscheint, die für ein bestimmtes Produkt ausprobierten Bleche und Blenden genau zu notieren, um sie bei Wiederholung der Operation gleich wieder einsetzen zu können.

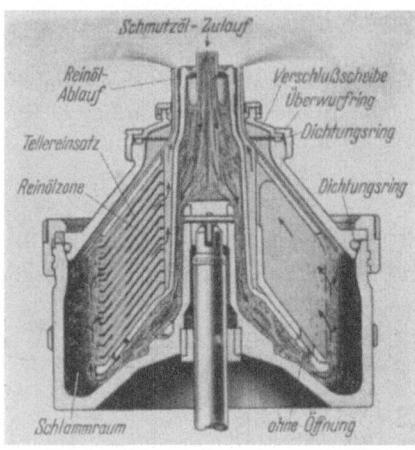

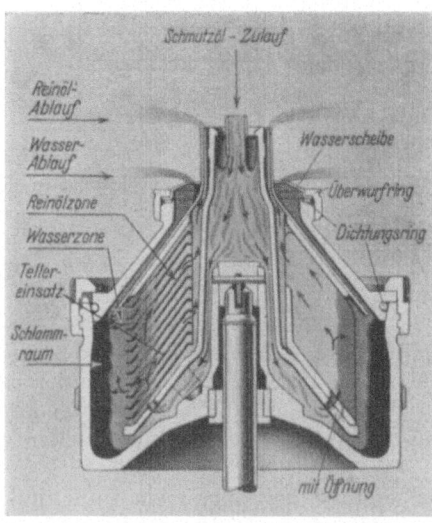

Abb. 67a, b. Zentrifugentrommeln für Flüssigkeitstrennung (a) und für Festkörpertrennung (b) (Ausführung Westphalia).

Die Zentrifugen können auch mit ungelochten Blechen ausgerüstet werden, so daß auch feste Körper abzutrennen sind. Dieser Betrieb ist aber nicht mehr kontinuierlich, sondern die Trommel muß geöffnet und gereinigt werden, wenn sie sich mit dem Schlamm vollgesetzt hat. Man wendet diese Art der Abtrennung nur dann an, wenn die Sedimentmengen so gering sind, daß die Zentrifuge nicht allzu häufig stillgesetzt werden muß. Vorteilhaft ist dieses Verfahren besonders dann, wenn Spuren von Verunreinigungen vorliegen. Es kommt besonders für lyophobe Kolloide in Frage, die nicht solvatisieren. Bei den schleimigen, zähelastischen, zur Strukturviskosität und Thixotropie neigenden Kolloiden mit geringer Dichtedifferenz ist eine saubere Trennung nur schwer möglich.

Das Abstellen und Wiederbeschleunigen der Zentrifugen erfordert Motoren mit hohem Anzugsmoment, was erhebliche Verluste an Energie durch Bremswärme verursacht. Aus diesem Grunde eignen sich auch Filterzentrifugen nur für Filtrationsgut mit geringen Mengen suspendierter Stoffe. Das Problem der Großfilterzentrifuge ist daher noch im wesentlichen ungelöst. Die langsam laufenden Trommeln mit waagerechter Achse und großem Trommelraum weisen gewisse Vorteile auf, denen aber die Nachteile einer sorgfältigen Fundierung und der ungleichmäßigen Absetzung durch einseitige Einwirkung der Schwerkraft auf das zu trennende Gut gegenüberstehen.

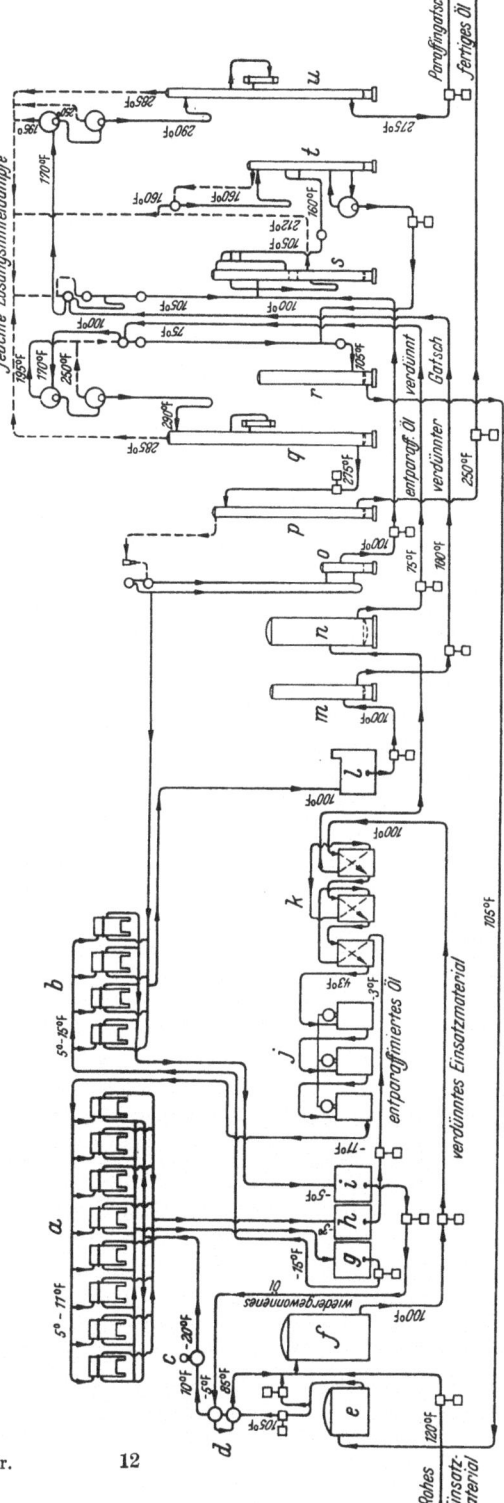

Abb. 68. Fließschema einer Lösungsmittel-Entparaffinierungsanlage.* a und b Zentrifugen, c und d Wärmetauscher, e Lösemitteltank, f Behälter für verdünntes Einsatzmaterial, g, h, i Kühler, j Gegenstromkristallisatoren, k Gegenstromwärmetauscher, l, m Vorwärmer für verdünnten Gatsch, n Vorwärmer für verdünntes Öl, o, p, q Redestillation des verdünnten Öles, r Wärmetauscher, s, t, u Redestillation des verdünnten Gatsches.

Man ist daher neuerdings zur Anwendung schwerer Lösungsmittel übergegangen. Dabei wird nicht der zu trennende Körper, sondern die als Dispersionsmittel dienende Flüssigkeit mit dem Filter in dauernde Berührung gebracht. Es sammeln sich die festen Körper nahe der Zentrifugenachse an, während die schwere Flüssigkeit gegen den Rand der Trommel wandert. Man hat auf diese Weise nur Flüssigkeit auf dem Filter, das auch deshalb nicht verstopfen kann. Als Lösungsmittel werden meist gechlorte Kohlenwasserstoffe verwendet, deren Dichte über der des Wassers liegt. Dieses Prinzip wird insbesondere bei den modernen Entparaffinierungsprozessen (Heavy-Solvent-Dewaxing oder Barisol-Prozeß usw.) angewandt. Das Fließschema einer solchen Anlage zeigt Abb. 68. Es erleichtert auch das Austragen der Kuchen auf kontinuierlichem oder automatischem Wege.

Leider sind die schweren Lösungsmittel nicht so selektiv wie die leichteren Benzol—Keton-Gemische. Immerhin stehen die Schwerlösungsmittelverfahren mit den Leichtlösungsmittelverfahren in erfolgreichem Wettbewerb. Wohl beruht der größte Teil der Entparaffinierungskapazität auf dem Benzol—Keton-Verfahren, doch nimmt die Verbreitung des Barisol-Verfahrens stetig zu. Gerade bei den Entparaffinierungsverfahren, bei denen die Filtrationsschwierigkeiten größer sind als bei anderen Filtrationsprozessen, ist es oft schwer, eine Entscheidung zu treffen. Eine genaue Prüfung der lokalen Verhältnisse ist unerläßlich. Man verfährt hierbei in der Regel so, daß Proben der zu verarbeitenden Stoffe den Baufirmen eingesandt werden, die sie in einer „Pilotplant" untersuchen, und Fertigprodukte mit allen Einzelangaben über Ausbeute und Energieaufwand zur Verfügung stellen. An Hand der Qualität der nach verschiedenen Verfahren erhaltenen Produkte kann dann leichter eine Entscheidung getroffen werden.

Bei allen diesen Prozessen sind auch noch anderweitige Alternativen in Betracht zu ziehen. Es kann unter Umständen vorteilhafter sein, sich mit einer unvollkommeneren Entparaffinierung zu begnügen und die Stockpunkte mit Kristallisationsverzögerern, wie Paraflow, zu verbessern. Dies ist dann der Fall, wenn die im Öl verbleibenden Paraffine vorwiegend aus Weichparaffinen bestehen, die leicht auf solche Dopes ansprechen. Das bringt nicht nur eine erhebliche Wärmeökonomie bei der Entparaffinierung, sondern es sind auch die unverkäuflichen Weichparaffine ins Öl deplaciert und dadurch die Ölausbeute verbessert worden. Weichparaffine verbessern außerdem noch den Viskositätsindex, da sie eine flachere Viskositäts—Temperatur-Kurve zeigen als die Öle. Nur deren Trübungspunkte werden bei einem merklichen Gehalt an Weichparaffinen schlechter. Das bedeutet nicht nur eine Verschlechterung des Aussehens, sondern beim Eintritt des Trübungspunktes werden die Öle auch strukturviskos. Es wird daher das Kälteverhalten beeinträchtigt. Daraus geht hervor, wie sehr die Qualitätsanforderungen Einfluß auf die Wahl eines bestimmten Verarbeitungsverfahrens haben können. Da die Prüfung auf das Kälteverhalten der Öle noch nicht allerorten mit in die Spezifikation aufgenommen wird, kann eine schwache Entparaffinierung unter Umständen erhebliche kommerzielle Vorteile bringen. Eine weitblickende Planung wird jedoch immer danach trachten, auch für künftige höhere Anforderungen genügende Anlagen zu erstellen und diese vorerst nur mit einer der jeweiligen Marktlage entsprechenden Qualitätsproduktion anlaufen zu lassen. Erst später wird man die volle Leistung ausnutzen, wenn es die Marktlage erfordert.

Nach dem heutigen Stande der Entwicklung scheint die Zentrifuge mehr dem Kleinbetrieb der Entparaffinierung angepaßt, während sich die rotierenden Filter besonders bei Großanlagen bewähren. Überall da, wo Flüssigkeiten verschiedener Dichte voneinander zu trennen sind, ist die Zentrifuge am Platze.

Bei der Schwefelsäureraffination ist insbesondere die kurze Kontaktdauer beim Zentrifugieren von Vorteil und ermöglicht die Raffination bei tiefen Temperaturen. Dies bietet bei manchen Produkten so große Vorteile, daß eine einigermaßen befriedigende Lösung erst durch Einführung der Zentrifuge gefunden wurde. Z. B. ist der Stratcold-Prozeß, bei dem Krackprodukte bei tiefer Temperatur mit Schwefelsäure raffiniert werden, die eigentliche Domäne der Zentrifuge. Hier sind die Säureharze noch nicht zu zäh, um ernste Schwierigkeiten zu bereiten. Auch treten bei tiefen Temperaturen noch keine Oxydationserscheinungen auf, und man erhält hohen Ansprüchen genügende Raffinate, ohne die Oktanzahlen der so raffinierten Produkte merklich zu beeinträchtigen.

§ 5. Mischung.

Neben den bisher behandelten Trennungsmethoden spielen auch die Vereinigungsmethoden eine gewisse Rolle in der Erdöl-Industrie. Sie stehen in der Regel am Ende eines jeden Verarbeitungsprozesses, da die Ware erst kurz vor dem Versand aus den Komponenten gemischt wird. Dies ist wichtig, da man nicht beliebig viele Warensorten lagern kann, sondern diese der jeweiligen Marktlage angepaßt, unmittelbar vor der Verladung herstellen muß.

Bei der Vermischung der Weißprodukte ist dies kein Problem, da die Diffusionsgeschwindigkeit infolge der geringen Viskosität so groß ist, daß dieser Vorgang hinreichend schnell verläuft. Nur bei größeren Behältern ist man genötigt, längere Zeit hindurch umzupumpen.

Wegen der Flüchtigkeit der Kohlenwasserstoffe ist ein Vermischen der leichten Fraktionen mittels Luft nicht möglich. Es würden sich unkondensierbare Brennstoff—Luft-Gemische bilden, die zu erheblichen Verlusten führten und die Oktanzahl empfindlich verringerten. Da es sich hierbei um leicht brennbare Flüssigkeiten handelt, können auch direkt gekuppelte Rührer mit elektrischem Antrieb nicht verwendet werden. Es kommen daher nur Pumpen in Frage, die, entfernt von dem Behälter, geschützt aufzustellen sind. Ihre Beschreibung erübrigt sich, da sie in Teil I, § 3, f beschrieben wurden. Nur bei der Vermischung schwer brennbarer Öle und nicht brennbarer Raffinationsreagenzien kann mit Hilfe von Luft gerührt werden. Hiervon wird in der Raffinationspraxis wegen der Einfachheit des Verfahrens ausgiebig Gebrauch gemacht. Luftrührer haben den großen Vorteil, daß sie von einer zentralen Preßluftanlage aus gespeist werden können und nur aus einem Einleitungsrohr und einem Absperrventil bestehen. Sie werden bei der Säureraffination in Agitatoren ausschließlich verwendet. Hierbei ist zu beachten, daß die Rohre möglichst bis auf den Boden, d. h. an die tiefste Stelle des Konus reichen, da sonst zu leicht tote (unvermischte) Säurereste zurückbleiben, die nicht in Reaktion treten. Luftrührer kommen auch bei der trockenen Raffination der Öle mit Bleicherde in Frage. Hierbei wird die staubförmige Erde mit dem Luftstrom schon aus dem „Terrana-Magazin" direkt in die Raffinationsanlage geblasen und unter Öl aufgefangen. Durch diese „Luft-Montejus" vermeidet man Verstaubungsverluste und erhält einen sauberen Betrieb. Trotz der großen Vorzüge dieser Mischmethode ist sie nicht in allen Fällen anwendbar. Insbesondere ist es bedenklich, Fertigfabrikate mit guter Farbe durch Luft zu vermischen, namentlich dann, wenn zur Verringerung der Zähigkeit längere Zeit erwärmt werden muß. Es können dann farbunstabile Produkte entstehen, die erheblich nachdunkeln und ihre Spezifikation verlieren.

Das Mischen mittels Luft eignet sich auch nicht zur kontinuierlichen Vermischung zweier Flüssigkeiten, insbesondere dann nicht, wenn einer großen Menge Flüssigkeit eine kleine kontinuierlich zugemischt werden soll. Dieses Problem taucht z. B. beim Demulgieren von Rohöl mit chemischen Demulgatoren auf, die in der Regel in sehr geringer Menge zugesetzt werden. Hierbei haben sich die sogenannten Orifice-Mixer bewährt, die bereits in Teil I, § 4, S. 96, erwähnt wurden. Es sind dies Rohre mit Schikanen, die eine turbulente Bewegung erzwingen, in die man dann den gewünschten Stoff in geringer Menge einspritzt. Ähnliche Probleme liegen bei der Vermischung von Petroleumprodukten mit geringen Mengen von Dopes vor.

Hierbei ist zu beachten, daß manche dieser Dopes, z. B. Viskositäts-Index-Dopes, wegen ihrer hohen Viskosität eine innige Vermischung erschweren. Auch ist bei Emulsionen und thixotropen Flüssigkeiten die rationelle Durchmischung der Komponenten schwieriger, als dies auf den ersten Blick erscheinen mag. Im Laboratorium ergibt sich in der Regel auch noch die Forderung, solche Vermischung möglichst reproduzierbar durchzuführen.

Bei thixotropen Flüssigkeiten macht man mitunter die Beobachtung, daß sich nur die unmittelbare Umgebung des Rührers in Bewegung setzt, während der übrige Teil der Flüssigkeit in Ruhe bleibt. Man muß alsdann den Rührer in alle Ecken und Winkel der Flüssigkeit hinführen oder zur Konstruktion komplizierter Planetenrührwerke greifen, die mehr kneten als rühren und daher viel Energie vergeuden.

Der Verfasser hat daher zunächst für Laboratoriumsbedürfnisse und Pilotplants Rührer konstruiert, die sich seit vielen Jahren bewährt haben und sich insbesondere für thixotrope Suspensionen eignen. Diese sogenannten Evolventenrührer bestehen aus einem unten offenen Kegel oder Trichter, in dessen äußersten Rand Kerben eingeschnitten sind; diese werden zu Evolventen umgebogen, wie dies Abb. 69 erkennen läßt. Steckt man diese Rührer auf eine Motorwelle und versetzt sie in rasche

Umdrehung (etwa 3000 min^{-1}), so wird, wie Abb. 70 zeigt, die Flüssigkeit von den Flügeln beiderseits axial angesaugt und radial weggeschleudert. Hierbei kommen stets die oberen und unteren Schichten miteinander in Berührung, werden in der Rührzone miteinander innig vermischt und nach außen geschleudert. Es kommt zu einer langsamen Flechtströmung, wobei die ganze Flüssigkeitsmasse umgewälzt wird. Nur in der schmalen Evolventenzone treten höhere Geschwindigkeiten auf, wodurch der Energieverbrauch relativ gering ist. Man kann z. B. mit einem Rührer von nur 20 mm Durchmesser den Inhalt eines mittleren Becherglases mit zähem Schmieröl ständig in Bewegung halten. Mit einem Rührer von 50 mm Durchmesser kann man bereits einen ganzen Eimer durchrühren, wozu kaum 20 Watt Motorleistung erforderlich sind. Ein Rührer von 100 mm Durchmesser reicht bereits für ein Faß von 200 l und mehr. Es ist darauf zu achten, daß die Rührer exzentrisch in die Gefäße eingesetzt werden, damit sich nicht der Flüssigkeitsspiegel nach Abb. 66 einstellt und die Flüssigkeit über den Gefäßrand ausgespritzt wird.

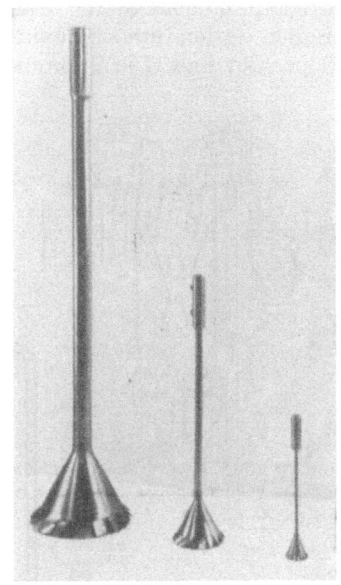

Abb. 69. Evolventenrührer (D. G. M.).

Bei kontinuierlichem Betrieb liegen die Verhältnisse anders. Bei diesem sind die Mischungsgefäße klein, und man braucht nur dafür zu sorgen, daß die Mengenverhältnisse in möglichst gleichmäßigem Strome zu- und abfließen. Im großtechnischen Betrieb eignen sich dafür besonders konstruierte Ölmischer nach Art der Abb. 71. Aus den Speisebehältern (Supply-Tanks) wird das Öl über eine Meßpumpe in den Proportionator gefördert, von wo es über einen Trichter dem Mischer zuströmt. Der Überschuß fließt über einen Bypass zurück in die Speiseleitung. Durch eine gleiche Einrichtung fließt auch die zweite Komponente zu. Der

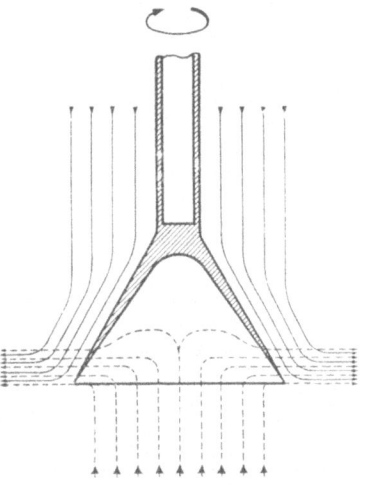

Abb. 70.
Wirkungsweise der Evolventenrührer.

Mischer besteht aus einem Tellerrad mit Kugeln nach Art eines Kollerganges, auf dem durch turbulente Strömung die Flüssigkeit in einer eng begrenzten Zone innig vermischt und über ein Niveaukontrollgerät (Level-Control) zu den Vorratsbehältern gepumpt wird. Solche Mischvorrichtungen sind besonders da von Bedeutung, wo farbempfindliche Stoffe, wie z. B. helle Öle, nicht allzulange erwärmt werden dürfen, um sie dünnflüssiger zu machen. Das ist gerade bei den Dopes der Fall. Die Stammlösungen der Dopes sind in der Regel zähe Flüssigkeiten, die nur schlecht diffundieren und strukturviskos sind, so daß man sie mit wirksamen Rührern mischen muß, wenn man den Kontakt mit Luft bei erhöhter Temperatur vermeiden will.

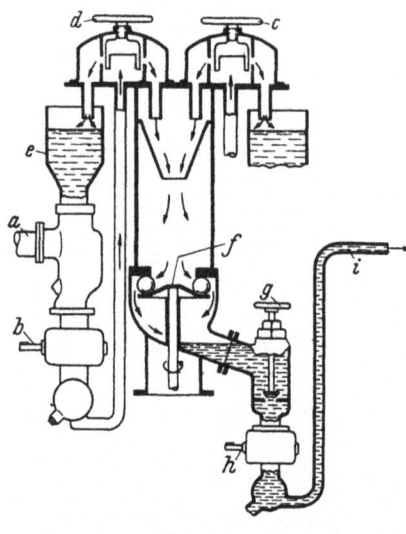

Abb. 71. Prinzipschema eines Kugelmischers. *a* Speiseröhre, *b* Meßpumpe, *c, d* Proportionatoren, *e* Bypass, *f* Mischer, *g* Niveauregler, *h* Förderpumpe, *i* Ablauf.

Auch bei der Vermischung von Ölen mit Voltolen, mit Bright Stocks u. dgl., die ebenfalls zäh sind, treten ähnliche Probleme auf. Solche Rührer ermöglichen eine einfache Lagerung, weil nur wenige Komponenten gelagert werden müssen, die kurz vor der Verladung in der gewünschten Zusammensetzung vermischt werden können. Es ist nämlich zu beachten, daß bei der Vermischung in Reservoiren mit Luft die Wärmekapazität in der Regel so groß ist, daß deren Inhalt erst nach Tagen auskühlt.

§ 6. Automatische Kontrolle und Regelung des Betriebes.

Die Eigenart des hier zu behandelnden Gegenstandes bringt es mit sich, daß seine Darstellung auch nicht annähernd erschöpft werden kann. Getreu dem Grundsatz, möglichst nur geklärte Fragen, die nicht allzu rasch veralten, sondern im Laufe einer Entwicklung Bestand haben dürften, im Rahmen dieses Buches zu behandeln, kann hier nur Grundsätzliches gebracht werden.

Während man sich in den Anfängen der Petroleum-Industrie darauf beschränken konnte, die Produkte zu analysieren und danach die meist sehr trägen Anlagen von Hand einzustellen, ferner die Zustandsbedingungen: Druck, Temperatur und Menge, zu messen, so ist dies heute bei weitem nicht ausreichend. Der große Verbrauch und die hohe Feuersgefahr erfordern eine Reihe von Maßnahmen, zu denen auch der kontinuierliche Betrieb gehört. Er ermöglicht, nur geringe Flüssigkeitsmengen in der Feuerzone zu halten.

Während beim diskontinuierlichen Betrieb Schwankungen im Gang der Fabrikation nur von geringem Einfluß auf die Qualität der Fabrikate sind, liegen die Verhältnisse im kontinuierlichen Betrieb wesentlich anders. Jede Schwankung im Gang der Fabrikation verändert die Qualität der Produkte, so daß nur ein Mittelwert der Qualität garantiert werden kann. In vielen Fällen bedeutet dies einen erheblichen Verlust an Ausbeute erwünschter Fabrikate. Von den Destillaten wird z. B. gefordert, daß sie bestimmte Siedegrenzen haben, die jene der benachbarten Fraktionen nicht überlappen dürfen.

Treten aber Schwankungen im Gang der Destillation auf, dann werden die Produkte so verdorben, daß sie in der Regel nur durch Zumischung leichter Fraktionen aufgebessert werden können. Sie müssen daher viel zu gut abgeliefert werden. Dadurch geht die Produktion an leichten hochwertigen, klopffesten Fliegerkraftstoffen empfindlich zurück.

Man begreift, wie sehr es der Petroleum-Industrie daran gelegen ist, den Gang einer kontinuierlichen Anlage so einzuregeln, daß Schwankungen im Gang der Fabrikation möglichst unterdrückt werden. Die Anforderungen sind hierbei so hoch, daß die in dieser Industrie entwickelten Systeme einen Stand erreicht haben wie in keiner anderen. Auffallend und eigenartig ist, daß in dieser Industrie die elektrischen Meß- und Regelverfahren nur zögernd und mit größter Vorsicht Eingang finden konnten. Erst in allerjüngster Zeit scheint sich konsequent auch in dieser Richtung eine erfolgreiche Entwicklung anzubahnen.

Auch hier war es vor allem die Feuersgefahr, die jene Zurückhaltung in der Anwendung des elektrischen Stromes zu Meßzwecken auferlegte. Das Gefühl, daß durch Wackelkontakte u. dgl. Funken entstehen könnten, die die ganze Anlage in Brand setzen, und die Tatsache, daß die Messung und Regelung von einer sicheren Stromversorgung abhängig ist, hat den Ausschlag für die Wahl der pneumatischen Regelgeräte gegeben. Dies ist um so erstaunlicher, als die Frage der Sicherheit bei der elektrischen Beleuchtung und dem elektrischen Kraftantrieb befriedigend gelöst ist.

Immerhin bahnen sich in den Vereinigten Staaten von Amerika dank der hohen Entwicklung der Röhrentechnik Bestrebungen an, in steigendem Maße elektrische Meßmethoden anzuwenden, die auf so geringe Spannungen und Ströme ansprechen, daß die erwähnten Gefahren auf ein Minimum herabgesetzt erscheinen. Sie können hier, weil noch in der Entwicklung begriffen, nicht in allen Einzelheiten beschrieben werden. Bei der Messung und Registrierung kommen vor allem die Zustandsgrößen Druck, Temperatur und Volumen in Frage.

a) Meßgeräte.
α) Die Temperaturmessung.

Die Grundlage der Temperaturmessung bildet das Thermometer. Es wird in Form von Stabthermometern oder Einschlußthermometern mit Quecksilber- oder gefärbter Toluolfüllung in hinreichend kräftiger Schutzhülse verwendet. Es hat den Nachteil, daß man nur da messen kann, wo man es anbringt, d. h. man kann seine Angaben nicht unmittelbar fernübertragen. Dies ist bei Großanlagen, die im Freien aufgestellt sind, besonders nachteilig. Man ist deshalb dazu übergegangen,

Metallthermometer mit Flüssigkeitsfüllung zu verwenden und die Ausdehnung durch eine lange Kapillare auf ein Manometer zu übertragen. Es hat sich aber bald gezeigt, daß die Verwendung von Flüssigkeiten den Nachteil einer zu großen Wärmekapazität und daher zu langsamer Einstellung hat. Gasfüllungen sind weniger wärmeträg und ermöglichen eine raschere Einstellung. Gasthermometer sind wegen des höheren Dehnungskoeffizienten genauer. Ihre Angaben werden aber bei kleineren Drucken durch die Schwankungen des atmosphärischen Luftdruckes beeinflußt. Beide Systeme, sowohl Gas- als auch Flüssigkeitsthermometer, haben lineare Skala. Insbesondere die Gasthermometer sind jedoch gegen kleine Undichtigkeiten sehr empfindlich. Man hat daher auch Dampfdruckthermometer konstruiert. Sie beruhen darauf, daß Flüssigkeiten mit geeignetem Dampfdruck (z. B. Äther, Alkohol, Butan od. dgl.) in ein Fühlergefäß gefüllt werden und deren Dampfdruck manometrisch gemessen wird. Sie haben den Vorteil, daß der Dampf in den engen Kapillaren leichter strömt als die Flüssigkeit, so daß bei langen Meßwegen nicht so leicht Verzögerungserscheinungen auftreten. Auch kann bei Flüssigkeits-Fernthermometern der Kapillareninhalt in unkontrollierbarer Weise Temperaturschwankungen ausgesetzt sein, wodurch Fehler entstehen können. Diese Fadenkorrektur läßt sich durch Verkleinerung des Kapillarinhaltes gegenüber dem Volumen des Fühlers verringern. Zu dem letzten Zwecke sind auch in Kapillaren dünne Drähte eingezogen worden, die den Rauminhalt verkleinern. Die Ausdehnungskoeffizienten der beiden Metalle (Rohr und Drahtseele) werden so gewählt, daß die Volumenänderung die Dehnung der Flüssigkeit gerade kompensiert.

Dampfdruckthermometer sind gegen Undichtigkeiten nicht so empfindlich als Flüssigkeits- oder Gasthermometer, weil sie erst dann unbrauchbar werden, wenn die ganze Flüssigkeit ausgelaufen ist. Solange nämlich noch Bodenkörper zugegen ist, stellt sich immer wieder das Dampfdruckgleichgewicht ein. Sie sind relativ leicht zu eichen, weil die Angabe unabhängig von der Füllmenge ist und nur von der Dampfdruck—Temperatur-Kurve der Flüssigkeit abhängt. Nachteilig ist, daß sich in kälteren Teilen der Kapillare leicht Flüssigkeitsreste kondensieren. Die Eichkurve dieser Instrumente ist nicht linear, sondern entsprechend der Dampfdruckgleichung

$$\ln p = \ln p_0 - \frac{Q}{RT}$$

logarithmisch. Dies hat den Vorteil, daß man die Flüssigkeit so wählen kann, daß gerade im Meßbereich die größte Genauigkeit der Ablesung erreicht wird. Der übrige Teil der Skala, der seltener verwendet wird, schrumpft dadurch auf wenige Teilstriche zusammen.

Die modernen Instrumente werden fast nur registrierend gebaut. Auf einer Kreisscheibe, die sich in 24 Stunden einmal umdreht, zeichnet ein Zeiger die jeweils herrschende Temperatur auf. Eine dünne, hinreichend armierte Kupfer- oder Stahlkapillare führt von dem Instrument zu dem Fühler, der aus einem röhrenförmigen, einseitig verschlossenen

Gefäß besteht. Ein solches System muß absolut dicht sein, wenn es jahrelang brauchbar sein soll.

Neben diesen Instrumenten werden auch elektrische Thermometer benutzt. Die einfachste Form ist das Thermoelement, das für mittlere Temperaturen aus Eisen—Konstantan, für höhere Temperaturen (z. B. Feuerungen) aus Platin—Platin-Rhodiumlegierung (mit 10% Pt) verwendet wird. Die Spannungen von Chromel—Alumel-Elementen als Funktion der Temperatur sind in den Tabellen 18 und 19 (S. 186/89) eingetragen (HOSKIN-Kurve). Die Thermospannungen werden mit Millivoltmetern von hinreichendem Eigenwiderstand gemessen. Thermospannungen sind annähernd lineare Funktionen der Temperatur. Die Instrumente haben daher lineare Skalen, wenn man Drehspulinstrumente verwendet. Bei Messung mit Wechselstrominstrumenten erhält man quadratische Skalen. Letzteres ist nicht üblich, da solche Instrumente sich nicht als Mehrfachschreiber ausbilden lassen und nur bei linearer Skala die Möglichkeit besteht, die Empfindlichkeiten und Meßbereiche durch Parallel- oder Vorwiderstände zu verändern. Wenn das Instrument keinen hinreichend hohen Eigenwiderstand aufweist, kann infolge des Stromverbrauches ein erheblicher Spannungsabfall in den Zuleitungen auftreten. Die Angaben des Anzeigegerätes hängen daher von der Entfernung des Fühlers von der Meßstelle ab. Man darf zur Vermeidung dieses Spannungsabfalles die Leitungen nicht zu dünn wählen.

Da die Thermoelemente nur auf Temperaturdifferenzen ansprechen, würde die Temperaturangabe von der Außentemperatur abhängen, der die zweite Lötstelle ausgesetzt ist. Ein Konstanthalten dieser Temperatur mit Eis oder Thermostaten ist im Betrieb zu umständlich und daher nicht üblich. Man hat daher verschiedene Kompensationsmethoden ersonnen, um die hierdurch verursachten Schwankungen auszugleichen und die Angaben von der Außentemperatur unabhängig zu machen.

Die einfachste Methode besteht darin, daß das Thermoelement mit einer WHEATSTONEschen Brücke und dem Anzeigegerät in Serie geschaltet wird. Die Brücke wird von einer Gleichspannungsquelle gespeist; meist wird hierfür ein Transformator von 6 Volt und ein Trockengleichrichter verwendet. Dieser Speisestrom ist mittels eines Widerstandes regelbar. Drei Zweige der WHEATSTONEschen Brücke bestehen aus Manganin und der vierte aus einem Kupferdraht. Ändert sich die Außentemperatur und damit die Thermospannung, dann ändert sich auch der Widerstand des Kupferdrahtes, während der der Manganindrähte unverändert bleibt. Sinn und Größe der Widerstandsänderung kann durch passende Wahl und genaue Regulierung des Speisestromes so eingestellt werden, daß diese Spannungsschwankungen ausgeglichen werden.

Das Schaltschema ist aus Abb. 72 ersichtlich. Das Instrument zeigt also bis zu Temperaturen in der Nähe der Außentemperatur richtig an. Das einwandfreie Arbeiten dieser Kompensationseinrichtung setzt jedoch konstante Netzspannung voraus. Bei besonders hohen Anforderungen würde sich auch hier der Aufwand durch einen Spannungsregler vergrößern. Die Firma Leeds & Northrup baut deshalb ihre Mikromaxgeräte nach dem in Abb. 73 dargestellten Potentiometerprinzip. Ein

Tabelle 18.
Thermospannung von Thermoelementen mit Chromel gegen Alumel.

°C	0°	100°	200°	300°	400°	500°	600°
				Millivolt			
0	0	4,17	8,27	12,36	16,46	20,73	24,97
2	,08	4,25	8,35	12,44	16,55	20,81	25,05
4	,16	4,34	8,43	12,53	16,63	20,90	25,13
6	,24	4,42	8,51	12,61	16,72	20,98	25,22
8	,32	4,50	8,59	12,69	16,80	21,06	25,30
10	,39	4,59	8,68	12,78	16,89	21,15	25,39
12	,47	4,68	8,76	12,86	16,98	21,23	25,47
14	,55	4,76	8,84	12,94	17,06	21,31	25,56
16	,62	4,85	8,92	13,02	17,15	21,40	25,64
18	,70	4,93	9,00	13,10	17,23	21,48	25,72
20	,77	5,02	9,09	13,18	17,32	21,57	25,81
22	,85	5,10	9,17	13,26	17,41	21,65	25,89
24	,92	5,18	9,25	13,34	17,49	21,73	25,97
26	1,00	5,26	9,33	13,42	17,58	21,82	26,06
28	1,08	5,34	9,41	13,50	17,66	21,90	26,14
30	1,15	5,43	9,50	13,58	17,75	21,98	26,22
32	1,24	5,51	9,58	13,66	17,83	22,06	26,30
34	1,33	5,59	9,66	13,74	17,91	22,14	26,39
36	1,42	5,67	9,74	13,82	18,00	22,23	26,47
38	1,51	5,75	9,82	13,90	18,08	22,31	26,55
40	1,59	5,84	9,90	13,98	18,17	22,39	26,63
42	1,68	5,92	9,98	14,06	18,26	22,48	26,71
44	1,76	6,01	10,06	14,14	18,34	22,56	26,79
46	1,85	6,09	10,14	14,22	18,43	22,65	26,88
48	1,93	6,17	10,22	14,30	18,51	22,73	26,96
50	2,02	6,26	10,31	14,39	18,60	22,82	27,04
52	2,11	6,34	10,39	14,47	18,69	22,91	27,12
54	2,20	6,42	10,47	14,55	18,78	23,00	27,21
56	2,28	6,50	10,55	14,63	18,86	23,08	27,29
58	2,37	6,58	10,63	14,71	18,95	23,17	27,37
60	2,46	6,66	10,72	14,79	19,04	23,26	27,46
62	2,55	6,74	10,80	14,87	19,13	23,35	27,54
64	2,64	6,82	10,88	14,95	19,22	23,44	27,63
66	2,73	6,91	10,97	15,04	19,31	23,52	27,71
68	2,82	6,99	11,05	15,12	19,39	23,61	27,79
70	2,90	7,08	11,14	15,21	19,48	23,70	27,88
72	2,99	7,16	11,22	15,29	19,57	23,79	27,96
74	3,07	7,24	11,30	15,37	19,65	23,87	28,04
76	3,16	7,32	11,38	15,46	19,74	23,96	28,13
78	3,24	7,40	11,46	15,54	19,82	24,04	28,21
80	3,33	7,48	11,54	15,63	19,91	24,13	28,29
82	3,41	7,56	11,62	15,71	19,99	24,21	28,37
84	3,50	7,64	11,70	15,79	20,07	24,30	28,45
86	3,58	7,72	11,78	15,87	20,15	24,38	28,53
88	3,67	7,80	11,86	15,95	20,23	24,47	28,61
90	3,75	7,88	11,95	16,04	20,32	24,55	28,70
92	3,83	7,96	12,03	16,12	20,40	24,63	28,78
94	3,92	8,04	12,11	16,21	20,48	24,72	28,86
96	4,00	8,12	12,19	16,29	20,56	24,80	28,94
98	4,08	8,20	12,27	16,38	20,64	24,89	29,02
100	4,17	8,27	12,36	16,46	20,73	24,97	29,11
MV je °C	,0417	,041	,0409	,041	,0427	,0424	,0414

Meßgeräte.

Tabelle 18.
Thermospannung von Thermoelementen mit Chromel gegen Alumel (Fortsetzung).

°C	700°	800°	900°	1000°	1100°	1200°	1300°
				Millivolt			
0	29,11	33,25	37,36	41,27	45,05	48,83	52,49
2	29,19	33,33	37,44	41,35	45,13	48,91	52,56
4	29,28	33,42	37,52	41,42	45,20	48,98	52,63
6	29,36	33,50	37,60	41,50	45,28	49,06	52,70
8	29,44	33,58	37,68	41,57	45,35	49,13	52,77
10	29,53	33,67	37,77	41,65	45,43	49,21	52,85
12	29,61	33,75	37,85	41,73	45,51	49,28	52,92
14	29,70	33,84	37,93	41,80	45,58	49,36	52,99
16	29,79	33,92	38,01	41,88	45,66	49,43	53,06
18	29,87	34,00	38,09	41,95	45,73	49,51	53,13
20	29,95	34,09	38,18	42,03	45,81	49,58	53,21
22	30,03	34,17	38,26	42,10	45,88	49,65	53,29
24	30,11	34,25	38,34	42,18	45,96	49,72	53,36
26	30,19	34,34	38,42	42,25	46,03	49,79	53,44
28	30,27	34,42	38,50	42,33	46,11	49,86	53,51
30	30,36	34,51	38,57	42,40	46,18	49,94	53,59
32	30,44	34,59	38,65	42,48	46,26	50,02	53,66
34	30,52	34,67	38,73	42,56	46,34	50,09	53,74
36	30,60	34,75	38,81	42,64	46,42	50,17	53,81
38	30,68	34,83	38,89	42,72	46,50	50,24	53,88
40	30,77	34,90	38,97	42,79	46,57	50,32	53,96
42	30,85	34,98	39,05	42,86	46,64	50,39	54,03
44	30,93	35,06	39,12	42,94	46,72	50,46	54,10
46	31,01	35,15	39,20	43,01	46,79	50,53	54,17
48	31,09	35,23	39,27	43,09	46,87	50,60	54,24
50	31,18	35,32	39,35	43,16	46,94	50,68	54,32
52	31,26	35,40	39,43	43,24	47,02	50,76	54,39
54	31,34	35,48	39,51	43,31	47,09	50,83	54,46
56	31,43	35,57	39,59	43,39	47,17	50,91	54,53
58	31,51	35,65	39,67	43,46	47,24	50,98	54,60
60	31,60	35,74	39,74	43,54	47,32	51,06	54,68
62	31,68	35,82	39,82	43,62	47,40	51,13	54,75
64	31,77	35,90	39,90	43,69	47,47	51,20	54,82
66	31,85	35,99	39,98	43,77	47,55	51,27	54,89
68	31,93	36,07	40,06	43,84	47,62	51,34	54,96
70	32,02	36,16	40,13	43,92	47,70	51,42	55,04
72	32,10	36,24	40,21	43,99	47,77	51,49	55,11
74	32,18	36,32	40,28	44,07	47,85	51,56	55,18
76	32,26	36,40	40,36	44,14	47,92	51,63	55,25
78	32,34	36,48	40,43	44,22	48,00	51,70	55,32
80	32,43	36,56	40,51	44,29	48,07	51,76	55,40
82	32,51	36,64	40,59	44,37	48,15	51,84	55,47
84	32,59	36,72	40,67	44,45	48,23	51,91	55,54
86	32,67	36,80	40,75	44,53	48,31	51,99	55,61
88	32,75	36,88	40,83	44,61	48,39	52,06	55,68
90	32,84	36,96	40,90	44,68	48,46	52,14	55,76
92	32,92	37,04	40,97	44,75	48,53	52,21	55,83
94	33,00	37,12	41,05	44,83	48,61	52,28	55,90
96	33,08	37,20	41,12	44,90	48,68	52,35	55,97
98	33,16	37,28	41,20	44,98	48,76	52,42	56,04
100	33,25	37,36	41,27	45,05	48,83	52,49	56,12
MV je °C	,0414	,0411	,0391	,0378	,0378	,0366	,0363

Tabelle 19. *Thermospannung von Thermoelementen*

°C	Millivolt							
	0°	100°	200°	300°	400°	500°	600°	700°
0°	0	,643	1,43	2,31	3,24	4,22	5,22	6,26
2°	,012	,658	1,45	2,33	3,26	4,24	5,24	6,28
4°	,024	,673	1,46	2,35	3,28	4,26	5,26	6,30
6°	,036	,688	1,48	2,37	5,30	4,28	5,28	6,32
8°	,048	,703	1,50	2,38	3,32	4,30	5,30	6,34
10°	,060	,719	1,52	2,40	3,34	4,32	5,32	6,37
12°	,072	,734	1,53	2,42	3,36	4,34	5,34	6,39
14°	,084	,749	1,55	2,44	3,38	4,36	5,36	6,41
16°	,096	,764	1,57	2,46	3,40	4,38	5,38	6,43
18°	,107	,779	1,59	2,48	3,42	4,39	5,41	6,45
20°	,119	,795	1,60	2,50	3,44	4,41	5,43	6,47
22°	,131	,810	1,62	2,51	3,45	4,43	5,45	6,49
24°	,143	,825	1,64	2,53	3,47	4,45	5,47	6,51
26°	,155	,840	1,66	2,55	3,49	4,47	5,49	6,53
28°	,167	,855	1,67	2,57	3,51	4,49	5,51	6,56
30°	,179	,871	1,69	2,59	3,53	4,51	5,53	6,58
32°	,191	,886	1,71	2,61	3,55	4,53	5,55	6,60
34°	,203	,901	1,72	2,62	3,57	4,55	5,57	6,62
36°	,215	,916	1,74	2,64	3,59	4,57	5,59	6,64
38°	,226	,931	1,76	2,66	3,61	4,59	5,61	6,66
40°	,238	,947	1,78	2,68	3,63	4,61	5,63	6,68
42°	,250	,962	1,79	2,70	3,65	4,63	5,65	6,70
44°	,262	,977	1,81	2,72	3,67	4,65	5,67	6,73
46°	,274	,992	1,83	2,73	3,69	4,67	5,69	6,75
48°	,286	1,01	1,85	2,75	3,71	4,69	5,71	6,77
50°	,298	1,02	1,86	2,77	3,72	4,71	5,74	6,79
52°	,312	1,04	1,88	2,79	3,74	4,73	5,76	6,81
54°	,326	1,05	1,90	2,81	3,76	4,75	5,78	6,83
56°	,340	1,07	1,92	2,83	3,78	4,77	5,80	6,86
58°	,354	1,09	1,94	2,85	3,80	4,79	5,82	6,88
60°	,367	1,10	1,95	2,87	3,82	4,81	5,84	6,90
62°	,381	1,12	1,97	2,89	3,84	4,84	5,86	6,92
64°	,395	1,14	1,99	2,90	3,86	4,86	5,88	6,94
66°	,409	1,15	2,01	2,92	3,88	4,88	5,90	6,96
68°	,423	1,17	2,03	2,94	3,90	4,90	5,92	6,98
70°	,436	1,19	2,04	2,96	3,92	4,92	5,95	7,01
72°	,450	1,20	2,06	2,98	3,94	4,94	5,97	7,03
74°	,464	1,22	2,08	3,00	3,96	4,96	5,99	7,05
76°	,478	1,23	2,10	3,02	3,98	4,98	6,01	7,07
78°	,492	1,25	2,12	3,04	4,00	5,00	6,03	7,09
80°	,505	1,27	2,13	3,06	4,02	5,02	6,05	7,11
82°	,519	1,28	2,15	3,07	4,04	5,04	6,07	7,13
84°	,533	1,30	2,17	3,09	4,06	5,06	6,09	7,16
86°	,547	1,32	2,19	3,11	4,08	5,08	6,11	7,18
88°	,561	1,33	2,21	3,13	4,10	5,10	6,13	7,20
90°	,574	1,35	2,22	3,15	4,12	5,12	6,15	7,22
92°	,588	1,37	2,24	3,17	4,14	5,14	6,18	7,24
94°	,602	1,38	2,26	3,19	4,16	5,16	6,20	7,26
96°	,616	1,40	2,28	3,21	4,18	5,18	6,22	7,29
98°	,630	1,41	2,29	3,23	4,20	5,20	6,24	7,31
100°	,643	1,43	2,31	3,24	4,22	5,22	6,26	7,33
MV je °C	,0064	,0079	,0088	,0093	,0098	,0100	,0104	,0107

Meßgeräte.

mit Platin gegen Platin (10%)-Rhodium.

°C	Millivolt							
	800°	900°	1000°	1100°	1200°	1300°	1400°	1500°
0°	7,33	8,43	9,57	10,74	11,93	13,13	14,33	15,55
2°	7,35	8,45	9,59	10,76	11,95	13,15	14,35	15,57
4°	7.37	8,48	9,62	10,79	11,98	13,18	14,38	15,60
6°	7,39	8,50	9,64	10,81	12,00	13,20	14,40	15,62
8°	7,42	8,52	9,66	10,83	12,03	13,23	14,43	15,65
10°	7,44	8,54	9,69	10,86	12,05	13,25	14,45	15,67
12°	7,46	8,57	9,71	10,88	12,07	13,27	14,48	15,69
14°	7,48	8,59	9,73	10,91	12,10	13,30	14,50	15,72
16°	7,51	8,61	9,76	10,93	12,12	13,32	14,53	15,74
18°	7,53	8,63	9,78	10,95	12,15	13,35	14,55	15,77
20°	7,55	8,66	9,80	10,98	12,17	13,37	14,57	15,79
22°	7,57	8,68	9,82	11,00	12,19	13,39	14,60	15,81
24°	7,59	8,70	9,85	11,02	12,22	13,42	14,62	15,84
26°	7,61	8,73	9,87	11,05	12,24	13,44	14,65	15,86
28°	7,64	8,75	9,89	11,07	12,27	13,47	14,67	15,89
30°	7,66	8,77	9,92	11,09	12,29	13,49	14,70	15,91
32°	7,68	8,80	9,94	11,12	12,31	13,51	14,72	15,93
34°	7,70	8,82	9,96	11,14	12,34	13,54	14,74	15,96
36°	7,72	8,84	9,99	11,16	12,36	13,56	14,77	15,98
38°	7,75	8,86	10,01	11,19	12,39	13,59	14,79	16,01
40°	7,77	8,89	10,03	11,21	12,41	13,61	14,82	16,03
42°	7,79	8,91	10,06	11,24	12,43	13,63	14,84	16,05
44°	7,81	8,93	10,08	11,26	12,46	13,66	14,87	16,08
46°	7,83	8,95	10,10	11,28	12,48	13,68	14,89	16,10
48°	7,86	8,98	10,13	11,31	12,51	13,71	14,92	16,13
50°	7,88	9,00	10,15	11,33	12,53	13,73	14,94	16,15
52°	7,90	9,02	10,17	11,35	12,55	13,75	14,96	16,17
54°	7,92	9,05	10,20	11,38	12,58	13,78	14,99	16,20
56°	7,94	9,07	10,22	11,40	12,60	13,80	15,01	16,22
58°	7,97	9,09	10,24	11,43	12,63	13,83	15,04	16,25
60°	7,99	9,11	10,27	11,45	12,65	13,85	15,06	16,27
62°	8,01	9,14	10,29	11,47	12,67	13,87	15,09	16,29
64°	8,03	9,16	10,32	11,50	12,70	13,90	15,11	16,32
66°	8,05	9,18	10,34	11,52	12,72	13,92	15,14	16,34
68°	8,08	9,20	10,36	11,55	12,75	13,95	15,16	16,37
70°	8,10	9,23	10,39	11,57	12,77	13,97	15,18	16,39
72°	8,12	9,25	10,41	11,59	12,79	13,99	15,21	16,41
74°	8,14	9,27	10,43	11,62	12,82	14,02	15,23	16,44
76°	8,17	9,30	10,46	11,64	12,84	14,04	15,26	16,46
78°	8,19	9,32	10,48	11,67	12,87	14,07	15,28	16,49
80°	8,21	9,34	10,50	11,69	12,89	14,09	15,31	16,51
82°	8,23	9,37	10,53	11,71	12,91	14,11	15,33	16,53
84°	8,25	9,39	10,55	11,74	12,94	14,14	15,35	16,56
86°	8,28	9,41	10,57	11,76	12,96	14,16	15,38	16,58
88°	8,30	9,43	10,60	11,79	12,99	14,19	15,40	16,61
90°	8,32	9,46	10,62	11,81	13,01	14,21	15,43	16,63
92°	8,34	9,48	10,65	11,83	13,03	14,23	15,45	16,65
94°	8,37	9,50	10,67	11,86	13,06	14,26	15,48	16,68
96°	8,39	9,52	10,69	11,88	13,08	14,28	15,50	16,70
98°	8,41	9,55	10,72	11,91	13,11	14,31	15,53	16,73
100°	8,43	9,57	10,74	11,93	13,13	14,33	15,55	16,75
MV je °C	,0110	,0114	,0117	,0119	,012	,012	,0122	,012

kontinuierlich regulierbares Potentiometer wird über einen Widerstand aus einer Gleichstromquelle gespeist. Anzeigegerät und Thermoelement liegen in Serie. Das eine Ende ist mit der Mitte des Potentiometers ver-

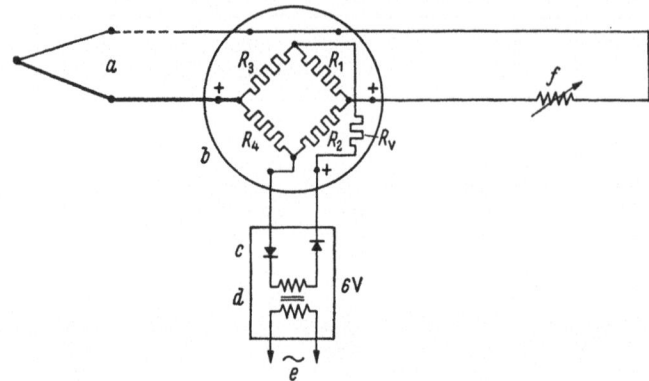

Abb. 72. Thermoelement in Temperatur-Kompensations-Schaltung.
a Thermoelement, b Kapsel, R_1, R_2, R_3, R_4 Widerstände, R_v Vorschaltwiderstand, c Gleichrichter, d Transformator, e Netz, f Registriergerät.

bunden. Wird das Millivoltmeter nicht direkt an das Potentiometer angeschlossen, sondern über ein Widerstandsband an beiden Enden des Potentiometers angelegt, so hat man auch hier die Möglichkeit, den einen Zweig aus Manganin-, den anderen aus Nickeldraht zu wickeln und so abzugleichen, daß die Schwankungen der Bezugstemperatur durch die Schwankungen des Nickelwiderstandes kompensiert werden.

Um von den Spannungsschwankungen unabhängig zu sein, kann das Millivoltmeter wahlweise über einen Widerstand auf ein WESTON-Normalelement umgeschaltet werden. Ein elektromotorisch angetriebener Mechanismus verändert das Potentiometer so lange, bis die Brücke stromlos ist. Diese Stellungen werden registriert. Es leuchtet ein, daß bei dieser Anordnung Widerstandsänderungen in den Zuleitungen zum Fühler ohne Einfluß auf das Meßergebnis sind, weil während der Messung die Brücke stromlos ist. Bei genauer Betrachtung erweist sich auch diese Anordnung als eine Brückenschaltung, die sich in ihren wesentlichen Teilen nur durch die Art der Anzeige unterscheidet. Bei der ersten Anordnung zeigt das Galvanometer direkt an, bei der zweiten

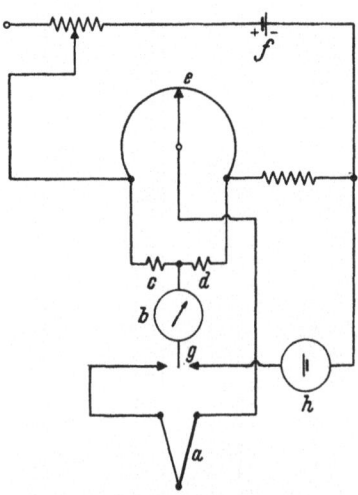

Abb. 73. Schaltung des Mikromax nach Leeds & Northrup.
a Thermoelement, b Nullinstrument, c, d Widerstände, e Potentiometer, f Stromquelle, g Schalter, h Normalelement.

zeigt die mechanisch betätigte Abgleichvorrichtung an. Statt der konstanten Spannungsquelle ist hier eine konstante Vergleichsspannung und ein besonderer Abgleichsmechanismus erforderlich. Bemerkenswert an dieser Anordnung ist, daß bei Mehrfachschreibern eine mechanische Registriervorrichtung ohnehin nicht umgangen werden kann. Diese ist hier nur so zuverlässig gebaut, daß sie den rauhen Anforderungen des Betriebes gewachsen ist. Dadurch bleibt der wesentliche Vorteil einer Nullmethode, nämlich die Unabhängigkeit der Anzeige von der Entfernung der Meßstelle zum Fühler, erhalten. Eine Ansicht dieses Gerätes zeigt Abb. 74.

Unabhängig von einer Bezugstemperatur sind die Widerstandsthermometer. Zur Vermeidung von Temperatureinflüssen auf die Fernleitung müssen diese aber trifilar zur Brücke geführt werden. Das Widerstandsthermometer

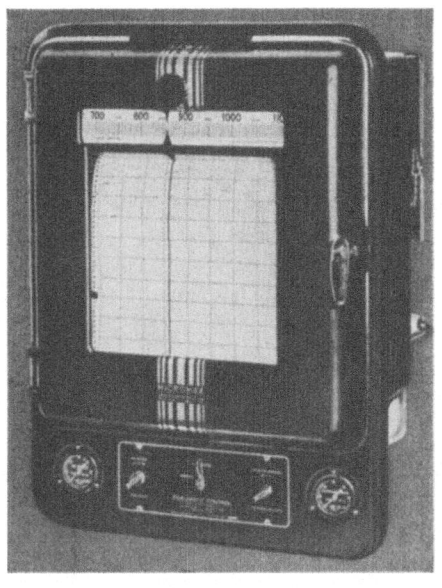

Abb. 74. Ansicht eines Mikromaxgerätes.

(meist eine Platin- oder Nickelspirale) darf also nicht mit zwei Drähten an die Klemmen des betreffenden Brückenzweiges gelegt werden, sondern ein besonderer Draht führt außerdem noch von der Meßstelle zur Brücke, wie Abb. 75 zeigt. Wegen dieser Komplikation und der geringen Empfindlichkeit haben sich Widerstandsthermometer in der Erdöl-Industrie nicht durchsetzen können, obwohl die Verwendung von Wechselstrom eine gewisse Vereinfachung ermöglicht. Auch dieses System kann sowohl für direkte Anzeige als auch für Nullanzeige ausgeführt werden. Der Widerstand der Zuleitungen darf gegenüber dem Widerstand des Fühlers nur klein sein. Diese Forderung muß auch dann erfüllt sein, wenn die Methode als Nullmethode arbeitet, weil nur die Brücke, nicht aber die Brückenzweige, stromlos

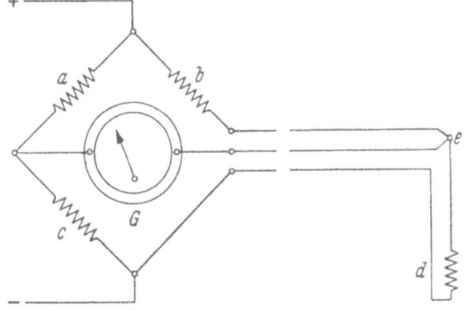

Abb. 75. Entfernungsunabhängiges Widerstandsthermometer in Brückenschaltung.

a, b, c, d Widerstände, e Fernleitungsklemme, G Galvanometer.

192　Automatische Kontrolle und Regelung des Betriebes.

sind. Dieser Umstand behindert eine Verwendung bei großen Entfernungen zwischen Meßstelle und Fühler.

Um von den Spannungsschwankungen der Stromquelle unabhängig zu sein, kann man auch Kreuzspulgeräte nach Abb. 76a verwenden. Es sind dies Drehspulinstrumente mit zwei getrennten Spulen im gleichen Magnetfeld. Sie werden von derselben Stromquelle gespeist, wobei aber der Strom der einen Spule über einen konstanten Vergleichswiderstand, der der anderen Spule durch den veränderlichen Fühlerwiderstand zurückfließt. Das Gerät ist demnach ein Quotientenmesser und spricht unmittelbar auf das Verhältnis der beiden Ströme an. Es zeigt das Verhältnis der Widerstände und ist daher von Spannungsschwankungen unabhängig. Auch die Angaben dieses Gerätes sind von der Entfernung der Meßstelle zum Fühler abhängig.

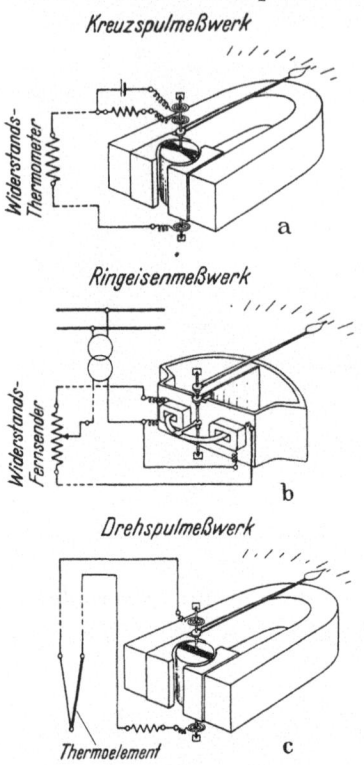

Abb. 76a, b, c. Schematische Darstellung der drei wichtigsten Meßwerke.

Ringeisengeräte nach Abb. 76b haben keine Richtkraft, sind also im stromlosen Zustande unbestimmt in ihren Angaben. Ihre Wirkungsweise geht aus der schematischen Skizze hervor. Es sind im Prinzip bekannte Instrumente, wie die Drehspulgeräte (Abb. 76c), deren eingehende Beschreibung sich erübrigt. Im wesentlichen sind es Spulen, die in einem homogenen Magnetfeld eine der Strom- und Feldstärke proportionale Kraft ausüben, der eine Spiralfeder das Gleichgewicht hält. Beim Ringeisengerät steht die Spule fest und ein ringförmiger Eisenkern wird eingezogen. Die Anzeige dieser Instrumente ist aber dem Quadrate der Stromstärke proportional und daher auch für Wechselstrom eichbar.

Die Spannungskonstanz ist für die künftige Entwicklung der elektrischen Meß- und Regeltechnik eine wichtige Voraussetzung. Die in Frage kommenden Vorrichtungen sollen daher beschrieben werden. Abgesehen von den komplizierten röhrengeregelten Motorgeneratoren, die eine konstante Vergleichsspannung erfordern und sich hauptsächlich für größere Leistungen eignen, gibt es magnetische Spannungsregler und Glimmspannungsregler.

Der magnetische Spannungsregler von Siemens & Halske arbeitet nach folgendem Prinzip: Die zu regelnde schwankende Spannung liegt an einer in Serie geschalteten Drossel und an einem Wandler. Die Drossel ist übersättigt, der Wandler ungesättigt. Dies geschieht dadurch, daß die Drossel über einen Kondensator durch einen Blindstrom belastet wird, während der Wandler einen offenen Eisenkern mit Luftspalt trägt. Die geregelte (konstante) Spannung wird dann an der Sekundärspule des Wandlers abgenommen, mit dem der Kondensator in Serie liegt, vgl. Abb. 77. Die Höhe der geregelten Spannung ist bei diesem Regler abhängig vom Phasenwinkel der Belastung, und zwar nimmt sie mit diesem Winkel ab. Aus der Kennlinie ist zu ersehen, daß die Regelspannung nur um 1% schwankt, wenn sich die Eingangsspannung um 15% verändert. Die Regelträgheit beträgt etwa 0,04 s. Die Geräte können bis zu Leistungen von 1 kW gebaut werden. Man kann jedoch nur auf konstanten Mittelwert oder auf konstanten Effektivwert der

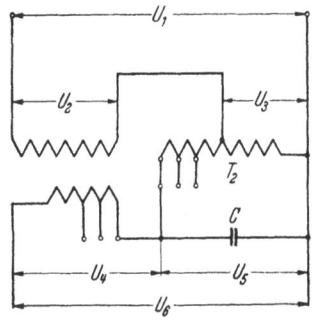

Abb. 77. Magnetischer Spannungsregler für Wechselstrom.
U_1 zu regelnde Spannung, U_2, U_3 primäre Teilspannungen, U_4, U_5 sekundäre Teilspannungen, T_2 induktiver Spannungsteiler, C Kondensator, U_6 geregelte Spannung.

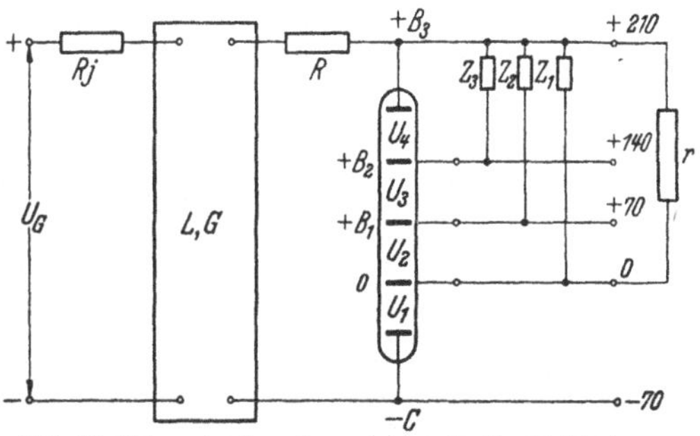

Abb. 78. Glimmstrecken-Spannungsregler für Gleichstrom.
U_a zu regelnde Spannung, Rj und R Widerstände, B und C Elektroden der Glimmlampe, U_1, U_2, U_3, U_4 geregelte Spannungen, Z_3, Z_2, Z_1 Zündwiderstände, r Belastungswiderstand.

Spannung regeln, nicht auf beides zugleich. Sie eignen sich nur für Wechselstrom und können daher zur Vorregelung von Netzanschlußgeräten dienen.

Die Glimmspannungsteiler nach Abb. 78 beruhen auf der Tatsache, daß eine Glimmstrecke ihre Spannung nahezu unabhängig von der Belastung konstant hält. Diese Spannungsregler werden meist als Spannungsteiler mit einer Abstufung von 70 zu 70 Volt (Zündspannung) ausgeführt. Die Elektroden sind als Stabilivoltröhren aus konzentrischen, übereinandergestülpten Metalltöpfen gebildet. Wie alle Glimmstrecken brennen auch diese Glimmlichtregler nur mit Beruhigungswiderständen, die mindestens ein Drittel der Eingangsspannung in Wärme umsetzen. Hierzu werden meist Eisen—Wasserstoff-Widerstände verwendet, die ebenfalls eine gewisse Regelwirkung haben. Eisen hat nämlich einen hohen Temperaturkoeffizienten des elektrischen Widerstandes und Wasserstoff zeigt eine hohe Wärmeleitfähigkeit. Steigt die Spannung, dann steigt auch die Temperatur der meist rotglühenden Widerstandsspirale in dem Glasballon, in dem sie untergebracht ist. Der gut leitende Wasserstoff führt diese Wärme ab. Auf diese Weise werden die Amplituden der Spannungsschwankungen gedämpft, wodurch eine gewisse Regelwirkung zustande kommt. Die geregelte Ausgangsspannung eines Glimmlichtreglers schwankt nur um 0,2%, wenn die ungeregelte Eingangsspannung sich in Grenzen von 10% verändert. Diese Regler sind temperaturabhängig und zeigen 0,43% Spannungsänderung auf 10° C Temperaturänderung. Einigermaßen konstante Belastung ist auch hier erwünscht, da eine Belastung die Temperatur verändert. Diese Regler eignen sich für Gleichstrom von mindestens 100 Volt und 100 Watt Belastung. Solche Anforderungen lassen sich in der Meß- und Regeltechnik leicht erfüllen; die Geräte arbeiten praktisch trägheitsfrei.

β) Die Druckmessung.

Zur Messung des Überdruckes als auch des Unterdruckes (Vakuum) wird vorwiegend das Röhrenfedermanometer verwendet, vgl. Abb. 79. Es beruht auf der Tatsache, daß sich eine kreisförmig gebogene Röhrenfeder von ovalem Querschnitt aufbiegt, wenn sie von innen unter Druck gesetzt wird. Die Feder ist einseitig geschlossen und mit einem Zahnsegment verbunden, das auf einen Zeiger wirkt. Durch Verschiebung des Angriffspunktes auf dem Hebelarm des Zahnsegments können Empfindlichkeit und Meßbereich in geringen Grenzen variiert werden. Der Druck wirkt auf das Innere der Feder.

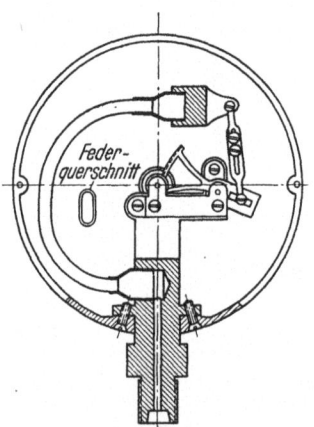

Abb. 79. Schematische Darstellung eines BOURDONschen Röhrenfedermanometers.

Für kleine Drücke verwendet man Federn aus einer elastischen Kupferlegierung (Tombak), für hohe Drücke kommen Röhren aus massivem Stahl in Frage. Sie können von Bruchteilen von Atmosphären bis zu Tausenden von Atmosphären ausgeführt werden. Es werden Skalendurchmesser von 30 cm und mehr verwendet. Die Manometer schaltet man gewöhnlich mit einer Rohrschleife an, damit nicht Dampf oder heiße Gase in die Röhrenfeder gelangen. Obwohl die Geräte relativ temperaturunempfindlich sind, liegt es im Interesse einer schonenden Behandlung, die direkte Berührung mit heißen Gasen und Dämpfen zu vermeiden. Hierzu dienen Rohrschleifen, in denen sich stets Kondenswasser oder kondensierte Gase ansammeln, die eine direkte Einwirkung der Wärme verhindern. Vielfach schaltet man auch noch einen Hahn dazwischen, der mit einer feinen Bohrung versehen ist, die nach außen führt. Mit diesem Dreiwegehahn kann man die Leitung ausblasen, den Nullpunkt nachprüfen und Druckschwankungen dämpfen. Das erleichtert eine genauere Ablesung von Mittelwerten.

Die Angaben dieser Instrumente sind weitgehend linear und zeigen über fast 300° Umschlingungswinkel richtig an[1]. Zu ihrer Eichung werden Quecksilbermanometer hoher hydrostatischer Niveaudifferenz oder gewichtsbelastete Öldruckpressen verwendet. Beim Anbau der Mano-

---

[1] Nach einem Normvorschlag sollen Manometer nur bis zu 60% des verfügbaren Skalenwinkels geteilt sein, um Beschädigungen durch Überbelastung zu verhüten.

meter ist zu beachten, daß diese nicht an Stellen angebracht werden, wo durch hydrodynamische Einflüsse falsche Angaben zu erwarten sind. Das ist stets der Fall bei plötzlichen Querschnittsänderungen. Schwankungsfreie und einigermaßen richtige Angaben erzielt man beim Anschluß an Windkessel. Bei geringen Druckunterschieden sind auch Flüssigkeitssäulen, die über dem Manometer lasten oder daran hängen, in Rechnung zu setzen. Zweckmäßiger ist es, die Druckmesser so anzubringen, daß derartige Korrekturen überflüssig werden. Man wird also bei einem Kessel das Manometer nicht unter dem höchsten Flüssigkeitsstand anbringen, weil dann dessen Schwankungen mit gemessen werden.

Geringe Druckunterschiede werden meistens durch Flüssigkeitsmanometer, z. B. in mm Wassersäule, wie bei Zugmessern, bestimmt. An geschlossenen Gefäßen dienen Flüssigkeitsmanometer auch als Niveaumesser in Form von Standgläsern.

γ) Die Niveauanzeiger.

Die Niveauanzeiger spielen eine wichtige Rolle in der Erdöl-Industrie. Insbesondere bei Destillationsanlagen ist häufig das Niveau in den Kolonnen zu kontrollieren und zu regulieren. Die wichtigsten Meßgeräte dieser Art sind die Schwimmermesser. Es sind dies kugelförmige oder an-

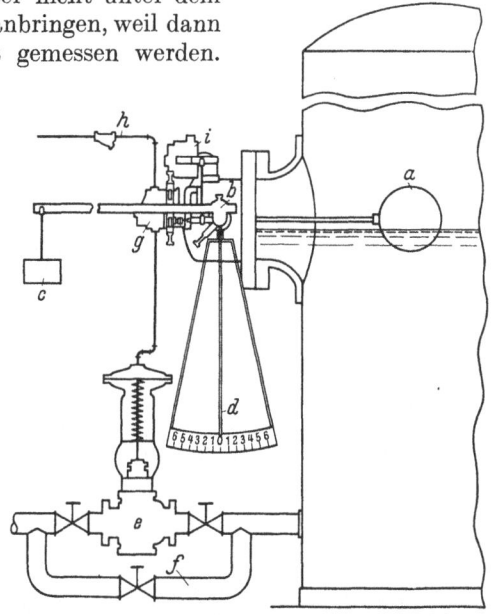

Abb. 80. Schematische Darstellung eines Niveaureglers.
a Schwimmer, b Achse, c Gegengewicht, d Niveauanzeiger, e Regelventil, f Umlaufleitung, g Widerlager, h Regulierventil für Drucköl, i explosionsgeschützter Quecksilberschalter.

dersartig geformte metallische Hohlkörper, die auf der Flüssigkeitsoberfläche schwimmen. Ihre Bewegung wird auf einen fest verbundenen Hebelarm übertragen. Diese Geräte sind oft von schwerer Bauart und können auch kräftige Regelimpulse übertragen. Sie werden in der Hauptsache dazu verwendet, um den Zu- und Abfluß so zu steuern, daß das Niveau in einem Behälter konstant bleibt.

Ein schwieriges Problem ist bei diesen Instrumenten die möglichst reibungsfreie Abdichtung des Schwimmers gegen die außen gelegenen Geräteteile. Obwohl die Druckunterschiede nicht groß sind, können dünnflüssige Produkte doch leicht hindurchsickern. Manschettendichtungen und ähnliche Konstruktionen sind in Gebrauch. Stopfbüchsen rufen zu große Reibung hervor und erfordern hohe Drehmomente, um ein sicheres Funktionieren zu gewährleisten. Dies ist einer der Hauptgründe, weshalb die Niveauregler so schwer aussehen. Abb. 80 zeigt ein Beispiel.

Eine ideale Lösung ist die magnetische Übertragung eines Drehmomentes durch eine vollkommen dichte Wand. Hierbei kann das Gebersystem innen leicht gelagert werden, ohne daß eine Durchführung nötig wird. Das außen angeordnete Hebelsystem trägt einen kräftigen Magnet, der von dem Eisenkern des Gebersystems durch eine Wand aus unmagnetischem Material getrennt ist. Will man bei nur mäßig schwankendem Niveau vor allem die zu- oder abfließende Menge konstant halten, dann werden zwei Schwimmer an einem Gehänge verwendet. Von diesen ist jeweils einer schwerer als die Flüssigkeit und bleibt daher untergetaucht. Das Ventil wird erst nach Erreichung der Mindest- und Höchstwerte betätigt. Die Ventilstellung bleibt also bei geringen Niveauschwankungen unverändert.

Ist der Ab- oder Zufluß vorwiegend von dem Druckunterschied und nicht vom Niveauunterschied abhängig, dann schwankt die Stromstärke weit weniger mit den Niveauschwankungen, als wenn schon bei kleinsten Niveauunterschieden das Ventil betätigt würde. Dies ist aber bereits eine Mengenregelung.

δ) Die Mengenmessung.

Die technisch wichtigste und verbreitetste Form der Mengenmessung in der Erdöl-Industrie beruht auf dem Prinzip der Stauscheibe oder der Venturidüse. Mengenzähler werden seltener verwendet. Fließt eine Flüssigkeit durch eine Stauscheibe, so herrscht zwischen beiden Seiten der Scheibe ein Druckunterschied. Dieser kann mittels eines Differentialmanometers gemessen werden. Die Beziehung zwischen der Durchflußgeschwindigkeit und der Druckdifferenz ist durch das TORRICELLIsche Ausflußgesetz

$$V = A \sqrt{2gh}$$

gegeben, worin

A den Ausflußkoeffizienten,
V die Lineargeschwindigkeit in cm/sec,
g die Erdbeschleunigung in cm/sec^2 und
h die hydrostatische Niveaudifferenz in cm

bedeuten. Der Ausflußkoeffizient A hängt daher von der Viskosität des Mediums und der Einschnürung E des Strahles ab und ist somit eine Funktion des Rohrdurchmessers mit einer besonderen Formgebung. Sowohl die Düsen als auch die Blenden sind genormt und haben jeweils von den Lieferfirmen angegebene Ausflußkoeffizienten. Diese schwanken je nach dem Verhältnis der Blendenöffnung f zum Rohrquerschnitt F zwischen 0,6 (für ein Öffnungsverhältnis von 0,05) und 0,8 (für ein Öffnungsverhältnis von 0,65).

Die Skala eines Mengenmessers ist daher nicht linear. Die Ablesegenauigkeit wird bei kleineren Werten größer als bei hohen Werten der Geschwindigkeit. Um aus dieser Gleichung die Menge zu erhalten, die pro Zeiteinheit durch den Querschnitt hindurchfließt, kann man sich folgender Formeln bedienen:

$$G = A\,E\,f \sqrt{2gh},$$
$$Q = A\,E\,f\,\varrho \sqrt{2gh},$$

worin außer bekannten Größen

E das Einschnürungsverhältnis,
Q das Gewicht pro Zeit in g/sec,
G das Volumen pro Zeit in cm³/sec,
f den Querschnitt in cm²

bedeuten. Solche Geräte sind auch als Zähler verwendbar, wenn sie registrierend ausgeführt werden. Es ist dann nur notwendig, die Diagramme auszuplanimetrieren. Das setzt allerdings voraus, daß mittels eines Wälzhebelpaares spezieller Konstruktion automatisch die Wurzeln gezogen werden, wodurch die Skala der Instrumente linear wird. Zur Linearisierung der Wurzelskala werden auch flüssigkeitsgefüllte Standzylinder von ganz bestimmtem Längsprofil, wie z. B. beim Foxboro-Flow-Meter, verwendet. Es gibt Ausführungen, die in drei Farben zugleich alle Zustandsbedingungen (Druck, Temperatur und Menge) registrieren. Wichtiger noch als die Mengenmessung ist die Mengenregelung durch pneumatisch gesteuerte Regelventile, wie in Abb. 81 dargestellt.

Messungen bei kleineren Flüssigkeitsmengen, wie z. B. bei den Raffinationsreagenzien (Schwefelsäure, Natronlauge, Ammoniak usw.), werden auch durch Rotamesser durchgeführt. Diese sind einfache, recht genaue direkt anzeigende Geräte von der Art der in Abb. 82 dargestellten Ausführungsformen. Sie beruhen auf dem Prinzip, daß sich ein rotierender Schwebekörper von zylindrisch-kegelförmiger Bauart in einer sehr schwach konischen Glasröhre mit steigender Stromstärke axial verschiebt. Auf diese Weise wird, je nach der Durchflußmenge, ein mehr oder minder weiter Querschnitt freigegeben, bis das Druckgefälle längs des Schwebekörpers mit der Last des letzteren wieder in Gleichgewicht

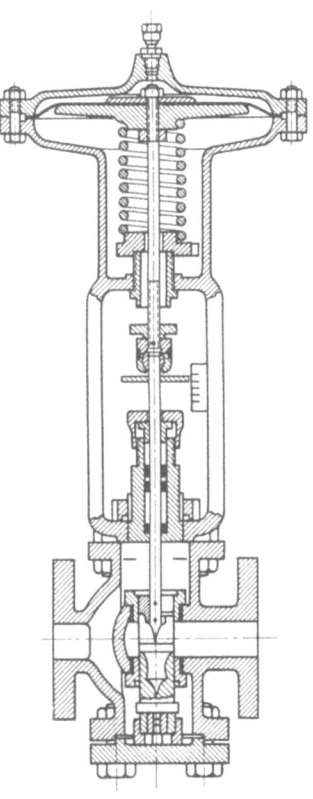

Abb. 81.
Pneumatisch gesteuertes, druckentlastetes (Doppelsitz-) Regelventil.

ist. Dadurch stellt sich der Schwebekörper in verschiedenen Höhenlagen ein, ohne die Glaswand zu berühren. Die Glasröhre trägt eine Gradation, die für bestimmte Flüssigkeiten geeicht ist. Bei zähen Flüssigkeiten sind die durch Temperaturschwankungen verursachten Zähigkeitsänderungen zu berücksichtigen. Meist tragen die Schwebekörper an ihrem oberen Rande schräge Kerben, die Teile einer Schraubenlinie darstellen. Dadurch wird der Schwebekörper in langsame Rotation versetzt und in seiner Lage durch Kreiselkräfte stabilisiert.

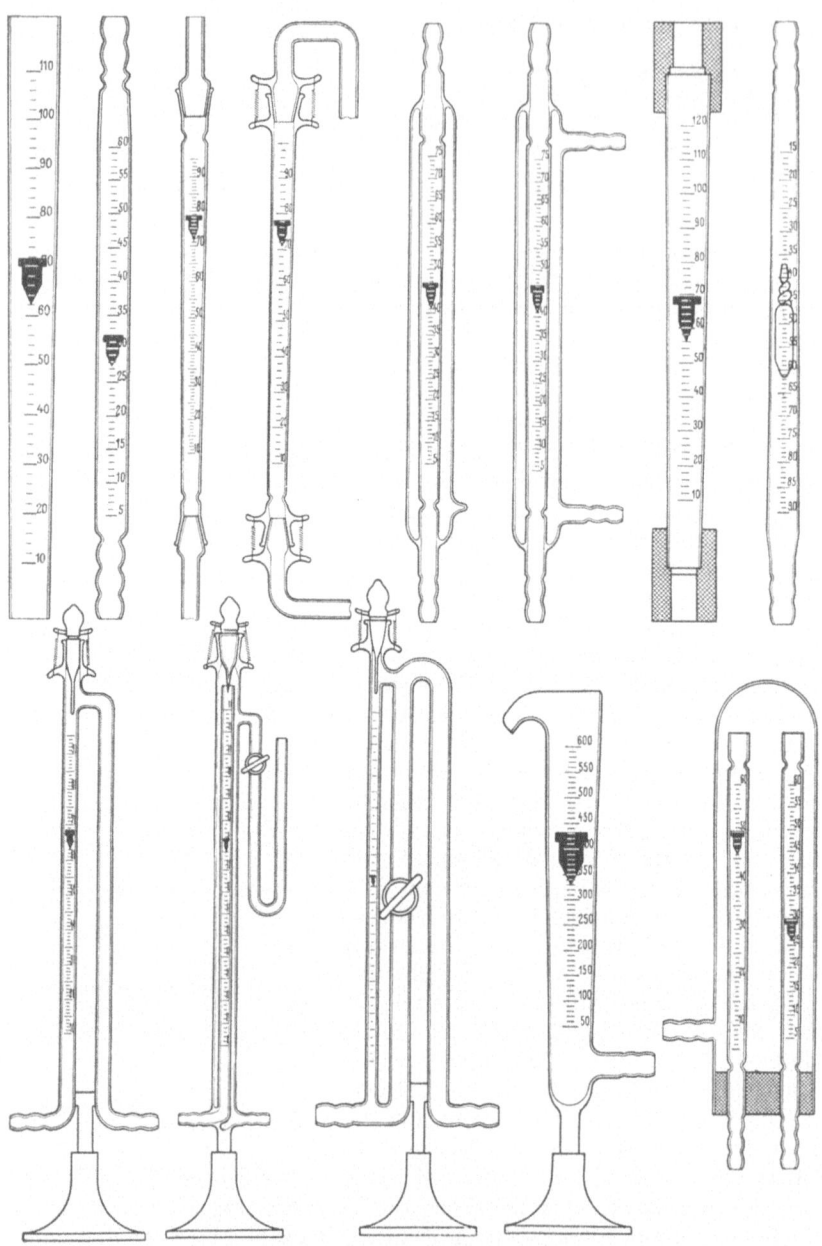

Abb. 82. Verschiedene Ausführungsformen von Rotamessern.

Die Rotamesser werden in den verschiedensten Ausführungen hergestellt. Sie sind auch als kalibrierte Rohre einzeln käuflich. Sie eignen sich nicht für Registrierzwecke. Ihr Vorteil liegt vielmehr in ihrer einfachen Handhabung und vielseitigen Anwendungsmöglichkeit. Man wird sie stets da verwenden, wo eine Überwachung ohne größere Unkosten erwünscht ist. Sie eignen sich auch für den Laboratoriumsbetrieb, vor allem aber für halbtechnische Versuchsanlagen.

Für ganz große Leistungen werden Rotamesser auch als Staurandgeräte gebaut, indem sie dann an die Stelle des Differentialmanometers treten. Sie liegen dann im Nebenstrom und werden auf Durchflußmengen für eine bestimmte Stauscheibe geeicht. Schließlich können sie auch als einfache Druckindikatoren verwendet werden, indem man einen Drosselhahn jeweils so lange verstellt, bis der Schwebekörper auf einer Marke einspielt. Die Stellung des Hahnes zeigt dann auf einer darunter liegenden Skala die Durchflußmenge an. In dieser Ausführungsform fallen die Geräte relativ klein aus, und die Größen der zerbrechlichen Glasteile sind auf ein Mindestmaß beschränkt. Da Glas eine hohe chemische Beständigkeit aufweist und die Schwebekörper aus den verschiedensten Werkstoffen hergestellt werden können, sind die Rotamesser vielseitig verwendbar.

Als Indikatoren für die Mengenmessung kommen noch das PRANDTLsche Staurohr in Frage.

Neben der Messung und Registrierung spielt auch noch die Zählung eine gewisse Rolle. Mengenzähler werden sowohl für Gase als auch für Flüssigkeiten gebraucht. Sie sind in der Erdöl-Industrie als Gasmesser für den verbrauchten Brennstoff und als Wassermesser für den Wasserbedarf in Anwendung.

Die genauesten Gasmesser sind Naß-Gasmesser in Form der Großley-Trommel. Sie haben den Nachteil, daß sie einer Wartung bedürfen und der Frostgefahr unterliegen. Die Naß-Gasmesser werden daher durch die Trocken-Gasmesser verdrängt, da sie zuverlässiger im Betrieb, wenn auch ungenauer in ihren Angaben, sind. Sie beruhen darauf, daß sich ein oder zwei Balgen abwechselnd füllen und leeren. Die Bewegung der Balgen wird über ein Hebelsystem auf ein Zählwerk übertragen.

Das Problem eines zuverlässigen Flügelrad-Gasmessers ist zwar mit hohem Kostenaufwand studiert worden, ohne daß jedoch bislang eine befriedigende Lösung gefunden worden wäre. Der Schlupf ist noch zu groß, so daß die schleichenden, kleinen Gasmengen nicht mitgezählt werden. Dagegen ist das Flügelradprinzip für Flüssigkeiten beim WOLTMANN-Messer im Gebrauch und hat sich hier bewährt. Seine Wirkungsweise beruht darauf, daß ein Rad mit Schraubenflügeln im Flüssigkeitsstrom in Rotation gerät. Diese Bewegung wird durch ein Zahnradgetriebe auf ein Zählwerk übertragen. Solche Zähler sind nur wenig ungenauer als die Kolbenmesser, welche kleine Volumenzähler darstellen. Wassermesser können sehr klein gebaut werden, wenn ihre wesentlichen Teile in Steinen gelagert sind.

Auf die Zählung der Wärme ist viel Arbeit verwendet worden. Es gibt Konstruktionen, die auf einer Kombination von Strömungsmesser und Widerstandsthermometer beruhen. Ihre elektrischen Impulse werden auf ein Kreuzspulinstrument übertragen und mittels Fallbügelschreiber registriert (Siemens & Halske). In der Erdöl-Industrie konnten sich Wärmezähler noch nicht verbreiten, da die Messung der Wärme über den Dampf- und Gasverbrauch immer noch zuverlässiger zu sein scheint.

b) Regelung und Überwachung.

Der hohe Durchsatz einerseits und die erhöhten Qualitätsansprüche andererseits machen eine automatische Regelung, insbesondere der Destillationsanlagen, erforderlich. Eine moderne Großraffinerie ist heute ohne selbsttätige Regelung praktisch undenkbar. Je größer der Durchsatz, um so schneller können sich Ungleichförmigkeiten im Gang einer Anlage auswirken. Überhitzungen, Überflutungen und Überdrucke sind die Folgen. Die üblichen Sicherheitseinrichtungen sind nicht genügend trägheitsfrei und sprechen nicht sicher genug an. Eine Regulierung von Hand würde daher dauernd gespannte Aufmerksamkeit des diensthabenden Operators erfordern.

Ein einfaches Beispiel soll zeigen, warum eine einfache Auf- und Zu-Regelung bei modernen Großanlagen unzulänglich ist. Man betrachte der Übersichtlichkeit halber als Modell einen Durchflußthermostaten im Laboratoriumsbetrieb. Er stellt eine auf Temperatur zu regelnde Anlage im kleinen dar. Die Wirkungsweise ist folgende: Ein elektrischer Tauchsieder erhitzt eine größere Menge Wasser, die mit einem Rührwerk vermischt wird. Ein Teil des Wassers wird mittels einer Pumpe zur Temperierung irgendwelcher Apparate umgepumpt und gelangt nach Abgabe von Wärme etwas abgekühlt wieder in den Kreislauf zurück. Dadurch kühlt sich auch der Inhalt des Thermostaten ab, so daß das Kontaktthermometer sinkt. Nach Öffnung der Kontakte schaltet ein Quecksilberschaltschütz den Heizstrom ein, und es wird so lange geheizt, bis das Kontaktthermometer den Schaltschütz wieder kurz schließt und dadurch den Heizstrom abschaltet. So wiederholt sich das Spiel unter dauernden kleinen Temperaturschwankungen.

Es leuchtet ein, daß das Thermometer erst abschalten kann, wenn die Temperatur schon ein wenig angestiegen ist. Sie wird aber auch nach dem Abschalten noch steigen, bis der Heizkörper die Temperatur des Bades angenommen hat. Die Temperatur wird also um so länger nachhinken, je größer die Wärmekapazität des Heizkörpers im Verhältnis zur Wärmekapazität des Bades ist. Will man daher die Temperaturschwankungen möglichst klein machen, so muß man viel Wasser und einen kleinen Heizkörper verwenden. Betriebstechnisch ausgedrückt: Man muß das Fassungsvermögen der Anlage vergrößern und den Energiedurchsatz verringern. Gerade das will man aber im Betriebe vermeiden. Man ist im Gegenteil bestrebt, den Durchsatz zu steigern und das in der Feuerzone liegende Material soweit als möglich zu verringern. Das hat starke Schwankungen im Gang der Anlage zur Folge. Sie könnten nur dadurch ausgeglichen werden, daß man sehr empfindliche Temperaturfühler mit geringer Eigenkapazität einbaut. Die Temperatur des vorerwähnten Thermostaten würde also um so weniger schwanken, je empfindlicher das Kontaktthermometer und je geringer seine Eigenkapazität wäre. Nur dann würde das Relais bei der geringsten Temperaturerhöhung abschalten. Die Regelung setzt also um so schneller ein, je rascher die geringste Schwankung vom Fühler erfaßt wird.

In Anbetracht der hohen Leistungen der Pumpen und der geringen Kapazität der modernen Anlagen erfolgt die Zufuhr von Wärme, Menge oder Druckenergie so rasch, daß die hierfür erforderliche Dauer von der Größenordnung der Trägheit der Fühler wird. Hat man nun das Unglück, daß diese Zeiten zufällig genau übereinstimmen, dann kann es geschehen, daß der Schaltmechanismus erst dann betätigt wird, wenn der Ausgleichsvorgang gerade aufs höchste beschleunigt ist. Er wird dann kraft seiner Trägheit noch eine Weile weiter wirken und so bei jeder folgenden Abschaltung noch mit einem geringen Plus nachhinken. Diese Impulse summieren sich, und die Schwankungen schaukeln sich zu erheblichen Amplituden auf. Es kommt dann zu den gefürchteten Pendelungen oder Überregelungen in der Nähe solcher gefährlicher Resonanzlagen.

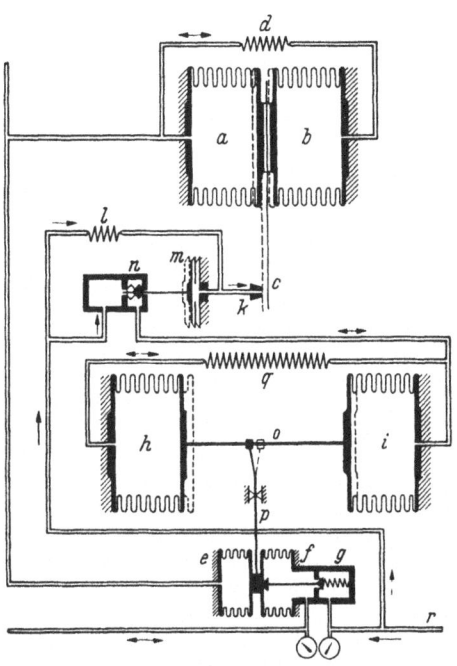

Abb. 83. Schematische Darstellung des Stabilogmechanismus. Zeichenerklärung im Text.

Die Amplitude eines solchen Schwingungsvorganges kann durch Verstimmen der Eigenwerte der Einstelldauer von Ausgleichsorganen im Fühler verringert werden. Das geschieht am besten durch eine geeignete Dämpfung. Bei aperiodischer Dämpfung können die Schwankungen sogar ganz verschwinden. Das würde bedeuten, daß man nicht mehr in einem Bereich regelt, sondern einen wirklichen Regelpunkt erhält. In der Petroleum-Industrie wird dieses Vorgehen ,,Stabilisieren" genannt. Geräte dieser Art werden als ,,Stabiloggeräte" bezeichnet. Sie wurden nach etwa 15 jähriger Entwicklungsarbeit insbesondere von Foxboro auf den Markt gebracht und haben sich seither bestens bewährt.

Im Prinzip beruhen sie darauf, daß man den Regelimpuls zurückholt, bevor noch der Sollwert (der Temperatur, des Druckes oder der Menge) erreicht ist. Die Dauer des Impulses kann so begrenzt werden, daß der Ausgleichsimpuls der Pumpen, Heizquellen oder Druckspeicher gerade ausreicht, um den Sollwert zu erreichen. Das wird in kurzer Zeit durch Anbringung einer Luftdämpfung zwischen zwei federnden Rohrbalgen ermöglicht.

Die in der Abb. 83 dargestellte schematische Skizze möge dieses näher erläutern. Die links oben einmündende Druckluftleitung kommt von dem Kontrollinstrument. Wir wollen annehmen, es werde ein Regelimpuls in Form eines Druckstoßes auf die Apparatur gegeben. Dieser wirkt dann in zweierlei Weise, einmal auf das obere Balgenpaar, indem es den linken Balgen a aufbläht und den rechten b zusammenquetscht. Dadurch wird die bewegliche Mitte nach rechts verschoben und die mit ihr starr verbundene Prallplatte c mitgenommen. Dieser Impuls wird aber sofort zurückgeholt, weil der Druckimpuls auch über die Kapillare d auf den zweiten Balgen wirkt. Je länger und dünner die Kapillare ist, um so länger dauert es, bis die Prallplatte zurückgeholt ist.

Nach einiger Zeit hat sich der Druck über die Kapillare ausgeglichen und die Prallplatte kehrt in ihre Ruhelage zurück, unabhängig davon, ob der Regelimpuls vom Fühler her noch wirkt oder nicht. Andererseits hat dieser Druckimpuls aber auch auf das untere Balgenpaar eingewirkt und dort einen allerdings nur schwachen Druck auf den linken Balgen e ausgeübt, wodurch sich dieser aufbläht und den rechten f zusammenquetscht. Da keine Kapillare vorhanden ist, dauert dieser Impuls so lange an, als er vom Fühler her einwirkt. Er öffnet ein federbelastetes Ventil g nur schwach und betätigt so das eigentliche Regelorgan.

Diese schwachen Impulse sind so bemessen, daß sie noch nicht in der Lage sind, den Sollwert zu erreichen. Dafür ist ein drittes Balgensystem h und i vorgesehen, das in der Mitte eingezeichnet ist. Wenn die Prallplatte des oberen Balgensystems sich nach rechts bewegt, öffnet sie eine Düse k, aus der die Druckluft frei ausströmt. Dadurch tritt an der Kapillare l ein genau dosierbarer Druckverlust auf, wodurch über eine Membrane m ein Ventil n geöffnet wird, das Druckluft in den rechten Balgen i einläßt. Dadurch wird der linke Balgen h zusammengequetscht und so die Mitte nach links verschoben. Mit diesem beweglichen Mittelstück o ist ein zweiarmiger Hebel p verbunden, der das Ventil g zum Regelventil weit öffnet und so einen kräftigen Regelimpuls ausübt. Auch dieser Impuls wird über die Kapillare q des mittleren Balgensystems sofort zurückgenommen. Man erhält durch diese Vorrichtung eine Grobregulierung, die sofort zurückgeholt wird, und eine Feinregulierung, die nicht ausreicht, um Überregelungen hervorzurufen. Dadurch werden Pendelungen vermieden.

Die ganze Anordnung läßt erkennen, daß das doppelte Balgensystem lediglich den Zweck hat, die schwachen Impulse, die vom Fühler herrühren, zu verstärken. Das geschieht durch die Leitung k aus einem Druckluftbehälter über das empfindliche Nadelventil n, vor dessen Mündung sich die Prallplatte verschiebt. Infolge des geringen Querschnittes dieser Düse sind zur Steuerung des Impulsatormechanismus nur minimale Kräfte nötig. Im mittleren Balgensystem dagegen sind die Kräfte hinreichend groß, um den Regler zu steuern. Diese sogenannten pneumatischen Regler zeichnen sich durch eine hohe Zuverlässigkeit aus. Sie sind absolut feuersicher und den rauhen Beanspruchungen im Betriebe gewachsen.

Um sich ein Bild zu machen, wie einfach diese Systeme in ihrer praktischen Ausführung sind, sei die Abb. 84 betrachtet. Die beiden

Balgen, deren Enden durch Säulen fest gegeneinander abgestützt sind, so daß nur die Mitte beweglich bleibt, sind gut zu erkennen. Die Kapillare 6 ist auf eine Spule aufgewickelt. Sie läßt sich in ihrer Länge bequem

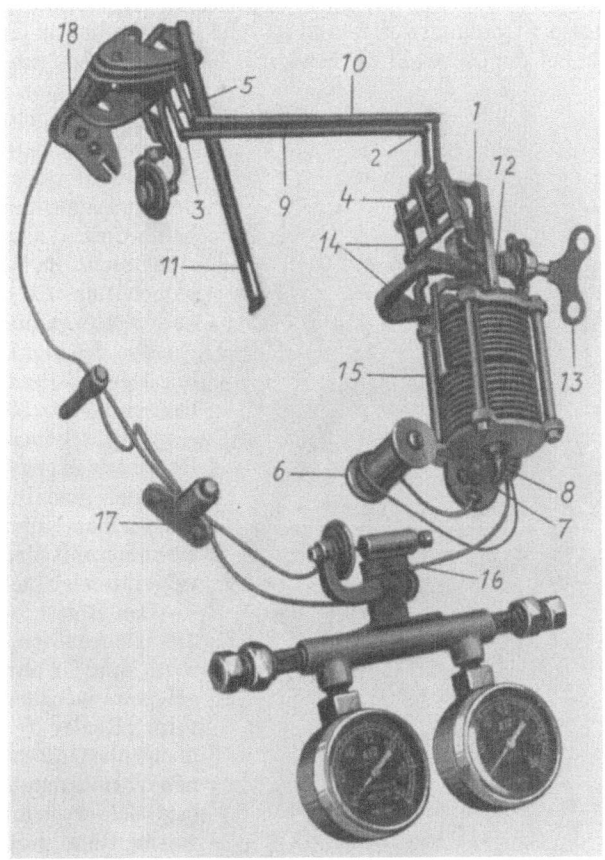

Abb. 84. Impulsatormechanismus. Bauart Foxboro.
1 Gestell, 2—5 Hebelsystem, 6 Spule mit aufgewickelter Kapillare, 7—8 Kapillaranschlüsse, 9—10 Verbindungsstangen, 11 Zeiger mit Tintenschreiber, 12—14 Registrierwerk, 15 parallele Federungskörper (Metallbalgen), 16—18 Steuermechanismus.

beschneiden, wodurch man die Dauer der Impulse genau abgleichen kann. Diese Geräte wirken direkt oder auch indirekt auf die Regelventile.

Die Regelventile bestehen in der Hauptsache aus dem eigentlichen Ventil, das jedoch nicht mittels einer Spindel, sondern über einen Stößel betätigt wird, der über eine Membrane pneumatisch gesteuert ist. Gewöhnlich wirkt diesem Druck eine kräftige Spiralfeder entgegen, so daß sich das Ventil durch Federkraft öffnet, wenn der Druck auf die Membrane nachläßt.

Es werden zweckmäßig Doppelsitzventile nach Abb. 85 verwendet, deren Ventilsitz entlastet ist. Bei heißen Flüssigkeiten ist es zweckmäßig, Kühlrippen zwischen Feder und Ventilgehäuse anzubringen, damit die Federkraft durch die starke Erwärmung nicht verändert wird.

Die Konstruktion dichter, leicht zu steuernder, zuverlässiger Ventile mit geringem Strömungswiderstand ist schwierig, und es ist empfehlenswert, sich bei der Auswahl an bewährte Konstruktionen zu halten.

Abb. 85. Foxboro-Regel- und Registriergerät.

Damit wären die Grundlagen der Regeltechnik in ihren einfachsten Zügen dargestellt. So einfach indessen, wie sie hier beschrieben wurden, sind sie meistens nicht. Es handelt sich jedoch nur um die konsequente Anwendung und den Ausbau des hier Dargestellten. Der Vollständigkeit halber sei in Abb. 86 nur noch ein Regelschema an einer Rohölanlage gegeben. Hierbei sind jene Punkte hervorgehoben, die für gewöhnlich mit Meß- und Regelgeräten bestückt werden.

Das Rohöl, welches in die Röhrenöfen gepumpt wird, muß in seiner Menge geregelt werden. Das besorgt Regler *1*, bevor es noch über die verschiedenen Wärmeaustauscher geht und sich erwärmt hat. Das warme Rohöl hat einen bestimmten Dampfdruck, so daß die Ausscheidegefäße unter einem höheren Druck stehen müssen, um das Rohöl flüssig zu halten. Auch dieser Druck muß geregelt werden, wofür ein Druckregler hinter dem Ausscheider (Settling-Tank) dient.

Das Öl, das aus dem Ofen austritt, muß eine konstante Transfertemperatur haben. Diese wird durch den Temperaturregler *3* konstant gehalten, indem er auf das Gasventil wirkt und die Heizung beeinflußt. Um in der Destillationskolonne einen bestimmten Druck aufrechtzuerhalten, ist am Kopf der Kolonne ein Regler angebracht, der so viel von dem Topprodukt abzweigt, daß ein bestimmter Druck in der Kolonne aufrechterhalten wird. Das sich am Zwischenboden ansammelnde Bodenprodukt muß ein bestimmtes Niveau haben, welches durch den Regler *17* geregelt wird. Diese Regelung wird dadurch erzielt, daß das Bodenprodukt mit verschiedener Geschwindigkeit durch den

Regelung und Überwachung. 205

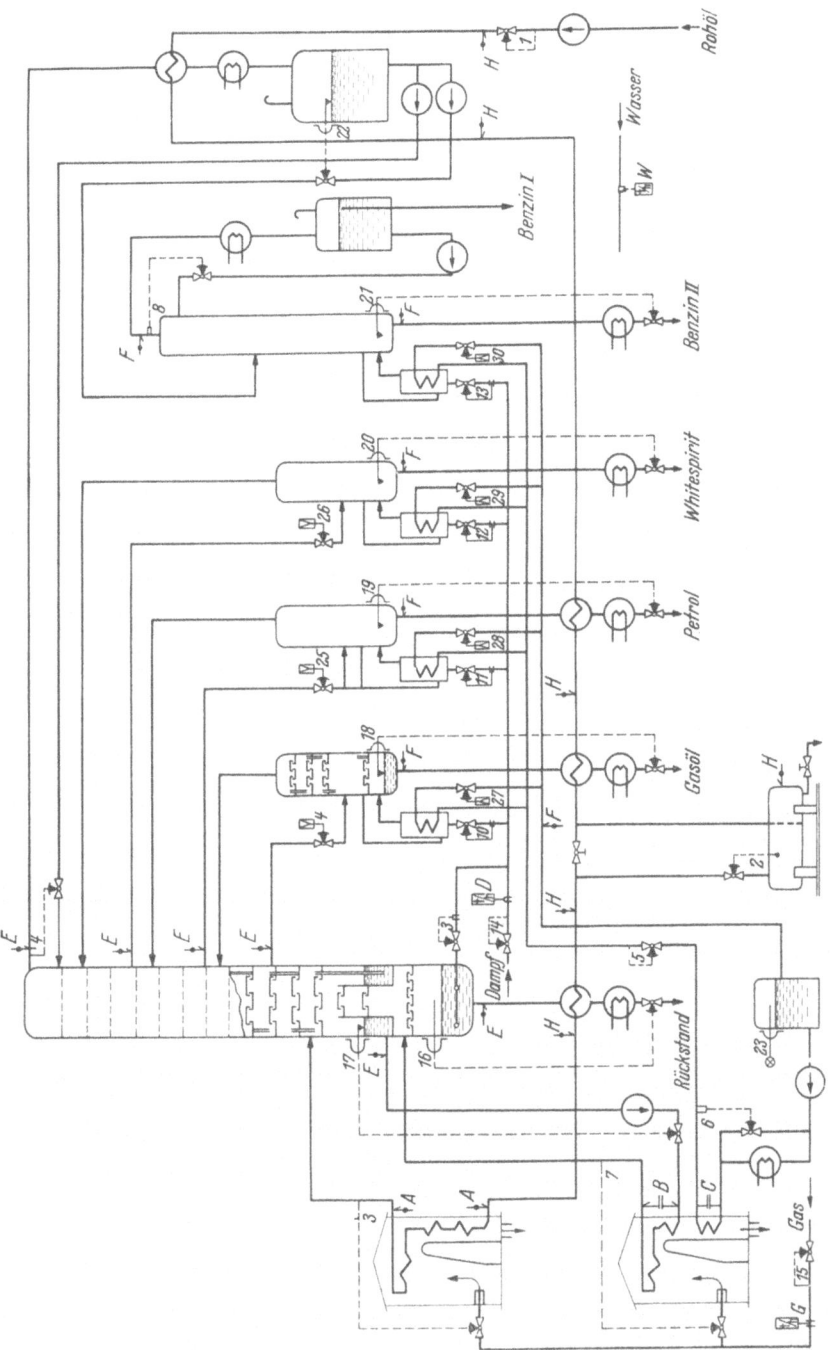

Abb. 86. Regelschema einer Rohöldestillationsanlage. Zeichenerklärung im Text.

Ofen gepumpt wird, wodurch es auf dem untersten Glockenboden schneller oder langsamer verdampft. Der hier noch verbleibende Rückstand sinkt zu Boden und wird durch den Regler *16* über das Abflußventil in seinem Niveau geregelt. Der zweite Ofen wird durch den Regler *7* von seinem Transfer-Temperatur-Fühler aus gesteuert. In dem Boden der Kolonne wird Dampf über ein Regelventil *9* zugeführt. Die Dämpfe vom Kopf der Kolonne werden über einen niveaugeregelten Abscheider mittels Ventil *21* betätigt und einer zweiten Kolonne zugeführt, deren Boden mit dem Schwimmerregler *22* ausgerüstet ist, der auf das Benzinabflußventil wirkt. Die Seitenströme der Kolonne werden über die ferngesteuerten Ventile *24, 25* und *26* den Stripping-Kolonnen zugeführt, die ihrerseits durch die Schwimmer *18, 19* und *20* ein geregeltes Niveau am Boden der Kolonne erhalten, indem sie auf die Abflußventile für Gasöl, Petroleum und White Spirit wirken.

Die Bodenprodukte aller dieser Kolonnen laufen über einen Heißöl-Wärmeaustauscher um. Hierbei wird die Menge der Heißölzufuhr von Hand aus über die ferngesteuerten Ventile *27, 28, 29* und *30* eingestellt. Durch Zufuhr von überhitztem Wasserdampf über die Regelventile *10, 11, 12* und *13* kann die Menge ausgetriebener, leichter Anteile eingestellt werden. Zur weiteren Überwachung der Anlage stehen noch die Temperaturschreiber *A, B, C, E, F* und *H* zur Verfügung, während der Dampf- und Wasserverbrauch durch die Mengenmesser *D, G* und *W* aufgeschrieben wird. Ein Teil der Geräte, die zur Überwachung der Ofenanlagen dienen, sind auf einer besonderen Tafel in der Nähe der Öfen angeordnet. Der übrige Teil aller Regler und Löschgeräte ist im Kontrollhaus untergebracht.

Dieses sehr vereinfachte Schema zeigt, daß die Regelung eines Betriebes umfangreiche Hilfseinrichtungen erfordert, deren Pflege nicht mehr jeder Abteilung überlassen werden kann.

Die großen Raffinerien haben deshalb eigene feinmechanische Werkstätten eingerichtet, die unabhängig von der Zentralwerkstätte arbeiten und ausschließlich mit Instandhaltung und Pflege dieser Geräte beauftragt sind.

Allein schon die Auswechslung der Diagramme in einer mittleren Raffinerie kann je Schicht einen Beamten dauernd in Anspruch nehmen. So sehr sich auch die Kontroll- und Regeltechnik vervollkommnet hat, so ist das Entwicklungsziel mit dem hier beschriebenen noch lange nicht erreicht. Zur Zeit muß noch jedes Produkt analysiert werden. Nach der Analyse regelt der Operator die Anlage von Hand aus ein. Lediglich die Konstanthaltung einmal einregulierter Arbeitsbedingungen ist dann Aufgabe der automatischen Regler. Die neueren Bestrebungen gehen dahin, nicht mehr Temperatur, Druck und Menge allein zu kontrollieren, sondern auch die Analysen der Produkte statt durch Laboranten durch eigene Analysenautomaten zu untersuchen.

Wie weit diese Entwicklung in den Vereinigten Staaten von Amerika gediehen ist, möge an Hand des Keinath Recorders, auch Sweep Balance oder SB-Schreiber genannt, gezeigt werden.

Der neue Apparat ist eigentlich eine Weiterentwicklung des Bildtelegraphen. Nur liegen die Verhältnisse beim SB-Schreiber viel einfacher als beim Bildschreiber, weil keine Halbtöne wiedergegeben werden müssen. Vorwiegend wird das sogenannte Teledetos-Papier der Western Electric Union verwendet. Es können aber auch Farbphotopapiere für Mehrfachschreiber verwendet werden. In solchen Geräten wird der Nullpunkt einer Abgleichbrücke aufgesucht und gemeldet. Es können in einem einzigen Meßkreis bis zu 30 Punkte in der Sekunde gemessen werden.

Die Wirkungsweise geht aus Abb. 87 hervor. Von einer Batterie oder Wechselstromquelle B_1 wird eine Brücke mit den Widerständen R_x (z. B. Widerstandsthermometer) und R_2 (Vergleichwiderstand) und dem Schleifdrahtspannungsteiler SD gespeist. Dieser kann um 10% durch eine Schleifdrahtverlängerung SV verändert werden. Über beide Widerstände fegt der motorisch (M_1) angetriebene Sweep-Mechanismus mit dem Schleifkontakt C und dem Schreibstift St hinweg. Wenn der Nullpunkt der Brücke erreicht ist, schaltet ein möglichst trägheitsloses Relais vom Ladekontakt K_1 auf den Entladekontakt K_2 um, wodurch sich der von der Gleichspannungsquelle B_2 (300 Volt) über den Strombegrenzungswiderstand R_s fließende Strom über den Schreibstift St entladet und dadurch auf dem synchron (M_2) angetriebenen Papierstreifen P die Stellung markiert. In den drei Diagrammen ist der Verlauf

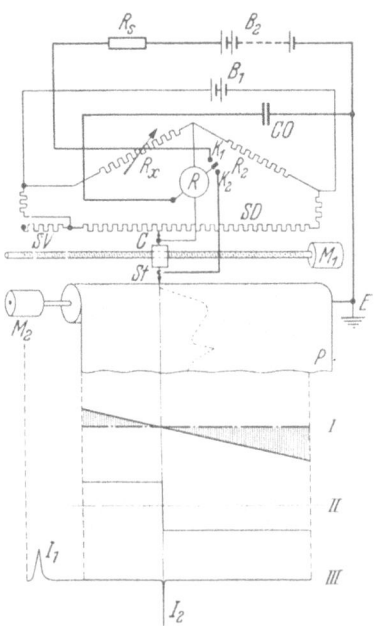

Abb. 87. Schaltbild des Keinath Recorders. Zeichenerklärung im Text.

des Gleichstromes im Relais als Funktion der Schreibstiftbewegung markiert (I) bzw. die Relaisstellung der verstärkten Diagonalspannung der Brücke verzeichnet (II) und schließlich der Entladestromstoß I_2 oder Ladestromstoß I_1 von und zum Kondensator CO dargestellt.

Es leuchtet ein, daß die Markierung nie mathematisch genau sein kann, doch ist es leicht möglich, die Differenz gegen den wahren Nullpunkt bis auf 0,05% des Höchstwertes zu verringern. Man erhält also keineswegs sog. „Milchstraßendiagramme", sondern durchaus genaue Kurvenzüge.

Auch dieses System arbeitet, wie die Leeds & Northrup-Geräte, nach der Nullmethode[1].

Im Prinzip weiß man, daß die Qualität eines Produktes nicht durch die Veränderung einer einzigen Zustandsbedingung allein eingestellt werden kann. Daraus ergibt sich die Notwendigkeit, die Analysengeräte jeweils auf die ganze Gruppe der Zustandsbedingungen wirken zu lassen. Man kommt so zu der Gruppenregelung, deren erfolgreiche Lösung von der

---

[1] Für schnell verlaufende Meßvorgänge wird der Askania Universaloszillograph empfohlen. Siehe Abb. 233 u. 234 S. 511.

Bewältigung einer Fülle von Teilproblemen abhängig ist. Nur einige wenige solcher Geräte sind in ihren einfachsten Formen auch bei uns schon in Anwendung. Rauchgasanalysen, Kesselspeisewasser-Analysen, p_H-Kontrollen und ähnliche Untersuchungen werden in einigen Anlagen seit geraumer Zeit schon von Automaten statt von Laboranten ausgeführt. Auf ihre Beschreibung wird verzichtet, da sie nicht spezifisch sind für die Erdöl-Industrie.

Andeutungsweise ist zu sagen, daß man durch lichtelektrische Meßmethoden eine Reihe von Analysenproblemen auf relativ einfache Weise zu lösen vermag, so z. B. die für die Petroleumproduktion wichtige Farbmessung. Des weiteren werden auch viskosimetrische Methoden wegen ihrer großen Variationsbreite und direkten Meßbarkeit verwendet. Letztere setzen allerdings eine erhebliche Temperaturkonstanz voraus.

Bei allen diesen Methoden ist die Konstanz der elektrischen Spannung unbedingte Voraussetzung. Dieses Ziel scheint man tatsächlich erreicht zu haben.

Ergänzend ist zu bemerken, daß man mittels lichtelektrischer Methoden ebenfalls eine Reihe von Registrierproblemen lösen kann. So ist auch bei uns schon seit langem der Photozellenkompensator bekannt, dessen Wirkungsweise aus der Abb. 88 hervorgeht. Er eignet sich besonders zur Anzeige sehr kleiner Spannungen E_x, wie sie an Thermoelementen und ähnlichen Gebern auftreten. Diese wirken über einen Kompensationswiderstand auf ein richtkraftfreies Galvanometer G als Nullinstrument. Der mit diesem verbundene Spiegel wirft das Licht der Lichtquelle L auf eine Photozelle in einer bestimmten Stellung und drückt dem Gitter einer Elektronenröhre D eine Vorspannung auf. Hierdurch wird der Anodenstrom so lange verändert, bis das Brückengleichgewicht wiederhergestellt wird (Saugschaltung). Der Anodenstrom A kann dann direkt auf Meßgrößen geeicht werden, während die Messung selbst wieder nach einer Nullmethode abgeglichen wird. Somit ist auch hier die wichtigste Forderung für Fernmessung, nämlich Stromlosigkeit im Augenblick der Anzeige, gewährleistet.

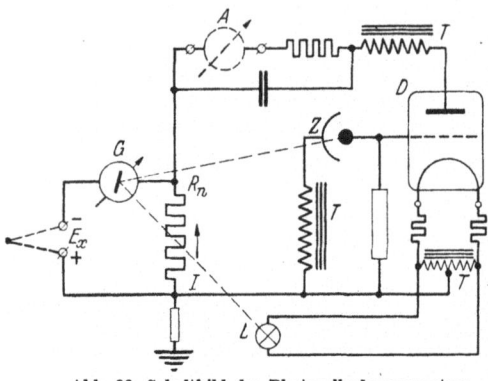

Abb. 88. Schaltbild des Photozellenkompensators.

B. Physikalisch-chemische Verfahren.

§ 1. Adsorption.

a) Bleicherden.

Die Bleichung der Petroleumprodukte gehört im Gegensatz zur Adsorption niedrig molekularer Kohlenwasserstoffe an Aktivkohlen schon zu den physikalisch-chemischen Verfahren, da hierbei nicht nur eine rein physikalische Trennung vorgenommen wird, sondern auch chemische Veränderungen stattfinden. So kann eine Entfärbung nicht nur den Farbstoff adsorbtiv binden, sondern diesen selbst verändern, wie man an dem Farbumschlag von Sudanfarbstoffen leicht erkennen kann.

Die Aktivität der Bleicherden selbst ist wenig von ihrer chemischen Konstitution abhängig. Eine Elementaranalyse läßt so gut wie gar keine Schlüsse auf ihre Wirksamkeit zu (vgl. Tabelle 20). Die Aktivität der Erden kann um ein Vielfaches erhöht werden, ohne daß sich auch nur das Röntgeninterferenzbild merklich verändert. Nach heutiger Auffassung beruht die Bleichwirkung der Bleicherden in der Hauptsache auf zeolithisch gebundenem, sogenanntem Konstitutionswasser bzw. auf Wasserstoff, der zu permutoiden Reaktionen neigt. Während die Kohlen besonders auf unpolare Substanzen, wie Paraffin-Kohlenwasserstoffe, einwirken, sind die stark hydrophilen Bleicherden auf polare Substanzen so wirksam, daß sie diese sogar zersetzen, indem sie z. B. Ionen austauschen. Hierbei nimmt ihre Aktivität so stark ab, daß sie nur durch Säuren wieder regeneriert werden können. Man verwendet daher Bleicherden meist für unpolare Kohlenwasserstoffe oder schwach polare Fette. während man die hydrophoben Aktivkohlen vorwiegend zur Entfernung stark polarer Substanzen heranzieht. Als solche kommen Farbstoffe in Frage.

Indessen kann es unter Umständen vorteilhaft sein, Aktivkohlen den Bleicherden hinzuzusetzen, um damit bestimmte Substanzen, z. B. niedrig molekulare, stark polare Geruchsstoffe oder Farbstoffe zu entfernen. Letztere entstehen z. B. bei scharfer Raffination mit konzentrierter Säure in der Wärme. Diese lassen sich durch Zusatz aktiver Kohlen leichter entfernen als durch Bleicherden allein. Bei der Raffination von Paraffin und Zeresin mit Oleum, das man wegen des hohen Schmelzpunktes in der Wärme behandeln muß, wobei sich größere Mengen öllöslicher Sulfonsäure bilden, wird mit Aktivkohlezusatz zur Bleicherde raffiniert. Das gleiche gilt auch bei der Bleichung von Weißölen, die mit

Tabelle 20. *Chemische Zusammensetzung einiger Bleicherden in Prozenten.*

	H_2O	SiO_2	Al_2O_3	CaO	Fe_2O_3	MgO	K_2O
Bentonit (Wyoming) ..	10,26	60,18	28,58	0,22	—	1,01	1,25
Bentonit (Halloysit) ..	22,8	63,8	17,9	3,1	1,2	5,4	Spuren
Hyflo Supercel	0,26	95,7	3,0	—	1,0	—	—
Standard Supercel ..	1,5	94,6	3,1	—	0,9	—	—
Deutsche Kieselgur ..	6,9	90,1	2,1	—	0,9	—	—
Silikagel Bayer	12,1	87,9	—	—	—	—	—
Fullererde	34,3	39,7	5,0	0,0	1,3	0,0	—
Amerikanisch	15,0	72,0	33,4	6,5	14,9	4,4	—
Fullererde	4,9	44,0	6,9	0,5	3,8	1,3	—
Englisch	24,9	60,9	23,1	7,4	11,8	5,0	—
Aktiverde	1,3	46,4	7,4	0,0	2,8	Spuren	—
Lufttrocken......	16,6	68,9	35,7	2,8	23,5	3,4	—
Aktiverde	—	47,2	8,0	0,0	3,1	Spuren	—
Wasserfrei	—	76,3	36,5	2,8	25,3	3,7	—
Bauxit	9,0	0,2	55,6	—	0,5	—	—
	35,9	17,8	75,7	—	22,8	—	—

210   Adsorption.

Oleum in mehreren Stufen behandelt werden. Besonders wichtig ist die Oleumraffination aber bei der Verarbeitung von Röhrenwachs (oder Ozokerit) auf Zeresin, wobei sogar mit konzentrierter Schwefelsäure abgeraucht wird.

In den weitaus meisten Fällen aber hat man es mit der Entfernung

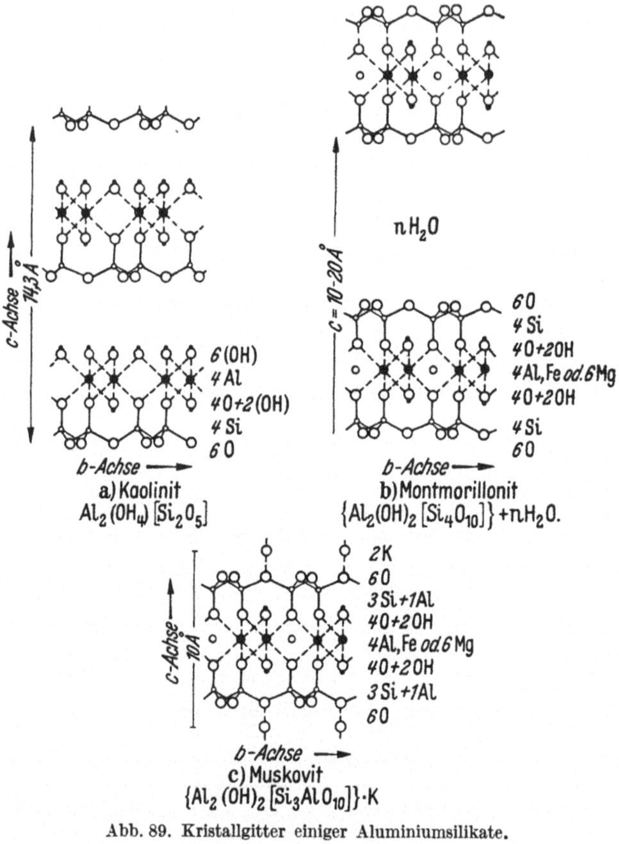

a) Kaolinit
$Al_2(OH)_4[Si_2O_5]$

b) Montmorillonit
$\{Al_2(OH)_2[Si_4O_{10}]\} + nH_2O$.

c) Muskovit
$\{Al_2(OH)_2[Si_3AlO_{10}]\} \cdot K$

Abb. 89. Kristallgitter einiger Aluminiumsilikate.

hochpolymerer, dunkel gefärbter Asphalt-Kohlenwasserstoffe zu tun, wozu Bleicherde allein verwendet wird.

Als Bleicherden eignen sich besonders folgende Mineralien:

Anauxit	Halloysit	Seifenstein
Annakaolin	Kaolinit	Ton
Bauxit	Montmorillonit	Weißerde
Bentonit	Muskovit	Walkerde.
Glaukonit		

Das Kristallgitter einiger von ihnen ist in Abb. 89 wiedergegeben, die chemische Zusammensetzung in der Tab. 20, S. 209.

Diese Erden sind z. T. naturaktiv und werden dann lediglich zerkleinert, gesiebt und trocken verwendet. In diesen Fällen ist die Mahlfeinheit von großer Bedeutung. Im allgemeinen wird verlangt, daß die Erde rückstandslos durch ein 100er Maschensieb hindurchgeht. Die

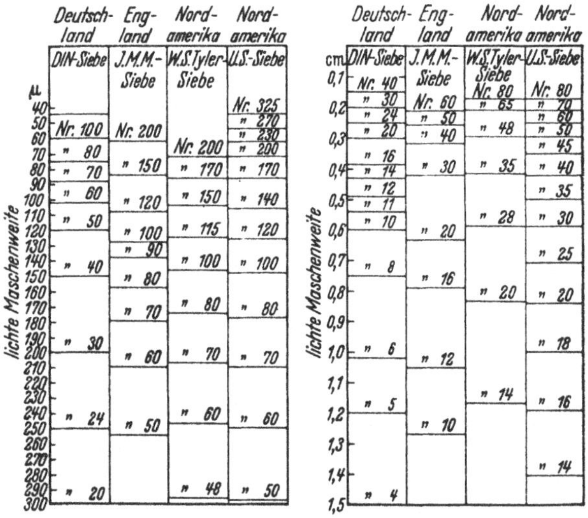

Abb. 90. Deutsche, englische und amerikanische Siebgrößen.

Bezeichnung des Siebes ist zur Zeit noch verschieden. In den einzelnen Ländern sind deutsche oder amerikanische Siebnormen im Gebrauch, die in Abb. 90 einander gegenübergestellt sind. Aus der Tab. 21 erkennt man, daß die Anforderungen in Anbetracht der Härte des Materials recht hoch sind.

Die naturaktiven Erden werden immer mehr durch die künstlich aktivierten Erden verdrängt, die eine vielfach höhere Aktivität aufweisen als Naturprodukte. Die Aktivierung erfolgt durch Säuren. Meist wird Salzsäure, zuweilen auch Schwefelsäure verwendet. Salzsäure ist wirksamer, Schwefelsäure ist weniger korrosiv. Durch die Säurebehandlung treten erhebliche Substanzverluste auf, die jedoch bei der Herstellung

Tabelle 21. *Deutsche und amerikanische Siebgrößen.*

Gewebe Nr.	Maschen je cm²	Maschen- weite mm	Draht- Durch- messer mm	Amerik. Bezeich- nung pro Zoll
4	16	1,5	1,00	11
5	25	1,2	0,80	13,5
6	36	1,02	0,65	16
8	64	0,75	0,50	22
10	100	0,60	0,40	27
11	121	0,54	0,37	30
12	144	0,49	0,34	32
14	196	0,43	0,28	38
16	256	0,385	0,24	44
20	400	0,300	0,20	55
24	576	0,250	0,17	65
30	900	0,200	0,13	81
40	1 600	0,150	0,10	110
50	2 500	0,120	0,08	135
60	3 600	0,102	0,065	160
70	4 900	0,088	0,055	190
80	6 400	0,075	0,050	220
100	10 000	0,060	0,040	270

in Kauf genommen werden, da der höhere Preis für künstlich aktivierte Erden von den Abnehmern gern bezahlt wird. Eine hoch wirksame Erde hat nämlich eine Reihe wichtiger Vorteile. Erstens richtet sich die Filtrationskapazität nach der Menge der zur Bleichung benötigten Erde, weil eine Presse um so seltener gereinigt werden muß, je weniger Erde man dem Öl zusetzt. So ist es daher in manchen Fällen möglich, die Verarbeitungskapazität zu vergrößern, indem man wirksamere Erden verwendet, ohne daß hierbei eine Vergrößerung der Filtrationsanlagen nötig wird. Andererseits muß bei dem Preis der Erde auch berücksichtigt werden, daß sich bei geringeren Bleicherdezusätzen auch die Ölverluste verringern, weil Erde etwa das gleiche Volumen Öl aufsaugt. Der Preis der nach modernen Solventverfahren raffinierten Öle ist aber in der Regel höher als der Preis der teuersten Erde. Die Qualität der Bleicherden ist daher ausschlaggebend für deren Verwendung. Ihre Überwachung ist eine wichtige Aufgabe der Laboratorien.

Neben der Mahlfeinheit, die bei künstlich aktivierten Erden von geringerer Bedeutung ist, werden vor allem Bleichkraft, Feuchtigkeitsgehalt und Säurezahl der Erden bestimmt. Die Feuchtigkeit ermittelt man durch Trocknung bei 110° C im Trockenschrank bis zur Gewichtskonstanz an einer Substanzmenge von 10 g im verschließbaren Wägegläschen.

Die Säurezahl wird an einer Substanzprobe von 1 g bestimmt, die zweimal mit 100 cm^3 destilliertem Wasser ausgekocht wird; das Filtrat wird mit Natronlauge und Phenolphthalein als Indikator titriert. Bei salzsäure-aktivierten Erden empfiehlt es sich, unter dem Rückflußkühler zu kochen.

Die Bleichkraft der Erden wird nach dem sogenannten „Gleicheleistungsverfahren" bestimmt. Dabei ermittelt man die Menge Bleicherde, die nötig ist, um das zu behandelnde Öl auf die gleiche Farbe zu bringen wie mit einer als Standard aufbewahrten Menge bester Handelserde (z. B. Terrana extra). Da die Erden nicht allen Ölen gegenüber gleich wirksam sind, muß dieses Standardmuster erst durch umfangreiches Probieren verschiedener Handelsprodukte ausgesucht werden. Es ist dann hermetisch verschlossen und trocken aufzubewahren. Da jede Erde im Laufe der Zeit an Bleichkraft verliert, muß dieses Muster von Zeit zu Zeit erneuert werden. In der Regel verfährt man so, daß man stets die beste Lieferung als Standard zurückbehält.

Die Wirksamkeit der Erden und ihre Aktivierbarkeit beruhen auf der Größe ihrer inneren Oberfläche. Je mehr Erdalkalien oder auch Erden aus dem Naturprodukt herausgelöst werden können, um so mehr Stellen werden in dem Kristallgerüst der Aluminium-Hydrosilikate durch Wasserstoff ausgetauscht, der der eigentliche Träger der Aktivität zu sein scheint. Je schlechter also die Ausbeute ist, um so höher wird im allgemeinen auch die Aktivität der Erde sein.

Bei Anwesenheit von Metallionen ist die Erde meist gefärbt. Je nach der Oxydationsstufe von Eisen (Fe^{++} oder Fe^{+++}) ist die Färbung grün bis rot. Nach der Aktivierung hellt sich die Erde auf. Alle künstlich aktivierten Erden sind daher rein weiß bis elfenbeinweiß. Nur die schwefelsäure-aktivierten Erden haben zuweilen ein hellgraues Aussehen, das von der Verkohlung organischer Verunreinigungen herrührt.

Für alle Erden ist ein möglichst stark zerklüftetes Kieselskelett erwünscht. Auch Silikagel kann für Bleichzwecke verwendet werden. Es steht jedoch hinsichtlich seiner Wirksamkeit hinter den künstlich aktivierten Erden zurück. In qualitativer Hinsicht steht Silikagel zwischen den Kohlen und Erden.

Bekannte Bleicherdesorten sind folgende:

Benennung	Herkunft
Alsil	Deutschland
Clarit	Deutschland
Clarsil	Frankreich
Filtrol	Ver. Staaten von Amerika
Floridaerde	Ver. Staaten von Amerika
Floridin	Ver. Staaten von Amerika
Frankonit	Deutschland
Fullererde	Ver. Staaten von Amerika, England
Neutrol	Ver. Staaten von Amerika
Sondafin	Rumänien, Ungarn
Terrana	Ver. Staaten von Amerika, Deutschland
Texaserde	Ver. Staaten von Amerika
Tonsil	Deutschland

Wie daraus hervorgeht, sind Deutschland und die Vereinigten Staaten von Amerika die wichtigsten Produzenten von Bleicherden; in Deutschland wird besonderer Wert auf aktivierte Erden gelegt, während in den Vereinigten Staaten von Amerika auch hochwirksame Naturerden vorkommen. In Anbetracht der Tatsache, daß die Bleicherden zu permutoiden Reaktionen neigen, ist darauf zu achten, daß sie nur im sauren Gebiet verwendet werden, weil sie bei Gegenwart wäßriger Alkalien „vergiftet" werden. Dies ist wichtig bei der Bleichung naßraffinierter Öle, die Spuren von Alkalien enthalten können. Solche Öle würden beim Bleichen ihr Alkali austauschen, wodurch die Öle schwach sauer zurückblieben. Die Alkalien sind nämlich meist an Naphthensäuren gebunden. Andererseits kann man aber ein Öl mit einem zu hohen Aschegehalt mittels Bleicherde wieder auf Spezifikation bringen, wenn die Anforderungen an die Azidität nicht zu hoch sind.

Um die Filtertücher in den Pressen zu schonen, gibt man zu dem Öl—Bleicherde-Gemisch gebrannten Kalk, um die von der Raffination herrührende Mineralsäure abzustumpfen. Feuchtigkeit soll hierbei nicht zugegen sein, weil sonst die Erde wie Permutit wirkt und Kalzium gegen Wasserstoff austauscht, wodurch sie unwirksam wird.

Die Mengen Bleicherde, die zur Bleichung verwendet werden, betragen selten mehr als 10%, bezogen auf Saueröl. Obwohl die Grenze, bis zu der ein Öl noch aufgehellt werden kann, bei einem Bleicherdeverhältnis von weit über 10% liegt, geht man selten über obige Grenze hinaus. Als Regel gilt, daß nach Möglichkeit die gleiche Menge Erde verwendet wird wie vorher Säure zur Raffination verwandt wurde, keinesfalls sollte man weniger als $^3/_4$ der verwendeten Säure an Bleicherde zusetzen, da sonst Öle mit zu geringer Farbstabilität resultieren. Mit zu geringer Menge Bleicherde raffinierte Öle sind zwar unmittelbar nach der Bleichung hell, zeigen aber einen eigenartigen braunen „Stich". Dieser Öltypus läßt sich bei einiger Übung besser an seinem „Schwarzgehalt" erkennen, denn die Farbbestimmung auf dem Unionkolorimeter ist schwierig und unter Umständen nur mit einem Rotfilter durchführbar. Solche Öle dunkeln schon bei Zimmertemperatur rasch nach. Eine auf solche Weise verdorbene Farbe kann auch durch Stabilisierung mit Lauge nicht mehr verbessert werden. Es bleibt nur noch die Möglichkeit einer Nachbleichung übrig.

Verwendet man dagegen wenig Säure und viel Erde, so erhält man zwar dunklere Öle, aber von einem reinen Farbton, der beständig ist oder sich leicht stabilisieren läßt. Auch diese Öle sind leicht an dem roten „Stich" zu erkennen, der sehr gut auf die Skala des Unionkolorimeters paßt.

Führt man die Bleichung bei erhöhter Temperatur in einer Wasserdampfatmosphäre durch, so ist der Bleichprozeß wirksamer. Man erhält Öle von ganz reiner Farbe ohne Schwarzgehalt mit saftgrüner Fluoreszenz ohne Blaugehalt. Diese Öle haben das für pennsylvanische Öle typische Aussehen. Bei dieser Behandlung gehen erhebliche Mengen Schwefeldioxyd und Schwefelwasserstoff sowie Schwefel über und die zurückbleibenden Öle behalten einen schwachen Phenolgeruch. Bei Temperaturen von 270° C und darüber werden die Neutralester der Schwefelsäure, die sich bei der Raffination bilden, zersetzt. Es entstehen, etwa nach dem Schema

$$R\ SO_3H = R\ OH + SO_2,$$

aromatische Oxydationsprodukte.

Geht man mit der Temperatur noch höher, so wird schließlich auch die Kohlenstoffbindung angegriffen, und es tritt Spaltung ein, wodurch die Viskosität abfällt (Viscosity breaking). Dieses Verfahren spielt eine gewisse Rolle bei der Herstellung der sogenannten Bright-Stocks. Die leichter siedenden Spaltprodukte müssen allerdings abgetrieben werden.

Zur Raffination verdünnt man den Rückstand (Păcură, Masut oder „long Residium") mit 15% White Spirit und setzt, je nach Provenienz (asphaltisch oder paraffinös), unter intensivem Rühren 7 bis 20% Schwefelsäure hinzu. Nach dem Dekantieren der Säuregoudrons wird die White Spirit-Lösung über 5 bis 7% Bleicherde im Dampfstrom bei 270° C konzentriert. Bei dieser Arbeitsweise kommt man also auch mit weniger Bleicherde aus als der angewandten Menge Schwefelsäure entspricht. Man erhält auf diese Weise Öle, die noch alle von Natur aus im Erdöl vorkommenden Kolloide enthalten und daher meist einen besseren Viskositätsindex zeigen als Destillate gleicher Viskosität und Provenienz. Solche Öle dienen als Zusatz zu Motorenölen, um deren Lubrizität zu erhöhen. Da diese Öltypen einen hohen Conradson-Test (Verkokungszahl) aufweisen, sollen nicht mehr als 30% von ihnen zugemischt werden. Trotzdem verwendet man hin und wieder solche Öle auch 100%ig zu Schmierzwecken. Sie haben dann den Nachteil, daß zuviel leicht flüchtige Anteile darin bleiben, die den Flammpunkt verschlechtern. Ihre Siedekurve im Vakuum zeigt einen tiefen Anfangspunkt. Sie vergrößern daher ihre Viskosität im Gebrauch durch den Verlust geringer Mengen leicht flüchtiger Anteile. Der Gewinn, der durch den besseren Viskositätsindex erzielt wird, ist erkauft durch den Nachteil einer irreversiblen Viskositätserhöhung während der Dauer des Gebrauchs.

Man kann Erde außer zum Bleichen auch zum vollständigen Raffinieren der Öle benutzen. Dazu sind dann allerdings erheblich größere Mengen erforderlich.

Beim Kryosolverfahren werden bis zu 200% Erde auf Păcură verwendet. Ein solches Verfahren ist zunächst nur für Raffinationen im Laboratorium verwendbar, wo die Erde nicht regeneriert werden muß. Es hat daselbst den Vorteil, daß man in einem Arbeitsgang aus dem Grundstoff direkt ein spezifikationsgemäßes Öl erhält und auf diese Weise relativ rasch festgestellt werden kann, was aus einem bestimmten Grundstoff im günstigsten Falle fabriziert werden kann.

Die so erhaltenen Öle sind vollkommen säure- und aschefrei, haben eine rein rote Farbe ohne braunen „Stich" und grasgrüne Fluoreszenz ohne blauen „Stich", sind außerordentlich farb- und oxydationsbeständig und haben praktisch keine Teerzahl. Sie bestehen daher aus reinen Kohlenwasserstoffen.

Es kann anschließend auch mit warmem Propan (unter Druck) extrahiert werden, wobei die Paraffine und evtl. auch Zeresine in Lösung gehen. Das nach dieser Extraktion noch zurückbleibende Pulver ist hell-graublau und enthält nur noch die Asphaltene, die sich mittels heißem Benzol extrahieren lassen.

Die nunmehr zurückbleibende Erde ist jedoch nicht voll aktiv, da sie noch geringe Mengen polarer Substanzen enthält. Diese können mit Benzol—Alkohol-Mischung herausgelöst werden. Es ist dabei zweckmäßig, dieses Lösungsmittel mit Ammoniak abzusättigen, damit die Erde vergiftet wird. Nur in diesem Zustande gibt sie alle adsorbierten Bestandteile ab. Durch Trocknung kann das flüchtige Alkali (Ammoniak) entfernt werden, wodurch die Erde ihre Aktivität wieder erhält. Nur verkohlte Bestandteile können auf diese Weise nicht entfernt werden, sie setzen aber die Aktivität der Erde nur wenig herab.

Bei der Regeneration von Altölen wendet man häufig noch das alte Verfahren der Bleichung mit granulierter Erde an. Es hat den Nachteil, daß die ersten Anteile zu gut, die letzten Anteile wegen Erschöpfung der Erde zu schlecht gebleicht werden. Es ist jedoch in der praktischen Ausführung einfach und daher für Kleinstbetriebe geeigneter als das Pulververfahren, zu dem Filterpressen notwendig sind.

Granulierte Erde wird in größeren Mengen heute vorwiegend für die Bleichung der Krack-Benzine in der Dampfphase benutzt (Gray-Prozeß). Krack-Benzine neigen bekanntlich leicht zum Verharzen (Gum-Bildung). Dieser Vorgang kann beschleunigt werden, indem man die Diolefine bereits bei der Destillation polymerisiert und an der granulierten Erde adsorbiert. Hierzu wird meist naturaktive Floridaerde verwendet, die im gebrauchten Zustande alle Farbstufen des Ultramarins annimmt. Diesem Verfahren wird nachgerühmt, daß es die Gum-Stabilität der Krack-Benzine verbessert, ohne ihre Oktanzahl merklich zu verschlechtern. Dies ist in der Tat ein Vorteil gegenüber der Säureraffination, doch ist die Stabilität dieser Produkte nicht so groß wie bei den Säureraffinaten. Vorteilhaft ist jedoch die relativ einfache Arbeitsweise.

Durch die Möglichkeit, für Krack-Benzine verdünnte Säuren, z. B. Kerosinabfallsäuren, zu verwenden, ist dem Gray-Prozeß jedoch ein ernster Konkurrent erwachsen.

b) Regenerierung.

Allen Bleichprozessen adhärent ist das Problem der Regenerierung. Diese Frage ist nicht nur darum wichtig, weil man die Erden und die darin enthaltenen wertvollen Produkte gewinnen will, sondern auch weil eine wirksame Regenerierung mit flüssigen Lösungsmitteln die Manipulation mit Pulvern vermeiden ließe. Das aber ist im wesentlichen noch ein ungelöstes Problem. Man zieht es heute vor, nur höchstwertige Erden zu verwenden und diese nach Gebrauch auf die Halde zu werfen. Diese Halden bilden in Großbetrieben mitunter ein lästiges Problem der Abfallstoffverwertung. Die Frage der Regenerierung ist daher noch aktuell und taucht besonders in Kriegszeiten immer wieder auf.

Bei der Regeneration der Erden ist zu beachten, daß diese in vielen Fällen einer Neufabrikation aus minderwertigen Rohstoffen gleichkommt. Das bedingt, daß man zunächst die organischen Reste entfernt, bevor an eine Wiederbelebung oder Reaktivierung gedacht werden kann. Hierzu bedient man sich gern der im Betrieb selbst anfallenden Lösungsmittel Benzin, Petroleum usw., wozu allerdings die wertvolleren, aromatenreichen asphaltbasischen Benzine am geeignetsten sind. Damit können je nach Sättigungscharakter mehr oder weniger geringe Mengen Harze und vorwiegend Kohlenwasserstoffe extrahiert werden. Um alle Harze aus der zu regenerierenden Erde zu entfernen, müssen schon angereicherte aromatische Extrakte verwendet werden. Restlos kann man das Adsorbtiv nur mit polaren, hydrophilen Lösungsmitteln entfernen. Spuren bleiben aber auch dann noch zurück. Will man auch diese entfernen, so muß die Erde vor der Extraktion vergiftet werden. Hierzu können wäßrige Laugen dienen. Diese haben den Nachteil, daß erhebliche Mengen Säure gebraucht werden, um die Erden wieder zu reaktivieren. Geeigneter sind organische Basen, wie Pyridin u. dgl., die durch Destillation oder Extraktion entfernt werden können. Am billigsten sind flüchtige, gasförmige Basen, wie Ammoniak, das durch gelindes Erwärmen entfernt werden kann.

Eine zweckmäßige Arbeitsweise besteht darin, daß zunächst die Hauptmenge der Kohlenwasserstoffe durch ein paraffinöses Single Boiling Point- (abgekürzt: S. B. P.-) Benzin herausgelöst wird. Die dann noch verbleibenden Harze werden mit einem ammoniakalischen Benzol—Alkohol-Gemisch extrahiert. Auf diese Weise ist die Erde weitgehend regeneriert. Diese Methode eignet sich jedoch nicht für den Betrieb, da der Alkohol durch die Feuchtigkeit der Erde verunreinigt wird und daher selbst wieder regeneriert werden muß.

Es wird daher vielfach vorgezogen, die Erde einfach zu glühen und die darin enthaltenen organischen Stoffe zu verbrennen. Derart regenerierte Erden werden nur noch einige wenige Male verwendet und dann weggeworfen. Auf diese Weise wird wenigstens das Anwachsen der Halden etwas gehemmt, ohne daß damit eine wirtschaftliche Regeneration im erwarteten Sinne erreicht ist.

Bis etwa 200° C geht nur adsorbtiv gebundene Feuchtigkeit weg. Diese beträgt 10 bis 20%. Durch die Entfernung dieses Wassers wird die Erde besser: Bei 200° C verbrennt aber die organische Substanz noch nicht. Man muß bis auf dunkle Rotglut (etwa 500° C) gehen, um die Substanz zu verbrennen. Bei dieser Temperatur geht aber auch das „Konstitutionswasser", das etwa 14 bis 26% betragen kann, verloren. Dadurch nimmt die Aktivität der Erde ab. Über 600° C wird bei Gegen-

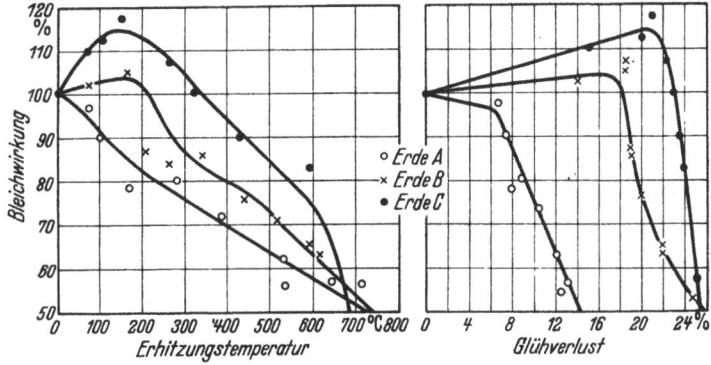

Abb. 91.
Bleichwirkung von Erden nach dem Glühen.

wart von Erdalkalien bereits das Kieselskelett der Erde zerstört, wodurch die Bleichwirkung sehr stark zurückgeht und die Erde praktisch unwirksam wird. Das Konstitutionswasser muß also in der Erde verbleiben und die innere Oberfläche darf nicht zusammensintern. Diese Verhältnisse illustriert die Abb. 91, in der die Bleichwirkung einmal als Funktion der Temperatur und einmal als Funktion des Glühverlustes dargestellt ist. Daraus ergibt sich, daß die günstigste Trocknungstemperatur bei etwa 150° C liegt, während der günstigste Glühverlust zwischen 6 und 25% liegt und von Erde zu Erde sehr verschieden sein kann.

Weniger einfach liegen die Verhältnisse, wenn bei der Raffination größere Mengen Kalk zugesetzt werden. In diesem Falle würde bereits der Zusatz von geringen Mengen Wasser die Erde so weit vergiften, daß sie nach der Extraktion reaktiviert werden muß. Davon hat die Erdöl-Industrie stets abgesehen, weil dies ihr völlig fremdartige Apparate und Reagenzien, wie Steinzeuggefäße und Halogensäuren, erfordert. Soll Erde möglichst weitgehend regeneriert werden, dann muß man von vornherein auf die Verwendung von Kalk verzichten und die Filtertücher durch Zusatz von Ammoniak schützen. Das bringt mancherlei andere Nachteile (Preis, Gasflaschen, thermische Zersetzung der Ammoseifen usw.).

218　Adsorption.

Man kann auch den Kalk vor der Erdbehandlung zusetzen und durch Dekantierung trennen. Das bringt aber erhöhte Ölverluste mit sich. Alle diese Methoden haben sich daher nicht so bewährt, daß heute Erden in größerem Umfange regeneriert werden.

Zur praktischen Durchführung der Regeneration wurden viele Konstruktionen von Apparaten entwickelt. Für die Regeneration scheinen sich nur die rotierenden Extrakteure bewährt zu haben, von denen Abb. 92 ein Beispiel zeigt, da nur dort eine einwandfreie Durchmischung mit dem Lösungsmittel garantiert ist. Sie arbeiten jedoch diskontinuierlich, was in der Erdöl-Industrie unerwünscht ist. Andere Konstruktionen, die nach dem Prinzip des Soxhletapparates arbeiten, dürften nur für granulierte Erden in Frage kommen. Auch diese Apparate arbeiten diskontinuierlich.

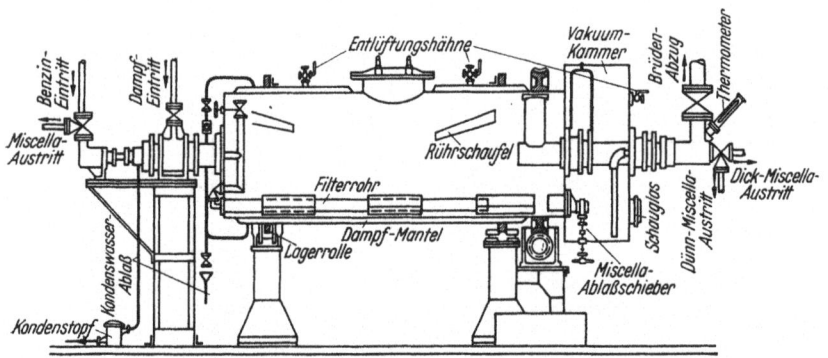

Abb. 92.
Rotierender Extraktor nach Schlotterhose & Co., Wesermünde.

Die Geräte von WÄGELIN und HÜBNER mit getrenntem Extrakteur, Verdampfer und Kondensator gestatten ein vielseitiges Arbeiten und ermöglichen gegebenenfalls auch, die Erde durchzurühren.

Für semitechnische Zwecke eignet sich ein vom Verfasser gebauter Extrakteur, bei dem nur so viel Erde verwendet wird, daß die zur Extraktion überdestillierte Menge Lösungsmittel mit der Erde eine thixotrope Suspension bildet, die durch ständiges Rühren flüssig gehalten werden kann. Der Rührer wird mittels einer kleinen Luftturbine angetrieben. Die Verdampfung des Extraktionsmittels erfolgt durch indirekten Dampf. Die letzten Reste werden im Vakuum ausgetrieben. Das Vakuum wird durch einen Dampfstrahlejektor erzeugt. Zur Vermeidung nicht kondensierbarer Dampf—Luft-Gemische wird die Apparatur vor der Extraktion evakuiert. Ein einwandfreies Arbeiten erfordert eine gute Abdichtung.

Es lassen sich auf diese Weise solche Mengen Erde extrahieren, daß auch die Erdölharze noch in einer Menge anfallen, wie sie für eine vollständige Analyse erforderlich sind. Das ist mitunter wichtig, weil sich unter diesen Substanzen technisch interessante Verbindungen befinden. So haben sich z. B. die öllöslichen β-Sulfonsäuren, die von der Bleicherde adsorbiert werden, als gute Demulgatoren für Rohölemulsionen erwiesen.

Solche Substanzen können bis zu einem gewissen Grade die viel verwendeten Türkischrot-Öle (Rizinolsulfonate) ersetzen.

Das Bestreben, diese Verbindungen im eigenen Betriebe herzustellen, läßt die Regeneration der Erde von einem neuen Gesichtspunkt aus interessant erscheinen. Heute schon könnte ein großer Teil dieser Sulfonsäuren im eigenen Betriebe verwendet werden. Darüber hinaus sind diese Produkte vielerorts auch zur Fettspaltung als Ersatz für TWITCHELL-Reagenz empfohlen worden. Sie haben ferner erhebliches Schaumbildungsvermögen. Als Waschmittel oder Feuerlöschmittel haben sie sich aber noch nicht eingeführt, obwohl darauf Patente genommen wurden.

Es hat sich herausgestellt, daß es nicht zweckmäßig ist, das aus den Erden regenerierte Öl direkt zu verwenden; dazu ist seine Farbe zu dunkel und der Harzgehalt noch zu groß. Man fügt diese Öle zweckmäßig einer Bleichcharge zu, damit sie nochmals mitgebleicht werden. Es kommen dafür nur mit aromatenfreiem Lösungsmittel wiedergewonnene Öle in Frage, nicht aber solche, die fast alle aus der vorangegangenen Charge stammenden Harze enthalten. Würde man diese hinzufügen, dann würden diese Harze allein schon die ganze zugesetzte Erde für sich beanspruchen.

Bei der Fabrikation künstlicher Bleicherden ist der Standort von erheblicher Bedeutung. Meist stellt man die Fabriken in der Nähe des Fundortes der Roherden auf, da die Abfallprodukte in den Waschflüssigkeiten wertlos sind und unnötige Transportkosten verursachen würden. Die Gewinnung am Fundort ermöglicht, die vielfältigen mechanischen Zerkleinerungsarbeiten mit den vielfach ähnlichen bergbaulichen Gewinnungsmethoden, wie z. B. der Grobzerkleinerung, wirtschaftlich zu verbinden.

Hierbei ist eine vielseitigere Prüfung am Platze, als sie gewöhnlich bei der Übernahme in der Raffinerie ausgeführt wird. Neben dem Feuchtigkeitsgehalt, dem Säuregehalt und der Aktivität spielen noch die Teilchengröße, das Schüttgewicht und das wahre spezifische Gewicht, gegebenenfalls auch der Kalkgehalt, eine Rolle. Die Teilchengröße wird durch Siebe bestimmt, das Schüttgewicht wird durch Einrütteln einer wägbaren Menge Bleicherde in einem 100-cm^3-Meßzylinder bis zur Volumenkonstanz festgestellt. Dieses Gewicht wird, mit 10 multipliziert, als Litergewicht angegeben. Aktivierte Erden haben Schüttgewichte von 0,7 bis 1,2 kg/l. Unbehandelte Naturerden zeigen Schüttgewichte von 1,5 bis 1,8 kg/l und sind somit spezifisch schwerer als die aktivierten Produkte, bei denen die schweren Metallionen entfernt wurden.

Das spezifische Gewicht wird durch Ausfüllung des Porenvolumens mit Alkohol, der die Erden benetzt, ermittelt. Bei all diesen Methoden ist zu beachten, daß die auf solche Weise bestimmten wahren spezifischen Gewichte verschieden ausfallen, je nachdem man die Luft mittels

	Wasser	von der Dichte	0,9982	kg/l	bei	20° C,
	Alkohol	,, ,, ,,	0,7894	,,	,,	20° C,
	Äther	,, ,, ,,	0,7186	,,	,,	20° C
oder	Benzol	,, ,, ,,	0,8790	,,	,,	20° C

verdrängt. Die spezifischen Gewichte in der Grenzphase sind nämlich verschieden von den pyknometrisch bestimmten Dichten. In den Grenzphasen werden Flüssigkeiten durch Phasenorientierung den zur Verfügung stehenden Raum anders ausfüllen als in dem, der kompakten Masse der Substanz entsprechenden, ungeordneten Zustand. Auch das so ermittelte spezifische Gewicht erweist sich bei den aktivierten Erden mit 1,8 bis 2,3 kg/l höher als bei den naturaktiven Erden.

Zwischen dem relativen Porenvolumen oder der Porosität einerseits und dem Schüttgewicht und dem spezifischen Gewicht besteht die Beziehung

$$P = \frac{100(d-s)}{d},$$

worin

d das Schüttgewicht in g/cm³,
s das spezifische Gewicht in g/cm³ und
P das relative Porenvolumen (die Porosität)

bedeuten. Nach obigen Ausführungen leuchtet es ein, daß man je nach der Verdrängungsflüssigkeit verschiedene Porositäten erhält.

Auch eine andere Methode, nach der aus der Dampfdruckerniedrigung kapillarkondensierter Flüssigkeiten die Porenradien berechnet werden, ergibt wegen der Unklarheit über die Dichte der adsorbtiv gebundenen Verdrängungsflüssigkeit keine eindeutigen Werte. Die Methode stützt sich auf die THOMSON-GIBBSsche Gleichung

$$\ln \frac{p_r}{p_\infty} = \frac{2\Omega M}{r \varrho R T},$$

worin

p_r den Dampfdruck über dem Adsorbens in dyn/cm²,
p_∞ den Sättigungsdruck in dyn/cm²,
Ω die Oberflächenspannung in dyn/cm,
R die Gaskonstante in erg/grd mol,
T die absolute Temperatur in °K,
ϱ die Dichte in g/cm³ und
r den Porenradius in cm

bedeuten.

Trotzdem kann eine gewisse Parallelität zwischen Aktivität und Porosität nicht verkannt werden, wie die folgende Tabelle zeigt:

Von einer Kohle aufgenommene Menge CCl_3NO_2	Porosität
0,1565 g	0,504
0,1905 g	0,537
0,2240 g	0,575
0,2555 g	0,545
0,2855 g	0,613
0,3207 g	0,665

Ähnliches ist auch von Versuchen, die Aktivität der Adsorbentien in absoluten Einheiten durch Angabe ihrer aktiven Oberfläche aus der Adsorption von Farbstoffen zu sagen. Nach der Methode BERL-BURKHARDT werden 0,1 g getrocknete, pulverisierte Kohle in einem mit Glasstopfen versehenen Schüttelrohr von 100 cm³ Inhalt mit 50 cm³ einer 0,3%igen Methylenblaulösung 2 Stunden bei Zimmertemperatur geschüttelt. 1 mg adsorbierten Methylenblaus entspricht 1 m² innerer

Oberfläche. Auch hier spielen der Orientierungszustand und die Verdichtung in der Grenzphase eine Rolle. Immerhin sieht man, daß durch Besetzung der aktiven Zentren eines Adsorbens mit irgendwelchen Stoffen die Aktivität herabgesetzt wird.

Es ist daher bei der Lagerung von Bleicherden dafür zu sorgen, daß die Lagerräume nicht feucht sind und möglichst frei von Säuredämpfen, Ammoniak oder Schwefelwasserstoffgas bleiben. Man wird daher ein Terrana-Magazin nicht gerade neben einem Kesselhaus, dem Raffinationsgebäude oder einer Krackanlage aufstellen, wo diese Gase in höheren Konzentrationen auftreten als abseits davon. Alsdann genügt in der Regel eine Verpackung in Papiersäcken, die bei vorsichtiger Behandlung den Vorteil der Billigkeit und des besseren luftdichten Verschlusses gegenüber Jutesäcken aufweisen, welch letztere außerdem größere Verstaubungsverluste ergeben. Der Transport der Bleicherde vom Lagerhaus bis zum Raffinationsgebäude erfolgt heute vorwiegend durch Luftmontejus, seltener mechanisch. Die Verwendung von Luft hat den großen Vorteil, daß man die Erde und auch den Kalk direkt in die Agitatoren einblasen kann. Wenn das Luftrohr genügend tief untergetaucht ist, können keine Verstaubungsverluste eintreten. Diese Lufteinleitungsrohre dienen zugleich auch als Rührer bei der Bleichoperation.

Bei der Probenahme von Bleicherde achte man darauf, daß die Proben möglichst aus dem Inneren der Säcke genommen werden und in verschlossenen Blechbüchsen bis zur Analyse aufbewahrt bleiben, damit nicht Feuchtigkeit oder irgendwelche Dämpfe hinzutreten können.

§ 2. Raffination.

Die Schwefelsäureraffination der Erdölprodukte gehört zu den ältesten Reinigungsverfahren in der Erdöl-Industrie. Wenn sie unter dem Abschnitt „Physikalisch-chemische Verfahren" behandelt wird, so geschieht dies in erster Linie darum, weil die überaus komplizierten Reaktionen, die die Schwefelsäure mit dem Kohlenwasserstoff eingeht, eigentlich unerwünscht sind und man mit allen Mitteln bestrebt ist, diese zu unterbinden. Es soll die Schwefelsäure nach Möglichkeit nur als Lösungsmittel wirken.

Als stark polares Lösungsmittel ist sie in besonderem Maße befähigt, aus den Kohlenwasserstoffen fremde, sauerstoff- und schwefelhaltige Verbindungen herauszulösen. Die weitere Reaktion derselben mit ungesättigten Kohlenwasserstoffen durch Kondensation unter Bildung komplizierter Farbstoffe soll nach Möglichkeit verhindert werden.

Bis zu welchem Maße dies durchführbar ist, kann man daraus ersehen, daß eine Raffination in stark verdünnter Propanlösung bei $-40°$ C zu Raffinaten mit reiner Farbe ohne Bleicherdebehandlung führt. Bei dieser Temperatur sind die chemischen Reaktionsgeschwindigkeiten so gering, daß die Raffinate ohne Nachbehandlung sofort nach Verdampfung des Propans als Raffinate gelten können.

Es gibt daher Bedingungen, unter denen die Schwefelsäure als selektives Lösungsmittel wirkt und vorwiegend Nicht-Kohlenwasserstoffe herauslöst, ohne die Kohlenwasserstoffe anzugreifen. Das hat den Vorteil, daß bei dieser Art der Raffination die Aromaten und Naphthene erhalten bleiben, wodurch eine wesentlich höhere Ausbeute erzielt wird, als wenn man mit weniger selektiv wirkenden Lösungsmitteln, wie z. B. SO_2, extrahieren würde. Das ist besonders dort von Wichtigkeit, wo die Aromaten als wertvolle, klopffeste Treibstoffe erhalten bleiben sollen. Insbesondere ist dies der Fall bei den Krackprodukten, in denen klopffeste Anteile durch relativ kostspielige Spaltungsvorgänge absichtlich hergestellt werden. Hier geht man so weit, daß man die zu raffinierenden Benzine mit Ammoniak-Kältemaschinen kühlt und die Raffination bei tiefen Temperaturen durchführt.

Bei dem Stratcold-Prozeß, der schematisch in Abb. 93 wiedergegeben ist, wird das Rohdestillat über einen Wärmeaustauscher in Kontaktgefäße gepumpt, wo es auf genau begrenzte Dauer mit der Schwefelsäure in Berührung kommt. Die Größe der Gefäße ist dem Durchsatz entsprechend so angepaßt, daß sich hierbei eine günstigste Verweilzeit (Kontaktdauer) ergibt. Von hier gelangt das Gemenge in Zentrifugen und wird vom Säuregoudron getrennt. Das Verfahren arbeitet in dreistufigem Gegenstrom, d. h. das rohe Produkt wird mit Säuregoudrons vorraffiniert und nur das bereits zweimal vorraffinierte Produkt wird mit Frischsäure behandelt. Nachdem das Saueröl einige Absitzbehälter (Settler) passiert hat, wird es mit Soda neutralisiert.

Dieses Verfahren unterscheidet sich bereits äußerlich so gewaltig von der alten Raffination in Agitatoren, wo das Produkt durch Rezirkulationspumpen mit einem Säureregen in Kontakt gebracht wird, daß hierzu ganz andersartige Baulichkeiten erforderlich sind. Die alten Agitatoren werden meist im Freien untergebracht und besitzen einen Regenschutz in Form eines überhängenden, kegelförmigen Blechdaches, wie Abb. 94 zeigt. Die Zentrifugen und Mischgefäße werden hingegen in geschlossenen Räumen untergebracht. Durch die großen Mengen der zu verarbeitenden Chargen ergeben sich lange Sedimentationszeiten infolge der sich über mehrere Meter erstreckenden Fallhöhe. Diese Arbeitsweise führt zu schwer beherrschbaren Wärmestauungen mit allen Unsicherheiten einer Qualitätsgarantie. Es erscheint daher angebracht, zu untersuchen, welche Vorgänge hierbei ablaufen.

Am einfachsten verfährt man in der Weise, daß das zu raffinierende Produkt mit verschiedenen Mengen Schwefelsäure bei verschiedenen Temperaturen während kürzerer oder längerer Dauer behandelt wird. Bei diesen Versuchen wird dann eine Schwefelsäurebilanz aufgestellt, d. h. man bestimmt die Schwefelsäure in den Goudrons und im Raffinat und vergleicht die gefundene Menge mit der tatsächlich zugesetzten Menge. Es tritt fast immer ein merklicher Verlust ein. Stets fehlt etwas Schwefelsäure in der Summe aus Raffinat und Abfallsäure gegenüber der angewandten Menge. Das kann daher rühren, daß sich entweder Neutralester bildeten, die bei der Titration nicht erfaßt werden, oder daß sich die Säure zersetzt und das SO_2 entwichen ist, wovon man sich an dem bisweilen recht intensiven Geruch leicht überzeugen kann.

Versuche haben ergeben, daß um so mehr SO_2 entweicht, je mehr Säure man hinzufügt, je länger man raffiniert, je konzentrierter die Säure ist und je wärmer das Gemisch ist. Es ist also günstig, die Tem-

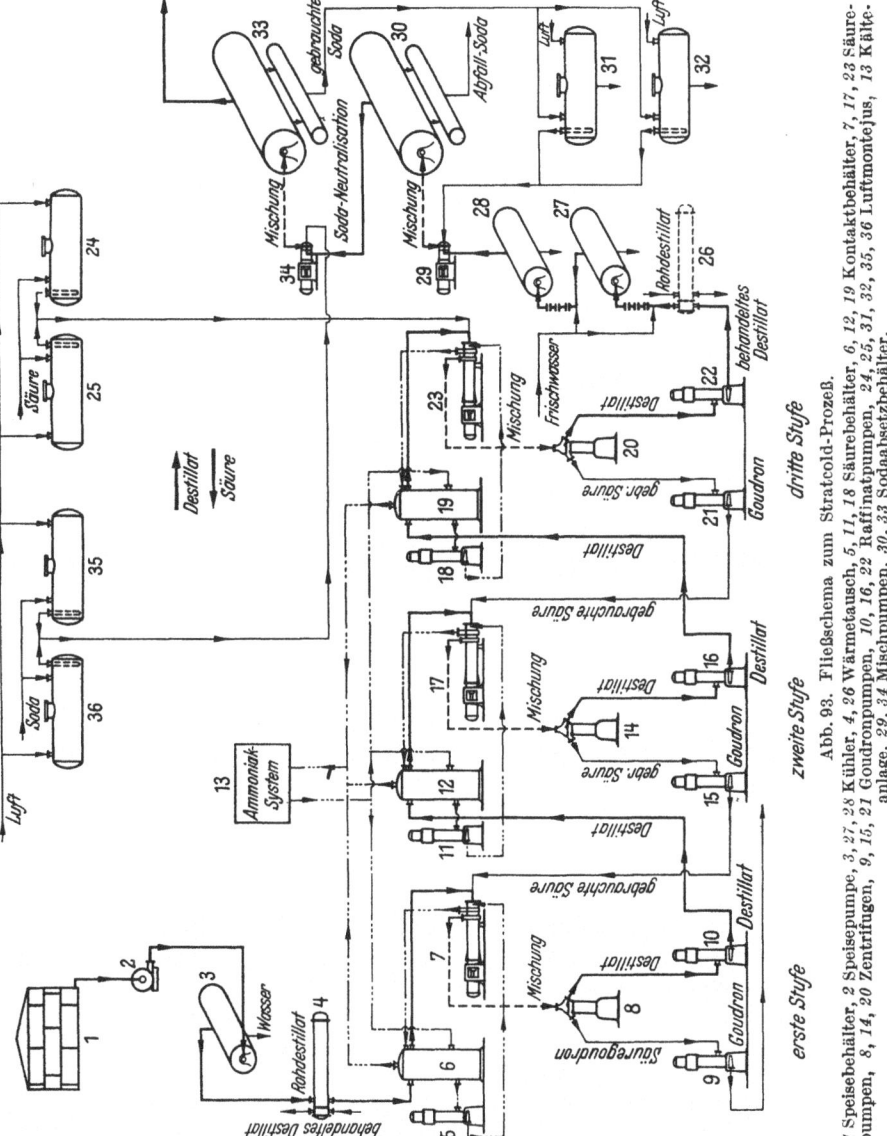

Abb. 93. Fließschema zum Stratcold-Prozeß.

1 Speisebehälter, *2* Speisepumpe, *3, 27, 28* Kühler, *4, 26* Wärmetausch, *5, 11, 18* Säurebehälter, *6, 12, 19* Kontaktbehälter, *7, 17, 23* Säurepumpen, *8, 14, 20* Zentrifugen, *9, 15, 21* Goudronpumpen, *10, 16, 22* Raffinatpumpen, *24, 25, 31, 32, 35, 36* Luftmontejus, *13* Kälteanlage, *29, 34* Mischpumpen, *30, 33* Sodaabsetzbehälter.

peratur zu senken und die Kontaktzeit zu verkürzen, um Zersetzungserscheinungen zu vermeiden. Das ist nur bei einem kontinuierlichen Verfahren gut möglich, vorausgesetzt, daß die Viskosität der Produkte keine allzu großen Schwierigkeiten bereitet. Damit wird das ganze Problem eine Frage der Mischungs- und Sedimentationstechnik.

Man ist im Laufe der Zeit zu rasch laufenden, relativ kleinen Einheiten übergegangen. Es werden heute bereits Zentrifugen verwendet, die mit Drehzahlen bis zu 20000 U/min und mehr im Dauerbetrieb laufen.

Die schädliche Wirkung zu hoher Konzentration wird durch Unterteilung der Säureportionen verringert, indem man die Säure in mehreren Stufen zufügt. Auch diese Forderung ist mit dem Gegenstromprinzip und der kleinen Bauart der Zentrifugen gut vereinbar. Sie werden zu ganzen Batterien in den Raffinationshallen zusammengestellt.

Abb. 94.

Speziell bei Krackprodukten kann die Konzentration der Schwefelsäure mitunter bis auf 70% herabgesetzt werden, um die Olefine, die an sich wertvolle Klopfeigenschaften aufweisen, zu erhalten. Hierbei wird nicht Frischsäure mit Wasser verdünnt, sondern zweckmäßig Abfallsäure aus der Raffination von White Spirit und Petroleum verwendet. Man gewinnt hierbei gleichzeitig auch die Menge Treibstoff, die in der Petroleumabfallsäure bereits aufgelöst ist. Da hierdurch aber auch schwerer siedende Produkte in das Krackbenzin gelangen, führt man die Raffination des Krackbenzins noch vor der Redestillation durch. Früher wurde sogar das ganze Druckdestillat (Pressure Distillate, abgekürzt: Pi. Di.) raffiniert. Heute zieht man es vor, eine Toppfraktion zu raffinieren.

Diese Präraffination hat sich im größeren Umfange nur bei Krackprodukten eingeführt. Es ist aber durchaus möglich, die hierbei anfallende sogenannte Pi. Di.-Abfallsäure auch noch zur Schmierölraffination zu verwenden, wenn man diese im Bulk, also noch vor der Rektifikation im Vakuum, präraffiniert. Das ist nötig, weil sonst der Flammpunkt der Produkte verdorben wird. Eine Bleicherdebehandlung ist dann nicht mehr nötig. Diese Möglichkeit, Bleichmittel zu sparen, würde aber dazu zwingen, daß auch die schweren Zylinderöle des Bulks mit raffiniert werden, was normalerweise nicht üblich ist. Die sich hierbei ergebende ungünstige Schwefelsäurebilanz (zu geringer Anfall an Pi. Di.-Abfallsäure) macht das

Verfahren weitgehend von lokalen Verhältnissen (Schwefelsäurepreisen) abhängig.

Die Präraffination wirft ferner die Frage der Verunreinigung der alkalischen Destillationsrückstände durch Sulfosäuren auf. Das Verfahren ist daher nur dann verwendbar, wenn die Naphthenseifen (Ados) nicht abgesetzt werden können oder, wie bei paraffinösen Grundstoffen, nur in geringer Menge anfallen. Sie ist über das großtechnische Versuchsstadium noch nicht hinausgewachsen.

Ein großer Teil der Neutralester der Schwefelsäure zersetzt sich bei der Redestillation, besonders bei Gegenwart von Wasserdampf. Bei allen diesen Prozessen sind Sekundärreaktionen soweit als möglich zu unterbinden, um Produkte zu erhalten, die keiner weiteren kostspieligen Reinigung mehr bedürfen.

Vermeidbare Sekundärreaktionen sind z. B.: Kondensationen schwefelhaltiger oder sauerstoffhaltiger Verbindungen, wie z. B. Thiophen mit ungesättigten Verbindungen, z. B. Cyclopentadien. Hierbei bilden sich höher molekulare, tief dunkelrot und grün gefärbte Verbindungen, die durch Sauerstoffeinwirkung rasch in höher polymere schmutzigfarbene, harzartige Verbindungen übergehen. Diese Produkte sind teilweise sogar sehr sauerstoffempfindlich. Außer den schon erwähnten Säureestern können sich aber auch noch Sulfosäuren bilden. Man unterscheidet bei der Schmierölraffination nach PILAT, SZEREDA und SZANKOWSKY dreierlei Sulfosäuren:

α-Sulfosäuren, deren Kalziumsalze wasser- und ätherlöslich sind,

β-Sulfosäuren, deren Kalziumsalze wasser- und ätherunlöslich sind,

γ-Sulfosäuren, deren Kalziumsalze wasserlöslich, aber ätherunlöslich sind.

Die β-Sulfosäuren selbst sind äther- und öllöslich, so daß sie bei der Raffination größtenteils im Raffinat verbleiben und dessen Säurezahl verursachen. Die α- und γ-Sulfosäuren dagegen gehen in die Säuregoudrons über und können daraus über ihre Kalksalze abgetrennt werden.

Es ist bemerkenswert, daß die öllöslichen β-Sulfosäuren besonders bei der Oleumraffination in der Wärme in größerer Menge entstehen und durch Laugung gewonnen werden können. Sie haben günstige Demulgierungseigenschaften und können Türkischrot-Öle (Rhizinol-Sulfosäuren) in den Naphthenseife-Mischdemulgatoren für Rohöl ersetzen. Ihre Wirksamkeit bleibt aber bisweilen hinter der der Türkischrot-Öle zurück.

Die gute Wasserlöslichkeit der γ-Kalzium-Sulfonate hat wiederholt zu Versuchen Anlaß gegeben, sie als Schäumer zu verwenden. Naheliegend ist es, sie in der Erdöl-Industrie zur Schaumfeuerlöschung zu verwerten. Auch für Flotationszwecke sind sie zu gebrauchen. Ein durchschlagender technischer Erfolg ist diesen Versuchen aber bisher nicht beschieden gewesen.

Wenn die Verwertung der Bleicherdeabfälle von Zeit zu Zeit noch ausgeführt wird, so ist die Abfallsäureverwertung eines der brennendsten Probleme der Erdöl-Industrie, da ihre Beseitigung mitunter ernste Schwierigkeiten verursacht. Unter Dampfkesseln kann man sie nicht ohne weiteres verbrennen, weil die Abgase Ziegel und Kesselblech angreifen, wenn sie feucht sind. Man muß daher mit neutralen Brennstoffen anheizen, bis das ganze Mauerwerk durchwärmt ist und sich keine Säuredämpfe mehr kondensieren können. Vor der Abstellung muß wieder mit neutralen Verbrennungsgasen ausgespült werden.

Dies alles ist viel zu umständlich, so daß man es vorzieht, die Säureharze in eigenen Goudron-Verbrennungsanlagen nutzlos zu verbrennen. Der dabei anfallende „Säurekoks" bringt einen gewissen Erlös für diese Arbeit. Der Säurekoks ist jedoch minderwertiger als der „Dubbs-Koks" aus den Krackanlagen. Er hat einen hohen Aschegehalt, zeigt aber eine gewisse Aktivität, besonders, wenn er vor der Verbrennung mit alkalischen Abfallprodukten vorneutralisiert wurde und die Asche nach der Verbrennung ausgelaugt wird. BERL und seine Mitarbeiter haben festgestellt, daß sich die Aktivität bei Verwendung von Alkalien mit höherem Atomvolumen (z. B. Kalium) bedeutend steigern läßt. Es wurden Patente auf die Zumischung von Holzkohle zum Säureteer vor der Aktivierung erteilt. Holzasche ergibt wegen ihres Gehaltes an Pottasche hochaktive Kohlen. Obwohl es naheliegt, diese Kohlen im eigenen Betriebe herzustellen und zu verbrauchen, hat sich auch dieses Verfahren nicht eingeführt.

Auch die Regeneration der Schwefelsäure kommt praktisch einer Neufabrikation aus minderwertigen Abfallprodukten gleich. Dennoch sind in den Vereinigten Staaten von Amerika Anlagen zur Regenerierung von Schwefelsäure aufgestellt worden. Die Tatsache, daß diese Abfallsäuren arm an Katalysatorgiften, wie z. B. Arsen, sind, macht sie für die Verarbeitung nach dem Kontaktverfahren geeignet. Dieses hat den Vorteil, daß man auch noch arme Gase, wie sie hierbei anfallen, aufarbeiten kann. Obwohl auf dieses Problem bisher viel Versuchsarbeit erfolglos aufgewendet wurde, verdient es dennoch nicht, aufgegeben zu werden. Es liegen im Säureteer zahlreiche komplizierte organische Verbindungen verborgen, die einmal sauber getrennt die Quelle für wichtige Synthesen sein können. Es ist nicht einzusehen, warum dies hier grundsätzlich anders sein soll als beim Steinkohlenteer, der ebenfalls jahrzehntelang als lästiges Abfallprodukt galt.

In welcher Richtung sich solche Untersuchungen zunächst bewegen können, zeigte u. a. TAUSZ[1]. Anknüpfend an Arbeiten von SPILKER, der Styrol und aromatische Kohlenwasserstoffe mit Schwefelsäure zu synthetischen Schmierölen kondensierte, wurden die hierbei auftretenden Farbreaktionen näher untersucht. Im allgemeinen reagieren die reinen Kohlenwasserstoffe farblos, d. h. ohne Verfärbung mit Schwefelsäure. Erst wenn Spuren fremder Elemente (Sauerstoff, Schwefel oder Stickstoff) zugegen sind, treten mehr oder minder intensive Farbreaktionen auf. So ergeben z. B. einige cm^3 Benzol mit 1 cm^3 Schwefelsäure geschüttelt nach Zugabe der doppelten Menge Wasser nach 1 Minute eine rotviolette Färbung bei Gegenwart von Zyklopentadien und Thiophen, ferner eine smaragdgrüne Färbung, wenn Zyklohexen und Thiophen zugegen sind. Beide Farbstoffe sind in Chloroform löslich. In Schwefelsäure gelöst ergeben alle erwähnten Verbindungen Gelborangefärbung.

---

[1] TAUSZ: Jb. f. Chem. u. Techn. d. Brennstoffe und Mineralöle Bd. 1 (1908) S. 250.

Primär entstehen stets Leukobasen der Farbstoffe, die durch Luftoxydation in den eigentlichen Farbstoff übergehen. Abgesehen von diesen Beobachtungen, die zunächst ohne technisches Interesse geblieben sind, zeigen die Versuche von TAUSZ, welchen Einfluß das Einblasen von Luft bei der Raffination auf die Öle hat. Es ist daher im Laboratorium bei Proberaffinationen von Wichtigkeit, diese nach Möglichkeit in solcher Weise zu leiten, daß auch der mechanische Vorgang des Rührens reproduzierbar gestaltet wird. Sonst kann man mehrere Raffinationen ausführen, die alle Öle mit verschiedenen Farbnuancen ergeben. Hierzu eignen sich besonders die in Teil II, § 5, S. 181 beschriebenen Evolventenrührer, die in verschiedenen Größen sowohl aus Hartporzellan als auch aus V_2A-Stahl hergestellt und durch Ausglühen leicht gereinigt werden können. Sie ermöglichen eine Vermischung thixotroper Suspensionen mit geringem Kraftaufwand, ohne daß sich tote Zonen in der Strömung ausbilden. Bei Antrieb mittels Synchronmotor sind die Raffinationsverhältnisse streng reproduzierbar, wenn Eintauchtiefe, Exzentrizität des Rührers im Mischgefäß und die Mischdauer durch automatische Zeitschalter genau festgelegt sind.

Man kann die eingeleitete Luft aber auch durch Schwefel ersetzen und bekommt dann Raffinationseffekte, wie sie von STEGEMANN[1] beschrieben wurden. Zur besseren Ausnützung der Schwefelsäure hat man auch versucht, Kieselgur mit Säure zu tränken und dieses Pulver zwecks feinerer Verteilung zur Raffination zu verwenden. Ein größerer technischer Erfolg war aber auch dieser Arbeitsweise nicht beschieden.

Die Prüfung der Säureharze erstreckt sich auf die Bestimmung der Dichte, Asche, Pechstoffe und wasserlöslichen Anteile.

§ 3. Laugen und Süßen.
a) Entfernung der Sauerstoffverbindungen.

Die Laugung bezweckt, die sauren Bestandteile der Erdöle zu entfernen. Man ist bestrebt, diese Operation nach Möglichkeit so durchzuführen, daß man die Laugen wieder verwenden kann, um den Chemikalienverbrauch zu verringern. Dies ist ein chemischer Vorgang, der aber wegen seiner Abhängigkeit von physikalischen Bedingungen in diesem Teile gebracht wird. Es ist nicht in allen Fällen eine vollständige Trennung möglich. Bei Verwendung von kaustischer Soda handelt es sich in der Regel um die Entfernung der Naphthensäuren nach dem Schema

$$R\,COOH + NaOH = R\,COONa + H_2O.$$

Bei der Laugung von Saueröl werden Sulfosäuren nach dem Schema

$$R\,SO_3H + NaOH = R\,SO_3Na + H_2O$$

entfernt. Hierbei kann aber auch Ammoniak verwendet werden; besonders in höherer Konzentration und unter erhöhtem Druck ist es wirksam. Bei dieser Laugung besteht auch geringere Neigung zur Emulsionsbildung als bei den Alkalien. In der Wärme zersetzen sich die Seifen-

---
[1] STEGEMANN: Jb. f. Chem. u. Techn. d. Brennstoffe und Mineralöle Bd. 1 (1928) S. 87.

lösungen und Ammoniak kann teilweise ausgetrieben werden. Es stellen sich also temperatur- und druckabhängige Gleichgewichte ein, die es ermöglichen, Chemikalien zu sparen.

Will man nämlich die aus dem Rohöl entfernten Naphthensäuren oder die aus den gesäuerten Ölen ausgezogenen Sulfosäuren gewinnen, dann müssen die Laugen mit Mineralsäuren neutralisiert werden, um die organischen Säuren in Freiheit zu setzen. Diese Reaktion verläuft nach dem Schema

$$R\,COONa + H_2SO_4 = NaHSO_4 + R\,COOH.$$

Hierbei wird Säure verbraucht, die als verloren zu betrachten ist, während ein durch thermische Zersetzung ausgetriebenes Gas, wie Ammoniak, nach dem Schema

$$R\,COONH_4 = NH_3 + R\,COOH$$

wiedergewonnen werden kann. Ein Nachteil dieses Verfahrens ist, daß es dichte Apparaturen und Pumpeinrichtungen erfordert. Man ist daher auch schon zur Verwendung von organischen Basen übergegangen.

Naphthensäuren und Sulfonsäuren sind aber nicht die einzigen Bestandteile, die durch Laugung aus den Erdölen herausgeholt werden können. Bei den Krackprodukten entstehen z. B. auch größere Mengen Phenole (sogenannte Pi.Di.-Phenole). Diese werden in der Regel mit konzentrierter Sodalösung herausgelöst. Hierfür werden Laugen von 30 bis 40° Bé verwendet. Die Phenole fallen dann schon bei der Einleitung von Kohlensäure aus. Dies ist nicht der Fall bei den Naphthensäuren. Diese können mit Kohlensäure erst unter Druck und in der Wärme ausgetrieben werden. Man kann diese Methode auch dazu benutzen, um Naphthensäuren von den Phenolen zu trennen. Mit geeigneten Einrichtungen können auch Naphthensäuren fraktioniert werden. Hierbei fallen zuerst die weniger dissoziierten, hochmolekularen Naphthensäuren mit geringerer Säurezahl aus. Bei erhöhten Drücken und Temperaturen werden dann auch die stärker dissoziierten, niedrig molekularen Naphthenseifen mit höherer Säurezahl zersetzt. Mit fortschreitender Trennschärfe der Rektifizierkolonnen hat aber auch dieses Verfahren an Bedeutung verloren, da man die Fraktionen getrennt laugt und auf diese Weise Naphthensäuren verschiedener Säurezahl gewinnt. Diese lassen sich durch Mischung der jeweiligen Marktlage anpassen.

Das Korrosionsproblem hat jedoch noch keine befriedigende Lösung gefunden. Naphthensäuren korrodieren insbesondere die Kolonnen der Pipe-Still-Anlagen. Das Schopieren mit Aluminium[1] ergibt zwar einen wirksamen Schutz, ist aber in diesem Ausmaß, z. B. bei 40 m hohen Kolonnen, technisch nicht immer durchführbar. So hat das Laugen der Rohöle doch hin und wieder Anklang gefunden und ist auch in großtechnischen Versuchen des öfteren ausgeführt worden. Die Versuche scheiterten jedoch meist am Emulsionsproblem, indem die Säuren zu viel Unverseifbares enthielten. Auch hier hat sich Ammoniak kaustischer Soda gegenüber als überlegen erwiesen.

[1] Das Schopsche Metallisierungsverfahren besteht in der Zerstäubung geschmolzener Metalle.

Ein wirksamer Weg, der auch technisch gangbar ist, scheint in der alkalischen Redestillation des Rohöles zu liegen. Er bietet nur Schwierigkeiten bei den selteneren, an Naphthensäuren reicheren, asphaltischen Erdölen, weil die Rückstände aschereich bleiben. Die Destillation dieser Rückstände im Kohlensäurestrom liefert nahezu reine, von unverseifbaren Kohlenwasserstoffen freie Naphthensäuren. Da die Anlagekosten für den relativ geringen Rückstand weit weniger ins Gewicht fallen, ist auch der Schutz durch Schopierung einfacher[1]. Auch dieses Verfahren hat noch nicht technische Reife erlangt. Es erlaubt, die schweren, schwach sauren Naphthensäuren ebenfalls in hoher Reinheit zu gewinnen. Diesem Verfahren wird man erst dann größere Beachtung schenken können, wenn auch genügender Absatz für die hochmolekularen Naphthensäuren besteht. Dies ist durchaus möglich, da auch in der Reihe der Naphthensäuren die Kapillaraktivität mit steigendem Molekulargewicht wächst. Hochmolekulare Naphthensäuren haben daher günstige Benetzungseigenschaften und eignen sich zur Herstellung von Schaum- und Waschmitteln. Hindernd im Wege steht der üble Geruch.

Die Wasserdampfbehandlung der Laugen führt nur bei den leichten, stark sauren Naphthensäuren zu einer Verringerung der unverseifbaren Anteile, da nur diese hinreichend flüchtig sind, um sie bei der Siedetemperatur der Seifenlösung überdestillieren zu können. Bei den schweren Naphthensäuren müßte man im Vakuum destillieren, was jedoch zu umständlich ist. Die Abtrennung des Unverseifbaren, aus den Naphthenlaugen durch Lösungsmittel, etwa nach Art der SPITZ- und HÖNIG-Analyse, hat ebenfalls nur analytische Bedeutung erlangt. Die destillierten Naphthensäuren haben den großen Vorteil, daß man auch die Schwierigkeiten der Raffination umgeht, weil sie gleich mit guter und beständiger Farbe anfallen.

Die Raffination der Naphthensäuren ist insofern schwierig, als man bei der nachfolgenden Bleicherdebehandlung Kalk in stöchiometrischer Menge, dem Gehalt an Mineralsäure entsprechend, zusetzen muß. Es dürfen also nur die bei der Raffination zurückbleibenden Sulfonsäuren beseitigt werden, nicht aber auch Naphthensäuren verseift werden. Es gibt noch weitere Gründe, die für die Verwendung nicht allzu scharf rektifizierter Naphthensäuren sprechen. Das Hauptverwendungsgebiet der Naphthensäuren, insbesondere mit einer Säurezahl von 230 bis 300 mg KOH/g, ist für Sikkative als Blei-, Mangan- und Kobaltsalze (Soligene). Diese Trockner werden an der Luft braun, wenn sie keine Inhibitoren enthalten. Als solche wirken wahrscheinlich die höheren Phenole. Es ist daher ein Kobalttest vorgeschrieben, dem diese Naphthensäuren genügen müssen. Sind die Naphthensäuren zu scharf rektifiziert, so daß darin höhere Phenole nicht enthalten sind, dann entsprechen sie diesem Kobalttest nicht. Solchen Naphthensäuren muß man daher künstlich Inhibitoren zusetzen.

Naphthensäuren sind im Gegensatz zu den Fettsäuren wegen ihres Phenylkernes starke Säuren. Sie sind ebenfalls Monokarbonsäuren von

---

[1] Siehe Fußnote S. 228.

der Bruttoformel

$$C_nH_{2n-2}O_2$$

mit einem Polymethylenring. Sie sind den Säuren der Ölsäurereihe isomer, ohne jedoch ungesättigt zu sein. Brom- und Jodzahlen weisen nur ihre Verunreinigungen auf.

Die Naphthensäuren verteilen sich nach GURWITSCH etwa wie folgt auf die einzelnen Fraktionen:

Benzin	Spuren	Spindelöl	1,9 %
Kerosin	0,5 %	Maschinenöl	1,4 %
Solaröl	2,2 %	Zylinderöl	0,45 %

Die Dieseltreibstoffe weisen daher die größten Mengen Naphthensäuren auf, während die Ottotreibstoffe praktisch frei davon sind. Eine Mittelstellung hierzu nehmen die Schmieröle und Leuchtöle ein.

Die Stärke dieser Säuren hat auch ihre Veresterung mit Kohlehydraten veranlaßt. Die leicht flüchtigen Ester mit Alkoholen sind obstähnlich riechende Flüssigkeiten. Die Zelluloseester der Naphthensäuren sind wasserunlöslich und erscheinen interessant für die Lackindustrie. Sie haben andere Löslichkeitseigenschaften als die Nitrozellulose- oder Azetylzelluloselacke. Sie lösen sich in aromatischen Kohlenwasserstoffen. Falls sich diese Substanzen verspinnen ließen, würden sie stark hydrophobe, der Wolle ähnliche Eigenschaften zeigen.

Die Zinnsalze der Naphthensäuren sind Isolierstoffe, die Kupfersalze sind in Benzin löslich und dienen zum Nachweis der Naphthensäuren (Blaufärbung) nach CHARITSCHKOW.

Die größte technische Schwierigkeit, die der Laugung in der Praxis entgegensteht, ist die Emulsionsgefahr. Sie ist der Hauptgrund, weshalb man von der nassen Raffination, insbesondere bei den schweren Ölen, zur trockenen Raffination übergegangen ist.

Die Viskosität der Naphthensäuren steigt, wenn auch nicht so steil wie bei den reinen Kohlenwasserstoffen, stark mit dem Molekulargewicht an, wie folgende Tabelle zeigt:

Naphthensäuren aus	Dichte bei 15° C g/cm³	Säurezahl mgKOH/g	Jodzahl %	Viskosität in E bei		
				30° C	50° C	100° C
Kerosin	9650	255	0,9	4,2	2,26	1,21
Solaröl (leicht)	9513	170	2,42	15,0	5,5	1,57
Solaröl (schwer)	9418	136	2,5	19,0	6,23	1,67
Spindelöl	9358	103	6,17	34,8	10,1	1,95
Maschinenöl	9350	87,5	7,18	47,7	13,3	2,10
Zylinderöl	9294	32,6	11,4	97,9	23,8	2,72

Die Naphthensäuren können von den Fettsäuren durch die Formolitreaktion von MARCUSSON unterschieden werden. Mit dem gleichen Volumen konzentrierter Schwefelsäure und 40%iger, wäßriger Formaldehydlösung geben Naphthensäuren ätherunlösliche Formolite. Diese, ursprünglich von NASTJUKOW für aromatische Kohlenwasserstoffe vorgeschlagene Formolitreaktion erweist sich also auch noch bei aromatischen Karbonsäuren als charakteristisch.

b) Entfernung der Schwefelverbindungen.

Außer den sauerstoffhaltigen Bestandteilen gibt es aber auch noch schwefelhaltige Verbindungen, die von Natur aus in den Erdölen enthalten sein können oder durch Krackprozesse hereingelangen. Solche Verbindungen sind z. B. Schwefelwasserstoff und die Merkaptane. Schwefelwasserstoff kann mit Lauge ausreichend entfernt werden. Dagegen muß die Abtrennung der Merkaptane bis auf Spuren durchgeführt werden, da sie sich schon durch äußerst geringe Mengen unangenehm bemerkbar machen. Die Empfindlichkeit des menschlichen Geruchsinnes auf Merkaptane gehört zu den sensibelsten Nachweismethoden überhaupt. Diese Geruchsreaktion ist so empfindlich, daß schon wenige Moleküle wahrnehmbar sind und selbst die radioaktiven Nachweismethoden erreicht werden. Die technischen Anforderungen, die deshalb an den Geruch der Krackbenzine gestellt werden, sind extrem hoch.

Tabelle 22. *Eigenschaften von Naphthensäuren.*

Dichte ϱ	Temperaturkoeffizient $d\varrho/dT$ je $°C$			
g/cm^3	Russisch	Pennsylvanisch	Polnisch	Rumänisch
0,680—0,700	0,00084	0,00091	—	—
0,700—0,720	0,00082	0,00086	—	0,00089
0,720—0,740	0,00081	0,00082	—	—
0,740—0,760	0,00080	0,00077	0,00080	0,00086
0,760—0,780	0,00079	0,00072	0,00078	—

Zur Entfernung der Merkaptane verwendet man heute vorwiegend Natriumplumbit. Hierbei macht sich schon das unvollständige, nach der Merkaptidseite verschobene Gleichgewicht bemerkbar:

$$RSH + NaOH = RSNa + H_2O.$$

Während es bei Phenolen genügt, eine konzentrierte Lauge zu verwenden, reicht dies bei den Merkaptanen nicht aus. Man kann die obige Reaktion dadurch abändern, daß man an Stelle der Lauge Natriumplumbit verwendet. Dieses ist eine Lösung von Bleiglätte in konzentrierter Natronlauge. Hierbei bilden sich zunächst neutrale

$$Pb(SR)_2$$

und basische

$$Pb\genfrac{}{}{0pt}{}{SR}{OH}$$

Bleimerkaptide, die an sich schon wenig löslich sind und das Gleichgewicht stark nach der einen Richtung verschieben. Setzt man aber noch fein verteilten elementaren Schwefel zu, dann reagiert dieser zu PbS und RS_2. Es werden also Bleisulfid und organische Disulfide gebildet. Bleisulfid ist unlöslich, und die Disulfide sind geruchlos. So ist das Gleichgewicht gestört und verläuft vollständig in Richtung der Zersetzung von Merkaptiden. Man kann auf diese Weise Benzine vollständig geruchlos machen. Dieses Verfahren nennt man „Süßen" und dadurch geruchlos gemachte Benzine werden „gesüßt" genannt. Die Reaktion ist beendet, wenn eine Benzinprobe, die nach dieser Methode im Reagenzglas probeweise nachbehandelt wird, keine Bleisulfidbildung mehr ergibt. Dies ist erkennbar, wenn keine Verfärbung eintritt. Dieser Test wird nach seinem Erfinder „Doktor-Test" genannt. Die auf diese Weise im Betrieb behandelten Benzine nennt man auch „gedokterte" Benzine.

Bei dem Doktor-Test ist zu beachten, daß auch Peroxyde braune Verfärbungen der zugesetzten Schwefelblüte ergeben, die aber beständig sind, während die Verfärbungen durch Merkaptide allmählich ganz schwarz werden. Doktor-Lösungen haben den großen Vorteil, daß sie durch Einblasen von Luft regenerierbar sind. Das Verfahren ist so lange wiederholbar, als die Menge des Gesamtschwefels so gering ist, daß diese nicht wieder ins Benzin zurückgeht und dort die korrosiven Eigenschaften beeinflußt.

Es ist daher von Interesse, die verschiedenen Schwefelverbindungen in den Benzinen zu kennen. Man bestimmt Schwefelwasserstoff durch schwach saure Kadmiumlösung (10 g $CdCl_2$ in 100 cm^3 + 1 cm^3 konz. Salzsäure) als Kadmiumsulfid.

Im Filtrat kann der freie Schwefel durch Schütteln mit metallischem Quecksilber bestimmt werden. Kennt man den Gesamtschwefel vor und nach dieser Behandlung, dann kann der Elementarschwefel auch quantitativ bestimmt werden. Diese Form des Schwefels ist in der Regel hochkorrosiv. Die auf solche Weise vorgereinigten Benzine lassen sich noch mit Doktor-Lösung behandeln, und aus der Differenz der Gesamtschwefelgehalte vor und nach der Behandlung läßt sich auch der Merkaptanschwefel bestimmen. Sind im Benzin auch Disulfide vorhanden, dann können diese mit Zink und Salzsäure unter dem Rückflußkühler zu Merkaptanen reduziert werden, die sich dann in obiger Weise mit Plumbitlösung entfernen lassen. Monosulfide kann man aus der von Disulfiden befreiten Lösung durch Behandlung mit Mercuronitrat bestimmen, wenn der Gesamtschwefelgehalt vor und nach dieser Behandlung bekannt ist. Der noch verbleibende Rest besteht dann aus indifferentem Schwefel (Thiophen usw.). Die Anforderungen an den Schwefelgehalt der Benzine zeigt folgende Tabelle.

Tabelle 23.

Farbe	Siedegrenzen	Schwefel %	Doktor-Test	Copper-Dishtest	Fremdstoffe
Fliegerbenzin (Flyghting) 25 S	unter 165° C	0,10	negativ	negativ	abwes.
(Domestic) 25 S . .	„ 96° C	0,10	negativ	negativ	abwes.
Motor Gas. U. S. Gov. . . .	55—225° C	0,10	—	negativ (Co. Strip.)	—
U. S. High. Vol. Gas.	unter 50° C	0,10	—	negativ	abwes.

Man erkennt, daß das Auslaugen der verschiedenen Schwefelverbindungen je nach dem Grade der Anforderungen (die im Falle des Geruches sehr hoch sind) mit verschiedenen Mitteln erfolgen muß, weil die chemischen Reaktionen bei organischen Verbindungen selten vollständig verlaufen. Nur im Falle eines gestörten Gleichgewichts können Reaktionen vollständig durchgeführt werden. Die Wirkung gestörter Gleichgewichte spielt auch eine Rolle bei der Korrosionsverhütung.

Bei der Destillation sind Schwefelkorrosionen unter Umständen sehr umfangreich und können schon durch Spuren von Schwefel verursacht werden. Sie können durch Laugenzusätze bekämpft werden. In Rohölen befindet sich stets eine mehr oder weniger große Menge Kochsalzlösung emulgiert vor. Diese ist stets mit Magnesiumchlorid verunreinigt. Dieses spaltet in der Wärme leicht Salzsäure ab, die besonders in Gegenwart von Wasserdampf stark korrosiv wirkt. Ist in den Rohölen kein Schwefel vorhanden, so bleibt die Korrosion in mäßigen Grenzen, da die Salzsäure durch die Salzbildung verbraucht wird. Sobald aber Schwefelwasserstoff oder Merkaptane zugegen sind, kann die Korrosion unerwartet große Ausmaße annehmen und die Glockenböden so zerfressen, daß diese etagenweise herausfallen. Das beruht darauf, daß Schwefelwasserstoff oder die Merkaptane aus dem gebildeten Eisenchlorid das Sulfid oder Merkaptid bilden:

$$FeCl_3 + 3\ RSH = Fe(RS)_3 + 3\ HCl.$$

Wegen der schweren Löslichkeit von $Fe(RS)_3$ verläuft diese Reaktion nahezu vollständig in der Richtung der Bildung freier Salzsäure. Diese greift Eisen wieder an und so schreitet die Korrosion rasch weiter. Mit dem Verbrauch begrenzter Schwefelmengen müßte diese Reaktion stehenbleiben. Bei Gegenwart von Sauerstoff zerfallen aber auch die so gebildeten Sulfide wieder unter Bildung von Rost und korrosiven Schwefelverbindungen. Die Kondenswässer führen diesen Schlamm meist mit und lassen eine rasche Korrosion erkennen.

Fügt man aber nur eine geringe Menge Lauge zu, die nur die freie Salzsäure bindet, dann wird die Reaktionskette unterbrochen. Die Anlage wird vor starker Korrosion hinreichend geschützt.

Es ist zweckmäßig, auch den p_H-Wert der Wässer zu überwachen und den Eisengehalt laufend zu kontrollieren. Ursprünglich wurden die Analysen gravimetrisch durchgeführt, wozu eigene Laboranten zur Verfügung standen.

Der Verfasser hat daher ein auf die Bedürfnisse der Petroleum-Industrie abgestimmtes, kolorimetrisches Verfahren zur raschen Bestimmung der Eisengehalte in Kondenswässern entwickelt, das sich unter der Bezeichnung „Astra-Test" in der Praxis bewährt hat. Die Analysendauer wird so stark verkürzt, daß dadurch eine rasche Überwachung möglich ist und Korrosionserscheinungen leicht verhütet werden können.

Die Wässer werden in der Wärme mit etwas Wasserstoffsuperoxyd oxydiert und mit Salzsäure klar aufgelöst. Man bringt diese Lösungen in ein N.P.A.[1]-Farbglas und setzt so lange tropfenweise konzentrierte Ammonrhodanatlösung zu, bis die auftretende rote Färbung konstant bleibt (wozu höchstens zwanzig Tropfen nötig sind). Man kann die Farbe auf dem Unionkolorimeter ablesen und aus einem empirischen Diagramm

---

[1] N.P.A. = National-Petroleum-Association (ein Farbtest).

den Eisengehalt graphisch ermitteln. Diese Schnellmethode hat sich bei einiger Routine sogar als genauer erwiesen als die gravimetrische Methode in der Hand des Ungeübten.

Daraus geht hervor, wie sehr die rein chemischen Reaktionen durch physikalisch-chemische Einflüsse Wirkungen hervorrufen können, die mit Recht als Überraschung bezeichnet werden, wenn man nicht mit dem ganzen Mechanismus vertraut ist. Sie können leicht durch zielbewußte Kontrolle und rechtzeitige Abhilfemaßnahmen verhütet werden. Die Korrosionen sind in der geschilderten Form hauptsächlich dadurch verursacht, daß Eisenoxyde leicht kolloidal in Lösung gehen und auf diese Weise nach dem Massenwirkungsgesetz kaum mehr in Erscheinung treten.

Lauge wird auch noch in anderer als der bisher beschriebenen Form in der Erdöl-Industrie verwendet. Man kann damit z. B. die Farbe der Erdölraffinate „stabilisieren". Es ist eine alte Erfahrung der Ölfachleute, daß die naß raffinierten Produkte farbstabiler sind als die trocken raffinierten. Dies hängt jedoch nicht damit zusammen, daß durch die nasse Raffination labile Bestandteile extrahiert werden, die bei der trockenen Raffination im Öl verbleiben. Es ist vielmehr so, daß man nach Zugabe einer Spur konzentrierter Lauge auch die Stabilität der trocken raffinierten Produkte erhöhen kann. Seifen erfüllen den gleichen Zweck.

Der Verfasser konnte zeigen, daß es in der Praxis durchaus nicht gleichgültig ist, wie man diese Lauge zusetzt. Wenn man die zur Stabilisierung nötige Menge von 0,003 % NaOH direkt, in Form einer 40° Be-Lauge zusetzt, löst sie sich klar auf und ist praktisch ohne Wirkung. Die Farbe so behandelter Öle verändert sich schon nach gelinder Erwärmung ähnlich wie die unbehandelter Öle. Stellt man sich aber zuerst eine zehnmal konzentriertere trübe Stammsuspension der gleichen Menge Lauge in dem zehnten Teil des zu stabilisierenden Öles her und setzt dieses Gemisch nach kurzer Erwärmung auf 100° C der Gesamtmenge des zu stabilisierenden Öles (90 %) zu, dann hat man eine verblüffende Wirkung. Die so stabilisierten Öle vertragen eine Erwärmung auf 100° C während einer Dauer von 24 Stunden, auch bei Gegenwart von Eisenblech, ohne auch nur einen Punkt (N.P.A.°) Union nachzudunkeln. Dies ist zugleich auch die Bedingung für ein farbstabiles Öl. Der Test wird in den 32 mm-⌀-Farbfläschchen (mit Hals) des Unionkolorimeters direkt ausgeführt. Die Erwärmung auf 100° C erfolgt in einfacher Weise in einem mit Sattdampf indirekt geheizten Kupfermantel über Nacht. Das Fläschchen wird lose mit einem Wattebausch verstopft. Es ist vollkommen mit Öl gefüllt und enthält eine 1 cm breite, 5 cm lange und 1 mm starke Eisenblechlamelle. Dies soll die Verhältnisse in einem geheizten Reservoir nachahmen.

Die Erklärung für die geschilderte merkwürdige Wirkung ergibt sich daraus, daß die konzentrierte Lauge als Suspension kaum dissoziiert ist, da die Öle hygroskopisch sind und der Lauge das Wasser entziehen. Nur solange die Lösung trüb ist, kann man annehmen, daß die Lauge noch im Wasser gelöst, in feinsten Tröpfchen im Öl suspendiert und auch dissoziiert ist. In diesem Zustande kann sie z. B. Neutralester verseifen oder auch Spuren von Säureresten neutralisieren. Diese aber sind die eigentlichen Katalysatoren der Oxydation. Dem entspricht auch die Erfahrung, daß Öle erst nach einer bestimmten Induktionsperiode sauer werden und die Versäuerung um so schneller fortschreitet, je mehr Säure schon vorhanden ist, um dann nach einiger Zeit einen Sättigungswert zu erreichen. Ähnlich verhält es sich auch mit der Farbverdunkelung. Auch diese beginnt meist mit einer Induktionsperiode und schreitet nicht bis zur völligen Verdunkelung fort, sondern bleibt bei einem bestimmten Farbton stehen. Bei dieser Farbstabilisierung ist zu beachten, daß auf diese Weise Asche in die Öle gelangt, und zwar so viel, als bei der Verbrennung Na_2CO_3 aus NaOH entsteht (das sind $106/2 = 53$ g aus 40 g). Die Menge der auf solche Weise zusetzbaren Laugenmengen ist also durch die Spezifikation für Asche begrenzt.

Es ist ferner zu beachten, daß bei einer gelaugten, also naß raffinierten Ölsorte die Spuren von Seifen nicht restlos durch Bleicherde entfernt werden. Sie werden vielmehr nach Art einer permutoiden Reaktion die Säure wieder in Freiheit setzen und nur das Alkali adsorbieren. Man kann daher ein durch zu große Laugemenge (hinsichtlich der Aschespezifikation) verdorbenes Öl durch nachträgliche Erdebehandlung wieder auf Spezifikation bringen. Laboratoriumsversuche zur richtigen Bemessung der Erdemengen sind nötig. Verwendet man zu große Mengen Lauge, so daß nicht nur überflüssiges Alkali entfernt wird, sondern auch die Seifen zersetzt werden, dann können die Öle ihre Farbstabilität verlieren.

Diese Art der Stabilisierung ist bei Isolierölen (Transformatorenölen, Schalterölen, Kabelisolierölen usw.) nicht angebracht. Durch Einverleibung von Elektrolyten wird der elektrische Widerstand verringert, der dielektrische Verlustwinkel erhöht und die elektrische Durchbruchsfeldstärke empfindlich herabgesetzt. Es ist daher zweckmäßig, selbst bei sorgfältig gereinigten Ölen diese noch einer Bleichung zu unterwerfen, um Spuren von Alkali zu entfernen. Vor der Bestimmung der Durchschlagsfestigkeit und vor dem Einfüllen der Öle in die Transformatoren ist es ohnehin üblich, die Öle zu trocknen (auszukochen). Auch für Turbinenöle empfiehlt sich die gleiche Art der Farbstabilisierung nicht, weil dadurch die CONRADSONsche Emulgierungsprobe verdorben wird und die Öle nicht mehr spezifikationsgemäß ausfallen. In diesen Fällen müssen die Naphthensäuren auf andere Art herausgenommen werden.

Dies geschieht durch alkalische Redestillation, indem man das Öl vor der Destillation mit NaOH neutralisiert. Die gebildeten Naphthenate sind nicht flüchtig und verbleiben im Destillationsrückstand. Der so aus dem Bulkdestillat zurückbleibende Rest von Naphthenseifen (Ados genannt) ist wasserlöslich. Die Verwendung von Natronlauge für diese Zwecke ist teuer, und man war bestrebt, sie durch Kalk zu ersetzen. Das ist prinzipiell möglich, wenngleich auch die Reaktion träger verläuft. Es ist jedoch zu beachten, daß sich bei der Redestillation die zweibasischen Kalkseifen leichter zersetzen als die Natronseifen. Es entstehen dabei übelriechende Krack-Produkte, die die Raffinationsspesen und -verluste erhöhen. Die Ölausbeute wird allerdings ein wenig vermehrt, weil aus den Seifen, die sonst im Rückstand bleiben würden, Kohlenwasserstoffe entstehen, die in die Destillatfraktionen übergehen. Am leichtesten scheinen sich Lithiumseifen zu zersetzen. Lithiumkarbonat kann direkt als Katalysator zur selektiven Krackung der Naphthensäuren verwendet werden. Wertvoll an dem Kalkados ist seine Löslichkeit in Öl, so daß dieser nach Maßgabe der Aschespezifikation im Heizöl deplaciert werden kann. Hierbei zeigte sich, daß Kalkados die Lagerungsstabilität (Storage-Stability) des Krack-Heizöls erhöht. Die Wirkung beruht darauf, daß die Sedimentationsdauer der Karbeneteilchen erhöht wird.

Kalkados läßt sich auch noch für andere Zwecke verwenden. So hat man ihn z. B. in Anstrichfarben gemischt, um die Farbpigmente

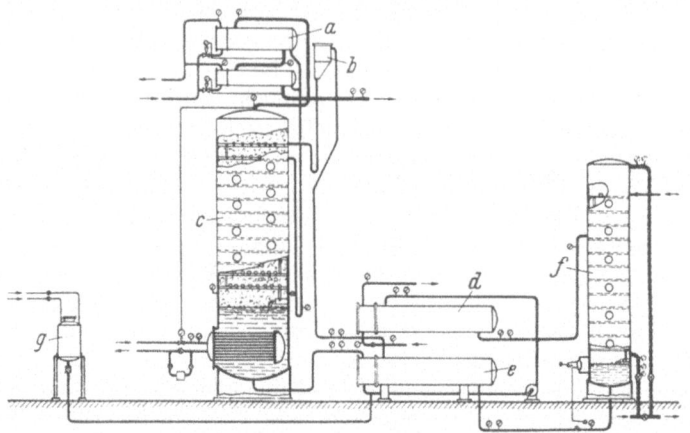

Abb. 95. Koppersverfahren zur Entschweflung von Naturgas (Phenolatprozeß).
a Dephlegmatoren, *b* Windkessel, *c* Aktivator, *d* Lösungsmittelkühler, *e* Wärmetauscher, *f* Absorber, *g* Soda—Phenol-Mischer.

bzw. den Anstrich selbst hydrophob zu machen. Das ist wichtig bei Tarnanstrichen, die ihre Farbe bei Beregnung gegenüber ihrer Umgebung nicht verändern dürfen. Sie sollen ähnliche Tarnwirkungen zeigen wie die Farben der Natur (Blattgrün, Blütenfarben), die durch ihre Wachsschichten ebenfalls wasserabweisend sind und ihre Farbnuancen nicht verändern.

Außer in dieser Form wird Lauge auch noch in organischen Lösungsmitteln, z. B. in wäßrig-alkoholischer Lösung, verwendet. Eine solche Lauge ist auch die Kißlingsche Teerzahllauge, in welcher alle für Isolieröle schädliche Teerbestandteile löslich sind. Sie wird jedoch heute kaum noch verwendet, da man Transformatorenöle vorwiegend durch selektive Solventraffination gewinnt. Dagegen scheint die Verwendung organischer Basen trotz ihrer weit geringeren Neutralisationskraft mehr und mehr aufzukommen. Sie lassen sich regenerieren und ermöglichen wesentliche Ersparnisse an Chemikalien. Insbesondere sind die Aminobasen für Laugungszwecke häufig vorgeschlagen worden und haben eine aussichtsreiche Zukunft. Auch organische Säuren in Mischung mit Soda sind für Reinigungszwecke verwendet worden, wie in dem Koppersverfahren zur Reinigung von Naturgas und Raffineriegas, welches in Abb. 95 dargestellt ist.

§ 4. Selektive Solventextraktion.

Die umfangreiche Verwendung selektiv wirkender Lösungsmittel zur Trennung der Kohlenwasserstoffe von verschiedenem Sättigungscharakter ist neueren Datums. Die gesteigerten Anforderungen an die Klopffestigkeit und Zündwilligkeit der Kraftstoffe einerseits als auch an die Temperatur- und Oxydationsbeständigkeit der Schmieröle andererseits machten eine Trennung der Erdölprodukte nach ihrem Aromatengehalt neben der Trennung nach ihrem Molekulargewicht erforderlich. Dies kann außer durch Säureraffination besonders durch selektive Solventextraktion erreicht werden. Die Solventextraktion ist insofern komplizierter als die Destillation, weil es sich hierbei nicht um ein binäres System (Flüssigkeit und Dampf), sondern um ein ternäres Gemisch (Raffinat, Extrakt und Solvent) handelt. Andererseits ist sie aber auch einfacher, da es sich in der Regel nicht um eine Zerlegung in verschiedene Fraktionen handelt, sondern nach den heutigen Ansprüchen lediglich eine Trennung in Raffinat und Extrakt erstrebt wird. Demgemäß ist auch die aufgewendete Stufenzahl meist geringer als bei der Destillation.

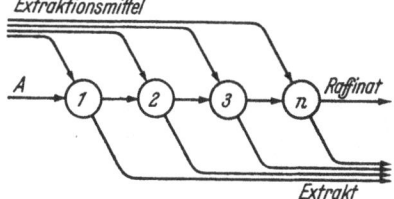

Abb. 96. Fließbild der multiplen Extraktion (Parallelstrom).

Für die theoretischen Betrachtungen ist auch hier wieder zweckmäßig, von den einfachsten Fällen auszugehen.

Vermengt man ein Mineralöl oder auch einen Kraftstoff mit einem selektiven Lösungsmittel (SO_2, Furfurol, Nitrobenzol, Phenol, Anilin, Krotonaldehyd, Chlorex usw.), dann trennt sich alsbald das ganze Gemenge in zwei homogene Gemische, von denen das obere, leichtere in der Hauptsache aus gesättigten Kohlenwasserstoffen und wenig Solvent besteht, während das untere, schwerere vorwiegend aus Solvent und aromatischen Kohlenwasserstoffen zusammengesetzt ist. Nach Abtreibung des Solvents aus beiden Schichten bleibt je ein Rückstand übrig, von denen der obere hellfarbig, dünnflüssig, spezifisch leicht und höhersiedend ist und Raffinat genannt wird, während der untere dunkelfarbig, viskos, spezifisch schwer und tiefer siedend ist. Dieser Anteil wird Extrakt genannt. Eine solche Extraktion, bei der nur eine einmalige Vermengung und Abtrennung stattfindet, nennt man eine einfache Extraktion. Man kann die vorgesehene Menge Solvent aber auch in mehreren Portionen zugeben und zwischendurch immer wieder Extrakte abtrennen. Auf diese Weise erhält man ein reineres Raffinat, als wenn man die ganze Menge Solvent auf einmal zugibt. Diese Form der Extraktion nennt man eine multiple Extraktion.

Eine schematische Darstellung dieser wiederholten Extraktion gibt Abb. 96, bei der das zu extrahierende Gut A in vier verschiedenen Stufen mit je vier Portionen Extraktionsmittel ausgezogen wird. Das verbleibende Raffinat fällt in der letzten Stufe an, während die Teilextrakte vereinigt werden. Eine besondere Abart dieses Verfahrens ist das von WATANABE und MURIKAWA angegebene Pseudo-Gegenstrom-Extraktionsverfahren, das in Abb. 97 schematisch dargestellt ist. Mit diesem erreicht man nahezu das gleiche bei diskontinuierlicher Arbeitsweise wie mit dem Gegenstromverfahren in kontinuierlicher Arbeitsweise. Es wird nur im Laboratorium angewandt, um mit einfachen Mitteln zu untersuchen, welches Ergebnis das Gegenstromverfahren im Großbetriebe zeigen würde. Hierbei wird nicht nur das Solvent S in vier Portionen S_1, S_2, S_3 und S_4, sondern auch die Charge A, z. B. in drei Portionen A_1, A_2 und A_3 unterteilt. Man extrahiert zuerst die erste Portion mit frischem Lösungsmittel. Das Extrakt wird gesammelt. Dieses vorextrahierte Material wird wieder mit frischem Lösungsmittel extrahiert. Das Extrakt hiervon wird zur Extraktion der zweiten Portion der Charge verwendet. Erst dieses Extrakt wird gesammelt usw., bis die dritte Portion der Charge mit frischem Solvent extrahiert ist und als Raffinat den Arbeitsgang verläßt. Sowohl die Raffinate Rs als auch die Extrakte Es werden vereinigt. Bei vierstufiger Extraktion liegt etwa das praktische Optimum. Man geht selten über fünf Stufen hinaus.

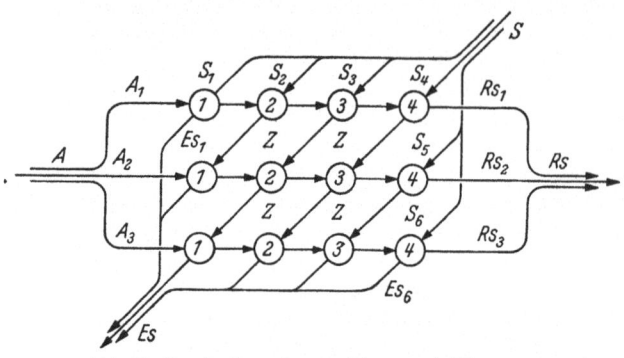

Abb. 97. Pseudo-Gegenstromverfahren nach WATANABE und MURIKAWA.

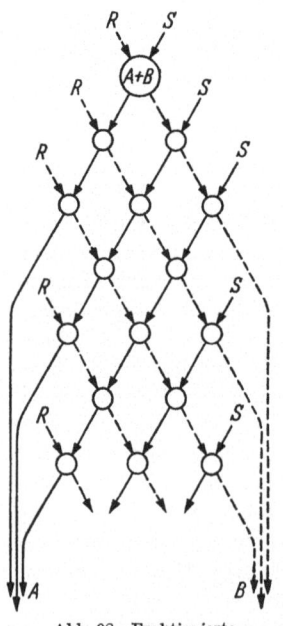

Abb. 98. Fraktionierte Verteilung.

Bei Verwendung von zwei Lösungsmitteln wendet man die fraktionierte Verteilung nach Abb. 98 an. Es ist eine Methode, um auch im Laboratorium mit zwei Lösungsmitteln diskontinuierlich extrahieren zu können. Die Arbeitsweise ist nach dem oben Gesagten ohne weiteres verständlich.

Im Betriebe werden alle Verfahren kontinuierlich durchgeführt, und zwar grundsätzlich als Gegenstromverfahren. Auch hier unterscheidet man den einfachen Gegenstrom, bei dem die Charge dem Solvent entgegenfließt. Extrakt und Raffinat verlassen die Extraktionsbatterie an zwei entgegengesetzten Enden. Das Schema ist in Abb. 99 dargestellt. Beim zusammengesetzten Gegenstrom tritt die Charge an irgendeiner

Stelle in der Mitte der Batterie ein. Hierbei kann ein Teil der Extraktlösung als „Rückwasch" (Backwash) in die Extraktionsbatterie zurückgepumpt werden. Auf diese Weise kann man auch das Extrakt rein erhalten. Diese Arbeitsweise ist analog dem Rückfluß in den Destillationskolonnen. Man unterscheidet auch hier die Abtriebsbatterie von der Verstärkungsbatterie.

Nach dem Verfahren der Bataafschen Petroleum-Maatschappij wird auch die Extraktion in Kolonnen der gleichen Art wie die Destillation durchgeführt, wie Abb. 100 schematisch zeigt. In der Mitte der Kolonne tritt die Charge ein. Am Kopf der Kolonne verläßt die Extraktlösung über einen Wärmeaustauscher die Apparatur. In einem Verdampfer wird das Extraktionsmittel abdestilliert und der fertige Extrakt verläßt den Verdampfer als Bodenprodukt. Ein Teil fließt in die Kolonne zurück. Diesen oberen Teil nennt man die Verstärkungssäule. Die Lösungsmitteldämpfe gehen in einen Kühler und treten am Boden der Kolonne in den Kreislauf ein. Die Raffinatlösung fließt unten ab und gelangt über einen Wärmeaustauscher in einen Extraktionsmittelverdampfer. Das Fertigraffinat verläßt den

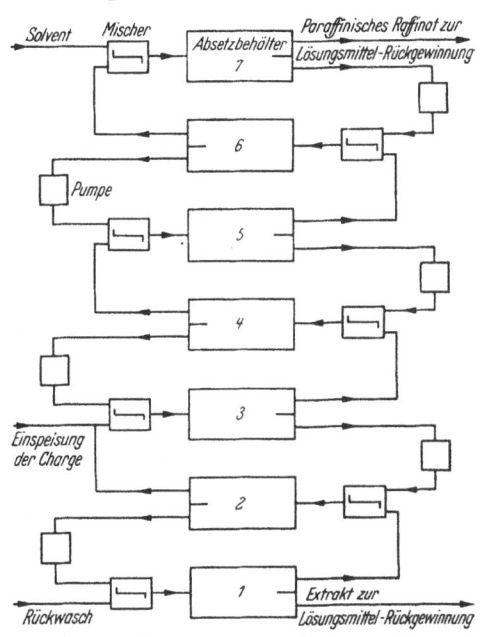

Abb. 99. Fließbild einer Gegenstrom-Extraktion.

Verdampfer als Bodenprodukt, während die Dämpfe über den Lösungsmittelkondensator abgezogen werden.

In vielen Fällen werden aber zur Durchführung dieses Verfahrens besondere Mischpumpen und Absetzgefäße, sehr häufig aber auch Zentrifugen verwendet.

Die theoretische Grundlage jeder selektiven Solventextraktion bildet der Nernstsche Verteilungssatz. Danach ist

$$\frac{\text{Konzentration im Solvent}}{\text{Konzentration im Antisolvent}} = N,$$

d. h. verteilt sich ein Stoff, z. B. das Extrakt E zwischen zwei Lösungsmitteln, dann ist die Konzentration in beiden Schichten stets so, daß der Quotient konstant, nämlich gleich dem Verteilungskoeffizienten N ist. Ist nur ein Lösungsmittel vorhanden, dann übernimmt das Raffinat die Rolle des Gegenlösungsmittels für den Extrakt. Unter der Voraussetzung, daß der NERNSTsche Verteilungskoeffizient konstant ist und das Solvent völlig rein ist, erhält man folgende Stoffbilanzen bei vier Stufen:

$$X_1 = X_0 - X_4 \text{ für Stufe 1 bis 4,}$$
$$X_2 = X_1 - X_4 \text{ ,, ,, 2 bis 4,}$$
$$X_3 = X_2 - X_4 \text{ ,, ,, 3 bis 4 und}$$
$$X_4 = X_3 - X_4 \text{ ,, ,, 4,}$$

worin X die Menge an Extrakt in den Zwischenraffinatströmen bedeutet. Entsprechend nennt man die Menge an Extrakt in den Zwischenextraktströmen Y_1, Y_2, Y_3, Y_4. Es gilt dann jeweils[1]

$$X_1 = \frac{N A Y_1}{S}$$

bzw.

$$X_1 = \frac{N A}{S}(X_0 - X_4),$$

$$X_2 = \frac{N A}{S}(X_1 - X_4),$$

$$X_3 = \frac{N A}{S}(X_2 - X_4),$$

$$X_4 = \frac{N A}{S}(X_3 - X_4),$$

worin S die Menge Solvent und A die Menge Charge bedeuten. Durch Kombinationen dieser Gleichungen untereinander kann man die Menge an Extrakt in der letzten Stufe ausrechnen und erhält dann

$$X_4 = X_0 \frac{(NA/S)^4 (NA/S - 1)}{(NA/S - 1) + NA/S\,[(NA/S)^4 - 1]}.$$

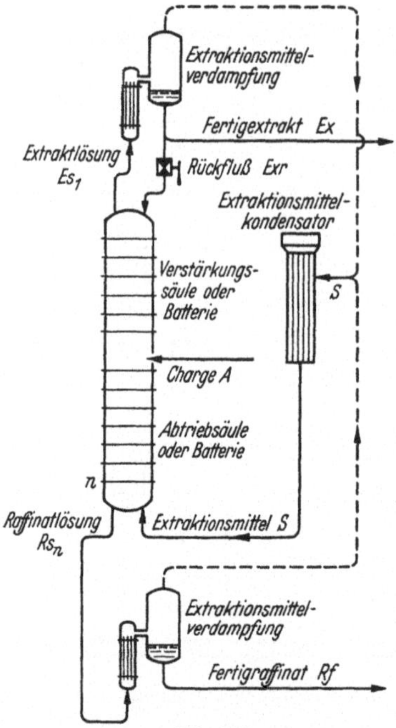

Abb. 100. Extraktionskolonne nach der Bataafschen Petroleum Mij.

Wird wiedergewonnenes Extraktionsmittel verwendet, das nicht mehr ganz rein ist, sondern Y_s kg/h Extrakt enthält, dann ist

$$Y_1 = Y_s + X_0 - X_4,$$

woraus nach einiger Umformung für eine n-stufige Extraktion folgt.

$$X_n = \frac{(NA/S)^n (NA/S - 1) + Y_s\, NA/S\,[(NA/S)^n - 1]}{(NA/S - 1) + [(NA/S)^n - 1]}.$$

Vergleicht man hiermit die Multiple-Extraktion, wonach

$$X_n' = X_0 \left(\frac{NA}{NA + S/n}\right)^n$$

ist, so leuchtet die Überlegenheit des Gegenstromverfahrens sofort ein, wenn man sich einige Zahlenbeispiele ausrechnet und graphisch darstellt, wie dies in Abb. 101 geschehen ist.

Man sieht zugleich, daß man mit fünf Stufen schon an der Grenze der praktisch erstrebenswerten Reinheit angelangt ist. Nach dem Gegen-

---

[1] Näheres EUCKEN-JAKOB: Der Chemie-Ingenieur. Bd. III T. 3 S. 198 bis 246.

stromverfahren erhält man bei der gleichen Stufenzahl wesentlich reinere Raffinate als nach dem Parallelstrom- (Multiple-Extraktions-) Verfahren. Es ist auch hier wie bei der Destillation üblich, die Stufenzahl, das Rückwaschverhältnis sowie die Reinheit von Extrakt und Raffinat graphisch zu ermitteln. Während bei der Destillation die theoretische Berechnung des McCabe-Thiele-Diagramms wenigstens bei definierten Substanzen theoretisch möglich ist, so erscheint eine theoretische Behandlung des Extraktionsproblems zunächst wenig aussichtsreich. Dafür ist aber die experimentelle Ermittlung eines Gleichgewichtsdiagramms einfacher als bei der Destillation. Man braucht die zu extrahierende Charge nur mit dem Lösungsmittel zu vermengen und im Thermostaten absetzen lassen, um eine saubere Trennung und Einstellung der Gleichgewichtslage herbeizuführen. Durch einfaches Abdestillieren des Lösungsmittels wird dann der Gehalt an Extrakt und Raffinat bestimmt.

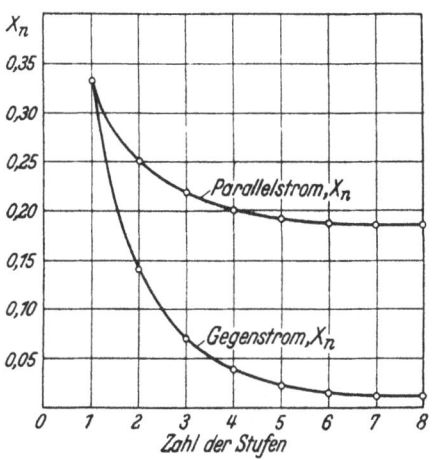

Abb. 101. Vergleich zwischen Parallelstrom und Gegenstromverfahren.

Die graphische Darstellung der auf diese Weise erhaltenen Ergebnisse erfolgt dann entsprechend einem ternären System im GIBBSschen Dreieck (Abb. 102). Man trägt die Prozentgehalte z. B. im Uhrzeigersinne auf: Oben an der Spitze des Dreiecks 100% Solvent (So), rechts unten 100% Aromaten (Ar) und links unten 100% Nichtaromaten (Na). Zur Unterscheidung dieser Begriffe kann man sich der Strukturanalyse bedienen. Danach läßt sich aus einer Verbrennung und Refraktionsmessung der Gehalt an aromatisch gebundenem Kohlenstoff in Prozenten ausrechnen. Die Differenz gegen 102 ergibt dann den Gehalt an nicht aromatisch gebundenen Kohlenstoffen.

Gemäß den Eigenschaften der Dreieckskoordinaten folgt, daß auf den Seiten des Dreiecks jeweils nur binäre Gemische liegen. Auf der Basis des Dreiecks von Na bis Ar stehen daher das solventfreie Extraktionsgut einschließlich der Charge als Raffinat oder Extrakt beliebiger Zusammensetzung, von reinen Aromaten bis zum reinen Nichtaromaten. Abgesehen davon, daß es reine Aromaten bei Schmierölen mit langen Seitenketten nicht gibt, kann hier auch die Zusammensetzung des reinen Raffinates eingezeichnet werden. Auf der Seite Na bis So liegen die Gemische zwischen reinen Nichtaromaten und dem Solvent. Ebenso liegen auf der Seite Ar bis So die Gemische zwischen reinen Aromaten und dem Solvent.

In der Mitte des Dreiecks liegen dann die wirklichen Gemische und Gemenge von allen drei Bestandteilen. Ein Gemenge zerfällt stets so,

242   Selektive Solventextraktion.

daß sich die Gemische auf den Endpunkten einer Geraden darstellen lassen, auf der auch das Gemenge liegt. Unter Gemenge versteht man die zusammengerührten Bestandteile, unabhängig davon, ob sie sich lösen oder nicht; unter Gemisch versteht man die vollkommen klare Lösung. Die Gerade, welche durch das Gemenge und die daraus entstandenen Gemische gebildet wird, heißt eine Konode. Verschiedene Gemenge ergeben durch isotherme Entmischung auch verschiedene Konoden. Eine ganze Schar von Konoden umranden mit ihren Endpunkten eine Kurve, die Binodalkurve. Solche Binodalkurven sind Isothermen und gelten nur für eine ganz bestimmte Temperatur. Hat man auf diese Weise ein Extraktionsdiagramm für einen bestimmten Rohstoff und ein bestimmtes Lösungsmittel festgelegt, so kann auch hier die Extraktionsstufenzahl graphisch ermittelt werden.

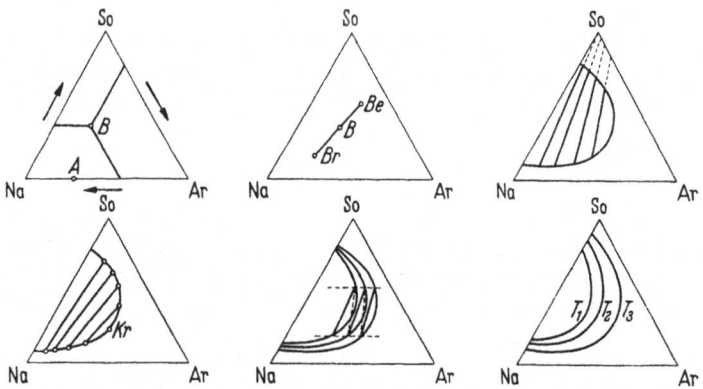

Abb. 102. Darstellung der Extraktionsgrößen in Dreieckskoordinaten.

Links oben: Koordinatenrichtungen.
Mitte oben: Zusammensetzungen von Gemischen und Gemengen liegen auf einer Geraden (Konode).
Links unten: die Endpunkte der Konoden verbunden ergeben die Binodalkurve.
Rechts unten: die Binodalkurven sind temperaturabhängige Isothermen.
Mitte unten: Konoden mit Endpunkten auf einer Horizontalen zeigen gleichen Lösungsmittelgehalt an.
Rechts oben: wenn die Leitstrahlen mit den Konoden zusammenfallen, ist das Gemisch nicht trennbar. Leitstrahlen verbinden.

In der Abb. links oben gibt Punkt A die Zusammensetzung des reinen Kohlenwasserstoffes ohne Lösungsmittel (z. B.: Extrakt, Raffinat oder Charge) wieder. Punkt B stellt die Zusammensetzung der Kohlenwasserstoffe mit Lösungsmitteln (z. B. Gemenge oder Gemisch) dar. Mitte oben zeigt den Zerfall eines trüben Gemenges der Zusammensetzung B in die beiden klaren Mischungen der Zusammensetzung des Raffinates Br und des Extraktes Be. Alle drei Punkte liegen auf einer Geraden, der sog. Konode. Rechts oben ist ein Strahlenbündel, das in einen Punkt außerhalb des Diagramms zusammenläuft. Dieses Bündel schneidet im allgemeinen die Konoden. Unten links ist ein Bündel von Konoden dargestellt, deren Endpunkte miteinander verbunden die Binodalkurve ergeben. Rechts unten wird gezeigt, daß die Binodalkurven Isothermen sind. Mitte unten zeigt, daß man bei verschiedenen Temperaturen Konoden erhalten kann, deren Endpunkte auf einer Waagerechten liegen. Da diese den Grundlinien parallel läuft, entsprechen diese Punkte jeweils dem gleichen Lösungsmittelgehalt. Man kann daher durch Aufrechterhaltung eines bestimmten Temperaturgefälles in allen Zwischenextraktströmen mit der gleichen Lösungsmittelmenge auskommen. Dies ist eine wesentliche Voraussetzung für die Durchführung des kontinuierlichen Gegenstrom-Extraktionsverfahrens.

Wird z. B. ein Raffinat und Extrakt von ganz bestimmtem Nichtaromatengehalt gewünscht, so trägt man diese Punkte zunächst auf der Basis des Dreiecks auf, z. B. Rf und Ex (Abb. 103). Nun wird ein Leitstrahl von hier aus gegen die Spitze So gezogen und darüber hinaus verlängert. Diese Strahlen geben alle Mengenverhältnisse vom reinen

Extrakt oder Raffinat bis zum reinen Lösungsmittel an. Desgleichen trägt man auch die Zusammensetzung A der Charge auf der Basis des Dreiecks auf. Der Hilfsstrahl $Rf-So$ schneidet aus dem unteren Teil der Binodalkurve einen Punkt Rs_n aus. Zu diesem Punkt gehört so, wie zu jedem Punkt des unteren Astes der Binodalkurve eine Konode, die einem bestimmten Raffinat entspricht. Auf dem oberen Ast der Kurve werden die Extrakte dargestellt. Wird ein Extrakt bestimmter Zusammensetzung gewünscht, so trägt man auch diese auf der Basis des Dreiecks auf ($Extr$). Auch von diesem Punkt wird ein Leitstrahl zur Spitze des Dreiecks So gezogen. Dieser Leitstrahl schneidet einen Punkt auf dem oberen Ast der Binodalkurve Es_1 aus. Auch diesem Punkt entspricht eine Konode wie allen Punkten auf dieser Kurve, welche die Extrakte darstellen. Ist dann ein bestimmes Lösungsmittelverhältnis auf Extrakt gerechnet festgelegt, dann läßt sich dieses durch den Punkt Q darstellen. Nach Möglichkeit wird man dieses so wählen, daß es oberhalb der Extraktkurve liegt. Werden die Punkte A und Q mit einem Leitstrahl verbunden und verlängert, dann schneiden sie den Leitstrahl $Rf-So$ außerhalb des Diagramms im Punkte P. Es ist leicht zu übersehen, daß alle Leitstrahlen, die man von diesem Punkte aus an die Endpunkte der Konoden zieht, einen bestimmten Winkel bilden. Dieser Winkel ist ein Maß für die Selektivität des Extraktionsverfahrens. Ist dieser Winkel null, d. h. fallen Konoden

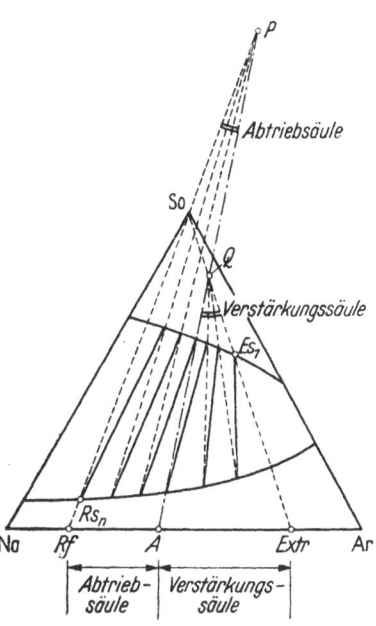

Abb. 103. Graphische Ermittlung der Extraktionsstufenzahl.

und Leitstrahlen zusammen, dann sind unendlich viel Stufen zur Erzielung des gewünschten Reinheitsgrades erforderlich. Ist dieser Winkel jedoch groß, dann sind nur wenige Stufen zur Trennung der Charge in Raffinat und Extrakt von gewünschtem Reinheitsgrad notwendig.

Die Abb. 103 läßt erkennen, daß in dem Beispiel drei Stufen für die Abtriebsäule und drei Stufen für die Verstärkungssäule vorgesehen werden müssen. Solche Diagramme lassen sich daher dazu verwenden, die Selektivität der Lösungsmittel gegenüber dem zu verarbeitenden Rohstoff zu ermitteln. Laufen die Konoden und Leitstrahlen nahezu parallel, dann ist das Lösungsmittel ungeeignet. Schließen die Konoden und Leitstrahlen große Winkel miteinander ein, dann ist das Lösungsmittel selektiv. Je nach den gestellten Problemen, Herstellung eines klopffesten Treibstoffes oder Herstellung eines temperaturbeständigen Schmierstoffes, wird entweder ein Extrakt oder ein Raffinat von bestimmtem Reinheitsgrad erwünscht sein, während das weniger wertvolle

16*

Raffinat oder Extrakt dann so hingenommen wird, wie es anfällt. In diesem Falle wird dann das Lösungsmittelverhältnis als gegeben anzusehen sein (Punkt Q).

Die Extraktion läßt sich noch in der Weise verbessern, daß man in der Extraktionsbatterie ein Temperaturgefälle aufrechterhält. Dadurch verschieben sich die Binodalkurven und ihre Konoden, so daß die Winkel der Konoden mit den Leitstrahlen größer werden und man mit einer geringeren Extraktionsstufenzahl auch bei an sich weniger selektiven Lösungsmitteln auskommt. Praktisch läuft dies darauf hinaus, daß bereits vorraffiniertes Gut mit warmen Lösungsmitteln behandelt wird, während man das angereicherte Extrakt abkühlt. Dadurch scheidet sich aus diesem eine weitere Menge Nichtaromaten aus, die in das

Tabelle 24.

Verbindung	Oberflächenspannung dyn/cm	Frequenz s^{-1}	Temperatur °C
Triphenylmethan	33,7	40,8	138,4
Tetrachlorkohlenstoff	25,7	44,9	31,6
Terreben	23,4	45,5	0
Normal-Oktan	21,31	47,4	15,5
n-Dipropyläther	20,53	49,3	20
Acenaphthen	31,36	49,5	bei 128
n-Butylacetat	24,81	50,7	bei 20
n-Hexan	18,54	50,9	8,2
Mesitylen	27,92	52,9	7,4
Nikotin	38,61	53,5	20,55
Naphthalin	32,26	55,1	80,1
p-Xylol	26,89	55,2	34,75
m-Xylol	27,4	55,7	34,47
o-Xylol	28,67	57,0	34,47
l-Amylalkohol	24,4	57,7	20
n-Amylalkohol	25,6	59,1	20
Toluol	27,39	59,8	21,2
i-Butanol	22,78	60,9	16,2
Zyklohexan	26,54	61,7	20
p-Kresol	34,5	62,0	25,5
Thiophen	27,4	62,6	47,3
n-Butanol	24,42	63,0	17,4
o-Kresol	36,21	63,5	41,4
Zyklohexadien	27,32	64,1	20
Nitrobenzol	42,75	64,6	13,6
Merkaptan	21,62	64,7	16,7
m-Kresol	37,78	64,8	9
Benzol	28,88	66,8	20
Furfurol	37,0	68,1	58,3
Phenol	37	68,8	41,2
Azeton	23,35	69,5	16,0
Schwefelkohlenstoff	33,58	72,8	19,4
Pyridin	36,69	74,7	17,5
Anilin	44,1	75,5	17,5
Äthylalkohol	22,03	75,9	20
Schwefeldioxyd	33,29	79,1	—25
Methylalkohol	22,55	92,0	20

Raffinat übergeht. Man nennt diesen Vorgang auch Pseudoraffinatbildung durch Kühlung der Extraktschicht.

Es ist leicht einzusehen, daß alle Punkte der verschiedenen isothermen Binodalkurven, die auf einer zur Basis des Dreiecks parallelen Horizontalen liegen, einen gleichen Solventgehalt aufweisen. Dieser Zustand gleichen Solventgehaltes in allen Stufen der Extraktionsbatterie ist ebenso erwünscht wie bei der Destillation das konstante Rückflußverhältnis. Diese Extraktionsdiagramme können daher auch dazu verwendet werden, um das günstigste Temperaturgefälle in einer Extraktionsbatterie vorauszubestimmen. Durch die Einführung eines Temperaturgefälles kann das Lösungsmittelverhältnis in der Regel erheblich gesenkt werden. Das erhöht die Extraktionskapazität und spart Redestillationskosten. Während man früher Verhältnisse von 1 zu 4 bis 5 verwendete, sind heute nur noch solche von 1 zu 2 bis 3 üblich.

Die Aufrechterhaltung eines Temperaturgefälles ist mit einem Wärmeaufwand verbunden. Diese Wärme kann jedoch um so leichter, d. h. mit um so geringeren Heizflächen, wieder gewonnen werden, je größer die Temperaturdifferenzen sind. Man arbeitet daher gern mit Lösungsmitteln, die ein großes Temperaturgefälle (bis zu 70°) vertragen. Bei Solvents, deren kritischer Trübungspunkt unter Zimmertemperatur liegt, sind daher oft Kühlanlagen nötig. Solche Lösungsmittel wird man darum nach Möglichkeit vermeiden. Zweckmäßiger sind solche, deren kritischer Trübungspunkt weit über Zimmertemperatur liegt, so daß sie indirekt mittels Dampf erwärmt werden können. In dieser Hinsicht hat sich Furfurol ausgezeichnet bewährt.

Bis vor kurzem war es nicht möglich, a priori etwas über die Selektivität der Lösungsmittel auszusagen. Erst in neuerer Zeit ist durch strukturmechanische Untersuchungen gezeigt worden, daß die Löslichkeit zweier Flüssigkeiten ineinander um so größer ist, je genauer ihre thermischen Schwingungsfrequenzen miteinander übereinstimmen. Zwei Stoffe lösen sich um so leichter ineinander, je weniger sie gegeneinander verstimmt sind. Das Lösungsphänomen ist daher anscheinend eine Resonanzerscheinung. Man kann diese thermischen Eigenfrequenzen nach der Beziehung

$$n = \sqrt{\frac{2\,\omega}{m}}$$

berechnen, worin

n die Frequenz in sec^{-1},
ω die Oberflächenspannung in dyn/cm und
m das absolute Molekulargewicht (Wasserstoff $= 1,65 \cdot 10^{-24}$ g)

bedeuten. Einige Werte sind in Tab. 24 (S. 244) wiedergegeben.

Aus dieser Frequenzreihe geht hervor, daß nicht nur die Oberflächenspannungen zweier Flüssigkeiten möglichst gut übereinstimmen müssen, damit sie sich ineinander lösen, sondern auch ihre Molekulargewichte müssen aufeinander abgestimmt sein. Darauf beruht auch die sogenannte Leicht—Schwer-Selektivität. Das bedeutet eine schwerere Löslichkeit der höher molekularen Bestandteile in leichten Lösungsmitteln, z. B. von Triphenylmethan in Schwefeldioxyd oder von Asphalt in Propan. Bei solchen Verbindungen ist allerdings zu berücksichtigen, daß die Phenylkerne oder sonstigen aromatischen Ringe auch zu Eigenschwingungen innerhalb des Molekülverbandes angeregt werden können. In einem solchen Falle ist das Molekül unstarr und man spricht von einer „Disgregation". Würde man daher im Falle Triphenylmethan die Äquivalentgewichte der Phenylradikale an Stelle des Molekulargewichtes m in die obige Formel einsetzen, dann würden sich auch hier bedeutend höhere Frequenzen von etwa dem dreifachen Wert ergeben. Damit wäre die Löslichkeit dieser Substanz in den aromatischen Lösungsmitteln verständlich.

Da man die Oberflächenspannung additiv aus den Parachorwerten der Atomäquivalente berechnen kann und sich auch das Molekulargewicht additiv aus den Atomgewichten zusammensetzen läßt, so kann prinzipiell die Eigenfrequenz jeder Flüssigkeit aus ihrer Konstitutionsformel bestimmt werden. Damit ist ihre Stellung innerhalb der Frequenzreihe festgelegt, und man kann leicht überblicken, wie selektiv diese voraussichtlich sein wird. Das gleiche läßt sich auch für das zu extrahierende Petroleumprodukt durchführen, wenn man sein Molekulargewicht und seine Oberflächenspannung kennt.

Es ist leicht einzusehen, daß die Eigenfrequenz eines Lösungsmittels nach Maßgabe seiner Oberflächenspannung temperaturabhängig ist. Diese Funktion ist durch die Eötvössche Regel gegeben, wonach

$$\omega \left(\frac{M}{d}\right)^{\frac{2}{3}} = k\,(T_0 - T)$$

ist. Hierin bedeuten

ω die Oberflächenspannung in dyn/cm,
M das Molekulargewicht in g/mol,
d die Dichte in g/cm³,
T_0 die kritische Trübungstemperatur (etwa 6° niedriger als die kritische Temperatur) in °K,
k die Eötvössche Konstante erg/grd und
T die absolute Temperatur in °K.

Daraus geht hervor, daß die Oberflächenspannung einer Substanz um so stärker temperaturabhängig ist, je geringer sein Molekularvolumen ist. Es läßt sich also ein mikromolekulares Lösungsmittel leichter gegen das Extraktionsgut verstimmen als ein makromolekulares. Das ermöglicht, mit relativ geringen Temperaturdifferenzen in der Extraktionsbatterie die Binodalkurven stark zu verschieben. In der Tat wendet man auch meist niedrigmolekulare Solvents im Vergleich zum Extraktionsgut an (z. B. Furfurol und Schwefeldioxyd) (vgl. Abb. 104).

Nur bei den Zweilösungsmittelverfahren, wo auch der Forderung nach möglichst starker Verstimmung gegen das Fällungsmittel (Antisolvent) zu genügen ist, wird von dieser Regel abgewichen. Bei diesen sogenannten Duosolverfahren hat das zweite Lösungsmittel ein etwas höheres Molekulargewicht (z. B. Kresylsäure). Diese Verfahren werden daher meist für Rückstandsöle verwendet, bei denen auch makromolekulare Aromaten extrahiert werden müssen.

Ein zweites Lösungsmittel läßt sich auch dazu verwenden, um das erste gegen den zu extrahierenden Stoff zu verstimmen. In diesen Fällen

Selektive Solventextraktion.

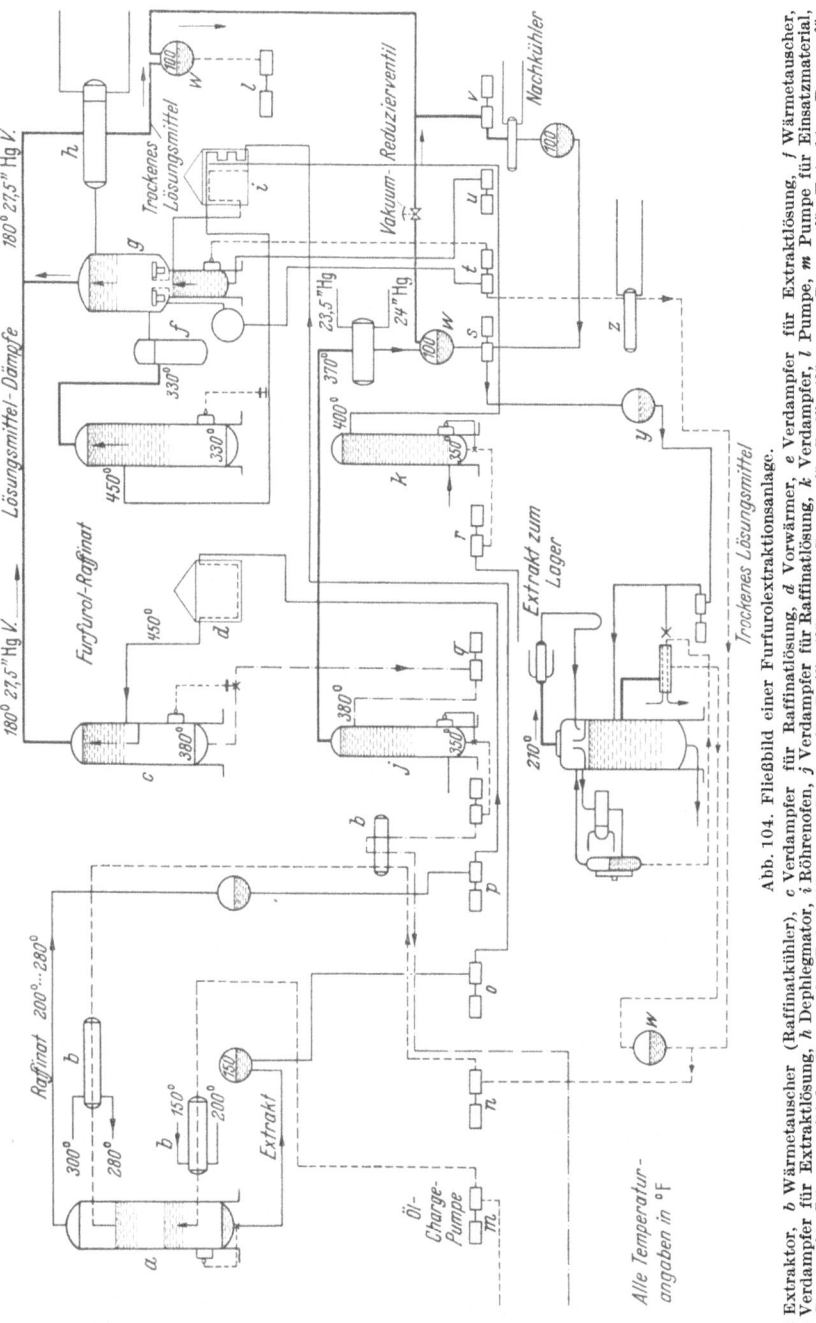

Abb. 104. Fließbild einer Furfurolextraktionsanlage.

a Extraktor, *b* Wärmetauscher (Raffinatkühler), *c* Verdampfer für Raffinatlösung, *d* Vorwärmer, *e* Verdampfer für Extraktlösung, *f* Wärmetauscher, *g* Verdampfer für Extraktlösung, *h* Dephlegmator, *i* Röhrenofen, *j* Verdampfer für Raffinatlösung, *k* Verdampfer für Raffinatlösung, *l* Pumpe, *m* Pumpe für Einsatzmaterial, *n* Pumpe für Lösungsmittel, *o* Pumpe für Extraktlösung, *p* Pumpe für Raffinatlösung, *q* Pumpe für Raffinatlösung, *r* Pumpe für Extrakt, *s* Pumpe für Raffinat, *t* Pumpe für Extraktlösung, *u* Pumpe für Extrakt, *v* Pumpe für Lösungsmittel, *w* Behälter für Lösungsmittel, *y* Behälter für Lösungsmittel.

wird es nur in ganz geringer Menge angewendet. Es hat dann die Wirkung einer Kühlung. So ist z. B. die Löslichkeit aliphatischer Kohlenwasserstoffe in Phenolen um so größer, je trockener die Phenole sind. Geringe Mengen von Feuchtigkeit, die sich in Phenolen lösen, setzen die Löslichkeit der Nichtaromaten herab. Diese Tatsache wird dazu benutzt, um Extrakte mit zu hohem Nichtaromatengehalt zu reinigen. Das geschieht in der Weise, daß vorgereinigtes Raffinat mit trockenem Phenol extrahiert wird. Erst in das abgehende Extrakt wird etwas Wasser eingespritzt, wodurch sich ebenso wie bei der Abkühlung noch ein Pseudoraffinat bildet und Nichtaromaten ausscheiden. Die Extraktion kann also nicht nur durch ein Temperaturgefälle, sondern auch durch ein Feuchtigkeitsgefälle verbessert werden. Diese Verfeinerungen der Extraktionen werden bei den modernen Verfahren verwendet, sind meist patentrechtlich geschützt und dienen alle dem Zwecke, die Stufenzahl zu verringern, das Lösungsmittelverhältnis herabzusetzen und das Rückwaschverhältnis zu verbessern. Dadurch wird an Redestillationskosten gespart, die Lösungsmittelverluste werden verringert und vor allem wird die Extraktionskapazität erhöht.

Es ist nämlich zu bedenken, daß der Umfang einer Extraktionsanlage bei einer Ausbeute von etwa 30% Raffinat und einem Solventverhältnis von 1:3 leicht auf das Zehnfache ansteigen kann gegenüber der gleichen Menge Fertigraffinat nach dem Schwefelsäureverfahren. Dies ist ein wichtiger Grund, weshalb sich die Säureraffination trotz der prinzipiellen Überlegenheit der selektiven Solventraffination auch heute noch behaupten konnte.

Solventraffinationsverfahren kommen daher heute besonders da in Betracht, wo es auf physikalische Beständigkeit (flache Viskositäts-, Temperatur- und Druckkurve) ankommt, während man bei der Herstellung chemisch beständiger Öle, wie Turbinen- und Transformatorenölen, auch mit Säure raffiniert. Insbesondere bei den Weißölen (Vaselineölen und Paraffinölen) ist sogar Oleumraffination noch üblich.

Zu den Solventextraktionsverfahren können auch die modernen Entparaffinierungsverfahren gezählt werden, obwohl hier nicht die gleichen Verhältnisse vorliegen. Denn wenn auch das Raffinat ein kristallisierter Körper ist, so besteht doch das dominierende Phänomen in der verschiedenen Löslichkeit von Paraffin und Öl im selektiven Solvent.

Löst man ein Gemisch von Paraffin und Öl in einem selektiven Lösungsmittel und läßt es bei tiefer Temperatur ins Gleichgewicht kommen, dann scheiden sich zwar nicht zwei dekantierbare Schichten ab, aber man erhält einen Kristallbrei, aus dem durch Filtration die Öl-in-Solvent-Lösung von dem Paraffinkuchen abgetrennt werden kann. Es gibt aber auch hier Fälle, in denen durch Zentrifugalkraft allein Raffinat und Extrakt getrennt werden können. Es sind dies die Schwerlösungsmittelverfahren (Heavy-Solvent-Dewaxing).

Auch bei diesen liegt ein ternäres System vor, das sich in ähnlicher Weise graphisch darstellen läßt wie die Extraktionsgemische. An Stelle der Nichtaromaten tritt das Paraffin. Statt der Aromaten wird Öl aufgetragen, und an Stelle des Solvents tritt das Antisolvent, wie man es in diesem Falle zu nennen pflegt. Die Darstellung erfolgt in gleicher Weise in einem Gibbsschen Dreieck wie bei einer gewöhnlichen Extraktion. Während es bei der Solventextraktion üblich ist, vier und mehr Stufen zu verwenden, ist es erwünscht, bei der Entparaffinierung mit höchstens zwei Stufen, nämlich der Entparaffinierung und der Umkristallisation der Kuchen, auszukommen.

Dies hat mehrere Gründe: Erstens soll das viel Handarbeit erfordernde Filtrieren beschränkt werden. Zweitens herrscht eine Überproduktion an Paraffin, so daß dieses z. T. verkrackt werden muß, weshalb die Anforderungen an den Reinheitsgrad geringer sind als bei den Ölen. Schließlich ist man nicht so sehr daran interessiert, die Weichparaffine mit flacher Viskositäts—Temperatur-Kurve aus den Ölen zu entfernen, zumal sich diese mit Paraflow leicht in ihrem Stockpunkt beeinflussen lassen. Die modernen Entparaffinierungsverfahren streben daher keine allzu scharfe Trennung an, da die Tiefkühlung durch Kältemaschinen wesentlich kostspieliger ist als die Solventextraktion. Es genügt meist, nur die gut verkäuflichen Hartparaffine herauszulösen und die Kuchen einfach mit Lösungsmitteln auszuwaschen. Als Apparate eignen sich hierzu besonders die kontinuierlichen, rotierenden Zellenfilter. Bei diesen Prozessen werden vorwiegend Lösungsmittelgemische verwendet. Das selektivste Gemisch scheint Benzol—Keton (Azeton oder Butanon) zu sein. Es ergibt die besten Stockpunkte bei mäßiger Kühlung. Sie liegen nicht wesentlich höher als die Entparaffinierungstemperatur.

In steigendem Maße werden aber auch Benzol—SO_2-Gemische verwendet, und zwar etwa im umgekehrten Verhältnis wie bei der Solventextraktion, nämlich ¾ Benzol und ¼ SO_2. Es hat den Vorteil, daß wesentliche Teile der Solventanlagen auch zur Entparaffinierung verwendet werden können. Ein Fließschema des Edeleanu-Verfahrens ist in Abb. 105 dargestellt.

Verlockend ist auch die Benutzung von Propan zu Entparaffinierungszwecken. Es hat zwar keine günstige Selektivität; zeigt aber einen niedrigen Siedepunkt. Dies ermöglicht eine Kristallisation durch Selbstabkühlung bei Verdampfung des Propans. Hierdurch werden umfangreiche, indirekte Wärmeaustauscher umgangen. Auch ist die Korrosionsfrage bei einem Kohlenwasserstoff weniger akut als z. B. bei SO_2, von dem Feuchtigkeit fernzuhalten ist. Nachteilig sind die ungünstigen thermodynamischen Verhältnisse im Vergleich mit Ammoniak. Die sehr tiefe Siedetemperatur von etwa $-40°$ C verursacht eine gewisse Gefahr der Rekristallisation der Werkstoffe, die dadurch spröde und brüchig werden.

Weitaus der größte Teil der Weltkapazität aller Entparaffinierungsanlagen beruht auf dem Prinzip der Benzol—Keton-Verfahren, obwohl Propan in eigenen Betrieben hergestellt werden kann und Lösungsmittelverluste dabei weniger ins Gewicht fallen als bei den teuren Lösungsmitteln.

Es liegt im Interesse der Verarbeitung, einen Gatsch zu erhalten, der mehr thixotrop als strukturviskos ist. Thixotropie ist nämlich eine typische Eigenschaft grobdisperser Suspensionen, während Strukturviskosität besonders bei feindispersen, lyophilen Kolloiden auftritt. Strukturviskose Flüssigkeiten sind nur schwer, d. h. unter Anwendung großer Transpirationsdrucke, filtrierbar. Ob ein Kolloid lyophil oder lyophob wird, hängt vom Lösungsmittel ab. Ist das Lösungsmittel von gleicher Eigenfrequenz mit dem zu lösenden Stoff und hat dieser selbst ein großes Molekulargewicht, dann neigt er dazu, die Eigenschaften eines Weichmachers anzunehmen. Ist das Lösungsmittel gegen den

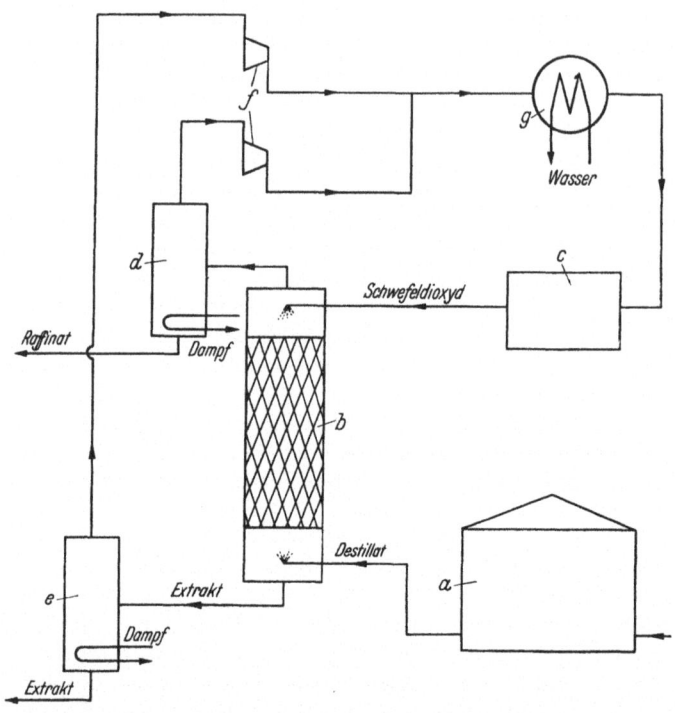

Abb. 105. Fließbild einer Edeleanu-(SO_2-)Extraktionsanlage.
a Vorratsbehälter, *b* Extraktionskolonne, *c* SO_2-Behälter, *d* Raffinatstripper, *e* Extraktstripper, *f* Abscheider, *g* Kühler.

zu lösenden Stoff stark verstimmt und ist auch noch die Molekülmasse verschieden, dann gibt es dickflüssige Suspensionen. Lyophob gegenüber Paraffin sind Benzol—Keton- und Benzol—SO_2-Gemische, die vorwiegend thixotrope Suspensionen ergeben. Lyophil dagegen sind aliphatische Kohlenwasserstoffe, Propan, Butan usw. bis White Spirit, die mehr strukturviskose Lösungen ergeben. Es gibt aber auch hier ein Optimum. Bestimmte Kerosinfraktionen in den Siedegrenzen von 165 bis 195° C des White Spirits, besonders wenn sie aus Krackprodukten stammen, haben bereits deutlich selektive Eigenschaften.

Auch die gechlorten Kohlenwasserstoffe, Tetrachlorkohlenstoff und besonders Trichloräthylen, sind bereits ausgesprochene Antisolvents. Sie haben den Vorteil, daß sie schwerer sind als Paraffin und sich durch starke Zentrifugalfelder dekantieren lassen. Ihre Eigenschaften führten zur Entwicklung der bereits erwähnten Heavy-Solvent-Dewaxing-Prozesse. Das mit Sharples-Superzentrifugen ausgeführte Barisol-Verfahren gehört zu dieser Gruppe. Hier schwimmt das leichtere Paraffin oben, während das schwerere Lösungsmittel mit dem Öl kontinuierlich ausgetragen wird.

Bei allen Entparaffinierungsprozessen ist zu beachten, daß thixotrope Gatsche dauernd in Bewegung gehalten werden müssen, damit sie nicht erstarren. Eine gewisse, nicht zu kurze Relaxationsdauer ist daher erforderlich.

§ 5. Anwendung von Inhibitoren.

Die Beständigkeit der Produkte ist Vorbedingung für ihre Lagerung. Die Ware kann auf unbestimmte Zeit nur dann gelagert werden, wenn ihre Qualität beständig ist. Die Kenntnis der Alterungsgeschwindigkeit und ihre Berücksichtigung ist nur dann von Wert, wenn die Zeitdauer der voraussichtlichen Lagerung abgeschätzt werden kann. Dies ist in Anbetracht der wechselnden Marktlage kaum möglich und liegt nur selten im Interesse des Fabrikanten, der bestrebt sein wird, auf günstige Preisverhältnisse zu warten und die Ware zu stapeln.

In den meisten Fällen hängt die Beständigkeit der Petroleumprodukte von ihrem Reinheitsgrad ab. Dies ist überall da der Fall, wo unbeständige Produkte als Verunreinigungen in der Ware enthalten sind und Spuren von Verunreinigungen katalytisch wirken. In all diesen Fällen sind verfeinerte Fabrikationsmethoden von Wert, die geeignet sind, den Reinheitsgrad der Produkte zu erhöhen.

Es gibt jedoch auch Fälle, in denen umgekehrt Verunreinigungen negative Katalysatoren oder sogenannte Inhibitoren sind. Diese vermögen Alterungsreaktionen zu hemmen oder ganz zu verhindern. Eine allzu weitgehende Reinigung der Produkte ist dann schädlich, weil dadurch diese Inhibitoren entfernt werden. Mit Rücksicht auf die Kostspieligkeit der Reinigungsprozesse wird man daher auf Maßnahmen verzichten, die solche Folgen hätten. In vielen Fällen sind jedoch Inhibitoren a priori gar nicht vorhanden und müssen erst künstlich zugesetzt werden. Diese Umstände führen dazu, daß die Inhibitoren eine immer größere Rolle in der Petroleum-Industrie spielen. Eigene Werke beschäftigen sich mit ihrer Herstellung. Am meisten werden Oxydationsinhibitoren angewendet.

Es handelt sich hier um mehrwertige, aromatische Alkohole, die selbst Akzeptoren für Sauerstoff sind und auf diese Weise die Oxydation der zu schützenden Produkte behindern. Wie man sich den Mechanismus im einzelnen zu denken hat, ist noch nicht in allen Fällen geklärt. Allem Anschein nach ist es der verschiedene Verlauf der Reaktionsgeschwindigkeit, der hierbei eine wesentliche Rolle spielt. Das geht schon daraus hervor, daß hierbei meist niedrig molekulare Produkte mit relativ hoher Reaktionsgeschwindigkeit zugesetzt werden. Es kommen z. B. zwei- und dreiwertige aromatische Alkohole, wie Hydrochinon, Resorzin, Brenzkatechin oder Pyrogallol in Frage. Technisch werden meist Gemische verwendet. Die verschiedene Stellung der Substituenten ist oft von großer Bedeutung. Allgemeine Regeln lassen sich kaum geben, da auch Inhibitoren vielfach selektiv wirken wie Katalysatoren.

Es ist daher unbedingt erforderlich, daß die Produkte an dem zu schützenden Fabrikat selbst ausprobiert werden. Erst auf Grund eines reproduzierbaren Testes wird ein Vergleich ihrer Wirksamkeit möglich. So wird man z. B. einen Inhibitor zur Erhöhung der Gumstabilität dadurch prüfen, daß die vorgeschriebene Menge den zu schützenden Krack-Benzinen zugesetzt und dann eine Lagerung unter den Bedingungen vorgenommen wird, die auch in den Reservoiren herrschen. Hierzu benutzt man braune Flaschen mit Eisenlamellen.

Die verschiedenen Schnellmethoden haben nur orientierenden Charakter. Trotzdem besteht immer noch das Bestreben, möglichst rasch Schlüsse über das künftige Verhalten eines Kraftstoffes ziehen zu können. Methoden, nach denen das Benzin unter Druck bei erhöhter Temperatur sogar mit Sauerstoff behandelt wird, wie bei den Bomb-Testen, sind gefährlich und nicht konkludent. Die Reaktionen bei der Alterung im Reservoir können prinzipiell anders verlaufen. Abgesehen von der Gefährlichkeit solcher Experimente sind sie auch kaum geeignet, in größeren Serien ausgeführt zu werden, um das für eine allgemeine Anwendung erforderliche, umfangreiche Erfahrungsmaterial zu sammeln.

Aussichtsreicher dagegen scheint es schon, die Empfindlichkeit der Alterungsprüfung zu steigern, um damit den Zeitpunkt der beginnenden Alterung möglichst früh zu erkennen. Auch auf diese Weise ist es möglich, rascher zum Ziel zu kommen, ohne jedoch die Unzuverlässigkeit der gewaltsamen Alterung in Kauf nehmen zu müssen. Empfindliche Indikatoren der Alterung sind vor allem die Farbe. Die Verfärbung der Krack-Benzine ist ein wichtiges Vorzeichen der beginnenden Alterung. Mit Rücksicht auf die hohen Anforderungen, die man heute an die Stabilität der Motortreibstoffe stellt, hat es nicht an Versuchen gefehlt, auch die Verfärbung der Benzine inhibitiv zu bekämpfen. Zur Verhinderung der Gelbfärbung und Gumbildung werden Mengen von 0,05 % Anthrazen, Phenanthren, Naphthalin, Phenol, Kresol, Guajacol, aromatischer Amino- und Nitro-Verbindungen, Harnstoff, Phenylhydrazin, Brucin, Nikotin usw. angewandt.

In den Fällen, wo eine Verfärbung bereits eingetreten ist und ohne größere Kosten nicht mehr rückgängig gemacht werden kann, werden Komplementärfarbstoffe zugesetzt (bei Vergilbung z. B. blaue Farbstoffe). Diese geben mit dem Gelb der Benzine ein unbestimmtes Grau-Grün, das nicht mehr auf die Farbskala des Saybolt-Chromometers paßt. Ihre Farbe läßt sich daher nicht mehr genau bestimmen und die gefärbten Produkte sind daher gerade noch handelsfähig. Besonders in den Vereinigten Staaten von Amerika ist dieses Verfahren üblich. Eine eigentliche Verbesserung der Produkte tritt jedoch dadurch nicht ein. Lediglich eine geringfügige Verbesserung des äußeren Aussehens ist zu verzeichnen. In den Vereinigten Staaten von Amerika werden für diese Zwecke meist Phyla-White empfohlen. In Europa brachte die I. G. Farbenindustrie A.-G. entsprechende Produkte in den Handel. Ihre Wirkung ist ähnlich der von „Waschblau".

Da die Gumbildung zu recht unangenehmen Folgeerscheinungen, wie z. B. zur Verstopfung der Vergaserdüsen, führen kann, sind Krack-Benzine in manchen Staaten als Zusatz zu Fliegerbenzin verboten. Es ist viel Arbeit auf die Bekämpfung dieser unangenehmen Erscheinung verwendet worden. Hierbei wurde festgestellt, daß die Verharzung nicht allein auf die Polymerisation der Diëne zurückzuführen ist, sondern hauptsächlich darauf, daß Diolefine zur Bildung von Peroxyden neigen, insbesondere, wenn sie konjugierte Doppelbindungen enthalten. Diese neigen dann zur Aut-Oxydation. Darauf deutet auch die Tatsache hin, daß in den Gum-Rückständen Aldehyde gefunden wurden, die offenbar aus Peroxyden unter der Einwirkung von Feuchtigkeit entstanden sind. Derart gealterte Benzine zeigen auch merkliche Giftwirkung, indem sie zu Kopfschmerzen Anlaß geben, wenn man größere Mengen ihrer Dämpfe einatmet.

Peroxyde lassen sich in Benzinen in folgender Weise analytisch nachweisen: 50 g Ferrosulfat, 50 g Ammonrhodanat, 50 cm^3 Schwefelsäure und 5000 cm^3 Wasser + 5000 cm^3 Azeton werden gelöst und mit 10 g Eisendraht unter hermetischem Verschluß aufbewahrt. Nach einigen Tagen ist die meist vorhandene schwach rötliche Färbung infolge der reduzierenden Wirkung des Eisens verschwunden. Diese farblose Lösung gilt als Reagens auf Peroxyde. 50 cm^3 dieser Lösung mit 10 cm^3 Benzin geschüttelt ergibt eine starke Rotfärbung bei Gegenwart von Peroxyden. Man kann diese durch Titration mit 0,01 n-Titanchlorid bestimmen. Schneller und hinreichend genau ist auch die kolorimetrische Bestimmung mittels einer empirischen Eichskala. Auch dieser Farbton paßt vorzüglich auf das Unionkolorimeter und kann in gleicher Weise wie bei der kolorimetrischen Eisenbestimmung ermittelt werden. Größere Mengen von Peroxyden haben auch merkliche Klopfwirkung und verschlechtern die Oktanzahl der Benzine.

Nicht nur bei Treibstoffen spielt die Oxydierbarkeit bzw. Alterung eine Rolle, sondern auch bei Transformatorenölen. Diese müssen im Interesse der Betriebssicherheit jahrelang verwendbar sein. Die Beständigkeit dieser Öle ist daher eine wichtige Verkaufsspezifikation. Die diesbezüglichen Anforderungen sind so hoch, daß es allein über zwei Dutzend verschiedener Alterungsmethoden gibt, die in den einzelnen Ländern in den Lastenheften vorgeschrieben sind. Die Tatsache, daß man sich über diesen Punkt nicht international einigen konnte, läßt allein schon die prinzipiellen Schwierigkeiten ahnen, die einer einheitlichen Beurteilung entgegenstehen. Auch hier kann nur der praktische Gebrauch ein sicheres Urteil ergeben.

Bei Transformatorenölen ist es vor allem die Schlammbildung, die so gefürchtet ist. Dieser Schlamm setzt sich nämlich auf die Wicklungen, behindert die Wärmeabfuhr, führt zu Temperaturstauungen und zu erhöhten dielektrischen Verlusten. Das Endergebnis ist für gewöhnlich der elektrische Durchbruch und die Beschädigung der Wicklungen.

Als Inhibitoren für diese Zwecke haben sich Borneol, Diphenylhydrazin, Dimethylanilin, Karbazol, β-Naphthylamin, Zetylalkohol usw. bewährt. Es muß jedoch bemerkt werden, daß die Verhältnisse bei Transformatoren- und Schalterölen grundsätzlich anders liegen als bei Treibstoffen. Letztere werden verbraucht, während Isolieröle in ihrer Lebensdauer nur durch Alterungserscheinungen begrenzt werden. Die Qualitätsfrage hinsichtlich der Alterungsbeständigkeit ist daher bei Isolierölen von entscheidender Bedeutung.

Jede Einverleibung polarer Moleküle mit merklichem Dipolmoment ist stets mit erhöhten dielektrischen Verlusten verbunden. Es ist daher bei Transformatorenölen vorzuziehen, die Öle durch selektive Solventraffination, eventuell durch eine Oleum—Schwefelsäure-Behandlung bei möglichst tiefer Temperatur von allen polaren Verunreinigungen zu befreien. Solche Öle sind dann auch hinreichend beständig, vorausgesetzt, daß man die Säureraffination nicht unter Bedingungen vornimmt, unter denen merkliche Mengen Neutralester entstehen. Solche mitunter auch als totraffiniert bezeichnete Öle zeigen dann andere üble Nebenerscheinungen. Sie greifen die Baumwollumspinnung der Wicklungen und die Papierisolation der Kabel, begünstigt durch große Oberfläche, Zutritt von Luft oder Feuchtigkeit, an. Kabelisolieröle werden daher noch einer Wasserdampfbehandlung bei erhöhter Temperatur über Bleicherde ausgesetzt. Hierdurch wird der größte Teil der neutralen Schwefelsäureester wieder zersetzt und abgetrieben.

Bei Schmierölen spielt die Beständigkeit, insbesondere bei den Turbinenölen, eine große Rolle. Auch dort werden die Öle nicht eigentlich verbraucht. Verluste entstehen nur durch Emulsion mit dem Kondenswasser des Dampfes. Deshalb ist bei diesen Ölen der CONRADsonsche Emulsionstest vorgeschrieben. Auch hier wirken polare Substanzen als Emulgatoren.

Anders liegen die Verhältnisse bei den Motorenölen. Im Motor werden die Öle langsam durch den unvermeidlichen Abbrand verbraucht. Für die Lagerung dagegen ist es von Wichtigkeit, die Öle möglichst lange auf Spezifikation zu halten. Auch hierfür finden die mehrwertigen aromatischen Alkohole ausgedehnte Verwendung.

Mitunter hat man auch Zinnseifen für diese Zwecke vorgeschlagen. Sie erhöhen jedoch den Aschegehalt, was bei Ölen, die verbrennen, zu schädlichen Rückstandsbildungen führen kann.

Im allgemeinen läßt sich sagen, daß die Verwendung von Inhibitoren bei den billigeren Treibstoffen mitunter große Vorteile bietet. Bei den Qualitätsschmier- und Isolierölen muß jedoch von Fall zu Fall untersucht werden, inwiefern ihre Anwendung gerechtfertigt erscheint.

Außer diesen künstlich hergestellten Inhibitoren bietet die Natur in gewissen Pflanzen Stoffe dar, die sich ausgezeichnet als Inhibitoren eignen. Es sind dies vor allem Geranienarten, wie z. B. Coriandrum sativum, von dem besonders die Samen ein wirksames Öl enthalten. Während des Krieges sind in der Sowjetunion umfangreiche Plantagen dieser Pflanzen angelegt worden. Versuche haben ergeben, daß auch die Blätter- und Stengelextrakte eine gewisse Wirkung zeigen.

Das Studium der Inhibitoren ist in den letzten Jahren intensiviert und zum Teil mit ganz modernen Forschungsmitteln in Angriff genommen worden. In Anbetracht der Tatsache, daß diese Substanzen ebenso wie die Katalysatoren schon in Spuren wirksam sind, wurden auch die analytischen Nachweismethoden entsprechend verfeinert.

Außer der schon erwähnten Rhodanatmethode, die zu ihrer Durchführung besonders luftdichte Apparate erfordert, von denen der von ERDMANN entwickelte in Abb. 106 dargestellt ist, werden auch noch rein physikalische Methoden verwendet. So hat sich in manchen Fällen auch die Verwendung des Tensiometers von LECOMTE DU NOÜY in seiner verbesserten Form von SEELICH zum Nachweis aktiver Substanzen bewährt. Daß dieses nur in solchen Fällen möglich ist, in denen diese zugleich auch kapillaraktiv sind, versteht sich von selbst. Für technische Messungen dürfte sie wegen ihrer Empfindlichkeit gegen Spuren von Verunreinigungen weniger geeignet sein.

Auch die Ultraviolettstrahlung ist zum Studium dieser Fragen herangezogen worden, nachdem man beobachtete, daß ultraviolettes Licht die Alterung zu beschleunigen vermag. Im allgemeinen dürfte aber die Einwirkung von Licht auf Petroleumprodukte, die in finsteren Reservoiren gelagert werden, von nicht allzu großem Einfluß sein. Ledig-

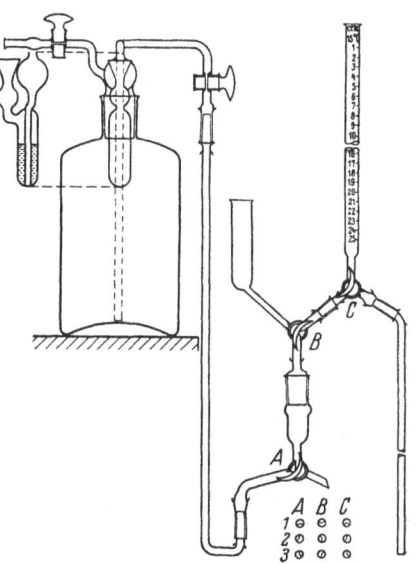

Abb. 106. Luftdichte Titriervorrichtung zur Peroxydbestimmung nach ERDMANN.

lich bei den in hellen Flaschen gelagerten Gegenmustern ist sie zu berücksichtigen. Um unliebsamen Überraschungen zu entgehen, empfiehlt es sich daher, Proben, die zur Kontrolle aufbewahrt werden, stets auch in Eisenflaschen abzufüllen. Es bestehen besondere konventionell festgelegte Reinigungsvorschriften für diese Flaschen (Dämpfen mit gesättigtem Wasserdampf und Spülen mit einem Gemenge von Wasser und grobem Sand). Überhaupt ist der Sauberkeit bei derartigen Versuchen größte Sorgfalt zu widmen. Den Einfluß der Ultraviolettstrahlung sowie verschiedener Zusätze auf den Peroxydgehalt als Funktion der Zeit zeigen die Versuche in den Abb. 107 bis 111 von ERDMANN. In Reservoiren, in denen die Oberfläche einer Wand relativ zum Volumen der Flüssigkeit um einige Größenordnungen günstiger ist, spielt dieser Umstand nicht dieselbe Rolle wie im Laboratorium. Trotzdem ist auch der Reinigung, besonders der für Weißprodukte bestimmten Reservoire, entsprechende Beachtung zu schenken.

Aus ähnlichen Erwägungen heraus wurde auch vorgeschlagen, braune Glasflaschen zur Aufbewahrung der Proben zu verwenden, in die Blechstreifen aus Reservoirblech von solcher Oberfläche eingelegt werden, wie sie dem Verhältnis Wand zu Volumen im Reservoir entsprechen.

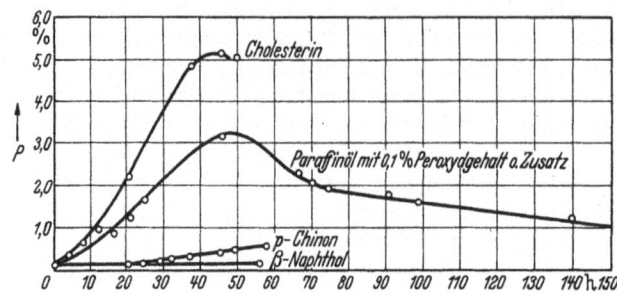

Abb. 107. Peroxydgehalt von Paraffinöl bei verschiedenen Inhibitoren als Funktion der Oxydationsdauer (0,01 molare Lösung).

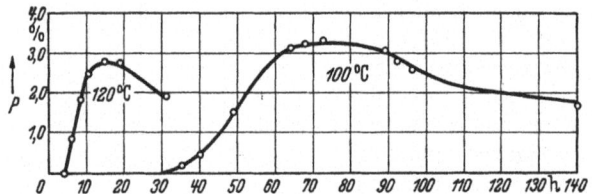

Abb. 108. Peroxydgehalt von Paraffinöl bei verschiedenen Temperaturen.

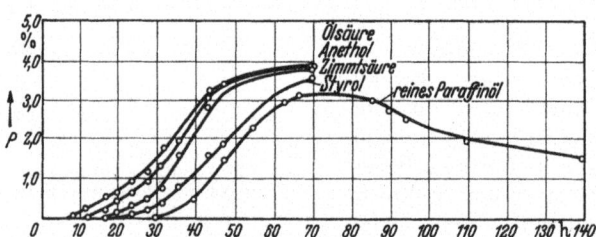

Abb. 109. Peroxydgehalt von Paraffinöl als Funktion der Zeit mit verschiedenen Inhibitoren bei 100° C in 0,01 molarer Lösung.

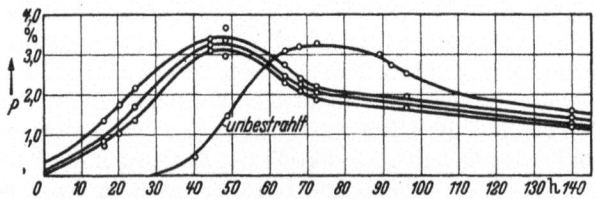

Abb. 110. Peroxydgehalt von Paraffinöl als Funktion der Zeit bei verschiedener Ultraviolett-Bestrahlung bei 100° C.

Diese und ähnliche Feinheiten gehen entschieden über das hinaus, was mit Sicherheit praktisch festzustellen ist. Es ist u. a. auch nicht völlig ausgeschlossen, daß auch eine Glaswand von Einfluß auf Petroleumprodukte ist, während mit Glas die Produkte bei der großtechnischen Lagerung nicht in Berührung kommen. Ferner ist zu berücksichtigen, daß keine Proportionalität zwischen der Reaktionsgeschwindigkeit und der Menge an Katalysatoren besteht, wohl aber ein gewisser Schwellenwert der Wirksamkeit. Es wird also meist genügen, wenn zwei getrennte Proben, in Glas und Eisenflaschen aufbewahrt und während der üblichen Zeit von einem Monat für Inlandlieferungen und von drei Monaten für Exportlieferungen, beobachtet werden.

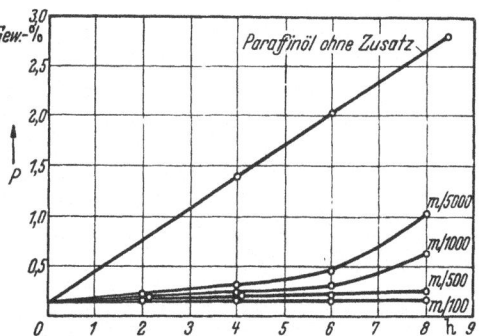

Abb. 111. Peroxydgehalt von Paraffinöl als Funktion der Zeit bei verschiedenen Mengen β-Naphthol.

§ 6. Anwendung von Dopes.

a) Zweck der Dopes.

Unter Dopes versteht man Zusätze, die in geringen Mengen, meist unter 1%, zugesetzt, den Produkten ganz bestimmte, vorwiegend physikalische Eigenschaften verleihen, die die Produkte von Natur aus gar nicht oder nur in unzureichendem Maße besitzen. Ein Dope bezweckt daher nicht wie ein Katalysator oder Inhibitor an sich von selbst verlaufende Vorgänge zu hemmen oder zu beschleunigen, sondern den Produkten Eigenschaften zu verleihen, die (additiv oder kumulativ) der zugesetzten Menge irgendwie proportional sind. Das läßt erwarten, daß das Problem des „Dopes" einer quantitativen Behandlung zugänglich ist. Für die Entwicklung der Dopes sind eigene Versuchsabteilungen mit großen Hilfsmitteln zur Verfügung gestellt worden, und es wurden auch hohe Prämien für erfolgreiche Erfindungen auf diesem Gebiete ausgesetzt. Die Hauptarbeit der Research-Laboratorien ist in den letzten Jahren diesen und ähnlichen Problemen gewidmet worden.

Man unterscheidet Dopes, die zur Verbesserung der Verarbeitungsmethoden zugesetzt werden, wie z. B. die Filtrationsdopes. Diese sind in der Öffentlichkeit weniger bekannt. Allgemeiner verbreitet ist die Anwendung derjenigen Dopes, die zur Verbesserung der Gebrauchseigenschaften den fertigen Produkten zugesetzt werden, wie z. B. die Antiklopfmittel, die „Pour-Point-Depressoren", welche dazu dienen, den Fließpunkt zu senken und vor allem die Viskositätsindex-Dopes. Nur von der letzten Gruppe soll hier gesprochen werden. Die zuerst genannten wurden bei den betreffenden Arbeitsprozessen selbst behandelt.

b) Antiklopfmittel.

Zu den wichtigsten Dopes gehören die Antiklopfmittel für Ottotreibstoffe. Aliphatische Kohlenwasserstoffe, wie z. B. Heptan, zeigen die Eigenschaft, unter heftiger Drucksteigerung im Zylinder der Verbrennungsmotoren zu verbrennen. Das hat zur Folge, daß die Verbrennungsgeschwindigkeit wesentlich höher ist als die Arbeitsgeschwindigkeit des Kolbens. Das Druck—Volumen-Diagramm eines solchen Motors zeigt im Augenblick der Zündung sehr steile Spitzen, die für das Material (Zylinderwände, Zylinderköpfe, Kolbenböden und Kurbellager) besonders schädlich sind. Hörbar wird dieser Einfluß durch das sogenannte Klingeln oder Klopfen. Letzteres ist nicht zu verwechseln mit dem Klopfen, das infolge Frühzündung auftritt und sich durch ein lauteres, dumpfes Verpuffen kenntlichmacht. Dieses ist leicht auf mechanischem Wege (geringere Vorzündung und Säuberung der Zündkerzen und Kolbenböden) zu beseitigen. Es ist weniger gefährlich, weil es keine so steilen Druckspitzen ergibt.

Das Klopfen liegt in der Natur der Brennstoffe begründet, seine Beseitigung ist daher ein Qualitätsproblem, mithin eine Aufgabe der Fabrikation. Durch die hohen Druckspitzen treten auch starke Wärmestauungen auf, kenntlich durch eine Spitze im Temperatur—Entropie- (T, S)-Diagramm. Das hat zur Folge, daß viel Wärme abgeführt wird, die dem Arbeitsprozeß verlorengeht. Es hängt also auch die Leistung des Motors von der Klopffestigkeit des Brennstoffes ab. Man erkennt das daran, daß durch Verwendung klopffester Treibstoffe nicht nur mehr Leistung aus der Gewichtseinheit der Maschinenanlage herauszuholen ist, sondern der Motor mit Rücksicht auf die schwächere Druckbeanspruchung auch leichter gebaut werden kann. Es ist eine höhere Kompression zulässig, wovon der Wirkungsgrad des Motors in hohem Maße abhängt. Die Schaffung hochklopffester Treibstoffe ist daher eine Voraussetzung für die „Züchtung" der Hochleistungsmotoren, wie sie besonders von der Flugzeugindustrie gewünscht werden. Dieses Problem wurde daher durch Zusammenarbeit der Flugmotoren- und der Erdöl-Industrie gelöst.

Es hat sich gezeigt, daß besonders die aromatischen Kohlenwasserstoffe (Benzol, Toluol, Xylol usw.), aber auch gewisse Isoparaffine eine hohe Klopffestigkeit aufweisen. Sie verbrennen weit langsamer und erlauben ein höheres Kompressionsverhältnis, ohne zu klopfen.

Im Anfang der Entwicklung wurde daher das höchst zulässige Kompressionsverhältnis als Maß für die Klopffestigkeit der Kraftstoffe angesehen. Diese sogenannte „Highest Usefull Compression Ratio" oder kurz der HUC-Wert ist daher auch heute noch eine hin und wider gebräuchliche Bewertungsgrundlage für Ottotreibstoffe. Aus verschiedenen Gründen ist man aber zu einer konventionellen Methode übergegangen und zieht heute einen Mischungsstandard zwischen chemisch reinem n-Heptan und 2, 2, 4-Trimethylpentan (Isooktan) zum Vergleich mit dem zu untersuchenden Brennstoff vor. Reines Isooktan hat dabei die Oktanzahl 100, reines n-Heptan die Oktanzahl 0. Man vergleicht in einem Versuchsmotor den zu prüfenden Kraftstoff mit einem Gemisch aus Heptan und Isooktan solcher Zusammensetzung, daß er die gleiche Klopfneigung zeigt wie die Probe. Der Gehalt an Isooktan in Volumprozenten ergibt dann die „Oktanzahl" des betreffenden Kraftstoffes. Für das normale Arbeiten kommen ausschließlich Bezugskraftstoffe genau bekannter Oktanzahl als Vergleichsgrundlage in Frage. Diese werden auch „Reference Fuel" genannt. Nur in seltenen Fällen, wie z. B. bei Schiedsanalysen, werden noch n-Heptan und 2,2,4-Trimethylpentan als „Urstandard" verwendet.

Es läßt sich keine allgemeine Regel angeben, welche Kohlenwasserstoffe hohe und welche niedrige Oktanzahlen aufweisen. Die in Tabelle 25 gegebene Übersicht mag einen Eindruck davon vermitteln; sie zeigt, daß auch niedrige Glieder der aliphatischen Kohlenwasserstoffe, selbst wenn sie Normalparaffine sind, wie Propan, Butan und Pentan, noch hohe Oktanzahlen zeigen. Es ist daher erwünscht, soviel Butan als durch die Dampfdruckspezifikation gerade noch zulässig ist, in den Kraftstoffen zu belassen. Die Tabelle zeigt ferner, daß durch weitgehende „Isomerisierung" die Oktanzahlen ansteigen können. Die aromatischen Kohlenwasserstoffe sind fast alle klopffest. Auch Olefine, die in großer Menge in den Krack-Produkten enthalten sind, zeigen eine hohe Klopffestigkeit.

Ganz allgemein ist daraus zu ersehen, daß alle konstitutiven Einflüsse, die den Molekülbau versteifen, auch die Klopffestigkeit erhöhen. Je starrer ein Molekül ist, um so wahrscheinlicher ist es, daß es bei einem thermischen Stoß zerfällt und bei Anwesenheit von Sauerstoff verbrennt. Ist ein Molekül dagegen unstarr wie ein langkettiges Normalparaffin, dann wird dieses sich zunächst nur deformieren und eine Beständigkeit aufweisen wie die niedrigen Glieder ihrer Reihe. Es kann daher erst bei einem heftigeren thermischen Stoß zerfallen, bei der seine Reaktionsgeschwindigkeit entsprechend hoch liegt. Unstarre Moleküle mit einer großen Zahl frei drehbarer Valenzen werden daher stark klopfen. Darum nehmen auch die Oktanzahlen mit zunehmender Länge der Kette ab und steigen mit zunehmender Verzweigung der Kette an. Doppelbindungen verstreben (versteifen) den Molekülbau und erhöhen die Starrheit und Klopffestigkeit der Kraftstoffe. Isoparaffine, von denen das 2,2,3,3-Tetramethylbutan auch eines der 18 möglichen Isooktane ist, haben durch sterische Hinderung der freien Drehbarkeit ein höheres Maß von Starrheit und Klopffestigkeit. Benzol und die Aromaten weisen zwar höhere Zündpunkte auf als die aliphatischen Benzine, es ist jedoch zu beachten, daß diese Eigenschaften nur für das Selbstentzündungsklopfen eine Rolle spielen. Die Verhältnisse im Motor liegen wegen der Kompression wesentlich anders. Benzine lassen sich durch Zusatz aromatischer Kohlenwasserstoffe verbessern. Die erforderlichen Mengen sind jedoch so groß, daß man in diesem Falle nicht mehr von einem Dope sprechen kann.

Als wirksamer erweisen sich spezifisch wirkende Zusätze, wie aromatische Amine (Anilin, Toluidin, Xylidin usw.). Ausgesprochen als Dope wirksam sind jedoch vorwiegend die metallorganischen Verbindungen (wie z. B. Bleitetraäthyl und Eisenpentankarbonyl) sowie einige Verbindungen des Selens und Tellurs. Praktische Bedeutung hat heute nur noch das Bleitetraäthyl, das trotz seiner erheblichen Giftigkeit für das Zentralnervensystem umfangreiche Anwendung gefunden hat. Die anfänglichen Bedenken sanitärer Behörden sind in Anbetracht der Dringlichkeit des technischen Problems allmählich in den Hintergrund getreten. Die sehr strengen Vorschriften über die Behandlung von Bleitetraäthyl haben

Tabelle 25. *Isomere Formen und Oktanzahl der Paraffine (C_1 bis C_{10}).*
[Nach W. SCHEER: Öl u. Kohle Bd. 38 (1942) S. 691.]

Nr.	Verbindung	Formel	Kp.°C	E.P.°C	O.Z.
1	Methan	C	−164	−184	110
2	Äthan	C—C	− 88	−172	104
3	Propan	C—C—C	− 44	−190	100
4	n-Butan	C—C—C—C	− 0,5	−135	92
5	2-Methylpropan . . .	C\>C—C / C	−12,2	−145	99
6	n-Pentan	C—C—C—C—C	36	−130	61
7	2-Methylbutan . . .	C\>C—C—C / C	28	−160	89
8	2,2-Dimethylpropan .	C—C(C)—C, C below	9,5	− 16,6	83
9	n-Hexan	C—C—C—C—C—C	69	− 94	25
10	2-Methylpentan . . .	C\>C—C—C—C / C	60	−154	73
11	3-Methylpentan . . .	C\>C—C—C / C—C	63	−118	75
12	2,3-Dimethylbutan .	C\>C—C\<C / C / C	58	−129	95
13	2,2-Dimethylbutan .	C—C(C)—C—C, C below	50	− 98	96
14	n-Heptan	C—C—C—C—C—C—C	98	− 90	0
15	2-Methylhexan . . .	C\>C—C—C—C—C / C	90	−118	45
16	3-Methylhexan . . .	C\>C—C—C—C / C—C	92	−119	—
17	2,4-Dimethylpentan .	C\>C—C—C\<C / C / C	81	−119	82
18	2,3-Dimethylpentan .	C\>C—C\<C / C / C—C	90	—	89
19	2,2-Dimethylpentan .	C—C(C)—C—C—C, C below	79	−125	93
20	3,3-Dimethylpentan .	C—C—C(C)—C—C, C below	86	−135	84

Antiklopfmittel.

Tabelle 25 (Fortsetzung).

Nr.	Verbindung	Formel	Kp.°C	E.P.°C	O.Z.
21	3-Äthylpentan	C—C\>C—C—C C—C/	93	—119	—
22	2, 2, 3-Trimethylbutan	C—C—C\<C C	81	— 25	101
23	n-Oktan	C—C—C—C—C—C—C—C	126	— 90	17
24	2-Methylheptan ...	C\>C—C—C—C—C C/	117	—111	—
25	3-Methylheptan ...	C\>C—C—C—C C—C/	119	—	35
26	4-Methylheptan ...	C\>C—C—C—C C—C—C/	118	—	—
27	2, 3-Dimethylhexan .	C\>C—C\<C C/ C′—C	116	—	76
28	2, 4-Dimethylhexan .	C\>C—C—C\<C C/ C—C	109	—	—
29	2, 5-Dimethylhexan .	C\>C—C—C—C\<C C/ C	109	— 91	52
30	3, 4-Dimethylhexan .	C\>C—C\<C C—C/ C—C	118	—	85
31	2, 2-Dimethylhexan .	C C—C—C—C—C—C C	107	—	—
32	3, 3-Dimethylhexan .	C C—C—C—C—C C	111	—	—
33	3-Äthylhexan	C—C\>C—C—C—C C—C/	119	—	—
34	2, 3, 4-Trimethylpentan	C\>C—C\<C C/ C/C—C	113	—	97
35	2, 2, 3-Trimethylpentan	C C—C—C\<C C C—C	110	—	102
36	2, 2, 4-Trimethylpentan	C C—C—C—C\<C C C	99	—107	100

Anwendung von Dopes.

Tabelle 25 (Fortsetzung).

Nr.	Verbindung	Formel	Kp.°C	E.P.°C	O.Z.
37	2, 3, 3-Trimethylpentan	C>C—C—C—C mit C oben und C unten	114	—109	—
38	2-Methyl-3-Äthylpentan	C>C—C<C—C / C—C	114	—	—
39	3-Methyl-3-Äthylpentan	C—C—C—C—C mit C,C oben und C unten	118	— 91	91
40	2, 2, 3, 3-Tetramethylbutan	C—C—C—C mit C,C oben und C,C unten	106	—101	103
41	n-Nonan	C—C—C—C—C—C—C—C—C	151	— 54	—45

Nur noch von einzelnen höheren Homologen sind die Oktanzahlen bisher bekannt.

schließlich zu einer hinreichend sicheren Handhabung auch in den Gebieten geführt, wo die allgemeinen gesundheitlichen Verhältnisse noch viel zu wünschen übriglassen.

Heute wird dieser Dope in Form von sogenanntem „Äthylfluid" verwendet. Seine Zusammensetzung ist folgende:

54,54 % Bleitetraäthyl   9,09 % Schutzstoffe
36,36 % Äthylenbromid   0,01 % Farbstoff

Der Farbstoff (z. B. Rot in den Vereinigten Staaten von Amerika und Blau in Rumänien) dient zur Kenntlichmachung der gebleiten Benzine. Der Zusatz von Äthylenbromid ist erforderlich, um den Niederschlag von festem Bleioxyd im Zylinder zu verhindern. Es entstehen flüchtige Bleiverbindungen, die mit den Auspuffgasen abgehen. Außerdem ist Äthylenbromid ein Hautreizmittel, was auf die Verwendung gebleiter Benzine zu Waschzwecken abschreckend wirkt.

Auf welche Weise diese metallorganischen Verbindungen wirken, ist zur Zeit noch nicht völlig geklärt. Versuche von BERL und WINNACKER haben ergeben, daß auch reine, im elektrischen Hochfrequenzfunken zerstäubte Metalle, wie z. B. Blei, von kolloidalem Dispersionsgrad autoxydationshemmende Wirkungen zeigen. Es läßt sich nachweisen, daß Bleitetraäthyl thermisch leicht zerfällt, wobei auch die Halbwertszeit der hierbei entstehenden Radikale nach PANETH[1] durch Bildung und Wiederaufzehrung eines Bleispiegels meßbar ist. Da die aliphatischen Kohlenwasserstoffe leicht zur Bildung von Peroxyden neigen, ist es möglich, daß die Antiklopfmittel dadurch wirken, daß sie die Autoxydation verhindern und so die Ausbildung von Kettenreaktionen bei der

---
[1] Ber. d. Chem. Bd. 62 (1929) S. 1335.

Verbrennung vermeiden. In diesem Falle käme dem Bleitetraäthyl etwa die Wirkung eines Inhibitors im Verbrennungsraume zu. Ob jedoch solche Vorstellungen bei Reaktionen, die mit einer Geschwindigkeit von ganz anderer Größenordnung ablaufen, noch sinnvoll sind, ist schwer zu entscheiden. Besonders RICARDO hat sich um die Aufklärung dieser Vorgänge verdient gemacht[1].

Bemerkenswert sind auch oszillographische Untersuchungen, wonach bei nicht klopfenden Brennstoffen eine scharf abgegrenzte Flammenfront über das Gemisch wandert, während bei stark klopfenden Kraftstoffen die Zündung über das ganze Gemisch an mehreren Stellen gleichzeitig beginnt[2].

Allem Anschein nach wirkt der Dope zerstreuend auf die Explosionswelle und dämpft diese in ihrer Wirkung, so daß sie nur allmählich zum Ablauf kommt. Einig ist man sich lediglich in der Auffassung, daß Antiklopfmittel hemmend auf Kettenreaktionen wirken. Es ist darum auch interessant, feststellen zu können, daß die Reaktionsgeschwindigkeiten und damit die Oktanzahlen in einer relativ einfachen Beziehung zur Menge des zugesetzten Dopes stehen.

Trägt man nach HAMMERICH[3] die Gehalte an Bleitetraäthyl als Ordinatenwerte über den nach der Motormethode bestimmten Oktanzahlen als Abszissenwerte auf, so ergeben sich Geraden, wenn die Ordinatenteilung logarithmisch, die Abszissenteilung linear geteilt ist.

Ein solches Netz ist in Abb. 112 wiedergegeben. Die Steilheit der so entstehenden Kurve

$$E_n = \frac{dO_z}{d \log c},$$

worin O_z Oktanzahl und c Volum-% Bleitetraäthyl bedeuten, wird als die sogenannte Bleiempfindlichkeit des Benzins bezeichnet. Je stärker sich also die Oktanzahl bei einem bestimmten Zusatz ändert, um so empfindlicher reagiert der Kraftstoff auf den Dope. Das ist wichtig, weil die Menge Bleitetraäthyl, die in den verschiedenen Staaten aus gesundheitlichen Rücksichten zugesetzt werden darf, maßgebend ist für die höchste, bei einem bestimmten Benzin erreichbare Oktanzahl.

Daraus geht hervor, daß infolge des logarithmischen Verlaufs der Kurven kleine Mengen Dopes relativ wirksamer sind als große. Wenn auch kein ausgesprochener Sättigungszustand erreicht wird, so kann die Kurve doch allmählich so flach verlaufen, daß sich ein weiterer Zusatz kaum mehr rechtfertigen läßt.

Entgegen der Ansicht des Autors dieser Methode, wonach die verschiedenen Kurven den Nullpunkt der Abszisse in gleicher Ordinatenhöhe schneiden, ist der Verfasser der Meinung, daß die Menge Dope, die mindestens erforderlich ist, um überhaupt eine merkliche Oktanzahlerhöhung zu bewirken, nicht für alle Benzine gleich sein muß. Mit

---

[1] Schnell laufende Verbrennungs-Kraftmaschinen, 2. Aufl. Übersetzt und bearbeitet von A. WERNER u. P. FRIEDEMANN. Berlin: Springer 1932.
[2] SCHNAUFFER: Z.VDI Bd. 75 (1931) S. 455.
[3] HAMMERICH: Öl u. Kohle Bd. 38 (1942) S. 1277, ferner „Gesetzmäßiges im Verhalten der Klopfbremsen". Essen: Girardet 1949.

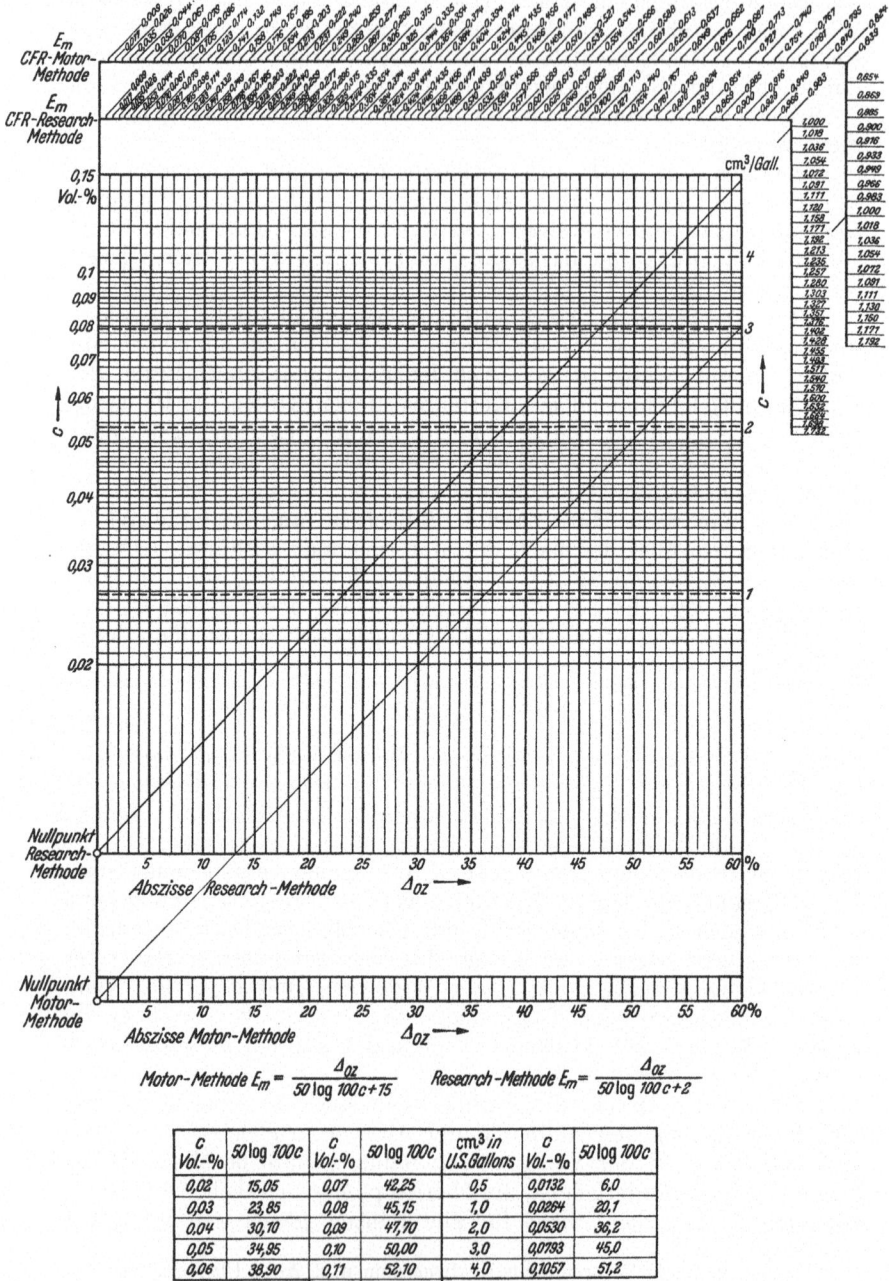

Abb. 112. Diagramm zur Bestimmung der Bleiempfindlichkeit nach HAMMERICH.

anderen Worten: der Nullpunkt des Koordinatensystems braucht nicht für alle Kraftstoffe in gleicher Ordinatenhöhe zu liegen. Es gibt also für jedes Benzin einen ganz bestimmten Schwellenwert, von dem ab der Dope überhaupt erst wirksam wird. Dies ist an sich selbstverständlich, denn ein solcher Schwellenwert kann nur von Spuren irgendwelcher Verunreinigungen, wie z. B. Schwefelverbindungen, herrühren, die den Dope angreifen und unwirksam machen. Ein solcher Gehalt an Verunreinigungen kann aber unmöglich bei allen Benzinen gleich sein. Es gehört daher zur vollständigen Charakterisierung eines Benzines nicht nur die Bleiempfindlichkeit, sondern auch der Schwellenwert. Erst durch die Steilheit der Kurve und ihren Koordinatenursprung ist das Verhalten des Kraftstoffes eindeutig charakterisiert.

Das Diagramm bietet den erheblichen Vorteil, daß man nur zwei Punkte mit dem Oktanzahl-Prüfmotor zu bestimmen braucht, um dann für jede gewünschte Oktanzahl den erforderlichen Zusatz graphisch ermitteln zu können. Dies ist um so wertvoller, als die Oktanzahl-Prüfmotoren in den Raffinerien ständig überlastet sind und der Umgang mit Bleitetraäthyl gern auf ein Minimum eingeschränkt wird. Das Diagramm hat, wie erkenntlich, noch eine Hilfsskala, an der die Neigung der Kurven direkt abgelesen werden kann, wenn (wie der Autor annimmt) ein gemeinsamer Nullpunkt vorhanden ist.

Das Vorhandensein eines Schwellenwertes der Bleiempfindlichkeit deutet an, wie wichtig es unter Umständen sein kann, einen Kraftstoff soweit als möglich zu reinigen. Sind die Verunreinigungen von solcher Art, daß sie den Dope unwirksam machen, dann ist die wirksame Menge zusetzbaren Bleies geringer als bei einem gut vorgereinigten Benzin. Angesichts der hohen Oktanzahlprämien, die oft für hochwertige Benzine gezahlt werden, kann dies von kommerzieller Bedeutung sein.

Es gibt auch noch andere Diagramme, z. B. die schon 1933 von HEBL, RENDEL und GARTON entwickelte „Blending Chart" und die von der I. G. Farbenindustrie A.-G. entwickelten Diagramme, die hier der Vollständigkeit halber nur erwähnt werden.

c) Zündbeschleuniger.

Wie man zur Verbesserung der Klopffestigkeit den Ottokraftstoffen Dopes zusetzt, so gibt es auch Substanzen, mit denen man die Zündwilligkeit der Dieseltreibstoffe verbessern kann. Die Anforderungen, die an Dieselkraftstoffe gestellt werden, sind verschieden von denen, die an Ottokraftstoffe zu stellen sind. Der Dieselmotor ist ein Selbstzündungsmotor, bei dem das Brennstoffgemisch nicht durch Fremdzündung (Zündkerze oder Glühkopf), sondern durch die hohe Kompressionswärme zur Explosion gebracht wird. Auch befindet sich beim Dieselmotor der Kraftstoff nicht schon in der Ansaugperiode im Zylinder, sondern wird erst zu Beginn des Arbeitshubes eingespritzt und in dem Maße zugeführt, wie er verbrennt, so daß der Druck längere Zeit auf den Kolbenboden wirkt. Dieses als Gleichdruckprinzip bezeichnete Arbeitsverfahren hat den Vorteil, daß man mit der Kompression höher gehen kann als beim Ottomotor, ohne auf allzu hohe Materialbeanspruchungen zu kommen.

Der Dieselmotor hat einen höheren Wirkungsgrad als der Ottomotor, setzt aber eine gute Zündwilligkeit des Brennstoffes voraus. Der Kraftstoff darf also nicht erst zünden, wenn der Kolben schon einen erheblichen Weg zurückgelegt hat, da dann seine Arbeitsfähigkeit nur noch gering ist. Es werden daher von einem Dieseltreibstoff gerade die entgegengesetzten Eigenschaften wie von einem Ottokraftstoff verlangt. Daher sind die paraffinösen Grundstoffe bessere Dieseltreibstoffe. Ihre Zündpunkte fallen mit steigendem Molekulargewicht. Dies steht im Gegensatz zu den Flammpunkten, die mit dem Molekulargewicht ansteigen. Im besonderen sind es die höheren Paraffine vom Molgewicht 200 bis 250, die hierfür in Frage kommen. Das paraffinöse Gasöl ist der eigentliche Dieseltreibstoff.

Obwohl die augenblickliche Rohstoffverteilung der Entwicklung des Dieselprinzips nicht hindernd im Wege steht (denn es gibt mehr paraffinöses Gasöl als asphaltöses Benzin), so besteht doch auch hier ein gewisses Interesse an der Verbesserung der Zündwilligkeit durch Dopes. Der schnell laufende Dieselmotor ist das große Problem der nächsten Zukunft. Er benötigt das „High Speed Diesel-Fuel".

Es sind daher auch zur Prüfung der Dieselkraftstoffe geeignete Grundlagen geschaffen worden. Analog der Oktanzahl bei Ottokraftstoffen ist die Cetanzahl bei Dieseltreibstoffen im Gebrauch. Als Standard dient ein Gemisch von Cetan und α-Methylnaphthalin. Es sind auch andere Mischungen vorgeschlagen worden. Zur Zeit sind aber standardisierte Motoren noch seltener im Gebrauch als Oktanzahlprüfmotoren. Als Behelf dient daher noch vielfach der Dieselindex. Interessanter in diesem Zusammenhang ist vor allem, daß auch die Cetanzahl durch Zusatz gewisser Dopes verbessert werden kann. Hierfür haben sich insbesondere organische Peroxyde bewährt. Diese Substanzen setzen die Oktanzahlen der Ottotreibstoffe herab.

Es ist jedoch zu beachten, daß diese Stoffe neben einer gewissen Giftigkeit auch noch eine erhebliche Brisanz aufweisen und hochempfindliche Sprengstoffe darstellen. Man kann sie daher nur in Phlegmatisatoren (z. B. Tetrachlorkohlenstoff) gelöst aufbewahren. Sie sind im letzten Kriege verwendet worden, über ihre praktische Bewährung kann noch wenig berichtet werden.

d) Pour-Point-Depressoren.

Ein weiterer wichtiger Dope ist der sog. Pour-Point-Depressor. Es handelt sich hier nicht um die zur Erzielung einer vollständigeren Entparaffinierung verwendeten Filtrationsdopes, sondern um Stoffe, die erst nach der Filtration dem fertigen Schmieröl oder Gasöl zugesetzt werden. Diese unter der Bezeichnung „Paraflow" in den Handel gebrachten Kohlenwasserstoffe werden künstlich aus Naphthalin und gechlorten Paraffinen, nach Art einer FRIEDEL-CRAFTSschen Reaktion mit Aluminiumchlorid als Katalysator hergestellt. Paraflow ist besonders wirksam bei Weichparaffinen, deren Kristallisierbarkeit es behindert. Die Öle erstarren bei weit tieferer Temperatur als ohne diese Zusätze. Es werden gewöhnlich 0,2 bis 0,8% zugesetzt, und man kann Stockpunktserniedrigungen von $+7°$ C bis auf $-20°$ C und darunter erzielen, wie Abb. 113 zeigt.

Der große Vorteil dieser Dopes besteht nicht nur in der Verbesserung des Stockpunktes, sondern auch in einer mittelbaren Verbesserung des Viskositätsindex. Man kann nämlich von vornherein Öle mit einem höheren Gehalt an Weichparaffinen verwenden, die einen besseren Viskositätsindex aufweisen als vollständig entparaffinierte Öle. Die Deplacierung der unverkäuflichen Weichparaffine in die Schmieröle bietet einen weiteren Anreiz zur Verwendung der Pour-Point-Depressoren. Schließlich weisen paraffinhaltige Öle bei gleicher Viskosität eine geringere Flüchtigkeit auf als vollständig entparaffinierte Öle, so daß auch eine geringe Verbesserung des Flammpunktes zu verzeichnen ist.

Lediglich eine Verschlechterung des Trübungspunktes der Öle muß dabei in Kauf genommen werden. Neuere Untersuchungen haben gezeigt, daß dies nicht nur ein Schönheitsfehler ist. Es wird dadurch auch das Kälteverhalten der Öle ungünstig beeinflußt. Die auf diese Weise mit Dopes behandelten Öle sind thixotrop, d. h. erstarren erst nach längerer Zeit der Ruhe, während sie bei dauernder Bewegung in einem mehr oder minder ausgedehnten Temperaturbereich flüssig bleiben. Solche Öle können daher beim Stehen über Nacht ihre Verpumpbarkeit einbüßen, obwohl

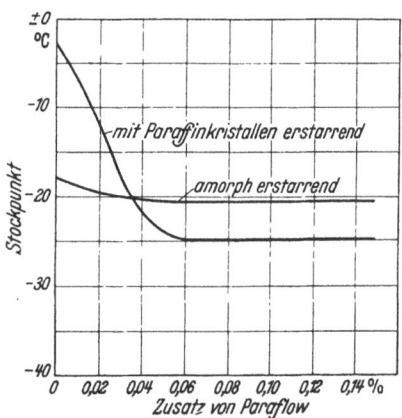

Abb. 113. Stockpunktserniedrigung bei Paraffinöl durch Zusatz von Paraflow.

ihre Temperatur noch nicht unter den konventionell ermittelten Fließpunkt gesunken ist. Man schreibt daher neuerdings auch einen Trübungspunkt für diese Öle vor, so daß die Verwendung von Pour-Point-Depressoren eingeschränkt wird.

Außer Paraflow, das aus 90% gechlortem Paraffin und 10% Naphthalin hergestellt wird und folgende Eigenschaften hat:

Dichte bei 15° C 0,902 g/cm³,
Viskosität bei 100° F 2700 Saybolt-Sek.,
Viskosität bei 210° F 184 Saybolt-Sek.,
Flammpunkt 277° C,
Stockpunkt $-9°$ C,
Verkokungszahl nach CONRADSON 1,44%

gibt es auch noch andere Pour-Point-Depressoren (z. B. Oktostearylsacharose)[1].

Weit größer noch als bei Treibstoffen ist die Zahl der Dopes bei Schmierstoffen. Die Mannigfaltigkeit der zu garantierenden analytischen Daten ist zuweilen so groß, daß sich alle Anforderungen durch ein Grundprodukt ohne Zuhilfenahme von Dopes überhaupt nicht erfüllen lassen.

---

[1] DAVIS: Nat. Petr. News Bd. 24/XI (1932) S. 32.

e) Viskositätsindex-Dopes.

Eines der wichtigsten Dopes bei Schmierölen sind die Viscosity-Index-Dopes. Schmieröle, die stark schwankenden Temperaturen ausgesetzt sind, ändern auch ihre Viskosität in hohem Maße. Dies führt dazu, daß die hydrodynamischen Eigenschaften der Schmieröle nicht bei allen Betriebsbedingungen (Lagerdruck und Drehzahl) die günstigsten Werte haben können. Für die Erdöl-Industrie ergibt sich daher die Aufgabe, Schmieröle zu finden, die ihre Viskosität möglichst wenig mit der Temperatur verändern. Besonders wichtig ist diese Forderung bei Fahrzeug- und Flugzeugmotoren. Bei Flugzeugmotoren ist sie eine Conditio sine qua non, weil Flugmotorenöle beim Aufstieg vom Boden und beim Flug in größeren Höhen starken Temperaturschwankungen ausgesetzt sind. Bei Automobilmotorenölen kann man sich den durch die Jahreszeit verursachten Temperaturschwankungen durch einen Ölwechsel (Sommer- und Winteröle) anpassen. Dies ist namentlich bei größerem Ölverbrauch ohne weiteres durchführbar. Nur bei Herrenfahrern, die weniger Öl konsumieren, oder bei größeren Bergtouren kann es von Vorteil sein, Öle über verschiedene Temperaturbereiche oder auch Jahreszeiten hinweg benutzen zu können. Hierfür sind sogenannte ,,Double rangs Oils" vorgesehen. Während solche Öle für Ottomotoren aus paraffinösen Grundstoffen leicht hergestellt werden können, hat das Problem des kältebeständigen Dieselmotorenöls noch keine allseits befriedigende Lösung gefunden.

Bei Fremdzündung ist es nämlich nur nötig, ein Öl mit hohem Flammpunkt zu wählen, um eine allzu starke Verbrennung zu verhindern. Dieser Forderung genügen Öle aus paraffinösen Grundstoffen, weil sie sowohl flache Viskositäts—Temperatur-Kurven als auch hohe Flammpunkte aufweisen. Bei Motoren mit Selbstzündung müßte man dagegen Öle mit hohem Zündpunkt verwenden. Solche Eigenschaften zeigen aber vorwiegend niedrig siedende aromatische Kohlenwasserstoffe und diese haben in der Regel einen schlechten Viskositätsindex. Man kann ihn zwar durch Dopes aufbessern, muß aber von Ölen mit noch niedrigerer Viskositätskurve ausgehen, weil die Dopes nicht nur den Index verbessern, sondern auch die Viskosität selbst erhöhen. Das erforderliche Grundöl mit niedrigerer Ausgangsviskosität ist aber flüchtiger als ein ungedoptes Öl gleicher Viskosität und Provenienz. Flüchtige Öle brennen leichter ab, ergeben höheren Verbrauch und dicken daher ein.

Dies ist ein ernstes Problem, das man bisher nur durch kombinierte Anwendung aller verfügbaren Mittel, wie z. B. scharfer Rektifikation, selektiver Raffination und Zusatz von Dopes einigermaßen befriedigend lösen konnte. Auch hinsichtlich der Conradsonschen Verkokungsprobe müssen die Öle entsprechen. Es ist nämlich zu beachten, daß in einem Dieselmotor der Unterschied der Siedegrenzen zwischen Gasöl und Schmieröl nicht mehr so groß ist wie im Ottomotor zwischen Benzin und Schmieröl. Eine Verbrennung des Schmieröles im Dieselmotor ist daher unvermeidlich. Darum ist eine möglichst geringe Verkokungszahl bei Dieselschmierölen besonders wichtig, wenn man durch den gesteigerten Abbrand die Verkokung der Kolbenböden einschränken will. Auch dieser Forderung kann nur durch ein leicht flüchtiges aromatisches Öl genügt werden, was wiederum den Viskositätsindex verschlechtern würde. Bemerkenswert ist die starke Alterung der Dieselmotorenöle im Gebrauch, wie aus folgender Tabelle hervorgeht.

Tabelle 26. *Ölalterung im Ottomotor und im Dieselmotor nach Versuchen der Deutschen Vakuum-Öl A.-G., Hamburg*

	Vergasermotor Hansa 1700 1,7 l nach 100 h	Dieselmotor Mercedes-Benz O. M. 59 3,77 l nach 100 h
Wasser	frei	frei
Kraftstoff	0,3 %	frei
Benzinunlösliches	0,46 %	1,20 %
Benzollösliches (Asphalt)	0,11 %	0,16 %
Kohlenstoff (Ruß)	0,32 %	0,98 %
Aschegehalt	0,03 %	0,06 %
Art der Asche	Eisenoxyd	Eisenoxyd, wenig Kupferoxyd
Säurezahl	0,19 (urspr. 0,03)	0,70 (urspr. 0,06)
Verseifungszahl	0,86 (urspr. 0,13)	2,81 (urspr. 0,17)
Viskosität bei 50° C	8,87° E (urspr. 6,5° E)	10,9° E (urspr. 8,8° E)
Viskosität bei 50° C nach Reinigung	6,7° E	9,3° E

Auffallend ist die stärkere Alterung beim Dieselmotor, insbesondere die starke Zunahme der Säure- und Verseifungszahl bzw. der Viskosität, auch die von Ruß und Asphalt. Das liegt an der höheren Beanspruchung durch die Wärmeentwicklung auch während des Kompressionshubes. Bemerkenswert ist, daß bei Dieselmotoren keine Schmierölverdünnung auftritt, obwohl der Kraftstoff schwerer flüchtig ist als beim Ottomotor. Das ist darauf zurückzuführen, daß der Kraftstoff beim Dieselmotor erst während des Arbeitshubes eingespritzt wird und daher keine Gelegenheit hat, sich mit dem Schmieröl zu vermischen, während beim Vergasermotor der Brennstoff schon in der Ansaugperiode in den Zylinder gelangt und sich während des Kompressionshubes unter dem Einfluß des Druckes in dem Schmieröl an der gekühlten Zylinderwand auflöst.

Die besonderen Anforderungen, die an Dieselmotorenöle gestellt werden, zwingen daher zur Annäherung der Siedegrenzen zwischen Schmierstoff und Treibstoff. Eine saubere Rektifikation ist daher wichtiger als bei Ottomotorenölen, wo man auch Bulks mit weiten Siedegrenzen verwenden kann. Ein gutes Dieselschmieröl kann daher schon mit Rücksicht auf die Ausbeute nicht billig sein.

Während also Ottomotoren niedrig siedende aromatische Kraftstoffe und hoch siedende paraffinöse Schmierstoffe erfordern, werden für Dieselmotoren hoch siedende, paraffinbasische Treibstoffe und relativ niedrig siedende aromatische Schmierstoffe gewünscht.

Es hat sich gezeigt, daß Zusätze hoch molekularer Kohlenwasserstoffe zu einem niedrig molekularen Grundöl Schmierstoffe mit flacherer

Viskositäts—Temperatur-Kurve ergeben als scharf geschnittene Fraktionen der gleichen Viskositätslage und Provenienz. Polymolekulare Zusammensetzung ergibt daher unter sonst gleichen Umständen stets flachere Kurven als unimolekulare Zusammensetzung. Die Menge des zuzusetzenden, hoch molekularen Stoffes — meist sind es lyophile Kolloide — ist um so geringer, je höher sein Molekulargewicht ist. Während bei den raffinierten Rückständen (Asphaltraffinate und Bright-Stocks) 10 bis 20% erforderlich sind, kommt man bei künstlichen, etwa durch elektrische Glimmentladungen eingedickten Ölen (sogenannten Voltolen) schon mit 3 bis 6% aus. Von einem wirklichen Dope kann man aber erst sprechen, wenn man Zwischenprodukte der synthetischen Kautschukfabrikation, also Isobutylderivate, verwendet, von denen schon 0,2 bis 0,5% genügen, um auffallende Wirkungen zu erzielen. Der große Vorteil dieser Zusätze besteht darin, daß die übrigen Eigenschaften der Öle fast unverändert bleiben, so daß man sich dieser Dopes ohne Rücksicht auf die übrigen Spezifikationen bedienen kann. Diese weitgehend unabhängige Verwendbarkeit macht das Wesen der Dopewirkung aus. Sie sollen ganz bestimmte Eigenschaften auffallend verändern, ohne die übrigen zu beeinflussen.

Produkte dieser Art sind z. B. Exanol (Vereinigte Staaten von Amerika) und Oppanol (I. G. Farben). In den Vereinigten Staaten von Amerika bringt man diese Produkte in Form einer zähen Stammlösung unter der Bezeichnung „Paratone" in den Handel, um sie leichter vermischen zu können.

Es zeigt sich, daß Viskositätsindex-Dopes besonders bei Ölen mit niedrigem Viskositätsindex wirksam sind, während sie bei paraffinösen Ölen, deren Viskositätsindex an und für sich schon hoch ist, geringere Verbesserungen bewirken. Ein Grund hierfür liegt in dem relativ hohen Molekulargewicht der paraffinösen Grundöle, wodurch das gedopte Gemisch weniger heterogen zusammengesetzt erscheint als Gemische mit asphaltbasischen Grundölen. Der Hauptgrund ist jedoch darin zu suchen, daß der Viskositätsindex selbst bei dünnen asphaltbasischen Ölen weit stärker von geringen Viskositätsdifferenzen abhängt als bei hoch viskosen paraffinbasischen Ölen.

Der Viskositätsindex ist ein empirischer Begriff. DEAN und DAVIS[1] haben festgestellt, daß sich die Viskositäts—Temperatur-Funktion nach einer quadratischen Gleichung vom Typus

$$a x^2 + b x + c = y$$

darstellen läßt, worin

a, b und c Konstanten,
x die Viskosität bei 210° F und
y die Viskosität bei 100° F

bedeuten. Die Konstanten a, b und c hängen nur von der Provenienz des Öles, nicht aber von der Viskosität selbst ab. Man hat daher diese

---

[1] DEAN u. DAVIS: Chem. metall. Engng. Bd. 36 (1929) S. 618. — DAVIS, G. H. B., M. LAPEYRHOUSE u. E. W. DEAN: Oil and Gas 1932 S. 92.

Konstanten für die schlechtesten zu jener Zeit in den Vereinigten Staaten von Amerika vorkommenden Gulf Coast-Öle und für die besten damals benutzten Pennsylvania-Öle festgelegt und für jeden praktisch in Frage kommenden Viskositätswert bei 210° F (x) die betreffenden Viskositätswerte bei 100° F (y) in Tabellenform fertig ausgerechnet. Diese Tabellen enthalten also für jedes Gulf Coast-Öl und für jedes Pennsylvania-Öl den höchsten und niedrigsten Viskositätswert bei 100° F für beide Öle, wenn die Viskosität bei 210° F bekannt ist. Die Viskosität bei 100° F wird dabei meist mit L bezeichnet (Low-Viscosity-Index-Oil), wenn es sich um ein Gulf-Coast-Öl handelt, und mit H (High-Viscosity-Index-Oil), wenn es sich um ein Pennsylvania-Öl handelt. In diesen Tabellen sind auch die Differenzen $L - H = D$ fertig ausgerechnet.

Zwischen diesen L- und H-Werten lassen sich dann alle zu untersuchenden Öle einstufen. Das geschieht in der Weise, daß dieses Intervall in 100 Viskositätsindex-Grade unterteilt wird, die man wie folgt definiert:

$$V.I. = 100 \frac{L - U}{D}.$$

worin $V.I.$ = Viskositätsindex bedeutet. Die Tabellen wurden ursprünglich für Saybolt-Sekunden ausgerechnet. Heute verfügt man aber auch schon über Tabellen und Diagramme in absoluten kinematischen Viskositätseinheiten. Eine solche Tabelle ist nachfolgend abgedruckt.

Die Diagramme haben den Vorteil, daß sie einfacher in der Handhabung sind und wegen der beschränkten Ablesegenauigkeit nicht dazu verleiten, Indizes auf Bruchteile einer Einheit anzugeben, wozu die meßtechnischen Grundlagen meist nicht ausreichen. So kleine Indexdifferenzen sind nämlich praktisch belanglos für die Qualität der Produkte und können bestenfalls zur Identitätskontrolle herangezogen werden.

Die Handhabung eines solchen Diagramms, das in Abb. 114 (S. 276) wiedergegeben ist, geht ohne weiteres aus der Beschriftung hervor. Mit Rücksicht auf die Tatsache, daß inzwischen solche Diagramme von verschiedenen Autoren (wie z. B. DOCHSEY, HANDS und HAYARD oder HERSH, FISHER und FENSKE u. a.) aufgestellt wurden, die nicht genau miteinander übereinstimmen, ist es zweckmäßig, auf das Original zurückzugreifen und die Diagramme zu benutzen, die noch auf Saybolt-Sekunden aufgebaut sind, auch wenn man die Viskositäten tatsächlich nicht mehr mit entsprechenden Geräten ermittelt, sondern mit den weit genaueren Absolutviskosimetern und mit Hilfe der internationalen Tabellen von UBBELOHDE umrechnet.

Es hat nicht an Versuchen gefehlt, diesen in Amerika sehr verbreiteten Viskositätsindex durch andere, zweckmäßigere Begriffe zu ersetzen. Indessen zeigte es sich, daß auch hier die Macht der Gewohnheit dominiert und es praktisch nicht mehr möglich erscheint, diese Qualifizierungsmethode aus dem Umlauf zu ziehen. Das ist um so erstaunlicher, als z. B. der Vorschlag von L. UBBELOHDE, die Viskositätspolhöhe als Bewertungsgrundlage anzuerkennen, von der Internationalen Petroleumkommission angenommen wurde. Ihre Anwendung blieb praktisch auf Deutschland beschränkt, während die großen Ölkonzerne diese

Anwendung von Dopes.

Tabelle 27. *Berechnung des Viskositätsindex (V.-I.)*.

Werte für die kinematische Zähigkeit in cSt bei 210° F.

$H =$ Viskosität eines Öles mit V.-I. $= 100$ bei 100° F.
$L =$ Viskosität eines Öles mit V.-I. $= 0$ bei 100° F.

Kinematische Zähigkeit bei 210° F cSt	H	L	D = (L−H)	Kinematische Zähigkeit bei 210° F cSt	H	L	D = (L−H)
2,00	6,620	8,360	1,740	6,00	40,630	62,430	21,800
2,10	7,143	9,043	1,900	6,10	41,690	64,430	22,740
2,20	7,684	9,752	2,068	6,20	42,750	66,430	23,680
2,30	8,243	10,485	2,242	6,30	43,810	68,430	24,620
2,40	8,821	11,244	2,423	6,40	44,880	70,430	25,550
2,50	9,417	12,028	2,611	6,50	45,970	72,460	26,490
2,60	10,031	12,838	2,807	6,60	47,080	74,550	27,470
2,70	10,664	13,672	3,008	6,70	48,220	76,740	28,520
2,80	11,315	14,532	3,217	6,80	49,390	79,040	29,650
2,90	11,984	15,417	3,433	6,90	50,590	81,440	30,850
3,00	12,671	16,328	3,657	7,00	51,820	83,920	32,100
3,10	13,377	17,263	3,886	7,10	52,980	86,460	33,480
3,20	14,101	18,224	4,123	7,20	54,150	89,040	34,890
3,30	14,843	19,210	4,367	7,30	55,273	91,660	36,387
3,40	15,603	20,222	4,619	7,40	56,473	94,095	37,622
3,50	16,382	21,258	4,876	7,50	57,669	96,528	38,859
3,60	17,179	22,320	5,141	7,60	58,872	98,958	40,085
3,70	17,994	23,407	5,413	7,70	60,063	101,398	41,335
3,80	18,828	24,520	5,692	7,80	61,305	103,925	42,620
3,90	19,680	25,657	5,977	7,90	62,513	106,388	43,875
4,00	20,550	26,820	6,270	8,00	63,723	108,859	45,136
4,10	21,400	28,060	6,660	8,10	64,969	111,419	46,450
4,20	22,280	29,360	7,080	8,20	66,251	114,067	47,816
4,30	23,180	30,730	7,550	8,30	67,501	116,650	49,149
4,40	24,100	32,180	8,080	8,40	68,753	119,306	50,553
4,50	25,040	33,720	8,680	8,50	70,041	121,926	51,885
4,60	26,000	35,350	9,350	8,60	71,296	124,528	53,232
4,70	26,980	37,060	10,080	8,70	72,542	127,153	54,611
4,80	27,980	38,840	10,860	8,80	73,793	129,786	55,993
4,90	29,000	40,680	11,680	8,90	75,089	132,515	57,426
5,00	30,040	42,570	12,530	9,00	76,352	135,176	58,824
5,10	31,090	44,500	13,410	9,10	77,617	137,841	60,224
5,20	32.150	46,460	14,310	9,20	78,880	140,517	61,637
5,30	33,210	48,440	15,230	9,30	80,184	143,284	63,100
5,40	34,270	50,430	16,160	9,40	81,448	145,989	64,541
5,50	35,330	52,430	17,100	9,50	82,714	148,695	65,981
5,60	36,390	54,430	18,040	9,60	83,986	151,411	67,425
5,70	37,450	56,430	18,980	9,70	85,262	154,147	68,885
5,80	38,510	58,430	19,920	9,80	86,575	156,982	70,407
5,90	39,570	60,430	20,860	9,90	87,856	159,722	71,866

Tabelle 27 (Fortsetzung).

Kinematische Zähigkeit bei 210° F cSt	H	L	$D = (L-H)$	Kinematische Zähigkeit bei 210° F cSt	H	L	$D = (L-H)$
10,00	89,178	162,494	73,316	14,50	154,124	310,749	156,625
10,10	90,458	165,361	74,903	14,60	155,708	314,540	158,832
10,20	91,814	168,303	76,489	14,70	157,255	318,247	160,992
10,30	93,128	171,194	78,066	14,80	158,804	321,968	163,164
10,40	94,461	174,075	79,614	14,90	160,396	325,801	165,405
10,50	95,825	177,068	81,243	15,00	161,950	329,549	167,599
10,60	97,152	179,980	82,828	15,10	163,548	333,410	169,862
10,70	98,492	182,907	84,415	15,20	165,190	337,385	172,195
10,80	99,818	185,849	86,031	15,30	166,793	341,275	174,482
10,90	101,206	188,873	87,667	15,40	168,399	345,179	176,780
11,00	102,537	191,848	89,311	15,50	170,007	348,881	178,874
11,10	103,909	194,899	90,990	15,60	171,660	353,131	181,471
11,20	105,305	197,966	92,661	15,70	173,274	357,078	183,804
11,30	106,721	201,150	94,429	15,80	174,891	361,039	186,148
11,40	108,100	204,238	96,138	15,90	176,552	365,117	188,565
11,50	109,493	207,339	97,846	16,00	178,174	369,107	190,933
11,60	110,887	210,468	99,581	16,10	179,841	373,214	193,373
11,70	112,273	213,601	101,328	16,20	181,552	377,439	195,887
11,80	113,711	216,829	103,118	16,30	183,224	381,577	198,353
11,90	115,114	219,981	104,867	16,40	184,942	385,729	200,787
12,00	116,507	223,145	106,638	16,50	186,577	389,897	203,320
12,10	117,948	226,412	108,464	16,60	188,300	394,184	205,884
12,20	119,438	229,784	110,346	16,70	189,983	398,381	208,398
12,30	120,883	233,078	112,195	16,80	191,670	402,594	210,924
12,40	122,330	236,392	114,062	16,90	193,401	406,929	213,528
12,50	123,781	239,713	115,932	17,00	195,094	411,172	216,078
12,60	125,274	243,136	117,862	17,10	196,831	415,537	218,706
12,70	126,730	246,482	119,752	17,20	198,571	419,917	221,346
12,80	128,189	249,842	121,653	17,30	200,357	424,421	224,061
12,90	129,689	253,305	123,616	17,40	202,104	428,832	226,728
13,00	131,153	256,690	125,537	17,50	203,853	433,260	229,407
13,10	132,658	260,180	127,522	17,60	205,605	437,704	232,099
13,20	134,166	263,684	129,518	17,70	207,361	442,161	234,800
13,30	135,716	267,293	131,577	17,80	209,162	446,745	237,583
13,40	137,230	270,824	133,594	17,90	210,923	451,237	240,314
13,50	138,745	274,369	135,624	18,00	212,687	455,743	243,056
13,60	140,270	277,964	137,694	18,10	214,350	460,266	245,916
13,70	141,784	281,498	139,714	18,20	216,268	464,915	248,647
13,80	143,348	285,177	141,829	18,30	218,042	469,469	251,427
13,90	144,874	288,776	143,902	18,40	219,818	474,039	254,221
14,00	146,402	292,388	145,986	18,50	221,597	478,625	257,028
14,10	147,933	296,014	148,081	18,60	223,423	483,339	259,916
14,20	149,507	299,749	150,242	18,70	225,208	487,956	262,748
14,30	151,043	303,402	152,359	18,80	226,996	492,590	265,594
14,40	152,582	307,069	154,487	18,90	228,831	497,352	268,521

Anwendung von Dopes.

Tabelle 27 (Fortsetzung).

Kinematische Zähigkeit bei 210° F cSt	H	L	$D = (L-H)$	Kinematische Zähigkeit bei 210° F cSt	H	L	$D = (L-H)$
19,00	230,625	502,017	271,392	27,00	393,0	953,1	560,1
19,10	232,466	506,812	274,346	27,20	397,5	966,3	568,8
19,20	234,354	511,739	277,385	27,40	402,0	979,6	577,6
19,30	236,201	516,568	280,367	27,60	406,0	991,4	585,4
19,40	238,052	521,413	283,361	27,80	410,6	1004,9	594,3
19,50	239,906	526,274	286,368	28,00	415,1	1018,4	603,3
19,60	241,806	531,247	289,441	28,20	419,7	1032,0	612,3
19,70	243,666	536,164	292,498	28,40	424,3	1045,6	621,3
19,80	245,529	541,075	295,546	28,60	428,9	1059,4	630,5
19,90	247,440	546,120	298,680	28,80	433,5	1073,2	639,7
20,00	249,31	551,07	301,76	29,00	438,1	1087,0	648,9
20,20	253,10	561,12	308,02	29,20	442,8	1101,0	658,2
20,40	256,86	571,13	314,27	29,40	446,9	1113,5	666,6
20,60	260,59	581,08	320,49	29,60	451,6	1127,6	676,0
20,80	264,64	591,94	327,30	29,80	456,2	1141,8	685,6
21,00	268,26	601,66	333,40	30,0	460,9	1156,0	695,1
21,20	272,35	612,67	340,32	30,5	472,8	1192,0	719,2
21,40	275,99	622,52	346,53	31,0	484,1	1226,8	742,7
21,60	280,10	633,67	353,57	31,5	496,1	1263,7	767,6
21,80	284,22	644,89	360,67	32,0	508,2	1301,1	792,9
22,00	287,90	654,94	367,04	32,5	520,4	1338,9	818,5
22,20	292,05	666,30	374,25	33,0	532,6	1377,2	844,6
22,40	296,22	677,75	381,53	33,5	544,9	1416,0	871,1
22,60	299,96	687,98	388,02	34,0	557,3	1455,3	898,0
22,80	304,13	699,57	395,44	34,5	569,9	1495,0	925,1
23,00	308,34	741,24	402,90	35,0	582,4	1535,2	952,8
23,20	312,09	721,67	409,58	35,5	595,8	1577,7	981,9
23,40	316,32	733,47	417,15	36,0	608,3	1618,9	1010,4
23,60	320,57	745,35	424,78	36,5	621,4	1660,6	1039,2
23,80	324,36	755,98	431,62	37,0	634,3	1702,7	1068,4
24,00	328,63	768,00	439,37	37,5	647,4	1745,3	1097,9
24,20	332,45	778,76	446,31	38,0	660,5	1788,3	1127,8
24,40	336,75	790,92	454,17	38,5	674,4	1833,9	1159,5
24,60	341,05	803,17	462,12	39,0	687,7	1877,9	1190,2
24,80	345,40	815,49	470,09	39,5	701,1	1922,4	1221,3
25.00	349,3	826,5	477,2	40,0	714,6	1967,4	1252,8
25,20	353,6	839,0	485,4	40,5	728,3	2013,1	1284,8
25,40	358,0	851,5	493,5	41,0	741,9	2058,7	1316,8
25,60	362,4	864,1	501,7	41,5	756,1	2106,4	1350,3
25,80	366,8	876,8	510,0	42,0	770,2	2154,1	1383,9
26,00	371,2	889,6	518,4	42,5	784,2	2201,7	1417,5
26,20	375,1	901,0	525,9	43,0	798,2	2249,3	1451,1
26,40	379,6	913,9	534,3	43,5	812,7	2299,0	1486,3
26,60	384,0	926,9	542,9	44,0	827,2	2348,6	1521,4
26,80	388,5	939,9	551,4	44,5	842,2	2400,4	1558,2

Viskositätsindex-Dopes.

Tabelle 27 (Fortsetzung).

Kinematische Zähigkeit bei 210° F cSt	H	L	D = (L−H)	Kinematische Zähigkeit bei 210° F cSt	H	L	D = (L−H)
45,0	857,2	2452,1	1594,9	62,5	1435,8	4560,6	3124,8
45,5	872,1	2503,8	1631,7	63,0	1453,9	4629,1	3175,2
46,0	886,9	2555,4	1668,5	63,5	1472,6	4700,2	3227,6
46,5	902,0	2608,1	1706,1	64,0	1491,2	4771,3	3280,1
47,0	917,1	2660,7	1743,6	64,5	1509,7	4841,9	3332,2
47,5	932,7	2715,5	1782,8	65,0	1528,1	4912,4	3384,3
48,0	948,2	2770,3	1822,1	65,5	1546,8	4984,0	3437,2
48,5	963,7	2825,0	1861,3	66,0	1565,4	5055,5	3490,1
49,0	979,1	2879,6	1900,5	66,5	1584,7	5129,7	3545,0
49,5	994,8	2935,2	1940,4	67,0	1603,9	5203,8	3599,9
50,0	1010,4	2990,8	1980,4	67,5	1622,9	5277,4	3654,5
50,5	1026,2	3047,4	2021,2	68,0	1641,9	5350,9	3709,0
51,0	1042,0	3104,0	2062,0	68,5	1661,1	5425,5	3764,4
51,5	1058,4	3162,9	2104,5	69,0	1680,3	5500,0	3819,7
52,0	1074,7	3221,8	2147,1	69,5	1700,1	5577,2	3877,1
52,5	1090,9	3280,4	2189,5	70,0	1719,9	5634,4	3934,5
53,0	1107,1	3339,0	2231,9	70,5	1739,5	5731,0	3991,5
53,5	1123,9	3399,9	2276,0	71,0	1759,1	5807,5	4048,4
54,0	1140,6	3460,8	2320,2	71,5	1779,3	5886,8	4107,5
54,5	1157,2	3521,4	2364,2	72,0	1799,5	5966,0	4166,5
55,0	1173,7	3582,0	2408,3	72,5	1819,5	6044,6	4225,1
55,5	1190,5	3643,6	2453,1	73,0	1839,4	6123,1	4283,7
56,0	1207,2	3705,2	2498,0	73,5	1860,0	6204,4	4344,4
56,5	1224,2	3767,8	2543,6	74,0	1880,6	6285,6	4405,0
57,0	1241,1	3830,4	2589,3	74,5	1901,0	6366,2	4465,2
57,5	1258,6	3895,4	2636,8	75,0	1921,3	6446,7	4525,4
58,0	1276,1	3960,4	2684,3				
58,5	1293,5	4025,0	2731,5				
59,0	1310,8	4089,6	2778,8				
59,5	1328,3	4155,2	2826,9				
60,0	1345,8	4220,7	2874,9				
60,5	1363,9	4288,8	2924,9				
61,0	1382,0	4356,9	2974,8				
61,5	1399,9	4424,4	3024,5				
62,0	1417,7	4492,0	3074,3				

Kennzeichnung kaum verwenden. Die Viskositätspolhöhe beruht auf der UBBELOHDE-WALTHERschen Formel:

$$\log \log (v + 0,8) = A - B \log T,$$

worin
 v die kinematische Viskosität in Centistokes,
 A eine Konstante,
 B die Steilheit der Viskositäts—Temperatur-Kurve im WALTHER-UBBELOHDE-Diagramm und
 T die absolute Temperatur in °K

bedeuten. Trägt man also die kinematische Viskosität in ein entsprechend der Funktion $\log\log(\nu + 0{,}8)$ geteiltes Koordinatensystem über der einfach logarithmisch geteilten Temperaturskala als Abszisse auf, so erhält man nach rechts unten fallende Geraden. UBBELOHDE und WALTHER machten nun die Beobachtung, daß sich alle scharf fraktionierten Öle der gleichen Herkunft mit ihren Viskositäts—Temperatur-Kurven in einem Punkt, dem sogenannten Viskositätspol, schneiden. Sämtliche Viskositätspole von Ölen der verschiedensten Herkunft liegen auf einer Geraden, der sogenannten Polgeraden. Diese Polgerade ist daher ein Universalcharakteristikum aller Schmierölkohlenwasserstoffe. Man braucht demnach nur die Viskosität des zu untersuchenden Öles bei zwei verschiedenen Temperaturen, z. B. 50 und 100° C, zu ermitteln und sie in das UBBELOHDE-WALTHERsche Viskositäts—Temperatur-Blatt einzutragen. Die verlängerte Viskositäts—Temperatur-Kurve ergibt einen Schnittpunkt auf der Viskositätspolgeraden. Der Abstand dieses Schnittpunktes von der Abszisse ist die sogenannte Viskositätspolhöhe. Je höher dieser Ordinatenwert ist, um so viskoser, aber auch um so steiler sind die Viskositäts—Temperatur-Kurven dieser Ölgruppe.

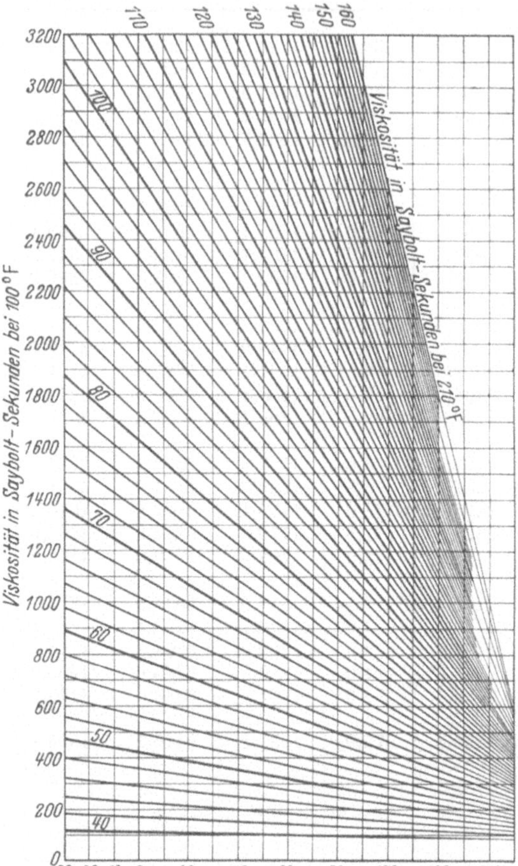

Abb. 114. Viskositätsindex-Diagramm nach DEAN, DAVIS und LAPEYRHOUSE.

UBBELOHDE empfiehlt nun, diese Viskositätspolhöhe als Provenienzcharakteristikum für die ganze Gruppe von Ölen anzusehen. Angesichts des empirischen Charakters dieser Beziehung ist jedoch nicht einzusehen, welchen Vorteil diese Methode vor der Bestimmung der Steilheit haben soll. Es hat sich nämlich gezeigt, daß heterogene (polymolekulare) Mischungen zweier Öle der gleichen Provenienz eine flachere Viskositätskurve aufweisen als die entsprechende gleichviskose, aber scharf rektifizierte Fraktion derselben Herkunft. Das bedeutet, daß sich zwei Öle der gleichen Provenienz wohl auch in zwei verschiedenen Punkten mit der Viskositätspolgeraden schneiden können. Es ist also ohne Kenntnis der Fraktionierungsschärfe keine genaue Provenienzbestimmung möglich.

Deshalb werden auch noch andere Bewertungsvorschläge benutzt, so z. B. die Methode von HILL und COATS[1], die eine sogenannte Viskositäts—Dichte-Konstante vorgeschlagen haben (Viscosity Gravity Constant).

LARSON und SCHWADERER befürworten ihren Viscosity Zero Factor[2]. Alle diese Vorschläge lassen im Grunde nur erkennen, daß man sich hier im wesentlichen noch nicht einigen konnte.

Verfasser konnte die UBBELOHDE-WALTHERsche Formel theoretisch begründen mit dem Ergebnis, daß sie nicht nur bis zu Viskositäten von 10 Centistok herab, sondern bis zur Viskosität der Benzine, Geraden ergibt, wenn man statt der festen Korrektur von 0,8 eine Hyperbelfunktion einführt[3]. Danach ist

$$\text{ar sh ln } \nu = A - B \ln T.$$

Diese Formel ergibt für höhere Viskositätswerte kongruente Kurven mit der UBBELOHDE-WALTHERschen Beziehung. Bei kleineren Viskositäten dagegen, wo die Korrektur von 0,8 nicht mehr vernachlässigbar ist, schmiegt sie sich den Versuchsergebnissen besser an als die logarithmische Gleichung. Sie weicht insofern ab, als ar sh ln 1 = 0 ist und log log (1 + 0,8) nicht gleich null ist. Es gibt auch Diagramme, die diese Teilung statt der doppeltlogarithmischen tragen (vgl. Abb. 115).

Zu erwähnen ist noch die Beziehung von LEDERER[4] wegen ihrer Analogie zur Nernstschen Dampfdruckgleichung

$$\ln \nu = \frac{Q}{RT} - 2{,}75 \ln T + ET + C,$$

worin

ν die kinematische Viskosität in cm² sec⁻¹,
Q die Assoziationswärme in cal/mol,
R die Gaskonstante in cal/°mol,
T die absolute Temperatur sowie
E und C Konstanten

bedeuten. Die Beziehung stimmt genau, erfordert aber zu ihrer Darstellung mindestens drei Meßpunkte und ist daher für praktische Zwecke zu umständlich. Eine etwas einfachere, aber theoretisch ebenfalls begründbare Beziehung ist die von DA ANDRADE, wonach

$$\ln \frac{\eta}{\eta_0} = \frac{Q}{RT}.$$

In dieser vereinfachten Beziehung ist Q aus einem temperaturunabhängigen Anteil, nämlich dem Molekulargewicht und einem temperatur-

---
[1] HILL und COATS: Industr. Engng. Chem. Bd. 20 (1932) S. 641.
[2] Nat. Petr. News Bd. 24 (1932) S. 26.
[3] Kolloid-Z. Bd. 90 (1940) S. 172.
[4] LEDERER: Kolloid-Beih. Bd. 34 Heft 5 bis 9 (1932) S. 272.

278 Anwendung von Dopes.

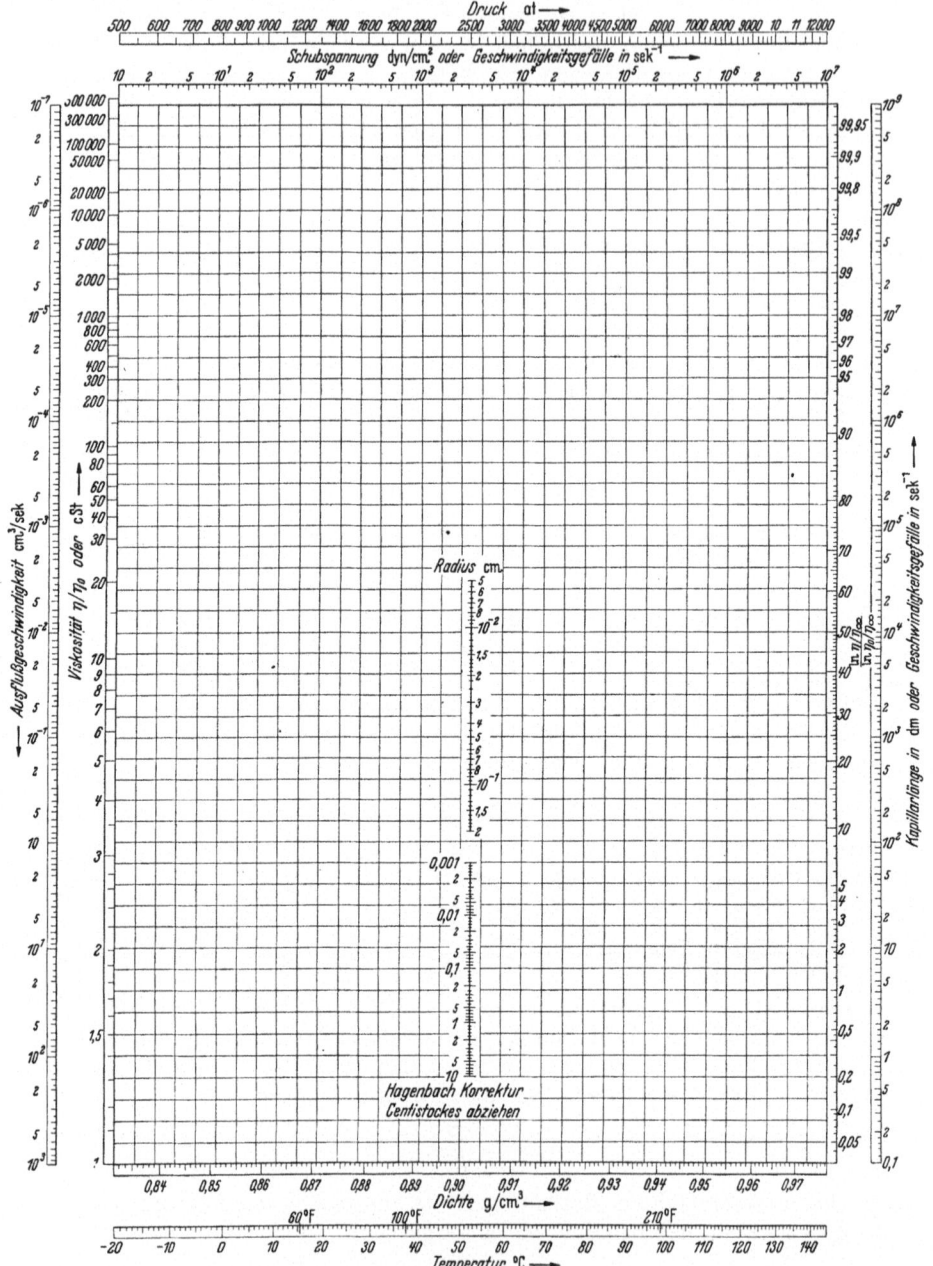

Abb. 115. Viskogramm nach UMSTÄTTER.

Gebrauchsanweisung zum Viskogramm.

1. Trägt man die Viskosität von Kohlenwasserstoffen und Fetten als Ordinatenwerte nach dem Maßstab der linken inneren, von 1 bis 500 000 geteilten Skala in cSt und die Temperatur als Abszissenwerte nach dem Maßstab der äußeren unteren, von — 20 bis 140 geteilten Skala auf, so erhält man absteigende Geraden, nach denen man aus nur zwei gemessenen Werten jeden beliebigen Wert graphisch interpolieren kann.

2. Trägt man die relative Viskosität von Kohlenwasserstoffölen als Ordinatenwerte nach dem Maßstab der linken inneren Skala und den Druck als Abszissenwerte nach dem Maßstab der äußeren oberen, von 500 bis 12 000 at geteilten Skala auf, so erhält man aufsteigende Geraden, nach denen man aus nur zwei gemessenen Werten jeden beliebigen Wert graphisch interpolieren kann. (Relative Viskosität bedeutet die Viskosität η bei erhöhtem Druck bezogen auf die Viskosität η_0 bei Atmosphärendruck.)

3. Trägt man die Viskosität von Gemischen zweier gleichbleibender Kohlenwasserstoffkomponenten als Ordinatenwerte nach dem Maßstab der linken inneren Skala in cSt und die Dichte der betreffenden Mischungen als Abszissenwerte nach dem Maßstab der unteren inneren, von 0,84 bis 97 g/cm^3 geteilten Skala auf, so erhält man Gerade, nach denen man aus den zwei gemessenen Werten zweier Mischungen die Viskosität jeder beliebigen Mischung ermitteln kann. (In der Regel wird man diese Skala dazu benutzen, um aus zwei reinen Komponenten die Viskosität einer Mischung voraus zu berechnen, „Mischungsdiagramm".)

4. Trägt man die Differenz zwischen dem Logarithmus der geschwindigkeitsabhängigen (Struktur-)Viskosität und dem Logarithmus der auf unendliche Geschwindigkeit extrapolierten Viskosität in Prozenten der Logarithmendifferenz der auf die Geschwindigkeit null extrapolierten Viskositäten als Ordinate nach dem Maßstab der rechten inneren, von 0,05 bis 99,95% geteilten Skala und das Geschwindigkeitsgefälle als Abszisse nach dem Maßstab der von 10^0 bis 10^7 geteilten Skala auf, so erhält man absteigende Geraden, nach denen man jeden beliebigen Wert interpolieren kann.

5. Die linke äußere von 10^{-7} bis 10^3 cm^3/sec geteilte, die rechte äußere von 0,1 bis 10^9 sec^{-1} geteilte und die mittlere obere von 0,005 bis 2 cm geteilte Skala bilden eine Fluchtlinientafel. Legt man ein durchsichtiges Lineal mit einem haarfeinen Strich über diese Skalen, so kann man aus zwei bekannten Werten den dritten Wert, z. B. aus der Durchflußgeschwindigkeit und dem Kapillarradius das Geschwindigkeitsgefälle, als Schnittpunkt des Haarstriches mit der entsprechenden Skalenteilung direkt ablesen.

6. Legt man ein durchsichtiges Lineal mit einem haarfeinen Strich, ähnlich wie nach Punkt 5, über die linke äußere von 10^{-7} bis 10^3 cm^3/sec geteilte, die rechte äußere von 0,1 bis 10^9 dm geteilte und die mittlere untere von 0,001 bis 10 cSt geteilte Skala, so kann aus zwei bekannten Werten z. B. der dritte Wert aus der Durchflußgeschwindigkeit und der Kapillarlänge die Hagenbachkorrektur, als Schnittpunkt des Haarstriches mit der entsprechenden Skalenteilung direkt abgelesen werden.

abhängigen Anteil, nämlich dem Quadrat der Fortpflanzungsgeschwindigkeit der inneren Reibung, zusammengesetzt. Unter der Voraussetzung, daß die an zweiter Stelle genannte Größe innerhalb einer homologen Reihe konstant ist, wird der Logarithmus der dynamischen Viskosität η bei konstanter Temperatur eine lineare Funktion des Molekulargewichtes, so daß

$$\ln \eta = A + BM$$

wird, worin

M das Molekulargewicht und
A und B Konstanten

bedeuten.

Im Grunde genommen sind diese Formeln alle durch Vereinfachung in die Gleichung von DA ANDRADE[1] überführbar, die aber wegen der Vereinfachungen nicht mehr genau ist.

Eine merkliche Krümmung der Viskositäts—Molekulargewichts-Kurven ist erst bei höheren Molekulargewichten über 700 zu verzeichnen. Es ist jedoch fraglich, ob in solchen Fällen die kryoskopischen Molekulargewichtsbestimmungen noch ganz zuverlässig sind. Jedenfalls ist es möglich, Kurven mit Fraktionen verschiedener Provenienz anzulegen, die alle in einem Bereiche des Molekulargewichtes von 300 bis 600 Geraden ergeben. Hierbei zeigt sich, daß die asphaltischen Öle steilere, die paraffinösen Öle flachere Viskositäts—Molekulargewichts-Kurven aufweisen. Dazwischen liegen die Kurven intermediärer Ölsorten. Man kann auch auf diese Weise eine Klassifikation der Provenienz vornehmen, wenn man Viskosität und Molekulargewicht bestimmt. Alle diese Funktionen wurden in einem vom Verfasser entwickelten Diagramm (Abb. 115) ausgewertet, dessen Gebrauch aus der beigegebenen Anweisung ohne weiteres zu ersehen ist. Es ist auch für die Viskosität der Asphalte und Bitumina geeignet, deren Viskosität von 1 bis 10^7 kP (Kilo-Poise) reicht.

Wichtig ist in diesem Zusammenhang nur, daß man mit Hilfe dieser Methoden die Möglichkeit hat, die Wirkung der Dopes zu studieren. Es wird durch Dopes nämlich die Steilheit der Viskositäts—Temperatur-Funktion verbessert. Diese Veränderungen können als Maß für die Wirksamkeit der Dopes angesehen werden. Man kann praktisch und theoretisch zeigen, daß sich bei Verringerung der Steilheit die Relaxationsdauer der gedopten Schmierstoffe erhöht. Es leuchtet ein, daß hierzu Kolloide wegen ihres hohen Molekulargewichtes besonders geeignet sind. Im allgemeinen wird ein Dope um so wertvoller, je mehr er die Steilheit der Kurve verringert, ohne die Viskositätslage selbst zu beeinflussen.

Auch Viskositäts—Konzentrations-Kurven können in dem angegebenen Diagramm dargestellt werden. Zu beachten ist, daß hierbei die Viskositätserhöhung gegenüber dem Öl als Funktion der Konzentration in einem doppeltlogarithmischen Netz aufzutragen ist. Bei geringen Konzentrationen erhält man ausnahmslos Geraden, die unter einem Winkel von 45° verlaufen. Da sich nicht alle Kurven decken, sondern in verschiedener Höhenlage verlaufen, ist auch damit ein Maß für die viskositätserhöhende Wirkung des Dopes gegeben.

f) Grundsätzliches zur Wirkungsweise der Dopes.

Um die Wirkung dieser Dopes besser zu verstehen, vergegenwärtige man sich, daß die langkettigen Paraffine meist eine flachere Viskositäts—Temperatur-Kurve aufweisen als die sperrigen Aromaten. Das rührt daher, daß die Aromaten infolge der starken Valenzverstrebungen (Doppelbindungen) und sterischen Behinderung starrer sind. Diese Gebilde bewegen sich als „kinetische Einheiten". Anders liegen die Verhältnisse bei langkettigen Paraffinen. Diese besitzen zahlreiche frei drehbare Valenzen, die sich bei starken Molekülstößen „verwinkeln".

---

[1] ANDRADE: Nature Bd. 125 (1930) S. 309.

Dadurch werden Teile eines Moleküles zu kinetischen Einheiten, die selbständige Wärmebewegungen ausführen. Diese Moleküle sind daher unstarr. Eine Paraffinkette verhält sich also kinetisch so, als ob sie aus mehreren kleineren Molekülen bestünde. Daher rührt ihre viel kleinere Viskosität und ihre weit geringere Temperaturempfindlichkeit. Eine solche Auflockerung von Molekülbewegungen ohne Lösung von Valenzen nennt man ,,Disgregation" im Gegensatz zur ,,Aggregation", bei der sich mehrere Moleküle zu einer kinetischen Einheit zusammenlagern, die sich als Ganzes bewegt, ohne daß zwischen ihnen eine Valenzbildung eintreten würde.

Abb. 116. Molekülmodell des Phenanthrens (starrer Molekülbau).

Dieser Vorgang, zu dem besonders polar gebaute, starre Moleküle neigen (Dipol-Assoziation), führt zu einer Erhöhung der inneren Reibung und einer steilen Viskositäts—Temperatur-Kurve.

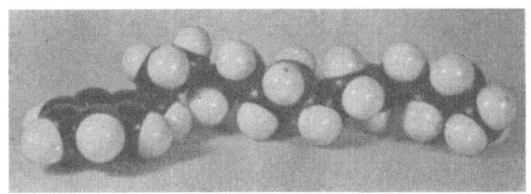

Abb. 117. Molekülmodell des Phenyltetradekans (eines sog. Parathens = Naphthen mit paraffinischer Seitenkette; unstarrer Molekülbau).

Um eine anschauliche Vorstellung dafür zu bekommen, was ein starres und was ein unstarres Molekül ist, betrachte man die beiden Molekülmodelle in Abb. 116 und 117. Daraus ist zu erkennen, daß

Abb. 117a. Molekülmodell des Polyphenyl-Glykoläthers, der wegen seines positiven Viskositäts—Temperatur-Koeffizienten in Lösung bemerkenswert ist.

Phenantren kaum eine Möglichkeit hat, innermolare Bewegungen auszuführen, während sich ein Paraffin oder Parathen wie eine Schlange nach allen Raumrichtungen verwinkeln und verbiegen kann. Schmieröle bestehen im wesentlichen aus solchen Parathenen, während die Steinkohlenteerprodukte aus kondensierten Ringsystemen, wie etwa das Phenantren und ähnliche, bestehen. Steinkohlenteerprodukte sind nach den heutigen Qualitätsansprüchen für Schmierzwecke ungeeignet.

Die geschilderten Eigenschaften der verschiedenen Kohlenwasserstoffgruppen sind nicht nur für die Schmieröle selbst, sondern auch für die Wirksamkeit der Dopes von Bedeutung. Wird ein wirksamer V.I.-Dope gesucht, so ist in erster Linie die Vergrößerung des Moleküls im Auge zu behalten. Dies ist durch eine Kettenpolymerisation zu erreichen und nicht durch eine Verstrebung zu einem starren Molekülaggregat. Daher eignen sich als Dopes besonders die Polymerisate, wie sie als Zwischenprodukte bei der synthetischen Kautschukfabrikation entstehen. Weniger geeignet sind die hoch-molekularen Destillationsrückstände der Erdöl- oder gar Steinkohlenverarbeitung. Diese Produkte sind nicht nur wegen ihrer dunklen Färbung und geringen chemischen Beständigkeit schlecht, sondern sie enthalten durch ihre vielen Doppelbindungen auch zu wenig frei drehbare Gruppen. Oft sind sie auch sauerstoff- oder schwefelhaltig und daher polar gebaut, so daß sie auch noch zur Aggregation neigen, wodurch sie eine im Vergleich zu ihrem Molekulargewicht erstaunlich hohe und vor allem temperaturempfindliche Viskosität aufweisen. Solche Dopes können die Qualität eines Schmieröles kaum verbessern. Wenn Asphaltsubstanzen als Dopes verwendet werden sollen, so müssen sie erst einer scharfen Raffination in Lösung unterworfen werden, um alle ungesättigten sowie sauerstoff- oder schwefelhaltigen Verbindungen daraus zu entfernen. In dieser Form sind sie dann als Brightstoks verwendbar. Brightstoks haben jedoch nur eine mäßige Wirkung auf den Viskositätsindex. Sie sind bei Dieselmotorenölen im Eisenbahnbetrieb mit Erfolg verwendet worden.

Einschränkend ist hier noch zu bemerken, daß man mit dem Molekulargewicht der Dopes auch nicht beliebig weit gehen kann. Je höher das Molekulargewicht eines Polymerisates ist, um so leichter zersetzt es sich thermisch. Es ist daher nicht viel gewonnen, wenn in einem Öl, das hohen thermischen Beanspruchungen ausgesetzt ist, wie z. B. ein Dieselmotorenöl, hochpolymere Kohlenwasserstoffe enthalten sind. Diese würden sich schon nach kurzer Zeit zersetzen und unwirksam werden. Daher neigt man bei Dieselmotoren mehr dazu, mittelmolekulare Dopes zu verwenden, die zwar weniger wirksam, aber thermisch beständiger sind. Dies hat jedoch seine Grenzen durch die hohen Anforderungen, die bei Dieselschmierölen hinsichtlich des Conradson-Testes gestellt werden. Alle derartigen Kompromisse machen die Schwierigkeiten bei der Fabrikation von Dieselmotorenöl deutlich und mahnen zur Vorsicht. Gerade bei diesem Öltyp wird man ohne praktische Prüfstandsversuche kaum auskommen.

Eng verwandt mit den Dopes zur Verbesserung der Viskositäts—Temperatur-Kurve sind die Dopes zur Erhöhung der Lubrizität oder Schlüpfrigkeit der Öle. Dieser Begriff war bis vor kurzem weder in seiner physikalischen Bedeutung erkannt, noch waren irgendwelche reproduzierbare Zahlen zu seiner Charakterisierung festgelegt. Auf Grund neuerer rheologischer Untersuchungen wurde gezeigt, daß Schmieröle, denen hochpolymere Viskositätsdopes zugesetzt wurden, eine vom Geschwindigkeitsgradienten abhängige Viskosität aufweisen. Diese sogenannte Strukturviskosität wurde insbesondere von Wo. Ostwald und seiner

Schule eingehend studiert und von PHILIPPOFF näher präzisiert. Hierbei zeigte sich, daß sich das Geschwindigkeitsgefälle nicht mehr linear mit dem Tangentialdruck verändert, sondern S-förmig gekrümmte, sogenannte Fließkurven erhalten werden, wenn das Geschwindigkeitsgefälle als Funktion des Tangentialdruckes in ein doppeltlogarithmisches Koordinatensystem eingetragen wird, wie Abb. 118 zeigt. Die aus solchen Kurven errechnete (Struktur-)Viskosität ist keine Konstante, sondern nimmt mit dem Geschwindigkeitsgefälle stark ab. Man erhält Kurven von der in Abb. 119 dargestellten Art. Diese Fließkurven zeigen im Bereiche kleinster und höchster Geschwindigkeitsgefälle geradlinig verlaufende Äste. Den Höchstwert η_0 der sich hieraus ergebenden Strukturviskosität nennt man „Viskosität der Ruhe", den niedrigsten Wert η_0 nennt man „Viskosität der Bewegung". Dazwischen gibt es ein Gebiet von 3 bis 4 Zehnerpotenzen des Geschwindigkeitsgefälles, in dem die Viskosität auf das 10- bis 1000fache abfallen kann. Dieses Verhalten hat zur Folge,

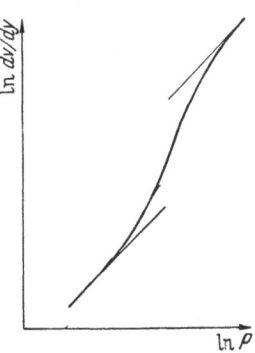

Abb. 118.
Fließkurve einer 7,4%igen Lösung von Oppanol in Dekalin nach PHILIPPOFF, in logarithmischen Koordinaten dargestellt.

daß solche Schmieröle um so leichter gleiten, je schneller die geschmierten Flächen aneinander vorbeigleiten. Sie fühlen sich schlüpfrig an, weil die damit beschmierten Objekte den Händen bei festem Zupacken entschlüpfen. Daher rührt auch die Bezeichnung Schlüpfrigkeit oder Lubrizität. Das Verhalten solcher Schmieröle hat mancherlei hydrodynamische Konsequenzen.

Im sichelförmigen Schmierspalt eines Gleitlagers herrscht ein variables Geschwindigkeitsgefälle. An den Stellen, wo das Öl aus einem weiteren in einen engeren Querschnitt einströmt, entsteht ein positiver, hydrodynamischer Druck. An den Stellen,

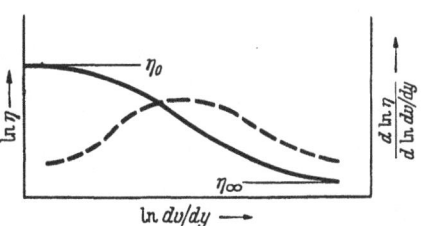

Abb. 119. Viskositätsabnahme einer 7,4%igen Lösung von Oppanol in Dekalin, in logarithmischen Koordinaten dargestellt.

wo das Öl aus einem engeren Querschnitt in einen weiteren ausströmt, entsteht ein negativer hydrodynamischer Druck oder Sog. An der engsten und weitesten Stelle des Schmierspaltes herrscht daher der hydrodynamische Druck null. Unmittelbar vor der engsten Stelle erreicht der hydrodynamische Druck ein Maximum (vgl. Abb. 120). Unmittelbar hinter der engsten Stelle erreicht der hydrodynamische Sog ein Maximum. Da ein Öl keinen nennenswerten Sog vertragen kann, wird es an dieser Stelle unter Bildung mikroskopisch kleiner Bläschen zerreißen. Diese Hohlraumbildung nennt man „Kavitation". Sie ist mit Verschleißerscheinungen und Geräusch verbunden. Der eigentliche Träger der Last ist im wesentlichen das Gebiet des Druckmaximums. Die Höhe des Druckes ist bei gegebenen Betriebsbedingungen (Lagerdruck und Drehzahl) nur noch von der Zähigkeit des Öles bei der betreffenden Temperatur abhängig. Je höher die Viskosität ist, um so steiler ändert sich der hydrodynamische Druck längs des Lagerumfanges. Ist die Viskosität im gesamten Bereich des Geschwindigkeitsgefälles innerhalb des Gleitlagers konstant, dann ist dieses Druckmaximum bzw. das ganze Druckdiagramm durch die hydrodynamischen Gleichungen berechenbar. Ist aber die Viskosität selbst vom Geschwindigkeitsgefälle abhängig, dann muß auch die Druckverteilung verändert werden. Das Druckdiagramm wird verzerrt. An den engsten Stellen, wo das Geschwindigkeitsgefälle am größten ist und die Viskosität ihren kleinsten Wert erreicht, wird auch der hydrodynamische Druck am stärksten erniedrigt. Man kann also durch Verwendung strukturviskoser Schmieröle das hydrodynamische Druckmaximum abstumpfen. Das braucht nicht unbedingt zu einer Erniedrigung der Tragfähigkeit des Schmierfilmes im Gleitlager zu führen. Wenn man von vornherein von einem dickflüssigerem Öl ausgeht, dessen Viskosität an den weiteren Stellen des Schmierspaltes höher ist als die eines entsprechenden rein viskosen Öles, dann wird der hydrodynamische Druck an diesen Stellen ebenfalls größer sein als in einem Schmierfilm von rein viskosen Ölen.

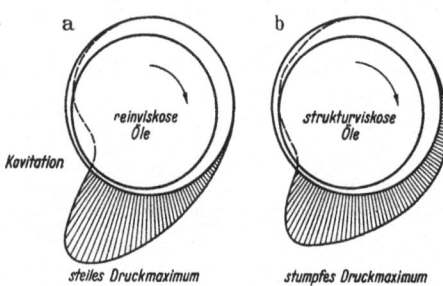

Abb. 120. Druckverteilung im Schmierspalt eines Lagers nach UMSTÄTTFR.
a bei rein viskosem Öl, b bei strukturviskosem Öl.

Die strukturviskosen Schmiermittel geeigneter Viskositätslage erlauben daher, den hydrodynamischen Druck gleichmäßiger über den Lagerumfang zu verteilen als dies bei Verwendung rein viskoser Schmieröle möglich ist. Da die Tragfähigkeit sich aus dem Produkt aus hydrodynamischer Druckkomponente mal Lagerfläche ergibt, so kann die Tragfähigkeit eines strukturviskosen Schmierfilmes auf die gleiche Höhe gebracht werden wie die eines rein viskosen Schmieröles, ohne die gefährlichen steilen Druckspitzen in Kauf nehmen zu müssen. Das ist von praktischer Bedeutung, denn es ermöglicht entweder bei gleicher Belastung die Lager kleiner zu bauen oder aber bei gleicher Bauart höher zu belasten. Da die spezifische Beanspruchung an den gefährdeten Stellen geringer ist als bei rein viskosen Schmiermitteln, wird durch die Verwendung strukturviskoser Schmiermittel eine Verringerung der Gleitfläche ermöglicht. Hierdurch verringern sich auch die Reibungsverluste. Solche Reibungsersparnisse sind bei Verwendung von Voltol-Gleitölen in Werkzeugmaschinen tatsächlich festgestellt worden[1].

Dieses rheologisch verschiedene Verhalten der Schmiermittel ist einer der wichtigsten Gründe, weshalb Öle trotz gleicher, viskosi-

---

[1] Vgl. MOSSER: Schweiz. Verb. Mat. Prüf. Techn. 1928 Ber. 9.

metrisch meßbarer innerer Reibung so unterschiedliche Reibungskoeffizienten ergeben können. Sie müssen nicht unbedingt mit Grenzphaseneffekten zusammenhängen. Es ist lediglich wahrscheinlich, daß nur im Gebiete geringster Schichtdicken jene hohen Geschwindigkeitsgefälle erreicht werden, bei denen sich die Strukturviskosität bemerkbar machen kann. Zu erwähnen ist noch, daß durch Strukturviskosität nicht nur die Druckspitzen, sondern auch die Sogspitzen abgestumpft werden, so daß auch die Kavitationsgrenze in den Bereich höherer Drehzahlen verschoben werden kann.

Die Beziehung, nach welcher das Schlüpfrigkeitsmaximum berechnet werden kann, ist das Verschiebungsgesetz der Relaxation[1]

$$G = \frac{RT^2 \, d\ln \eta/dT}{\nu M} \sigma,$$

worin

G das kritische Geschwindigkeitsgefälle (im Schlüpfrigkeitsmaximum) in sec^{-1},
ν die kinematische Viskosität in cm^2 sec^{-1},
M das Teilchengewicht des gelösten Dopes in g/mol,
T die absolute Temperatur in ° K,
σ die Schlüpfrigkeit = Steilheit der Fließkurve und
$d\ln \eta/dT$ = Steilheit der Temperaturkurve der dynamischen Viskosität

bedeuten. Die Lubrizität oder Schlüpfrigkeit entspricht dabei der dimensionslosen Größe

$$\frac{d\ln G}{d\ln P} = \sigma,$$

die angibt, in welchem Maße sich das Geschwindigkeitsgefälle als Funktion des Tangentialdruckes verändert. Sie ist daher ein Maß dafür, um wieviel besser eine Flüssigkeit gleitet, wenn man sie mit wachsenden Schubkräften beansprucht.

Das Verschiebungsgesetz der Relaxation läßt erkennen, warum Strukturviskosität bisher nur bei Kolloiden beobachtet wurde. Es können nämlich die erforderlichen hohen Geschwindigkeitsgefälle in Viskosimetern nur für ganz große Teilchengewichte realisiert werden. Im Schmierspalt dagegen herrschen insbesondere an den engsten Stellen Geschwindigkeitsgradienten, die mitunter weit über jene hinausgehen, die in Viskosimetern erreichbar sind. Daher müssen sich unter diesen Bedingungen auch noch mittlere molekulare Schmieröle, wie z. B. Brightstoks, als strukturviskos erweisen und eine Lubrizität zeigen, die gegenüber der rein viskoser Schmieröle erhöht ist.

Das in Abb. 121 dargestellte Diagramm deutet an, in welcher Größenordnung diese Werte liegen und von welchem Molekulargewicht die Zusätze sein müssen, um praktische Effekte zu erzielen. Es ist zu erkennen, daß die Betriebsbedingungen durchaus in solchen Bereichen liegen, in denen die für Schmierzwecke verwendeten Zusätze strukturviskos werden. Die Benutzung lyophiler Kolloide zum Zwecke der Abstumpfung hydrodynamischer Druckdiagramme und die dadurch erreichte Verbesserung der Tragfähigkeit sowie die geringere Empfindlich-

---

[1] UMSTÄTTER, H.: Kolloid-Z. Bd. 103 (1943) S. 7 bis 18.

keit gegen Drehzahlschwankungen wurde vom Verfasser zum Patent angemeldet[1].

Man ersieht daraus, daß viele Effekte, die bisher auf Grenzphaseneffekte zurückgeführt wurden, sich einfacher und zwangloser auf rheologischer Grundlage erklären lassen. Es gibt sicher auch spezifische Grenzphaseneffekte. Diese treten jedoch erst bei Schichtdicken unter

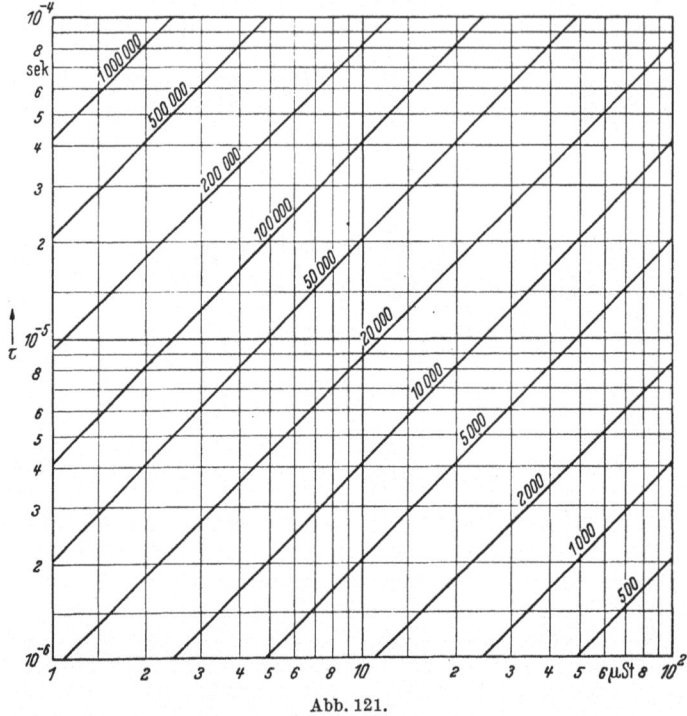

Abb. 121.

0,1 μ in Erscheinung. Weitere Wirkungen als über 1000 Å sind von Metallwänden kaum wahrscheinlich, wie sich sowohl rechnerisch als auch röntgenographisch zeigen läßt.

g) Praktische Prüfung von Schmiermitteln.

Zur Nachprüfung der rheologischen Eigenschaften der Schmiermittel sind große Lagerprüfstände mit Turbinenlagern geeignet. Es sind Vorrichtungen zur thermoelektrischen Temperaturkontrolle über den ganzen Lagerumfang vorgesehen. Das Ergebnis solcher Messungen zeigt Abb. 122. Die Verlagerung des Wellenmittels zeigt Abb. 123a. Zur Messung des hydrodynamischen Druckes benutzt man eine Kondensatormeßdose oder man mißt manometrisch. Die Schichtdicken werden induktiv oder kapazitiv gemessen. Die Lagerlast wird hydraulisch aufgebracht. Auf diese Weise kann man mit relativ kleinen Kräften Belastungen von einigen 1000 kg erzeugen und die ganze Belastungsvorrichtung pendelnd auf-

[1] Fr. Pat. 553451 und D.B.P. 3264 IV. d/23 c D.

hängen. Sie hängt an zwei Blattfedern, die ein gelenkloses Parallelogramm bilden, so daß sich die Lager von selbst zentrieren können. Die Drehzahl wird über ein elektrisches Tachometer kontrolliert. Zur Kontrolle des Drehmomentes dient ein photoelektrisches Dynamometer[1]. Eine Ölumlaufpumpe ist erforderlich und ein Synchronmotorantrieb ist zweckmäßig (Abb. 123 b).

Wenngleich die Anschaffung derart kostspieliger Lagerprüfstände nur großen Firmen möglich ist, so ist zu bedenken, daß es genügt, erst die Spezifikationen für jeden Verwendungszweck auf dem Prüfstand festzulegen. Die eigentliche Betriebskontrolle braucht dann nur mittels sogenannter Strukturviskosimeter ausgeführt zu werden. Es sind dies Viskosimeter mit besonders kurzer und enger Kapillare, durch die das Öl unter hohem Transpirationsdruck hindurchgepreßt wird. Der Druck wird hydraulisch oder pneumatisch erzeugt. Zu dem Zweck ist die Probe von dem druckerzeugenden Medium durch einen parallelen Federungskörper (Balgen) getrennt. Durch die kurze Kapillare soll die Verweilzeit der Flüssigkeit in der Reibungszone verkürzt werden, um Selbsterwärmung durch innere Reibung zu vermeiden. Die Konstruktion des Gerätes geht aus der Abb. 124 hervor.

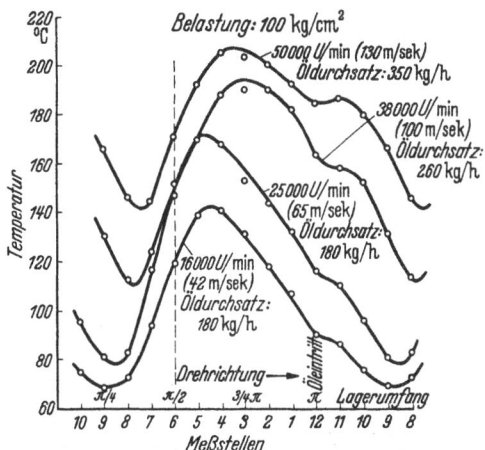

Abb. 122. Temperaturverlauf am Umfang eines Lagers, gemessen im mittleren Querschnitt, bei verschiedenen Drehzahlen mit gleicher Belastung nach RUMPF.

Bei den Viskositätsindex-Dopes war es nur notwendig, lyophile Kolloide von möglichst hohem Polymerisationsgrad zuzusetzen. Es war erwünscht, hiervon möglichst eine so geringe Menge zu verwenden, daß dadurch die Viskositätsspezifikation nach Möglichkeit nicht geändert wird. Ganz anders liegen die Verhältnisse bei den Lubrizitätsdopes. Hier ist der Polymerisationsgrad des Dopes durch den Verwen-

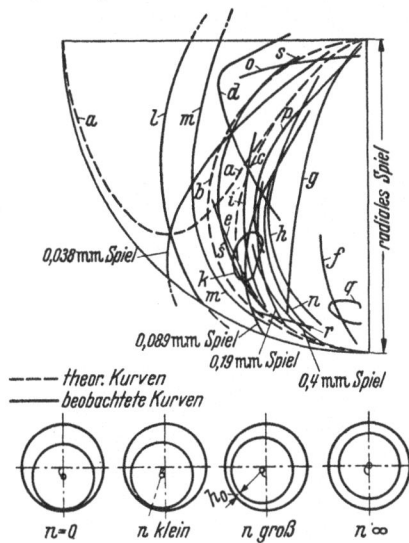

Abb. 123a. Verlagerungsbahnen des Wellenmittels.

---

[1] Durch den neuen Askania-Universal-Oszillographen hat man auch die Möglichkeit, die Druckverteilung über den Lagerumfang zu messen. Siehe Abb. 233 u. 234 S. 511.

288   Anwendung von Dopes.

dungszweck genau festgelegt. Auch die Menge des zuzusetzenden Dopes richtet sich nicht nach der Spezifikation des rein viskosen Schmieröles, sondern es muß das strukturviskose Öl von vornherein eine andere Viskositätsspezifikation erhalten als ein demselben Zweck entsprechendes rein viskoses Schmieröl. Es müssen daher Polymerisationsgrad und Menge des Zusatzes genau abgestimmt sein[1].

Abb. 123b. Lubrizitätsprüfstand des Verfassers im Materialprüfungsamt Bln.-Dahlem.

Werden die Geschwindigkeitsgefälle sehr hoch, was im Laminarbereich nur bei geringsten Schichtdicken zu erreichen ist, dann überlagern sich die rheologischen Erscheinungen den spezifischen Wirkungen der Grenzphasen. Die Verhältnisse sind in solchen Fällen dann unübersehbar kompliziert. Die Hauptschwierigkeit liegt darin, daß sich in Grenzphasen durch die adsorptive Bindung des Schmiermittels an das Metall auch die Relaxationsdauer und damit die Viskosität ändert. Die Viskosität einer Grenzphase oder die Grenzphasenreibung ist verschieden von der inneren Reibung. Durch die Rauhigkeit der Gleitflächen hat man es in der Regel mit konkav gekrümmten Grenzflächen zu tun, deren Viskosität höher ist als die an einer ebenen Grenzfläche. Die Grenzphasenreibung ist nach einer der Thomson-Gibbsschen Gleichung analog gebauten Beziehung

$$\ln \eta_r/\eta_\infty = \frac{2\,\omega\,M}{r\,\varrho\,\sigma\,RT}$$

---

[1] Näheres s. H. UMSTÄTTER: Technik Bd. 1 (1946) S. 46; ferner Kolloid-Z. Bd. 116 (1950) S. 18; Bd. 118 (1950) S. 38.

berechenbar, worin

η_r die Grenzphasenreibung in g/cm sec,
η_∞ die innere Reibung (Reibung an ebener Grenzfläche) in g/cm sec,
ω die Grenzphasenspannung in dyn/cm,
M das Molekulargewicht in g/mol,
r der Krümmungsradius (Rauhigkeit) in cm,
ϱ die Dichte in g/cm³,
σ die Lubrizität,
R die Gaskonstante erg/grd mol und
T die absolute Temperatur in °K

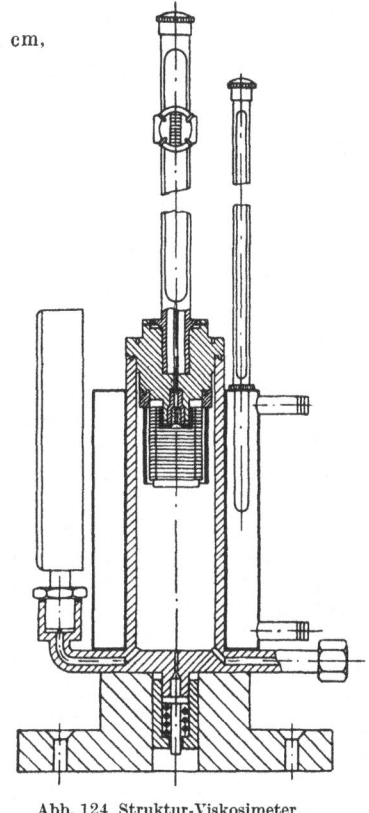

Abb. 124 Struktur-Viskosimeter.

bedeuten. Je stärker also die Grenzphasenspannung durch Adsorption kapillaraktiver Substanzen erniedrigt wird, um so weniger wird die Grenzphasenreibung gegenüber der inneren Reibung erhöht. Hochmolekulare Zusätze verursachen ein stärkeres Anwachsen der Grenzphasenreibung gegenüber der inneren Reibung. Die Beziehung läßt erkennen, wie sehr die Grenzphasenvorgänge durch die Art der Oberflächenbearbeitung (Rauhigkeit) beeinflußt werden. In diesem Faktor liegt daher die größte Unsicherheit der Berechnung. Die Tatsache, daß die Lubrizität σ ein Maximum durchläuft, läßt erkennen, daß auch die Grenzphasenreibung mit dem Geschwindigkeitsgefälle sowohl zu- als auch abnehmen kann. Liegt das Schlüpfrigkeitsmaximum im Bereich hoher Geschwindigkeitsgefälle, dann wird eine zunehmende Lubrizität ein Abnehmen der Grenzphasenreibung bewirken. Das ist in der Tat der Fall bei niedrig molekularen Kohlenwasserstoffen (typisches Verhalten der Mineralöle). Liegt dagegen das Schlüpfrigkeitsmaximum im Bereich niedriger Geschwindigkeitsgefälle, dann wird eine abnehmende Lubrizität ein Anwachsen der Grenzphasenreibung mit der Gleitgeschwindigkeit bewirken. Das ist der Fall bei den höher molekularen Fetten (typisches Verhalten der pflanzlichen Öle[1]). Insgesamt liegen jedoch die Werte der Grenzphasenreibung bei fetten Ölen entsprechend ihrer höheren Kapillaraktivität (stärkere Erniedrigung der Grenzphasenspannung) tiefer als bei Mineralölen (Abb. 125a—d). Diese Tatsache ist seit langem bekannt und unter der qualitativen Bezeichnung „Fettigkeit", „Oiliness" und „Onctuosité" in die Literatur eingegangen. Es sind sogar Patente genommen worden, um durch Zusatz von fetten Ölen, insbesondere freier Fettsäuren, die „Schmierfähigkeit" zu verbessern (Germ-Prozeß).

---

[1] Vgl. H. Umstätter: Technik Bd. 2 (1947) S. 171.

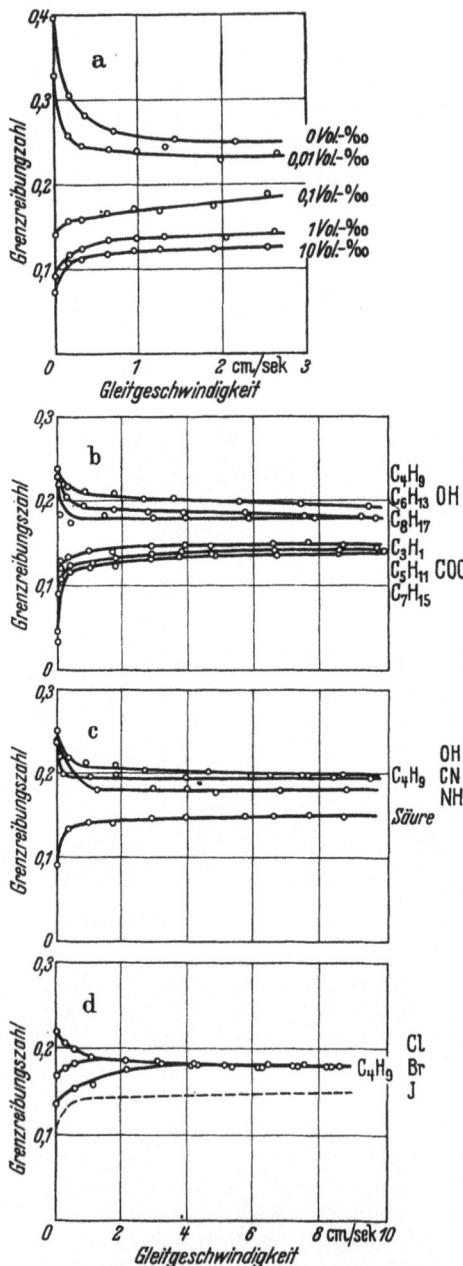

Abb. 125. Grenzreibungszahlen verschiedener Kohlenwasserstoffe und ihrer Derivate beim Gleiten von Stahl auf Gußeisen bei 20° C (nach KLUGE).
a Cetan mit Zusatz von Ölsäure.
b Homologe Alkohole und Säuren.
c Butylderivate (Alkohol usw.).
d Butylhalogenide.

Bei allen diesen Beziehungen ist zu beachten, daß sich in der Grenzphase die Beweglichkeit der Moleküle verringert und dadurch ihre Relaxationsdauer vergrößert wird. Die Viskosität ist nach MAXWELL durch die fundamentale Gleichung

$$\eta = E\tau$$

definiert, worin

η die dynamische Viskosität in g/cm sec,
E die Scherelastizität, dyn/cm² und
τ die Relaxationsdauer in sec

bedeuten. Diese Beziehung gibt eine Erklärung dafür, warum in Grenzphasen die Viskosität erhöht erscheint.

Von VIEWEG wurde beobachtet, daß in Schmierschichten beim Durchgang schwacher Wechselströme Gleichrichtereffekte auftreten. Das ist nur dadurch erklärlich, daß die Dielektrizitätskonstante in fließenden Grenzphasen von der Polarität des Stromes abhängig ist. Da die Dielektrizitätskonstante vorwiegend von den Orientierungsanteilen der Gesamtpolarisation bestimmt wird, würde dies bedeuten, daß auch die Relaxationsdauer vom Orientierungsgrad abhängt.

Der Zustand, in dem Schmierfilme Gleichrichterwirkungen zeigen, ist daher ein ausgezeichneter Punkt zur Messung von Reibungskoeffizienten. Bei großen Schichtdicken und bei Kurzschluß geht nur Wechselstrom hindurch, so daß man durch das Auftreten von Gleichstrom eine bequeme Indikation für den Zustand der Grenzphasenreibung hat.

Es befinden sich auch sogenannte Oilinessdopes im Handel, z. B. Ester der Fettsäuren wie auch reine Fettsäuren beim Germ-Prozeß von SOUTHCOMB und WELLS[1], oder verschiedene Triphenylphosphate u. a. mehr.

In diesem Zusammenhang verdient auch die Frage der Graphitierung der Öle mit Kollag, Oildag und anderen Präparaten des kolloidalen Kohlenstoffes behandelt zu werden. Vom Graphit weiß man, daß er durch seine Blättchenstruktur in der Gleitebene eine besonders geringe Reibung zeigt. Das hängt mit den größeren Atomabständen senkrecht zur Ringebene im Vergleich zu den Atomabständen innerhalb des Benzolringes zusammen. Es ist nicht zu leugnen, daß Graphit bei Maschinen in der Einlauf- (Rodage-) Periode, für die geringe Laufgeschwindigkeiten vorgeschrieben sind, einen gewissen Schutz gegen übermäßige Abnutzung gewährt. Man hat auch festgestellt, daß die Benetzungswärme der Öle gegenüber Graphit größer ist als gegenüber Metall. Besonders KARPLUS hat sich für die Verwendung graphitierter Öle eingesetzt[2].

Hierzu ist zu bemerken, daß die Benetzungswärme kein direktes Maß für die Haftfestigkeit der Öle an einem Adsorbens darstellt. Dies trifft ebensowenig zu, wie die Reaktionswärme einer chemischen Reaktion kein Maß für die chemische Affinität zweier Substanzen ist. Erst die Summe aus Benetzungswärme und dem Produkt aus dem Temperaturkoeffizienten der Benetzungswärme und der jeweiligen absoluten Temperatur ergibt ein Maß für die Haftfestigkeit der Öle am Adsorbens. In Anbetracht der experimentellen Schwierigkeiten, mit denen die Bestimmung der Benetzungswärme pro Flächeneinheit adsorbierender Grenzflächen verbunden ist, folgt, daß die Bestimmung des Temperaturkoeffizienten der Benetzungswärme einen Aufwand erfordert, der praktisch kaum zu rechtfertigen ist.

Es gibt aber einfachere Hilfsmittel, um sich über die voraussichtliche Benetzbarkeit eines Metalles durch ein Öl zu orientieren. Der Ausdruck

$$n = \sqrt{\frac{2\,\Omega}{m}},$$

worin

n die Frequenz der thermischen Molekülschwingungen in 1/sec,
Ω die Grenzphasenspannung in dyn/cm und
m das absolute Molekülgewicht in g

bedeuten, ergibt für alle Öle und Metalle eine leicht zu ermittelnde Zahl. Ordnet man die Öle und Metalle nach steigenden Frequenzen, so macht man die auffällige Beobachtung, daß sich vorwiegend Substanzen nebeneinander befinden, die sich leicht benetzen oder gar ineinander gut lösen. Es sieht also so aus, als wäre das Löslichkeitsphänomen ein Resonanzphänomen.

Zwei Flüssigkeiten lösen sich besonders dann leicht ineinander, wenn ihre thermischen Schwingungsfrequenzen gut miteinander übereinstimmen. Ein Öl benetzt eine Metallfläche um so besser, je weniger ver-

---

[1] WELLS: Soc. chem. Ind. Bd. 39 (1920) S. 51.
[2] KARPLUS: Petr. Bd. 25 (1929) S. 375.

schieden seine Eigenfrequenz von der des Metalles ist. Darum sind Schwermetallegierungen (Weißmetalle, Blei, Bronzen) gute Lagermetalle, während Leichtmetallegierungen sich hierfür weniger gut eignen. Darum amalgamiert sich Gold mit Quecksilber, nicht aber mit Eisen. Aus dem gleichen Grunde legiert sich Kadmium mit Silber. Daher benetzen aromatische oder sauerstoffhaltige Verbindungen Metalle besser als die aliphatischen Verbindungen. Es ist ersichtlich, daß man durch einen Schwefelüberzug über ein Lagermetall die Benetzungseigenschaften verbessern kann. Ebenso sind Fettsäuren günstig in ihren Benetzungseigenschaften. Die nachfolgende Tabelle läßt erkennen, daß sich aromatische Kohlenwasserstoffe in den selektiven Lösungsmitteln Furfurol, Phenol, Azeton und Anilin besser lösen als die aliphatischen Kohlenwasserstoffe. Bei den Legierungen ist zu beachten, daß Metalle, die in dieser Frequenzreihe weit voneinander abstehen, sich in der Regel schlecht legieren. So ist es von Blei—Silber-Legierungen bekannt, daß sie zur Seigerung neigen. Aus diesem Grunde können Blei—Kupfer-Bronzen auch nicht im Schleudergußverfahren verarbeitet werden, da durch das hohe Zentrifugalfeld die leichten Kupferkristalle in der schweren Bleimasse noch leichter aufschwimmen. Kupfer und Zink stehen dagegen einander in der Frequenzreihe nahe, daher rührt auch ihre gute Legierbarkeit und die Mannigfaltigkeit der Messingsorten.

Chlorierungsprodukte benetzen Metalle ebenfalls gut. Diese gehören aber bereits zu den Hochdruckzusätzen (Extrem Pressure Dopes). Letztere haben auch noch andere Forderungen zu erfüllen. Wegen der hohen spezifischen Beanspruchung mancher Maschinenteile, wie z. B. von

Tabelle 28. *Demonstration der Frequenzregel*[1].

Schwingungsfrequenzen in 10^{10} s^{-1}		Schwingungsfrequenzen in 10^{10} s^{-1}	
Tristearin	19,4	Phenol	68,8
Tripalmitin	21,3	Azeton	69,5
Triolein	21,7	Pyridin	74,7
n-Oktylmalonat	32,1	Anilin	75,5
Trifluortrichloräthan	33,8	Glyzerin	91,9
Dimethyläthylkarbinol	35,8	Methanol	92
Äthylpalmitat	36,5	Selen	119
Ölsäure	37,6	Ameisensäure	122,9
Triphenylphosphin	43,2	Phosphor	143,1
n-Oktan	47,4	Schwefel	148,1
Azenaphthen	49,5	Quecksilber	161,8
Äthylbutyrat	50,5	Blei	177
n-Hexan	50,9	Gold	187
Äthylbenzoat	52,7	Wasser	220
Naphthalin	55,1	Zinn	229
n-Amylalkohol	59,1	Kadmium	298
Toluol	59,8	Silber	318,7
Zyklohexan	61,7	Kupfer	332
m-Kresol	64,8	Zink	376,3
Benzol	66,8	Eisen	453
Furfurol	68,1		

[1] UMSTÄTTER, H.: Strukturmechanik. Dresden: Steinkopff 1948.

Zahnflanken, wird die Belastung auf dem Prüfstand stets bis zum Fressen getrieben. Dabei treten derart hohe lokale Erwärmungen auf, daß die Öle noch weit vor der Sinterung der Metalle kracken. Das Ergebnis solcher Prüfungen ist in Abb. 126 zusammengestellt.

Es können somit als Extreme Pressure Dopes (E. P.-Dopes) nur solche Produkte verwendet werden, die bei den auftretenden hohen Temperaturen beständig sind. Es sind dies in der Regel Verbindungen, die ihre Entstehung selbst einem pyrogenen Zersetzungsprozeß verdanken. Trotzdem findet man hin und wieder auch Substanzen mit höherem Molekulargewicht von der Größenordnung der Schmieröle selbst. Diese sind aber meist nur so lange wirksam, solange man von der Freßgrenze genügend weit entfernt bleibt. Drufex, eine Mischung von Bleioleat und Schwefel, ist eines dieser Zusätze. Auch Phenole eignen sich für diese Zwecke. Es ist jedoch zu bedenken, daß thermisch beständige Verbindungen nicht immer auch gegen Atmosphärilien beständig sind. Im Gegenteil, sie enthalten als endotherme Verbindungen häufig Doppelbindungen, die sich leichter oxydieren als gesättigte Kohlenwasserstoffe.

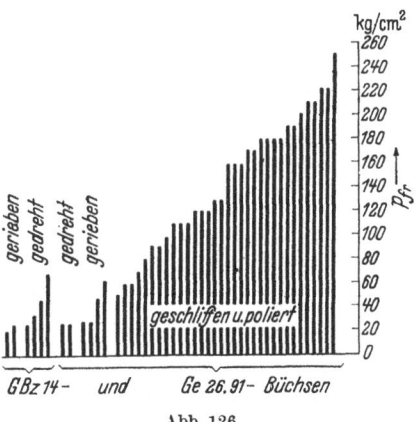

Abb. 126. Spezifischer Lagerdruck (p_{fr}) beim Eintritt des Fressens geschliffener und polierter Wellen aus Stahl St 50.11 auf Büchsen aus Gußbronze GBz 14 und Gußeisen Ge 26.91 (nach MEBOLDT).

Auch der Schwefel im Molekülverband ist mitunter sehr reaktionsfähig. Es wird also von Fall zu Fall zu überlegen sein, ob überhaupt und in welchen Fällen solche Öle Verwendung finden können. Auch durch den Eintritt von Sauerstoff in den Molekülverband wird eine weitere Oxydierbarkeit erleichtert.

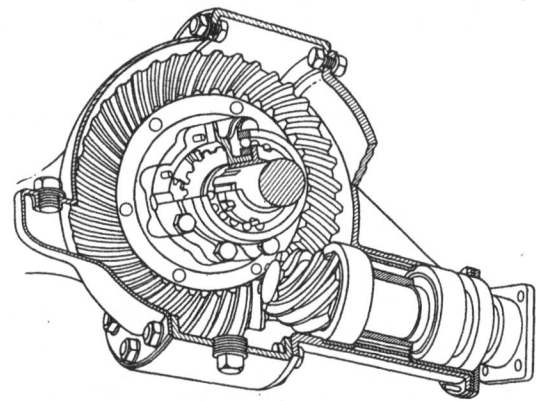

Abb. 127. Differentialgetriebe eines Kraftwagens. (Hypoidverzahnung.)

In Differentialgetrieben (Abb. 127), die meist gegen Luft und Feuchtigkeit gut geschützt sind, ist nach vorheriger eingehender Korrosionsprüfung gegen die Verwendung gedopter Hochdruckschmiermittel nichts einzuwenden. In den Fällen, in denen insbesondere Feuchtigkeit nicht fernzuhalten ist, muß u. U. mit starken Korrosionserscheinungen gerechnet werden. Hochdruckzusätze sollten daher nur dort angewendet werden,

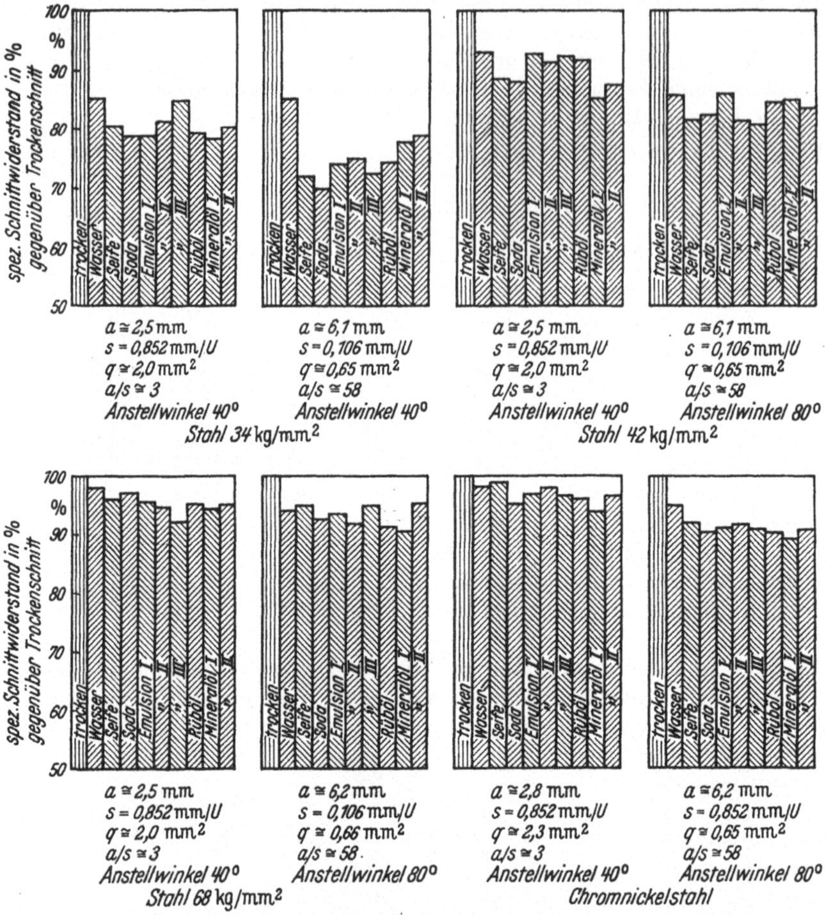

Abb. 128. Beeinflussung des Schnittwiderstandes durch verschiedene Schmiermittel.

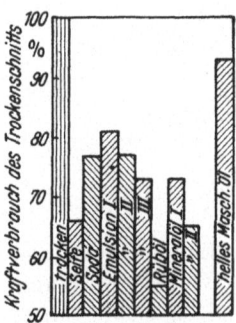

Abb. 129. Kraftverbrauch beim Gewindebohren unter Verwendung verschiedener Schneidflüssigkeiten.

wo wirklich extreme Drücke unvermeidlich sind. Das ist der Fall bei Arbeitsvorgängen mit schneidenden Werkzeugen, z. B. beim Bohren, Fräsen, Drehen, Schneiden, Sägen, Feilen, Schleifen, Läppen, Hohnen usw. Die Leistungsfähigkeit moderner Revolverdrehbänke und -automaten kann durch Verwendung geeigneter Zusätze oft wesentlich gesteigert werden. Die in der Abb. 128 dargestellten Schaubilder geben einen Begriff, wie weit der spezifische Schnittwiderstand durch verschiedene Hilfsflüssigkeiten beeinflußt werden kann. Insbesondere der Kraftverbrauch kann gegenüber dem bei Trockenschnitt erheblich verringert werden, wie Abb. 129 zeigt. Hier spielt selbst eine merkliche Korrosionswirkung keine Rolle, denn das Werkstück kann sofort nach der Bearbeitung der Einwirkung korrodierender Stoffe entzogen werden, wenn es möglich ist, die Werkstücke sofort zu reinigen. Die Korrosionsgeschwindigkeit steht außerdem zur Bearbeitungsgeschwindigkeit in einem so günstigen Verhältnis, daß hier die ganze Frage belanglos ist.

Um einige Zahlen von allerdings konventionellem Charakter zu geben, sind in der folgenden Tabelle 29 verschiedene Halogen-, Nitro- und Schwefelverbindungen, die als Zusätze erprobt wurden, mit kennzeichnenden Eigenschaften zusammengestellt. Daraus ist zu ersehen, daß die Verschleißfestigkeit durch derartige Zusätze mitunter auf das Vierfache gesteigert werden kann. Ähnliches läßt sich auch von der Abnutzung sagen. Sie wird auf Prüfmaschinen unterschiedlicher Bauart ermittelt. Gebräuchlicher noch als die ALMEN-Maschine und die BROWNSON-Maschine ist der Vierkugelapparat von BOERLAGE und BROEZE. Bei ihm wird der maximale Druck bestimmt, den vier mit dem zu untersuchenden Öl geschmierte Stahlkugeln bis zum Fressen aushalten. Die Kugeln sind in einem Bohrfutter so eingespannt, daß eine der vier Kugeln gegen die drei anderen gedrückt werden kann. Den spezifischen Druck berechnet man aus der tatsächlich aufgebrachten Last und der HERTZschen Kugelkalotte.

Zu erwähnen ist, daß an Drehbänken auch Versuche angestellt wurden, um mit Hilfe der Schnitt-Temperatur zu brauchbaren Meßergebnissen zu gelangen. Hierbei wird der Drehstahl isoliert in den Support eingespannt. Aus dem Thermostrom, der infolge der erhöhten Temperatur in der Schnittstelle entsteht, können Schlüsse auf das Verhalten verschiedener Schneidöle gezogen werden. Es wird eine maximal zulässige Schneidtemperatur festgelegt und die Schnittgeschwindigkeit so lange gesteigert, bis jene Grenze erreicht ist. Auf diese Weise können die Hochdruckzusätze direkt für den betreffenden Verwendungszweck praktisch mit einer Sicherheit bewertet werden, die kaum noch etwas zu wünschen übrigläßt. Es läßt sich auf diese Weise direkt die erzielbare Produktionssteigerung angeben. Auch mit Oszillographen wurden schon solche Messungen ausgeführt. Hierbei spielt allerdings auch die Kühlfähigkeit der Öle eine gewisse Rolle, da die Schnittstelle relativ klein ist und das auftropfende Öl erhebliche Wärmemengen abführt. Man erreicht daher schon große Wirkungen durch Wasserkühlung. Zweckmäßig vereinigt man beide Vorteile der Kühlung und Schmierung durch Verwendung von Emulsionen. Zum Vergleich diene die folgende Aufstellung, deren Werte für 75° C gelten und die durch Abb. 130 (S. 300) ergänzt ist.

Tabelle 30. *Wärmeleitfähigkeit verschiedener Kühl- und Schneidmittel.*

Wasser	0,00160 cal/cm s grd		Olivenöl	0,00039 cal/cm s grd
Glyzerin	0,00068 ,,		Petroleum	0,00036 ,,
Paraffin	0,00061 ,,		Decan	0,00034 ,,
Vaselin	0,00044 ,,		Terpentin	0,00033 ,,
Rizinusöl	0,00042 ,,			

Tabelle 29.

Nr.	Name	Formel	Konz. %	Zerreißfestigkeit in der Almen-Maschine, kg/cm²	Abnutzung in der Brownsdon-Maschine, mm	Bemerkungen
0	Ohne Zusatz ...	—	—	280	0,430	
1	Phenyldiphenyl ..	Ph–Ph–Ph	≈1			kein Einfluß
2	Triphenylcarbinol .	$(C_6H_5)_3C-OH$	2	1050	—	4% Methylcyclohexyloxalat als Lösungsvermittler zugesetzt
3	Methylsalicylat ..	$C_6H_4(COOCH_3)(OH)$	3	770	—	
4	Diäthylphthalat .	$C_6H_4(COOC_2H_5)_2$	3	700	—	
5	Trikresylophsphat .	$(CH_3C_6H_4O)_3PO$		490 bis 700	—	Bei Anwendung techn. Konzentrationen
6	o- und m-Nitroacetophenon ...	$COCH_3-C_6H_4-NO_2$		490	—	
7	β-Naphthylmercaptan	Naphthyl–SH	1	280		
8	β-Naphthyltetrasulfid	Naphthyl–S–S(=S)–S–Naphthyl	1	790	—	
9	Xanthogentetrasulfid	$S=C(OC_2H_5)-S-S-S-C(OC_2H_5)=S$				Ähnlich wirksam wie 8
10	Dibenzyldisulfid .	$C_6H_5CH_2-S-S-CH_2C_6H_5$	1 2,5	560 1050	—	
11	Dibenzoyldisulfid .	$C_6H_5CO-S-S-OCC_6H_5$	1	630	—	
12	Di(3-carbomethoxy-4-hydroxyphenyl)-thioäther	$CH_3OOC-C_6H_3(OH)-S-C_6H_3(OH)-COOCH_3$	1	1050		
13	p-Tolylthiocarbimid	$CH_3-C_6H_4-N=C=S$	4	490	—	

Praktische Prüfung von Schmiermitteln. 297

Tabelle 29 (Fortsetzung).

Nr.	Name	Formel	Konz. %	Zerreißfestigkeit in der Almen-Maschine, kg/cm²	Abnutzung in der Brownsdon-Maschine, mm	Bemerkungen
14	o- und p-Chlorphenylthiocarbimid ...		5	o 630 p 1050	— —	
15	Mercaptobenzthiazol		1	350		
16	o- und p-Dichlorbenzol		o 1 p 2	280 280	0,350 0,410	
17	2,4,5-Trichlortoluol .		1	630	0,215	
18	1,2,4,5-Tetrachlorbenzol		1	420	0,280	
19	Naphthalintetrachlorid	—	0,5 1	770 >1050	0,230	Mischung sämtlicher Chlorierungsprod.
20	Tetrachlortetrahydronaphthalin...		0,5 1	560	0,305 0,300	
21	Anthracendichlorid .		0,5 2	— —	0,285 0,150	Suspension im Öl
22	Dichlorphenanthrentetrachlorid....	—	2		0,420	Konstitution unbekannt
23	Benzylchlorid ...		1	490	0,265	

298 Anwendung von Dopes.

Tabelle 29 (Fortsetzung).

Nr.	Name	Formel	Konz. %	Zerreißfestigkeit in der Almen-Maschine, kg/cm²	Abnutzung in der Brownsdon-Maschine, mm	Bemerkungen
24	Benzalchlorid	$CHCl_2$–C₆H₅	1	985	0,215	
25	Chlornaphthalin ...	Cl–C₁₀H₇	2		0,425	
26	1-Chlor-4-Nitro-naphthalin	Cl–C₁₀H₆–NO_2	2		0,365	
27	4,8-Dinitro-1-chlor-naphthalin	O_2N–C₁₀H₅(Cl)–NO_2	2		0,320	
28	Chlorbenzol	Cl–C₆H₅	1		0,430	
29	o-Nitrochlorbenzol ..	Cl–C₆H₄–NO_2	1	420	0,210	
30	2,4-Dinitrochlorbenzol	Cl–C₆H₃(NO_2)$_2$	1	490	0,210	
31	Pikrylchlorid	Cl–C₆H₂(NO_2)$_3$	1		0,330	
32	2,4,5-Trichlor-3-nitro-toluol	Cl₃–C₆H(NO_2)–CH_3	1	630	0,160	
33	o-Dichlorbenzol ...	Cl–C₆H₄–Cl	1		0,350	
34	1,2-Dichlor-4-nitro-benzol	Cl–C₆H₃(Cl)–NO_2	1		0,240	

Tabelle 29 (Fortsetzung).

Nr.	Name	Formel	Konz. %	Zerreißfestigkeit in der Almen-Maschine, kg/cm²	Abnutzung in der Brownsdon-Maschine, mm	Bemerkungen
35	1,2-Dichlor-4,5-dinitrobenzol	$\begin{array}{c}Cl\\ \diagup\diagdown Cl\\ O_2N\diagdown\diagup\\ NO_2\end{array}$	1		0,210	
36	1,2,4,5-Tetrachlor-3-nitrobenzol	$\begin{array}{c}Cl\\ Cl\diagup\diagdown Cl\\ \diagdown\diagup\\ NO_2\\ Cl\end{array}$	1		0,240	
37	2,4,6-Trichlorphenylbenzoat	$\begin{array}{c}OOC\diagup\diagdown\\ Cl\diagup\diagdown Cl\\ \diagdown\diagup\\ Cl\end{array}$	0,5		0,330	
38	2,4,6-Trichlorphenyl-m-nitrobenzoat . . .	$\begin{array}{c}OOC\diagup\diagdown\\ Cl\diagup\diagdown Cl\quad NO\\ \diagdown\diagup\\ Cl\end{array}$	0,5		0,260	
39	Chlor-o-kresol	$\begin{array}{cc}CH_2 & CH_3\\ \diagup OH & \diagup OH\\ Cl\diagdown\diagup & \diagdown\diagup Cl\end{array}$	0,5	560	0,250	
40	Nitrochlor-o-kresol . .	$\begin{array}{cc}CH_3 & CH_3\\ \diagup OH & \diagup OH\\ Cl\diagdown NO_2 & O_2N\diagdown Cl\end{array}$	0,5	560	0,220	
41	Nitrobenzol	$\begin{array}{c}NO_2\\ \diagup\diagdown\\ \diagdown\diagup\end{array}$	1	350		
42	2,4,6-Trichlorphenol .	$\begin{array}{c}OH\\ Cl\diagup\diagdown Cl\\ \diagdown\diagup\\ Cl\end{array}$	0,5	560		
43	41 + 42.	—	1 % + 0,5 %	630	0,210	
44	Phenylnitromethan . .	$\begin{array}{c}CH_2NO_2\\ \diagup\diagdown\\ \diagdown\diagup\end{array}$	2		0,220	
45	44 + Hexachloräthan .	—	2 % + 1 %		0,170	

Auch unter den Ölen sind wieder die wasserstoffreicheren bessere Wärmeleiter als die wasserstoffarmen Verbindungen. Damit kommt man zu den Kühlölen, deren Herstellung auch einige Erfahrung erfordert. In diesem Sinne können auch die Emulgatoren zu den Dopes gerechnet werden, sofern sie nur in geringer Menge gebraucht werden. Man kann Bohröle mit Naphthenseifen oder verseiften Fettölen als Emulgatoren herstellen. Hierdurch wird aber nicht die große Feinkörnigkeit erreicht wie durch Triäthanolamin und ähnliche Präparate. Die I. G. Farbenindustrie brachte z. B. Produkte unter der Bezeichnung „Emulphor A" in den Handel. Durch wenige Prozente dieser Substanzen lassen sich auch aus dunkleren Ölen helle, fast weiße Öl-in-Wasser-Emulsionen herstellen, die bis zu 90% Wasser enthalten, ohne aufzurahmen. Bei Verwendung fetter Öle ist die Beständigkeit solcher Emulsionen meist noch größer. Emulsionen werden auch als Marineöle zur Schmierung der Drucklager bei Schraubendampfern verwendet. Von diesen Ölen wird verlangt, daß sie auch seewasserbeständige Emulsionen liefern. Wegen der geringen Gleitgeschwindigkeiten und der hohen Lagerdrücke müssen sie auch gute Benetzung gegenüber Metallen zeigen. Mischungen, die bis zu 30% geblasenes Rüböl enthalten, haben sich gut bewährt. Oiliness-Dopes in Form von Triphenylphosphaten wurden zu diesem Zweck ebenfalls verwendet. Es ist aber in jedem einzelnen Falle darauf zu achten, daß diese Substanzen auch kapillaraktiv sind und sorgfältig abgeglichen werden, sonst kann die ganze Emulsion aufrahmen. Die hier obwaltenden Verhältnisse sind theoretisch noch wenig geklärt, so daß zur Zeit der Instinkt des Versuchschemikers für den Erfolg maßgebend ist.

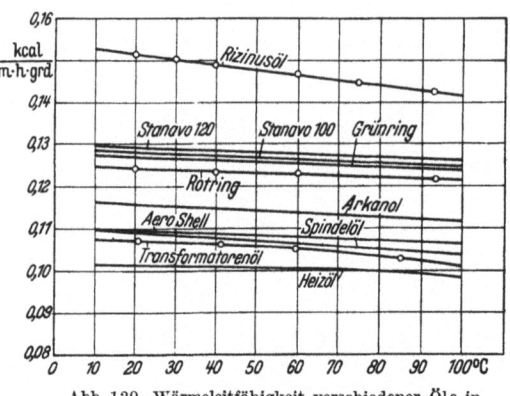

Abb. 130. Wärmeleitfähigkeit verschiedener Öle in Abhängigkeit von der Temperatur.

Die Schmierungsprobleme gehören zu den wichtigsten der mechanischen Technologie. Von ihrer Lösung hängt nicht nur ein großer Teil aller Abnutzungs- und Verschleißfragen ab, sondern auch die Größe und Bauart moderner Verbrennungsmotoren wird dadurch weitgehend beeinflußt. Es zeigt sich, daß im Laufe der Entwicklung die arbeitenden Bestandteile (Kolben und Zylinder) bis auf ein Mindestmaß zusammengeschrumpft sind. Demgegenüber erscheinen die Triebwerksteile, Kurbel- und Pleuellager erstaunlich groß. Eine Verringerung des Gewichtes pro Leistungseinheit erscheint daher nur durch Verringerung der Triebwerksteile möglich. Das setzt voraus, daß die gleitenden Flächen spezifisch höher belastet werden können als bisher. Die Lösung dieser Frage erscheint möglich durch Verwendung

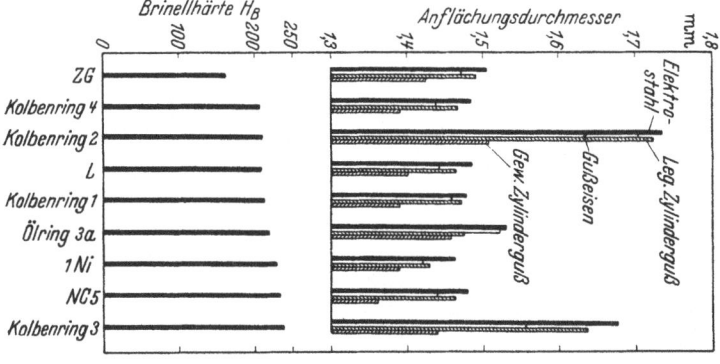

Abb. 131.

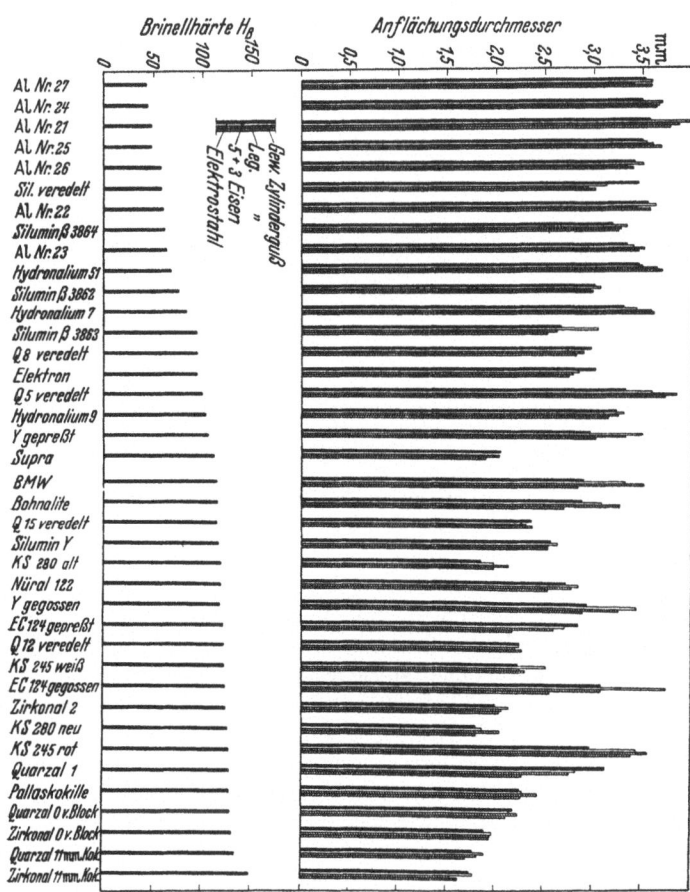

Abb. 131 u. 132. Gegenüberstellung von Härte und Abnutzung von Metallen.

moderner Lubrizitätsdopes, die die Belastung gleichmäßiger über den Lagerumfang verteilen. Ein weiterer Weg zum Erfolg ist aber auch durch Verringerung der Abnutzung unter Verwendung der Oilinessdopes und Extrem Pressure Dopes gezeigt. Es bleibt jedoch stets zu beachten, daß derart hohe Beanspruchungen auch erhöhte Anforderungen an die Lagermetalle selbst stellen. Während man früher mit Weißmetallagern in praktisch allen Fällen auskam, sind heute für die Laufbuchsen der schnellaufenden Dieselmotoren Phosphorbronzelaufflächen und für die Pleuellager Bleibronze-Lager in Anwendung. In vielen Fällen (Pontiacgetriebe) sind sogar Edelmetallegierungen (Cadmium-

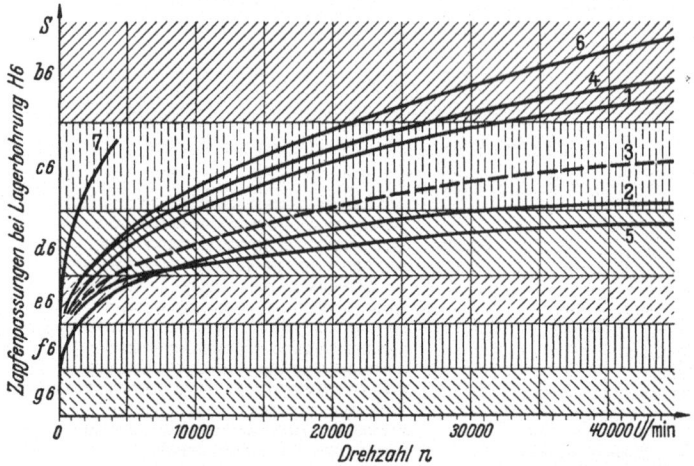

Abb. 133. Lagerspiele in Abhängigkeit von der Drehzahl (nach BUSKE).
1 Kupfer–Zinn- und Kupfer–Zink-Legierungen sowie Bleibronze auf Stahlstützschale, *2* Zinn- und Blei-Weißmetalle und Kadmiumlegierungen, *3* Gußeisen, *4* Leichtmetall in Stahlgehäuse und Silberlegierung auf Stahlstützschale, *5* Leichtmetall in Leichtmetallgehäuse, *6* Zinklegierungen, *7* Kunstharze.

silber) verwendet worden. Die neuesten Forschungen auf diesem Gebiete berichten sogar von der Verwendung seltener Metalle, wie Indium. Die Verschleißfrage spielt daher heute eine wichtigere Rolle als früher. Wenn man ferner bedenkt, daß die Lagertoleranzen weit kritischer geworden sind und daß beim Verschleiß der Laufflächen vielfach die ganzen Ersatzteile ausgetauscht werden müssen, so wird verständlich, warum man den Schmierölproblemen stetig wachsende Beachtung schenkt.

Wie die Abb. 131 u. 132 (S. 301) zeigen, ist jedoch die Härte nicht immer maßgebend für die Abnutzbarkeit von Metallen.

Die Bearbeitung spielt eine wesentliche Rolle. Geschliffene und polierte Flächen können die dreifache Belastung von gedrehten und geriebenen Flächen aushalten, wie aus Abb. 126 hervorgeht.

Man schenkt daher heute der Kontrolle der Oberflächenbearbeitung selbst immer größere Beachtung. Mit Rücksicht auf die Tatsache, daß sich durch Schliff und Politur zwar gute Oberflächen herstellen lassen, aber die Toleranzen weniger genau einhalten lassen, ist man neuerdings dazu übergegangen, so wichtige Teile wie Lager und Zapfen durch Diamanten und Hartmetallwerkzeuge zu bearbeiten, die besondere schnellaufende Werkzeugmaschinen erfordern. Einen Überblick über die Zapfenpassungen bei verschiedenen Metallen gibt Abb. 133.

Abb. 134. Elektronenmikroskopische Aufnahme von geätztem Aluminium, 8000fach (nach MAHL).

Die modernste Methode zur Kontrolle der Oberflächen ist wohl das MAHLsche Abdruckverfahren, bei dem mit einer Matrize ein genauer Abdruck der Oberfläche gemacht wird, die dann elektronenmikroskopisch untersucht wird. Die geradezu verblüffende Plastizität der so erhaltenen Bilder zeigt Abb. 134, welche die 8000fache Vergrößerung einer elektrisch angeätzten Aluminiumfläche darstellt. Sie zeigt Einzelheiten, welche unter einem gewöhnlichen Mikroskop kaum zu erkennen sind.

C. Chemische Prozesse.
§ 1. Kracken und Reformen.
a) Grundsätzliches.

Die rasche Entwicklung des Ottomotors, begünstigt durch die steigenden Ansprüche bei der Entwicklung des Verkehrs- und Transportwesens, erhöhten die Anforderungen an die Qualität und Quantität der leichten Kraftstoffe, so daß sie im Laufe der Zeit nicht mehr dem natürlichen Anfall in Rohöl entsprachen. Es mußten daher neue Arbeitsverfahren gefunden werden, mit denen die Ausbeute an leichten Kraftstoffen über das Maß der im Rohöl enthaltenen Menge erhöht werden konnte. Solche sind in den Krackprozessen gefunden worden. Die Reaktion geht auf die Beobachtung zurück, wonach sich zähflüssige Öle nach längerem Erwärmen in dünnflüssigere verwandeln und schließlich auch leicht flüchtige Kohlenwasserstoffe entstehen. Ursprünglich wurde diese Tatsache lediglich dazu benutzt, um schwer kristallisierbare, sogenannte Protoparaffine in leicht kristallisierbare, sogenannte Pyroparaffine umzuwandeln. Als BOURTON 1912 ein Patent zur Umwandlung schwerer Kohlenwasserstoffe in leichte nahm, begann die Entwicklung der Krackprozesse in ihrer heutigen Form. Abb. 135 zeigt, wie die Erzeugung der Krackprodukte stetig zugenommen hat.

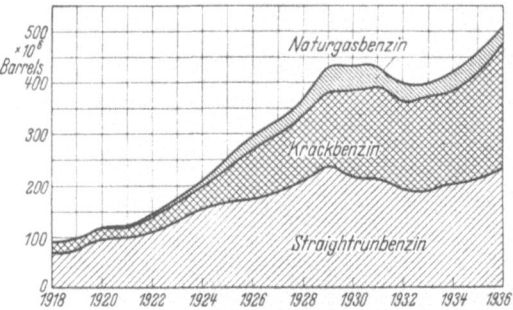

Abb. 135. Entwicklung der Benzinherstellung in der Zeit zwischen den beiden Weltkriegen.

Die Reaktionen, die hier ablaufen, sind wegen der Kompliziertheit der Zusammensetzung schwerer Kohlenwasserstoffe im einzelnen unübersehbar. Im allgemeinen sind es Spalt-(Depolymerisations-)Prozesse, die je nach der Spaltstelle im Molekül sowohl flüssige Kohlenwasserstoffe als auch Gase ergeben können. Gasreaktionen finden erst bei hohen Temperaturen statt. Es ist verständlich, daß die Spaltung am wahrscheinlichsten an der schwächsten Stelle des Moleküls vor sich geht; daher sind die doppelt gebundenen Kohlenwasserstoffe mit ihren hohen Bindungsenergien thermisch beständiger als die einfach ringförmigen oder kettenförmigen Kohlenwasserstoffe. Dies geht aus nebenstehender Tabelle hervor.

Tabelle 30. *Kettenkohlenwasserstoffe.*

Bindung	Bindungsenergie	Atomabstand
C—H	4,323 eV	1,08 Å
C—C	3,65 ,,	1,42 Å
C=C	6,56 ,,	1,34—1,39 Å
C≡C	8,61 ,,	1,22 Å

Daraus ist ersichtlich, daß die Bindungsenergie einer Valenz um so größer ist, je geringer der Atomabstand ist. Demnach erscheint es wahrscheinlicher, daß sich durch die thermischen Stöße die einfach gebundenen Kohlenstoffbindungen leichter lösen als daß Wasserstoff abgespalten wird. Erst wenn die Kracktemperatur sehr hoch wird, erscheint es möglich, daß auch Wasserstoff gebildet wird. Man drückt dies in der Praxis so aus, daß mit steigender Temperatur die Spaltungsstellen im Molekül aus der Mitte gegen die Peripherie rückt. Es ist demnach zu erwarten, daß mit steigender Temperatur immer heterogenere (polymolekularere) Krackprodukte entstehen. Mit anderen Worten: je intensiver gekrackt wird, um so mehr Gas und Koks entsteht an Stelle von Öl und Benzin. Dies ist in der Tat der Fall, wie aus der Abb. 136 deutlich

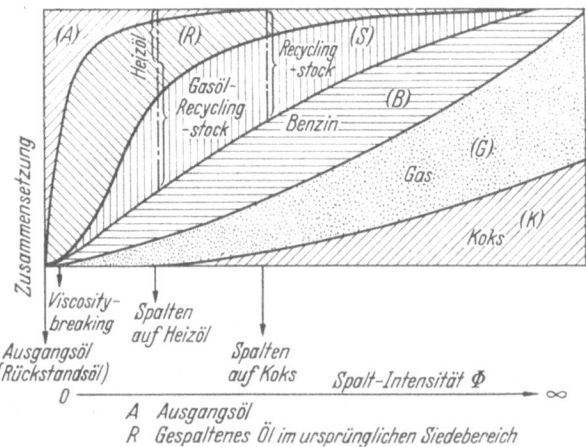

Abb. 136. Veränderung der Ölzusammensetzung mit fortschreitender Spaltintensität.

hervorgeht. Auf der Abszisse ist die Spaltintensität aufgetragen, auf der Ordinate die Zusammensetzung der Spaltprodukte. Es ist zu erkennen, daß bei tiefen Temperaturen überhaupt keine nennenswerten Mengen Benzin entstehen, sondern nur eine Viskositätsspaltung (Viscosity-Breaking) unter Bildung von Heizöl zu verzeichnen ist. Erst bei mittleren Temperaturen entstehen auch Benzin und Gas. Wird noch intensiver gespalten, d. h. läßt man längere Zeit höhere Temperaturen einwirken, dann entsteht vorwiegend Gas und Benzin (Flashing to coke-Operationen) bzw. im Extremfalle nur Gas und Koks.

Im einzelnen ist zu beachten, daß sich diese Heterogenisierung der Spaltprodukte nicht nur auf ihr Molekulargewicht bezieht, sondern auch auf ihren Sättigungscharakter. Es entstehen neben verschieden schweren auch verschieden gesättigte Kohlenwasserstoffe. Da von den Kettenkohlenwasserstoffen immer mehr zerfallen, müssen sich die ungesättigten anreichern. Aus den Spaltstücken (Radikalen), die als solche nicht beständig sind, entstehen entweder Olefine oder Ringverbindungen. Nach neueren Arbeiten von ARDEN, NEWTON und BARCUS an Coastal-Rohölfraktionen von niedrigem Siedeintervall (über synthetischen Silizium–Aluminiumoxyd-Kontakten) nimmt der Aromatengehalt in den Spaltprodukten weniger zu als der Gesamtgehalt an Ringverbindungen abnimmt, wenn man intensiver spaltet. Nur etwa 40% der zerstörten Naphthene erscheinen als Aromaten wieder. Bei konstanten Spaltbedingungen nimmt mit steigenden Siedegrenzen der Charge der Olefingehalt zu und der Isoparaffingehalt ab. Dagegen scheint sich das Verhältnis von Isoparaffinen zu Normalparaffinen nicht merklich zu verändern, wenn das Einsatzmaterial oder die Spaltbedingungen wechseln.

Allgemein erweisen sich einmal gebildete Doppelbindungen im weiteren Verlauf der Reaktion thermisch beständiger als die gesättigten Kohlenwasserstoffe. Das ist ein wesentlicher Vorteil der Krackprozesse, da sich mit ihrer Hilfe nicht nur leichtere Kohlenwasserstoffe, sondern auch solche mit höherer Oktanzahl herstellen lassen.

Der Wärmebedarf der einzelnen Reaktionen ist durchaus verschieden, wie aus folgender Tabelle hervorgeht.

Tabelle 31. *Reaktionswärmen*.

C_6H_{14}	$\to C_3H_8 + C_3H_6$	-32000 cal/mol
$C_{10}H_{22}$	$\to C_5H_{12} + C_5H_{10}$	-29000 ,,
$C_{12}H_{26}$	$\to C_6H_{14} + C_6H_{12}$	-22000 ,,
$C_{20}H_{42}$	$\to C_{10}H_{22} + C_{10}H_{20}$	-12000 ,,
C_6H_{14}	$\to C_6H_{12} + H_2$	-32000 ,,
C_6H_{14}	$\to CH_4 + C_5H_{10}$	-24000 ,,
C_4H_8	$\to 2\,C_2H_4$	-41000 ,,
$C_{10}H_{20}$	$\to 2\,C_5H_{10}$	-30000 ,,
$C_{12}H_{24}$	$\to 2\,C_6H_{12}$	-45000 ,,
C_6H_{12} (Hexen)	$\to C_6H_{12}$ (Cyclohexan)	$+15000$,,
C_5H_{10} (Penten)	$\to C_5H_{10}$ (Cyclopentan)	$+19000$,,
$2\,C_6H_5CH_3$	$\to 2\,C_6H_6 + C_2H_4$	-40000 ,,
$C_6H_4(CH_3)_2$	$\to C_6H_6 + C_2H_4$	-38000 ,,
$C_6H_5-C_2H_5$	$\to C_6H_6 + C_2H_4$	-35000 ,,
$C_6H_5-C_3H_7$	$\to C_6H_6 + C_3H_6$	-27000 ,,
$C_6H_5-C_3H_7$	$\to C_6H_5CH_3 + C_2H_4$	-31000 ,,
$C_6H_5-C_4H_9$	$\to C_6H_6 + C_4H_8$	-29000 ,,
$C_6H_5-C_4H_9$	$\to C_6H_5CH_3 + C_3H_6$	-28000 ,,
$C_6H_5-C_4H_9$	$\to C_6H_5C_2H_3 + C_2H_6$	-13000 ,,
$C_6H_{10}(CH_3)C_3H_7$	$\to C_6H_{10}(CH_3)_2 + C_2H_3$	-32000 ,,
$C_6H_{10}(CH_3)C_3H_7$	$\to C_6H_{11}CH_3 + C_3H_6$	-33000 ,,
$C_6H_5C_3H_7$	$\to C_6H_5CH_3 + CH_4$	-9000 ,,

Diese von SACHANEN berechneten Werte[1] zeigen, daß zur Spaltung der Aliphaten geringere Energien nötig sind, als bei der Aufspaltung der ungesättigten Kohlenwasserstoffe. Nur wenn aus Aromaten mit Seitenketten kleine Bruchstücke abgespalten werden, ist ein noch geringerer Energieaufwand erforderlich. Bei der Spaltung von Propyl- oder Butyl-Benzol in Methan oder Äthan sind 9000 bis 13000 cal/mol erforderlich. Dagegen kann die Zyklisierung ungesättigter Verbindungen sogar mit einer positiven Wärmetönung verlaufen. Diese Reaktionen sind also exotherm und mit einem Gewinn an fühlbarer Wärme verbunden. In allen anderen Fällen ist mitunter ein erheblicher Wärmeaufwand erforderlich. Die Krackbenzine sind daher vorwiegend endotherme Verbindungen und haben einen höheren Energiegehalt als die Substanzen,

---

[1] FUSSTEIG, R.: Theorie und Technik des Krackens. Berlin: Allg. Ind.-Verl. 1935.

aus denen sie entstanden sind. Es handelt sich beim Krackprozeß um eine Veredelung der Kraftstoffe in dem Sinne, daß nicht nur ihre Klopffestigkeit, sondern in der Regel auch ihr Energieinhalt erhöht wird.

Die Bildung ungesättigter Verbindungen hat allerdings den Nachteil, daß diese nachträglich leicht polymerisieren. Dies ist namentlich dann der Fall, wenn die Krackprodukte Diolefine enthalten, wie etwa die Ausgangsprodukte der Kautschuksynthese mit konjugierten Doppelbindungen. Solche Kraftstoffe neigen zur Bildung von gummiartigen Polymerisationsprodukten (sogenanntem Gum). Neuerdings wird daher bei den Krackprozessen auch Wasserstoff zugesetzt, um so die gespaltenen Produkte zu hydrieren. Diese sogenannte destruktive Hydrierung ist sogar mit einer positiven Wärmetönung verbunden, wie folgende Tabelle zeigt.

Tabelle 32. *Wärmetönung von Hydrierreaktionen.*

$C_4H_8 + H_2 \rightarrow C_4H_{10}$	$+ 32000$ cal/mol
C_6H_{12} (Hexen) $+ H_2 \rightarrow C_6H_{14}$	$+ 32000$,,
$C_6H_5C_2H_3 + H_2 \rightarrow C_6H_5-C_2H_5$	$- 19000$,,

Diesen Reaktionen gehört voraussichtlich die Zukunft. Sie sind mit geringem Wärmeaufwand verbunden, liefern zyklische Kohlenwasserstoffe mit guter Oktanzahl, die nicht verharzen und daher auch als Fliegerkraftstoffe geeignet sind. Hierfür sind die üblichen Krackprodukte mit schlechtem Gum-Test nicht verwendbar.

Man kann die in den Tabellen dargestellten Reaktionswärmen auch dazu benutzen, um die Reaktionsgleichgewichte zu berechnen.

Die Gleichgewichtskonstante einer Reaktion ist nach dem Massenwirkungsgesetz gleich dem Produkt aus der Konzentration der Spaltprodukte, dividiert durch die Konzentration des Ausgangsmaterials, also z. B. beim Hexan

$$\frac{(C_3H_8) \cdot (C_3H_6)}{C_6H_{14}} = K.$$

Je höher die Konstante ist, um so mehr wird von dem erhitzten Produkt gespalten. Die Konstante ist stark temperaturabhängig und läßt sich für verschiedene Temperaturen nach NERNST berechnen. Für monomolekulare Reaktionen gilt folgende Beziehung:

$$\log K = - \frac{Q}{4{,}57\,T} + 1{,}75 \log T + C,$$

worin

Q die Reaktionswärme in cal/mol,
T die absolute Temperatur und
C eine Konstante

ist. Der Wert der Konstante C beträgt für die meisten Kohlenwasserstoffe ungefähr 3. Er kann nach der TROUTONschen Formel

$$C = \frac{0{,}14\,Q}{2{,}3\,T}$$

berechnet werden. Setzt man z. B. für das Hexangleichgewicht bei der Temperatur 477° C den Wert für $Q = - 32000$ cal/mol aus der Tabelle ein, so erhält man für K einen Wert von 0,52. Bei dieser Temperatur wäre etwa die Hälfte des Hexans zerfallen. Die Gleichgewichtskonstanten geben demnach die Zusammensetzung des Reaktionsgemisches im Gleichgewichtszustande an. Ob jedoch dieses Gleichgewicht in der zur Verfügung stehenden Reaktionszeit auch tatsächlich erreicht wird, hängt von der Reaktionsgeschwindigkeit ab. Ist diese klein gegenüber der Strömungsgeschwindigkeit in der Krackanlage, dann wird das Gleichgewicht nicht erreicht. Die Gleichgewichtskonstante allein gibt also noch keinen Anhaltspunkt über die tatsächlich erhaltene Ausbeute im kontinuierlichen Betrieb.

Immerhin ist daraus zu ersehen, was im günstigsten Falle bei der betreffenden Kracktemperatur zu erwarten ist. Um diese theoretische Ausbeute zu erreichen, ist folgendes zu beachten:

Entweder muß die Verweilzeit in der Reaktionszone hinreichend lang bemessen werden, wozu ein genügend großer Reaktionsraum erforderlich ist, oder muß die Reaktionsgeschwindigkeit so beschleunigt werden, daß das Gleichgewicht in der zur Verfügung stehenden Verweilzeit auch erreicht wird. Mitunter werden beide Maßnahmen gleichzeitig angewendet.

Die Größe des Reaktionsraumes ist vor allem durch Werkstofffragen bestimmt. Man kann im allgemeinen keine größeren Reaktionskammern als solche von etwa 30 m³ Rauminhalt nahtlos schmieden. Die Reaktionsgeschwindigkeit ist daher nach Möglichkeit diesen Verhältnissen anzupassen. Sie läßt sich nach einer analog der ARRHENIUSschen Beziehung aus

$$K = e^{a - Q/RT}$$

berechnen, worin

K die Reaktionsgeschwindigkeitskonstante (Spaltreaktionskonstante),
Q die Aktivierungsenergie in cal/mol,
R die Gaskonstante in erg/grd mol,
T die absolute Temperatur und
a eine Konstante

bedeuten. Der Wert der Konstanten a beträgt 27 bis 32.

Aus dieser Gleichung geht hervor, daß eine Reaktion um so langsamer verläuft, je höher die Aktivierungsenergie ist. In der nachfolgenden Tabelle sind einige dieser Zerfallskonstanten angegeben[1].

Methan	79 400		cal/mol bei	1249 bis	1386° C
Äthan	69 800 bis	77 700	„	„	873 „	910° C
Propan	61 800 „	74 850	„	„	825 „	952° C
n-Butan	72 000 „	73 900	„	„	804 „	923° C
i-Butan	63 000 „	66 040	„	„	829 „	923° C
n-Pentan	63 500		„	„	701 „	833° C
i-Pentan	59 000		„	„	569 „	848° C
n-Hexan	62 000 bis	64 500	„	„	701 „	848° C
n-Heptan	46 599		„	„	803 „	833° C
n-Oktan	64 500		„	„	769 „	843° C
Penten-2	61 000		„	„	798 „	833° C
Zyklohexan	69 000		„	„	799 „	851° C
Äthylbenzol	70 000		„	„	813 „	853° C

[1] EUCKEN-JAKOB: Chemie-Ingenieur Bd. III, Teil 4 S. 209.

Zunächst fällt auf, daß die Aktivierungsenergien höher liegen als die Reaktionswärme. Es ist demnach bei den gesättigten Kohlenwasserstoffen eine größere Energie nötig, um sie zur Reaktion anzuregen, als Energie für die Spaltung erforderlich ist. Die Tabelle zeigt, daß die Aktivierungsenergien mit steigendem Molekulargewicht fallen. Das bedeutet,

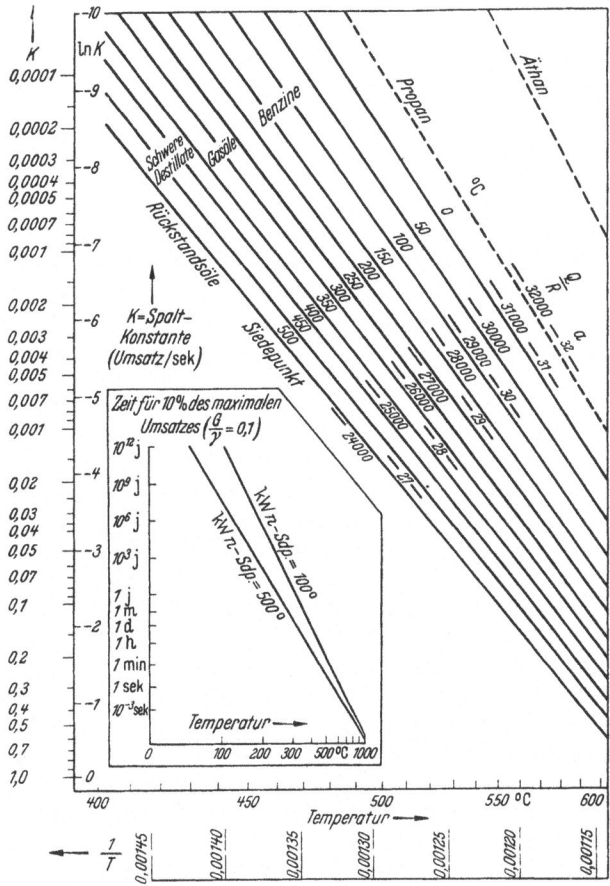

Abb. 137. Die Konstante $K \quad e^{a-\frac{Q}{RT}}$ der Spaltreaktion für verschiedene Kohlenwasserstoffe, abhängig von der Temperatur.

daß sich die schweren Öle im allgemeinen leichter kracken lassen als die leichten Kohlenwasserstoffe. Noch deutlicher geht dies aus dem Diagramm Abb. 137 hervor[1]. Für eine bestimmte Reaktionsgeschwindigkeit, die z. B. durch die Konstante $K = 0,01$ gegeben ist, würde sich bei Rückstandsölen mit einem Siedepunkt von ungefähr 500° C eine weit niedrigere Reaktionstemperatur (z. B. 490° C) ergeben, als z. B. bei den Schwerbenzinen oder Whitespiritfraktionen mit einem Siedepunkt von etwa

---
[1] RUMPF, K. K.: Öl u. Kohle. Bd. 38 (1942) S. 2 und 22.

150° C, wofür wir einen Wert von 540° C als Reaktionstemperatur ablesen. Das ist wichtig für den Unterschied zwischen Kracken und Reformen. Will man aus Erdölrückständen (Păcură) Krackbenzine herstellen, so sind trotz des höheren Siedepunktes dieser Öle niedrigere Kracktemperaturen erforderlich als zur Spaltung von Schwerbenzinen. Das Reformen leichter Kohlenwasserstoffe ist also unter kostspieligeren Bedingungen durchzuführen als das Kracken. Nicht nur die Wärmebilanz ist ungünstiger, sondern auch die Materialbeanspruchung ist höher.

In landwirtschaftlichen Gebieten, wo guter Absatz für Kerosinfraktionen zu Leuchtzwecken und als Traktorentreibstoffe möglich ist, kann es leicht vorkommen, daß man Reforming-Anlagen zeitweise abstellen muß.

Mit der Entwicklung der Alkylierungsverfahren einerseits und der Erfindung und Vervollkommnung des kraftstoffunempfindlichen Gleichdruckmotors mit Fremdzündung (Semi-Diesel-Prinzip) dürften Reforming-Prozesse allmählich an Bedeutung verlieren. Es bleibt jedoch das Bestreben, durch Anwendung von Katalysatoren die Reaktion zu beschleunigen, ohne die Temperatur übermäßig steigern zu müssen.

Katalysatoren sind Substanzen, die durch ihre bloße Anwesenheit eine Reaktion zu beschleunigen vermögen, ohne sich selbst dabei zu verändern. Sie geben daher nichts von ihrem Energieinhalt an die Reaktionspartner ab. Das ist nur durch Herabsetzung der Aktivierungsenergie möglich und nicht durch Lieferung von Reaktionswärme. Die Wirkung der Katalysatoren besteht im wesentlichen in einer Herabsetzung der Potentialschwelle, bei der die Reaktion in Gang kommt. Dadurch kann sie schon bei tieferer Temperatur ablaufen als bei Abwesenheit eines Katalysators. Was mit diesen Hilfsmitteln erreichbar ist, kann man den Zahlen von FUSSTEIG entnehmen[1]. Bei diesen Versuchen zeigt sich, daß bei Gegenwart von Katalysatoren und unter Anwendung von Wasserstoff der Olefingehalt fast ohne Koksbildung herabgesetzt werden kann. Der Aromatengehalt bleibt hierbei fast unverändert. Diese destruktive Hydrierung ist daher noch sehr entwicklungsfähig. Die beiden nachfolgenden Tabellen 33—34 geben Beispiele. Ähnliche Ergebnisse lieferten Versuche mit Katalysatoren aus Molybdänsulfid. Eisenoxyd, Nickeloxyd und Mangan, die in Bleicherde (Carlonit) suspendiert waren, an Ölen verschiedener Viskosität (von 3 bis 4° E bei 50° C bis zu 4 bis 5° E bei 100° C). Die Benzinausbeuten liegen zwischen 15% für die asphaltartigen Produkte und 35% für das leichteste Öl. Die Olefin- und Aromatengehalte sind annähernd gleich. Es fielen nur Spuren von Koks an, ausgenommen beim Asphalt, wo 3,25% Koks entstand.

In den letzten Jahren haben die Gasphasen-Spaltverfahren (Vapour-Phase Cracking) einiges Aufsehen erregt. Es handelt sich hierbei um Prozesse mit und ohne Katalysatoren, die in weiten Bereichen regulierbar sind, weil Druck und Temperatur voneinander unabhängig bleiben. Solange noch Flüssigkeit als Bodenkörper vorhanden ist, liegt der Druck

---

[1] FUSSTEIG, R.: Theorie und Technik des Krackens. Berlin: Allg. Ind.-Verl. 1935.

durch den Dampfdruck der Flüssigkeit bei der betreffenden Temperatur fest. Es kann also nur über die eine Zustandsbedingung frei verfügt werden. Entweder man reguliert eine bestimmte Temperatur ein, dann stellt sich ein ganz bestimmter Dampfdruck ein, oder es wird ein be-

Tabelle 33.

Versuch	Petroleum	Leichtes Gasöl	Schweres Gasöl
Dichte bei 15° C	0,823	0,832	0,861
Olefingehalt	5,8 %	8 %	7,2 %
Aromatengehalt	18,3 %	22 %	38,1 %
Katalysator	Ni + Co	Ni + Co	Ni + Co
Menge Katalysator	4,5 %	5 %	5 %
Anfangsdruck	97 atü	101 atü	106 atü
Maximaldruck	222 ,,	234 ,,	258 ,,
Druck nach Reaktion . .	58 ,,	64 ,,	63 ,,
Reaktionsdauer	66°	70°	71°
Reaktionstemperatur . . .	470° C	475° C	488° C
Rohbenzinausbeute	71 %	70 %	69 %
Dichte des Benzins bei 15° C	0,744	0,798	0,808
Fluoreszenz	bläulich	bläulich	bläulich
Farbe	farblos	hellgelb	hellgelb
Olefingehalt	2,3 %	9,5 %	3 %
Aromatengehalt	18,5 %	15,2 %	15,8 %
Koksanfall	0,1 %	0,1 %	0,1 %

Tabelle 34.

Versuch	Petroleum	Leichtes Gasöl	Schweres Gasöl
Dichte bei 15° C	0,823	0,832	0,861
Olefingehalt	5,8 %	8 %	7,2 %
Aromatengehalt	18,3	22 %	38,1 %
Katalysator	Ni_2O_3 + MnO	Mo_2S_3 + MnO	Ni + Mn + MS
Menge Katalysator	4,5 %	5 %	5 %
Anfangsdruck atü	95 atü	102 atü	105 atü
Maximaldruck	225 ,,	235 ,,	258 ,,
Reaktionsdauer	65°	72°	70°
Druck nach Reaktion . .	58 atü	63 atü	62 atü
Reaktionstemperatur . . .	472° C	472° C	485° C
Rohbenzinausbeute	88 %	90,5 %	80 %
Dichte des Benzins bei 15° C	0,472	0,795	0,806
Fluoreszenz	bläulich	bläulich	bläulich
Farbe	farblos	hellgelb	hellgelb
Olefingehalt	2,2 %	4,2 %	2,8 %
Aromatengehalt	18,2 %	14 %	16 %
Koksanfall	Spuren	0	Spuren

stimmter Druck gewünscht, dann ist dieser nur bei einer bestimmten Temperatur erreichbar. Das hat mancherlei Nachteile. Die Gleichgewichtskonstante erlaubt nämlich, nach dem Massenwirkungsgesetz, die Konzentration so zu verändern, daß das Produkt im Zähler in weiten Grenzen konstant bleibt. Ist die eine Komponente ein Gas, so kann durch Steigerung der Konzentration dieser Komponente auch die Konzentration der übrigen beeinflußt werden. Mit anderen Worten: die Ausbeute kann durch Druckänderung in der Gasphase beeinflußt werden.

Sind die genannten Zustandsgrößen nicht mehr frei verfügbar, dann muß der Anfall so hingenommen werden, wie er sich bei dieser Temperatur aus dem Gleichgewicht ergibt. Durch Fremdgaszusatz dagegen kann der Druck in weiten Grenzen unabhängig von der Temperatur verändert werden. Dadurch läßt sich die Ausbeute an erwünschten Produkten in einem weiten Bereich variieren. So kann z. B. durch Verringerung des Druckes die Ausbeute an ungesättigten Kohlenwasserstoffen mit guter Oktanzahl erhöht werden. Der Druck wird mitunter

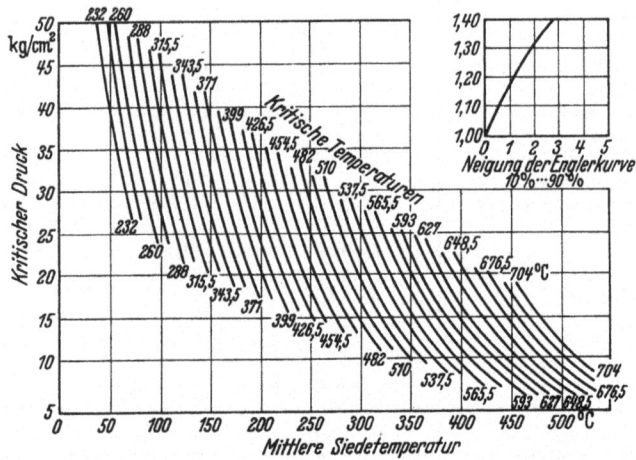

Abb. 138. Kritischer Druck von Kohlenwasserstoffen, abhängig von der mittleren Siedetemperatur und der kritischen Temperatur.

bis auf Atmosphärendruck reduziert. Nachteilig ist hierbei die schlechte Wärmeübertragung und der große Raumbedarf.

In engen Grenzen und nach Maßgabe der Kompressibilität sowie im überkritischen Gebiet können allerdings auch die Krackprozesse in flüssiger Phase unabhängig voneinander veränderlich sein. Es ist daher auch von Nutzen, die kritischen Daten der Kohlenwasserstoffe zu kennen. Hierzu dienen die Abb. 138 und 139, in denen die kritischen Drücke und kritischen Temperaturen über der mittleren Siedetemperatur der Kohlenwasserstoffe aufgetragen sind. In den Abb. 140 und 141 sind weitere Werte für die Bestimmung der kritischen Zustandsgrößen gegeben. Auch der Wärmeinhalt der Öldämpfe kann aus dem reduzierten Druck und der reduzierten Temperatur abgelesen werden. In einem weiteren Diagramm ist auch die Kompressibilität eines Öles bei verschiedenen Temperaturen und reduzierten Drücken eingetragen. Diese Daten sind zur Berechnung der Größe von Wärmedehngefäßen wichtig, die zwischen zwei Absperrorganen eingeschaltet werden müssen. Ihre Berechnung an Hand eines Diagramms wurde bereits im ersten Teil „Produktion" beschrieben.

Grundsätzliches.

Die technische Durchführung der Krackprozesse wirft manches Werkstoffproblem auf. Es werden Reaktionskammern benötigt, die bei

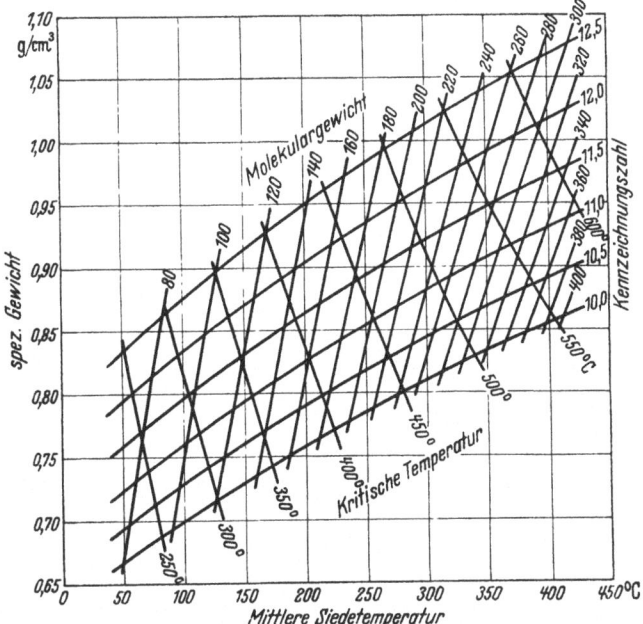

Abb. 139. Kritische Temperaturen von Kohlenwasserstoffen, abhängig von der mittleren Siedetemperatur und dem spezifischen Gewicht.

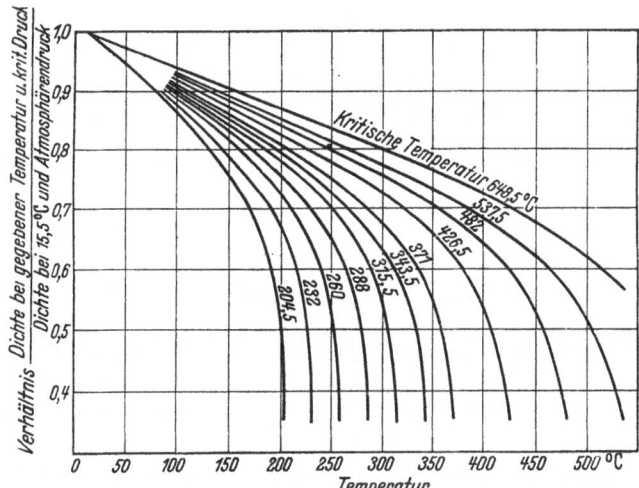

Abb. 140. Dichte eines Kohlenwasserstoffes beim kritischen Druck in Abhängigkeit von der kritischen Temperatur.

hohem Rauminhalt (bis zu 30 m³) den vollen Betriebsdruck von 15 bis 50 atü und die hohe Temperatur von etwa 470 bis 540° C aushalten

314   Kracken und Reformen.

müssen. Man kommt dabei zu Wandstärken bis zu 100 mm, um druckfeste Gefäße bei Rotglut zu erhalten. Hierzu sind Spezialstähle erforderlich. Die Reaktionskammern bilden daher Wertobjekte der Raffinerien. Es ist deshalb zweckmäßig, sich über die Wertdifferenzen bei den einzelnen Konstruktionsmaterialien zu informieren. Als normaler Werkstoff kommt Siemens-Martin-Stahl mit 0,35% C und 0,65% Mn in Frage.

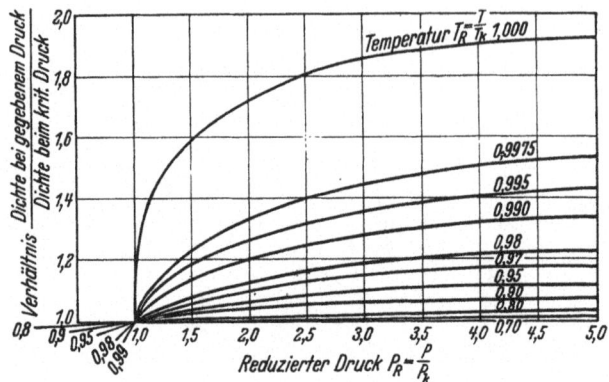

Abb. 141. Kompressibilität von Kohlenwasserstoffen, abhängig vom reduzierten Druck und von der reduzierten Temperatur.

Bei Korrosionsgefahr kleidet man die Kammern mit einem Überzug aus rostfreiem Stahl aus, der 18% Cr, 8% Ni und max. 0,1% C enthält. Bei Naphthensäuren kommt auch die Schopierung mit Aluminium in Frage. Noch höher beansprucht sind die in der Feuerzone liegenden Heizrohre. Für sie können wegen des geringen Materialaufwandes noch höher legierte Stähle Verwendung finden. Ihre Zusammensetzung und die Preisverhältnisse im Vergleich zu gewöhnlichem Stahl geht aus der Tabelle 35 hervor:

Tabelle 35. *Werkstoffe für Röhrenerhitzer, Zusammensetzung und Preisverhältnis.*
(Aus EUCKEN-JAKOB: Chemie-Ingenieur, Bd. III Teil 4 S. 253.)

Gehalt an	Gew. St.	Mo-Stahl	Kaloris. St.	Cr-Stahl	Cr-Mo-St.	Aust. St. 8—18
C	0,1—0,2	0,1—0,2	0,15 max	0,15 max	0,15 max	0,07 max
Cr	—	—	1—1,5	4—6	4—6	17,5—17,9
Mo	—	0,45—0,65	0,4—0,6	—	0,45—0,65	—
Ni	—	—	—	—	—	8—10
Si	0,25 max	0,25 max	0,5—1	0,5 max	0,5 max	0,75 max
Mn	0,3 —0,6	0,3 —0,6	0,3—0,6	0,5 max	0,5 max	0,5 max
P	0,04 max	0,04 max	0,03 max	0,03 max	0,03 max	0,025 max
S	0,045 max	0,045 max	0,03 max	0,03 max	0,03 max	0,025 max
Preisverhältnis	1	1,65	2	3,1	3,3	13

Grundsätzliches. 315

Die hochlegierten Stähle haben nicht nur den Nachteil eines relativ hohen Preises, sondern sie weisen auch eine schlechtere Wärmeleitfähigkeit auf als die reinen Stähle. Man muß daher mit größeren Heizflächen rechnen als bei Verwendung von gewöhnlichen Stahlsorten.

Große Sorgfalt verdient auch die Konstruktion bzw. Auswahl einer betriebssicheren Warmölpumpe (Hot Feed-Pump), die unter den angegebenen Bedingungen noch dichten und fördern muß. Es sind sowohl Kolben- als auch Kreiselpumpen in Gebrauch. Einen Schnitt durch die letztere Type in Form einer siebenstufigen Kreiselpumpe der Ingersoll Rand Co. zeigt die Abb. 142. Bemerkenswert ist der Abstand der Lager vom eigentlichen Pumpengehäuse, wodurch der Wärmezufluß zu ihnen begrenzt wird.

Da der Krackbetrieb wegen der Verkokung nur im Prinzip ein kontinuierlicher Vorgang ist, in der Praxis bei den Flashing to Coke-Operationen dagegen häufigeres Abstellen nötig wird, ist das Problem der Rohrreinigung wichtiger als an irgendeiner anderen Stelle einer Raffinerie. Es werden viele Konstruktionen von Rohrreinigern in den Handel gebracht, von denen eine in Abb. 143 wiedergegeben ist. Es ist ein System von zylindrischen und konischen Zahnrädern (Kratzern), die durch eine Turbine angetrieben werden. Sie sind in allen Größen für Rohrdurchmesser, wie sie beim kleinsten Wärmeaustauscher verwendet werden, bis zu denen der größten Pumpleitungen im Gebrauch. Sie werden in die Rohre geschoben, mit Druckluft angetrieben und kratzen auf diese Weise den Koks von den Rohrwandungen ab.

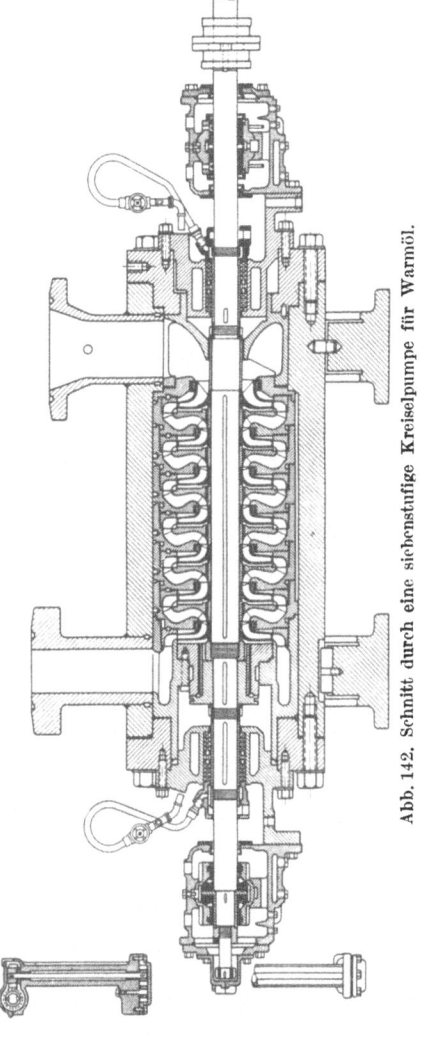

Abb. 142. Schnitt durch eine siebenstufige Kreiselpumpe für Warmöl.

Ein weiteres Problem, das besonders bei Krackprozessen aktuell ist, aber auch bei der Rohölverarbeitung eine Rolle spielt, ist die Konstruktion der Röhrenöfen. Um die feuerfesten Wände gegen plötzliche thermische Dehnungen zu sichern, muß die feuerfeste Ausmauerung an eigens dazu konstruierten Gehängen befestigt werden. Eine Abbildung einer solchen Konstruktion wird im Kapitel „Feuerungstechnik" gegeben.

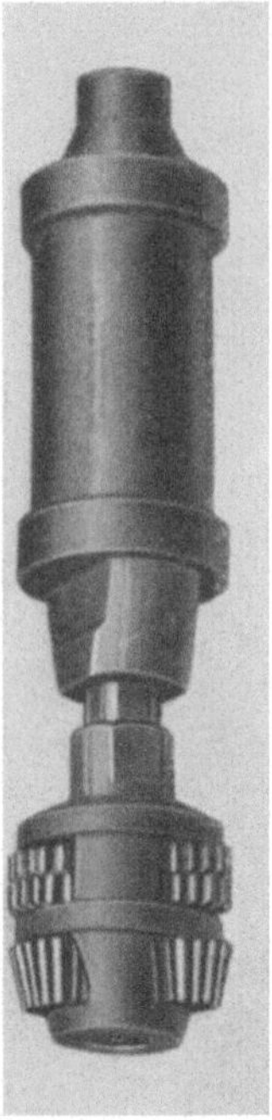

b) Entwicklung der Verfahren.

Um einen Überblick über den Gang der Entwicklung und den heutigen Stand der Technik des Krackens zu gewinnen, seien an Hand der Fließschemata von K. K. RUMPF[1] einige kurze Erläuterungen gegeben. Das Spaltverfahren von BOURTON aus dem Jahre 1912 (Abb. 144) war einfach eine Blase mit einem Dephlegmator, über den das Produkt destillierte und durch einen Kondensator über ein Reduzierventil in eine Vorlage abgelassen wurde. Die ganze Apparatur stand unter einem Druck von 4 bis 6 atü. Es war also im Prinzip ein diskontinuierliches Verfahren.

Das Tube- und Tankverfahren der Standard Oil of New Jersey (Abb. 145) wendete an Stelle der Blase bereits den Röhrenofen und einige Tanks als Separatoren und Sammler an. Die Reaktionsbedingungen mit 85 atü und 470 bis 490° C gleichen bereits stark den heutigen Bedingungen.

Eine Vereinfachung bedeutet demgegenüber das Cross-Verfahren der Gasoline Products Co., das unter gleichen Bedingungen arbeitet, aber bereits richtige Reaktionskammern und wirksamere Wärmeaustauscher verwendet (Abb. 146).

Abb. 143. Reinigungsgerät für verkokte Rohre.

Eine Unterteilung der Operationen in Viscosity Breaking, Vapour Phase Cracking und Reforming mit anschließender Toppanlage war der nächste Schritt der Vervollkommnung, wie er in Abb. 147 dargestellt ist.

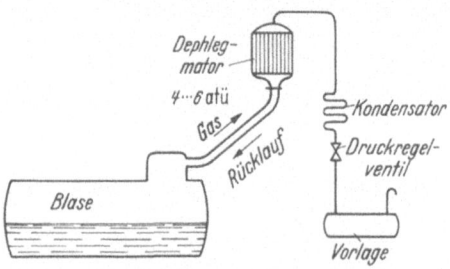

Abb. 144. Spaltverfahren nach BOURTON (Standard Oil of Indiana, 1912).

Das HOLMES-MANLEY-Verfahren nach Abb. 148 sieht bereits mehrere Reaktionskammern vor, um die Verweilzeit zu erhöhen. Es gelingt auf diese Weise, die Betriebsdrücke bis auf 25 atü zu erniedrigen und auch die Transfertemperatur auf 430° C zu senken, wodurch eine bessere Benzinausbeute erzielt wird.

Man kann jedoch auch den entgegengesetzten Weg gehen und die Kracktemperatur und den Druck erhöhen wie beim Carburol-

---

[1] RUMPF, K. K.: Öl u. Kohle Bd. 38 (1942) S. 2 und 32.

verfahren, das auf eine eigentliche Reaktionskammer verzichtet (vgl. Abb. 149).

Beim WINKLER-KOCH-Verfahren (Abb.150) werden die Operationen unterteilt in Viscosity Breaking und in das eigentliche Spalten. Bei den hohen

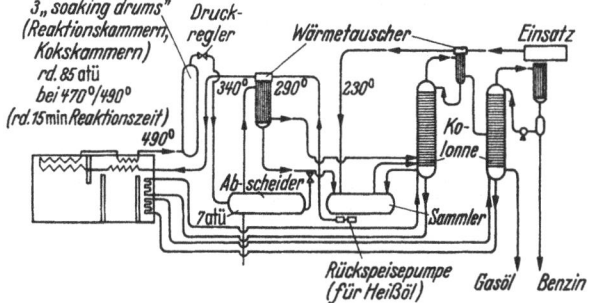

Abb. 145. Tube- und Tankverfahren nach C. ELLIS (Standard Oil of New Jersey).

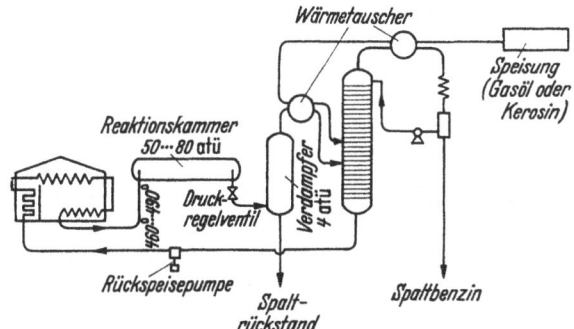

Abb. 146. Krack-Verfahren nach CROSS (Gasoline Prod. Co.).

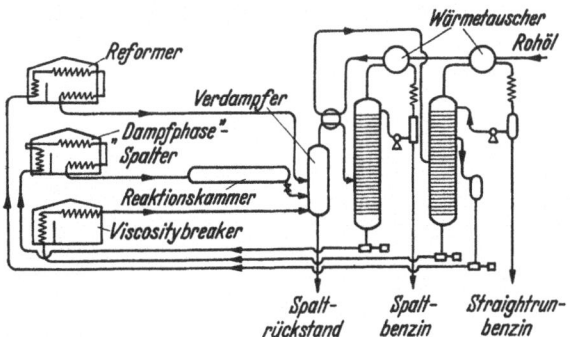

Abb. 147. Kombinierte Topp- und Spaltanlage.

Reaktionsgeschwindigkeiten dieser beiden Verfahren, bei Temperaturen von 500° C, haben die Produkte entsprechend andere Zusammensetzung.

Bei dem in Abb. 151 dargestellten DE FLOREZ-Verfahren der Texas Co. wird die Charge zuerst in den Verdampfer (Evaporator) gepumpt, wodurch sie sich erwärmt und das Reaktionsprodukt abkühlt. Erst das Bodenprodukt der Fraktionierkolonne wird dem Röhrenofen zugeführt.

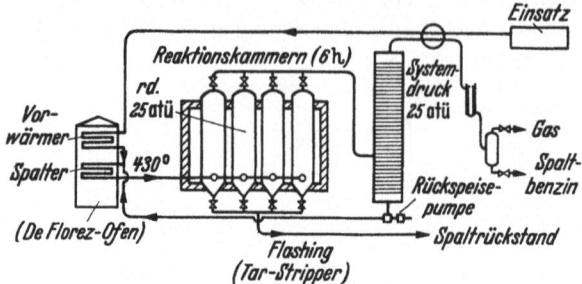

Abb. 148. Ursprüngliches Spaltverfahren nach HOLMES und MANLEY (Texas Co.).

Es ist also kein besonderer Viscosity Breaker erforderlich. Die Konstruktion des DE FLOREZ-Ofens erlaubt eine Steigerung der Kracktemperatur auf 550 bis 590° C.

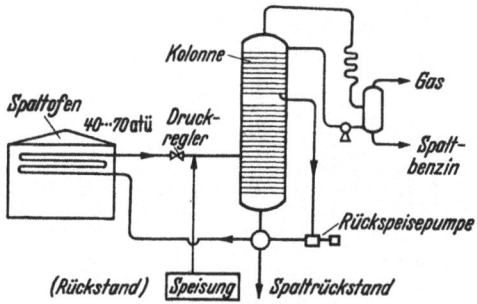

Abb. 149. Carburol-Spaltverfahren.

Noch einen Schritt weiter geht das Gyro-Vapourphase-Verfahren nach Abb. 152, bei dem die Charge sogar die Fraktionierkolonne passieren muß, ehe sie dem Verdampfer über einen Vorwärmer (Economizer) zugeführt wird. Erst der aus dem Evaporator entweichende Dampf geht über einen Spaltofen in die Fraktionierkolonne. Hiervon destilliert aber nur ein Teil am Kopf der Kolonne ab, während ein Seitenstrom über den Evaporator rezirkuliert.

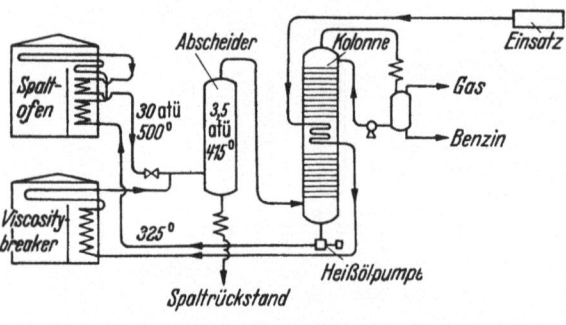

Abb. 150. Spaltverfahren nach WINKLER und KOCH.

Es wird also bereits Dampf gespalten. Die hierzu erforderliche Temperatur liegt denn auch bei 590° C. Von einem wirklichen Dampfphasen-Spaltverfahren kann man aber angesichts der 1 bis 3% Dampf, die hierbei zugemischt werden, noch nicht sprechen.

Ein wirkliches Dampfphasen-Spaltverfahren (True-Vapour-Phase, abgekürzt: TVP-Verfahren, ist in Abb. 153 dargestellt. Hier gelangt bereits die Charge mit einem Seitenstrom der Kolonne über einen Verdampfer und Röhrenofen in die Reaktionskammer. Daselbst herrscht eine Temperatur von 500 bis 530° C und das so gespaltene Produkt geht in die Fraktionierkolonne, wo es über einen Niederdruckspeicher und

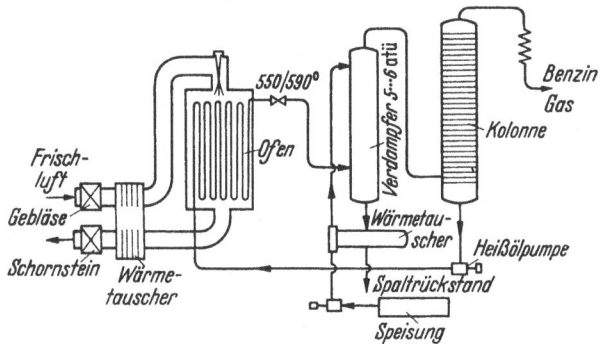

Abb. 151. Spaltverfahren nach DE FLOREZ (Texas Co.).

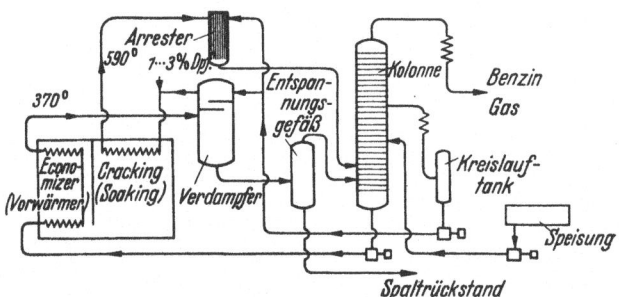

Abb. 152. Gyro-Vapourphase-Verfahren.

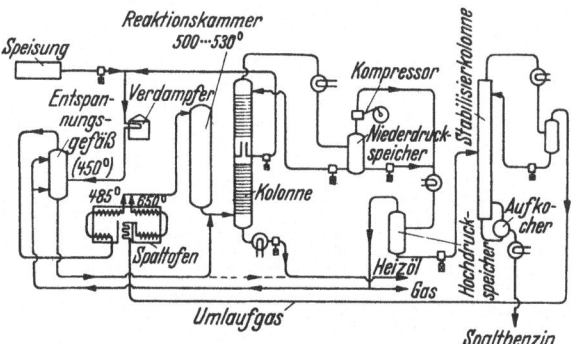

Abb. 153. True-Vapour-Phase- (TVP-) Verfahren.

einen Hochdruckspeicher teils direkt, teils über einen Stabilizer in das eigentliche Spaltbenzin und Gas getrennt wird. Diese Gase gehen teils über den Verdampfer, teils direkt in den Spaltofen, werden bis auf 650° C erwärmt und gehen zusammen mit der Charge in die Reaktions-

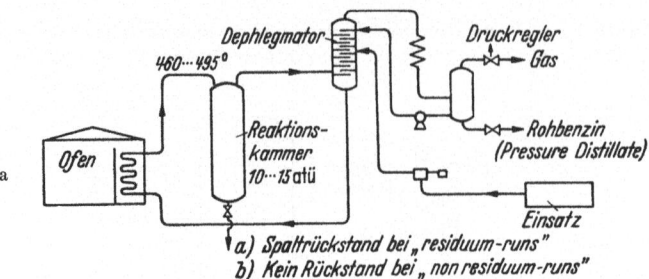
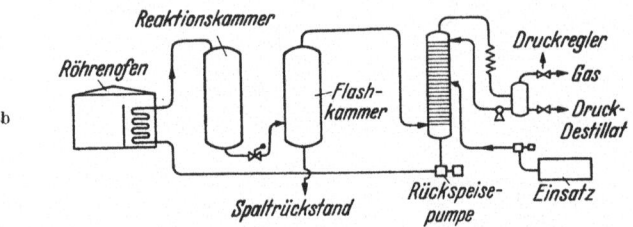
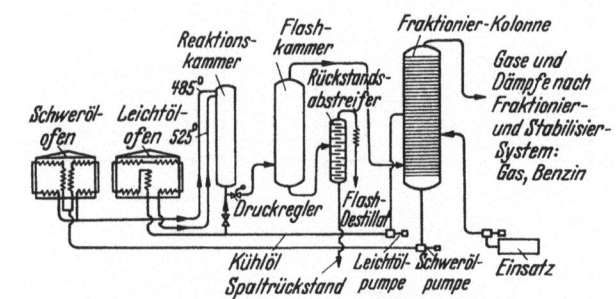
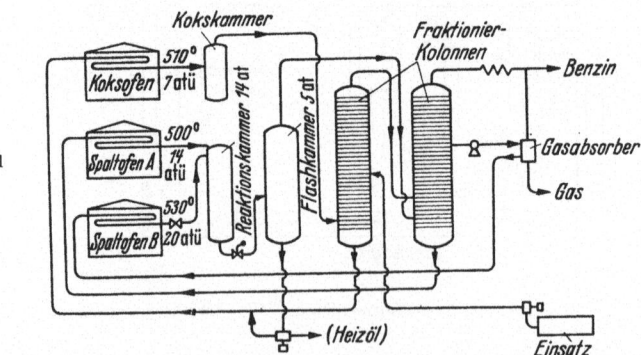

Abb. 154a—d. Spaltverfahren der Universal Oil Products Co. nach DUBBS.
a Entwicklungsstand 1920 bis 1925. b Entwicklungsstand 1925 bis 1930 (sog. Flash-Verfahren für Arbeiten auf Heizöl). c Entwicklungsstand nach 1930 (Flash-System mit selektivem Spalten bei Arbeiten auf Heizöl). d Entwicklungsstand 1940 (wie Abb. 154a, jedoch beim Arbeiten auf Koks; es kann aber auch der Ablauf aus der Entspannungskammer als Heizöl abgenommen werden).

kammer. Dadurch wird erreicht, daß das Einsatzmaterial im Spaltofen nur auf 485° C erwärmt werden muß und in der Reaktionskammer dennoch eine höhere Temperatur herrscht. Es werden also nur die thermisch beständigeren Gase intensiv gekrackt, während das empfindlichere Chargenmaterial einer niedrigeren Temperatur ausgesetzt bleibt. Es sind demnach schon Ansätze zu einer selektiven Spaltung vorhanden.

Dieses ist in einem modernen DUBBS-Verfahren (1940) bis zur letzten Vollkommenheit gediehen, dessen Entwicklung im folgenden (Abb. 154) nochmals rekapituliert wird. Bei dem Stand von 1920 bis 1925 war nur ein Ofen, eine Reaktionskammer und ein Dephlegmator vorgesehen (Abb. 154a). Bei dem Flashsystem von 1925 bis 1930 kam zu der Reaktionskammer noch eine Flashkammer hinzu und der Dephlegmator wurde zu einer Kolonne erweitert (Abb. 154b). Ab 1930 hat die Universal

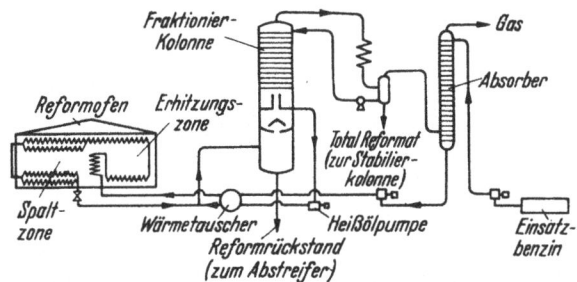

Abb. 155. Schema einer Reforminganlage der Universal Oil Products Co.

Oil Products Co. (U.O.P.) bereits zwei Öfen für Schweröl und Leichtöl vorgesehen und das Spaltprodukt aus der Flashkammer über einen Stripper abgezogen (Abb. 154c). Nach dem Stand von 1940, wie er in Abb. 154d dargestellt ist, sind drei Spaltöfen vorgesehen, die bei Temperaturen von 530, 510 und 500° C arbeiten, und unter Drücken von 7, 14 und 20 atü stehen. Getrennte Reaktions- und Flashkammern, die ebenfalls in Druckstufen von 14 und 5 atü arbeiten sowie einer getrennten Kokskammer mit zwei hintereinander geschalteten Fraktionierkolonnen, sorgen für eine scharfe Fraktionierung von Gas- und Krackbenzin. Sie werden auch mit den Gasen der Kokskammer gespeist, und ein Gastrenner führt die schwereren Gase dem Gasspaltofen zu. Auch hier durchläuft die Charge zuerst einen Teil der ersten Fraktionierkolonne.

Es ist zu erkennen, daß sich bei diesen Verfahren die Temperatur- und Druckverhältnisse in sehr vernünftigen Grenzen halten und die Operationen so aufgeteilt sind, daß Gas, Öl und Koks streng individuell behandelt werden können (selektives Kracken). Es leuchtet ein, daß sich ein solches Verfahren nicht nur der Eigenart der Ausgangsstoffe weitgehend anpassen läßt, sondern auch den hohen Anforderungen, die heute an die Qualität der Produkte gestellt werden, genügt. Man ist daher weitgehend unabhängig von den Ausgangsprodukten und braucht sich den wechselnden Anforderungen des Marktes nicht zu verschließen.

Zum Schluß soll in Abb. 155 noch das Schema einer Reforminganlage der U.O.P. gebracht werden, die sich im Prinzip von einer Krackanlage nur wenig unterscheidet. Die Charge ist hier Schwerbenzin oder White Spirit; sie passiert zunächst einen besonderen Absorber und wird dann als Bodenprodukt über einen Wärmeaustauscher in den Röhrenofen gepumpt. Von hier gelangt sie direkt in die Fraktionierkolonne. Wegen der hohen Gleichgewichtstemperaturen sind die Reaktionsgeschwindigkeiten bereits so hoch, daß man auf besondere Reaktionskammern und Flashkammern verzichten kann. Das Bodenprodukt der Kolonne ist dunkel (ein sog. Black-Bottom), das Destillat ist hell und wird über einen

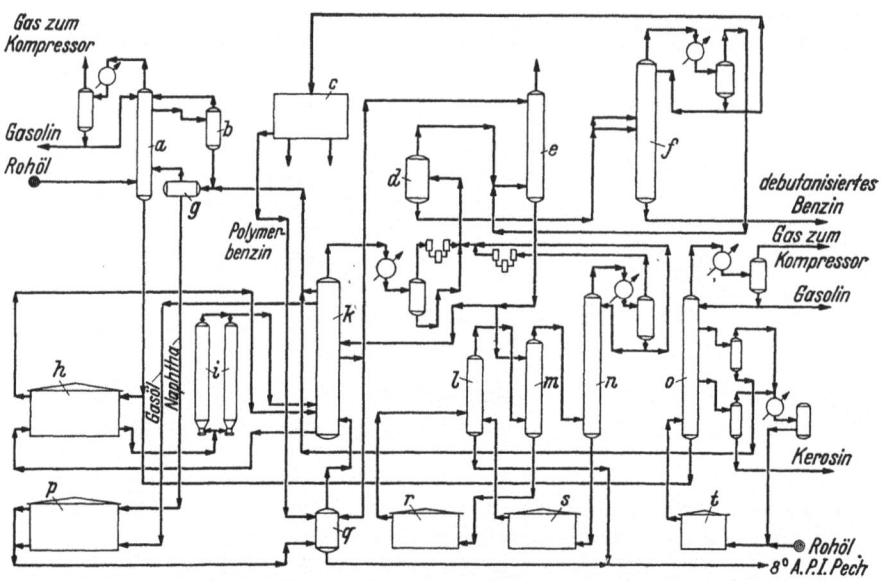

Abb. 156. Schema der Topp- und Krackanlage in Forth Worth.
a Rohöl-Destillationsturm, b Abstreifer, c katalytische Polymerisationsanlage, d Entbutanisierungsgefäß, e Absorber, f Entbutanisierungsturm, g Akkumulator, h Ofen für abgetopptes Rohöl, i Verkokungsgefäße, k Siedeturm, l Verdampfer, m Zwischenverdampfer, n Endverdampfer, o Rohöl-Destillationsturm, p Gasöl-Spalt- und Naphtha-Reforming-Ofen, q Verdampfer, r Ofen für schweres Gasöl, s Ofen für leichtes Gasöl, t Rohölerhitzer.

Benzinabscheider zum Stabilizer geleitet. Der Reformrückstand passiert noch einen Stripper. Aus dem Absorber entweichen dann nur noch Gase. Die dargestellten, sehr vereinfachten Prinzipschemata dürfen nicht darüber hinwegtäuschen, daß Krackanlagen sehr umfangreiche und vielgestaltige Einrichtungen sind. Deshalb ist in Abb. 156 das immer noch ziemlich vereinfachte Fließschema einer der größten in den vergangenen Jahren errichteten Krackanlagen gezeigt, die von der Magnolia Petroleum Co. in Forth Worth (Texas) errichtet wurde und 14000 Faß (rd. 2000 t) täglich verarbeiten kann.

Bei allen Krackprozessen ist das eigentliche Ziel die Erzeugung eines klopffesten Benzines guter Stabilität in möglichst hoher Ausbeute. Die anfallenden Mengen Gas und Koks werden als Nebenprodukte betrachtet, da für sie meist nur geringer Absatz besteht und der für sie zu erzielende Erlös niedrig ist. Gase werden daher im eigenen Betriebe verheizt oder neuerdings durch Alkylierungsprozesse zu Benzin verarbeitet. Für den Koks ist meist weniger günstiger Absatz.

Man ist daher bestrebt, ein stabiles Heizöl zu fabrizieren. Dies ist für die Beheizung von Schiffskesseln bei der Marine usw. als „Bunker Fuel" geschätzt, wenn es genügend stabil ist. Die Erzeugung eines stabilen Heizöles ist damit ein wichtiges kolloidchemisches Problem geworden. Je intensiver man krackt, um so größer ist die Gefahr der Verkokung. Bevor jedoch noch die Abscheidung des Kokses in grobdisperser Form erfolgt, bilden sich kolloidale Kohlepartikelchen in dem Fuel. Es liegt nun im Interesse eines gut geleiteten Betriebes, die Spaltreaktion so durchzuführen, daß sich diese kolloidalen Suspensionen nicht absetzen. Es hat sich nämlich gezeigt, daß die Kohlepartikel ein Vielfaches ihres Eigenvolumens an Heizöl festhalten können. Dabei bilden sich thixotrope Schlämme, die, längere Zeit in Ruhe belassen, nicht mehr verpumpbar sind und wegen ihrer geringen Wärmeleitfähigkeit leicht zum Festbacken an den Heizschlangen der Reservoire neigen.

Der Übergang von einer kolloidalen zu einer grobdispersen Form dieser Kohleteilchen vollzieht sich dabei in einem sehr engen Temperaturbereich. Bei 494° C kann man in manchen Dubbsanlagen noch ganz brauchbare Produkte erhalten, während bei 498° C schon Heizöle entstehen, die zu zahlreichen Reklamationen Anlaß geben. Das eingehende Studium dieser Verhältnisse hat ergeben, daß man zwischen einer Lagerungsstabilität (Storage Stability) und einer thermischen Stabilität (Heat Stability) unterscheiden muß. Von einem Heizöl mit gutem Storage Stability-Test wird verlangt, daß es während der üblichen Lagerdauer von z. B. 6 Monaten in einem Reservoir kein Sediment bildet. Ist dies dennoch der Fall, dann setzen sich auf dem Boden der Reservoire dickflüssige, schlecht wärmeleitende Schlämme ab. Das führt dazu, daß die darüberliegende Flüssigkeit abgepumpt werden muß und man gezwungen ist, den Rest des festgebackenen Schlammes durch Handarbeit ausräumen zu lassen und als minderwertigen Brennstoff zu verkaufen. Oft sind dabei die Manipulationskosten so groß, daß der ganze Brennstoff als verloren gilt. Die ständige Überwachung der Lagerungsstabilität gehört daher zu den permanenten Kontrollanalysen eines geordneten Betriebes.

Eine solche Betriebskontrolle besteht darin, daß das zu untersuchende Fuel (10 g) mit der 10fachen Menge Normalbenzin oder 60er—80er aromatenfreiem Benzin, verdünnt und auszentrifugiert, die überstehende Öllösung dekantiert, das Sediment abermals mit 100 cm³ Normalbenzin aufgeschlämmt, zentrifugiert und die überstehende Lösung dekantiert wird. Das Sediment wird getrocknet und in der tarierten Zentrifugenfiole direkt ausgewogen. Der Prozentgehalt an Sediment ist ein Maß für die Menge Koks, die das Fuel enthält. Diese Analyse ist einfach und schnell durchführbar. Bei genauer Festlegung der Qualität des Fällungsbenzins und der Dauer der Zentrifugierung (z. B. eine Viertelstunde) sind die Werte gut reproduzierbar.

Die Menge des im Heizöl vorhandenen Kokses ist an sich noch kein eindeutiges Maß der Stabilität. Besteht das Sediment aus feinen Teilchen, so kann das Fuel beständig sein, auch wenn relativ viel Sediment darin enthalten ist, weil sich die feinen Teilchen nur äußerst langsam absetzen. Sind die Teilchen jedoch grob, dann sedimentieren sie rasch und geben schon bei einem relativ geringen Gehalt an Sediment Anlaß zu unliebsamen Störungen.

Es ist daher üblich geworden, auch die Korngröße dieser Teilchen zu untersuchen. Die mikroskopische Betrachtung und Auszählung ist möglich, hat sich aber im Betriebe als zu umständlich erwiesen.

Dagegen hat eine Schlämmanalyse mit dem ANDREASENschen Pipettenapparat (Abb. 157) ergeben, daß die Teilchen meist von erstaunlicher Homogenität sind. Mehr als drei Viertel des Sediments besteht aus gleichfälligen Teilchen. Das kann dadurch gezeigt werden, daß man die zu untersuchenden Teilchen in Benzin aufschlämmt, in den ANDREASENschen Pipettenapparat einfüllt und sedimentieren läßt. Von Zeit zu Zeit wird eine Probe von 10 cm³ über den Zweiwegehahn abpipettiert und in einem tarierten Abdampfschälchen eingedampft und getrocknet. Die Gradierung des Apparates besteht aus einer Zentimeterteilung (nicht cm³). Die eingedampfte Probe enthält alle Teilchengrößen, die während der Sedimentationsdauer bis zur Pipettenöffnung abgesunken sind, vorausgesetzt, daß diese so hoch über dem Boden des Gefäßes mündet, daß der darunter liegende Sedimentationsraum hinreichend groß ist, um die abgesetzten Teilchen aufzunehmen. Aus der Fallzeit kann man die Teilchengröße ausrechnen und gegen die Menge des Sediments auftragen. Auf diese Weise werden Kurven von der Art der Summendiagramme erhalten. Bei der Untersuchung von Flash-Suspensionen zeigt sich dann, daß der größte Teil der an der Pipettenmündung vorbeiwandernden Teilchen gleiche Fallzeiten hat.

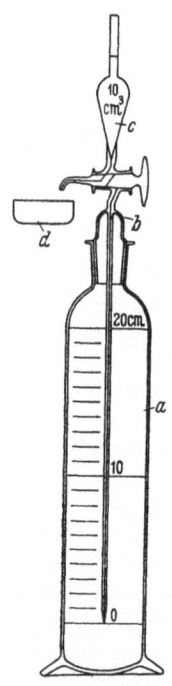

Abb. 157. Pipettenapparat nach ANDREASEN für Sedimentationsanalyse.
a Standzylinder,
b Loch im Verschlußstück,
c Pipette,
d Auffanggefäß.

Gestützt auf diese Tatsache wurde vom Verfasser[1] eine einfache Methode ausgearbeitet, um die Teilchengröße durch Schlämmen zu ermitteln. Nach dieser Arbeitsweise wird das zweimal mit Normalbenzin auszentrifugierte Sediment nochmals mit frischem Normalbenzin aufgeschlämmt und in eine in Zentimeter geteilte, etwa 100 cm³ fassende Bürette eingefüllt. Diese wird im Dunkeln mit Wasser temperiert. Das Aufbewahren im Dunkeln ist notwendig, weil die Löslichkeit der Asphaltene und damit auch ihre Teilchengröße von der Lichtintensität abhängt. Zur Ablesung des meist sehr scharfen Meniskus wird das Ablesefenster am Thermostaten kurzzeitig geöffnet, dabei sind Erschütterungen nach Möglichkeit zu vermeiden. Auf diese Weise läßt sich die Fallgeschwindigkeit der Teilchen in Millimetern pro Minute ablesen,

---

[1] UMSTÄTTER, H.: Bitumen, Asphalte, Teere und Peche Bd. I (1950) S. 40.

woraus die Teilchengröße aus dem STOKESschen Gesetz berechnet werden kann. Hierfür sind eigene Nomogramme vorgesehen. Die erhaltenen Teilchengrößen betragen einige Mikron. Auch für diese Zwecke ist es erforderlich, die Qualität des Benzines sowie die Zahl und Dauer der vorangegangenen Zentrifugierungen genau festzulegen. Gewöhnlich werden 10 g Heizöl eingewogen und mit 100 cm^3 Normalbenzin geschlämmt.

Viel Arbeit ist auch auf die Schaffung eines Heat Stability-Testes verwendet worden. Trotz jahrelanger Versuche ist es jedoch nicht gelungen, sich für eine bestimmte Arbeitsweise zu entscheiden, da die Versuche zu wenig reproduzierbar sind. Sie beruhen darauf, daß durch einen elektrischen Heizkörper Koks aus dem Fuel abgeschieden wird, der ausgewogen werden kann. Dabei müssen Temperatur, Heizfläche, Stromdichte, Heizdauer und Kühlung genau festgelegt werden. Die Versuche ergaben, daß die Wärmeleitfähigkeit kolloidaler Suspensionen ebenfalls stark vom Dispersitätsgrad abhängt. Die oben ermittelten Teilchengrößen geben daher auch Anhaltspunkte über die voraussichtliche „Heat-Stabilität". Ein Fuel wird um so stabiler sein, je feiner die Dispersion seiner Teilchen ist. Ein einwandfreier Heat Stability-Test müßte sowohl die Wärmeleitfähigkeit als auch die Reaktionsgeschwindigkeit bei der Verkokung erfassen. Das ist in Anbetracht des positiven Temperaturkoeffizienten der üblichen elektrischen Heizwiderstände nicht gut möglich. Es kommt leicht zu labilen Gleichgewichten. Tritt an irgendeiner Stelle zufällig eine Wärmestauung auf, dann erhöht sich dort der elektrische Widerstand und die Erwärmung wird noch stärker als an den kälteren Stellen. Das führt örtlich zu starker Verkokung, wodurch die Wärmeleitfähigkeit noch weiter verschlechtert wird und die Temperatur noch stärker ansteigt. Schließlich brennt der Heizkörper an dieser Stelle durch, nachdem sich vorher besonders viel Koks gebildet hat. Die Verwendung von Widerstandsmaterial mit stark negativem Temperaturkoeffizienten ist noch nicht versucht worden, hat aber andere Nachteile, da es verbrennt, so daß für jeden Versuch neue Stäbe in gleichmäßiger Qualität verfügbar sein müßten.

Man hat sich daher einstweilen mit der Bestimmung der Lagerungsstabilität begnügt.

Damit wären die wichtigsten Probleme, die auf dem Gebiete der Spaltung von Kohlenwasserstoffen auftreten, behandelt. In Anbetracht des großen Umfanges, den heute dieser Teil der Fabrikation angenommen hat, ist die Versuchstätigkeit mit erheblichem Kostenaufwand gefördert worden. Die Zahl der auf diesem Gebiete erteilten Patente ist sehr hoch. Es ist zweckmäßig, zur Veranschaulichung des Umfangs der Anlagen das in der Abb. 158 (Titelbild) dargestellte Panorama einer Krackanlage der Wattson-Raffinerie, die einen Teil der Rich Field Corporation bildet, zu betrachten. Sie steht zwei Meilen von Los Angeles (Kalifornien) entfernt und wurde mit einem Kostenaufwand von 5 Millionen Dollar im Jahre 1938 erbaut. Sie verarbeitet in zwei parallelen Einheiten 50000 Barells Einsatzmaterial pro Tag. Es sind Einrichtungen für Entbenzinierung, Stabilisierung, Entschwefelung, Dehydrierung, Entpropanisierung, kaustische Sodawäsche und katalytische Polymerisation vorhanden. Es ist die größte Anlage dieser Art, die auf Grund eines einheitlichen Vertrages gebaut wurde; sie ist von der Firma C. F. Braun & Co., Alhambra (Kalifornien), geliefert worden.

§ 2. Hydrieren und Reduzieren.

Durch die fortschreitende Entwicklung der Motorisierung steigt der Verbrauch an leichten Erdöldestillaten, die für Otto-Treibstoffe in Frage kommen. Diese müssen durch zusätzliche synthetische Prozesse hergestellt werden, da der natürliche Anfall im Erdöl nicht dem Bedarf entspricht. Es besteht daher ein erheblicher Überschuß an minderwertigen Erdölrückständen, die nicht alle auf höherwertige Produkte, wie z. B. Schmieröle, verarbeitet werden können. Der Anfall an Păcură, Masut und ähnlichen Rückständen usw. ist daher so groß, daß sie nicht alle günstig verwertet werden können. Aus diesem Grunde konnten auch die modernen Solvent-Extraktionsverfahren, die mit relativ geringen Ausbeuten arbeiten, so hohe Bedeutung erlangen. Trotzdem sind auch rein synthetische Verfahren zur Erzeugung von Schmierölen nicht ohne Bedeutung geblieben. Die Qualität der durch Hydrierung herstellbaren Öle ist besonders bei hohen Ansprüchen an ihre Beständigkeit von Interesse. Sie spielt da eine große Rolle, wo Erdöle fehlen und Kohle als Ausgangsprodukt verwendet werden muß.

Die Reaktionen, die hier ablaufen, sind relativ einfach im Vergleich zu den Krack- und Alkylierungsprozessen. In der Regel handelt es sich um Anlagerung von Wasserstoff an Doppelbindungen, wozu besonders Olefine befähigt sind. Es gelingt aber auch, die Einführung von Wasserstoff in aromatische Kerne, besonders dann, wenn Seitenketten vorhanden sind. Das trifft immer bei den Schmieröl-Kohlenwasserstoffen zu, seltener und unerwünscht ist eine Hydrierung, bei der Ringe gesprengt werden, weil dadurch Paraffine entstehen und die Stockpunkte der Öle verschlechtert werden.

Wird Wasserstoff nicht nur angelagert, sondern unter Abspaltung von Sauerstoff, Schwefel usw. substituiert, dann spricht man von einer Reduktion. Solche Reduktionen sind erwünscht, da die Kohlenwasserstoffe auf diese Weise von unbeständigen Verbindungen „gereinigt" werden. Besonders Aldehyde, die leicht zu Kondensations- und Polymerisationsreaktionen neigen, lassen sich auf diese Weise unschädlich machen. Die Hydrierung ist daher bei solchen Verbindungen von großem Nutzen, die arm an Wasserstoff und reich an sauerstoffhaltigen Verbindungen sind.

Einen Überblick über solche Verbindungen gibt die Tabelle 7, die bei der Strukturanalyse der Erdöl-Kohlenwasserstoffe (S. 109) mitgeteilt wurde.

Von den Erdöldestillaten sind daher besonders die Schmierölfraktionen für die Hydrierung geeignet. Sie haben den Vorteil eines genügend hohen Preises, so daß die relativ hohen Kosten der Hydrierung von diesen Produkten am leichtesten getragen werden können. Die Hydrierung ist im Gegensatz zur Spaltung exotherm (Tabelle 36).

Tabelle 36. *Wärmetönung und Gleichgewichtskonstante von Hydrierreaktionen.*

Reaktion	Wärmetönung cal/mol	log K bei 200°	bei 300°	bei 400°
$C_6H_{12} + H_2 = C_6H_{14}$	32000	−8,5	−6,1	−2,6
$C_{12}H_{24} + H_2 = C_{12}H_{26}$	36000	−10,6	−7,5	−4,1
$C_{16}H_{32} + H_2 = C_{16}H_{34}$	37000	−11,2	−8,0	−4,4
$C_6H_6 + 3 H_2 = C_6H_{12}$	54000	−5,2	−0,3	+4,0
$C_{10}H_8 + 5 H_2 = C_{10}H_{18}$	74000	−2,9	+3,9	+11,4
$C_{10}H_8 + 2 H_2 = C_{10}H_{12}$	30000	−1,4	+1,3	+4,4
$C_{10}H_{12} + 3 H_2 = C_{10}H_{18}$	44000	−1,6	+2,6	+7,1

Daraus geht hervor, daß die Gleichgewichtskonstanten mit steigender Temperatur anwachsen (positiver Logarithmus). Sie werden daher nach der Dehydrierung (Spaltung) verschoben. Durch Erhöhung der Wasserstoffkonzentration (Druck) und Erniedrigung der Temperatur wird die Hydrierung begünstigt. Die zu geringe Reaktionsgeschwindigkeit muß dann durch Herabsetzung der Aktivierungsenergie katalytisch beschleunigt werden. Die wesentlichen Unterschiede zwischen Hydrierung und Spaltung sind daher folgende: Für die Spaltung kommen vorwiegend hohe Temperatur und mittlerer Druck (ohne Katalysatoren) in Frage. Die Hydrierung dagegen wird durch relativ tiefe Temperatur und hohen Druck bei Gegenwart von Katalysatoren begünstigt.

Mit steigendem Molekulargewicht nehmen die Gleichgewichtskonstanten erst bei tieferen Temperaturen nennenswerte Beträge an und liegen bei den Aliphaten höher als bei den Aromaten und ungesättigten Kohlenwasserstoffen. Auch die Bildung der Hydroaromaten wird gegenüber den Aromaten bevorzugt.

Der Erfolg einer Hydrierung hängt in hohem Maße von der Wirksamkeit des Katalysators ab. Wegen der Verunreinigungen, insbesondere wegen der Schwefelverbindungen, müssen die Katalysatoren giftfest sein. Elemente der 8. Gruppe des Periodischen Systems, die diese Bedingungen im allgemeinen nicht erfüllen, kommen daher für die Hydrierung von Brennstoffen und Schmierstoffen nicht in Frage. Dagegen haben sich die Sulfide der Elemente der 6. Gruppe des Periodischen Systems als brauchbar erwiesen. Häufig genügt es, die Oxyde oder Salze des Wolframs und Molybdäns zuzusetzen, die sich dann mit dem Schwefel des Einsatzmaterials in Sulfide umwandeln.

Bei der Hydrierung leicht flüchtiger Kohlenwasserstoffe in der Gasphase ordnet man den Katalysator fest auf einem porösen Träger an. Die Hydrierung schwerer Kohlenwasserstoffe in flüssiger Phase kann auch mit fein verteiltem Katalysator in der sogenannten „Sumpfphase" erfolgen.

Der Bau der Hydrieranlagen hat manches Werkstoffproblem aufgeworfen. Es mußte ein gegen die Diffusion des Wasserstoffes widerstandsfähiges Material gefunden werden, das gleichzeitig hohe mechanische und thermische Festigkeit zeigt. Hierbei konnte an die Erfahrungen bei der Ammoniaksynthese angeknüpft werden. Das Problem wurde schließlich durch Trennung des Reaktionsraumes vom Druckraum ge-

328   Hydrieren und Reduzieren.

löst. Dadurch kann man Werkstoffe verwenden, die nur der einen Anforderung zu genügen brauchen, während die andere Aufgabe von dem zweiten Werkstoff bewältigt wird.

Als Werkstoff für Hydrierungsapparate hat sich ein Chrom-Molybdän-Stahl mit 3,0% Cr, 0,5% Mo und 0,12 bis 0,15% C bewährt. Dieser ist bei 350 bis 450° C gut brauchbar. Für höhere Beanspruchung von etwa 500 bis 600° C kommen vor allem die rostfreien austenitischen Stähle mit 18% Cr und 8% Ni in Frage.

Neuerdings werden Hydriergefäße von innen mit höher legierten Stahlsorten ausgekleidet, während man die dem chemischen Angriff nicht ausgesetzten Druckkörper aus schwächer legierten Sorten herstellt.

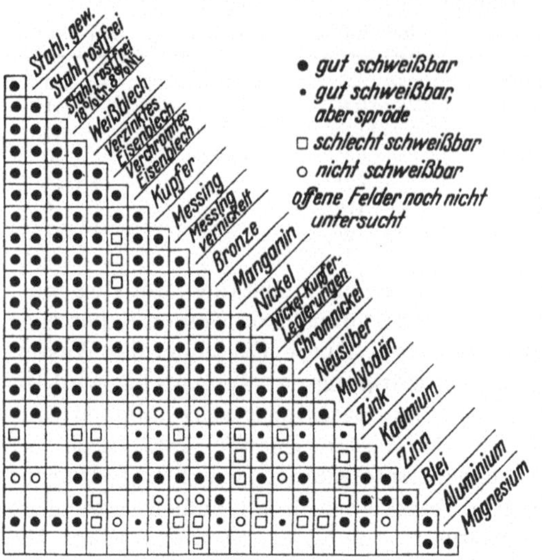

Abb. 159. Punktschweißbarkeit verschiedener Werkstoffe (nach FERGUSON).

Für die Schweißbarkeit der verschiedenen Metalle, die hohen Druckbeanspruchungen ausgesetzt sind und daher nicht spröde Schweißnähte

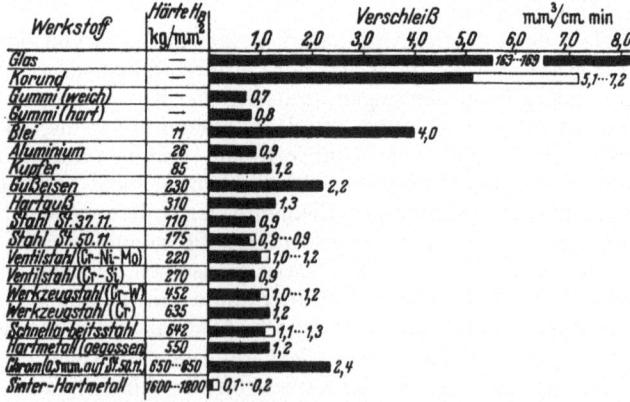

Abb. 160. Sandstrahlverschleiß verschiedener Werkstoffe. Anstrahlwinkel 90°, Querschnitt des Strahles 3,1 cm², Luftdruck 2 atü, Korngröße des Quarzsandes bis 1 mm Durchm., Abstand der Düse von der angestrahlten Fläche 60 mm, Versuchsdauer 2 min.

geben dürfen, kann die Tafel in Abb. 159 zur Orientierung dienen. Über die Widerstandsfähigkeit gegen Verschleiß gibt dagegen die Prüfung mit dem Sandstrahlgebläse bei verschiedenen Werkstoffen Auskunft. Die dabei ermittelten Größen, in Abb. 160 graphisch dargestellt, sind besonders für Ventilbaustoffe von Bedeutung. Man sieht, daß sich hierbei die Sinterhartmetalle am günstigsten erweisen. Es besteht jedoch keine strenge Proportionalität zwischen der Brinellhärte und dem Sandstrahlverschleiß.

Der Arbeitsgang einer Hydrierung gestaltet sich schematisch etwa wie folgt: Eine Pumpe saugt die Charge aus dem Speisebehälter und drückt sie zusammen mit dem Frischwasserstoff über einen Wärmeaustauscher und Vorheizer in die Hydrieröfen. Von hier gelangt das Reaktionsgut in den Heißabscheider, von wo die abgetrennten Gase durch den Wärmeaustauscher zurück in den Prozeß geleitet werden. Auskleidungen hat nur der Wärmeaustauscher in Form von Röhrenbündeln. Die Hydrieröfen sind als Reaktionskammern ausgeführt. Der Katalysator wird zusammen mit dem Hydriergut verpumpt.

Die wärmetechnische Beherrschung des exothermen Hydriervorgangs erfordert eine rigorose Temperaturkontrolle und wird durch zeitweises Zumischen von Kaltwasserstoff geregelt. Der Wasserstoff kann elektrolytisch oder aus Wassergas gewonnen werden. Die Hydrierung wird selten in Raffinerien und häufiger in Synthese-Werken durchgeführt. Sie gehört daher mehr zur kohleverarbeitenden Industrie als zur Erdöl-Industrie und wurde daher hier nur kurz behandelt.

§ 3. Kondensation und Polymerisation.
a) Allgemeines.

Wie man durch Krackprozesse schwere Kohlenwasserstoffe in leichte überführt, so wird neuerdings versucht, durch Alkylierung und Polymerisation umgekehrt leichte, insbesondere gasförmige, Kohlenwasserstoffe in schwerere, vor allem in Benzine, überzuführen. Bei den Krackprozessen liegt der Schwerpunkt der Fabrikation auf der Gewinnung zusätzlicher Mengen Benzin. Bei den Alkylierungsprozessen dagegen steht die Gewinnung höchstwertiger Fliegerkraftstoffe mit hoher Oktanzahl im Vordergrund. Nur insofern, als man durch weitgehende Aufbesserung der Grundbenzine deren mittlere Oktanzahl erhöht, kann auch hier eine merkliche Erhöhung der Gesamtproduktion erzielt werden. Die Deplacierung minderwertiger, paraffinöser Benzine in Motorkraftstoffe ist nicht immer der eigentliche Zweck der Fabrikation.

Auch die Arbeitsweisen sind bei den Alkylierungsprozessen von den Krackverfahren verschieden. Da vorwiegend unreine Erdölrückstände der Spaltung unterworfen werden, ist die Anwendung von Katalysatoren, insbesondere wegen der Abscheidung von Koks, erschwert. Deshalb werden Spaltungsreaktionen vorwiegend bei erhöhter Temperatur ohne Katalysatoren durchgeführt. Bei den Gasen dagegen wendet man zur Alkylierung Katalysatoren (meist Schwefelsäure) an und führt die Reaktion bei tiefer Temperatur durch. Wegen des meist exothermen Verlaufs der Polymerisationsreaktionen liegen die günstigsten Gleichgewichte ebenfalls bei tieferen Temperaturen.

Die Reaktionen, die hier ablaufen, hängen in hohem Maße von den Ausgangsprodukten und den Reaktionsbedingungen ab. Am häufigsten wird Isobutan und Butylen bei Gegenwart von Schwefelsäure zur Reaktion gebracht. Das tertiäre Kohlenstoffatom ist reaktionsfähiger als das primäre. Darum geht die Alkylierung leichter an Isoparaffinen vor sich als bei Normalparaffinen. Ebenso lagert sich Schwefelsäure leicht an Olefinbindungen an. Es tritt eine Verschiebung der Ladungen nach folgendem Schema von BIRCH, DUNSTAN und WATERS ein:

$$\begin{array}{c}CH_3\\CH_3\end{array}\!\!>\!\!C=CH_2 + H_2SO_4 \rightarrow \begin{array}{c}CH_3\\CH_3\end{array}\!\!>\!\!\overset{+}{C}\!\!-\!\!CH_3 + HSO_4^-$$

$$\begin{array}{c}CH_3\\CH_3\end{array}\!\!>\!\!CH\!-\!CH_3 + HSO_4^- \rightarrow \begin{array}{c}CH_3\\CH_3\end{array}\!\!>\!\!CH\!-\!CH_2 + H_2SO_4$$

$$\begin{array}{c}CH_3\\CH_3\\CH_3\end{array}\!\!>\!\!C^+ + {}^-CH_2\!\!-\!\!CH\!\!<\!\!\begin{array}{c}CH_3\\CH_3\end{array} \rightarrow CH_3\!-\!\underset{\underset{CH_3}{|}}{\overset{\overset{CH_3}{|}}{C}}\!-\!CH_2\!-\!CH\!-\!CH_3$$
$$\overset{}{}\underset{CH_3}{|}$$

Über eine Anzahl unstabiler Zwischenprodukte entsteht dann Isooktan. Bei Reaktionen dieser Art handelt es sich um reine Polymerisationen, da das Endprodukt die gleiche prozentuale Zusammensetzung hat wie die Ausgangsprodukte und die Schwefelsäure aus der Reaktion unverändert hervorgeht. Es können aber auch die reaktionsfähigen Isobutane miteinander reagieren und unter Wasserstoffaustritt zusammentreten. In diesem Falle wird aus zwei Molekülen Kohlenwasserstoff und einem Molekül Schwefelsäure ein Molekül Wasser abgetrennt. In diesem Falle ist die entstandene Verbindung wasserstoffärmer als die gesättigten Ausgangsprodukte, und die Schwefelsäure wird verdünnt. Solche Reaktionen, die unter Wasseraustritt vor sich gehen, nennt man Kondensationsreaktionen. Die technische Alkylierung verläuft in der Tat unter Verdünnung der Schwefelsäure. Beim Vorherrschen der Kondensationsreaktionen, bei denen also Schwefelsäure verbraucht wird, kann der Prozeß sehr kostspielig werden, wenn man die verdünnte Abfallsäure nicht für andere Zwecke, z. B. zur Raffination von Schmierölen oder Krackbenzin, verwenden kann.

Es ist auch nicht gleichgültig, welche Polymerisations- oder Kondensationsprodukte hierbei entstehen. Die Oktanzahlen der hierbei anfallenden Produkte hängen stark von der Verzweigung der Ketten ab. Sie können Werte von 24 bei einfacher Verzweigung und 103 bei mehrfacher Verzweigung annehmen, während der Wert beim n-Oktan 11 beträgt. Es leuchtet ein, daß es unter diesen Umständen mitunter zweckmäßiger ist, nur Isoverbindungen zu alkylieren statt Olefine, die auch in langkettiger Form reaktionsfähig sind. Ein Gemisch von gesättigten Isoparaffinen hat zwar den Nachteil eines größeren Schwefelsäureverbrauchs, bietet aber auch die Gewähr, daß nur hochwertige Verbindungen entstehen. Diesen Kompromiß sucht man neuerdings dadurch zu umgehen, daß man die Produkte isomerisiert.

Solche Isomerisationen, die mit einem relativ geringen Wärmeaufwand verlaufen, sind daher von großer Bedeutung, weil damit nicht nur die Alkylatbenzine verbessert werden können, sondern das Problem auch für die große Masse der paraffinösen Straight-Run-Benzine interessant ist.

Es hat sich gezeigt, daß entsprechend der geringen Wärmetönung die Gleichgewichtslagen so günstig liegen, daß Isomerisationen schon bei 285 bis 430° C (meist aber bei etwa 330°C) ausgeführt werden können. Als Katalysatoren kommen vorwiegend Aluminiumchlorid, aber auch Superfiltrol, Phosphorsäure u. a. in Frage.

Ähnliche Verhältnisse liegen auch bei der Zyklisierung vor. Auch hier kann durch Kondensationsreaktionen oder bei Ungesättigten durch

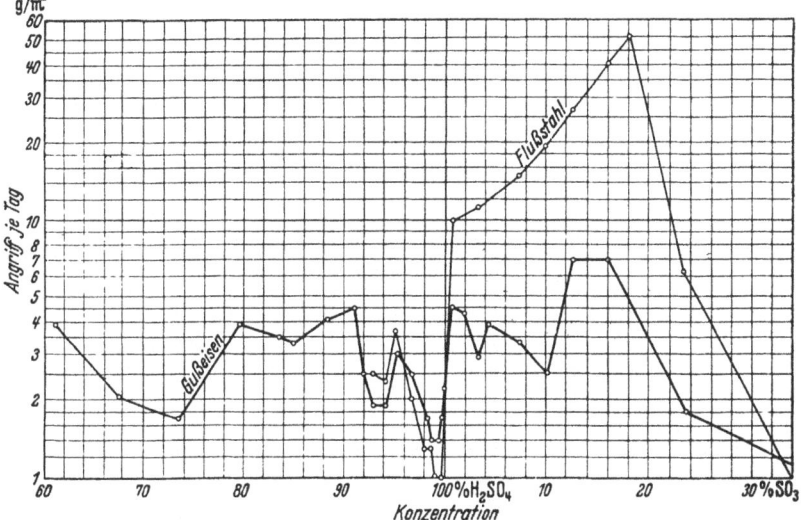

Abb. 161. Korrosion von Gußeisen und Flußstahl durch Schwefelsäure.

Polymerisationsreaktionen Ringbildung eintreten, womit ebenfalls eine Verbesserung der Oktanzahlen verbunden ist.

Alkylierungsanlagen werden daher häufig durch Isomerisationsanlagen ergänzt. Die Alkylierung wird aber in der Regel nur da interessant, wo umfangreiche Krackanlagen schon bestehen und genügend ungesättigte Gase zur Polymerisation zur Verfügung stehen. Wenn solche erst aus Straight-Run-Gasen durch Pyrolyse erzeugt werden müssen, ist dies eine zusätzliche Komplikation, die nur unter besonderen Umständen rentabel ist.

Alkylierungsprozesse sind wegen des Chemikalienverbrauchs stets teure Verfahren und stellen hohe Anforderungen an die Überwachung. Desgleichen müssen die verwendeten Apparatteile aus teuren korrosionsfesten Werkstoffen hergestellt sein, weil Gußeisen z. B. widerstandsfähiger ist als Flußstahl, wie Abb. 161 zeigt. Ein zuverlässiges Urteil über die Zukunftsaussichten dieser neuen Verarbeitungsverfahren wird man sich erst bilden können, wenn die im Kriege gesammelten Erfahrungen bekanntgeworden sind. Auch wird noch einige Zeit der Bewährung vergehen müssen, ehe man über die Rentabilität in normalen Zeiten etwas auszusagen vermag.

Um sich einen Begriff über die Kosten und das Ausmaß solcher Anlagen bilden zu können, sei das Fließschema einer Alkylat-Benzin-Anlage für 32400 t/a (bei 8000 Betriebsstunden) in der Abb. 162 erläutert.

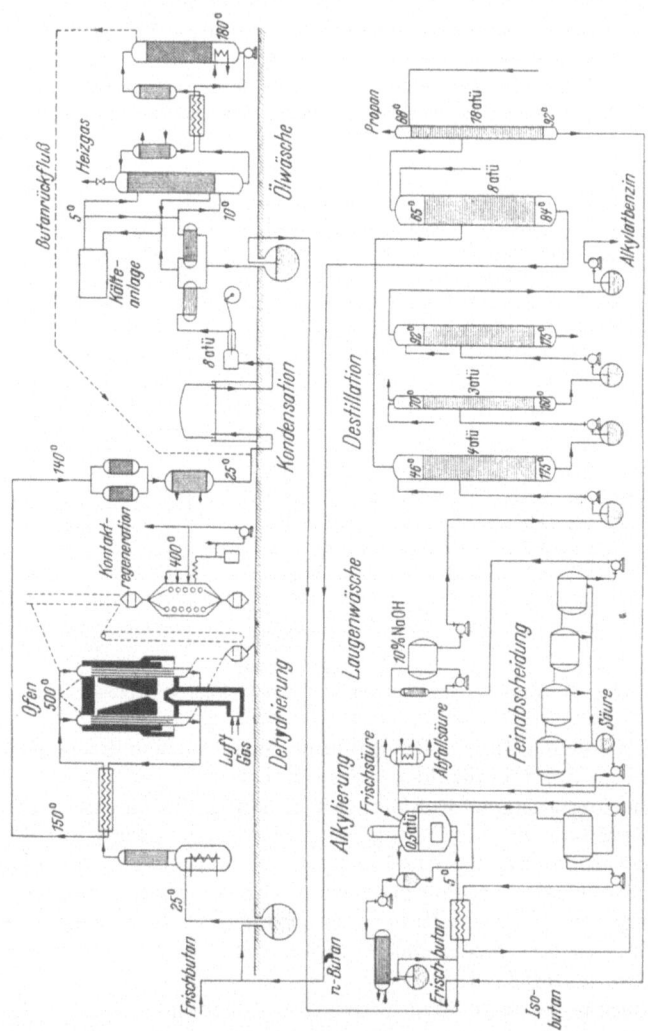

Frischbutan durchstreicht nach Vorreinigung und Wärmeaustausch den Dehydrierofen, wo es bei 500 bis 580° C gespalten und nach Abkühlung auf 140° C bzw. 25° C in einem Gasometer aufgefangen wird. Von hier gelangt es, durch eine Kälteanlage verflüssigt und von leichten Gasen befreit, zur eigentlichen Alkylierungsanlage, wo es bei 0° C und 0,5 atü mit Schwefelsäure behandelt wird. Das Alkylat durchwandert einen Schwefelsäureabscheider und kommt nach einer Feinabscheidung in die Laugenwäsche, wo es mit 10%iger Natronlauge von den letzten Spuren Säure befreit wird. Von hier wird es in die Destillationsanlage gepumpt, in der es von Gasen und nicht umgesetzten Komponenten gereinigt wird. Letztere wandern wieder in den Prozeß zurück. Die Dehydrieranlage ist mit einer Kontaktregeneration ausgerüstet, die Ölwaschanlage liefert das bei der Verflüssigung nicht niedergeschlagene, gereinigte Gas, welches in den Gasometer zurückgeleitet wird. Die Destillationsanlage ist ferner mit einer Debutanisierungs- und Depropanisierungskolonne ausgerüstet.

Anlagen dieser Art gehören schon zum Teil zur kohleverarbeitenden Industrie, wenngleich auch ihre Rentabilität in den erdölverarbeitenden Ländern größer sein dürfte. Hierher gehört auch die Kautschuksynthese aus Petroleumprodukten, die hauptsächlich von amerikanischer Seite entwickelt wurde, nachdem in Deutschland die Synthese aus Butadien gelungen war.

b) Synthetischer Kautschuk.

Anlaß zu dieser Erzeugung in den Vereinigten Staaten von Amerika gab vor allem der hohe Stand der Entwicklung bei den Krackprozessen. In den Krackgasen sind nämlich größere Mengen Isobutylen und Butan enthalten. Isobutylen läßt sich über Polyisobutylene zu Produkten polymerisieren, die in Deutschland unter der Bezeichnung Oppanol, Vistanex usw. bekannt sind und zur Gruppe der nichtvulkanisierbaren Kautschuksorten gehören. Aus Butan können dagegen über Butylen und Butadien die Polybutadiene und Mischpolymerisate hergestellt werden. Es sind dies Kunstkautschuke vom Typus SKA, SKB, Buna S (mit Styrol) und Perbunan (mit Acrylnitrit); sie werden in den Vereinigten Staaten von Amerika als GR-S (= Buna S) u. ä. bezeichnet.

Die Konstitution dieser Stoffe kann durch folgende Grundbausteine dargestellt werden:

Polyisobutylene (Isobuten)

$$\cdots - CH_2(- \overset{CH_3}{\underset{CH_3}{C}} - CH_2)_x - \overset{CH_3}{\underset{CH_3}{C}} - CH_2 -$$

Polybutadiene (Zahlenbuna)

$$\cdots (- \overset{H_2}{C} - \overset{H}{C} = \overset{H}{C} - \overset{H_2}{C})_x - \overset{H}{C} = \overset{H}{C} - \overset{H}{C} - \overset{H_2}{C}$$

Mischpolymerisat (Buna S)

$$\cdots (-\overset{H_2}{C}-\overset{H}{\underset{R}{C}} = \overset{H}{C}-\overset{H_2}{C}-\overset{H_2}{C}-\overset{H}{C})_x - \overset{H_2}{C}-\overset{H}{\underset{R}{C}} = \overset{H}{C}-\overset{H_2}{C}-\overset{H}{C} = \overset{H}{C}$$

In diesen Formeln bedeutet R einen Styrolrest, im Falle des Mischpolymerisates Perbunan ist R ein Vinylcyanidrest. Sind einige Wasserstoffe an der konjugierten Doppelbindung durch Chlor ersetzt, dann hat man Chloroprene oder Neoprene. Sind die Substituenten Methylgruppen, dann sind es Polydimethylbutadiene oder Methylkautschuke.

Welche Eigenschaften hierbei erreicht wurden, möge die Tabelle 37 nach HOUWINK zeigen. Daraus geht hervor, daß Perbunan, Neopren und Perduren wesentlich ölbeständiger sind als Naturkautschuk, desgleichen der nicht vulkanisierbare Mipolam (MP)-Kunststoff. Wesentlich schlechter sind dagegen die mechanischen Eigenschaften und das elektrische Verhalten dieser Kunstprodukte. Nur bei Oppanol B 200 ist der dielektrische Verlustwinkel dem des Naturkautschuks überlegen. Wenn auch die mechanischen Eigenschaften dieser Produkte zuweilen diejenigen des Kautschuks in einzelnen Fällen übertreffen, so sind in dieser Hinsicht entscheidende Fortschritte noch nicht erreicht worden.

Man erkennt daraus, daß die Kunstkautschuke als Isoliermaterial für elektrische Kabel und als Dichtungsmaterial bei Ölleitungen nicht nur Ersatzstoffe sind, sondern neue Werkstoffe von überlegener Qualität darstellen.

Tabelle 37. *Eigenschaften von synthetischem Kautschuk.*

Nr.	Einheit / Mischung	Zugfestigkeit[1] kg/cm²	Bruchdehnung %	Kerbzähigkeit kg/cm²	Bleib. Deformation nach 24 Std. auf 200 % Dehnung %	Alterung. Zeit für 25% Festigkeitsabnahme in Luft von 70° C (GEER-EVANS) Wochen	Diel. Verlustfaktor[2] (tg ε) bei 800 Hz 10⁻⁴	Ölbeständigkeit b = best. m = mäßig L = löslich oder unbestimmt (stark quellend) Benzin u. Öl	Benzol
	A. vulkanisierbar								
1	Naturkautschuk + 25 Vol.-% Ruß. . . .	310	600	200	10	25	30	L	L
2	Buna S + 30Vol.-%Ruß	230	600	60	10	15	50	L	L
3	Perbunan + 30Vol.-%Ruß	280	600	60	10	20	170	b	L
4	Neopren G + 17 Vol.-%Ruß	280	750	180	6	20	300[4]	b	L
5	Perduren H + 25 Vol.-%Ruß	80	200	45	—[3]	16	70	b	m
	B. nicht vulkanisierbar								
6	Oppanol B 200	50	1000	—	90	3	4	L	L
7	Mipolam MP+Weichmacher	180	220	150	>100	gut	1000 bei 50 Hz	b	L
	C. zum Vergleich Mindestwerte bei d. Gummiprüfung (für durchschnittliche technische Zwecke)	125	300	—	max. 20	—	—	—	—

⌐⌐ bedeutet: wesentlich besser als für Naturkautschuk.
⌐⌐ bedeutet: wesentlich schlechter als für Naturkautschuk.

---

[1] An Stäbchen von 1 mm Stärke gemessen.
[2] Mischungen ohne Ruß und mit für Isolationszwecke geeigneten Fremdstoffen, z. B. Talkum.
[3] Kann bei Dauerbelastung nur bis 75% gedehnt werden. Die bleibende Deformation beträgt dann schon 6%.
[4] Für Neoprene E.

Was den chemischen Bildungsvorgang anbetrifft, so ist zu sagen, daß die Kondensation einen wesentlich anderen Verlauf nimmt als die Polymerisation. Ein typischer Fall von Polymerisation ist die Aufbaureaktion der Polystyrole aus ihrem Monomeren

$$R\,CH = CH_2,$$

worin R einen Phenylrest darstellt. Hierbei verläuft der Prozeß anfangs langsamer, später schneller, so daß eine gewisse Induktionsperiode, die stark temperaturabhängig ist, erkennbar wird. Es handelt sich wahrscheinlich um Kettenreaktionen. Die Aktivierungsenergien betragen 10,3 cal/mol bei Methacrylsäureester und bis 23,5 cal/mol bei Polystyrol. Der Vorgang läuft in zwei Phasen ab: der Startreaktion, bei der die Doppelbindungen aktiviert werden und der eigentlichen Wachstumsreaktion, bei der die Verkettung stattfindet. Diese hält so lange an, bis die Kette abbricht (Abbruchreaktion) und das Makroradikal in ein Makromolekül übergeht. Durch Katalysatoren können bestimmte Teilreaktionen beschleunigt, durch Inhibitoren verzögert werden. Der Verlauf der Gesamtreaktion läßt sich durch diese Hilfsmittel beeinflussen. Als Katalysatoren sind z. B. Benzoylperoxyd, Zinntetrachlorid usw. bekannt. An Inhibitoren für die Aktivierung sind Chinone, für den Abbruch Phenole zu nennen.

Anders liegen die Verhältnisse bei der Kondensation, wo die Höhe des Molekulargewichtes von der Menge der gebildeten Austrittsprodukte abhängt. Das ist z. B. der Fall bei der Kondensation von Parakresol und Formaldehyd unter Wasseraustritt. Hier kann die Reaktion durch wasserentziehende Mittel beschleunigt werden. Letzteres ist in der zähen Masse bei der schlechten Diffusion nicht ganz einfach. Die hierbei erreichten Molekulargewichte sind daher in der Regel in ihrer Höhe beschränkt. Dadurch ergibt sich im Gang der Kondensationsreaktion ein grundsätzlich anderer Verlauf. Die anfänglich rasch ablaufende Reaktion verlangsamt sich immer mehr. Es leuchtet ein, daß solche Polymerisations- und Kondensationsreaktionen nicht zu einheitlichen Produkten führen, sondern daß polymolekulare Gemische mit einer bestimmten Verteilungsfunktion des Molekulargewichtes entstehen. Das mittlere Molekulargewicht wird um so größer, je niedriger die Polymerisationstemperatur ist. Man kann diese Verteilungsfunktion sogar berechnen, und zwar aus der Reaktions-Geschwindigkeitskonstante.

Von Einfluß ist auch der Dispersionsgrad, in dem die Monomere vorliegen. Man spricht von einer Blockpolymerisation, wenn die Reaktion in einem festen Zustand abläuft. Eine Lösungspolymerisation liegt vor, wenn die Monomere gelöst sind, und eine Emulsionspolymerisation, wenn die Monomere in Emulsion vorliegen. Die Lösungspolymerisation wirkt kettenabbrechend und führt zu relativ niedrigen Polymerisationsgraden. Am beliebtesten ist die Emulsionspolymerisation, besonders in der Form ohne Emulgator als Perlpolymerisation, bei der die feine Verteilung durch geeignete Rührvorrichtungen aufrechterhalten wird. Man erspart sich auf diese Weise die Reinigung von dem Emulgator und erhält einheitlichere Polymerisationsprodukte als bei den übrigen Verfahren. Die Makromolekülbildung kann in zwei verschiedenen Richtungen erfolgen:

1. durch Kettenpolymerisation, wobei langgestreckte Moleküle entstehen, die vorwiegend thermoplastische Eigenschaften haben, und
2. durch Vernetzung zu räumlichen Gebilden, die vorwiegend harte, schwer schmelzbare, harzartige Produkte liefern.

Wenn die Vernetzung nachträglich durch Brücken an vereinzelten Stellen, etwa durch Schwefel od. dgl. erfolgt, entstehen Stoffe mit hochelastischen Eigenschaften vom Typus des Kautschuks. Diesen Vorgang nennt man Vulkanisation.

Mit dem Polymerisationsgrad ändern sich im allgemeinen die physikalischen Eigenschaften sehr stark. Es steigt der Schmelzpunkt bei niederen Gliedern langsamer als bei den höheren; der Zersetzungspunkt fällt bei niederen Gliedern stärker als bei höheren. Umgekehrt steigt der Siedepunkt bei niederen Gliedern stärker an als bei höheren, wobei zu beachten ist, daß nur die ganz niedrigen Glieder unzersetzt destillieren.

Die Kunststoffindustrie ist trotz der Mannigfaltigkeit, mit der sie heute schon in Erscheinung tritt, noch in den Anfängen ihrer Entwicklung. Es ist anzunehmen, daß sie sich selbständig vervollkommnen wird, auch wenn in Zukunft mehr Rohstoffe der Erdöl-Industrie zur Synthese herangezogen werden sollten als heute.

c) Voltolverfahren.

Ein eigenartiger, mit den bisher besprochenen Prozessen zwar vergleichbarer, jedoch mit anderen Mitteln durchgeführter Prozeß zur Polymerisation und Kondensation von Kohlenwasserstoffen und Fetten ist der Voltolprozeß. Der Hauptzweck ist die Herstellung hochwertiger Schmierölzusätze, die, in geringer Menge den Grundölen einverleibt, deren Viskositäts—Temperatur-Kurve wesentlich verbessern. Er beruht auf der Beobachtung BERTHELOTS, wonach im Vakuum dem Einfluß elektrischer Glimmentladungen ausgesetzte Kohlenwasserstoffe und Fette eindicken. Wie NERNST nachgewiesen hat, handelt es sich hierbei um eine Stoßionisation der Ölmoleküle, bei der merkliche Mengen Wasserstoff abgespalten werden, wobei sich die entstehenden Radikale zu größeren Molekülkomplexen verbinden. Der Wasserstoff kann „in statu nascendi" hydrierend auf ungesättigte Verbindungen wirken, wie man an der Abnahme der Jodzahl ungesättigter Kohlenwasserstoffe, z. B. bei chinesischem Holzöl, nachweisen kann. Es ist aber bei Anwendung von höherem Vakuum auch möglich, den Prozeß so zu leiten, daß wasserstoffärmere Verbindungen entstehen, um so z. B. aus halbtrocknenden Ölen besser trocknende zu machen. Wie aus Tabelle 38 hervorgeht[1], spielen sich hierbei sowohl Kondensations- als auch Polymerisationsreaktionen ab.

Die exothermen Reaktionen ergeben die günstigsten Ausbeuten bei tiefer Temperatur. Da beim Voltolprozeß Wasserstoff frei wird, wird der Reaktionsverlauf durch Druckverminderung begünstigt. Bemerkens-

---

[1] RUMMEL, TH.: Wiss. Veröff. Siemens-Werk, Werkst. Sonderh. 1947, S. 278.

wert ist, daß zwischen der zugeführten elektrischen Energie und der Polymerisation eine gewisse Proportionalität besteht, indem die pro Amperestunden und Liter erzielte Viskositätserhöhung der Zeit exponentiell proportional ist, so daß

$$d \log \eta / d \,\text{Ah} = K$$

ist, worin

η die Viskosität in Poise,
Ah die Elektrizitätsmenge in Ah und
K eine Konstante

sind. Die hierzu nötigen Stromstärken sind um viele Größenordnungen geringer als bei der Elektrolyse, so daß die FARADAYschen Gesetze hier

Tabelle 38.

Einsatzmaterial	Wärmetönung % der zugeführten elektrischen Energie	Änderung der Jodzahl
Paraffinöl . . .	98 %	von 2,54 auf 23,15 %
Tallöl	113 %	von 171,8 auf 156,2 %
Holzöl	115,3 %	von 171,8 auf 156,2 %

nicht quantitativ gelten. Ein gewisser Einfluß der Frequenz macht sich bemerkbar, wie folgende Tabelle zeigt:

Bei 50 bis 10000 Hertz ist $K = 0,2$,
,, 320000 ,, ,, $K = 0,04$,
,, Tesla-Strömen ,, ,, $K = 0,00$,

Merkwürdig ist ferner, daß die Ausbeute bei einer Stromdichte von 0,003 bis 0,039 Amp/dm² nahezu konstant ist, während sie über 0,39 Amp/dm² merklich abfällt. Wird der Voltolprozeß in der Dampfphase durchgeführt, indem man den Dampf unter Vakuum in eine Siemensröhre leitet, dann kann die Energieausbeute auf das 30fache ansteigen.

Die nach dem Voltolverfahren hergestellten Öle haben eine außerordentlich flache Viskositäts—Temperatur-Kurve. Es können Öle hergestellt werden, die bei 100° C noch eine Viskosität von über 100° E zeigen und trotzdem bei Zimmertemperatur noch gut flüssig sind. Da bei dem Voltolprozeß unter Umständen auch Energie frei wird, kann der Aufwand an elektrischer Energie nicht zur Deckung der Reaktionsenthalpie dienen. Sie ist lediglich zur Aktivierung der Reaktionspartner aufzuwenden. Das Besondere an diesem Prozeß ist, daß hier die elektrischen Ladungen die Rolle eines Katalysators übernehmen. Da die ganze Reaktion aber unter Strahlungserscheinungen vor sich geht, kann die Energie natürlich nicht wieder gewonnen werden wie beim Katalysator, der aus der Reaktion ohne Veränderung seines Energieinhaltes wieder hervorgeht. Die Energieverluste sind auf dielektrische Hysteresis, Strahlungsverluste, Erwärmung und mechanische Verluste zurückzuführen. Bevor jedoch die Reaktion einsetzt, treten auch physikalische

Wirkungen auf. Durch die Aufladung der Grenzfläche Öl—Gas wird die Oberflächenspannung derart stark erniedrigt, daß sich das ganze Öl in Schaum verwandelt. Die hierbei auftretenden mikroskopisch kleinen Bläschen leuchten im Dunkeln etwa in der Farbe des Reduzierkegels einer Bunsenflamme, das darüber befindliche Gas zeigt schwach violette Färbung. Ist in dem Öl Luft oder Feuchtigkeit gelöst, dann geht deren Ausscheidung nach dem Anlegen des elektrischen Feldes so stürmisch vor sich, daß eine 5 mm dicke Ölschicht auf das 20- bis 50 fache ihres Volumens anwachsen kann. Erst wenn diese gelösten Gase ausgeschieden sind, setzt die chemische Gasentwicklung ein, wobei sich dann der ganze Vorgang beruhigt.

Die Schaumverfahren zeigen nach VOGEL bessere Energieausbeuten als diejenigen Verfahren, bei denen eine Schaumbildung nicht zu verzeichnen ist. Dieser Tatbestand hat den Verfasser veranlaßt, die Gleichgewichtsbedingungen zu untersuchen, bei denen die Blasen beständig sind. Hierbei zeigte sich, daß Gleichgewicht besteht, wenn der Außendruck p_a, welcher sowohl hydrostatischer Druck als auch ein Gasdruck sein kann, und der Oberflächendruck der gespannten Blasenhaut p_o dem Innendruck p_i, welcher dem Sättigungsdruck der gekrümmten Kugeloberfläche entspricht, das Gleichgewicht hält. Durch die Aufladung der Oberfläche wird die Oberflächenspannung erniedrigt, so daß der Verlauf der Gleichgewichtskurven ein Minimum aufweist, wie Abb. 163 zeigt. In diesem Punkte ist daher sowohl

$$d \ln p_a/dr = 0$$

als auch

$$d \ln p_a/dT = 0.$$

Das bedeutet, das sowohl die mechanischen als auch die thermischen Verluste ein Minimum darstellen. Außerdem kann durch genaue Einregulierung des Druckes p_a eine einheitliche Sorte von Blasen aufrechterhalten werden. Dies ermöglicht die Erfüllung folgender Bedingung: mittlere freie Weglänge in Öldampf < Blasendurchmesser < mittlere freie Weglänge im Fremdgas. Unter diesen Verhältnissen können innerhalb des mikroskopisch kleinen Reaktionsraumes (Blase) nur noch die Ölmoleküle miteinander kollidieren bzw. durch Stoßionisation angeregt werden, während die Fremdgasmoleküle wegen ihrer zu großen, mittleren freien Weglänge nur noch mit der Ölwerflache zusammenstoßen können, wodurch die Fremdgasaktivierung unterdrückt wird. Mit anderen Worten: Es gibt eine optimale Spannung und einen optimalen Druck, bei denen die unerwünschten Sekundärreaktionen zugunsten der erwünschten Polymerisationsreaktionen unterdrückt werden können.

Da die Anregung der Fremdgasmoleküle mehr Energie verschlingt als die Aktivierung der schweren Kohlenwasserstoffmoleküle, so ist es denkbar, daß man noch zu erheblich besseren Energieausbeuten gelangt, als dies bei den bisher ausgeführten Prozessen erreicht wurde. Dies ist wichtig, da das Voltolverfahren nicht nur für die Herstellung von besseren Schmierölen von Interesse ist, sondern auch für die Herstellung wirksamer Emulgatoren nach den HEITMANN-Patenten.

Die technische Durchführbarkeit des Voltolverfahrens mit niedrigen Spannungen von 700 Volt erscheint durchaus möglich, nachdem es Siemens gelungen ist, Eloxalschichten von 30 Mikron Dicke zu erzeugen, die eine Durchschlagsfestigkeit von 900 Volt aufweisen. Das gestattet, hohe Kapazitätswerte bei weit geringerer Elektrodenfläche zu realisieren als bisher.

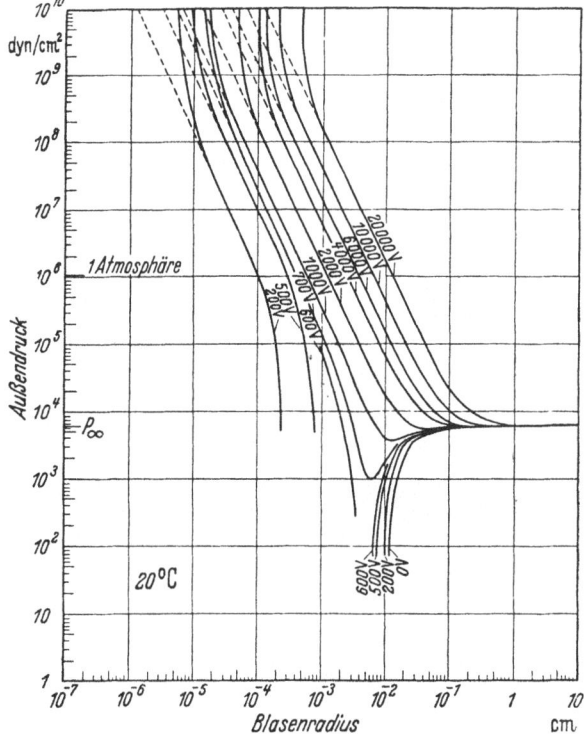

Abb. 163. Gleichgewichtsdrücke in elektrisch aufgeladenem Ölschaum.

Man kann den ganzen Vorgang auch mit einem bei extrem hoher Temperatur durchgeführten Krackprozeß vergleichen, bei dem die Spaltstelle im Molekül bis an den äußersten Rand, nämlich bis zum Wasserstoff, vorgerückt ist. Das Verfahren gleicht ferner einer bei Zimmertemperatur durchgeführten Hydrierung mit hoch aktiviertem Wasserstoff. Desgleichen ist auch die Polymerisation mit freien Radikalen bei Zimmertemperatur schon wirksam. Nur so ist es erklärlich, daß Kohlenwasserstoffe von hohem Sättigungsgrad und kolloidaler Teilchengröße entstehen können.

Der Prozeß ist nur durchführbar, wenn man eine Stabilisierungsschicht aus festem Isoliermaterial verwendet, und nicht das Öl selbst zur Isolation benutzt. In letzterem Falle wird die Ölschicht durchbrochen, und es entsteht ein Glimmlichtbogen von hoher Stromstärke, wobei die

Ölmoleküle gekrackt werden und verkohlen. Darauf beruht die eigentliche Schwierigkeit bei der technischen Durchführung des Prozesses. Man braucht große Elektrodenflächen, über die das Öl dauernd rieselt. Diese müssen durch feste Dielektrika voneinander getrennt sein. Praktisch wird ein großes, viereckiges Plattenpaket verwendet, das in 30 m³ fassenden Kesseln untergebracht ist. Dieses Kondensatorpaket rotiert um seine Längsachse und trägt an den vier Kanten Schöpfrinnen, die in das Öl eintauchen und ihren Inhalt bei jeder Viertelumdrehung über den Plattenzwischenraum ausgießen, durch den die Glimmentladungen hindurchgehen. Man arbeitet bei 0,1 atü, 4500 Volt und 500 Per/sec in Wasserstoff, seltener in Stickstoffatmosphäre.

Abb. 164. Apparatur einer Laboratoriums-Voltolanlage.

Der Strom, der durch einen Kondensator hindurchgeht, ist proportional der Spannung, der Kapazität und der Frequenz. Die Leistung, die ein solcher Apparat aufnimmt, hängt jedoch noch von der Phasenverschiebung des Stromes gegenüber der Spannung ab. Die letztere ist meist so, daß man im Laboratoriumsmaßstab recht empfindlicher Instrumente bedarf, um die Leistungsaufnahme messen zu können. Sie rührt größtenteils von der dielektrischen Verschiebung her, und nur ein relativ geringer Bruchteil ist der eigentlichen Reaktion zuzuschreiben.

Die Verhältnisse sind hierbei noch keineswegs in allen Einzelheiten geklärt. Es ist zu erwarten, daß das Optimum der Energieausbeute bei derjenigen Frequenz liegt, die mit der Eigenfrequenz der stabilen Bläschen in Resonanz ist, da die mikroskopisch kleinen Blasen pulsierende Kompressoren darstellen, die durch die Druckschwankungen die Polymerisation begünstigen. Die Spannung braucht nicht höher zu sein als die Zündspannung des Glimmlichtes. Bei richtiger Dimensionierung der Apparatur kann auch die elektrische Eigenfrequenz mit der des erregenden Wechselstromes in Resonanz gebracht werden, so daß die Resonanzstromstärke um vieles höher sein kann als der Kapazitätsstrom. Auf diese Weise kann die Stromdichte auch bei niedrigen Spannungen erhöht werden.

Eine Laboratoriumsapparatur zur präparativen Herstellung von Voltolen ist in der Abb. 164 dargestellt. Sie besteht aus einem 500-Periodenumformer, einem darauf abgestimmten Transformator und dem eigentlichen Entladungsgefäß (HAUSMANNscher Vakuum-Destillierapparat). Dieses besteht, wie Abb. 165 zeigt, aus einer Porzellanabdampfschale mit Glasdeckel, in derem Inneren eine Aluminiumelektrode angebracht ist, während der äußere Elektrodenbelag durch Aluminiumpulver, welches in den porösen Boden eingerieben wird, besteht. Da die innere Elektrode an die Evakuierungspumpe angeschlossen wird, muß diese geerdet werden, während die äußere Elektrode gegen Erde isoliert wird.

Es hat nicht an Versuchen gefehlt, dieses von DE HEMPTINE erfundene und der Electrion-Ölgesellschaft geschützte Verfahren durch andere katalytische Prozesse zu ersetzen. Dies ist EICHWALD in dem sogenannten Neovoltolverfahren, welches Borfluorid (BF_3) als Katalysator verwendet, gelungen. Auch auf diese Weise lassen sich Produkte herstellen, die den Voltolen nicht nachstehen. Die Reinigung der Öle von dem Katalysator ist eine gewisse Komplikation, so daß sich das Neovoltolverfahren nur langsam durchsetzte.

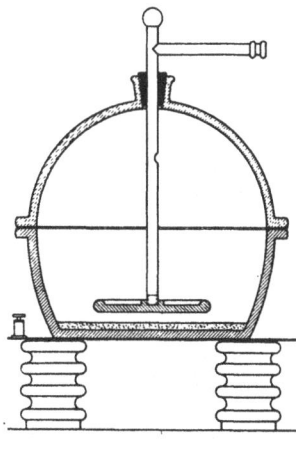

Abb. 165. Schnitt durch einen Laboratoriums-Voltoliseur.

Voltole zeigten ursprünglich den Nachteil, daß sie während des Gebrauchs dünnflüssiger wurden, was inzwischen beseitigt werden konnte. Beide Verfahren haben mittlerweile an Bedeutung verloren, seitdem es gelungen ist, aus Isobutylenen Polymerisate von noch höherem Molekulargewicht herzustellen, die eine weit hellere Farbe zeigen als Voltole und keine Fette mehr enthalten. Diese Zwischenprodukte der Kautschuksynthese sind so wirksam, daß sie bereits zu den Dopes gezählt werden können.

§ 4. Blasen und Oxydieren.

a) Asphaltherstellung.

Oxydationsvorgänge spielen als Verarbeitungsverfahren in der Erdöl-Industrie nur eine untergeordnete Rolle. Das wichtigste Anwendungsgebiet dürfte zur Zeit das Blasen der Asphalte sein. Es muß aber nicht jedes Blasen mit Oxydationsmitteln erfolgen. Man kann Asphalte auch mit Wasserdampf, gegebenenfalls im Vakuum, blasen und dadurch weiter eindicken. Hier soll nur über solche Bläseverfahren referiert werden, bei denen Oxydationsvorgänge eine Rolle spielen. Obwohl die Eigenschaften der mit Wasserdampf geblasenen Asphalte, namentlich solcher, die im Vakuum eingedickt wurden, besser sind als die Eigenschaften der mit Luft geblasenen Produkte, hat sich das Blasen mit Luft doch am meisten eingebürgert, weil es in kurzer Zeit spezifikationsgemäße Produkte ergibt.

Der Vorgang ist wie jeder Verbrennungsvorgang stark exotherm und verläuft bei tiefer Temperatur, wenn auch langsam, so doch am vollständigsten. Mit steigender Temperatur wächst die Reaktionsgeschwindigkeit, weshalb man praktisch in einem Temperaturbereich von 200 bis 300° C arbeitet. Die Reaktionsprodukte, die hierbei entstehen, sind sehr mannigfaltig. Es nimmt nicht nur die Säurezahl zu, sondern es entstehen auch Laktone und andere Kondensationsprodukte.

Man unterscheidet nach MARCUSSON und RICHARDSON:

1. Petrolene: die nach siebenstündigem Erwärmen auf 180° C sich verflüchtigenden Öle.
2. Maltene: die nach dem Verdampfen der flüchtigen Anteile durch Benzin extrahierbaren Stoffe.
3. Asphaltene: die benzinunlöslichen, in kaltem Tetrachlorkohlenstoff löslichen Stoffe.
4. Carbone: die in kaltem Tetrachlorkohlenstoff unlöslichen, aber in Schwefelkohlenstoff löslichen Stoffe.
5. Nichtbitumina: die in den angeführten Lösungsmitteln unlöslichen Substanzen.

In den Destillaten (sogenannte „Blase-Destillate") befinden sich nicht nur Säuren, sondern auch Stickstoffbasen vom Pyridintypus. Ihre Gewinnung hat sich wegen der schlechten Ausbeute bisher nicht gelohnt.

Der wesentliche Unterschied, der zwischen den Naturasphalten und den minderwertigeren Kunstasphalten besteht, liegt in dem Verlauf ihrer Entstehung. Während Naturasphalte durch langsame Oxydations-, Polymerisations- und Kondensationsreaktionen im Laufe geologischer Zeiten entstanden sind und unter der Einwirkung mancherlei katalytisch wirkender Substanzen gebildet wurden, ist man in der Industrie bestrebt, diesen Prozeß gewaltsam durch starke Temperaturerhöhung zu beschleunigen und in wenigen Stunden durchzuführen. Dadurch wird das Gleichgewicht in Richtung der Bildung niedrig molekularer Zwischenverbindungen verschoben, die weniger günstige Eigenschaften zeigen als die Produkte, welche durch langsame Oxydation entstanden sind.

Aus dem gleichen Grunde sind auch die aus Säureharzen gewonnenen Bitumina schlechter, denn sie entstammen meist Fraktionen, die bereits einem Destillationsprozeß unterworfen wurden und daher von vornherein ein weit niedrigeres Molekulargewicht aufweisen als die aus Erdölrückständen gewonnenen Produkte. Die wesentlichen Eigenschaften, die von einem Asphaltbitumen gefordert werden, nämlich eine hohe Dehnbarkeit (Duktilität) und eine entsprechende Penetration, werden um so leichter erreicht, je kautschukähnlicher man den Asphalt zu gewinnen vermag. Es ist daher erwünscht, bei gegebener Viskosität einen Asphalt mit möglichst hoher Elastizität zu erhalten. Das ist nur erreichbar bei niedriger Relaxationsdauer.

b) Konsistenzmessung.

In neuerer Zeit ist es daher üblich, auch die absolute Viskosität der Asphalte bei den in Frage kommenden Klimatemperaturen von 0 bis 40° C zu messen. Hierbei zeigte sich, daß diese in der Größenordnung von 10^3 bis 10^{10} Poise liegt, je nachdem, wie lange das Bitumen geblasen wurde. Es ist zweckmäßig, statt der hohen Zähigkeitswerte von 1 kP bis 10 Millionen kP ihre dekadischen Logarithmen anzugeben. Man erhält auf diese Weise eine praktische Konsistenzskala, die von 3 bis 10 reicht. Diese Ziffern sind sehr bequem zur Kontrolle des Oxydationsvorganges.

Das Gerät, das sich zur Messung so großer Zähigkeiten bewährt hat, ist das in Abb. 166 dargestellte Konsistometer[1]. Es besteht im wesentlichen aus einem Metallkegel, der in eine geometrisch ähnliche, kegelförmige Mulde konzentrisch eingepaßt ist und dort einen Mantel gleicher Dicke frei läßt. Dieser Kegelmantel wird mit dem zu untersuchenden Bitumen ausgegossen. Der Kegel wird mittels Seil und Rolle durch angehängte Gewichte in Rotation versetzt. Eine auf der Trommel eingravierte Skala erlaubt die Geschwindigkeit des Kegels abzustoppen. Die Temperatur ist innen und außen mittels zweier in $0{,}1°$ C geteilter Thermometer meßbar. Der ganze Metallblock ist mit einem geräumigen Wasserbad umgeben, welches an einen Durchflußthermostaten angeschlossen werden kann. In Ermangelung eines solchen kann das Konsistometer auch direkt mit einem Ringbrenner geheizt werden. Alsdann sorgt ein Luftrührer für eine gute Durchmischung des Temperierwassers. Der Asphalt wird warm eingefüllt. Das richtige Niveau wird mit einem Pegel kontrolliert, so daß beim Einsetzen des Kegels das Bitumen den Kegelmantel gerade ausfüllt und weder überläuft noch leckt. Das genaue Niveau wird mit der unteren Verschlußschraube einreguliert. Zwei Nivellierschrauben und eine Libelle ermöglichen eine horizontale Einstellung des Gerätes.

Abb. 166. Konsistometer für die Bestimmung der Viskosität von Asphalten.

Die erhaltenen Werte erweisen sich mitunter als abhängig vom angehängten Gewicht, also von der Schubspannung. Asphalte, an denen solche Werte gemessen werden, sind strukturviskos, d. h. ihre Viskosität nimmt mit dem Geschwindigkeitsgefälle ab. Man pflegt solche Funktionen nach W. PHILIPPOFF in Form von Fließkurven darzustellen. Zu dem Zwecke wird das Geschwindigkeitsgefälle als Funktion des Tangentialdruckes aufgetragen, und zwar in einem doppeltlogarithmischen Koordinatensystem. Bei rein viskosen Flüssigkeiten erhält man Geraden mit einer Neigung von 45°. Bei strukturviskosen Flüssigkeiten ist der Neigungswinkel größer. Die Fließkurven können auch ein Maximum ihrer Steilheit bei einem bestimmten Geschwindigkeitsgefälle aufweisen. In diesem Falle sind die Fließkurven gekrümmt und zeigen eine Wendetangente.

---

[1] UMSTÄTTER, H.: Straßen- u. Tiefbau 1947, Heft 3 S. 65 bis 71.

Zur Aufnahme von Fließkurven ist es erwünscht, ein definiertes Geschwindigkeitsgefälle während der Messung aufrechtzuerhalten. Da dieses in einem Kegelmantel gleicher Dicke wegen des verschiedenen Kegelumfanges von Zone zu Zone verschieden ist, werden diese Konsistometer auch mit einem spitzeren Kegel ausgerüstet. Dieser ist so dimensioniert, daß die Schichtdicke zwischen den Gleitflächen gegen die Grundfläche des Kegels hin in dem Maße zunimmt, wie die Umfangsgeschwindigkeit ansteigt. Die Maße sind so gehalten, daß dv/dy konstant ist.

Diese Arbeitsweise bietet eine weit vielseitigere Charakterisierungsmöglichkeit der Bitumina als die üblichen Konventionaldaten. Es besteht nämlich zwischen der dynamischen (absoluten) Viskosität η, der Scherelastizität E und der Relaxationsdauer τ nach MAXWELL folgende fundamentale Beziehung:

$$\eta = E\,\tau.$$

Daraus erkennt man, daß ein Asphalt bei gegebener Viskosität (Konsistenz) um so elastischer ist, je kürzer seine Relaxationsdauer ist. Die Relaxationsdauer entspricht derjenigen Zeit, die vergeht, bis eine elastische Spannungsdifferenz auf den $e = 2{,}718$ten Teil ihres Ursprungswertes absinkt. Ist diese Zeitdauer genügend lang, dann kann sie an einem zeitlichen Absinken der Schubspannung gemessen werden.

Bitumina, deren Viskosität stark zeitabhängig ist, haben daher eine längere Relaxationsdauer als solche, bei denen ein zeitliches Absinken der Viskosität nicht zu beobachten ist. In solchen Fällen ist die Relaxationsdauer aus der Lage des Steilheitsmaximums (Wendetangente) der Fließkurve zu ermitteln. Die Stelle höchster Steilheit in der Fließkurve liegt bei um so kleineren Geschwindigkeitsgefällen, je höher die Relaxationsdauer des Bitumens ist. Es gilt das Relaxations-Verschiebungsgesetz

$$M = \frac{\varrho\,R T^2\,d\ln\eta/dT}{\eta\,G\,d\ln p/d\ln G},$$

worin

ϱ die Dichte in g/cm³,
M das Molekulargewicht in g/mol,
T die absolute Temperatur in °K,
R die Gaskonstante in erg/grd mol,
η die dynamische Viskosität in g/cm sec,
$d\ln\eta/dT$ die Steilheit der Viskositäts—Temperatur-Kurve,
$d\ln G/d\ln p$ die Steilheit der Fließkurve und
G jenes Geschwindigkeitsgefälle in 1/sec

bedeuten, bei der die Fließkurve ihre höchste Steilheit aufweist. Man erkennt daraus, daß sich das Steilheitsmaximum der Fließkurve mit steigendem Molekulargewicht nach immer kleineren Geschwindigkeitsgefällen verschiebt. Die Steilheit der Fließkurve $d\ln G/d\ln p$ bedeutet, daß ein Asphaltbitumen mit steigendem Tangentialdruck um so stärker nachgibt, je höher dieser Wert ist. Daher wird die Steilheit der Fließkurve auch als Schlüpfrigkeit oder Lubrizität bezeichnet. Diese Größe ist ein Maß für die Streckbarkeit der Bitumina und daher erwünscht. Sie steigt mit dem Molekulargewicht; da dieses bei den Naturasphalten höher ist als bei den Kunstasphalten, so erklärt sich die überlegene Qualität der Naturprodukte. Es ist ferner erwünscht, Asphaltbitumina mit möglichst geringer Viskositäts—Temperatur-Steilheit zu erzeugen, um von den Temperaturschwankungen weitgehend unabhängig zu sein. Solche Produkte sind durch möglichst heterogene (polymolekulare) Zusammensetzung erzielbar, wie dies von den Schmierölen her bekannt ist. Eine stark polymolekulare Zusammensetzung kann aber zu einer Verringerung der Steilheit der Fließkurve führen. Man ist daher zu einem Kompromiß gezwungen, der sich an Hand von praktischen Versuchen ergibt.

c) Reinigen von Erdwachs.

Außer beim Blasen von Asphaltbitumen kommen Oxydationsreaktionen auch noch für die Reinigung der Erdwachse oder paraffinreichen Erdölrückstände aus Rohölen in Frage. Diese raffinierten Produkte nennt man „Ceresine". Die Oxydation erfolgt hierbei mit Schwefelsäure und Oleum bei erhöhter Temperatur und starker Schwefeldioxydentwicklung.

Hierbei wird das Erdwachs oder auch Röhrenwachs geschmolzen und bei 120° C mit 97- bis 98%iger Schwefelsäure in einer Menge von 20 bis 50% der Einwaage versetzt und bis 150° C abgeraucht. Je nachdem, ob die Säuerung mit Oleum, Monohydrat oder technischer Schwefelsäure in kleinen oder großen Portionen vorgenommen wird, erhält man gelblich-weiße bis weiße Ceresine. Nach dem Vertreiben der letzten Reste von Säure bei Temperaturen bis zu 180 oder 200° C setzt man Bleicherde, eventuell mit Aktivkohle vermischt, zu und bleicht bei 150° C. Die erkaltete Masse wird mit aromatenfreiem Benzin extrahiert. Auch hier hängt die Güte der Produkte von der Höhe des Molekulargewichtes ab. Es kommt darauf an, die färbenden Bestandteile so wegzuoxydieren, daß die großen Moleküle hierbei nicht angegriffen werden. Dies ist um so schwieriger, als mit steigendem Molekulargewicht die Wahrscheinlichkeit einer Verzweigung der Paraffine immer größer wird. Diese sind aber wegen der tertiären Kohlenstoffatome gegen Schwefelsäure empfindlicher als Normalparaffine. Gerade die Isoparaffine verleihen nun den Ceresinen die wertvollen Eigenschaften, wie z. B. die schlechte Kristallisierbarkeit und das Lösemittelbindungsvermögen, das sie besonders als Salbengrundlage verwendbar macht. Auch hier muß die Oxydation möglichst schonend vor sich gehen, so wie beim Blasen von Asphalt.

Es ist daher von Bedeutung, der eintretenden Luft eine möglichst lange Verweilzeit in der zu oxydierenden Masse zu gewähren. Daher werden die technischen Apparaturen meist als hohe Behälter ausgeführt, in denen die Luft von unten in möglichst feiner Verteilung eingeleitet wird (vgl. Abb. 167). Rezirkulationseinrichtungen sorgen für Konstanthalten der Temperatur.

d) Synthese von Fettsäuren.

Überall da, wo durch eine exotherme Reaktion einerseits ein Arbeiten bei niedriger Temperatur erwünscht ist, bei der aber die Reaktion viel zu langsam verläuft, liegt das eigentliche Verwendungsgebiet der Katalysatoren. Daher werden auch Oxydationsprozesse, die einen größeren Aufwand vertragen, mit Katalysatoren durchgeführt. Ein solches Problem stellt auch die Erzeugung von Fettsäuren aus Paraffin dar. Diese Frage, die besonders in Kriegszeiten aktuell wird und immer wieder neuen Antrieb bekommt, dient nach dem heutigen Stande der Entwicklung noch nicht dem Zwecke, direkt Fette zur Ernährung zu erzeugen, sondern in erster Linie, um die heute der Ernährung entzogenen Seifenrohstoffe zu ersetzen. Es ist nämlich zu beachten, daß die Natur Fette zu erzeugen vermag, die nur aus einer geraden Anzahl von C-

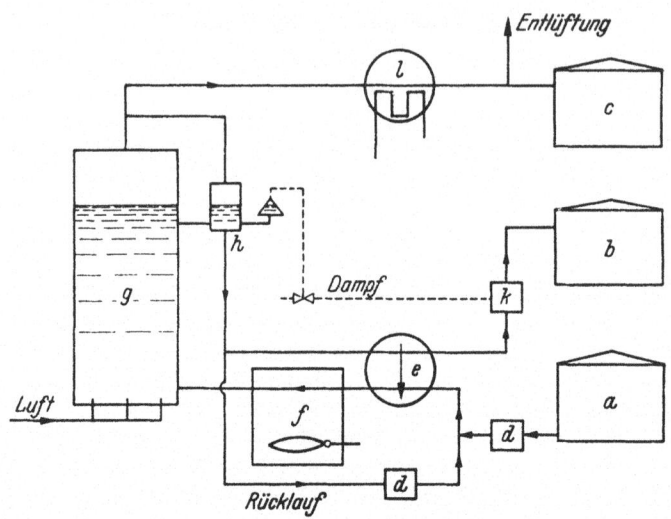

Abb. 167. Fließbild einer Blaseanlage für Asphaltbitumen.

a Behälter für die zu blasenden Rückstände, *b* Behälter für geblasenes Produkt, *c* Behälter für Blasedestillat, *d* Pumpen, *e* Wärmetauscher, *f* Heater, *g* Blase, *h* Kontroller, *k* Pumpe, *l* Kühler.

Atomen aufgebaut sind. Die synthetisch hergestellten Fette dagegen sind Gemische aus Fettsäuren von gerader und ungerader C-Atomzahl. Ihre technische Trennung ist bis heute noch nicht gelungen. Das Interesse konzentriert sich daher auf die selektive Katalyse zur Erzeugung vorwiegend geradzahliger Fettsäuren. Bis dahin beschränkt sich die Fettsäuresynthese vorwiegend auf die Erzeugung von Seifen und Wachsen. Im letzten Kriege wurden bereits größere Werke in Betrieb genommen.

Die von der Natur hergestellten Fette haben Molekulargewichte entsprechend einer C-Atomzahl von C_{10} bis C_{20}. Heute ist die Industrie durch Oxydation der Paraffine imstande, Fettsäuregemische zu liefern, die sich von den natürlichen kaum unterscheiden. Es muß aber beachtet werden, daß bei der Oxydation auch synthetische Fettsäuren mit einer ungeraden Anzahl von C-Atomen entstehen. Hierzu kommt weiter, daß sich praktisch fast keine ungesättigten Säuren bilden.

Die Entwicklung, die mit dem Vorschlag von E. SCHAAL, „Fettsäuren durch Oxydation von Paraffinen zu gewinnen", ihren Anfang im Jahre 1884 nahm, ist während des letzten Krieges in Deutschland zu einem gewissen Abschluß gebracht worden[1].

Die von interessierten Kreisen entwickelten Arbeitsweisen wurden seit 1938 in einer Arbeitsgemeinschaft der Firmen Fettsäure-Synthese G. m. b. H., I.G. Farbenindustrie A.-G., Henkel & Cie, Düsseldorf, und Märkische Seifenindustrie, Witten/Ruhr, technisch ausgewertet. Großtechnische Anlagen befinden sich in Witten/Ruhr, mit einer Erzeugung von 15000 t/a sowie in Oppau mit 10000 t/a Seifenfettsäure. 1931 hat bereits die I.G. Farben gemeinsam mit der Standard Oil eine große Versuchsanlage in Batton-Rouge in Betrieb gesetzt, welche täglich 3 t Fett erzeugen konnte. Bis zum Eintritt der Vereinigten Staaten von Amerika in den Krieg wurde dort nach Verfahren gearbeitet, die durch die spätere Entwicklung in Deutschland überholt worden sind.

Während man zu Anfang der Entwicklung bis in die Zeit nach dem ersten Weltkrieg der Ansicht war, daß unabhängig von der Qualität des Ausgangsmaterials durch Wahl eines geeigneten Katalysators die Qualität der Fettsäuren zu beeinflussen sei, zeigte die weitere Entwicklung, daß die Zusammensetzung des Ausgangsmaterials auf die Eigenschaften der Endprodukte von ausschlaggebendem Einfluß ist, wenngleich auch die anzuwendenden Katalysatoren Geschwindigkeit und Qualität maßgeblich beeinflussen.

Im Einklang mit den theoretischen Vorstellungen ergaben die praktischen Erfahrungen, daß zur Herstellung von Speisefetten nur die Paraffine geeignet sind, die unverzweigte und gesättigte Kohlenstoffketten besitzen. Verzweigte Kohlenwasserstoffe ergeben zum Teil verzweigte Säuren, die im Organismus Schädigungen verursachen. Zyklische oder ungesättigte Kohlenwasserstoffe geben bei der Oxydation Polymerisationsprodukte, die sich in Nebenreaktionen bilden. Bei der Seifenfabrikation stören verzweigte Fettsäuren nicht.

In Deutschland hat man aus dieser Erkenntnis die praktische Folgerung gezogen, daß als Ausgangsprodukte für die technische Synthese der Fettsäuren nur folgende Rohstoffe in Frage kommen:
1. Paraffin-Kohlenwasserstoffe, gewonnen durch Verschwelung von Braunkohle (Weichparaffin 40° C),
2. Tieftemperatur-Hydrierungsparaffine aus Braunkohle, durch milde Hydrierung gewonnen (sog. TTH-Paraffin),
3. Synthetische Paraffine (sog. FISCHER-Gatsch),
4. Erdölparaffine.

Es ist nicht bekannt geworden, daß die zahlreichen Arbeiten russischer Forscher zu technisch brauchbaren Ergebnissen geführt haben. Der Grund hierfür dürfte darin zu sehen sein, daß zu diesen Arbeiten noch naphthenhaltige Rohstoffe verwendet wurden, denn es ist bisher nicht gelungen, die Oxydationsprodukte der Naphthene aus dem Oxydationsgemisch technisch befriedigend abzutrennen.

---

[1] Im ersten Weltkrieg wurden bereits technische Versuche von D. Fanto & Co. in Pardubitz ausgeführt, Schweiz. Pat. 82057, 1916; auch G. Schicht A.-G. und A. Grün, Österreich. Pat. 89635.

Von den vier erwähnten Rohprodukten besitzen die synthetischen Paraffine die größte Bedeutung, weil sie in großen Mengen hergestellt und ohne Vorreinigung direkt der Oxydation unterworfen werden können.

Bei der Hydrierung von Kohlenoxyd im Wassergas nach FISCHER und TROPSCH fallen u. a. auch Weichparaffine an, die für die Fettsäuregewinnung brauchbar sind. Die aus dem FISCHER-TROPSCH-Verfahren stammenden Kohlenwasserstoffe enthalten immerhin noch etwa 10 bis 50 % verzweigte Kohlenwasserstoffe. Die Freiheit von ungesättigten Verbindungen macht sie aber trotzdem wertvoll. Durch entsprechende Wahl des Katalysators und der Reaktionsbedingungen gelingt es, nach dem Mitteldruckverfahren bis zu 70 % des sogenannten FISCHER-Gatsches zu erhalten.

Vor der Oxydation müssen die tief- und hochsiedenden Anteile durch fraktionierte Destillation abgetrennt werden, um den Anfall an zu nieder- und zu hochmolekularen Fettsäuren herabzusetzen. A. IMHAUSEN von der Märkischen Seifenindustrie, Witten/Ruhr, verwandte als erster FISCHER-Gatsch für großtechnische Zwecke. Die Zusammensetzung von FISCHER-Gatsch wird wie folgt angegeben:

C_{16} bis C_{19} . . . 27,1 % C_{25} bis C_{27} . . . 11,7 %
C_{19} ,, C_{22} . . . 31,0 %   über C_{28} . . . 1,7 %
C_{22} ,, C_{25} . . . 23,7 %

In der Technik bevorzugt man heute die Fraktion zwischen C_{20} und C_{30}.

Die Oxydationsbedingungen sind folgende: Für den Reaktionsmechanismus ist zu beachten, daß die Oxydation von Paraffin-Kohlenwasserstoffen alle Charakteristika der Kettenreaktionen zeigt. Diese zeichnen sich durch das Auftreten besonders reaktionsfähiger Teilchen aus. Jeder Einfluß, der die Entstehung oder Vernichtung solcher aktiver Teilchen betrifft, hat daher starken Einfluß auf die Reaktionsgeschwindigkeit. Daraus ergibt sich eine hohe Empfindlichkeit gegen die verschiedensten Zusätze und Verunreinigungen (positive und negative Katalyse). Auch eine gewisse Empfindlichkeit gegen Belichtung ist zu verzeichnen. Als kettenabbrechender Faktor kann auch die Gefäßwand wirken, so daß es vorkommt, daß die Reaktionen in kleinen Gefäßen viel langsamer verlaufen als in Großapparaturen.

Wie G. GEE in einem Vortrag auf der Tagung der Faraday Society in London über „Tieftemperaturoxydation von Kohlenwasserstoffen" feststellte[1], besteht weitgehende Übereinstimmung darin, daß die ersten isolierbaren Zwischenprodukte bei der Kohlenwasserstoffoxydation peroxydischen Charakter haben. Daraus ergibt sich wie bei jeder Oxydation von Kohlenwasserstoffen folgendes Problem:

a) Bestimmung der Struktur der Peroxyde;

b) Isolierung und Charakterisierung weiterer Oxydationsprodukte aus späteren Stadien der Oxydation;

c) Aufklärung des Reaktionsmechanismus.

Übereinstimmung scheint auch weitgehend über die Beteiligung freier Radikale zu bestehen, die nach dem Schema

$$R- + O_2 \to RO_2-$$
$$RO_2- + RH \to RO_2H + R-$$

---

[1] Trans. Faraday Soc. Bd. 42 (1946) S. 99 bis 398.

reagieren. (R = Kohlenwasserstoff-Radikal, und RH = Kohlenwasserstoff.) Nach W. A. WATERS soll Dehydrierung durch Abspaltung neutralen Wasserstoffs bei der Autoxydation flüssiger Kohlenwasserstoffe vorliegen.

Aus den sauerstoffhaltigen Produkten der Paraffinoxydation wurden bisher folgende Verbindungen isoliert: Peroxyde mit unverzweigter Kette von C_{10} bis C_{25}, Aldehyde, primäre und sekundäre Alkohole, Ketone, Ester, Oxysäuren, Dicarbonsäuren und Ketonsäuren.

Außerdem wurden bei der Oxydation von FISCHER-Gatsch geringe Mengen von Fettsäuren mit verzweigter Kette isoliert. Lactone und Estolide bilden sich in Spuren bei jeder Oxydation, gleichgültig, wie das Ausgangsmaterial beschaffen ist.

Aus den Reaktionsprodukten Schlüsse auf den Verlauf der Oxydation zu ziehen, ist deshalb so schwer, weil die primär entstandenen Oxydationsprodukte noch weiter oxydiert werden. So konnte schon ZERNER feststellen, daß sich unter den Bedingungen der Oxydation Nonansäure praktisch nicht verändert, Laurinsäure bereits merklich und Stearinsäure schon sehr stark angegriffen wird.

Die Versuche, an reinen Kohlenwasserstoffen den Oxydationsverlauf zu ergründen, ergaben ebenfalls keine eindeutigen Resultate. Die Oxydation von reinem Eikosan $C_{20}H_{42}$ durch G. WIETZEL nach heute in der Technik üblichen Verfahren ergab auch die ganze Reihe der homologen Fettsäuren.

Da lange Ketten, die nur aus Kohlenstoff- und Wasserstoffatomen bestehen, als homöopolare Verbindungen sehr viele gleichwertige Angriffspunkte für den Sauerstoff bieten, führte die Oxydation der Paraffine zu einer Mischung vieler verschiedenartiger Oxydationsprodukte, die zum Teil aus homologen Reihen bestehen, wie Alkohole, Ketone und Aldehyde.

Bei verzweigten Ketten-Kohlenwasserstoffen besteht über die Stellen des Sauerstoffangriffs noch große Unklarheit. Im Einklang mit den Erfahrungen von F. O. RICE über den chemischen Zerfall von Kohlenwasserstoffen muß aber angenommen werden, daß tertiäre C-Atome vor den sekundären und diese wieder vor den primären, bevorzugt sind. RICE fand, daß sich die relativen Wahrscheinlichkeiten für den Angriff von Alkylradikalen an primären, sekundären und tertiären Kohlenstoffatomen bei 300° C wie 1 : 3 : 33 und bei 600° C sich wie 1 : 2 : 10 verhalten.

Die theoretischen Vorstellungen der Paraffinoxydation gehen hauptsächlich auf die Arbeiten von A. RIECHE zurück, der die Wichtigkeit der Peroxyde für Oxydationsvorgänge betonte. Dem weiteren Verlauf der Oxydation kann man nach den Anschauungen von RIECHE folgenden Reaktionsmechanismus zugrunde legen:

$$R \cdot CH_2 - \underset{\underset{\underset{H}{|}}{\underset{O}{|}}}{\overset{H}{\underset{|}{C}}} - CH_2 - R \to R \cdot CH_2 \cdot \underset{\underset{H}{|}}{\overset{H}{\underset{|}{C}}} - O - CH_2 R \to R \cdot CH_2 \cdot C \underset{H}{\overset{\diagup O}{\diagdown}} + R \cdot CH_2 OH.$$

Unter Umlagerung und Disproportionierung bilden sich je 1 Mol Alkohol und 1 Mol Aldehyd. Die Oxydation des Alkohols zur Fettsäure verläuft nach folgendem Schema:

$$R\cdot\underset{H}{\overset{H}{C}}-OH + O_2 \rightarrow R\cdot\underset{OH}{\overset{H}{C}}-O-OH \rightarrow R\cdot C\overset{O}{\underset{OH}{\diagdown}} + H_2O.$$

Die Oxydation des Aldehyds zur Persäure und Bildung eines Peresters des Aldehydhydrats verläuft etwa wie folgt:

$$R\cdot C\overset{O}{\underset{H}{\diagdown}} + O_2 \rightarrow R\cdot\underset{\overset{\|}{O}}{C}-O-OH + R\cdot C\overset{O}{\underset{H}{\diagdown}} \rightarrow R\cdot\underset{\overset{\|}{O}}{C}-O-O-\underset{OH}{\overset{H}{C}}-R.$$

Die Zersetzung des Peresters bei Wasserentzug erfolgt nach dem Schema:

$$2\,R\cdot\underset{\overset{\|}{O}}{C}-O-O-\underset{OH}{\overset{H}{C}}-R(-H_2O) \rightarrow R\cdot\underset{\overset{\|}{O}}{C}-O-\underset{\overset{\|}{O}}{C}-R + 2\,R\cdot C\overset{O}{\underset{OH}{\diagdown}}.$$

Bei der Weiteroxydation der Fettsäuren tritt wahrscheinlich durch Dehydrierung (über Peroxydbildung) der der COOH-Gruppe benachbarten CH_2-Gruppe und nach Umlagerung und CO_2-Abspaltung Bildung niedermolekularer Fettsäuren ein. Ein kleiner Teil der entstandenen Fettsäuren unterliegt auch einer β-Oxydation, wie sie bei der Ketonranzigkeit der Fette auftritt. Die homologen Methylketone konnten einwandfrei nachgewiesen werden. Auch Keto- und Oxysäuren konnten identifiziert werden:

$$R\cdot CH_2\cdot CH_2\cdot COOH \rightarrow R\cdot CH = CH\cdot COOH - H_2O \rightarrow$$

$$R\cdot\underset{OH}{C}-CH_2\cdot COOH \xrightarrow[-H_2O]{+\frac{1}{2}O_2} R\cdot\underset{\overset{\|}{O}}{C}-CH_2\cdot COOH \rightarrow$$

$$R\cdot\underset{\overset{\|}{O}}{C}\cdot CH_3 + CO_2.$$

Zum kleinen Teil scheint auch eine γ-Oxydation zu erfolgen, da sich in der Rohfettsäure einige Prozente sowohl wasserlöslicher als auch wasserunlöslicher Dicarbonsäuren befinden.

Die Katalysatoren betreffend ist folgendes zu berichten: Um die Oxydationszeit abzukürzen war man schon immer bestrebt, dem Reaktionsmedium Katalysatoren zuzusetzen. Schon frühzeitig wurde erkannt, daß bei hohen Temperaturen (etwa 160° C) Katalysatoren kaum wirksam sind, bei etwa 100° C aber denkbar große Vorteile aufweisen. Man gelangte auch bald zur Erkenntnis, daß die Gegenwart von Katalysatoren zu einer beschleunigten Bildung von sauerstoffhaltigen Oxydationsprodukten (Peroxyden) führt, welche die eigentlichen Beschleuniger der Reaktion sind. Der Zusatz von Katalysatoren bewirkt, daß die Induktionsperiode (so nennt man die Zeit vom Beginn der

Sauerstoffaufnahme bis zum Auftreten der ersten sauren Oxydationsprodukte) wesentlich abgekürzt wird. In dieser Zeit treten Peroxyde auf, deren Konzentration durch Gegenwart von Katalysatoren erhöht wird.

Die Autoxydationskatalysatoren können unterteilt werden in:

1. Primäre Katalysatoren, wie Peroxyde, die den Kohlenwasserstoff angreifen, ihm ein H-Atom entziehen und aktive Kohlenwasserstoffradikale bilden;

2. Sekundäre Katalysatoren, wie Kobalt-, Mangan- u. a. Salze, welche die Zersetzung der Peroxyde fördern und dabei die stationäre Konzentration von OH-Radikalen vergrößern.

Die Zahl der Verbindungen, die als Katalysatoren patentiert wurden, geht in die Hunderte. Schon frühzeitig hatte man die spezifische Wirkung von Mangan als Oxydationskatalysator erkannt, das meist als Kation in Verbindung mit organischen Resten, wie Clupanodonsäure, enolartigen Verbindungen u. a., verwendet wurde, in der Annahme, daß aktiver Sauerstoff sich leicht an Doppelbindungen anlagert und daß dadurch die Konzentration an primären Katalysatoren erhöht wird. Diese Hypothese konnte aber widerlegt werden. MARTEAU und MOUVAL prüften die Peroxydbildung bei der Oxydation von Kohlenwasserstoffen und vegetabilischen Ölen. Sie ließen diese Stoffe in dünner Schicht bei 150 bis 300° C durch erhitzte Röhren fließen. Paraffine und Vaselinöle bildeten Peroxyde in größeren Mengen als Erdnußöl, Rapsöl und Rizinusöl.

Der organische Säurerest dient praktisch nur dazu, die Löslichkeit des Katalysators im Paraffin bzw. im Oxydationsgemisch zu erhöhen und seine Aktivität zu steigern. Schließlich wurde Kaliumpermanganat in Gegenwart von Alkalien, wie Soda, als bester Katalysator erkannt. Man weiß heute, daß durch die Wahl der Katalysatoren die Richtung des Oxydationsverlaufes beeinflußt werden kann. So wird z. B. durch Verwendung von Kaliumpermanganat die Bildung von Oxysäuren auf ein Minimum herabgedrückt. Auch der Druck und die Gasverteilung spielen eine Rolle.

Die Geschwindigkeit der Oxydation ist proportional der Konzentration des im Substrat gelösten Sauerstoffs. Da eine heterogene Reaktion vorliegt, ist diese ihrerseits abhängig

1. vom Partialdampfdruck des Sauerstoffs im Gasraum,
2. von der Gasverteilung im Reaktionsraum.

Die Reaktion verläuft um so schneller, je höher der Druck gehalten wird. Nach FISCHER und SCHNEIDER wird durch Druck die Oxydation von Paraffin wie folgt beschleunigt:

bei 15 30 60 atü
auf 8 4 2 h.

Mit steigendem Druck sinkt allerdings die Ausbeute an Fettsäure, da unter diesen Bedingungen die primären Oxydationsprodukte weiter angegriffen werden. Die technischen Anlagen in Deutschland arbeiten daher ohne Überdruck, was auch apparativ sehr vorteilhaft ist. Eine besonders feine Verteilung der eingeblasenen Luft hat sich in bezug auf die Qualität der Fettsäuren als sehr günstig erwiesen. Durch Einführung von Filterkerzen oder fein durchlochten Aluminiumböden hat man eine höchstmögliche Verteilung der Luft in der Flüssigkeit bei gleichzeitiger Verringerung der zur Oxydation notwendigen Luftmenge erreicht. Die Oxydationsprodukte sind hellgelb bis tiefbraun und geben ausgezeichnete Fettsäuren. Besonders wirksam auf die Oxydation hat sich auch die Temperatur erwiesen. Die Abb. 168 zeigt den Einfluß der Oxydationstemperatur auf die Oxydationsdauer nach Versuchen der I.G. Farben an 25 kg Chargen. Die Kurve 1 bezieht sich auf eine Luftverteilung über Raschigringen, die Kurve 2 auf eine Luftverteilung durch Filterkerzen. Die Ausnutzung des Luftsauerstoffes bei hohen Temperaturen ist nur sehr gering, auch tritt in der Wärme infolge verstärkter Sekundärreaktionen die Bildung von Oxysäuren in den Vordergrund. Während man früher bei 160 bis 180° C arbeitete, bevorzugt man heute Reaktionstemperaturen um 100° C, die bei Gegenwart von Katalysatoren die besten Fettsäuren liefern.

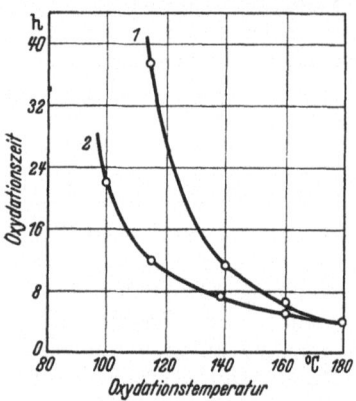

Abb. 168. Einfluß der Luftverteilung und der Temperatur auf die Oxydationszeit von Fettsäuren.
1 Luftverteilung durch Raschigringe,
2 Luftverteilung durch Filterkerzen.

In Abb. 169 ist die Bildung von Oxysäuren in der Rohsäure als Funktion der Temperatur und des Oxydationsgrades nach Versuchen der I.G. Farben graphisch dargestellt. Man erkennt den steilen Anstieg des Gehaltes an Petrolätherunlöslichem in der Rohsäure als Funktion der Temperatur und der verseifbaren Anteile.

Das technische Verfahren der Fettsäuresynthese wird in folgenden Stufen durchgeführt:
1. Oxydationsstufe,
2. Aufarbeitungsstufe.
 a) Verseifen der Oxydationsprodukte,
 b) Abtrennen des Unverseifbaren,
 c) Spalten der Rohseife und
 d) Destillation der Rohsäure.

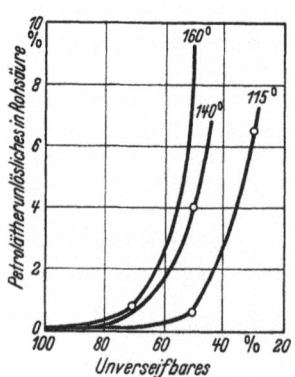

Abb. 169.
Anteil des im Petroläther Unlöslichen als Funktion des Unverseifbaren bei verschiedenen Reaktionstemperaturen.

Die Abb. 170 zeigt ein Schema einer Anlage zur Erzeugung synthetischer Fettsäuren. Aus dem Paraffinbehälter gelangt die Charge in den Oxydationsofen, in den von unten her Luft eingeleitet wird. Das Bodenprodukt wird in einen Waschturm geleitet und von hier in einen Verseifungskessel mit Rührwerk abgezogen. Dieser hat Anschluß an die Wasserleitung und den Laugenbehälter. Das verseifte Produkt gelangt in einen Absatzbehälter zur Abtrennung des Unverseifbaren. Eine Kolbenpumpe befördert das Bodenprodukt in den Destillationsofen, der mit einem Seifenabscheider ausgerüstet ist. In einem Kühler werden die destillierbaren Anteile niedergeschlagen und zusammen mit dem Unverseifbaren aus dem Absetzbehälter in den Oxydationsofen zurückgeleitet. Die Seife wird mit Kühlwasser zusammen in einen Spaltkessel mit Rührwerk geleitet, in den Spaltsäure zugesetzt werden kann. Das Reaktionsprodukt wird in einen Trennbehälter abgezogen und von der Spaltlauge dekantiert. Die Rohsäuren gelangen in einen Waschturm zur Entfernung restlicher Mineralsäuren. Das so gewaschene Produkt wird einer Vakuumdestillationsbatterie zugeführt, wo die Fettsäuren einer Wasserdampfdestillation unterworfen werden. Die Fraktionen werden durch getrennte Kühler in separaten Sammelbehältern abgezogen.

Die von anderer Seite in Vorschlag gebrachte Oxydation bei einem Druck von etwa 25 atü hat sich im Großbetrieb noch nicht bewährt.

Nach diesem Verfahren wird das erwärmte, flüssige Paraffin, das sich in hohen, zylindrischen Reaktionstürmen aus Aluminium befindet, aus Filterkerzen mit fein verteilter Luft aus Kompressoren gespeist. Die Oxydation verläuft derart, daß es während der ersten Phase der Oxydationszeit bis zur Überwindung der Induktionsperiode notwendig ist, Wärme zur Aufrechterhaltung der Arbeitstemperatur zuzuführen. Nach Überwindung der Induktionszeit wird durch die Oxydation selbst mehr Wärme erzeugt als zur Aufrechterhaltung der Arbeits-

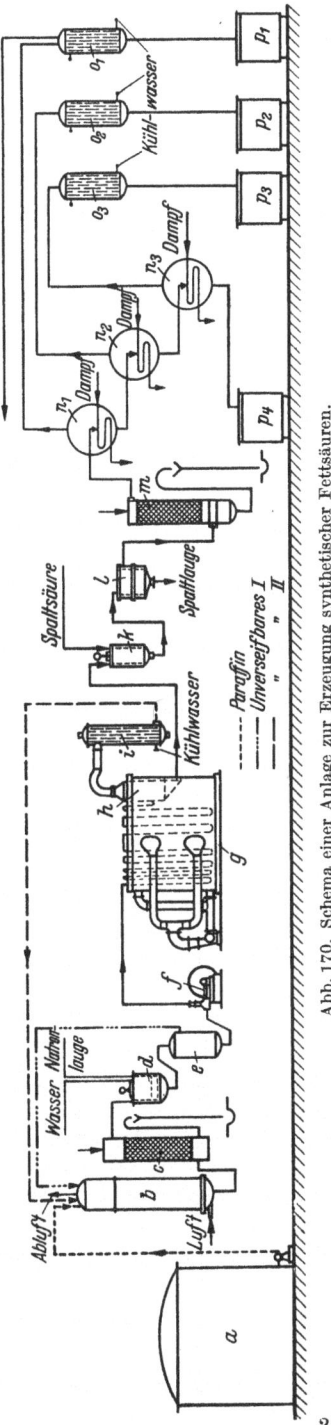

Abb. 170. Schema einer Anlage zur Erzeugung synthetischer Fettsäuren.

a Paraffinbehälter, b Oxydationsofen, c Waschturm, d Verseifungskessel mit Rührwerk, e Absetzbehälter zum Abtrennen des Unverseifbaren, f Kolbenpumpe, g Destillationsofen, h Seifenabscheider, i Kühler, k Spaltkessel mit Rührwerk, l Trennbehälter zum Abtrennen der Spaltlauge, m Waschturm zum Entfernen restlicher Mineralsäuren, $n_1 \ldots n_3$ Teile einer Destillationskammer, $o_1 \ldots o_3$ Fettsäurekühler, $p_1 \ldots p_4$ Sammelbehälter für die einzelnen Schnitte der Fettsäuren.

temperatur erforderlich ist. Während der zweiten Phase müssen die Öfen daher sogar gekühlt werden.

In der Induktionsperiode findet die Anlagerung von molekularem Sauerstoff an die Paraffinmoleküle unter Bildung von Peroxyden statt. Durch die Gegenwart von Metallverbindungen wird die Bildung der Peroxyde beschleunigt. Erst beim Zerfall der sauerstoffhaltigen Verbindungen, der mit der Bildung von Fettsäuren verknüpft ist, tritt Reaktionswärme auf, die zur Konstanthaltung der Arbeitstemperatur abgeführt werden muß.

Um eine Weiteroxydation der gebildeten Fettsäuren zu verhindern, muß die Oxydation bei einem bestimmten Oxydationsgrad abgebrochen werden. Dieser ist erreicht, wenn 35 bis 40% der eingesetzten Paraffine umgesetzt sind.

Während der Oxydation werden die mit der Abluft flüchtigen, niedermolekularen Oxydationsprodukte in Form eines ölig-wäßrigen Kondensats abgeschieden, die besonders leicht flüchtigen Verbindungen verbleiben dagegen größtenteils in der Abluft.

Bei einer Kohlenstoffausbeute von 55 bis 60% an Seifenfettsäuren und höhermolekularen Fettsäuren entfallen 20 bis 25% des eingesetzten Kohlenstoffs auf die niedermolekularen Fettsäuren des Bereichs von C_1 bis C_9. Etwa die Hälfte dieses Betrages fällt dabei auf die Säuren zwischen Ameisensäure und Butylsäure. Rund 10% des Kohlenstoffs erscheinen in Form von Verbrennungsgasen, und zwar in überwiegender Menge als Kohlendioxyd neben geringen Mengen Kohlenmonoxyd. Der Rest des Kohlenstoffs findet sich in den wasserlöslichen Oxy- und Dicarbonsäuren, die vor allem durch die Wäsche des Oxydats gewonnen werden.

Die zweite Stufe der Aufarbeitungsverfahren besteht im wesentlichen in der Zerlegung der oxydierten und nicht oxydierten Anteile. Obwohl die hierfür erforderlichen Apparaturen von denen in der Erdöl-Industrie üblichen etwas abweichen, bieten sie prinzipiell nichts Neues, und es genügt, auf die Kapitel „Laugen und Süßen" zu verweisen. Das anfallende Fettsäuregemisch zeigt nach E. JANZEN und Mitarbeitern nebenstehende Zusammensetzung:

Fettsäuren		Gew.-%	Mol.-%
Bis	$C_7 H_{14}O_2$	7,35	—
	$C_8 H_{16}O_2$	4,25	8,05
	$C_9 H_{18}O_2$	5,70	9,85
	$C_{10}H_{20}O_2$	7,40	11,85
	$C_{11}H_{22}O_2$	6,20	9,28
	$C_{12}H_{24}O_2$	7,65	10,65
	$C_{13}H_{26}O_2$	8,30	10,85
	$C_{14}H_{28}O_2$	8,75	10,75
	$C_{15}H_{30}O_2$	9,00	10,50
	$C_{16}H_{32}O_2$	6,70	7,40
	$C_{17}H_{34}O_2$	6,25	6,60
	$C_{18}H_{36}O_2$	4,25	4,23
Über	$C_{18}H_{36}O_2$	18,20	—

Bei einer Verseifungszahl von 261,8 mg KOH/g und einer Jodzahl von 7,4 cg J/g weist die Säure ein mittleres Molekulargewicht von 214 (entsprechend $C_{13}H_{26}O_2$) auf. In der Technik verteilt sich die Gesamterzeugung an synthetischer Fettsäure etwa wie folgt:

    17% Vorlauf-Fettsäure zur Herstellung von Lack, Rohstoffen und Netzmitteln,
ca. 59% Fettsäure für die Seifenindustrie,
„ 13% Nachlauf-Fettsäure,
„ 13% hochmolekulare Fettsäure für technische Zwecke und
„ 2.7% Dicarbonsäure für die Kunststoffindustrie.

Zur Herstellung von 75 t Fettsäure aus 100 t Gatsch werden folgende Chemikalienmengen benötigt:

40 bis 50 t Schwefelsäure von 60° Bé,
30 t Natronlauge von 45 Bé,
33 t kalzinierte Soda,
50 kg Kaliumpermanganat.

Bei der Destillation werden die niedrig siedenden Fettsäuren unter C_{10} und die höheren über C_{20}, die schwer lösliche Seifen und schwer verdauliche Fette ergeben, abgetrennt. Die Destillation erfolgt mittels Wasserdampf in Rektifikationskolonnen aus Reinaluminium und säurefesten Chromnickelstäben in plattierter Form. Wichtig ist gutes Vakuum von 2 bis 5 mm Hg und kurze Verweilzeit. Es werden Ausbeuten von 92% Destillat mit höchstens 0,1% Oxysäuren erhalten. Die anfallende Destillatfettsäure besitzt etwa folgende Kennzahlen:

Erstarrungspunkt	26,2° C
Verseifungszahl	239,5 mg KOH/g
Säurezahl	239,2 mg KOH/g
Jodzahl	4,9 cg J/g
Hydroxylzahl	3,7
Unverseifbares	0,2%
Petrolätherunlösliches	nicht nachweisbar
Farbe	hellgelb
Geruch	fast indifferent

Bei dem gegenwärtigen Stande der Technik liegt die Ausbeute an Destillatfettsäure der Zusammensetzung C_{10} bis C_{20} bei etwa 50 bis 60% der eingesetzten Paraffinkohlenwasserstoffe.

§ 5. Feuerungstechnik.

Einem wichtigen, wenn auch nicht unmittelbar zum Gang der Fabrikation gehörigen Prozeß dient die Feuerung der Anlagen.

Diese sind insofern etwas abweichend von den üblichen Kohlenfeuerungen, als man es hier mit Heizmaterialien zu tun hat, die hochwertiger sind als die Kohlen und wegen ihres wechselnden Gehaltes an Wasserstoff auch keine einheitliche Zusammensetzung der Verbrennungsgase ergeben wie bei einer Kohlenfeuerung, bei der stets die Summe aus Sauerstoff und Kohlensäure konstant 21% ist.

Trotzdem die Heizmaterialien in der Erdöl-Industrie relativ billig sind und zuweilen sogar „negative Preise" haben, weil mitunter der Anfall an Gas größer ist als der Bedarf, und empfindliche Steuern auf unverbrannte oder nutzlos verbrannte Gase erhoben werden, so spielt der Wärmerückgewinn bei der Petroleum verarbeitenden Industrie dennoch eine wichtige Rolle. Eigene Büros beschäftigen sich mit der Auswertung der diese Fragen betreffenden Diagramme. Daher sind auch die Ofenkonstruktionen vielfach abweichend von denen, die in anderen Industrien üblich sind.

Es soll jedoch nicht von Kesselfeuerungen die Rede sein, sondern vorwiegend von den Anlagen, die die Verarbeitung des Petroleums selbst betreffen, also von den Pipe-Still-Öfen der Destillationseinrichtungen und Krackinstallationen.

Sie dienen daher ausschließlich zur Deckung der Verdampfungswärme des Erdöls und der Reaktionsenergie bei Spaltungsprozessen. Es soll hier auch nicht von den explosionsartig verlaufenden Verbrennungen in den Kraftmaschinen die Rede sein, denn diese wurden im Zusammenhang mit den Dopes besprochen. Hier interessieren in erster Linie die Vorgänge, wie sie bei der Verbrennung von Sondengasen und Erdölrückständen in den Röhrenöfen der Destillationsanlagen ablaufen. Das Hauptinteresse richtet sich auf die vollständige Verbrennung der Brennstoffe mit möglichst geringem Luftüberschuß.

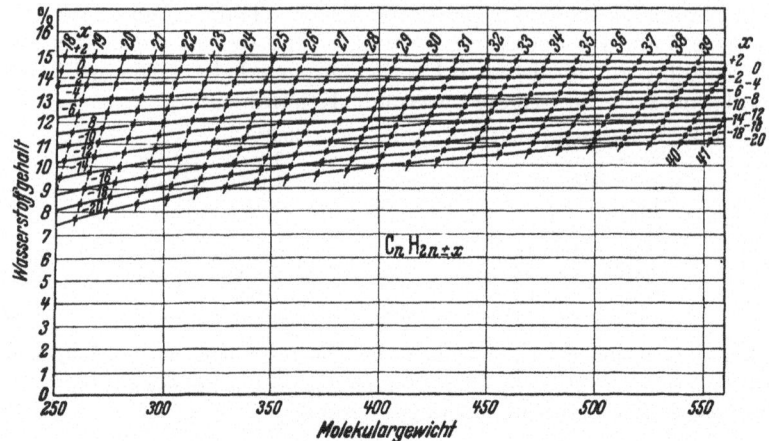

Abb. 171. Wasserstoffgehalt verschiedener Kohlenwasserstoffe.

Ist die Verbrennung unvollständig, dann geht Brennstoff ungenutzt in den Abgasen verloren. Ist der Luftüberschuß zu groß, dann führen die Verbrennungsgase wegen des ungünstigen Temperaturgefälles zu viel Energie in den Abgasen fort.

Es ist daher von Wichtigkeit, bei jedem Brennstoff zunächst die theoretische Luftmenge zu kennen. Diese richtet sich nach dem Kohlenstoff- und dem Wasserstoffgehalt des Brennstoffes; dieser ist in Abb. 171 graphisch für verschiedene Bruttoformeln und Molekulargewichte dargestellt.

Kohlenstoff braucht zu seiner Verbrennung 1 Molekül Sauerstoff nach der Gleichung

$$C + O_2 = CO_2.$$

Zur Verbrennung von Wasserstoff braucht man nur 1 Molekül Sauerstoff auf 2 Moleküle Wasserstoff nach der Gleichung

$$2 H_2 + O_2 = 2 H_2O.$$

Verbrennt daher 1 Molekül Methan, so sind dafür 2 Moleküle (Volumanteile) Sauerstoff nach Gleichung

$$CH_4 + 2 O_2 = CO_2 + 2 H_2O$$

nötig, während beim Propan schon 5 Moleküle Sauerstoff je Molekül

Propan erforderlich sind:
$$C_3H_8 + 5\,O_2 = 3\,CO_2 + 4\,H_2O.$$

Je schwerer also das Molekül des Brennstoffes ist, um so größer ist der Luftbedarf, weil die Produkte immer kohlenstoffreicher werden und Kohlenstoff eben mehr Sauerstoff zu seiner Verbrennung nötig hat als Wasserstoff. So kommt es, daß beim Verheizen von Sondengasen die Düsen enger sein müssen als bei Leuchtgas, das auch Kohlenoxyd enthält, welches zu seiner Verbrennung nur 1 Molekül Sauerstoff auf 2 Moleküle Kohlenoxyd verbraucht:
$$2\,CO + O_2 = 2\,CO_2.$$

Berücksichtigt man, daß aus jedem Mol Sauerstoff wieder 1 Mol Kohlensäure entsteht, so kann bei Verbrennung von reinem Kohlenstoff die Summe von Sauerstoff und Kohlensäure niemals größer werden als 21 %, nämlich gleich dem Sauerstoffgehalt der Luft.

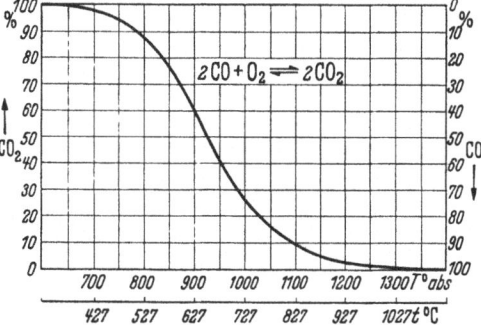

Abb. 172. Das BOUDOUARDsche Gleichgewicht.

Anders liegen die Verhältnisse, wenn Kohlenwasserstoffe verbrannt werden. Dann entsteht aus einem Teil des Luftsauerstoffes Wasser, so daß die maximal mögliche Kohlensäure bzw. die Summe aus Sauerstoff und Kohlensäure geringer sein muß. Das gebildete Wasser wird nämlich bei der Gasanalyse nicht erfaßt. Die Menge maximal möglicher Kohlensäure kann nach WA. OSTWALD aus der Beziehung

$$CO_{2\,max} = \frac{21}{100 + 19{,}7\ H/C}$$

berechnet werden. Wird diese Maximalmenge auch gefunden, dann ist die Verbrennung vollständig, d. h. der Kohlensäuregehalt hat 100 % des theoretisch möglichen Wertes erreicht. Größer kann auch die Summe von Sauerstoff und Kohlensäure nicht sein. Eine Störung ist nur möglich, wie in jedem anderen Verbrennungsgas, wenn Kohlensäure in Kohlenoxyd und Sauerstoff dissoziiert. Die Dissoziationsgleichgewichte sind aus dem Diagramm des BOUDOUARDschen Gleichgewichts (Abb. 172) zu entnehmen. Daraus ist ersichtlich, daß zwischen 600 und 700° C ein steiler Abfall des Kohlensäuregehaltes zugunsten des Kohlenoxyds zu verzeichnen ist. Oberhalb 900° C sind nur noch geringe Mengen Kohlensäure beständig.

Diese Reaktionen sind nach Möglichkeit zu vermeiden. Es ist dafür zu sorgen, daß das bei höheren Temperaturen zugunsten von CO verschobene Gleichgewicht nicht erhalten bleibt, sondern die Reaktionsteilnehmer so viel Zeit haben, daß sich durch Abkühlung wieder Kohlensäure zurückbildet. Es ist also zu vermeiden, daß sich die Gase zu rasch abkühlen und daß das bei höheren Temperaturen herrschende Gleichgewicht einfriert. Es ist daher nicht zweckmäßig, die kalten Gefäßwände der zu beheizenden Apparate mit der Flamme direkt zu umspülen, denn dadurch würden sie „abgeschreckt" und es würde zu viel Kohlenoxyd abgeführt.

Die modernen Röhrenöfen sind darauf eingerichtet, daß vorwiegend die strahlende Wärme einer heißen Flamme wirksam wird und durch einen großen Verbrennungsraum genügend lange Verweilzeit gegeben wird, damit sich das Kohlensäuregleichgewicht wieder einstellen kann. Diese Wärmeökonomie wird meist noch verbessert durch besondere Economisers, durch die die Verbrennungsgase abziehen und das in den Ofen eintretende Material vorwärmen.

Das ist der eigentliche Grund, weshalb Röhrenöfen so große Verbrennungsräume aufweisen, die nahezu leer erscheinen und die Röhren gar nicht mehr mit den Flammen in Berührung kommen, sondern nur noch durch Wärme bestrahlt werden. In Abb. 173 ist ein Schnitt durch einen solchen Ofen gezeigt. In den kreisförmigen Öffnungen in der Mitte des Bildes sind die Brenner für flüssige Brennstoffe oder für Gas untergebracht. Das Röhrensystem ist an den feuerfesten Wänden befestigt. In einer darüber liegenden Kammer ist noch ein Röhren-

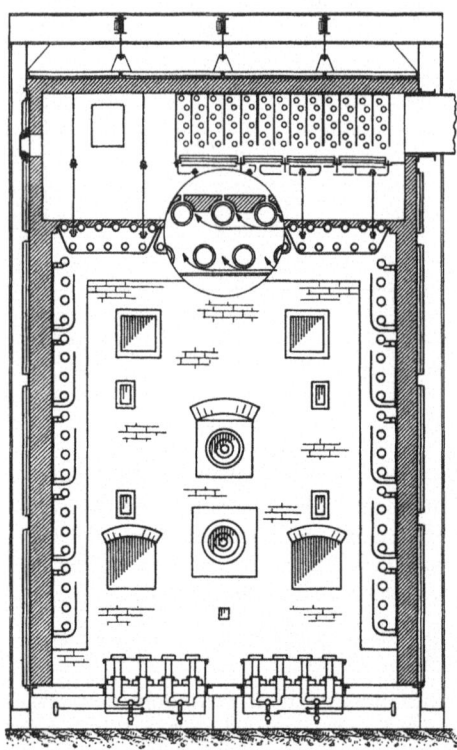

Abb. 173. Schematischer Schnitt durch einen Pipe-Still-Ofen (Röhrenofen).

bündel sichtbar, welches der Vorwärmung dient. Es wird durch Berührung mit den aus dem Feuerraum abziehenden Gasen beheizt. Meist wird künstlicher Zug angewendet, um hohe Schornsteine zu vermeiden.

Bei der Konstruktion derartiger Öfen muß nach ähnlichen Gesichtspunkten wie im Dampfkesselbau bei neuzeitlichen Strahlungskesseln verfahren werden. So werden auch hier die dort üblichen Hängedecken zum oberen Abschluß des Feuerraumes verwendet. Die dazu dienende Tragkonstruktion ist in Abb. 174 zu sehen.

Es leuchtet ein, daß die Wirksamkeit einer Feuerungsanlage nicht nur von der Konstruktion des Ofens, sondern auch vom Brennstoff selbst abhängt.

Hierzu ist es von Bedeutung, die Menge des theoretisch notwendigen Sauerstoffes für jeden Brennstoff zu kennen. Dies ist insofern wichtig,

Abb. 174. Ansicht der Tragkonstruktion der Hängedecke eines Röhrenofens.

als die Verbrennungswärme von Kohlenstoff zu Kohlenoxyd geringer ist als die von Kohlenoxyd zu Kohlensäure.

Es ist der Konstruktion von Zerstäubern, die mit möglichst wenig

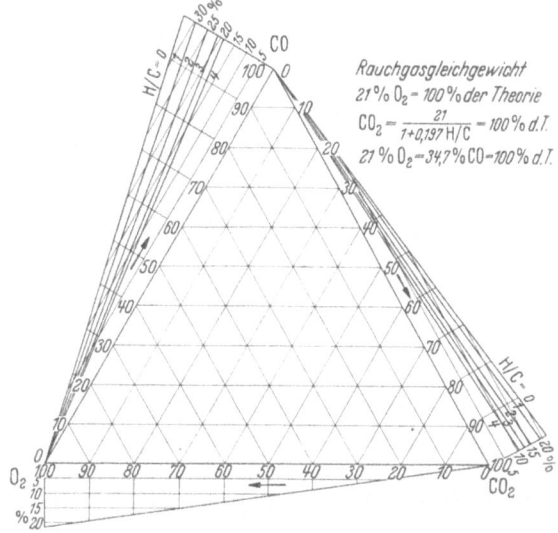

Abb. 175. Dreieck-Diagramm des Systems O_2–CO_2–CO zur Kontrolle des Verbrennungsablaufes.

Dampf eine feine Zerstäubung des Brennstoffes ermöglichen, größte Aufmerksamkeit zu schenken. Die Zahl der auf diesem Gebiete angebotenen Modelle ist groß, nicht aber auch die der wirklich brauchbaren Brenner. Am günstigsten ist es auch hier, mit einem Teil der Verbrennungsluft zu zerstäuben.

In den letzten Jahren ist es in der Erdöl-Industrie üblich geworden, auch die Feuerungsanlagen ständig zu überwachen. Man hat registrierende Rauchgasprüfer (Ranarex)[1] eingebaut, doch werden auch genaue Orsatanalysen ausgeführt, um den Wirkungsgrad der Feuerungen zu kontrollieren.

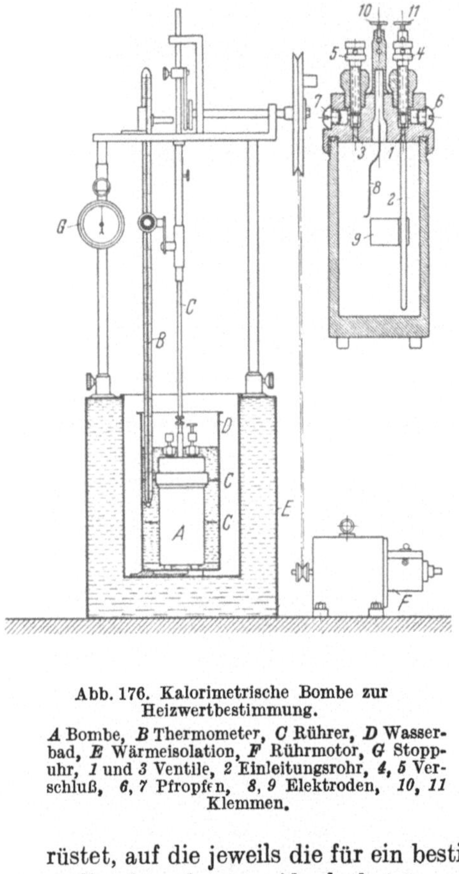

Um die bei der Verbrennung auftretenden, etwas unübersichtlichen Verhältnisse rascher überblicken zu können, kann man das in Abb. 175 (S. 359) gezeigte Diagramm verwenden. Die Rauchgase, die von Kohlenwasserstoffen herrühren, enthalten neben Stickstoff und Wasserdampf, die für gewöhnlich nicht bestimmt werden, hauptsächlich das ternäre Gemisch Sauerstoff, Kohlenmonoxyd und Kohlendioxyd. Trägt man die für einen bestimmten Kohlenwasserstoff maximal durch Verbrennung mögliche Menge Kohlendioxd und Kohlenmonoxyd auf die beiden Seiten eines GIBBSschen Dreiecks auf, wobei die theoretisch maximal mögliche Menge mit 100% bezeichnet wird, dann muß die Summe der drei Komponenten Sauerstoff, Kohlenmonoxyd und Kohlendioxyd stets 100% (der Theorie) ergeben. Sämtliche Seiten des GIBBSschen Dreiecks sind mit Hilfskoordinaten ausgerüstet, auf die jeweils die für ein bestimmtes H/C-Verhältnis des Brennstoffes berechneten Absolutbeträge von Kohlenmonoxyd und Kohlendioxyd bzw. Sauerstoff aufgetragen sind. Ein Beispiel möge dies erläutern:

Abb. 176. Kalorimetrische Bombe zur Heizwertbestimmung.

A Bombe, *B* Thermometer, *C* Rührer, *D* Wasserbad, *E* Wärmeisolation, *F* Rührmotor, *G* Stoppuhr, *1* und *3* Ventile, *2* Einleitungsrohr, *4, 5* Verschluß, *6, 7* Pfropfen, *8, 9* Elektroden, *10, 11* Klemmen.

Es werde z. B. ein Gas mit einem solchen H/C-Verhältnis verbrannt, daß daraus maximal 15% CO_2 entstehen könnte. Das entspricht dem H/C-Verhältnis 2 (etwa Äthylen). Es werde dann tatsächlich 13,5% Kohlensäure durch Analyse gefunden. Das sind nur 90% der theoretisch bei diesem Brennstoff maximal möglichen Menge. Bei einem Brennstoff mit einem H/C-Verhältnis von 2 (etwa Äthylen) könnte maximal 25% CO entstehen. Es werde z. B. durch Analyse 0,5% gefunden, das sind etwa 2% der bei diesem Brennstoff theoretisch maximal möglichen Menge. Daraus ergibt sich aus dem Dreiecksdiagramm für

---

[1] Neuerdings wird von der Auergesellschaft Berlin ein auf dem Paramagnetismus des Sauerstoffs beruhender selektiver Sauerstoffmesser in den Handel gebracht.

2% CO und 90% CO$_2$ ein Rest von 8% O$_2$ der bei diesem Brennstoff theoretisch möglichen Menge im Rauchgas. Das entspricht einem Absolutbetrag von 2% O$_2$ durch Analyse auffindbaren Sauerstoffgehalt. Eine solche Verbrennung wäre demnach hervorragend, da nur 8% Luftüberschuß (Sauerstoffüberschuß) angewendet wurde und nur relativ wenig Kohlenoxyd entstanden ist.

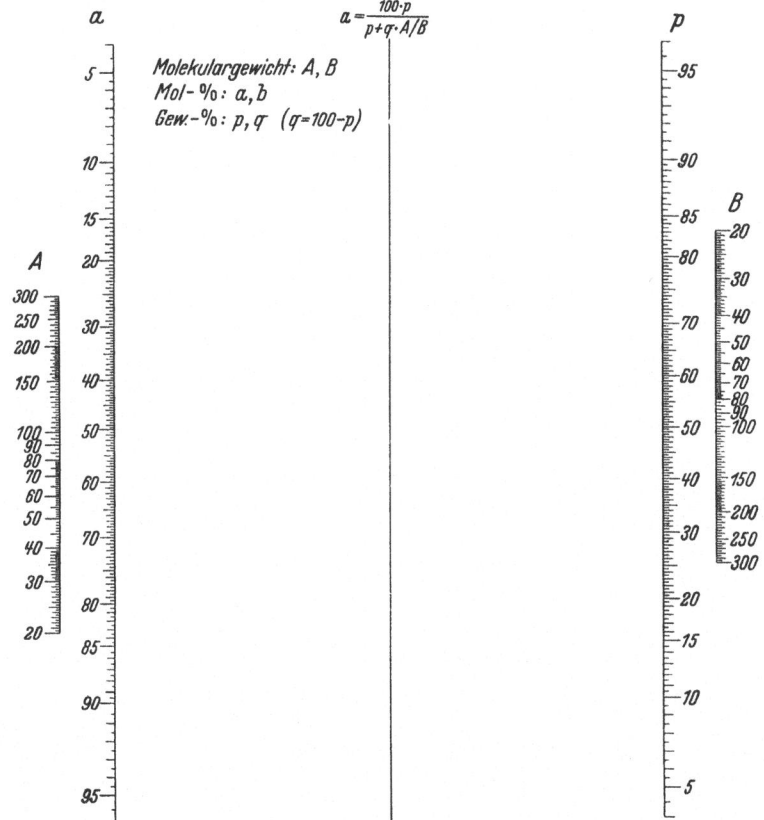

Abb. 177. Nomogramm zur Umrechnung von Molprozenten (bei Gasen auch von Volumprozenten) in Gewichtsprozente.

Aus der Lage des Punktes, der die Rauchgaszusammensetzung angibt, ist sofort zu übersehen, wie die Heizung funktioniert. Es ist möglich, solche Punkte für verschiedene Stellen eines Ofens einzutragen und nötigenfalls durch Zumischung von Luft, Drosselung des Zuges und ähnlichen Mitteln die Verbrennung günstiger zu gestalten. Man wird nach Möglichkeit danach trachten, daß die Punkte in der Nähe der Grundkante des GIBBsschen Dreiecks zu liegen kommen, zum mindesten für Rauchgas, welches zum Schornstein abzieht. Diese Punkte entsprechen nämlich einem hohen Kohlensäure- und einem geringen Kohlenoxydgehalt, was bedeutet, daß wenig unverbrannte Gase entweichen.

Ein hoher Gehalt an Sauerstoff im Rauchgas ist nicht erwünscht, weil ein Luftüberschuß zu viel Wärme abführt. Es ist daher erwünscht, daß die Punkte sich gegen die rechte Ecke unten in der Nähe von 100% Kohlensäure häufen.

Diese Darstellung läßt erkennen, daß eine Kontrolle der Feuerung ohne genaue Kenntnis der Brennstoffzusammensetzung nicht möglich ist. Bei den flüssigen Kohlenwasserstoffen, die in ihrem Wasserstoffgehalt nur wenig schwanken, wird es genügen, wenn das ungefähre Molekulargewicht und der Sättigungscharakter bekannt ist, um an Hand des Diagramms (Abb. 171) den Wasserstoffgehalt und den Kohlenstoffgehalt abzulesen. Wie aus dieser Abbildung hervorgeht, hängt bei gleichem Sättigungscharakter der Wasserstoffgehalt nur wenig vom Molekulargewicht ab. Es wird also in der Regel nicht nötig sein, auch eine Molekulargewichtsbestimmung auszuführen.

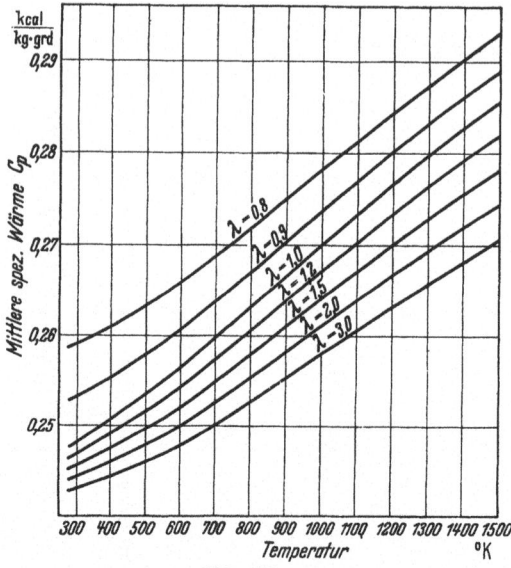

Abb. 178.
Mittlere spezifische Wärme c_p von Verbrennungsgasen bei verschiedenen Luftverhältnissen λ, abhängig von den absoluten Temperaturen, für Brennstoffe mit 85,62% C und 14,38% H.

In den meisten Fällen wird eine Verbrennung in der kalorimetrischen Bombe (Abb. 176, S. 360). die auch zugleich den Heizwert ergibt, ausreichen, um über das H/C-Verhältnis Aufschluß zu gewinnen. Diese Untersuchung ist in der Erdöl-Industrie bereits so verbreitet, daß sie schon zu den normalen Routineanalysen gehört. Die Heizwerte werden nur darum nicht ständig überwacht, weil sie nur wenig schwanken. Es genügt deshalb, wenn solche Untersuchungen von Zeit zu Zeit ausgeführt werden.

Für die Umrechnung von Molprozenten auf Gewichtsprozente kann das Diagramm in Abb. 177 (S. 361) von H. FLASCHKA verwendet werden. Seine Handhabung geht aus folgendem Beispiel hervor: Gegeben sind die Gewichtsprozente p und q der Gase vom Molekulargewicht A und B. Gesucht sind die Molprozente der beiden Komponenten a und b. Man verbindet in der üblichen Weise die entsprechenden Leiter miteinander und erhält auf der mittleren Linie (unbeziffert) einen Schnittpunkt, mit Hilfe dessen durch Umlegen des Lineals auf die beiden anderen Leiter die gesuchte Zusammensetzung gefunden werden kann.

Von Wichtigkeit für die Feuerungstechnik sind auch die spezifischen Wärmen der Verbrennungsgase als Funktion der Temperatur bei verschiedenen Luftverhältnissen sowie das Verhältnis der wahren spezifischen Wärmen bei konstantem Druck und konstanten Volumen. Für Kohlenwasserstoffe mit etwa $C = 0{,}8562$ und $H = 0{,}1438$ können sie aus der Abb. 178 entnommen werden.

§ 6. Abfallstoff-Verwertung.

Außer den bisher beschriebenen chemischen Prozessen gibt es noch eine Anzahl von untergeordneten chemischen Reaktionen, die in der Erdöl-Industrie eine Rolle spielen. Sie dienen nicht unmittelbar der Fabrikation, sondern der Beseitigung lästiger Abfallprodukte. Insbesondere in den größeren Raffinerien können solche Fragen von großer Bedeutung werden.

Die bei den Raffinationsprozessen anfallenden Nebenprodukte müssen unschädlich gemacht werden, wenn sie sich nicht im Laufe der Zeit zu großen Halden anhäufen sollen. In manchen Fällen sind diese Abfallprodukte von lästigem Geruche oder gar gesundheitsschädlich und stellen dann eine stetige akute Gefahr dar; dies ist auch der Fall, wenn sie brennbar sind. Die neueren Raffinerien haben daher eigene Anlagen errichtet, die lediglich der Beseitigung dieser Abfallprodukte dienen.

Als wichtigste Einrichtung dieser Art sind die Goudron-Verbrennungsanlagen zu nennen. In diesen werden hauptsächlich die Säureharze der Schmierölraffination verbrannt. Eine wirtschaftlichere Verwertung derselben ist bisher noch nicht allgemein geglückt. Zwar wurden hin und wieder aus Goudrons auch Schwefelsäure fabriziert, doch hat sich diese Fabrikationsmethode nicht allgemein durchgesetzt. Eine Verbrennung der Säuregoudrons unter den Dampfkesseln oder in den Pipe-Still-Öfen hat sich nur unter strengen Vorsichtsmaßnahmen durchführen lassen. Die Verbrennungsprodukte Wasserdampf und Schwefeldioxyd greifen Kesselblech und Mauerwerk stark an, wenn sie kondensieren. Es ist daher notwendig, die Heizungsanlage mit einem neutralen Brennstoff hochzuheizen, bis sie genügend warm ist, so daß H_2O- und SO_2-Dämpfe nicht mehr kondensieren können. Kurz vor der Abstellung der Feuerungsanlage ist mit einem neutralen Brennstoff auszuheizen, damit die sauren Verbrennungsgase restlos aus der Anlage herausgespült werden.

Diese Art der Brennstoffeinsparung bringt mancherlei Unbequemlichkeiten mit sich und hat sich daher ebenfalls in der Praxis nicht durchsetzen können. Man verbrennt daher auch heute noch Säuregoudrons nutzlos in eigenen Verbrennungsanlagen auf Rosten, die zum Teil von Hand aus bedient werden, um die großen Mengen saurer Abfallprodukte zu beseitigen. Hierzu sind gut ziehende Schlote notwendig, um die damit Beschäftigten sowie ihre weitere Umgebung nicht zu belästigen. In vielen Fällen muß auch auf die Vegetation der Umgebung Rücksicht genommen werden. In diesen Fällen ist es zweckmäßig, die Säuregoudrons vor der Verbrennung mit unbrauchbaren alkalischen Abwässern zu neutralisieren. Das hierbei anfallende Abfallprodukt, der Säurekoks, ist dann aber stark aschehaltig und minderwertig.

Bleicherderückstände werden oft durch Vergraben beseitigt. Bei höherem Ölgehalt können sich aber mit dem Regenwasser leicht Emulsionen bilden, die das damit bedeckte Terrain stark verschmutzen. Mitunter werden diese Erden zuerst abgebrannt und erst im trockenen Zustande beseitigt.

Die sauren und alkalischen Abwässer der Fabrik bilden keine Besonderheit gegenüber denen anderer Fabrikationsstätten. Sie dürfen nur dann Flüssen oder Seen überantwortet werden, wenn dadurch keine Schädigung der Fischzucht oder von Nutzwasser zu befürchten ist. Vorfluter zur Neutralisation können mitunter erforderlich werden.

Außer den anorganischen Abfallprodukten gibt es aber auch noch organische, die unvermeidlicherweise verloren gehen und das Erdreich sowie die Kanäle verunreinigen. Diese sogenannten „Slops" werden in eigenen Brunnen gesammelt und getrennt. Aus diesen Slopsseparatoren werden dann die leichteren organischen Reste von der wäßrigen Flüssigkeit separiert. Solche Kläranlagen können erheblichen Umfang annehmen. In manchen Gegenden haben sich eigene „Unternehmer" in der näheren Umgebung solcher Raffinerien selbständig gemacht, die auf ihren Grundstücken tiefe Gruben anlegen und das Sickerwasser der Raffinerien sammeln, das obenauf schwimmende Öl dekantieren und als Heizmaterial an die Bäckereien verkaufen. Diese häufig sehr primitiv eingerichteten Betriebe hatten jedoch wiederholt Unfälle, so daß diese Art der Ausbeute zeitweilig verboten wurde.

In den Blasedestillaten der Asphaltfabrikation findet man übelriechende Stickstoffverbindungen in den leicht flüchtigen Kohlenwasserstoffanteilen, die nicht mehr in das Rohöl zurückgeführt werden können. Sie werden häufig zur Staubbekämpfung auf abgelegenen Straßen verwendet.

III. Teil.

Expedition.

Die Expedition der Handelsware ist ein so wichtiger Zweig der Erdöl-Industrie, daß sich nicht nur innerhalb einer größeren Fabrik eigene Abteilungen hierfür gebildet haben. Auch innerhalb größerer Konzerne gibt es reine Transport- und Handelsgesellschaften, die sich ausschließlich mit der Stapelung und Verteilung der Fertigprodukte befassen.

Neben den Transportproblemen, die sich bei größeren Einheiten nicht sehr von denen des Rohöltransports unterscheiden, spielen vor allem die Festsetzung der Verkaufsspezifikationen und die Qualitätsprüfung eine wichtige Rolle. Im Laufe der Jahre hat sich dieser Zweig immer mehr entwickelt und verdient daher, getrennt behandelt zu werden[1].

Während in den Anfängen der Entwicklung der größte Verdienst bei den Bohr- und Produktionsgesellschaften lag, verschiebt sich seither der Gewinn immer mehr zugunsten der Raffinerien und Verarbeitungsbetriebe. Dies liegt hauptsächlich daran, daß die Mannigfaltigkeit der Produkte und ihre unterschiedliche Qualität einen weit größeren Spielraum im Gewinn ermöglichen, als dies bei den relativ wenig differenzierten Rohölprodukten der Fall ist. Dazu kommt, daß die Bohrkosten wegen der stetig wachsenden Teufe ständig ansteigen, während die Produktionskosten mit dem Fortschritt der Technik immer mehr vervollkommnet werden. Es ist daher verständlich, daß diejenigen Staaten, aus denen ursprünglich Rohöl ausgeführt wurde, einen gesetzlichen Zwang auf die Produktionsgesellschaften ausüben, in den betreffenden Ländern selbst die Raffinerien zu errichten. Damit richten sich die Zölle ebenfalls nach der Qualität der Produkte. Die Festsetzung geeigneter Lieferungsbedingungen, die den Anforderungen des Marktes einerseits sehr entgegenkommen und auf die Verarbeitungskosten einen großen Einfluß haben sowie die Zollvorschriften andererseits brachten es mit sich, daß man diesem Teil der Erdöl-Industrie größte Beachtung schenkte.

Im allgemeinen geht das Bestreben dahin, im Interesse eines möglichst hohen Gewinnes die Qualität der Ware nicht zu gut abzuliefern. Dieses Prinzip wird stets dann angewendet, wenn die Nachfrage nach einem Produkt größer ist als das Angebot. Diese Verhältnisse treffen in der Erdöl-Industrie am häufigsten zu. So wird man z. B. ein Benzin nie besser abliefern, als es die Fehlergrenze der Analysenmethode erlaubt. Es ist zu berücksichtigen, daß sich die verschiedenen Benzinsorten unter Umständen in ihrer Oktanzahl nur wenig unterscheiden, wobei die guten

---

[1] Nach dem Kriege wurden die alten Prüf- und Anforderungsnormen revidiert; es wird daher auf die laufend erscheinenden Normblätter des Beuth-Verlages, Berlin, verwiesen.

Benzinsorten relativ selten, die schlechten Benzinsorten hingegen häufiger vorkommen. Somit würde die Ablieferung eines Benzins mit zu guter Oktanzahl die Menge lieferbarer Kraftstoffe mit hoher Oktanzahl erheblich vermindern.

Anders liegen die Verhältnisse, wenn die Rohstoffe zur Fabrikation in weit größerer Menge vorliegen, als sie voraussichtlich in veredelter Form verkäuflich sind. Dann wird eine lebhafte Konkurrenz in der Qualität der Produktion einsetzen, und man wird versuchen, dem Überangebot durch eine soweit als möglich gesteigerte Qualität zu begegnen. Solche Probleme tauchen bei der Schmierölfabrikation auf. Die Menge der produzierten und für Schmieröl geeigneten Rohstoffe ist weit größer als die Menge, die wirklich als Schmieröl abgesetzt werden kann. Die Gewinnspanne ist bei diesen Produkten entsprechend höher als bei den Treibstoffen. Das effektive Verdienst an Schmierölen ist daher nicht wesentlich geringer als bei der der Quantität nach weit größeren Treibstoffproduktion. In dieser Branche besteht daher das Bestreben, die Produktion künstlich zu drosseln, um die Preise zu halten. Durch gesteigerte Qualitätsansprüche wird daher der Wert dieser Produkte in die Höhe geschraubt. Diesem Umstand kommt die Tatsache zugute, daß bei Schmierölen die Mannigfaltigkeit in der Qualität noch weit größer ist als bei den Treibstoffen.

So kommt es, daß auch die Lieferungsbedingungen bei Schmierölen umfangreicher sind als bei Treibstoffen. In den letzten Jahren hat sich auch hier einiges geändert, indem die Konstruktion neuer Motortypen auch die Qualitätsansprüche an die Treibstoffe erhöht hat. Andererseits wird durch die Treibstoffsynthese auf Kohlebasis zusätzlich klopffester Kraftstoff angeboten. Trotzdem bleiben die Schmieröle die wertvolleren Produkte einer Fabrikation und es ist daher kein Wunder, daß es Firmen gibt, die sich vorwiegend mit der Schmierölverarbeitung befassen. Ebenso verständlich ist es, daß die Rohöl produzierenden Staaten einen besonderen Wert darauf legen, gerade diesen Teil der Fabrikation im Lande zu behalten, da diese Produkte mit den höchsten Steuern belastbar sind.

Darüber hinaus macht sich aber auch die Tendenz bemerkbar, aus dem Erdöl höherwertige Produkte, insbesondere Lösungsmittel, herauszuholen. In die gleiche Richtung fällt die Erzeugung des Kautschuks aus Petroleum und die Produktion der Schädlings- und Seuchenbekämpfungsmittel. Letztere dürften in Zukunft für die Erschließung neuer Wirtschaftsräume von größerer Bedeutung werden.

§ 1. Gase und Dämpfe.

Neben den Gasen, die auf den Gruben anfallen und nach der Trocknung (Entbenzinierung) in den Raffinerien zur Beheizung der Kessel und Destillationsanlagen dienen, wird auch ein Teil an private Abnehmer verkauft. Sie sind sehr heizkräftig und ein beliebtes Heizmittel für Herde, Rechauds und in den Produktionsgebieten auch ein billiger Brennstoff für Raumbeheizung. Die für die Verteilung und Abgabe benutzten Einrichtungen sind ähnlich denen der Gaswerke. Die Tatsache der Ungiftigkeit und der erhöhten Explosionsgefahr macht jedoch einige Spezialmaßnahmen erforderlich, die von denen der Leuchtgasversorgung abweichen. So ist es üblich, diese Gase zu „parfümieren", wenn sie nicht schon von Natur aus, wie z. B. Krackgase, merkliche Mengen übelriechender Stoffe enthalten. Dies ist erforderlich, da sonst bei Undichtigkeiten in der Leitung zu leicht Explosionen auftreten, die katastrophale Folgen haben können. Es wird daher das gut gereinigte, wenig riechende Straight-Run-Gas mit Äthylmerkaptan vergällt, um schon in kleinsten Mengen unangenehm aufzufallen und rechtzeitig zu Gegenmaßnahmen zu veranlassen. Diese an sich etwas drastische Maßnahme hat sich jedoch in der Praxis durchaus bewährt, so daß Fälle, bei denen durch Explosion ganze Gebäude schwer havariert wurden, nunmehr seltener vorkommen.

Abgesehen von dieser Art der Gasversorgung, die mehr lokale Bedeutung hat, entstand in den letzten Jahren auch ein lebhafter Versand von Flaschengas auf zum Teil recht große Entfernungen (bis zu 500 km vom Produktionsort).

Der Handel mit Flaschengas blühte jedoch erst auf, als man lernte, Butan so scharf zu fraktionieren, daß man es mit 95%iger Reinheit und darüber in den Handel bringen konnte. Der niedrige Dampfdruck und relativ günstige Siedepunkt ermöglicht es, diesen Brennstoff in dünnwandigen Flaschen unterzubringen, aus denen er bei Zimmertemperatur restlos verdampft und so über einen einfachen Druckregler in kontinuierlichem Strome bis zur völligen Entleerung der Flasche entnommen werden kann. Diese meist 30 l fassenden Flaschen sind innen durch eine Phosphatbehandlung korrosionsfest gemacht und von außen mit einem Rostschutzanstrich versehen. Sie können von einem Mann leicht transportiert werden und reichen etwa eine Woche für einen zweiflammigen Gasherd aus.

Die Verteilung erfolgt in der Regel durch spezielle Gesellschaften (nicht Tankstellen), die von den Raffinerien durch Lastwagen versorgt werden. In normalen Zeiten ist der Kundendienst so organisiert, daß die Flaschen auch zugestellt werden. Infolge des hohen Heizwertes und des großen Luftbedarfes müssen spezielle Brenner hierfür verwendet werden. Sie haben engere Düsen als Leuchtgasbrenner.

Die Analyse der Produkte erstreckt sich in der Regel auf eine PODBIELNIAK-Analyse, die insbesondere den Butangehalt (einschließlich der Isomeren) in Mol-Prozenten angibt. Gewöhnlich wird verlangt, daß das Gas mindestens 95% Butan enthält. Seltener wird auch eine Heizwertsbestimmung verlangt. Sie ist bei einer PODBIELNIAK-Analyse überflüssig, da sich der Heizwert aus der Analyse errechnen läßt. Er ist eine additive Größe und gleich der Summe der Heizwerte der reinen Komponenten.

In Abb. 179 ist eine solche vollautomatische Podbielniak-Apparatur dargestellt. Ihre Wirkungsweise geht aus der Beschriftung hervor. Das zu untersuchende Gas wird verflüssigt, bei *15* in das Gerät eingefüllt und bei elektrischer Heizung destilliert.

Der Dephlegmator über der Kolonne *1* wird mit flüssiger Luft gekühlt, die aus einem WEINHOLD-Gefäß herübergepumpt wird. An einer

Klaviatur von Hähnen 3 können die Verbindungen zu den Vorlagen und Manometer hergestellt werden. Thermoelemente schreiben die Temperaturen mit Hilfe einer Potentiometer-Schaltung (siehe Abschnitt Automatische Kontrolle und Regelung des Betriebes) auf. Die Relais

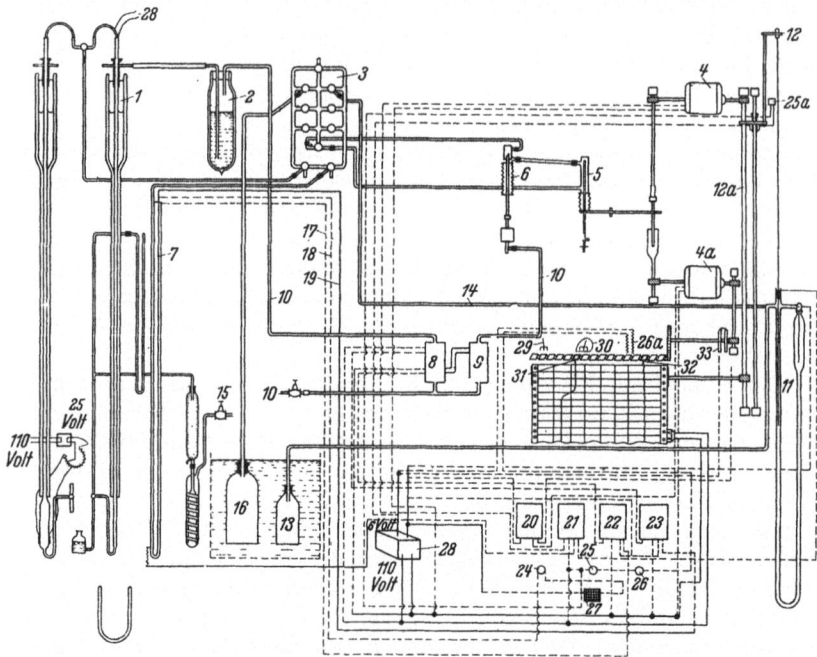

Abb. 179. Apparatur von PODBIELNIAK für selbsttätige Tieftemperatur-Destillation.

1 Kühlkopf, *2* Weinhold-Gefäß für flüssige Luft, *3* Klaviatur für verschiedene Hahnverbindungen, *4* u. *4a* Motoren zum Betrieb der Wagenwelle *12a* und der Ventile *5* und *6*, *7* offenes Kontaktmanometer mit drei Kontakten *17*, *18*, *19* für die Relais *22*, *23* und die Lampe *25*, *8* elektromagnetisches Ventil zur Steuerung der Preßluft in *2*, *9* elektromagnetisches Ventil zur Betätigung des Ventils *6*, das die Kolonne auf unendlichen Rückfluß einstellt, *10* Preßluftanschluß und Leitungen, *11* Kompensationskontaktmanometer zum Druckausgleich des Dampfdruckes im Kolonnenkopf und der Kompensationsflasche *13*, *12* lotrechtbeweglicher Wagen mit Kontaktstange für das Manometer *11*, *14* Leitung zwischen Kolonnenkopf und Kontaktmanometer *11*, *15* Einfüllöffnung zum Destillationskolben, *16* Destillat-Auffangvorrichtung, *17*, *18*, *19* Kontaktleitungen, *20* Relais zum Regeln der Destillationstemperatur, durch *32* betätigt, auf *5* wirkend, *21* Relais zur Regelung des Destillationsdruckes, durch *11* betätigt, auf *5* und *6* wirkend, *22* Relais zur Regelung der Destillatabnahme, durch *7* betätigt, auf *5* und *6* wirkend, *23* Relais zur Regelung der flüssigen Luftkühlung, durch *7* betätigt, auf *8* wirkend, *24* Kontrollampe zur Störungsanzeige im Kreislauf der flüssigen Luft, durch *7* betätigt, *25* Kontrollampe zur Anzeige der vollen Flasche *16*, durch *12a* und *25a* betätigt, *26* Kontrollampe zur Anzeige der Änderung des Destillationsdruckes, durch *26a* betätigt, *27* Summer für die Kontrollampen *24*, *25*, *26*, *28* Transformator für 6 Volt und 110 Volt, *29* Thermoelementanschlüsse, *30* Kontaktgalvanometer in Potentiometerschaltung, *31*, *32* Schreiber für Destillationsmengen und Destillationsmengen-Temperaturkurven, *33* Kontaktgetriebe zur Regelung der Destillationstemperatur über Relais *20*.

20 bis *23* regeln den Gang der Destillation automatisch über Kontaktgalvanometer und Kontaktmanometer.

Diese Geräte sind leichter zu bedienen als die Leitung einer Destillation von Hand. Doch ist für die Inbetriebnahme eines derartigen Gerätes immerhin einige Routine erforderlich und es muß daher auf die Prospekte der Firma (WALTHER PODBIELNIAK, Tulsa-Oklahoma) verwiesen werden.

§ 2. Otto- und Dieseltreibstoffe, Leuchtöle.

In großen Zügen unterscheidet man zwei Gruppen von Treibstoffen: Ottotreibstoffe, die in Vergasermotoren verbrannt werden, und Dieseltreibstoffe, die durch Kompressionszündung verbrannt werden. Die ersteren sind daher Benzine, die letzteren Gasöle. Daneben sind im Zusammenhang die Leuchtöle und ähnliche Produkte zu besprechen, deren Siedebereich zwischen den beiden genannten liegt.

a) Ottotreibstoffe (Benzine).

Im allgemeinen unterscheidet man zwei Gruppen von Benzinen: Straight-Run-Benzine, die durch atmosphärische Destillation aus Rohöl direkt gewonnen werden, und Krackbenzine, die durch Druckdestillation aus Erdölrückständen über einen Spaltungsprozeß erzeugt werden. Sie unterscheiden sich vor allem durch ihren Sättigungscharakter.

Straight-Run-Benzine enthalten in der Regel keine merklichen Mengen von Olefinen, Diolefinen oder sonstigen Ungesättigten, die mit Brom reagieren würden. Die Krackbenzine dagegen enthalten größere Mengen solcher Stoffe, die eine Bromzahl von etwa 65 cg Br/g ergeben, woran der Gehalt an Krackbenzin in einem Benzingemisch leicht geschätzt werden kann. Wenn die Krackbenzine merkliche Mengen Diolefine enthalten, neigen sie wegen der konjugierten Doppelbindungen leicht zur Harzbildung. Die Harze verstopfen dann die Vergaserdüsen, was insbesondere bei Flugmotoren gefährlich ist. Fliegerbenzine dürfen daher im allgemeinen nicht aus Krackbenzinen hergestellt werden. Krackbenzine haben dagegen höhere Oktanzahl als paraffinöse Straight-Run-Benzine. Die wertvollsten Naturbenzine sind jedoch die asphaltischen Benzine, deren Oktanzahl meist über 70 liegt. Sie sind geschätzte Fliegerbenzine, während Krackbenzine gern als Zusatz zu Autobenzinen verwendet werden.

Der Herkunft nach kann man auch noch zwischen Naturbenzin und Synthesebenzin unterscheiden, wozu auch die Krackbenzine zu zählen sind. Die wichtigsten Synthesebenzine, die in der Erdöl-Industrie erzeugt werden, sind durch Alkylierungsprozesse entstanden. Synthesebenzine, die aus Hydrierwerken stammen, sind als Erzeugnisse der kohleverarbeitenden Industrie hier nicht zu behandeln. Alkylatbenzine haben höhere Oktanzahlen als die besten Naturbenzine. Sie stammen aus Krackgasen und werden selten rein verwendet. Grubengasolin entsteht bei der Trocknung der Sondengase und wird schon auf den Gruben gewonnen. Es hat infolge seines hohen Butangehaltes eine gute Oktanzahl.

Neben Motorenkraftstoffen gibt es für andere Verwendungszwecke noch Waschbenzine, die meist zwischen 100° und 150° C sieden. Sie müssen frei von Geruchstoffen sein und dürfen keine Flecken hinterlassen. Diese Benzine werden daher auch schwach raffiniert. Extraktionsbenzine sollen in der Regel enge Siedegrenzen aufweisen (z. B. 60 bis 80° C u. dgl.). Sie werden auch Special-Boiling-Point- oder auch Single-Boiling-Point-Benzine genannt. Oft verlassen sie die Raffinerien in vergälltem Zustande, um mit geringeren Taxen belastet auf dem Markt erscheinen zu können. Sie enthalten meist einige Prozente des zu extrahierenden Öles.

Pharmazeutische Benzine, z. B. nach DAB 6[1], weisen eine Dichte von 0,661 bis 0,681 g/cm³ bei 20° C auf und sollen 80% zwischen 50 und 75° C siedende Kohlenwasserstoffe enthalten. Sie werden nicht im Großen hergestellt und sind Produkte von Spezialfirmen.

Testbenzine für die Lackindustrie als Lösungsmittel haben Flammpunkte über 21° C nach ABEL-PENSKY.

Die wichtigste Sorte von Benzinen sind die Motorbenzine. Ihr Heizwert wird nur selten bestimmt, weil er nur wenig schwankt. Der Heizwert ist von Bedeutung für den Aktionsradius eines Verkehrsmittels. Neben ihm spielt noch der sogenannte Gemischheizwert eine Rolle, da in dem Zylinder des Ottomotors nicht reines Benzin, sondern ein Gemisch von Benzin und Luft angesaugt wird. Er ist demnach für die je Hubvolumen erzielbare Leistung wichtig. Diese Größe ist aber bei verschiedenen Kraftstoffluftgemischen nur sehr wenig verschieden, wie folgende Tabelle zeigt:

Straight-Run-Benzine	406—410 kgm/l
Krackbenzin	418 ,,
Petroleum	414 ,,
Benzol	401 ,,
Alkohol (98,5%ig)	400 ,,

Dies fällt insbesondere beim Alkohol auf, dessen Heizwert erheblich geringer ist als der der Benzine, während sein Gemischheizwert dem der Benzine nahezu gleichkommt. Alkohol braucht nämlich zu seiner Verbrennung nur wenig Luft und ergibt daher ein günstigeres Füllungsverhältnis als die Kohlenwasserstoffe. So kommt es, daß Alkohol auch in hochwertige Fliegerkraftstoffe zugemischt werden kann, ohne daß die Leistung der Motoren merklich beeinflußt wird. Da Alkohol die Klopffestigkeit des Gemisches erhöht, erscheint dieser Umstand um so wichtiger. So kann z. B. bei einer Steigerung des Kompressionsverhältnisses von 1 : 4 auf 1 : 6 bis zu 20% Leistung gewonnen werden. Dieser Gewinn nimmt jedoch bei stärkerer Kompression immer weniger zu. Es sind daher folgende drei Gemische für Fliegerbenzin üblich:

	a	b	c
Alkohol	15 Gew.-%	15 Gew.-%	10 Gew.-%
Benzol	35 ,,	40 ,,	40 ,,
Benzin	50 ,,	45 ,,	50 ,,

Es kann hier nicht auf die einzelnen Normen eingegangen werden. Nur die USA.-Normen als die wichtigsten werden in der nebenstehenden Tabelle 39 angeführt.

Bei Benzinen werden folgende Prüfungen ausgeführt:

Es wird in der Regel das *spezifische Gewicht* ermittelt. Für grobe Bestimmungen im Betrieb wird fast ausschließlich das Thermo-Aräometer benutzt. Es ist auf drei Dezimalen genau und reicht für praktische Zwecke aus. Die Thermometerkugel ist zugleich das Gewicht der Senk-

---
[1] Deutsches Arzneibuch, 6. Aufl.

Tabelle 39. *Amerikanische Normen für Benzin. Aufgestellt von der USA.-Regierung*[1].

Bezeichnung	Farbe nicht dunkler als SAYBOLT Nr.[2]	Siedeanalyse nach ENGLER, Modifikation A.S.T.M. D 86—30, s. S. 163 und S. 195							Gesamtmenge Destillat mindestens %	Schwefel % nicht über	Doktortest s. S. 217	Korrosionsprüfung	Wasser und feste Fremdstoffe	Bemerkungen
		Siedebeginn °C	Volumenprozente Destillat											
			höchstens 5% bis °C	mindestens 5% bis °C	mindestens 20% bis °C	mindestens 50% bis °C	mindestens 90% bis °C	mindestens 96% bis °C	Siedeende höchstens °C					
Fliegerbenzin { Fighting	25	—	50	65	—	95	125	150	165	96	0,10	negativ	(Kupferschale, s. S. 217) negativ	abwesend	Der wässerige Auszug des Dest.-Rückstandes (Rückstand mit 3fach.Vol.H$_2$O ausgeschüttelt) darf Methylorange nicht röten
Fliegerbenzin { Domestic	25	—	50	75	—	105	155	175	190	96	0,10	negativ	(Kupferschale) negativ	abwesend	—
U. S. Government Motor-Gasoline	—	55	—	—	165	140	200	—	225	95	0,10	—	(Kupferstreifen, s. S. 217) negativ	—	—
Dgl. neuere Vorschläge[3]	—	—	höchst. 10% bis 60 °C	mind. 10% bis 80 °C	—	140	200	—	—	95	0,10	—	dgl.	abwesend	—
U. S. High Volatility Gasoline[3]	—	—	50	70	—	125	180	—	—	95	0,10	—	dgl.	dgl.	Dampfdruck b. 37,8°C nicht über 0,7 at.

[1] Master Specification for Lubricants and Liquid fuels. Technical Paper 323 B, 1927.
[2] A.S.T.M.-Methode D 156—23 T, SAYBOLT-Chromometer (s. S. 232).
[3] Oil Gas Journ. vom 21. 3. 1929; Petroleum Times Bd. 21 (1929) S. 506; ref. Erdöl u. Teer Bd. 5 (1929) S. 405; Motor-Fuel V: USA. Federal Standard Stock Catalogue VV. M. 571 (1931).

waage, die um so tiefer eintaucht, je leichter die Flüssigkeit ist. Zur Messung sind die Aräometer in Standzylinder mit erweitertem Rand einzutauchen, damit zur Vermeidung von Ablesefehlern beim Kleben der Spindel an der Wand keine Flüssigkeit durch Kapillarwirkung hochgesaugt wird. Abgelesen wird stets der untere Meniskenrand. Nur bei dunklen Ölen, wo dieser untere Rand nicht sichtbar ist, liest man den oberen Rand ab und addiert zu dieser Zahl so viele Skalenteile, als die betreffende Skala mm lang ist. Es gibt neuerdings auch Spindeln mit so feiner Teilung, daß auch noch vier und mehr Dezimalen abgelesen werden können. Bei Beachtung aller Vorsichtsmaßregeln dürften diese Geräte aber auch nicht viel handlicher sein als die MOHRsche Waage.

Für genaue Messungen dient die bei Benzinen am häufigsten verwandte MOHR-WESTPHALsche Waage. Sie besteht aus einem Waagebalken, an dessen einem Ende ein gläserner Senkkörper an einem dünnen Platindraht hängt, der in das zu untersuchende Benzin eingetaucht wird. Dieser Senkkörper besteht in der Regel aus einem in 0,1° geteilten Thermometer, das nur wenige Skalenteile im Bereich der zu bestimmenden Dichte trägt. Durch den Auftrieb spielt die Waage nicht mehr ein. Man muß alsdann so viel Reiterchen in die Kerben des Balkens einsetzen, bis die Waage wieder einspielt. Jeder Reiter entspricht, je nach seiner Größe, einer anderen dekadischen Einheit. Je länger der Arm ist, an der die Kerbe angebracht ist, um so höher ist dann die Einheit der betreffenden Dekade. Die Kerben sind entsprechend beziffert, so daß man das spezifische Gewicht direkt ablesen kann. Die erforderliche Prüfmenge beträgt 20 bis 30 cm^3. Der Meßfehler beträgt bei Benzinen 0,0002 g/cm^3. Bei Ölen ist der Fehler wegen der hohen Viskosität etwa fünfmal so groß. Die MOHRsche Waage hat daher bei Ölen nur den Vorteil der geringeren Prüfmenge gegenüber der Senkwaage.

Die genaueste Methode zur Bestimmung der Dichte ist die pyknometrische Methode. Das Pyknometer besteht aus einem genau 10 cm^3 fassenden Gefäß mit Vakuummantel und eingeschliffenem Thermometer. Empfehlenswert sind nur Pyknometer mit genauer Kalibrierung. Bei Ölen sind sie allen anderen Geräten vorzuziehen, weil die Gefahr von Verdampfungsverlusten während der Wägung nicht besteht. Bei Verwendung eines Pyknometers von 10 cm^3 Inhalt und Auswaage auf einer analytischen Waage ist der Fehler nicht größer als 0,00004 g/cm^3, wenn alle Vorsichtsmaßnahmen beachtet werden. Als solche kommen in Frage: Korrekturen für Temperatur, Reduktion der Wägung auf das Vakuum und dergleichen.

Bei einer genauen Dichtebestimmung, wie sie z. B. zur Identitätskontrolle, bei Homogenitätsprüfungen oder zu einer Reservoirinhaltsbestimmung erforderlich sind, sollte man immer auf das Pyknometer zurückgreifen.

Das gewogene Vollgewicht, vermindert um das Leergewicht und die beim Einfüllen verdrängte Luft, ergibt die Dichte in g/cm^3 (brutto −tara=netto). Es ist also darauf zu achten, daß als Tara das Gewicht des luftleeren Pyknometers in Rechnung gesetzt wird. Zu dem Zweck wird von dem Leergewicht des Pyknometers noch das Gewicht der darin enthaltenen Luft abgezogen. 22,4 l Luft vom Molekulargewicht rd. 29 wiegen unter normalen Verhältnissen etwa 29 g, das sind 12,95 mg pro 10 cm^3. Bei genauen Bestimmungen messe man nach Möglichkeit bei der gewünschten Temperatur (Thermostat). Für praktische Messungen genügt es in der Regel, Dichtekorrekturen anzubringen, wenn die Meßtemperaturen nicht allzusehr, äußersten Falles 10°, von der üblichen Bezugstemperatur abweichen.

Für die verschiedenen Benzine können orientierungsweise folgende Dichte—Korrektur-Koeffizienten benutzt werden:

Dichte ϱ	Temperatur-Koeffizient $d\varrho/dT$ je °C			
g/cm^3	Russ.	Pennsylvan.	Poln.	Rumän.
0,680—0,700	0,00084	0,00091	—	—
0,700—0,720	0,00082	0,00086	—	0,00089
0,720—0,740	0,00081	0,00082	—	—
0,740—0,760	0,00080	0,00077	0,00080	0,00086
0,760—0,780	0,00079	0,00072	0,00078	—

In den Vereinigten Staaten von Amerika ist es üblich, die Dichte in A.P.I.-Graden anzugeben[1]. Sie können aus dem spezifischen Gewicht wie folgt berechnet werden:

$$\text{A.P.I.-Grade} = \frac{141,5}{d_{15/15}} - 131,5.$$

Die Dichte der aromatischen Kohlenwasserstoffe ist im allgemeinen größer als die der aliphatischen. Daher haben asphaltische Benzine eine höhere Dichte als paraffinische. Bei komplizierteren Gemischen, insbesondere bei solchen, die Krackbenzine enthalten, ist eine additive Berechnung der Zusammensetzung aus der Dichte nicht möglich. Dagegen kann der Brechungsexponent zur Identitätskontrolle herangezogen werden. Die Brechungsquotienten verschiedener Benzine liegen zwischen 1,37 und 1,45, wie folgende Tabelle zeigt:

Dapolin	1,419	Hexan	1,375
Stellin	1,422	Oktan	1,397
Bakubenzin	1,413	Azeton	1,359
Grosnybenzin	1,403 bis 1,410	Reinbenzol	1,501
B. V. Motorbenzol	1,494	Toluol	1,496
Mathenol	1,329	Xylol (o-, m-, p-)	1,496 bis 1,505
Äther	1,354	Anilin	1,586
Äthanol	1,362	Schwefelkohlenstoff	1,628
Pentan	1,358		

Die Brechungsquotienten n sind nicht additiv, wohl aber die spezifische Refraktion, die nach der Beziehung:

$$\frac{(n^2 - 1)}{(n^2 + 2)\varrho} = \text{spezifische Refraktion}$$

ermittelt wird. Die Bestimmung dieser Größe erfolgt am besten mit dem

---

[1] A.P.I. = American Petroleum Institut.

ABBE-PULFRICHschen Refraktometer, das in Abb. 180 wiedergegeben ist. Es besteht aus zwei total reflektierenden Prismen, zwischen die ein Tropfen der zu untersuchenden Flüssigkeit gebracht wird. Man stellt auf die Grenze der Totalreflexion ein (scharfe Grenze zwischen hell und dunkel). Es ist darauf zu achten, daß der Monochromator richtig eingestellt wird und die Grenze zwischen dem Hell- und Dunkelfeld keine farbigen Ränder zeigt. An einem geeichten Teilkreis kann mittels Lupe und Nonius der Winkel der Totalreflexion gemessen werden. Die Skala ist in Einheiten des Brechungsquotienten beziffert. Die Prismen sind in Metall gefaßt und können mit Wasser von einem Durchflußthermostaten aus temperiert werden. Das Gerät ist genau, aber dennoch handlich, so daß eine Bestimmung zu den leichtesten und am raschesten ausführbaren Analysen gehört. Es ist ratsam, bei allen noch unbekannten Produkten auch den Brechungsquotienten zu ermitteln. Bei Schmierölen kann diese Konstante auch bestimmt werden, wenn die Öle nicht zu dunkel sind. Bei dunklen Ölen ist das rückwärtige Fensterchen des Refraktometers zu öffnen, wodurch die Grenzwinkel auch bei dunklen Flüssigkeiten noch zu beobachten sind. Man kann die Bestimmung der Refraktion, Dispersion und der Dichte auch dazu benutzen, um den Gehalt an Paraffinen, Naphthenen und Aromaten mittlerer Kohlenwasserstoffgemische abzuschätzen.

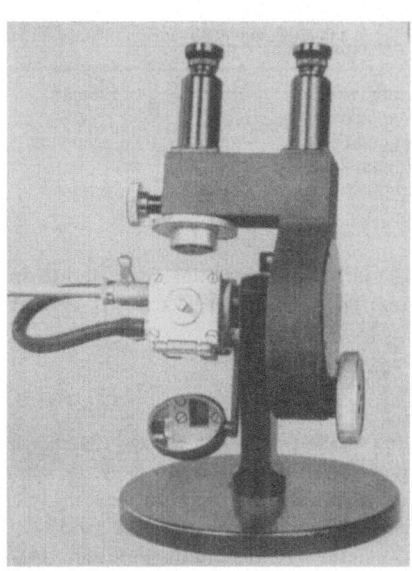

Abb. 180.
Refraktometer nach ABBE-PULFRICH von Zeiss.

Zu dem Zweck trägt man in einem GIBBSschen Dreieck den Gehalt an diesen drei Kohlenwasserstoffgruppen auf den Seiten eines GIBBSschen Dreiecks auf, so daß an den Ecken die reinen Komponenten zu liegen kommen, die Seiten jeweils zweikomponentige Gemische darstellen, während im Inneren des Dreiecks liegende Punkte dreikomponentige Mischungen darstellen. Die vier in Abb. 181a bis d dargestellten Diagramme gelten nur für die engen Siedebereiche von 65 bis 95, von 95 bis 122, von 122 bis 150 und von 150 bis 200° C. Die schwarzen sich kreuzenden Linien bezeichnen jeweils die aus Refraktion und Dichte errechneten spezifischen Refraktionen R und die aus der Frequenzabhängigkeit der spezifischen Refraktion errechneten Dispersionen.

Hat man z. B. ein zwischen 65 bis 95° C siedendes Kohlenwasserstoffgemisch mit einer spezifischen Refraktion von 555 und einer Dispersion von 110, dann schneiden sich diese beiden Kurven in einem Punkt im

Ottotreibstoffe (Benzine).

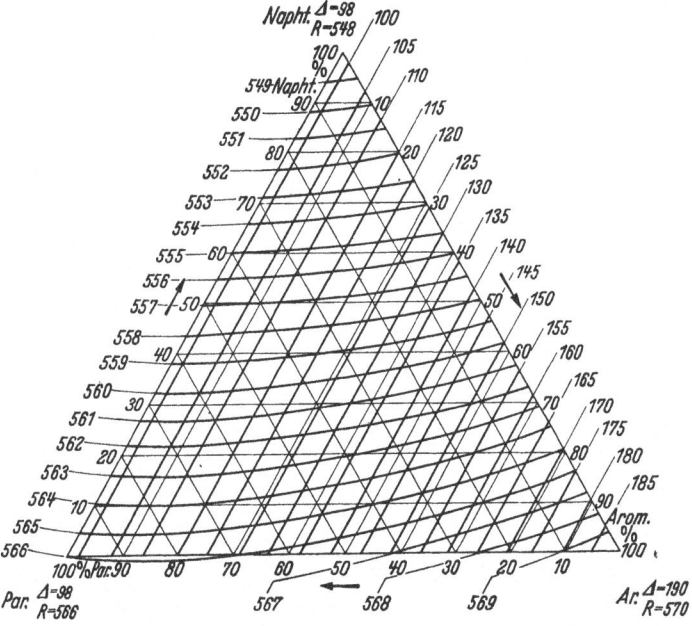

Abb. 181. Bestimmung des Gehaltes an Aromaten, Naphthenen und Paraffinen in Benzin aus der Dispersion, der Refraktion und der Dichte (nach GLOSSE und WACKHER).
Für Siedebereich 65 bis 95° C. b Für Siedebereich 95 bis 122° C. c Für Siedebereich 122 bis 150° C. d Für Siedebereich 150 bis 200° C.

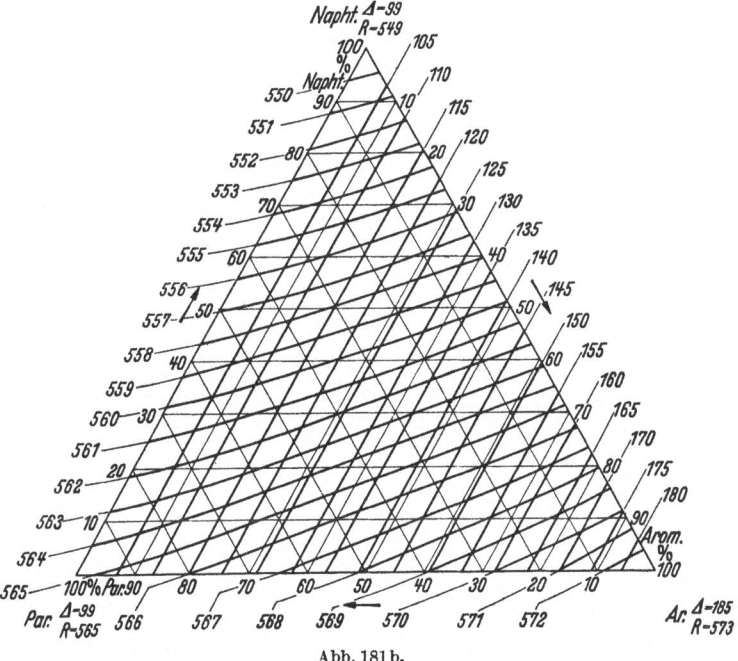

Abb. 181 b.

376   Otto- und Dieseltreibstoffe, Leuchtöle.

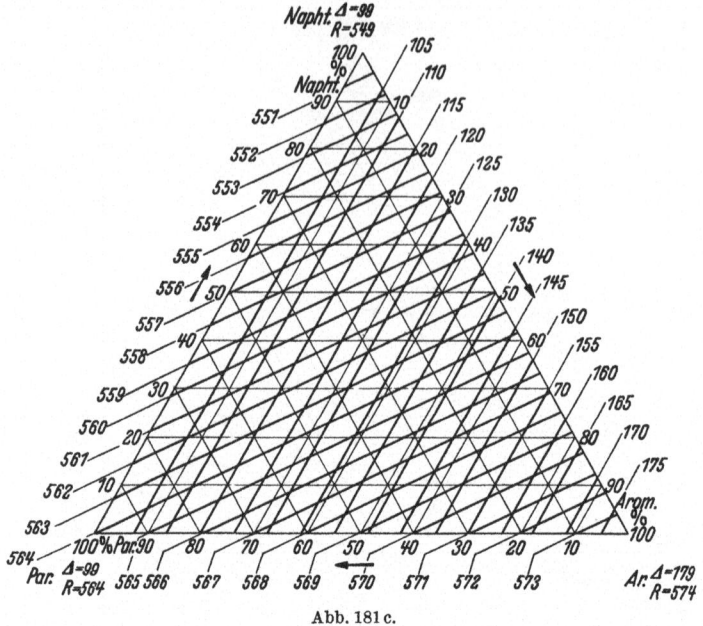

Abb. 181c.

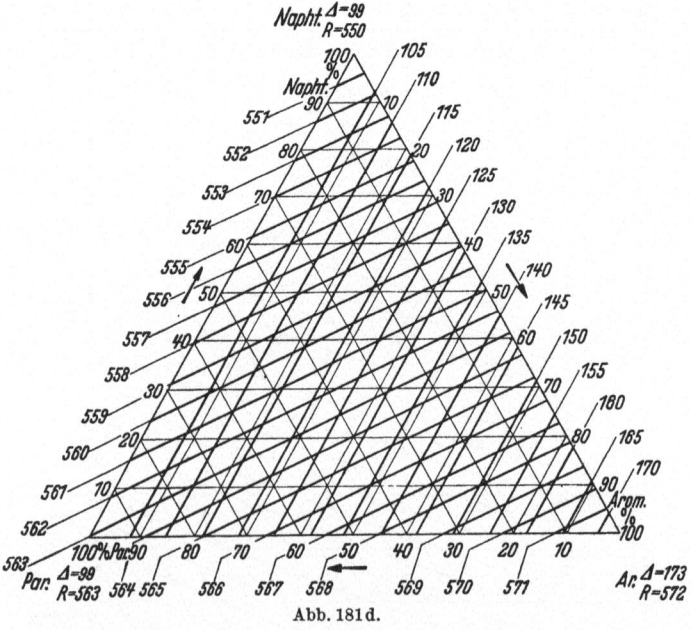

Abb. 181d.

oberen Drittel des Diagramms (Abb. 181a), woraus sich eine Zusammensetzung von 61% Naphthene, 13,5% Aromaten und 25,5% Paraffine ergibt.

Ottotreibstoffe (Benzine).

Die Bestimmung der *Viskosität* hat bei Benzinen praktisch kein Interesse. Sie wird daher bei den Schmierölen beschrieben. Bei alkoholhaltigen Kraftstoffen können Viskositätsmaxima auftreten.

Der *Stockpunkt* spielt bei Benzinen keine große Rolle. Nur bei Spezialkraftstoffen, die zu Fliegerbenzinen verwendet werden sollen, kann auch die Bestimmung des Stockpunktes von Bedeutung sein. In manchen Ländern ist der Stockpunkt auch bei Kraftstoffen Gegenstand der Lieferungsbedingungen.

Kraftstoffe, die Alkohol enthalten, können sich bei bestimmten Temperaturen entmischen, so daß darauf Rücksicht zu nehmen ist. Es wird daher für gewöhnlich der *Trübungspunkt*, der ein Maß für den Beginn der Entmischung darstellt, angegeben. Bei Fliegerbenzinen kommen Temperaturen unter $-40°$ C in Frage; bei wasserhaltigen oder hygroskopischen Kraftstoffen kann die Ausscheidung von Eiskriställchen zur Verstopfung der Vergaserdüsen führen. Darauf ist bei Fliegerbenzinen besonders zu achten.

Von den Wasch- und Extraktionsbenzinen wird verlangt, daß sie beim Verdunsten im Uhrglas keinen Rückstand hinterlassen. Von WAWRZINIOK[1] wurde eine Verdunstungswaage konstruiert, mit der man die Verdunstungszeiten bei 45° C und 80 Torr für 95% des Kraftstoffes ermittelt. Die Unterschiede zwischen den einzelnen Benzinen können beträchtlich sein, wie folgende Tabelle zeigt:

Normalbenzin (DIN 5 3660)	187	Dapolin	2050
Reinbenzol	327	Euco-Benzin	2550
BV-Benzol	900	Leuna-Benzin	2470
Abs. Alkohol	720	Shell-Benzin	3750

Die *Verdampfungswärme* der Benzine hat nicht nur für den Fabrikanten ein Interesse, weil dadurch die Menge der Heizmaterialien und damit die Wärmeökonomie beeinflußt wird, sondern auch für den Konsumenten. Ein Kraftstoff mit hoher Verdampfungswärme, wie z. B. Alkohol, verdampft schlecht und läßt sich nur bei guter Luftvorwärmung im Motor vergasen. Kraftstoffe mit mehr als 30% Alkohol ergeben schon unüberwindliche Startschwierigkeiten. Die Verdampfungswärmen der einzelnen Kraftstoffe liegen in folgenden Grenzen:

Totale Verdampfungswärme bei Normaldruck und Zimmertemperatur.

Normalbenzin	102,2	cal/g	Gasöl	313,6	cal/g
Euco-Benzin	153,2	,,	Dieselöl	358,3	,,
Shell-Benzin	161,8	,.	Alkohol	220	,.
Leuna-Benzin	160,0	,,	Methylalkohol	290	,,
Reinbenzol	137,4	,,	Hexan	79,4	,,
Euco-Benzol	137,8	,,	Heptan	74	,,
BV-Benzol	141,0	,,	Zyklohexan	87	,,
BV-Aral	143,0	,.	Dekan	61	,,
Monopolin	180,3	,,			

Die Verwendung von noch schwereren Kohlenwasserstoffen als etwa Gasölen in Vergasern ist nicht möglich. Es müssen dosierende Einspritzpumpen angewandt werden, um diese Kraftstoffe in Ottomotoren zu

---
[1] WAWRZINIOK: Autom.-techn. Z. Bd. 33 (1930) S. 316, 364, 478.

verbrennen (Safety-Fuel). Auch wendet man Vergaser- und Gemischbeheizung an. Die Verdampfungswärme wird nicht als Abnahmebedingung gefordert. Ihre Bestimmung soll daher hier als Analysenmethode

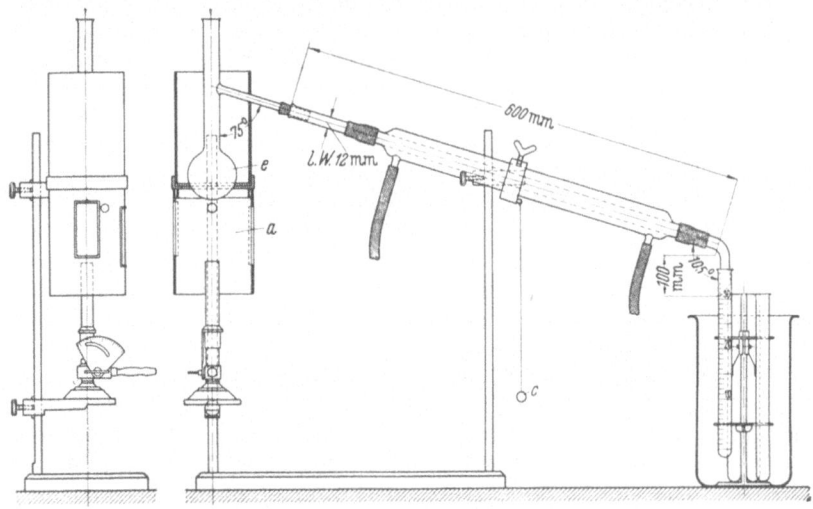

Abb. 182. Destillationsapparat nach ENGLER und UBBELOHDE.
a Gehäuse, c Lot, e Engler-Kolben.

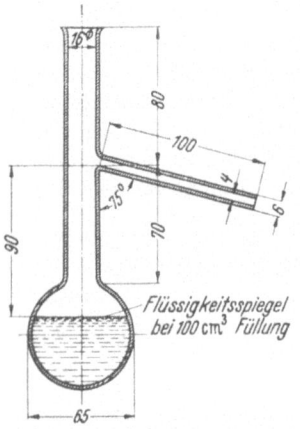

Abb. 183. Kolben zum Gerät Abb. 182.

nicht beschrieben werden. Zur Orientierung genügt, daß sie aus der TROUTONschen Regel, die bei reinen Kohlenwasserstoffen gut mit den Tatsachen übereinstimmt, berechnet werden kann. Danach gilt:

$$\frac{r_M}{T_S} = 21,$$

wenn r_M die molare Verdampfungswärme in cal/mol bei der absoluten Siedetemperatur T_S in °K bedeutet.

Die *Oberflächenspannung* von Kraftstoffen spielt insofern eine Rolle, als der Kraftstoff vernebelt wird. In dieser Form ist er um so beständiger, je höher die Oberflächenspannung ist. Die Stabilität des Kraftstoffnebels hängt jedoch nicht nur von der Oberflächenspannung allein ab. In Anbetracht der Tatsache, daß die Oberflächenspannung schon von Spuren kapillaraktiver Substanzen erheblich beeinflußt werden kann, hat sich diese Analysenmethode nicht eingeführt.

Um so wichtiger ist dagegen das *Siedeverhalten* der Kraftstoffe. Die *Siedekurve* wurde ursprünglich nach der ENGLERschen Methode bestimmt, die mit dem in Abb. 182 wiedergegebenen Gerät ausgeführt wird. Abb. 183 zeigt die Abmessungen des zugehörigen Kolbens. Bei dieser Methode werden die übergegangenen Volumina als Funktion der Siedetemperaturen aufgetragen. Heute ist es wohl allgemein üblich, nach der A.S.T.M.-Methode zu arbeiten und die Temperatur als Funktion der von 10 zu 10 cm³ übergegangenen Volumina aufzutragen; die dazu erforderlichen Geräte sind in Abb. 184 und 185 zu sehen. Nur bei ganz bestimmten Fixpunkten, z.B. bei 100° C, wird die Menge hervorgehoben und abgelesen. Bei alkoholhaltigen Kraftstoffen, die mit Aromaten zusammen leicht azeotropische Gemische bilden und daher das Siedeverhalten der Komponenten fälschen, wäscht man den Alkohol aus.

Von einem guten Kraftstoff verlangt man, daß er eine stetige Siedekurve von möglichst S-förmiger Gestalt ergibt. Wichtig für das Anspringen des Motors ist der 10%-Punkt der Siedekurve. Er soll zwischen 60 und 75° C liegen. Von Motor-

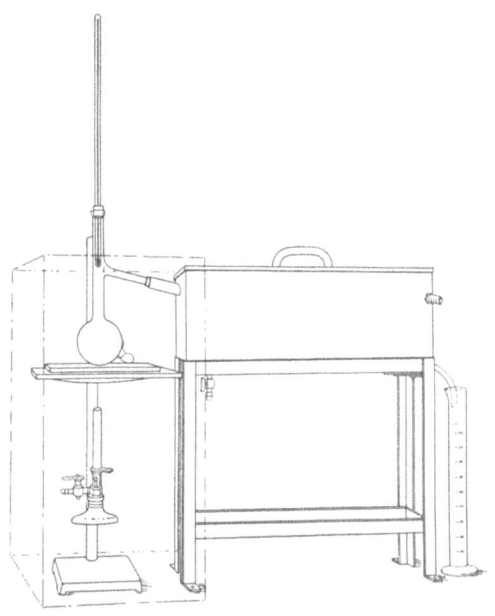

Abb. 184. Destillationsapparat nach den Vorschriften der American Society for Testing Materials (A.S.T.M.).

benzinen wird verlangt, daß mindestens 30% bis 100° C überdestillieren. Bei Fliegerbenzin müssen 50% bis 100° C übergehen, weil man bei Flugmotoren in größeren Höhen auf eine Vorwärmung des Gemisches verzichtet (wegen verminderter Füllung). Der 90%-Punkt (Dew-Point) ist für die Schmierölverdünnung von Bedeutung. Im allgemeinen wird verlangt, daß 90% bis 200° C überdestillieren. Bei Spezialkraftstoffen müssen 90% schon bei 185° C übergegangen sein.

Nach WA. OSTWALD wird als *Siedekennziffer* (K.Z.) die durch 10 dividierte Summe der bei 5, 15, 25, 35, 45, 55, 65, 75, 85, 95% abgelesenen Siedetemperaturen bezeichnet. Sie ist daher eine mittlere Siedetemperatur und gibt einen Anhaltspunkt über die Höhenlage der Siedekurven. Sie kennzeichnet den Kraftstoff als hoch- oder niedrigsiedend. Eine Siedekennziffer von 100 bis 110° C bezeichnet außerordentlich niedrig siedende Kraftstoffe. Die heute verwendeten

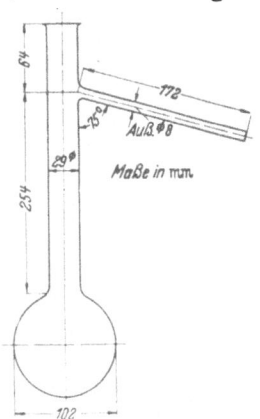

Abb. 185. Kolben zum Gerät Abb. 184.

Benzin—Benzolgemische haben Siedekennziffern von 110 bis 120° C. Bei einer Siedekennziffer von 125 bis 135° C ist schon Gemischvorwärmung ratsam und Schmierölverdünnung zu befürchten. Traktorentreibstoffe weisen eine Kennziffer von 225 bis 230° C auf. Der in Amerika übliche „Average-Boiling-Point" und der in England gebräuchliche „Equilibrium Boiling-Point" wird durch Heranziehung des unsicheren Siedeanfangs und Siedeendes berechnet.

Die A.S.T.M.-Siedeanalyse gehört zu den verbreitetsten Untersuchungsmethoden der Petroleumlaboratorien und soll daher näher beschrieben werden. Für eine einwandfreie Reproduzierbarkeit sind die A.S.T.M.-Vorschriften mit den genauen Apparatdimensionen einzuhalten.

Das Gerät besteht aus einem 100 cm³ fassenden Glaskolben (Abb. 184), der auf einer durchlochten Heizplatte steht, die von einem viereckigen Blechkasten gegen Luftzug geschützt wird. Darunter steht ein Bunsenbrenner zur Beheizung. In den Hals des Kolbens taucht ein Thermometer bis dicht unter das Abzugsrohr für die Dämpfe (oberer Kugelrand in Höhe des unteren Rohrrandes). Das Thermometer steckt in einem Korkstopfen. Der Kühler besteht aus einem Kupferrohr, welches in einem viereckigen, eisgekühlten Trog liegt. Das umgebogene, nach außen geführte Kühlerrohr mündet in einen 100 cm³ (ml) fassenden Standzylinder, der ebenfalls in Eis gestellt werden kann und bei leicht flüchtigen Benzinen mit feuchter Watte gegen das Rohr abgedichtet wird.

Das Thermometer ist in Europa in Celsiusgraden geeicht, in Amerika sind Fahrenheitgrade üblich. Eine Umrechnungstabelle ist im Anhang gegeben.

Zur Ausführung der Analyse wird das zu untersuchende Benzin mit dem Meßzylinder abgemessen und bis zum letzten Tropfen in den Destillierkolben übergegossen. Dann wird das Thermometer mit Stopfen eingesetzt und das Abzugsrohr in dem Kühler befestigt, Eis in den Kühler gefüllt und langsam destilliert. Die Destillationsgeschwindigkeit muß auf 2 Tropfen je sec eingeregelt werden. Als Siedebeginn gilt diejenige Temperatur, bei der der erste Tropfen vom Kühlerrohr in den Meßzylinder abfällt. Dieser wird notiert und dann von je 10 zu 10 cm³ die Temperatur abgelesen. Das Siedeende ist erreicht, wenn die Temperatur zu sinken beginnt, im Gegensatz zur ENGLER-Destillation, wo das erste Auftreten von Nebeln im Destillierkolben als Siedeende angesehen wird; dort wird die Verdampfung „bis zur Trockne" geführt. Die Destillationsverluste dürfen 1% nicht überschreiten.

Der *Dampfdruck* ist besonders bei nichtflüchtigen Kraftstoffen wichtig. Der Gehalt an leichten Kohlenwasserstoffen, wie Propan, Propylen, Butan, Butylen und Pentanen verleiht den Benzinen einen hohen Dampfdruck (vgl. Abb. 186). Ein zu hoher Dampfdruck verursacht Verdampfungsverluste und damit Schwund bei der Lagerung und beim Transport. Wichtiger noch ist eine üble Folge des zu hohen Dampfdruckes, nämlich die Bildung von Dampfblasen in den Benzinzuleitungen zum Vergaser, die die Kraftstoffzufuhr zeitweilig unterbrechen und so zu einem Aussetzen des Motors führen können. Diese unter der Bezeichnung „Vapour Lock" bekannte Erscheinung ist besonders bei Flugmotoren gefürchtet. Deshalb darf der Dampfdruck, insbesondere eines Fliegerbenzins, nicht zu hoch sein. Aus diesem Grunde werden die

Ottotreibstoffe (Benzine). 381

modernen Benzine von solchen Bestandteilen befreit, die ihnen einen zu hohen Dampfdruck verleihen. Dieser Entzug von leicht flüchtigen An-

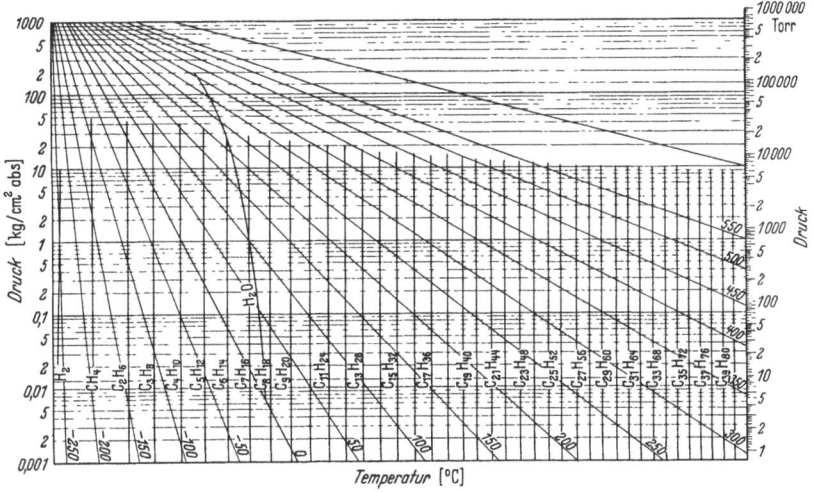

Abb. 186. Dampfdrucke reiner Kohlenwasserstoffe als Funktion der Temperatur (nach HOFFMANN-Borsig).

teilen wird „stabilisieren" genannt. An sich besteht jedoch das Interesse, in den Benzinen einen möglichst hohen Gehalt an Butan zu belassen, da Butan eine hohe Oktanzahl aufweist. Ein Gehalt von 0,4% Propan und 4% Butan kann indessen schon ein Drittel des gesamten Dampfdruckes ausmachen.

Der Dampfdruck wurde ursprünglich dadurch bestimmt, daß man das zu untersuchende Benzin in das Torricellische Vakuum eines Quecksilberbarometers brachte und durch einen Temperiermantel auf die Temperatur erwärmt, bei der der Dampfdruck bestimmt werden soll. Die Depression des barometrischen Druckes ergibt dann unmittelbar den Dampfdruck. In der Laboratoriumspraxis wurden jedoch Geräte entwickelt mit konventionell festgelegten Maßen, die im Interesse der Reproduzierbarkeit genau einzuhalten sind. Am gebräuchlichsten ist die Methode von REID, die mit dem in Abb. 187 dargestellten Gerät durchgeführt wird.

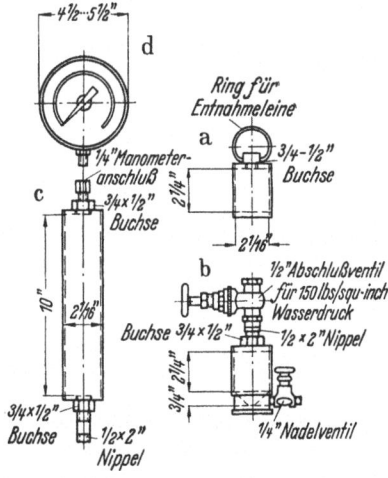

Abb. 187. Apparat zum Messen des Dampfdruckes nach REID.

Der Apparat besteht aus einem Benzinbehälter aus vernickeltem Messing a oder b, der mittels Überwurfmutter und Bleidichtung an eine größere

Luftkammer c angesetzt werden kann. Am anderen Ende der Luftkammer ist ein Manometer d angebracht. Zur Temperierung wird die Bombe bis zum Manometeransatz in ein Wasserbad getaucht. Wegen der starken Temperaturabhängigkeit des Dampfdruckes ist es empfehlenswert, Thermostaten hierfür zu verwenden und einen nicht zu kleinen Wasserraum vorzusehen, da die Bombe eine ziemlich hohe Wärmekapazität besitzt. Ältere Anordnungen ohne automatische Temperaturregulierung erfordern einige Routine zu einer reproduzierbaren Messung. Bei Dampfdrucken unter 1 atü sind Quecksilbermanometer genauer als Federmanometer. Benzine müssen unter intensiver Kühlung aufgefangen und bis zur Analyse in Eiskästen aufbewahrt werden. Eine Nichtbeachtung dieser Regel kann zu erheblichen Differenzen in den Ergebnissen führen. Folgende Tabelle zeigt, welche Vorkühlung bei der Probenahme erforderlich ist bei den verschiedenen zu erwartenden Dampfdrucken.

Bei einem voraussichtlichen Dampfdruck des Benzins bei 100° F

von 9—0,6 atü kühlt man auf + 10° C ab
,, 12—0,8 ,,   ,,   ,,   ,, + 4° C ,,
,, 16—1,1 ,,   ,,   ,,   ,, − 1° C ,,
,, 20—1,4 ,,   ,,   ,,   ,, − 4° C ,,
,, 25—1,8 ,,   ,,   ,,   ,, − 7° C ,,
,, 30—2,1 ,,   ,,   ,,   ,, − 9° C ,,

Benzindampfreste von vorhergehenden Versuchen müssen sorgfältig entfernt werden. Das wird am besten durch Dämpfen der Gefäße und anschließendes Ausspülen mit temperiertem Wasser und Luft erreicht. Vor der eigentlichen Bestimmung ist die Kammer bis zur Angleichung der Temperatur im Thermostaten zu belassen. Kurz vor der Messung wird die Temperatur im Innern der Luftkammer kontrolliert und das mit Benzin gefüllte, gut vorgekühlte Gefäß angeschraubt. Anschließend wird der Apparat in den Thermostaten gestellt bis die Temperatur angeglichen ist. Nach fünfmaligem Schütteln ist der Ausschlag gewöhnlich konstant und kann abgelesen werden. An diesem Wert ist folgende Korrektur anzubringen:

$$\text{Korrektur} = \frac{(P_a - P_t)(t - 100)}{460 + t} - (P_{100} - P_t),$$

worin

t die Anfangstemperatur der Luftkammer in ° F,
P_t der Wasserdampfdruck in Pfund pro Quadratzoll (lbs/sq. inch),
P_{100} desgleichen bei 100° F,
P_a der Normalbarometerstand des Untersuchungsortes in gleichen Einheiten (1 lbs/sq. inch = 0,0703 kg/cm²)

sind. Man erkennt, daß die ganze Korrektur 0 wird, wenn man die Bombe auf genau 100° F = 37,8° C vorwärmt. Diese Maßnahme wird sich stets lohnen, wenn man einen hinreichend geräumigen Thermostaten benutzt. Von der Wiedergabe einer Korrekturtabelle soll daher abgesehen werden. Man sollte sich bei allen analytischen Arbeiten in der Expedition daran gewöhnen, die Experimente bei den richtigen Versuchsbedingungen auszuführen und auf die Anbringung von Korrekturen, wo nur irgend möglich, zu verzichten.

Der *Flammpunkt und Brennpunkt* der Benzine liegt durchweg unter 0° C. Nur bei Schwerbenzinen, die über 100° C Siedebeginn aufweisen, liegt der Flammpunkt einige Grade über Null. Seine Bestimmung ist daher umständlich und wird als Abnahmebedingung nicht verlangt. Man kann jedoch Benzine durch Zusatz hinreichender Mengen Tetrachlorkohlenstoff unentflammbar machen. Die Flammpunkte sind als Maß für die Explosionsgefahr nicht geeignet. Hierfür sind die auf Seite 90 angeführten Explosionsgrenzen maßgebend. Dort wurde auch die elektrische Erregbarkeit besprochen.

Die *spezifische Wärme* ist für die Berechnung der Heiz- und Kühleinrichtungen, also im wesentlichen für die Fabrikationsprozesse wichtig und wurde im Zusammenhang mit diesen Seite 362 besprochen. Die spezifische Wärme von Benzin liegt bei etwa 0,487 cal/g · grd, die des Petroläthers bei etwa 0,68 cal/g · grd im Bereich von $-25°$ C.

Der *Heizwert* der Benzine wird in der kalorimetrischen Bombe bestimmt. Er spielt bei Benzinen eine untergeordnete Rolle und wird daher bei den Heizölen näher besprochen.

Der *Zündpunkt* ist die Temperatur, bei der sich die Benzine von selbst, also ohne Annäherung einer Flamme, entzünden. Er liegt höher als bei schweren Ölen, aber weit niedriger als bei Aromaten. Da Benzine mit Fremdzündung zur Detonation gebracht werden, spielt der Zündpunkt bei Ottokraftstoffen eine untergeordnete Rolle. Er wird bei Dieselkraftstoffen noch näher besprochen.

Die *Klopffestigkeit* von Ottokraftstoffen gehört heute zu den wichtigsten Spezifikationen. Der Wert eines Benzines hängt im wesentlichen von seiner Oktanzahl ab. Man geht in der Schätzung dieser Eigenschaft so weit, daß Oktanzahlprämien über einen bestimmten Grundpreis bezahlt werden, und sogar zuläßt, daß unter Einhaltung bestimmter sanitärer Vorschriften hochgiftige Klopfwertverbesserer zugesetzt werden dürfen. Als Maß für die Klopffestigkeit eines Kraftstoffes wird jenes Kompressionsverhältnis angesehen, bei dem der Motor gerade noch nicht klopft. Über die Ursache dieses Klopfens und seine Verhinderung wurde im Zusammenhang mit den Dopes berichtet. Dieses höchste nutzbare Kompressionsverhältnis oder die sogenannte ,,Highest usefull Compression Ratio" (HUC-Wert) ist wohl von der Konstruktion des Motors abhängig, ergibt aber für alle Kraftstoffe ungefähr die gleiche Reihenfolge, so daß die Klopffestigkeit eine Qualitätsgröße des betreffenden Kraftstoffes darstellt. Als Maß der Klopffestigkeit wird heute dasjenige Mischungsverhältnis zwischen dem Isooktan, 2, 2, 4-Trimethylpentan und n-Heptan angesehen, das im Standardmotor des CooperationFuel Research Committee (C.F.R.) die gleiche Klopffestigkeit ergibt wie der zu untersuchende Kraftstoff. Ein Benzin, das unter gleichen Bedingungen zu klopfen beginnt wie ein Gemisch aus 70% Isooktan und 30% n-Heptan, hat daher die Oktanzahl 70. Ein Prüfstand mit einem C.F.R.-Motor ist in Abb. 188 gezeigt.

Heute werden nur noch selten Gemische aus chemisch reinem Isooktan und n-Heptan verwendet, vielmehr stellt man sich Vergleichsbenzine von bekannter Oktanzahl her (sogenannte Reference-Fuels.

Eichbenzine). In den Fällen allerdings, wo Schiedsanalysen notwendig sind, muß jedoch auf die chemisch reinen Produkte zurückgegriffen werden. Die Ermittlung der Oktanzahl aus der erforderlichen Menge Tetraäthylblei, die zugesetzt werden muß, um eine bestimmte Klopffestigkeit zu erreichen, ist seit der Erkenntnis, daß Benzine verschiedene

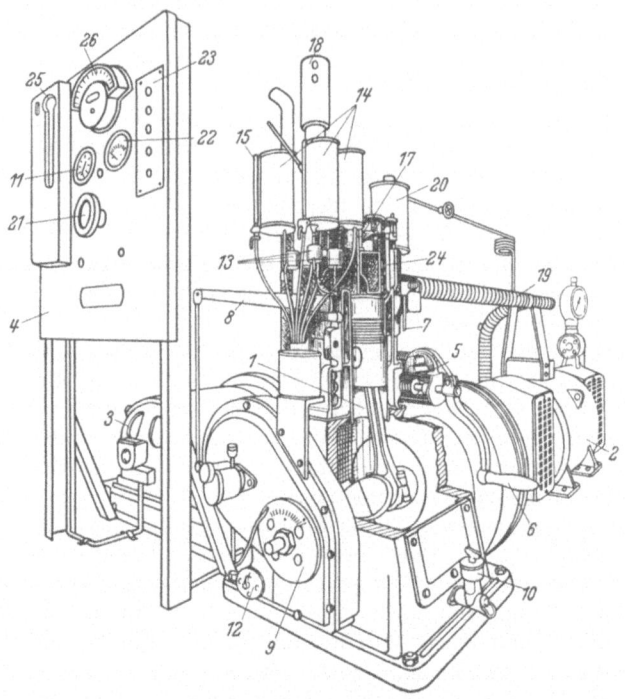

Abb. 188. Prüfstand mit C.F.R.-Motor.

1 Motor, *2* Bremsdynamo, *3* Hilfsgenerator für Stromkreis des Sprungstabes, *4* Schalttafel, *5* Schneckentrieb für Verdichtungsverhältnis, *6* Kurbel für Verdichtungsverhältnis, *7* Mikrometerschraube für Verdichtungsverhältnis, *8* automatische Zündverstellung, *9* Anzeiger für Zündzeitpunkt, *10* Öleinfüllstutzen, *11* Ölmanometer, *12* Regulierschalter für Ölheizung, *13* Vergaser, *14* Kraftstoffbehälter, *15* Kraftstoffstandglas, *16* Kraftstoffablaßhahn, *17* Drosselklappe des Vergasers, *18* Luftansaugstutzen mit Geräuschdämpfer, *19* biegsame Auspuffleitung, *20* Kühlmittelkondensator, *21* Betätigung des Reglerwiderstandes des Hilfsgenerators, *22* Voltmeter für Hilfsgenerator, *23* Schalter zum Anlassen, Abstellen sowie für Zündung, Klopfintensitätsmessung und Klopfindikator, *24* Sprungstab-Klopfindikator, *25* Gasbürette zur Messung der Klopfintensität, *26* Hitzdrahtamperemeter zur Messung der Klopfintensität.

Bleiempfindlichkeit und sogar einen Schwellenwert der Bleiempfindlichkeit aufweisen, nicht mehr zeitgemäß.

Die Bestimmung der Oktanzahl im C.F.R.-Motor beruht auf der Beobachtung des Klopfvorganges mit dem Springstiftindikator (Bouncing Pin von MIDGLEY)[1]. Dieser Indikator besteht aus einer in den Zylinderkopf des Motors eingebauten Membran, die gegen einen Springstift drückt, der einen Federkontakt schließt, wenn der Motor klopft. Je stärker der Motor klopft, um so länger bleibt der Kontakt geschlossen

---

[1] Amer. Petr. Inst. Bd. 12 (1931) S. 10.

Ottotreibstoffe (Benzine).

und um so mehr Strom fließt durch den Stromkreis eines Hitzdrahtstrommessers. Dieser „Knockmeter" zeigt daher die Intensität des Klopfens an. Der Motor besitzt zwei Gefäße zur Aufnahme des zu untersuchenden Benzins und des Vergleichskraftstoffes. Die Drehzahl wird durch eine Dynamo auf 600 ± 2 U/min konstant gehalten und die Zündung auf maximale Leistung eingestellt. Die Kompression wird so lange zwischen 1:4 und 1:12 verändert, bis maximales Klopfen einsetzt. Dann wird die Zusammensetzung des Vergleichsbenzins so lange variiert, bis damit der gleiche Klopfwert erreicht ist wie mit dem zu untersuchenden Kraftstoff.

Die wichtigsten Daten eines solchen Motors sind folgende:

Bohrung 3¼" (82,6 mm) Hub 4½" = 114,3 mm,

Kühlung: siedendes Regenwasser 100° C.

Schmieröl: 120 bis 185 Sayboltsec bei 130° F = 2,85 bis 4,6 $E_{54,4}$.

Die Oktanzahl hängt in geringem Maße auch von der Luftfeuchtigkeit ab, so daß man monatlich Vergleiche mit den Motoren benachbarter Firmen an den gleichen Benzinproben durchführt. Routinierte Laboranten können Oktanzahlen bis auf 0,2 genau reproduzieren. Obwohl sich solche feinen Unterschiede im Gebrauch

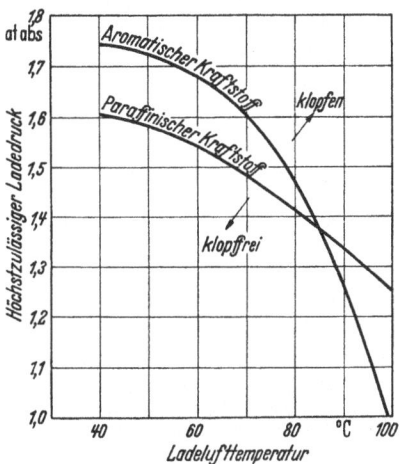

Abb. 189. Klopfgrenzen, abhängig von Ladedruck und Ladetemperatur.

kaum noch bemerkbar machen, so spielen sie in der Handelspraxis doch eine wichtige Rolle, da man stets bestrebt ist, die Ware nicht zu gut abzuliefern, um möglichst große Mengen spezifikationsgemäßer Ware fabrizieren zu können. Für diese Analysen werden daher eigens ausgebildete Laboranten verwendet.

Es ist noch zu bemerken, daß die Klopffestigkeit eines Kraftstoffes auch vom Zustand der Ladeluft abhängt. Trägt man den höchst zulässigen Ladedruck gegen die Ladelufttemperatur auf, so zeigt sich, daß die paraffinischen Kraftstoffe weniger temperaturabhängig sind als die aromatischen Kraftstoffe. Während ein aromatischer Kraftstoff zwischen 40 und 60 noch einen höheren Ladedruck verträgt, ohne zu klopfen, so kann sich das Verhältnis zwischen 90° C und 100° C umkehren und der paraffinische Kraftstoff einen höheren Ladedruck vertragen, ohne zu klopfen. Bei 85° C etwa schneiden sich die beiden Kurven. Im Bereich höherer Temperaturen ist also der paraffinische Kraftstoff dem aromatischen unter Umständen überlegen, wie Abb. 189 zeigt.

Die *Farbe* der Benzine spielt insofern eine Rolle, als die Bedingung „Water-white" bei Krackbenzinen nicht immer leicht erfüllbar ist. Bei diesen besteht nämlich die Gefahr, daß sie vergilben und dann nicht mehr der Spezifikation entsprechen. Die Methode der Farbbestimmung soll aber bei Petroleumprodukten besprochen werden, wo die Farbspezifikationen weniger leicht erfüllbar sind und die Destillate erst nach Raffination spezifikationsgemäße Farbe erhalten.

Die *Wasserbestimmung* in Ottokraftstoffen spielt bei Petroleumprodukten wegen des geringen Lösungsvermögens der Kohlenwasserstoffe praktisch keine Rolle. Nur in alkoholhaltigen Kraftstoffen kann eine merkliche Menge Wasser enthalten sein, ohne daß sich dieses durch eine Trübung bemerkbar macht. Allenfalls sind die Mengen Wasser, die in reinen Kohlenwasserstoffen enthalten sein können, so gering, daß sie nach der Marcussonschen Xylolmethode nicht nachweisbar sind. In diesen Fällen kann das Wasser durch Zersetzung gasvolumetrisch bestimmt werden. Am besten eignet sich wohl das Verfahren von DIETRICH und CONRAD, bei welchem man den feuchten Treibstoff mit Magnesium-Nitrid behandelt und das gebildete Ammoniak titriert. Die Berechnung erfolgt nach der Gleichung:

$$Mg_3N_2 + 6H_2O = 3Mg(OH)_2 + 2NH_3$$
$$102 \quad\quad 6.18 \quad\quad 3.58{,}32 \quad\quad 2.17$$

Zu beachten ist, daß reines Methanol mit Magnesium-Nitrid zu Trimethylamin reagiert. Kraftstoffe, die Methanol enthalten, müssen daher mit Äthylalkohol unter einem Methanolgehalt von 60% verdünnt werden, bei welcher Konzentration diese Reaktion nicht mehr abläuft.

Die Wasserbestimmung durch Überführung des Wassers in Azetylen mit Kalziumkarbid und Absorption über Azeton in Illosvayreagens (Kupfernitrat, Ammoniak und salzsaures Hydroxylamin) ist weniger zu empfehlen.

Olefine entfernt man aus Benzinen mit Schwefelsäure. Der Gehalt kann quantitativ durch Bestimmung der Jodzahl nach MARGOSCHES erfolgen. Heute wird meistens die Bromzahl ermittelt.

Aromatische Kohlenwasserstoffe werden mit rauchender Schwefelsäure ermittelt. Darüber gibt es zahlreiche Vorschriften. Die gebräuchlichste ist wohl die durch Ausschütteln mit 20%igem Oleum im 100-cm^3-Schüttelzylinder mit angeschmolzener Bürette direkt auf volumetrischem Wege und Umrechnen in Gewichtsprozente mittels der Dichten der verbleibenden Reste. Bei Schmierölen ist es üblich, statt dessen die Goudronzahl anzugeben. Seltener wird eine Nitrierung durchgeführt (HESS). Nur in speziellen Fällen, z. B. bei der Bestimmung des Toluolgehaltes in engen Fraktionen, wird die Nitrierung nach den Methoden der organischen Chemie bis zum Trinitrotoluol (Trotyl) ausgeführt. Hierbei wird die Menge sowie der Reinheitsgrad des erhaltenen Präparates bestimmt. Bei Krackbenzinen versagt diese Methode. Noch seltener ist die Methode von VALENTA[1] durch Extraktion der Aromaten mit Dimethylsulfat bei Zimmertemperatur, weil dieses sehr giftig ist. Auch das Diäthylsulfat, welches ungiftig ist, wurde vorgeschlagen.

Einen Anhaltspunkt für den Aromatengehalt gibt auch der *Anilinpunkt*. Seine Verwendung bei der Ringanalyse nach WATERMANN wurde im Kapitel „Rohölanalysen" beschrieben (s. a. Strukturanalyse).

---

[1] Chem. Ztg. Bd. 30 (1906) S. 266.

Nachweis von Zusätzen. Weitgehenden Aufschluß über die Zusammensetzung der Benzine kann auch eine PODBIELNIAK-Analyse geben. Bei weniger scharfer Fraktionierung kann in den leichteren Fraktionen Azeton durch 5 Tropfen einer 25%igen Nitroprussidnatriumlösung beim Ansäuren an der Rotfärbung erkannt werden (unterscheide Azetatdehydgelbfärbung). Methylalkohol wird mit SCHIFFschem Reagens (Fuchsinschwefelsäure) nach EVOLVE[1] bestimmt. Alkohole können im allgemeinen durch „Anilinblau 2B spritlöslich" an einer Blaufärbung erkannt werden, das Reagens ist in Kohlenwasserstoffen unlöslich[2]. Auch mit der Jodoformreaktion kann Methanol nachgewiesen werden. Es läßt sich ferner mit Benzoylchlorid in Benzoesäure überführen.

Benzol wird nach der Dracorubinprobe bestimmt. Drachenblutpapier der Chemischen Fabrik Helfenberg ergibt eine Rotfärbung bei Gegenwart von Benzol[3]. Es ist zu beachten, daß auch Alkohole diese Reaktion zeigen. Besser läßt sich Benzol durch Asphaltene nachweisen (aus „Normalbenzin DIN DVM 3660" gefällter Hartasphalt). Einige Körnchen genügen, um eine Dunkelfärbung der Probe bei Gegenwart von Aromaten hervorzurufen.

Tetralin, Cyclohexan, Cyclohexanol, Methylcyclohexan geben Peroxydreaktionen. Äthyläther ergibt mit 5 cm³ 1%iger Kaliumbichromatschwefelsäure bleibende Blaufärbung. Eisenpentacarbonyl kann an dem Eisengehalt seines salpetersauren Auszuges erkannt werden.

Bleitetraäthyl ist häufiger zu bestimmen. Qualitativ wird es auf Filterpapier nachgewiesen, indem man das damit getränkte Filter mit UV-Strahlen belichtet (Quarzlicht, Sonnenlicht) und das Blei in essigsaurer Lösung als Bleichromat nachweist. Quantitativ wird 100 cm³ Benzin mit 30%iger Brom-in-Tetrachlorkohlenstofflösung bis zur bleibenden Braunfärbung versetzt, der Niederschlag abgenutscht (Glasfiltertiegel), mit Petroläther ausgewaschen und mit Salpetersäure ausgekocht, auf 3 cm³ eingedampft und mit Ammoniak neutralisiert. Das Blei wird mit 40 cm³ 5%iger Kaliumbichromatlösung in essigsaurer Lösung (5 cm³ 50%ige) gefällt, filtriert, bei 105° C getrocknet und gewogen (1 g Bleichromat entspricht zufällig genau 1 g Bleitetraäthyl).

Der *Gesamtschwefel* wird nach GROTE und KRECKELER oder nach TER MEULEN-HESLINGA bestimmt[4]. Wo die dazu erforderliche, in Abb. 190 gezeigte Apparatur fehlt, kann die Schwefelbestimmung auch in der kalorimetrischen Bombe vorgenommen werden. (Einwaage-Maximum 1 g, Auswaage nach Möglichkeit 10 mg Bariumsulfat[5].) Aktiver Schwefel wird mit der Kupferschalenmethode (Copperdish-Test) oder mit der Kupferstreifenmethode (Copperstrip-Test) bestimmt; quantitativ kann Schwefel nach der Kupferpulvermethode von KATTWINKEL bestimmt werden. Die gebräuchlichste Methode zur quantitativen Schwefelbestimmung ist aber die A.S.T.M.-Lampenmethode. Sie beruht darauf,

---

[1] Industr. Engng. Chem. Bd. 9 (1917) S. 295.
[2] FORMANEK: Chem. Ztg. Bd. 52 (1928) S. 326. 346.
[3] DIETERICH: Motorfahrer 1915 Nr. 8.
[4] Angew. Chem. Bd. 46 (1933) S. 106.
[5] A.S.T.M. Iber. 1929 des Comm. D 2 S. 160.

daß das Benzin in einem kleinen Erlenmeyerkölbchen über einen schwefelfreien Docht verbrannt wird. Die Verbrennungsgase werden über ein Auffangrohr durch eine Vorlage mit der Waschflüssigkeit gesaugt. Die genauen Maße der Apparatur gehen aus Abb. 191 hervor. Es wird mit Salzsäure und Methylorange als Indikator titriert.

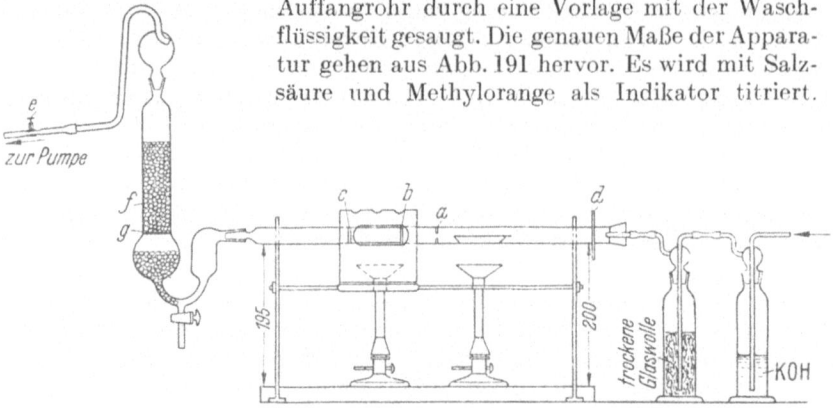

Abb. 190. Apparat zur Schwefelbestimmung nach GROTE und KREKELER.
a Quarzplatte, *b, c* Quarzfilter, *d* Asbestschirm, *e* Quetschhahn, *f* Vorlage, *g* Glasfilter.

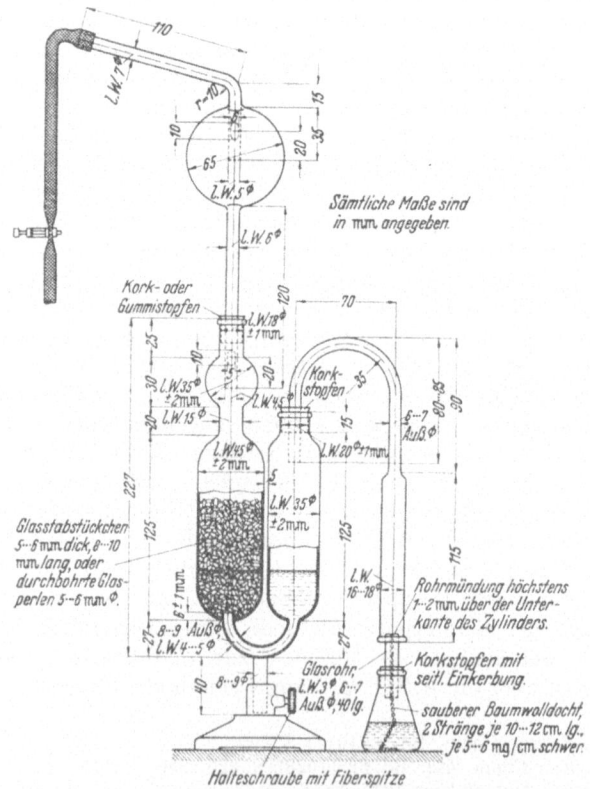

Abb. 191. Apparatur zur Schwefelbestimmung nach der Methode der American Society for Testing Materials (A. S. T. M.).

Verharzungsprodukte dürfen in Benzinen weder enthalten sein noch sollen sie sich im Laufe der Lagerungszeit bilden, da sie die Vergaserdüsen verstopfen und zu unangenehmen Betriebsstörungen führen. Auch können sie Ventile verkleben und dadurch die Steuerung beeinträchtigen. Die Verharzungsfähigkeit ist nicht nur auf die in den Krackbenzinen enthaltenen Diolefine („Diene") mit konjugierten Doppelbindungen zurückzuführen, sondern auch eine Folge der Peroxyde, die im Kapitel „Inhibitoren" behandelt wurden. Die Menge aktueller Verharzungsprodukte (actual Gum) bestimmt man durch Verdampfung von 100 cm^3 Benzin auf dem Wasserbad und Trocknen des Rückstandes bei 100° C bis zur Gewichtskonstanz (Vorsicht! Peroxyde verpuffen mitunter!). Ein Rückstand von 15 mg gilt gerade noch als zulässig[1]. Die Harzbildungsfähigkeit (Potential Gum) wird durch verschiedene Methoden unter Lufteinwirkung bei erhöhter Temperatur bestimmt[2].

b) Traktorentreibstoffe und Leuchtöle.

Traktorentreibstoffe gehören eigentlich noch zu den Ottokraftstoffen. Es sind dies Fraktionen, die zwischen 165 und 250° C sieden. In den Anfängen der Erdöl-Industrie spielten diese Fraktionen eine wichtige Rolle als Leuchtpetroleum. Heutzutage ist durch die Einführung des elektrischen Glühlichtes der Petroleumverbrauch für Leuchtzwecke zugunsten der Verwendung als Kraftstoff weit zurückgegangen. Als solcher spielt er besonders in der Landwirtschaft eine große Rolle. In entlegenen Gehöften sowie in den östlichen Gebieten wird Petroleum (Kerosin) auch heute noch in erheblichen Mengen als Leuchtpetroleum verbraucht. In den zivilisierten Ländern sind nur noch die Eisenbahnen größere Verbraucher an Leuchtpetroleum für Handlaternen.

Den Gang der Entwicklung bezeichnen am besten folgende Zahlen:

Leuchtölanteil der Produktion der Vereinigten Staaten von Amerika

1904	58,4 %
1914	25,8 %
1927	6,8 %

Die wichtigsten Qualitätsprüfungen für Leuchtpetroleum waren früher die Brennproben. Man bestimmt die *Leuchtkraft* des Petroleums photometrisch durch Vergleich mit einer Normalkerze. Als Photometer wird heute nicht mehr das Fettfleckphotometer verwendet, sondern man arbeitet mit dem LUMMER-BRODHUNschen Photometerwürfel. Dieser besteht aus zwei Glasprismen, von denen die eine Fläche zylindrisch oder kugelförmig begrenzt ist. An der Berührungsstelle mit der Hypothenusenfläche des ebenen Prismas ist eine ebene Kreisfläche angeschliffen. Dort, wo die Prismenflächen zusammenstoßen, geht das Licht ungehindert durch, während das an der ebenen Prismenfläche reflektierte Licht infolge Totalreflexion ungeschwächt in das Auge ge-

---

[1] OSTWALD, WA.: Automobil-Technisches Handbuch 13. Aufl. S. 22. Berlin 1931.
[2] HUN, FISCHER u. BLACKWOOD, S. A. E. Bd. 26 (1930) S. 31, abgeändert A.S.T.M. Iber. 1932. Comm. D. 2. S. 20, ferner EISINGER und VORHEES, Nat. Petr. News Bd. 20 (1929) S. 51, 75.

langt. Sind die Helligkeiten der Lampen verschieden, so sieht man zwei konzentrische Kreise verschiedener Helligkeit. Sind die Helligkeiten dagegen gleich, dann verschwindet die Grenzlinie (Kreisumfang) der Totalreflexion, und man beobachtet eine gleichmäßig hell erleuchtete Fläche.

Als Lichteinheit diente bisher die HEFNER-ALTENECKsche Amylazetatlampe bei 40 mm Flammenhöhe. In Amerika ist die Internationale Kerze gleich 1,11 HEFNER-Kerzen üblich. Wegen der Zugempfindlichkeit und der Einflüsse von Luftfeuchtigkeit und Temperatur werden heute elektrische Vergleichslichtquellen mit kontrollierbarem Heizstrom verwendet. Die Messung erfolgt in der Weise, daß man die Lichtquellen an den Enden einer Photometerbank aufstellt und den Wagen mit dem Photometerkopf so lange verschiebt, bis im Gesichtsfeld gleiche Helligkeit herrscht. Dann verhalten sich die Quadrate der Entfernungen umgekehrt wie die Lichtstärken der Lampen, also

$$L_1 : L_2 = x_2^2 : x_1^2.$$

Je weiter man von der zu untersuchenden Lichtquelle abrücken kann, um gleiche Helligkeit zu erzielen, um so größer ist ihre Lichtstärke. Es leuchtet ein, daß die Helligkeit einer Lichtquelle nicht nur von dem verwendeten Petroleum, sondern auch von der Konstruktion der Lampe abhängt. Deshalb mußte auch der Konstruktion der Testlampe besondere Aufmerksamkeit geschenkt werden. Vor allem mußte die Flammenhöhe genau festgelegt werden. Zu ihrer Messung eignen sich Kathetometer. Wie in vielen derartigen Fällen konnte man sich auf eine einheitliche Lampe nicht einigen. Nach PÖSSNER ist es zweckmäßig, mehrere Brenner auszuprobieren (bis zu dreißig), um die Eignung des Petroleums für verschiedene Lampentypen herauszufinden. Diese Methode ist zu umständlich, da man sich auf wenige Massentypen (Crown- oder Kosmosbrenner) verlassen kann.

Bei den amerikanischen Lampen, wie z. B. der SAYBOLT-Prüflampe und dem Miller Sun Hinge-Brenner, sind Dochte, Zylinder usw. genau festgelegt. Diese Geräte stehen heute meist nur noch in den Vorratskammern der Raffinerielaboratorien, da man laufend Leuchtwertkontrollen kaum noch ausführt.

Die Kerosine sind durch verschiedene Farb- und Siedespezifikationen schon so scharf charakterisiert, daß größere Qualitätsunterschiede bei guten Brennerkonstruktionen kaum noch zu erwarten sind. Hierzu kommt noch, daß die Raffinerien bestrebt sind, paraffinöses Kerosin als Leuchtpetroleum abzusetzen, da es sich wegen seiner geringeren Klopffestigkeit weniger gut als Traktorentreibstoff eignet. Ein gutes Leuchtpetroleum ist also heute weniger gefragt als ein guter Traktorentreibstoff, zumal das paraffinöse Kerosin verbreiteter ist als asphaltöses Petroleum. Wichtiger noch sind die Brenneigenschaften der Kerosine an sich. Sie sollen nicht zu einer Verkrustung der Dochte und Verrußung der Zylinder führen. Das wird durch eine nicht zu geringe Viskosität des Petroleums erreicht. Zur Messung der *Viskosität* ist das UBBELOHDEsche Doppelkugel-Viskosimeter verwendbar, welches frei von Korrekturen für die kapillare

Steighöhe ist. Es arbeitet mit künstlichem Überdruck und ergibt dynamische Viskositäten in absoluten Einheiten (Centipoise).

In den Vereinigten Staaten von Amerika wird das Saybolt-Thermoviskosimeter verwendet. 300 cm^3 Leuchtpetroleum werden in einen Glaszylinder eingefüllt und in eine Kapillare mit Gummiballon eingetaucht. Man drückt so lange Luft aus dem Gummiballon, bis aus der Kapillare alle Flüssigkeit verdrängt ist und nur noch Luftblasen entweichen. Entfernt man nun den Finger von der Ausströmöffnung des Gummiballons, dann steigt die Flüssigkeit unter dem Einfluß des hydrostatischen Druckes sowie der Oberflächenspannung in die Kapillare zurück. Die Steigzeit zwischen zwei Marken ist ein Maß für die Viskosität bei der Prüftemperatur (60° F = 15,5° C). In manchen Fällen schreiben die Zollbehörden vor, daß sich Treibstoffe nicht als Leuchtöl verwenden lassen dürfen (z. B. Griechenland). In diesen Fällen muß das Kerosin denaturiert werden, um es in Lampen nicht zu Leuchtzwecken verwenden zu können. Verfasser konnte zeigen, daß dies durch Zumischung von 0,2 bis 0,3% Aluminiumnaphthenat zu erreichen ist. Diese Seife ist in Kohlenwasserstoffen löslich und ergibt strukturviskose Lösungen. Das bedeutet, daß die Viskosität der Ruhe, also bei langsamer Strömungsgeschwindigkeit, wie sie im Docht in Frage kommt, sehr hoch ist. Solche Lösungen haben steile Viskositäts-Konzentrationskurven (d. h. bei geringen Zusätzen ist der Viskositätszuwachs kaum merklich, bei höheren Konzentrationen dagegen beträchtlich). Verdampft das Kerosin am Ende des Dochtes kurz vor der Verbrennung, dann reichert sich dortselbst die nicht flüchtige Seife an und ergibt zäh-elastische Flüssigkeiten, die den weiteren Leuchtölzufluß stark drosseln. Es beginnt dann der Docht selbst zu brennen, die Lampe rußt und geht schließlich aus. Es ist auch ein Test ausgearbeitet worden, bei dem man die Flamme mit einer Linse auf Millimeterpapier projiziert und ihre Ränder nachzeichnet. Nach einer bestimmten Zeit verkleinert sich die Flamme. Aus dem Flächeninhalt der Flammenbilder kann man durch Vergleich leicht übersehen, ob sich ein solcher Treibstoff als Leuchtöl verwenden läßt oder nicht. Es wird gewünscht, daß ein solches Öl etwa nach einer Stunde zu brennen aufhört.

Der *Flammpunkt* eines Kerosins ist auch heute noch eine wichtige Spezifikation. Ein Petroleum darf keinen Flammpunkt unter Zimmertemperatur haben, da sonst bei Petroleumlampen die Gefahr der Entzündung und Explosion besteht. In Anbetracht des Bestrebens, möglichst viel Kerosin ins Benzin zu deplacieren, sind die Petroleumsorten so gut geworden, daß Reklamationen hinsichtlich eines zu niedrigen Flammpunktes kaum noch vorkommen. Flammpunkte von Kerosin werden nur in geschlossenen Apparaten bestimmt. In Europa ist der Petroleumprober von ABEL-PENSKY eingeführt. In den Vereinigten Staaten von Amerika wird der „Tag-Tester" verwendet[1]. Der ABEL-PENSKY-Apparat besteht aus einem Wasserbad, in dem ein Luftbad hängt, das das Probegefäß mit dem Kerosin aufnimmt. Auf dem Deckel ist ein Triebwerk montiert, mittels welchem man das Zündflämmchen

---

[1] „Tag" ist eine Abkürzung des Eigennamens TAGLIABUE (vgl. A.S.T.M. D 56—36: Flash point by means of the Tag closed tester).

beim Niederdrücken des Hebels zwei Sekunden lang in das Probegefäß eintauchen kann. Das Kerosin ist bis zu einer Marke einzufüllen. Als Flammpunkt gilt die Temperatur, bei der sich die Flamme mit bläulichem Schimmer über die ganze Öloberfläche verbreitet (nicht der erste sichtbare Lichtschleier). Die Abweichungen zwischen zwei Bestimmungen sollen nicht größer sein als 1° C. Die Badtemperatur ist konstant auf 54,5 bis 55° C zu halten. Geprüft wird von ½ zu ½°. Die Flammpunkte hängen auch vom Barometerstand ab; er nimmt für je 20 mm Hg Druckerniedrigung um rund 0,7° C ab. Sauberkeit beim Einfüllen ist unbedingt erforderlich. Das Kerosin darf die Gefäßwand oberhalb der Marken nicht benetzen.

Eine wichtige Spezifikation ist auch heute noch die *Farbe* des Petroleums. Leuchtpetroleum soll in 10 cm dicker Schicht vollkommen klar sein. Alle Destillate sind entweder gelb oder vergilben mit der Zeit. Die Leuchtkraft wird durch die Farbe nur selten beeinflußt. Water-White sind vollkommen farblose Sorten. Man bestimmt die Farbe des Kerosins in Europa auf dem STAMMER-Kolorimeter. In Frankreich mit dem HELLIGE-DUBOSQUE-Kolorimeter, in Großbritannien mit dem Tintometer von LOVIBOND und in den Vereinigten Staaten von Amerika mit dem SAYBOLT-Chromometer. Bei dem Tintometer wird die Farbe mit geeichten Farbgläsern in konstanter Schichtdicke verglichen, bei den übrigen wird die Schichtdicke variiert und mit einem Standardfarbglas verglichen. Die normalen Farbgläser sind beim Tintometer von LOVIBOND wie folgt bezeichnet: Water White, Superfine White, Prime White, Standard White. Sie entsprechen Kaliumbichromatlösungen verschiedener bestimmter Konzentration. Das STAMMER-Kolorimeter hat eine veränderliche Schichtdicke und ein Vergleichsfarbglas. Beim SAYBOLT-Chromometer sind mehrere Farbgläser vorgesehen, und die Schichtdicke wird durch verschiedene Füllung einer graduierten Glasröhre verändert, aus der man durch einen Ablaßhahn so viel Kerosin abfließen läßt, bis gleiche Farbe mit dem Vergleichsglas erzielt wird. Als Farbnormal wird ein Uranglas bestimmter Dicke verwendet. In allen Fällen ist ein Prismensystem zum Vergleich der Farben vorgesehen. Beim SAYBOLT-Chromometer werden zwei ganze „Steine" und auch halbe verwendet. Die Farbzahlen wechseln bei Stein 1 von +25 bis +16, und bei zwei Gläsern von +15 bis −16 SAYBOLT-Graden. Ein Vergleich der Farbzahlen ergibt folgendes:

LOVIBOND	STAMMER	SAYBOLT
Water White	310 mm	+ 25
Superfine White . . .	99 ,,	+ 20
Prime White	86,5 ,,	+ 16
Standard White . . .	50 ,,	+ 1

Raffinationsproben. Da Petroleum meist naß raffiniert wird, könnte es immerhin vorkommen, daß darin noch Reste von Säuren oder Alkalien enthalten sind. Um das zu prüfen, schüttelt man 100 cm³ Kerosin mit 10 cm³ destilliertem Wasser und fügt einige Tropfen Methylorangelösung (1/1000) zu. Hierbei darf keine Rosafärbung auftreten. Ist dies dennoch der Fall, dann ist Mineralsäure enthalten. Alkali darf nur in geringen Mengen vorhanden sein und wird am besten quantitativ bestimmt. Die Titration wird mit Phenolphthalein in neutralem Benzol—Alkohol-Gemisch (Mischungsverhältnis 2:1) ausgeführt. Wasserunlösliche Säuren wurden früher mit der Natronprobe nach CHARITSCHKOFF bestimmt, indem man das Petroleum mit 2%iger Natronlauge ausschüttelte und die extrahierten Säuren mit Salzsäure wieder in Freiheit setzte. Die Trübung war ein Maß für die Menge vorhandener organischer Säuren (Naphthensäuren). Diese Trübungsprobe ist in etwas veränderter Form nur noch bei Schmierölen üblich. Bei Kerosin bestimmt man die Naphthensäuren quantitativ durch Titration mit Kalilauge ($^1/_{10}$ normal) in neutralisierter benzol-alkoholischer Lösung, mit Alkaliblau 4B als Indikator. Das Ergebnis wird in mg KOH/g ausgedrückt.

Schwefel wird nach der Lampenmethode durch Verbrennen in schwefelwasserstofffreier Atmosphäre oder in der kalorimetrischen Bombe wie bei Benzinen bestimmt. Gut raffiniertes Kerosin enthält höchstens einige hundertstel Prozente Schwefel. Korrosiven Schwefel findet man mit der Kupferstreifenprobe, Merkaptane mit dem Doktor-Test wie bei Benzinen. Asche wird bei Kerosin nur selten verlangt, ihre Bestimmung wird bei den schweren Treibstoffen beschrieben.

Die *Siedekurve* ist bei Traktorenkerosin ebenso wichtig wie bei den Kraftstoffen. Auch hier wird in der Regel eine ENGLER-Destillation oder eine A.S.T.M.-Destillation ausgeführt. Die Lieferbedingungen sind aus der umstehenden Tabelle zu entnehmen. Zu den Kerosinfraktionen kann auch White Spirit gerechnet werden, der in den Grenzen von 165 bis 200° C siedet. Er wird als Lösungsmittel in der Salben- und Cremeindustrie verwendet; auch als Putzmittel für Parkettfußböden und als Brennstoff für Petroleumbrenner mit Vergasung (Primus) sowie Petroleumlampen mit Vorwärmung ist er geeignet.

Kerosine sind die billigsten Weißprodukte, die die Erdöl-Industrie herstellt. Wegen der geringen Flüchtigkeit und Viskosität eignen sich diese Fraktionen am besten für den Transport in Leitungen. Es ist jedoch zu beachten, daß das Verpumpen eines Weißproduktes an die Sauberkeit der Leitungen hohe Anforderungen stellt. Nur durch separate Pipe-Lines, die nicht für Schwarzprodukte verwendet werden dürfen, kann diesen Anforderungen entsprochen werden. Andererseits sind für Kerosinsorten, die zum Verpumpen in Leitungen bestimmt sind, besondere Spezifikationen aufgestellt worden. Ihre Einhaltung ist wichtig, um Kontamination zu vermeiden. Dies ist unbedingt erforderlich, da in langen Leitungen so große Mengen Flüssigkeiten auf dem Wege liegen, daß man sich Spülungen, wie bei Rohölen, nicht leisten kann. Um sich hiervon ein Bild zu machen, sei folgende Tabelle angeführt:

Eine	1″-Leitung	enthält	0,505	m³/km
,,	2″	,,	,,	2,2	,,
,,	4″	,,	,,	8,1	,,
,,	6″	,,	,,	18,2	,,
,,	8″	,,	,,	32,4	,,
,,	10″	,,	,,	50,5	,,
,,	12″	,,	,,	72,9	,,

Tabelle 40. *Lieferbedingungen für Leuchtöle.*

Aufstellende Behörde	Bezeichnung	Spez. Gew. höchstens	Farbe	Flammpunkt mindestens	Schwefel höchstens %	Siedeanalyse nach ENGLER	Sonstige Anforderungen
Deutsche Reichsbahn (Ausgabe 1928)	Petroleum	galizisch 0,812 (20°) amerikanisch, russisch, rumänisch 0,820 (20°)	in 10 cm dicker Schicht klar, farblos bis höchstens schwach gelblich	24° C (ABEL)	—	Siedebeginn über 100°; unter 150° nicht über 10%, über 300° nicht über 10%	Gut gereinigt, frei von Naphthen- und Sulfosäuren und deren Salzen, Wasser und sonstigen Verunreinigungen. Geruch schwach. Muß 1 h auf —15° abgekühlt, flüssig bleiben und darf sich höchstens schwach trüben. Muß mit hellleuchtender, nicht rußender Flamme brennen, darf keinen Geruch verbreiten, den Docht nur schwach verkrusten und in 16 h nicht mehr als die Hälfte an Leuchtkraft verlieren
Naphthasyndikat der UdSSR., Moskau	Petroleum	0,830 (15°)	nicht dunkler als 2,8 (WILSON)[1]	28° C (ABEL)	—	—	—
Dgl.	Pironapht	0,865 (15°)	nicht dunkler als 3,0 (WILSON)[1]	100° C (PENSKY-MARTENS)	—	—	—
Italienische Normenkommission (1928)	Petrolio	—	farblos	21° C (ABEL)	0,03	—	Neutrale Reaktion; Abwesenheit von Feuchtigkeit und Verunreinigungen
USA.-Regierung (1927)	Kerosene	—	nicht dunkler als Nr. 16 (SAYBOLT)	115° F (46° C) (Tag closed tester)	0,125	Siedeschluß höchstens 625° F (329° C)	Trübungspunkt unter 5° F (—15° C). Bei der Brennprobe 16 std. stetiges Brennen. Flock-Test (s. S. 237) negativ
Dgl.	Longtime burning oil	—	nicht dunkler als Nr. 21 (SAYBOLT)	Dgl.	0,10	Siedeschluß höchstens 600° F (316° C)	Trübungspunkt unter 0° F (—18° C); Doktor-Test und Flock-Test negativ. Bei der Brennprobe sollen 650 ccm Öl mindestens 120 h lang brennen
Dgl.	Mineral seal oil	—	nicht dunkler als Nr. 16 (SAYBOLT)	250° F (121° C) (CLEVELAND)	—	—	Flock-Test negativ. Trübungspunkt unter 32° F (0° C). Neutrale Reaktion. Bei der Brennprobe sollen 570 ccm Öl mindestens 20 h lang brennen

[1] Die Bestimmung wird im STAMMER-Kolorimeter ausgeführt.

Daraus ist zu erkennen, daß solche Leitungen ganze Zugladungen aufnehmen können. Eine auch nur geringe Qualitätsminderung so großer Mengen kann daher nicht in Kauf genommen werden.

c) Dieseltreibstoffe (Gasöle).

Die zwischen 200 und 350° C siedenden Anteile des Rohöls wurden früher zur Gewinnung von Ölgas verwendet, weshalb man diese Fraktionen auch heute noch als „Gasöle" bezeichnet. Die modernen Rektifiziereinrichtungen erzeugen in der Regel leichte Gasöle, die zwischen 250 und 300° C sieden und schwere, die zwischen 300 und 350° C übergehen. Seit der Erfindung des Diesel- und des Glühkopfmotors, die ursprünglich Rohöl verbrannten und daher auch heute noch als Rohölmotoren bezeichnet werden, hat die Verwendung dieser Fraktionen als Kraftstoffe erheblich zugenommen. Es hat sich nämlich bald herausgestellt, daß die leichten Anteile des Rohöls wegen ihrer hohen Zündtemperaturen und ihrer schlechten Zündwilligkeit keineswegs geeignete Kraftstoffe für Kompressionszündungsmotoren sind. Da dieses von DIESEL erfundene Arbeitsprinzip jedoch weitaus verbreiteter ist als das Glühkopfprinzip, so wurden allmählich spezielle Dieseltreibstoffe oder Motorine erzeugt. Zuweilen ist auch noch die Bezeichnung „Rohöl" in Anwendung, die falsch ist und leicht zu Verwechslungen Anlaß gibt. Da diese Fraktionen heute nur noch von den Eisenbahnen als Gasöle zu Beleuchtungszwecken verwendet werden, ist es wohl richtiger, die in den Produktionsgebieten übliche Bezeichnung „Motorine" zu benutzen.

Die für Gasöle maßgebende Eigenschaft der *Vergasungswerte* werden heute kaum noch bestimmt. Die HEMPELsche „Effektzahl" ist das Produkt aus Gasausbeute und Heizwert. Es ist bei 745 bis 790° C nahezu konstant und daher charakteristisch für das betreffende Produkt[1]. Andere Apparate, wie der von HOFFMANN oder von WERNECKE, sind von HOLDE[2] beschrieben. Im Gegensatz hierzu kann jedoch die Bestimmung der Spaltbarkeit oder Krackung von praktischem Interesse sein, da Gasöle, insbesondere paraffinöse, zuweilen auch verkrackt werden. Es handelt sich dann allerdings nicht mehr um spezifikationsgemäße Produkte, für die heute genügender Absatz vorliegt, sondern um sogenannte Bulkdestillate, die auch noch schwere Schmierölanteile enthalten. Sofern es sich um paraffinöses Grundmaterial handelt, werden sie auch P.O.D. oder Paraffin Oil-Destillate genannt. Es sind Apparate von ROY CROSS[3] oder SYDNOR und PATTERSON[4] beschrieben. Die vollkommensten Geräte sind wohl die, welche die elektrische Induktionsheizung in Form einer als Sekundärwicklung eines Transformators angeordneten Kupferschlange verwenden. Bei diesen Geräten läßt sich die Temperatur sehr fein regulieren und es können auch Fremdgase, wie z. B. Wasserdampf, beigemischt werden[5]. Diese Art der Erhitzung ist auch schon für techni-

---

[1] HEMPEL: J. Gasbel. Bd. 53/53 (1910) S. 77, 101, 137, 155.
[2] HOLDE, D.: Kohlenwasserstofföle und Fette. 7. Aufl. Berlin: Springer 1933.
[3] Handbook of Petroleum 2. Aufl. S. 664.
[4] Industr. Engng. Chem. Bd. 22 (1930) S. 1237.
[5] UBBELOHDE, L., u. SCHLOSSER: Öl u. Kohle Bd. 13 (1937) S. 553—562.

sche Zwecke vorgeschlagen worden, indem man das Krackeinsatzmaterial in einem Pipe-Still-Ofen vorwärmt und mittels elektrischer Induktionsheizung nur um wenige Grade nachheizt, um die genaue Transfertemperatur zu erreichen. Dies ist wichtig, weil insbesondere die Stabilität der Krackrückstände von einer genauen Einhaltung der Kracktemperatur abhängt.

Weitaus die wichtigste Verwendung finden diese Fraktionen jedoch als Motorine bzw. Dieseltreibstoffe. Nach CONSTAM und SCHLÄPFER[1] unterschied man früher drei Sorten:

1. Allgemein anwendbare Dieseltreibstoffe mit über 10% Wasserstoffgehalt und über 10000 kcal/kg unterem Heizwert.

2. Bedingt anwendbare mit über 8800 kcal/kg unterem Heizwert und maximal 3% Verkokungsrückstand (dies sind meist schon Steinkohlenteeröle).

3. Nur unter besonderen Vorsichtsmaßregeln verwendbare Horizontal- und Schräg-Retorten-Teere.

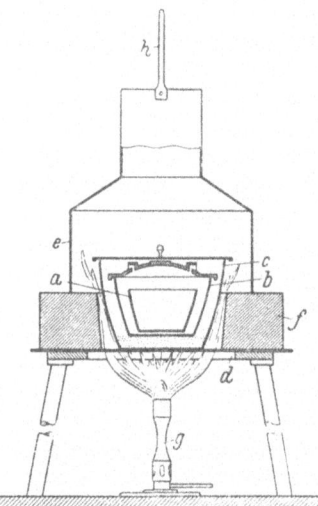

Abb. 192. Apparat zur Bestimmung des Verkokungsrückstandes (nach CONRADSON). Buchstabenerklärung im Text.

Wie aus der Tabelle 41 hervorgeht, sind Heizwert und Siedeanalyse wichtige Kenngrößen der Dieseltreibstoffe. Das *Siedeverhalten* wird auf der A.S.T.M.-Apparatur geprüft. Die Vorschrift ist etwas abgeändert gegenüber der Benzinuntersuchung. Der Verkokungsrückstand wird nach CONRADSON bestimmt. Andere Methoden, wie die Mucksche Probe, bei der 1 g Substanz im Platintiegel verbrannt wird, oder der Ramsbottom-Test, bei dem das Öl in kleinen Glasfiolen mit kapillarem Hals in einem Bleibad verbrannt werden, sind weniger gebräuchlich. Der CONRADSON-Apparat (Abb. 192) besteht aus einem glasierten Porzellantiegel a weiter Form mit 29 bis 31 cm³ Inhalt und 46 bis 49 mm oberem Durchmesser. Dieser steht in einem SKIDMORE-Tiegel b aus Eisen mit Flansch von 65 bis 82 cm³ Inhalt und 60 bis 67 mm äußerem und 53 bis 57 mm innerem Durchmesser. Die Höhe beträgt 37 bis 39 mm mit Deckel. Die vertikale Öffnung ist zu verschließen, die horizontale sauber zu halten. Dieser Tiegel steht in einem gedrehten Eisenblechtiegel c auf einem Sandbad von 78 bis 82 mm äußerem Durchmesser und 58 bis 60 mm Höhe aus 0,8 mm starkem Eisenblech mit Deckel. Der Tiegel steht auf einem Chromnickeldreieck d in gleicher Höhe wie der Boden des Blechringes f, der das Ganze konzentrisch umgibt. Auf diesem Ring steht der Schornstein e mit Tragbügel h. Geheizt wird mittels MÉCKER-Brenner g von 155 mm Höhe und 24 mm Durchmesser. Die Arbeitsweise ist folgende: Es werden 10 g Öl auf ± 5 mg eingewogen, der Porzellantiegel in den

---

[1] Z. VDI Bd. 57 (1913) S. 1489, 1576, 1661, 1715.

Dieseltreibstoffe (Gasöle).

Tabelle 41. *Lieferbedingungen für Diesel-Treiböle.*

Eigenschaft	Deutsche Marine	Englische Marine	Deutsche Reichsbahn	Verkaufs-vereinigung für Teererzeugnisse, Esser/Ruhr
d_{20}	0,835 bis 0,91	—	—	1,02—1,08
Zähigkeit ° E	< 2,6 (20° C)	höchstens 3,5 (0° C)	—	—
Flammpunkt ° C	möglichst > 65, mindestens 60 (P.-M.)	mindestens 79,5 (P.-M.)	65—145 (o. T.)	mindestens 65
Stockpunkt ° C	unter 0	unter + 6,5	unter 0 (U-Rohrapparat)	bei 0 keine Ausscheidungen
Säuregehalt	—	frei von Säure (SZ. höchstens 0,1)	< 0,3 % Mineralsäure, ber. als SO_3; < 4 Vol.-% Kreosot	—
Hartasphalt höchstens %	0,05	0,5	—	—
Mechanische Verunreinigungen	keine	keine	—	höchstens 0,2 % xylolunlöslich
Wasser höchstens %	1	0,5	0,5	0,5
Siedegrenzen	bis 350° C mindestens 75 % Destillat	—	Siedebeginn zw. 160 u. 260° C, bis 300° C mindest. 60 % Destillat	bis 300° C mindestens 60 % Destillat
Verkokungsrückstand höchstens %	—	—	2 (nach Muck)	3
Asche höchstens %	0,02	0,01	0,05	0,02
Schwefel höchstens %	2	0,75	—	1
Heizwert mindestens cal/g	9900 (unterer)	—	9700	etwa 9000 (unterer)
Wasserstoffgehalt	mindestens 12 %	—	—	—
Temperaturbeständigkeit	während 24 std. Erhitzen auf 120° dürfen sich keine Ausscheidungen bilden	—	—	—

Skidmoretiegel eingesetzt und dieser wieder in dem Eisentiegel untergebracht. Nach dem Aufsetzen des Schornsteins wird erwärmt. Es sind folgende Zeiten einzuhalten:

> 10 Minuten bis zur Zündung
> 13 Minuten bis zum Erlöschen
> <u>7 Minuten bis zur Verkokung</u>
> insges. 30 Minuten ± 1 Minute.

Nach der Zündung ist die Flamme so einzuregulieren, daß das Öl im Tiegel mit einer Flammenhöhe gleich dem Drahtbügel am Schornstein brennt. Die 7 Minuten Glühzeit zur Verkokung nach dem Erlöschen der Flamme sind unbedingt genau mit voller Flamme einzuhalten. Nach Beendigung läßt man etwa 15 Minuten abkühlen, nimmt den Porzellantiegel mit einer warmen Tiegelzange heraus und setzt ihn in den Exsikkator bis zum völligen Erkalten und wägt dann. Die Bestimmung ist zweimal durchzuführen, die Abweichung von beiden soll max. 10% relativ nicht überschreiten. Die Bestimmung erfordert einige Übung. Die genannte Fehlergrenze ist jedoch leicht zu erreichen. Empfehlenswert ist, zu Beginn der Probe erst mit kleiner Flamme langsam anzuwärmen und nach etwa 7 Minuten voll auszuheizen, so daß die Zündung nach genau 10 Minuten beginnt.

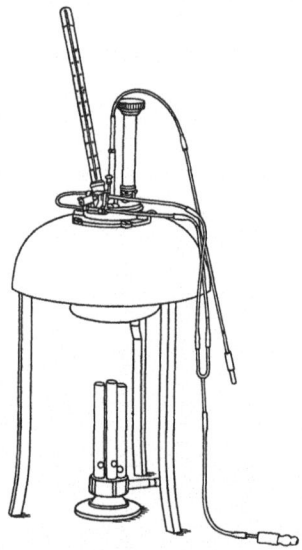

Abb. 193. Flammpunkt-Prüfgerät (nach MARTENS und PENSKY).

Diese Probe gibt die höchsten Werte. Gut reproduzierbar sind auch die RAMSBOTTOM-Werte, die in England üblich sind, jedoch meist nur für Schmieröle vorgeschrieben werden. Wichtig sind bei Dieseltreibstoffen auch noch der *Flammpunkt* und *Zündpunkt*. Der erste wird bei diesen nach MARTENS-PENSKY im geschlossenen Tiegel bestimmt (Abb. 193). Der Apparat hat im Gegensatz zum ABEL-PENSKY-Gerät kein Wasserbad, sondern nur ein Luftbad, weil Flammpunkte über der Siedetemperatur des Wassers bestimmt werden sollen. Im Tiegel ist noch ein Rührwerk vorgesehen, die Zündführung und die Öffnung erfolgen automatisch. Die Temperatur wird anfangs um 6 bis 10° min erhöht, bei Annäherung an den Flammpunkt um 4 bis 6° min gesteigert. Unter ständigem Umrühren wird von 2 zu 2° geprobt. Die Bestimmungen sind zu duplizieren und sollen nicht mehr als 3° voneinander abweichen. Der Barometerstand braucht hier nicht berücksichtigt zu werden. Flammpunkte im geschlossenen Tiegel sind sehr empfindlich gegen Spuren leicht flüchtiger Verunreinigungen. Mitunter werden daher auch noch Flammpunkte nach MARCUSSON wie bei Schmierölen bestimmt. Die Differenzen der Flammpunkte zwischen offenem Tiegel (o.T.) und geschlossenem Tiegel (g.T.) sind charakteristisch für die Schärfe der Fraktionierung und geben bei einiger Übung leicht Aufschluß über Krackprodukte, die bei Überhitzung entstehen können.

Als Zündpunkt bezeichnet man die Temperatur, bei der sich der Brennstoff von selbst entzündet, d. h. nicht wie beim Flammpunkt erst nach Annäherung einer Zündvorrichtung entflammt. Während der Flammpunkt in erster Linie eine Funktion der pro Zeiteinheit entwickelten Menge explosiver Gase ist, hängt der Zündpunkt nur von der chemischen Zusammensetzung des untersuchten Stoffes ab und steht zum Flammpunkt in keiner Beziehung. Paraffinöse Produkte zeigen die niedrigsten, aromatische Produkte zeigen die höchsten Zündpunkte. Sie wurden bei den Rohölen besprochen.

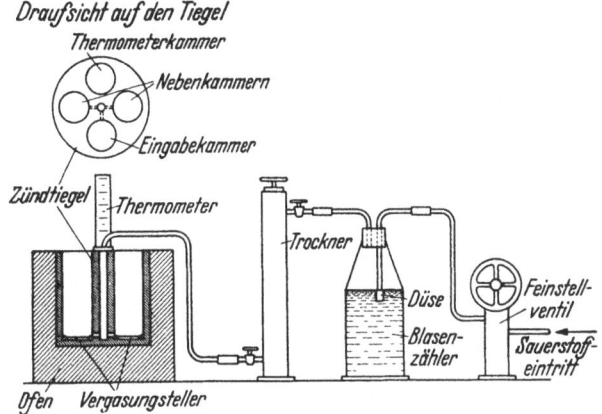

Abb. 194. Zündwertprüfer nach JENTZSCH.

Es ist verständlich, daß ein Dieseltreibstoff um so besser ist, je leichter er sich von selbst entzündet, weil er erst eingespritzt wird, wenn der Arbeitshub beginnt. Umgekehrt würde ein leichtentzündlicher Brennstoff im Ottomotor sich auch ohne den elektrischen Zündfunken entzünden und daher zum Selbstzündungsklopfen neigen. Da die Zündpunkte vom Partialdruck des Sauerstoffes abhängen, kann die erforderliche Sauerstoffkonzentration auch durch eine veränderte Luftzusammensetzung bei Atmosphärendruck bewirkt werden (JENTZSCH).

Das von JENTZSCH vorgeschlagene Gerät, Abb. 194, besteht aus einem V2A-Stahlblock mit einer 15 mm weiten und 40 mm tiefen Zündkammer und drei Sauerstoffkammern. Man läßt den Brennstoff auf Tellerchen auftropfen. Der Ofen wird auf 100° unter dem erwarteten Zündpunkt erwärmt. Von hier ab wird die Temperatur um 10° je min erhöht. Es zieht ein Sauerstoffstrom von 300 Blasen je min (5 je s) hindurch. Von 5 zu 5° tropft man Brennstoff in die Vergasungskammer und spült jedesmal aus, bis die Zündung erfolgt. Dann wird abgeschaltet und im Erkalten in Zeitabständen von 30 zu 30 Sekunden probiert bis die Zündungen aussetzen. Hierauf wird wieder eingeschaltet und langsamer mit 2 bis 3° je min erwärmt. Die nunmehr erfolgende Zündung ergibt den unteren Zündpunkt.

Den oberen Zündpunkt bestimmt man ohne Sauerstoffzufuhr bis zum Eintritt der Zündung. Dann wird abgeschaltet und bei fallender Temperatur von 10 zu 10° geprüft. Die niedrigste Temperatur, bei der ohne Sauerstoffzufuhr gerade noch Zündung erfolgt, ist der niedrigste Zündpunkt. Diese Prüfmethoden haben wie die Flammpunktprüfer konventionellen Charakter.

Mit diesem Gerät kann auch bei verschiedenen Sauerstoffkonzentrationen gearbeitet werden. Wird der Sauerstoffgehalt als Funktion der Zündtemperatur aufgetragen, wie Abb. 195 zeigt, so ergeben sich Kurven mit einem Maximum. Manche Stoffe zeigen Zündungslücken (JENTZSCHsches Phänomen). Äthyläther zeigt z. B. diese Erscheinung[1].

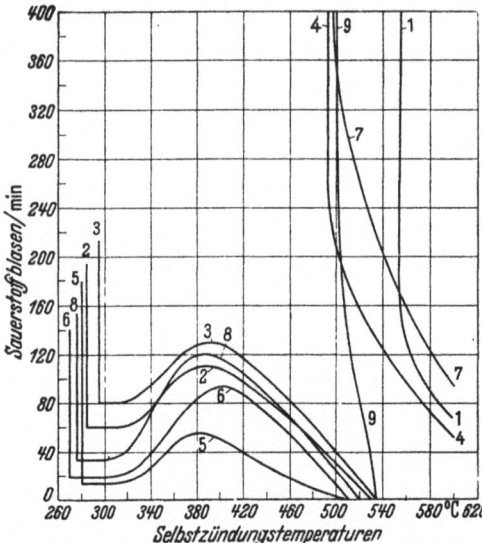

Abb. 195. Selbstentzündungskurven (nach JENTZSCH).
1 Benzol, 2 und 3 Benzin, 4 Phenolöl, 5 Petroleum, 6 russisches Gasöl, 7 Treiböl aus Steinkohlenteer, 8 Treiböl aus Braunkohlenteer, 9 Methylalkohol.

Eine amerikanische Methode mit einem Erlenmeyer-Kolben aus Pyrexglas ohne Sauerstoffzufuhr in einem Metallbad[2] ist von der American Society for Testing Materials angegeben.

Weit wichtiger als diese Eigenschaften sind in den letzten Jahren auch bei Dieseltreibstoffen die direkten motorischen Prüfungen geworden. Als Vergleichsmaß für den Zündverzug wurde ursprünglich die Cetenzahl festgelegt[3,4]. Dieser Kennzahl liegt eine Mischung von Ceten und Mesitylen zugrunde. Es wird mit derjenigen Mischung verglichen, die den gleichen Zündverzug bei 15 bis 30 atü wie die untersuchte Probe ergibt. Ceten (Hexadecylen-1) zündet leicht, Mesitylen (1,3,5 Trimethylbenzol) zündet praktisch überhaupt nicht. Später ist α-Methylnaphthalin und Cetan vorgeschlagen worden. Die von BROEZE geprüften Dieselöle zeigen Cetenzahlen zwischen 35 und 70.

Es sind für diese Zwecke eigens konstruierte Dieselprüfmotoren entwickelt worden, z. B. der I.G.-Prüfmotor[5]. Einen Schnitt davon zeigt Abb. 196. Nach diesem Verfahren wird der Kraftstoff nach der Cetanzahl bewertet. Er besteht aus einem serienmäßig hergestellten und bewährten

---

[1] JENTZSCH: Flüssige Brennstoffe S. 98/99 u. 120/121. VDI-Verlag 1926.
[2] A.S.T.M. Jber. 1932 D 2 S. 33.
[3] BROEZE, J. J.: J. Inst. Petr. Technol. Bd. 88 (1932) S. 569.
[4] BOERLAGE, C. D., u. BROEZE: S.A.E.-J. Bd. 30 (1932) S. 283.
[5] MTZ Bd. 3 (1941) S. 107.

Dieseltreibstoffe (Gasöle). 401

Motor, Baumuster KD 15, der Motorenwerke Mannheim, mit einem Zylinder von 1 l Hubraum, der für die Zwecke eines Prüfmotors entsprechend umgestaltet wurde. Insbesondere wurde die Verdichtung von 1 : 25 auf 1 : 30 erhöht und der Verbrennungsraum für die Verarbeitung zündträger Treiböle verbessert. Bei diesem Motor befindet sich der Verbrennungsraum in Form einer im Kolbenboden angebrachten Mulde. Es können damit Treiböle mit einer Cetanzahl von 0 bis 100 gemessen werden. Wesentlich ist, so wie beim Klopf-Prüfmotor, die Vorrichtung c,

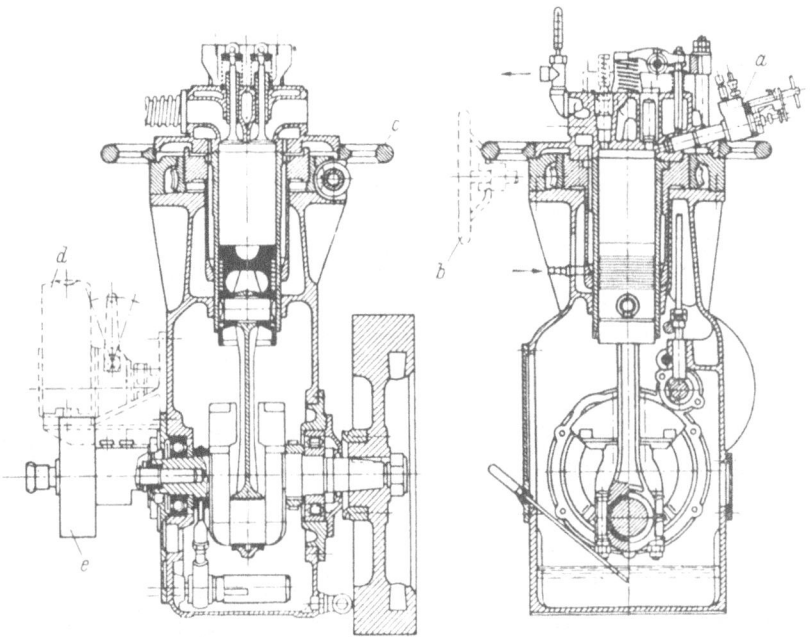

Abb. 196. I.G. Prüf-Dieselmotor.
Zeichenerklärung im Text.

mit der der Zylinderkopf samt der Zylinderbüchse und dem Kühlmantel derart verschoben und festgestellt werden kann, daß sich eine veränderliche Kompression ergibt. Die Verschiebung erfolgt so wie dort mittels Schneckenantrieb b gegenüber dem Triebwerk und Kurbelgehäuse. Der Kolben trägt vier Dichtungsringe. Als Meßeinrichtung a ist ein Quarzindikator mit Braunscher Röhre vorgesehen, die das Indikatordiagramm als stehendes Bild auf dem Leuchtschirm aufzeichnet. Die Druckkomponente wird piezoelektrisch, die Hubraumkomponente durch einen rotierenden Wasserring e, der als Spannungsteiler dient, markiert. Hierbei tastet ein feststehender Fühlstift die Spannung ab. Erdungskontakte markieren bestimmte Stellen im Diagramm, z. B. für den Einspritzbeginn und den Zündbeginn.

Als Meßverfahren wird das bewährte Zündverzugsverfahren angewendet. Es besteht darin, daß ein bestimmter Zündverzug eingestellt und die Kompression so lange verändert wird, bis der gleiche Kurbelwinkel von 18° für den Vergleichskraftstoff und das zu untersuchende Öl erreicht ist (d). Dies ist eine bestimmte Mischung von Cetan und Alphamethylnaphthalin. Das bedeutet, daß die zündwilligen Öle bei niedriger Kompression, die zündträgen Öle aber bei hoher Verdichtung untersucht werden. Die dadurch bedingte, etwas veränderte Form des Verbrennungsraumes spielt keine wesentliche Rolle, weil auch der Vergleichskraftstoff unter gleichen Bedingungen untersucht wird. Da der Druckanstieg bei großem Zündverzug am steilsten ist, wird der vorgenannte Wert von 18° K.W. bei der Messung eingestellt. Da beim Prüf-Diesel der Einspritzbeginn 20° vor dem oberen Totpunkt einsetzt, muß die Zündung 2° vor dem oberen Totpunkt einsetzen.

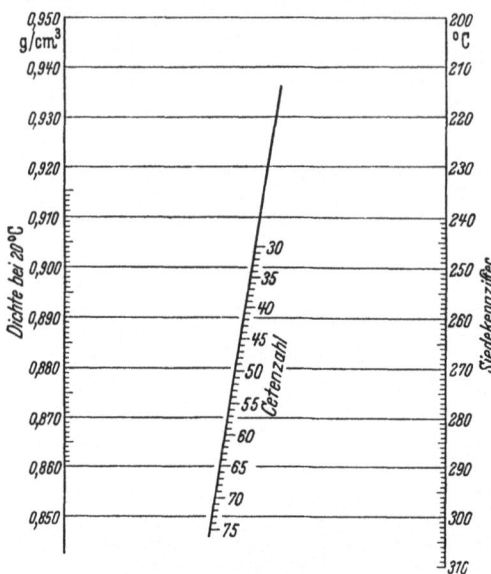

Abb. 197. Nomogramm zur Ermittlung der Cetanzahl aus der Dichte bei 20° C und der Siedekennziffer (nach TANNENBERGER).

Als Eichkurve dient ein Diagramm, bei dem die Cetanzahl als Ordinate über der Zylinderstellung (Verdichtungsverhältnis) als Abszisse aufgetragen ist. Es hat einen leicht ansteigenden Verlauf. Man findet etwa folgende Werte für die Cetanzahl:

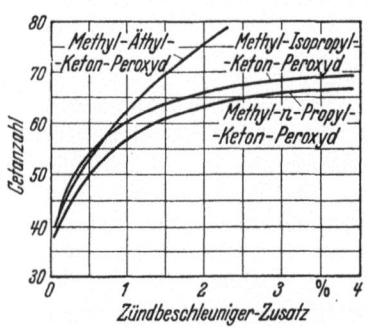

Abb. 198. Wirksamkeit verschiedener Zündbeschleuniger auf ein Gasöl von der Cetanzahl 37.

α-Methylnaphthalin	0
Steinkohlen-Teeröl	6
Steinkohlen-Teerheizöl	10
Steinkohlen-Öl	9
Tetralin, technisch	11,5
Tetralin, rein	15
Benzin (ROZ = 74)	25
Braunkohlen-Teeröl	26
Gasöle aus Erdöl	46—48
Cetan	100

Die Berechnung der Cetanzahl aus den Werten der Komponenten ist nur angenähert richtig. Am besten stimmt sie bei paraffinösen Grundstoffen. Es ist daher auch hier die motorische Prüfung, insbesondere bei den zündträgen Ölen, der Berechnung vorzuziehen.

Zur überschlägigen Orientierung sei das Nomogramm in Abb. 197 wiedergegeben, mittels welchem man die Cetanzahl aus der Dichte bei 20° C und der Siedekennziffer berechnen kann. Daraus geht hervor, daß die Cetenzahlen und die mit ihnen symbaten Cetanzahlen mit steigender Dichte absinken, jedoch mit steigender Siedekennziffer anwachsen.

Die günstigsten Cetanzahlen haben daher die hochsiedenden Paraffin-Basisöle. Es ist noch zu erwähnen, daß auch die Cetanzahl durch Dopes beeinflußt werden kann. Als solche kommen, wie aus der Abb. 198 hervorgeht, z. B. Methyläthylketonperoxyd in Frage. Weniger wirksam ist Methyl-n-propylketonperoxyd. Bemerkenswert ist noch der lineare Abfall des Zündverzuges und der Druckanstiegsgeschwindigkeit mit der Cetanzahl, wie ihn Abb. 199a und b zeigt. Von der Berech-

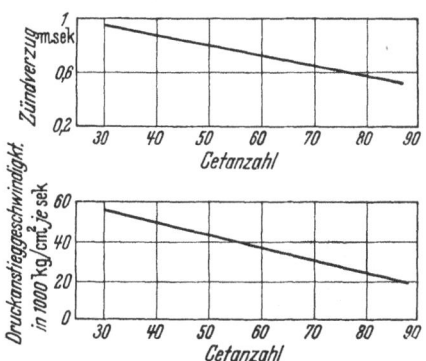

Abb. 199. Abhängigkeit des Zündverzuges und der Druckanstiegsgeschwindigkeit von der Cetanzahl.

nung des Dieselindex kann abgesehen werden, da hierzu das Cetenzahlnomogramm ein hinreichender Ersatz ist.

§ 3. Isolieröle.

Die nächstschwereren Fraktionen, die den Gasölen folgen, sind leichte Öle, die in raffiniertem Zustande als Isolieröle verwendet werden. Höhere Viskositäten bis zu 5° E bei 100° C sind nur bei manchen Kabelisolierölen erforderlich.

Die wichtigsten Anforderungen ergeben sich aus ihrem Verwendungszweck. Ein Kabelisolieröl soll eine hohe elektrische Durchschlagsfestigkeit, einen geringen dielektrischen Verlustwinkel und eine möglichst geringe Leitfähigkeit aufweisen.

Schalteröle sollen bei möglichst geringer *Viskosität* eine hohe Durchschlagsfestigkeit zeigen, damit die Dauer der Funken- oder Lichtbögen an der Unterbrechungsstelle möglichst verkürzt wird. Ein allen Beanspruchungen genügender *Flammpunkt* ist unbedingt erforderlich, da die Öle ständig der Gefahr einer Fremdzündung ausgesetzt sind. Die geringe Viskosität ist erwünscht, damit die Öle unverzüglich in die Unterbrechungsstelle eindringen können. Da bei Lichtbogenbildung eine Krakkung und Bildung von Ölkohle unvermeidlich ist, muß eine geringe *Verkokungszahl* gefordert werden. Bei Transformatorenölen ist neben einer hohen Durchschlagsfestigkeit und geringen Leitfähigkeit vor allem eine gute *Temperaturleitfähigkeit* erforderlich, da diese Öle im wesentlichen als Kühlmittel gedacht sind. Sie sollen die Verluste des Transformators, die sich vollständig in Wärme umsetzen, abführen. Zur Förderung einer guten Konvektion ist eine geringe Viskosität erwünscht. Bekanntlich sind dünnflüssige Öle mit flacher Viskositäts—Temperatur-Kurve bessere Wärmeleiter als zähe Öle mit steiler Temperaturkurve.

Für alle drei Ölsorten ist eine gute Alterungsbeständigkeit wichtig. Die Auswechslung von Transformatorenölen kann zu Betriebsunterbrechungen führen, die unangenehm sind und daher möglichst vermieden werden müssen. Daher rührt die erhöhte Anforderung an die Stabilität der Isalieröle. Transformatoren- und Schalteröle, die für Freiluftanlagen bestimmt sind, müssen außerdem noch hohen Anforderungen an die Kältebeständigkeit genügen. Die Bestimmung der Stockpunkte soll aber bei den Heizölen beschrieben werden, da hierbei wegen gewisser Anomalien besondere Vorsichtsmaßregeln nötig werden. Wegen der Flammpunkte im offenen Tiegel nach MARCUSSON wird auf das Kapitel „Schmieröle" verwiesen.

Die *Durchschlagsfestigkeit* wird mit einem Prüftransformator von mindestens 30 kV Spannung und einer Mindestleistung von 250 Watt bestimmt. Zu einer vollständigen Prüfanlage gehören Sicherungen, Überstromschalter, Hauptschalter, Potentiometer, Voltmeter, Prüftransformator und Prüfgefäß mit Funkenstrecke.

Die Elektroden sind je nach Vorschrift verschieden. Der VDE. sieht Kupferkalotten von 25 mm Krümmungsradius, 36 mm Basisdurchmesser und 13 mm Dicke vor. Auf der Hochspannungsseite wird ein Widerstand von 30000 Ohm vorgeschaltet[1]. Die Schweizer Methode sieht Kugeln von 12,5 mm Durchmesser bei 5 mm Abstand vor[2]. Nach der italienischen Methode benutzt man eine Kugelfunkenstrecke von 10 mm Kugeldurchmesser und 5 mm Elektrodenabstand. Die englischen Normen schreiben Messingkugeln von 13 mm Durchmesser bei 4 mm Abstand vor[3]. Nach der amerikanischen Methode verwendet man schließlich Kreisscheiben von 25,4 mm Durchmesser (1"), die sich auf 0,1" = 2,54 mm Abstand gegenüberstehen[4].

Die Öle müssen vor der Prüfung die gleiche Vorbehandlung erfahren wie sie vor dem Einfüllen in die Transformatoren durchgeführt wird. Insbesondere ist auf sorgfältige Trocknung zu achten. Auch die Prüfgefäße müssen peinlich sauber sein. Es dürfen keine festen Faserstoffe, wie sie von Putzlappen leicht hängenbleiben, hineingelangen. Feste Verunreinigungen führen leicht zu Spitzenentladungen und damit zu verfrühtem Durchschlag. Spülungen mit Lösungsmitteln hoher Dielektrizitätskonstante, wie z. B. Alkohol, sind zu vermeiden.

Da durch den Durchschlag leicht Verunreinigungen infolge von Kohlebildung in das Öl gelangen, sollen mehr als 5 Messungen an einer Probe nicht zur Berechnung eines Mittelwertes herangezogen werden. Die Durchschlagsspannung wird in kV/cm angegeben. Zur Erleichterung der Berechnung dient das Nomogramm in Abb. 200. Wie daraus hervorgeht, sind die Werte von den Elektrodenabständen abhängig und können nicht einfach aus der Gesamtspannung und dem Elektrodenabstand berechnet werden.

---

[1] Elektrotechn. Z. Bd. 48 (1930) S. 473, 858, 1089.
[2] Bull. SEV. Bd. 4 (1925) S. 208; Bd. 5 (1925) S. 241; Bd. 8 (1925) S. 475; Bd. 13 (1930) S. 443.
[3] I.P.T. Standard Methods, 2. Aufl. S. 85. London 1929.
[4] A.S.T.M. Jber. (1932) des Comm. D 2 S. 169.

Die Messungen sind nicht gut reproduzierbar. Größere Abweichungen als $\pm 10\%$ sind jedoch nicht zulässig. Wichtig sind zuverlässige Überstromschalter, damit der Lichtbogen, der nach dem Durchschlag entsteht, rasch abgeschaltet wird und sich nicht zu viel Ölkohle bildet. Nach jedem Durchschlag ist das Öl gut durchzuschütteln, damit verkohlte Teilchen aus der Funkenbahn entfernt werden. Hierbei ist darauf zu achten, daß keine Luftblasen mit eingerührt werden, da sonst die Durchschlagsfestigkeit herabgesetzt wird.

Die *Alterungsbeständigkeit* der Isolieröle ist eines der strittigsten Kapitel der analytischen Ölprüfung. Es gibt über zwanzig verschiedene Alterungsmethoden, von denen keine allgemeine Anwendung gefunden hat. Das liegt zum Teil an der komplizierten Zusammensetzung der Öle, zum Teil an der Mannigfaltigkeit katalytischer Einflüsse verschiedener Metalle und der starken Veränderlichkeit der Gleichgewichtslage und Reaktionsgeschwindigkeit als Funktion der Temperatur.

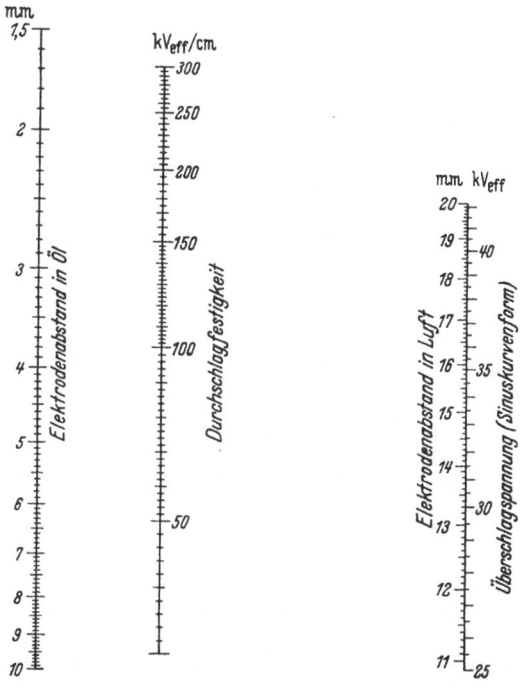

Abb. 200. Nomogramm zur Bestimmung der Durchschlagsfestigkeit von Isolierölen aus der Überschlagspannung und dem Elektrodenabstand.

Es ist daher fast unmöglich, sich ohne Willkür auf eine allen Anforderungen genügende Versuchsmethodik zu einigen. Der sicherste Weg, sich vor Überraschungen zu schützen, besteht in der dauernden Überwachung der Öle während des Betriebes. Da eine solche Methode aber niemals Grundlage einer Lieferungsbedingung sein kann, ist eine scharfe Identitätskontrolle erforderlich.

Es ist daher zweckmäßig, das für die Verwendung vorgesehene Öl versuchsweise in Gebrauch zu nehmen und bei Bewährung durch möglichst zahlreiche analytische Daten genau zu charakterisieren. Es wird sich dann in der Regel zeigen, daß die Alterungsbeständigkeit stark vom Reinheitsgrad der Öle abhängt. So wird z. B. eine starke Versäuerung, besonders bei schon schwach sauren Ölen auftreten. Die scharf raffinierten Öle, die mitunter größere Mengen Neutralester enthalten, ergeben in der Regel einen stärkeren Angriff auf Spinnstoffe, die zu Isolationszwecken verwendet werden. Sie setzen die Baumwollfestigkeit herab. Eine hohe Teerzahl ergibt, wenn auch nicht immer, eine hohe Verteerungszahl. Bei erhöhtem Gehalt an ungesättigten Kohlenwasserstoffen neigt das Öl unter dem Einfluß stiller elektrischer Entladung leichter zur Alterung und Polymerisation als gesättigte Kohlenwasserstoffe. Auch die Oxydation unter dem Einfluß des Luftsauerstoffes ist stärker als bei gesättigten Kohlenwasserstoffen. Isoparaffine mit tertiärem Kohlenstoffatom sind leichter veränderlich als Normalparaffine oder Zykloparaffine (sogenannte Naphthene). Alle diese chemischen Eigenschaften drücken sich irgendwie auch in physikalischen Kennzeichen aus. Je enger man daher diese eingrenzt, um so schwerer wird es möglich, sie zu verfälschen. Es ist dabei nicht nötig, die genauen Zusammenhänge zu kennen (Tabelle 42, S. 408 bis 409).

Besonders hohe Anforderungen an die Säurezahl, die Verseifungszahl, die Goudronzahl, die Teerzahl sowie den Asche- und Hartasphaltgehalt werden in der Regel genügen, um stets das gleiche Produkt von einer Firma mit genügend sicherer Rohstoffgrundlage zu erhalten. Hat sich ein solches Öl dann in der Praxis bewährt, dann bietet die genaue Analyse auch einige Gewähr, daß sich unter gleichen Betriebsbedingungen das Öl auch gleich verhalten wird. Dies läßt sich von einem Alterungstest nicht immer mit Sicherheit behaupten, insbesondere dann nicht, wenn die Alterung beschleunigt wird. Diese Forderung muß aber generell an jede Prüfmethode gestellt werden, wenn sie in praktisch tragbarer Zeit durchgeführt werden soll. Den wirklichen Verhältnissen wird stets diejenige Prüfmethode nahekommen, die nicht die Alterungsbedingungen verschärft, sondern die Analysenmethoden verfeinert. Es ist daher günstiger, möglichst schonend zu altern, wie im Betriebe, aber schon die geringste Veränderung analytisch zu erfassen.

Was für Transformatoren- und Schalteröle gilt, ist sinngemäß auch auf Turbinenöle zu übertragen. Obwohl die Turbinenöle schon zu den Schmierölen gehören, liegen die Alterungsbedingungen doch ähnlich wie bei Isolierölen. Es herrschen etwa die gleichen Temperaturverhältnisse, und es werden vor allem ähnlich hohe Anforderungen hinsichtlich der Beständigkeit gestellt. Die Auswechslung von Turbinenölen erfordert die Abstellung großer Leistungseinheiten und verursacht relativ große Betriebsunterbrechungen. Die im folgenden angeführten Alterungsmethoden gelten daher größtenteils auch für Turbinenöle.

Als Schiedsmethode galt in Deutschland die KISSLINGsche Teerzahl. Sie gibt die Menge teerartiger Bestandteile an, die sich durch wäßrig-alkoholische Natronlauge aus den Ölen auslaugen lassen. Die Verteerungszahl umfaßt die gleichen Bestandteile nach einer 70stündigen Alterung bei 120° C unter dem Einfluß von reinem Lindesauerstoff.

Die *Teerzahl* wird wie folgt bestimmt: 50 g Öl werden in einem 300-cm^3-Erlenmeyer-Kolben eingewogen, 50 cm^3 Teerzahllauge und einige Siedesteinchen hinzugefügt (Teerzahllauge enthält 75 g NaOH in 1 l Wasser + 1 l Alkohol gelöst). Das zu untersuchende Öl wird 20 Minuten auf dem siedenden Wasserbad erhitzt und dann 5 Minuten geschüttelt (Rückflußkühler). Nach dem Erkalten wird es in einen Scheidetrichter umgefüllt und über Nacht stehengelassen. Die untere

Schicht wird filtriert und 40 cm³ Filtrat werden abpipettiert. In einem zweiten Scheidetrichter wird Methylorange zugesetzt und mit ca. 6 cm³ 25%iger Salzsäure angesäuert, 50 cm³ destilliertes Wasser werden zugefügt und zweimal mit je 40 cm³ reinem Benzol extrahiert. Die Extrakte werden zweimal mit 50 cm³ destilliertem Wasser gewaschen (Vorsicht, Emulsionsgefahr!). Die Lösung wird am Wasserbade in Glasschalen bis zur Trockne eingedampft und bei 105° C 10 Minuten lang getrocknet. Nach dem Erkalten im Exsikkator wird gewogen. Die Auswaage mal 2,5 ergibt die Teerzahl in % (bei Serienbestimmungen lohnt sich die Anschaffung einer Destillationsapparatur mit Schliff zur Redestillation der Lösungsmittel).

Die *Verteerungszahl* wird wie folgt bestimmt: 150 g reines Öl wird in einen 300 cm³ fassenden Erlenmeyerkolben eingewogen und 70 Stunden lang wird reiner Lindesauerstoff bei 120° C eingeleitet (zwei Blasen pro Sekunde). Erwärmt wird im Ölbad, wobei die Temperatur im Versuchsöl zu messen ist. Der Sauerstoff ist durch zwei Waschflaschen mit KOH ($\varrho = 1,32$) und Schwefelsäure ($\varrho = 1,84$) zu leiten. Das so gealterte Öl wird dann, wie beschrieben, auf seine Teerzahl geprüft. Die Differenz zwischen Teerzahl und Verteerungszahl ist ein Maß für die Alterungsneigung der Öle[1].

Die *englische Methode* ist der Sludge Test nach MICHIE. 100 g Öl werden in einen Pyrexglaskolben vorgeschriebener Dimension eingewogen; ein Elektrolytkupferblech von $51 \times 32 \times 0,1$ mm³, blank poliert, zylindrisch gebogen, wird senkrecht eingeführt (mit Äther spülen und nur mit Pinzette berühren). Dann wird ein Rückflußkühler aufgesetzt, das Einleitungsrohr eingeführt und 2 l Luft pro Stunde werden eingeleitet. Die Luft passiert 3 Waschflaschen mit NaOH-Lösung ($\varrho = 1,355$) konzentrierter $AgNO_3$-Lösung und konzentrierter Schwefelsäure. Die Geschwindigkeit wird mittels Strömungsmesser kontrolliert (Eichung durch Gaszähler). Die Dauer der Erwärmung beträgt 45 Stunden auf 150° C. Nach dem Erkalten spült man mit 450 cm³ aromatenfreiem 60er bis 80er Benzin in ein Becherglas über und läßt 16 bis 24 Stunden stehen, dekantiert durch ein Filter von 12,5 cm Durchmesser und wäscht mit 300 cm³ Benzin nach. Das Filter auf einem Uhrglas bei 90 bis 100° C getrocknet, ergibt unmittelbar die Schlammenge in Prozenten an. Öle, die dieser Methode entsprechen, sind meist „überraffiniert", haben sich jedoch bewährt[2].

Die *amerikanische Methode* ist der Life Test nach SNYDER. 5 cm³ reines Öl werden in einem 600-cm³-GRIFFIN-Becher aus Pyrexglas tagelang auf 120° C erwärmt und 4 Luftblasen je Sekunde durchgeleitet. Von Tag zu Tag werden je 10 cm³ entnommen und zentrifugiert. Die Zeit, die bis zum Auftreten der ersten Schlammspuren vergeht, wird als Maß der Alterungsneigung betrachtet[3].

---

[1] Chem. Ztg. Bd. 30 (1906) S. 932; Bd. 31 (1907) S. 328; Bd. 33 (1909) S. 529. Petroleum Bd. 3 (1907 08) S. 108, 938.
[2] MICHIE: Inst. Electr. Engng. Bd. 51 (1913) S. 213; Brit. Standard Spec. Bd. 148 (1933).
[3] Proc. A.S.T.M. Bd. 24 (1924) S. 638.

Isolieröle.

Tabelle 42. *Vorschriften für Trans-*

Nr.	Aufgestellt von	Spez. Gewicht	Flammpunkt mindestens °C	Kälteprüfung	Viskosität	Neutralisationszahl höchstens	Hartasphalt
1	Verein Deutscher Eisenhüttenleute (Richtlinien) und Verband Deutscher Elektrotechniker (VDE.)	höchstens 0,920 (20° C)	145 (o. T.)	Stockpunkt nicht über $-15°$ C	höchstens 8° E bei 20° C (E_{20})	0,05	0
2	Vereinigung der Elektrizitätswerke (VDEW.)	höchstens 0,92 (20° C)	145 (o. T.)	Trübungspunkt nicht über $-5°$ C	$E_{20} \leqq 8$ $E_5 \leqq 25$ $E_0 \leqq 35$ $E_{-5} \leqq 50$	VZ. 0,15	—
3	Deutsche Reichsbahn (Drucksachen Nr. 91796 nebst Berichtigungsblatt)	< 0,895 (20° C)	145 (o. T.)	Im U-Rohrapparat bei -30 C noch fließend	$E_{20} < 8$	< 0,05	—
4	Italienische Normenkommission	0,85 bis 0,92 (20° C)	140 (P.-M.)	Für Apparate in Innenräumen bei 0°C 4 sec, bei $-5°$C 12 sec; für Apparate im Freien bei $-5°$C 6 sec, bei $-20°$ C 18 sec	E_{20} höchstens 8 (Schalteröle 10) E_{50} höchstens 2,5 E_{75} höchstens 1,5	0,1	0
5	Naphthasyndikat der USSR.	0,873 bis 0,895 (15° C)	140 (P.-M.)	Stockpunkt nicht über $-20°$ C, für Schalteröle im Freien nicht über $-45°$ C	E_{50} nicht über 1,8	0,14 (Mineralsäure 0)	—
6	US. Bureau of Standards	—	143 (Cleveland o. T.)	Fließpunkt nicht über $-6,7°$ C	95—100 sec Saybolt bei 15,6° C	—	—
7	England [British Standard Specification 148 (1933)]	—	145 (P.-M.)	Stockpunkt Klasse A 0 und B 0 : 0° C, Klasse A 10 u. B 10: $-10°$ C, Klasse A 30 und B 30 : $-30°$ C	nicht > 200 Redw.-sec bei 15,6° C	höchstens 0,2, VZ. höchstens 4	—

formatoren- und Schalteröle.   Isolieröle.

Alterungsprüfung	Wasser	Asche höchstens %	Feste Fremdstoffe	Elektrische Durchschlagsfestigkeit mindestens	Sonstige Anforderungen
Verteerungszahl höchstens 0,1%; siehe auch letzte Spalte	0	0,01	0	Gekochtes oder zum Einfüllen vorbereitetes Öl 125 kV/cm, im Betriebe befindliches Öl 80 kV/cm	Bei 20° vollkommen klar, frei von Mineralsäure. Nur Raffinat. Nach 70 std. Verteerung (S. 269) muß das Öl nach dem Erkalten vollständig klar sein, darf keinen benzinunlöslichen Schlamm enthalten und beim Erhitzen mit der zur Verteerungszahlbestimmung dienenden Lauge keine asphaltartigen Ausscheidungen geben (VDE.)
Nach Alterung keine VZ. über 0,3, für im Apparat angeliefertes Öl nicht über 0,4	abgesetzt höchst. 0,01	0,01	0	125 kV/cm	In 10 cm dicker Schicht klar durchsichtig, neutral, höchstens 8 Vol.-% in konz. H_2SO_4 löslich
Verteerungszahl < 0,1% (VDE.-Schiedsmethode); das verteerte Öl muß sich im 5fach. Vol. Normalbenzin klar lösen	0	0,01	0	Bei 15 bis 25° C 100 kV/cm eff., Mittel aus 5 Versuchen; kein Einzelwert unter 80 kV/cm *	Keine freie Mineralsäure oder freies Alkali. Helles, klares, besonders gereinigtes Erdölerzeugnis
Nach 300 h Erhitzung auf 110° C höchstens 0,05% Schlamm; SZ. höchstens 0,5	0	0	0	40 kV bei 5 mm Elektrodenabstand, Mittel aus 3 Versuchen; kein Einzelversuch darf unter 33 kV ergeben (etwa 20° C)	Bänderprüfung: nach 300 std. Erhitzung mit dem Öl auf 110°C darf die Bandfestigkeit um höchstens 40% abnehmen. S-Gehalt höchstens 0,25% (kein korrodierender S), Harz abwesend (qualitative Prüfung nach STORCH-MORAWSKI negativ)
Nach 70 std. Erhitzung auf 130° C im Luftstrom bei Gegenwart von Kupferplättchen nicht über 0,2 Gew.-% benzinunlöslicher Schlamm	0	0,01	0	22 kV bei 25 mm Elektrodenabstand (15 bis 20° C)	Natronprobe nicht über Nr. 1; kein freies Alkali, kein aktiver Schwefel
120° C, kein Katalysator, 40 l Luft in 1 h, bis Spuren Schlamm erscheinen	—	—	—	—	—
Nach 45 h bis 150° C mit Luft und Cu-Blech, Kl. A < 0,1%, B < 0,8% Schlamm	0	—	—	30 kV bei 4 mm Elektrodenabstand	Verdampfungsverlust im Toluolbad in 5 h höchstens 1,6%. Mit Cu-Blech nach 12 h bei 100° C keine Verfärbung

Tabelle 42. *Vorschriften für Transformatoren.*

Nr.	Aufgestellt von	Spez. Gew.	Flammpunkt mindestens ° C	Kälteprüfung
8	Frankreich (Union des Syndicats de l'Électricité)	0,85 bis 0,92 (15° C)	160° C (Luchaire, geschl. Tiegel)	Stockpunkt nicht über −5° C
9	Belgien (Association Belge de Standardisation, Rapport 13; Comité Électrotechnique)	0,85 bis 0,92 (15° C)	170° C (P.-M.)	Stockpunkt nicht über −15° C
10	Spanien	0,85 bis 0,92 (20° C)	160° C bzw. 150° C (P.-M.)	Stockpunkt für Transformatorenöle nicht über −5° C, Schalteröle nicht über −20° C
11	Schweden	0,85 bis 0,92 (20° C)	145° C (P.-M.)	Stockpunkt nicht über −30° C bzw. (Schalteröle) nicht über −50° C
12	Norwegen	0,85 bis 0,92 (20° C)	145° C (o. T.)	Stockpunkt für Transformatorenöle nicht über −5° C, Freiluftschalteröle nicht über −30° C
13	Schweiz (Brown, Boveri u. Cie.)	—	145° C (o. T.)	bei −20° C im Reagenzglas 10 cm in 10 sec fließend

Die *Schweizer Methode* stammt von STÄGER. 1 l Öl wird in einen Kupferbecher von 210 mm Höhe und 100 mm Durchmesser bei 0,6 mm Wandstärke eingefüllt. Dann wird 168 Stunden = 1 Woche auf 115° C erwärmt, wobei 2 Baumwollproben bestimmter Spezifikation auf 7 mm starke Glasstäbe gewickelt zugegen sind. Vor und nach dem Test wird die Festigkeit der Baumwolle aus je 16 Bestimmungen ermittelt. Auch Schlammbestimmungen sind vorgesehen. Das verwendete Garn soll 160 g aushalten. Die Methode soll einen Anhaltspunkt dafür geben, wie stark die Umspinnung der Transformatorenwicklung angegriffen wird. Sie ist wohl für die meisten Fälle zu speziell und nicht für Turbinenöle gedacht[1].

---

[1] Bull. SEV. Bd. 4 und 8 (1925).

und Schalteröle (Fortsetzung)[1].

Viskosität	Alterungsprüfung	Sonstige Anforderungen
E_{50} höchstens 2,5	Nach 5 h bei 150°C kein Schlamm, nach 50 h nur Spuren, nach 125 h nicht über 0,15%	Frei von Schwefel und praktisch frei von Wasser, Verdampfungsverlust bei 100° C in 5 h höchstens 0,2% Brennpunkt über 180° C Neutralisationszahl $< 0,11$
E_{20} höchstens 8 E_{50} höchstens 2,5 E_{75} höchstens 1,5	Nach 10 h bei 200° C kein Schlamm	Verdampfungsverlust nach 3 h bei 170° C nicht über 1,5%
E_{20} für Transformatorenöle höchstens 8, für Schalteröle höchstens 10	—	Verdampfungsverlust nach 5 h bei 100° C nicht $> 0,2\%$
E_{30} höchstens 8	Verteerungszahl Klasse I höchstens 0,12%, Klasse II höchstens 0,25%	Verdampfungsverlust nach 5 h bei 100° C nicht über 2%; höchstens 0,01% Asche
E_{20} höchstens 8	Wie Schweden	—
E_{20} höchstens 8	Nach 168 h Alterung kein Schlamm, NZ. $< 0,3$, Festigkeitsabnahme des Baumwollfadens $< 20\%$; nach 336 h Alterung Schlamm $< 0,3$ Vol.-%, NZ. $< 0,4$, Festigkeitsabnahme $< 34\%$	Neutralisationszahl höchstens 0,10

Die *französische Methode* rührt von WEISS-SALOMON her. Als Prüfgefäß dient ein 175 mm langes Reagenzglas aus streng neutralem Glas (Schott & Gen. oder Pyrex) von 20 mm lichter Weite, oben auf 50 mm erweitert, mit 87 cm³ Inhalt. Die Prüfmenge beträgt 65 cm³ Öl. Die Gläser werden in Aluminiumhüllen der gleichen Form in ein elektrisch beheiztes Ölbad gestellt und auf 115° C erwärmt. Eingehängt wird eine Kupferdrahtspirale von 0,3 mm Drahtdicke, 32 cm Drahtlänge und 15 cm Spulenlänge, die blank poliert ist. 6 bis 8 Proben werden angesetzt und von Zeit zu Zeit durch Betrachten auf die ersten Schlammspuren geprüft. Diese Zeitdauer gilt als die erste Periode, die nunmehr folgenden

---

[1] Die neueren Spezifikationen sind aus den Normblättern des FAM (Beuth-Verlag, Berlin) zu entnehmen.

Proben werden nach Ablauf der 2-, 3-, 4- usw. fachen Zeit entnommen und geprüft. Die in dem dreifachen Volumen Normalbenzin unlöslichen Stoffe, in g pro 100 cm³ Öl ausgedrückt, gelten als erster Niederschlag. Die Autoren ziehen weitgehende Schlüsse aus diesen Alterungskurven über die chemische Natur und den Raffinationszustand der Öle. Die überraffinierten Öle werden relativ gut bewertet. Die Ergebnisse stimmen aber nicht immer mit dem Verhalten in der Praxis überein [1].

Die *schwedische Methode* ist von ANDERSON der Almänna Svenska Electrisk Aktiebolaget (A.S.E.A.) zu Vesterås in Schweden ausgearbeitet worden. Hiernach werden 60 g Öl auf 100° C bei Gegenwart von Kupfer und Eisen unter dem Einfluß von 10 000 Volt Spannung und 1 l pro Stunde ozonfreiem Lindesauerstoff gealtert. Die Dauer der Erwärmung beträgt 100 Stunden. Das Gerät hat besondere Dimensionen, die am besten im Original eingesehen werden. Das erkaltete Öl wird mit zweimal 60 cm³ Normalbenzin in einen 300 cm³ fassenden Erlenmeyerkolben übergespült und über Nacht stehengelassen. Der ausgeschiedene Schlamm wird durch ein S. & S.-Weißbandfilter abfiltriert und in warmer Benzol—Chloroformmischung (1 : 1) gelöst, eingedampft und bei 105° C getrocknet. Der erhaltene Schlamm mal 5/3 ergibt die Schlammzahl in Prozenten. Diese Methode ist interessant, weil sie das Öl unter dem Einfluß elektrischer Spannung altert und damit den Verhältnissen in der Praxis in einem wichtigen Punkte nahekommt [2].

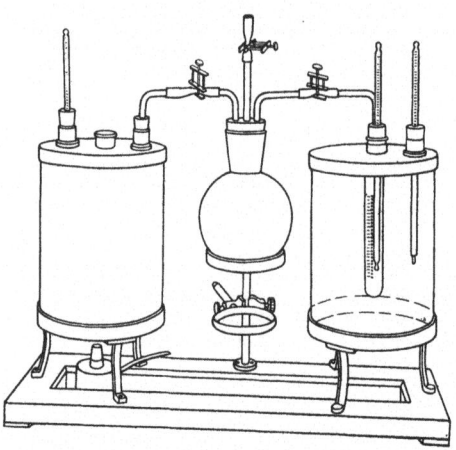

Abb. 201. Demulgierungsprüfgerät von CONRADSON.

Die *italienische Methode* verwendet als Prüfgefäß ein Reagenzglas von 25 mm Durchmesser, 190 mm Höhe mit einer Prüfmenge von 40 g Öl. Eingehängt wird ein Kupferdrahtnetz von 400 Maschen pro cm² und 2 g Gewicht. Erwärmt wird 300 Stunden lang auf 110° C. Der gebildete Schlamm wird direkt auf einem S. & S.-Weißbandfilter 589 am Dampftrichter abgetrennt, mit aromatenfreiem Benzin nachgewaschen, getrocknet und gewogen. Auch Baumwolle wird zugegeben und deren Festigkeit bestimmt [3].

Die *Methode* BAADER benützt als Prüfgerät ein Temperiergefäß mit Proberöhrchen und aufgesetztem Soxhletkühler sowie ein Rührwerk besonderer Konstruktion, die aus Prospekten ersichtlich ist. (Einwaage 60 cm³ Öl, Prüftemperatur 95° C, Prüfdauer 48 Stunden.) Spulen aus

---

[1] Rev. gén. Électr. Bd. 28 (1930) Heft 61.
[2] Tekn. T. 1928 S. 133, 158, 196, 212.
[3] Olii Min., Olii grassi. Bd. 12 (1932) S. 66.

Glas, Kupfer und Blei, die nur einmal verwendet und in stets gleicher Qualität geliefert werden, dienen als Katalysator zur Alterung. Sie tauchen dauernd auf und unter und bewirken zugleich die Berührung mit Luft. Die Prüfung erfolgt in erster Linie durch Betrachtung. Die Öle dürfen sich nicht verfärben und nicht trüben, keinen Schlamm absetzen und Besatz oder Belag bilden. Es kann auch unlösliches Benzin bestimmt werden. Als wichtigste Indikation gilt jedoch die Verseifungszahl. Die Methode ist gut reproduzierbar und von der Vereinigung der deutschen Elektrizitätswerke anerkannt. Sie kommt den Verhältnissen in der Praxis nahe[1].

Weitere Vorschriften für Transformatoren- und Schalteröle gehen aus der vorstehenden Tabelle 43 hervor. Desgleichen ist eine Tabelle mit den an Dampfturbinenöle zu stellenden Anforderungen beigegeben.

Die *Demulgierungsprobe* nach CONRADSON, die mit dem in Abb. 201 gezeigten Gerät durchgeführt wird, ist in verschiedenen Modifikationen in Anwendung.

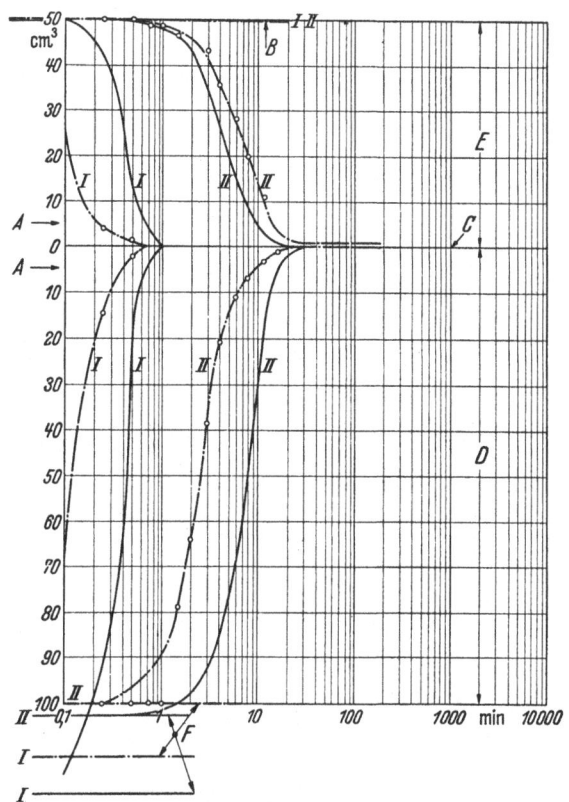

Abb. 202. Graphische Darstellung des Entmischungsvorganges von Emulsionen.

A Emulsionsphase, *B* obere Grenze der Ölschicht, *C* theoretische Trennungslinie, *D* Emulgentphase (Wasser bzw. wässerige Lösung), *E* Ölphase, *F* untere Grenze der Emulgentschicht. Erläuterung im Text.

Abb. 202 läßt erkennen, daß sich das Öl vom Wasser nach einer Exponentialfunktion der Zeit trennt. Als Abszissenwerte sind Minuten nach einer logarithmischen Teilung aufgetragen. Als Ordinatenwerte sind in dem oberen Teil des Diagramms cm^3 Öl, im unteren cm^3 Kondenswasser aufgetragen, so daß die Grenzfläche zwischen Wasser und Öl bei 0 zu liegen kommt. *I* zeigt die Entmischungskurven eines Frischöles, *II* die Entmischungskurven eines gealterten Öles. Bei letzterem dauert es also etwa 30 mal so lange als bei dem Frischöl.

---

[1] Elektrizitätswirtsch. 1928, Nr. 461, 338; 1930, Nr. 512, 258, 359; Erdöl u. Teer Bd. 5 (1929) S. 438.

Tabelle 43. *Anforderungen*

	Spez. Gew.	Viskosität bei 50° C °E	Flammpunkt o. T. ° C	Stockpunkt ° C
Richtlinien, 5. Aufl.	höchstens 0,930 (20° C)	2,5—5	mindestens 180	nicht über + 5
Vereinigung der Elektrizitätswerke[2]	höchstens 0,930 (20° C)	2,5—6,5	mindestens 180	—
Allgemeine Elektricitätsgesellschaft (AEG)	0,85—0,92 (20° C)	für direkt gekuppelte Turbinen 2,5—4 (bei 20° 12—20) für Getriebeturbinen 5,0—6,5	> 180 > 160 (P.-M.)	unter — 5
Brown, Boveri & Cie.	höchstens 0,93 (20° C)	3,5—5,34 vgl. S. 366)	> 170	—
Naphtha-Syndikat der UdSSR. Öl „L"	0,885—0,905 (15° C)	2,9—3,2	mindestens 175	nicht über — 15
Öl „M"	0,890—0,910 (15° C)	4,0—4,5	mindestens 180	nicht über — 10
Öl „T"	0,890—0,915 (15° C)	6,0—6,5	mindestens 190	nicht über — 10

Die strichpunktierten Kurven geben die Entmischung in Sodalösung, die ausgezogenen in reinem Kondenswasser wieder. Sodalösung beschleunigt daher die Entmischung. Als Prüfgefäß dient ein graduiertes Reagenzglas von 20 cm Länge und 2,5 cm Durchmesser, in das 20 cm³ des zu prüfenden Öles eingefüllt werden. In dieses Ölgefäß, das in einem Wasserbade steht, wird Dampf eingeleitet, bis der Flüssigkeitsstand durch Kondenswasser auf 40 cm³ gestiegen ist. Der Dampfstrom wird

---

[1] Lieferbedingungen der Deutschen Reichsbahn.
[2] Ölbewirtschaftung. Herausgeg. von der Wirtschaftsgruppe Elektrizitätsversorgung. 2. Aufl. Berlin: Springer 1937.   [3] Alterungsprüfung s. S. 366.

an Dampfturbinenöle[1].

Neutralisationszahl	Asche %	Asphalt	Verteerungszahl %	Bemerkungen
höchstens 0,2	höchstens 0,01	0	höchstens 0,2, bestimmt nach S. 366	Raffinat, frei von fettem Öl; H_2O höchstens 0,1 %, feste Fremdstoffe höchstens 0,01 %. Für Turbinengetriebe verwendet man je nach Umdrehungszahl Öle mit höherer Viskosität
Verseifungszahl höchstens 0,15	höchstens 0,01	0	s. Bem.	Raffinat, H_2O höchstens 0,01 %, feste Fremdstoffe 0, neutral. In konz. H_2SO_4 löslich höchstens 12 Vol.- %. Nach BAADER (s. S. 275) gealtert, keine VZ. $> 0,3$
höchstens 0,10	$< 0,01$	0	höchstens 0,3	Raffinat, frei von Mineralsäure, fettem Öl und Harz, keine Verharzung, kein Emulgieren und Schäumen
höchstens 0,10	höchstens 0,01	0	s. Bem.	Brennpunkt nicht unter 210° C; frei von fettem Öl, darf weder im Anlieferungszustande, noch nach Alterung[3] mit Wasser oder 1 %iger Sodalösung emulgieren. Nach der Alterung Neutralisationszahl nicht über 0,3, Verseifungszahl nicht über 1,5, Schlamm 0
unter 0,14	höchstens 0,02	—	—	Frei von Wasser, freier Mineralsäure und festen Fremdstoffen; nach CONRADSON nicht emulgierend
unter 0,14	höchstens 0,02	—	—	Wie Öl „L"
unter 0,14	höchstens 0,02	—	—	Wie Öl „L"

so einreguliert, daß die Öltemperatur zwischen 88 und 90,5° C schwankt. Bis zum Eintritt dieser Temperatur vergehen etwa 45 bis 75 Sekunden, während die Versuchsdauer 4½ bis 6 Minuten beträgt. Nach Beendigung des Einleitens wird der Zylinder in ein vorgewärmtes Wasserbad von 93,5 bis 95° C gestellt und die Zeit gemessen, während welcher sich die Emulsion entmischt. Öle, die mehr als 20 Minuten beanspruchen bis zur Abscheidung der eingeleiteten Menge kondensierten Dampfes, erhalten die Demulgierungszahl 20 +.

Alle diese Methoden haben stark konventionellen Charakter, weshalb sie häufig geändert werden.

§ 4. Schmieröle.

a) Allgemeines.

Die Einsatzbreite der Schmierstoffe ist weit größer als die der flüssigen Kraftstoffe, so daß die Rentabilität, insbesondere der kleineren Raffinerien, häufig erst durch Aufnahme dieses Teiles der Fabrikation gesichert erscheint. Die hohen Qualitäts- und Preisunterschiede sind auf die große Mannigfaltigkeit in den Sorten, die eine umständliche Lagerung und besondere Transportverhältnisse erfordern, zurückzuführen. Hinzu kommt, daß die Schmierungsprobleme noch weit weniger geklärt sind als die Kraftstoffprobleme, so daß man sich gerne an erfahrene Produzenten beim Einkauf wendet, die einen besonderen Kundendienst unterhalten. Dies alles hat im Laufe der Zeit dazu geführt, daß sich die Mineralölraffinerien häufig vom übrigen allgemeinen Raffineriebetrieb selbständig gemacht haben und so eigene Forschungs- und Entwicklungsstätten unterhalten.

Schmieröle haben den Zweck, die Reibung an gleitenden Metallflächen zu verringern. Diese Verminderung der Reibung verringert die Energieverluste und den Verschleiß. Die Energieverluste in Lagern sind relativ gering im Verhältnis zur produzierten Kraft und stehen daher nicht im Vordergrunde des Interesses. Die Reibungsverluste können nur bei kleineren Antriebsvorrichtungen zu erheblichen Anteilen der gesamten produzierten Energie anwachsen und verdienen daher, insbesondere bei den Arbeitsmaschinen, erhöhtes Interesse. So kann z. B. in einem Spinnereibetrieb durch zweckmäßige Schmierung mitunter so viel Energie gespart werden, daß eine Vergrößerung der Zahl der Webstühle ohne Vergrößerung des Kraftwerkes möglich ist. Bei Meßvorrichtungen, wie Uhren, Elektrizitätszählern und ähnlichen sehr verbreiteten Instrumenten spielt dagegen die Frage der Energieverluste eine wichtigere Rolle als der Verschleiß, da hierbei der Gang des Meßwerkes und damit die Genauigkeit der Zählung erheblich beeinflußt wird. Insbesondere bei Uhren kann die Schmierölfrage von entscheidender Bedeutung werden. In solchen Fällen ist die praktische Durchführbarkeit von Messungen auf längere Dauer und unter verschiedenen Betriebsbedingungen geradezu an die Existenz eines geeigneten Schmieröles gebunden.

Die hierfür in Frage kommenden Ölmengen sind jedoch nur gering. Meist werden hierzu auch noch pflanzliche und tierische Öle verwendet. Klauenöle sind immer noch geschätzte Uhrenöle. Öle aus Delphinknochen sind geschätzte Zähleröle.

Infolge der langen Dauer, während welcher solche Öle ihren Dienst an freier Atmosphäre in dünner Schicht ausgebreitet, in Berührung mit verschiedenen Metallen erfüllen müssen, sind die Anforderungen an die Oxydationsbeständigkeit besonders hoch. Eine wichtige Eigenschaft von Uhrenölen ist, daß sie mit der Unterlage einen gewissen Randwinkel bilden müssen und auf der Metallfläche nicht zerfließen dürfen. Das Benetzungsvermögen spielt daher bei diesen Ölen eine wichtige Rolle.

Allgemeines.

In weit größeren Mengen werden jedoch Mineralschmieröle für Motoren und Maschinen gebraucht. Hier ist die Verschleißminderung z. Z. die wichtigste Anforderung, die an die Öle gestellt wird. Ein rascher Verschleiß führt insbesondere an Großkraftmaschinen vorzeitig zum Verlust der unbedingt wichtigen Toleranzen, die zur Auswechslung von Lagern und Zapfen zwingt. Tage- oder wochenlange Betriebsausfälle sind die unangenehmen Folgen dieser Erscheinung. Überholung von Kraftfahrzeugen werden um so häufiger nötig, je rascher der Verschleiß fortschreitet. Bei Flugmotoren ist die Frage des Verschleißes direkt ein Problem der Lebensdauer dieser Transportmittel geworden. Es sind daher dem Verschleißproblem umfangreiche Forschungsarbeiten gewidmet worden. Nur wenige dieser sind Gegenstand von Verkaufsspezifikationen oder Lieferungsbedingungen. So viel scheint jedoch heute schon festzustehen, daß man sich zu einem Kompromiß gezwungen sieht zwischen Fressen und Abrieb, die beide antibat sind. Je größer der mechanische Verschleiß, um so schwerer führen die Metallflächen zum Fressen. Da das Fressen der Metallteile eine weit gefährlichere Form der Zerstörung ist, wurde zuweilen auch behauptet, daß ein großer Abrieb zugunsten einer geringen Freßneigung erwünscht sei. Diese Behauptung geht zweifellos zu weit. Es ist nämlich nicht einzusehen, warum man keine Öle finden sollte, die sowohl einen geringen Abrieb ergeben als auch einen hinreichenden Schutz gegen Fressen gewähren. Die Freßneigung hängt im wesentlichen von der Löslichkeit der Metalle oder ihrer Legierbarkeit ab, während der mechanische Abrieb auch eine Angelegenheit des Schmiermittels ist. Die Versuche lassen jedenfalls erkennen, daß keineswegs eine strenge Proportionalität zwischen diesen beiden Formen des Verschleißes besteht.

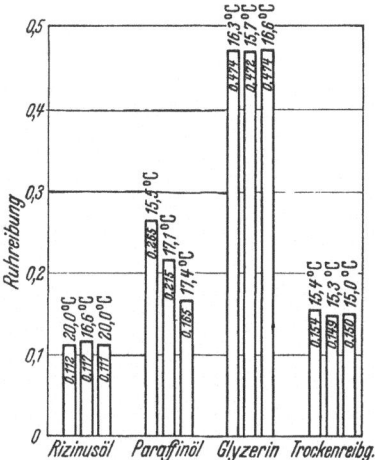

Abb. 203. Reibungszahlen der Ruhe für Stahl auf Bronze (nach Bartel).

In Abb. 203 sind die Reibungszahlen der Ruhe von Stahl auf Bronze angegeben, wobei Rizinusöl, Paraffinöl und Glyzerin als Schmiermittel verwendet wurden und mit der Trockenreibung verglichen wurden. Diese Versuche nach Bartel sind bei verschiedenen Temperaturen ausgeführt worden mit dem Ergebnis, daß nur Rizinusöl geringere Reibungszahlen als bei Trockenreibung ergab, während sie bei Paraffinöl und Glyzerin sogar höher liegen. Es haben sich drei der gebräuchlichsten Reibungsmaschinen vorwiegend verbreitet:
1. der Falex-Ölprüfer,
2. die Almen-Wieland-Maschine,
3. der Vierkugeltester nach Boerlage,

von denen sich der letztere allgemein durchzusetzen scheint.

418   Schmieröle.

Zuweilen findet man auch in den Spezifikationen Bedingungen, wonach Getriebeöle einen bestimmten Druck aushalten müssen. In der Regel ist es aber so, daß nur bestimmte Grundeigenschaften gefordert werden und ein bestimmter Gehalt eines Extreme-Pressure-Dopes garantiert wird, der dann analytisch zu ermitteln ist. Dies liegt z. B. daran, daß den meisten Laboratorien das Vierkugelprüfgerät noch nicht zur Verfügung steht und sich merkliche Schwierigkeiten aus der analytischen Prüfmethode bisher nicht ergeben haben. Die Prüfbedingungen nach der Vierkugelmaschine gehören jedenfalls zu den schwersten, wie aus der Tabelle 44 hervorgeht:

Tabelle 44.

	Falex	Vierkugel	ALMEN-WIELAND
Drehzahl	330 U/min	1450 U/min	200 U/min
Gleitgeschwindigkeit	10,4 cm/s	55,7 cm/s	6,6 cm/s
Maximale Belastung	1000 kg	1200 kg	1600 kg
Mittl. Flächendruck	9620 kg/cm^2	41000 kg/cm^2	2830 kg/cm^2
Härte der ruhenden Teile} nach	730 bis 850	750 bis 850	150
Härte der bewegten Teile} VICKERS	240 bis 300	750 bis 850	170

Die Schweißbelastung oder das Gewicht bis zum Eintreten des Fressens liegt bei normalen Mineralölen zwischen 200 und 300 kg. Nach Zusatz geeigneter Dopes kann die Belastung auf 700 bis 800 kg gesteigert werden, bis Fressen eintritt. Das sind Vorteile, die sich für die Konstruktion erheblich auswirken können.

So gelingt es z. B. bei bestimmten Kraftwagenkonstruktionen (PONTIAC), das Getriebe so weit zu verkleinern, daß man bei gleichem Bodenabstand den ganzen Schwerpunkt des Wagens tiefer legen kann, was zu erheblichen Verbesserungen der Straßenlage und sonstiger Fahreigenschaften führt.

Viele dieser Zusätze sind allerdings hochkorrosiv, wenn sie mit Feuchtigkeit in Berührung kommen. Die Abnutzung, die hierdurch unter Umständen auch ohne Gebrauch eintritt, läßt es sehr zweifelhaft erscheinen, ob solche Vorteile bei Wagen, die einer rauhen Behandlung unterliegen, in Kauf genommen werden können. Es wird sich in diesen Fällen der Ölfabrikant nach den Wünschen des Verbrauchers bzw. nach den Vorschriften des Wagenkonstrukteurs richten und vorsichtig handeln, wenn er eine diesbezügliche Verantwortung ablehnt.

Unzweideutige Vorteile liegen allerdings vor bei der Bearbeitung von Maschinenteilen durch spanabhebende Verformung beim Drehen, Bohren, Fräsen, Hobeln usw., wo das Werkstück nach kurzem Arbeitsgang gereinigt und der korrosiven Wirkung der Dopes entzogen werden kann. Indessen kommen Extreme-Pressure-Eigenschaften nur für Getriebe mit hoher Zahnflankenbelastung in Frage.

Solche Öle sind aber sowohl der Menge als auch der Qualität nach nicht die wichtigsten Typen, die hergestellt werden. Die Sorten und demnach auch die Anforderungen sind so mannigfaltig, daß nur die wichtigsten Typen besprochen werden können.

Allgemeines.

Bei den leichtesten Ölen, wie z. B. dem Spindelöl, ist eine genaue Abstimmung der Zähigkeit von Bedeutung. Da diese Öle häufig in geheizten Räumen, wie z. B. in Spinnereien, also bei relativ wenig veränderlicher Temperatur, verwendet werden, ist es zweckmäßig, Öle von ganz bestimmter Zähigkeit zu verwenden (enge Toleranz). Der Spinnvorgang erfordert an sich nur wenig Kraft, ein großer Teil der Energie geht in den Lagern verloren. Eine Auswahl von Ölen bestgeeigneter Zähigkeit ist daher lohnend. Dementsprechend ist es auch wichtig, daß sich die Zähigkeit während des Gebrauches nur wenig ändert. Diese Öle dürfen keine Flecke auf den zu verarbeitenden Textilien hinterlassen und müssen sich gegebenenfalls gut auswaschen lassen. Es kommen daher nur gute Raffinate in Frage, die mit Waschmitteln leicht emulgierbar sind.

Relativ geringe Viskosität weisen auch die Eismaschinenöle auf, da sie bei tiefer Temperatur verwendet werden müssen. Dementsprechend sollen sie auch einen tiefen Stockpunkt haben. Eine flache Viskositäts-Temperatur-Kurve ist erwünscht, weil sich das Kühlmittel bei der Kompression erheblich erwärmt. Je nachdem, ob es sich um Ammoniak-, Kohlensäure- oder Schwefeldioxyd-Kompressoren handelt, darf das Öl keine verseifbaren Anteile enthalten oder es sind erhöhte Anforderungen an den Aschegehalt zu stellen. Propankompressoren werden nicht mit Ölen, sondern mit Kokos-Seifen-Emulsionen, die sich in verflüssigten Kohlenwasserstoffgasen nicht lösen, geschmiert.

Die Maschinenöle für die Ringschmierlager der Elektromotoren, Dynamomaschinen oder Transmissionen bedürfen keiner scharfen Raffination. Es genügen oft schon neutrale Destillate, wie z. B. bei Dreschmaschinen u. dgl.

Anders liegen die Verhältnisse bei Motorenölen. Hier ist die hohe thermische Beanspruchung, der diese Öle ausgesetzt sind, ein wichtiger Grund, weshalb dieser Gruppe von Ölen größte Sorgfalt gewidmet wurde. Millionenbeträge wurden für die Entwicklung und den Bau von Solvent-Extraktionsanlagen ausgegeben, die hauptsächlich den Bedarf an hochwertigen Motorenölen decken sollen. Grundsätzlich ist zwischen Ottomotorenölen und Dieselmotorenölen zu unterscheiden. Bei den ersteren sind die Anforderungen weit höher, wenn sie für Flugmotoren statt für Kraftwagenmotoren verwendet werden.

Beim Gebrauch in Ottomotoren werden geringe Flüchtigkeit, hoher Flammpunkt, hoher Raffinationsgrad und flache Viskositäts-Temperatur-Kurve verlangt. Letztere Anforderung ist besonders bei Flugmotoren wichtig, weil sie starken Temperaturschwankungen ausgesetzt sind. Bei Kraftwagenmotoren sind sowohl für Sommer und Winter als auch für die Übergangszeit Frühjahr und Herbst verschiedene Viskositätsstufen vorgesehen.

Bei Herrenfahrern, die ihre Fahrzeuge nur selten gebrauchen und die Öle mitunter von einer Jahreszeit zur anderen nicht auswechseln müssen, werden sogenannte Double-Range-Oils hergestellt, an die ähnlich hohe Anforderungen zu stellen sind wie an Flugmotorenöle. Bei Motorrädern mit Zweitaktmotoren wird das Öl dem Kraftstoff beigemischt und gelangt auf dem Wege über den Vergaser in den Zylinder.

Es muß zäher sein als ein normales Motorenöl und nähert sich auch hinsichtlich der Viskositätsstufe schon den Flugmotorenölen. An die Motorenöle werden auch erhöhte Anforderungen an ihre Oxydationsbeständigkeit gestellt. Letztere sind bei Flugmotoren besonders hoch.

Die Forderung einer flachen Viskositäts—Temperatur-Kurve verleitet oft zum „Pantschen", d. h. zur Vermischung von leichten und schweren Ölen miteinander, die bei gleicher Viskosität eine flachere Viskositäts—Temperatur-Kurve aufweisen als scharf geschnittene Fraktionen der gleichen Provenienz.

Es ist klar, daß dann bei hohen Beanspruchungen im Gebrauch die leichter flüchtige Komponente verbrennt und ein dickflüssiges Öl mit schlechten Viskositäts—Temperatur-Eigenschaften zurückbleibt. Ein solches Öl ist dann für den betreffenden Zweck zu schwer. Es hat sich daher auch schon bei Schmierölen eingebürgert, eine Vakuumdestillation bei 40 Torr in einem CLAISSEN-Kolben auszuführen und die Siedekennziffer wie bei Treibstoffen zu bestimmen.

Es ist daher auch nicht übertrieben, wenn manche Spezifikationen durch gesteigerte Anforderungen an den Flammpunkt dieser Art von Indexverbesserung durch Vermischung leichter und schwerer Öle vorzubeugen versuchen. Es gibt eine einfache Methode, um verdächtige Öle auch ohne Vakuumdestillation auf ihren Gehalt an leichten Anteilen zu prüfen. Es ist der Vergleich der Flammpunkte im offenen und geschlossenen Tiegel. Sind die Unterschiede ungewöhnlich groß, d. h. wird ein auffallend niedriger MARTENS-PENSKY-Flammpunkt gefunden, dann sind merkliche Mengen leicht flüchtiger Öle enthalten. Solche Öle müssen aber nicht unbedingt ermischt sein, sie können auch von Natur aus so anfallen. Das ist meist dann der Fall, wenn die vom Gasöl befreiten Erdölrückstände direkt raffiniert und bei Atmosphärendruck mit überhitztem Wasserdampf konzentriert wurden.

Bei dieser Operation, bei der keinerlei Rektifikation erzielt wird, bleiben auch leicht flüchtige Anteile im Schmieröl zurück, die während des Gebrauchs abbrennen, wodurch die Öle eindicken. Solche Residualöle haben oft auffallend guten Viskositätsindex und sind leicht an der intensiven, grasgrünen Fluoreszenz und einer leichten Opaleszenz zu erkennen. Sie haben in der Regel einen hohen CONRADSON-Test, weil sie auch noch die nicht destillierbaren kolloidalen Kohlenwasserstoffanteile enthalten. Nicht zu verwechseln mit solchen Ölen sind die aus paraffinösen Grundstoffen durch das „Duo-Solverfahren" hergestellten Residualöle. Ihr CONRADSON-Test ist mäßig und ihr Flammpunkt hinreichend hoch. Sie sind leicht an einer besseren Goudronzahl zu erkennen und als Qualitätsschmieröle ersten Ranges zu betrachten. Auch sie neigen wohl mehr zum Eindicken als scharf geschnittene Fraktionen, was aber mit Rücksicht auf eine kaum vermeidliche Benzinverdünnung wenig ins Gewicht fällt. Es ist selten, daß ein Öl von Natur aus gerade so anfällt, wie es für bestimmte Zwecke gewünscht wird. Eine gut eingerichtete Raffinerie wird daher zweckmäßig mehrere Fraktionen scharf rektifizierter Cuts neben einem Bright-stock lagern und aus diesen Komponenten erst die Ware ermischen.

Allgemeines.

Die Handhabung von Mischungsdiagrammen für Viskositäten und Flammpunkte erspart hierbei viel unnötige Versuchsarbeit. Bei Abgabe von Spezifikationen muß jedoch der graphisch ermittelte Flammpunkt oder Viskositätsgrad immer experimentell verifiziert werden. Bei der Festsetzung einer Spezifikation muß nämlich das Öl stets mit seiner gesamten Analyse vorliegen. Unbedingt lehne man sich an bereits bestehende Spezifikationen oder getätigte Lieferungen an.

Ein solches Viskositäts—Temperatur-Diagramm wurde in dem Abschnitt „Die Dopes" behandelt. Im folgenden soll die Handhabung des in Abb. 204 wiedergegebenen Diagramms zur Vorausberechnung der Flammpunkte im offenen Tiegel von Zweikomponentengemischen nach UMSTÄTTER beschrieben werden. Auf der Ordinate sind die Flammpunkte von 150 bis 320° C aufgetragen und reichen daher von Gasölen bis zu Zylinderölen. Auf der oberen Abszisse sind Gewichtsprozente des leicht flüchtigen Anteiles aufgetragen (gestrichelte Rasterung). Auf der unteren Abszisse sind Gewichtsprozente leicht flüchtiger Anteile eingezeichnet. Die obere Skala bezieht sich auf Komponenten, deren Siedekurven sich nicht überlappen. (Sie würden bei einer Siedeanalyse zwei deutlich erkennbare getrennte Siedeplateaus ergeben.) Die untere Skala

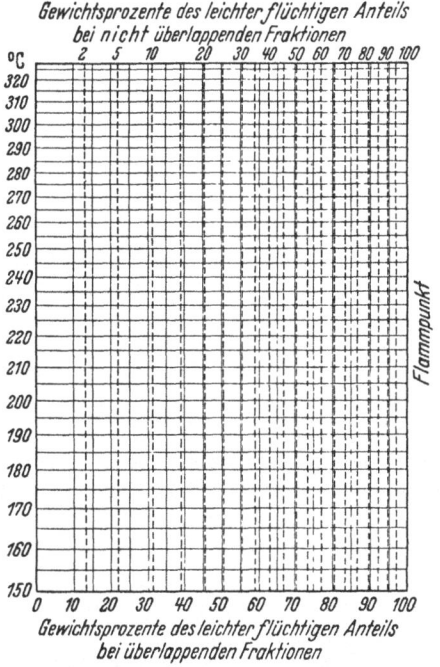

Abb. 204. Diagramm zur Bestimmung des Flammpunktes von Zweikomponentengemischen. Erläuterung im Text.

bezieht sich auf Komponenten, deren Siedekurven sich überlappen. (Eine solche Mischung ergibt eine kontinuierliche Siedekurve ohne erkennbare Trennung des Plateaus.) Markiert man den Flammpunkt der leichter flüchtigen Komponente auf der linken Ordinate, also bei 0%, und den Flammpunkt der schwerer flüchtigen Komponente auf der rechten Ordinate, also bei 100%, so ergibt die gerade Verbindungslinie zwischen beiden Punkten die Flammpunkte jeder Mischung von beliebiger Zusammensetzung. Es ist leicht zu übersehen, daß bei sich überlappenden Komponenten der Flammpunkt des Gemisches nahezu das arithmetische Mittel der Flammpunkte der beiden Komponenten ist. Bei sich nicht überlappenden Komponenten gibt dagegen stets der Flammpunkt der leichteren Komponente den Ausschlag. Das rührt daher, daß der Flammpunkt jene Temperatur ist, bei der die untere Explosionsgrenze des über dem Tiegel lagernden Dampfluftgemisches liegt. Letztere wird erreicht, wenn die in der Zeiteinheit entwickelte Dampfmenge ausreicht, um diese untere Explosionsgrenze zu erreichen. Das ist dann der Fall, wenn die pro ° C verdunstete Menge ein Maximum ist, weil durch die vorgeschriebene Erwärmungsgeschwindigkeit auch die pro Zeiteinheit entwickelte Dampfmenge festgelegt ist. Es ist daher für den Flammpunkt das untere Siedeplateau maßgebend. Bei Komponenten, die sich weder überlappen noch einen größeren Siedezwischenraum (Gap) aufweisen, liegt der Flammpunkt zwischen dem nach der unteren und dem nach der oberen Skala berechneten Wert. In solchen Fällen ist wegen des weiten Siedebereiches der Mischung und wegen des Fehlens eines ausgesprochenen Siedeplateaus auch die experimentelle Bestimmung des Flammpunktes nicht genau. Das Diagramm ist daher etwa so genau wie die experimentelle Bestimmung.

Eine wichtige Gruppe von Ölen sind auch die Kompressorenöle. Abgesehen davon, daß Hochdruck-Luftkompressoren wegen der Explosionsgefahr mit Glyzerin geschmiert werden, müssen an Kompressorenöle besonders hohe Anforderungen in bezug auf ihre Oxydationsbeständigkeit gestellt werden. Ein hoher Zündpunkt ist hier noch wichtiger als bei Dieselschmierölen. Diese und ähnliche Anforderungen werden am besten von Edeleanuraffinaten erreicht.

Schwere Öle verwendet man zur Schmierung von Dampfzylindern. Hierbei sind Sattdampfzylinderöle von Heißdampfzylinderölen zu unterscheiden. Neben einer Viskosität von 5 bis 6° E bei 100° C für Sattdampfzylinderöle und 7 bis 8° E bei 100° C für Heißdampfzylinderöle werden in der Regel die höchsten Flammpunkte verlangt. Bei Heißdampfzylinderölen müssen die Flammpunkte über 300° C liegen.

Durch Propanextraktion von Asphalt und Dämpfung des Öles im Vakuum wurden Öle hergestellt, deren Flammpunkt über der Kracktemperatur (etwa 350° C) liegt, so daß diese Öle überhaupt nicht unzersetzt entflammbar sind.

Bei Zylinderölen werden auch hohe Anforderungen an den Hartasphaltgehalt gestellt. Eine andere interessante Gruppe von Ölen sind die sogenannten Marineöle, die zur Schmierung der Drucklager von Schiffsschrauben verwendet werden und den relativ hohen axialen Schub aufnehmen müssen. Wegen der hohen Belastung bei geringer Drehzahl wird hier eine hohe Schlüpfrigkeit gefordert; außerdem ist ein niedriger Abrieb erwünscht. Diesen Ölen wird daher stets eine erhebliche Menge Fettöl zugemischt. Zwecks guter Kühlung müssen sich diese Öle auch mit salzhaltigem Seewasser emulgieren lassen, so daß gegebenenfalls wirksame Emulgatoren zugesetzt werden müssen (Emulphore der I.G. Farben).

Die gerade bei der Marine beliebten Fettöle lassen sich nicht ganz ersetzen. Bei der Herstellung dieser komplizierten Schmieröle spielt die Erfahrung eine große Rolle, und man kommt ohne Prüfstandsversuche und Probefahrten kaum aus. Bei der Festsetzung der Spezifikationen für solche Öle wird eine Serie von Ölen hergestellt, die den analytischen Bedingungen entsprechen und wählt aus diesen die besten Prüfstandsversuche aus. Diejenigen, die die geringste Erwärmung und den geringsten Verschleiß ergeben, wählt man für eine Probefahrt. Nach Bewährung werden möglichst viele Daten zur Identitätskontrolle festgelegt. Andere als auf solche Weise ermittelte Werte zu garantieren, ist in der Regel nicht ratsam.

Eisenbahnachsen werden zuweilen noch mit Erdölrückständen oder Mischungen dieser mit Destillaten geschmiert. Jedenfalls sind die Anforderungen an solche Öle relativ gering. Dieser Zustand ist allerdings nicht mehr ganz zeitgemäß, denn auch Destillatschmieröle sind nicht wesentlich teurer im Gebrauch, wenn man die längere Verwendbarkeit in Betracht zieht. Die dunkle Farbe dieser unsauberen Rückstände erschwert jegliche visuelle Kontrolle. Vor allem liegt aber wenig Grund zu einer solchen Anspruchslosigkeit vor, da zur Zeit mehr Rohstoffe zur Verfügung stehen, als sich in Schmieröle umwandeln lassen. Es ist daher nicht einzusehen, warum man die minderwertigen nicht verbrennen soll.

In den letzten Jahren sind neue Schmiersysteme, insbesondere für Kleinmotoren, entwickelt worden, die auch neue Ölsorten erfordern. Es sind dies die auf metallkeramischem Wege hergestellten, selbstschmierenden Lager aus Sintermetall. Sie bestehen aus gepreßten und nachträglich gesinterten Metallpulvern. Sie sind porös und saugen bis zu 40% ihres Eigenvolumens Öl auf. Dieses Öl wird bei der Erwärmung durch Reibung ausgeschwitzt und zur Schmierung freigegeben. Nach dem Erkalten saugen die Poren das Öl wieder auf. Es leuchtet ein, daß solche Schmiersysteme hinsichtlich des Ölverbrauches äußerst sparsam arbeiten. Die Anforderungen, die an Öle solcher Schmiersysteme zu stellen sind, weichen voneinander ab je nach den Betriebsbedingungen. Es liegen zwar noch wenig praktische Erfahrungen vor, doch sind hohe Anforderungen an die Oxydationsbeständigkeit zu stellen, weil die Öle lange im Gebrauch bleiben und dem katalytischen Einfluß von Metallen mit großer Oberfläche ausgesetzt sind. Auch spielt bei diesen Ölen die Oberflächenspannung eine wesentliche Rolle, da sie das Aufsaugevermögen beeinflußt. Es kommen daher vorwiegend säurefreie Kohlenwasserstoffe in Frage. Die Graphitierung der für diese Zwecke bestimmten Öle hat sich bewährt. Die Untersuchung der zu liefernden Öle erstreckt sich daher vorwiegend auf eine Identitätskontrolle.

b) Einzelne Eigenschaften.

Die *Farbe* ist bei Schmierölen ein auffallendes und wegen der verschiedenen Nuancen in Durchsicht und Aufsicht auch ein mannigfaltiges Kennzeichen. Im allgemeinen nimmt die Helligkeit der Farbe mit steigendem Siedebereich ab. Die Farbe wird mit steigender Siedekennziffer von Hellgelb nach Orange bis Dunkelrot verschoben. Das Maximum der Absorption wird also nach längeren Wellen verschoben und die Absorption nimmt zu (d. h. die Farbe wird vertieft). Ein ähnliches Verhalten zeigt auch die Fluoreszenz. Sie wird mit steigendem Molekulargewicht von Violett über Blau nach Grün verschoben. Auch hier tritt neben einer Verschiebung nach längeren Wellen eine Intensivierung der Fluoreszenz hervor.

Wenn die Öle kolloidale Bestandteile enthalten, so zeigen sie auch schwache Opaleszenz, die um so stärker ist, je größer und je zahlreicher die Teilchen sind. Dies ist das Charakteristische für Bright-stocks. Die Überlagerung der Opaleszenz über die Fluoreszenz verleiht den Ölen in der Aufsicht ein leuchtendes Aussehen. Mit steigendem Molekulargewicht wird daher auch die Opaleszenz brillanter.

Diese Tatsachen ermöglichen dem erfahrenen Praktiker schon auf den ersten Blick eine gewisse Orientierung. Wenn ein Öl bei gegebener Viskosität für den bezeichneten Verwendungszweck eine tief dunkelrote Farbe und eine hellgrasgrüne Fluoreszenz zeigt, so ist es höchstwahrscheinlich höhermolekular als ein solches mit hellgelber Farbe und blaßblauer Fluoreszenz. Das erstere Aussehen zeigen paraffinbasische Öle vom Pennsylvania-Typ, das letztere asphaltbasische Öle. Die hochmolekularen paraffinbasischen Öle haben aber flache Viskositäts—Druck- und Viskositäts—Temperatur-Kurven, während die niedrigmolekularen asphaltbasischen Öle steile Viskositäts—Druck- und Viskositäts—Temperatur-Kurven zeigen. Es ist daher verständlich, warum der Kenner bisher die tief dunkelrotfarbigen, grasgrünfluoreszierenden Pennsylvaniaöle den hellgelbfarbigen, violettblaufluoreszierenden asphaltbasischen Ölen entschieden vorzog. Inzwischen ist jedoch die Beurteilung nach diesem äußeren Kennzeichen erheblich schwieriger geworden, weil die färbenden und fluoreszierenden Stoffe nur Begleitstoffe der Schmieröle sind, die schon in ganz geringer Menge sichtbar werden und bei den alten Raffinationsprozessen niemals vollkommen entfernt werden konnten. Die modernen Solventraffinationsverfahren dagegen lösen weit mehr Bestandteile aus den Ölen heraus, die unerwünscht sind, als die alten Säureraffinations- und Bleichungsverfahren. So kommt es, daß die modernen Duo-Solraffinate relativ helle Farbe und nur noch sehr blasse Fluoreszenz zeigen, obwohl sie auch hochmolekulare kolloidale Bestandteile enthalten.

Es war daher den Kunden schwer klarzumachen, daß der Verlust dieser äußeren Kennzeichen kein Qualitätsmangel, sondern im Gegenteil Kennzeichen eines hohen Raffinationsgrades sein kann, wenn alle färbenden und fluoreszierenden Stoffe aus den Ölen entfernt werden. Daher hat sich die Praxis dadurch geholfen, daß sie diesen modernen Solventraffinaten künstlich die Farbstoffe und Fluoreszenzstoffe nachträglich wieder zugesetzt hat. Diese Methode ist nicht als Fälschung anzusehen und kann in Anbetracht der unbegründeten Vorurteile befürwortet werden.

Die Farbstoffe Sudanrot und Fluorol 5 G werden im großen hergestellt und in den modernen Raffinerien in erheblichem Umfange verbraucht. Es werden 0,0002% Sudanrot und 0,001% Fluorol 5 G zugesetzt, um eine gefällige, den älteren Raffinaten eigentümliche Farbe und Fluoreszenz zu erzielen. Von einem guten Fluoreszenzstoff wird verlangt, daß er nur die Fluoreszenz, aber nicht die Farbe beeinflußt. Er darf auch nicht trüben. Will man Opaleszenz erzeugen, so wird diese durch besondere Mittel erstrebt. Sudanrot darf auch keine anderen Veränderungen als die einer Farbvertiefung hervorrufen. Die eintreffenden

Farbstofflieferungen werden daher auf ihre Ausgiebigkeit von den Raffinerien geprüft und überwacht.

Destillate oder mangelhafte Raffinate sind braunstichig, d. h. ergeben Farben, die nicht auf die Unionfarbskala passen. Der Farbton entspricht meist einer niedrigeren Farbnummer als die Helligkeit. Man kann diese Öle meist nur über ein Lichtfilter (Sudanrotlösung) mit dem Farbglas des Kolorimeters vergleichen.

Die Farbe der Öle wird fast ausschließlich mittels des Union-Kolorimeters bestimmt, das in Abb. 205 gezeigt ist. Es werden Reagenzgläser mit 33 mm Innendurchmesser verwendet und im Licht einer Tageslichtlampe mit Farbgläsern verglichen, die wie folgt numeriert sind:

1, 1½, 2, 2½, 3, 3½, 4, 4½, 5, 6, 7, 8.

Falls das Öl heller ist als 1, gibt man „blank" an. Der routinierte Analytiker vermag auch noch Zwischenwerte abzulesen. Wenn ein Öl um eine Nuance heller ist als das Farbglas Nr. 2, dann wird 2— angegeben. Ist das Öl dagegen dunkler als 2, dann wird 2 + angegeben. Es ist bemerkenswert, daß 2— nicht etwa identisch ist mit 1½ +, denn auch diese Nuance ist

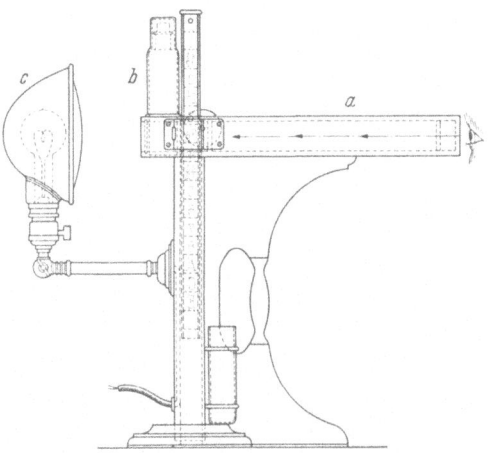

Abb. 205. Union-Kolorimeter.
a Lichtschacht, *b* Probenflasche, *c* Lampe mit Blaufilter.

noch zu unterscheiden. Es ist daher ohne weiteres möglich, 36 verschiedene Farbwerte abzulesen. Sind die Öle dunkler als 8 +, dann werden sie mit 35 Teilen White spirit zu 15 Teilen Öl verdünnt, und die Farbe wird in diesem Zustand gemessen. Hierbei muß aber der Farbangabe die Bezeichnung „verdünnt" (diluted) hinzugefügt werden, also z. B. „3 — dil". Bei der Bestimmung ist darauf zu achten, daß die Farbgläser mit den Metallhütchen abgedeckt sind, damit kein Fremdlicht eindringt. Aus dem gleichen Grunde stellt man die Kolorimeter in einer dunklen Ecke auf. Zur Farbbestimmung dürfen nur klare Öle verwendet werden. Rühren evtl. Trübungen von Paraffin her, so verschwinden sie bei Erwärmung auf 40 bis 50° C. Auch dieses ist anzugeben. Die Fettfleckprobe ist ein einfaches und bequemes Mittel, um die Öle auf Reinheit zu prüfen. Bringt man einen Tropfen Öl auf ein hartes Filter und erwärmt gelinde, so ergibt ein reines Öl einen hellgelben, durchscheinenden Fleck ohne jede Spur von dunklen Punkten. Letztere zeigen Hartasphalt an. Ergibt sich ein runder, schwarzer Kranz, so sind größere Mengen Weichasphalt zugegen. Altöle, die mit Ruß verunreinigt sind, hinterlassen ganz dunkle Flecken.

Wichtig für jedes Petroleumprodukt ist die Bestimmung der *Dichte*. Dies erfolgt mittels Aräometer. Die MOHRsche Waage ist für Schmieröle weniger geeignet. Die Dichte wird bei Schmierölen am besten mit Hilfe des Pyknometers bestimmt. Zweckmäßig verwendet man Vakuummantel-Pyknometer mit $1/10°$ C geteiltem Thermometer. Die Dichtekorrekturkoeffizienten für Schmieröle sind folgende:

Dichte	Korrektur je °C	
0,860—0,865	0,000 700	Werte nach MENDELEJEFF für russische Erdölfraktionen[1].
0,865—0,870	0,000 692	
0,870—0,875	0,000 685	
0,875—0,880	0,000 677	
0,880—0,885	0,000 670	
0,885—0,890	0,000 660	
0,890—0,895	0,000 650	
0,895—0,900	0,000 640	
0,900—0,905	0,000 630	
0,905—0,910	0,000 620	
0,910—0,920	0,000 600	

Es leuchtet ein, daß diese Werte nicht für Öle jeder Provenienz genau stimmen können, da es paraffinbasische Öle gibt, deren Molekulargewicht bei einer Dichte von 0,860 weit höher sein kann als das einer asphaltbasischen Fraktion mit einer Dichte von 0,940, während die thermische Dilatation

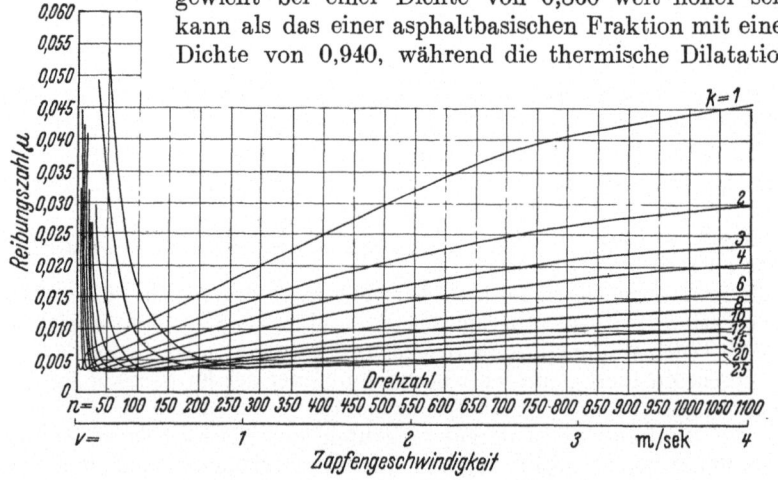

Abb. 206a. Reibungsdiagramm nach STRIBECK.

mit dem Molekulargewicht abnimmt. Es ist daher zweckmäßig, die Dichte möglichst nahe bei der gewünschten Temperatur zu bestimmen und Korrekturen nur innerhalb einiger weniger Grade vorzunehmen, so daß die Unterschiede in den Dichtekorrekturkoeffizienten verschwinden und man im Mittel sich mit der ersten Einheit der vierten Stelle begnügen kann. Es wird dann meist genügen, mit 0,0006 zu rechnen.

Die wichtigste Eigenschaft der Schmieröle ist ihre *Viskosität* oder Zähigkeit. Nach ihr werden die Öle eingestuft.

[1] Beim FAM ist ein Normblatt für Dichtebestimmungen in Arbeit, das auch eine Dichtekorrekturtabelle enthalten wird (Beuth-Verlag, Berlin).

Einzelne Eigenschaften.

Man verwendet im allgemeinen

Öle von 5 bis 6° E bei 20° C als Spindelöl
„ „ 4 „ 5° E „ 50° C „ Turbinenöl
„ „ 6 „ 8° E „ 50° C „ Winteröle ⎫
„ „ 10 „ 12° E „ 50° C „ Übergangsöle ⎬ für Motoren
„ „ 14 „ 16° E „ 50° C „ Sommeröle ⎭
„ „ 20 „ 24° E „ 50° C „ Getriebeöle
„ „ 5 „ 6° E „ 100° C „ Sattdampf-Zylinderöle
„ „ 8 „ 9° E „ 100° C „ Heißdampf-Zylinderöle

Diese oder ähnliche Fraktionen werden als scharfe Schnitte aus den Destillationsanlagen gewonnen, mit Ausnahme der Heißdampf-Zylinderöle, welche als Rückstandsöle heute meist durch Propanextraktion gewonnen werden.

Die Tragkraft eines geschmierten Lagers hängt, wie in dem Kapitel „Die Dopes" gezeigt wurde, praktisch nur von der Viskosität ab, da die Schmierung auf einer Keilkraftwirkung beruht, durch die sich der Zapfen vom Lager abhebt und in der Drehrichtung verlagert wird (vgl. Abb. 123, S. 287). Dadurch wird die durchschnittliche Schichtdicke immer größer, bis, bei unendlicher Drehzahl, die Welle konzentrisch im Lager schwimmt. Dieser Zustand der Exzentrizität null ist praktisch nicht erreichbar, da mit unendlicher Drehzahl auch das Drehmoment unendlich hoch werden müßte. Da bei aufliegendem Zapfen wegen der trockenen Reibung ein recht hohes Drehmoment

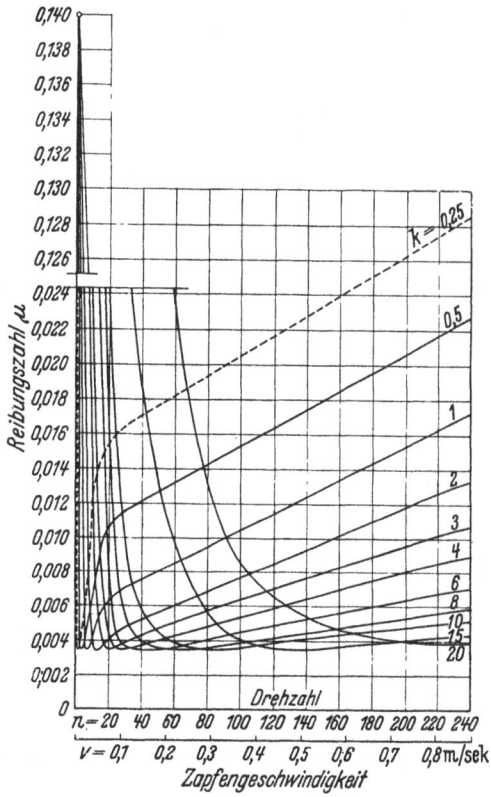

Abb. 203b. Reibungsdiagramm nach STRIBECK.

herrscht, leuchtet es ein, daß irgendwo bei einer endlichen Drehzahl unter bestimmten Bedingungen des Lagerdruckes ein Reibungsminimum herrschen muß. Das zeigen die Stribeck-Kurven in Abb. 206a und b, in denen die Reibungszahlen als Funktion der Zapfengeschwindigkeit bei verschiedenen Belastungen eingetragen sind. Daraus geht hervor, daß es für jedes Lager unter gegebenen Betriebsbedingungen nur ein Öl von ganz bestimmter Viskosität geben kann, welches zu einem Minimum an Reibung führt. Daraus ergibt sich für den Fabrikanten die Notwendigkeit, eine ganze Skala von Ölen der verschiedensten Viskosität vom leichtesten Spindelöl mit 2° E_{50} bis zum schwersten Zylinderöl von 8° E_{100} liefern zu können.

Die Viskosität wird in Europa einschließlich der UdSSR und ausschließlich Frankreichs und Englands mit Hilfe des ENGLER-Viskosimeters bestimmt. Das Gerät ist in Abb. 207 wiedergegeben. In den Vereinigten Staaten von Amerika sind das SAYBOLT-Universal- und das SAYBOLT-Furol-Viskosimeter im Gebrauch. Das Ölgefäß des Universal-Viskosimeter zeigt Abb. 208. In England wird mit dem REDWOOD-I- oder REDWOOD-II-Viskosimeter gemessen, von denen das erste in Abb. 209 zu sehen ist. Nur in Frankreich wird noch mit dem BARBEY-Ixometer gearbeitet. Diese Konventionalgeräte kommen jedoch allmählich außer Gebrauch. An ihrer Stelle verwendet man in modernen Laboratorien Absolutviskosimeter (vgl. Abb. 210). Sie sind mit Thermostaten für 50° C, 100° F und 210° F ausgerüstet, die in steter Bereitschaft sind und ohne große Routine recht genaue Messungsergebnisse liefern. Die absoluten Einheiten werden dann in das jeweilige konventionelle Maßsystem umgerechnet. Es ist üblich, dies in der Form

$$V_{50} = 13{,}2°\ E\ \text{ex}\ 100\ \text{cSt}$$

anzugeben. Die absolute Viskositätsmessung hat den Vorteil, daß sie hinreichend genau ist, um auch den Viskositätsindex mit Sicherheit bestimmen zu können. Dies macht bei den Konventionalmassen mitunter Schwierigkeiten, obwohl der Viskositätsindex aus der SAYBOLT-Skala abgeleitet wurde. Ungenauigkeiten treten besonders bei den dünnflüssigen Ölen auf.

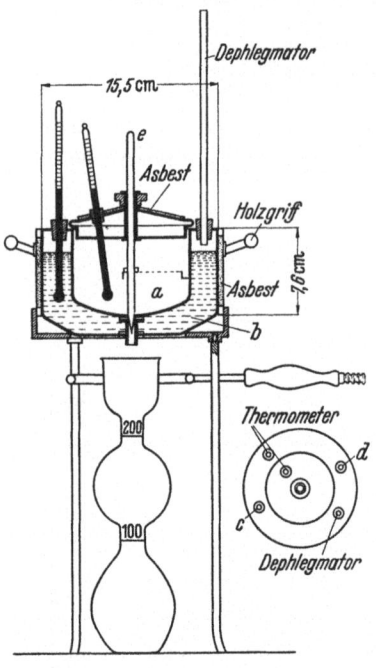
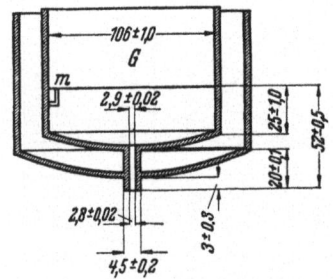

Abb. 207. Viskosimeter nach ENGLER, verbessert von HOLDE, mit Angabe der Abmessungen des Ölgefäßes.

a Ölgefäß, *b* Wasserbad, *c* Rührer, *d* Einfüllöffnung, *e* Holzstab.

In Europa wird am meisten das VOGEL-Ossag-Viskosimeter verwendet, das in Abb. 211a dargestellt ist. Es besteht aus einem etwa 1½ l fassenden Wasserbad, in dem die Kapillare mit der abschraubbaren Ölkapsel untergebracht ist. Diese besteht aus zwei konzentrischen Gefäßen, von denen das äußere ein kräftiges Gewinde trägt, worauf der Deckel mit Bleidichtung aufgeschraubt werden kann. Der innere Zylinder wird bis zum Überlaufen gefüllt. Die Temperatur

Einzelne Eigenschaften.

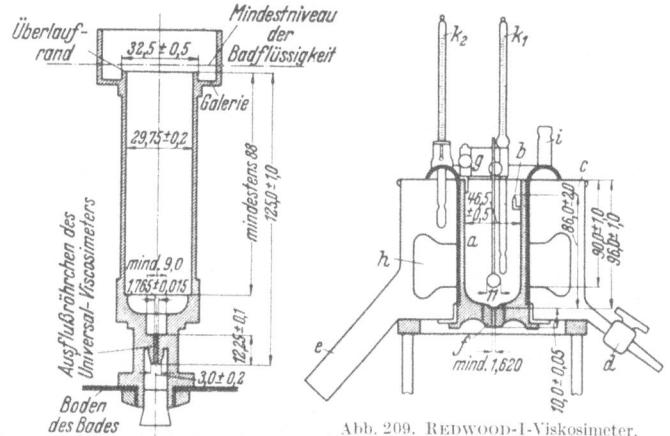

Abb. 208. Ölgefäß des SAYBOLT-Universal-Viskosimeters.

Abb. 209. REDWOOD-I-Viskosimeter.
a Ölgefäß, b Pegelspitze, c Wasserbad, d Hahn, e Heizrohr, f Ausflußrohr (Achot), g Feder, h Flügelrühre, i Handgriff, k_1, k_2 Thermometer.

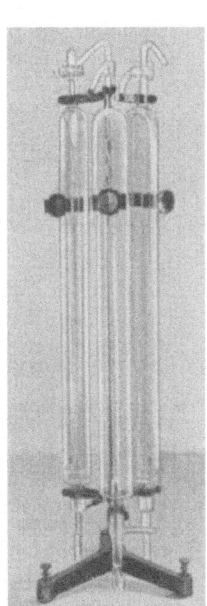
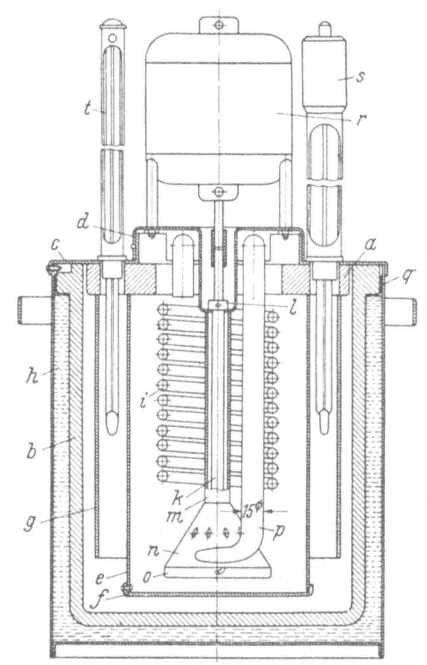

Abb. 210a. Ansicht eines Freifluß-viskosimeters[1].

Abb. 210b. Diathermostat[1] für hohe Temperaturkonstanz bei kürzester Anheizdauer.

a Porzellanring, b Porzellantopf, c geerdeter Deckel, d abnehmbare Haube, e äußere Elektrode (Faradaykäfig), f durchlöcherte Bodenplatte, g innere Elektrode, nicht geerdet, h Isolationsmaterial (Iporkaschichten), k Rührerschaft, l Stellring mit Madenschraube, m Pumpengehäuse, n Kunststofflager (für Wasserschmierung), o Deckel, p Druckleitung, q Gummidichtungsring, r Synchronmotor mit Fliehkraftanlasser, s Kontaktthermometer, t Kontrollthermometer.

[1] UMSTÄTTER, H.: Dechema honographien Bd. 14 (1949) S. 72 bis 90.

kann im Öl und im Wasserbad gemessen werden. Die Heizung erfolgt elektrisch oder mit Gas. Das ganze Gefäß ist wärmeisoliert und mit zwei Fensterchen versehen, durch die man die Menisken gut beobachten kann.

Mittels eines Blasebalges kann Luft durch die Flüssigkeit gedrückt werden, um die Temperatur auszugleichen. Man kann nur bei steigender Temperatur messen, weil das Öl durch die thermische Dehnung überläuft und bei Abkühlung nicht wieder zurückfließt.

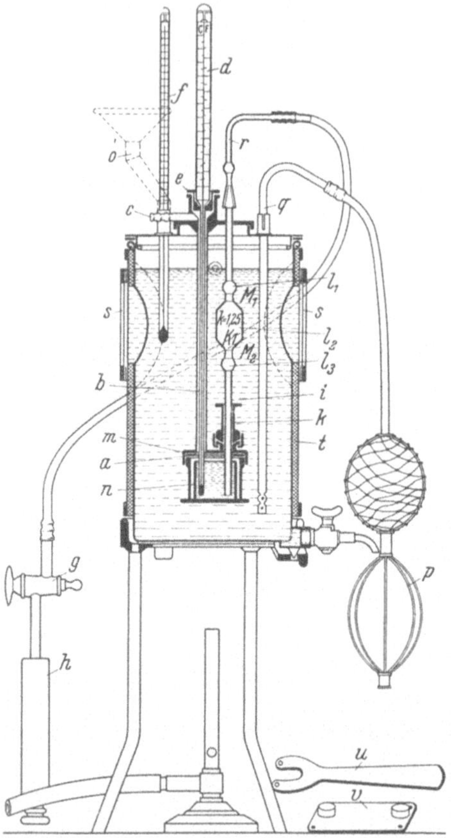

Der Schliff, in dem die Kapillare sitzt, und die Bleidich-

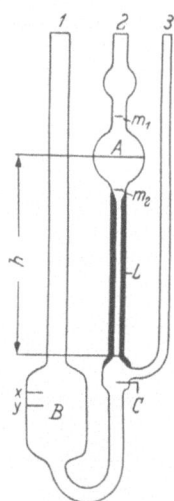

Abb. 211a. VOGEL-Ossag-Viskosimeter.

a Dichtungsring, b Luftauslaß-rohr, c Rohrstück, d Prüfgefäß-Thermometer, e Fassung zu d, f Badgefäß-Thermometer, g Dreiweghahn, h Saugpumpe, i Kapillare, k Fassung für i, l_1 obere Kugel, l_2 Hauptkugel, durch Marken M_1 und M_2 und eingeätztem Faktor für Auswertung der Messungen, l_3 untere Kugel, m Schraubdeckel, n Aufnahmegefäß, o Trichter, p Doppelgebläse, q Luftrührer, r gebogenes Schlauchstück, s Schaugläser, t Thermostat, u Schlüssel für e, v Schlüssel für r.

Abb. 211b. Das UBBELOHDE-Viskosimeter mit hängendem Niveau.

tung werden zweckmäßigerweise mit einem Tropfen des zu untersuchenden Öles benetzt, um gegen das Wasserbad sicher abzudichten. Ein der Probe fremdes Öl darf nicht Verwendung finden.

Dieses Viskosimeter ist zur Zeit bei der Shell-Gruppe eingeführt. Es ist zur Eichung zugelassen und inzwischen genormt[1]. Seine Genauigkeit beträgt $\pm 1\%$ und reicht für praktische Bedürfnisse aus. Zur Be-

---

[1] Die von der Norm abweichende sog. „Multikapillare" ergibt bei der kleinen hydrostatischen Niveaudifferenz des VOGEL-Ossag-Viskosimeters einen zu großen Steighöhenfehler.

Einzelne Eigenschaften.

stimmung des Viskositätsindex, insbesondere bei dünnen Ölen, ist eine höhere Genauigkeit erforderlich und daher unbedingt ein in $1/10°$ geteiltes Thermometer zu verwenden.

Eine höhere Genauigkeit kann mit dem UBBELOHDEschen Viskosimeter mit hängendem Niveau erreicht werden. Das Gerät ist in Abb. 211b dargestellt. Bei allen derartigen Geräten ist die HAGENBACH-COUETTEsche Korrektur zu hoch. Sie kann mittels des Nomogrammes 212 ermittelt werden. Sie kann vermieden werden, indem man hinreichend lange Ausflußzeiten wählt, was aber nicht immer zu erfüllen

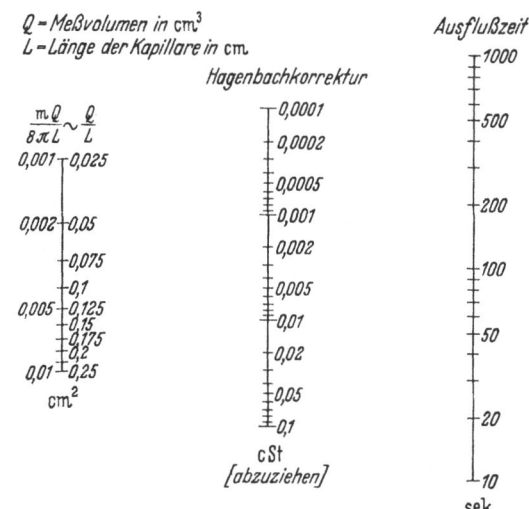

Abb. 212a. Nomogramm zur Bestimmung der HAGENBACH-Korrektur.

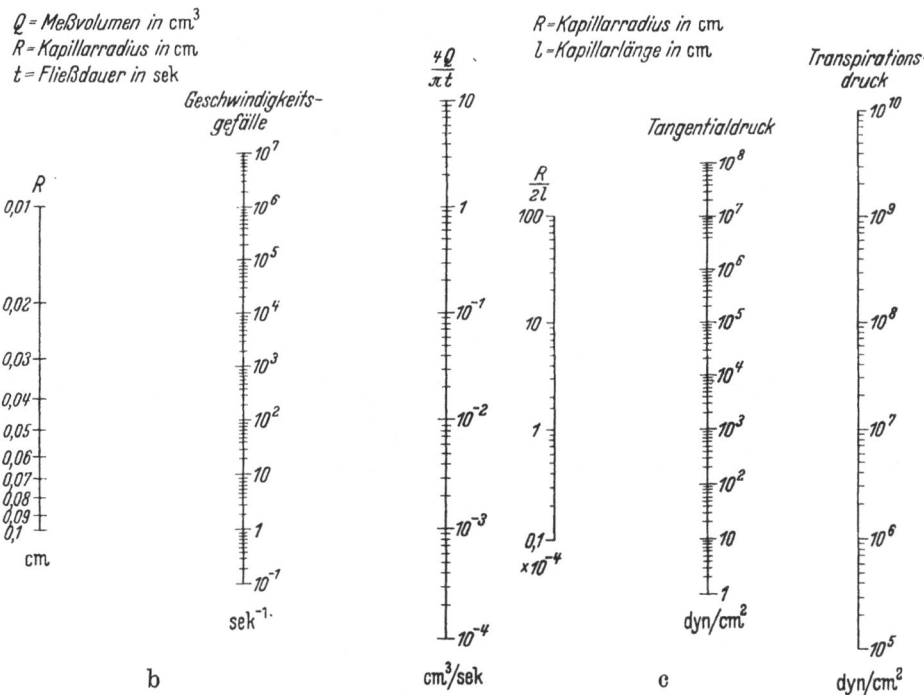

Abb. 212b, c. Nomogramme zur Berechnung des Geschwindigkeitsgefälles und des Tangentialdruckes.

ist. Die günstigste Lösung besteht in konstruktiven Maßnahmen. Das Verhältnis: Meßvolumen zur Kapillarlänge, von dem die Hagenbach-Korrektur abhängt, ist möglichst klein zu halten. Viskosimeter dieser Art weisen deshalb lange Kapillaren auf, wie Abb. 210a zeigt.

Zur Berechnung des Viskositätsindex benutzt man das in Abb. 114 (S. 276) wiedergegebene Diagramm von DEAN, DAVIS und LAPEYRHOUSE. Der Gebrauch desselben geht aus der Beschriftung ohne weiteres hervor.

Wichtig für die Auswertung der Viskositäts—Temperaturmessungen ist das Diagramm von UBBELOHDE und WALTHER. Es ist bis zu Werten von 10 cSt befriedigend genau. Unterhalb dieser Werte krümmen sich die Kurven merklich nach der Abszisse hin. Immerhin kann aus zwei Viskositätsmessungen oberhalb des genannten Wertes die Viskosität (graphisch) bei jeder dazwischenliegenden Temperatur abgelesen werden. Es ist zweckmäßig, Messungen mindestens 20° über dem Stockpunkt auszuführen und nur diese ins Diagramm einzutragen. In der Nähe des Stockpunktes krümmen sich die Kurven stark gegen die Ordinate. Die Viskosität wächst steil an. Aus der Neigung läßt sich die Steilheit der Viskositäts—Temperaturfunktion ablesen. Mittels geeigneter Meßwerkzeuge kann auch die Viskositätspolhöhe bestimmt werden.

Die Viskositätspolhöhe ist der Abszissenabstand des Viskositätspols. Unter dieser Größe versteht man nach UBBELOHDE den Schnittpunkt aller Viskositätsgeraden von Ölen gleicher Provenienz, die außerhalb des Diagramms zusammenlaufen. Sämtliche Viskositätspole sollten auf einer Geraden liegen. Dies ist nur bei scharffraktionierten Produkten der Fall. Bei heterogen vermischten Komponenten, also Gemischen von polymolekularer Zusammensetzung, liegt der Schnittpunkt der Viskositätsgeraden mit der Polgeraden tiefer als bei scharfgeschnittenen Fraktionen der gleichen Provenienz. Vielseitigere und teilweise auch genauere Diagramme sind in dem Kapitel „Die Dopes" beschrieben worden (siehe Anhang). Als Eichflüssigkeiten· sollte man nur reines destilliertes Wasser verwenden. Da aber Wasser für dicke Kapillaren eine zu kurze Ausflußzeit ergibt, ist es zweckmäßig, sogenannte Eichkapillaren zu verwenden, d. h. man bestimmt in einer solchen Kapillare mit einem genügend langen Wasserwert das Verhältnis der Ausflußzeiten von Wasser zu einem beliebigen Eichöl. Daraus läßt sich die absolute Viskosität des Eichöles leicht berechnen, womit man dann auch die dicke Kapillare eichen kann. Zur Orientierung sind in folgender Tabelle

Tabelle 45. *Viskosität von Wasser in Centipoise.*

t °C	η cP	t °C	η cP	t °C	η cP
0	1,7887	35	0,7205	70	0,4062
5	1,5155	40	0,6533	75	0,3794
10	1,3061	45	0,5958	80	0,3556
15	1,1406	50	0,5497	85	0,3341
20	1,0046	55	0,5072	90	0,3146
25	0,8941	60	0,4701	95	0,2981
30	0,8619	65	0,4359	100	0,2821

Additional material from *Der Petroleum-Ingenieur,*
ISBN 978-3-642-92558-0, is available at http://extras.springer.com

die Viskositätswerte von Wasser nach BINGHAM und JACKSON eingetragen. Daraus erkennt man, daß Wasser bei etwa 20,2° C eine Viskosität von 1,000 cP aufweist.

Für die Praxis ist es manchmal von Wert, sich rasch und ohne besondere Hilfsmittel über die Zähigkeitsstufe eines Schmieröls orientieren zu können. In einer Raffinerie, in der stets die gleichen Ölsorten verarbeitet werden, kann man sich leicht in der Weise helfen, daß man Ölproben in dickwandige Reagenzgläser einschmilzt und eine Luftblase bestimmter Größe frei läßt. Bei gleicher Form der Gläser hat eine solche Blase bei gleicher Viskosität auch die gleiche Steigdauer zwischen zwei Marken. Man braucht dann das zu untersuchende Öl nur in ein genau gleiches Reagenzglas zu füllen und eine gleich große Luftblase darin zu belassen. Nach einiger Zeit des Stehens in einem Metallbehälter nimmt das Öl die gleiche Temperatur an wie die Vergleichsprobe. Die Prüfung besteht nun einfach darin, daß durch Umkippen die Blasen zum Steigen veranlaßt werden. Dasjenige Öl der Standardserie, welches die gleiche Steigdauer ergibt wie die zu untersuchende Probe, hat auch die gleiche Viskosität. Wenn nur Öle der gleichen Herkunft und Verarbeitung verglichen werden, ist es sogar belanglos, bei welcher Temperatur geprüft wird.

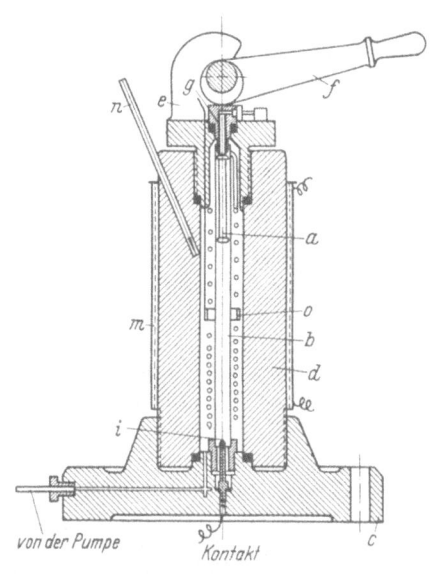

Abb. 213. Hochdruck-Zähigkeitsmesser (nach KIESSKALT).

a zylindrischer Fallkörper, *b* Messingrohr, *c* Fuß, *d* Stahlzylinder, *e* Verschlußkopf, *f* Exzenterhebel, *g* Deckel, *h* Auslösevorrichtung zum Freigeben des Fallkörpers, *i* Kontaktstift, *m* Widerstand für Wechselstromheizung, *n* Thermometer, *o* Rührer.

Zu dieser Art der Viskositätsmessung wird also weder eine Uhr noch ein Thermometer benötigt (Viskoskop). Bei der Lagerung, wo mit primitiven Hilfsmitteln an Ort und Stelle Fässer nachgeprüft werden sollen, kann diese Methode gute Dienste leisten. Von Bedeutung für die Verwendung der Schmiermittel ist, daß sie ihre Viskosität mit dem statischen Druck vergrößern, weil in den Lagern in der Regel hohe Drucke herrschen.

Eine Vorrichtung zur Messung der Druckabhängigkeit der Viskosität ist von S. KIESSKALT angegeben worden[1]. Sie beruht auf dem Prinzip der Gleitkörperbewegung nach LAWACZEK. Ein zylindrischer Fallkörper *a* von 92 mm Länge und wahlweise 9,5 bzw. 11,5 mm Außendurchmesser, in der Abb. 213 mit *a* bezeichnet, gleitet in einem senkrech-

---

[1] VDI-Forsch.-Heft Nr. 291 (1927).

ten Messingrohr *b* von 12 mm Innendurchmesser und rund 300 mm Länge. Der dazwischenliegende Zylinderring ist mit dem zu untersuchenden Öl ausgefüllt.

Der Messingzylinder ist in einem Fuß *c* eingeschraubt, in dem außerdem der für 1200 atü bestimmte Stahlzylinder *d* von 140 mm Außendurchmesser und 45 mm lichter Weite mittels Dichtung eingesetzt werden kann. Sein Verschlußkopf *e* hat zwei offene Ösen mit einem herausnehmbaren Exzenterhebel *f* zum Verschließen des Fallrohres mittels Dichtungsring. Im Deckel *g* ist außerdem noch die Auslösevorrichtung zum Freigeben des Gleitkörpers eingebaut. Am Ende des Fallweges befindet sich der elektrische Kontakt *i*, der beim Aufstoßen des Fallkörpers eine Signalvorrichtung auslöst, so daß man auf dem ganzen Fallweg von rund 200 mm die Fallzeit mittels Stoppuhr messen kann.

Das ganze Gerät *d* ist mit einer Konstantandrahtwicklung *m* zur elektrischen Beheizung umgeben. Die Temperatur wird mit dem Thermometer *n* im Inneren der Bohrung gemessen. Ein Rührring *o* und eine Doppelspirale für die Sperrflüssigkeit vervollständigen das Gerät. Die Spirale ist mit Quecksilber gefüllt und dient dazu, den hydraulischen Druck auf das Öl zu übertragen.

Die Messungen mit diesem Gerät sind in der Ausschlagtabelle 46 dargestellt. Zu beachten ist vor allem die Spalte II, in der die absolute und relative Viskosität der verschiedenen untersuchten Ölsorten bei 20, 50 und 100° C eingetragen sind, und die Spalte VII, in der bei eben diesen Temperaturen die Viskositäten für die Drucke 100, 400, 600 und 1000 at eingetragen sind. Daraus geht hervor, daß die Öle im allgemeinen um so druckempfindlicher sind, je temperaturempfindlicher sie sind.

Die Zähigkeitsmessung kann trotz aller Bemühungen auch heute nur als Identitätskontrolle angesehen werden. Die Untersuchung der Öle auf Prüfständen und anschließend im praktischen Betriebe ist auch heute noch unerläßlich. Es sind daher zahlreiche Ölprüfmaschinen entwickelt worden, von denen sich aber bisher keine allgemein einführen ließ. Die Zahl der Konstruktionen ist so groß, daß sie hier nicht angeführt werden können. Es wird daher auf das Kapitel „Die Dopes" verwiesen (Abb. 123b S. 288).

Wichtig ist bei Schmierölen die *Kälteprüfung*, weil viele Öle in diesem Zustande strukturviskos sind. Bei höherem Paraffingehalt können sie sogar thixotrop werden. In neuerer Zeit wird daher auch die Kältezähigkeit bestimmt. Allgemein eingeführt haben sich diese Methoden noch nicht. Eine ältere Probe mit einem U-Rohr war früher für die Reichsbahn verbindlich.

In weitaus den meisten Fällen wird heute noch der *Stockpunkt*, und zwar in Form des Pour-Points (P.P.) nach den Vorschriften der A.S.T.M., ausgeführt. Die Methode wird bei den Heizölen näher beschrieben.

Die *Entflammbarkeit* ist bei Schmierölen insofern wichtig, als man darin ein Maß für die Flüchtigkeit dieser Öle sieht. Dies ist nicht streng richtig, weil der Flammpunkt eines Öles nicht nur von der Konzentration des Dampf—Luft-Gemisches über dem Prüftiegel abhängt, sondern auch von den Explosionsgrenzen dieser Gemische. Sie sind beispielsweise bei den aromatischen und ungesättigten Kohlenwasserstoffen weiter als bei den paraffinischen oder gesättigten Ringkohlenwasserstoffen. Daher liegen die Flammpunkte der asphaltbasischen Öle gleicher Viskosität wesentlich niedriger als bei den paraffinbasischen Ölen. Selbst beim Vergleich mit gleicher Siedekurve entflammen die asphaltbasischen Öle immer noch etwas früher als die paraffinbasischen Öle. Man sieht daher mit einigem Recht in der Höhe des Flammpunktes auch ein Maß der Qualität des Öles. Bestimmt wird der Flammpunkt im offenen Tiegel nach MARCUSSON (Abb. 214).

Es ist jedoch zu beachten, daß der Flammpunkt durch Spuren leicht siedender Öle stark erniedrigt wird. Deshalb wurde zeitweilig auch eine Verdampfungsprobe ausgeführt, um die Flüchtigkeit der Öle zu ermitteln. Die A.S.T.M.-Methode sieht die gleiche Apparatur vor, wie sie für Asphalte üblich ist. Sie wird in Abschnitt „Bitumen und Asphalt" beschrieben. Neuerdings wird der Verdampfungsprüfer nach NOACK benutzt. Dieser besteht aus einem verchromten Tiegel, in den 50 g des zu untersuchenden Öles eingefüllt werden. Dieser Tiegel steht in einem Heizkörper aus Aluminium; der Zwischenraum ist zwecks besserer Wärmeübertragung mit Woodmetall ausgefüllt. Ein Kontaktthermometer regelt die Temperatur auf 250° C, und mittels einer Wasserstrahlpumpe wird Luft durch zweckmäßig angebrachte feine Bohrungen über die Öloberfläche gesaugt. Ein Wassermanometer dient dazu, die Einstellung auf konstanten Unterdruck zu erleichtern. Der Gewichtsverlust nach einer Stunde wird gewogen und in Prozenten der Einwaage als Verdampfbarkeit angegeben.

Alle diese Methoden haben keine besonderen Vorteile vor einer Destillationskurve im Vakuum bei 40 Torr nach PETERKIN und FERRIS. Diese ist der A.S.T.M.-Destillation bei Atmosphärendruck nachgebildet und unterscheidet sich nur durch den doppelhalsigen Claissen-Kolben, der dabei verwendet wird und ein Überspritzen des zu destillierenden Öles vermeiden soll. Der Druck wird mittels eines Manostaten auf 40 Torr eingestellt und automatisch geregelt. Das Tempo der Destillation ist etwas größer als bei Benzin, nämlich 5 Tropfen je Sekunde, weil sich sonst das Öl leicht zersetzen würde.

Die *Grenzflächenspannung* der Öle gegen Wasser oder Metalle wird bei Schmierölen nur selten gemessen und ist als Spezifikation nirgends vorgeschrieben[1]. Sie wird bei der Bereitung von Schädlingsbekämpfungsmitteln besprochen.

Nicht minder wichtig als die physikalischen sind auch die chemischen Kennzeichen der Schmieröle. Sie sind insbesondere für die Alterung während der Lagerung und für die Beständigkeit im Gebrauch von Bedeutung. Die schnellste und auffälligste Veränderung, die namentlich Motorenöle schon nach kurzem Gebrauch im Motor erleiden, ist die *Öl-*

---

[1] Sie spielt nur bei Uhren- und Zählerölen eine Rolle, wo verlangt wird, daß ein Tropfen sich jahrelang hält, ohne zu zerfließen. Ein möglichst großer Randwinkel allein gibt jedoch keine Gewähr hierfür, vielmehr nimmt man nach UMSTÄTTER an, daß die Fließfestigkeit bei extrem kleinen Schubspannungen hierfür entscheidend ist.

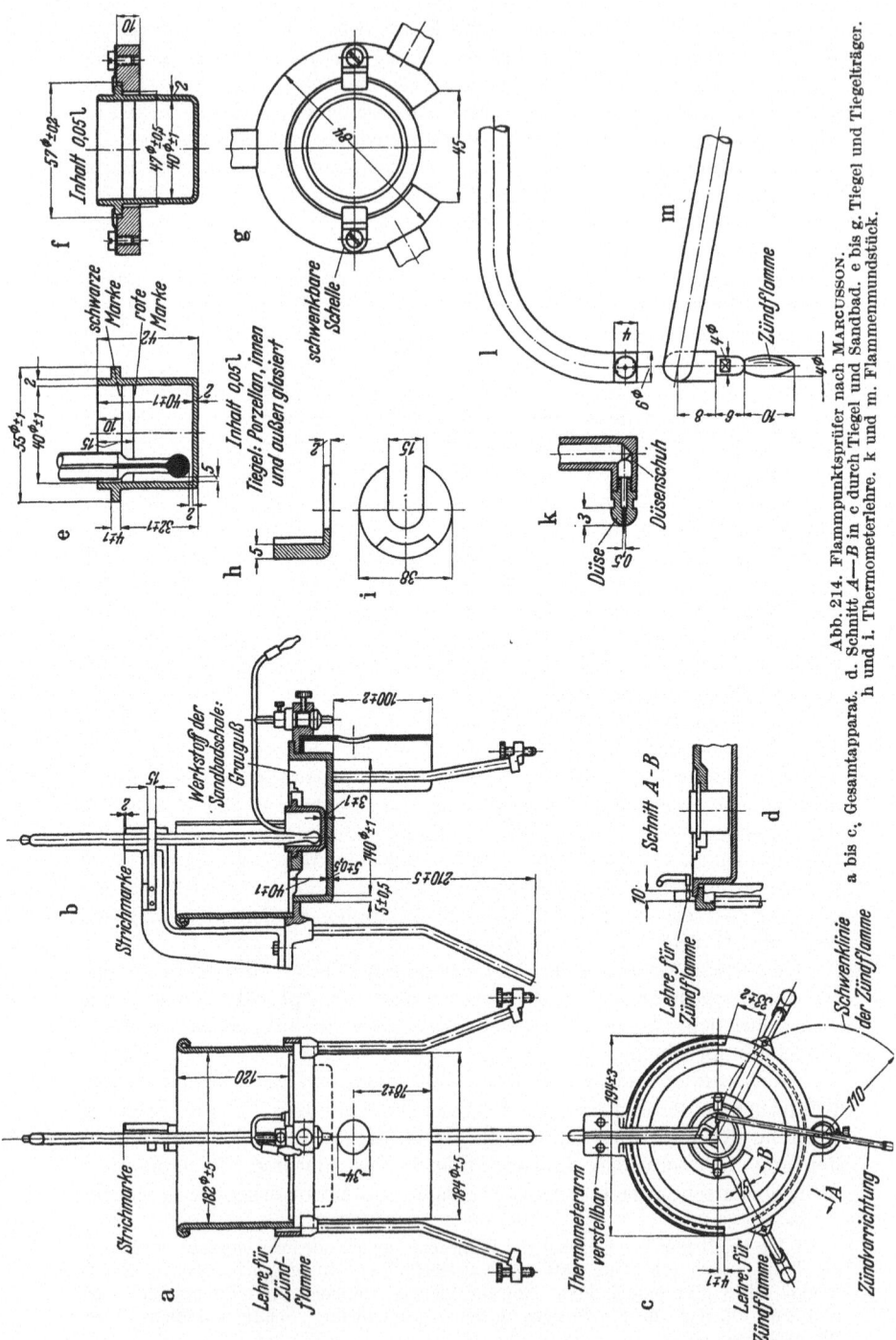

Abb. 214. Flammpunktsprüfer nach MARCUSSON. a bis c. Gesamtapparat. d. Schnitt A—B in c durch Tiegel und Tiegelträger. e bis g. Tiegel und Sandbad. h und i. Thermometerlehre. k und m. Flammenmundstück.

verdünnung. Man bestimmt sie in der gleichen Apparatur wie das Unverseifbare bei leicht flüchtigen Kohlenwasserstoffen in nicht flüchtigen Seifenlösungen. Sie besteht im wesentlichen aus einer Vorlage von der in der Abb. 215 dargestellten Art, bei der die Maße den Dichtedifferenzen von Wasser und Benzin angepaßt sind. Sie sind unbedingt einzuhalten, wenn der Apparat überhaupt funktionieren soll.

Das zu untersuchende Öl wird in einen 500 cm³ fassenden Kolben mit Wasser erwärmt, wobei das Benzin mit dem Dampf zusammen überdestilliert. Das schwerere Wasser sinkt nach unten, das leichtere Benzin dagegen schwimmt oben. Bei richtiger Bemessung fließt das Wasser durch die kommunizierende Röhre in den Ballon zurück, während das Benzin in der Vorlage zurückbleibt und an der Gradation abgelesen werden kann. Die Einwaage ist so zu wählen, daß die Vorlage nach Möglichkeit ausreicht und voll ausgenutzt wird. Bei dieser Destillation ist zu beachten, daß kein Siedeverzug eintritt und das Öl—Wasser-Gemisch nicht stößt, da sonst die ganze Probe verdorben wird und gegebenenfalls auch der Kolben platzt (gut wirkende Siedesteinchen, wie z. B. Bimsstein, verwenden).

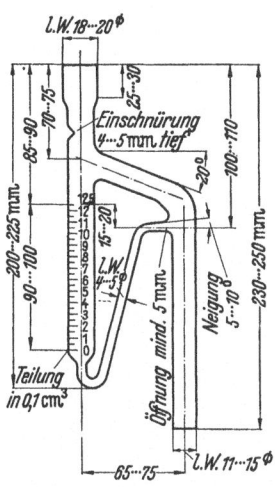

Abb. 215. Vorlage zur Bestimmung der Schmierölverdünnung.

Außer *Verunreinigungen,* die erst durch den Gebrauch in das Öl gelangen, sind noch die von Bedeutung, die von der Fabrikation herrühren und etwa durch Kontamination verursacht sind. Ihre Bestimmung ist daher oft Gegenstand von Lieferungsbedingungen.

Den Gehalt an freien Säuren bestimmt man durch Titration. Mineralsäuren dürfen überhaupt nicht vorhanden sein. Geprüft wird nur qualitativ durch Auskochen mit destilliertem Wasser und Methylorange-Lösung. Organische Säuren sind je nach Spezifikation bis zu einem Maximalgehalt von 0,05 bis 0,1 mg KOH/g zulässig. Diese werden durch Titration in benzol-alkoholischer Lösung (1 Teil Alkohol, 3 Teile Benzol) mit Alkaliblau 6 B als Indikator (in 1- bis 2%iger Lösung) bestimmt. Bei dieser Titration ist darauf zu achten, daß sowohl der Indikator als auch das Lösungsmittel neutral sind. Sie werden daher stets kurz vor der Titration vorneutralisiert, ehe man die Ölprobe darin auflöst. Es hat sich bewährt, korrekturfreie, sogenannte faktorlose $^1/_{10}$ n-Lösungen zu verwenden und zur Einwaage besondere Äquivalentgewichte, z. B. 5,6 g, zu benutzen. In diesem Falle kann die Titration auch von unausgebildeten Laboranten genau ausgeführt werden. Die an der Bürette abgelesenen cm³ ergeben dann direkt mg KOH/g. Mitunter ist es auch üblich, den Säuregehalt in % SO_3 anzugeben. In diesem Falle wird 4,0 g eingewogen. Das hat in der Raffinationspraxis den Vorteil, daß der Raffinör sofort weiß, wieviel NaOH er zu einer Neutralisation braucht, weil das Äquivalentgewicht von $^1/_2$ SO_3 (= 40,030) zufällig mit dem Äquivalentgewicht von NaOH (= 40,005) fast genau übereinstimmt. Im übrigen merke man sich, daß

$$1\% \ SO_3 = 7{,}05\% \ \text{Ölsäure} = 14 \ \text{mg KOH/g}$$

entsprechen. Auch freies Alkali, das oft zur Farbstabilisierung den trocken raffinierten Ölen zugesetzt wird, prüft man mittels Phenolphthalein.

Phenole werden durch Diazobenzol in alkalischer Lösung nachgewiesen (Rotfärbung von Oxy-Azobenzol-Kalium). Wegen der Sauerstoffempfindlichkeit darf das Präparat erst kurz vor dem Versuch durch Diazotierung von Anilin mit Nitrit in salzsaurer Lösung unter Eiskühlung hergestellt werden. Die Methode ist für die Praxis meist zu umständlich[1]. Die Benutzung von Diazobenzol—Sulfosäurelösung für diese Zwecke dürfte wohl vorzuziehen sein[2].

Den Gehalt an Harzen bestimmt man durch die Storch-Morawskische Reaktion. Merkwürdigerweise wird diese unsichere Prüfmethode mitunter sogar als Spezifikation verlangt.

Dabei wird das Öl mit 70%igem Alkohol extrahiert, nach dem Erkalten filtriert und der Filterrückstand mit 1 cm³ Essigsäureanhydrid kalt aufgelöst und auf einem Uhrglas mit einem Tropfen Schwefelsäure ($\varrho = 1{,}53$) versetzt. Bei Gegenwart von Harzen entsteht eine Violettfärbung, die aber schon nach kurzer Zeit in ein unbestimmtes Braun umschlägt.

Wichtiger noch als die in gut raffinierten Ölen kaum vorhandenen Harze ist das Vermögen der Öle, solche durch Oxydationsvorgänge zu bilden. Man bestimmt daher mitunter auch das *Verharzungsvermögen*. Qualitativ wird durch Verreiben eines Öltropfens auf einer Glasplatte von 5×10 cm² und Erwärmen auf 50° C, bei Zylinderölen auf 100° C, geprüft. Man beobachtet die Konsistenz nach vorübergehendem Erkalten täglich. Als Spezifikation dauert die Probe zu lange.

Die *Verteerungszahl* wurde schon bei den Transformatoren- und Schalterölen beschrieben. Die A.S.T.M.[3] sieht eine Oxydation bei 200° C in hermetisch verschlossenem Glaskolben vor, wobei die Oxydationsprodukte mit aromatenfreiem Schwerbenzin gefällt und filtriert werden. Der mit 100 multiplizierte Prozentgehalt des Öles an filtriertem Niederschlag wird „Oxydation Number" genannt.

Der HACKFORD-Test[4] sieht eine neun Stunden lange Erwärmung auf 150° C im Sauerstoffstrom von einer Blase je Sekunde durch 10 g Öl in der Epruvette von 30 bis 35 mm Durchmesser vor. Bestimmt wird die Neutralisationszahl vor und nach dem Versuch und als HACKFORD-Faktor angegeben.

Die Richtlinienmethode[5] schreibt eine Prüfung von 50 g Öl im offenen Erlenmeyer-Kolben während 50 Stunden bei 150° C ohne Sauerstoff vor, wonach Hartasphalt bestimmt wird.

---

[1] Vgl. D. HOLDE: Kohlenwasserstofföle und -fette, 7. Aufl. S. 329. Berlin: Springer 1933.
[2] GRAEFE: Laboratoriumsbuch für die Braunkohlen-Industrie, 2. Aufl. S. 32. Halle: Knapp 1923.
[3] Jber. 1927 d. Comm. D. 2. S. 22.
[4] Engng. Boiler House Rev. Sept. 1926 Nr. 3 S. 152.
[5] Richtlinien zum Einkauf von Schmiermitteln, 5. Aufl. 1928 S. 29.

Einzelne Eigenschaften. 439

Die *Sauerstoffaufnahme* als Maß der Oxydierbarkeit bestimmen EWERS und SCHMIDT (s. Kapitel „Transformatoren- und Schalteröle"). Mitunter werden auch Korrosionsteste von Schmierölen verlangt. Es sei nur an den „Direct Oil Corrosion Test" von YOUNG[1] erinnert. Nach diesem D.O.C.-Test fließen 200 cm³ Öl in 5 bis 6 Stunden, auf 90° C vorgewärmt, in dünnem Strahl über polierte Metallplatten. Die Wirkung wird bei 50facher Vergrößerung beobachtet. Spuren von Salzen und sonstiger Verunreinigungen sollen sich auf diese Weise schon bemerkbar machen.

Saure Öle greifen auch Beton an. Eine Prüfung daraufhin ist nicht üblich. Reine Kohlenwasserstoffe zeigen kaum Wirkungen. Beton läßt sich durch „Fluatieren" mit kiesel-fluorwasserstoffsauren Salzen schützen.

Wasser darf in den Ölen nicht enthalten sein. Insbesondere Eismaschinenöle für Kohlensäurebetrieb müssen vollkommen wasserfrei sein, um die Bildung von Eiskriställchen zu verhindern. Auch würde Feuchtigkeit bei SO_2-Kompressoren Korrosionserscheinungen hervorrufen. Auch Transformatorenöle müssen vollkommen wasserfrei sein. Größere Mengen Wasser werden nach der Richtlinienmethode durch Destillation mit Xylol oder Schwerbenzin bestimmt. Die in Abb. 216a wiedergegebene Apparatur ist einfacher als die zur Bestimmung der Benzinverdünnung.

Spuren von Wasser erkennt man durch Trübung oder durch die „Knisterprobe", die zwar sehr empfindlich,

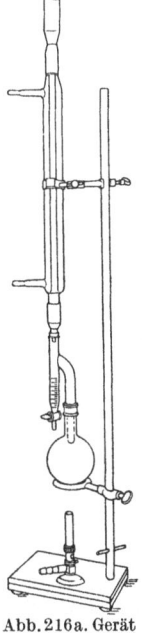

Abb. 216a. Gerät für die Xylolmethode.

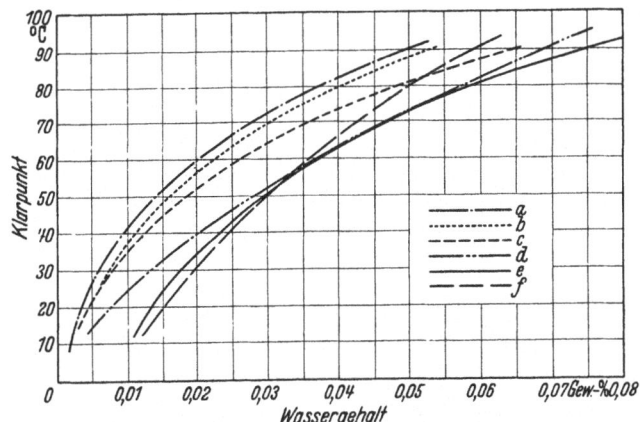

Abb. 216b. Wassergehalt und Trübungspunkt verschiedener Öle.
Siehe auch H. KIEMSTEDT: Öl u. Kohle; Brennstoffchemie Bd. 39 (1943) S. 617–622.

aber unsicher ist. Die empfindlichste Methode, um Spuren Wasser nachzuweisen, beruht auf der Zersetzung des Wassers mit Alkalimetal-

[1] Erdöl u. Teer Bd. 8 (1932) S. 12.

len und volumetrischer Bestimmung des Wasserstoffs nach SIEMENS
(DRP. 442946, 1924). Auch die thermische Methode durch Bestimmung
der Hydratationswärme von wasserfreiem Magnesiumsulfat ist vorgeschlagen worden[1,2].

Seifen dürfen insbesondere in Dampfturbinenölen nicht vorhanden
sein. Man prüft qualitativ durch die Emulsionsprobe. Quantitativ kann
die Seife durch Zersetzung mit Salzsäure und Titration der organischen
Säure bestimmt werden. Diese Analysen werden bei den konsistenten
Fetten beschrieben.

Asche dürfen die Öle in der Regel nicht über 0,01% enthalten. Insbesondere soll die Asche nicht sintern. Man bestimmt Asche durch Verbrennung von mindestens 10 g Öl im konstant geglühten Porzellantiegel
bei 800° C im elektrischen Ofen. Die alte Methode, durch Veraschung
mit dem Gasbrenner in Schamottemuffeln ohne jegliche Temperaturkontrolle, ist für den praktischen Betrieb in Raffinerien kaum noch zu
gebrauchen. Diese Methode kann wegen des Verdampfens von Glasur
und ähnlichen Dingen bei Schiedsanalysen nicht verwendet werden. Ein
elektrischer Glühofen mit automatischer Temperaturregelung ist daher
erforderlich.

Fette, Öle und sonstige verseifbare Anteile bestimmt man nach SPITZ
und HÖNIG. Die Methode wird bei den konsistenten Fetten beschrieben.
Über die Erfassung spezieller Beimengungen, wie den Steinkohlen-Teerölen, Braunkohlen-Teerölen, Buchenholz-Teerölen, Schiefer-Teerölen
und Kien-Teerölen, die wohl kaum in der Raffineriepraxis vorkommen,
ist in den Spezialwerken nachzulesen.

Der *Gehalt an Paraffinen* ist in Ölen nur selten zu bestimmen, da er
durch die hohen Anforderungen an die Stockpunkte nur sehr gering sein
kann. Dagegen spielt ein höherer Gehalt an Hartasphalt bei Dampfzylinderölen eine wichtige Rolle und ist Gegenstand von Lieferbedingungen aller Firmen. Ein Hartasphaltgehalt stört insbesondere bei
Dochtschmierungen empfindlich. Es wird hier nicht die A.S.T.M.-
Methode[3] beschrieben, weil sie ungenauer ist als die Richtlinienmethode.
Nach den Richtlinien für den Einkauf von Schmiermitteln werden
4 bis 5 g Öl mit dem 40fachen Volumen Normalbenzin (KAHLBAUM)
gelöst, 12 Stunden über Nacht im Dunkeln stehengelassen und dann
durch ein doppeltes Weißbandfilter 589 von Schleicher & Schüll filtriert.
Bei Gegenwart von Paraffin muß heiß nachgewaschen oder extrahiert
werden. Der so gereinigte Niederschlag wird im Benzol heiß aufgelöst
und nach dem Verdampfen des Lösungsmittels in einer gewichtskonstanten Glasschale bei 105° C gewogen. Man kann nach dieser Methode
noch 0,02% Hartasphalt finden.

Der *Raffinationsgrad* ist mitunter wichtig für Schmieröle, weil er einen
Anhaltspunkt über die voraussichtliche Beständigkeit während des Gebrauches gibt. Ob die alkalische Raffination gut durchgeführt ist, prüft
man nach der Natronprobe von CHARITSCHKOFF, die in der Sowjet-

---

[1] STEINER: Chem. Z. Bd. 52 (1928) S. 93.
[2] Für Spuren von Feuchtigkeit ist die P_2O_5-Methode genormt (DIN).
[3] Jber. 1932 d. Comm. D. 2 S. 199.

Einzelne Eigenschaften.

union vorgeschrieben ist[1]. In einem 25 mm weiten, 20 cm langen Reagenzglas wird das Öl mit gleichem Volumen Natronlauge ($\varrho = 1{,}02$; etwa 1,8%) gekocht und bei etwa 70 bis 80° C der Trennung überlassen. Der Trübungsgrad 1 wird angegeben, wenn die Lauge ganz wasserhell und klar ist, Trübungsgrad 2, wenn durch ein 16 mm dickes Reagenzglas Petitdruck noch lesbar ist, Trübungsgrad 3, wenn Petitdruck nicht mehr lesbar ist, und Trübungsgrad 4 wird angegeben, wenn die Flüssigkeit so trübe ist, daß auch größere Schrift unlesbar ist. Die Methode hat kaum Vorteile gegenüber einer quantitativen Bestimmung der Neutralisationszahl, die auch nicht schwieriger auszuführen ist (vgl. Tabelle 47).

Dagegen kann es von Vorteil sein, die Güte der Säureraffination nachzuprüfen. Zu dem Zwecke füllt man in einen 25 cm³ fassenden Schüttelzylinder 10 cm³ Öl und löst dieses in 10 cm³ Normalbenzin und pipettiert 5 cm³ konzentrierter Schwefelsäure zu, schüttelt genau eine Minute kräftig durch und läßt bei Zimmertemperatur absetzen. Die Volumenzunahme der Schwefelsäure wird auf die angewandte Menge Öl bezogen und in „Prozenten Goudron" angegeben. Wenn der Schüttelzylinder in 0,1 cm³ geteilt ist, so entsprechen diese Teilstriche über 5 direkt den Prozenten Goudron.

Bei Ölen, die stark dunkle Färbung ergeben, so daß der Meniskenunterschied weder an der Farbe noch an der Fluoreszenz zu erkennen ist, wird ein Tropfen Wasser zugefügt. Dieser sinkt in der leichten Benzinlösung unter und setzt sich auf der Oberfläche der schweren Goudrons ab, so daß der Meniskus gut sichtbar wird. Bei schweren Rückstandsölen mit hohem Molekulargewicht sind die Goudrons zuweilen öllöslich, so daß man die Goudron-Zahl dann nicht bestimmen kann.

Die CONRADSONsche Verkokungsprobe[2] ist auch bei Schmierölen wichtig, weil man damit zwischen Destillaten und Rückstandsölen unterscheiden kann. Letztere haben meist Werte über 1%. Duosolraffinate weisen halb so große Werte auf, trotzdem diese auch aus Rückständen ohne Destillation gewonnen werden. Paraffinöse Öle haben bei gleicher Viskosität und ähnlichem Raffinationsgrad höhere CONRADSON-Werte als asphaltbasische Öle. Die Goudron-Zahl und der CONRADSON-Test sind für den Ölfachmann einfache, aber aufschlußreiche Kennziffern, nach denen er sich rasch orientieren kann, welches Produkt vermutlich vorliegt.

Hat ein Öl niedrigen Flammpunkt, hohen CONRADSON-Wert und mittlere Goudron-Zahl in mittlerem Viskositätsbereich, dann liegt wahrscheinlich ein direkt mit Säure raffiniertes Rückstandsöl vom Bright-stock-Typus vor, besonders, wenn auch der Viskositätsindex relativ gut ist. In solchen Fällen wird es sich lohnen, eine Vakuum-Siedekurve aufzunehmen, um weitere Anhaltspunkte über die Zusammensetzung zu gewinnen. Dagegen werden helle, wenig fluoreszierende Öle mit gutem Flammpunkt geringer Goudron-Zahl und Conradson-Test auf scharffraktionierte Schnitte oder Solventraffinate schliessen lassen.

---

[1] RAKUSIN: Untersuchung des Erdöles S. 168. Braunschweig: Vieweg & Sohn 1906.
[2] Jetzt auch in Deutschland genormt (DIN).

Schmieröle.

Tabelle 47. *Amerikanische Liefer-*

Bezeichnung		Verwendung für	Cleveland-		Viskosität (SAYBOLT-Sekunden)	
			Flammpunkt mindestens °C	Brennpunkt mindestens °C		
Klasse A, B, C, D	extra leicht	Klasse A: Allgemeine Schmierzwecke, wo kein hochraffiniertes Öl nötig ist (nicht für Dampfzylinder)	157	179	135—165	bei 37,8° C (100° F)
	leicht		163	185	180—220	
	mittel		168	193	270—330	
	schwer	Klasse B: Turbinen, Dynamos, schnellaufende Dampfmaschinen mit Umlauf- und Druckschmierung	174	199	360—440	
	extra schwer		179	204	450—550	
Klasse D	ultra schwer	Klasse C: Turbinen und Verbrennungskraftmaschinen. Klasse D: Verbrennungskraftmaschinen einschließlich Dieselmotoren u. Luftkompressionsmaschinen	182	210	55— 65	bei 98,9° C (210° F)
	Traktor		193	221	75— 85	
	Traktor schwer		199	227	90—100	
	Motor cycle		204	232	110—120	
Achsenöl		Lokomotiven und Eisenbahnwagen	149	—	65— 75	
Dieselmotoren-Schmieröl		Dieselmotoren	182	—	55— 65	
Mineral-Dampfzylinderöl I		Dampfzylinder (Maschinen ohne Kondensation)	246	—	135—165	
Mineral-Dampfzylinderöl II			274	—	180—220	
Compound-Dampfzylinderöl		Dampfzylinder (Maschinen ohne Kondensation)	246	—	120—150	
Transmissionsöl		Getriebe und Lager (Differential-, Schnecken-, Kurbelgetriebe und damit in Verbindung stehende Rollen- und Kugellager)	—	—	135—165	

Auch hierüber kann die Siedekurve Aufklärung geben. Rückstandsöle haben weite Siedegrenzen, scharfe Schnitte sieden dagegen in engen Bereichen. Heterogene Mischungen scharf fraktionierter Schnitte lassen sich durch Unstetigkeiten in der Siedekurve, sogenannte Treppen, erkennen. Ein hoher Gehalt an Bright-stock führt meist zum Absinken der Siedekurve gegen Ende der Destillation (Beginnen des Krackens etwa vor dem 90er Punkt und oberhalb 350° C). Die Lieferbedingungen

Einzelne Eigenschaften.

edingungen für Schmieröle.

Farbe (Union-Kolorimeter) nicht dunkler als Nr.	Fließpunkt höchstens °C	Neutralisationszahl höchstens	Korrosionsprüfung	Prüfung auf Emulgierbarkeit (s. S. 412)	Demulgierbarkeit nach HERSCHEL	Verkohlungsrückstand höchstens %	Präzipitation Nr. (Hartasphalt) höchstens	Sonstige Anforderungen
7	1,7	Klasse C: 0,1 Klasse D: 0,3	Ein blankes Kupferblech (13 × 76 mm) darf nach 3 stündiger Erhitzung mit dem Öl auf 100° keine Verfärbung oder Flecke zeigen.	Klasse B mit n-NaOH, Klasse C mit H₂O, n-NaOH u. 1 proz. Salzlösung nicht emulgierend (Prüfung b.54°C)	Klasse B u. C mindestens 300 (bei 54°C)	0,10	—	Klasse A: frei von Mineralsäure, Klasse A—D: reine raffinierte Erdölprodukte; Harz, Fett, Seife abwesend
7	1,7					0,20	—	
7½	4,4					0,45	—	
8	7,2			dgl. (Prüfung bei 82° C)	dgl. (bei 82° C) Klasse C und D	0,55	—	
8	10					0,70	—	
5 ⎱	10	0,3		—	—	0,80	—	
6 ⎸ verdünnt	10	0,3		—	—	1,50	—	
7 ⎸	10	0,3		—	—	1,75	—	
8 ⎰	10	0,3		—	—	2,00	—	
—	7,2	—	—	—	—	—	0,5	—
	7,2	0,3	—	mit H₂O nicht emulgierend (Prüfung b. 82° C)	—	0,80	—	Reines raffiniertes Erdölprodukt
—	15,6	—	—	—	—	4,5	0,5	dgl.
—	15,6	—	—	—	—	4,5	0,5	dgl.
—	15,6	0,8	—	—	—	—	0,5	Fettgehalt: 5—7 %
—	—	—	—	—	—	—	—	Reines Erdölprodukt, frei von Füllstoffen, Asche nicht über 0,2 %

der verschiedenen Länder und Konzerne bzw. Verwaltungen (Eisenbahn, Marine, Luftverkehr) sind so zahlreich und verschieden, daß sie hier nicht wiedergegeben werden können. Nur als Beispiel für Anforderungen, die an gute Schmieröle gestellt werden, seien anbei die amerikanischen Master Specifications angeführt.

Sie schreiben neben dem Flammpunkt auch den Brennpunkt vor. Es werden recht geringe Differenzen verlangt. Dadurch kann das

„Pantschen", wozu besonders die erhöhten Anforderungen an den Viskositätsindex verlocken, wirksam verhindert werden. Öle mit geringen Zusätzen leichter Bestandteile weisen niedrige Flammpunkte auf, während die Brennpunkte hiervon weniger berührt werden. Noch ausgeprägter ist dieser Unterschied zwischen den Flammpunkten im offenen und geschlossenen Tiegel. Die Abstufung der Viskositäten ist in Saybolt-Sekunden bei 100° F = 37,8° C, bei den schweren bei 210° F = 98,9° C angegeben. Bezeichnend ist, daß nur geringe Anforderungen an den CONRADSON-Test gestellt werden, was vermutlich damit zusammenhängt, daß die in den Vereinigten Staaten gebräuchlichen paraffinischen Öle im allgemeinen höhere CONRADSON-Werte aufweisen als die aromatischen und naphthenischen Öle.

Bei den Richtlinien[1], deren Wiedergabe hier zu weit führen würde, wird ein CONRADSON-Wert in der Regel nicht verlangt. Ebensowenig legen die Richtlinien Wert auf eine besondere Farbe. Dagegen sind die europäischen Anforderungen (wohl klimatisch bedingt) meist höher hinsichtlich der Stockpunkte. Es ist jedoch zu beachten, daß solche Anforderungen sowohl nach den Richtlinien als auch nach den Master Specifications weit geringer sind, als sie von führenden Firmen tatsächlich in ihren Qualitätsprodukten erfüllt werden.

Der Konkurrenzkampf hat hier Qualitätswaren geschaffen, die bei weitem das übertreffen, was sich der Verbraucher billigerweise wünscht. Trotzdem ist man noch weit davon entfernt, Produkte liefern zu können, die allen Anforderungen des Maschinenbaus genügen.

c) Besonderheiten bei Schmierölen.

Gerade die neuzeitlichen Maschinen mit ihren hochbeanspruchten Motoren, insbesondere hinsichtlich Drehzahl, Lagerdruck und Toleranz, werfen Fragen auf, die nicht durch Spezifikationen gelöst werden können. Vielseitige Kompromisse sind einzugehen, die viel Umsicht und Erfahrung erfordern. Der weitaus größte Teil aller Forschungstätigkeit auf diesem Gebiete ist daher solchen Problemen gewidmet.

Außer den obgenannten, allgemeinen Anforderungen werden auch noch bei jeder Ölsorte spezielle Bedingungen gestellt, von denen einige auch als Lieferbedingungen festgelegt sind. So dürfen Wasserturbinenöle in Berührung mit Luft nicht zum starken Schäumen neigen.

Voltole werden in der Regel auch auf verseifbare Anteile untersucht, so daß auch die Verseifungszahl bestimmt werden muß. Es werden ihnen Trane und Rüböle vor der Voltolisierung zugemischt. Bei Autoölen, die mit höher siedenden Benzinen in Berührung kommen, absorbieren deren Dämpfe und werden dünnflüssiger. Solchen Ölen setzt man daher von vornherein eine gewisse Menge Benzin zu, um sie zu sättigen und eine nachträgliche Viskositätsverminderung zu verhindern. Diese vorverdünnten Öle, auch „Isovis"-Öle genannt, enthalten dann so viel Treibstoff, als sie während des Betriebes bis zur Sättigung aufnehmen können.

---

[1] Richtlinien zum Einkauf von Schmiermitteln, herausgegeben von Ver. d. Eisenhüttenleute.

Eine derartige Behandlung schon im Raffineriebetrieb vornehmen zu lassen, ist nicht empfehlenswert, weil der Grad der Verdünnung nicht nur vom Treibstoff allein, sondern auch von den Arbeitsbedingungen im Motor abhängt. Ein Öl kann nur so viel Benzin aufnehmen, bis sein Dampfdruck bei der Öltemperatur im Gleichgewicht ist. Bei jedem Kompressionshub löst sich der vergaste Treibstoff in dem Öl an der geschmierten Zylinderwand auf und verdampft bzw. verbrennt während des Arbeitshubes. Die Menge, die aufgenommen wird, hängt daher von dem Verdichtungsverhältnis ab, während die Menge, die verdampft, von der Kühltemperatur bedingt ist. Aber auch Schmierschichtdicke und Kolbenspiel bzw. Fassung der Kolbenringe sind von Einfluß.

Es ist daher üblich, daß die Firmen, die Automobilmotoren bauen, selbst das für ihre Maschinen zweckmäßigste Öl heraussuchen und in ihren Prospekten empfehlen. Es ist gut, sich an diese Erfahrungen zu halten. Allerdings ist es dann auch zweckmäßig, stets den gleichen empfohlenen Kraftstoff zu verwenden. Es genügt daher nicht, nur einfach ein Öl bestimmter Viskosität zu wählen, wenn eine ganz bestimmte Marke vorgeschrieben wird. Die Viskositäts—Temperatur-Kurve allein gibt noch keinen Anhaltspunkt dafür, welche Mengen Benzin das Öl bis zu seiner Sättigung aufzunehmen vermag. Hierfür ist in erster Linie das mittlere Molekulargewicht des Öles maßgebend. Da der Dampfdruck eines Lösungsmittels proportional der Anzahl gelöster, nicht flüchtiger Moleküle erniedrigt wird, kann auch ein nicht flüchtiges Lösungsmittel um so mehr flüchtige Bestandteile aufnehmen, je zahlreicher die Moleküle in der Gewichtseinheit sind. Die niedrig molekularen asphaltbasischen Schmieröle werden daher im allgemeinen mehr Benzin aufnehmen als die hochmolekularen paraffinbasischen Öle. Diese und ähnliche Eigenschaften stehen in keiner Spezifikation, und man braucht sich nicht zu wundern, wenn zwei Öle von gleicher Analyse sich im Betriebe völlig verschieden verhalten. Das ist nur einer der vielen Gründe dafür, warum Öleinkauf auch heute noch Vertrauenssache ist.

Nicht viel anders liegen die Verhältnisse bei den *graphitierten Schmierölen*. Der Graphit wirkt durch sein etwa 40mal so hohes Wärmeleitvermögen kühlend. Durch die höhere Benetzungswärme gegen Öl wird sein Haftvermögen verbessert. Er ist bei ultramikroskopischer Teilchengröße in Öl auch nahezu beständig. Während der Zeit des Einfahrens neuer Wagen ist er demnach befähigt, die Abnützung zu verringern.

Technologisch werden solche kolloidalen Graphitsuspensionen wie „Kollag", „Oil-dag" usw. auf verschiedenen Wegen hergestellt. Der Acheson-Graphit ist von Natur aus schon sehr rein, enthält aber mitunter Spuren von Carborunden, der Naturgraphit dagegen enthält zuweilen merkliche Mengen Quarz, die mitunter starke Erosionen an Wellen und Lagern hervorrufen. Naturgraphite müssen daher vor der kolloidchemischen Verarbeitung mittels Flußsäure entkieselt werden. Zu große Mengen Graphit können auch zu Verstopfungen in feinen Ölkanälen führen.

Der Gehalt an Graphit wird durch Auflösung von 0,5 g Öl in 50 cm^3 Benzol durch Filtration über eine 5 mm hohe Bleicherdeschicht im

Gooch-Tiegel bestimmt. Hierbei wird mit heißem Benzol und Tetrachlorkohlenstoff ausgewaschen. Nach Trocknung bei 105° C wird gewogen. Auf Quarz ist mikroskopisch zu prüfen.

Manche Schmiermittel, z. B. die, welche zur Schmierung elektrischer Schleifkontakte (Kohlebürsten) dienen, müssen gut leiten, da sonst die Kollektoren zur Funkenbildung neigen, was zu einer raschen Zerstörung der Kontakte führt. Man setzt daher diesen Ölen Schwermetallseifen zu (z. B. 0,8 mg Bleioleat pro l), wodurch die Leitfähigkeit leichter Kohlenwasserstoffe von 10^{-18} auf 10^{-13} Ohm pro cm erhöht wird[1].

Viele Öle werden neben ihrem eigentlichen Verwendungszweck als Schmiermittel auch noch zur Kühlung benutzt. Da Wasser ein etwa fünfmal so hohes Wärmeleitvermögen (0,00143 cal/g s grd) gegenüber Mineralölen (0,000346 bis 0,000382 cal/g s grd) aufweist, liegt es nahe, die Öle mit einem großen Überschuß an Wasser zu vermischen. Dazu müssen die Öle aber gut emulgierbar sein (sogenannte wasserlösliche Öle).

Bohr- und Schneidöle werden daher schon fertig mit Emulgatoren gemischt in den Handel gebracht. Durch Vermischung mit der zehnfachen Menge weichen Wassers erhält man beständige Emulsionen. Als Emulgatoren werden verwendet: Naphthenseifen, Naphthensulfoseifen, sulfonierte Fettöle, Harzöle, Tallöle usw. Um klare Öle zu erhalten, setzt man ihnen Alkohole und ein wenig freie Ölsäure zu. Oft enthalten solche Öle auch pflanzliche Fette, wie Rüböl u. dgl. Diese Mischungen werden für hoch beanspruchte Automaten als Decolletageöle verwendet.

Topöle enthalten merkliche Mengen Schwefel und sind von leichten Produkten befreite Rohöle. Die Schnittgeschwindigkeit durch Verwendung solcher Produkte kann doppelt so groß sein gegenüber Rüböl und zwölfmal so groß gegenüber Mineralölen.

Diese und ähnliche Erfolge haben begreiflicherweise die Forschungstätigkeit angeregt und zu ungeahnten Leistungssteigerungen auf dem Gebiete der automatischen Fertigung durch Zerspanungsvorgänge geführt. Die Untersuchung der Bohr- und Schneidöle erstreckt sich auf die Prüfung des Rostschutzvermögens, indem man Platten aus dem zu schneidenden Werkstoff (Stahl, Gußeisen, Messing) in die Ölemulsionen (in Glasgefäßen) legt und von Woche zu Woche in Augenschein nimmt. Das Emulsionsvermögen wird in Schüttelzylindern geprüft, indem man von Zeit zu Zeit die aufgerahmte Menge Öl abliest und ihr Aussehen beschreibt. Wichtiger ist die Zusammensetzung dieser Öle. Wasser wird durch Destillation von 20 g Öl in Xylol oder Benzin nach der Richtlinienmethode bestimmt (vgl. Abb. 216a S. 439).

Auf Alkohol prüft man nach der Jodoformprobe. Benzin bestimmt man nach der Zersetzung der Seife durch Wasserdampfdestillation. Letzteres ist nötig, weil die Seifenlösungen sonst zu sehr schäumen.

Freie organische Säure wird, wie üblich, titriert. Bei Gegenwart von Ammoniakseifen werden diese mit erfaßt. Wegen der Einzelheiten wird auf Spezialwerke verwiesen[2].

---

[1] Vgl. DIERBACH: Dinglers polytechn. J. Bd. 329 (1914) H. 2/22.
[2] HOLDE, D.: Kohlenwasserstofföle und -fette. 7. Aufl. S. 110. Berlin: Springer 1933.

Ausschließlich zur Kühlung und nicht zur Schmierung werden die *Härte- und Vergüteöle* verwendet. Sie sollen eine zu schroffe Abkühlung, die leicht zu Rißbildungen im Gefüge führt, wie bei Wasserkühlung, verhüten. Große Stahlwerke haben für jeden speziellen Zweck eingestellte sogenannte ,,Stellöle", die aus konzentrierten Rückständen bestehen, auf Lager. Sie werden bei der Härtung von Chrom-, Nickel- und Wolframstählen verwendet. Die meisten dieser Öle hinterlassen einen dunklen Rückstand auf den Metallen, der durch Nachbearbeitung zu entfernen ist.

Bei feinmechanischen Teilungen, Uhren, Zählwerken usw., bei denen eine Nachbearbeitung nicht mehr möglich ist, werden sogenannte Blankhärteöle verwendet. Auch eine geringe Viskosität wird von solchen Ölen verlangt, damit die Konvektion gefördert wird und nicht zu viel Öl nach dem Tauchen anhaftet. Die früher verwendeten Rüböle werden neuerdings durch Edeleanuraffinate allmählich verdrängt.

d) Altölaufbereitung.

Die Altölaufbereitung ist ein Problem, mit dem sich die Raffinerien nur ungern beschäftigen. Für einen Ölproduzenten bedeutet dies eine Verarbeitung aus ungleichförmigen Rohstoffen mit allen Störungen, die eine solche Individualbehandlung in Großbetrieben nach sich zieht. Trotzdem ist diese Frage wichtig, wenn in Kriegszeiten die Rohstoffquellen versiegen. In manchen Ländern werden außerdem hohe Steuern auf Schmieröle ausgeworfen, so daß sich eine Regeneration auch unter diesen Bedingungen lohnt. Allerdings ist es oft schwer, zu entscheiden, inwiefern eine Regeneration noch als Rückgewinnung eines schon versteuerten Produktes oder als Neuanfertigung eines steuerpflichtigen Fabrikates anzusehen ist. Für Raffinerien lohnt sich im allgemeinen nur die steuerfreie Rückgewinnung. Es ist daher wichtig, durch einfache analytische Hilfsmittel nachweisen zu können, wann Öle noch durch einfache, nicht bleichende Filtration, z. B. in Stromlinienfiltern, wiedergewonnen werden können. Unter einem sog. Stromlinienfilter versteht man ein solches, bei dem nicht durch die Filterfläche hindurch, sondern an der Filterfläche vorbei filtriert wird. Es besteht aus einem Paket kreisrunder, in der Mitte durchbohrter Papierfilter, die auf einem Vierkantbolzen aufgereiht sind, etwa wie in Abb. 217 und 218 dargestellt ist. Taucht man ein solches durch Federkraft zusammengepreßtes Paket in das zu filtrierende Altöl und setzt das Öl unter Druck, dann fließt das Öl zwischen den Filterflächen hindurch, wobei die Verunreinigungen vom Filter zurückgehalten werden, während nur das klare Öl weiterfließt. Man kann sich von diesem Effekt sehr leicht überzeugen, wenn man einen Tropfen Altöl auf ein Papierfilter bringt und anwärmt. Dann bildet sich ein schwarzer Fleck, mit ziemlich scharfem Rand umgeben, von einem weit größeren Ölfleck, der allmählich über die ganze Filterfläche reicht. Die kolloidalen Verunreinigungen legen also nur eine begrenzte Wegstrecke zurück, während das Öl erheblich weiterfließt. Erstaunlich an diesen Filtern ist der relativ geringe Druck und die Klarheit des Filtrates. Dazu kann die Tüpfelprobe auf Filterpapier schon eine weitgehende

Auskunft geben. Zu dem Zweck stellt man sich Altölproben aus stark verschmutzten Ölen her, in denen man den Sedimentgehalt auf der Zentrifuge noch genau bestimmen kann. Eine solche Probe von bekanntem Schlammgehalt wird mit Frischöl vermischt und aus dem Verdünnungsgrad der Schlammgehalt errechnet. Es lassen sich auf diese Weise Tüpfelproben von 0,01 % bis 1 % Schlammgehalt herstellen. Hierbei können Abstufungen von 0,01, 0,02, 0,05, 0,1, 0,2, 0,5 und 1 % noch gut voneinander unterschieden werden. An Hand von Erfahrungen ist

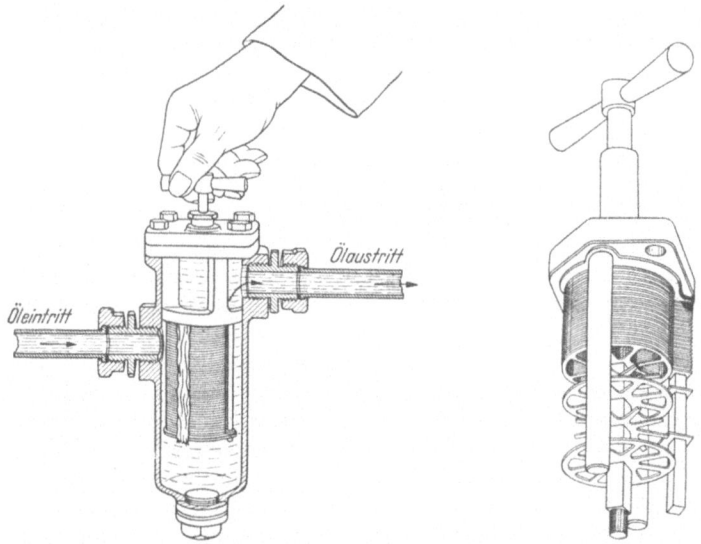

Abb. 217. Spaltfilter (Einbau).   Abb. 218. Spaltfilter (Element).

zu ermessen, welcher Grad einer Verunreinigung noch durch eine einfache Filtration entfernt werden kann. Solche Tüpfelproben lassen sich wegen ihrer Einfachheit auch an Ölen in Fahrzeugen ausführen. Der Analysengang einer Rückstandsuntersuchung ist aus der Tabelle 48 zu ersehen.

Öle, bei denen durch Benzinverdünnung die Flammpunkte verdorben sind oder solche, in denen größere Mengen Wasser enthalten sind, lassen sich nicht mehr durch eine einfache Filtration regenerieren. In Kriegszeiten kann die Ölregeneration infolge Materialknappheit eine zwingende Notwendigkeit werden. Da wirtschaftliche Gesichtspunkte in solchen Zeiten eine untergeordnete Rolle spielen, kommt es daher darauf an, die Altöle rasch ohne zeitraubende Analysen klassifizieren zu können. Es ist nämlich zu beachten, daß Altöle nach der Entfernung von Wasser und sonstigen Sedimenten durch Raffination, Bleiche und Abtreibung leicht flüchtiger Kraftstoffanteile mit Wasserdampf, nötigenfalls im Vakuum, völlig wiederherstellbar sind. Falls sie nachgefärbt und mit Fluoreszenzstoffen hergerichtet werden, sind sie von Frischölen kaum zu unterscheiden. Sie sind sogar meist beständiger als manche

Altölaufbereitung. 449

Tabelle 48. *Schema der Rückstandsuntersuchungen*[1].

Die Probe wird zur Entfernung von Wasser und evtl. vorhandenen flüchtigen Betriebsstoffen im Trockenschrank auf etwa 105° C erwärmt[2].

Gewichtsverlust: Wasser und Betriebsstoff.

Getrocknete Probe im Soxhlet- oder Graefe-Apparat mit Petroläther erschöpfend extrahieren.

- Rückstand mit Benzol erschöpfend extrahieren.
  - Rückstand (Ruß, Fasern, Quarz, und Metallteilchen) mit Magnet auf Eisen prüfen.
    - Aliquoten Teil veraschen.
      - Asche qualitativ prüfen auf Metalle: Eisen, Lagermetalle wie Kupfer, Antimon, Aluminium usw., und auf Kieselsäure, Gips.
    - Rest zerlegen wie (C).
  - Benzolextrakt (B) (verändertes Öl, z. T. Eisenseifen) eindampfen, wägen. Aschengehalt bestimmen.
    - Benzolextrakt (aliquoten Teil) mit Äther-Salzsäure zersetzen, im Scheidetrichter trennen, evtl. filtrieren.
      - Ätherlösung mit Wasser neutral waschen, eindampfen.
        - Benzollösliche, ätherlösliche Neutralstoffe (Asphalt) und Säuren. NZ. und VZ. bestimmen.
        - Benzolunlösliche, ätherunlösliche, alkohollösliche Stoffe.
        - Als benzolunlösliche Lactone vorliegende ätherlösliche Säuren.
      - Salzsäurelösung (HCl, Chloride) evtl. auf Metallionen untersuchen.
    - In Benzol, und Alkohol unlösliche Säuren, Ruß, Fasern usw.
- Petrolätherlösung (A) eindampfen, wägen: wenig oder nicht verändertes Öl. Öl charakterisieren nach: Aussehen, Geruch, spez. Gew., Säurezahl, Verseifungszahl, Viskosität usw.; evtl. Trennung nach Spitz-Hönig (s. S. 473), um festzustellen, ob fette Öle oder compoundierte Öle benutzt wurden.
  - In Äther und HCl unlösliche Anteile (C) mit alkoholischer KOH verseifen (1 h am Rückflußkühler erhitzen), Alkohol verjagen, mit Salzsäure ansäuern, mit Äther ausschütteln, evtl. filtrieren.
    - Ätherlösung neutral waschen, eindampfen, wägen.
      - Als benzollösliche ätherunlösliche Lactone vorliegende ätherlösliche Säuren.
    - Unlöslichen Rückstand mit Wasser waschen, trocknen, mit Alkohol extrahieren.
      - Rückstand trocknen und wägen.
        - Benzollösliche, äther- und alkoholunlösliche Stoffe.
      - Alkoholextrakt eindampfen, wägen.
        - Benzollösliche, ätherunlösliche, alkohollösliche Stoffe (hauptsächlich Oxysäuren).

---

[1] Nach F. Frank und G. Meyerheim.
[2] Bei größeren Mengen emulgierten Wassers unter wiederholtem Verrühren mit je 5 ccm Alkohol.

Umstätter, Petroleumingenieur. 29

Frischöle, weil die im natürlichen Gebrauch sich verändernden Bestandteile ausgeschieden sind.

Die Vorurteile, die Altölen gegenüber bestehen, sind daher völlig unberechtigt. Allerdings kommen vollständig wiederhergestellte Öle dann teurer zu stehen als Frischöle. Die individuelle Behandlung, der Detailankauf und ähnliche Fragen, verteuern die Öle derart, daß ihr Preis zu normalen Zeiten, in denen genügend einheitliche Rohstoffe zur Verfügung stehen, kaum tragbar ist. Das Problem der Regeneration ist daher keineswegs befriedigend gelöst. Der sicherste Weg ist deshalb auch hier wieder, stets das beste Öl zu kaufen und die Regenerationsvorrichtung (magnetische oder Stromlinienfilter) direkt in den Kreislauf der Schmierung einzubauen, um die Öle so lange wie möglich benutzen zu können. Dann kommt man über das Problem der Versteuerung am besten hinweg.

Die Besonderheit der komplizierten Reibungs- und Schmierungsprobleme und ihre Wichtigkeit haben es mit sich gebracht, daß manche Verkaufsgesellschaften eigene Beratungsstellen mit sogenannten Lubricating-Engineers eingerichtet haben, die die Kunden besuchen, deren Wünsche anhören und sie aus ihrer hierbei reichlich gesammelten Erfahrung beraten. Es kann hier auch nicht annähernd auf Einzelheiten dieses umfangreichen Gebietes eingegangen werden.

e) Einfluß der Lagermetalle.

Durch die Mannigfaltigkeit der neuen Werkstoffe und durch die modernen Raffinationsmethoden sind Probleme aufgeworfen worden, die ehedem kaum zur Diskussion standen. Eine dieser Fragen, die in den letzten Jahren in den Vordergrund getreten ist, ist die Lagermetallfrage. Einerseits ist es der Zinnmangel, andererseits aber die Solventraffination, die das Korrosionsproblem in den Vordergrund gerückt hat. Die ältesten Metalle für Lager sind Legierungen auf Zinnbasis. Offenbar sind ihre Vorteile so auffällig, daß man sie schon frühzeitig erkannt hat. Zinnlegierungen sind beträchtlich härter und bruchfester als die übrigen, ohne jedoch spröde zu sein. Sie halten Lagerdrücke bei hohen Temperaturen viel besser aus als Ersatzmetalle. Das liegt an der zähen Grundmasse dieser Lagermetalle. Sie können auch noch in dünner Schicht verwendet werden.

Bleimetalle zeigen die unangenehme Eigenschaft des Seigerns, d. h. die leichteren Fremdmetallkristalle erheben sich in der schweren Grundmasse und dringen allmählich an die Oberfläche. Dies ist wichtig für Legierungen, die nach dem Schleudergußverfahren verarbeitet werden. Hierbei wird durch die Zentrifugalkraft der Auftrieb erhöht. Kupfer vermindert die Seigerungsgefahr. Bleilegierungen, insbesondere in Form der Bleibronzen, sind höchsten Ansprüchen gewachsen. Oft verwendet man sie mit dünnen Blei- und Silberschichten. Alsdann ist keinerlei Einlaufszeit nötig. Ohne diese Überzüge sind die Metalle hart und betten Fremdmetalle nicht ein, so daß man bei solchen Lagermetallen möglichst harte Zapfen verwenden muß, damit diese nicht so leicht beschädigt werden. Bei solchen Lagern ist daher eine große Sauberkeit geboten.

Ähnliche Eigenschaften zeigen auch die Phosphorbronzelegierungen, die gern für Zylinderlaufbüchsen in Dieselmotoren verwendet werden.

Zinkbasislegierungen neigen leichter zum Fressen. Viel Forschungsarbeit ist auf die Leichtmetallegierungen verwendet worden. Außer einigen Teilerfolgen sind jedoch keine durchschlagenden Fortschritte erzielt worden. Der Wunsch, leichte Triebwerksteile, insbesondere für Flugmotoren, zu bauen, gab den Anlaß hierzu. Es scheint aber immer noch günstiger zu sein, die Schichtdicke der bewährten Lagermetalle zu verringern, um zu leichteren Konstruktionen zu gelangen. Dafür sprechen auch die geringen Toleranzen, die eine starke Abnutzung der gesamten Masse des Lagermetalls ohnehin nicht zulassen. Hierzu kommt noch, daß Weißmetalle in dünner Schicht infolge Streckhärtung weit besser sind als in dicker Schicht (Bahnmetall und Satco). Es ist sogar versucht worden, Blei durch Alkalizusätze zu härten, um Zinn zu sparen. Der oft wiederholte Versuch, Kadmium an Stelle von Zinn einzuführen, beweist die Überlegenheit des Kadmiums bis auf die geringere Korrosionsbeständigkeit, die man durch Zusätze zu erhöhen versucht.

Bemerkenswert sind ferner die Versuche mit Indium als Lagermetall, das mit seinem Atomgewicht (114,76) dem des Zinns (118,70) noch näher liegt als das des Kadmiums (112,41). Dieses Metall liegt anscheinend auch mit seinen übrigen Eigenschaften zwischen denen des Zinns und Kadmiums.

Auch konstruktiv hat man Neuerungen versucht. Zu erwähnen ist das Passen mit Übermaß, worunter man das Überstehen der Lagermetallschicht über die Tragschale versteht, um die Dehnung geschichteter (Bimetall) Gleitflächen auszugleichen. Ferner ist das Radial-Vielfach-Ölfilmlager zu erwähnen, bei dem die Lagerschale unterteilt ist und durch geeignete, sehr genaue Neigung der Keilflächen versucht wird, den Druck gleichmäßiger zu verteilen. Obwohl die Ergebnisse hiermit befriedigend sind, so darf man hierbei nicht übersehen, daß so genaue Bearbeitungsmethoden eine längere Bewährungsfrist verlangen, ehe man sich darüber ein abschließendes Urteil bilden kann. Einfacher erscheint jedenfalls die Verwendung strukturviskoser Schmieröle, um eine gleichmäßigere Verteilung der Belastung über den Lagerumfang zu erzielen.

Mit Reibungsmaschinen versucht man, die Freßneigung zu beurteilen, die sich in einem rascheren Temperaturanstieg ankündigt. Neuerdings wird auch die oxydationshemmende Wirkung der Zinnverbindungen zur Erhöhung der Beständigkeit der Öle wieder ausgenützt. Daraus ist ersichtlich, daß die Lagermetalle nicht ohne Einfluß auf die Beständigkeit der Schmieröle sind, so daß ihre Kenntnis zur Beurteilung von Alterungsfragen erforderlich ist.

Bei den Oxydationsprozessen und der dadurch verursachten Versäuerung der Öle ist die fixierte Azidität von der gesamten Azidität zu unterscheiden. Erfaßt werden damit die sauren Phenole, Hydroxylsäuren, Laktone usw., die sich in Isopentan nicht lösen und damit ausgefällt werden können.

Die Untersuchungen erfordern immer kompliziertere Vorrichtungen, um beginnende Schäden rechtzeitig zu entdecken und zu verhüten. So können an Kugellagern mittels eines Mikrophons Geräusche aufgenommen werden, die sich auf einem Film aufzeichnen lassen. Die so gewonnenen Diagramme lassen eine beginnende Beschädigung frühzeitig erkennen.

Den Laboratorien entsteht durch die Werkzeugausrüstung ein ganz erheblicher Aufwand, der erkennen läßt, welche Bedeutung man diesen Fragen beimißt.

§ 5. Heizöle und Kunstöle.

Zu Heizzwecken werden sowohl Destillationsrückstände als auch Krackrückstände verwendet. Für ihren Gebrauch ist eine bestimmte Viskosität und ein Mindestflammpunkt erforderlich. Diese Eigenschaften sind normalerweise leicht zu erfüllen, ebenso wie die Freiheit von Wasser oder sonstigen mechanischen Verunreinigungen (Abb. 219). Dagegen wird in dem Bestreben, die höher siedenden Rückstände auf Schmieröl und Benzin zu verarbeiten, immer mehr Krackheizöl in Mischung mit paraffinöser Păcură angeboten. Diese Mischungen enthalten stets merkliche Mengen Asphaltene, Carbene, Maltene bzw. kolloidalen Kohlenstoff. Dieses System weist mancherlei Anomalien auf, die zu unangenehmen Spezifikationsklauseln führen können.

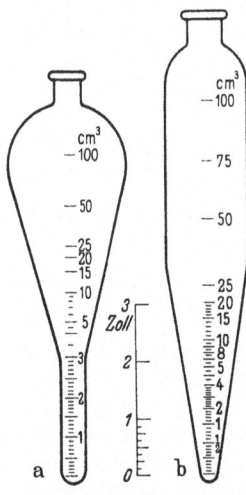

Abb. 219. Zentrifugenphiolen zur Bestimmung von Wasser und mechanischer Verunreinigungen.

Solche Suspensionen sind nämlich thixotrop, d. h. ihre Viskosität ist bei tiefer Temperatur stark zeitabhängig. Die Heizöle von solcher Zusammensetzung erstarren dann erst nach Stunden oder Tagen bei einer gegebenen Temperatur. Die Mischungen von Krackrückständen und paraffinöser Păcură sind unmittelbar nach der Fabrikation, also im warmen Zustande, tiefstockende Heizöle. Sie können Stockpunkte bis zu $-20°$ C aufweisen. Nach mehrtägiger Lagerung dagegen findet man immer höhere Stockpunkte, die bis zu $+15°$ C anwachsen können. Je nach der Wartezeit von der Fertigstellung ab gerechnet kann man ungefähr jeden beliebigen Stockpunkt finden. Diese Tatsache hat zu mancherlei Diskussionen geführt, ohne daß man sich auf eine bestimmte Analysenmethode einigen konnte. Es gibt Vorschriften für die Vorbehandlung solcher Heizöle, die zeitweilig zu den Prüfungsbestimmungen der Lastenhefte gehörten. Sie haben sich aber im Laufe der Zeit als zu langwierig herausgestellt. Die Folgezeit hat gezeigt, daß es zweckmäßiger ist, das Heizöl durch Tiefkühlung in flüssigem Propan auf $-40°$ C abzuschrecken und erst nach dem Auftauen auf seinen Stockpunkt zu prüfen. Nach dieser kurzen Vorbehandlung erhält man einen viel höheren Stockpunkt als bei der direkten Prüfung. Man nennt diesen so gefundenen Stockpunkt den Maximum-Pour-Point. Es ist zweckmäßig, beide anzugeben, da man hierdurch einen besseren Einblick in die Natur dieser Mischung gewinnt. Die Bestimmung des Stockpunktes selbst wird am besten nach der A.S.T.M.-Vorschrift[1] ausgeführt.

Der dazu erforderliche, in Abb. 220 gezeigte Apparat besteht im wesentlichen aus einem 32 mm dicken, runden Reagenzglas mit ebenem Boden mit einer Strichmarke bei 51 bis 57 mm über dem Boden, von der gleichen Art, wie man sie für die Bestimmung der Trübungspunkte bei Schmierölen verwendet.

Das Heizöl wird bis zu der Strichmarke eingefüllt und erwärmt. Hierzu ist ein Wasserbad von 48° C erforderlich, in dem das Heizöl auf 46° C, ohne umzurühren, vorgewärmt wird. Dann wird in Luft auf 32° C abgekühlt. Von dieser Temperatur ab wird das Prüfglas erst in eine Mantelhülle eingesetzt und abgekühlt. Statt der früher verwendeten Kältemischungen wird heute in den Raffinerien meistens Propan zur Kühlung verwendet. Diese Art der Kühlung erlaubt, Stockpunkte bis zu −40° C zu bestimmen, was für die meisten technischen Zwecke ausreicht. Um sich vor explosiven Gasen und üblem Geruch zu schützen, sind die Abzugsleitungen ins Freie zu führen. Bei noch tieferen Temperaturen kann Kohlensäure mit Alkohol oder heute wohl auch flüssige Luft verwendet werden, die ebenfalls in den größeren Raffinerien selbst erzeugt wird.

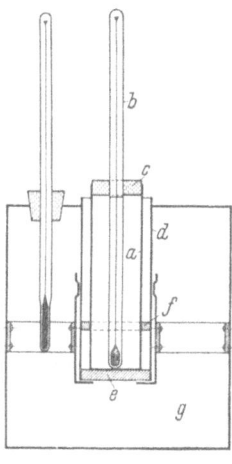

Abb. 220.
a Eprouvette,
b Thermometer,
c Stopfen,
d Metallhülse,
e Boden,
f Halter,
g Kältebad.

Ungefähr 12° oberhalb des zu erwartenden Fließpunktes beginnt man, von 5 zu 5° F = etwa 2,8° C abzulesen, wozu das Reagenzglas vorsichtig aus der Kühlvorrichtung herausgenommen und leicht geneigt wird. Schütteln ist, insbesondere bei thixotropen Mischungen, unbedingt zu vermeiden. Für gewöhnlich erstarrt das Öl erst am Rande und bleibt zuletzt noch in der unmittelbaren Umgebung des Thermometers flüssig. Als Fließpunkt gilt die vorletzte Ablesung vor der Erstarrung. Das Öl gilt als erstarrt, wenn es 5 Sekunden lang bei horizontaler Lage des Prüfgefäßes nicht mehr fließt.

Neben dem durch scharfes Tiefkühlen erhaltenen Maximumfließpunkt wird auch noch der Minimumfließpunkt bestimmt, indem man das Öl vor der Stockpunktsbestimmung unter kräftigem Umrühren auf 105° C erwärmt.

Neben dem Stockpunkt spielt auch noch die Stabilität des Heizöles eine Rolle. Es darf weder in den Behältern Sedimente bilden noch die Brenner verstopfen. Wie man sich im Betriebe helfen kann, wurde bei den Krackprozessen beschrieben. Die Schlämmanalyse wäre in Ermangelung einfacherer Methoden auch zur Prüfung der zu expedierenden Ware

---

[1] Jber. 1929 Comm. D. 2. 69.

geeignet. Sie ist jedoch bislang als Lieferungsbedingung noch nicht vorgeschrieben.

Einige wichtige Eigenschaften, die die Heizöle erfüllen müssen, sind in den Tabellen 49 und 50 wiedergegeben.

Tabelle 49.

Heizöl	Standard Navy Fuel	Bunker Fuel A	Bunker Fuel B	Bunker Fuel C
Flammpunkt (P. M.) . . . . min	65,6° C	65,6° C	65,6° C	65,6° C
Zähigkeit . . . . max.°E	29,2/25	29,2/25	29,2/50	29,2/50
Schwefelgehalt. . . . . . max.	1,5 %	—	—	—
Wassergehalt	1,0 %	1,0 %	1,0 %	2,0 %
Mech.Verunreinigungen . . max.	—	—	—	0,25 %

Neuerdings werden Flammpunktsangaben nicht mehr mit Maximum oder Minimum angegeben, sondern durch ein Plus-Zeichen hinter der Temperaturangabe angedeutet, daß der Flammpunkt über dem angegebenen Wert liegen muß; ein Minus-Zeichen deutet entsprechend an, daß der Wert (z. B. eine Viskosität od. dgl.) unter der angegebenen Zahl liegen muß. Bei Farbangaben ist diese Art der Bezeichnung schon lange üblich.

In der nachstehenden Tabelle sind noch die Eigenschaften einiger Heizöle verschiedener Provenienz mit ihren wichtigsten Eigenschaften angegeben. So unbeliebt die Krackheizölsorten auch sind, so wird das Studium dieser Brennstoffe immer wichtiger, da der Anfall infolge der zunehmenden Anwendung der Krackprozesse im Steigen begriffen ist. Neuerdings ist man bestrebt, diese Heizölsorten zu stabilisieren, indem man ihnen Kalknaphthenate, wie sie bei der Redestillation der asphaltischen Schmieröle anfallen, zusetzt. Die in den Heizölen enthaltenen Schwebeteilchen werden durch die Seife so weit peptisiert, daß sie sich nahezu unbegrenzt in Suspension halten, ohne zu sedimentieren. Auch scheiden nach bisherigen Versuchen diese stabilisierten Heizölsorten weniger Koks ab als die unstabilisierte Ware.

Es ist sogar das Problem aufgeworfen worden, künstlich solche kolloidalen Heizöle herzustellen, indem man ihnen bis zu 35% feinster Kohle einverleibt. Solche Heizöle stellen allerdings erhöhte Anforderungen an die Brennerkonstruktionen. Das Problem der kolloidalen Brennstoffe ist sehr wichtig, weil man mit seiner Lösung nicht nur eine Streckung unserer beschränkten flüssigen Kraftstoffe erzielt, sondern zugleich eine wirtschaftlichere Ausnützung der Kohle ermöglicht. Besonders wichtig erscheint dieses Problem im Hinblick auf den Kohlenstaub-Dieselmotor.

Ist eine genauere Untersuchung eines Rückstandsöles erwünscht, so kann dazu nach dem beigegebenen Schema auf Seite 449 verfahren werden. Es läuft im wesentlichen auf eine Trennung in Bestandteile verschiedener Löslichkeiten aus.

Zur Extraktion sind neben den älteren Apparaten, wie z. B. nach SOXHLET, verbesserte Geräte in Gebrauch. Ein solcher Extraktionsapparat, der auch für höher siedende Lösungsmittel geeignet ist, stammt von TWISSELMANN und ist in Abb. 221 wiedergegeben. Er ist mit einem Vakuummantel ausgerüstet und hat den Vorteil, daß das Extraktionsgut auch bei erhöhter Temperatur extrahierbar ist. Dies ist besonders vorteilhaft, wenn die Extraktion in Verbindung mit Adsorptionsmitteln, wie z. B. Bleicherde, erfolgen soll.

Die im folgenden zu beschreibenden Kunstöle sind nur den engeren Kreisen der Petroleumindustrie als Handelsware bekannt. Ihre Zusammensetzung ist so verschieden, daß keine genauen Spezifikationen gegeben werden können. Sie richten sich fast ausschließlich nach den speziellen Wünschen der Großabnehmer und hängen in noch höherem Maße von den Zollschranken ab, die die Ware zu passieren hat. Diesem letzten Umstand verdanken die Kunstöle auch ihre eigentliche Entstehung.

Die meisten Rohöl produzierenden Staaten verbieten die direkte Ausfuhr von Rohöl, um die großen Konzerne indirekt zur Errichtung von Raffinerien im Lande zu veranlassen. Die betreffenden Staaten sind daran interessiert, weil sich die Verdienstspanne im Laufe der Entwicklung von der Produktion immer mehr nach der Fabrikation verschoben hat. Die Raffinerien können daher höhere Steuerlasten tragen als die Gruben. Dies bringt mancherlei Transportschwierigkeiten mit sich. Jedes Produkt bedarf besonderer Transportmittel. Mitunter sind auch teure Verpackungen aufzuwenden. Weißprodukte können nicht in Behältern gelagert und transportiert werden, die für Schwarzprodukte bestimmt sind.

Vor allem ist aber die Verpumpung als billigstes Transportmittel nur für dünnflüssige Produkte vom Gasöl abwärts geeignet. So kommt es, daß die Ware am Verbrauchsort weit teurer zu stehen kommt als wenn sie in Form von Rohöl verpumpt und verschifft und dann in der Nähe des Verbrauchsortes verarbeitet wird. Damit sinkt aber der Absatz und damit die Einnahmen, die dem betreffenden Staat in Form von Steuern zufließen

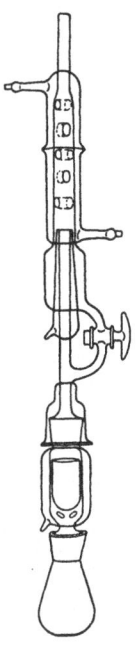

Abb. 221. Extraktionsapparat nach TWISSELMANN, mit Vakuummantel für Arbeiten bei höherer Temperatur.

Die Ölproduzenten sind daher mit manchen Staaten übereingekommen, ihre Waren zwar im Lande zu fabrizieren und ordnungsgemäß zu versteuern und zu verzollen, sie aber nachträglich wieder zusammenzumischen und als sogenannte Kunstöle zu transportieren. Das hat zwar den Nachteil, daß man sie am Verbrauchsort wieder voneinander trennen muß. Bei langen Transportwegen ist ein solches Abtoppen aber immer noch billiger als eine getrennte Anlieferung.

Die Zusammensetzung der Kunstöle richtet sich dabei nach den Anforderungen des Marktes im Lande des Käufers. So kommt es, daß Kunstöle nur äußerlich wie Rohöle aussehen, in ihrer Zusammensetzung aber erheblich von den natürlichen Rohölen abweichen können. Dies ist ein besonderer Vorteil gegenüber der direkten Ausfuhr von Rohölen, der die Kunstöllieferungen auch noch unabhängig von den rein finanzpolitischen Umständen interessant erscheinen läßt.

Für den Petroleum-Ingenieur ergeben sich daraus wichtige laboratoriumstechnische Probleme. Die Versteuerung kann nämlich nur auf Grund einer Analyse vorgenommen werden. Solange die einzelnen Fraktionen, die in das Kunstöl gemischt werden, sich nicht überlappen, ist dies relativ einfach. Bestehen die Komponenten der Kunstöle aber aus Fraktionen, deren Siedekurven einander überlappen, so lassen sich diese nicht mehr sauber voneinander trennen. Es bleibt daher nur übrig, entweder die Mischung im Betriebe selbst zu überwachen, was zu mancherlei Differenzen führen kann, oder man genehmigt gewisse zweifelhafte Zusammensetzungen überhaupt nicht. Von einer Entwicklung und Verwendung scharf rektifizierender Apparate hat man wegen der Schwierigkeit, genaue Konventionen festzulegen, noch abgesehen.

Es leuchtet aber ein, daß einem Großbetrieb, dem moderne, scharf fraktionierende Destillationsanlagen zur Verfügung stehen, bei der Ermischung steuertechnisch günstiger Kunstöle weit mehr Freiheiten gegeben sind als einer unmodernen, veralteten Raffinerie, die keine so günstigen Deplacierungen realisieren kann.

Tabelle 50. *Eigenschaften von Heizölen*[1].

Handelssorten[2]	d_{15} g/l	Englergrade bei 20°C	Englergrade bei 50°C	Flammpunkt P.-M. °C	Stockpunkt °C	Hartasphalt %	Schwefel %	Heizwert (oberer) cal/g
Mid Continent-Heizöl:								
leichtes[3]	863	—	—	43	—	—	0,24	10760
schweres[3]	922	21	—	56	—	—	0,65	10544
durchschnittlich[3]	892	—	—	52	—	—	0,30	10657
Kalifornisches Rohöl[3]	953	144	—	—	—	—	—	—
Oklahoma Heizöl[3]	868	4,9	—	—	—	—	—	—
Mexikanisches Heizöl[4]:								
(Grenzwerte) von	957	—	34,7	75	−11	10,5	3,1	10144
„ bis	977	—	71,3	91	+11	14,4	4,5	10423
(durchschnittlich)	965	—	49,1	82	0	12,2	3,8	10255
Rositzer Braunkohlenteerheizöl:								
(Grenzwerte)[4] von	925	1,6	—	70	0	—	0,5	9900
„ bis	935	2,5	—	80	−5	—	0,7	10100
Messeler Schieferöl								
(Rohöl)[5]	917	—	—	80 o.T.	—	—	0,5	10221
Steinkohlenteerheizöl[4]	1007	1,8	1,3	74	−20	—	0,5	9300
„ gestreckt[4]	1054	3,0	1,5	34	−15	—	0,5	9212

[1] Nur die Deutsche Reichsbahn setzte eine obere Grenze von 4% für die Verkokungsprobe fest.
[2] A.S.T.M.-Jber. 1927 des Comm. D 2, S. 41.
[3] Nach Roy Cross: Handbook of Petroleum, Asphalt a. Natural Gas 1919.
[4] Nach Feststellungen der DEA.
[5] Constam u. Schlaepfer: Z. VDI Bd. 57 (1913) S. 1582.

Angesichts der hohen Taxen, die auf Erdölprodukte erhoben werden, die stellenweise ein Vielfaches ihrer Produktions- und Fabrikationskosten betragen, ist verständlich, weshalb die Raffinerien auf die Vervollkommnung ihrer Destillationsanlagen, insbesondere in den Rohöl produzierenden Ländern, so großen Wert legen. Man kann wohl ohne Übertreibung sagen, daß der Kunstölexport neben dem Schmierölgeschäft mit zu den rentabelsten Unternehmen gehört, die die großen Konzerne tätigen. Um so wichtiger erscheint es daher für den Petroleum-Ingenieur, sich gerade mit diesem Teil der Verarbeitung vertraut zu machen.

§ 6. Konsistente Fette und Vaseline.

Die beiden Begriffe „konsistente Fette" und „Vaseline" werden in der Praxis häufig verwechselt, obwohl ein erheblicher Unterschied hinsichtlich der Zusammensetzung besteht, wenn auch das äußere Aussehen mitunter sehr ähnlich ist.

Konsistente Fette sind Seifen in Ölemulsion mit wechselndem Wassergehalt und relativ hohem Schmelzpunkt.

Vaseline sind Paraffin-in-Öl-Suspensionen ohne Feuchtigkeit. Sie bestehen nur aus reinen Kohlenwasserstoffen und weisen relativ niedrige Schmelzpunkte auf. Konsistente Fette werden fast nur zu Schmierzwecken verwendet. Vaseline dagegen wird häufig als Rostschutzmittel benutzt. Von konsistenten Fetten gibt es vielerlei Sorten, je nach der Natur der Seife, die in dem Öl gelöst ist.

Erdalkaliseifen, vorwiegend in Form von Kalkseifenemulsionen, dienen als Staufferfette, Wagenschmieren u. dgl. Sie sind die gewöhnlichste Sorte. Der Seifengehalt schwankt zwischen 3 und 30%. Ihr Tropfpunkt liegt zwischen 65 und 120° C, meist jedoch unter 100° C. Am häufigsten werden Fettsäuren verwendet, seltener Harzsäuren. Wird zur Verseifung Alkali gebraucht, so erhält man hochschmelzende Heißlagerfette. Der Fettgehalt dieser Sorten liegt zwischen 5 und 10%, der Tropfpunkt zwischen 120 und 230°. Wasser ist meist nicht zugegen. Diese sogenannten „Calypsolfette" sind zügig und elastisch, halten sich gut im Lager und fließen nicht aus, auch wenn keine besondere Umhüllung, wie bei Wälzlagern, vorhanden ist. Ältere Fachleute pflegen die Zügigkeit der Fette mittels Daumen und Zeigefinger zu beurteilen. Es läßt sich jedoch nicht verkennen, daß gerade hier noch alles auf reiner Empirie beruht. Besonders die Aluminiumfette, bei denen auch Naphthensäuren als Seifengrundlage dienen, zeigen eine merklich fadenziehende Struktur. Solche Fette wendet man zur Schmierung der Blattfedern in Automobilen an, wo nur relativ geringe Gleitgeschwindigkeiten auftreten und die Schmiermittel beim Herausquetschen nach erfolgter Rückfederung wieder hineingezogen werden sollen. Die Aluminiumfette sind klar und zeichnen sich durch einen geringen Aschegehalt aus. Ihr Tropfpunkt liegt unter 100° C.

Schwermetallseifen, insbesondere Bleiseifen, werden zu Hochdruckschmiermitteln für spezifisch hochbelastete Zahnflanken verarbeitet.

Sie sind spezifisch schwer, tropfen schon unter 100° C und sind besonders zur Schmierung gekapselter Getriebe bei Automobilen im Gebrauch. Zinkfette haben ebenfalls hohes spezifisches Gewicht und niedrige Tropfpunkte. Sie werden zur Schmierung von Bohrgestängen auf den Gruben verwendet.

Oft wünscht der Kundenkreis eine besondere Farbe, so daß diese Produkte mitunter reichlich mit Anilinfarben versetzt werden. Leider befinden sich oft auch Beschwerungsmittel, wie Schwerspat, Talkum, ja sogar Caput mortuum (Polierrot) in solchen Fetten. Es gibt auch Schmieren, die unter Anwendung trocknender Öle und unter Zusatz von metallischem Zinkpuder hergestellt werden. Die Zahl der Rezepte ist so groß, daß sie hier kaum behandelt werden kann.

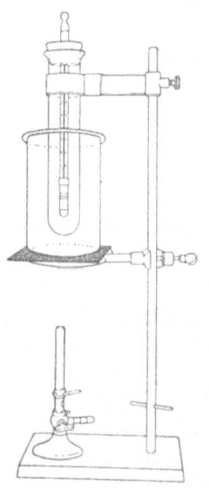

Abb. 222. Gerät zur Tropfpunktbestimmung (nach UBBELOHDE).

Gemeinsam ist allen diesen Fetten eine ausgeprägte Strukturviskosität und Thixotropie, die von den relativ großen Seifenmicellen herrühren. In Anbetracht dessen, was bei den Lubrizitätsdopes gesagt wurde, leuchtet ein, daß hier nur eingehende rheologische Untersuchungen Aufschluß über das Verhalten im Betriebe geben können. Solange diese Untersuchungsmethoden noch nicht in den Prüfungsbestimmungen enthalten sind, hat man keine Gewähr, bei den heute üblichen spärlichen Angaben auch nur annähernd gleichartige Produkte zu erhalten. Nur in den Fällen, wo die Konstruktion eines Lagers die Verwendung von flüssigen Schmiermitteln ausschließt, sollte man, an umfangreiche Erfahrungen anknüpfend, Schmierfette verwenden. Um die Identität konsistenter Fette kontrollieren zu können, führt man auch hier Analysen aus, die sich in Vorproben, physikalische Prüfungen und chemische Untersuchungen gliedern. Die Fettfleckprobe läßt leicht erkennen, ob in dem Schmierfett feste Verunreinigungen enthalten sind. Zu diesem Zwecke bringt man ein erbsengroßes Stück der Probe auf ein Filter im Uhrglas in den Trockenschrank und beobachtet in der Aufsicht und Durchsicht das Papier nach dem Schmelzen und Verlaufen der Probe.

Zu den physikalischen Proben gehört auch die Tropfpunktbestimmung nach UBBEHLODE. Sie wird mittels des in Abb. 222 gezeigten Gerätes durchgeführt. Es wird ein Thermometer mit genormtem Nippel verwendet, der die Quecksilberkugel konzentrisch umgibt und mit dem zu untersuchenden Schmierfett ausgefüllt wird. Das ganze Gerät ist in einem Glaszylinder untergebracht, der in ein Wasserbad gesetzt werden kann. Der Luftmantel verbürgt eine gleichmäßige und langsame Wärmeübertragung, die zur Reproduzierung der Ergebnisse nötig ist. Die Dimensionen des Nippels sind folgende: 12 mm Länge, 1,3 mm Wandstärke, 3 mm lichte Weite an der Verjüngung und 10 mm Durchmesser außen an der weitesten Stelle. Der Wulst hat eine Höhe von 2 mm. Die Quecksilberkugel ist 6 mm lang und 3,5 mm dick. Es gibt Thermometer mit folgenden Meßbereichen: von 0 bis 110° C, von 50 bis 160° C oder von 100 bis 210° C bei 1 mm Gradlänge. Das Wärmeschutzrohr ist 20 cm lang und hat 4 cm Durchmesser. Als Wasserbad dient ein Becherglas von 1 l Inhalt.

Der Temperaturanstieg in der Nähe (10° C) des vermuteten Tropfpunktes beträgt 1° C pro Minute. Messungen sind zu duplizieren, bis die Ergebnisse innerhalb eines Streubereiches von 2° liegen. Bei Prüfung von Asphalt wird durch Markierung mittels Fettstift an der Glaswand auch die Fadenlänge gemessen. Wichtiger ist die Prüfung der Konsistenz. Leider ist ihre Bestimmung nur wenig reproduzierbar, da die Ergebnisse von der Vorbehandlung abhängen. Die Prüfung selbst wird auf dem Penetrometer nach RICHARDSON durchgeführt. Hierbei wird die bei Asphalten übliche Nadel gegen einen besonderen Konsistenz-Kegel ausgetauscht. Sein Gewicht soll 150 g betragen[1]. Das zu untersuchende Fett soll eine Stunde in einem Wasserbad auf Versuchstemperatur gehalten werden, bevor man die Messung beginnt. Die Oberfläche muß glatt „geschnitten", nicht „gestrichen" werden. Es wird das Mittel aus fünf Messungen an neuen Prüfstellen derselben Probe genommen.

Hinsichtlich der chemischen Prüfung hält man sich am besten an das in den Vereinigten Staaten von Amerika vorgeschriebene systematische Analysenschema, das in Tabelle 51 abgedruckt ist. Statt der sehr umständlichen Trennung werden häufig nur die folgenden Bestimmungen ausgeführt.

Zur Aschebestimmung werden 2,5 g im Porzellantiegel verascht und nach dem Erkalten im Exsikkator gewogen. Bei Bleiseifen und Zinkseifen wird im Platintiegel langsam verbrannt und nach der Verbrennung der letzten Kohlenstoffreste kalt gewogen. Wegen der gesonderten Bestimmung der Asche als Sulfat der Füllstoffe und des Glyzerins wird auf die Standardwerke über Analyse verwiesen[2]. Die Anforderungen an Schmierfette nach den Richtlinien gehen aus der Tabelle 52 hervor. Danach werden Tropfpunkte über 100° C nur bei Wälzlagern, starker Strahlung ausgesetzten Lagern sowie bei Walzwerken gebraucht. In den meisten Fällen kommt man schon mit Kaltwalzenfetten aus.

Vaseline werden in der Regel mehr für pharmazeutische Zwecke, für Rostschutz und zur Schmierung feinmechanischer Instrumente gebraucht. Sie sind frei von allen korrosiven Bestandteilen. Man unterscheidet zwischen spröden, Lösungsmittel leicht abscheidenden, aber hellfarbigen Kunstvaselinen, die aus Paraffin und leichteren Paraffinölen hergestellt werden, und den zügigen, gelben bis orangefarbenen, Öl nicht ausschwitzenden Naturvaselinen, die durch direkte Raffination aus Erdölrückständen gewonnen werden. Kunstvaseline enthalten daher tief schmelzende Pyroparaffine in dünnflüssigen Kohlenwasserstoffen. Naturvaseline dagegen enthalten schwer schmelzende Proto- und Pyroparaffine in dickflüssigen Ölen aufgelöst. Die Viskosität der Natur-

---

[1] A.S.T.M. Jber. 1932 Comm. D. 2 S. 193.
[2] HOLDE: Kohlenwasserstofföle und -fette. 7. Aufl. Berlin: Springer 1933.

Tabelle 51. *Untersuchung von Schmierfetten (A.S.T.M.-Methode)*.

Methode I für alle hellen Fette, Achsenfette usw. mit oder ohne Graphit.

Methode II für dunkle Fette, die Erdölrückstände, asphaltartige Öle, Asphalt, Teer enthalten.

Probe, im allgemeinen 8 bis 30 g, je nach Konsistenz, auf 0,1 g genau gewogen

im Scheidetrichter mit 50 ccm 10%iger Salzsäure und 75 ccm Petroläther zersetzen. Beide Schichten durch einen Goochtiegel filtrieren, mit Wasser und Petroläther nachwaschen.

in Porzellanschale mit 10 g gekörntem $KHSO_4$ und 10 g sauberem, trockenem, geglühtem Sand vermischen. Auf dem Wasserbad unter Umrühren erwärmen, bis alles Wasser vertrieben ist. Dann abkühlen lassen, zerkleinern, quantitativ in eine Hülse bringen und die Reste mit Petroläther nachspülen. Im Soxhlet mit Petroläther extrahieren.

Filtrat im Scheidetrichter absitzen lassen; die beiden Schichten trennen.

Unlösliches (Asbest, Talk, Graphit usw.).

Salzsaure Lösung (A) (Spuren, Fett Chloride, Glyzerin).

Petrolätherlösung (B) (gesamte Fettsäuren, Fett und Mineralöl) 3mal mit je 25 ccm Wasser waschen.

Petrolätherlösung (K) (gesamte Fettsäuren, Fett und Mineralöl). Freie Fettsäuren und Fettsäuren aus Seifen titrieren wie in Lösung (B+C).

Rückstand in Hülse mit CS_2 extrahieren.

Extrakt eindampfen, 1 Stunde bei 120° C trocknen, wägen (Asphalt- und Teerstoffe).

Rückstand (anorganische Bestandteile).

⟶ Waschwasser ⟶ 2mal mit je 20 ccm Petroläther waschen.

Salzsaure Lösung (A) (Chloride, HCl, Glyzerin) zur Prüfung auf Glyzerin.

Petrolätherlösung (C) 1mal mit 15 ccm Wasser waschen.

Wasser (weggießen).

Petrolätherlösung (Spuren Fett).

Von hier an Methode I und II gleich.

Für (B + C): bei hellen Auszügen: Angenäherte Titration der Fettsäuren mit 0,5 n-alkoholischer KOH (unter Annahme einer mittleren Säurezahl der Fettsäuren von 200), dann Zusatz eines geringen Überschusses 0,5 n-alkoholischer KOH. Bei dunklen Auszügen und (K) Überschuß 0,5 n-KOH zusetzen.

Konsistente Fette und Vaseline.

Nach Zusatz von so viel Wasser, daß der Alkohol etwa 50 %ig wird[1], die beiden Schichten im Scheidetrichter trennen

- **Petrolätherlösung (E)** (Fett, Mineralöl, Spuren Seifen). Im Scheidetrichter 3mal mit 50 %igem Alkohol waschen (mit 30, 25, 20 ccm).
- **Alkoholische Lösungen** (Spuren Seife, Fett und Mineralöl).
- **Alkoholische Lösung (D)** (KOH, Seifen, Spuren Fett und Mineralöl) im Scheidetrichter mit 25 ccm Petroläther waschen.

Petrolätherlösung (E) (Fett und Mineralöl) im 300-ccm-Erlenmeyer auf 125 ccm eindampfen, 10 ccm 0,5 n-alkoholische KOH und 50 ccm neutralisierten starken Alkohol zusetzen, am Rückflußkühler 1½ h erhitzen, Laugenüberschuß mit 0,5-n HCl zurücktitrieren. Titration ergibt Verseifungszahl. Hieraus den Gehalt an Neutralfett berechnen (unter Annahme einer mittleren Verseifungszahl von 195). Beide Schichten im Scheidetrichter trennen.

Petrolätherlösung (Spuren Fett, Mineralöl).

Alkoholische Lösung (D) (Kaliseifen) eindampfen, in heißem Wasser lösen und im Scheidetrichter spülen, mit HCl ansäuern, 2mal mit (50; 25 ccm) Äthyläther ausschütteln.

- **Petrolätherlösung (G)** (Mineralöl, Spuren Seife) 2mal mit 50 %igem Alkohol waschen (30; 20 ccm).
- **Alkoholische Lösungen (H)** (Kaliseifen, Spuren Mineralöl).
- **Äthylätherlösung (F)** (Fettsäuren und Spuren HCl), 2mal mit je 20 ccm Wasser waschen.
- **Säurelösung** (HCl, KCl), weggießen.

Petrolätherlösung (G) (Mineralöl und Unverseifbares aus dem Fett).

Alkoholische Lösungen (Spuren Seife).

mit wenig Petroläther waschen.

Alkoholische Lösungen (H) (Aufarbeiten wie Lösung D, jedoch mit Petroläther statt Äthyläther).

Äthylätherlösung (F) im gewogenen Becherglas unter Durchblasen von Luft eindampfen, 5 ccm Alkohol zusetzen, um letzte Spuren Wasser zu vertreiben. Auf dem Dampfbad eindampfen, wägen.

Wasser, HCl, weggießen.

Petrolätherlösungen (G) eindampfen und wägen.

Petrolätherlösung eindampfen, wägen.

Säurelösung (KCl, HCl), weggießen.

Mineralöl und sonstiges Unverseifbares.

Fettsäuren aus dem Neutralfett (Multiplikation mit 1,045 gibt annähernd den Gehalt an Fett).

Freie Fettsäuren und Fettsäuren aus den Seifen. Säurezahl bestimmen, freie Fettsäuren abziehen, umrechnen auf Seifengehalt unter Berücksichtigung der Aschenanalyse. Fettsäuren charakterisieren nach Geruch, Krystallform, Schmelzpunkt, Jodzahl, Verseifungszahl, Farbreaktionen usw.

---

[1] In der A.S.T.M.-Vorschrift nicht angegeben, aber sinngemäß notwendig, falls nicht schon zur Titration eine nur 50 %ige alkoholische Lauge benutzt wird.

Konsistente Fette und Vaseline.

Tabelle 52. *Anforderungen an Schmier-*
(Die nur „erwünschten" Unter-

Nr.	Schmiermaterial	Verwendung für	Tropfpunkt nicht unter °C
1	Wälzlagerfett	Wälzlager aller Art	140
2	Kugellagerfett	Schwer zugängliche Kugellager (ohne Käfig) und Präzisionsrollenlager, wo Ölverwendung unmöglich oder nur mit Verlusten durchzuführen ist	60
3	Hochschmelzendes Maschinenfett, Heißlagerfett	Lager, die infolge Wärmestrahlung heiß gehen, wie z. B. an Rollgängen von Walzwerken, an Papiermaschinen u. dgl., ferner für Blattfedern der Automobile	140
4	Getriebefett	Getriebe und Zahnradvorgelege der Kraftfahrzeuge dgl. für Post und BVG	85 120
5	Maschinenfett (Staufferfett) hell oder dunkel	Alle Stellen, an denen Ölschmierung nicht möglich ist	hell 75, dunkel 65
6	Wagenfett	Achsen von Lastwagen und Fuhrwerken aller Art, Kraftwagenanhängern, landwirtschaftlichen Maschinen, Förderwagen mit offenen Lagern	60—80
7	Förderwagenspritzfett	Bergwerksförderwagen mit Patentachsen oder Rollenlagern	50—70
8	Drahtseil-, Trommelseilfett	Drahtseile von Seilbahnen, Seiltrieben, Kränen, Trossen, Hochofen- (Gicht-) und sonstigen Aufzügen	50
9	Koepeseilfett	Adhäsionsfett bei Koepeförderung	—
10	Hanfseilfett	Hanfseile in Bergwerken, große Seilantriebe usw.	60

fette nach den Richtlinien 1928.
suchungen sind mit ⊙ bezeichnet.)

Asche nicht über %	Wasser nicht über %	Feste Fremdstoffe und mineralische Zusätze nicht über % ⊙	Bemerkungen
4	0,5	0,5 s. Bem.	Fließpunkt nicht < 130° C. SZ. nicht > 1. Wo keine Wärmestrahlung oder -leitung, z. B. bei Straßenbahnmotoren, können Fließ- und Tropfpunkt entsprechend niedriger gewählt werden. Frei von Sand und sonstigen schleifenden Bestandteilen
3	2	0,5	Bei ganz leichten Kugellagern empfiehlt sich Verwendung von reinem Vaselin. Säurezahl nicht über 1
4	0,5	0,5	Fließpunkt nicht unter 120° C. Wo Wärmestrahlung der glühenden Blöcke bei Rollgängen, bei Gießereiwagen u. dgl. die Verwendung von Heißlagerfett bedingt, empfiehlt es sich wegen Rückstandsbildung, die Füllung des Lagers nach gründlicher Reinigung etwa alle 3 Monate zu erneuern
4	2	0,5 s. Bem.	Muß frei sein von Sand und sonstigen schleifenden Bestandteilen
2	0,5	—	—
4	4	0,5 s. Bem. zu Nr. 4	Bei den Wasserfetten (Emulsions- und Kolloidfetten) ist der Wassergehalt wesentlich höher. — Es empfiehlt sich, keine gelbgefärbten, sondern naturfarbige Fette zu kaufen
6	6	3	Ist in besonderen Fällen die Beschwerung (z. B. zur Vermeidung der Schwimmfähigkeit) notwendig, so ist sie mengenmäßig im Angebot anzugeben. Der Aschengehalt erfährt durch die Beschwerung eine Erhöhung. Über Wasserfett s. Bem. bei Nr. 5
4	8	3	Bem. s. Nr. 6
6	6	3	Über Beschwerung s. Bem. zu Nr. 6. Säurezahl nicht über 1
1	0,5	1	Säurezahl nicht über 1
6	6	3	Gehalt an Harz und harzähnlichen Stoffen schwankt nach Art der verwendeten Rohstoffe ⊙

Tabelle 52

Nr.	Schmiermaterial	Verwendung für	Tropfpunkt nicht unter °C
11	Kammradfett, Zahnradfett	Zahngetriebe und Kammräder an Walzenstraßen, Rollgängen und Straßenbahnwagen usw.	45 s. Bem.
12	Kaltwalzenfett	Zusatzschmierung bei Kaltwalzen, ferner für Rollgänge, Kippen usw.	50
13	Heißwalzenfett	Lager und Zapfen der Feinblechwalzen	s. Bem.
14	Walzenfettbriketts	Walzenzapfen der Kaltwalzen, ferner für Rollgänge und Kippen	80
15	Hochschmelzende Walzenfettbriketts	Lager und Zapfen der Feinblechwalzen	120
16	Dampfhahnfett	Dichtung der Dampfhähne	120
17	Ziehfett	Trocken- oder Naßziehen von Drähten	70

vaseline ist höher als die der Kunstvaseline, wie aus folgender Tabelle hervorgeht:

Weiße amerikanische Naturvaseline . . . 4 — 7 E_{50} 1,6 —2,5 E_{100}
Gelbe amerikanische Naturvaseline . . . 6 —15 E_{50} 1,8 —2,9 E_{100}
Kunstvaseline . . . . 1,8— 3,5 E_{50} 1,66—2,76 E_{100}

Die hohen Anforderungen an die Farbe haben schließlich dazu geführt, daß auch hochraffinierte viskose Öle mit nahezu weißem Ceresin vermischt wurden. Ein solches Produkt vereinigt die Vorteile der natürlichen Vaseline mit denen der künstlichen. In solchen Fällen ist es immer schwierig zu entscheiden, ob es sich um Natur- oder Kunstvaseline handelt. Allerdings hat dies auch wenig Sinn, weil es vor allem auf den Gebrauchswert ankommt. Man prüft auf Farbe und Fluoreszenz im geschmolzenen Zustande. Für die Farbbestimmung kann, wie bei Ölen, das Union-Kolorimeter verwendet werden. Tropfpunkte und Konsistenz können mit den gleichen Geräten wie bei konsistenten Fetten bestimmt werden. Die Tropfpunkte liegen zwischen 38 und 51° C bei Naturvaseline, zwischen 25 und 50° C bei Kunstvaseline. Mitunter wird auch der Stock-

(Fortsetzung).

Asche nicht über %	Wasser nicht über %	Feste Fremdstoffe und mineralische Zusätze nicht über % ⊙	Bemerkungen
6	6	3	Tropfpunkt für Zahnradfett für Straßen- und Kleinbahnen nicht unter 90° C. Ein Zusatz von Graphit ist, sofern im Angebot mengenmäßig angegeben, nicht als fester Fremdstoff anzusprechen; der Aschengehalt erfährt dann eine entsprechende Erhöhung
6	6	3	Über Graphitzusatz s. Bem. zu Nr. 11
6	Nur Spuren	0,5	Flammpunkt nicht unter 250° C. Erweichungspunkt nach KRAEMER - SARNOW nicht unter 60° C
6	6	3	Über Graphitzusatz s. Bem. zu Nr. 11. Erweichungspunkt nicht unter 50° C
6	Nur Spuren	3	Über Graphitzusatz s. Bem. zu Nr. 11. Erweichungspunkt nicht unter 80° C
2	3	0,5	Über Graphitzusatz s. Bem. zu Nr. 11
5	2	—	Gehalt an pflanzlichen und tierischen Ölen und Fetten: je nach Werkstoff und Zug; Bestimmung ist wichtig für Preisbeurteilung ⊙. Unter wasserlöslichem Ziehfett versteht man eine Öl- oder Fettemulsion in der 4—6 fachen Menge Wasser. Es muß sich mit schwefelsäurehaltigem Wasser leicht ohne Flocken- und Klumpenbildung verdünnen lassen. Säurezahl nicht über 0,4

punkt nach der A.S.T.M.-Methode bestimmt. Sie ist der Einfachheit halber dem Tropfpunkt vorzuziehen.

Die chemischen Prüfungen sind die gleichen wie bei Schmieröl. Man titriert Säure und Alkali. Asche wird in größeren Proben bestimmt. Der Fettgehalt wird nach SPITZ und HÖNIG ermittelt[1].

Die Anforderungen an die zu Rostschutzzwecken für Waffen u. dgl. verwendeten Vaseline sind hinsichtlich der Säurefreiheit sehr hoch. Zuweilen ist auch eine mikroskopische Untersuchung üblich. Man kann bei 200 facher Vergrößerung die grobkristallinen Paraffine von den feinkristallinen Ceresinen unterscheiden. Ein weiterer Unterschied besteht in der merklichen Fluoreszenz der Naturvaseline gegenüber der nicht fluoreszierenden Kunstvaseline. Stark ausraffiniertes Vaselin ist wegen seines höheren Paraffingehaltes nur wenig schmierfähig. Man setzt ihm daher häufig Kolloide zu. Kolloidaler Graphit ist wegen der hohen Benetzungswärme günstig. Dagegen ist nichts einzuwenden, im Gegen-

---

[1] Über Prüfungsmethoden des D.A.B. s. HOLDE: Kohlenwasserstofföle und -fette. 7. Aufl. S. 114. Berlin: Springer 1933.

teil sind die Graphitsuspensionen wegen der salbenartigen Konsistenz praktisch unbegrenzt lagerfähig. Im Gebrauch kann sich kein Graphit ausscheiden, da an den warmen Stellen ständig Bewegung herrscht und an den kalten Stellen eine Sedimentation in der starren Salbe nicht möglich ist.

Zur Schmierung von Kleinstmotoren sind derartige Pasten, bei denen Schmieröle nicht verwendet werden können, wohl angebracht.

§ 7. Paraffin und Ceresin.

Paraffine und Ceresine sind feste Kohlenwasserstoffe von heller Farbe und von schwach transparentem bis opakem Aussehen. Der Unterschied zwischen Paraffin und Ceresin besteht in der chemischen Konstitution der beiden Produkte. Paraffine bestehen vorwiegend aus normalen Paraffin-Kohlenwasserstoffen, während Ceresine erhebliche Mengen verzweigter Isoparaffine enthalten. Ceresine sind also infolge tertiär gebundener Kohlenstoffatome reaktionsfähiger als die unverzweigten Kettenkohlenwasserstoffe. Darum sind Ceresine durch Schwefelsäure leichter angreifbar und lassen sich schwerer raffinieren als Paraffine. Dies rechtfertigt ihren erhöhten Preis gegenüber den Paraffinen. Ceresine kristallisieren auch schlechter als Paraffine und haben ein höheres Lösungsmittelbindungsvermögen als Paraffine, die schon nach einigem Stehen aus dem Lösungsmittel auskristallisieren. Paraffine eignen sich daher nicht gut zur Herstellung von Salben, Pasten, Wichsen und Creme. Unterschiede bestehen ferner auch im Schmelzpunkt, Brechungsquotienten und im Siedepunkt.

Wie aus der folgenden Tabelle 53 hervorgeht, haben Ceresine höheres Molekulargewicht als Paraffine von gleichem Schmelzpunkt bzw. haben Ceresine einen tieferen Schmelzpunkt als isomere Normalparaffine. Aus dem gleichen Grunde ist auch die Viskosität der geschmolzenen Ceresine höher als die der geschmolzenen Paraffine. Auffallend ist die höhere Dichte und der höhere Brechungsquotient gegenüber den Paraffinen. Desgleichen haben die Ceresine auch einen niedrigeren Siedepunkt als n-Paraffine von gleichem Molekulargewicht. Diese Unterschiede in den Eigenschaften sind der Grund für ihre verschiedenartige Verwendbarkeit.

Paraffine werden in der Kerzenfabrikation, als Isolationsmaterial in der Elektrotechnik, zum Konservieren von Nahrungsmitteln, z. B. bei Käse, zur Herstellung von Flußsäureflaschen, in der Glasätzerei, zur Imprägnierung von Papier, Leder, Stoffen und zur Herstellung von Kunstvaselinen verwendet. Wegen seiner hohen Schmelzwärme findet Paraffin auch in der medizinischen Therapie Anwendung zu Packungen und ähnlichen Behandlungen. In den Vereinigten Staaten werden Weichparaffine auch zur Kaugummifabrikation verwendet. In der Textilindustrie wird Paraffin in Form von Emulsionen gebraucht, um die Gewebe wasserabweisend zu machen.

Ceresine werden hauptsächlich für Bohnermassen, für die besseren Sorten von Kunstvaselinen, in der Schuhcreme-, Möbel- und Autoputzmittelfabrikation, zur Herstellung von Lederfetten, Wachspapieren,

Isoliermassen in der Radioindustrie, ferner zur Herstellung von Kopierpapieren für Schreibmaschinen verwendet.

Ceresine unterscheiden sich auch schon rein äußerlich durch ihre opake gelbliche Färbung von den farblosen, leicht transparenten Paraffinen. Eine schwache Trübung der Paraffine deutet auf Ölspuren. Ein gutes Paraffin darf, längere Zeit auf Papier liegend, keine Ölflecke hinterlassen. Falls es zur Kerzenfabrikation verwendet wird, darf es keinen korrosiven Schwefel enthalten, da sonst herabtropfendes Paraffin auch Silberleuchter schwärzt. Es ist üblich, die Paraffine mit Silbermünzen daraufhin zu prüfen. Paraffin ist im Gegensatz zum Ceresin, das sich kneten läßt, spröde und bröckelig.

Paraffine sind meist destillierte Produkte, die zwecks besserer Kristallisierbarkeit leicht angekrackt werden, damit sie sich besser nach dem Schwitzverfahren verarbeiten lassen. Bei den modernen Paraffingewinnungsmethoden durch selektive Solventextraktion spielen diese Umstände keine Rolle mehr, besonders, wenn Filterhilfsmittel gebraucht werden. Ceresine entstehen durch Raffination von Röhrenwachs und Erdwachs. Das Röhrenwachs setzt sich in den Rohrleitungen und Fittings aus Rohölen ab und wird bei der Reinigung gewonnen. Wertvoller sind die Produkte, die sich schon in den Erdspalten als feste hell- bis dunkelbraune Massen absetzen. Beide Produkte werden auch roh gehandelt. Man macht zunächst eine Wasserdampfdestillation, bei der alle festen Verunreinigungen dekantiert und die leichten Anteile abgetrieben werden. Die so erhaltenen Rohwachse werden in Tafeln gegossen und als feste Körper nach Gewicht gehandelt.

Seltener wird in den Raffinerien auch eine Behandlung mit rauchender Schwefelsäure bei 150 bis 200° C durchgeführt, bei der neben erheblichen Verlusten vorwiegend die beständigeren Kohlenwasserstoffe erhalten bleiben. Diese können durch Filtration über Bleicherde gewonnen werden. Die Handelsware ist, wie alle anderen Produkte, einer analytischen Kontrolle vor der Expedition unterworfen. Bei den Paraffinen sind u. a. folgende Analysen üblich. Neben Farbe und Transparenz spielt auch der Geruch eine gewisse Rolle, da Schwitzparaffine im allgemeinen weniger stark riechen als die mit Benzin gepreßten Produkte. Es ist jedoch zu berücksichtigen, daß Paraffine auch fremde Gerüche anziehen. Nach dem Klang kann man die Weichheit des Paraffins abschätzen. Weiches Paraffin klingt beim Anschlag dumpf, hartes klingt hell. Unter dem Mikroskop zeigt sich die Struktur der Kristalle, und es ist zu erkennen, ob Schuppen oder Nadeln vorliegen und ob die Kristalle gleichförmig oder ungleichförmig aussehen.

Der Brechungsquotient wird mit dem Abbe-Pulfrichschen Refraktometer bestimmt; um das Paraffin im geschmolzenen Zustand zu halten, werden die Prismen durch einen Thermostaten beheizt. Flammpunkte werden auch gelegentlich bestimmt, wenn das Paraffin z. B. zu Heizbädern verwendet werden soll. Bei gleicher Provenienz steigen die Flammpunkte schwächer, die Brennpunkte stärker mit den Schmelzpunkten an. Der Schmelzpunkt wird orientierend nach der galizischen Methode am drehenden Thermometer bestimmt, indem das Thermometer in die zu untersuchende geschmolzene Paraffinmasse eingetaucht wird und im schrägen Erlenmeyer-Kölbchen, vor Luftzug geschützt, so lange gedreht wird, bis der anhängende Tropfen sich trübt und mitgenommen wird. Diese Temperatur ist bis auf ½° C genau abzulesen. Eine genauere, aber auch umständlichere Methode ist die von SHUKOFF. Hierbei wird die geschmolzene Paraffinmasse in einem doppelwandig evakuierten Glaszylinder von 30 mm innerem, 50 mm äußerem Durchmesser und 100 mm Höhe gefüllt (vgl. Abb. 223), das Thermometer eingesetzt und die Abkühlungskurve als Funktion der Zeit aufgenommen, wie in Abb. 224 dargestellt. Es gibt im allgemeinen drei Typen von Erstarrungskurven, solche vom Typus I, bei denen ein ausgeprägter Haltepunkt zu verzeichnen ist. Dieses Verhalten zeigen Paraffine. Kurven vom Typus II, bei denen erst nach einer merklichen Unterkühlung ein Haltepunkt zu verzeichnen ist, oder, wie beim Typus III, nicht zu erkennen ist. Ein Verhalten nach Kurve III zeigen vorwiegend Ceresine. Die Unterschiede lassen sich deutlicher zeigen, wenn man den Temperaturüberschuß über die Umgebungstemperatur in ein halblogarithmisches Raster gegen eine lineare Zeitskala als Abszisse aufträgt. Hierbei verwandeln sich die Hyperbeln in Geraden, an denen man nicht nur Haltepunkte, sondern auch Abweichungen vom linearen Verlauf deutlich erkennen kann.

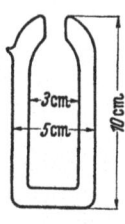

Abb. 223.
SHUKOFF-Gefäß mit Vakuummantel.

Die Hallesche Kapillarrohrmethode nach GRAEFE wird seltener ausgeführt, es sei deshalb auf die Analysen-Handbücher verwiesen. Die galizische Methode und die Shukoff-Methoden geben bis auf 0,3° übereinstimmende Werte. Bei den übrigen Methoden differieren die Ergebnisse bis zu 2°. Die Schmelzwärme wird bei Paraffinen nicht direkt bestimmt, sondern aus der Gefrierpunktserniedrigung berechnet. Wegen der spezifischen Wärme wird ebenfalls auf die analytischen Handbücher verwiesen.

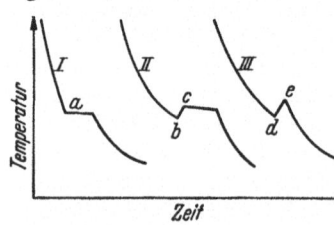

Abb. 224.
Erstarrungskurven von Paraffin.

Von Paraffinen wird auch eine gewisse Lichtbeständigkeit verlangt. Da die beobachteten Farbveränderungen auch im Vakuum ablaufen, kann es sich nicht um einen reinen Oxydationsvorgang handeln. Meistens vergilben die opaken Sorten mit einem merklichen Ölgehalt. Vergilbte Paraffine kann man durch Einblasen von Luft trüben und dadurch aufhellen. Man prüft nach der Formolithprobe von NASTJUKOFF bzw. SOMMER[1]. 20 g Paraffin werden geschmolzen, mit 20 cm³ Schwefelsäure versetzt, dann mit 20 cm³ 40%iger Formalinlösung unter Kühlung geschüttelt, wobei sich eine intensiv rote Färbung zeigt. Durch Erwärmung führt man die Reaktion zu Ende, hebt nach dem Erkalten den Paraffinkuchen ab und extrahiert mit Chloroform. Nach dem Verdunsten des

---

[1] Petroleum Bd. 7 (1911/12) S. 409.

Lösungsmittels wird bei 105° C getrocknet und gewogen. Transparente Paraffine zeigen Formolithzahlen von 0,02 bis 0,3 %, opake Sorten von 0,7 bis 1,6 %.

Eine wichtige Bestimmung ist die Ermittlung des Paraffingehaltes durch Fällung mit einem Äther—Alkohol-Gemisch nach ENGLER und HOLDE: 2 g Paraffin werden im Meßzylinder mit 20 cm^3 Äther gelöst und bei 20° C mit 96 %igem Alkohol bis zur bleibenden Trübung versetzt. Hierauf werden 5 cm^3 Alkohol bei 10° C zugemischt und filtriert. Zum Filtrat werden abermals 5 cm^3 Alkohol zugesetzt und wieder filtriert und dieses noch einmal wiederholt. Auf diese Weise ergeben sich drei Niederschläge, die auf dem Uhrglas eingedampft und im Trockenschrank getrocknet und gewogen werden. Die Schmelzpunktsbestimmung erfolgt in der Kapillare. Auch die Butanonmethode wird häufiger ausgeführt[1]. Das Schwitzverfahren wird zur Paraffinbestimmung kaum noch angewandt.

Bei Ceresinen sind u. a. folgende Analysen üblich: Bei Rohwachsen interessiert der Gehalt an Ceresinen. Zu dessen Bestimmung werden 100 g Rohwachs in der Porzellanschale bei 120° C mit 20 g konzentrierter Schwefelsäure versetzt und allmählich auf 150° C erhitzt[2]. Nachdem das Schäumen unter Schwefeldioxydentwicklung nachgelassen hat, erhitzt man unter Zugabe weiterer 30 g Schwefelsäure bis auf 200° C so lange, bis kein Schwefeldioxydgeruch mehr zu spüren ist. Nach dem Erkalten auf 150° C wird mit 10 g Bleicherde 10 Minuten lang bei 150° C gerührt. Die erkaltete und pulverisierte Masse wird dann im Soxhletapparat extrahiert. Der Gehalt des auf solche Weise gefundenen Ceresins ist nicht nur abhängig von der Menge anwesender Harze, sondern auch von den angreifbaren Ceresinen.

In raffinierten Ceresinen bestimmt man den Gehalt an Paraffin und Ceresin am besten nach der Chloroformmethode: 1 g Ceresin in 50 cm^3 Chloroform am Rückflußkühler gelöst, wird nach dem Erkalten mit 18 cm^3 absolutem Alkohol versetzt und bei 20° C filtriert. Der Rückstand ist Ceresin. Zum Filtrat fügt man 40 cm^3 absoluten Alkohol und filtriert bei 20° C. Der Rückstand ist Paraffin[3].

Die obgenannten Methoden lassen erkennen, daß die erhaltenen Werte weitgehend von den willkürlich festgesetzten Versuchsbedingungen (Konzentration und Temperatur) abhängen. Andererseits werden durch die modernen Solvent-Extraktionsverfahren, mittels derer auch Erdölrückstände verarbeitet werden, Paraffine erhalten, die zwischen den Qualitäten der Ceresine und Paraffine liegen. Eine Festsetzung irgendeines konventionellen Ceresingehaltes wird daher immer weniger sinnvoll.

Aus der auf Seite 470 mitgeteilten Tabelle 53 geht hervor, daß sich die Eigenschaften von Paraffinen und Ceresinen sehr wohl überlappen können. Es ist daher zweckmäßiger, die Qualität der Produkte nach

---

[1] Vgl. SCHWARZ u. HUBER: Chem. Rev. Fett- Harzind. Bd. 20 (1913) S. 242.
[2] LACH, B.: Die Ceresin-Fabrikation. 1911.
[3] Über Verbesserungen dieser Methode durch fraktionierte Fällung und über verschärften Paraffin-Nachweis s. HOLDE: Kohlenwasserstofföle und -fette a.a.O. S. 470.

Paraffin und Ceresin.

Tabelle 53. *Physikalische Eigenschaften von Paraffinen und Ceresinen (Grenzwerte).*

Material	Schmelz-punkt °C	d_{20} g/l	d_{100} g/l	Viskosität bei 100° C		n_{20} Skalenteile	Dispersion v	Nitroben-zolpunkt[1] °C	Mol.-Gew.
				Centipoise	Centistok				
Ceresine aus Rohozo-keriten	56—87	909—942	—	5,2—12,7	6,7—16,2	+7,6 bis +25,6	63,68—63,85	—	430 (bei Schmp.67°C) bis 755 (bei Schmp. 86°C)[2]
Ceresine aus russi-schen Erdölen[3] . .	56—85	922—941	783—788	6,4—10,1	8,2—12,9	+22,2 bis +30,0[4]	—	75—89	525—741
Ceresine aus amerika-nischen Erdölen . .	61—78	912—933	—	7,6—9,6	9,4—12,1	+15,8 bis +25,8	—	—	—
Verschiedene Han-delsparaffine aus Braunkohlenteer und Erdöl	42—56	867—920	—	2,2—2,7[5]	3,2—3,7[5]	−7,2 bis +4,3	63,96—64,09	—	326—501[6]
Asiatische Erdöl-paraffine	53—75	906—932	—	2,5—5,4	3,3—7,0	+3,0 bis +13,6	63,82—63,97	—	367 u. 399[7]
Russische Erdöl-paraffine[3]	40—71	879—933	740—766	1,45—3,7	1,96—4,84	−3,6 bis +12,7	—	47,6—69,2	310—492
MitteldeutscheBraun-kohlenparaffine . .	42—72	876—921	—	2,0—4,3	2,6—5,6	−14,0 bis +10,7	—	—	—

[1] Der Nitrobenzolpunkt entspricht prinzipiell dem Anilinpunkt, nur unter Verwendung von Nitrobenzol statt Anilin. [2] M. POGAČNIK: Diss. Techn. Hochsch. Berlin 1932, S. 22 und 33. [3] SSACHANEN, SHERDEWA und WASSILIEW. [4] Die anomal hohen Werte lassen auf stark ölhaltige Ceresine schließen. [5] Schmp. 50—56°C. [6] Schmp. 52—65°C, v. KOZICKI und v. PILAT: Petroleum Bd. 14 (1918) S. 12. [7] POGAČNIK: l. c., S. 40 und 42, für Rangoonparaffine, Schmp. 58/60° und 74/75°.

ihrem Verwendungszweck zu beurteilen. Das sind in erster Linie der Schmelzpunkt und das Lösungsmittel-Bindevermögen.

Für die Kerzenfabrikation ist es von Bedeutung, den tiefsten Schmelzpunkt (Eutektikum) einer Stearin–Paraffin-Mischung zu kennen. Wie aus dem Diagramm Abb. 225 hervorgeht, liegt dieser bei den verschiedenen Paraffin- und Stearinsorten durchaus verschieden. Zu bemerken ist noch, daß auch die Härte der Kerzen, die nach der Biegeprobe bestimmt wird, von der Qualität der verwendeten Paraffin- und Stearinsorten abhängt. Durch geringe Zusätze spezifisch wirkender Stoffe, wie z. B. Stearinsäureanilid, können Kerzen gehärtet werden. Auch zur Trübung der Kerzen werden Zusätze von β-Naphthol und dessen Benzoesäureester gegeben[1].

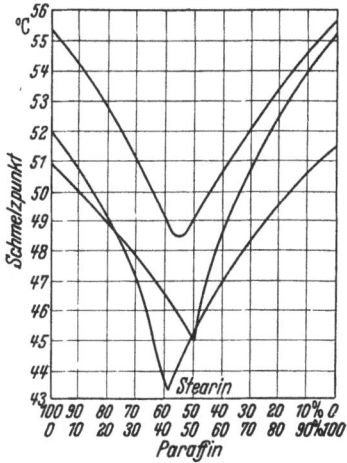

Abb. 225. Schmelzpunktdiagramm von Stearin–Paraffin-Mischungen.

§ 8. Phenole und Naphthensäuren.

Phenole und Naphthensäuren gehören zu den sauren Bestandteilen des Petroleums. Phenole sind als aromatische Alkohole nur schwach sauer. Sie können daher im allgemeinen nur mit kaustischer Sodalösung extrahiert werden und fallen schon beim Einleiten von Kohlensäure aus. Naphthensäuren sind dagegen sogar stärkere Säuren als die entsprechenden aliphatischen Karbonsäuren gleichen Molekulargewichtes. Sie zersetzen schon Karbonate und sind daher mit Karbonatsoda extrahierbar. Darauf beruht die allerdings nicht quantitative Trennung der Phenole von den Naphthensäuren.

Nach diesem Prinzip läßt sich auch eine Rektifizierung durchführen. Bislang hat sich dieses Verfahren jedoch nicht gelohnt, da die Anforderungen an die Handelsprodukte noch nicht genügend hoch sind. Rohphenole sind dunkel gefärbt oder verfärben sich im Laufe der Zeit. Naphthensäuren, die frei von Unverseifbarem sind, können sich jahrelang mit hellgelber Farbe halten. In diesem Zustande zeigen sie auch meist einen weniger unangenehmen Geruch als im verunreinigten Zustande.

Chemisch sind die Naphthensäuren gesättigte hydroaromatische und aromatische Mono-Karbonsäuren. Sie haben ähnliche Konstitution wie das Rohöl, aus dem sie stammen. Sie sind demnach Abkömmlinge der Parathene (Naphthene mit paraffinischen Seitenketten).

Größere technische Verwendung haben nur die Naphthensäuren gefunden. Man hat versucht die Phenole aus Pressure Distillate zu gewinnen, um sie für die selektive Solventextraktion im Duo-Solverfahren

---
[1] Über Prüfung und Nachweis s. HOLDE: Kohlenwasserstofföle und -fette, 7. Aufl. Berlin: Springer 1933.

zu verwenden. Ihre Trübungspunkte (Entmischungstemperatur) liegen aber viel tiefer als die der Braunkohlenphenole.

Es hat sich gezeigt, daß ein bestimmter Phenolgehalt für die Stabilität der technischen Naphthensäuren erforderlich ist. Phenole haben daher inhibitive Wirkungen. Die chemische Konstitution der Naphthensäuren ist eingehend von BRAUN untersucht worden[1]. Danach sind es vorwiegend Fünferring-Naphthensäuren. Wegen ihres aromatischen bzw. hydroaromatischen Charakters eignen sich diese Produkte nicht zur Seifenfabrikation. Es gibt nur flüssige oder schmierige Seifen, die nicht zu desodorisieren sind. Nur in Rußland werden solche Seifen noch für Waschzwecke verwendet. Ihre Hauptverwendung in den westlichen Ländern liegt auf dem Gebiete der Lackfabrikation.

Die Schwermetallsalze, insbesondere die Blei-, Mangan- und Kobaltnaphthenate (Soligene) dienen zur Firnisbereitung. Die Metallsalze der Naphthensäuren haben auch insektizide Wirkung und können zu Desinfektionszwecken verwendet werden. Zur Erhöhung der Viskosität werden sie heute nur noch in gewissen konsistenten Fetten verwendet. Zur Verbesserung der Viskositäts—Temperatur-Kurve dagegen hat man heute wirksamere Mittel.

Naphthensäuren ergeben mit Triäthanolamin zusammen gute Netzmittel und Emulgatoren. Ein großer Teil der Naphthensäuren wird in der Erdölindustrie selbst als Demulgator für Rohöl verbraucht. Besonders wirksam sind Mischungen mit sulfurierten Rhizinusölen (sogenannten Türkischrotölen).

Zink-Naphthenat ist ein Isolationsmittel. Naphthensäuren hemmen die Polymerisation von Holzöl. Sie finden ferner Verwendung in der Gerberei und als Konservierungsmittel für Holz. Sie bewirken ebenso wie die Phenole eine Erhöhung der Klopffestigkeit der Kraftstoffe. Naphthenseifen emulgieren besonders Bitumina, so daß sie auch im Straßenbau verwendet werden können. Auch als Rostlockerungsmittel können sie verwendet werden.

Die Ester der Naphthensäuren sind bei den niedrig siedenden Fraktionen wohlriechende Substanzen. Ihr Geruch ähnelt dem der Fruchtsäfte. Naphthensäuren wurden auch mit Stärke und Zellulose verestert. Diese Produkte zeichnen sich durch eine ausgesprochene Hydrophobie und gute Löslichkeit in Benzol aus. Sie eignen sich daher zur Herstellung von wasserabstoßenden Zelluloselacken. Auch Verspinnen lassen sich diese Ester, wobei sie die wasserabstoßende Wirkung besonders zur Herstellung wasserdichter Gewebe geeignet erscheinen läßt. Es ist anzunehmen, daß in den paraffinreichen Erdölen auch geringe Mengen Fettsäuren vorliegen. Die Trennung ist aber bisher noch nicht gelungen. CHARITSCHKOW und DAVIDSOHN haben sich um die Trennung der Fettsäuren von den Naphthensäuren bemüht, indem sie eine Trennung auf Grund der Wasserlöslichkeit ihrer Magnesiumnaphthenate und der Benzinlöslichkeit der Kupfernaphthenate versuchten[2].

---
[1] Liebigs Ann. Chem. Bd. 490 (1931) S. 112.
[2] Seifensiederztg. Bd. 36 (1909) S. 1552; Bd. 50 (1923) S. 2, 26, 37; Chem. Ztg. Bd. 34 (1910) S. 479.

Die paraffinösen Rohöle sind in der Regel zehnmal ärmer an Naphthensäuren als die asphaltischen Rohöle. Die Gewinnung der aliphatischen Karbonsäuren aus Erdöl ist daher technisch kaum interessant. Es ist zu bedenken, daß sich diese als Gemische von gerad- und ungeradzahligen Kohlenstoffatom-Verbindungen nur für die Seifenfabrikation eignen. Für die Ernährung kommen nur Säuren mit gerader Kohlenstoffatomzahl in Frage. Für die Seifenfabrikation ist aber die Härtung und Desodorisierung immer noch eines der wichtigsten Probleme.

Die Säurezahl der Naphthensäuren nimmt mit steigendem Molekulargewicht ab. Da es Mono-Karbonsäuren sind, kann man ihr Molekulargewicht einfach und genau durch Titration ermitteln, vorausgesetzt, daß sie frei von unverseifbaren Anteilen sind oder der Gehalt bekannt ist.

Das Unverseifbare wird am besten nach SPITZ und HÖNIG bestimmt. Diese Analyse ist kommerziell wichtig, da manche Zollvorschriften einen Höchstgehalt an Unverseifbarem vorschreiben. Produkte, die diesen Gehalt überschreiten, werden als Mineralöle verzollt (früherer Deutscher Zolltarif Nr. 317 bzw. 329: 5% max.). Die Bestimmung wird wie folgt ausgeführt:

10 g Substanz werden mit 50 cm³ n-alkoholischer Kalilauge und 20 bis 25 cm³ Benzol am Rückflußkühler gekocht und anschließend mit 50 cm³ Wasser versetzt und aufgekocht. Die abgekühlte Seifenlösung wird mit genau 50%igem Alkohol in einen Scheidetrichter gespült und mit 50 cm³ Petroläther (aromatenfreies Benzin Sdp. 60 bis 80° C) viermal ausgeschüttelt. Die vereinigten Benzinextrakte werden mit 15 cm³ genau 50%igem Alkohol ausgeschüttelt. Der so gereinigte Benzinextrakt wird in einer tarierten gläsernen Abdampfschale eingedampft und bei 100° C bis zur annähernden Gewichtskonstanz getrocknet und nach dem Erkalten im Exsikkator gewogen.

Die Bestimmung des Unverseifbaren ist eine der wichtigsten Analysen, die bei Naphthensäuren neben der Säurezahl ausgeführt werden. Die Säurezahl wird in der üblichen Weise durch Titration in benzol-alkoholischer Lösung mit Alkaliblau 6 B als Indikator bestimmt. Es ist zweckmäßig, genaue (sogenannte faktorlose) n/10-Säure zu verwenden (Fixanal). Bequem ist eine Einwaage von genau 5,6 g entsprechend dem Äquivalentgewicht der Kalilauge. Man stellt sich solche Gewichte am besten selbst aus Aluminiumblech her und tariert sie auf der Analysenwaage auf 1 mg genau aus. Auf diese Weise wird jegliche Umrechnung erspart, weil die auf der Bürette abgelesenen cm³ direkt die Säurezahl angeben. Solche Analysen können daher auch von ungeübtem Personal ausgeführt werden. Die Indikatorlösung wird am besten kurz vor dem Gebrauch neutralisiert. Auf diese Weise erspart man eine Blindtitration.

Die übrigen Eigenschaften, wie Dichte, Flammpunkt usw., können mit den gleichen Geräten wie bei den Kohlenwasserstoffen bestimmt werden. Mitunter ist es erwünscht, auch die Farbstabilität zu untersuchen. Diese kann in der gleichen Weise wie bei den Ölen ermittelt werden, jedoch mit dem Unterschied, daß keine Metallstreifen eingesetzt werden dürfen, da diese in den Säuren löslich sind und das Produkt verfärben.

Naphthensäuren, die für die Lackindustrie bestimmt sind, müssen auch noch mittels der Kobaltprobe geprüft werden. Hierbei stellt man Kobaltnaphthenate daraus her, die auf Glasstreifen aufgestrichen werden. Sie dürfen sich während des Trocknens nicht braun färben. Nachfolgend sind noch einige technisch wichtige Eigenschaften der Naphthensäuren angeführt:

Naphthensäuren aus	Dichte bei 15° C	Säurezahl mg KOH/g	Viskosität in ° E bei		
			30° C	50° C	100° C
Kerosin	0,9650	255	4,2	2,26	1,21
leichtem Solaröl	0,9313	170	15,0	5,50	1,57
schwerem Solaröl . . .	0,9418	136	19,0	6,23	1,67
Spindelöl	0,9358	103	34,8	10,1	1,95
Maschinenöl	0,9350	87,5	47,7	13,3	2,10
Zylinderöl	0,9294	32,6	97,9	23,8	2,72

Wie daraus hervorgeht, nehmen die Dichten der Naphthensäuren mit steigendem Molekulargewicht ab, da sich der Einfluß des Kohlenwasserstoffrestes immer mehr bemerkbar macht, während der Einfluß der Karboxylgruppe dagegen zurücktritt. Die Säurezahl nimmt mit dem Molekulargewicht ebenfalls ab, da der Anteil des sauren Restes an der Gesamtsubstanz immer kleiner wird. Nur die Viskosität nimmt auch hier wie bei den Kohlenwasserstoffen mit dem Molekulargewicht zu.

Technisch werden im größeren Maßstabe z. Z. nur die Kerosin-Naphthensäuren bis zu einer Säurezahl von 230 mg KOH/g und die Gasöl-Naphthensäuren verwendet. Letztere werden aber meist im eigenen Betriebe verbraucht. Für die höheren Naphthensäuren ist man bemüht, eine nützliche Verwendung zu finden. Ihre Reindarstellung mit einem geringen Gehalt von unverseifbaren Bestandteilen ist schwierig, die Aufgabe technisch noch nicht befriedigend gelöst. Die hochmolekularen Naphthensäuren können bis zur Hälfte ihres Gesamtgewichtes mit neutralen Verbindungen verunreinigt sein. In welcher Weise man Lösungen versucht hat, ist im Kapitel „Destillation", ferner im Kapitel „Laugen und Süßen" beschrieben worden.

§ 9. Bitumen und Asphalt.

Die Destillationsrückstände der schonend geleiteten, nicht zersetzenden Destillation von Rohölen oder asphaltreichen Erdöldestillaten bilden ein wichtiges Erzeugnis für die Wirtschaft. Die dabei gewonnenen Stoffe heißen Bitumina[1]. Sie werden in der Bauindustrie insbesondere für Dachanstriche und Grundwasserisolierung benötigt. Größere Mengen werden im fugenlosen Straßenbau für Asphaltstraßen und als Schwarzlack (Säure- und Korrosionsschutzmittel) in der Farbindustrie gebraucht. Die Bitumina sind plastische, bei gewöhnlicher Temperatur klebrige bis sprunghafte Massen, die bei zunehmender Erwärmung weich bis dünnflüssig werden und sich durch glänzende Oberfläche und schwachen petroleumartigen Geruch auszeichnen.

[1] Früher als Erdöl- oder Petroleumasphalte bezeichnet.

Bitumen und Asphalt.

Die Bitumina sind begrifflich streng von den verwandten Stoffen, den Teeren und Pechen, zu unterscheiden. Nach einem Vorschlag des Deutschen Normen-Ausschusses (DIN DVM 4301) und des Vereins Deutscher Chemiker sollte anerkannt werden:

Unter Bitumen sind zu verstehen alle natürlich vorkommenden oder durch einfache nicht destruktive Destillation aus flüssigen oder festen Naturstoffen hergestellten schmelzbaren oder löslichen Kohlenwasserstoffgemische. Sauerstoffverbindungen und mineralische Stoffe können nur in untergeordneten Mengen darin enthalten sein.

Teere und Peche dagegen sind künstlich durch destruktive Destillation organischer Naturstoffe, z. B. aus Steinkohle und Braunkohle, gewonnene Kohlenwasserstoffe.

Unter Asphalten sind stets Gemische von Bitumen und Gesteinsstoffen (wie Gußasphalt, Walzasphalt, Asphaltbeton) oder natürlich vorkommenden Mischungen von Bitumen und Mineralien, wie Asphaltgesteine, zu verstehen.

Die Untersuchungen der Bitumina umfassen physikalische, chemische und technologische Prüfungen.

Physikalische Untersuchungen sind folgende: Äußerer Befund, wie Konsistenz, Farbe, Glanz, Bruch, Geruch usw., spezifisches Gewicht, Erweichungspunkt nach

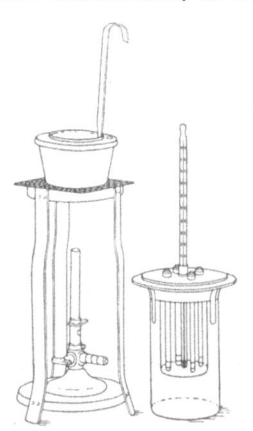

Abb. 226.
Gerät für die Bestimmung des Erweichungspunktes nach KRÄMER und SARNOW.

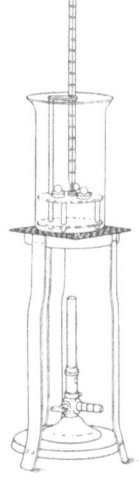

Abb. 227.
Gerät für die Ring- und Kugelprobe.

KRÄMER-SARNOW oder nach dem Ring- und Kugelverfahren (DIN 1995 U 5 und 4, die zugehörigen Geräte sind in Abb. 226 und 227 wiedergegeben); Tropfpunkt nach UBBELOHDE (DIN 1995 U 3); Brechpunkt nach FRAASZ (DIN 1995 U 6); Streckbarkeit oder Duktilität nach Dow (DIN 1995 U 8); Weichheitsgrad, Eindringtiefe oder Penetration nach RICHARDSON (DIN 1995 U 7 — vgl. Abb. 228); Klebfähigkeit und Haftvermögen (empirische Gebrauchsprüfungen); Viskosität (VOGEL-Ossag-Gerät, ENGLER-Viskosimeter mit 5-mm-Düse, Straßenteerkonsistometer nach DIN 1995 U 14a); am einfachsten ist das ENGLERsche Viskosimeter in der von W. L. BRÜCKMANN abgeänderten Form mit 5 mm weitem Rohr. Bei einer Meßtemperatur von 150° C können ENGLER-Grade nach der Formel

$$E = 0{,}214\,(t-5)$$

umgerechnet werden. Hierin bedeuten t die Auslaufzeit von 200 cm³ der Probe in Sekunden. Weitere physikalische Untersuchungen erstrecken sich auf die Bestimmung des Verdampfungsgrades (Abb. 229) (DIN 1995 U 12); Fließprobe (Flow-Test) nach DIN 1995 Ausgabe 1929, S. 7; Flammpunkt und Brennpunkt im offenen Tiegel nach MARCUSSON

(DIN 53661). Das für die zuletzt genannte Prüfung erforderliche Gerät ist in Abb. 214 (S. 436) dargestellt.

Von chemischen Untersuchungen werden folgende ausgeführt: Bestimmung des Wassergehaltes erfolgt am besten nach dem Xylolverfahren im Gerät nach WEFELSCHEID (Firma Kauhausen, Berlin-Dahlem) oder DIN 53656; Aschegehalt bestehend aus Eisenoxyden, anorganischen Salzen, feinem Sand; Schwefelgehalt durch Verbrennung in der Berthelot-Mahlerschen Bombe unter Sauerstoffdruck oder bei gewöhnlichem Druck in großer Flasche nach HEMPEL-GRAEFE; Säurezahl durch Neutralisation mit Kalilauge; Paraffingehalt (DIN 1995 U 11); ferner unlösliche organische Stoffe in Schwefelkohlenstoff (DIN 1995 U 10); Verschnitt durch Steinkohlenteerpeche qualitativ durch Diazoreaktion nach GRAEFE und quantitativ durch Sulfonierung mit konzentrierter Schwefelsäure (DIN 1995, Ausgabe 1929, und Ausgabe Nov. 1941).

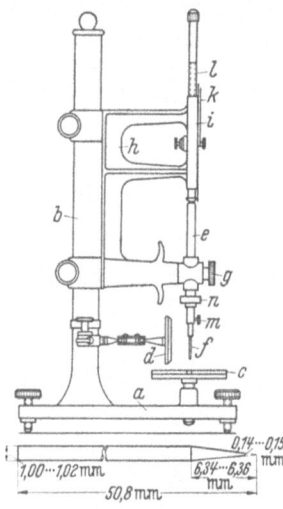

Abb. 228. Asphalt-Penetrometer nach RICHARDSON mit Abmessungen der Nadel.
a Gußeiserner Fuß, *b* Stativ, *c* verstellbare Grundplatte, *d* Spiegel, *e* arretierbarer Schaft, *f* Penetrationsnadel, *g* Auslösevorrichtung, *h* verstellbare Stativklemme, *i* Zifferblatt, *k* Zeiger, *l* Zahnstange, *m* Klemmschraube, *n* Ballastgewicht.

Die Tabelle 54 (S. 478/79) gibt einen Überblick über einige technische und physikalische Eigenschaften sowie verschiedene chemische Zusammensetzungen von Erdölen und Naturasphalten nach J. MANHEIMER[1].

Aus den Zahlen ist deutlich der Unterschied zu ersehen, der sich bei den einzelnen Arbeitsmethoden, z. B. beim Verdampfungsverlust nach DIN 1995 gegen ASTM oder dem Paraffingehalt nach verschiedenen Prüfmethoden ergibt.

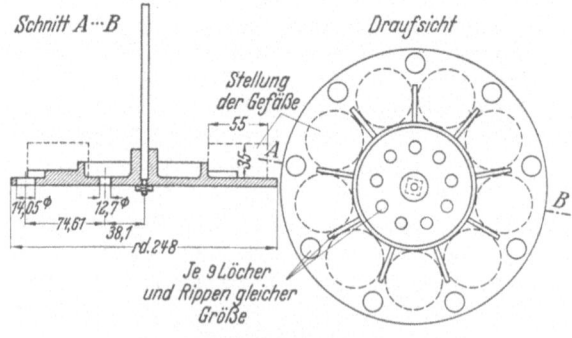

Abb. 229. Verdampfungsprüfer A.S.T.M.

Chemisch lassen sich die Bitumina in einzelne Stoffgruppen nach empirischem Verfahren trennen. So zerlegt RICHARDSON stufenweise Natur- und Erdölbitumina in Petrolene, Maltene, Asphaltene und Kar-

---

[1] Petroleum 28 Heft 16 6, 1932.

bone, wie schon in dem Kapitel „Oxydation" beschrieben wurde. H. Pöll[1] dagegen nimmt eine schärfere Trennung in Stoffgruppen vor. Durch Adsorption mit Bleicherden und fraktionierter Extraktion mit verschiedenen Lösungsmitteln wird zwischen Ölanteilen, Erdölharzen, Asphaltharzen und Hartasphalt unterschieden.

Die *Verwendung der Bitumina* in der Industrie setzt bestimmte Eigenschaften voraus, die die betreffenden Sorten erfüllen müssen. In der folgenden Tabelle 55 sind die Anforderungen an die verschiedenen Produkte, z. B. Bitumenemulsionen, Dachpappentränkmasse, Fluxöl, Klebemassen und Teerzusatzmittel, Bautenisolierungen für die Linoleumherstellung bzw. Lackindustrie wiedergegeben. Die größte Härte wird von Linoleum- und Lackbitumen verlangt. Die Streckbarkeit dieser Produkte ist entsprechend gering. Näheres über die Anwendungen der Bitumina als Bindemittel für Gesteinskörnungen im fugenlosen Asphaltstraßenbau ist aus DIN 1996, Ausgabe 1944, zu entnehmen.

Bitumenemulsionen oder sogenannte Kaltasphalte haben sich industriell nicht nur im Wege- und Straßenbau, z. B. bei der Herstellung staubfreier Fußwege, Fahrradwege, Sportplätze, porösen Straßendecken und zum Deckenverschluß bewährt, sondern sind auch für wasserdichte Imprägnierungen, Anstriche und Isolierungen verwendet worden. Das wasserunlösliche Bitumen wird in kleinsten Teilchen meist in kolloider Form, mittels Emulgatoren, wie z. B. Alkaliseifen von Fett-, Harz- und Naphthensäuren, in Suspension gehalten. Als Hilfsmittel zur Fabrikation dienen schnellaufende Kolloidmühlen oder Homogenisatoren.

Die allgemeinen Anforderungen, die an Emulsionen zu stellen sind, werden wie folgt beschrieben: Gute Lagerbeständigkeit (keine Trennung in Bitumen- und Wasserschicht), keine Neigung zum Zerfall bzw. Ausscheidung des festen Bitumens bei Berührung mit dem Gestein, gute Klebekraft am Gestein, Beständigkeit gegen Reemulgierung im Regen, Frostbeständigkeit bei Verarbeitung im Winter.

Einzelheiten über Eigenschaften, Lieferbedingungen und Prüfung von Bitumenemulsionen für den Straßenbau sind aus folgender Literatur zu entnehmen: DIN 1996 E, Ausgabe 1929; Deutscher Straßenbau-Verband, Vorschriften über Eigenschaften und Untersuchungen von Straßenbauemulsionen, Ausgabe Mai 1929; DIN 1995, Ausgabe 1941, S. 10.

Bitumen-Klebe- und -Abdichtungsmassen dienen zum Schutze von Bauwerksteilen gegen aufsteigendes Grundwasser, Wandfeuchtigkeit usw., ferner zum Verkleben von Pappbahnen auf Dächern und zum Aufkleben von Bitumenpappen, wie z. B. Isolierungen auf Tunnel- und Kanalwänden.

An Sondereigenschaften werden gefordert:

a) bei Beton- und Mörtelwänden ausreichende Deckfähigkeit und Haftung auf dem rauhen Untergrund. Hierzu ist evtl. ein Voranstrich notwendig. Dadurch bildet sich ein wasserdichter, gegen aggressive Boden- und Wandbestandteile widerstandsfähiger Film.

---

[1] Erdöl u. Teer Bd. 8 (1932) S. 350, 366.

Bitumen und Asphalt.

Tabelle 54. *Technische Eigenschaften verschiedener*

Herkunft		Trinidad		Selenizza		Mexiko		
Handelsbezeichnung[1]		Epuré	Rein-bitumen	Epuré	Rein-bitumen	25/30	54/58	60/70
Dichte bei 25° C . . . . g/cm³		1,40	1,070	1,23	1,080	1,030	1,0575	1,0430
Penetration bei 25° C		keine	keine	keine	keine	194	13	25
Schmelzpunkt (Ring und Kugel) . ° C		95	75	129	123	40	73	86
Erweichungspunkt KRAEMER-SARNOW ° C		77	65	110	114	27	60	69
Tropfpunkt UBBELOHDE . . . . . ° C		110	93	140	146	54	86	99,5
Flammpunkt im offenen Tiegel . ° C		238	238	297	296	232	328	249
Brennpunkt . . . . ° C		276	276	331	331	274	368	288
Brechpunkt nach FRAASZ . . . . ° C		+19	+15	>25	>25	—24,3	—3	—8
Duktilität bei 25° C . . . . . . cm		keine	keine	keine	keine	>150	17	5,5
Float-Test bei 100° C . . . . . . sec		1492	645	(fest)	(fest)	52,5	195	570
Fadenlänge . . . . cm		3	9	5	5	>18	>18	>18
Verdunstungsverlust[2] 5 h, 163°C DIN %		1,10	1,18	0,6	0,7	1,34	0,0	0,344
Verdunstungsverlust[2] 5 h,163°C ASTM %		0,05	0,08	0,0	0,0	0,287	0,0	0,033
Nach der DIN-Verdampfung	Penetration bei 25° C	—	—	—	—	100	9	18,5
	Schmelzpunkt (Ring u. Kugel) ° C	—	—	—	—	48	73	93,5
	Erweichungspunkt KRAEMER-SARNOW . . . . ° C	—	—	—	—	34	59	76
	Tropfpunkt UBBELOHDE . . ° C	—	—	—	—	60	87	108
	Duktilität bei 25° C . . . cm	—	—	—	—	>150	6,5	3,5
Nach der ASTM-Verdampfung	Penetration bei 25° C	—	—	—	—	165	13	23,5
	Schmelzpunkt (Ring u. Kugel) ° C	—	—	—	—	42	71,5	87
	Erweichungspunkt KRAEMER-SARNOW . . . . ° C	—	—	—	—	28,5	60	70
	Tropfpunkt UBBELOHDE . . ° C	—	—	—	—	56	86	101
	Duktilität bei 25° C . . . cm	—	—	—	—	>150	10	4,5
Asche . . . . %		41,18	0,15	15,18	0,14	0,12	0,23	0,13
Organische Verunreinigungen (Koks) %		0,2	0,0	0,2	0,0	0,0	0,0	0,0
Fr. Kohlenst. n. Standard-Meth.[3] %		55,68	24,40	38,0	27,5	15,6	19,8	19,1
Schwefel . . . . %		4,65	5,50	6,25	7,40	6,0	6,5	6,6
Säurezahl		6,0	9,45	2,35	2,20	0,6	0,26	5,3
Hartasphalt . . . . %		15,35	26,14	38,20	45,20	16,8	19,9	33,70
Weichasphalt . . . . %		7,35	12,54	9,72	11,50	20,8	33,6	7,70
Gesamtasphalt . . . . %		22,70	38,68	47,92	56,70	37,6	53,5	41,40
Öl und Paraffin . . . . %		35,92	61,32	36,70	43,30	62,4	46,5	58,6
Raffinierte ölige Anteile . . . %		18,70	31,90	20,70	24,50	40,2	28,7	31,00
Harze . . . . %		17,25	29,42	15,90	18,80	22,2	17,8	27,60
Weichasphalt und Harze . . . . %		24,60	41,96	25,62	30,30	43,0	51,4	35,30
Paraff. in Alkoh.-Äther (Bleicherde)[4] %		0,25	0,44	0,59	0,70	0,80	0,97	0,80
Paraffin in Alkohol-Äther (H₂SO₄) %		—	0,40	—	0,58	—	—	—
Paraffin in Alkohol-Äther (DIN) %		—	0,28	—	0,40	0,75	0,97	0,75
Paraffin, ber. auf raffin. ölige Anteile %		0,81	1,38	1,72	2,03	2,02	3,38	2,68
Paraffinfreie ölige Anteile . . . . %		18,45	31,46	20,1	23,8	39,40	27,73	30,20

[1] Die Zahlen geben den ungefähren Erweichungspunkt KRAEMER-SARNOW an.
[2] Pluszeichen vor den Zahlen bedeuten hier, daß an Stelle einer Gewichtsabnahme eine Zunahme eingetreten ist. [3] Einschließlich Asche.

Bitumen und Asphalt.

Bitumina, Erdöl- und Naturasphalte nach J. MANHEIMER.

Venezuela			Rumänien		Deutschland				Polen	
25/30	54/58	60/70	25/30	54/58	28/32	55/65	70/80	40/50	25/35	60/70
1,012	1,035	1,042	1,014	1,031	1,026	1,066	1,082	1,0065	1,038	1,05
189	13	7	146	19,5	143	10	5	162	92,5	5,5
38,5	72	84,5	41	70	40,5	78	94,5	66	44,5	78
26	56,5	68,5	31	57,5	31	65	79	60,5	35	66
50,5	86	99,5	50	78	53	88,5	105	93	55	91,5
288	348	354	269	301	339	343	348	350	297	357
335,5	387	383,5	371	371	380	382	383,5	382	351	400
− 23	+ 1	+ 8	− 9	0,0	− 15	+ 3	+ 12	− 13	− 9	+ 14
>150	15	3,5	>150	6,5	>150	4	0	8	91	keine
47	168	328	43,5	166	50	235	790	145	46	56
>18	>18	16	>18	14	>18	14	9	8	4	8
0,09	0,04	0,03	0,506	0,372	+0,0715	+0,0313	+0,03	+0,0281	0,03	+0,07
0,022	0,00	0,004	0,168	0,113	0,00	0,0	0,0	0,0	0,02	+0,01
132	8	5,5	66	15	96	7	3,0	120	56	3,5
42	75	88	48	78	44,5	84	102	70	53	83,5
31,5	63	75	40	66	34	69	84	62	43	71,5
54	91	105	57	88	58	95	111	102	59	96
>150	6	−	127	4	>150	3	0	6	20	keine
174	12	6,5	118	18	118	8	3,5	143	88	5,0
39,5	73	86	43	71	42	80,5	97	67,5	48	81,5
27	58	70	33	59	33	67	80,5	57	38	69,5
53	88	103	50,5	82	54,5	90,5	106,5	93	56	93,5
>150	8,5	−	150	5	>150	4	0	7,8	88	keine
0,29	0,23	0,22	0,63	0,45	1,24	1,75	1,60	0,17	1,43	0,04
0,0	0,0	0,0	0,64	1,2	0,5	1,80	2,5	1,50	0,9	0,38
15,88	22,15	24,55	19,00	22,3	20,90	32,9	38,00	24,6	24,61	28,1
3,09	3,35	3,30	0,483	0,545	1,60	1,60	1,65	1,00	0,71	0,71
0,447	0,067	0,28	0,505	0,27	0,45	0,26	0,24	0,29	0,61	0,02
11,48	18,20	21,00	17,55	23,35	12,20	25,50	30,50	12,40	17,17	24,00
13,10	19,90	22,60	23,45	8,55	12,22	7,80	7,00	15,40	7,03	3,40
24,58	38,10	43,60	1,00	31,90	24,42	33,30	37,50	27,80	24,20	27,40
75,42	61,90	56,40	79,00	68,10	75,58	66,70	62,50	72,20	75,80	72,60
46,10	37,00	33,50	45,00	34,70	47,50	31,60	28,00	45,00	51,0	31,60
29,32	24,90	22,90	34,00	33,40	28,08	35,10	34,50	27,20	24,80	41,00
42,42	44,80	45,50	37,45	41,95	40,30	42,90	41,50	42,60	31,83	44,40
2,60	2,40	2,20	6,60	4,10	5,25	4,10	3,40	22,0	29,3	6,53
−	−	−	−	−	−	−	−	−	29,5	6,45
2,10	1,75	1,65	5,40	3,50	3,45	2,60	2,30	14,00	10,15	4,83
4,55	4,74	4,92	14,70	11,80	11,05	13,00	12,10	48,8	57,5	20,70
43,50	34,60	31,30	38,40	30,60	42,25	27,50	23,6	23,0	21,7	25,07

[4] Nach SUIDA und KAMPTNER: Asphalt u. Teer Bd. 31 (1931) S. 669. Methode DIN 1995, aber ohne Destillation.

Tabelle 55.

Anforderungen für	Oberflächen-behandlung		Innen-tränkungen		Asphaltbeton, Sandasphalt, Gußasphalt		Hartasphalt, Asphaltmastix
Bezeichnung DIN 1995	B 300	B 200	B 80	B 65	B 45	B 25	B 15
1. Eindringungstiefe (100 g, 5 s, 25° C) in zehntel mm	280 bis 320	180 bis 210	70 bis 100	50 bis 70	40 bis 50	20 bis 30	10 bis 20
2. Erweichungspunkt							
a) Ring und Kugel ° C	27 bis 37	37 bis 44	44 bis 49	49 bis 54	54 bis 59	59 bis 67	67 bis 72
oder	16	24	30	35	40	45	53
b) KRAEMER-SARNOW ° C	bis 24	bis 30	b:s 35	b:s 40	bis 45	b:s 53	bis 58
3. Brechpunkt nach FRAASZ höchstens[1] ° C	− 20	− 15	−.10	− 8	− 6	− 2	+ 3
4. Tropfpunkt nach UBBELOHDE mindestens ° C	18 über dem Erweichungspunkt K.S.						
5. Asche höchstens[2] Gew.-%	0,5	0,5	0,5	0,5	0,5	0,5	0,5
6. Streckbarkeit							
bei 15° C mindestens cm	100	—	—	—	—	—	—
bei 25° C mindestens cm	—	100	100	100	50	25	6
7. Unlösliches abzügl. Asche höchstens Gew.-%	0,5	0,5	0,5	0,5	0,5	0,5	0,5
8. Paraffin höchstens Gew.-%	2,0	2,0	2,0	2,0	2,0	2,0	2,0
9. Dichte bei 25° C mindestens	1,0	1,0	1,0	1,0	1,0	1,0	1,0
10. Gewichtsverlust bei 163° C in 5 Stunden höchstens %	2,5	2,0	1,5	1,0	1,0	1,0	1,0
11. Anstieg des Erweichungspunktes nach dem Erhitzen höchstens ° C	10	10	10	10	10	8	6
12. Brechpunkt nach d. Erhitzen höchstens[1] ° C	− 15	− 10	− 8	− 6	− 5	± 0	+ 5
13. Verminderung der Eindringungstiefe nach d. Erhitzen höchstens %	60	60	60	60	60	50	40
14. Streckbarkeit n. d. Erhitzen							
bei 15° C mindestens cm	50	—	—	—	—	—	--
bei 25° C mindestens cm	—	50	50	50	30	8	3

[1] Bei Bitumen aus deutschem Erdöl sind die folgenden Höchstgrenzen für den Brechpunkt zugelassen:

	B 300	B 200	B 80	B 65	B 45	B 25	B 15
vor dem Erhitzen	− 17	− 13	− 10	− 8	− 5	± 0	+ 5
nach dem Erhitzen	− 15	− 10	− 8	− 5	− 3	+ 3	+ 7

[2] Bitumen, dessen Aschegehalt höher ist, kann mit besonderem Hinweis angeboten werden.

b) Bei Dachpappen: Verarbeitbarkeit bei jeder Jahreszeit, gute Klebekraft (wenig Paraffin), möglichst geringes Abtropfen bei Hochsommertemperaturen und kein Sprödewerden bei Winterkälte.

Die beiden Produkte müssen den in der Tabelle 55 zusammengestellten Bedingungen entsprechen:

Bitumen und Asphalt.

Tabelle 55.

Anforderungen für	Flux-öl	Bitumen-Emulsionen	Dachpappen-tränkmasse		Klebemassen, Teerzusatzmittel, Isolierungen	Linoleumherstellung, Lacke	
Bezeichnung DIN 1995	B 300	B 200	B 80	B 65	B 45	B 25	B 15
1. Eindringungstiefe (100 g, 5 s, 25° C) in zehntel mm	280 bis 320	180 bis 210	70 bis 100	50 bis 70	40 bis 50	20 bis 30	10 bis 20
2. Erweichungspunkt a) Ring und Kugel °C	27 bis 37	37 bis 44	44 bis 49	49 bis 54	54 bis 59	59 bis 67	67 bis 72
oder b) KRAEMER-SARNOW °C	16 bis 24	24 bis 30	30 bis 35	35 bis 40	40 bis 45	45 bis 53	53 bis 58
3. Brechpunkt nach FRAASZ höchstens[1] °C	−20	−15	−10	−8	−6	−2	+3
4. Tropfpunkt nach UBBELOHDE mindestens °C	18 über dem Erweichungspunkt K.S.						
5. Asche höchstens[2] Gew.-%	0,5	0,5	0,5	0,5	0,5	0,5	0,5
6. Streckbarkeit bei 15° C mindestens cm	100	—	—	—	—	—	—
bei 25° C mindestens cm	—	100	100	100	50	25	6
7. Unlösliches abzügl. Asche höchstens Gew.-%	0,5	0,5	0,5	0,5	0,5	0,5	0,5
8. Paraffin höchstens Gew.-%	2,0	2,0	2,0	2,0	2,0	2,0	2,0
9. Dichte bei 25° C mindestens	1,0	1,0	1,0	1,0	1,0	1,0	1,0
10. Gewichtsverlust bei 163° C in 5 Stunden höchstens %	2,5	2,0	1,5	1,0	1,0	1,0	1,0
11. Anstieg des Erweichungspunktes nach dem Erhitzen höchstens °C	10	10	10	10	10	8	6
12. Brechpunkt nach d. Erhitzen höchstens[1] °C	−15	−10	−8	−6	−5	±0	+5
13. Verminderung der Eindringungstiefe nach d. Erhitzen höchstens %	60	60	60	60	60	50	40
14. Streckbarkeit n. d. Erhitzen bei 15° C mindestens cm	50	—	—	—	—	—	—
bei 25° C mindestens cm	—	50	50	50	30	8	3

[1] Bei Bitumen aus deutschem Erdöl sind die folgenden Höchstgrenzen für den Brechpunkt zugelassen:

	B 300	B 200	B 80	B 65	B 45	B 25	B 15
vor dem Erhitzen	−17	−13	−10	−8	−5	±0	+5
nach dem Erhitzen	−15	−10	−8	−5	−3	+3	+7

[2] Bitumen, dessen Aschegehalt höher ist, kann mit besonderem Hinweis angeboten werden.

In der kalten Jahreszeit werden innerhalb der angegebenen Grenzen die weicheren, in der heißen Jahreszeit die härteren Bitumensorten genommen.

Für Lieferungen an die Deutsche Reichsbahn sind deren AIB-Vorschriften maßgebend. Es gelten vorläufige technische Lieferbedingungen

Tabelle 56. *Zusammenstellung der für Bautenschutz zu verwendenden Bitumensorten.*

Baustoff	Bitumen mit Erweichungspunkt[1] R. u. K. von	K.-S. von	Sonstige Bestandteile
I. Kaltflüssige Schutzanstriche			
a) auf Lösungsmittelbasis	55—85	41—70	Organische Lösungsmittel z. B. Lösungsbenzin
b) auf Emulsionsbasis	38—60	25—45	Wasser und Emulgator
II. Dichtungspasten			
a) auf Lösungsmittelbasis	55—90	41—70	Organische Lösungsmittel, Steinmehl, Faserstoffe
b) auf Emulsionsbasis	38—70	25—55	Wasser und Emulgator, Steinmehl, Faserstoffe
III. Heißflüssige Dichtungsaufstriche	55—85	36—70	bis 20% Steinmehl zugelassen
IV. Dachpappe, Dichtungspappe, Dichtungsbahnen			
a) Tränkmasse	38—50	25—35	Wollfilzpappe, Jutegewebe od. sonstige Einlagen
b) Deckmasse			
1. für Dachpappe	65—100	50—85	Steinmehl zugelassen
2. für Dichtungsbahnen	60—80	46—65	bis 20% Steinmehl zugelassen
V. Klebemasse			
a) kalt zu verarbeitende	60—90	46—70	organische Lösungsmittel, Steinmehl, Faserstoffe
b) heiß zu verarbeitende	50—85	36—70	bis 20% Steinmehl zugelassen
VI. Bitumenmörtel	50—85	36—70	Steinmehl, Sand
VII. Bitumenvergußmasse			
a) für Pflasterfugen	50—75	36—60	Steinmehl
b) für Betonstraßenfugen	50—75	36—60	Steinmehl, Faserstoffe
c) für Sonderzwecke	75—175	60—160	Steinmehl, Faserstoffe

[1] Wo höhere Erweichungspunkte als 70° C bei der Ring- und Kugelprobe (R. u. K.) oder 55° C nach KRAEMER-SARNOW (K.-S.) angegeben sind, kommen Hochvakuum- und geblasene Bitumen zur Verwendung.

für Abdichtungsstoffe zu Ingenieurbauwerken 1938, § 1, 4, 9 und 10 sowie vorläufige Anweisung für Abdichtung von Ingenieur-Bauwerken 1938, § 1, 2d, 15. Ferner DIN 1996, Ausgabe 1929, 15: Anstriche für Mauern, Beton und Eisen und 17: wasserdichthaltende Schutzpappen und Klebemassen für Bauwerke in Schichten oder Grundwasser.

Für wasserdruckhaltende Dichtungen aus nackten Bitumenpappen für Bauwerke gilt DIN 4031 (Tabelle 56).

In der Linoleumindustrie wird Bitumen zur Herstellung eines linoleumartigen Belages (Stragula) aus bitumengetränktem Wollfilzmaterial verwendet, das mit Ölfarben bedruckt wird.

Es werden ferner Bitumengesteinsmischungen (Gußasphalte) als Belag an Stelle der bisher üblichen Betonunterlagen bei der Linoleum-

Tabelle 57.

Für	Kabel-vergußmassen	Dachpappendeckmasse		Lackindustrie und Gummiindustrie		
Bezeichnung nach dem Erweichungspunkt KRÄMER-SARNOW °C	50—60	60—70	75—85	90—100	110—120	140—150
Erweichungspunkt Ring und Kugel . . °C		15—20 über den Erweichungspunkt KS				
Tropfpunkt nach UBBELOHDE . . . . . °C	80—90	90—100	110—120	120—140	145—160	170—190
Brechpunkt nach FRAASZ . . . . °C	unter —10	unter —5	unter —2	—	—	—
Eindringungstiefe bei 25° C . . . . mm	30—40	20—30	10—20	10—20	5—10	2—5
Duktilität bei 25° C cm	10—20	5—15	2—5	2—3	0—2	0
Asche höchstens. . %	0,5	0,5	0,5	0,5	0,5	0,5
Löslichkeit in CS_2 über %	99	99	99	99	99	99
Paraffin unter . . %	2	2	2	2	2	2
Gewichtsverlust bei 163°C in 5 Std. unter . %	1,0	0,5	0,2	0,1	0,0	0,0
Nach dem Erhitzen: Verminderung der Eindringungstiefe unter %	40	30	30	30	30	30
Anstieg des Erweichungspunktes unter. . %	10	8	6	4	2	1
Brechpunkt . . . °C	unter —8	unter —3	unter ±0	—	—	—

verlegung neuerdings wegen besserer Schall- und Wärmeisolierung bevorzugt. Die Hauptanforderung liegt in einer großen Druckfestigkeit des Bitumenbelages. Diese Eigenschaft wird durch sorgfältige Abstufung des Mineralkorngemisches und genaue Verfüllung der Hohlräume durch geeignetes Bitumen erreicht. Nach P. HERRMANN[1] wird eine Abdichtung des Bindemittelzusatzes durch das Hohlraum-Minimumprinzip erzielt. Für Gußasphalt als Unterlage für Linoleum-, Parkett- und Gummiböden sind die DIN-Vorschriften 1996, Ausg. 1944, maßgebend.

Bei Hochvakuumbitumen und geblasenen Erdölbitumen sind Eigenschaften nötig, wie sie in der Tabelle 57 dargestellt sind, da sie in Spezialindustrien weitgehende Verwendung finden. Hochvakuumbitumen zeichnet sich durch größere Härte aus. Diese Eigenschaft wird bei hohem Erweichungspunkt trotz einer gewissen Biegsamkeit und Dehnbarkeit auch bei niedrigen Temperaturen erreicht. Auch hier benötigt die Lack- und Gummiindustrie die härteren und schwerer schmelzbaren Sorten, während als Kabelvergußmassen die weicheren Sorten bevorzugt sind (Tabelle 57). Letztere müssen außerdem noch den

---

[1] Veröffentlichung des Hauptausschusses der Zentralstelle für Asphalt- und Teerforschung S. 134—143. Berlin-Lichterfelde: Allgemeiner Industrie-Verlag.

Tabelle 58. *Eigenschaften*

Nr.	Prüfung	Mexikanisches asphaltisches Erdöl		
1	Physikalische Kennzeichen: Dichte bei 77° F .... g/cm²	1,030	1,043	1,0575
2	Mechanische Prüfung: Penetration bei 77° F	194	25	13
3	Duktilität bei 77° F .... cm	> 150	5,5	17
4	Thermische Prüfung: Fraasz Brechpunkt............. ° F	— 12	+ 17½	+ 26½
5	Erweichungspunkt K.S.-Methode .... ° F	80½	156	140
6	Erweichungspunkt R.u.K.-Methode....... ° F	104	187	163½
7	Tropfpunkt nach Ubbelohde .... ° F	129	211	187
8	Flüchtiges bei 325° F / 5 Std. A.S.T.M.-Methode . . %	0,287	0,033	0,00
9	Penetration des Rückstandes bei 77° F	165	23,5	13
10	Duktilität des Rückstandes bei 77° F ...... cm	> 150	4,5	10,0
11	Erweichungspunkt des Rückstandes nach K.S.-Methode............... ° F	83	158	140
12	Erweichungspunkt des Rückstandes nach R.u.K.-Methode............. ° F	107½	188½	161
13	Tropfpunkt nach Ubbelohde des Rückstandes . ° F	133	214	187
14	Flüchtiges nach der DIN-Methode 325° F ..... %	1,34	0,344	0,00
15	Penetration des Rückstandes bei 77° F	100	18,5	9
16	Duktilität des Rückstandes bei 77° F	> 150	3,5	6,5
17	Erweichungspunkt des Rückstandes nach K.S.-Methode............. ° F	93	169	138
18	Erweichungspunkt des Rückstandes nach R.u.K.-Methode .... ° F	118½	200½	163½
19	Tropfpunkt des Rückstandes nach der Ubbelohde- Methode .... ° F	140	226½	188½
20	Flammpunkt im offenen Tiegel......... ° F	450	480	622½
21	Brennpunkt .... ° F	525	550½	694½
22	Löslichkeitsprüfungen: Schwefelkohlenstoff, löslicher .... %	99,88	99,87	99,77
23	Unlösliche Nichtmineralstoffe .... %	0,00	0,00	0,00
24	Mineralasche .... %	0,12	0,13	0,23
	Summe .... %	100,00	100,00	100,00
25	Chemische Prüfungen: Schwefel .... %	6,00	6,60	6,50
26	Hartparaffine mit Alkohol-Äther und Fuller-Erde .... %	0,99	0,83	0,97
	Akohol-Äther und Schwefelsäure .... %	—	—	—
	Alkohol-Äther DIN-Methode.......... %	0,80	0,75	1,26
27	Säurezahl .... mg KOH/g	0,60	5,30	0,26
28	Weichasphalt bestimmt durch Differenzbildung . . %	20,80	7,70	33,60
29	Asphalterde .... %	16,80	33,70	19,90
30	Asphaltharzanteile .... %	22,20	27,60	17,80
31	Ölige Bestandteile .... %	40,20	31,00	28,70
	Summe .... %	100,00	100,00	100,00
32	Hartparaffine .... %	2,02	2,68	3,38

Bitumen und Asphalt. 485

typischer Rückstandsbitumina.

Venezuelanisches asphaltisches Erdöl			Rumänisches nichtasphaltisches u. asphaltisches Erdöl		Deutsches nichtasphaltisches und asphaltisches Erdöl				Polnisches nichtasphaltisches Erdöl	
1,012	1,035	1,042	1,014	1,031	1,026	1,065	1,066	1,082	1,038	1,050
189	13	7	146	19,5	143	162	10	5	92,5	5,5
> 150	15	3,5	> 150	6,5	> 150	8	4	0	91	0
— 9½	+ 34	+ 46½	+ 16	+ 32	+ 5	+ 9	+ 37½	+ 53½	+ 16	+ 57
79	134	155½	88	135½	88	141	149	174	95	151
101	161½	184	106	158	105	151	172½	202	112	172½
123	187	211	122	172½	127½	199½	191	221	131	197
0,022	0,000	0,004	0,168	0,113	0,000	0,000	0,000	0,000	0,020	0,010
174	12	6,5	118	18	118	143	8	3,5	88	5
> 150	8,5	—	150	5	> 150	7,8	4	0	88	0
80½	136½	158	91½	138	91½	134½	152½	177	100½	157
103	163½	187	109½	160	107½	153½	177	206½	118½	179
127½	190½	217½	123	179½	130	199½	195	224	133	200
0,09	0,04	0,03	0,506	0,372	0,072	0,028	0,031	0,030	0,030	0,070
132	8	5,5	66	15	96	120	7	3	56	3,5
> 150	6	—	127	4	> 150	6	3	0	20	0
89	145½	167	104	151	93	143½	156	183	109½	161
107½	167	190½	118½	172½	112	158	183	215½	127½	182½
129	196	221	134½	190½	136½	215½	203	232	138	205
550½	658½	669	516	574	642	662	649½	658½	566½	674½
636	728½	722	700	700	716	720	720	722	664	752
99,71	99,77	99,78	98,73	98,35	98,26	98,33	96,45	95,90	97,67	99,58
0,00	0,00	0,00	0,64	1,20	0,50	1,50	1,80	2,50	0,90	0,38
0,29	0,23	0,22	0,63	0,45	1,24	0,17	1,75	1,60	1,43	0,04
100,00	100,00	100,00	100,00	100,00	100,00	100,00	100,00	100,00	100,00	100,00
3,09	3,35	3,30	0,48	0,55	1,60	1,00	1,60	1,65	0,71	0,71
2,60	2,40	2,20	6,60	4,10	5,25	22,00	4,10	3,40	29,30	6,53
—	—	—	—.	—	—	—	—	—	29,50	6,45
2,10	1,75	1,65	5,40	3,50	3,45	14,00	2,60	2,30	10,15	4,83
0,45	0,07	0,28	0,51	0,27	0,45	0,29	0,26	0,24	0,61	0,02
13,10	19,90	22,60	3,45	8,55	12,22	15,40	7,80	7,00	7,03	3,40
11,48	18,20	21,00	17,55	23,35	12,20	12,40	25,50	30,50	17,17	24,00
29,32	24,90	22,90	34,00	33,40	28,08	27,20	35,10	34,50	24,80	41,00
46,10	37,00	33,50	45,00	34,70	47,50	45,00	31,60	28,00	51,00	31,60
100,00	100,00	100,00	100,00	100,00	100,00	100,00	100,00	100,00	100,00	100,00
4,55	4,74	4,92	14,70	11,80	11,05	48,80	13,00	12,10	57,50	20,70

VDE-Vorschriften 0351/1927 für die Bewertung und Prüfung von Vergußmassen für Kabelzubehörteile genügen. Weitere zusätzliche Eigenschaften werden wegen Paraffinwachs oder Harzzusatz gefordert. Danach dürfen die Massen keine Steinkohlen-, Generator- und Braunkohlen-Teerpeche, ebenso keine Glyzerin- und Zellpeche oder wasserlösliche Salze enthalten. Sie müssen frei von wasserlöslichen Säuren und Basen sein. Der Abdampfverlust der Massen darf nicht mehr als 1,5% betragen. Die Massen müssen im erstarrten Zustand blasenfrei und von homogener Struktur sein. Der Tropfpunkt nach UBBELOHDE muß mindestens folgende Werte erreichen:

A. Zur Verwendung unter der Erde 65° C.
B. Zur Verwendung in Innenräumen 90° C.
C. Für Fernmeldekabel 50° C.
D. Für Abbrühmassen 35° C. (Stets ohne Bitumen.)

Die Haftfestigkeit der Massen muß so groß sein, daß sie der Bleistreifenprobe nach § 13 VDE-Vorschrift 0351/1927 bei folgenden Versuchstemperaturen genügt:

A bei 0° C   C bei 20° C
B bei 20° C   D bei 0° C

Der Flüssigkeitsgrad, bezogen auf Wasser von 20° C, gemessen im ENGLER-Viskosimeter mit 5 mm Rohr, darf bei nachfolgend angegebenen Temperaturen folgende Werte nicht überschreiten:

Temperatur	Flüssigkeitsgrad
A 150° C	12
B 190° C	18
C 135° C	4
D 120° C	1,5

Eine elektrische Prüfung der Massen zur Beurteilung der elektrischen Eigenschaften ist bei Erfüllung der vorstehenden Anforderungen überflüssig.

In der Lackindustrie wird Bitumen zu Anstrichmitteln der verschiedensten Art verwendet. Man unterscheidet auch hier zwischen Bitumenlösungen, Bitumenlacken, Bitumenemulsionen und Einbrennlacken. Bitumenlösungen enthalten außer Bitumen nur Lösungsmittel (z. B. Terpentinöl, Kienöl), selten Zusätze von Farbstoffen und Metallpulvern. Bitumenlacke dagegen enthalten außerdem Fette und trocknende Öle (Leinöl, chinesisches Holzöl), vielfach auch Harze (Kolophonium) und auch organische Beimischungen sowie Sikkative (Metalloxyde) als Bestandteile.

Die Einbrennlacke werden, wie der Name sagt, noch einer besonderen Wärmebehandlung unterzogen. Sie enthalten Zusätze von trocknenden Ölen, Harzen, Stearin, Pech und Pigmenten. Der Lackfilm zeichnet sich durch große Härte, hohe Temperatur- und Witterungsbeständigkeit aus. Diese Schwarzlacke dienen vorwiegend als Eisenlack dem Rostschutz an Fahrrädern, Schreibmaschinen, Nähmaschinen, Fernrohren usw. Sie werden ferner zur Isolation von Drähten in Spulen bei elektrischen Schwachstromanlagen verwendet[1].

Geblasene Bitumina (noch heutzutage häufig „Mineral Rubber" genannt) sind infolge der ihnen innewohnenden günstigen chemischen

---

[1] VDE-Vorschriften 0360 XII. 40. Leitsätze für die Prüfung von Isolierlacken.

und physikalischen Eigenschaften als Zusatzstoff (Weichmacher) zu technischen Gummimischungen und Kabelisoliermaterialien sehr geschätzt, weil sie den Plastizitätsgrad des Kautschuks erhöhen.

Bitumenkitte für Pflastersteine und Betondeckenfugen sowie für keramische Abflußrohre sind stets von knetbarer Beschaffenheit. Diese Massen werden hauptsächlich zum Ausfugen von Pflastersteinen (Pflasterfugenkitt, Pflasterausflußmasse) und zum Abdichten der Muffen von Ton- und Steinzeugröhren (Muffenkitt, Tonrohr-Ausgußmasse) verwendet. Sie enthalten mineralische Zusatzstoffe, wie Sand, Schiefermehl oder Kieselgur von Zementfeinheit. Die technischen Anforderungen an Bitumenvergußmassen für Steinpflaster erstrecken sich nach DIN 1996, Ausgabe 1944, auf den Bindemittelgehalt (50 bis 70 Gewichtsprozente), die Zuschlagsstoffe (wasserunlösliche Gesteinsmehle), den Erweichungspunkt nach der Ring- und Kugelmethode (50 bis 60° C), das Gußvermögen und die Mischbarkeit (Verarbeitbarkeit an der Baustelle), die Fließlänge (Auslaufgefahr bei starker Sonnenbestrahlung), die Kältebeständigkeit (Verhalten bei 0° C unter die Schlagbeanspruchung).

Da die Dehnungsfugen der Zementbetonstraßen breiter als die der Steinpflasterstraßen sind, werden an Fugen-Vergußmassen für Zementbetondecken nach DIN 1996, Ausgabe 1944, noch schärfere Anforderungen, insbesondere hinsichtlich der Dehnbarkeit und des Haftens an dem Zementbeton, gestellt.

Die technischen Anforderungen an Tonrohr-Ausgußmassen sind den vorstehenden ähnlich. Sie beziehen sich auf leichte Verarbeitbarkeit sowie Schwinden im Glasrohr von 30 mm Durchmesser und 100 cm³ Inhalt. Hierbei darf die im gebrauchsfähigen Zustand eingegossene Masse nur 15% Schwindung bei Abkühlung auf 0° C aufweisen. Es werden ferner die Neigung zum Entmischen (Absetzen bei Gießtemperatur), die Standfestigkeit in der Wärme (Erweichungspunkt nach KRAEMER-SARNOW: 50 bis 75° C), die Geschmeidigkeit in der Kälte (Biegeversuch von Prüfstäben $10 \times 20 \times 100$ mm³ bei 0° C), das Haftvermögen (Zerreißkraft und Dehnung fertiger Muffenverbände durch Zugversuche bei $+4°$ C und 0° C) bestimmt.

Aus allen diesen Prüfmethoden geht hervor, daß sie sich stark an die unmittelbaren Verwendungszwecke anlehnen. Die Prüfmethoden haben daher ausgesprochen konventionellen Charakter.

§ 10. Koks und Briketts.

Briketts und Kohle werden in der Regel als Abfallprodukte der Petroleum-Industrie betrachtet, obgleich die Qualität des hier produzierten Dubbskokses weit höher ist als die des Hüttenkokses. Das liegt daran, daß Petroleumkoks einen geringeren Aschegehalt als Hüttenkoks hat und sich daher besser zur Erzeugung von Elektrodenkohle eignet als dieser. Der Absatz ist aber zur Zeit noch sehr gering, so daß er wirtschaftlich noch keine größere Rolle spielt. Die größten Mengen werden daher verheizt. Auch die Heizwerte des Petroleumkokses sind wegen seines Gehaltes an bituminösen Stoffen höher als die des Hüttenkokses.

Das liegt an seiner Entstehung bei einer weit niedrigeren Temperatur von rund 500° C gegenüber der des Hüttenkokses bei 800° C und mehr.

Es wird daher bei dem Petroleumkoks neben der Aschebestimmung auch seine Flüchtigkeit durch Glühen ermittelt. Diese ist um so geringer, je stärker der Petroleumkoks während der Flashing to coke-Operationen mittels der flüssigen Brennstoffe bei erhöhter Temperatur extrahiert wurde. Der Petroleumkoks ist relativ kleinkörnig und staubig.

Die Raffinerien haben daher in vielen Fällen Brikettierungsanlagen errichtet, um diesen Koks als Hausbrandkohle besser absetzen zu können. Als Bindemittel werden Brikettasphalte verwendet, über deren Spezifikationen das Kapitel „Bitumen und Asphalt" Auskunft gibt.

Meist werden Walzenbriketts in Eiform hergestellt, die sich wegen ihrer geringeren Größe mit der Handschaufel verfeuern lassen. Für diese Briketts ist eine Festigkeitsprobe vorgeschrieben. Man bringt ein Prüfstück unter einen Hebel und belastet diesen mittels eines Gewichts, indem man den Hebelarm so lange vergrößert, bis der Prüfling unter der Last zusammenbricht. Wegen der mangelnden Reproduzierbarkeit sind mehrere Proben, am besten zehn, auszuführen und aus diesen der Mittelwert zu nehmen.

Da flüssige Brennstoffe stets das wertvollere Heizmaterial darstellen, geht das Bestreben dahin, die „Flashing to coke-Operationen" soweit als möglich zu beschränken, den Koksanfall zu begrenzen und damit auch die Bedeutung der Brikettierung in der Ölindustrie zu mindern.

Dazu drängt vor allem auch der Wunsch nach Erhöhung der Stabilität des dabei hergestellten Heizöles, das bei den starken „Flashing to coke"-Operationen leidet. Auch der größere Gasanfall ist unerwünscht. Es ist aber möglich, daß sich durch die modernen Alkylierungsprozesse, die eine günstige Verwertung von Dubbs-Gas ermöglichen, auch hier wieder eine Belebung der Koksproduktion bemerkbar machen wird. Über diese Richtung der Entwicklung läßt sich aber noch nichts Abschließendes sagen.

§ 11. Schädlings- und Seuchenbekämpfungsmittel.

a) Geschichtliche Entwicklung.

Die erste Nachricht über die Verwendung eines Erdölproduktes zur Schädlingsbekämpfung stammt bereits aus dem Jahre 1865. Es wurde Leuchtöl zur Bekämpfung von Schildläusen an Orangen empfohlen[1].

Bei diesen ersten Versuchen wurden belaubte Bäume in der Vegetationsperiode behandelt. Hierbei entstanden durch unverdünntes Petroleum schwere Pflanzenschäden an den Blättern und Früchten. Da sich das Öl mit Wasser nicht mischt, nahm man Seifenlösungen oder Milch, um es zu emulgieren. Seifige Petroleumemulsionen sind schon seit 1870 bekannt[2]. Die mechanische Mischung aus zwei Behältern in

---

[1] METCALF, L. C.: Progress in spraying and dusting methods during the past seventy-five years. Transact. State Hort. Soc. for the year 1930, S. 287 bis 307.

[2] Vgl. M. HOLLRUNG: Die Mittel zur Bekämpfung der Pflanzenkrankheiten, 3. Aufl. 1923 S. 292.

einer Spritze (tank mixture) wurde schon 1888 beschrieben[1]. Ein Mischungsverhältnis zur Bereitung einer Petroleum-Seifenemulsion wurde 1883 durch die Riley-Hubbard-Formel veröffentlicht, das auch heute noch gebraucht wird[2]. 1904 wurden die wasserlöslichen Öle (miscible oils, soluble oils) eingeführt. Zwischen 1903 und 1910 wurde festgestellt, daß die höher siedenden Schmieröle eine bessere insektizide Wirkung haben als Petroleum[3]. Diese Wirkung soll zuerst ein Obstpflanzer in Tasmanien entdeckt haben, der kein Petroleum zur Verfügung hatte und daher seine Bäume mit Schmieröl besprützte. Seine Erfolge sind einer Petroleum-Gesellschaft bekannt geworden, die nach eingehender Prüfung ein lösliches Öl herausbrachte, das höher siedende Erdölanteile enthielt. Doch erst 1928 kam das amerikanische Präparat „Volck" in den Handel, und damit wurden die anderen Verfahren verdrängt[4].

Gegen die San-José-Laus (Aspiodotus perniciosus Comst) wurde hauptsächlich Schwefelkalkbrühe, und gegen die Citrus-Schildlaus (Chrysomphalus auranti Mask und Saissetia oleae Bern) in steigendem Maße Blausäure angewandt. Doch seit 1922 hat man die Überlegenheit der Schmierölspritzmittel gegenüber Schwefelkalkbrühe zur Bekämpfung der San-José-Laus festgestellt. Auch für die Citruskulturen wurden die Mineralölspritzmittel immer wichtiger, seit man das Aufkommen gegen Blausäure resistenter Schildlausstämme beobachtete[5]. GRAY und DE ONG brachten 1926 den Nachweis, daß die pflanzenschädigende Wirkung der Öle von ihrem Reinheitsgrad abhängt. Auf Grund dieser Erkenntnis wurden Weißöle zur Sommerspritzung eingeführt und damit die Erdölanteile in den Vordergrund gerückt[6].

Auf dem europäischen Kontinent sind die Teeröle die verbreitetsten Winterspritzmittel. Sie sind hinreichend wirksam gegen Aphiden- und Psyllideneier. Bei der Bekämpfung der Eier von Kapsiden, Geometriden und Schildläusen, wie z. B. der San-José-Laus, werden sie von Erdölen übertroffen. Daher versuchte man, die beiden Öle zu kombinieren, um die volle Wirksamkeit durch eine einzige Spritzung zu erreichen[7]. Seit 1940 ist den Teerölen durch die Entwicklung der Gelbspritzmittel (Dinitro-o-kresol) ein beachtlicher Konkurrent erwachsen, deren Kombi-

---

[1] Vgl. R. H. SMITH: The tank mixture method of using oil spray. Univ. Calif. Agr. Exp. Stat., Bull. 527, 1932, S. 86.

[2] RILEY, C. V.: Reports of experiments chiefly with kerosene, upon the insects injuriously affecting the orange tree and the cotton plant. U. S. Dept. Agr. Div. Ent. Bull. Bd. 1 (1883) S. 62.

[3] JARVIS, C. D.: Proprietary and home-made miscible oils for the control of the San-José scale. Conn. (Storrs) Agr. Exp. Stat. Bull. 54 (1908) S. 169—197; JONES, P. R.: Tests of sprays against the European fruit lecanium and the European pear scale. U. S. Dept. Agr., Bur. Ent. Bull. 80 (1910) S. 147 bis 160; PENNY, C. L.: Miscible oils: how to make them. Penn. State Col. Ann. Rpt. Off. Doc. 19 (1908) S. 228 bis 240.

[4] MARTIN, H.: The Scientific principles of Plant Protection 1936.

[5] Vgl. P. SORAUER: Handbuch der Pflanzenkrankheiten Bd. 6 S. 475.

[6] GRAY, G. P., u. E. R. DE ONG: California petroleum insecticides. Industr. Engng. Chem. Bd. 18 (1925) S. 175 bis 180; DE ONG, E. R.: Use of petroleum oils as insecticides. Oil and Gas J. Bd. 24 (1926) S. 142.

[7] HOUGH, W. S.: The efficiency of tar destillate sprays in controlling. San José scale in 1932. J. econ. Entom. Bd. 26 (1933) S. 470 bis 473.

nation mit Erdölen sich besonders in England sehr bewährt hat[1]. Zur gleichen Zeit wurde Gesarol als Insektizid in den Obstbau eingeführt. Nach dem Gebrauch hat sich seit einigen Jahren herausgestellt, daß beide Mittel gegen die rote Spinne (Tetranichus) unwirksam sind, während Erdöl gegen diese gut wirkt. So wird auch hier die Erdölkombination die Lösung bringen.

b) Spraymittel.

Schon im Jahre 1919 wurden in Amerika zur Entwesung von Schiffen Petroleum-Pyrethrumextrakte gebraucht, die bald darauf zur Bekämpfung des Ungeziefers in Haushaltungen allgemeinen Eingang gefunden haben[2]. Auch im freien Gelände wurden diese Stoffe als Zusätze zu Larvenbekämpfungsmitteln gegen Anophelen gebraucht. Seit 1942 erscheint das Schweizer Präparat „Gesarol", in Amerika DDT genannt, im Handel, das viel wirksamer als Pyrethrum ist und dessen ölige Emulsionen in den verschiedensten Zweigen der Insektenbekämpfung immer größere Beachtung finden.

Rohes Erdöl wird im Pflanzenschutz nicht verwendet. Die Fraktion 160 bis 297° C (50% bis 222° C) wird von PANNEWITZ zur Herstellung von Spraymitteln empfohlen[3]. Die chemische Zusammensetzung wird mit 11,4% Olefinen, 15,5% Aromaten, 12,1% Naphthenen und 61,0% Paraffinen angegeben, außerdem wird ein Toluolwert von 20,8% sowie ein Destillationsrückstand von 0,5% verlangt. RICHARDSON stellte fest, daß die Ölfraktion 192 bis 269° C wirkungsvoller ist als ein Öl, das zwischen 154 und 202° C siedet[4]. In den Wohnungen werden die niedrig siedenden Fraktionen (White spirit) vorgezogen, weil man dort auf den Einrichtungsgegenständen keine Flecke durch den Verdampfungsrückstand wünscht. Als Sicherheitsfaktor gegen Brände ist ein Flammpunkt von 49° C+ festgesetzt. Für andere Zwecke nimmt man lieber höhere Fraktionen, die nicht so leicht verdampfen und damit eine dauerhaftere Wirkung hinterlassen[5]. Zur Gelbfieberbekämpfung in Flugzeugen muß das Spraymittel unentflammbar sein. Zu dem Zweck löst man 2% Pyrethrum in einem Gemisch von vier Teilen Tetrachlorkohlenstoff und einem Teil Petroleum auf. Von dieser Mischung werden 6 bis 12 cm^3 auf 30 m^3 Rauminhalt versprüht[6].

Viele Spraymittel enthalten 0,6 bis 1,2% Pyrethrumbestandteile. Erst durch die Arbeiten von STAUDINGER und RUZICKA wurden wir über das wirkende Prinzip des Pyrethrums aufgeklärt. Seither können

---

[1] Die Gartenbau-Wissenschaft, Sonderabdruck aus Bd. 16 (1942) 4. und 5. H.; LOEWEL, E. L.: Dinitrokresol als Winter-Spritzmittel im Obstbau.
[2] PFEIFFER, J. PH., u. P. A. BLIJDORP: The use of mineral oil products for the control of plant-diseases. 5. Congrès internat. techn. et chim. indust. agricol. Scheveningen 1937.
[3] PANNEWITZ, E.: Über die Toxizität von Mineralölkombinationen mit ätherischen Ölen bei Insektenvertilgungsmitteln mit Petroleumbasis. Z. Desinfektion Bd. 23 (1931) S. 339 bis 342.
[4] RICHARDSON, H. H.: Industr. Engng. Chem. Bd. 24 (1932) S. 1394.
[5] SCHNEIDER, F.: Der heutige Stand der Schädlingsbekämpfung im Obstbau. Schweiz. Z. Obst- u. Weinbau 1945 S. 143, 151.
[6] MARTINI, E.: Lehrbuch der medizinischen Entomologie, 2. Aufl. 1941 S. 511.

wir die Pyrethrine bestimmen und die Lieferfirmen können standardisierte Produkte auf den Markt bringen. Pyrethrumpräparate oxydieren leicht im Licht oder in schlechten Behältern, wodurch ihre Wirkung schwächer wird. Dem kann durch Zusatz von Pyrokatechin entgegengearbeitet werden. Die Präparate werden mit Zitronell, Thymianöl, Zedernöl, Safrol und/oder Methyl-Salicylat parfümiert, um den störenden Geruch zu verdecken. Als wirksame Stoffe des Pyrethrumextraktes wurden zwei in wechselndem Verhältnis vorhandene Ester eines Ketonalkohols „Pyrethrolon" mit zwei Säuren der Chrysanthemum-mono- und Chrysanthemum-dicarbonsäure erkannt, welche „Pyrethrin I" und „Pyrethrin II" benannt wurden. Ihre Strukturformeln lauten:

Pyrethrin I.

Pyrethrin II.

Solche Spraymittel sind Parex, Atota, Delicia-Flyfall, Nora Extra und Flit[1].

---

[1] Das Schrifttum über dieses Gebiet ist sehr zahlreich. Es sind folgende Arbeiten zu nennen: Gegenwärtiger Stand der Kenntnisse über Pyrethrum als Insektengift. Anz. Schädlingskunde Bd. 10 (1934) S. 1 bis 7, 14 bis 21, 111 bis 116; STAUDINGER, H., u. L. RUZICKA: Insektentötende Stoffe S. 1 bis 10; Helv. chim. Acta Bd. 7 (1924) S. 177 bis 201, 202 bis 259, 377 bis 458.
RIPERT, J.: Sur un nouveau procédé d'analyse des produits contenant des extraits de pyrèthre. I. Ann. Falsific. Fraudes Bd. 24 (1931) S. 325, 580; Bd. 28 (1935) S. 27 bis 38; WILCOXON, F., u. A. HARTZELL: Some factors affecting the efficiency of contact insecticides. 2. Further chemical and toxicological studies of pyrethrum. Contrib. Boyce Thompson Inst. Bd. 5 (1933) S. 115 b.s 127; SALING, TH.: Über das wirksame Prinzip von Pyrethrum-Insektenpulver und eine neue biologische Methodik ihrer Wertbestimmung. Z. Desinf. Gesundheitswesen Bd. 20 (1928) Heft 3; RIPERT, J.: Rückblick über die Frage der Pyrethrum-Pflanzen. Ann. Falsific. Fraudes Bd. 25 (1932) S. 395 bis 409.
Mc DONELL, C. C., u. Mitarbeiter: Relative insectical value of commercial grades of Pyrethrum. U. S. Dep. Agr. Bull. Bd. 824 (1926); Bull. Bd. 198 (1930); GNADINGER, C. B., u. C. S. CARL: Untersuchungen über Pyrethrum-Blüten. 1. Die quantitative Bestimmung der wirksamen Eigenschaften. J. Amer. chem. Soc. Bd. 51 (1929) S. 3054—3064.
TATTERSFIELD, F., u. R. P. HOBSON: Extracts of Pyrethrum: permanence of toxicity and stability of emulsions. Ann. appl. Biol. Bd. 18 (1931) S. 203—243; TATTERSFIELD, F.: The loss of toxicity of Pyrethrum dusts on exposure to air and light. J. agric. Sci. Bd. 22 (1932) S. 396 bis 427; TATTERSFIELD, F., u. J. T. MARTIN: The loss of activity of pyrethrum Bd. 2, 24 (1934) S. 598 bis 626; MANN, D.: Die technische Herstellung von Pyrethrumextrakten. Chem. Ztg. Bd. 58 (1934) S. 401.
STAUDINGER, H., u. L. RUZICKA: Insektentötende Stoffe. Helv. chim. Acta Bd. 7 (1924) S. 377 bis 458; GNADINGER, C. B., u. C. S. CARL: Untersuchungen über Pyrethrum-Blüten. 2. Die Beziehung zwischen der Reife und dem Pyrethrum-Gehalt. 4. Die relative Giftigkeit der Pyrethrine 1 u. 2. J. Amer. chem. Soc. Bd. 52 (1930) S. 680 bis 684, 3300 bis 3307.

Pyrethrum ist für Warmblüter unschädlich. Doch wird es seit 1942 von Produkten der organischen Synthese, die Warmblütler ebenfalls nicht angreifen, in seiner insektiziden Wirkung übertroffen. Ein solcher Stoff ist das Gesarol, das ein Dichlor-diphenyl-trichlor-methyl-metan (DDT) darstellt[1].

$$Cl-\underset{\underset{Cl}{\overset{Cl-C-Cl}{|}}}{\overset{\overset{H}{|}}{C}}-Cl$$

Es wird als Stäube- und Spritzmittel verwendet. Eine Emulsion von Gesarol in Spindelöl kommt als Gesapon in den Handel. Wäßrige Emulsionen von Gesapon werden als Boden-Desinfektionsmittel zur Bekämpfung von Gemüsefliegen benutzt.

Als Spraymittel eignet sich Gesarol zur Bekämpfung der Fliegen in Kuhställen, weil durch seine Dauerwirkung zwei Spritzungen im Sommer ausreichen. Amerikanische Forscher berichten, daß in Kuhställen, wo die Fliegen erfolgreich abgehalten werden, der Milchertrag um 14% höher liegen kann als in anderen. Dieser Milchausfall durch Fliegen ist auf die Beunruhigung der Kühe zurückzuführen[2].

Eine weitere Verwendung finden Gasöl- und Spindelölfraktionen zur Herstellung von Vorratsschutzmitteln, die gegen Mühlen- und Speicherschädlinge gebraucht werden. Diese Mittel werden entweder ohne Wasserzusatz versprüht (Kormul, Littacid, Panol, Wolkusol, Peritol, Duracet), oder ihre Anwendung erfolgt in wäßriger Emulsion (Anox). Die meisten Mittel enthalten Pyrethrum, um die Giftwirkung zu erhöhen. Jedoch wird es zukünftig durch Gesarol ersetzt werden. Wenn diese Mittel auch nicht auf das Getreide, sondern nur auf die Speicherräume versprüht werden, so darf zu ihrer Zubereitung nur reines, geruchloses und raffiniertes Öl genommen werden, weil ein störender Beigeschmack auf Malzböden bis in das Bier verschleppt werden kann. Auf dem Getreide würde das Öl ein falsches Schüttgewicht veranlassen, das bei Getreide als Hektolitergewicht bestimmt wird. Die Oberflächenhärchen werden durch die Öle erweicht, dadurch rutschen die Körner enger aneinander, und das Hektolitergewicht erscheint zu hoch. Dies täuscht

---

[1] LÄNGER, P., H. MARTIN u. P. MÜLLER: Über Konstitution und toxische Wirkung von natürlichen und neuen synthetischen insektentötenden Stoffen. Helv. chim. Acta 1944 S. 27, 892; CAMPBELL, G. A., u. T. F. WEST: DDT The New Insecticide. J. Oil and Colour Chem. Assoc. 1944 S. 27, 241; J. roy. Agr. Soc. of England Bd. 106 (1945) S. 204 bis 220; KOTTE, W.: Gesarol, ein großer Fortschritt in der giftfreien Schädlingsbekämpfung. Südwestdtsche. Z. Obst u. Gartenbau, Juli 1943 S. 52; Literatur der Firma Geigy 1944. Die Anwendung von Gesapon und Gesarol gegen Boden- und Wurzelschädlinge.

[2] BLAXTER, K. L.: Control of Flies in Cowsheds. Agriculture 1945 S. 52, 112; WIESMANN, R.: Eine neue Anwendungsmöglichkeit des Arsenersatzstoffes „Gesarol". Bekämpfung der Fliegenplage in Ställen. Schweiz. Z. Obst u. Weinbau Bd. 51 (1942) S. 329; S. 155 und 1943 Nr. 6 S. 240; FREEBORN, S. B., W. M. REGAN u. A. H. FOLGER: The relation of flies and fly sprays to milk production. J. econ. Entom. Bd. 21 (1928) S. 529.

einen höheren Klebergehalt vor und damit eine bessere Qualität[1]. In der landwirtschaftlichen Schädlingsbekämpfung wurden Pyrethrumsprühmittel zur Bekämpfung der Kaffeewanze (cupsid bug, Antestia und lygus) angewandt. Dazu dürfen nur reine Lösungsmittel mit wenig ungesättigten Kohlenwasserstoffen verwendet werden, und die Büsche sollen mit Tüchern bedeckt sein[2].

In den γ-Isomeren von Benzolhexachloriden fand man ein Insektizid, das gegen verschiedene Schädlinge noch wirksamer ist als Gesarol, doch ist seine Dauerwirkung gering[3].

c) Seuchenbekämpfung.

In der Mitte des 14. Jahrhunderts starben in Europa 25 Millionen Menschen an der Pest, die vom Rattenfloh übertragen wird. Gefürchtet sind ferner die Fleckfieberepidemien, die durch die Kleiderlaus vermittelt werden. Die unhygienische Rolle der Stubenfliege ist den Kulturvölkern bekannt. Andere Krankheiten, wie das Gelbfieber oder Pappataccifieber, werden von bestimmten Mücken übertragen. Die Anophelesfliege verbreitet die Malaria, die in Indien jährlich mehrere Millionen Menschen dahinrafft.

Durch Spraymittel bekämpft man das Ungeziefer in den Wohnungen und Kellerräumen, um die überwinternden Mückenweibchen zu vernichten. Auch Flugzeuge werden auf diese Weise gegen Gelbfieberübertragung gesichert. Verschiedene Mineralölfraktionen dienen zum Petrolisieren der Gewässer an den Brutstätten der Stechmücken (Culiciden). Die Wasseroberfläche soll von einem dünnen Film überdeckt werden, weil die Mückenlarven zum Atemholen an die Oberfläche kommen müssen und dabei ihre Tracheen vergiften. Bei kleinen Gewässern werden Sprayapparate oder getränkte Sägespäne benutzt, bei größeren Sumpfgebieten wird das Flugzeug eingesetzt. Bei fließenden Gewässern gebraucht man die Öltropfmethode. Hierbei läuft das Öl aus einem Faß in Tropfenform auf die Wasseroberfläche aus. Auf großen Flächen wird die Öldecke oft zusammengeschoben. Deshalb muß man sie durch Reisig od. dgl. ähnliche Mittel in kleinere Flächen unterteilen.

Hierzu werden Öle mit kleiner Viskosität und niedrigem Dampfdruck verwendet, die einen dünnen Ölfilm ergeben, der sich leicht über die Wasseroberfläche ausbreitet und standhält. Man berechnet etwa 20 bis 30 cm^3 auf einen Quadratmeter. Die leichten Fraktionen verdampfen zu schnell und führen zu einem Kollabieren der Tracheen[4], wodurch sich die Larve wieder erholt. Unter den aliphatischen Ölen ist Petroleum am wirksamsten. Bei gleicher Viskosität sind die Aromaten flüchtiger als Ali-

---

[1] MOHRS, K.: Die Behandlung, Trocknung und Bewertung des Getreides, 2. Aufl. 1931 S. 229 u. 248. Berlin: Parey.

[2] PARKER, W. B.: J. econ. Entom. 1934 S. 27, 1036.

[3] SLADE, R.: Gamma Isomer of Hexachlorocyclohexane (Gammexane). Chem. and Ind. 1945 S. 40, 314; DEPURE, A., u. M. RAUCOURT: Un insecticide nouveau. L'Hexachlorure de Benzène. C. R. Acad. Agric. France Bd. 29 (1943) S. 470.

[4] Nach Versuchen von ZACHER (Mitt. d. Ges. f. Vorratsschutz 11, 6 (1935) gehen die Insekten nicht durch Sauerstoffmangel unter dem abgeschlossenen Ölfilm zugrunde, sondern die Todesursache ist noch nicht aufgeklärt.

phaten und bei gleichem Molekulargewicht viskoser als die Aliphaten. Gemische mit niedrig siedenden aromatischen Fraktionen verschlechtern die Ausbreitung. Nur hochmolekulare, aromatische Stoffe dürfen verwendet werden. Gut eignet sich die Schwerölfraktion von den Teerölen. Am besten sind Fraktionen, die einen weiten Siedebereich erfüllen (Bulk-Destillat). Auch eine Lösung von Păcură (Masut, Longresidue) hat sich bewährt. Reine Paraffinkohlenwasserstoffe breiten sich schlechter aus als Aromaten. Öltropfen, die in allen Eigenschaften gleich sind und sich nur durch verschiedene Mengen nicht sulforierbarer Anteile (unsulfonable residue, abgekürzt: UR) unterscheiden, bleiben bei einem Wert von UR = 92% linsenförmig auf dem Wasser liegen, während sie sich bei UR = 70 bis 75% gut und bei UR = 65% noch besser ausbreiten.

Das Ausbreitungsvermögen (Spreading-properties). Ein Öltropfen b, der auf einer anderen Flüssigkeit a, z. B. Wasser, ruht (vgl. Abb. 230), unterliegt drei verschiedenen Kräften. Das Verhältnis dieser Kraftwirkungen zueinander bestimmt die Form des Tropfens. Der Punkt P im sog. Neumannschen Dreieck ist von drei Kräften beeinflußt: In Richtung waagerecht wirkt die Oberflächenspannung Ω_a der Flüssigkeit a gegen den Gasraum. In Richtung aufwärts wirkt die Oberflächenspannung Ω_b des Öltropfens. In Richtung abwärts wirkt die Grenzflächenspannung Ω_{ab} zwischen Öl und Wasser. Bei zwei völlig mischbaren Flüssigkeiten würde sich Ω_{ab} dem Nullwert nähern und die Flüssigkeit b würde sich über a ausbreiten. Es wäre

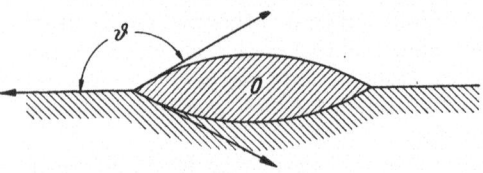

Abb. 230. Öltropfen auf Wasser (Neumannsches Dreieck).

$$\Omega_a = \Omega_b \cos \vartheta.$$

ϑ ist der Winkel zwischen der Öl- und Wasseroberfläche. Bei ausgebreiteten Tropfen wird $\cos \vartheta$ nahezu = 1*. Bei zwei nicht völlig mischbaren Flüssigkeiten nimmt Ω_{ab} endliche Werte an, und wenn sich b über a ausbreitet, ergibt sich die Beziehung:

$$\Omega_a = \Omega_b + \Omega_{ab}.$$

Wenn Ω_{ab} groß ist, kann sogar folgende Ungleichung bestehen:

$$\Omega_a \neq \Omega_b + \Omega_{ab}.$$

Wenn sich b wenig löst, so kann sich auf a eine Adsorptionsschicht bilden. Sogar Spuren von Öl vermögen die Oberflächenspannung von a herabzusetzen. Das ist der Fall bei Wasser—Petroleum oder Wasser—Benzol. Jede Verringerung der Grenzflächenspannung begünstigt die Ausbreitung. Das kann durch gelöste Stoffe erreicht werden. Reines Petroleum hat gegen Wasser eine Grenzflächenspannung von 48,3 dyn/cm und schwimmt linsenförmig auf Wasser. Mastixhaltiges Petroleum mit einer Grenzflächenspannung von 16,3 dyn/cm gegen Wasser breitet sich dagegen lebhaft aus.

* FREUNDLICH: Kapillarchemie 1930 S. 134.

Wenn Petroleum geringe Mengen Fettsäuren oder fettsaure Öle enthält, so wird sich die Fettsäure zuerst ausbreiten, denn sowohl deren Oberflächenspannung als auch deren Grenzflächenspannung gegen Wasser (bei Ölsäure gegen Wasser 15,6 dyn/cm) ist kleiner als die Oberflächenspannung und die Grenzflächenspannung von Petroleum gegen Wasser. Auf der Wasseroberfläche entsteht eine Fettsäureschicht und erniedrigt dessen Oberflächenspannung, die dann kleiner wird als die Summe der Oberflächenspannung des Öles und der Grenzflächenspannung des Öles gegen Wasser. Durch diese Erniedrigung der Oberflächenspannung des Wassers bleibt das Petroleum linsenförmig liegen und breitet sich nicht aus. Daher muß beim Petrolisieren jeder Fettsäurezusatz zum Öl vermieden werden. Den höchsten Anforderungen entspricht Paraffinum liquidum, das ganz ungiftig ist und eine lange, haltbare Decke bildet, unter der nur die Larven ersticken, das hingegen den Fischen nicht schadet.

Die Ölfilme altern schnell und büßen ihre Wirksamkeit ein, daher sucht man ihre Giftigkeit durch Zusatz von Pyrethrum zu erhöhen. Neuerdings wird auch hier Gesarol vorgezogen. Es werden Präparate hergestellt, deren Ölgrundlage durch Chlorbenzol, Chlornaphthalin, Chlordiphenyl, Thiodiphenylamin, Benzylbenzoat, Wollfettsäure und neutrale Emulgatoren ergänzt werden. Man versuchte die Bekämpfung auch schon durch Bestäubung mit 1%igem Schweinfurter Grün durchzuführen.

d) Schmieröle im Pflanzenschutz.

Chemisch-physikalisch werden die Öle hauptsächlich durch die Viskosität und den Raffinationsgrad gekennzeichnet, während die Oxydations- und Verdunstungsfähigkeit bei 100° C von untergeordneter Bedeutung sind. Die übrigen Eigenschaften, wie spezifisches Gewicht, Flammpunkt und Farbe, sind weniger wichtig. Der Anteil, den die Schwefelsäure bei der Raffination nicht angreift (UR), wird in Prozenten angegeben. Er liegt bei Sommerölen über 90%. Die Wirkung der Schwefelsäure ist im Kapitel „Raffination" behandelt worden. Die Paraffin-Kohlenwasserstoffe können partiell oxydiert werden und sich in Karbonsäuren und neutrale Ester umwandeln. Aus diesen Oxydationsprodukten können gute Netz- und Demulgierungsmittel gewonnen werden (I.G. Farbenindustrie, DRP. 577428, 608362). Als Abfallprodukt fällt bei der Raffination der Säuregudron an, dessen Sulfonsäuren kapillaraktiv sind. Technisch lassen sich die wertvollsten Sulfonate durch Extraktion mit Alkohol oder flüssigem Ammoniak (Standard Oil Development Company, DRP. 605444, 1933) oder durch partielles Aussalzen mit Kochsalz gewinnen (Chem. Fabr. Pott & Co., DRP. 604641, 1932).

Aus dem Säureteer haben PILAT und seine Mitarbeiter die Sulfonsäure isoliert, die ebenfalls in dem Kapitel „Raffination" behandelt wurde[1].

---

[1] VON PILAT, ST., J. SEREDA u. W. SZANKOWSKI: Über Mineralölsulfosäuren. Petroleum Bd. 29 (1933) Nr. 3, 1—11; Chem. Zbl. Bd. 1 (1933) S. 1880; v. PILAT, ST., u. W. SZANKOWSKI: Über Mineralölsulfosäuren. 4. Zur Kenntnis des Kohlenwasserstoffes der γ-Sulfosäure. Petroleum Bd. 31 (1935) Nr. 10, 1—6; Chem. Zbl. Bd. 1 (1935) S. 4010.

e) Emulgatoren.

Fast alle Pflanzenschutzmittel werden als wäßrige Emulsionen angewendet. Die mechanische Emulgierung mit Spritzmaschinen ohne Emulgator war nicht erfolgreich. Allen Emulsionen, die Ölspritzmittel enthalten, werden heute Emulgatoren zugesetzt. Hierzu sind folgende Stoffe erforderlich: Seifen (Salze von Fettsäuren, Kresolseife), sulfonierte Öle, wie Türkischrotöl, Sulfitablauge, Sulfonsäuren u. dgl., ferner Proteine, wie Leim, Kasein, Blutalbumin, Gelatine und Milch. Auch Gerbsäure, Saponine, Kohlehydrate oder feste Stoffe, wie Bentonit, Kaolin, Bleicherde und Quillajarinde, wurden als Emulgatoren verwendet. KNIGHT und CLEVELAND empfehlen Aluminiumnaphthenat als Emulgator und Netzmittel zu Mineralölspritzmitteln[1].

Die Naphthensäuren werden aus den Erdölfraktionen durch alkalische Raffination gewonnen. Sie sind als Karbonsäuren der Naphthene aufzufassen. Als solche erweisen sie sich für niedere Tiere giftig. Ihre Alkalisalze ähneln den Schmierseifen, doch werden sie weniger hydrolytisch gespalten als diese. MARTIN hält die Naphthensäuren für unbrauchbar als Seifenersatz in Ölspritzmitteln, weil sie pflanzenschädigend wirken und ihre Kalziumsalze in Wasser unlöslich sind[2]. Über das Emulgierungsvermögen der Naphthensäuren wurde im Kapitel ,,Naphthensäuren und Phenole'' berichtet[3].

Die Seifen sind hervorragende Emulgatoren, doch können sie nur in weichem Wasser verwendet werden. Von diesem Nachteil sind die wasserlöslichen Sulfosäuren und ihre Oxydationsprodukte frei. Penethrol ist ein standardisiertes Produkt, dessen Kalzium- und Magnesiumsalze in Wasser leicht löslich sind und daher auch mit kalkhaltigen Spritzmitteln, wie Bordeaux-, Burgunder- und Schwefelkalkbrühe, gemischt werden können.

Die Haltbarkeit der Ölemulsionen beruht auf der Umhüllung der Öltröpfchen mit einer dünnen Schicht des Emulgators. Bei der Bildung einer solchen Hülle gilt die Beziehung, daß die Summe der positiven Grenzflächenspannungen zwischen Partikel- und Dispersionsmittel sowie zwischen Schutzkolloid und Dispersionsmittel größer ist als die Grenzflächenspannung zwischen Partikel und Schutzkolloid.

f) Netzmittel (Spreader) und Haftmittel (Sticker).

Netzmittel werden Spritzbrühen zugesetzt, wenn Pflanzen benetzt werden sollen, deren Blätter mit einer wasserabstoßenden Wachsschicht überzogen sind (z. B. Citrusblätter, Kohl, Erbsen), oder wenn das Spritzmittel zu schwach benetzt und das Gift vor seiner Wirkung zersetzt werden würde (Nikotin). Die Pflanzenoberfläche soll möglichst lückenlos

---

[1] KNIGHT, H., u. C. R. CLEVELAND: Recent developments in oil sprays. J. econ. Entom. Bd. 27 (1934) S. 269—289.

[2] MARTIN, H.: Die Verwendung von Petroleumprodukten als Gärtnereispritzmittel. J. Inst. Petrol. Technol. Bd. 20 (1934) S. 1070—1079; Petrol. Times Bd. 32 (1934) S. 631—633; Chem. Zbl. Bd. 1 (1935) S. 1606.

[3] NAPHTHALI, M.: Chemie, Technologie und Analyse der Naphthensäuren. Stuttgart: Enke 1927; BUDOWSKI, J.: Die Naphthensäuren. Berlin 1922.

von einer dünnen Schicht (Coverage) überdeckt werden, um das Gift mit dem Schädling auf schnellstem Wege in Berührung zu bringen. Die Menge Spritzbrühe, die auf der Pflanze zurückgehalten wird, ist entscheidend für ihre Wirksamkeit. Die Bekämpfungsspritzung erstrebt die Vernichtung von Insekten. Dazu eignen sich Nikotin, Pyrethrum, Rotenon, die den Schädling rasch treffen sollen, weil ihre Giftwirkung schnell abnimmt. Durch ein gutes Benetzungsvermögen dringt die Spritzflüssigkeit auch in verdeckte Pflanzenteile ein, wodurch versteckte Eigelege getroffen werden. Das ist besonders bei der Winterspritzung zu beachten[1]. Mit Hilfe eines Netzmittels kann die letale Giftkonzentration oft erheblich herabgesetzt werden. Dadurch lassen sich oft die Kosten für das Netzmittel ersetzen, von dem höchstens 0,1% der Spritzbrühe zugesetzt werden darf.

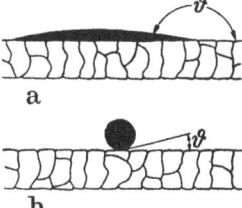

Abb. 231. Randwinkel (a) bei gut- und (b) bei schlechtbenetzenden Flüssigkeiten.

Wenn der Spritzbrühe zu viel Netzmittel zugesetzt wird, können die Spritztröpfchen zusammenfließen und ablaufen. Dadurch geht Wirksubstanz verloren und der Giftbelag wird zu schwach, um die tödliche Menge (dosis letalis minima) für den Schädling zu erreichen. Durch Übersteigerung der Netzfähigkeit wird die anfängliche Haftfähigkeit herabgesetzt. Daraus ergibt sich ein gewisser Gegensatz zwischen Netz- und Haftmittel. Wird zu viel von einem Netzmittel zugesetzt, dann ist die Dauerhaftigkeit eines Spritzbelages auch nach dem Eintrocknen gefährdet, weil die Regenbeständigkeit verringert wird. In Obstgebieten, wie z. B. Kalifornien, wo auch mit Arsenmitteln gespritzt wird, soll dagegen ein Netzmittel das spätere Abwaschen des Giftes vom Obst erleichtern. Bei der Depotspritzung werden Haftmittel zugesetzt. Diese Spritzung dient zur Bekämpfung von Pilzschädlingen und soll längere Zeit einwirken.

Mineralöle sind von Natur aus gute Netzmittel. Die Haftfestigkeit ist daher für Mineralölspritzungen nicht kritisch. Als Haftmittel dienen u. a. Mehl, Stärke, Harze, Dextrine u. dgl.

Nicht nur das Spritzmittel, sondern auch die Pflanzenoberfläche beeinflußt die Benetzbarkeit. Ihre Wirkung beruht auf Benetzung, Ausbreitung und im Eindringen in die Pflanzenteile.

Das Benetzungsvermögen (wetting properties) einer Flüssigkeit ist gut, wenn sie auf einem festen Gegenstand einen lückenlosen Überzug hinterläßt, nachdem der Überschuß abgelaufen ist. Bleiben zusammenhanglose Tröpfchen auf der festen Oberfläche liegen, dann ist die Benetzung nur unvollkommen.

Taucht man einen festen Körper in eine Flüssigkeit, so bildet sich an der Berührungsfläche fest—flüssig ein bestimmter Winkel. Dieser sogenannte Randwinkel kann spitz oder stumpf sein, wie Abb. 231 zeigt. Er ist charakteristisch für das System Festkörper—Flüssigkeit—Gasraum. Es herrschen die gleichen Beziehungen, wie sie für das Ausbrei-

---

[1] FISCHER W.: Über Netz- und Haftmittel im Pflanzenschutz. Mitt. Biol. Reichsamt Land- u. Forstwirtsch. Heft 64 S. 23.

tungsvermögen beim Neumannschen Dreieck besprochen wurden. Der Randwinkel ist gegeben durch

$$\cos \vartheta = \frac{W_{as} - \Omega_a - (W_{bs} - \Omega_b)}{\Omega_{ab}},$$

worin

ϑ den Randwinkel und
W bzw. Ω die Grenzflächen- bzw. Oberflächenspannungen

bedeuten. Abb. 231a stellt das Verhalten einer benetzenden Flüssigkeit mit großem Randwinkel dar, während Abb. 231b das Verhalten einer nicht benetzenden Flüssigkeit mit einem sehr kleinen Randwinkel wiedergibt. Es ist ohne weiteres zu erkennen, daß die Flüssigkeit bei a auf dem Zellgewebe der Pflanzenteile haftet, während sie bei b in Tropfenform leicht abrollt.

Das Eindringungsvermögen (penetrating properties) ist eine Voraussetzung, um die Spritzflüssigkeit zur vollen Wirkung zu bringen. Dieses soll die Lufträume zwischen den Haaren der Insektenkörper, an bemooster Baumrinde, an den Insektentracheen oder in dichtbevölkerten Pflanzenlauskolonien verringern und selbst in diese Räume eindringen. Eine vollkommen benetzende Flüssigkeit steigt in einer Kapillare so hoch, bis die Oberflächenspannung der Schwerkraft das Gleichgewicht hält. Die Steighöhe h ergibt sich aus

$$h = \frac{2\Omega \cos \varphi}{r \varrho g},$$

worin

Ω die Oberflächenspannung in dyn/cm,
φ den Randwinkel in °,
r den Radius der Kapillare in cm,
ϱ die Dichte in g/mol und
g die Erdbeschleunigung in cm, sec^{-2}

bedeuten.

Für den Randwinkel φ darf man 180° und damit $\cos \varphi = -1$ setzen. Das bedeutet, daß die Wirkung der Oberflächenspannung der Schwerkraft entgegengerichtet ist und die Flüssigkeit entgegen der Schwere in der Kapillare um die Niveaudifferenz der kapillaren Steighöhe emporsteigt. Damit wird die Eindringtiefe der Oberflächenspannung proportional. EBELING[1] wies nach, daß in einer reinen Glaskapillare, wo der Randwinkel fast 180° ist, durch den stufenweise erhöhten Zusatz von Vatsol (Na-sulfo-Bernsteinsäureester) mit der Oberflächenspannung auch die Steighöhe erniedrigt wird. Wird jedoch die Kapillare mit Bienenwachs überzogen, so wird der Randwinkel immer größer und die Oberflächenspannung verhält sich zur Steighöhe umgekehrt proportional, wie Tabelle 59 zeigt.

Durch die Verdampfung der Spritzbrühe auf der Pflanze wird die Eindringgeschwindigkeit (rate of penetration) fortlaufend kleiner. Die

---

[1] EBELING, W.: Penetretion of spray liquids into Plant Tissue. Verh. 7. Internat. Kongr. Entom. Bd. 6 S. 2966. Berlin 1938.

Tabelle 59.

Innenwand der Kapillare	Vatsol %	Oberflächenspannung der Flüssigkeit dyn/cm	Steighöhe cm
Reines Glas ...	0	72,7	2,12
	0,1	32,1	0,85
	1,0	29,1	0,72
Bienenwachs ...	0	72,7	0,00
	0,1	32,1	0,39
	1,0	29,1	0,65

Eindringungsgeschwindigkeit verhält sich zur absoluten Viskosität umgekehrt proportional, wie die Formel zeigt:

$$v = \frac{2\,\Omega \cos\varphi\,r}{4\,\eta\,l},$$

worin

Ω die Oberflächenspannung in dyn/cm,
φ den Randwinkel in °,
v die Steiggeschwindigkeit in cm/sec,
r den Radius der Kapillare in cm,
η die dynamische Viskosität in g, cm^{-1}, sec^{-1} und
l die Kapillarlänge in cm

bedeuten. Diese Gleichung ist streng genommen eine Differentialgleichung, da sie die Geschwindigkeit für jeden Punkt der Strecke l angibt. Durch Erhöhung der Polarität kann die Eindringungsgeschwindigkeit herabgesetzt werden. Die ungesättigten Verbindungen haben eine höhere Affinität für Wasser als die gesättigten Verbindungen. Dies läßt auf eine höhere Polarität schließen. Daraus ergibt sich eine langsamere Eindringung der Öle in die verwachsten Poren der Blätter bei geringerem Reinigungsgrad.

Die einfachste Methode zur Messung der Oberflächenspannung ist die Tropfenmethode nach TRAUBE. Das Stalagmometer oder die Tropfpipette ist eine Kapillare mit plangeschliffener Ausflußöffnung von wenigen cm^3 Inhalt. Sie wird in einfacher Weise mit reinstem Wasser geeicht. Das Tropfengewicht ist hierbei proportional der Oberflächenspannung. Diese Methode ist jedoch nur für homogene und beständige Suspensionen verwendbar[1]. Für Suspensionen wird die Bestimmung mit der Torsionswaage am besten in Form der Ringabreißmethode empfohlen. Die Meßmethode beruht auf der Tatsache, daß bei Vergrößerung einer Phasengrenzfläche ein Widerstand überwunden werden muß, der der vorhandenen Grenzflächenspannung proportional ist. Man mißt die nach unten gerichtete Spannung, die ein Flüssigkeitshäutchen ausübt, das zwischen dem Drahtbügel entstanden ist, wenn durch Senkung oder Hebung die Oberfläche des Häutchens vergrößert wird. Am meisten gebräuchlich

---

[1] TRAPPMANN, W.: Methoden zur Prüfung von Pflanzenschutzmitteln. Benetzungsfähigkeit. Arb. Biol. Reichsanst. Bd. 14 (1925) S. 259 bis 266.

ist das Interfacialtensiometer nach LECOMTE DU NOÜY (Abb. 232), das von SEELICH verbessert wurde. Bei diesem wird auf einen Platinring ein Zug ausgeübt, der durch Torsion eines Drahtes gemessen werden kann. Mittels einer optischen Einrichtung können noch die geringsten Änderungen der Lage des Platindrahtes während der Messung verfolgt werden. Peinlichste Sauberkeit ist bei allen derartigen Messungen unbedingte Voraussetzung.

Eine schnelle Beurteilung der Benetzbarkeit wird auch schon durch eine bewachste Testplatte erzielt, die in eine Flüssigkeit getaucht, nach senkrechter Aufstellung die zurückgehaltene Flüssigkeit zu erkennen gibt. Der Prüfung in der Textilindustrie wurde die Absinkmethode entnommen. Man wirft ein Stoffplättchen auf die Oberfläche der zu untersuchenden Flüssigkeit oder man beschwert es in der Flüssigkeit und mißt mit der Stoppuhr die Zeit bis zur völligen Benetzung, die sich durch plötzliches Absinken zu erkennen gibt. STELLWAAG und mehrere amerikanische Forscher versuchten, das Benetzungsvermögen durch Bestimmung des Randwinkels, den ein Flüssigkeitstropfen mit der Pflanzenunterlage bildet, zu beurteilen[1].

Abb. 232. Interfacialtensiometer von LECOMTE DU NOÜY, verbessert von SEELICH.

Für den Handel werden zweierlei Emulsionen hergestellt:

a) Lösliche Öle, das sind wasserarme, klare Öllösungen, die lager- und transportfähig sind. (Lösliche Öle, ganz gleich, ob sie aus Teer- oder Erdölen stammen, werden vom Regen leichter abgewaschen als andere Emulsionen. Das ist besonders in Gegenden mit feuchtem Klima, wie z. B. in Holland, zu beachten.)

b) Stamm- oder Stockemulsionen, die wasserhaltig und weniger stabil sind.

[1] STELLWAAG, F.: Z. angew. Ent. Bd. 10 (1924) S. 163; MARTIN, H.: The scientific principles of Plant Protection. 1936 S. 81.

Bei den löslichen Ölen (miscible, soluble oils) ist der Emulgator in Öl gelöst. BRITTON unterscheidet vier Gruppen[1]:
1. Schmieröle mit sulfonierten Pflanzenölen und Alkali.
2. Sulfonierte Mineralöle mit Alkali.
3. Schmieröle mit Seife in Alkohol gelöst.
4. Schmieröle mit Phenol- und Kresolseifen in Lösung gebracht.

Von einigen Forschern wird Kresolseife als der beste Emulgator angesehen[2]. Zur Erhöhung der Beständigkeit werden noch Hilfsstoffe, wie Phenole, hydrierte Phenole, Fuselöle und Harzöle zugesetzt[3]. Sie enthalten höchstens 10% Wasser und sind daher gegen Frostgefahr etwas geschützt. Die löslichen Öle kann man leicht herstellen, weil sich ihre Bestandteile gut mischen. Diese Öle ergeben mit weichem Wasser beständige Emulsionen von weißer Farbe, die in 5%iger Konzentration verspritzt werden. Ihr größter Nachteil ist, daß sie gegen hartes Wasser nicht beständig sind. Lösliche Öle sollen beim Verdünnen nicht ins Wasser gegossen, sondern das Wasser soll langsam ins Öl gegossen werden. Stammemulsionen (stock- oder concentrated emulsions) sind Mischungen aus Öl, Wasser und einem Emulgator, die in einer Kolloidmühle oder in Mischapparaten bereitet werden. Als Emulgatoren dienen Kasein, Seife, Harze, Stärke, Naphthen- und Sulfosäuren, Sulfitlauge, Kaolin, Ton und Lehm. Leim und Kaseinate, vor allem Ammoniumkaseinat, werden als die besten Nichtseifenemulgatoren angesehen, die verdünnte Emulsionen mit hartem Wasser am besten stabilisieren. Sie enthalten bis zu 50% Wasser, das im Öl verteilt ist und sie stark frostempfindlich macht. Solche Stammemulsionen sind im Wasser leichter zu verdünnen als lösliche Öle. Sie müssen vor dem Gebrauch geschüttelt werden, weil sie zur Entmischung neigen. Entmischte Emulsionen sind für den Pflanzenschutz ungeeignet, weil der ölige Teil die Pflanzen schädigt und der wäßrige Teil keine insektizide Wirkung zeigt. Der Ölgehalt soll 80% nicht übersteigen, weil sonst die Präparate zu zäh werden und sich schlecht ausgießen lassen. Für die Stammemulsionen kennt man folgende Herstellungsverfahren[4]:

1. *Heißpump*-Emulsionen (hot pumped oder boiled emulsion). Als Emulgator wird meistens flüssige Kalium-Fischölseife genommen. Ursprünglich wurden die Bestandteile nach der Hubbard-Formel gemischt: 5 l Maschinenöl, 5 kg Fischölseife (die bis zu 70% Wasser enthält) und 2,5 l Wasser. Gewöhnlich nimmt man zu einer Mischung von Seife und Wasser (1:5) die doppelte Menge Öl. Die Bestandteile werden zusammen

---

[1] BRITTON, W. E.: Oil sprays and oil injury. J. econ. Entom. Bd. 21 (1928) S. 418 bis 421.

[2] MELANDER, A. L., A. SPULER u. E. L. GREEN: Oil sprays; their preparation and use for insect control. Wash. Agr. Stat. Bull. Bd. 184 (1924) S. 31.

[3] WOODMAN, R. M.: Benetzungs-, Spreitungs- und Emulgierungsmittel bei Gebrauch von Zerstäubungsflüssigkeiten. J. Soc. chem. Ind., Chem. and Ind. Bd. 52 (1933) Trans. 5 b s 6; Chem. Zbl. Bd. 2 (1933) S. 3909.

[4] QUAINTANCE, A. L., E. J. NEWCOMER u. B. A. PORTER: Lubricating-oil sprays for use on dormant fruit trees U. S. Dept. Agr., Farm. Bull. Bd. 1676 (1931) S. 18; SWINGLE, H. S., u. O. I. SNAPP: Petroleum oils and oil emulsions as insecticides, and their use against the san José scale on peach trees in the south. U. S. Dept. Agr., Techn. Bull. Bd. 253. Juli 1931.

gekocht und mit einer Pumpe vermischt. Das Verhältnis von Seife und Wasser wird den Umständen angepaßt. Wenn man zur Verdünnung der Stammemulsion hartes Wasser nehmen muß, wird der Seifenanteil etwas höher gehalten. Um die Lagerfähigkeit der Stammemulsion zu sichern, wird der Wassergehalt gewöhnlich auf 25% eingestellt. Die Stammemulsion enthält meist 66 Vol.-% Öl und kann bis zu einem Jahr beständig sein.

2. *Kaltrühr*-Emulsionen (cold stirred emulsion). Als Emulgator hierfür verwendet man Seifen. Von den Heißpumpemulsionen unterscheidet sich die Kaltrühremulsion durch ihre Darstellungsweise. Die Bestandteile werden kalt mit einem Rührwerk vermischt. Man verwendet flüssige Fischöl- oder Harzölseife und setzt in kleinen Portionen so lange Öl zu, bis sich eine gallertartige Masse gebildet hat. Erst dann wird Wasser zugegossen, bis die Emulsion auf 66,6% Öl eingestellt ist. Natronseifen sind nicht geeignet, weil sie die Emulsionen zu steif machen. Am besten eignen sich Kaliseifen mit 60 bis 75% Wassergehalt. Zur Erhöhung der Stabilität werden vor dem Ölzusatz oft Amylalkohol, Kresol oder Cyclohexanol zugegeben. Auch Ölsäure (red oil) eignet sich zu dieser Emulsion. Die Darstellungsweise ist billig, und es können stabile Emulsionen mit einer Tröpfchengröße von 7 μ erreicht werden. Ferner wird in den chemischen Fabriken in Baku ein Pastenpräparat DMES (Destillat Maschinenöl-Emulsion-Sulfo) hergestellt. Es besteht aus 80% Öl, 5% Naphthensäure und 15% Natriumsulfonat. Die gallertartige Masse wird in Holzfässern aufbewahrt[1].

3. *Kaltpump*-Emulsionen (cold pumed emulsion). Dazu werden hauptsächlich Nichtseifenemulgatoren verwendet. Man löst den Emulgator in Wasser, setzt das Öl zu und preßt die Mischung durch einen Spritzzerstäuber. Als Emulgatoren nimmt man Eisensulfat, Bordeaux-Brühe, aber auch Kalziumkaseinat, Kaolin, Ton und Lehm. Das Kasein wird durch gelöschten Kalk (1:4) in Lösung gebracht, dann fügt man zuerst wenig Wasser und schließlich das Öl zu. Das Mischungsverhältnis ist folgendes: 5 l Öl, 2,5 l Wasser und 60 g Kaseinat. Die Stabilität hängt von der Herstellungsart ab. In Kolloidmühlen oder Spritzzerstäubern unter hohem Druck lassen sich Emulsionen mit einer Tröpfchengröße von 2 bis 4 μ bereiten. In den selbsthergestellten Kaseinatemulsionen sind die Tröpfchen 12 bis 19 μ groß[2]. Wenn auch keine Seife als Emulgator verwendet wird, so können kalt bereitete Emulsionen dennoch gegen hartes Wasser empfindlich sein. Die Ursache für diese Empfindlichkeit wurde in den Magnesiumionen erkannt[3]. Im Kaukasus hat sich auch eine Emulsion mit Erde bewährt, die aber erst am Tage der Anwendung bereitet werden soll. Auf 50 Teile Öl nimmt man 25 Teile Wasser und

---

[1] KLEMM, M.: Die San-José-Schildlaus im Nordkaukasus; Arb. über physiolog. u. ang. Ent. Bd. 11 (1944), S. 1 bis 25.

[2] NEWCOMER, E. J., u. R. H. CRATER: Casein ammonia, a practical emulsifying agent for the preparation of oil emulsions by orchardists. J. econ. Entom. Bd. 26 (1933) S. 880 bis 887.

[3] EYER, J. R., u. F. M. ROBINSON: The effect of certain hard waters on the stability of cold mixed lubricating oil emulsions. J. econ. Entom. Bd. 21 (1928) S. 702 bis 707.

25 Teile Erde. Die Erde in Form von Ton oder Lehm wird in einen Bottich gesiebt, wo langsam Wasser und Öl zu einer halbflüssigen Masse verrührt werden. Das Öl soll restlos emulgieren. Wenn Klumpenbildung eintritt, wird so lange Wasser zugegeben, bis die Klumpen verschwinden. Erst dann wird wieder Öl zugegossen. Die Stammemulsion wird auf 4% verdünnt, durch einen Sackstoff gesiebt und verspritzt.

Zur Beurteilung einer Emulsion nach ihrer Beständigkeit unterscheidet man zwei Typen:

1. Die haltbare Emulsion, bei der die insektizide Wirkung des Öles erst nach der Wasserverdunstung zur Geltung kommt. Die stabilsten Emulsionen geben die löslichen Öle. Die Stabilität hängt von der Tröpfchengröße ab, die bei den löslichen Ölen bereits so gering ist, daß sie schon Brownsche Bewegung zeigen.

2. Die leicht entmischbare Emulsion (quick breaking), die als Sommerspritzmittel dient. Hier soll das Wasser gleich nach dem Spritzen ablaufen und das Öl als gleichmäßige Schicht auf den Insekten und Blättern zurückbleiben. Die gelenkte Entmischung wird durch die Art und Menge des Indikators erreicht. Für diese Emulsionen dienen Kalzium-, Natrium- und Ammoniumkaseinate als Emulgatoren. Sie legen keinen zähen Film zwischen die Öltröpfchen und Wasser, sondern einen solchen, der beim Auftreffen auf die Blätter zerreißt, wodurch sich das Öl absetzt. Verschiedene Forscher beobachteten, daß eine 2%ige quick-breaking-Emulsion die gleiche Wirkung zeigte wie eine 4- bis 8%ige beständige Emulsion mit dem gleichen Schmieröl[1]. Hierbei wurde erkannt, daß bei gleichem Ölgehalt die Wirksamkeit der Emulsionen gegen Aphiden mit der Tröpfchengröße zunimmt[2]. Andere Forscher bemerkten keinen Unterschied in der Wirkung zwischen quick-breaking-Emulsionen und beständigen Seifenemulsionen gegen die San-José-Laus[3]. Die quick-breaking-Emulsion darf als Sommerspritzmittel nur hochraffinierte Öle enthalten. Die niedere Spritzkonzentration von 2% ist daher für ihre Wirtschaftlichkeit ausschlaggebend.

SMITH unterscheidet die anfängliche Abscheidung (initial deposit), die beim Auftreffen auf die Blätter stattfindet, und die sekundäre Abscheidung (secondary deposit), die nach der Verdunstung des Wassers zurückbleibt. Die besprochenen Erkenntnisse, ihre wissenschaftlichen Zusammenhänge und ihre wirtschaftliche Auswertung wurden von vielen Forschern beschrieben[4].

---

[1] DE ONG, E. R., H. KNIGHT u. J. CHAMBERLIN: A preliminary study of petroleum oil as an insecticide for citrus trees. Hilgardia Bd. 2 (1927) S. 351 bis 384.

[2] GRIFFIN, E. L., C. H. RICHARDSON u. R. C. BURDETTE: Relation of the size of oil drops to toxicity of petroleum oil emulsions to aphids. J. Agr. Res. Bd. 34 (1927) S. 727 bis 738.

[3] NEWCOMER, E. J., u. M. A. YONTHERS: Experiments for the control of the San-José scale with lubricating oil emulsions in the pacific Northwest. U. S. Dept. Agr., Circ. Bd. 172 (1931) S. 12.

[4] EIDELMANN, S.: Methodische Hinweise zur Erforschung der Wirkung der Erdölemulsionen auf Pflanzen. Allruss. Akad. landwirtsch. Wissensch., Abt. Pflanzenschutz, Leningrad 1938; ENGLISH, L. L.: A method for determining the quantity of oil retained by Citrus foliage after spraying. J. Agr. Res. Bd. 41 (1930) S. 131 bis 133; HAAS, A. J.: A method for determination the quantity of mineral

Zur Beurteilung einer Emulsion nach ihrer Anwendung unterscheiden wir ebenfalls zwei Typen:

1. Winterspritzmittel, in die schwerere Schmieröle emulgiert werden als in Sommerspritzmittel. Sie kommen in 4- bis 8%iger Emulsion zur Bespritzung von Bäumen in Anwendung, die sich in Winterruhe befinden, um die darauf nistenden Insekten oder ihre Eier abzutöten. Sie wurden erstmalig in den Vereinigten Staaten von Amerika, dann in England und schließlich auf dem Europäischen Kontinent verwendet.

Es ist allgemein anerkannt worden, daß die insektizide und ovizide Wirkung mit der Erhöhung der Fraktion wächst, wenn die Viskosität ein Minimum überschreitet. MARTIN gibt für Öle bei 70° F folgende Viskositätsgrenzen an:

Viskositätsminimum	Viskositätsmaximum
125 sec REDWOOD	500 sec REDWOOD
17,3 cSt	123 cSt

Nach anderen Forschern sollen Winteröle eine Viskosität von 100 bis 120 Saybolt-Sekunden bei 100° F aufweisen[1]. Russische Berichte geben für Winterspritzmittel ein Öl von folgenden Eigenschaften an: $\varrho=0,932$ bei 15° C, $V=5,56°$ E bei 50° C. Dieses wird 4%ig gegen die San-José-Laus verspritzt. Je höher die Viskosität eines Öles gewählt wird, um so niedriger kann die Spritzkonzentration gehalten werden, um die gleiche insektizide Wirkung zu erzielen. Bei Winterölen kann der Raffinationsgrad zwischen 50 und 85% UR gehalten werden. Heute herrscht die Meinung vor, daß zur Winterspritzung weite Grenzen hinsichtlich Viskosität, Raffinationsgrad und Emulsionstyp zulässig sind. Viel wichtiger sind die Wetterbedingungen und die Art des Spritzens. Erfolgt das Spritzen vor einem Spätfrost, dann können große Schäden an den Bäumen entstehen[2]. Aus diesem Grunde sollen Erdöle im Winter nicht unter 5° C angewandt werden.

2. Sommerspritzmittel wurden ursprünglich nur bei Citruskulturen in Amerika verwendet. Langsam erweiterte sich jedoch die Anwendungsbasis auf alle Citrusgebiete der Welt und findet zur Bekämpfung der San-José-Laus und der roten Spinne immer größere Beachtung in den gemäßigten Zonen. Anfänglich zeigten sich schwere Pflanzenschäden, doch amerikanische Forscher erkannten in jenen Stoffen, die durch die Raffination ausgeschieden werden, die schädlichen Substanzen für die Pflanzen. TUTIN will darum die Jodzahl als Maß für die Pflanzenschäd-

---

oil retained by leaf surfaces after spraying. J. Agr. Res. Bd. 46 (1933) S. 41 bis 49; ALLISON, Quantity of oil retained by Citrus foliage after spraying. Calif. Citrograph Bd. 16 (1931) S. 481; DAWSEY, L. H.: Determination of the less refined mineral oils on leaf surfaces after spraying. J. Agr. Res. Bd. 52 (1936) S. 681 bis 690; CRESSMAN, A. W., u. J. HILEY: The relative quantities of oil deposited upon paraffincoates plates and plant foliage by oil sprays. J. Agr. Res. Bd. 54 (1937) S. 387 b.s 398.

[1] ROBINSON, R. H., D. F. FISHER u. A. SPULER: The western co-operative oil spray project. Science (n. s.) Bd. 71 (1930) S. 440 b's 441.

[2] EVANS, H.: Oil sprays: their use and effectiveness in control of fruit tree leaf-roller, oyster-shell scale, and blister mite. Brit. Columbia Dept. Agr., Hort Branch. Circ. (new hort. ser.) Bd. 68 (1927) S. 11; WAKELAND, C.: The fruit tree leaf roller. Its control in Southern Idaho by the use of oil emulsion sprays. Idaho Agr. Expt. Stat., Bull. 137, 1925.

lichkeit einführen[1]. In Amerika wurde auch festgestellt, daß die Emulsionsart sehr wichtig ist, da sie die Form und die Menge des Öls bestimmt, das in die Blätter gelangt. Für Sommerspritzungen werden 1- bis 2%ige quick-breaking-Emulsionen verspritzt. Die Öle sollen der Temperatur beim Spritzen angepaßt werden. Für tiefe Temperaturen kommen schwer oxydierbare Öle mit einer Viskosität von 40 bis 50 Saybolt-Sekunden bei 100° F mit 90% UR in Frage. Für höhere Sommertemperaturen werden Öle mit 80 Saybolt-Sekunden Viskosität und 99% UR gewählt[2]. Im Kaukasus werden hierfür Transformatorenöle verwendet. Bei Temperaturen über 32° C soll nicht mehr gespritzt werden.

Zwei verschiedene Schädigungen wurden an Citrusbäumen festgestellt: Die akute und die chronische Form. Die akute Form wird durch niedrigsiedende Öle, die schlecht gereinigt sind, hervorgerufen. Hierbei stirbt das Blattgewebe innerhalb 48 Stunden ab, und nach 3 bis 4 Tagen tritt Blattfall ein, ohne daß die geschädigten Blätter ihre Farbe wesentlich verändern[3]. Die chronischen Schäden werden durch hochsiedende Öle hervorgerufen und wachsen mit der Viskosität an. Sie sind auf eine Störung des Wasserkreislaufes zurückzuführen. Es kommt zu einem wochenlang andauernden Blattfall, wobei sogar die Äste verkümmern können. Diese „Blattverbrennung" steht mit der Bodenfeuchtigkeit in gewisser Beziehung. Je höher die Bodenfeuchtigkeit ist, um so schwächere Blattverbrennungen sind zu verzeichnen. Nach einer langen Trockenzeit dürfen die Bäume nicht gleich besprüht werden, sondern müssen vorher drei Tage lang begossen werden. Die Öle verstopfen die Spaltöffnungen, dringen in das pflanzliche Gewebe ein und rufen physiologische Veränderungen hervor. Es kann Stärkeanreicherung in den Blättern oder Stimulation erzeugt werden, womit sogar die Blütezeit der Bäume verschoben wird[4]. In Südkalifornien sucht man durch Sommerspritzungen Citruspflanzen vor übermäßiger Verdunstung bei langen Trockenperioden zu schützen.

g) Teeröle.

Teeröle haben als Winterspritzmittel eine weite Verbreitung gefunden und ergänzen in ihrem Anwendungsgebiet die Erdölpräparate. Schon frühzeitig erkannte man ihren Wert in der Wundbehandlung und Holzkonservierung, doch 1894 stellte Sajo die Wirksamkeit der Anthrazenöle gegen die Eigelege verschiedener Spinner fest[5]. Im Jahre 1901 wurde Flemming ein Patent erteilt auf die Vernichtung der Baum- und Rebenschädlinge durch Bestreichen mit einem Gemisch von Karbolineum und Kalkmilch (DRP. 127499). Im Jahre 1892 empfahl del Guercio ein mit weicher Seife emulgiertes schweres Teeröl für die Blutlaus-

---

[1] Tutin, F.: J. Pomol. Bd. 10 (1932) S. 65.
[2] De Ong, E. R.: Specifications for petroleum oils to be used on plants. J econ. Entom. Bd. 21 (1928) S. 697 b s 702.
[3] Knight, H., Y. C. Chamberlain u. C. O. Samuel: Plant physiol. Bd. 4 (1929) S. 299.
[4] De Ong, E. R.: Industr. Engng. Chem. Bd. 20 (1928) S. 826.
[5] Sajo, K.: Beiträge zur landwirtschaftlichen Insektenkunde. 2. Versuche mit Teeröl. Z. Pflanzenkrankht- u. -schutz Bd. 4 (1894) S. 5 bis 6.

bekämpfung[1]. Dieses ist als Vorläufer des heutigen wasserlöslichen Obstbaumkarbolineums zu betrachten. Die Einführung dieser Mittel in den allgemeinen Pflanzenschutz erfolgte jedoch erst 1908 nach den Veröffentlichungen von BETTEN[2]. Seit dieser Zeit wurde man auf die insektizide, fungizide und bodendesinfizierende Wirkung des Karbolineums aufmerksam. Eine Zusammenfassung dieser Entwicklung bringt MOLZ[3]. In England ist Karbolineum als Spritzmittel seit 1921 eingeführt. Von dieser Zeit ab wurden im europäischen Obstbau mengenmäßig der größte Teil aller Spritzmittel in dieser Form verbraucht. Erst seit 1940 wird Obstbaumkarbolineum durch Gelbspritzmittel (Dinitro-o-Kresol) in Mischung mit Erdölen verdrängt, weil seit 1932 angeblich eine Vermehrung der Blutlaus und seit 1937 auch eine Vermehrung der roten Spinne festgestellt wurde.

Wie bei den Erdölfabrikaten unterscheidet man auch bei den Teerölen zwei Typen:

1. Lösliche Öle, die bei Teerölen wasserlösliches Obstbaumkarbolineum genannt werden. Sie sind klare, nur 5% Wasser enthaltende Lösungen von Seifen in Teerölen von großer Beständigkeit, jedoch hoher Kalkempfindlichkeit. Bei minderwertigen Karbolineumsorten scheiden sich aus den Emulsionen homogene Ölschichten ab. Schweröle werden in 5%iger und Mittelöle in 8%iger Emulsion benutzt.

2. Stammemulsionen, die bei den Teerölen als „Obstbaumkarbolineum emulgiert" bezeichnet werden und früher als Baumspritzmittel bekannt waren. Es sind sahnige, fast breiige Emulsionen, die 30 bis 40% Wasser enthalten. Da ihnen sulfonierte Öle als Emulgatoren zugesetzt sind, sind sie kalkunempfindlich und mit Schwefelkalk oder Bordeauxbrühe mischbar. Sie sind weniger beständig und werden in 8%iger Emulsion verspritzt.

Als Teeröle verwendet man hauptsächlich Fraktionen aus der Destillation des Steinkohlenteers, seltener aus Braunkohlen, bituminösen Schiefern, Torf oder Holz. Sie werden nach ihrem Gehalt an Anthrazenmittel- und Leichtöl beurteilt. Dementsprechend unterscheidet man Obstbaumkarbolineum bzw. Obstbaumkarbolineum emulgiert mit Schweröl oder Mittelöl. Leichtöl geht unter 170° C über und enthält Benzol, Toluol, Xylol, Phenol und Pyridin. Das Mittelöl siedet zwischen 170° und 230° C und ist reich an Naphthalin und Kresol. Manchmal werden die Teeröle auch chloriert, um die Ausscheidungen von Naphthalin, Phenanthren, Anthrazen u. dgl. zu erschweren. Über die analytischen Untersuchungen von Obstbaumkarbolineum gibt es mehrere Veröffentlichungen[4].

---

[1] DEL GUERCIO, G.: Notizie biologiche della Schizoneura lanigera Hausm. L'Agricultura italiana. Bd. 18 (1892) S. 379 bis 381.

[2] BETTEN, R.: Neueste Versuche und Erfahrungen mit dem Karbolineum als sicheres Mittel gegen Blutlaus, Krebs und Brand, gegen Fusicladium und Ungeziefer aller Art. Verlag Erfurter Führer im Obst- u. Gartenbau 1908.

[3] MOLZ, E.: Untersuchungen über die Wirkung des Karbolineums als Pflanzenschutzmittel. Zbl. Bakt. Bd. 2 30 (1911) S. 181 bis 232.

[4] PROFFT, E., u. G. GÖTZE: Untersuchungen über Obstbaumkarbolineum. Zbl. Bakt. Bd. 2, 83 (1931) S. 127 bis 164; DESHUSSES, L. A., u. I. DESHUSSES:

Als neutrale Bestandteile der Teeröle können Benzol, Toluol, Xylol, Naphthalin, Anthrazen und Phenanthren angesehen werden. Die Pyridine und Chinoline sind organische Basen, während Phenole und Kresole als aromatische Alkohole sauer wirken. Ein großer Nachteil der Teerölzubereitungen liegt in der Uneinheitlichkeit ihrer Zusammensetzung. Auf Anregung von APPEL wurden 1922 von der Biologischen Reichsanstalt für Land- und Forstwirtschaft Normen aufgestellt[1]. Diese Normen berücksichtigen in erster Linie die chemisch-physikalische Beschaffenheit der Öle, doch ist der Spielraum groß genug gewählt, um den Wirkungsgrad abstufen zu können. Unter Berücksichtigung der neueren Erfahrungen und wissenschaftlichen Erkenntnisse wurden 1936 von der Biologischen Reichsanstalt neue Normen aufgestellt[2]. Es werden danach unterschieden:

a) Obstbaumkarbolineum:

1. Das Produkt muß von gleichmäßig flüssiger Beschaffenheit sein und darf weder Schichten noch Ausscheidungen zeigen.

2. Seine 5- bis 10%igen Emulsionen mit destilliertem Wasser dürfen bei 48stündigem ruhigem Stehen in gefüllter und geschlossener Flasche keine Entmischung aufweisen.

3. Es soll mindestens 75% Kohlenteeröl enthalten, welches mindestens 30% bis 270° C und maximal 10% bis 200° C siedende Anteile enthält. Erzeugnisse aus Kohlenteerölen mit 75% und mehr über 270° C siedenden Anteilen sind als ,,Obstbaumkarbolineum aus Schweröl" zu bezeichnen. Erzeugnisse aus Kohlenteerölen mit 30% bis 75% über 270° C siedenden Anteilen sind als ,,Obstbaumkarbolineum aus Mittelöl" zu bezeichnen.

4. Der restliche Anteil darf, soweit er nicht ebenfalls aus Kohlenteeröl obiger Beschaffenheit besteht, nur Stoffe enthalten, deren Unschädlichkeit bekannt ist.

5. Obstbaumkarbolineum darf nicht mehr als 10% Phenole enthalten.

6. Die Teeröle des Obstbaumkarbolineums müssen zum mindesten 55% in Dimethylsulfat löslich sein.

b) ,,Obstbaumkarbolineum emulgiert" (früher Baumspritzmittel):

1. Das Produkt muß nach Umschütteln von gleichmäßig flüssiger Beschaffenheit sein und darf danach keine öligen oder festen Ausscheidungen aufweisen.

Contribution à l'analyse et à la normalisation des carbolineums bruts et solubles. Helv. chim. Acta Bd. 15 (1932) S. 1030 bis 1048; HOUBEN, J., u. G. HILGENDORFF: Über Obstbaumkarbolineum I. Arb. d. Biol. Reichsanst. Bd. 14 (1926) S. 109 bis 162; WEICHHERZ, J.: Über die Eigenschaften und Zusammensetzung des wasserlöslichen Obstbaumkarbolineums. Chemiker-Ztg. Bd. 54 (1930) S. 702 bis 704; JENČIĆ, S., u. B. BAJEC: Über Emulsionen von Obstbaumkarbolineum: Kolloid-Z. Bd. 55 (1931) S. 212 bis 228.

[1] APPEL, O.: Zur Karbolineumfrage. Nachrichtenbl. Dtsch. Pflanzenschutzdienst. Bd. 2 (1922) S. 9 bis 10.

[2] HILGENDORFF, G.: Normen für Obstbaumkarbolineum und Baumspritzmittel (Teeröl-Emulsionen). Nachrichtenbl. Dtsch. Pflanzenschutzdienst Bd. 16 1936) S. 97 bis 98 und 108.

2. Seine 5- bis 10%igen, wäßrigen Gebrauchsemulsionen dürfen nach 48stündigem, ruhigem Stehen nur Emulsionsverdichtungen oder Emulsionsverdünnung, jedoch keine Ölabscheidungen aufweisen. Die Emulsionen sollen sich auch nach 48stündigem Stehen mühelos zu einheitlichen Flüssigkeiten zurückverwandeln lassen.

3. Es soll mindestens 55% Kohlenteeröl enthalten, welches mindestens 60% über 270° C und maximal 10% unter 270° C siedende Anteile enthält.

4. Der restliche Anteil des Baumspritzmittels darf, soweit er nicht ebenfalls Kohlenteeröl obiger Beschaffenheit enthält, nur aus Stoffen bestehen, deren Unschädlichkeit bekannt ist.

5. Es darf nicht mehr als 6% Phenole enthalten.

6. Die Teeröle des Baumspritzmittels müssen zum mindesten 55% in Dimethylsulfat löslich sein.

Die Teerölemulsionen können nur für Winterspritzungen gebraucht werden, weil sie selbst in geringen Konzentrationen auf belaubte Pflanzen schädigend wirken. Die Verbrennungen werden durch die sauren und basischen Anteile hervorgerufen. Es werden ferner die Blätter um so mehr beschädigt, je schwerer das Teeröl ist. An den Bäumen kann der sogenannte Sonnenbrand verursacht werden. Die behandelten Bäume wirken sehr gepflegt, weil die Moose und Flechten vernichtet werden.

Die Teeröle werden hauptsächlich wegen ihrer oviziden Wirksamkeit beansprucht, die nach den Ergebnissen einiger Forscher vorwiegend den hochsiedenden Anteilen zu verdanken ist[1]. Mit steigendem Gehalt an Ölanteilen, die über 260° C sieden, wurde eine wachsende insektizide Wirkung beobachtet[2]. Die höchste toxische Wirkung auf die Eier des Apfelblattsaugers (Psylla mali) wurde in den aromatischen Anteilen gefunden[3]. Die sauren Bestandteile wirken weniger ovizid und insektizid. In manchen Fällen kann der Phenolgehalt sogar die ovizide Wirkung herabsetzen, jedoch kann nach TOMASZEWSKI und FISCHER durch einen außergewöhnlich hohen Phenolgehalt (bis 25%) eine Steigerung der oviziden Wirkung erzielt werden und die hochsiedenden Anteile ersetzen[4]. Den basischen Anteilen wird eine gute ovizide Wirkung zugeschrieben. Die Art der Emulsion scheint die ovizide Wirkung nicht zu beeinflussen, wohl aber die insektiziden Eigenschaften.

---

[1] TUTIN, F.: Investigations on tar destillate and other spray liquids. Part. I. Rep. Agric. Hortic. Res. Stat. Bristol 1927, S. 81 bis 90.

[2] PROFFT, E., u. G. GÖTZE: Untersuchungen über Obstbaumkarbolineum. Zbl. Bakt. Bd. 2, 83 (1931) S. 127 bis 164.

[3] KEARNS, H. G. H., H. MARTIN u. A. WILKINS: Investigations on eggkilling washes 2. The ovicidal properties of hydrocarbon oil on Aphis pomi de Geev. J. Pomol Hortic. Sci. Bd. 15 (1937) S. 56 bis 68; AUSTIN, M. D., S. G. JARY u. H. MARTIN: Studies on the ovicidal action of winter washes, 1931 trials. J. So.-East. Agr. Coll. Wyoming Bd. 30 (1932) S. 63 bis 86; 1932 trials. A. a. O. Bd. 32 (1933) S. 63 bis 83; 1933 trials. A. a. O. Bd. 34 (1934) S. 114 bis 135.

[4] TOMASZEWSKI, W., u. W. FISCHER: Versuche mit Obstbaumkarbolineum und Baumspritzmitteln. Nachrichtenbl. Dtsch. Pflanzenschutzdienst Bd. 16 (1936) S. 74 bis 76 u. 87 bis 89.

h) Kombinierte Spritzmittel.

Da die Teeröle gegen Aphiden- und Psyllideneier wirken, die Erdöle dagegen die Eier der Kokkiden, Tetranychiden und Kapsiden besonders wirksam sind, versuchte man, beide Öle zu kombinieren. So eine Mischung muß gegen Schädlinge genügend wirken, ohne die Pflanzen zu beschädigen. Gewöhnlich mischt man Teer- und Erdöle im Verhältnis 1 : 1 miteinander und wählt Sulfitlauge als Emulgator. MARTIN hat Normen für solche Teer- und Erdölmischungen ausgearbeitet[1].

Erdölkombinationen mit Schwefelkalkbrühe können für die Pflanzen schädlich sein. Selbst die Spritzfolge Schwefel—Kalk—Erdöl[2] kann gefährlich sein. Erdölkombinationen mit Bleiarsenat und besonders mit Nikotin haben sich bewährt[3].

In der Schweiz versuchte man, Obstbaumkarbolineum mit Kupfermitteln zu kombinieren, um mit einer einzigen Behandlung den Frostspanner und den Schorf zu bekämpfen. Um die Wirkung des Kupfers gegen den Schorf auszunützen, soll Ende März gespritzt werden. Dadurch wird aber das Karbolineum abgeschwächt, denn die Anthrazenöle wirken auf die Eier, indem sie sie hermetisch umhüllen. Kurz vor dem Ausschlüpfen umgibt sich die schlupfreife Raupe mit einem Luftmantel, der den flüssigen Dotter ersetzt. In diesem Zustande kann sich die Raupe weiter entwickeln, auch wenn sie verölt ist. Mit Karbolineum soll im Winter[4] gespritzt werden, bevor sich noch der Luftmantel gebildet hat. Solche Kombinationen sind daher unwirtschaftlich.

Ganz anders wirkt Dinitro-o-kresol. Es dringt in die Eier ein und tötet durch direkten Kontakt. Darum eignet es sich auch für spätere Kombinationen, was für Mischungen mit Erdöl wichtig ist, weil nach deren Anwendung kein Spätfrost mehr kommen darf. BLIJDORP hat eine Kombination mit 2% Dinitro-o-kresol in einer Mineral-Stock-Emulsion mit 75% UR entwickelt, die in 6%iger Emulsion verspritzt wurde. In dieser beträgt daher die Konzentration an Dinitro-o-kresol nur 0,125%[5]. In dieser Verdünnung ist es unschädlich für die Unterkulturen und die Menschen. Dinitro-o-kresol wirkt in saurer Lösung stärker als die Auflösungen seiner alkalischen Salze[6].

i) Anwendungsformen.

Die neueren Untersuchungen haben gezeigt, daß sich unverdünnte, jedoch mit Emulgatoren versetzte Öle aus dem Flugzeug direkt auf

---

[1] MARTIN, H. T.: The standardisation of petroleum and tar oils and preparations as insecticides. Ann. appl. Biol. Bd. 22 (1935) S. 334 bis 414.

[2] OVERHOLSER, E. L., u. F. L. OVERLEY: Effect of oil sprays on apple trees. Wash. Agr. Exprt. Stat. Bull. Bd. 245 (1930) S. 43.

[3] HERBERT, F. B.: History of the oil and nicotine combination. J. econ. Entom. Bd. 24 (1931) S. 991 bis 997.

[4] WIESMANN, R.: Weitere Untersuchungen über die Winterspritzung der Obstbäume. Schweiz. Z. Obst- und Weinbau Bd. 6 (1942) S. 111.

[5] BLIJDORP, P. A.: Universal ovicidal action of special mineral oil washes as a winter wash for decidous fruit trees, Verhandl. 7. Internat. Kongr. Ent. Bd. 4 S. 2941. Berlin 1938.

[6] DIERRICK, G. F. E. M.: De ovicide werking van wintersproeimiddelen. Assen: van Gorcum 1942.

die Pflanzen versprühen lassen. Hierzu haben sich besonders Hubschrauber bewährt. Beim Vapo-dust-Verfahren werden hochraffinierte Weißöle mit fein vernebelnden Spritzen versprüht[1]. Die feinsten Teilchen werden bei den Aerosolen erreicht. Sie sind so klein, daß sie sich wie Kohleteilchen im Rauch nicht mehr absetzen. Um solche zu erzeugen, wurden die Mittel aus einer Lösung in Dichlor-Difluor-Methan aus einer Bombe unter Druck versprüht. Nach dem Öffnen des Ventils verdampft das Lösungsmittel und der Pflanzenschutzstoff bleibt als Aerosol in der Luft[2]. Solche Bekämpfungsverfahren scheinen gegen Schädlinge ausgedehnter Monokulturen, wie z. B. der Getreidefliegen, zu Bedeutung zu gelangen. Hierzu haben Lösungen von Gesarol in ganz reinen Ölen große Aussicht auf Erfolg.

Bei der Holzkonservierung werden hauptsächlich Anthrazenöle mit Erdöl-Destillatrückständen und Zinkchlorid oder Zink-Silicofluorid verwendet. Eisenbahnschwellen werden nach dem Sparverfahren von Rüping getränkt[3]. Die Schwellen werden eine halbe bis eine Stunde im geschlossenen Kessel gedämpft. Dann wird die Luft herausgepumpt und die Tränkflüssigkeit hineingelassen. Darauf wird der Druck auf 6 bis 9 atü erhöht, und wenn das Öl aus dem Kessel abgelassen wird, Vakuum angesetzt. Dadurch wird das Öl aus den Hohlräumen der Holzzellen teilweise wieder herausgepumpt, so daß nur die Zellwände durchtränkt bleiben. So halten die Teeröle die Eisenbahnstrecken gleichzeitig von Pflanzenwuchs frei. Für den zuletzt genannten Zweck werden jedoch auch anorganische Unkrautvertilgungsmittel angewendet. Auch zur Konservierung von elektrischen Leitungsmasten werden derartige Tränkungsverfahren verwendet.

Ein anderes Erdölerzeugnis, das zum Schutz von Käse gegen Milben, Fliegenmaden und dergleichen verwendet wird, ist das Paraffin. Es wird ferner zum Schutze gegen Holzschädlinge an den Möbeln und Parkettfußböden gebraucht.

Aus niedrigeren Destillaten des Erdöls wurde Methallylchlorid mit einem Siedepunkt von 72° C und Methallylbromid mit einem Siedepunkt von 94 bis 95° C dargestellt, die als Gase zur Bekämpfung von Vorratsschädlingen dienten. In Zukunft wird die Synthese den wichtigsten Darstellungsweg der organischen Schädlingsbekämpfungsmittel bilden[4]. Hierzu kann das Öl noch manchen Grundstoff liefern.

Kurz vor dem Abschluß des Buches wurde der Universal-Oszillograph der Askania-Werke auf der Deutschen Industrie-Ausstellung in Berlin gezeigt.

---

[1] HERBERT, F. B.: Airplane liquid spraying. J. econ. Entom. Bd. 26 (1933) S. 1052 bis 1056; PARKER, W. B.: Vapo dust- a development in scientific pest control. J. econ. Entom. Bd. 26 (1933) S. 718 bis 720.

[2] GOODHUE, L. D., und Mitarbeiter: D. D. T. in Aerosol Form to Control insects on Vegetables. J. econ. Entom. Bd. 38 (1945) S. 179.

[3] MAHLKE-TROSCHEL-LIESE: Handbuch der Holzkonservierung. 3. Aufl. Berlin 1950.

[4] BRIEJER, C. J.: Neue Gase zur Bekämpfung von Vorratsschädlingen und die Feststellung ihres praktischen Wertes. Verhandl. 7. Internat. Kongr. Ent. Bd. 4 S. 2753. Berlin 1938.

Anwendungsformen. 511

Dieses Gerät ist für verschiedene Zwecke in der Petroleumindustrie verwendbar, worauf an den betreffenden Stellen im Text hingewiesen wurde. Es besteht aus 24 Schleifengalvanometern, die die Meßimpulse als Lichtmarken auf einem Film und auf einer Mattscheibe zugleich aufzeichnen. Durch ein quarzgesteuertes Frequenznormal werden genaue Zeitmarken auf dem Film aufgezeichnet.

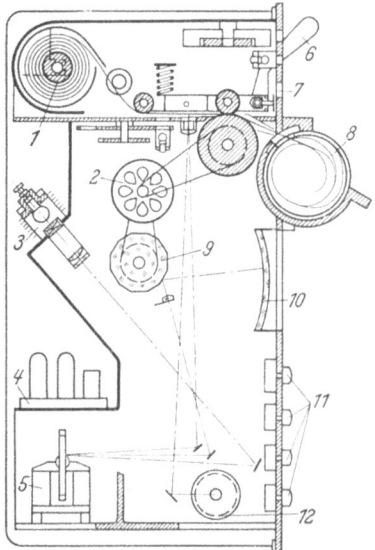

Abb. 233. Askania-Universal-Oszillograph (Schnitt).

1 Filmrolle, 2 Motor, 3 Lampe, 4 Frequenznormal (Quarz), 5 Schleifengalvanometer, 6 und 7 Schalter, 8 Filmtrommel, 9 Spiegelrad, 10 Bildschirm, 11 Regler für 24 Schleifen, 12 Zeitmarkengeber.

Abb. 234. Askania-Universal-Oszillograph (Ansicht).

Anhang.

Tabelle 60. *Eigenschaften von Paraffinkohlenwasserstoffen*[1].

Paraffin-Kohlenwasserstoffe	Siedepunkt °C	Schmelzpunkt °C	Dichte bei 20° C g/cm³	Brechungsindex bei 20° C[2]	Anilinpunkt	Oktanzahl veröffentlicht	Oktanzahl geschätzt
Methan	−161,58	−182,6	0,424(−162°)	—	—	125	—
Äthan	− 88,63	−183,2	0,341	—	—	125	—
Propan	− 42,17	−187,1	0,5042	1,2957	—	125	—
n-Butan	− 0,50	−138,29	0,5789	1,3324	84,1	94	(92)
2-Methylpropan (Isobutan)	− 11,72	−159,42	0,5593	1,3233	109	100	(99)
n-Pentan	36,08	−129,7	0,6262	1,3577	71,5	63	(64)
2-Methylbutan (Isopentan)	27.95	−160	0,6197	1,3539	78,4	90	(90)
2,2-Dimethylpropan (Neopentan)	9,45	− 16,63	0,593	1,339	(102)	116	(112)
n-Hexan	68,74	− 95,3	0,6594	1,375	69,1	32	(32)
2-Methylpentan	60,27	−153,7	0,6532	1,3716	74,3	66	(64)
3-Methylpentan	63,23	−118	0,6642	1,3765	69,3	75	(77)
2,2-Dimethylbutan (Neohexan)	49,73	− 98,2	0,649	1,3689	81	94,6	(105)
2,3-Dimethylbutan (Diisopropyl)	58	−129	0,6616	1,375	72	95	(96)
n-Heptan	98,424	− 90,6	0,68368	1,38764	70	0	(0)
2-Methylhexan	90,1	−118,2	0,6787	1,3850	73,8	45	(39)
3-Methylhexan	91,9	Glaß	0,6865	1,3882	70,6	65	(50)
3-Äthylpentan	93,47	−118,65	0,6982	1,3934	66,3	68	(73)
2,2-Dimethylpentan	79,21	−124	0,6739	1,3824	78,0	80	(83)
2,3-Dimethylpentan	89,8	Glaß	0,695	1,392	68,1	82	(82)
2,4-Dimethylpentan	80,7	−119,1	0,673	1,382	78,8	80	(73)
3,3-Dimethylpentan	86	−135	0,693	1,391	69,7	98	(97)
2,2,3-Trimethylbutan (Triptan)	80,88	− 25,06	0,690	1,3895	72,3	116	(112)
n-Oktan	125,63	− 56,84	0,7028	1,3976	72	−19	(−19)
2-Methylheptan	117,65	−109,5	0,6976	1,3954	74	23,8	(14)
3-Methylheptan	119,05	−120,8	0,7057	1,3986	72,2	35	(32)
4-Methylheptan	117,5	−121,08	0,7042	1,398	71,6	39	(36)
3-Äthylhexan	118,7	Glaß	0,7128	1,4021	68,7	52,4	(54)
2,2-Dimethylhexan	106,2	Glaß	0,6947	1,393	(78)	—	(73)
2,3-Dimethylhexan	115,7	Glaß	0,7125	1,4017	70,6	78,9	(70)
2,4-Dimethylhexan	109,8	Glaß	0,7002	1,3958	76	69,9	(71)
2,5-Dimethylhexan	109,25	− 90,1	0,694	1,3929	78	55,7	(55)
3,3-Dimethylhexan	112	—	0,7107	1,4008	(72)	—	(84)
3,4-Dimethylhexan	117,85	Glaß	0,7194	1,4044	68	81,7	(77)
2-Methyl-3-äthylpentan	115,7	−114,5	0,7191	1,4046	67,2	88,1	(87)
3-Methyl-3-äthylpentan	118,4	− 90,9	0,7274	1,4079	65,8	90,5	(93)
2,2,3-Trimethylpentan	109,84	−112,32	0,7162	1,4029	70,8	105	(107)
2,2,4-Trimethylpentan (Isooktan)	99,23	−107,37	0,6919	1,3916	80,1	100	(100)
2,3,3-Trimethylpentan	115,1	−119,1	0,7253	1,4072	67	99,1	(103)
2,3,4-Trimethylpentan	113,5	−109,19	0,7188	1,4044	68,3	97	(97)
2,2,3,3-Tetramethylbutan (Hexamethyläthan)	106,5	104	0,7219 (auf die Flüssigkeit extra poliert)	—	—	130	(133)

[1] Die eingeklammerten Zahlen sind geschätzt.
[2] Die Brechungsindizes gelten für die D-Linie des Natriums (5893 Å).

Anhang. 513

Tabelle 60. *Eigenschaften von Paraffinkohlenwasserstoffen*[1] (Fortsetzung).

Paraffin-Kohlenwasserstoffe	Siedepunkt °C	Schmelzpunkt °C	Dichte bei 20°C g/cm³	Brechungsindex bei 20°C[2]	Anilinpunkt	Oktanzahl veröffentlicht	Oktanzahl geschätzt
n-Nonan	150,74	— 53,69	0,7178	1,4056	74,6	—34	(—36)
2-Methyloktan	143,2	— 80,3	0,7134	1,4030	77,5	—	(—4)
3-Methyloktan	144,18	—108	0,721	1,4065	75	—	(12)
4-Methyloktan	142,46	—113,3	0,7199	1,4061	74,5	—	(20)
3-Äthylheptan	143,1	Glaß	0,7266	1,409	(73)	—	(37)
4-Äthylheptan	138,5	—	0,7407	1,4156	(68)	—	(98?)
	(140)	—	(0,726)	(1,409)	(73)	—	(53)
2,2-Dimethylheptan	130,4	—	0,7105	1,4035	(79)	—	(64)
	(131)	—	—	(1,4011)	—	—	(61)
2,3-Dimethylheptan	140,65	Glaß	0,727	1,4095	73,2	—	(52)
2,4-Dimethylheptan	133	—	0,714	1,4023	(78)	—	(60)
2,5-Dimethylheptan	135,21	—	0,7147	1,4033	(78)	—	(48)
2,6-Dimethylheptan	135,21	—102,95	0,7089	1,4008	80	36	(31)
3,3-Dimethylheptan	137,2	—	0,7254	1,4087	(74)	—	(68)
3,4-Dimethylheptan	(143)	—	(0,733)	(1,412)	(70)	—	(56)
2,2,3-Trimethylhexan	(135)	—	(0,730)	(1,410)	(72)	—	(90)
2,2,4-Trimethylhexan?	126	—129,5	0,7048	1,4031	—	92,1	(70?)
	—	—	(0,714)	—	(78)	—	(92)
2,2,5-Trimethylhexan	124,1	—106,35	0,7076	1,3996	82,7	91,2	(89)
2,3,5-Trimethylhexan	130	—	0,7159	1,4051	(76)	—	—
	—	—	(0,719)	—	—	—	(88)
3,3-Diäthylpentan	139,2	— 41	0,7522	1,4297	(65)	—	(120)
	(144)	—	(0,748)	—	—	—	(90)
2,3-Dimethyl-3-äthylpentan	141,6	—	0,7294	1,4175	(66)	—	(54?)
	—	—	(0,744)	—	—	—	(92)
2,2,3,3-Tetramethylpentan	133	—	0,742	(1,417)	(68)	—	(125)
2,2,4,4-Tetramethylpentan	122,28	— 66,6	0,7196	1,4068	(75)	—	(123)
n-Dekan	174,04	— 29,72	0,7299	1,412	77,5	—53	(—52)
2-Methylnonan	168,8	— 74,69	0,728	1,4099	80,3	—	(—16)
	—	—	(0,726)	—	—	—	(—22)
3-Methylnonan	167,8	— 84,83	0,7334	1,4125	78,2	—	(—5)
4-Methylnonan	165,7	—101,62	0,7323	1,4123	78,3	—	(4)
	(166)	—	—	—	—	—	—
5-Methylnonan	165,1	— 86,8	0,7325	1,4117	77,9	—	(8)
3-Äthyloktan	(166,3)	—	(0,738)	(1,4154)	(75)	—	(17)
2,2-Dimethyloktan	(152,7)	—	0,7245	1,4082	(81)	—	(59)
2,3-Dimethyloktan	(163,8)	—	(0,7384)	(1,4157)	(75)	—	(35)
2,4-Dimethyloktan	153,2	—	0,7246	1,409	(80)	—	—
	(156)	—	—	—	—	—	(41)
2,5-Dimethyloktan	159	—	0,7349	1,4218	—	—	—
	—	—	(0,732)	—	(77)	—	(44)
2,6-Dimethyloktan	158,54	—	0,7291	1,4107	(78)	—	(39)
2,7-Dimethyloktan	160	— 49,2	0,7226	1,4082	79	25	—
	(159)	—	—	—	(80)	—	(15)
3,3-Dimethyloktan	161,2	—	0,739	1,4165	(75)	52	—
	—	—	(0,7376)	(1,4151)	—	—	(47)
3,4-Dimethyloktan	(166)	—	(0,744)	(1,416)	(73)	—	(39)
3,6-Dimethyloktan	60	—	0,7365	1,4145	(76)	—	(52)
4,5-Dimethyloktan	161	—	(0,744)	(1,418)	(74)	—	(68)
4-Propylheptan	161,7	—	0,736	1,414	(76)	—	(40)

[1] Die eingeklammerten Zahlen sind geschätzt.
[2] Die Brechungsindizes gelten für die *D*-Linie des Natriums (5893 Å).

Tabelle 60. *Eigenschaften von Paraffinkohlenwasserstoffen*[1] (Fortsetzung).

Paraffin-Kohlenwasserstoffe	Siedepunkt °C	Schmelzpunkt °C	Dichte bei 20° C g/cm³	Brechungsindex bei 20° C[2]	Anilinpunkt	Oktanzahl veröffentlicht	Oktanzahl geschätzt
3-Methyl-3-äthylheptan .	156,3	—	0,746	1,4179	(73)	—	(70)
	(162)	—	—	—	—	—	—
2,2,3-Trimethylheptan . .	(159)	—	(0,741)	(1,416)	(74)	—	(70)
2,2,6-Trimethylheptan? .	148,93	—105	0,7229	1,4077	(81)	78,7	(75)
	—	—	(0,7204)	(1,4064)	—	—	—
2,4,6-Trimethylheptan . .	143,7	—	0,7198	1,4057	(82)	—	(93)
3,3,5-Trimethylheptan . .	159,1	--	0,7553	1,423	(70)	—	(104)
3,3-Diäthylhexan	(168)	—	(0,757)	(1,425)	(69)	—	(65)
3,4-Diäthylhexan	157,5	—	0,744	1,4184	(73)	62	(85?)
	(162)	—	—	—	—	—	(62)
2,2,3,4-Tetramethylhexan	156,5	—	0,7548	1,4224	(70)	102	(114)
2,2,5,5-Tetramethylhexan	136,2	—	(0,718)	1,4049	(83)	—	(122)
3,3,4,4-Tetramethylhexan	162	—	0,77	(1,431)	(64)	124	(123)

[1] Die eingeklammerten Zahlen sind geschätzt.
[2] Die Brechungsindizes gelten für die *D*-Linie des Natriums (5893 Å).

Anhang. 515

Tabelle 61. *Tafel für horizontale zylindrische Tanks.*
d = Prozentgehalt des Durchmessers des Tanks,
c = Prozentgehalt der Totalkapazität des Tanks.

d %	c %	d %	c %	d %	c %	d %	c %	d %	c %
0,1	0,0053	5,1	1,9250	10,1	5,2805	15,1	9,497	20,1	14,341
0,2	0,0152	5,2	1,9814	10,2	5,3580	15,2	9,588	20,2	14,444
0,3	0,0279	5,3	2,0383	10,3	5,4350	15,3	9,679	20,3	14,547
0,4	0,0429	5,4	2,0956	10,4	5,5122	15,4	9,771	20,4	14,649
0,5	0,0600	5,5	2,1535	10,5	5,5902	15,5	9,863	20,5	14,751
0,6	0,0788	5,6	2,2116	10,6	5,6690	15,6	9,956	20,6	14,854
0,7	0,0992	5,7	2,2705	10,7	5,7472	15,7	10,048	20,7	14,957
0,8	0,1212	5,8	2,3297	10,8	5,8258	15,8	10,142	2˙,8	15,060
0,9	0,1445	5,9	2,3895	10,9	5,9050	15,9	10,234	20,9	15,163
1,0	0,1692	6,0	2,4497	11,0	5,9848	16,0	10,327	21,0	15,267
1,1	0,1952	6,1	2,5105	11,1	6,0645	16,1	10,422	21,1	15,371
1,2	0,2223	6,2	2,5715	11,2	6,1445	16,2	10,˙15	21,2	15,475
1,3	0,2508	6,3	2,6333	11,3	6,2255	16,3	10,609	21,3	15,579
1,4	0,2800	6,4	2,6952	11,4	6,3060	16,4	10,703	21,4	15,683
1,5	0,3104	6,5	2,7579	11,5	6,3870	16,5	10,797	21,5	15,787
1,6	0,3419	6,6	2,8211	11,6	6,4685	16,6	10,893	21,6	15,892
1,7	0,3744	6,7	2,8845	11,7	6,5500	16,7	10,986	21,7	15,998
1,8	0,4077	6,8	2,9483	11,8	6,6320	16,8	11,082	21,8	16,101
1,9	0,4421	6,9	3,0127	11,9	6,7145	16,9	11,178	21,9	16,206
2,0	0,4773	7,0	3,0771	12,0	6,7970	17,0	11,273	22,0	16,312
2,1	0,5134	7,1	3,1426	12,1	6,8795	17,1	11,369	22,1	16,418
2,2	0,5501	7,2	3,2082	12,2	6,9630	17,2	11,465	22,2	16,524
2,3	0,5881	7,3	3,2742	12,3	7,0460	17,3	11,561	22,3	16,630
2,4	0,6263	7,4	3,3408	12,4	7,1305	17,4	11,657	22,4	16,737
2,5	0,6660	7,5	3,4075	12,5	7,2145	17,5	11,754	22,5	16,842
2,6	0,7061	7,6	3,4749	12,6	7,2990	17,6	11,851	22,6	16,949
2,7	0,7470	7,7	3,5426	12,7	7,3830	17,7	11,949	22,7	17,055
2,8	0,7886	7,8	3,6106	12,8	7,4680	17,8	12,046	22,8	17,161
2,9	0,8310	7,9	3,6790	12,9	7,5540	17,9	12,143	22,9	17,269
3,0	0,8742	8,0	3,7480	13,0	7,6390	18,0	12,240	23,0	17,376
3,1	0,9179	8,1	3,8171	13,1	7,7245	18,1	12,338	23,1	17,483
3,2	0,9625	8,2	3,8869	13,2	7,8110	18,2	12,437	23,2	17,590
3,3	1,0075	8,3	3,9570	13,3	7,8970	18,3	12,535	23,3	17,698
3,4	1,0533	8,4	4,0276	13,4	7,9840	18,4	12,633	23,4	17,806
3,5	1,0998	8,5	4,0983	13,5	8,0710	18,5	12,732	23,5	17,913
3,6	1,1470	8,6	4,1696	13,6	8,1580	18,6	12,831	23,6	18,022
3,7	1,1947	8,7	4,2411	13,7	8,2450	18,7	12,930	23,7	18,130
3,8	1,2432	8,8	4,3131	13,8	8,3330	18,8	13,030	23,8	18,240
3,9	1,2921	8,9	4,3855	13,9	8,4210	18,9	13,130	23,9	18,348
4,0	1,3418	9,0	4,4582	14,0	8,50˙0	19,0	13,229	24,0	18,457
4,1	1,3920	9,1	4,5312	14,1	8,5975	19,1	13,329	24,1	18,566
4,2	1,4429	9,2	4,6045	14,2	8,6860	19,2	13,429	24,2	18,675
4,3	1,4941	9,3	4,6782	14,3	8,7755	19,3	13,520	24,3	18,784
4,4	1,5461	9,4	4,7525	14,4	8,8645	19,4	13,630	24,4	18,892
4,5	1,5986	9,5	4,8270	14,5	8,9545	19,5	13,731	24,5	19,010
4,6	1,6515	9,6	4,9015	14,6	9,0440	19,6	13,832	24,6	19,110
4,7	1,7052	9,7	4,9769	14,7	0,1345	19,7	13,934	24,7	19,220
4,8	1,7594	9,8	5,0523	14,8	9,2240	19,8	14,035	24,8	19,330
4,9	1,8142	9,9	5,1280	14,9	9,3150	19,9	14,146	24,9	19,440
5,0	1,8693	10,0	5,2040	15,0	9,406	20,0	14,238	25,0	19,551

Tabelle 61. (Fortsetzung.)

$d =$ Prozentgehalt des Durchmessers des Tanks,
$c =$ Prozentgehalt der Totalkapazität des Tanks.

d %	c %	d %	c %	d %	c %	d %	c %	d %	c %
25,1	19,662	30,1	25,350	35,1	31,314	40,1	37,480	45,1	43,775
25,2	19,773	30,2	25,467	35,2	31,436	40,2	37,606	45,2	43,902
25,3	19,884	30,3	25,584	35,3	31,558	40,3	37,731	45,3	44,028
25,4	19,995	30,4	25,701	35,4	31,680	40,4	37,856	45,4	44,155
25,5	20,106	30,5	25,818	35,5	31,802	40,5	37,981	45,5	44,282
25,6	20,217	30,6	25,935	35,6	31,924	40,6	38,106	45,6	44,409
25,7	20,328	30,7	26,052	35,7	32,046	40,7	38,231	45,7	44,538
25,8	20,439	30,8	26,170	35,8	32,168	40,8	38,355	45,8	44,663
25,9	20,550	30,9	26,288	35,9	32,290	40,9	38,479	45,9	44,790
26,0	20,661	31,0	26,407	36,0	32,412	41,0	38,604	46,0	44,918
26,1	20,773	31,1	26,524	36,1	32,534	41,1	38,730	46,1	45,043
26,2	20,886	31,2	26,642	36,2	32,657	41,2	38,856	46,2	45,171
26,3	20,998	31,3	26,760	36,3	32,780	41,3	38,982	46,3	45,298
26,4	21,110	31,4	26,878	36,4	32,902	41,4	39,108	46,4	45,424
26,5	21,222	31,5	26,996	36,5	33,025	41,5	39,233	46,5	45,550
26,6	21,334	31,6	27,114	36,6	33,147	41,6	39,358	46,6	45,678
26,7	21,447	31,7	27,232	36,7	33,269	41,7	39,482	46,7	45,803
26,8	21,560	31,8	27,351	36,8	33,392	41,8	39,608	46,8	45,930
26,9	21,672	31,9	27,470	36,9	33,515	41,9	39,735	46,9	46,058
27,0	21,785	32,0	27,589	37,0	33,638	42,0	39,862	47,0	46,183
27,1	21,898	32,1	27,708	37,1	33,762	42,1	39,988	47,1	46,311
27,2	22,011	32,2	27,827	37,2	33,885	42,2	40,114	47,2	46,438
27,3	22,125	32,3	27,946	37,3	34,008	42,3	40,240	47,3	46,565
27,4	22,239	32,4	28,065	37,4	34,131	42,4	40,365	47,4	46,693
27,5	22,353	32,5	28,184	37,5	34,254	42,5	40,490	47,5	46,819
27,6	22,467	32,6	28,302	37,6	34,377	42,6	40,615	47,6	46,947
27,7	22,581	32,7	28,422	37,7	34,501	42,7	40,741	47,7	47,074
27,8	22,695	32,8	28,543	37,8	34,625	42,8	40,869	47,8	47,201
27,9	22,810	32,9	28,660	37,9	34,759	42,9	40,994	47,9	47,329
28,0	22,923	33,0	28,781	38,0	34,873	43,0	41,120	48,0	47,457
28,1	23,038	33,1	28,899	38,1	34,996	43,1	41,246	48,1	47,583
28,2	23,152	33,2	29,020	38,2	35,119	43,2	41,372	48,2	47,710
28,3	23,266	33,3	29,140	38,3	35,242	43,3	41,499	48,3	47,837
28,4	23,380	33,4	29,260	38,4	35,368	43,4	41,628	48,4	47,965
28,5	23,494	33,5	29,380	38,5	35,491	43,5	41,749	48,5	48,093
28,6	23,611	33,6	29,500	38,6	35,615	43,6	41,876	48,6	48,220
28,7	23,728	33,7	29,620	38,7	35,739	43,7	42,002	48,7	48,348
28,8	23,842	33,8	29,740	38,8	35,865	43,8	42,129	48,8	48,475
28,9	23,957	33,9	29,860	38,9	35,988	43,9	42,257	48,9	48,603
29,0	24,072	34,0	29,981	39,0	36,110	44,0	42,383	49,0	48,729
29,1	24,187	34,1	30,102	39,1	36,234	44,1	42,510	49,1	48,857
29,2	24,302	34,2	30,223	39,2	36,359	44,2	42,637	49,2	48,983
29,3	24,418	34,3	30,344	39,3	36,483	44,3	42,762	49,3	49,112
29,4	24,535	34,4	30,465	39,4	36,608	44,4	42,890	49,4	49,239
29,5	24,651	34,5	30,587	39,5	36,732	44,5	43,018	49,5	49,366
29,6	24,769	34,6	30,708	39,6	36,856	44,6	43,142	49,6	49,494
29,7	24,884	34,7	30,829	39,7	36,981	44,7	43,268	49,7	49,621
29,8	25,000	34,8	30,950	39,8	37,106	44,8	43,397	49,8	49,748
29,9	25,116	34,9	31,071	39,9	37,230	44,9	43,521	49,9	49,877
30,0	25,233	35,0	31,192	40,0	37,355	45,0	43,648	50,0	50,000

Anhang. 517

Tabelle 62. *Tafel für die hemisphärischen gewölbten Deckel.*
d = Prozent des totalen Tankdurchmessers,
b = Prozent des totalen Inhalts beider gewölbten Enden.

d %	b %	d %	b %	d %	b %	d %	b %	d %	b %
0,1	0,00	5,1	0,32	10,1	1,62	15,1	4,18	20,1	7,99
0,2	0,00	5,2	0,34	10,2	1,66	15,2	4,24	20,2	8,00
0,3	0,00	5,3	0,36	10,3	1,69	15,3	4,31	20,3	8,19
0,4	0,00	5,4	0,38	10,4	1,73	15,4	4,38	20,4	8,28
0,5	0,01	5,5	0,40	10,5	1,77	15,5	4,44	20,5	8,38
0,6	0,01	5,6	0,41	10,6	1,81	15,6	4,50	20,6	8,46
0,7	0,01	5,7	0,43	10,7	1,85	15,7	4,57	20,7	8,54
0,8	0,01	5,8	0,45	10,8	1,89	15,8	4,63	20,8	8,63
0,9	0,01	5,9	0,47	10,9	1,94	15,9	4,70	20,9	8,72
1,0	0,01	6,0	0,49	11,0	1,98	16,0	4,77	21,0	8,81
1,1	0,01	6,1	0,50	11,1	2,03	16,1	4,83	21,1	8,89
1,2	0,01	6,2	0,52	11,2	2,07	16,2	4.90	21,2	8,97
1,3	0,01	6,3	0,53	11,3	2,11	16,3	4,96	21,3	9,06
1,4	0,02	6,4	0,54	11,4	2,15	16,4	5,03	21,4	9,15
1,5	0,02	6,5	0,56	11,5	2,20	16,5	5,10	21,5	9,24
1,6	0,02	6,6	0,58	11,6	2,24	16,6	5,17	21,6	9,34
1,7	0,02	6,7	0,60	11,7	2,29	16,7	5,25	21,7	9,44
1,8	0,02	6,8	0,62	11,8	2,33	16,8	5,32	21,8	9,54
1,9	0,02	6,9	0,64	11,9	2,38	16,9	5,40	21,9	9,64
2,0	0,02	7,0	0,66	12,0	2,43	17,0	5,48	22,0	9,74
2,1	0,03	7,1	0,68	12,1	2,48	17,1	5,55	22,1	9,84
2,2	0,03	7,2	0,70	12,2	2,54	17,2	5,63	22,2	9,93
2,3	0,04	7,3	0,73	12,3	2,59	17,3	5,71	22,3	10,03
2,4	0,04	7,4	0,75	12,4	2,65	17,4	5,78	22,4	10,12
2,5	0,05	7,5	0,78	12,5	2,70	17,5	5,86	22,5	10,22
2,6	0,05	7,6	0,81	12,6	2,75	17,6	5,94	22,6	10,32
2,7	0,06	7,7	0,84	12,7	2,80	17,7	6,02	22,7	10,42
2,8	0,06	7,8	0,87	12,8	2,85	17,8	6,10	22,8	10,52
2,9	0,07	7,9	0,90	12,9	2,90	17,9	6,17	22,9	10,62
3,0	0,07	8,0	0,92	13,0	2,95	18,0	6,25	23,0	10,72
3,1	0,08	8,1	0,95	13,1	3,01	18,1	6,33	23,1	10,82
3,2	0,08	8,2	0,98	13,2	3,06	18,2	6,41	23,2	10,93
3,3	0,09	8,3	1,01	13,3	3,12	18,3	6,49	23,3	11,04
3,4	0,10	8,4	1,05	13,4	3,17	18,4	6,57	23,4	11,14
3,5	0,11	8,5	1,08	13,5	3,22	18,5	6,64	23,5	11,25
3,6	0,12	8,6	1,11	13,6	3,28	18,6	6,72	23,6	11,36
3,7	0,13	8,7	1,14	13,7	3,33	18,7	6,80	23,7	11,47
3,8	0,14	8,8	1,17	13,8	3,39	18,8	6,88	23,8	11,58
3,9	0,15	8,9	1,20	13,9	3,44	18,9	6,96	23,9	11,60
4,0	0,16	9,0	1,23	14,0	3,50	19,0	7,05	24,0	11,80
4,1	0,17	9,1	1,26	14,1	3,56	19,1	7,13	24,1	11,90
4,2	0,18	9,2	1,30	14,2	3,62	19,2	7,21	24,2	12,01
4,3	0,19	9,3	1,33	14,3	3,68	19,3	7,29	24,3	12,12
4,4	0,20	9,4	1,36	14,4	3,74	19,4	7,37	24,4	12,22
4,5	0,21	9,5	1,40	14,5	3,80	19,5	7,46	24,5	12,32
4,6	0,22	9,6	1,43	14,6	3,87	19,6	7,55	24,6	12,43
4,7	0,24	9,7	1,46	14,7	3,93	19,7	7,63	24,7	12,54
4,8	0,26	9,8	1,50	14,8	4,00	19,8	7,72	24,8	12,66
4,9	0,28	9,9	1,54	14,9	4,06	19,9	7,81	24,9	12,77
5,0	0,30	10,0	1,58	15,0	4,12	20,0	7,90	25,0	12,89

518   Anhang.

Tabelle 62. (Fortsetzung.)

d = Prozent des totalen Tankdurchmessers,
b = Prozent des totalen Inhalts beider gewölbten Enden.

d %	b %	d %	b %	d %	b %	d %	b %	d %	b %
25,1	12,95	30,1	19,06	35,1	26,05	40,1	33,74	45,1	41,77
25,2	13,06	30,2	19,19	35,2	26,20	40,2	33,90	45,2	41,94
25,3	13,17	30,3	19,32	35,3	26,35	40,3	34,05	45,3	42,11
25,4	13,29	30,4	19,43	35,4	26,50	40,4	34,20	45,4	42,28
25,5	13,40	30,5	19,55	35,5	26,65	40,5	34,35	45,5	42,45
25,6	13,51	30,6	19,68	35,6	26,80	40,6	34,50	45,6	42,61
25,7	13,63	30,7	19,81	35,7	26,95	40,7	34,65	45,7	42,77
25,8	13,75	30,8	19,94	35,8	27,10	40,8	34,80	45,8	42,93
25,9	13,87	30,9	20,07	35,9	27,25	40,9	34,95	45,9	43,09
26,0	13,98	31,0	20,22	36,0	27,40	41,0	35,10	46,0	43,25
26,1	14,10	31,1	20,37	36,1	27,55	41,1	35,26	46,1	43,41
26,2	14,22	31,2	20,52	36,2	27,70	41,2	35,42	46,2	43,57
26,3	14,34	31,3	20,67	36,3	27,84	41,3	35,58	46,3	43,73
26,4	14,46	31,4	20,82	36,4	27,99	41,4	35,75	46,4	43,89
26,5	14,58	31,5	20,97	36,5	28,13	41,5	35,92	46,5	44,05
26,6	14,70	31,6	21,11	36,6	28,28	41,6	36,08	46,6	44,22
26,7	14,82	31,7	21,25	36,7	28,43	41,7	36,24	46,7	44,38
26,8	14,94	31,8	21,39	36,8	28,59	41,8	36,39	46,8	44,54
26,9	15,16	31,9	21,52	36,9	28,75	41,9	36,55	46,9	44,71
27,0	15,19	32,0	21,65	37,0	28,90	42,0	36,70	47,0	44,88
27,1	15,31	32,1	21,79	37,1	29,05	42,1	36,86	47,1	45,05
27,2	15,43	32,2	21,93	37,2	29,20	42,2	37,02	47,2	45,23
27,3	15,56	32,3	22,07	37,3	29,35	42,3	37,18	47,3	45,31
27,4	15,68	32,4	22,20	37,4	29,50	42,4	37,34	47,4	45,59
27,5	15,80	32,5	22,34	37,5	29,65	42,5	37,50	47,5	45,77
27,6	15,92	32,6	22,47	37,6	29,80	42,6	37,67	47,6	45,95
27,7	16,04	32,7	22,60	37,7	29,95	42,7	37,83	47,7	46,12
27,8	16,16	32,8	22,74	37,8	30,10	42,8	37,99	47,8	46,29
27,9	16,28	32,9	22,87	37,9	30,26	42,9	38,16	47,9	46,46
28,0	16,40	32,0	23,00	38,0	30,42	43,0	38,32	48,0	46,63
28,1	16,53	33,1	23,14	38,1	30,58	43,1	38,49	48,1	46,80
28,2	16,65	33,2	23,28	38,2	30,74	43,2	38,65	48,2	46,96
28,3	16,77	33,3	23,41	38,3	30,91	43,3	38,81	48,3	47,13
28,4	16,90	33,4	23,55	38,4	31,08	43,4	38,97	48,4	47,30
28,5	17,02	33,5	23,69	38,5	31,25	43,5	39,13	48,5	47,46
28,6	17,14	33,6	23,84	38,6	31,40	43,6	39,30	48,6	47,62
28,7	17,27	33,7	23,99	38,7	31,56	43,7	39,46	48,7	47,77
28,8	17,39	33,8	24,15	38,8	31,72	43,8	39,62	48,8	47,93
28,9	17,51	33,9	24,31	38,9	31,87	43,9	39,78	48,9	48,09
29,0	17,63	34,0	24,45	39,0	32,02	44,0	39,95	49,0	48,25
29,1	17,76	34,1	24,59	39,1	32,16	44,1	40,12	49,1	48,42
29,2	17,89	34,2	24,74	39,2	32,31	44,2	40,29	49,2	48,59
29,3	18,02	34,3	24,89	39,3	32,46	44,3	40,46	49,3	48,76
29,4	18,15	34,4	25,05	39,4	32,60	44,4	40,62	49,4	48,93
29,5	18,27	34,5	25,20	39,5	32,75	44,5	40,79	49,5	49,10
29,6	18,40	34,6	25,36	39,6	32,91	44,6	40,95	49,6	49,28
29,7	18,53	34,7	25,52	39,7	33,06	44,7	41,11	49,7	49,46
29,8	18,66	34,8	25,68	39,8	33,32	44,8	41,27	49,8	49,64
29,9	18,80	34,9	25,84	39,9	33,45	44,9	41,44	49,9	49,82
30,0	18,93	35,0	25,90	40,0	33,58	45,0	41,60	50,0	50,00

Tabelle 63. *Metallpotentiale (ε_H) bei verschiedener Ionenkonzentration in Volt.*

Metall	Ion	Ionenkonzentration				
		$\frac{n}{1}$	$\frac{n}{10}$	$\frac{n}{100}$	$\frac{n}{1000}$	$\frac{n}{10000}$
Gold	Au···	+0,99 (?)	—	—	—	—
Platin	Pt····	>+0,86 (?)	—	—	—	—
Silber	Ag·	+0,7987	+0,741	+0,683	+0,625	+0,567
Quecksilber . .	Hg··	+0,7928	+0,764	+0,735	+0,706	−0,677
Kupfer	Cu··	+0,3469	+0,318	+0,286	+0,260	−0,231
Kupfer	Cu·	+0,52	—	—	—	—
(Wasserstoff) .	H	+0,006	−0,058	−0,116	−0,174	−0,232
Blei	Pb··	−0,132	−0,161	−0,190	−0,219	−0,248
Zinn	Sn··	−0,146	−0,175	−0,204	−0,233	−0,262
Nickel	Ni··	−0,20	−0,23	−0,26	−0,29	−0,32
Kobalt	Co··	−0,23	−0,26	−0,29	−0,32	−0,35
Cadmium . . .	Cd··	−0,420	−0,449	−0,478	−0,507	−0,536
Eisen	Fe··	−0,44	−0,47	−0,50	−0,53	−0,56
Zink	Zn··	−0,770	−0,799	−0,828	−0,857	−0,886
Aluminium . .	Al···	−1,337	−1,356	−1,375	−1,394	−1,413
Magnesium . .	Mg··	−1,8	−1,8	−1,9	−1,9	−1,9
Natrium . . .	Na·	−2,715	−2,773	−2,831	−2,889	−2,947
Kalium	K·	−2,925	−2,983	−3,041	−3,099	−3,157

Die Spannungsreihe ist maßgebend für die Korrosionen, die bei Lokalelementen auftreten. Durch die Anwesenheit eines unedleren (elektronegativen, z. B. Zink-) Metalles wird das edlere (elektropositivere, z. B. Eisen) geschützt.

Tabelle 64. *Wässerige Salzsäure*[1].

d_{15} g/cm³	°Baumé (15° C)	100 g enthalten g HCl	1 l enthält g HCl	d_{15} g/cm³	°Baumé (15° C)	100 g enthalten g HCl	1 l enthält g HCl
1,000	0,0	0,16	1,6	1,115	14,9	22,86	255
1,005	0,7	1,15	12	1,120	15,4	23,82	267
1,010	1,4	2,14	22	1,125	16,0	24,78	278
1,015	2,1	3,12	32	1,130	16,5	25,75	291
1,020	2,7	4,13	42	1,135	17,1	26,70	303
1,025	3,4	5,15	53	1,140	17,7	27,66	315
1,030	4,1	6,15	64	1,1425	18,0	28,14	322
1,035	4,7	7,15	74	1,145	18,3	28,61	328
1,040	5,4	8,16	85	1,150	18,8	29,57	340
1,045	6,0	9,16	96	1,152	19,0	29,95	345
1,050	6,7	10,17	107	1,155	19,3	30,55	353
1,055	7,4	11,18	118	1,160	19,8	31,52	366
1,060	8,0	12,19	129	1,163	20,0	32,10	373
1,065	8,7	13,19	141	1,165	20,3	32,49	379
1,070	9,4	14,17	152	1,170	20,9	33,46	392
1,075	10,0	15,16	163	1,171	21,0	33,65	394
1,080	10,6	16,15	174	1,175	21,4	34,42	404
1,085	11,2	17,13	186	1,180	22,0	35,39	418
1,090	11,9	18,11	197	1,185	22,5	36,31	430
1,095	12,4	19,06	209	1,190	23,0	37,23	443
1,100	13,0	20,01	220	1,195	23,5	38,16	456
1,105	13,6	20,97	232	1,200	24,0	39,11	469
1,110	14,2	21,92	243				

[1] LUNGE u. MARCHLEWSKI: Z. angew. Chem. Bd. 4 (1891) S. 133.

Anhang.

Tabelle 65. *Schwefelsäure* [1].

d_{15} g/cm³	° Baumé	100 g enthalten g H_2SO_4	1 l enthält g H_2SO_4	Normalität bei 15° C	d_{15} g/cm³	° Baumé	100 g enthalten g H_2SO_4	1 l enthält g H_2SO_4	Normalität bei 15° C
0,9991	0,0	0	0,00	0,000					
1,0061	1,0	1	10,06	0,205	1,4088	42,0	51	718,49	14,652
1,0129	2,0	2	20,26	0,413	1,4188	42,7	52	737,78	15,045
1,0197	3,0	3	30,59	0,624	1,4289	43,4	53	757,32	15,443
1,0264	3,8	4	41,06	0,837	1,4391	44,1	54	777,11	15,846
1,0332	4,7	5	51,66	1,053	1,4494	44,8	55	797,17	16,255
1,0400	5,7	6	62,40	1,272	1,4598	45,5	56	817,49	16,670
1,0469	6,6	7	73,28	1,494	1,4703	46,2	57	838,07	17,090
1,0539	7,5	8	84,31	1,719	1,4809	46,9	58	858,92	17,515
1,0610	8,4	9	95,49	1,947	1,4916	47,6	59	880,04	17,946
1,0681	9,3	10	106,81	2,178	1,5024	48,3	60	901,44	18,382
1,0753	10,2	11	118,28	2,412	1,5133	49,0	61	923,11	18,824
1,0825	11,1	12	129,90	2,649	1,5243	49,7	62	945,07	19,272
1,0898	12,0	13	141,67	2,889	1,5354	50,4	63	967,30	19,725
1,0971	12,9	14	153,59	3,132	1,5465	51,1	64	989,76	20,183
1,1045	13,8	15	165,68	3,378	1,5578	51,8	65	1012,5	20,647
1,1120	14,7	16	177,92	3,628	1,5691	52,4	66	1035,6	21,117
1,1195	15,5	17	190,32	3,881	1,5805	53,1	67	1058,9	21,593
1,1270	16,3	18	202,86	4,137	1,5919	53,7	68	1082,5	22,075
1,1347	17,2	19	215,59	4,396	1,6035	54,4	69	1106,4	22,562
1,1424	18,0	20	228,48	4,659	1,6151	55,0	70	1130,6	23,054
1,1501	18,9	21	241,52	4,925	1,6268	55,7	71	1155,0	23,553
1,1579	19,8	22	254,74	5,194	1,6385	56,3	72	1179,7	24,057
1,1657	20,6	23	268,11	5,467	1,6503	56,9	73	1204,7	24,567
1,1736	21,5	24	281,66	5,744	1,6622	57,5	74	1230,0	25,082
1,1816	22,3	25	295,40	6,024	1,6740	58,2	75	1255,5	25,602
1,1896	23,1	26	309,30	6,307	1,6858	58,8	76	1281,2	26,126
1,1976	23,9	27	323,35	6,594	1,6976	59,4	77	1307,2	26,655
1,2057	24,7	28	337,60	6,884	1,7093	60,0	78	1333,3	27,188
1,2138	25,5	29	352,00	7,178	1,7209	60,5	79	1359,5	27,724
1,2220	26,3	30	366,60	7,476	1,7324	61,1	80	1385,9	28,261
1,2302	27,1	31	381,36	7,777	1,7435	61,6	81	1412,2	28,799
1,2385	27,9	32	396,32	8,082	1,7544	62,1	82	1438,6	29,336
1,2468	28,7	33	411,44	8,390	1,7649	62,6	83	1464,9	29,871
1,2552	29,5	34	426,77	8,702	1,7748	63,1	84	1490,8	30,401
1,2636	30,2	35	442,26	9,018	1,7841	63,5	85	1516,5	30,924
1,2720	30,9	36	457,92	9,338	1,7927	63,9	86	1541,7	31,438
1,2806	31,7	37	473,82	9,662	1,8006	64,2	87	1566,5	31,943
1,2891	32,5	38	489,86	9,989	1,8077	64,5	88	1590,8	32,438
1,2978	33,2	39	506,14	10,322	1,8141	64,8	89	1614,6	32,922
1,3065	34,0	40	522,60	10,657	1,8198	65,1	90	1637,8	33,397
1,3153	34,7	41	539,27	10,997	1,8248	65,3	91	1660,6	33,862
1,3242	35,4	42	556,16	11,341	1,8293	65,5	92	1683,0	34,318
1,3332	36,2	43	573,28	11,690	1,8331	65,7	93	1704,8	34,764
1,3423	36,9	44	590,61	12,043	1,8363	65,8	94	1726,1	35,199
1,3514	37,6	45	608,13	12,401	1,8388	65,9	95	1746,9	35,622
1,3607	38,4	46	625,92	12,764	1,8406	66,0	96	1767,0	36,030
1,3701	39,1	47	643,95	13,131	1,8414	66,0	97	1786,2	36,421
1,3796	39,8	48	662,21	13,504	1,8411	66,0	98	1804,3	36,791
1,3893	40,5	49	680,76	13,881	1,8393	65,9	99	1820,9	37,132
1,3990	41,2	50	699,50	14,264					

[1] Nach LANDOLT-BÖRNSTEIN: Physikalisch-chemische Tabellen, 5. Aufl., Bd. 1, S. 397 bis 398.

Anhang.

Tabelle 66. *Rauchende Schwefelsäure (nach KNIETSCH[1]).*

% SO_3	0	10	20	30	40	50
d_{15} g/cm³	1,847	1,885	1,917	1,954	1,976	2,006

% SO_3	60	70	80	90	100
d_{15} g/cm³	2,017	2,015	2,005	1,987	1,981

[1] Nach LANDOLT-BÖRNSTEIN: Physikalisch-chemische Tabellen, 5. Aufl., Bd. 1, S. 399.

Tabelle 67. *Wässerige Kalilauge und Natronlauge (nach LUNGE).*

d_{15} g/cm³	° Baumé (15° C)	100 g enthalten g		1 l enthält g		d_{15} g/cm³	° Baumé (15° C)	100 g enthalten g		1 l enthält g	
		KOH	NaOH	KOH	NaOH			KOH	NaOH	KOH	NaOH
1,006	1	0,9	0,59	9	6,0	1,250	29	27,0	22,50	338	281,7
1,013	2	1,7	1,20	17	12,0	1,261	30	28,0	23,50	353	296,8
1,020	3	2,6	1,85	26	18,9	1,273	31	28,9	24,48	368	311,9
1,028	4	3,5	2,50	36	25,7	1,284	32	29,8	25,50	385	327,7
1,035	5	4,5	3,15	46	32,6	1,295	33	30,7	26,58	398	344,7
1,042	6	5,6	3,79	58	39,6	1,307	34	31,8	27,65	416	361,7
1,050	7	6,4	4,50	67	47,3	1,319	35	32,7	28,83	432	380,6
1,058	8	7,4	5,20	78	55,0	1,331	36	33,7	30,00	449	399,6
1,066	9	8,2	5,86	88	62,5	1,344	37	34,9	31,20	469	419,6
1,074	10	9,2	6,58	99	70,7	1,356	38	35,9	32,50	487	441,0
1,082	11	10,1	7,30	109	79,1	1,369	39	36,9	33,73	506	462,1
1,090	12	10,9	8,07	119	88,0	1,382	40	37,8	35,00	522	484,1
1,098	13	12,0	8,78	132	96,6	1,396	41	38,9	36,36	543	507,9
1,106	14	12,9	9,50	143	105,3	1,409	42	39,9	37,65	563	530,9
1,115	15	13,8	10,30	153	114,9	1,423	43	40,9	39,06	582	556,2
1,124	16	14,8	11,06	167	124,4	1,437	44	42,1	40,47	605	582,0
1,133	17	15,7	11,90	178	134,9	1,452	45	43,4	42,02	631	610,6
1,142	18	16,5	12,69	188	145,0	1,467	46	44,6	43,58	655	639,8
1,151	19	17,6	13,50	203	155,5	1,482	47	45,8	45,16	679	669,7
1,160	20	18,6	14,35	216	166,7	1,497	48	47,1	46,73	706	700,0
1,169	21	19,5	15,15	228	177,4	1,513	49	48,3	48,41	731	732,9
1,179	22	20,5	16,00	242	188,8	1,529	50	49,4	50,10	756	766,5
1,189	23	21,4	16,91	255	201,2	1,545	51	50,6	—	779	—
1,199	24	22,4	17,81	269	213,7	1,562	52	51,9	—	811	—
1,209	25	23,3	18,71	282	226,4	1,579	53	53,2	—	840	—
1,219	26	24,2	19,65	295	239,7	1,597	54	54,5	—	870	—
1,229	27	25,1	20,60	309	253,6	1,615	55	55,9	—	902	—
1,240	28	26,1	21,55	324	267,4	1,633	56	57,5	—	940	—

Anhang. 523

Tabelle 68. *Thermische und kalorische Eigenschaften von Methan.*

Temperatur		Druck lb/sqin		Volum		Dichte		Wärmeinhalt bezogen auf −280° F Btu/lb				Entropie bezogen auf −280° F	
t °F	T °R	p Diff.	P Abs.	v' Flüssigkeit cuft/lb	v'' Dampf cuft/lb	$\frac{1}{v'}$ Flüssigkeit lb/cuft	$\frac{1}{v''}$ Dampf lb/cuft	i' Flüssigkeit	r Latent	H^{50} Dampf	i'' Dampf	s' Flüssigkeit	s'' Dampf
−280	180	−10,3	4,4	0364	—	27,5	—	0,0	229,4	114,7	229,4	000	1,2750
−278	182	− 9,6	5,1	0365	—	27,4	—	1,7	228,6	115,9	230,3	009	1,266
−276	184	− 8,9	5,8	0366	—	27,3	—	3,3	227,8	117,1	231,1	018	1,256
−274	186	− 8,3	6,4	0368	—	27,2	—	4,9	226,9	118,4	231,8	026	1,247
−272	188	− 7,5	7,2	0369	—	27,1	—	6,6	226,1	119,6	232,7	035	1,238
−270	190	− 6,7	8,0	0370	—	27,0	—	8,2	225,3	120,8	233,5	043	1,229
−268	192	− 5,5	9,2	0372	—	26,9	—	9,9	224,5	122,1	234,4	051	1,221
−266	194	− 4,5	10,2	0373	—	26,8	—	11,5	223,7	123,3	235,2	058	1,2129
−264	196	− 3,3	11,4	0375	—	26,7	—	13,1	222,9	124,6	236,0	066	1,2047
−262	198	− 1,8	12,9	0376	—	26,6	—	14,8	222,1	125,8	236,9	074	1,1966
−260	200	0,0	14,7	0377	8,9047	26,5	1123	16,4	221,3	127,0	237,7	077	1,1885
−258	202	9	15,6	0379	8,4756	26,4	118	18,1	220,4	128,3	238,5	079	1,1812
−256	204	2,4	17,1	0380	7,6923	26,3	130	19,8	219,6	129,6	239,4	081	1,1738
−254	206	4,4	19,1	0382	7,0422	26,2	142	21,4	218,8	130,8	240,2	084	1,1660
−252	208	6,4	21,1	0383	6,4103	26,1	156	23,0	218,0	132,1	241,0	110	1,1590
−250	210	8,4	23,1	0385	5,9172	26,0	169	24,7	217,2	133,4	241,9	117	1,1520
−248	212	10,4	25,1	0386	5,4945	25,9	182	26,4	216,3	134,6	242,7	124	1,1450
−246	214	12,4	27,1	0388	5,1282	25,8	195	28,1	215,5	135,9	243,6	131	1,1390
−244	216	14,4	29,1	0389	4,8077	25,7	208	29,8	214,7	137,1	244,5	138	1,1132
−242	218	16,4	31,1	0391	4,5249	25,6	221	31,5	213,9	138,2	245,4	145	1,126
−240	220	18,4	33,1	0392	4,2735	25,5	234	33,2	213,0	139,7	246,2	151	1,1191
−238	222	20,7	35,4	0394	4,0160	25,4	249	34,9	212,2	141,0	247,1	157	1,113
−236	224	23,9	38,6	0395	4,7174	25,3	269	36,7	211,3	142,3	248,0	163	1,107
−234	226	27,1	41,8	0397	3,4602	25,2	289	38,4	210,5	143,5	248,9	170	1,1073
−232	228	30,3	45,0	0400	3,2258	25,0	310	40,1	209,6	144,8	249,7	176	1,095
−230	230	33,4	48,1	0402	3,0303	24,9	330	41,8	208,7	146,1	250,5	182	1,0891
−228	232	36,6	51,3	0403	2,8571	24,8	350	43,5	207,8	147,3	251,3	188	1,083
−226	234	39,7	54,4	0405	2,7027	24,7	370	45,3	206,9	148,6	252,2	104	1,077
−224	236	42,9	57,6	0407	2,5575	24,6	391	47,0	206,0	149,9	253,0	200	1,072
−222	238	46,1	60,8	0408	2,4330	24,5	411	48,8	205,0	151,2	253,8	205	1,066
−220	240	49,8	64,5	0410	2,2988	24,4	435	50,5	204,0	152,5	254,5	211	1,0604
−218	242	55,0	69,7	0412	2,1598	24,3	463	52,3	203,0	153,8	255,3	216	1,055
−216	244	60,0	74,7	0413	2,0284	24,2	493	54,1	202,0	155,0	256,1	222	1,050
−214	246	65,1	79,8	0417	1,9084	24,0	524	55,9	201,0	156,3	256,9	227	1,044
−212	248	70,2	84,9	0418	1,8050	23,9	554	57,7	200,0	157,6	257,7	232	1,039
−210	250	75,2	89,9	0420	1,7094	23,8	585	59,5	199,0	158,9	258,5	238	1,0340
−208	252	80,3	95,0	0422	1,6260	23,7	615	61,3	197,9	160,2	259,2	243	1,029
−206	254	86,3	101,0	0424	1,5504	23,6	645	63,1	196,8	161,4	259,9	248	1,023
−204	256	91,4	106,1	0426	1,4815	23,5	675	64,9	195,6	162,7	260,5	253	1,018
−202	258	99,3	114,0	0427	1,4205	23,4	704	66,7	194,5	163,9	261,2	258	1,012
−200	260	106,1	120,8	0431	1,3369	23,2	748	68,5	193,4	165,2	261,9	264	1,0073
−198	262	113,1	127,8	0433	1,2594	23,1	794	70,4	192,2	166,4	262,6	269	1,002
−196	264	120,1	134,8	0437	1,1933	22,9	838	72,3	190,9	167,7	263,2	274	997
−194	266	126,8	141,5	0439	1,1312	22,8	884	74,4	189,6	169,0	263,8	279	992
−192	268	133,8	148,5	0441	1,0776	22,7	928	76,1	188,4	170,2	264,5	284	987
−190	270	140,7	155,4	0444	1,0256	22,5	975	78,0	187,1	171,5	265,1	289	982
−188	272	147,7	162,4	0446	0,9804	22,4	1,020	80,0	185,6	172,8	265,6	294	977

Tabelle 68 (Fortsetzung). Methan.

Temperatur		Druck lb/sqin		Volum		Dichte		Wärmeinhalt bezogen auf $-280°$ F Btu/lb				Entropie bezogen auf $-280°$ F	
t °F	T °R	p Diff.	P Abs.	v' Flüssigkeit cuft/lb	v'' Dampf cuft/lb	$\frac{1}{v'}$ Flüssigkeit lb/cuft	$\frac{1}{v''}$ Dampf lb/cuft	i' Flüssigkeit	r Latent	H^{50} Dampf	i'' Dampf	s' Flüssigkeit	s'' Dampf
−186	274	154,6	169,3	0450	0,9346	22,2	1,074	81,9	184,1	174,0	266,0	298	971
−184	276	165,1	179,8	0455	0,9009	22,0	1,110	83,8	182,7	175,2	266,5	303	966
−182	278	174,3	189,0	0457	0,8547	21,9	1,17	85,7	181,2	176,4	266,9	308	961
−180	280	183,2	197,9	0461	0,8065	21,7	1,24	87,7	179,7	177,6	267,4	313	955
−178	282	191,9	206,6	0463	0,7692	21,6	1,30	89,7	178,1	178,8	267,8	318	950
−176	284	200,6	215,3	0467	0,7299	21,4	1,37	91,8	176,5	180,0	268,3	323	944
−174	286	209,5	224,2	0469	0,6993	21,3	1,43	93,8	174,8	181,2	268,6	328	939
−172	288	218,3	233,0	0474	0,6711	21,1	1,49	95,8	173,2	182,3	269,0	333	933
−170	290	227,0	241,7	0476	0,6410	21,0	1,56	97,9	171,2	183,5	269,1	338	928
−168	292	235,7	250,4	0481	0,6173	20,8	1,62	100,0	169,3	184,7	269,3	343	922
−166	294	250,3	265,0	0483	0,5882	20,7	1,70	102,1	167,5	185,9	269,6	348	917
−164	296	259,7	274,4	0488	0,5678	20,5	1,78	104,2	165,6	187,0	269,8	352	911
−162	298	268,9	283,6	0490	0,5525	20,4	1,81	106,4	163,4	188,2	270,0	358	906
−160	300	278,3	293,0	0495	0,5181	20,2	1,93	108,7	161,4	189,3	270,1	363	900
−158	302	287,5	302,2	0498	0,4975	20,1	2,01	110,9	159,2	190,5	270,1	368	894
−156	304	297,0	311,7	0503	0,4808	19,9	2,08	113,2	157,0	191,7	270,2	373	888
−154	306	306,3	321,0	0505	0,4630	19,8	2,16	115,4	154,8	192,9	270,2	378	882
−152	308	315,3	330,0	0508	0,4484	19,7	2,23	117,9	152,1	194,0	270,0	383	876
−150	310	324,1	338,8	0515	0,4329	19,5	2,31	120,3	149,5	195,1	269,8	388	870
−148	312	323,0	346,7	0515	0,4184	19,4	2,39	122,7	146,8	196,2	269,5	393	863
−146	314	340,6	355,3	0518	0,4065	19,3	2,46	125,2	144,2	197,4	269,4	398	856
−144	316	349,2	363,9	0524	0,3937	19,1	2,54	127,8	141,1	198,4	268,9	404	850
−142	318	372,4	387,1	0529	0,3759	18,9	2,66	130,5	137,8	199,5	268,3	410	843
−140	320	397,6	412,3	0541	0,3413	18,5	2,93	133,2	134,4	200,5	267,6	416	836
−138	322	423,8	438,5	0552	0,3115	18,1	3,21	136,0	131,1	201,6	267,1	422	826
−136	324	447,8	462,5	0568	0,2865	17,6	3,49	138,7	127,8	202,6	266,5	428	817
−134	326	471,8	486,5	0581	0,2653	17,2	3,77	141,8	122,7	203,3	264,5	435	808
−132	328	496,5	511,2	0595	0,2532	16,8	3,95	145,0	117,6	204,0	262,6	442	799
−130	330	524,3	539,0	0621	0,2028	16,1	4,93	148,2	112,6	204,6	260,8	449	790
−128	332	561,9	576,6	0694	0,1538	14,4	6,50	151,4	107,7	205,3	259,1	457	780
−126	334	599,6	614,3	0787	0,1261	12,7	7,93	157,1	96,0	205,8	253,1	478	758
−124	336	658,5	673,2	0993	0,9930	10,07	10,07	164,9	76,8	206,0	241,7	502	719
−122	338	—	—	—	—	—	—	172,6	57,5	206,4	230,1	511	681
−120	340	—	—	—	—	—	—	108,4	38,0	206,7	218,4	531	642
−118	342	—	—	—	—	—	—	189,5	19,1	207,0	208,6	543	610
−116	343	—	—	—	—	—	—	205,1	0,0	207,3	206,1	599	599

Anhang. 525

Tabelle 69. *Thermische und kalorische Eigenschaften von Äthan.*

Temperatur		Druck lb/sqin		Volum		Dichte		Wärmeinhalt bezogen auf $-128°$ F Btu/lb			Entropie bezogen auf $-128°$ F	
t °F	T °R	p Diff.	P Abs.	v' Flüssigkeit cuft/lb	v'' Dampf cuft/lb	$\frac{1}{v'}$ Flüssigkeit lb/cuft	$\frac{1}{v''}$ Dampf lb/cuft	i' Flüssigkeit Btu/lb	r Latent Btu/lb	i'' Total Btu/lb	s' Flüssigkeit	s'' Dampf
−128	332	0,10	14,80	0,02935	7,7519	34,07	129	0,0	199,5	199,5	0,0	0,601
−126	334	1,1	15,8	0,02950	7,2993	34,0	137	1,2	199,1	200,3	0,003	0,600
−124	336	2,2	16,9	0,02965	6,8966	33,9	145	2,4	198,7	201,1	0,006	0,599
−122	338	3,2	17,9	0,02980	6,4935	33,8	154	3,5	198,3	201,8	0,009	0,597
−120	340	4,3	19,0	0,02997	6,1350	33,7	163	4,7	197,9	202,6	0,011	0,596
−118	342	5,3	20,0	0,03002	5,8480	33,6	171	5,9	197,5	203,4	0,014	0,595
−116	344	6,4	21,1	0,03007	5,5556	33,5	180	7,0	197,1	204,1	0,018	0,594
−114	346	7,4	22,1	0,03012	5,3191	33,45	188	8,2	196,6	204,8	0,022	0,592
−112	348	8,5	23,2	0,03017	5,0761	33,35	197	9,4	196,2	205,5	0,026	0,581
−110	250	10,0	24,7	0,03022	4,7847	33,3	209	10,5	195,7	206,2	0,030	0,590
−108	352	11,5	26,2	0,03027	4,5249	33,2	221	11,8	195,3	207,1	0,034	0,589
−106	354	13,0	27,7	0,03032	4,3103	33,1	232	13,0	194,8	207,8	0,037	0,588
−104	356	14,5	29,2	0,03037	4,0984	33,0	244	14,2	194,4	208,6	0,040	0,586
−102	358	16,0	30,7	0,03042	3,9216	32,9	255	15,3	194,0	209,3	0,043	0,585
−100	360	17,5	32,2	0,03040	3,7453	32,8	267	16,5	193,5	210,0	0,046	0,584
− 98	362	19,0	33,7	0,03058	3,5971	32,7	278	17,7	193,0	210,7	0,049	0,583
− 96	364	20,5	35,2	0,03067	3,4483	32,6	290	19,0	192,5	211,5	0,052	0,582
− 94	366	22,2	36,9	0,03076	3,3003	32,5	303	20,2	192,0	212,2	0,055	0,580
− 92	308	24,3	39,0	0,03085	3,1348	32,4	319	21,4	191,6	213,0	0,058	0,579
− 90	370	26,4	41,1	0,03096	2,9851	32,3	335	22,6	191,0	213,5	0,060	0,577
− 88	372	28,5	43,2	0,03104	2,8571	32,25	350	23,8	190,5	214,2	0,064	0,576
− 86	374	30,5	45,2	0,03112	2,7322	32,2	366	25,0	190,1	215,0	0,067	0,575
− 84	376	32,6	47,3	0,03120	2,6178	32,1	382	26,2	189,5	215,7	0,070	0,573
− 82	378	30,7	49,4	0,03128	2,5126	32,0	398	27,4	188,9	216,3	0,073	0,572
− 80	380	36,8	51,5	0,03135	2,4155	31,9	414	28,7	188,4	217,0	0,076	0,571
− 78	382	38,9	53,6	0,03143	2,3310	31,8	429	29,9	187,8	217,7	0,078	0,569
− 76	284	41,7	56,3	0,03151	2,2173	31,75	451	31,1	187,2	217,3	0,081	0,568
− 74	386	44,3	59,0	0,03150	2,1186	31,7	472	32,3	186,2	219,0	0,084	0,567
− 72	388	47,0	61,7	0,03167	2,0284	31,6	493	33,5	186,0	219,5	0,087	0,565
− 70	390	49,7	64,4	0,03175	1,9455	31,5	514	34,8	185,4	220,2	0,089	0,564
− 68	392	52,5	67,2	0,03184	1,8692	31,4	535	36,1	184,8	220,9	0,092	0,563
− 66	394	55,3	70,0	0,03193	1,80118	31,3	555	37,3	184,2	221,5	0,095	0,562
− 64	396	57,9	72,6	0,03202	1,7361	31,25	576	38,6	183,6	222,2	0,097	0,561
− 62	398	60,7	75,4	0,03211	1,6807	31,15	595	39,8	182,9	222,7	0,100	0,560
− 60	400	63,4	78,1	0,03220	1,6234	31,05	616	41,1	182,2	223,3	0,102	0,558
− 58	400	66,5	81,2	0,03232	1,5625	31,00	640	42,3	181,5	223,8	0,105	0,557
− 56	402	70,1	84,8	0,03244	1,5129	30,9	661	43,6	180,8	224,4	0,108	0,556
− 54	406	73,7	88,4	0,03256	1,4599	30,8	685	44,8	180,1	224,9	0,110	0,554
− 52	408	77,2	91,9	0,03268	1,4225	30,65	703	46,1	179,3	225,5	0,113	0,553
− 50	410	80,8	95,5	0,03279	1,3812	30,5	724	47,4	178,6	226,0	0,115	0,552
− 48	412	84,5	99,2	0,03290	1,3423	30,4	745	48,7	177,9	226,6	0,118	0,550
− 46	414	88,1	102,8	0,03301	1,3072	30,3	765	50,0	177,2	227,2	0,120	0,549
− 44	416	91,8	106,5	0,03312	1,2739	30,2	785	51,3	176,4	227,7	0,123	0,548
− 42	418	94,5	110,1	0,03323	1,2407	30,1	806	52,6	175,6	228,2	0,126	0,546
− 40	420	98,3	113,0	0,03333	1,1962	30,0	836	53,9	174,8	228,1	0,128	0,545
− 38	422	104,0	118,7	0,03343	1,1508	29,9	809	55,2	174,0	224,2	0,131	0,544
− 36	424	108,6	123,3	0,03353	1,1087	29,85	902	56,5	173,2	229,7	0,133	0,542

Tabelle 69 (Fortsetzung). Äthan.

Temperatur		Druck lb/sqin		Volum		Dichte		Wärmeinhalt bezogen auf $-128\,°F$			Entropie bezogen auf $-128°\,F$	
t °F	T °R	p Diff.	P Abs.	v' Flüssigkeit cuft/lb	v'' Dampf cuft/lb	$\frac{1}{v'}$ Flüssigkeit lb/cuft	$\frac{1}{v''}$ Dampf lb/cuft	i' Flüssigkeit Btu/lb	r Latent Btu/lb	i'' Total Btu/lb	s' Flüssigkeit	s'' Dampf
−34	426	113,3	128,0	0,03363	1,0695	29,75	935	57,8	172,3	230,1	0,136	0,541
−32	428	117,9	132,6	0,03373	1,0331	29,7	968	59,3	171,5	230,8	0,138	0,539
−30	430	122,6	137,3	0,03383	1,0010	29,6	1,000	60,6	170,6	231,2	0,141	0,538
−28	432	127,2	141,9	0,03393	0,9671	29,5	1,034	61,9	169,8	231,7	0,143	0,536
−26	434	131,8	146,5	0,03403	0,9381	29,4	1,066	63,3	168,9	232,2	0,146	0,535
−24	436	136,4	151,1	0,03413	0,9107	29,3	1,097	64,6	167,9	232,5	0,148	0,533
−22	438	141,6	156,3	0,03423	0,8264	29,2	1,210	66,0	167,0	233,0	0,150	0,532
−20	440	147,2	161,9	0,03436	0,7937	29,1	1,26	67,3	166,1	233,4	0,153	0,530
−18	442	152,8	167,5	0,03448	0,7692	29,0	1,30	68,7	165,1	233,8	0,155	0,529
−16	444	158,6	173,3	0,03460	0,7407	28,9	1,35	70,1	164,1	234,2	0,158	0,528
−14	446	164,3	179,0	0,03472	0,7143	28,8	1,40	71,5	163,0	234,5	0,160	0,526
−12	448	170,0	184,7	0,03484	0,6944	28,7	1,44	72,9	162,0	235,0	0,163	0,525
−10	450	175,8	190,5	0,03496	0,6711	28,6	1,49	74,4	161,0	235,4	0,165	0,523
− 8	452	181,6	196,3	0,03511	0,6494	28,5	1,54	75,7	159,9	235,6	0,167	0,522
− 6	454	187,3	202,0	0,03526	0,6289	28,35	1,59	77,1	158,8	236,0	0,170	0,520
− 4	456	193,4	208,1	0,03541	0,6061	28,2	1,65	78,5	157,7	236,2	0,172	0,519
− 2	458	200,5	215,2	0,03556	0,5848	28,1	1,71	79,9	156,6	236,5	0,175	0,517
− 0	460	207,6	222,3	0,03592	0,5650	28,0	1,77	81,3	155,4	236,7	0,177	0,515
+ 2	462	214,7	229,4	0,03690	0,5464	27,9	1,83	82,8	154,1	237,0	0,178	0,513
+ 4	464	221,8	236,5	0,03608	0,5291	27,75	1,89	84,3	152,9	237,2	0,179	0,512
+ 6	466	228,8	243,5	0,03626	0,5128	27,6	1,95	85,8	151,7	237,5	0,181	0,510
+ 8	468	235,9	250,6	0,03644	0,4975	27,5	2,01	87,3	150,4	237,7	0,182	0,508
+10	470	243,1	257,8	0,03663	0,4808	27,3	2,08	88,8	149,0	237,8	0,185	0,506
+12	472	250,2	264,9	0,03699	0,4673	27,2	2,14	90,3	147,5	237,8	0,189	0,504
+14	474	257,4	272,1	0,03695	0,4505	27,0	2,22	91,8	146,0	237,8	0,192	0,502
+16	476	265,5	280,2	0,03711	0,4386	26,9	2,28	93,2	144,6	237,8	0,195	0,500
+18	478	273,7	288,4	0,03727	0,4237	26,8	2,36	94,8	143,2	238,0	0,198	0,498
+20	480	282,0	296,7	0,03745	0,4098	26,7	2,44	96,4	141,8	238,1	0,201	0,496
+22	482	290,3	305,0	0,03762	0,3984	26,6	2,51	97,9	140,3	238,2	0,203	0,495
+24	484	298,6	313,3	0,03779	0,3861	26,4	2,59	99,5	138,9	232,4	0,205	0,493
+26	486	306,9	321,6	0,03796	0,3745	26,3	2,67	101,1	137,4	238,5	0,208	0,491
+28	488	315,3	330,0	0,03813	0,3636	26,2	2,75	102,7	135,6	238,3	0,210	0,489
+30	490	323,3	338,0	0,03831	0,3546	26,1	2,82	104,3	133,7	238,0	0,213	0,487
+32	492	331,6	346,33	0,03855	0,3460	25,0	2,89	105,9	131,9	237,8	0,215	0,484
+34	494	342,5	357,2	0,03899	0,3390	25,8	2,95	107,5	130,0	237,5	0,218	0,481
+36	496	353,3	368,0	0,03903	0,3205	25,7	3,12	109,2	128,2	237,4	0,220	0,479
38	498	364,0	378,7	0,03927	0,3096	25,5	3,23	110,9	126,3	237,2	0,223	0,477
40	500	374,7	389,4	0,03953	0,2994	25,3	3,34	112,6	124,5	237,1	0,225	0,475
42	502	385,3	400,0	0,03982	0,2899	25,1	3,45	114,3	122,6	237,0	0,228	0,472
44	504	395,8	410,5	0,04011	0,2809	25,0	3,56	116,0	120,8	236,8	0,230	0,470
46	506	506,0	406,3	0,04040	0,2727	24,8	3,67	117,8	118,5	236,3	0,233	0,467
48	508	416,8	431,5	0,04069	0,2646	24,6	3,78	119,6	116,2	235,8	0,235	0,464
50	510	427,6	442,3	0,04099	0,2571	24,4	3,89	121,3	113,9	235,2	0,238	0,461
52	512	439,6	454,3	0,04134	0,2469	24,2	4,05	123,1	111,6	234,7	0,241	0,459
54	514	451,3	466,0	0,04169	0,2370	24,0	4,22	124,9	109,1	234,0	0,243	0,455
56	516	463,6	478,3	0,04204	0,2283	23,8	4,38	126,9	106,4	233,3	0,246	0,452
58	518	475,8	490,5	0,04239	0,2203	23,6	4,54	128,8	103,7	232,5	0,249	0,449

Anhang. 527

Tabelle 69 (Fortsetzung). **Äthan.**

Temperatur		Druck lb/sqin		Volum		Dichte		Wärmeinhalt bezogen auf −128° F			Entropie bezogen auf −128° F	
t °F	T °R	p Diff.	P Abs.	v' Flüssigkeit cuft/lb	v'' Dampf cuft/lb	$\frac{1}{v'}$ Flüssigkeit lb/cuft	$\frac{1}{v''}$ Dampf lb/cuft	i' Flüssigkeit Btu/lb	r Latent Btu/lb	i'' Total Btu/lb	s' Flüssigkeit	s'' Dampf
60	520	488,3	503,0	0,04273	0,2128	23,4	4,70	130,7	101,0	231,7	0,251	0,445
62	522	500,3	515,0	0,04323	0,2070	23,2	4,83	132,6	98,3	230,9	0,254	0,442
64	524	512,3	527,0	0,04373	0,1992	23,0	5,02	134,8	94,9	229,7	0,257	0.438
66	526	524,3	539,0	0,04423	0,1931	22,8	5,18	136,9	91,4	228,3	0,260	0,434
68	528	538,5	553,2	0,04473	0,1852	22,5	5,40	139,0	88,0	227,0	0,263	0,430
70	530	553,6	568,3	0,04525	0,1736	22,1	5,76	141,1	84,6	225,7	0,267	0,426
72	532	568,6	583,3	0,04626	0,1618	21,6	6,18	143,4	80,4	223,8	0,270	0,421
74	534	583,8	598,5	0,04727	0,1538	21,2	6,50	145,6	75,7	221,3	0,273	0,415
76	536	598,5	613,2	0,04828	0,1449	20,7	6,90	147,9	71,0	218,9	0,276	0,409
78	538	612,5	612,5	0,04929	0,1369	20,3	7,30	150,2	66,4	216,6	0,279	0,402
80	540	626,6	641,3	0,05030	0,1299	19,9	7,70	152,4	61,6	214,0	0,282	0,396
82	542	640,5	655,2	0,05481	0,1235	19,5	8,10	158,8	57,8	216,0	0,2`3	0,399
84	544	654,3	669,0	0,05232	0,1176	19,0	8,50	165,3	45,8	211,0	0,305	0,388
86	546	667,7	682,4	0,06383	0,1053	18,0	9,50	171,5	30,3	202,1	0,316	0,370
88	548	683,0	697,7	0,06834	0,08333	15,4	12,00	178,2	10,4	188,6	0,327	0,344
89,36	549,36	693,84	708,54	0,07283	0,07283	13,728	13,728	183,0	—	183,0	0,333	0,333

Tabelle 70. *Thermische und kalorische Eigenschaften von Isopentan.*

Temperatur		Druck lb/sqin		Volum cuft/lb		Dichte lb/cuft		Wärmeinhalt bezogen auf 82° F Btu/lb					Entropie	
				Flüssigkeit	Dampf	Flüssigkeit	Dampf	Flüssigkeit	Latent	Dampf	Int.	Ext.	Flüssigkeit	Dampf
°F	°R	Diff.	Abs.	v	v''	$1/v'$	$1/v''$	i'	r	i''	u	e	s'	s''
82,3	542	0,0	14,70	02608	5,3191	38,85	189	0,0	150,0	150,0	135,6	14,4	000	277
84	544	0,3	15,00	02616	5,0505	38,18	198	1,1	149,1	150,2	134,8	14,3	003	277
86	546	0,7	15,4	02624	4,8544	38,01	206	2,3	148,2	150,5	134,0	14,2	005	277
88	548	1,5	16,2	02632	4,6729	37,94	214	3,4	147,4	150,8	133,3	14,1	008	277
90	550	2,2	16,9	02641	4,4843	37,87	223	5,7	146,6	152,3	132,6	14,0	010	277
92	552	3,0	17,7	02645	4,3290	37,80	231	6,8	145,8	152,6	132,1	13,7	012	277
94	554	3,7	18,4	02649	4,1667	37,73	240	8,0	145,0	153,0	131,7	13,3	014	276
96	556	4,5	19,2	02653	4,0323	37,66	248	9,1	144,2	153,3	131,2	13,0	016	276
98	558	5,2	19,9	02657	3,9063	37,59	256	10,3	143,5	153,8	130,8	12,7	018	276
100	560	6,0	20,7	02661	3,7736	37,51	265	11,4	142,6	154,0	130,3	12,3	020	275
102	562	6,7	21,4	02666	3,6630	37,44	273	12,6	142,6	155,2	129,8	12,8	022	276
104	564	7,4	22,1	02671	3,5587	37,37	281	13,8	142,5	156,3	129,3	13,2	024	277
106	566	8,2	22,9	02676	3,4247	37,30	292	14,9	142,4	157,3	128,8	13,6	026	278
108	568	9,1	23,8	02681	3,3113	37,23	302	16,1	142,4	158,5	128,3	14,1	028	279
110	570	9,9	24,6	02686	3,2051	37,15	312	17,3	142,3	159,6	127,8	14,5	030	280
112	572	10,7	25,4	02692	3,1056	37,08	322	18,5	141,6	160,1	127,4	14,2	032	280
114	574	11,6	26,3	02698	3,0030	37,00	333	19,7	140,8	160,5	127,0	13,8	034	279
116	576	12,4	27,1	02704	2,9155	36,93	343	20,8	140,2	161,0	126,7	13,5	036	279
118	578	13,2	27,9	02710	2,8321	36,85	353	22,0	139,5	161,5	126,3	13,2	038	279
120	580	14,1	28,8	02716	2,7548	36,78	363	23,2	138,7	161,9	125,9	12,8	040	280
122	582	14,9	29,6	02722	2,6738	36,70	374	24,4	138,5	162,9	125,4	13,1	042	281
124	584	16,0	30,7	02728	2,5840	36,62	387	25,6	138,4	164,0	124,9	13,5	044	281
126	586	17,1	31,8	02734	2,5063	36,54	399	26,8	138,3	165,1	124,4	13,9	046	282
128	588	18,2	32,9	02740	2,4272	36,47	412	28,0	138,1	166,1	123,9	14,2	048	283
130	590	19,3	34,0	02748	2,3529	36,39	425	29,3	138,0	167,0	123,4	14,6	050	283
132	592	20,3	35,0	02754	2,2883	36,31	437	30,5	137,6	168,1	123,0	14,6	052	284
134	594	21,4	36,1	02760	2,2272	36,23	449	31,7	137,2	168,9	122,6	14,6	054	284
136	596	22,5	37,2	02766	2,1645	36,15	462	32,9	136,8	169,7	122,1	14,7	056	285
138	598	23,5	38,2	02772	2,1053	36,17	475	34,2	136,4	170,6	121,7	14,7	057	285
140	600	24,6	39,3	02778	2,0534	35,99	487	25,3	136,0	171,3	121,3	14,7	059	285
142	602	25,8	40,5	02784	1,9881	35,91	503	36,6	135,1	171,7	120,4	14,7	061	285
144	604	27,1	41,8	02790	1,9268	35,84	519	37,8	134,2	172,0	119,5	14,7	063	285
146	606	28,3	43,0	02796	1,8692	35,76	535	39,1	133,4	172,5	118,6	14,8	065	284
148	608	29,6	44,3	02802	1,8144	35,68	551	40,3	132,5	172,8	117,7	14,8	067	284
150	610	30,8	45,5	02809	1,7637	35,60	567	41,6	131,6	173,2	116,8	14,8	068	284
152	612	32,0	46,7	02815	1,7182	35,52	582	42,8	131,3	174,1	116,5	14,8	070	284
154	614	33,2	47,9	02821	1,6722	35,45	598	44,1	130,8	174,9	116,1	14,7	072	285
156	616	34,5	49,2	02827	1,6287	35,37	614	45,4	130,4	175,8	115,7	14,7	074	285
158	618	36,7	51,4	02833	1,5873	35,29	630	46,7	130,0	176,7	115,4	14,6	076	286
160	620	37,2	51,9	02839	1,5408	35,21	649	47,9	129,5	177,4	115,0	14,5	077	286
162	622	37,6	52,3	02846	1,4970	35,13	668	49,2	128,9	178,1	114,7	14,2	079	286
164	624	38,1	52,8	02853	1,4535	35,05	688	50,5	128,5	179,0	114,5	14,0	081	286
166	626	38,6	53,3	02860	1,4144	34,97	707	51,8	127,9	179,7	114,2	13,7	083	286
168	628	39,0	53,7	02867	1,3755	35,89	727	53,1	127,4	180,5	114,0	13,4	085	286
170	630	39,3	54,0	02873	1,3405	34,81	746	54,4	126,8	181,2	113,7	13,1	086	286
172	632	40,0	54,7	02880	1,3055	34,73	766	55,7	126,4	182,1	113,3	13,1	088	287
174	634	40,4	55,1	02887	1,2723	34,65	786	57,0	125,9	182,9	112,8	13,1	090	288
176	636	40,9	55,6	02894	1,2422	34,57	805	58,3	125,4	183,7	112,3	13,1	092	289
178	638	43,9	58,6	02901	1,2077	34,48	828	59,6	124,9	184,5	111,8	13,1	094	289

Anhang. 529

Tabelle 70. (Fortsetzung.) *Isopentan.*

Temperatur		Druck lb/sqin		Volum cuft/lb		Dichte lb/cuft		Wärmeinhalt bezogen auf 82° F Btu/lb					Entropie	
				Flüssigkeit	Dampf	Flüssigkeit	Dampf	Flüssigkeit	Latent	Dampf	Int.	Ext.	Flüssigkeit	Dampf
°F	°R	Diff.	Abs.	v'	v''	$1/v'$	$1/v''$	i'	r	i''	u	e	s'	s''
180	640	46,9	61,6	02908	1,1751	34,39	851	61,0	124,4	185,4	111,3	13,1	095	290
182	642	50,0	64,7	02915	1,1455	34,31	873	62,3	124,2	186,5	110,8	13,4	097	291
184	644	53,0	67,7	02922	1,1161	34,26	896	63,6	124,0	187,6	110,3	13,7	099	292
186	646	56,0	70,7	02929	1,0881	34,13	919	64,9	123,8	188,7	109,8	14,0	101	292
188	648	59,0	73,7	02936	1,0753	34,04	930	66,3	123,6	189,9	109,4	14,2	103	293
190	650	62,0	76,7	02945	1,0493	33,96	953	67,6	123,4	191,0	108,9	14,5	104	294
192	652	65,1	79,8	02958	1,0132	33,87	987	69,0	122,9	191,9	108,4	14,6	106	295
194	654	68,1	82,8	02971	0,9901	33,78	1,01	70,3	122,4	192,1	107,8	14,6	108	295
196	656	70,3	85,0	02984	0,9615	33,62	1,04	71,7	121,9	193,6	107,3	14,7	110	296
198	658	72,4	87,1	02997	0,9434	33,46	1,06	73,0	121,4	194,4	106,7	14,7	112	296
200	660	74,7	89,4	03010	0,9174	33,30	1,09	74,4	120,8	195,2	106,1	14,7	113	296
202	662	76,8	91,5	03223	0,8929	33,15	1,12	75,7	120,2	195,9	105,5	14,7	115	296
204	664	79,0	93,7	03036	0,8696	32,99	1,15	77,1	119,5	196,6	104,9	14,6	116	296
206	666	81,2	95,9	03049	0,8475	32,83	1,18	78,5	118,9	197,4	104,3	14,6	118	297
208	668	83,4	98,1	03062	0,8264	32,67	1,21	79,9	118,1	198,0	103,6	14,5	119	297
210	670	85,6	100,3	03076	0,8130	32,51	1,23	81,2	117,5	198,7	103,0	14,5	121	297
212	672	87,8	102,5	03080	0,7937	32,35	1,26	82,6	117,0	199,6	102,5	14,5	123	297
214	674	90,6	105,3	03084	0,7692	32,32	1,30	84,0	116,5	200,5	102,0	14,5	125	298
216	676	93,4	108,1	03088	0,7519	32,29	1,33	85,4	115,9	201,3	101,5	14,4	127	298
218	678	96,2	110,9	03092	0,7353	32,26	1,36	86,8	115,3	202,1	100,9	14,4	129	299
220	680	98,9	113,6	03096	0,7143	32,24	1,40	88,2	114,8	203,0	100,4	14,4	130	299
222	682	101,7	116,4	03100	0,6993	32,20	1,43	89,6	114,3	203,9	99,9	14,4	132	299
224	684	104,7	119,4	03104	0,6849	32,16	1,46	91,0	113,8	204,8	99,4	14,4	133	300
226	686	107,2	121,9	03108	0,6667	32,13	1,50	92,4	113,2	205,6	98,9	14,3	135	300
228	688	109,9	124,6	03112	0,6536	32,10	1,53	93,8	112,7	206,5	98,4	14,3	137	301
230	690	112,7	127,4	03118	0,6369	32,07	1,57	95,1	112,2	207,3	97,9	14,3	138	301
232	692	115,8	130,5	03128	0,6211	31,97	1,61	96,5	111,4	207,9	97,2	14,2	140	301
234	694	118,9	133,6	03138	0,6061	31,87	1,65	97,9	110,7	208,6	96,5	14,2	142	301
236	696	122,0	136,7	03148	0,5882	31,71	1,70	99,2	109,8	209,0	95,8	14,1	143	301
238	698	125,1	139,8	03158	0,5747	31,66	1,74	100,7	109,2	209,9	95,1	14,1	145	301
240	700	128,2	142,9	03168	0,5618	31,56	1,78	102,1	108,4	210,5	94,4	14,0	146	301
242	702	131,2	145,9	03179	0,5495	31,45	1,82	103,6	107,9	211,5	93,9	14,0	148	301
244	704	134,3	149,0	03190	0,5376	31,35	1,86	105,0	107,3	212,3	93,4	13,9	149	302
246	706	137,3	152,0	03201	0,5263	31,24	1,90	106,5	106,7	213,2	92,8	13,9	151	302
248	708	140,4	155,1	03212	0,5155	31,14	1,94	107,9	106,1	214,0	92,3	13,8	152	303
250	710	144,0	158,7	03224	0,5025	31,03	1,99	109,4	105,6	215,0	91,8	13,8	154	303
252	712	147,6	162,3	03236	0,4926	30,91	2,04	110,7	104,9	215,6	91,1	13,8	156	303
254	714	151,2	165,9	03248	0,4785	30,80	2,08	112,2	104,1	216,3	90,4	13,7	157	303
256	716	154,7	169,4	03260	0,4673	30,68	2,14	113,7	103,3	217,0	89,7	13,6	159	303
258	718	158,3	173,0	03272	0,4566	30,57	2,19	115,2	102,6	217,8	89,0	13,6	161	303
260	720	161,8	176,5	03284	0,4464	30,46	2,24	116,6	101,8	218,4	88,3	13,5	162	303
262	722	165,4	180,1	03297	0,4367	30,34	2,29	118,1	101,0	219,1	87,6	13,4	164	303
264	724	168,9	183,6	03310	0,4274	30,23	2,34	119,6	100,3	219,9	86,9	13,4	165	303
266	726	172,6	187,3	03323	0,4184	30,11	2,39	121,1	99,5	220,6	86,2	13,3	167	304
268	728	176,8	191,5	03336	0,4032	29,99	2,48	122,6	98,8	221,4	85,5	13,3	169	304
270	730	181,0	195,7	03349	0,3968	29,86	2,52	124,1	98,0	222,1	84,8	13,2	170	304
272	732	185,1	199,8	03364	0,3876	29,74	2,58	125,6	97,1	222,7	84,0	13,1	172	304
274	734	189,3	204,0	03379	0,3788	29,61	2,64	127,1	96,3	223,4	82,3	13,0	173	304
276	736	193,5	208,2	03394	0,3704	29,48	2,70	128,7	95,5	224,7	82,5	13,0	175	305

Umstätter, Petroleumingenieur. 34

Tabelle 70. (Fortsetzung.) *Isopentan.*

Tempe-ratur		Druck lb/sqin		Volum cuft/lb		Dichte lb/cuft		Wärmeinhalt bezogen auf 82° F Btu/lb					Entropie	
				Flüssig-keit	Dampf	Flüssig-keit	Dampf	Flüssig-keit	Latent	Dampf	Int.	Ext.	Flüssig-keit	Dampf
°F	°R	Diff.	Abs.	v'	v''	$1/v'$	$1/v''$	i'	r	i''	u	e	s'	s''
278	738	197,6	212,3	03409	0,3610	29,36	2,77	130,1	94,7	224,8	81,8	12,9	176	305
280	740	201,7	216,4	03424	0,3534	29,23	2,83	131,7	93,8	225,5	81,0	12,8	178	305
282	742	205,9	220,6	03439	0,3460	29,10	2,89	133,2	93,1	226,3	80,4	12,7	180	305
284	744	210,1	224,8	03454	0,3390	28,97	2,95	134,7	92,4	227,1	79,8	12,6	181	306
286	746	213,8	228,5	03470	0,3311	28,83	3,02	136,2	91,7	227,9	79,2	12,5	183	306
288	748	217,4	232,1	03486	0,3236	28,70	3,09	137,8	90,9	228,7	78,5	12,4	184	307
290	750	221,1	235,8	03502	0,3175	28,50	3,15	139,3	90,2	229,5	77,9	12,3	186	307
292	752	224,8	239,5	03521	0,3115	28,42	3,21	140,9	89,4	230,3	77,2	12,2	188	307
294	754	228,4	243,1	03540	0,3049	28,28	3,28	142,4	88,6	231,6	76,5	12,1	189	307
296	756	232,1	246,8	03559	0,2994	28,15	3,34	144,0	87,8	231,8	75,8	11,9	191	308
298	758	235,8	250,5	03578	0,2933	28,01	3,41	145,5	86,9	232,4	75,0	11,8	192	308
300	760	239,4	254,1	03597	0,2882	27,88	3,47	147,1	86,1	233,2	74,3	11,7	194	308
302	762	243,2	257,9	03616	0,2825	27,73	3,54	148,7	85,1	233,7	73,4	11,6	195	308
304	764	249,3	264,0	03635	0,2740	27,56	3,65	150,2	84,0	234,2	72,4	11,5	197	307
306	766	255,5	270,2	03654	0,2660	27,40	3,76	151,8	82,9	235,7	71,4	11,3	198	307
308	768	261,7	276,4	03673	0,2577	27,24	3,88	153,4	81,8	235,2	70,5	11,2	200	306
310	770	268,0	282,7	03693	0,2506	27,08	3,99	154,9	80,7	235,6	69,5	11,1	201	306
312	772	274,3	289,0	03717	0,2439	26,91	4,10	156,5	79,3	235,8	68,2	11,0	203	305
314	774	280,5	295,2	03745	0,2370	26,75	4,22	158,1	78,0	236,1	67,0	10,9	205	305
316	776	286,9	301,6	03774	0,2310	26,58	4,33	159,7	76,6	236,3	65,7	10,7	206	304
318	778	293,2	307,9	03788	0,2252	26,42	4,44	161,3	75,1	236,4	64,4	10,6	207	304
320	780	299,6	314,3	03817	0,2198	26,25	4,55	162,9	73,7	236,6	63,1	10,4	209	303
322	782	305,4	320,1	03846	0,2128	26,05	4,70	164,5	72,5	237,0	62,1	10,4	210	303
324	784	311,4	326,1	03876	0,2176	25,85	4,84	166,1	71,4	237,5	61,2	10,2	212	303
326	786	317,6	332,3	03806	0,2008	25,69	4,98	167,7	70,2	237,9	60,2	10,0	213	302
328	788	323,8	338,5	03937	0,1953	25,44	5,12	169,3	69,1	238,4	59,3	9,8	215	302
330	790	330,0	344,7	03968	0,1901	25,24	5,26	170,9	67,9	238,8	58,3	9,6	216	302
332	792	336,3	351,0	04000	0,1852	25,03	5,40	172,6	65,5	239,1	57,2	9,4	218	302
334	794	342,3	357,0	04032	0,1802	24,83	5,55	174,2	65,1	239,3	55,9	9,2	220	301
336	796	348,5	363,2	04065	0,1761	24,62	5,68	175,8	63,7	239,5	54,7	9,0	221	301
338	798	354,9	369,6	04098	0,1715	24,42	5,83	177,5	62,3	239,8	53,5	8,8	222	300
340	800	360,9	375,6	04149	0,1650	24,14	6,06	179,1	60,9	240,0	52,3	8,6	224	300
342	802	367,8	382,5	04202	0,1592	23,85	6,28	180,8	59,0	239,8	50,7	8,3	226	299
344	804	374,8	389,5	04255	0,1536	23,56	6,51	182,4	57,1	239,5	49,1	8,0	227	298
346	806	381,5	396,2	04310	0,1486	23,27	6,73	184,1	55,3	239,4	47,5	7,8	228	297
348	808	388,4	403,1	04367	0,1439	22,99	6,95	185,7	53,4	239,1	45,9	7,5	230	296
350	810	395,3	410,0	04405	0,1393	22,70	7,18	187,4	51,4	238,8	44,2	7,2	231	295
352	812	402,3	417,0	04464	0,1351	22,41	7,40	189,0	48,8	237,8	42,2	6,6	233	293
354	814	409,1	423,8	04525	0,1311	22,12	7,63	190,7	44,9	235,6	40,1	4,8	234	290
356	816	416,0	430,7	04587	0,1274	21,83	7,85	192,4	41,5	233,9	38,0	3,5	236	287
358	818	423,4	438,3	04695	0,1205	21,35	8,30	194,0	38,3	232,3	36,0	2,3	238	284
360	820	430,8	445,5	04838	0,1145	20,85	8,73	195,7	34,9	230,6	33,9	1,0	239	281
362	822	438,3	453,0	04926	0,1091	20,36	9,17	197,4	28,1	225,5	27,3	8	241	275
364	824	444,6	460,3	05051	0,1041	19,87	9,61	199,1	21,1	220,2	20,5	6	243	268
365	825	449,5	464,2	05102	0,1018	19,61	9,82	200,8	17,6	218,4	17,1	5	244	265
366	826	453,4	468,1	05376	0,0844	18,60	10,84	202,5	14,0	216,5	13,6	4	245	261
368	828	461,2	475,9	06024	0,0787	16,60	12,70	204,2	7,1	211,3	6,9	2	247	255
370	830	468,8	483,5	06835	0,06835	14,62	14,62	205,9	0,0	205,9	0,0	0	248	248

Anhang.

Tabelle 71. *Thermische und kalorische Eigenschaften von n-Pentan.*

Temperatur		Druck lb/sqin		Volum cuft/lb		Dichte lb/cuft		Wärmeinhalt bezogen auf 97,1°F Btu/lb					Entropie	
				Flüssigkeit	Dampf	Flüssigkeit	Dampf	Flüssigkeit	Latent	Dampf	Int.	Ext.	Flüssigkeit	Dampf
°F	°R	Diff.	Abs.	v'	v''	$1/v'$	$1/v''$	i'	r	i''	u	e	s'	s''
97,1	557,1	0,0	14,7	02625	5,5249	38,10	181	0,0	154,6	154,6	139,6	15,0	000	278
98	558	0,3	15,0	02629	5,3910	38,03	189	0,5	154,4	154,9	139,4	15,0	001	278
100	560	0,9	15,6	02634	5,0761	37,96	197	1,7	153,8	155,5	138,8	15,0	003	278
102	562	1,6	16,3	02639	4,8781	37,89	205	2,8	153,1	155,9	138,2	14,9	005	278
104	564	2,2	16,9	02644	4,6948	37,82	213	4,0	152,5	156,5	137,6	14,9	007	278
106	566	2,9	17,6	02649	4,5249	37,75	221	5,2	152,0	157,2	137,1	14,9	009	278
108	568	3,6	18,3	02654	4,3860	37,68	228	6,3	151,3	157,6	136,5	14,8	011	278
110	570	4,3	19,0	02659	4,2373	37,61	236	7,5	150,7	158,2	135,9	14,8	013	278
112	572	5,0	19,7	02664	4,0984	37,54	244	8,7	150,1	158,8	135,4	14,7	015	278
114	574	5,7	20,4	02669	3,9841	37,47	251	9,9	149,6	159,5	135,0	14,6	017	278
116	576	6,4	21,1	02674	3,8610	37,39	259	11,1	149,0	160,0	134,5	14,5	019	278
118	578	7,1	21,8	02679	3,7594	37,32	266	12,3	148,4	160,7	134,0	14,4	021	278
120	580	7,8	22,5	02685	3,6496	37,25	274	13,5	147,9	161,4	133,6	14,3	023	278
122	582	8,4	23,1	02690	3,5587	37,18	281	14,7	147,6	162,3	133,1	14,5	025	278
124	584	9,3	24,0	02695	3,4364	37,10	291	15,9	147,4	163,3	132,6	14,8	027	279
126	586	10,2	24,9	02700	3,3113	37,03	302	17,1	147,0	164,1	132,0	15,0	029	280
128	588	11,1	25,8	02705	3,2051	36,96	312	18,3	146,9	165,2	131,6	15,3	031	280
130	590	11,9	26,6	02710	3,1056	36,88	322	19,5	146,5	166,0	131,0	15,5	033	281
132	592	12,0	27,5	02716	3,0030	36,80	333	20,7	146,0	166,7	130,6	15,4	035	281
134	594	13,7	28,4	02722	2,9155	36,73	343	21,9	145,5	167,4	130,1	15,4	037	282
136	596	14,6	29,3	02728	2,8329	36,65	353	23,2	145,0	168,2	129,7	15,3	039	282
138	598	15,4	30,1	02734	2,7473	36,58	364	24,4	144,4	168,8	129,2	15,2	041	283
140	600	16,3	31,0	02740	2,6738	36,50	374	25,6	144,0	169,6	128,8	15,2	043	283
142	602	17,4	32,1	02746	2,5840	36,43	387	26,9	143,4	170,3	128,2	15,2	045	283
144	604	18,6	33,3	02752	2,5000	36,36	400	28,1	142,9	171,0	127,7	15,2	046	283
146	606	19,7	34,4	02758	2,4155	36,27	414	29,4	142,3	171,7	127,1	15,2	048	284
148	608	20,8	35,5	02764	2,3419	36,20	427	30,6	141,8	172,4	126,6	15,2	050	284
150	610	21,9	36,6	02770	2,2737	36,12	440	31,9	141,2	173,1	126,0	15,2	052	284
152	612	23,0	37,7	02776	2,2075	36,05	453	33,1	140,7	173,8	125,5	15,2	054	284
154	614	24,1	39,8	02782	2,1459	35,97	466	34,4	140,2	174,6	125,0	15,2	056	284
156	616	25,2	39,9	02788	2,0833	35,89	480	35,7	139,7	175,4	124,5	15,2	058	285
158	618	26,3	41,0	02794	2,0284	35,81	493	36,9	139,2	176,1	124,0	15,2	060	285
160	620	27,6	42,3	02799	1,9685	35,73	508	38,2	138,7	176,9	123,5	15,2	062	285
162	622	28,9	43,6	02805	1,9084	35,65	524	39,5	138,2	177,7	123,0	15,2	064	285
164	624	30,2	44,9	02811	1,8553	35,58	539	40,8	137,7	178,5	122,5	15,2	066	286
166	626	31,6	46,3	02817	1,8051	35,50	554	42,1	137,2	179,3	122,0	15,2	067	286
168	628	32,9	47,6	02823	1,7544	35,42	570	43,4	136,7	180,1	121,5	15,2	069	287
170	630	34,2	48,9	02829	1,7094	35,34	585	44,7	136,2	180,9	121,0	15,2	071	287
172	632	35,5	50,2	02836	1,6667	35,25	600	46,0	135,6	181,6	120,5	15,1	073	287
174	634	36,8	51,5	02843	1,6260	35,17	615	47,3	135,0	182,3	120,0	15,0	075	287
176	636	38,1	52,8	02850	1,5873	35,19	630	48,6	134,5	183,1	119,5	15,0	076	288
178	638	38,8	53,5	02857	1,5408	35,01	649	49,9	133,9	183,8	119,0	14,9	078	288
180	640	39,4	54,1	02863	1,4448	34,93	669	51,2	133,3	184,5	118,5	14,8	080	288
182	642	40,1	54,8	02870	1,4535	34,85	688	52,5	132,7	185,2	118,0	14,7	082	288
184	644	40,7	55,4	02877	1,4124	34,76	708	53,8	131,9	185,7	117,5	14,4	084	288
186	646	41,4	56,1	02884	1,3735	34,68	727	55,2	131,1	186,3	117,0	14,1	085	289
188	648	42,0	56,7	02891	1,3405	34,60	746	56,5	130,4	186,9	116,5	13,9	087	289
190	650	42,7	57,4	02898	1,3055	34,51	766	57,8	129,9	187,7	116,0	13,7	089	289
192	652	43,3	58,0	02905	1,2723	34,43	786	59,2	129,2	188,4	115,4	13,8	091	289

532 Anhang.

Tabelle 71. (Fortsetzung.) n-Pentan.

Temperatur		Druck lb/sqin		Volum cuft/lb		Dichte lb/cuft		Wärmeinhalt bezogen auf 97,1°F Btu/lb					Entropie	
				Flüssigkeit	Dampf	Flüssigkeit	Dampf	Flüssigkeit	Latent	Dampf	Int.	Ext.	Flüssigkeit	Dampf
°F	°R	Diff.	Abs.	v'	v''	$1/v'$	$1/v''$	i'	r	i''	u	e	s'	s''
194	654	44,0	58,7	02912	1,2422	34,34	805	60,5	128,8	189,3	114,8	14,0	093	290
196	656	46,9	61,6	02919	1,2092	34,26	827	61,9	128,4	190,3	114,2	14,1	094	290
198	658	49,8	64,5	02926	1,1779	34,17	849	63,2	128,0	191,2	113,7	14,3	096	291
200	660	52,8	67,5	02934	1,1481	34,08	871	64,6	127,5	192,1	113,1	14,4	098	291
202	662	55,8	70,5	02942	1,1198	33,99	893	65,9	127,2	193,1	112,7	14,5	100	292
204	664	58,8	73,5	02950	1.0929	33,91	915	67,3	127,0	194,3	112,3	14,7	102	293
206	666	61,7	76,4	02958	1,0672	33,82	937	68,7	126,7	195,4	111,9	14,8	103	294
208	668	64,6	79,3	02966	1.0428	33,73	959	70,0	126,5	196,5	111,5	15,0	105	294
210	670	67,6	82,3	02974	1,0204	33,64	980	71,4	126,2	197,6	111,1	15,1	107	295
212	672	70,6	85,3	02982	0,9804	33,55	1,02	72,8	125,5	198,3	110,4	15,1	109	295
214	674	72,9	87,6	02990	0,9524	33,46	1,05	74,2	124,8	199,0	109,7	15,0	111	295
216	676	75,2	89,9	02998	0,9346	33,37	1,07	75,6	124,0	199,6	109,0	15,0	113	296
218	678	77,5	92,2	03006	0,9091	33,29	1,10	77,0	123,4	200,4	108,4	15,0	114	296
220	680	79,9	94,6	03012	0,8850	33,20	1,13	78,4	122,6	201,0	107,6	15,0	115	296
222	682	82,2	96,9	03021	0,8696	33,11	1,15	79,8	122,1	201,9	107,1	15,0	117	296
224	684	84,5	99,2	03030	0,8475	33,02	1,18	81,2	121,5	202,7	106,5	15,0	119	297
226	686	86,8	101,5	03039	0,8264	32,93	1,21	82,6	121,0	203,6	106,0	15,0	120	297
228	688	89,1	103,8	03048	0,8130	32,84	1,23	84,0	120,5	204,5	105,5	15,0	122	298
230	690	91,4	106,1	03057	0,7937	32,75	1,26	85,4	120,0	205,4	105,0	15,0	124	298
232	692	94,1	108,8	03066	0,7752	32,65	1,29	86,8	119,4	206,2	104,4	15,0	126	298
234	694	96,8	111,5	03075	0,7576	32,55	1,32	88,2	118,7	206,9	103,8	14,9	127	298
236	696	99,6	114,3	03084	0,7353	32,46	1,36	89,7	118,1	207,8	103,2	14,9	129	299
238	698	102,3	117,0	03093	0,7194	32,36	1,39	91,1	117,3	208,4	102,5	14,8	130	299
240	700	105,0	119,7	03100	0,6993	32,26	1,43	92,5	117,7	209,2	101,9	14,8	132	299
242	702	107,7	122,4	03110	0,6849	32,17	1,46	94,0	115,2	210,2	101,4	14,8	134	299
244	704	110,4	125,1	03120	0,6711	32,07	1,49	95,4	115,7	211,1	100,9	14,8	136	300
246	706	113,1	127,8	03130	0,6536	31,97	1,53	96,9	115,1	212,0	100,4	14,7	137	300
248	708	115,7	130,4	03140	0,6410	31,87	1,56	98,3	114,6	212,9	99,9	14,7	139	301
250	710	118,7	133,4	03150	0,6250	31,76	1,60	99,8	114,1	213,9	99,4	14,7	141	301
252	712	121,8	136,5	03160	0,6098	31,66	1,64	101,2	113,3	214,5	98,7	14,6	143	301
254	714	125,0	139,7	03170	0,5952	31,55	1,68	102,7	112,5	215,2	97,9	14,6	144	301
256	716	128,1	142,8	03180	0,5814	31,45	1,72	104,2	111,7	215,9	97,2	14,5	146	302
258	718	131,2	145,9	03190	0,5650	31,35	1,77	105,6	110,9	216,5	96,5	14,4	148	302
260	720	134,3	149,0	03201	0,5525	31,24	1,81	107,1	110,0	217,1	95,7	14,3	149	302
262	722	137,4	152,1	03213	0,5405	31,14	1,85	108,6	109,1	217,7	94,9	14,2	151	303
264	724	140,5	155,2	03225	0,5291	31,03	1,89	110,1	108,3	218,4	94,1	14,2	152	304
266	726	143,7	158,4	03237	0,5181	30,93	1,93	111,6	107,4	219,0	93,3	14,1	153	304
268	728	147,3	162,0	03249	0,5025	30,81	1,99	113,1	106,6	219,7	92,5	14,1	155	305
270	730	150,9	165,6	03261	0,4902	30,70	2,04	114,6	105,7	220,3	91,7	14,0	157	306
272	732	154,6	169,3	03273	0,4785	30,58	2,09	116,1	105,2	221,3	91,3	13,9	159	305
274	734	158,3	173,0	03285	0,4651	30,46	2,15	117,6	104,7	222,3	90,9	13,8	160	305
276	736	161,9	176,6	03297	0,4545	30,34	2,20	119,1	104,3	223,4	90,5	13,8	162	304
278	738	165,6	180,3	03309	0,4444	30,22	2,25	120,6	103,8	224,4	90,1	13,7	163	303
280	740	169,3	184,0	03319	0,4329	30,10	2,31	122,1	103,1	225,4	89,7	13,6	165	302
282	742	173,0	187,7	03333	0,4237	30,09	2,36	123,6	102,3	225,9	88,8	13,5	167	302
284	744	176,7	191,4	03347	0,4149	29,87	2,41	125,1	101,2	226,3	87,8	13,4	168	303
286	746	180,8	195,5	03361	0,4032	29,74	2,48	126,7	100,3	227,0	86,9	13,4	170	303
288	748	184,9	199,6	03375	0,3937	29,62	2,54	128,2	99,3	227,5	86,0	13,3	172	304
290	750	189,0	203,7	03389	0,3846	29,49	2,60	129,7	98,2	227,9	85,0	13,2	173	304

Anhang. 533

Tabelle 71. (Fortsetzung.) *n-Pentan.*

Temperatur		Druck lb/sqin		Volum cuft/lb		Dichte lb/cuft		Wärmeinhalt bezogen auf 97,1°F Btu/lb					Entropie	
				Flüssigkeit	Dampf	Flüssigkeit	Dampf	Flüssigkeit	Latent	Dampf	Int.	Ext.	Flüssigkeit	Dampf
°F	°R	Diff.	Abs.	v'	v''	$1/v'$	$1/v''$	i'	r	i''	u	e	s'	s''
292	752	190,2	207,9	03404	0,3759	29,36	2,66	131,3	97,4	228,7	84,3	13,1	175	304
294	754	197,3	212,0	03419	0,3676	29,24	2,72	132,8	96,7	229,5	83,6	13,1	176	304
296	756	201,4	216,1	03434	0,3584	29,11	2,79	134,4	95,9	230,3	82,9	13,0	178	305
298	758	205,5	220,2	03449	0,3509	28,99	2,85	135,9	95,1	231,0	82,2	12,9	180	305
300	760	209,6	224,3	03465	0,3436	28,86	2,91	137,5	94,3	231,8	81,5	12,8	181	305
302	762	216,7	228,4	03483	0,3367	28,73	2,97	139,0	93,4	232,4	80,7	12,7	183	305
304	764	217,5	232,2	03501	0,3279	28,59	3,05	140,6	92,4	233,0	79,9	12,5	184	305
306	766	221,3	236,0	03519	0,3195	28,44	3,13	142,2	91,5	233,7	79,1	12,4	186	305
308	768	225,1	239,8	03537	0,3115	28,30	3,21	143,7	90,6	234,3	78,3	12,3	187	305
310	770	228,9	243,6	03552	0,3040	28,15	3,29	145,3	89,6	234,9	77,5	12,1	189	305
312	772	232,8	247,5	03570	0,2967	28,00	3,37	146,9	89,0	235,9	77,0	12,0	191	305
314	774	236,6	251,3	03588	0,2899	27,86	3,45	148,5	88,2	236,7	76,4	11,8	192	305
316	776	240,4	255,1	03606	0,2833	27,71	3,53	150,1	87,6	237,7	75,9	11,7	194	306
318	778	244,2	258,9	03624	0,2770	27,57	3,61	151,7	86,8	238,5	75,3	11,5	195	307
320	780	248,0	262,7	03647	0,2710	27,42	3,69	153,3	86,1	239,4	74,7	11,4	197	307
322	782	254,3	269,0	03676	0,2639	27,26	3,79	154,9	84,9	239,8	73,6	11,3	199	307
324	784	260,6	275,3	03699	0,2571	27,10	3,89	156,5	83,6	240,1	72,4	11,2	200	306
326	786	267,1	281,8	03722	0,2506	26,94	3,99	158,1	82,4	240,5	71,2	11,2	201	306
328	788	273,4	288,1	03745	0,2445	26,78	4,09	159,7	81,1	240,8	70,0	11,1	203	305
330	790	279,9	294,6	03768	0,2387	26,62	4,19	161,3	79,8	241,1	68,8	11,0	204	305
332	792	286,3	301,0	03791	0,2331	26,45	4,29	162,9	78,6	241,5	67,7	10,9	206	305
334	794	292,8	307,5	03824	0,2278	26,29	4,39	164,5	77,3	241,8	66,6	10,7	207	305
336	796	299,2	313,9	03847	0,2227	26,13	4,49	166,2	76,1	242,3	65,5	10,6	209	304
338	798	305,4	320,1	03860	0,2179	25,97	4,59	167,8	74,9	242,7	64,4	10,5	211	304
340	800	311,3	326,0	03880	0,2114	25,77	4,73	169,4	73,7	243,1	63,3	10,4	212	304
342	802	317,3	332,0	03915	0,2053	25,57	4,87	171,1	72,5	243,6	62,3	10,2	213	304
344	804	323,1	337,8	03950	0,1996	24,36	5,01	172,7	71,2	243,9	61,2	10,0	215	304
346	806	329,0	343,7	03985	0,1942	24,16	5,15	174,4	69,9	244,3	60,1	9,8	216	303
348	808	334,9	349,6	04020	0,1894	24,95	5,28	176,0	68,7	244,7	59,0	9,7	217	303
350	810	340,9	355,6	04055	0,1845	24,75	5,42	177,7	67,4	245,1	57,9	9,5	218	303
352	812	346,8	361,5	04091	0,1799	24,54	5,56	179,3	65,7	245,0	56,4	9,3	220	302
354	814	352,8	367,5	04127	0,1754	24,34	5,70	181,0	63,9	244,9	54,9	9,0	222	301
356	816	358,6	373,3	04163	0,1715	24,13	5,83	182,7	62,2	244,9	53,4	8,8	223	300
358	818	365,3	380,0	04199	0,1647	23,87	6,07	184,3	60,4	244,7	51,9	8,5	225	299
360	820	372,3	387,0	04235	0,1587	23,61	6,30	186,0	58,6	244,6	50,3	8,3	227	298
362	822	379,3	394,0	04286	0,1531	23,35	6,53	187,7	56,6	244,3	48,8	7,8	229	297
364	824	386,0	400,7	04337	0,1477	23,09	6,77	189,4	54,5	243,9	47,3	7,2	230	296
366	826	393,0	407,7	04388	0,1429	22,82	7,00	191,1	52,4	243,5	45,8	6,6	232	295
368	828	399,9	414,6	04439	0,1383	22,55	7,23	192,8	50,3	243,1	44,3	6,0	233	293
370	830	406,8	421,5	04490	0,1340	22,29	7,46	194,5	48,2	242,7	42,8	5,4	235	292
372	832	413,7	428,4	04541	0,1300	22,02	7,69	196,2	43,4	239,6	38,5	4,9	237	288
374	834	420,5	435,2	04757	0,1263	21,75	7,92	197,9	38,7	236,6	34,2	4,5	238	283
376	836	427,8	442,5	04973	0,1117	20,67	8,95	199,6	33,7	233,3	29,7	4,0	239	279
378	838	435,3	450,0	05189	0,1000	19,60	10,00	201,3	29,0	230,3	25,4	3,6	241	275
380	840	442,9	457,6	05405	0,0909	18,50	11,00	203,0	24,0	227,0	20,9	3,1	242	270
382	842	445,5	460,2	05811	0,0833	17,35	12,00	204,7	17,2	221,9	15,0	2,2	244	266
384	844	457,5	472,2	06217	0,0768	16,22	13,00	206,4	9,5	215,9	8,2	1,3	245	261
386	846	466,6	481,3	06623	0,0714	15,10	14,00	208,2	3,6	211,8	3,1	0,5	246	254
387	847	470,7	485,4	06900	0,0690	14,50	14,50	209,0	0,0	209,0	0,0	0,0	247	247

Anhang.

Tabelle 72. *Temperatur und Dichte des Quecksilbers.*

t	ϱ	t	ϱ	t	ϱ
− 10°	13,6202	+ 30°	13,5217	+ 70°	13,4244
0°	5955	40°	4973	80°	4003
+ 10°	5708	50°	4729	90°	3762
20°	5462	60°	4486	100°	3522

Tabelle 73.

Dichte des Wassers (ϱ$_w$) bei verschiedenen Temperaturen t (° C) nebst Logarithmen.

t	ϱ$_w$	lg ϱ$_w$	t	ϱ$_w$	lg ϱ$_w$
+ 0,0	0,999868	9999426	17,5	0,998713	9994407
0,5	899	9562	18,0	622	4012
1,0	927	9682	18,5	528	3603
1,5	950	9783	19,0	432	3185
2,0	968	9861	19,5	332	2750
2,5	982	9922	20,0	230	2306
3,0	992	9966	20,5	126	1854
3,5	998	9991	21,0	019	1388
4,0	1,000000	0000000	21,5	0,997909	0910
4,5	0,999998	9999991	22,0	797	0422
5,0	992	9966	22,5	682	9989922
5,5	982	9922	23,0	565	9412
6,0	968	9861	23,5	445	8889
6,5	951	9787	24,0	323	8358
7,0	929	9692	24,5	198	7814
7,5	904	9583	25,0	071	7260
8,0	876	9461	25,5	0,996941	6694
8,5	844	9322	26,0	810	6124
9,0	808	9166	26,5	676	5540
9,5	769	8997	27,0	539	4943
10,0	727	8814	27,5	400	4337
10,5	681	8614	28,0	259	3723
11,0	632	8402	28,5	116	3099
11,5	580	8176	29,0	0,995971	2467
12,0	525	7937	29,5	823	1821
12,5	466	7680	30,0	673	1167
13,0	404	7411	30,5	521	0504
13,5	339	7129	31,0	367	9979832
14,0	271	6832	31,5	211	9151
14,5	200	6524	32,0	052	8458
15,0	126	6203	32,5	0,994892	7760
15,5	050	5872	33,0	729	7048
16,0	0,998970	5524	33,5	564	6328
16,5	887	5164	34,0	398	5602
17,0	801	4789	34,5	229	4865

Tabelle 74. *Umwandlung Millimeter in Zoll (inch.).*

mm	inches	mm	inches	mm	inches	mm	inches	mm	inches
0,01	0,0004	0,46	0,0181	0,91	0,0358	8	0,31496	17	0,66929
0,02	0,0008	0,47	0,0185	0,92	0,0362	8,2	0,32283	17,2	0,67716
0,03	0,0012	0,48	0,0189	0,93	0,0366	8,4	0,33071	17,4	0,68504
0,04	0,0016	0,49	0,0193	0,94	0,0370	8,6	0,33858	17,6	0,69291
0,05	0,0020	0,50	0,0197	0,95	0,0374	8,8	0,34646	17,8	0,70079
0,06	0,0024	0,51	0,0201	0,96	0,0378	9	0,35433	18	0,70866
0,07	0,0028	0,52	0,0205	0,97	0,0382	9,2	0,36220	18,2	0,71653
0,08	0,0031	0,53	0,0209	0,98	0,0386	9,4	0,37008	18,4	0,72441
0,09	0,0035	0,54	0,0213	0,99	0,0390	9,6	0,37795	18,6	0,73228
0,10	0,0039	0,55	0,0217	1,00	0,0394	9,8	0,38583	18,8	0,74016
0,11	0,0043	0,56	0,0220	1	0,03937	10	0,39370	19	0,74803
0,12	0,0047	0,57	0,0224	1,2	0,04724	10,2	0,40157	19,2	0,75590
0,13	0,0051	0,58	0,0228	1,4	0,05512	10,4	0,40945	19,4	0,76378
0,14	0,0055	0,59	0,0232	1,6	0,06299	10,6	0,41732	19,6	0,77165
0,15	0,0059	0,60	0,0236	1,8	0,07087	10,8	0,42520	19,8	0,77953
0,16	0,0063	0,61	0,0240	2	0,07874	11	0,43307	20	0,78740
0,17	0,0067	0,62	0,0244	2,2	0,08661	11,2	0,44094	20,2	0,79527
0,18	0,0071	0,63	0,0248	2,4	0,09449	11,4	0,44882	20,4	0,80315
0,19	0,0075	0,64	0,0252	2,6	0,10236	11,6	0,45669	20,6	0,81102
0,20	0,0079	0,65	0,0256	2,8	0,11024	11,8	0,46457	20,8	0,81890
0,21	0,0083	0,66	0,0260	3	0,11811	13	0,47244	21	0,82677
0,22	0,0087	0,67	0,0264	3,2	0,12598	12,2	0,48031	21,2	0,83464
0,23	0,0091	0,68	0,0268	3,4	0,13386	12,4	0,48819	21,4	0,84252
0,24	0,0094	0,69	0,0272	3,6	0,14173	12,6	0,49606	21,6	0,85039
0,25	0,0098	0,70	0,0276	3,8	0,14961	12,8	0,50394	21,8	0,85827
0,26	0,0102	0,71	0,0280	4	0,15748	12	0,51181	22	0,86614
0,27	0,0106	0,72	0,0283	4,2	0,16535	13,2	0,51968	22,2	0,87401
0,28	0,0110	0,73	0,0287	4,4	0,17323	13,4	0,52756	22,4	0,88189
0,29	0,0114	0,74	0,0291	4,6	0,18110	13,6	0,53543	22,6	0,88976
0,30	0,0118	0,75	0,0295	4,8	0,18898	13,8	0,54331	22,8	0,89774
0,31	0,0122	0,76	0,0299	5	0,19685	14	0,55118	23	0,90551
0,32	0,0126	0,77	0,0303	5,2	0,20472	14,2	0,55905	23,2	0,91338
0,33	0,0130	0,78	0,0307	5,4	0,21260	14,4	0,56693	23,4	0,92126
0,34	0,0134	0,79	0,0311	5,6	0,22047	14,6	0,57480	23,6	0,92913
0,35	0,0138	0,80	0,0315	5,8	0,22835	14,8	0,58268	23,8	0,93701
0,36	0,0142	0,81	0,0319	6	0,23622	15	0,59055	24	0,94488
0,37	0,0146	0,82	0,0323	6,2	0,24409	15,2	0,59842	24,2	0,95275
0,38	0,0150	0,83	0,0327	6,4	0,25197	15,4	0,60630	24,4	0,96063
0,39	0,0154	0,84	0,0331	6,6	0,25984	15,6	0,61417	24,6	0,96850
0,40	0,0157	0,85	0,0335	6,8	0,26772	15,8	0,62205	24,8	0,97638
0,41	0,0161	0,86	0,0339	7	0,27559	16	0,62992	25	0,98425
0,42	0,0165	0,87	0,0343	7,2	0,28346	16,2	0,63779	25,2	0,99212
0,43	0,0169	0,88	0,0346	7,4	0,29134	16,4	0,64567	25,4	1,00000
0,44	0,0173	0,89	0,0350	7,6	0,29921	16,6	0,65354		
0,45	0,0177	0,90	0,0354	7,8	0,30709	16,8	0,66142		

1 mm = 0,03937 inch   1 inch = 25,4 mm

Tabelle 75. *Umrechnungs*
Fortlaufend von 1 bis 1000 Meter. Umrechnungs

	0	1	2	3	4	5	6	7	8	9
0		3,2808	6,5617	9,8425	13,123	16,401	19,685	22,966	26,247	29,527
10	32,808	36,089	39,370	42,651	45,932	49,212	52,493	55,774	59,055	62,336
20	65,617	68,897	72,178	75,459	78,740	82,021	85,302	88,583	91,863	95,144
30	98,425	101,71	104,99	108,27	111,55	114,83	118,11	121,39	124,67	127,95
40	131,23	134,51	137,80	141,08	144,36	147,64	150,92	154,20	157,48	160,76
50	164,04	167,32	170,60	173,88	177,16	180,45	183,73	187,01	190,29	193,57
60	196,85	200,13	203,41	206,69	209,97	213,25	216,53	219,82	223,10	226,38
70	229,66	232,94	236,22	239,50	242,78	246,06	249,34	252,62	255,90	259,19
80	262,47	265,75	269,03	272,31	275,59	278,87	282,15	285,43	288,71	291,99
90	295,27	298,56	301,84	305,12	308,40	311,68	314,96	318,23	321,52	324,80
100	328,08	331,36	334,64	337,93	341,21	344,49	447,77	351,05	354,33	357,61
110	360,89	364,17	367,45	370,73	374,01	377,30	380,58	383,86	387,14	390,42
120	393,70	396,98	400,26	403,54	406,82	410,10	413,38	416,67	419,95	423,23
130	426,51	429,79	433,07	436,35	439,63	442,91	446,19	449,47	452,75	456,04
140	459,32	462,60	465,88	469,16	472,44	475,72	479,00	482,28	485,56	488,84
150	492,12	495,41	498,69	501,97	505,25	508,53	511,81	515,09	518,37	521,65
160	524,93	528,21	531,49	534,78	538,06	541,34	544,62	547,90	551,18	554,46
170	557,74	561,02	564,30	567,58	570,86	574,15	577,43	580,71	583,99	587,27
180	590,55	593,83	597,11	600,39	603,67	606,95	610,23	613,52	616,80	620,08
190	623,36	626,64	629,92	633,20	636,48	639,76	643,04	646,32	649,61	652,89
200	656,17	659,45	662,73	666,01	669,29	672,57	675,85	679,13	682,41	685,69
210	638,97	692,26	695,54	698,82	702,10	705,38	708,66	711,94	715,22	718,50
220	721,78	725,06	728,34	731,63	734,91	738,19	741,47	744,75	748,03	751,31
230	754,59	757,87	761,15	764,43	767,71	771,00	774,28	777,56	780,84	784,12
240	787,40	790,68	793,96	797,24	800,52	803,80	807,08	810,37	813,65	816,93
250	820,21	823,49	826,77	830,05	833,33	836,61	839,89	843,17	846,45	849,74
260	853,02	856,30	859,58	862,86	866,14	869,42	872,70	875,98	879,26	882,54
270	885,82	889,11	892,39	895,67	898,95	902,23	905,51	908,79	912,07	915,35
280	918,63	921,91	925,19	928,48	931,76	935,04	938,32	941,60	944,88	948,16
290	951,44	954,72	958,00	961,28	964,56	967,85	971,13	974,41	977,69	980,97
300	984,25	987,53	990,81	994,09	997,37	1000,7	1003,9	1007,2	1010,5	1013,8
310	1017,1	1020,3	1023,6	1026,9	1030,2	1033,5	1036,7	1040,0	1043,3	1046,6
320	1049,9	1053,1	1056,4	1059,7	1063,0	1066,3	1069,6	1072,8	1076,1	1079,4
330	1082,7	1086,0	1089,2	1092,5	1095,8	1099,1	1102,4	1105,6	1108,9	1112,2
340	1115,5	1118,8	1122,0	1125,3	1128,6	1131,9	1135,2	1138,4	1141,7	1145,0
350	1148,3	1151,6	1154,9	1158,1	1161,4	1164,7	1168,0	1171,3	1174,5	1177,8
360	1181,1	1184,4	1187,7	1190,9	1194,2	1197,5	1200,8	1204,1	1207,3	1210,6
370	1213,9	1217,2	1220,5	1223,8	1227,0	1230,3	1233,6	1236,9	1240,2	1243,4
380	1246,7	1250,0	1253,3	1256,6	1259,8	1263,1	1266,4	1269,7	1273,0	1276,2
390	1279,5	1282,8	1286,1	1289,4	1292,6	1295,9	1299,2	1302,5	1305,8	1309,1
400	1312,3	1315,6	1318,9	1322,2	1325,5	1328,7	1332,0	1335,3	1338,6	1341,9
410	1345,1	1348,4	1351,7	1355,0	1358,3	1361,5	1364,8	1368,1	1371,4	1374,7
420	1377,9	1381,2	1384,5	1387,8	1391,1	1394,4	1397,6	1400,9	1404,2	1407,5
430	1410,8	1414,0	1417,3	1420,6	1423,9	1427,2	1430,4	1433,7	1437,0	1440,3
440	1443,6	1446,8	1450,1	1453,4	1456,7	1460,0	1463,3	1466,5	1469,8	1473,1
450	1476,4	1479,7	1482,9	1486,2	1489,5	1492,8	1496,1	1499,3	1502,6	1505,9
460	1509,2	1512,5	1515,7	1519,0	1522,3	1525,6	1528,9	1532,1	1535,4	1538,7
470	1542,0	1545,3	1548,6	1551,8	1555,1	1558,4	1561,7	1565,0	1568,2	1571,5
480	1574,8	1578,1	1581,4	1584,6	1587,9	1591,2	1594,5	1597,8	1601,0	1604,3
490	1607,6	1610,9	1614,2	1617,5	1620,7	1624,0	1627,3	1630,6	1633,9	1637,1
500	1640,4	1643,7	1647,0	1650,3	1653,5	1656,8	1660,1	1663,4	1666,7	1669,9

[1] Schrifttumschau der D.G.M. Nr. 13 v. 1. April 1942.

tafel von Meter in Fuß[1].

grundzahl: 1 Meter = 3,280833333 Fuß.

	0	1	2	3	4	5	6	7	8	9
510	1673,2	1676,5	1679,8	1683,1	1686,3	1689,6	1692,9	1696,2	1699,5	1702,8
520	1706,0	1709,3	1712,6	1715,9	1719,2	1722,4	1725,7	1729,0	1732,3	1735,6
530	1738,8	1742,1	1745,4	1748,7	1752,0	1755,2	1758,5	1761,8	1765,1	1768,4
540	1771,7	1774,9	1778,2	1781,5	1784,8	1788,1	1791,3	1794,6	1797,9	1801,2
550	1804,5	1807,7	1811,0	1814,3	1817,6	1820,9	1824,1	1827,4	1830,7	1834,0
560	1837,3	1840,5	1843,8	1847,1	1850,4	1853,7	1857,0	1860,2	1863,5	1866,8
570	1870,1	1873,4	1876,6	1879,9	1883,2	1886,5	1889,8	1893,0	1896,3	1899,6
580	1902,9	1906,2	1909,4	1912,7	1916,0	1919,3	1922,6	1925,8	1929,1	1932,4
590	1935,7	1939,0	1942,3	1945,5	1948,8	1952,1	1955,4	1958,7	1961,9	1965,2
600	1968,5	1971,8	1975,1	1978,3	1981,6	1984,9	1988,2	1991,5	1994,7	1998,0
610	2001,3	2004,6	2007,9	2011,2	2014,4	2017,7	2021,0	2024,3	2027,6	2030,8
620	2034,1	2037,4	2040,7	2044,0	2047,2	2050,5	2053,8	2057,1	2060,4	2063,6
630	2066,9	2070,2	2073,5	2076,8	2080,0	2083,3	2086,6	2089,9	2093,2	2096,5
640	2099,7	2103,0	2106,3	2109,6	2112,9	2116,1	2119,4	2122,7	2126,0	2129,3
650	2132,5	2135,8	2139,1	2142,4	2145,7	2148,9	2152,2	2155,5	2158,8	2162,1
660	2165,4	2168,6	2171,9	2175,2	2178,5	2181,8	2185,0	2188,3	2191,6	2194,9
670	2198,2	2201,4	2204,7	2208,0	2211,3	2214,6	2217,8	2221,1	2224,4	2227,7
680	2231,0	2234,2	2237,5	2240,8	2244,1	2247,4	2250,7	2253,9	2257,2	2260,5
690	2263,8	2267,1	2270,3	2273,6	2276,9	2280,2	2283,5	2286,7	2290,0	2293,3
700	2296,6	2299,9	2303,1	2306,4	2309,7	2313,0	2316,3	2319,5	2322,8	2326,1
710	2329,4	2332,7	2336,0	2339,2	2342,5	2345,8	2349,1	2352,4	2355,6	2358,9
720	2362,2	2365,5	2368,8	2372,0	2375,3	2378,6	2381,9	2385,2	2388,4	2391,7
730	2395,0	2398,3	2401,6	2404,9	2408,1	2411,4	2414,7	2418,0	2421,3	2424,5
740	2427,8	2431,1	2434,4	2437,7	2440,9	2444,2	2447,5	2450,8	2454,1	2457,3
750	2460,6	2463,9	2467,2	2470,5	2473,7	2477,0	2480,3	2483,6	2486,9	2490,2
760	2493,4	2496,7	2500,0	2503,3	2506,6	2509,8	2513,1	2516,4	2519,7	2523,0
770	2526,2	2529,5	2532,8	2536,1	2539,4	2542,6	2545,9	2549,2	2552,5	2555,8
780	2559,0	2562,3	2565,6	2568,9	2572,2	2575,5	2578,7	2582,0	2585,3	2588,6
790	2591,9	2595,1	2598,4	2601,7	2605,0	2608,3	2611,5	2614,8	2618,1	2621,4
800	2624,7	2627,9	2631,2	2634,5	2637,8	2641,1	2644,4	2647,6	2650,9	2654,2
810	2657,5	2660,8	2664,0	2667,3	2670,6	2673,9	2677,2	2680,4	2683,7	2687,0
820	2690,3	2693,6	2696,8	2700,1	2703,4	2706,7	2710,0	2713,2	2716,5	2719,8
830	2723,1	2726,4	2729,7	2732,9	2736,2	2739,5	2742,8	2746,1	2749,3	2752,6
840	2755,9	2759,2	2762,5	2765,7	2769,0	2772,3	2775,6	2778,9	2782,1	2785,4
850	2788,7	2792,0	2795,3	2798,6	2801,8	2805,1	2808,4	2811,7	2815,0	2818,2
860	2821,5	2824,8	2828,1	2831,4	2834,6	2827,9	2841,2	2844,5	2847,8	2851,0
870	2854,3	2857,6	2860,9	2864,2	2867,4	2870,7	2874,0	2877,3	2880,6	2883,9
880	2887,1	2890,4	2893,7	2897,0	2900,3	2903,5	2906,8	2910,1	2913,4	2916,7
890	2919,9	2923,2	2926,5	2929,8	2933,1	2936,3	2939,6	2942,9	2946,2	2949,5
900	2952,8	2956,0	2959,3	2962,6	2965,9	2969,2	2972,4	2975,7	2979,0	2982,3
910	2985,6	2988,8	2992,1	2995,4	2998,7	3002,0	3005,2	3008,5	3011,8	3015,1
920	3018,4	3021,6	3024,9	3028,2	3031,5	3034,8	3038,1	3041,3	3044,6	3047,9
930	3051,2	3054,5	3057,7	3061,0	3064,3	3067,6	3070,9	3074,1	3077,4	3080,7
940	3084,0	3087,3	3090,5	3093,8	3097,1	3100,4	3103,7	3106,9	3110,2	3113,5
950	3116,8	3120,1	3123,3	3126,6	3129,9	3133,2	3136,5	3139,8	3143,0	3146,3
960	3149,6	3152,9	3156,2	3159,4	3162,7	3166,0	3169,3	3172,6	3175,8	3179,1
970	3182,4	3185,7	3189,0	3192,3	3195,5	3198,8	3202,1	3205,4	3208,7	3211,9
980	3215,2	3218,5	3221,8	3225,1	3228,3	3231,6	3234,9	3238,2	3241,5	3244,7
990	3248,0	3251,3	3254,6	3257,9	3261,1	3264,4	3267,7	3271,0	3274,3	3277,6
1000	3280,83									

Tabelle 76. *Umrechnungs-*
Fortlaufend von 1 bis 1000 Fuß. Umrechnungs-

	0	1	2	3	4	5	6	7	8	9
0		0,30480	0,60960	0,91440	1,2192	1,5240	1,8288	2,1336	2,4384	2,7432
10	3,0480	3,3528	3,6576	3,9624	4,2672	4,5720	4,8768	5,1816	5,4864	5,7912
20	6,0960	6,4008	6,7056	7,0104	7,3152	7,6200	7,9248	8,2296	8,5344	8,8392
30	9,1440	9,4488	9,7536	10,058	10,363	10,668	10,973	11,278	11,582	11,887
40	12,192	12,497	12,802	13,106	13,411	13,716	14,021	14,326	14,630	14,935
50	15,240	15,545	15,850	16,154	16,459	16,764	17,069	17,374	17,678	17,983
60	18,288	18,593	18,898	19,202	19,507	19,812	20,117	20,422	20,726	21,031
70	21,336	21,641	21,946	22,250	22,555	22,860	23,165	23,470	23,774	24,079
80	24,384	24,689	24,994	24,298	25,603	25,908	26,213	26,518	26,822	27,127
90	27,432	27,737	28,042	28,346	28,651	28,956	29,261	29,566	29,870	30,175
100	30,480	30,785	31,090	31,394	31,699	32,004	32,309	32,614	32,918	33,223
110	33,528	33,833	34,138	34,442	34,747	35,052	35,357	35,662	35,966	36,271
120	36,576	36,881	37,186	37,490	37,795	38,100	38,405	38,710	39,014	39,319
130	39,624	39,929	40,234	40,538	40,843	41,148	41,453	41,758	42,062	42,367
140	42,672	42,977	43,282	43,586	43,891	44,196	44,501	44,806	45,110	45,415
150	45,720	46,025	46,330	46,635	46,939	47,244	47,549	47,854	48,159	48,463
160	48,768	49,073	49,378	49,683	49,987	50,292	50,597	50,902	51,207	51,511
170	51,816	52,121	52,426	52,731	53,035	53,340	53,645	53,950	54,255	54,559
180	54,864	55,169	55,474	55,779	56,083	56,388	56,693	56,998	57,303	57,607
190	57,912	58,217	58,522	58,827	59,131	59,436	59,741	60,046	60,351	60,655
200	60,960	61,265	61,570	61,875	62,179	62,484	62,789	63,094	63,399	63,703
210	64,008	64,313	64,618	64,923	65,227	65,532	65,837	66,142	66,447	66,751
220	67,056	67,361	67,666	67,971	68,275	68,580	68,885	69,190	69,495	69,799
230	70,104	70,409	70,714	71,019	71,323	71,628	71,933	72,238	72,543	72,847
240	73,152	73,457	73,762	74,067	74,371	74,676	74,981	75,286	75,591	75,895
250	76,200	76,505	76,810	77,115	77,419	77,724	78,029	78,334	78,639	78,943
260	79,248	79,553	79,858	80,162	80,467	80,772	81,077	81,382	81,687	81,991
270	82,296	82,601	82,906	83,211	83,515	83,820	84,125	84,430	84,735	85,039
280	85,344	85,649	85,954	86,259	86,563	86,868	87,173	87,478	87,783	88,087
290	88,392	88,697	89,002	89,307	89,611	89,916	90,221	90,526	90,831	91,135
300	91,440	91,745	92,050	92,355	92,659	92,964	93,269	93,574	93,879	94,183
310	94,488	94,793	95,098	95,403	95,707	96,012	96,317	96,622	96,927	97,231
320	97,536	97,841	98,146	98,451	98,755	99,060	99,365	99,670	99,975	100,28
330	100,58	100,89	101,19	101,50	101,80	102,11	102,41	102,72	103,02	103,33
340	103,63	103,94	104,24	104,55	104,85	105,16	105,46	105,77	106,07	106,38
350	106,68	106,99	107,29	107,59	107,90	108,20	108,51	108,81	109,12	109,42
360	109,73	110,03	110,34	110,64	110,95	111,25	111,56	111,86	112,17	112,47
370	112,78	113,08	113,39	113,69	114,00	114,30	114,61	114,91	115,21	115,52
380	115,82	116,13	116,43	116,74	117,04	117,35	117,65	117,96	118,26	118,57
390	118,87	119,18	119,48	119,79	120,09	120,40	120,70	121,01	121,31	121,62
400	121,92	122,23	122,53	122,83	123,14	123,44	123,75	124,05	124,36	124,66
410	124,97	125,27	125,58	125,88	126,19	126,49	126,80	127,10	127,41	127,71
420	128,02	128,32	128,63	128,93	129,24	129,54	129,85	130,15	130,45	130,76
430	131,06	131,37	131,67	131,98	132,28	132,59	132,89	133,20	133,50	133,81
440	134,11	134,42	134,72	135,03	135,33	135,64	135,94	136,25	136,55	136,86
450	137,16	137,47	137,77	138,07	138,38	138,68	138,99	139,29	139,60	139,90
460	140,21	140,51	140,82	141,12	141,43	141,73	142,04	142,34	142,65	142,95
470	143,26	143,56	143,87	144,17	144,48	144,78	145,09	145,39	145,69	146,00
480	146,30	146,61	146,91	147,22	147,52	147,83	148,13	148,44	148,74	149,05
490	149,35	149,66	149,96	150,27	150,57	150,88	151,18	151,49	151,79	152,10
500	152,40	152,71	153,01	153,31	153,62	153,92	154,23	154,23	154,84	155,14

[1] Schrifttumschau der D.G.M. Nr. 13 v. 1. April 1942.

tafel von Fuß in Meter[1].

grundzahl: 1 Fuß = 0,404 800 609 6 Meter.

	0	1	2	3	4	5	6	7	8	9
510	155,45	155,75	156,06	156,36	156,57	156,97	157,28	157,58	157,89	158,19
520	158,50	158,80	159,11	159,41	159,72	160,02	160,33	160,63	160,93	161,24
530	161,54	161,85	162,15	162,46	162,76	163,07	163,37	163,68	163,98	164,29
540	164,59	164,90	165,20	165,51	165,81	166,12	166,42	166,73	167,03	167,34
550	167,64	167,95	168,25	168,55	168,86	169,16	169,47	169,77	170,08	170,38
560	170,69	170,99	171,30	171,60	171,91	172,21	172,52	172,82	173,13	173,43
570	173,74	174,04	174,35	174,65	174,96	175,26	175,57	175,87	176,17	176,48
580	176,78	177,09	177,39	177,70	178,00	178,31	178,61	178,92	179,22	179,53
590	179,83	180,14	180,44	180,75	181,05	181,36	181,66	181,97	182,27	182,58
600	182,88	183,19	183,49	183,79	184,10	184,40	184,71	185,01	185,32	185,62
610	185,93	186,23	186,54	186,84	187,15	187,45	187,76	188,06	188,37	188,67
620	188,98	189,28	189,59	189,89	190,20	190,50	190,81	191,11	191,41	191,72
630	192,02	192,33	192,63	192,94	193,24	193,55	193,85	194,16	194,46	194,77
640	195,07	195,38	195,68	195,99	196,29	196,60	196,90	197,21	197,51	197,82
650	198,12	198,43	198,73	199,03	199,34	199,64	199,95	200,25	200,56	200,86
660	201,17	201,47	201,78	202,08	202,39	202,69	203,00	203,30	203,61	203,91
670	204,22	204,52	204,83	205,13	205,44	205,74	206,05	206,35	206,65	206,96
680	207,26	207,57	207,87	208,18	208,48	208,79	209,09	209,40	209,70	210,01
690	210,31	210,62	210,92	211,23	211,53	211,81	212,14	212,45	212,75	213,06
700	213,36	213,67	213,97	214,27	214,58	214,88	215,19	215,49	215,80	216,10
710	216,41	216,71	217,02	217,32	217,63	217,93	218,24	218,54	218,85	219,15
720	219,46	219,76	220,07	220,37	220,68	220,98	221,29	221,59	221,89	222,20
730	222,50	222,81	223,11	223,42	223,72	224,03	224,33	224,64	224,94	225,25
740	225,55	225,86	226,16	226,47	226,77	227,08	227,38	227,69	227,99	228,30
750	228,60	228,91	229,21	229,51	229,82	230,12	230,43	230,73	231,04	231,34
760	231,65	231,95	232,26	232,56	232,87	233,17	233,48	233,78	234,09	234,39
770	234,70	235,00	235,31	235,61	235,92	236,22	236,53	236,83	237,13	237,44
780	237,74	238,05	238,35	238,66	238,96	239,27	239,57	239,88	240,18	240,49
790	240,79	241,10	241,70	241,71	242,01	242,32	242,62	242,93	243,23	243,54
800	243,84	244,15	244,45	244,75	245,06	245,36	245,67	245,97	246,28	246,58
810	246,89	247,19	247,50	247,80	248,11	248,41	248,72	249,02	249,33	249,63
820	249,94	250,24	250,55	250,85	251,16	251,46	251,77	252,07	252,37	252,68
830	252,98	253,29	253,59	253,90	254,20	254,51	254,81	255,12	255,42	255,73
840	256,03	256,34	256,64	256,95	257,25	257,56	257,86	258,17	258,47	258,78
850	259,08	259,39	259,69	259,99	260,30	260,60	260,91	261,21	261,52	261,82
860	262,13	262,43	262,74	263,04	263,35	263,65	263,96	264,26	264,57	264,87
870	265,18	265,48	265,79	266,09	266,40	266,70	267,01	267,31	267,61	267,92
880	268,22	268,53	268,83	269,14	269,44	269,75	270,05	270,36	270,66	270,97
890	271,27	271,58	271,88	272,19	272,49	272,80	273,10	273,41	273,71	274,02
900	274,32	274,63	274,93	275,23	275,54	275,84	276,15	276,45	276,76	277,06
910	277,37	277,67	277,98	278,28	278,59	278,97	279,20	279,50	279,81	280,11
920	280,42	280,72	281,03	281,33	281,64	281,94	282,25	282,55	282,85	283,16
930	283,46	283,77	284,07	284,38	284,68	284,99	285,29	285,60	285,90	286,21
940	286,51	286,82	287,12	287,43	287,73	288,04	288,34	288,65	288,95	289,26
950	289,56	289,87	289,17	290,47	290,78	291,08	291,39	291,69	292,00	292,30
960	292,61	292,91	293,22	293,52	293,83	294,13	294,44	294,74	295,05	295,35
970	295,66	295,96	296,27	296,57	296,88	297,18	297,49	297,79	298,10	298,40
980	298,70	299,01	299,31	299,62	299,92	300,23	300,53	300,84	301,14	301,45
990	301,75	302,06	302,36	302,67	302,97	303,28	303,58	303,89	304,19	304,50
1000	304,80									

Tabelle 77. *Quadratzentimeter in englischem Quadratzoll.*

cm²	sqin	cm²	sqin	cm²	sqin	cm²	sqin
1	0,155	26	4,030	51	7,905	76	11,780
2	0,310	27	4,185	52	8,060	77	11,935
3	0,465	28	4,340	53	8,215	78	12,090
4	0,620	29	4,495	54	8,370	79	12,245
5	0,775	30	4,650	55	8,525	80	12,400
6	0,930	31	4,805	56	8,680	81	12,555
7	1,085	32	4,960	57	8,835	82	12,710
8	1,240	33	5,115	58	8,990	83	12,865
9	1,395	34	5,270	59	9,145	84	13,020
10	1,550	35	5,425	60	9,300	85	13,175
11	1,705	36	5,580	61	9,455	86	13,330
12	1,860	37	5,735	62	9,610	87	13,485
13	2,015	38	5,890	63	9,765	88	13,640
14	2,170	39	6,045	64	9,920	89	13,795
15	2,325	40	6,200	65	10,075	90	13,950
16	2,480	41	6,355	66	10,230	91	14,105
17	2,635	42	6,510	67	10,385	92	14,260
18	2,790	43	6,665	68	10,540	93	14,415
19	2,945	44	6,820	69	10,695	94	14,570
20	3,100	45	6,975	70	10,850	95	14,725
21	3,255	46	7,130	71	11,005	96	14,880
22	3,410	47	7,285	72	11,160	97	15,035
23	3,565	48	7,440	73	11,315	98	15,190
24	3,720.	49	7,595	74	11,470	99	15,345
25	3,875	50	7,750	75	11,625	100	15,500

1 cm² = 0,15500 square inch; 1 square inch = 6,4516 cm²

Tabelle 78. *Quadratmeter in englischem Quadratfuß.*

m²	sqft	m²	sqft	m²	sqft	m²	sqft
1	10,76	26	279,86	51	548,96	76	818,06
2	21,53	27	290,63	52	559,72	77	828,82
3	32,29	28	301,39	53	570,49	78	839,58
4	43,06	29	312,15	54	581,25	79	850,35
5	53,82	30	322,92	55	592,01	80	861,11
6	64,58	31	333,68	56	602,78	81	871,88
7	75,35	32	344,44	57	613,54	82	882,64
8	86,11	33	355,21	58	624,31	83	893,40
9	96,88	34	365,97	59	635,07	84	904,17
10	107,64	35	376,74	60	645,83	85	914,93
11	118,40	36	387,50	61	656,60	86	925,70
12	129,17	37	398,26	62	667,36	87	936,46
13	139,93	38	409,03	63	678,13	88	947,22
14	150,69	39	419,79	64	688,90	89	957,99
15	161,46	40	430,56	65	699,65	90	968,75
16	172,22	41	441,32	66	710,42	91	979,51
17	182,99	42	452,08	67	721,18	92	990,28
18	193,75	43	462,85	68	731,95	93	1001,04
19	204,51	44	473,61	69	742,71	94	1011,81
20	215,28	45	484,38	70	753,47	95	1022,57
21	226,04	46	495,14	71	764,24	96	1033,33
22	236,81	47	505,90	72	775,00	97	1044,10
23	247,57	48	516,67	73	785,76	98	1054,86
24	258,33	49	527,43	74	796,53	99	1065,63
25	269,10	50	538,20	75	807,29	100	1076,39

1 m² = 10,7639 square foot; 1 square foot = 0,092903 m²

Tabelle 79. *Umrechnung von Grad Fahrenheit (°F) in Grad Celsius (°C)*

°F	°C	°F	°C	°F	°C	°F	°C
− 50	− 45,6	− 10	− 23,3	+ 30	− 1,2	+ 70	+ 21,1
− 49	− 45,0	− 9	− 22,8	+ 31	+ 0,6	+ 71	+ 21,7
− 48	− 44,4	− 8	− 22,2	+ 32	0	+ 72	+ 22,2
− 47	− 43,9	− 7	− 21,7	+ 33	+ 0,6	+ 73	+ 22,8
− 46	− 43,3	− 6	− 21,1	+ 34	+ 1,1	+ 74	+ 23,3
− 45	− 42,8	− 5	− 20,6	+ 35	+ 1,7	+ 75	+ 23,9
− 44	− 42,2	− 4	− 20,0	+ 36	+ 2,2	+ 76	+ 24,4
− 43	− 41,7	− 3	− 19,4	+ 37	+ 2,8	+ 77	+ 25,0
− 42	− 41,1	− 2	− 18,9	+ 38	+ 3,3	+ 78	+ 25,6
− 41	− 40,6	− 1	− 18,3	+ 39	+ 3,9	+ 79	+ 26,1
− 40	− 40,0	+ 0	− 17,8	+ 40	+ 4,4	+ 80	+ 26,7
− 39	− 39,4	+ 1	− 17,2	+ 41	+ 5,0	+ 81	+ 27,2
− 38	− 38,9	+ 2	− 16,7	+ 42	+ 5,6	+ 82	+ 27,8
− 37	− 38,3	+ 3	− 16,1	+ 43	+ 6,1	+ 83	+ 28,3
− 36	− 37,8	+ 4	− 15,6	+ 44	+ 6,7	+ 84	+ 28,9
− 35	− 37,2	+ 5	− 15,0	+ 45	+ 7,2	+ 85	+ 29,4
− 34	− 36,7	+ 6	− 14,4	+ 46	+ 7,8	+ 86	+ 30,0
− 33	− 36,1	+ 7	− 13,9	+ 47	+ 8,3	+ 87	+ 30,6
− 32	− 35,6	+ 8	− 13,3	+ 48	+ 8,9	+ 88	+ 31,1
− 31	− 35,0	+ 9	− 12,8	+ 49	+ 9,4	+ 89	+ 31,7
− 30	− 34,4	+ 10	− 12,2	+ 50	+ 10,0	+ 90	+ 32,2
− 29	− 33,9	+ 11	− 11,7	+ 51	+ 10,6	+ 91	+ 32,8
− 28	− 33,3	+ 12	− 11,1	+ 52	+ 11,1	+ 92	+ 33,3
− 27	− 32,8	+ 13	− 10,6	+ 53	+ 11,7	+ 93	+ 33,9
− 26	− 32,2	+ 14	− 10,0	+ 54	+ 12,2	+ 94	+ 34,4
− 25	− 31,7	+ 15	+ 9,4	+ 55	+ 12,8	+ 95	+ 35,0
− 24	− 31,1	+ 16	− 8,9	+ 56	+ 13,3	+ 96	+ 35,6
− 23	− 30,6	+ 17	− 8,3	+ 57	+ 13,9	+ 97	+ 36,1
− 22	− 30,0	+ 18	− 7,8	+ 58	+ 14,4	+ 98	+ 36,7
− 21	− 29,4	+ 19	− 7,2	+ 59	+ 15,0	+ 99	+ 37,2
− 20	− 28,9	+ 20	− 6,7	+ 60	+ 15,6	+ 100	+ 37,8
− 19	− 28,3	+ 21	− 6,1	+ 61	+ 16,1	+ 101	+ 38,3
− 18	− 27,8	+ 22	− 5,6	+ 62	+ 16,7	+ 102	+ 38,9
− 17	− 27,2	+ 23	− 5,0	+ 63	+ 17,2	+ 103	+ 39,4
− 16	− 26,7	+ 24	− 4,4	+ 64	+ 17,8	+ 104	+ 40,0
− 15	− 26,1	+ 25	− 3,9	+ 65	+ 18,3	+ 105	+ 40,6
− 14	− 25,6	+ 26	− 3,3	+ 66	+ 18,9	+ 106	+ 41,1
− 13	− 25,0	+ 27	− 2,8	+ 67	+ 19,4	+ 107	+ 41,7
− 12	− 24,4	+ 28	− 2,2	+ 68	+ 20,0	+ 108	+ 42,2
− 11	− 23,9	+ 29	− 1,7	+ 69	+ 20,6	+ 109	+ 42,8

Die absolute Temperatur wird in den angelsächsischen Ländern in °R (Rankine) gemessen. Es sind 0° F = 460° R.

Namen- und Sachverzeichnis.

Abadan 11.
ABBE 374, 467.
ABEL-PENSKY 391.
Abfallstoffverwertung 363.
Absperrorgane 84.
Abtriebsäule 146.
ACHESON 445.
Achsenöle 423.
Acidbottle 33.
Adamantan 115.
Ados 235.
Adsorber 100.
Adsorption 208.
Adsorptionsisotherme 101.
Äquipotentiallinien 24.
Äther, Alkohol 184.
Äthylfluid 262.
Aggregation 246, 287.
Aktivierung 211, 220, 305.
Aktivkohle 100, 103, 209.
Akzeptoren 251.
Aldehyde 349.
Aliphaten 116, 494.
Alkaliblau 6, 473.
Alkohol 370.
Alkylierung 330.
ALMEN-WIELAND 296, 417.
Alumel 186, 187.
Aluminiumbronze 63.
Aluminiumnaphthenat 159, 457.
Aluminiumsilikate 210.
Aluminiumstearat 159.
Alterungsteste 405.
Alterung von Dieselölen 269.
Altölaufbereitung 447.
Ammoniak 215, 216.
Ammonrhodanat 253.
Analysenautomaten 206.
Anden 6.
ANDERSON 412.
Andreasen-Pipette 324.
Anilinpunkt 112, 386.
Anophelen 490.
Anstrich 64.
Antiklopfmittel 257.
Antisolvent 248, 250.
Aphiden 489.
A.P.I.-Grade 373.

Arden 305.
Areometer 372, 425.
Aromaten 116, 222, 494.
ARRHENIUS 308.
Aruba 11.
A.S.E.A.-Methode 412.
Askania 4, 19.
Asphaltene 342, 474.
Asphaltgehalt 106, 126, 452.
Astatisches Nadelpaar 22.
A.S.T.M.-Methoden 378, 396, 435, 440, 451, 476.
Atmen 62.
AUERBACH 97.
Ausbeutungsplanung 56.
Ausflußkoeffizient 196.
Ausgleichsgefäße 88.
Autoxydation 253.
Average-Boiling-Point 380.
AVOGADRO 138.
Azeotropie 149.
Azimut 18.

BAADER 412.
Backwash 239.
Baku 6.
Balgen 202.
Balgenkompensator 86.
Balloelektrizität 91.
Barbados 126.
BARBEY 8.
BARCUS 305.
Barisol 178, 251.
BARTEL 417.
Baryt 49.
Bataafsche Petroleum-Maatschappij 239.
Batal 60.
BAUER 69.
Baumwolle 173.
Belüftung 8.
Benetzungswärme 291.
Bentonit 49.
Benzol-Ketonverfahren 249.
Benzol-SO_2-Verfahren 249.
BERGIUS 126.
BERL, E. 6, 103, 104, 135, 220, 226, 262.
Bermudez 125.

BERTHELOT 336.
Bi-Bi 104.
Bimetall 451.
Bindungsenergie 304.
BINGHAM 433.
Binodalkurve 245.
BIRCH 330.
Bitumen 474.
Blasen 341, 346.
Blattfall 505.
Blausäure 489.
Bleibronzen 450.
Bleicherde 172, 208.
Bleioleat 446.
Bleitetraäthyl 259.
Blockpolymerisation 335.
Blutlaus 506.
BOERLAGE 295, 400, 417.
Bohrgestänge 43.
Bohrklein 34.
Bohrloch 34.
Bohröle 446.
Bohrschmant 48.
Bohrtiefen 7.
Bohrturm 45, 60.
Bohrung 32.
Bordeauxbrühe 506.
Borfluorid 341.
BORNER 7.
BORRMANN 131.
Bottomprodukt 131, 146, 322.
BOUDOUARD 357.
BOURDON 194.
BOURTON 304, 316.
BRAUN 471.
—, C. F. 326.
Braunkohlenförderung 8.
Braunstichige Öle 59.
Brechpunkt 475.
Brechungsquotient 112, 373.
Brigthstock 420, 424.
Briketts 487, 488.
BROEZE 400.
Bromzahl 115, 369.
BROWNSDON 295.
Bulkdestillat 494.
BURKHARDT 220.
Butan 104, 184.
Bypass 87.

Cadmiumsilber 302.
Calypsol 457.
Caprock 20.
Carbene 342, 452.
Carbo-Norit 103.
Carborundum 445.
Carburolverfahren 316.
Ceresine 466.
Cetanzahl 108, 111, 266, 400.
C.F.R.-Motor 383.

CHARITSCHKOW 230, 393, 440, 472.
Chemische Industrie 4.
CHILLER 156.
Chromel 186, 187.
Chromatographie 123.
CLAISSEN-Kolben 420, 435.
CLAUSIUS-CLAPEYRON 138, 149.
CONRAD 386.
Conradson-Test 214, 235, 254, 268, 282, 396, 412, 420, 421.
CONSTAM u. SCHLÄPFER 396.
COTRELL-MÖLLER 98, 144.
Creme 157.
CROSS 316.
Curaçao 11.
Coriandrum sativum 254.

DA ANDRADE 277, 280.
D'ARCY-Filtergesetz 162.
Dachpappen 480.
Dämpfer 366.
Dämpfung 201.
Dampfdruck 380.
Dampfdruckthermometer 184.
DARCY 38.
DAVIDSON 472.
DEAN-DAVIS 276, 432.
Decolletage 446.
D. D. T. 490.
DE FLOREZ 318.
DE HEMPTINE 341.
Deklination 21.
Demulgierung 94.
Derna-Tătăruş 125.
Destillation 131.
DEWAR 367.
Dew Point 134, 379.
Diamantbohrer 44.
Diathermostat 429.
Dichte 11.
Dichtekorrekturkoeffizienten 373, 426.
Dienstzeit 3.
Dieselindex 266.
Dieselmotor 105, 266, 369.
Dieseltreibstoffe 8, 395.
DIETRICH 386.
Differentialgetriebe 293.
DIN 475, 477.
Diolefine 108, 215.
Disgregation 246, 281.
Dismulgane 95.
D.O.C.-Test 439.
DOCHSEY, HANDS u. HAYARD 271.
Doktor-Test 232, 393.
DOLEZALEK 91.
Dopes 257, 280, 432.
Doppelwaage 18.
Double-Range-Oil 269, 419.
Dracorubinprobe 387.
Drehbohrverfahren 43.

Drehkraft 65.
Drehspulgeräte 192.
Drehwaage 16.
Dreierstellung 18.
Druckmessung 194.
Drufex 293.
DUBBS 320, 487.
Dubbs-Koks 226.
DUBOSQUE 392.
DUNSTAN 330.

Economizer 318, 358.
EDELEANU-Extraktion 124, 239, 250, 422.
EGLOFF 4.
EICHWALD 341.
Eigenfrequenz 246.
Eigenpotential 39.
Eigenwiderstand von Galvanometern 184.
Einbrennlacke 486.
Einleitung 1.
Einrichtung 2.
Einschnürung 197.
Eisenbahnschwellen 508.
Eisenhammerschlag 64.
Eisenpentakarbonyl 259.
Eisen—Stickstoff-Verbindung 119.
EISINGER u. VORHESS 389.
Elastische Nachwirkung 19.
Electrion 341.
Elektrisches Kernen 39.
Elektrokinese 40.
Elektronenmikroskop 303.
Elektroskop 90.
Elementaranalysen 107.
Eloxal 339.
Eluieren 124.
Emulgatoren 496, 501.
Emulgierungsverfahren 412.
Emulphor 300.
Emulsionsgefahr 59, 99.
En-bloc-Fließen 69.
Energieentwertung 3.
ENGLER 5, 378, 428, 469, 486.
Entbenzinierung 99.
Entgasung 92.
Entropie 258.
Entwässerung 92.
EÖTVÖSsche Drehwaage 17.
— Regel 246.
Eosin 93.
E. P. Dopes 292, 302, 418.
Equilibrium Boiling Point 380.
ERDMANN 255.
Erdölverbrauch 12.
Erdölvorräte 18.
Erdwachs 126, 345.
Erosion 85.
Erregbarkeit, elektr. 91.

Eruption 51.
Eruptivgestein 28.
Estolide 349.
Evolventenrührer 180.
EWERS 439.
Exanol 270.
Expedition 365.
Exploitation 14, 43.
Exploration 14, 30.
Explosionsgrenzen 90, 383.
Extraktion 218, 237, 455.

Facies 15.
Falex 417.
Fallbügelschreiber 199.
Fanto & Co. 347.
FARADAY 337.
Farbe 213, 285, 424, 473.
Federwaage (Dynamometer) 16.
Fehlbohrung 32.
Feindestillation 123.
Feinfiltration 160.
Feinfraktionierung 141.
FERGUSON 328.
Fettsäuren 108.
Fettsäuresynthese 345, 353.
Feuchtigkeit 212, 219.
Feuerlöschverfahren 91, 219.
Feuerprobe 86.
Feuerschutz 60, 89.
Feuerungstechnik 355.
Filtereffekt 160, 165.
Filterpressen 167.
Filterzentrifugen 169.
Filtration 160, 165.
Filtrationsdope 173.
Firnis 472.
Fisch 51.
FISCHER-TROPSCH 126, 348.
Fischschwanzmeißel 44.
Fischtheorie 5.
Fixanal 374.
Flammpunkt 383, 391, 398, 421, 434.
Flanschen 85.
Flaschengas 104.
FLASCHKA, H. 160, 362.
Flashing to coke 305, 488.
Flash-Residne 155, 166.
Flechten 506.
Flechtströmung 181.
Fleckfieber 493.
Fließschema 101.
Flit 491.
Floridaerde 213, 215.
FLORIN 140.
Flotation 60.
Flügelradmesser 199.
Flüssigkeitsgetriebe 47.
Fluoreszenz 125, 424.
Fluorol 424.

Flußventil 66.
Formolitreaktion 230.
Forschung 3.
Forth Worth 322.
Fossilien 15, 34.
Foster Wheeler 131.
FOXBORO 197, 201, 202.
FRAASZ 475.
Fraktionierte Verteilung 238.
Freiflußviskosimeter 429.
Frequenzregel 245.
Fressen 293, 416.
FREUNDLICH 101, 494.
FRIEDEL-CRAFTS 266.
Fühler 192.
Fünferstellung 18.
Fugazität 139, 141.
Fundorte 6.
Furfurol 245, 247.
—-Extrakt 159.
Fußsteig 306, 310.

Gärungsvorgänge 25.
GAL 17.
GALAVICS 69.
Galizische Methode 468.
Galvanometer 185.
Garnnummer 171.
Gasanalyse 85.
Gasdetektor 85.
Gase 366.
Gasinterferometer 103.
Gaskappe 55.
Gaslagerstätten 29.
Gaslift 52.
Gasmesser 199.
Gasöle 395.
Gasolin Products Co. 316.
Gasthermometer 184.
Gastrieb 56.
Gatsch 155, 167, 251, 347.
GAYS 422.
GEE, G. 348.
Gegenstrom 238.
Gelbfieber 490.
Gelbspritzmittel 489, 506.
Gemischheizwert 370.
Geothermische Tiefenstufe 41.
Germprozeß 289.
Gesagon 492.
Gesarol 490, 508.
Geschwindigkeitsgefälle 431.
Gewebenummer 170.
GIBBS 154, 242, 249, 359, 374.
Gleichdruckprinzip 265.
Gleichleistungsverfahren 212.
Gleichrichtereffekt 290.
Gliedrigkeit 112.
Glimmlicht 338.
Glimmspannungsteiler 193.

Glinskykolonnen 142.
Glockenboden 135.
Glühverlust 217.
G.Ö.V. 55.
GRAEFE 468, 476.
Graphit 291, 423, 445.
Granulate 215.
GRAY-Process 215.
Grenzflächenspannung 58, 94, 435.
Grenzphasenreibung 93, 163, 288.
Großley-Trommel 199.
GROTE-KREKELER 387.
Grubengas 107.
Gruppeneinteilung 107.
Gruppenregelung 208.
Gum-Bildung 215, 253, 307, 329.
GURWITSCH 230.
GYRO 318.

HABER-LÖWE 103.
HACKFORD-Test 438.
Hähne 84.
Hämatit 49.
Hängedecke 359.
Haftmittel 496.
HAGENBACH-COUETTEsche Korrektur 68, 431.
HAGEN-POISEUILLEsches Gesetz 68, 161, 171.
HAMMERICH 263.
Härteöle und Vergüteöle 447.
Hartmetalle 44.
Harzgehalt 106, 438.
HAUSMANN 340.
Heat recovery 132.
Heat Stability 323.
Heavy Solvent 178, 248.
HEFNER-ALTENECK 390.
HEITMANN 338.
Heizöle 452, 457.
Heizwert 383.
Hellige 392.
HEMPEL 395, 476.
Henkel & Cie. 347.
HENRIQUES 118.
Herkunft 5.
HERRMANN, F. 483.
HERSH-FISHER-FENSKE 271.
HERTZ 295.
HESS 386.
High-Speed-Diesel-Fuel 266.
Hill-Coats 277.
HÖFER 5.
HOLDE 91, 120, 395, 428, 438, 446, 469.
Holländer 85.
Holmes Manley 316.
Hoot-Feed-Pumpe 315.
Horizontalintensität 22.
HOUWINK 334.
Hubbard 501.

Hüttenkoks 488.
H.V.C.-Wert 258, 383.
Hydratation 49.
Hydrieren 112, 307, 326.
Hydrometrisches Papier 66.
Hypoidverzahnung 293.

I.G. Farben 135, 300, 347, 495.
I.G.-Prüfmotor 400.
IMHAUSEN, A. 348.
Indikatoren 172, 251, 254, 335.
Indium 302, 451.
Ingersoll Rand 315.
Inklination 21.
Inkremente 116.
Isoanomalen 23.
Isobutylpolymerisate 333.
Isodynamen 23.
Isolieröle 235, 254, 403, 444.
Isomerisierung 259, 330.
Isooktan 107, 258.
Isoparaffin 167.
Ixometer 428.

JACKSON 433.
Jamin-Effekt 58.
JANTZEN, E. 354.
Java 7.
JENTZSCH 399.
Jodoformprobe 446.

Kabelisolieröle 254.
Kadmium—Silber-Lager 451.
Kälteprüfung 434.
KAHLBAUM 440.
Kalifornien 125.
Kalk 172.
Kalorimetrie 116.
Kanadisches Bohrverfahren 7.
Kaolin 210.
Karbene 170, 173, 236.
Karbolineum 506.
KARPLUS 291.
Kasino 2.
Kaspisches Meer 7.
Katalysatoren 251, 310, 335.
Kautschuksynthese 333.
KEINATH-Recorder 207.
Kentucky 125.
Kernbohren 35.
Kernen 36.
Kerosin 389.
Kerzen 471.
Kesselspeisewasseranlagen 208.
Ketone 349.
Kettenfäden 170.
Kettenpolymerisation 336.
KIESSKALT 433.
KISSLING 115, 236, 406.
KITTRICK 118.

KLAGES 121.
Klassifizierung der Rohöle 105.
Klebemassen 477.
Klopfen 258, 370, 383.
Knisterprobe 439.
Knockmeter 385.
Kobaltprobe 474.
Koks 487.
Kolbenpumpen 87.
Kollabrieren 493.
KOLLAG 291, 445.
Kolmatation 49.
Kolonne 131.
Kompensation 186.
Kondensation 329.
Konnode 245.
Konsistente Fette 457.
Konsistenz 342.
Kontamination 67, 96, 393, 437.
Kontrolle 182.
Kontrollhaus 206.
Koppersverfahren 236.
Korrosion 228, 233, 331.
Krackbenzin 369.
Kracken 304.
Krackprodukte 115.
KRAEMER-SARNOW 475, 478, 487.
Kreiselpumpen 87.
Kreuzspulgeräte 192, 199.
Kristallgitter 210.
Kristallisation 155.
Kritische Daten 100, 312.
Kronenmeißel 44.
Krümmer 84.
Kryosolverfahren 125, 215.
Kugelmischer 182.
Kugeltank 63.
Kunstöle 452, 455.
Kurzweg-Destillation 124.

Laboranten 206.
Lactone 349.
Lagermetalle 450.
Lagerstättenforschung 5, 21.
Lagerung 60.
Lampenmethode 388.
LARSON u. SCHWADERER 277.
Larven 493.
Laugen 227.
LAWACZEK 433.
LECOMTE DU NOÜY 255, 500.
LEDERER 277.
Leeds-Northrup 185, 190, 207.
Leitfähigkeit, elektrische 91.
Lenard-Effekt 91.
Lessing-Ringe 135.
Letale Dosis 497.
Leuchtöle 389.
Leuchtölverbrauch 13.
Level-Kontrol 182.

Lichteinfluß auf Benzine 255.
LIEBIG 121.
LINER 50.
Lithiumkarbonat 5.
Lithiumseifen 236.
Löffel 43.
Lösungswärme 149.
Lokalvariometer 21.
LORENTZ-LORENZ 112.
Lovibond 392.
Lubrizität 288, 302.
Luft-Montejus 180, 221.
Luftüberschuß 361.
LUMMER-BRODHUN 389.
Lurgi 103.
LUTHER u. LELL 124.
Lyophile Kolloide 177.
Lyophobe Kolloide 177.

Märkische Seifenindustrie 347.
Magnetische Feldwaage 23.
Magnetkupplung 196.
MAHL 303.
Mahlfeinheit 212.
Malaria 493.
Maltene 342, 452.
MANHEIMER 476.
Manometer 194.
Maracaibo 11.
MARCUSSON 230, 342, 404, 435, 475.
MARGOSCHES 386.
Marineöle 422.
Marmorwachs 126.
Marsh-Trichter 48.
MARTENS-PENSKY 398, 420.
MARTIN 496, 504, 506.
Massenspektrographen 111.
Masut 132.
Maximum-Pour-Point 452.
MAXWELL 290, 344.
McCABE-THIELE-Diagramm 136, 137, 139, 145, 148.
MECKER-Brenner 396.
MEIER 7.
Meißel 43.
MENDELEJEFF 5.
Mengenregelung 196.
Mennige 64.
Merkaptane 108, 231, 367.
Merzerisierung der Zellulose 173.
Methan 25.
Methylenblau 93.
MICHIE 407.
MIDGLEY 384.
MIKESKRA 119.
Mikromax 185, 191.
Milben 509.
Milchstraßendiagramme 207.
Milligal 17.
Millivoltmeter 192.

Mischdemulgatoren 95.
Mischung 179.
MOHR 372.
Mohrsche Waage 425.
Molekulardestillation 124.
Molekulargewicht 112, 116, 245, 280, 445.
Molybdän 327.
Molybdän-Mischkatalysatoren 126.
Monatsrapporte 2.
Multiple Extraktion 241.

NAPHTHALI 496.
Naphthene 109, 112, 222, 407.
Naphthensäureester 230, 472.
Naphthensäuren 106, 173, 227, 471, 474.
NASTJUKOW 230, 468.
Natriumsulfobernsteinsäureester 498.
Neovoltol 341.
NERNST 239, 307, 336.
NETH 160.
Netzmittel 496.
Netzspannung 185.
Neutralester 214, 254.
NEWTON 305.
NEWTONsches Abkühlungsgesetz 70, 74.
Nikotin 496.
NIKURADSE 69.
Niveauregler 195.
NOACK 435.
Normalelement 190.
Nullinstrument 24.

Oberflächenspannung 58, 97, 123, 245, 378, 494, 499.
Octostearylsaccharose 158.
Öl-in-Wasser-Emulsion 93.
Öllagerstätten 28.
Oildag 291, 445.
Oiliness 289, 300.
Oklahoma 125.
Oktanzahl 108, 111, 258.
Olefine 108, 115, 386.
Onctuosité 289.
Opaleszenz 424.
Operator 132, 206.
Oppanol 270, 334.
Organische Verbindungen 4.
Orifice Mixer 96.
Ossag 428.
Ostwald-Reifung 156.
OSTWALD, WA. 357, 379.
OSTWALD, WO. 282.
Ottokraftstoffe 8.
Ottomotor 105, 266, 369.
Out-Side-Exposure-Test 64.
Ovizide-Wirkung 506.
Oxydieren 341.
Ozokerit 126, 210.

Namen- und Sachverzeichnis. 549

Packer 55.
Păcură 100, 132, 310, 452.
PANETH 262.
Pappataccifieber 493.
Parachor 121, 123.
Paraffine 110, 112, 209.
Paraffingehalt 106, 466.
Paraflow 158, 249, 266.
Parallelstrom 241.
Parathene 281, 471.
Paratone 270.
Parfümierung 105.
Passen mit Übermaß 451.
P.D.-Bottom 173, 224, 228, 471.
Pendel 16.
Pendelregelung 201.
Penetratingproperties 498.
Penetrometer 459.
Pensylvania-Öle 110.
Pentan 104.
Perlpolymerisation 335.
Permeabilität 37.
Permutit 213.
Peroxyde 232, 252, 266, 349, 402.
PETERKIN-FERRIS 435.
Petrographie 15.
Petrolene 342.
Petroleum-Engineer 1.
Pest 493.
Phasenwinkel 193.
Phenanthren 281.
Phenolatprozeß 226.
Phenole 193, 228, 471.
PHILIPOFF, W. 283, 343.
Phosphorbronze 451.
Phosphorpentoxyd 119.
Photozellenkompensator 208.
p_H-Wert 95, 161, 208, 233.
Phyla-White 252.
Pigmente 64.
PILAT 225, 495.
PILOT-PLANT 178.
Pipe-Lines 12, 67, 393.
Pipe-Still 129, 132, 228, 355, 358.
Platin-Platinrhodium 188—189.
Plumbit 231.
Pneumatische Regler 197.
PODBIELNIAK-Apparat 110.
POGGENDORFF 18.
Polarisationsebene 5, 290.
Polymerisation 329.
Polyphenylglykoläther 281.
Porenvolumen 37, 166, 171.
Porosität 36, 220.
Potentialmessungen 24, 39.
Pour-Point-Depressor 266.
Präraffination 224.
Prellplatte 202.
Probenahme 66.
Produktion 5, 8.

Produkt-Kontroller 132.
Propan 104, 221.
Prospektion 14.
Protoparaffine 156, 304.
Prüfmotor 265.
Pseudogegenstrom 238.
Pseudoraffinat 245, 248.
Psylliden 489.
PULFRICH 374, 467.
Pulsator 202.
Pumpen 84.
Punktregelung 201.
Pyrethrum 490, 491.
Pyrolyse 331.
Pyroparaffin 156, 304.

Quarz 445.
Quotientenmesser 192.

Radialvielfachlager 451.
Radioaktivität 41.
Radix liquiritiae 91.
Räumen 51.
Raffination 221.
Raffinerien 10.
Rahmenantenne 29.
Ramanspektogramme 123.
RAMSBOTTOM 398.
Ranarex 360.
Randwasserspiegel 30, 37, 54, 56.
Randwinkel 497, 498.
RAOULT 141.
Raschig-Ringe 135.
Rattenfloh 493.
Rauchgasanalysen 208.
Reaktionswärme 306.
Reduzieren 326.
REDWOOD 428.
Reference Fuel 258, 384.
Reflux (Rückfluß) 132.
Reformen 304, 321.
Refraktion 112, 373, 467.
Regelpunkt 201.
Regelschema 205.
Regelung 182.
Regeneratoren 216.
Regler 193, 200.
Reibungsenergie 3.
REID 381.
Reinigungsgeräte 192.
Rekristallisation 249.
Rektifikation 137.
Relaxation 285, 290, 342, 344.
Resonanzlagen 201.
REYNOLDSsche Zahl 68.
Rheopexie 163.
RICARDO 263.
RICE, F. O. 349.
RICHARDSON 342, 459, 475, 476, 490.
Rich Field Corp. 325.

RICHE, A. 349.
Richtlinien 440.
Ringanalyse 112.
Rizinusöl 95, 219.
Rocky Mountains 6.
Rodage 291.
Röhrenfeder 194.
Röhrenwachs 210, 345, 467.
Rohölförderung 8.
Rohrleitungsberechnung 68.
Rohrnormen 50.
Rohrreiniger 315.
Rohrtouren 50.
Rohrverbindungen 84.
Rollenmeißel 44.
Rotamesser 197.
Rotarybohrverfahren 7.
Rotstichige Öle 214.
Routine-Analyse 111.
Rüböl 300, 422, 446.
Rückstand 449.
Rückwaschverfahren 239.
RUMPF 287, 309, 316.

SABATIER 6.
SACHANEN 306.
Sättigungsdruck 55.
Säuregoudron 104, 222, 263.
Säurekoks 226.
Säurezahl 212, 219, 438.
Safety-Fuel 378.
Salzstöcke 20.
Sandstrahlverschleiß 328.
San-José-Schildlaus 489, 504.
Saturationsverhältnis 31, 37.
Saugschaltung 208.
SAYBOLT 252, 390, 391, 392, 428.
S.B.P.-Benzin 369.
Sedimentation 174.
Sedimentgestein 28.
SEELICH 255, 500.
Seigerung 450.
Seilschlag 7.
Seismik 28.
Selektion 61.
Selektivität 243.
SENDERENS 6.
Settle-Tank 96, 204, 222.
Seuchenbekämpfung 493.
Sharples-Superzentrifugen 251.
Shell and Tube-System 130.
Shell-Konzern 11.
SHUKOW 468.
Siebe 170, 211.
Siedekennziffer 379.
Siedepunkt 156.
SIEGEL 161.
Siemens-Halske 192, 200, 339.
Sikkative 64.
Silicagel 119.

Sintermetalle 329, 423.
Skidmore 396.
SMITHUJSEN 141.
SNYDER 407.
SÖRENSEN 95.
SO_2 222.
Soligen 229, 472.
Solvent 245.
SOMMER 468.
Sommererholung 2.
Sonde 60.
Sondengas 99.
Sonnenbrand 505.
Sonnenwärme 64.
SOUTCOMB and WELLS 391.
Soxhlet 454.
Spaltfilter 447.
Spaltintensität 305.
Spannungsregler 192.
Speichergestein 93.
Spezifische Wärme 362, 383.
Sphäroidtank 63.
SPILKER 226.
SPITZ u. HÖNIG 229, 440, 465, 473.
Spraymittel 490.
Spreading-properties 494.
Sprühkörperkolonnen 136.
Spülung 34, 46, 47.
Sudanfarbstoffe 93, 424.
Süßen 227, 231.
SUGDEN 123.
Sulfide 327.
Sulfonsäuren 209, 218, 225, 228.
Sumatra 7.
Sumpfgas 25.
Supply-Tank 181.
Sweep-Balance 207.
SZANKOWSKY 225, 495.
SZEREDA 225, 495.
SCHAAL 346.
Schädlingsbekämpfung 488.
Schälzentrifugen 169.
Schicht A.-G. 347.
Schieber 84.
Schlagbohrverfahren 43.
SCHLOSSER 143.
Schlotterhose 218.
Schmelzpunkte 156, 468.
SCHMIDT 439.
Schmiermittel 286, 417, 495.
Schmiermittelverdünnung 437.
Schmieröle 294.
Schneideöle 294.
SCHNEIDER 351.
Schoopsches Metallspritzverfahren 65.
Schopieren 228.
Schrägbalkenwaage 17.
Schürfbohrung 15.
Schüttgewicht 219.
Schußfäden 170.

Namen- und Sachverzeichnis. 551

Schwarze Produkte 63.
Schwarzgehalt 214.
Schwebekörper 197.
Schwefelkalkbrühe 489.
Schwefelsäure 221.
Schwefelverbindungen 231.
Schweißbarkeit 328.
Schwerefeld 16, 175.
Schweremessung 18, 19.
Schwerestange 45.
Schwingbalken 52.
Schwitzen 156, 157, 467.
Stabilisierung 381.
— der Farbe 234.
Stabilog 201.
STÄGER 410.
Stalagmometer 499.
STAMMER 392.
Standard Oil 316, 347, 495.
Statischer Schweremesser 19.
Staufferfette 457.
Staurandgerät 199.
Stauscheibe 196.
Stechmücken 493.
STEGEMANN 427.
Steigrohr 52.
Steinkohlenförderung 9.
Stellöle 447.
Steuern 11.
Sticker 496.
Stickstoffbasen 342.
Stiepelkolben 92.
Stockpunkt 434, 453.
STOKES 174.
STOKESsches Gesetz 325.
Storage Stability 323.
STORCH-MORAWSKY 438.
Stoß 26.
Stragula 482.
Straight Run 115, 367, 369.
Stratcold Process 179, 222.
Stream Line Filter 165.
STRIBECK 427.
Stripping-Kolonnen 132.
Strukturanalyse 112, 115, 117, 118, 119, 163, 164.
Strukturviskosität 249, 287, 458.
Stufenzahl 243, 248.

Tall-Öl 95, 446.
Tangentialdruck 431.
Tankerflotten 11.
TANNENBERGER 402.
Tarnanstriche 65, 236.
TAUSZ 226.
Taxieren 2.
Teeröle 505.
Teerzahl 406.
Teilchengröße 325.
Teledetos-Papier 207.

Temperaturleitfähigkeit 70, 403.
Temperaturmessung 183.
Tensiometer 255, 500.
TER MEULEN-HESLINGA 387.
Terrana 212, 221.
Tetrachlorkohlenstoff 250.
Teufe 32.
Texas 125.
Texas Co. 316.
Textillupen 170.
Textur 169.
Thermoelemente 186, 189.
Thermograph 41.
Thermometer 183.
Thixotropie 48, 163, 167, 249, 267, 323, 452, 458.
THOMSON-GIBBSsche Gleichung 93, 148, 153, 163, 220.
Titanchlorid 253.
Tombak 194.
Topographie 14.
Topprodukt 131, 322.
TORRICELLI 196.
Torsionskonstante 18.
Tracheen 493.
Traktorentreibstoffe 389.
Tran 196.
Transfertemperaturen 204.
Transformatorenöle 254, 403.
Transport 60.
TRAUBEsche Regel 154.
TREIBS, A. 6.
Treppen 110.
Triäthanolamin 472.
Trichloräthylen 250.
Trinidad 125.
Tropfpunkt 450.
TROUTON 307.
Trübungspunkt 377, 439.
TSWETT 124.
TTH-Paraffin 347.
Tube und Tank 316.
Tüpfelproben 448.
Türkischrot-Öl 95, 219, 225, 472, 496.
Turbinenöle 406.
Turbulenz 68, 84.
TVP-Verfahren 318.
TWISSELMANN 455.
TWITCHELL 219.

UBBELOHDE 143, 271, 378, 390, 430, 458, 475.
UdSSR. 9.
Überraschung 200.
Überregelung 201.
Übersee 2.
Uhrenöle 416.
UMSTÄTTER 112, 125, 278, 343, 424, 429, 435.

Union-Kolorimeter 425.
Unpolarisierbare Elektrode 39.
Untersuchung von Schmierfetten 560.
Unverseifbares 229, 473.
U.O.P.-Verfahren 320.
Urlaub 2.
USA 12.

Vakuum 194.
Vakuumdestillation 131.
VALENTA 386.
Vapour-Line 86.
—-Lock 380.
—-Phase-Cracking 310.
Vaseline 457.
Vatsol 498.
V.D.E.-Vorschriften 484.
Ventile 85.
Venturidüse 196.
Verdampfungswärme 140, 377.
Vergaser 134.
Vergiftung 215.
Verpumpen 76.
Verrohrung 50.
Verschiebungsgesetz 285.
Verschleiß 416.
Verseifungszahl 444.
Verteerungszahl 407, 438.
Verteilungsgesetz 239.
Vertikalintensität 22.
Vertretung 2.
Vierkugelmaschine 295, 417.
VIEWEG 290.
Vigreux-Kolonnen 141.
Viscosity Gravity Constant 277.
Viscosity-Index 180, 268, 271, 287, 444.
Viscosity-Zero-Faktor 277.
Viskogramm 278.
Viskosität 58, 108, 110, 208, 426, 428.
Viskositätspolhöhe 276.
Viskositäts-Temperatur (VT)-Verhalten 178.
Viskoskop 433.
VOGEL 338, 428, 475.
Voltole 270, 284, 336, 444.
Vorfiltration 160.
Vorwärmer (russ. und amerik.) 130.

WÄGELIN u. HÜBNER 218.
Wärme 132.
Wärmetauscher 130.
Wärmeübergangszahl 70.
Wärmezähler 200.
WALTER 432.
Wandrauhigkeit 69.
Warmblütler 492.

Warmölpumpe 315.
Wasserbestimmung 386.
Wasserfinderpapier 66.
Wasser-in-Öl-Emulsion 93.
Wasserkräfte 13.
Wasserstoffgehalt 356.
Wassertriebverfahren 55.
WATANABE u. MURIKAWA 238.
WATERMANN 111, 112, 386.
WATERS, A. W. 330, 349.
Wattson-Raffinerie 325.
WAWRZINIOK 377.
Webstuhl 170.
WEFELSCHEID 476.
WEINHOLD 367.
Weiße Produkte 63.
Weißöle 209.
WEISS-SALOMON 411.
Werkstoffe 314.
Western Electric 207.
WESTON 190.
WESTPHAL 372.
WHEATSTONE 185.
White-Spirit 490.
Wichte 157.
WICKE 102.
Widerstandsthermometer 191, 199.
Widmer-Kolonnen 141.
WIETZEL, G. 349.
WINKLER-KOCH 317.
WINNACKER 262.
Winterspritzmittel 504.
WOLFF 118.
Wolfram 327.
Wolle 173.
WOLTMANN-Messer 199.

Xylolmethode 439.

YOUNG 439.

Zähleröle 416.
ZEISS 103.
Zellenfilter 169.
Zementation 50.
Zentrifugen 175, 223.
Zeolithe 209.
Zeresin 209, 345.
ZERNER 349.
Zinn 450.
Zündbeschleuniger 265, 402.
Zündpunkt 399.
Zündtemperatur 90, 383.
Zündungslücke 400.
Zyklisierung 331.
Zylindertank 62.

The manufacturer's authorised representative in the EU is Springer Nature Customer Service Centre GmbH, Europaplatz 3, 69115 Heidelberg, Germany. If you have any concerns regarding our products, please contact ProductSafety@springernature.com

Printed and bound by CPI Group (UK) Ltd, Croydon, CR0 4YY
23/03/2026
02076676-0007